作物学用語事典

日本作物学会
【編】

刊行の辞

　地球環境を健全に維持しつつ人類を持続的に繁栄させることは，現在を生きる我々に課せられた大きな使命である．そのために食料・環境・エネルギーの諸分野における様々な問題に積極的に対応することが重要である．
　作物学はこのような問題解決に密接に関わる学問であり，作物に関する様々な側面，たとえば，作物の起源と伝播，形態，生理，生態，環境との相互作用，収量性，栽培管理，品質などについて研究するものである．そして，その成果を環境と調和した持続的な作物生産を可能にするような栽培技術の開発，新たな品種育成などにつなげることをめざしている．
　このように作物学は作物を総合的に捉える学問であることから，使用される用語も多岐にわたっている．これまで，日本作物学会では「作物学用語集」を刊行し，用語の表記法，日本語と英語の対照などを示してきた．これまで何度かの改訂を行ない，2000年3月に，『新編　作物学用語集』(養賢堂)を刊行した．
　その後，用語の表記法などだけではなく，関連する知見を含めて用語の解説を行ない，作物学に関する研究・教育に資する書の必要性が指摘され，2006年に常設の用語委員会の業務としてその刊行作業が開始された．今般，ここに『作物学用語事典』の刊行をみることができたことは大変喜ばしいことである．
　本用語事典は，大学の専門課程の学生，大学院生，研究・行政・教育機関の若手職員など，これからの作物学および関連分野の研究・教育を担う若人をおもな読者対象とし，彼らにとってより理解しやすい形をめざした．その結果，本用語事典では，個別の用語ではなく作物学のおもな分野ごとに，166の大項目を立て，それに関わる用語を見開き2ページの中で写真，図を含めて解説することとした．
　このような新しいスタイルは用語委員会における精力的な議論の結果であるが，こうすることで関連する用語も併せて理解できるとともに，その用語についてもより深く学ぶことが可能になり，利用者の利便性を増すことができたと考えている．また，本用語事典にはこれまでの作物学における多くの成果が凝縮されており，若手のみならずすべての作物学および関連分野の方々が座右の書として研究・教育に活かしていただけることを期待している．さらに，農家の方々はもちろん，農業に直接かかわりのない一般の方々にも気軽にご利用いただき，作物や農業への理解の一助にしていただければ幸いである．

本用語事典の刊行は，用語委員会(松田智明委員長)が中心となり，多くの会員の協力のもと日本作物学会の総力をあげて行なわれた事業である．執筆にあたられた会員各位，そして，企画から刊行まで多大の労力を費やされた松田委員長以下用語委員会の皆様には，心よりお礼申し上げる．
　さいごに，本書の企画・編集にあたってご尽力いただいた，社団法人 農山漁村文化協会に感謝申し上げる．

　2010年1月

日本作物学会
会長　大杉 立

本書の刊行にあたって

　日本作物学会の常設委員会の1つである「用語委員会」は，2000年3月に，今井 勝 委員長のもとそれまでの『改訂　作物学用語集』(1987年刊)をかなり大幅に改訂して，日本作物学会編として『新編　作物学用語集』(養賢堂)を刊行した．その後，日本作物学会として「作物学の用語解説集」刊行の必要性が指摘され，その具体化についての検討が用語委員会の主要な業務として取り組まれてきた．

　同様の取り組みは関連学会においても同時進行的に行なわれ，いくつかは先行的に刊行されている．本用語委員会ではこれら先行的刊行物も参考にしながら，取り上げて解説すべき用語の選択や解説スタイル，体裁等について紆余曲折を重ねながら検討を進めた．その結果，先行した関連学会の用語解説集とは異なるまったく新しいスタイルの本用語事典の編集・刊行が決まった．

　本用語事典は，作物学分野の研究や調査，教育を進めるうえで必要な基礎的用語や知識・知見などを解説するのが目的である．従来の事典(辞典)は，『生物学辞典』(岩波書店)や『熱帯農業事典』(日本熱帯農業学会編　養賢堂)，『植物育種学辞典』(日本育種学会編　培風館)などのように，数千におよぶ用語をそれぞれ数百文字程度で解説を加えるものが多かった．

　これに対して本用語事典は，「〔イネ〕苗代と苗」，「〔畑〕栄養繁殖」(以上，「栽培」分野)，「〔イネ科〕幼穂の発育」(「成長」分野)などのような大項目を166立てて，関連する用語を，見開き2ページの中で解説するスタイルをとった．こうすることによって，他の用語と関連づけながら理解することが容易になる．

　本用語事典で解説する用語は，原則として『新編 作物学用語集』に掲載されているものとした．しかし，近年，『日本作物学会紀事』や『Plant Production Science』に頻繁に掲載されている新規の用語も加えることとした．解説用語は赤字で表記し，英語訳を併記した．また，解説用語とその英語訳を，それぞれ「和名索引」，「英和索引」(英名と和名を併記)として索引を作成した．用語によっては複数の解説ページが示されており，多面的な理解が可能になっている．索引には，本書で取り上げた作物，雑草の「学名索引」も収録しているので，あわせて利用いただきたい．

　なお，用語の解説内容は必ずしも学会誌等でオーソライズされたものばかりではないため，項目の最後に執筆者名を入れることとした．

166の大項目を「栽培」,「成長」,「形態」,「生理」,「品種・遺伝・育種」,「作物」の6つの分野に分けた．各分野の編集は，本委員会の編集委員が担当した．「栽培」ではイネと畑，「成長」,「形態」ではイネ科とマメ科に大項目を分け，それぞれイネとダイズを取り上げて解説した．しかし，おもに他の作物やその栽培で用いられ，イネやダイズで説明できない用語については，「作物」分野の各作物で取り上げ，解説した．本用語事典で取り上げた用語数は，和名3,646語，英名3,372語，学名307語である．

　本用語事典は，作物学分野および関連分野の研究や実務，教育に携わる若人をおもな読者対象にしている．大学の専門課程の学生，大学院生，研究・行政・教育機関などの若手職員がこれにあたる．しかし，用語を解説するということは，ある程度用語の意味を定義付けすることにもなるため，すべての作物学研究者の必携の書となると考えられる．また，現場の指導者や農家の方々にとっても作物の基本図書として便利に活用していただけるものと思う．

　本用語事典の執筆・編集は日本作物学会の総力をあげて行なわれ，多くの会員等の協力のもと刊行のはこびとなった．「作物学用語集」と対をなす日本作物学会の基本的刊行物である．ご多忙の折，執筆にあたられた会員各位には，心よりお礼申し上げる．

　さいごに，本書の企画・編集にあたっては，社団法人 農山漁村文化協会にご努力いただいた．厚くお礼申し上げる．

　　2010年1月

日本作物学会用語委員会
委員長　松田智明

目　　次

栽培

[イネ] 水 田 …………………………… 2
　水環境による水田の分類／生産性による水田の分類／水田の水利施設／水田の垂直構造

[イネ] 水稲直播栽培 …………………… 4
　苗立ち／直播方式にかかわる要因／湛水土中直播／不耕起直播

[イネ] 育 苗 …………………………… 6
　育苗の目的と変遷／種子予措／播種／育苗管理／マット苗以外の育苗法

[イネ] 苗代と苗 ………………………… 8
　苗代の形式／苗の種類

[イネ] 田植え ………………………… 10
　耕起・砕土，代かき／田植え／栽植様式／栽植密度／田植え後の苗姿／活着

[イネ] 作 期 ………………………… 12
　作期の早晩／各作期の定義と特徴／作付け回数／輪作体系

[イネ] 病 気 ………………………… 14
　病気と発病／病原性と抵抗性／病気の診断，主要病害

[イネ] 害 虫 ………………………… 16
　農耕と害虫／主な稲作害虫

[イネ] 雑 草 ………………………… 18
　水田雑草の区分／主な水田雑草

[イネ] 施 肥 ………………………… 20
　イネの栽培法と施肥／施肥法／肥料の種類／施肥時期／施肥位置／全量基肥施用技術

[イネ] 水管理 ………………………… 22
　水田の水管理／中干し／畦塗り／灌漑方法／水管理と生態系

[イネ] 生育調査 ……………………… 24
　植物体の大きさに関して／植物体の中での数に関して／個体の齢に関して／物質生産に関して／立毛調査

[イネ] 収 穫 ………………………… 26
　収穫期／収穫方法

[イネ] 収量調査 ……………………… 28
　作況／収量調査法／収量構成要素／わが国の多収記録とその収量構成要素

[イネ] 米の品質 ……………………… 30
　玄米の外観／搗精歩合／貯蔵性／食味

[イネ] 乾燥・調製 …………………… 32
　乾燥／調製／乾燥調製貯蔵施設

[イネ] 冷 害 ………………………… 34
　冷害の実態／冷害のメカニズム／冷害の克服

[イネ] 気象災害（除冷害） ………… 36
　農業気象災害の分類／被害，対策

[畑] 耕耘・整地 ……………………… 38
　畑の特徴／耕耘・整地

[畑] 管 理 …………………………… 40
　作物の管理／土壌の管理／作物の保護

[畑] 播 種 …………………………… 42
　種子準備／播種期／播種量／播種方法／土壌処理

[畑] 栄養繁殖 ………………………… 44
　栄養繁殖の利点，欠点／栄養体の種類／栄養体の繁殖方法／栄養繁殖作物の栽培方法

[畑] 雑 草 …………………………… 46
　畑雑草の区分／主な畑雑草

[全体] 耕起と耕耘 …………………… 48
　耕起と砕土／耕耘／耕盤／土層改良／不耕起

[全体] 肥 料 ………………………… 50
　肥料／肥料の分類／有機質肥料

[全体] 土 壌 ………………………… 52
　土壌とは／土壌の一般的名称／土壌の分類／土壌の構成成分／土壌の化学的性質／環境問題と土壌／土壌劣化

[全体] 水田土壌と畑土壌 …………… 54
　水田土壌／畑土壌

[全体] 土壌改良 ……………………… 56
　土壌改良／水田土壌の改良と管理／畑土壌の改良と管理

[全体] 収 量 ………………………… 58
　多収性／収量構成要素／収穫指数／収量内容生産量と収量キャパシティ

目　次

〔全体〕**病害虫防除** …………… 60
　病害虫防除／病害防除／害虫防除

〔全体〕**除　草** …………… 62
　雑草と除草／除草剤／耕種的雑草防除／生
　物的雑草防除

〔全体〕**リモートセンシングと生育予測** 64
　リモートセンシングと空間情報／生育・収
　量の予測と作物モデル，環境物理モデル

〔全体〕**地球環境** …………… 66
　地球環境／環境悪化の原因，影響

〔全体〕**環境汚染** …………… 68
　環境汚染の分類／大気汚染／水質汚濁／土
　壌汚染／ファイトレメディエーション

〔全体〕**耕地の環境保全機能と農業** …… 70
　有機農業／環境保全型農業と低投入持続的
　農業／棚田と畑のテラス栽培

〔全体〕**農　法** …………… 72
　ヨーロッパ農法／連作障害と対策／わが国の
　農法と焼畑農耕／現代の農業と農法／メキ
　シコのチナンパ農法

〔全体〕**作付体系** …………… 74
　作付体系の区分／単作／間作と混作／株出
　し栽培／清浄栽培

〔全体〕**栽培形態** …………… 76
　栽培形態の変遷／地上部管理／根圏管理／
　植物工場／代替農業

成長

〔イネ科〕**発芽から苗立ち** …………… 78
　発芽・苗立ち／苗の成長

〔イネ科〕**分げつの増加** …………… 80
　分げつ／分げつの種類，呼称と表記／分げ
　つの増加

〔イネ科〕**草姿（草型）と受光** …………… 82
　葉間期とバイオマス／受光率と葉面積指数
　／草型の分類とその改良／草型と受光態勢
　／葉面積密度とガス拡散（交換）

〔イネ科〕**幼穂の発育** …………… 84
　幼穂の分化／幼穂の発達／幼穂形成の確認
　／節間の成長

〔イネ科〕**出穂・開花・受精** …………… 86
　出穂／開花・受粉・受精／出穂・開花期の障害

〔イネ科〕**登　熟** …………… 88
　登熟期／登熟過程と胚乳の発達／登熟期の
　障害

〔マメ科〕**発芽から苗立ち** …………… 90
　種子の構造／発芽の過程／発芽に影響を及
　ぼす生理・環境的要因／出芽の過程／有限
　伸育型と無限伸育型／出芽と環境

〔マメ科〕**開花結実（ダイズ）** …………… 92
　花芽形成と環境／花器の発育過程／開花と
　受精／結莢と莢の成長／生殖成長器官の脱
　落／結莢の制御

〔全体〕**塊茎・塊根の肥大** …………… 94
　地下栄養貯蔵器官／塊茎の形成・肥大／塊
　根の形成・肥大

〔全体〕**成長解析** …………… 96
　成長解析と葉面積／葉面積の測定／葉色診
　断

〔全体〕**群落と成長** …………… 98
　個体，個体群，群落／群落構造と層別刈取法
　／周縁効果／成長曲線と成長モデル

形態

穂・花〔イネ科〕…………… 100
　穂の構造／小穂の構造／穎花の構造／花粉
　の形成と構造／子房の発達と構造

花房・花〔マメ科〕…………… 102
　花／花房，花序

種　子〔イネ科〕…………… 104
　種籾の構造／穎果の構造

莢と種子〔マメ科〕…………… 106
　莢とその形状／種子／発芽

根〔イネ科〕…………… 108
　根の種類／根の構造／冠根原基の形成

根〔マメ科〕…………… 110
　根系と構造／二次成長／根粒／菌根

シュートと茎〔全体〕…………… 112

目　次

シュートとシュートシステム／茎（軸）／幼植物における茎／茎の内部構造

茎の多様性〔全体〕……………114
単軸と仮軸／特殊な茎／特殊な側枝

葉（1）〔イネ科〕
外部形態 ………………………116
葉の構造／葉の外部形態／葉の位置／葉序／葉耳間長

葉（2）〔イネ科〕
内部形態 ………………………118
葉身／葉鞘

葉（3）〔マメ科〕
外部形態 ………………………120
葉の種類／葉の形態／葉の発生／腋芽の発生

葉（4）〔マメ科〕
表面構造と内部構造 ……………122
表面構造／内部構造

維管束〔全体〕…………………124
維管束の構成／維管束型／中心柱／形成層／イネの維管束の形態と走向

貯蔵器官・貯蔵組織〔イモ類〕……126
イモ類の貯蔵器官の種類／貯蔵器官の形態

デンプン・糖類の貯蔵〔全体〕……128
糖とデンプン／デンプンの貯蔵／デンプン以外の糖類の貯蔵

タンパク質・脂質の貯蔵〔全体〕……130
タンパク質の蓄積／タンパク質の種類／小麦粉の種類／貯蔵器官／脂質

分裂組織（1）〔全体〕
種類と役割 ……………………132
分裂組織の種類／頂端分裂組織の構造と機能／側部分裂組織の構造と機能

分裂組織（2）〔全体〕
細胞の分裂と拡大 ………………134
分裂組織における細胞の分裂と拡大／分化・成熟の過程における細胞相互の位置関係

根系〔全体〕……………………136
根系の形／根群の種類／根系発達評価手法

細胞〔全体〕……………………138
細胞の構造／細胞の種類（細胞型）

形態学実験法（1）〔全体〕
根系調査法 ……………………140
野外での調査法／人工環境下での調査法／根系解析法

形態学実験法（2）〔全体〕
室内実験 ………………………142
パラフィン・樹脂切片法／切片作成の簡易法／表面の観察法／光学顕微鏡の種類／電子顕微鏡

生理

発芽生理…………………………144
種子／発芽

温度………………………………146
一般的な生物学的過程の温度依存性／植物の発育過程の温度依存性

光感受性…………………………148
光形態形成／光発芽種子／芽生えの形態形成／光周性／花成ホルモン／黄化

光合成（1）
光反応 …………………………150
光化学系／光－光合成曲線／光エネルギーの利用

光合成（2）
炭酸固定反応 …………………152
炭酸固定経路と光呼吸／C_3, C_4およびCAM植物の特徴

光合成（3）
個葉の光合成 …………………154
葉と光合成／CO_2の拡散と光合成／個葉光合成の変動とその要因

光合成（4）
個体群の光合成, 乾物生産 ……156

同化産物の転流と蓄積（1）
代謝とシンク・ソース関係 ……158
ソースでのショ糖の合成／ショ糖の転流・代謝とシンク／シンク・ソース相互作用／シン

目　　次

ク・ソース関係と作物の生産性／シンクとソースからみた収量形成過程／収穫指数による収量のとらえ方

同化産物の転流と蓄積(2)
転流・輸送 …………………… 160
転流と通導組織／シンプラスティックローディングとアポプラスティックローディング／糖の転流形態とローディングのタイプ／能動輸送とトランスポーター遺伝子／糖濃縮機構とシンプラスティックローディング／アンローディングと篩部後の輸送

同化産物の転流と蓄積(3)
貯　蔵 …………………………… 162
植物体の成分／デンプン

呼　吸 …………………………… 164
呼吸の役割／呼吸と環境条件／呼吸経路／植物体内成分と呼吸

水分生理(1)
体内水分状態と水輸送 ………… 166
植物体内の水分状態／木部中の水輸送／吸水／植物体内における水輸送に対する抵抗

水分生理(2)
体内水分調節と水ストレス …… 168

植物ホルモン(1) ……………… 170
オーキシン／ジベレリン／サイトカイニン

植物ホルモン(2) ……………… 172
アブシジン酸／エチレン／ブラシノステロイド／ジャスモン酸／サリチル酸

成長調節 ………………………… 174
植物成長調整剤の範疇／植物成長調整剤の種類と農業上の利用／植物成長調節物質の研究上の利用

窒素固定 ………………………… 176
窒素代謝 ………………………… 178
植物の栄養 ……………………… 180
研究の歴史／植物の構成元素

養分吸収 ………………………… 182
養分吸収機構／養分の可給化／ミネラルストレス

休　眠 …………………………… 184
作物と休眠／自発休眠／誘導休眠／強制休眠／休眠打破／硬実／穂発芽

成長・運動 ……………………… 186
成長／運動

環境ストレス …………………… 188
塩ストレス／高温・低温ストレス／湿害

生理学実験法(1)
体内成分分析法とアイソトープ実験法 ……………………………… 190
窒素・炭素含量の解析／無機イオンの測定方法／タンパク質の分析方法／網羅的解析

生理学実験法(2)
生物検定法と機器分析 ………… 192
生物検定法／PGRの分離と精製／機器分析

生理学実験法(3)
光合成・呼吸の測定法，他 …… 194
光合成・呼吸の測定／吸水・蒸(発)散の測定／植物体内水分の測定／光環境の計測／環境制御・操作実験

品種・遺伝・育種

早晩性 …………………………… 196
品種の早晩性／光周性による植物の分類／イネの早晩性／ムギ，ナタネの早晩性／広域適応性と季節適応性

草　型 …………………………… 198
草型／成長抑制物質／草型育種／水稲の栽培的観点に立った草姿制御論

食　味 …………………………… 200
食味／官能試験／理化学的機器分析／食味計

米の種類と品質 ………………… 202
米の種類／米の品質

F₁品種 …………………………… 204
育種法 …………………………… 206

遺伝子(1)
分子遺伝学 ……………………… 208
遺伝子解析技術／遺伝情報の発現／遺伝子

目次

と作物／総体としての生命の理解

遺伝子(2)
細胞・組織・器官培養 ……………… 210
組織培養／再分化／プロトプラスト／器官培養／葯培養／茎頂培養／培養変異（体細胞変異）

遺伝子(3)
遺伝子導入とGMO ……………… 212
遺伝子導入／遺伝子組換え作物

酒米, 他用途米 ……………… 214
酒米／新形質米

保護制度, 課題, その他 ……………… 216
品種保護制度／非生物的ストレス耐性／単為生殖

作物

イネ(1)
種類, 起源 ……………… 218
イネ属植物の系譜

イネ(2)
品種, 栽培型 ……………… 220
品種群の分化／栽培型の分化

コムギ(1)
起源, 種類 ……………… 222
倍数性, 稔実小花数／起源中心／コムギの進化／コムギの種類

コムギ(2)
生育特性, 品種 ……………… 224
コムギの生育／コムギの登熟相／コムギの物質生産／発育の早晩／早生品種の必要性

コムギ(3)
栽培 ……………… 226
栽培型／播種／管理／収穫・乾燥・調製

コムギ(4)
品質, 加工 ……………… 228
用途, 粒質／製粉／粉質／胚乳デンプン／加工適性／小麦粉の需要と研究方向

オオムギ(1)
種類, 形態 ……………… 230
種類／起源・伝播／生産状況／秋播き性程度／形態

オオムギ(2)
生育と栽培, 利用 ……………… 232
生育／栽培／利用・品質

その他の麦類 ……………… 234
ライムギ／ライコムギ／エンバク

トウモロコシ(1)
起源, 形態, 生理 ……………… 236
起源と日本への導入／形態／生理・生態

トウモロコシ(2)
分類, 品種, 利用 ……………… 238
分類／品種／利用／日本での栽培・利用

ソルガム ……………… 240
形態／生理・生態／分類・品種／利用

雑穀(1)
アワ, ヒエ, キビ ……………… 242

雑穀(2)
ハトムギ, 他 ……………… 244
ハトムギ／シコクビエ／トウジンビエ（唐人稗）／テフ／アメリカマコモ／フォニオ／キノア／アマランサス

ソバ ……………… 246
ソバの種類／普通ソバ／ダッタンソバ

ダイズ(1)
起源, 生産, 利用 ……………… 248
近縁野生種／起源地と伝播／生産／利用

ダイズ(2)
品種, 形態 ……………… 250
品種の分類／育種／形態

ダイズ(3)
栽培 ……………… 252
整地／施肥／播種／除草, 中耕・培土／病虫害／収穫・調製／作付体系

アズキ ……………… 254
形態／生理・生態／分類・品種／利用

インゲンマメ, 他 ……………… 256
インゲンマメ／ベニバナインゲン／ライマメ

ラッカセイ, エンドウ ……………… 258

目次

ソラマメ, 他 ……………………260
ソラマメ／ヒヨコマメ／ヒラマメ／フジマメ／キマメ(樹豆)／ナタマメ

ジャガイモ(1)
起源, 分布, 形態 ……………………262
起源・伝播／分布／形態・生理・生態と成長過程

ジャガイモ(2)
形態, 品種, 栽培, 利用 ……………264
品種特性／栽培方法／利用

サツマイモ(1)
起源, 生育, 品種 ……………………266
起源と伝播／生育特性／育種と品種／サツマイモの用途と品種

サツマイモ(2)
栽培, 貯蔵, 利用 ……………………268
栽培／収穫と貯蔵／利用／デンプン・アルコール原料としてのサツマイモ

ヤムイモ ……………………………270
ヤマノイモ属植物／主要栽培種と起源, 伝播, 分布／生産状況／形態／生態・生理／栽培／利用

タロイモ ……………………………272
分類・主要栽培種・起源・伝播・分布／生産状況／形態・品種／生理・生態／栽培／利用

ヤシ科作物(1)
ココヤシ, アブラヤシ, 他 …………274
ヤシ科作物の種類と特徴／ココヤシ(古々椰子)／アブラヤシ(油椰子)／ナツメヤシ(棗椰子)／サトウヤシ(砂糖椰子)／ニッパヤシ

ヤシ科作物(2)
サゴヤシ ……………………………276
形態, 生育, 特性／近縁種

デンプン・糊料作物 ………………278
キャッサバ／キクイモ(菊芋)／クズウコン／ショクヨウカンナ

糖料作物(1) …………………………280
甘味物質の種類, 糖含有率／ステビア(アマハステビア)／サトウカエデ(砂糖楓)／甘草

糖料作物(2)
テンサイ ……………………………282
生育相, 種子, 育種・品種／栽培／ショ糖の蓄積, 収穫, 製糖

糖料作物(3)
サトウキビ …………………………284
分類／原産地, 品種, 形態／栽培／光合成と物質生産／糖の種類と取引制度

畳表・紙原料作物 …………………286
イグサ(藺草, 藺)／コウゾ(楮)／ミツマタ(三椏)／ガンピ(雁皮)

繊維料作物(1) ………………………288
ワタ(棉)

繊維料作物(2) ………………………290
アマ(亜麻)／タイマ(大麻)／ジュート／ラミー／ボウマ／ケナフ

繊維料作物(3) ………………………292
マニラアサ／イトバショウ／サイザルアサ／アガーベ属／ニュージーランドアサ／モーリシャスアサ／サンスベリア属／ココヤシ／カポック

油料作物 ……………………………294
ナタネ(菜種)／ゴマ(胡麻)／エゴマ(荏, 荏胡麻)／ヒマワリ(向日葵)／ベニバナ(紅花)／ヒマ(蓖麻)

ゴム・樹脂料作物 …………………296
パラゴム／サポジラ／グッタペルカ／インドゴム

染料作物 ……………………………298
アイ(藍)／ベニバナ(紅花)／サフラン(泪夫藍)／ウコン(鬱金)

嗜好料作物(1)
チャ① 形態, 生理, 品種 ……………300
形態／生理・生態／品種／加工・利用

目　　次

嗜好料作物(2)
チャ② 栽培 …………………… 302
茶園の造成・改植／育苗・幼木園の管理／成木園の管理／気象災害

嗜好料作物(3)
コーヒー, カカオ, マテチャ ……………… 304

嗜好料作物(4)
タバコ …………………… 306
形態／生理・栽培／収穫・乾燥／分類・品種／利用

香辛料作物(1)
……………… 308
コショウ(胡椒)／トウガラシ(唐芥子)／ホースラディッシュ／ワサビ(山葵)／シロガラシ(白芥子)／クロガラシ(黒芥子)／シナモン／カシア／ニッケイ(肉桂)／ゲッケイジュ(月桂樹)

香辛料作物(2)
……………… 310
オールスパイス／アニス／コリアンダー／クミン／ウイキョウ(茴香)／キャラウェー／デイル／ナツメグ／タマリンド／タイム／セージ

香辛料・芳香油料作物
……………… 312
バニラ／レモングラス／ジャスミン／ペパーミント／スペアミント／ハッカ(薄荷)／ラベンダー／クローブ

薬用作物
……………… 314
生産・流通の現状／センキュウ(川芎)／トウキ(当帰)／ダイオウ(大黄)／オタネニンジン／シャクヤク(芍薬)／トリカブト／ジョチュウギク(除虫菊)

飼料作物(1)
定義, 利用, 分類 ……………… 316
草食動物と茎葉飼料／飼料植物と飼料作物／飼料作物の生産基盤／飼料作物の利用／飼料作物の分類

飼料作物(2)
評価, 青刈作物 ……………… 318
飼料作物の評価／青刈作物

寒地型イネ科牧草
……………… 320
日本で栽培される草種／分げつの発生様式／温度反応と日長感応／牧草の再成長と貯蔵物質／草地の造成と密度維持／利用適期と成分組成

暖地型イネ科牧草(1)
日本で栽培される草種-1 ……………… 324
ローズグラス／ジャイアントスターグラス／バーミューダグラス／ギニアグラス／バヒアグラス

暖地型イネ科牧草(2)
日本で栽培される草種-2 ……………… 326
ダリスグラス／キシュウスズメノヒエ／カラードギニアグラス／アトラータム／ネピアグラス／キクユグラス／セタリア／シグナルグラス／パラグラス／パリセードグラス／センチピードグラス／ディジットグラス

マメ科牧草
……………… 328
分類, 生育と生産の特性／日本で栽培される主な草種

緑肥作物, クリーニングクロップ, カバークロップ
……………… 330
緑肥作物／クリーニングクロップ／カバークロップ／利用されている作物の例

コンニャク
……………… 332
形態・成長／栽培／収穫・貯蔵／品種／利用

植物バイオマスとその利用
……………… 334
バイオマス／バイオマス・ニッポン総合戦略／エネルギー効率／光合成の太陽エネルギー利用効率

和名索引 ……………… 339
英和索引 ……………… 365
学名索引 ……………… 401

- 栽 培
- 成 長
- 形 態
- 生 理
- 品種・遺伝・育種
- 作 物

〔イネ〕
水田

水環境による水田の分類

水田 paddy field とは，湛水して水稲を栽培する耕地である．水田は作物を栽培するための生産手段であるとともに，灌排水，施肥などの栽培管理の対象でもある．水田は，灌漑水（水稲を栽培するために水田に供給する水）の獲得方法により大きく灌漑水田と天水田に分類される．

灌漑水田 irrigated paddy field　降雨のみでは水稲を栽培するには不足する灌漑水を河川，運河，溜池，地下水脈などから確保する水田．圃場は**畦畔** levee に囲まれている．移植栽培が主であるが，省力化が必要な状況下での直播栽培が増加している．モンスーン地域のなかで水稲の生育に十分な温度が年間を通してある地域では，雨季作と乾季作がある．河川水を利用する灌漑水田に，潮汐を利用して取水する**潮汐湿地田** tidal marsh paddy field がある．潮汐の影響を受ける海岸や河口内陸部の低湿地に分布する．

天水田 rain-fed paddy field　灌漑水を降雨のみに依存する水田．降雨パターンに作期をあわせるが，水稲の栽培に必要な灌漑水が十分に確保されない場合は水ストレスを受ける．多くの場合，圃場には畦畔があり，雨季の初めに植代をつくり，移植されることが多い．水稲生育中の湛水深が0〜50cmの水田を天水田，同50〜150cmの水田を**深水田** deep water paddy field と区別する場合がある．深水田は深水常習地帯の周辺部低地に分布する．移植されるか，田面水のない状態で散播される．

洪水を降雨による灌漑に含めると，浮稲を栽培する大河のデルタ地帯の深水常習地帯にみられる畦畔のない水田も天水田に分類される．洪水は最大150〜400cmの水深となり，3〜4か月滞留する．洪水による水位の上昇にあわせ水面上に展開する最上位葉の節間を伸長させる浮稲と呼ばれる特別な品種を，雨の前に散播する．

図1　条里地割に形成された水田と集落（奈良盆地）

生産性による水田の分類

先祖たちは，荒地や畠を水田化しながら外延的拡大を繰り返し，水利施設の整備により用水を確保し，生産性の低い水田（湿田，漏水田，冷水田，老朽化水田，秋落ち田など）を熟田としながら内包的拡大を実現した．その結果，水田のもつ畑地に比較して高い土地生産性を手に入れ，食糧を確保してきた．狭い土地に多くの水田を拓き，土地利用を高度化したことで用水不足が常習化し，水利権と用水の利用などを村内，村間で調整する水利共同体組織「惣村」（現在の農村の原型）が，鎌倉時代後期から室町・戦国時代に形成された（図1）．

乾田 well-drained paddy field と**湿田** ill-drained paddy field　排水の良否による水田の分類．非灌漑期において，グライ層の出現が地表下80cm以上を乾田，同30cm以内を湿田，両者の中間を半湿田と分類する．沖積低地に分布するグライ土，グライ台地土の排水不良の水田が湿田で，谷地田で多く見られる．平坦な沖積低地に広く分布する灰色低地土・褐色低地土・黒ボク土などの排水性に優れる水田が乾田に相当する．湿田は常に土壌水分が高いために，この土壌が有する高い潜在生産力を十分に発揮できず，地耐力が低く農作業機械による労働生産性の向上が図れない．そのため排水対策によって湿田の乾田化が進められてきた．

漏水田 water-leaking paddy field　土壌の透水性が大きく，地下水位が低いため，適正減水深（10〜30mm/日）以上の減水が生じ，肥料や除草剤の効果が劣る．漏水は畦畔漏水と縦浸透（降下浸透）に支配され，前者の漏水防止対策は畦塗，後者は客土や床締めなどである．

冷水田 paddy field irrigated with cool water　常習的に冷水害が発生する水田．冷たい灌漑水（移植から出穂までの期間の平均水温が23℃以下）が主因で，漏水を伴う場合は，冷水の灌漑量が増加するため水温が上昇せず被害が著しくなる．

老朽化水田 degraded paddy field　作土層やすき床層の土壌から鉄やケイ酸などが溶脱している水田．母材が遊離酸化鉄の少ない花崗岩や砂岩などで，粘土含量が少なく透水性の大きい水田の場合が多い．この水田の水稲生育は初期旺盛，後期凋落の秋落ち型を示すことが多い．

秋落水田 "akiochi" paddy field　水田の強還元下で生成する硫化水素などの生理障害物質による根活性の低下により水稲生育が秋落ち型を示し，ごま葉枯などの病害を伴い収量が低い水田．暖地の老朽化水田，湿田に多い．老朽化水田では活性鉄，無硫酸根肥料（肥料に由来する硫酸イオンが水田の強還元下で硫化水素となる），K_2O，ケイ酸資材の施用や客土，湿田では排水と水管理などの対策が有効である．

熟田 mature paddy field　荒地を開田したばかりの水田では，水稲の生育が不安定で収量が低い．生産力の低い水田に，灌排水施設を整え，有機物や肥料・土壌改良剤を適切に施用し，水稲を栽培し続けることで，し

だいに土壌が改善され生育・収量が高く安定してきた水田.

水利権 water right　河川の流水を排他的, 独占的に私的利益のために継続して使用しうる権利. 水を所有する権利ではない. ひとつの河川から取水する複数の水利権間では, 渇水時の水争いを防ぐために水の分配について相互に調整が行なわれてきた. 河川法(1896年)以前から農業用水として使用していた場合を「慣行水利権」と呼び, その後, 新たに許可を得て取水を開始した用水の水利権を「許可水利権」と呼ぶ.

水田の水利施設

水田は高い土地生産性と労働生産性を実現するために, 灌漑と排水を行なう. 灌漑は水田において水稲の生活環を完了させるために必要な水(蒸発散量＋水田浸透量＋栽培管理用水量－田面有効雨量)を供給するとともに, 地力の維持と蓄積, 湛水還元下における無機栄養素の可給態化, 雑草抑制, 水温調節などにより水稲にとって良好な生育環境を提供し, 土地生産性を高める. また, 排水は, 田面水位の調節により生育環境を良好に保ち, 洪水時の冠水被害や畦畔や法面の崩壊を回避し, 非灌漑期間(中干しを含む)には表面水や土壌中の過剰水を明渠, 暗渠により排除し, 作物の生育を制御するとともに地下水位を低下させることで農作業環境を改善し, 労働生産性を高める.

排水は水田裏作や転作などにおける作物の生育環境と農作業環境の改善にとって特に重要である. 灌漑と排水を効果的に行なうために, 水田は用水路と排水路, あぜなどの水利施設を備えている(図2).

用水路 irrigation canal　河川や溜池などから灌漑水(用水)を水田へ供給するための水路. 水源から用水を供給する水田群までの区間が幹線用水路, 幹線用水路から分水し, 小用水路までを支線用水路, 水田に用水を直接供給する小用水路からなる. 小用水路から水田への用水の取り入れ口を, 水口と呼ぶ. 灌漑期間の幹線用水路は貯水の役目も果たす.

排水路 drainage canal　水田からの排水を支線排水路に流す小排水路, 小排水路と幹線排水路を結ぶ支線排水路, 地区全体の排水をまとめ河川や湖沼, 海などに導く幹線排水路から構成される. 圃場からの排水には地表排水と地下排水があり, 地表の余剰水は水尻(落水口)を通じて小排水路へ排水され, 地表残留水や土壌中の過剰水は, 明渠または暗渠を通じて小排水路へ排水される.

あぜ levee　水を貯めるために水田の周囲に盛り上げられた土の囲. 畦畔とも呼ぶ. 畦からの水の横浸透を防ぎ湛水深を維持するために畦塗りを行なう. シートなどで漏水を防ぐ方法もある. 肥料や薬剤散布などのための通路であり, 隣接する水田との境界でもある.

明渠 open ditch　表面排水を促進するために土壌表面に掘られた排水溝.

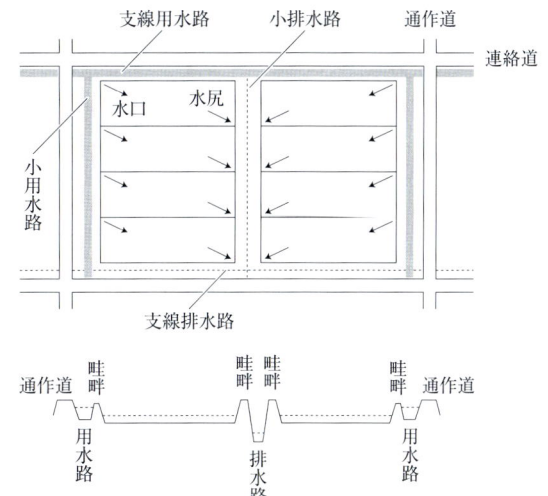

図2　水田と水田の用排水施設

暗渠 underdrain　土壌中の過剰な水分を排除するために土壌中に埋設された吸水管. 籾殻などの透水性資材で周囲を覆われている.

水口 water inlet　水田の小用水路に接する辺の上流側に設置され, 小用水路から水田へ用水を取り入れるための入水口. 小用水路の溝畦の一部を掘り取って水口とするが, 圃場の大型化により取水量が増加するとコンクリート構造の角落しや水門形式となる. 用水路がパイプラインの場合はバルブ方式となる.

水尻(落水口) water outlet　水田の小排水路に接する辺の下流側に設置され, 余剰な田面水を小排水路へ排水するための排水口. 湛水深を何段階かに制御するために数枚の角落しによる越流方式が用いられる.

水田の垂直構造

水田は平面的な広がりとともに地表面から垂直方向の構造(作土, すき床, 心土)によって特徴づけられる.

作土 plow layer, top soil　土壌を作物の生育に好ましい環境とするための耕起, 施肥, 灌水などの人為が加わり, 常に攪乱されている表層土壌. 作物が根を張り, 栄養素, 水, 酸素を吸収する. 有機物, 化学肥料, 土壌改良剤, 作物残渣などが投入され, 一般に肥沃である. すき床を境として, 心土と対を成す.

すき床 plow sole (pan), furrow pan　一定の深さでの耕耘を繰り返すことで, 常に農耕具(鋤)の当たる部分で土壌が硬く固まった作土の直下にできる非常に硬い土層. 植物根の伸長を妨げ, 透水性を低下させる. 近年は, 大型機械による踏圧を受け, すき床が浅層化, 緻密化する傾向にある.

心土 subsoil　耕起によって攪拌されないすき床より下層の土壌. 作土に比較し, 有機物含量が低く養分に乏しく, 緻密な場合が多い.

(稲村達也)

〔イネ〕
水稲直播栽培

種籾を圃場に播種してその圃場で収穫まで栽培する場合の播種を<u>直播（直播き）</u> direct seeding (sowing)といい，直播による栽培を<u>直播栽培（直播き栽培）</u> direct seeding (sowing) cultureという．陸稲は直播栽培され，水稲は直播栽培と移植栽培の両方が行なわれるが，アジア地域以外では直播栽培が主流である．

苗立ち

<u>苗立ち</u> establishment [of seedling]とは，発芽が進んで独立栄養成長に移行し，かつ土壌に定着して正常な成長が継続できる状態になること．直播では，発芽成長の途中で成長停止や枯死が起こり，苗立ちに至らない個体が発生する．どの段階で苗立ちの低下が起こるかは直播方式によって異なるので，重要な苗立ち低下期をすぎた成長段階や便宜的に発芽ないし出芽後1～2週間をもって苗立ちとみなすこともある．直播栽培では単位面積当たりの苗立ちした個体数，すなわち<u>苗立密度</u> density of established seedlingsは単位面積当たりの茎数や穂数，ひいては収量に多大な影響を与えるので，適正な苗立密度の確保が栽培の成否を握るといってよい．

<u>苗立率（苗立歩合）</u> percentage of [seedling] establishment ［苗立密度／単位面積当たり播種粒数］で決まる．苗立密度の決定要因であり，生育・収量の向上と安定のためのキーである．苗立率に影響する要因は直播方式で異なる．

<u>浮き苗</u> floating seedling 土壌への定着が不十分であるために田面水中で浮いた状態の苗をいう．湛水直播では発芽成長の過程で苗に浮力が働き，根の土中侵入が妨げられて土壌への定着不良がしばしば起こる．

<u>転び苗</u> turned down seedling 土壌への定着が不十分なために植物体を支えきれずに倒れてしまう苗をいい，苗立率低下を招く．湛水直播でしばしば発生する．種子根が伸長し始めるころに一時的に落水する芽干しは，苗に働く浮力を排除し，根の土中侵入を促して浮き苗と転び苗の発生を抑制するもので，湛水直播では苗立ち確保上必須である．根の伸長特性が異なる品種間では浮き苗や転び苗の発生程度が異なる．

<u>低温発芽性</u> low-temperature germinability 低温条件下で良好な発芽を示す特性．寒地・寒冷地での直播の苗立率向上のために注目すべき重要な特性ではあるが，低温発芽性が高ければ低温下での苗立率が高いとは限らない．たとえば，湛水直播では種子根伸長速度が大きいと転び苗や浮き苗の発生を助長するため，種子根の伸長性より地上部（鞘葉）の伸長性が苗立ちの良否と関係するとされる．

<u>出芽率</u> percentage of [seedling] emergence 鞘葉の先端が地表面上に出現することを<u>出芽</u> emergence [of seedling]といい，出芽率は出芽に至る割合［出芽個体数／播種粒数］である．種籾が土中に播種される直播方式では苗立率の重要な決定要因のひとつである．

直播方式にかかわる要因

直播方式にかかわる重要な栽培的要因は播種時の土壌条件と播種方法である．播種時の土壌条件からは湛水直播と乾田直播に大別される．

<u>湛水直播</u> direct seeding (sowing) in flooded paddy field 代かき後の湛水状態の土壌表面に播種する方式．湛水の保温効果があるため，寒冷地に適した直播方式とされる．一方，芽干し中に鳥による食害を受けやすくなることや浮き苗・転び苗などの発生による苗立ちの不安定性や易倒伏性，およびそれに起因する収量性の問

表1　水稲直播方式の多様化にかかわる栽培的要素

播種期		秋		冬		春
播種時の作付状態		立毛		裸地		
耕起（代かき）		有		無*		
出芽・苗立ち促進剤の種子被覆		有		無		
播種方法		条播		点播		散播
播種位置	平坦土壌表面		溝や穴の土壌表面		土中	
播種時の土壌条件		畑状態		落水状態		湛水状態
湛水開始期	播種前			播種直後		苗立ち後

注1：*部分耕起，浅耕を含む
注2：典型的な湛水直播および乾田直播にかかわる重要な要素をそれぞれ□および□で囲み，折衷直播に関係する要素の組合わせに下線を施した
注3：表中の要素のすべての組合わせが技術的に可能なわけではない
注4：直播方式の区分には播種技術の要素，たとえば打ち込み式なども加わる場合がある

題点がある.

乾田直播 direct seeding (sowing) in well-drained paddy field　耕起された畑状態の土壌中に播種する方式. 苗立ち後に入水・湛水するのが一般的. 出芽・苗立ちの安定化には砕土率(径2cm以下の土塊の重量比)60%以上と土壌含水比(20〜40%程度)が必要で, 播種期の降雨で栽培が不安定化しやすい. 無代かきなので漏水が問題になる場合もある.

湛水直播と乾田直播に下記の播種方法が組み合わさり, 種々の直播方式が分化している.

条播 drilling, row seeding (sowing)　一定間隔のすじ状に種籾を播種する播種法. 中耕や除草などの管理作業が容易である.

点播 hill seeding (sowing)　一定間隔ごとに複数の種籾をまとめて播種する播種法. 太い株が形成されるので耐倒伏性が優る.

散播 broadcast seeding (sowing), broadcast　種籾をばらまく播種法で, 種籾の間隔は不定である. 播種の作業能率が高いので大区画圃場に向き, もっとも低コストであるが初期生育が旺盛で過繁茂になりやすい傾向がある.

出芽・苗立ちの向上と安定, 播種や栽培管理の作業性向上, 低コスト性や収量性の向上のために多様な方式が近年開発され, 直播方式を簡素に分類することは困難になってきている. 湛水直播と乾田直播の中間的方式は折衷直播と総称されている(表1).

湛水土中直播

湛水土中直播 direct seeding (sowing) into flooded paddy field soil　カルパー calper を被覆した種籾を湛水土壌中0.5〜2cmの深さに播種する新しい湛水直播方式. 土中播種することで, 土壌表面播種の湛水直播で多発する**転び型倒伏** root lodgingを抑制し, 土中での発芽と土中からの出芽はカルパーの種籾への被覆で高めて苗立率向上も図っている. 近年は, 落水状態で播種して落水状態のまま出芽させる落水播種・落水出芽でさらに苗立率向上を図るやり方が一般化しつつあり, この場合は折衷直播に該当するといえよう.

転び型倒伏　根による植物体の支持力が弱いため, 根部の浮き上がりや根の切断によって起こる倒伏をいう. 移植栽培での発生頻度は比較的低いが, 直播栽培で頻度が高く, 湛水直播に特徴的な倒伏である. 湛水直播では, 芽干しで根が土壌に侵入しても, 発根部位は土壌表面より上にあるので根はタコ足状となり, 支持力が弱いため転び型倒伏を多発しやすい.

カルパー　過酸化石灰(CaO_2, calcium peroxide)を有効成分とする成長調整剤の商品名で, 配合された焼

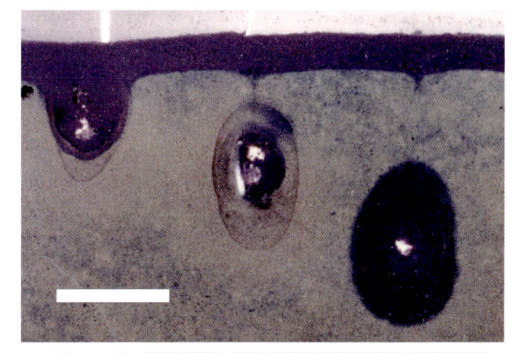

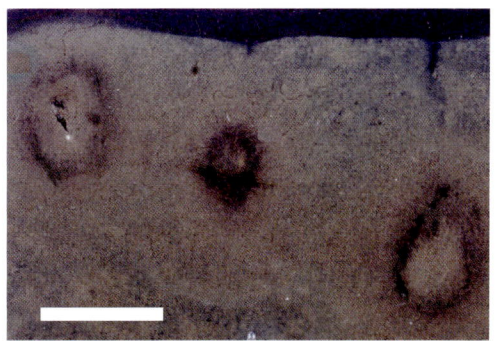

図1　カルパー被覆の有無による種籾近傍土壌の酸化還元状態の差異(メチレンブルーを添加した湛水土壌での観察:播種後4日)
上:カルパー被覆種籾, 下:カルパー無被覆種籾
青色部分は酸化状態, それ以外の部分は還元状態. 図中バーは1cm. カルパー被覆すると種籾近傍は酸化状態にある. ただし, 一部の種籾(中央のもの)では還元が進みつつある. 一方, カルパー被覆しないと種籾近傍は還元状態で, 黒色の硫化鉄が生じている

石膏により種子被覆が容易にできる. 過酸化石灰は水と反応して酸素を発生するので, 嫌気状態の湛水土壌中での発芽促進の目的で湛水土中直播で利用されるようになった. 出芽・苗立ち向上効果は, 種籾への酸素供給よりも種籾近傍の土壌を数日間酸化して発芽成長に悪影響する土壌還元を遅らせることによると考えられている(図1).

不耕起直播

不耕起直播 no-till direct seeding (sowing) in well-drained paddy fieldは, 播種期の降雨の影響を受ける乾田直播の弱点解消のため, 不耕起とした乾田直播方式である. 播種する箇所のみを, 1)浅耕する, 2)穴をあける, 3)作溝する, のいずれかで播種して覆土する. 従来の乾田直播に比べて, 降雨後も早期に播種が可能で, 播種能率と低コスト性も高い.

〈萩原素之〉

〔イネ〕育苗

育苗の目的と変遷

水稲の栽培方法には，直播栽培と移植栽培があるが，わが国の水稲栽培は約99％が移植栽培であり，あらかじめ育苗 raising seedling した苗を本田に移植（田植え）する．育苗によってよく揃った健全に発育した苗が得られるので，本田での初期生育がよく揃い，雑草との競合上，有利である．また，育苗時には保温や加温により低気温下でも順調に苗を育てることができるので，移植時期を早め，栄養成長期間を長く確保し，出穂期を早くして冷害の危険を回避することも可能となる．

わが国では，1970年頃までは水田や畑の一部に設けられた苗代 nursery bed で育苗され，手で苗を取り，手植え移植されていた．1970年代半ば頃から田植機が急速に普及し，それに伴い育苗方法は，田植機用のプラスチック製育苗箱 nursery box（長さ60cm×幅30cm×深さ3cm）によるマット苗育苗が主流となった．

マット苗では，床土に苗の根がからみ，十分なマット強度をもつことが田植機への苗の積載や移植精度上，重要である（図1）．現在，わが国の水稲栽培に利用されているマット苗は，主として育苗日数の差異による葉齢により，乳苗（育苗日数5～7日），稚苗（同15～20日），中苗（同30～35日）が用いられているが，これらの苗では，稚苗が最も一般的であり，ついで中苗であり，乳苗の利用は少ない．10a当たりの植付けに必要な苗箱数は，稚苗では18～22箱，中苗では30～35箱，乳苗では10～15箱である．葉齢の少ない苗ほど植付け箱数が少なくてすむのは，播種量が多く，箱当たりの苗数が多いことによる（表1）．

育苗に用いられる種子を種籾 rice seed, seed rice という．イネは自殖性植物であり，隣接して植えられた他品種との交雑率は低いが，品種の遺伝的純正を維持するために数年に一度は，種子更新 renewal of seeds を行なう．田植機用の苗の育苗は，種子の予措に始まり，播種，出芽，緑化，硬化の過程を経て行なわれる（図2）．

種子予措 seed pretreatment

健全に発育した種子を選別し，さらに種子に付着した病害虫を防除して，播種後に斉一な出芽となるように，播種前に種子に施される様々な処理をいう．

水稲の種子予措では，まず，種子に付着した枝梗や芒を除去する．そして，比重選（塩水選）seed selection by specific gravity, seed selection with salt solution によって健全に発育した種子を選別する．比重液の濃度は，うるち米品種では1.13，もち米品種では1.08が用いられる．比重選後，種籾に付着した病害虫を防除するために種子消毒 seed disinfection を行なう．種子消毒後，さらに浸種 seed soaking して，発芽直前となったハト胸状態とする．これを催芽 hastening of germination, forcing of germination という．催芽の適温は30～32℃で，催芽機や風呂の残り湯などを利用して行なう．

播種 sowing, seeding

一般的な田植機用のマット苗では，あらかじめ消毒した育苗箱に約2cmの深さに床土 nursery bed soil を充填する．床土には，水田や畑の表土，山土などを用い，風乾後に砕土して5mm程度のふるい目を通す．特に，水田や畑土壌を用いる場合には，フザリウム菌やピシウム菌などの土壌病菌による苗立枯病を防ぐために土壌消毒を行なうとともに，土壌のpHを硫酸やpH調整資材を用いて4～5に調整する．施肥量は，育苗日数や播種量によっても異なるが，最も一般的な稚苗では，1箱当たり窒素，リン酸，カリを成分量で暖地では各1g，寒冷地では各2g程度とし，床土に均一に混合する．

近年では，床土準備の労力を省くために，床土として山土などに有機物を添加して，pHを5に調整し，さらに肥料を混入して粒状に固めた人工床土 commercial (artificial) bed soil が一般によく用いられる．また，

図1　田植機用育苗箱でのルートマットの形成

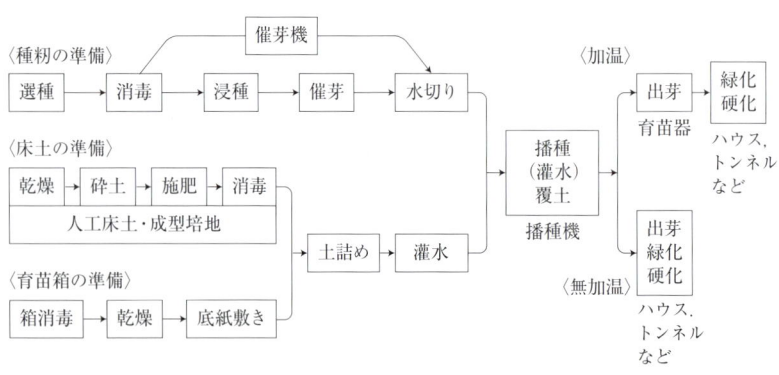

図2　機械植え稚苗の育苗手順

表1　苗の種類と特徴

苗の種類	葉齢	草丈(cm)	胚乳残存率(%)	播種量(g/箱)	育苗日数(日)	植付け箱数(箱/10a)
乳苗	1.8～2.5	7～8	50	200～250	5～7	10～15
稚苗	3.0～3.5	10～13	10以下	150～200	15～20	18～22
中苗	4.0～5.0	13～18	0	80～120	30～35	30～35
成苗1	5.0～6.0	15～20	0	35～40	35～50	45～55
成苗2	6.0～7.0	25～30	0	(90g/m²)	約50	(20～40m²/10a)

注：乳苗, 稚苗, 中苗は箱育苗マット苗. 成苗1はポット苗. 成苗2は苗代苗で, 播種量は1m²当たり, 植付け箱数は本田10a当たりの必要苗しろ面積で示した

床土の代わりにロックウール材やパルプ材, 籾がらなどを利用してpHの調整や施肥を行ない, 育苗箱の大きさに合うように加工した成型培地 nursery mat も販売・利用されている. 成型培地は, 床土(1箱当たり約4kg)に比べて軽く, 多量の苗を扱う場合には有利である.

播種量 sowing (seeding) rate は, 一般的には単位面積当たりに播種される種子重量をいう. 育苗する苗の大きさ(葉齢)によって異なる. わが国で最もよく利用されている稚苗では, 乾燥籾で箱当たり150～200gであり, 葉齢のすすんだ中苗ではこれよりも少なく, 葉齢の若い乳苗ではこれよりも多い(表1). 播種後は, 約5mmの深さに床土で覆土 covering with soil する. 覆土には床土と同じ土壌を用いるのが一般的である. 覆土の厚さムラは, 出芽の不揃いの原因となるので, 特に注意が必要である. 播種前後に床土への灌水を十分に行なう. 灌水が不十分だと出芽不揃いや苗の生育不揃いの原因となる.

近年では, 育苗箱への床土の充填から, 灌水, 播種, 覆土までを一貫した流れ作業として行なう播種プラントが利用されている.

育苗管理

播種後の育苗箱は, 温度と湿度の調整が可能な育苗器 nursery chamber に根上がりを防ぐために積み重ねて入れ, 30～32℃で加温しながら2～3日間で出芽 emergence [of seedling] させる. 出芽とは, 発芽した種子が覆土を突き抜けて地上に出現することをいう. 出芽長は約1cmが望ましい. 出芽後の育苗箱は, 春先の低温下ではビニールハウスやビニールトンネル内に並べて十分に灌水し, 寒冷紗や不織布で2～3日間遮光を行ない, 葉緑素を形成させる. この過程を緑化 greening という. 出芽後, 一気に強光下におくと, 葉緑素の形成が阻害され, 白化 chlorosis した苗となりやすい. 緑化期間の温度は, 昼間20～25℃, 夜間15～20℃くらいで管理する.

緑化後は遮光資材を取り除き, 昼間25℃以下, 夜間10～15℃を目安として, 苗を徐々に外気温にならしていく. この過程を硬化 hardening という. 田植え前, 少なくとも10日間くらいは, 自然温度下で生育させることが必要である.

育苗期間中は, 土壌病原菌による苗立枯病 damping-off や生理障害であるムレ苗の発生に注意する.

育苗期間中には, 毎日1～3回の灌水が必要であり, 特に多数の育苗箱を管理する場合には多大の労力を要する. このために, 育苗期間中の灌水労力を軽減する目的から, 木枠の囲にビニールを敷き詰め, 水深0.5～3cmくらいのプールをつくり, そこに育苗箱を入れて育苗するプール育苗が一部で普及している. プール育苗では, 単に灌水労力が軽減されるのみならず, 床土が乾燥することがないために, 床土量を約5mm程度にまで節減が可能であるとされている. また, 床土が水中にあるために土壌病原菌による苗立枯病の被害が軽減され, さらに根張りがよくなるために田植機による植付け精度が向上するなどの利点が指摘されている.

マット苗以外の育苗法

上に述べた一般的な箱育苗マット苗以外に, 次のような育苗方法が一部で普及している.

成苗ポット苗 mature seedling raised by pot　寒冷地や早場米生産のために, 出穂期, 収穫期を早める場合などに用いられる. 薄いプラスチック製で円筒形のポット(上径16mm, 下径13mm)が448個, 等間隔に成型されている. 1ポット当たりの播種量は2～4粒(平均3粒程度)で, 箱当たりの播種量は約40gである. ポット下面にはY字型の切り込みがあり, これより根が置き床中に貫入するので, 置き床への施肥が必要である. 葉齢5～6の苗を育成し, 専用の田植機で移植する. ポット育苗であるので, マット苗と異なり田植え時の断根が少なく, 植え傷みが小さく活着がよいが, 育苗箱数を多量に要する. (表1)

ロングマット苗 long-mat type rice seedling raised with hydroponics　水稲の大規模農家の省力・低コスト化を目的に開発された育苗法である. 長さ6m, 幅28cmの播種床に不織布を敷き, 約2kgの種子を播種(一般の育苗箱当たり, 200g相当)し, これに水耕液を循環させて育苗する. 液肥には, 市販の園芸用水耕液が用いられる. 育苗完了後に, 長さ6mのマット苗を円筒形の芯(直径11.4cm, 長さ27.5cm, 重さ約1kg)を入れてロール状に巻き取り, 専用の田植機に載せ, 苗を巻き戻しながら田植えを行なう. 一巻きの直径は40～45cm, 重さ11～15kgである. 6条植えの専用の田植機では, 6個のロール苗(一般の育苗箱の60箱分)の積載が可能で, 30aの水田を苗の補給なしに田植えできる.

（山本由徳）

〔イネ〕
苗代と苗

苗代の形式

イネの苗を育てる場所を苗代 nursery bedと呼ぶ．苗代は，水管理からみると，湛水状態で苗を育てる水苗代，畑状態を保つ畑苗代，生育の時期によって水苗代にしたり畑苗代にしたりする折衷苗代に分けられる．

水苗代 paddy rice-nursery　古くから行なわれてきた苗代方法で，水を張った状態で苗を育てる．水分不足の心配がなく，雑草の発生が少ない．しかし土中酸素が不足しがちで根の発育が弱く，水温が低いと苗腐病などが発生しやすい．また，逆に水温が高いと，丈が伸びすぎて弱々しい，いわゆる軟弱徒長苗となりやすい．

畑苗代 upland rice-nursery　湛水しないので根の発達がよく，健苗 good seedling（健康な苗）が得られるが，水分不足になりやすく，生育が不揃いで，雑草も発生しやすい．また根が強く張っているため苗取り pulling of seedling, uprooting of seedling（田植えに用いる苗を，苗代から抜き取って揃えておくこと）に手間がかかる．苗取りを容易にするために，下の土を締めておく．

折衷苗代 semi-irrigated rice-nursery　水苗代と畑苗代の利点を組み合わせた形式で，前半を水苗代方式で育苗し，後半は水田状態とする水田式と，前半は湛水または溝灌漑とし，後半は畑状態とする畑式とがある．

保温折衷苗代 protected semi-irrigated rice-nursery　折衷苗代の初期に，温床紙（和紙に油をしみ込ませて加工したもの）で保温するもので，昭和25年頃から普及した．種籾を苗代に播いた後，覆土して，さらに温床紙で覆う．これにより出芽が早まり，また苗立ちが揃う．出芽後イネが4～5cmに成長した時に温床紙を取り除いて水苗代とし，以後，苗の生育にあわせて水加減をする．その後，温床紙はビニールシートに置き換わったが，1970年代からの田植機の普及で，基本的には，箱育苗が中心となった（図1）．

箱育苗 seedling-raising in box　田植機を利用する稲作では，基本的には育苗箱 nursery boxに土を入れ，育苗する．ビニールハウスなどの中に土を平らにして置床（おきどこ）をつくり，そこに種子を播いた苗箱を並べて保温育苗する（図2）．したがって，箱育苗は，一般的には畑苗代である．しかし，ビニールハウスなどの中で，木の枠とビニールシートで浅い水槽をつくり，水をはり，そこに育苗箱を並べて苗を育てるプール育苗は，水苗代に区分する．

苗の種類

イネの苗 seedlingは，移植するときの葉齢（苗の葉齢を苗齢 seedling ageともいう）で，後述のように乳苗，稚苗，中苗，成苗の4種類に分けている（図3）．また，育てた条件で苗を分ける方法もある．畑苗代で育てた苗を畑苗 upland rice-seedling，水苗代で育てた苗を水苗 paddy rice-seedling，折衷苗代で育てた苗を折衷苗と呼ぶ．一般的に畑苗は発根力が強い．田植機用の箱育苗の苗は，おもに畑苗である．

成苗 mature rice-seedling [with 6-7 leaf stage]　手植えで移植された時代の苗をさす．古くから手植用の苗として使われたもので，葉齢6～7くらいまで苗代で育てて移植する．分げつを2～3本もつことが多い．田植機用に開発された稚苗などの若い苗に対して，成苗と呼ばれるようになった．

稚苗 young rice-seedling [with 3.0-3.5 leaf stage]　稚苗とは葉齢3.2齢前後の苗のことで，機械移植用に開発された苗である．それまでの苗（成苗）に比較して若く，小さい時期に用いるため稚苗と呼ばれた．通常，苗箱（60cm×30cm×3cm）に土を詰め，催芽籾を180～230g播き，出芽，緑化，硬化と育苗には約20日間かかる．1cm^{2}当たり4～5個体という高密度条件で育った稚苗は，個体相互の影響が強く，葉が長く伸びて草丈が高くなりやすく，茎は比較的細い．また，1号，2号の分げつ芽の発育は不良で，分げつとして出現することはまれである．根や根原基の数は比較的少ない．

田植機は，根の張った床土を約1cm四方に切り取って植え付ける．この時，それまでの根（種子根1本：冠根約5本）は，ほとんどを切り取られてしまい，田植え後の生育は新たに出現する冠根による．この田植え後の活着に大きな働きをする冠根が第1節部からの根で，これらの根の出始める葉齢3.2前後が移植適期とされる．稚苗は高密度で育苗するため，移植時期が遅れると，遅れた期間中，苗の生育はほとんど進まず，貯蔵物質が消耗して，「苗の老化」が起きる．このような劣質の苗を老化苗と呼ぶ．稚苗では移植適期が短いことが特徴の一つである．

（左）図1　保温折衷苗代（1970年代）
（右）図2　箱育苗
　　　置床に並べて硬化する

中苗 middle rice-seedling [with 4-5 leaf stage]　稚苗と成苗との中間的な葉齢の機械移植用の苗をさす．したがって，中苗は葉齢4～5の苗であるが，葉齢4くらいの苗を特に「三葉苗」と呼び（不完全葉を数えないと葉を3枚もつことになる），葉齢5程度の苗を中苗と区別する地域もある．寒冷地では中苗は葉齢4.5くらいが標準である．

苗箱に催芽籾を100～130g播き，育苗には30～35日間かかる．2号分げつが出現することはあるが，多くの場合，4号分げつまでは休眠し，移植後，5号分げつ以降の分げつが出現することが多い．冠根は，分化した根がすべて出現するのではないため，中苗では分化しても外に出ていない根や，やっと出始めた根が常に何本かある．このため，葉齢によらず移植後すぐに新しい根が出てくる．また，苗密度が低く，苗の老化はゆるやかで，移植適期は比較的長い．

ポット苗　苗があまり高い密度にならないように，しかも苗時代に伸びた根をなるべく傷めないで移植させる工夫として，<u>ポット育苗箱</u>がある．これは育苗箱のポット（円の面積は約2cm^2）に床土をつめ，2～4粒，栽培条件によっては1～2粒の催芽籾を播いて育苗するもので，5～6齢期まで育てる（図4）．苗は専用の田植機によって移植される．ポット育苗箱で育てた苗はポット苗と呼ぶ．大きな健苗が得られ，活着もよいが，資材費がやや多くかかる．

乳苗 nursling rice-seedling　稚苗よりも小さく，葉齢2.0前後で葉齢3.0に達しない苗である．乳苗は，湛水直播での苗立ちを安定させるための研究から，また一方では，育苗コストをできるだけ低減するために稚苗の育苗日数を短縮しようとする研究から誕生した．稚苗よりも小さいこの苗の開発当時は，<u>出芽苗</u>などいくつかの名前がつけられていたが，1990年に農林水産省が正式に名称を統一し，乳苗と名付けられた．乳苗育苗では，従来の稚苗のときよりも育苗期間が約3分の1に短縮できること（約1週間で完了），育苗施設・資材の回転を多くできることから，省力，低コストが可能となる．

稚苗や中苗では根が十分に張ってからみあい，<u>ルートマット</u> root mat が形成されることで，苗箱から苗をとって田植機にのせる作業ができる．しかし，乳苗は移植時には，まだ根数が少なくて，ルートマットが十分に形成されず，機械に移す時にすぐに崩れてしまう．これを解決するために，乳苗用の<u>ロックウール</u> rock wool 成型培地（マット）が開発され，不十分なルートマットを補強して，移植作業が容易になった．乳苗を機械移植するとき，マット片が付いているため，浅植えにすると浮き苗となりやすい．そのため，植付けの深さは苗の半分程度を目安とし，活着までは浅水で管理する．

乳苗が移植される時期は，胚乳養分がまだ50％ほど

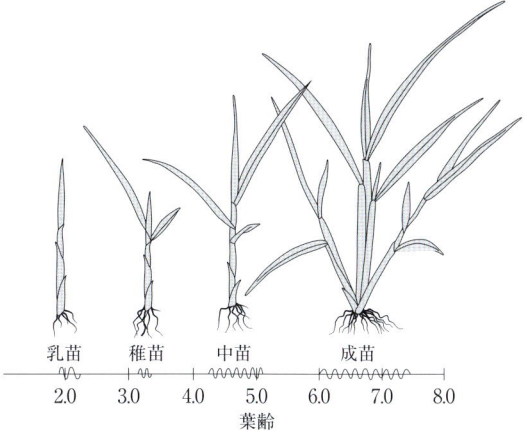

図3　葉齢と苗の種類（後藤ら，2000）

図4　ポット苗

残っており，ある程度の不良環境条件下でも生育を続けることができる．また，稚苗や中苗に比べて移植時に切断される根数が少なく，移植後すぐに，鞘葉節冠根や第1節冠根が伸長するために活着が早い．乳苗は分げつ原基の退化が少ないので，低節位の分げつ（2号，3号分げつ）の出現率が高く，過繁茂になりやすい傾向がある．この性質を有効に利用して，栽植密度を下げ，必要苗箱数を減らす技術もある．出穂期は，稚苗に比べて2～3日，中苗に比べて7日前後遅れる．乳苗を早く植えても，そのぶん早く出穂するわけではない．この特性を利用して，同じ品種を乳苗，稚苗，中苗と齢の異なる苗で移植すると収穫期が分散できるし，障害型冷害などの危険を分散することもできる．

従来の乳苗育苗はハウスに並べて硬化させて，1週間から10日間かけていた．それを前述のように育苗器（出芽器）内だけで育苗を完了する方法が開発された（これを<u>出芽器内育苗法</u>とも呼ぶ）．この方法では育苗日数を4日間（4日苗）あるいは5日間（5日苗）と短くすることも可能で，限られた育苗施設・資材を効率よく活用できる．

（後藤雄佐・中村　聡）

〔イネ〕
田植え

耕起・砕土，代かき

　水稲の田植え rice transplanting に先だって，本田を田植えがしやすい状態とする整地 land grading, ground making を行なう．水田の整地作業には，耕起・砕土と代かき，施肥などが含まれる．しかし，近年では，整地作業を省略して移植する不耕起移植や移植部分のみを耕す部分耕移植が一部で行なわれている．基肥の施用は，耕起前か代かきの際に行なわれるのが一般的であるが，側条施肥移植や全量苗箱施肥移植のように田植えと同時に施肥を行なう場合もある．

　耕起・砕土　水田土壌を深く掘り起こし，反転させ，さらにその土壌を細かく粉砕する作業を耕起・砕土 plowing and harrowing という．耕耘機 power tiller では，耕起と砕土を同時に行なう（耕耘 tillage, tilling）．

　代かき　水田での砕土 harrowing は，耕起あるいは耕耘の後，水を張って行なわれるのが一般的で，これを代かき puddling and leveling という．代かきに先立って，畦からの水の横浸透を防ぐために畦塗り levee coating をする．代かきは普通，耕耘機によって行なわれるが，荒しろ coarse (first) puddling, 中しろ second puddling, 植えしろ final puddling と，多い場合には3回行なうことがある．しかし，代かきをていねいに行ないすぎると土が締まり，通気が妨げられ，土壌の還元化が進み，移植された苗の活着が劣る場合がある．

　代かきにより砕土とともに土壌を均平にし，田植え作業が容易に行なえるようになる．また，地下への漏水を防止するとともに，肥料の分布を均一にし，さらに雑草の発生を抑えるなどの効果がある．田植えは，代かき後一定の時間が経過して土がある程度締まり，植え付けた苗がしっかり土中に固定されるようになるのを待って行なう．

田植え

　わが国では，1970年代の半ばまでは手植え hand planting による田植えが行なわれていたが，その後，田植機 rice transplanter（図1）が急速に普及し，現在では一部の中山間地の棚田などを除き，ほとんどが田植機による移植が行なわれている．植付けに用いられる苗の育苗方法（マット苗，ロングマット苗，成苗ポット苗）に対応した田植機が開発されている．また，田植機と同時に施肥を行なう側条施肥田植機も一部で利用されている．

　田植機用の苗は，1) 徒長せずに必要な草丈に達している健全な苗であること，2) 根張りがよく，十分にマット形成が行なわれており，田植機に苗をセットする際や植付け時に床土がバラケないこと，3) 生育がよく揃い均一であること，4) 苗マットの水分が適度であること，などの条件を備えていることが，植付けの作業能率や作業精度を上げるために重要である．一般的なマット苗による田植機では，植付け爪（ブロック爪，はし爪，変形はし爪など）により苗をかき取りながら植え付けていく．田植機による移植では，植付け時の土の硬さや水深が植付け精度上重要である．

　マット苗用の田植機には，歩行型と乗用型があり，植付け条数は前者では2〜6条，後者では4〜10条である．10a当たりの所要時間は，歩行型で20〜60分，乗用型で15〜25分である．手植えでの10a当たりの所要時間は，苗取り時間を含めて26〜30時間であり，いかに労働生産性が向上したかがうかがえる．田植えでは，どのように苗を配置するか（栽植様式），面積当たりにどれだけの苗を植え付けるか（栽植密度）を考える必要がある．

栽植様式

　耕地への作物の配置方法を栽植様式 planting pattern という．わが国の田植えでは，条間 row distance, interrow space と株間 hill distance, interhill space を一定として植え付ける正条植え regular planting が一般的である．正条植えには，条間と株間の間隔が等しい正方形植え square planting と条間に対して株間が狭い長方形植え rectangular planting がある（図2）．また，長方形植えの変形として，条間が35〜45cm以上と広い並木植え row planting があるが，現在のわが国の田植機による移植では，条間が30cm，株間15〜20cmの長方形植えが主流である．

　同一の栽植密度では，長方形植えでは，正方形植えに比べて株間が狭いために生育初期から株間の競合が生じ，生育が抑えられるが，条間が広いために生育後半まで養分吸収や条間への光の透過がよく，有効分げつ歩合が高くなる．正方形植えは，移植直後から分げつの発生を促して初期生育を盛んにすることが，多収穫上有利な環境条件（肥沃地帯，多肥，深耕土，疎植など）下に適し，一方，長方形植えや並木植えは，なるべく肥切れを起こさせないことが，多収穫上有利である環境条件（寒冷地，少肥，浅耕土，密植，早植えなど）下に適する．

栽植密度

　栽植密度 planting density, planting rate とは，単位面積当たりの耕地への作物の植付け個体数をいう．水稲の栽植密度は，植付け株数 number of hills per m^2 と1株苗数 number of seedlings per hill によって決定される．現行の田植機では，17〜23株/m^{2}程度の範囲にある．1株苗数は，0（欠株 vacant hill）〜十数本の範囲にあるが，2〜4本植えで収量が最大になるとされている．面積当たりの植付け苗数が同じ場合には，株数を多くして1株苗数を少なくするほうが多収穫上有利である．

　一般に，移植後の苗の生育が旺盛となりやすい条件（暖地や土壌が肥沃な水田，健苗，早植えなど）下では疎植が，逆に移植後の苗の生育が抑制されるような条件

(寒冷地や土壌がやせている水田, 不良苗, 晩植など)下では密植が有利となる. また, 品種の草型によっても栽植密度の影響は異なり, 分げつ力に優る穂数型品種は, 穂重型品種に比べて疎植される.

田植え後の苗姿

田植えは, 代かき後, 土壌の硬さが適度になった時に, 田面の約2割が露出するくらいの浅水状態で行なう. 植付け深 depth of plantingとは, 水田への苗の挿入の深さをいい, 一般に2～4cmくらいとする. 田植え時の水田の土が軟らかすぎると植付け深が深くなり, 苗が土壌中に埋没する. また, 田植機のフロート部分で泥が押し流され, 苗が倒される. 一方, 土が硬すぎると植付け深が浅くなり, 植え付けた苗が土中にうまく貫入せず, 浮き苗 floating seedlingや転び苗 turned down seedlingが発生する. 適度な土壌の硬さは, 下げ振り(基部の直径が3.6cmで高さ4cmの円錐状で, 重さが115g)を1mの高さから落下させた時の貫入深が8～13cmとされている.

水田の均平度が悪い場合には, 凹部や土の硬いところでは浅植えとなり, 田植え後の入水により苗が浮き上がり, 欠株となる. 欠株が著しいときは補植 complementary (supplementary) plantingを行なうが, 欠株間距離が24～36cm(欠株が1～2株)では, 収量への影響はほとんどない.

田植えが終了すると水深を4～6cmのやや深水に保つ.

活着

田植機により移植された苗は断根 root pruningにより, 養水分の吸収が一時的に停滞し, 地上部の出葉速度や分げつ(芽)の成長速度が抑制される. これが植え傷み transplanting injuryである. 田植え後, 苗から新根が発生・伸長し, 養水分の吸収が回復すると, 地上部の成長速度も回復する. これが活着 rootingである.

活着するためには, 植え付けた苗からの新根の発生・伸長が重要となるが, 新根の発生・伸長は苗素質(葉齢, 乾物重, 地上部乾物重／草丈比, 体内成分など)によっても異なる. 素質の優れる苗ほど活着根となる根原基数が多く, その結果, 発根数も多くなる. 特に, 北海道や東北地方, さらには温暖地の早期栽培や早植え栽培などのように低温下での田植えでは, 活着への苗素質の影響が大きく認められる.

発根可能な低限温度を活着限界温度 critical low temperature for rootingといい, 苗の葉齢や育苗条件によって異なり, 12.0～15.5℃の範囲にあるが, 葉齢が若

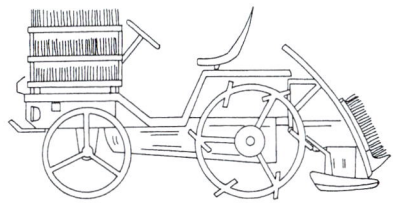

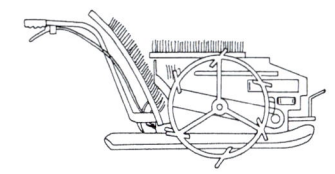

図1　田植機(鹿野田ら, 1987)
上:乗用田植機, 下:歩行用田植機

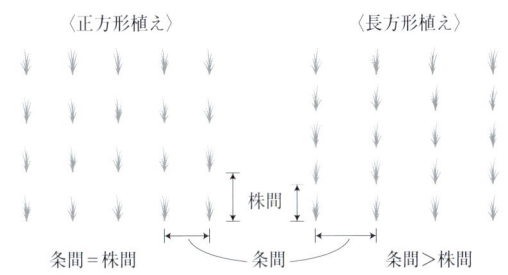

図2　水稲における正方形植えと長方形植え(鹿野田ら, 1987)

表1　苗の種類と活着可能低限温度(星川清親, 1990)

苗の種類	葉齢	育苗条件	低限温度(℃)
成苗	6.5	水苗しろ	15.5
成苗	6.5	保温折衷苗しろ	14.5
成苗	6.2	畑苗	13.5
中苗	5.5	無加温	13.5
中苗	5.0	無加温	13.5
稚苗	3.2	加・保温	12.5
乳苗	1.4	加温	12.0

い苗や, 徒長せずに苗乾物重が重く, 窒素や澱粉含有量の高い苗の低温活着性が優れる(表1).

活着の遅延は, 移植後の生育ステージの進捗を停滞させ, 出穂期が遅延することにより, 寒冷地では冷害の危険性が高くなる. また, 暖地においては早期栽培米の収穫時期の遅延や晩期栽培米の登熟不良など, 稲作栽培や経営上の問題を引き起こす.

(山本由徳)

〔イネ〕
作 期

作期の早晩

　水稲の作期 cropping season は本田への作付け時期を指す．作期の早限は，春先の気温が移植後の活着や直播後の出芽が可能な気温に達する時期となる．この時期の日平均気温の目安は稚苗移植では12℃，中苗移植では13～14℃，直播栽培では11.5℃となり，暖地ほど作期の早限が早くなる．一方，作期の晩限は，十分な登熟が確保できる出穂後40日間の平均気温が20℃以上になる出穂晩限までに出穂する作付け時期となる．

　作期はこのような気象条件に加えて，作付けする品種，前作の収穫時期のほか，産米の販売の有利性や地域の水利などに応じて決定される．また，安定栽培のためには作期に応じた品種の選定，栽培管理の適用が重要となる．作付け可能な作期の幅は暖地や温暖地で長いため，これらの地域の作期は多様であり，この期間が短い寒冷地では作期の幅は狭い．

各作期の定義と特徴

　普通期栽培 normal season culture　「普通期」の定義は一定しておらず，全国の水稲の作付け時期を横ならびにして作期を整理する場合には，関東以西の温暖地や暖地の二毛作地帯において，ムギ収穫後の6月中旬に移植する作型が普通期栽培とされる．このときには，東北地域のように移植時期が5月上中旬と相対的に早まる作期を早植え栽培，移植時期が7月に入る作期を晩植栽培とする．

　一方，各地域における主要な作付け時期を普通期栽培とする場合もあり，このときには普通期栽培に対して，作付けの早い作期が早植え栽培，遅い作期が晩植栽培となる．各地域における普通期栽培は，移植や直播後の気温や出穂後の登熟気温が十分に確保できる条件で設定されている．いずれの場合も作期の名称と相対的な作付け時期の関係は一致しており，表1のように整理される．

　早期栽培 early season culture　普通期栽培と比較して大幅な収穫時期の早進化を目指した移植での作期で，関東以西の本州，四国，九州の温暖地，暖地において，8月中の収穫が達成される作期となる．本作期の目的としては，栽培面では台風の影響を受ける頻度が高まる9月以前に収穫して風水害を回避すること，メイチュウの被害を軽減することなどがあげられる．また，販売面では，北陸や東北などの大産地の米が市場に出回る前に新米として早期に出荷することで有利性を得ることがあげられる．

　早期栽培で生産されて早期に出荷される米を**早場米** early delivery rice と呼ぶ．早期栽培の主産地における2005年の収穫量は，鹿児島県24％，宮崎県44％，高知県62％，沖縄県78％を占めている．栽培上の留意点としては，育苗期や生育前半の低温に対応した深水灌漑や登熟期の高温に対応した掛け流しなどの水管理があげられる．なお，**極早期栽培** extremely early season culture は早期栽培のなかでも特に早く作付けを行なうもので，早場米としての有利性をさらに追求した作型である．

　早植え栽培 early-planting culture　普通期栽培に対して移植時期を早めることで出穂期までの生育量を確保するとともに，登熟期間の気温や日射量を確保して登熟を安定させることにより収量性の安定化を目指した作期を早植え栽培と呼ぶ（直播の場合は早播き栽培）．一般的には収穫の早進化は目的ではなく，多収をねらった栽培法となる．

　普通期栽培における登熟気温が低い地域では，早植え栽培により出穂期が早まり，登熟気温が高まることが収量性の安定化に有効となるが，寒冷地では冷害危険期が早まることで障害型冷害の危険性が高まる場合もある．また，登熟期が高温な時期と重なるために，特に関東以西の地域においては，高温登熟による品質低下や穂発芽を助長する可能性もある．栽培上は，早期栽培同様に低温期や高温期における水管理の対応が重要となる．

　晩植栽培 late-planting culture　同一圃場の前作との競合を回避して輪作体系を確立するために，品種や栽培法を著しく変えない条件で，普通期栽培に対して移植時期を遅くする作期を一般に晩植栽培と呼ぶ（直播の場合は晩播栽培）．

　晩植栽培で普通期栽培と比較して出穂期が遅れることは，温暖地や暖地においては登熟気温の低下にともない，高温登熟による品質低下の軽減に有効となるため（表2），近年では水稲単作の条件であっても高温登熟対策として晩植栽培が推奨されている．

　一方，寒冷地においては晩植栽培により出穂期が遅れると遅延型冷害の危険性が増大するものの，障害型冷害の危険性は低下するため，普通期栽培との組合わせによる危険期分散に有効となる場合がある．

　いずれの地域においても，育苗期間が普通期栽培よりも高温となるため，育苗期間の短縮や育苗ハウスの高温防止対策により，苗の徒長を防止することが重要となる．

　晩期栽培 late season culture　本作期では前作の収穫後の作付け時期が普通期栽培と大きく異なり，一般には感光性の高い晩植適性品種が作付けされる．晩期栽培の作付け時期は7月から8月上旬となり，分げつ期間が短くなるために一般に密植栽培が行なわれる．また，直播栽培の導入は困難な作期となる．

　本作期では，生育期間の短縮にともない収量性も低下するため，前作の収益性が高いことが導入の前提となる．本作期の導入は，タバコ，イグサなどの後作が一

表1 各昨期の時期と特徴の概要

早		作付け時期		遅
早期栽培	早植え栽培	普通期栽培	晩植栽培	晩期栽培
・暖地において台風による風水害の回避 ・早場米としての販売面の有利性 ・移植時期が極端に早い場合は「極早期栽培」	・生育期間を長期間化し、生育量を確保 ・出穂を早めて登熟条件を向上 ・寒冷地では障害不稔、暖地では高温登熟の危険性が増大	・全国の基準としては、ムギ後の6月上中旬移植 ・各地の主要作期を指す場合もある ・品種の早生化や近年の温暖化傾向により高温登熟が問題化	・前作との作業競合の回避 ・栽培法や品種は普通期栽培とほぼ同様 ・普通期栽培よりも出穂期が遅れるため高温登熟回避に有効	・前作の収益性を重視した作型への水稲作の導入 ・感光性の高い晩期向け品種の密植栽培 ・育苗期間や移植後の高温に留意が必要

般的であるが，これら前作の作付け面積が減っているため，晩期栽培面積も減少している．なお，前作の畑作物における連作障害の軽減や，クリーニングクロップとしても有効となる．栽培上は，育苗期間や移植時が高温となるため，育苗期や移植後の苗の徒長防止に留意した管理が必要となる．

作付け回数

同一圃場に同一作物を1年間に2回栽培することを二期作 double croppingと呼ぶ．水稲の二期作導入が可能な気象条件としては，日平均気温が16℃以上の期間を180日以上有することが目安となる．わが国では高知県，鹿児島県，沖縄県を中心に，昭和40年代初頭まで約10,000haの面積を有していたが，農村労働力の都市部への流出や米の生産過剰傾向により，二期作の面積は急激に減少し，現在は沖縄県以外ではほとんど行なわれていない．

作期としては第1期作が早期栽培，第2期作が晩期栽培に相当する．1年に1回の作付けを行なう一期作 single croppingと比較して年間に得られる収量は増加し，一般に収益性が向上する．なお，東南アジアなどの熱帯地域では二期作を行なう地域が多く，また，一部では1年に3回作付けを行なう三期作 triple croppingも行なわれている．

再生二期作 ratoon croppingは，第1期作を刈り取った後の刈り株から出たひこばえの再生能力を利用するものである．通常の二期作と比較すると第2期作の耕起，代かき，育苗，移植作業の省略が可能で，作業時間とコストの大幅な節減が可能となるとともに，作付け期間の短縮にもつながる．ひこばえの再生能力には刈り株や根に残存する養分の影響が大きく，刈取り高さが高いほど再生力が高い．再生力を高めるための品種選定や栽培・収穫法が重要となる．

輪作体系

一つの耕地に1年間に1種類の作物を作付けする作型を一毛作 single-crop system，一つの耕地に時期を違えて1年間に2種類の作物を栽培する作型を二毛作 two-crop system（2種類以上を多毛作 multiple-crop

表2 移植時期が出穂期および品質に及ぼす影響

(山口ら，2003を改変)

移植期 (月.日)	出穂期 (月.日)	出穂後15日 平均気温(℃)	完全粒 (％)	乳白粒 (％)
4.27	7.25	28.9	79.6	10.6
5.08	7.29	28.6	81.3	9.8
5.18	8.04	28.1	84.2	4.2
5.29	8.09	27.1	87.0	3.4

注：1999〜2002年の平均値

図1 二期作での第2期作イネの田植え（高知県）
（写真提供：千葉寛）
第1期作イネはすでに色づいている

system）と呼ぶ．輪作における水稲作は地力低下の抑制や連作障害の回避など，重要な役割を果たす．水稲作を基幹とした輪作体系においては，春から秋に水稲を表作 main season cropとして作付けし，水稲収穫後に裏作 off-season cropとしてムギ類，野菜類，飼料作物などを作付けする．

冬期の低温や積雪により露地栽培が困難な地域では，二毛作栽培の導入は難しいが，近年，水田の高度利用が推進されるなかで，イネ，ムギおよびダイズを2年間に1回ずつ作付けして輪作を行なう2年3作体系や，収穫前の前作の条間に次作の播種を行なう立毛間播種栽培など，作目や気象に応じた多様な体系が確立されてきている．

（吉永悟志）

〔イネ〕
病気

病気と発病

植物が環境の悪化や病原体の感染によって生理的形態的に異常をきたし，健康な状態を保てなくなることを病気 disease という．病原体 pathogen（菌類 fungi, 細菌 bacteria, ウイルス virus など）に起因する伝染性のものと，温・湿度，日照・風速などの環境要因や化学物質に起因する非伝染性のものとに分かれる．病原体の存在（主因）と寄生しやすい環境条件（誘因），作物の病気に対する感受性（抵抗性の小さい性質）の3つの要因がそろったときに発病する．

病原性と抵抗性

ある植物種に病原性をもつ病原菌（種）のなかには，植物品種に対する病原性が質的，量的に異なるレース（病原型）race に分化しているものがある．植物病には病原体－宿主の組合わせによって様々な抵抗反応がみられる．宿主の抵抗性が少数の主働遺伝子によって支配されている質的な抵抗性を真正（垂直）抵抗性 true (vertical) resistance といい，環境に対して安定的であるが，病原菌の新レースの出現により罹病する危険性がある．多数の微働遺伝子によって支配されている量的な抵抗性を圃場（水平）抵抗性 field (horizontal) resistance といい，明確な特異性はみられず環境に対し不安定であるものの，異なるレースに対し安定した抵抗性を示す．

病気の診断，主要病害

診断 罹病した植物は，外観的異常すなわち病徴，また病原体自体が認められる標徴を呈する．一般に病気の診断は病徴により行なわれ，カラー写真で病徴を解説した成書やカード，ホームページに掲載されたフルカラー画像の検索システムなどが利用され，防除の判断がなされる．これ以外に理化学的変調による診断，顕微鏡的診断や血清学的診断，生物学的診断，遺伝子診断がある．病気の同定には病原体の分離，培養，接種試験が必要とされる．

いもち病 blast いもち病菌 *Pyricularia oryzae* Cavara の寄生による．わが国の稲作にとって最も重要な病害であり，全国的に発生も多く被害も甚大である．イネの生育全般（苗代期〜登熟期）を通じて発生し，稲体の各部を侵す．発生部位により葉いもち，節いもち，穂いもちなどとよばれる．曇や雨の日が続いて日照が少なく，やや低温（25℃前後）で湿度の高い条件で発生しやすい．

葉の病斑ははじめ円形で灰緑色の斑点を生じ，やがて紡錘形となって中央部は灰白色，周縁部は褐色となる（図1）．本田初期に罹病すると株全体が萎縮して草丈が低くなり，「ズリコミいもち」とよばれる．節では褐色病斑を生じ，穂首や枝梗に進展すると登熟は停止して白穂となる．籾では先端から白化が起こる．

育苗期には密播，畑条件で発生が多く，種子消毒が必要となる．本田では晩植，深植え，密植，多肥で発生しやすい．ケイ酸石灰の施用により発病が抑えられる．冷水田では多発する．防除には抵抗性品種の採用が効果的だが，コシヒカリは罹病しやすいため，近年では抵抗性のコシヒカリBLが育成されている．防除は殺菌剤の特性により苗箱施用，初発前の予防的施用，罹病後の治療的施用がある．

ごま葉枯病 brown spot ごま葉枯病菌 *Cochliobolus miyabeanus* (Ito et Kuribayashi) Drechsler ex Dastur の寄生による．発病適温は25〜30℃で全国的に発生するが，特に暖地に多い．肥料の保持力に乏しく生育後半に肥料切れするような地力の低い水田で多発する．育苗期以降，葉に黒褐色で同心円状の輪紋（ゴマ粒大の病斑）が発生し，籾にも暗褐色の斑点ができ，籾重の減少は10％程度である．防除には種子消毒を徹底し，常発地帯では客土，堆肥施用により地力を高め，硫酸根を含まない窒素肥料やカリウムやケイ酸石灰などを施用する．

紋枯病 sheath blight 紋枯病菌 *Thanatephorus cucumeris* (Frank) Donk の寄生による．初夏から株の水際に近い葉鞘に暗緑色水浸状の斑紋を生じ，しだいに上部葉鞘へと進展し，成熟前に葉を枯らして生葉数を減じる．近年の作期の早期化，多肥栽培により発生が増加するようになった．越冬菌核が田面を浮遊し，水際からイネに侵入する適温は28〜32℃で，高温多湿・多肥密植条件で多発する．病斑の垂直進展が最も盛んな幼穂形成期から穂ばらみ期に殺菌剤を散布すると，防除効果が高い．

縞葉枯病 stripe イネ縞葉枯ウイルス rice stripe virus による．ゆうれい病ともいわれ，本田初期に発病すると黄化した新葉がこより状に巻いて垂れ下がり，しだいに枯死する．生育中期以降に発病すると，葉に黄緑か黄白色の縞状の斑紋を生じ，穂は出すくみとなる．本ウイルスの媒介昆虫はヒメトビウンカで，第2〜3回成虫の吸汁により保毒する．経卵伝染するため，越冬前の保毒虫率が高いと，次年度の発生が多くなる傾向がある．雑草やムギ畑などの越冬幼虫を防除すること，本田での第2世代以降の発生密度を抑えることが重要である．1980年代後半に全国的に本病の発生が問題となり，抵抗性品種の育成がなされたが，近年ではムギ作の減少とともに保毒虫密度も低くなり，被害は小さくなってきている．

馬鹿苗病 "Bakanae" disease 馬鹿苗病菌 *Gibberella fujikuroi* (Sawada) Ito の寄生による．種籾に付着した胞子が発芽して菌糸の状態で種籾に侵入し，種子伝染する．発芽が始まるとジベレリンを産生して葉が異常に長くなり，黄緑色を呈して徒長苗となる．20℃以下の低温では徒長せず，保菌株となる．保菌株は本田でも徒長し，重症になると穂ばらみ期に枯死する．開花期以降に

感染した籾は褐変し，稔実が悪くなる．防除の基本は殺菌剤による種子消毒が基本であるが，耐性菌の出現により新たな薬剤の開発が求められる．環境保全の観点から，60℃10分間の温湯種子消毒技術も開発されている．

白葉枯病 bacterial leaf blight 白葉枯病細菌 *Xanthomonas oryzae* (Ishiyama 1922) Dye 1978の寄生による．葉縁部から波形の白色病斑を生じ，先端から枯れてくる．発病が急激な場合は白色水浸状の大きな病斑が拡大し，葉が巻き上がり萎凋して一面白く枯れることもある．暖地の地力の高い水田や多肥栽培で発生しやすく，風水害の後に一斉に発病し，壊滅的な被害をまねく場合がある．耐性品種群が知られ，耐性品種も育成されている．被害わらや籾，イネ科多年生雑草サヤヌカグサでも越冬するので，これらの除去や殺菌剤の予防的，治療的施用を行なう．

稲こうじ病 false smut 稲こうじ病菌 *Claviceps virens* Sakuraiの寄生による．豊作の年に多発するといわれる．乳熟期以降に籾の内外穎の隙間から黄緑色の小さな肉塊状の菌糸塊が現われ，しだいに大きくなってついには籾を包み込む．時間の経過とともに暗緑色に変化し，表面の皮膜が破れて表面は粉状となる．罹病籾は通常1穂当たり数個であるが，20を超えることもある．高温多雨条件や多肥栽培で多発する．窒素の施肥をひかえ，常発地帯では穂ばらみ期に銅剤を散布する．

葉鞘褐変病 sheath brown rot 葉鞘褐変病細菌 *Pseudomonas fuscovaginae* Miyajima *et al.* 1983の寄生による．穂ばらみ期に発生し，当初は止葉葉鞘に暗褐色水浸状の斑紋を生じ，進展して大型病斑となる．穂は出すくみ，籾は一部あるいは全面が暗褐色ないし黒褐変する．罹病籾の玄米表面に褐色の斑紋が生じ，激しい場合は全体が褐変し被害粒を生じる．被害籾やわらで越冬して本田の稲株に付着し，穂ばらみ期に好適な低温・湿潤条件に遭遇すると，止葉葉鞘の裏面の気孔や傷口から侵入して発病する．穂ばらみ期に低温に遭遇する場合は，殺菌剤による防除が有効である．

萎縮病 dwarf イネ萎縮病ウイルス rice dwarf virusによる．関東以西で発生がみられ，媒介昆虫はツマグロヨコバイである．越冬した保毒幼虫が羽化して，第1回成虫の水田への飛来により伝染が起こる．発病は第2回成虫が飛来する分げつ期が最盛となる．発病個体は矮化して草丈が低くなり，分げつを多くする．葉色が濃緑色になり，葉脈に沿って白い微細な斑点が点線状に現われる．初期に発病した個体は著しく矮化して出穂しない．育苗期から本田初期まで，ツマグロヨコバイを防除することが肝要で，殺虫剤を施用する．このほか，黒すじ萎縮病がヒメトビウンカにより，黄萎病がツマグロヨコバイにより伝染される．

黄化萎縮病 downy mildew 黄化萎縮病菌 *Sclerophthora macrospora* (Saccardo) Thirumalachar, Shaw et Narasimhanの寄生による．水害で冠水した後に多発することで知られる．イネ科雑草に寄生して越冬

図1 いもち病（写真提供：内藤秀樹）

し，翌年遊走子が幼芽，分げつ芽に達すると感染発病する．葉身，葉鞘に白色斑点が連なり，短くなる．節間が短くなり，穂は出すくみ奇形となる．侵冠水をさけ，冬期の畦畔の草刈りを徹底する．

籾枯細菌病 bacterial grain rot 籾枯細菌 *Pseudomonas glumae* Kurita and Tabei 1967の寄生による．乳熟期以降，緑色の穂の中に淡褐色で水分を失った籾が現われ，稔実不良のため穂が傾かず，突立った状態となる．玄米も淡褐色に変色する．激発すると減収程度が大きくなる．感染籾を播種することにより，苗箱では苗腐敗症を生じ，出芽後に坪枯れ状の腐敗枯死がみられる．無病圃場から採種し，種子消毒を徹底する．本田期では殺菌剤の施用が有効である．

苗立枯病 damping-off 田植機の普及により育苗箱での発芽・緑化・硬化の各期に苗立枯病が発生し，育苗の障害となっている．以下の菌類が主な病原となっている．

・フザリウム菌；*Fusarium* spp.：地際部の葉鞘が褐変腐敗枯死し，白色または紅色のカビが生じる．

・ピシウム菌；*Pythium* spp.：根や葉鞘が水浸状に腐敗して萎凋枯死が急激に起こり，坪枯れ状になる．白い綿状のカビを生じる．育苗後半のムレ苗の原因にもなる．

・リゾープス菌；*Rhizopus* spp.：出芽時に床土表面に灰色のカビがパッチ状に発生する．

トリコデルマ菌；*Trichoderma* spp.フザリウム菌と類似するが，根の発達が劣り，葉身の黄化が激しく，褐変枯死する．床土に白いカビを生じ，青緑色の胞子塊となる．

・リゾクトニア菌；*Rhizoctonia* spp.：緑化時に葉身・葉鞘が灰緑色水浸状に腐敗して枯死する．クモの巣状のカビが苗の間を走り，白色菌核をつくることもある．

フザリウム菌由来の場合，緑化期間中に10℃を割るような低温や床土の乾湿の繰り返しに遭遇すると発生が助長される．ピシウム菌由来の場合，低温・過湿条件下で発生しやすい．これ以外の菌は高温・過湿条件で発生が助長される．育苗資材の殺菌を行なうとともに，殺菌・pH5.0に調整された培土を床土に用いる．各菌に有効な殺菌剤の混和，土壌灌注を行なう．いずれも密播条件で発生が助長されるため，うす播きが推奨される．

（齊藤邦行）

〔イネ〕
害虫

農耕と害虫

　昆虫類(節足動物門，昆虫網)は命名されているもので120万種以上，全生物種の過半数，動物種の70％を占める．成虫は2対の羽と3対の足をもち，頭部・胸部・腹部の3つに分かれている．害虫の多い目は，バッタ目，カメムシ目，チョウ目，ハエ目，コウチュウ目などである．

　農耕が起源して以降，生物相が単純化した農耕地生態系には特定の害虫 insect pest が生息するようになり，日本でも稲作の開始以来ウンカ類の多発が飢饉を招いた．昭和年代においても，メイチュウ，ウンカ，コブノメイガの多発は水稲単収の変動に大きく影響している．

　イネ主要害虫として47種，日本産農林害虫としては2,000種あまりが知られ，作物の種類，地域，気象条件により発生する害虫は多岐にわたる．餌となる作物の栽培期間に，移動や産卵により害虫が侵入して増殖が起こり被害がでる．その増殖率が作物の状態や気温，日長などの環境要因，また捕食性・寄生性天敵の群集密度により大きく変動し，大発生を招く．

主な稲作害虫

・**ニカメイチュウ** rice stem borer
　チョウ目，*Chilo suppressalis* Walker．二化螟虫の名のとおり年2回，全国的に発生する．成熟幼虫は体長約20mm，体色は淡褐色で縦縞模様があるイモ虫状である．年2世代，最盛期は6月上中旬の分げつ期と8月中旬の出穂期に発生し，幼虫はイネの葉鞘や茎内部を食害して蛹となり，茎は枯死するか白穂となる．第2世代の被害の方が大きい．稲作の最重要害虫といわれたが，最近では作期の早期化により発生が減少している．

・**サンカメイチュウ** yellow rice borer
　チョウ目，*Tryporyza incertulas* Walker．三化螟虫の名のとおり年3回発生する．単食性のため栽培様式の変化とともに激減し，現在では南九州，南西諸島にみられるだけである．成熟幼虫は体長約15mm，体色は黄緑色で1本の縦縞模様がある．

・**イネツトムシ** rice-plant skipper
　チョウ目，*Parnara guttata* Bremer et Grey．幼虫が数枚の葉をチマキ状に集めて接着してツトをつくり，出穂・開花・稔実を阻害する．施肥量の多い水田や遅植え水田で多く発生する．幼虫は成熟すると体長40mmにも達し，褐色の頭部に緑色紡錘形の胴，背面に褐色の条がある．大きな幼虫には殺虫剤が効きにくく，早期発見，早期防除が肝要である．

・**コブノメイガ** rice leafroller
　チョウ目，*Cnaphalocrocis medinalis* Guenée．全国的に発生するが，特に西日本で被害が大きい．海外飛来性害虫で年3～5回発生する．葉を葉脈に沿って縞状に食害し，1枚の葉の両縁を綴って袋状にし，中には糞を溜める．窒素過多や遅植え田などに被害が集中する傾向にある．幼虫は光沢のある半透明，黄緑色で，老齢幼虫は体長約15mmである．成虫飛来最盛期から幼虫孵化期の防除が効果的である．

・**イネドロオイムシ** rice leaf beetle
　コウチュウ目，*Oulema oryzae* Kuwayama．寒冷地害虫で北日本，西日本の山間地に発生する．年1回発生し，成虫で越冬，5月下旬頃水田に侵入し，6月下旬には新成虫となる．幼虫は葉を食害し，初期生育を遅延させる．幼虫は体長約5mmの洋なし形で背面に糞を背負っている．防除は幼虫加害時期に各種殺虫剤が用いられるが，梅雨の時期と重なるため防除効果が小さい．苗箱施用剤も有効である．

・**イネミズゾウムシ** rice water weevil
　コウチュウ目，*Lissorhoptrus oryzophilus* Kuschel．海外侵入害虫で1976年に愛知県で確認され，その後全国に広がった．日本では雌だけで単為生殖により増殖する．年1回，西南暖地では2回の発生もみられる．成虫は低温に耐え，畦畔や山林などで越冬し，4月中頃に水田に侵入する．成虫は葉を葉脈に沿って縦筋状に食害し，白い筋が残る．葉鞘に産卵し，孵化した幼虫は根を旺盛に食害するため，イネの生育が悪くなる．幼虫による被害のほうが著しく大きい．成虫は体長約3mmのゾウムシで，淡黄～灰褐色の鱗毛で覆われ，背面に暗褐色の雲状紋がある．幼虫は体長10mm，乳白色のウジムシで，背面に6対の突起がある．
　遅植えや健苗育成により防除効果がある．幼虫が根部に生息するため，施薬量が多くなり，薬害の発生に注意する．苗箱施用薬も効果が高い．

・**カメムシ(椿象，亀虫)** stink bug
　針状の口をもつカメムシ目 Hemiptera に属し，上羽の前側が堅い皮状，下側が薄い膜状になっている集団(カメムシ亜目 Heteroptera)のうち，陸上に生息する昆虫グループで，外観が亀に似ていることからカメムシと呼ばれる．日本には約350種が認められており，このうちイネの穂を吸汁して斑点米を形成するものを，斑点米カメムシと称し，約40種が採集され，重要種は11種ぐらいである．イネカメムシ rice stink bug (*Lagynotomus elongates* Dallas)，イネクロカメムシ black rice bug (*Scotinophara lurida* Burmeister)，ホソハリカメムシ (*Cletus punctiger* Dallas)，クモヘリカメムシ rice bug (*Leptocoria chinensis* Dallas)，ミナミアオカメムシ southern green stink bug (*Nezara viridula* Linné)，トゲシラホシカメムシ white-spotted spined bug (*Eysarcoris paruvus* Uhler)，オオトゲシラホシカメムシ (*Eysarcoris lewisi* Distant)，シラホシカメムシ white-spotted bug (*Eysarcoris ventralis* Westwood)，アカヒゲホソミドリカスミガメ rice leaf bug (*Trigonotylus coelestialium* Kirkaldy)，ナガムギメ

クラガメ (*Stenodema sibiricum* Bergroth), コバネヒョウタンナガカメムシ (*Togo hemipterus* Scott).

多化性で, 年2～4回発生する. 雑食性で, 出穂後水田に飛来してイネの穂を吸汁する. カメムシの吸汁痕が斑点として玄米に残り, 玄米等級を低下させる. 近年の高温傾向により被害が拡大してきており, 穂ぞろい期以降に殺虫剤の散布が必要である. 穀粒選別機を導入して, 被害粒を選別しているライスセンターもある.

・**ウンカ（浮塵子, 雲霞, 蝗）planthopper**

カメムシ目 Hemiptera の昆虫のうちイネを吸汁する5mm前後で, カメムシやアブラムシを除く害虫の総称. 吸汁してイネに被害を与えるほか, ウイルスの媒介昆虫となる. 江戸時代, 享保の飢饉の原因となったといわれる.

ヒメトビウンカ smaller brown planthopper　カメムシ目, *Laodelphax striatellus* Fallén. 成虫・幼虫の加害による直接の被害は小さいが, 縞葉枯病, 黒条萎縮病の媒介昆虫として重要である. 麦作の減少で全国的な発生は少なくなった. 海外飛来も確認されているが土着性のウンカで, 4齢幼虫がイネ科雑草で越冬し, 年5世代程度繰り返す. 成虫には翅の長い長翅型(雌体長4mm)と短い短翅型(雌2.5mm)があり, 雄は小さい. 雌の体色は黄褐色で胸部背面に不明瞭な白い斑紋がある. 雄はより黒さを増す. 幼虫は褐色で老齢では白粉を被る.

第1回成虫は3～4月に羽化し, ムギ類に移動して産卵する. 6月頃に第2回成虫が羽化し, 本田のイネへ飛来する. 第3回成虫が7月下旬頃, 第4回成虫が8月下旬頃, 第5回成虫が9月下旬頃に発生する. 縞葉枯病の防除には, 移植から最高分げつ期頃までに殺虫剤を散布する. 長期残効性の苗箱施用剤も開発されている.

セジロウンカ white-backed rice planthopper　カメムシ目, *Laodelphax striatellus* Fallén. セジロウンカとトビイロウンカは本州では越冬せず, アジア東部の越冬成虫がジェット気流に乗って, 海を越えて飛来し侵入世代となる. 夏ウンカといわれ, 7～8月の発生が多い. 長い口吻をイネの導管や篩管に差し込んで吸汁するためイネの生育が悪くなるが, 壊滅的な被害とはならない.

成虫は長翅型が多いが, 雌では短翅型も出現しやすい. 雌の体長は約4.5mmで灰褐色, 雄はやや小さく黒みを増す. 胸部背面中央に長楕円形の白紋がある. 幼虫は全体が白く胸部と腹部背面に雲状斑が多くある.

主な飛来は6月中旬～7月中旬で, トビイロウンカに比べ飛来量が多い. 水田では飛来成虫に始まり, 2～3世代を経過して8月後半には水田からいなくなる. 飛来成虫が株当たり複数認められたら, 殺虫剤を施用する. 苗箱施用剤も有効である.

トビイロウンカ brown rice planthopper　カメムシ目, *Nilaparvata lugens* Stål. 秋ウンカと呼ばれ, 長翅型と短翅型が発現しやすいタイプがあり, 短翅型が多いほど増殖率が高く, 9月下旬から10月にかけて吸汁による坪枯れを生じ, 大被害を及ぼす. 雌成虫は長翅型(図1)

図1　トビイロウンカ長翅型の成虫

（写真提供：湖山利篤）

が体長約5mm, 短翅型が約3.3mmで褐色, 雄は小型でより黒みが強い. 短翅型雌は翅が短く腹部のふくらみが顕著で, 跳躍力が強い. 老齢幼虫は黄褐色になる.

イネ属のみに寄生する海外飛来昆虫で, 西日本での発生が多い. 6～7月に数回飛来し, これを第2回成虫と呼ぶ. 第3回成虫は7月末頃発生し, 短翅型の発生率が高い. 第4回成虫は8月末, 第5回成虫は9月末に発生し, 最終世代は長翅型が多い. 幼虫ともにイネの株元に生息し, 吸汁加害して, 葉鞘内に卵塊を産卵する. 約1か月で1世代を経過する. 世代を経過するごとに増殖率を増し, 9月には下葉は枯れ上がり, 株元にはクモの巣状の糸やスス状のものが付着している. 7月末に10株当たり2～3匹いれば, 9月末に坪枯れ発生が予想され, 殺虫剤の散布が必要となる. トビイロウンカの場合は, 増殖抑制効果のある薬剤も効果的である. 他のウンカと同様に苗箱施用剤も有効である.

・**ツマグロヨコバイ green rice leafhopper**

カメムシ目, *Nephotettix cincticeps* Uhler. 本田期間を通じて最も頻繁にみかける害虫で, ウイルス病を媒介するのみならず, 吸汁被害も大きい. 成虫雌の体長約6mmで全体に緑色を呈するが翅端は淡褐色, 雄はやや小さく翅端が黒色をしている. 幼虫の雌は黄褐色, 雄は淡黒色をしている. 4齢幼虫として雑草上で越冬し, 収穫期まで東日本では4世代, 西日本では5世代発生し, しだいに稲株上部の葉身・葉鞘を加害するようになる.

萎縮病, わい化病, 黄葉病, 黄萎病を媒介するため, 生育初期の殺虫剤散布と, 秋期の再生稲や春期雑草の埋没が効果的である. 薬剤抵抗性の発達が著しい.

・**アブラムシ（アリマキ）aphids**

カメムシ目・ヨコバイ亜目のアブラムシ上科に属する昆虫で, アリマキとも呼ぶ. 年間に多くの生活型が現われる. 大部分は無翅胎生雌虫で繁殖を繰り返すので増殖が著しい. 卵や胎生雌虫で越冬する. 新葉や穂に群がり, 吸汁するため, 葉が巻いたり萎凋枯死などの被害がでる. 排泄物にすす病菌が発生したり, ウイルス病を媒介伝染させたりする. イネでは育苗期にムギヒゲナガアブラムシ Japanese grain aphid (*Macrosiphum akebiae* Shinji) に寄生されることがある.

（齊藤邦行）

〔イネ〕
雑草

水田雑草の区分

湛水で管理される水田には，湿生雑草と水生雑草を主とした水田雑草 paddy weed, lowland weedが発生・生育する．1950年代には43科191種とされていたが，現在では210種ほどに増加している．休眠型と自然分類を組み合わせて区分される（表1）．主要な種は以下のとおりである．

主な水田雑草

・野生ヒエ

水田に最も普遍的に発生するイネ科一年生雑草である野生ヒエは，一般に「ノビエ」と呼ばれ，全国の水田に生育するタイヌビエ *Echinochloa oryzicola* Vasing.，畑とともに水田にも広く発生するイヌビエ *E. crus-galli* (L.) Beauv. var. *crus-galli*，温暖地以西の水田に発生するヒメタイヌビエ *E. crus-galli* (L.) Beauv. var. *formosensis* Ohwiおよび畑に発生するものの乾田直播水田においても入水前に発生して問題となるヒメイヌビエ *E. crus-galli* (L.) Beauv. var. *praticola* Ohwiからなる（図1）．全国の水田の82％に野生ヒエが発生し，74％の水田ではその防除が必要とされている（1979年）．

野生ヒエはイネ科作物の典型的な擬態雑草である．タイヌビエでは，直立の草型，草丈，葉の長さと幅，葉縁の肥厚など多くの形質で，出穂前までの生育段階でイネに近い形態形質を示し，高緯度ほど早く出穂して，その地域で栽培されるイネ品種の早晩や作期の違いに出穂期を合わせた擬態性が発達している．

防除には，野生ヒエに効果の高い，「ヒエ剤」と呼ばれる選択性の高い除草剤の使用が一般的である．このほかに，耕種的防除法として，田植え後1か月間15cmの水深としてタイヌビエを抑制する深水管理，生物的防除法として，微生物除草剤に農薬登録された，野生ヒエのみを枯殺する糸状菌の一種 *Drechslera monoceras* などがある．

・アゼガヤ
Leptochloa chinensis Nees

イネ科の一年生雑草．北陸地方以南に分布し，水田や湿った転換畑などに普通に発生する．西南暖地に多いが，近年は関東地方の水田でも増加傾向にある．

・カヤツリグサ類

水田に発生するカヤツリグサ科の一年生雑草．タマガヤツリ *Cyperus difformis* L.，コゴメガヤツリ *C. iria* L.，ヒナガヤツリ *C. flaccidus* R. Br.が代表的な種である．

タマガヤツリは全国に分布し，ごく普通に発生する．コゴメガヤツリは本州以南の水田や湿った畑にごく普通に発生し，タマガヤツリより土壌水分のやや低い場所にも生育できる．花序は球状にならず，小穂は線形で黄色に熟す．ヒナガヤツリは本州以南の水田に発生し，前2種より小型で扁平な小穂を多数つける．

・ホタルイ類

水田に発生するカヤツリグサ科の多年生雑草．全国的に発生するイヌホタルイ *Scirpus juncoides* Roxb. var. *ohwianus* T. Koyamaと，東北地方を中心に発生するタイワンヤマイ *S. wallichii* Neesが主要な種で，そのほかにホタルイ *S. juncoides* Roxb. var. *hotarui* Ohwi，ヒメホタルイ *S. lineolatus* Fr. et Sav.，コホタルイ *S. smithii* A. Gray subsp. *leiocarpus* T. Koyamaなどがある．温暖地以西では越冬株からも萌芽するが，水田では通常種子から発生する．幼植物は4～5枚の線形葉を出した後に無葉の稈を多数伸ばし，高さ60～80cmになる．稈と同形で直立する苞の基部に数個の無柄の小穂をつける．スルホニルウレア系除草剤に対する抵抗性生物型が各地で発生して問題になっている．

・コナギ類

ミズアオイ科の一年生広葉雑草．全国的に発生するコナギ *Monochoria vaginalis* Presl.と，北海道を中心とした北日本に発生するミズアオイ *M. korsakowii* Regel et Maackがある．窒素吸収量が多いため，多発するとイネへの害が大きい．

・アゼナ類

ゴマノハグサ科の一年生広葉雑草．アゼナ *Lindernia procumbens* Borbás，アメリカアゼナ *L. dubia* Penn. subsp. *major* とその亜種に扱われるタケトアゼナ *L. dubia* Penn. subsp. *typica* からなる．アゼナは在来種で，ほかは帰化雑草である．スルホニルウレア系除草剤に対する抵抗性をもつ生物型がほぼ全国的に見出されており，この場合には，アゼナ類に有効な成分を含む除草剤を使用する．

・キカシグサ
Rotala indica Koehne var. *uliginosa* Koehne

ミソハギ科の一年生広葉雑草．全国に分布し，草丈は10cm程度で小型であるが，場合によっては密生する．

・ヒデリコ
Fimbristylis miliacea Vahl

カヤツリグサ科の一年生雑草．全国に分布するが温暖地以西の水田に多く発生する．

・クサネム
Aeschynomene indica L.

マメ科の一年生広葉雑草．北海道を除く全国に分布し，湿潤な畑地にも発生する．温暖地以西の水田では増加傾向にある．黒色の種子は玄米とほぼ同じ大きさであるため，収穫時に混入すると除去が困難で，また，炊飯すると飯が黒く染まるために，しばしば品質低下の要因となる．

・イボクサ
Murdannia keisak Hand-Mazz.

ツユクサ科の一年生広葉雑草．全国に分布し，本州以

表1 休眠型と自然分類の組合わせで区分した主要な水田雑草の種類

自然分類などによる区分		休眠型による区分	
		一年生雑草	多年生雑草
イネ科雑草		タイヌビエ, ヒメタイヌビエ, イヌビエ, ヒメイヌビエ, アゼガヤ	キシュウスズメノヒエ, エゾノサヤヌカグサ, サヤヌカグサ, アシカキ, ウキガヤ, ハイコヌカグサ, ハイキビ
カヤツリグサ科雑草		タマガヤツリ, コゴメガヤツリ, ヒナガヤツリ, ヒデリコ	マツバイ, ミズガヤツリ, クログワイ, コウキヤガラ, ウキヤガラ, シズイ, ハリイ, イヌホタルイ, タイワンヤマイ
広葉雑草	単子葉	コナギ, ミズアオイ, ヒロハイヌノヒゲ, ホシクサ, イボクサ, ミズオオバコ	オモダカ, アギナシ, ウリカワ, ヒルムシロ, ウキクサ, アオウキクサ, クロモ, ヘラオモダカ, サジオモダカ, ガマ
	双子葉	キカシグサ, アゼナ, アメリカアゼナ, アブノメ, オオアブノメ, アゼトウガラシ, スズメノトウガラシ, ミゾハコベ, チョウジタデ, ヒメミソハギ, タカサブロウ, タウコギ, アメリカセンダングサ, キクモ, ヤナギタデ, クサネム	セリ, アゼムシロ, ミズハコベ
シダ, コケ植物		ミズワラビ	デンジソウ, アカウキクサ, オオアカウキクサ, サンショウモ, イチョウウキゴケ
藻類など		シャジクモ, アオミドロ, アミミドロ, フシマダラ, 表層剥離	

南の水田で畦畔から内部に侵入して問題となる. 種子は湛水条件下ではほとんど発芽・出芽しないが, 入水前に出芽し, 代かき後も生存した個体や露出した田面に発生した個体が湛水条件下で生育する. 茎葉はやや多肉質で晩秋まで生存するため, 繁茂した場合には重みによるイネの倒伏助長などの害を及ぼす.

・クログワイ
　Eleocharis kuroguwai Ohwi
　カヤツリグサ科の多年生雑草. 北海道を除く全国に発生する. 暖地よりは温暖地, 寒冷地の湿田に多い. 水田土壌中での塊茎の寿命が5年程度と長く, 現在では除草剤による制御が最も困難な水田多年生雑草となっている.

・ミズガヤツリ
　Cyperus serotinus Rottb.
　カヤツリグサ科の多年生雑草. 北海道を除く全国の水田に普通に発生する. 萌芽時期が早いため, 代かき前に発生した個体には除草剤の効果が劣る場合がある.

・ヒルムシロ
　Potamogeton distinctus A. Benn.
　ヒルムシロ科の多年生広葉雑草. 全国の水田に普通に発生するが, 寒地, 寒冷地や温暖地以西の標高の高い水田に多い.

・オモダカ
　Sagittaria trifolia L.
　オモダカ科の多年生広葉雑草. 全国の水田に広く発生し, 特に寒冷地に多い. このほか寒冷地の水田を中心に, 地上部の形態が類似し, 葉柄の基部に形成される球茎で増殖するアギナシ *S. aginashi* Makinoが発生する.

・ウリカワ
　Sagittaria pygmaea Miq.
　オモダカ科の多年生広葉雑草. 全国の水田に広く発生する. 1970年代から全国的に発生面積が増加したが, 本種に卓効を示すピラゾール系の除草剤の普及で防除が進み, 現在では各地で減少傾向にある.

図1 野生ヒエの穂の形態
右から, タイヌビエ, ヒメタイヌビエ, イヌビエ, ヒメイヌビエ

・キシュウスズメノヒエ
　Paspalum distichum L.
　イネ科の多年生雑草. 北陸地方から関東地方北部より南に分布し, 水田のほか湿った畑地にも生じる. 北アメリカ原産とされ, 世界の熱帯から温帯にかけての水湿地に帰化して雑草となっている. 水田内を匍匐するイネ科の多年生雑草は「ヤベヅル(夜這い蔓)」と呼ばれて問題になるが, キシュウスズメノヒエはアシカキ *Leersia japonica* Makinoとともに代表的な種である.

・シズイ
　Scirpus nipponicus Makino
　カヤツリグサ科の多年生雑草. 自然分布は全国にわたっているものの, 水田では寒冷地を中心に発生し, 温暖地以西では標高の高い水田に発生することがある.

・セリ
　Oenanthe javanica DC.
　セリ科の多年生広葉雑草. 全国の水田に広く発生し, また, 野菜として栽培される. 匍匐する茎の節にできる越冬芽や耕起・代かきで切断された茎で増殖する.

(森田弘彦)

〔イネ〕
施 肥

イネの栽培法と施肥

　イネの生育・収量は品種と環境条件（土壌，水，気象など）および栽培技術によって規定される．その栽培技術の一つが施肥である．イネの生育には17種類の必須養分が必要であり，大半は大気や土壌，灌漑水などから供給される．しかし，イネの収量レベルを高く維持するためには，天然供給量だけでは不足し，ケイ素などの有効養分も含めて，外部からの養分補給が必要となる．その補給資材が肥料であり，肥料の施用を**施肥 fertilizer application**，その効果を**肥効 fertilizer response, fertilizer efficiency**という．

　施肥技術はイネづくりの考え方（栽培法）によって異なる．明治以降のわが国の稲作は増産第一であり，1966年（昭和41年）に初めて自給が可能となった．1970年代後半（昭和50年頃）以降は良質米生産が中心となり，同時に田植機移植が普及した．1990年代（平成以降）に入り，農薬・化学肥料を低減した環境保全型稲作へと移行した．これらを背景にイネづくりの考え方も，増収から良質米生産へと大きく変化した．この間の代表的な栽培法を，増収技術2件，良質米生産技術1件について述べる．

V字型稲作 V-shaped rice cultivation　米の増産時代に，農林省農業技術研究所の松島省三らによって開発されたイネの栽培法である．当時（1960年頃）の稲作では，増収には穂数増が必要とされたが，穂数を増やすと登熟歩合が低下し，収量レベルの停滞を招いた．松島らは，その原因を調べ，穂首分化期（出穂前33日）の窒素追肥が登熟歩合を低下させ，前後の時期に高くなることを見出した．その変化がV字状のためV字型稲作と呼ばれる．

　この登熟歩合低下は，窒素追肥が上位葉を伸張させ，受光態勢を悪化させることに起因していた．これを打破するため，V字型稲作では「健苗を早期に植え付けて必要穂数を確保し，生育中期には窒素供給を制限して受光態勢を改善，生育後期は窒素追肥により，葉の同化能力を高く維持する」技術体系を提唱した．主として成苗移植を対象に開発された栽培法であり，わが国の米の収量レベル向上と稲作技術の発展に大きく貢献した．

深層追肥稲作 rice cultivation using supplement application to deep layer　青森県農業試験場の田中稔らによって，1960年頃に，当時増収のネックであった過繁茂を回避し，収量向上を図るために開発された技術である．イネの理想の姿を「無駄な生育をしない健康なイネ」におき，有効茎歩合と登熟歩合が高く，徒長を避け，穂長／稈長比率の高いイネをつくることをねらいとした．イネの姿は第一・二葉が長く厚く直立し，第三・四葉が短く厚いのが特徴である．栽培法のポイントは「少量基肥，多量追肥」であり，基肥窒素を全体の30～40％とし，残りを**深層追肥 supplement application to deep layer**として，出穂前35～30日に12cm程度の深さに施用する．青森県を中心に広く普及した後期重点施肥法である．

への字稲作　1970年代後半以降，コシヒカリなどの良質米生産が普及し，その安定栽培技術の確立が官民を問わず進められた．そのひとつが，1980年代後半に，兵庫県の井原豊によって開発された「への字稲作」である．イネの育ち方は「初期にさびしく，中期に加速して逆転，後期には美しい生葉が多く，イネが生きている」姿をねらいとする．この生育パターンから「への字稲作」と呼ばれる．栽培法のポイントは，良苗の疎植，基肥に化学肥料窒素ゼロ（または減肥），出穂50～40日前から肥効を出すために追肥，熟色をよくするために穂肥・実肥で追い込みすぎないことである．農民自身から生まれた稲作技術として，関心のある農家に広く普及した．

施肥法

　イネの栽培法と水田の土壌条件に対応した施肥技術の体系が**施肥法 method of fertilizer application**である．イネは単位収量を得るために必要な養分量がほぼ決まっており，目標とする収量と収量構成要素に対応して最適な養分吸収パターンが，品種別にほぼ決まっている．窒素について生育時期別に示すと図1のとおりである．窒素の給源は，地力窒素（土壌窒素，灌漑水窒素など），肥料窒素，有機質資材窒素（堆肥など）に分けられる．地力窒素で不足する量を施肥によって補給する．施肥法のポイントは，どの肥料・有機質資材（種類）を，いつ（時期），どれだけ（量），どこ（位置）に施用するかにある．

肥料の種類

　肥料の特性は，肥料養分の種類と肥効発現の遅速で示される．種類としては三要素の窒素，リン酸，カリ肥料のほかに，石灰質肥料，苦土質肥料，ケイ酸質肥料などがあり，さらに有機質肥料や堆厩肥などもある．肥効の遅速の面では，一般の化学肥料は速効性であり，有機質肥料や堆厩肥は遅効性である．両者の中間に肥効調節型肥料がある．

可吸態養分（有効態養分）available nutrient　作物が吸収可能な形態の土壌養分をいう．可吸態養分には，すぐ吸収できる速効性養分と微生物作用や化学作用を受けて吸収される遅効性養分とがある．**可吸態（有効態）窒素 available nitrogen**の大半は遅効性の有機態窒素であり，微生物によって無機化されて利用される．ほかに速効性のアンモニア態窒素と硝酸態窒素がある．土壌中のリンは大半が植物が吸収できない形であり，**可吸態（有効態）リン酸 available phosphorus**は，無機態リンと有機体リンの一部である．

ケイ酸 silicic acid　イネによる吸収量のもっとも多

い養分であり，光合成能力，根の活力，病害虫抵抗性が高まり，倒伏にも強くなるので，多収穫に必要な養分である．

施肥時期

基肥 basal dressing, basal application　苗の初期生育を旺盛にして分げつを増やし，穂数を十分確保するために，移植前，または移植と同時に水田に施用する肥料．施肥量は目標穂数が確保でき，幼穂形成期までにイネが吸収可能な量とする．暖地に比べ，寒地では基肥の割合が多くなる．施肥を2回以上に分ける方法を**分施** split dressing, split applicationという．

追肥 topdressing, supplement application　イネの各生育期に栄養状態の改善を図り，収量向上を図るための施肥を追肥という．目的によって施肥時期が異なり，地域的な違いも大きい．もっとも早い追肥が，移植直後の**活着肥（根付け肥）** starterである．苗の活着促進をねらいに窒素肥料を表面施用する．移植後1か月頃の，生育途中の窒素切れを補うための追肥を**分げつ肥** topdressing at tillering stage，またはつなぎ肥という．両者は**中間追肥** topdressing at vegetative stageとも呼ばれる．中間追肥は地域性が大きく，暖地では必要性が高い．

出穂前25〜20日頃の幼穂形成期の追肥が**穂肥** topdressing at panicle (ear) formation stageであり，一般に窒素とカリ肥料を併用する．1穂籾数が増え，同化能力が高まって登熟歩合が向上する．寒地では最高分げつ期が遅れるので，穂肥の施用時期は遅くなる．出穂後に施用する追肥が**実肥** topdressing at ripening stage, topdressing at full heading stageであり，登熟歩合の向上と千粒重の増大に有効である．

イネの生育後半の追肥を**後期追肥** topdressing at later growth stage，特に遅く施用する追肥を**晩期追肥** topdressing at maturing stageという．近年，米の窒素含有率が高いと食味が低下することから，後期〜晩期の追肥量は少なくなっている．

施肥位置

全層施肥 fertilizer incorpotation to plow layer　耕起・入水の前または後に基肥を散布し，砕土・攪拌して作土全体に肥料を混和する方法．塩入松三郎の水田土壌化学理論に基づく技術．代かき後の水田土壌は表層数mm〜1cmが酸化層，その下が還元層となる．全層施肥では，窒素肥料を還元層に混和するので，脱窒による損失が少なくなり，利用率が高まる．

表層施肥 surface [layer] application [of fertilizer]　土壌の表面または数cmまでの深さに，肥料を散布または混和施用する方法．追肥は表層施肥が主である．全層施肥に比べ，土壌表面の酸化層と表面水への肥料が多くなり，施肥窒素の脱窒・流亡による損失がやや多い．イネの基肥は大半が**荒代施肥** fertilizer application at first puddlingや**植代施肥** fertilizer application at final puddling（耕起・砕土して浅く湛水後，荒代または植代前に肥料を全面散布し，代かきを行なう施肥法）であるが，施肥位置が浅ければ表層施肥，深ければ全層施肥となる．

局所施肥 localized deep placement [of fertilizer]　肥料を土壌のある深さに注入して，土壌と混合しない方法．深層追肥はその一つである．**側条施肥** side dressingは施肥田植機を利用して，田植えと同時に，苗の側条約3cm，深さ約5cmの位置に施肥する方法であり，広く普及している．被覆肥料などをイネの根に接して施用し，直接養分を供給する方法を**接触施肥** co-situs placementという．

葉面散布 foliar application, foliar spray　微量要素や窒素，リン酸などの無機塩の溶液を，葉面に散布して吸収させる方法．葉面散布は微量要素欠乏や，根の機能が阻害されたときの養分補給に有効である．養分の吸収は若い葉ほど，また葉の裏面ほど旺盛である．

全量基肥施用技術

全量基肥施用　速効性肥料に肥効調節型肥料である被覆肥料を組み合わせて，施肥作業を基肥時の1回のみとする技術．従来の基肥用に速効性の窒素肥料を用い，リン酸，カリ肥料も同時施用する．生育中期以降の窒素供給用に，肥効の発現がシグモイド型の被覆尿素肥料を用いる．窒素肥料の利用率が向上し，圃場外への流亡も少なく施肥効率が上がる．

苗箱全量施肥　苗箱内に育苗用の肥料と本田の窒素肥料をすべて入れて育苗し，それを移植する方法．窒素肥料として被覆尿素肥料を用いる．リン酸とカリ肥料は別に本田施用する．

（深山政治）

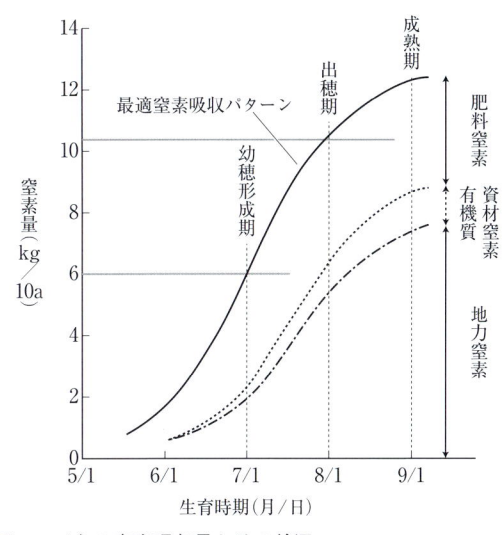

図1　イネの窒素吸収量とその給源
最適窒素吸収パターンは早期栽培コシヒカリ．収量600kg/10aレベル

〔イネ〕
水管理

水田の水管理

水管理 water management は，水のかけひきともいわれ，水田の立地条件（気象，土性，水利用可能性，水源など）に応じて地域ごとに築かれてきた．水口 water inlet と水尻 water outlet を開閉して灌水 irrigation や排水 drainage を調整し，水田の湛水 flooding（田に水をためること）の有無や深さ，田面状態を操作する栽培技術である．適正な水管理には労力を要するため，自動灌漑装置や診断型自動水管理装置の開発も進められている．なお，陸稲栽培における畑灌漑も，広義の水管理であるが，モンスーンによる夏期の降水量が比較的多い日本では，畑灌漑法はあまり発達してこなかった．

日本で比較的一般的な水田の水管理を図1に示した．移植後は活着をよくするために深水とし，栄養成長期は分げつの増加と有機物の分解を促すため浅水とし，ときどき田面を露出する湛水のない状態（非湛水 non-flooding）にする．このように湛水と非湛水を交互に繰り返す灌水を，間断灌漑 intermittent irrigation という．栄養成長期に中干しをすることもある．幼穂発育期は再び間断灌漑とし，出穂開花期には湛水する．これを花水 irrigation at flowering stage という．水田の灌水を止めることを落水 drainage of residual water といい，コンバインなど大型機械で収穫する場合，登熟期の適当な時期に落水して田面を干し地耐力を高める．ただし収穫前の落水が早すぎると白未熟粒の発生が助長され，米質に悪影響を及ぼすこともある．

中干し

中干し midseason drainage とは，灌水を止めて排水し，土面に細かい亀裂が現われるまで田面を干す水管理の方法である（図2）．最高分げつ期に行なわれるとされているが，茎数が目標とする穂数と同程度になった時点で行なう場合が多い．

中干しはイネの生育や環境に対して以下のような大きな影響をもつ．第一に無効分げつの発生を抑制する．第二に土中の還元状態を酸化して硫化水素など水稲にとっての有害物質の生成を抑制し，イネの養分吸収を容易にする．第三に，温室効果ガスであるメタンの発生を抑制する．第四に，地耐力を高めコンバインなどでの収穫作業の能率を高める．埴土や湿田での効果が高いとされるが，砂土や乾田では効果は不明である．魚やオタマジャクシは中干しにより死ぬので，生物多様性保全を重視する少数の農家では，中干しの時期を遅らせたり，魚が用水路 irrigation canal へ逃げやすいように，田面に溝を切ったりすることもある．

畦塗り

乾燥や衝撃や小動物の活動のため畦に亀裂や穴ができると，畦畔浸透による漏水が増えて，意図した深さの湛水を維持するためにより多量の用水が必要になってしまう．そこで，亀裂の間に水田の泥を入れて圧縮して亀裂の空間を塞ぐ．これが畦塗り levee coating である．

かつては，傾斜地や重粘土層の水田での，亀裂による多量の漏水と減収を防ぐため，水田内の畦ぎわを深く溝状に掘り，そこに少しずつ粘土と水を踏み固めながら戻す重労働によって，透水性の非常に低い壁のような層を作り，畦畔近傍の漏水を抑制していた地域もあった．

また減水深 water requirement in depth（水田の湛水深の1日当たりの減少量）が大きすぎる水田や，田畑輪換 paddy-upland rotation で水田に戻す場合に，ローラーやブルドーザーなどにより，土層表面に圧力をかけて，水を通しにくい層（硬盤 hardpan）を作ることを，床締め subsoil compaction という．入念な代かき puddling and leveling や，ベントナイトのような粘土を10a当たり1～2t客土 soil dressing することも，床締めと同様に，降下浸透 percolation を減らし，減水深を適正域に保つ効果がある．日本では減水深は20～30mm／日が標準的な値とされている．粘土質土壌では0に近く，火山灰地や扇状地では100mm／日を超えることもある．平均の減水深（例：20mm／日）をイネの本田での生育期間日数（例：100日）で乗じ，1ha当たりの量で表わした値（例：2,000mmあるいは20,000m³）から一筆当たりの用水量 irrigation requirement（必要な灌漑用水の量）を推定できる．

灌漑方法

浅水灌漑 shallow flood irrigation 　栄養成長期に分げつ促進のため2～4cmの浅い水深とする灌漑のこと．深水灌漑よりは用水量は少なくてすむので節水できるが，圃場を均平化する必要がある．

深水灌漑 deep-flood irrigation 　深い湛水深にする灌漑のこと．栄養成長期に無効分げつ抑制のために8～12cmの深水にしたり，寒冷地で生殖成長期に19℃以下の低温時に15～20cmの深水灌漑で幼穂を保護したりする．後者では，幼穂発育期から20日以上深水にする場合もあれば，穂ばらみ期の保護のため10日間程度保護する場合もある．水源の水が冷水の場合，あらかじめ床締めや客土により降下浸透を減らすことで水温上昇をはかる．止水灌漑では，水尻をふさいだ状態で，夜間や早朝に入水した後，水口をふさいで水を止め，水温上昇をはかる．

深水栽培とは，湛水深を深くして雑草の生育を抑制する栽培法で，移植後から10cm以上の深さにする．深水栽培では，畦畔浸透が増加しやすいので，水源の確保や，場合によっては温水施設の造成も必要になり，畦塗りやこまめな畦の見回りが必要である．厳密に何cm以上が深水であると決まっているわけではなく，前後の水深との相対的な比較で，"深水"という言葉が使われるこ

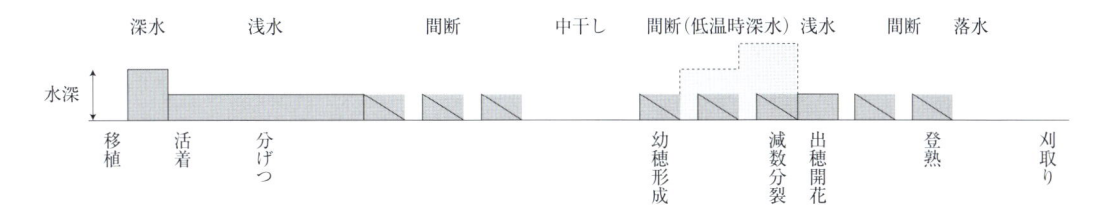

図1 水田の水管理の一例

ともある(たとえば,移植後活着促進のため3〜6cmの深水や,出穂開花期の花水など).

節水灌漑 water-saving irrigation 用水確保が難しい地域では節水灌漑法が構築されてきた.湛水深を浅くしたり,非湛水状態の期間を設けたりすることにより,畦畔浸透や降下浸透を少なくして,水田にインプットされた給水量のうち,生産に直接的に関係する蒸散に使われる水の割合を多くする.活着後の栄養成長期の間断灌漑や非湛水管理によっても節水効果が期待できる.しかし大幅な節水や,不適切な生育時期での節水は,減収するので注意を要する.

米の生産のための水利用効率は,圃場レベルでは,収量を給水量または用水量で除した水生産性 water productivityとして評価することができる.水生産性は,通常の水管理よりも,節水灌漑や非湛水栽培で上昇し,エアロビックライス aerobic rice(国際稲研究所などにより近年提唱されている,高収量を目標にした畑状態でのイネ栽培で,一種の灌漑陸稲栽培)や陸稲栽培ではさらに上昇することが多い.

水資源の懸念が強く,農業用水の使用量当たりの価格制度が導入されている中国では,節水のために,湛水状態と,灌水を止めて田面が露出する非湛水状態とを適当な周期で繰り返すalternate wet and dry (AWD)と呼ばれる間断灌漑法の普及が進みつつあり,節水栽培に適した品種も開発されている.

かけ流し灌漑 flow irrigation 中干しや落水の時期以外は通常水尻は閉じられているが,水尻を開け放して,用水路から水田へ,水田から排水路へ流し放しにする灌漑法.高温による生育障害が懸念される場合,かけ流し灌漑により水田の温度を低下させることが推奨される.

田越し灌漑 plot-to-plot irrigation 日本の圃場整備 farmland consolidationがされた水田では,どの水田も用水路から灌水できるようになっている.しかし,圃場整備がされていない水田や,開発途上国の灌漑水田では,用水路と隣接している水田の数は限られている.用水路に隣接する一筆の水田が湛水されてから,順次隣接する用水路から離れた水田へと灌漑されてゆく.この

図2 中干しの水田.土面に亀裂も見られる

ため,水田ごとに農作業のタイミングがずれたり,上流と下流の水田の農家の間で農業用水の共同利用のため調整をする必要がある.

水管理と生態系

過去半世紀の日本の水田の水管理の大きな変化は,暗渠排水 pipe drainage, underdrainageにより湿田 ill-drained paddy fieldを乾田 well-drained paddy fieldにしたことである.暗渠排水とは,土壌中の過剰な水分を土中に埋設した管(暗渠:underdrain)に集め排水路 drainage canelに流す方法である.乾田化により,用水量は1.5倍程度に増えたといわれているが,大型機械の導入が可能になり,労働生産性は向上した.また,米作日本一の多収水田では透水性が高かったことが知られているが,乾田化により,根系の機能が登熟期間中も長く維持され,イネの物質生産や収量の向上にも貢献してきたと考えられている.一方,水田へ入る魚類の減少や生物相の減少が生態学者や一部の農家から指摘されている.

最近では,水路から水田への魚道の確保や,水田への冬期湛水の試みも見られる.冬期湛水 flood irrigation during winterとは,"ふゆみずたんぼ"とも呼ばれるが,渡り鳥などの生息場所を提供する目的も含む,環境保全型農業のひとつとして注目されている.

(鴨下顕彦)

〔イネ〕生育調査

生育状態を知るために，個体や群落の状態を数値化するなどして記録することを<u>生育調査</u> measurement of crop growthという．ある時期に，あるいは一定間隔で生育調査を行ない，その結果と，基準となる生育状態とを比較する．このことで，生育の良否や遅速，栄養状態などが判断でき適切な肥培管理を行なうことができる．イネでは，個体の成長を表わす指標として，主に草丈，茎数，葉齢が用いられる．

植物体の大きさに関して

草丈 plant length 草丈は外見上から判断できる最も基本的な個体の大きさで，地際から，地上部植物体の最も先までの長さである（図1）．イネでは出穂前までは，葉を伸ばしたときの，地際から葉先端部までの長さであるが，出穂後，葉の先端よりも穂先までの長さのほうが長いときには，地際から穂先までの長さが草丈となる．

草高（草冠高）plant height 自然な状態での個体の高さを表わす指標．地際から植物体の一番高いところまでの距離で表わされる．

稈長 culm length イネ科作物の茎は稈と呼ばれ，稈長は地際から<u>穂首節</u> neck node of panicleまでの長さを指す．立毛調査では，株内の最長稈長を測定する．株を抜き取って調査する場合は，根際から穂首節までの長さを測定する．

節間長 internode length 茎の節と節との間の部分．イネの栄養成長期における茎基部の節間はほとんど伸長せず，ごく短く詰まっている．日本で栽培されている水稲では，基本的には生殖成長移行後，上から5番目の節間から伸長し始め，上位5つの節間が伸長する．慣例的に，穂首節から止葉が着生している第1節（止葉節）までを第1節間とし，以下，第2節間，第3節間，…と呼ぶ．また，各節間をローマ数字で表記することもある．

伸長を完了した節間の長さは，上位の節間ほど長く，第5節間，あるいは第4節間が伸びすぎると，折れたり湾曲したりして倒伏しやすくなる．厳密な意味での節の，外観からの位置判断は難しく，節間長を測定するときは，葉鞘のつけねを節と考え，その間の距離を測定する．

節間径 internode diameter 茎の太さを表わす指標で，伸長節間の中央部の径で表わされることが多い．伸長節間では基部が太く，上位の節間になるにつれて細くなる．節間の横断面はやや楕円形をしているので，分げつ芽の着生位置を通過する径とそれに垂直な径とを区別し，できれば両径を測定する．

葉長 leaf length 葉身長と葉鞘長を合わせた長さ（図2）．

葉幅 leaf width 葉身の幅．葉身の中央部または最大幅を測定する．最大幅は葉面積を推定する場合にも用いられる．

植物体の中での数に関して

茎数 stem number 主茎と<u>分げつ数</u> tiller numberを合計した茎の数．個体当たり，あるいは株当たりや単位面積当たりで表わす．分げつは，それを包む葉鞘から，分げつの先端が出現した時点で1本と数える．

葉数 leaf number イネにおいては，鞘葉の次に出る最初の本葉は葉身が退化し，不完全葉と呼ぶが，これが第1葉で，順次，第2葉，第3葉，…と数える．農業現場では不完全葉を数えずに第2葉を「第1（本）葉」と呼ぶことがある．

出穂までに主茎に着生する葉数〔<u>主茎総葉数</u>または<u>主稈葉数</u> number of leaves on the main stem (culm)〕は，地域，栽培法，品種が同じであればおおよそ決まっている．一般に，主茎総葉数は早生品種で少なく，晩生品種で多い．主茎総葉数のことを，単に葉数ということもある．

個体の齢に関して

葉齢 plant age in leaf number イネにおける個体の齢の指標．出穂までの個体の<u>齢</u> ageの目安として主茎の葉の数を用いる．イネでは葉が1枚ずつ順に抽出する特徴があるため，葉の展開をもとに規定することができる．葉齢は，主茎の展開した葉の数に，抽出中の葉の出現割合を加えたもので，小数第1位までの数値で表わす．すなわち，整数部分は主茎の最上位展開完了葉の葉位を示し，小数第1位は抽出中の葉の全葉身長に対する出現割合を示す（図3）．測定時には，抽出中の葉の全葉身長がわからないため，小数第1位の値は観測者による主観的な数値であるが，馴れればかなり普遍的な値となる．葉齢は，分げつの出かたなどと密接な関係があり，イネの生育状況を表わす最も重要な指標の一つである．

齢を表わすのに葉齢を適用できるのは，イネのように抽出中の葉がほぼ1枚に保たれる作物だけである．多くのイネ科作物は，同時期に複数枚の葉が伸長，抽出する．このような作物の齢を表わす方法はいくつか考案されているが，イネで用いられる葉齢のように，頻繁に利用されているものはない．コムギでは，最上位展開完了葉の葉位を整数とし，その葉の葉身長に対する抽出中の葉の葉身長の抽出割合を小数第1位として表わすHaun stageが用いられることがある．

葉齢指数 leaf number index 葉齢を主茎総葉数で割った値に100を掛けた数値．出穂までの生育の程度を品種間で比較する場合，品種によって主茎総葉数が異なり葉齢をそのまま用いて比較できないため，葉齢指数を用いて比較する．幼穂発育ステージの推定に用いられたこともあったが，主茎総葉数が異なるとズレが生じた．葉齢のデータから幼穂発育ステージを推定するには補葉齢を用いるとよい．補葉齢は，ある時点での葉齢をその主茎総葉数から引いた値で表わされる．

物質生産に関して

乾物重 dry weight　乾物生産量を表わす最も基礎的な値．通風乾燥機に，90〜100℃で1〜3時間入れて酵素反応を止めた後，60〜80℃にして2〜3日間乾燥させる．乾燥後，デシケータなどに入れて室温に戻し，測定する．

生体重 fresh weight　試料そのままの重さで，サンプル時の天候，個体の含水量などに左右され比較的不安定な値ではあるが，基本的な量を表わす．

風乾重 air-dry weight　通風のよいところで十分乾燥させた後の重さ．

葉面積 leaf area　葉身の面積を葉面積という．葉面積の測定には，一般には卓上型の**葉面積計** leaf area meterが用いられるが，最近は携帯型の葉面積計もある．個体群(群落)の葉面積を測定する場合，調査対象の試料が多量ですべて測定するのが困難な場合が多い．この場合，まず対象となる葉身全体の生重量を測定する．次に多くのブロックに分け，そのうちいくつかのブロックを任意に選び，その生重量と葉面積を測定する．選んだブロックの葉面積と生重量の比から，全体の葉面積を推定する．より正確に測定する場合には，葉を透明なシートにはさんで直接，あるいは一度コピーし，スキャナーでパソコンに取り込み，面積測定ソフトで測定する．

葉面積指数 leaf area index (LAI)　単位面積上にある葉の全面積．たとえば，$1m^2$の土地の上の全葉面積が$3m^2$ならば，葉面積指数は3となる．群落の繁茂程度の指標として，また，群落の物質生産を考えるうえでの重要な要素として用いられる．生育にともなって葉面積指数は増大し，一般的に，イネでは出穂期直前に最大となり，その後減少する．群落として，光合成速度が最大値を示すときの葉面積指数を**最適葉面積指数** optimum leaf area indexという．

葉色　葉色の濃さは稲体の窒素含有率と密接な関係があり，葉色を測定することで栄養状態を把握できる．葉色を数値化する方法として，**葉色板(カラースケール)** leaf color scaleを用いる方法と，**葉緑素計** chlorophyll meterを用いる方法などがある．

現在普及している葉色板は淡〜濃まで7色あり，葉色と一致した色の番号(一致しないときは中間の値)を記録する．

葉緑素計は，葉緑素含量を生葉から推定できる携帯用の測定機器で，「葉緑素計SPAD-502」が広く普及している．赤領域と赤外領域の2つの透過光スペクトルの差から**SPAD値**(葉身の単位面積当たりの葉緑素含量を示す値)を算出する．各地域，品種ごとに，このSPAD値に基づいた診断基準値が確立しており，追肥判定などに利用されている．測定する箇所は，葉身の中央部で中肋を避けて測定する．なお，SPADは「Soil & Plant Analyzer Development」の略称．葉緑素計SPAD-502は「土壌作物生育診断機器実用化事業」のなかで商品化された．

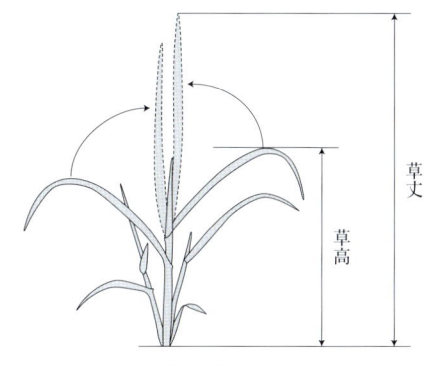

図1　草丈と草高(後藤ら，2000)

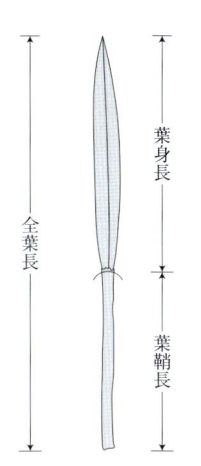

図2　イネ科植物の葉の各部の長さ
(羽柴・金浜編，2002)

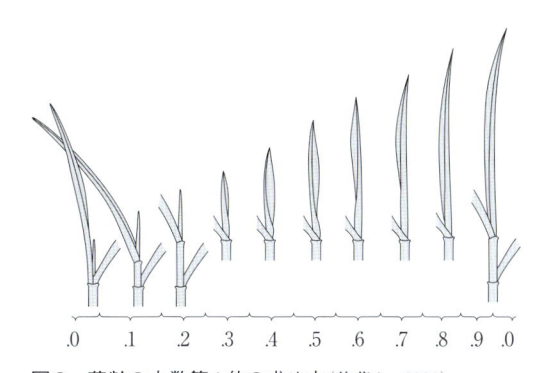

図3　葉齢の小数第1位の求め方(後藤ら，2000)

立毛調査

立毛 stand　圃場に生育中の作物を立毛(りつもう，たちげ)という．「毛」は作物の古語．

立毛調査 stand observation　圃場の作物について，品種・系統の特性や処理の効果などを，抜き取らず圃場で生育している状態で直接観察，調査すること．立毛調査の結果をもとに，系統や品種の評価などの**立毛検討**を行なう．

検見(けみ) stand observation　収穫時に立毛調査を行ない，おおよその収量等の予測を行なうこと．

(後藤雄佐・中村 聡)

〔イネ〕
収穫

収穫期

収穫適期　イネの収穫 harvest, harvesting は，一般食用米の場合，成熟期に達する段階で行なわれる．収穫期 harvest time の設定には，収穫物 product となるコメの収量や品質・食味を高めるために，収穫適期 optimum harvesting time の判断が重要である．収穫適期は対象とする農業形質により異なる場合が想定される．たとえば収量と品質では収穫適期が異なり，イネでは一般に，品質の適期は収量の適期より早くなる傾向にある．

日本では現在，品質・食味の向上が生産上最も重要視されていることから，刈り遅れによる品質低下を回避するために，収量の適期よりも早刈り early harvesting する場合が多い．特に，近年では登熟期間が高温条件で推移する年次が増加してきており，品質確保のための収穫適期の判断が重要になっている．適期より刈り遅れた場合には，米粒内部に亀裂を生じる胴割れ粒や，着色粒の発生が多くなるほか，玄米光沢の悪化などを生じることが知られている．逆に，適期より早く収穫しすぎた場合は，粒重が小さい，青米や未熟粒の発生が多い，粒張りが不十分，などの問題を生じる．

適期の判断基準　一般食用米の収穫適期の判断基準として，1) 出穂後日数，2) 出穂後積算気温，3) 籾や穂軸の黄化程度，4) 籾水分，などが用いられている．一般に，出穂後日数については 40～50 日程度，出穂後積算気温は 1,000～1,100℃ 程度が収穫適期とみられている．また，穂軸の黄化程度は 3 分の 2 程度以上，黄化籾割合は 80～85％ 程度以上，籾水分は 25～26％ 程度以下を収穫適期の基準とすることが多い．さらに，穂の特定の位置に着生した籾の黄化程度を判断基準とする試みも行なわれている．

しかし，これらの基準値はあくまでも目安であり，登熟期間中の気象条件の推移や品種の早晩性および登熟・品質特性，圃場条件や栽培管理条件などで収穫適期は変動する．したがって，このような基準値を参考にしながら，個々の圃場におけるイネの状態や穂の熟度を直接観察して総合的に収穫適期を判断する必要がある．

生産現場における実際の収穫時期は，収穫適期だけではなく，圃場条件や天候条件，労力確保の問題や乾燥機の稼働状況など，イネ以外の要因にも大きく左右される．たとえば，他の作物の農作業との競合が生じた場合や大規模経営農家においてイネの収穫時期が集中した場合，兼業農家において休日にしか作業を行なえない場合などでは，適期に収穫することが困難となることが想定される．しかし，品質管理上の観点からはできる限り適期内に収穫することが望ましく，計画的な作付けなどにより適期刈取りが行なえるようにすることが重要である．

収穫方法

イネの収穫は従来，鎌を用いた手刈り hand cutting により刈り取られ，地干しやかけ干しなどで天日乾燥した後，脱穀機 thresher を用いて穂から籾をこき落とす作業が行なわれていた．そのため，収穫・脱穀作業は実りを実感する楽しみな作業である一方，稲作のなかでも最も手間のかかる作業の一つであった．しかし 1960 年代以降，バインダー binder, reaper and binder やコンバイン combine harvester が急速に普及し，収穫・脱穀作業の大部分が機械により行なわれるようになったため，作業に要する労力は大幅に軽減されるに至っている．

バインダー収穫と脱穀　バインダーは刈取りと結束を同時に行なう機械であり（図1），歩行操作しながら作業を進める．1 ないし 2 条分の株をそれぞれの条に沿って刈り取り，刈った株は紐で結束して速やかに機外に排出する．刈り取りする際に株を引き起こす機構が備わっており，ある程度の倒伏を生じた条件にも対応することが可能である．バインダー利用の場合，収穫後の乾燥・脱穀作業を別途行なう必要があるため（図2），大規模経営には不向きであるが，小型で扱いやすいことから，現在でも小規模圃場などを中心に利用されている．乾燥作業では，天日乾燥などにより籾やわらの水分を減少させることで，その後の脱穀作業を精度よく行なえるようにする．

イネの脱穀作業は明治時代までは千歯が主に用いられ，人力に頼るところが大きかった．しかし，明治末期以降，こき歯のついたこき胴を回転させ，これにイネの穂先を当てて籾を落とす機構をもった足踏み脱穀機や動力脱穀機が順次開発され，労力の軽減化が図られてきた．動力脱穀機には脱穀装置のほかに唐箕による風選装置が備えられているので，脱穀物への送風により，充実の良い重い籾を充実の不足した軽い籾やわらくずと仕分けして回収することが可能である．1960 年頃からは動力脱穀機に搬送チェーンによる稲束の自動送り

図1　バインダー（左：2条刈用，右：1条刈用）

装置が付いた自動脱穀機 automatic thresher, mechanical feeding thresher, self-feeding thresher が普及し，現在では圃場内をゴムクローラで走行しながら脱穀作業を行なうことが可能な自走式自動脱穀機も開発されている．

コンバイン収穫 一方，コンバインは刈取りと脱穀作業を一つの機械で同時に行なうことを可能にした．自脱型コンバイン head feeding combine は動力刈取機と自動脱穀機が組み合わさった自走式コンバインであり（図3），日本で1966年に独自開発された．バインダーと同様の機構で2〜6条分を条ごとに刈り取られたイネは搬送チェーンによって脱穀部まで搬送された後，穂先だけ脱穀装置に差し込まれて脱穀が行なわれる．脱穀された籾は精選・回収された後，袋詰め，ないしタンク貯留される．一方，脱穀後のわらの処理は収束，結束ないし細断のいずれかを選択可能で，処理後機外に排出される．わらは細断された場合はそのまま圃場に還元され，結束された場合は他の用途に利用するため圃場外に持ち出されることが多い．自脱型コンバインはイネの収穫・脱穀を行なう際の作業速度や精度が優れており，オペレーター1名で収穫から脱穀までの作業に対応することが可能である．日本では収穫・脱穀作業機として現在最も多く普及している．

一方，刈り取ったイネ全体を脱穀部に供給する方式をとる普通型コンバインも利用されている（図4）．普通型コンバイン conventional combine はムギやダイズ，トウモロコシなどの収穫用に普及しているものであるが，イネにも利用可能である．回転するリールにより稲株をヘッダ部分で引き込み，刈り取った植物体全体を脱穀部に送り込む．脱穀部で籾は回転するこき胴により落とされ，回収・精選後，タンクに貯留される．わらは打ち砕かれた状態となって機外に排出される．普通型コンバインはイネ以外の作物の収穫作業にも利用可能であるため汎用性が高いが，脱粒性 shattering habit, shedding habit, threshability が難である日本のイネ品種の収穫に利用する場合，脱穀の際に，こき残しや選別ロスが生じるなどの難点があった．しかし，スクリュー型脱穀機構を有した軸流コンバインが日本で1985年に開発されたことにより，作業精度が向上してきている．

コンバインによる作業では，機械が大型であることから，作業中に圃場内で沈下しないよう，地耐力を確保する必要がある．しかし，早期に圃場から落水すると，地耐力は向上しやすいものの，場合によっては生育中のイネに水分欠乏が生じ，登熟が不十分なままで穂の脱水が進む枯熟れ abnormal early ripening の状態に陥って収量や品質が低下することがある．そのため，イネの生育や圃場特性をもとに適切な落水時期を設定することが重要である．また，収穫時の倒伏程度や，籾やわらの水分含量は作業効率に大きく影響する．収穫と同時に脱穀まで行なうコンバイン収穫では，雨水や朝露などが

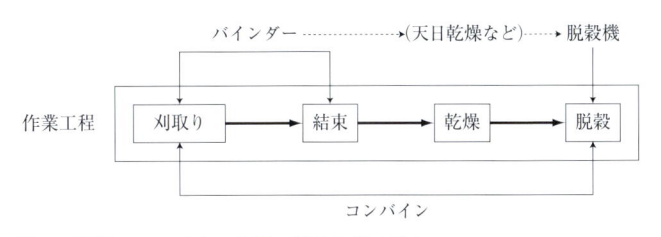

図2 機械によるイネの収穫・脱穀作業の流れ

図3 自脱型コンバインによるイネの収穫

図4 普通型コンバイン

残った状態で作業をすると，脱穀部の籾の流れの悪化や乾燥時の乾燥むらの発生を助長する可能性があるため，イネが乾いた状態での作業が望ましい．さらに，コンバイン収穫ではバインダーを用いた収穫・脱穀作業とは異なり，脱穀前に乾燥を行なわないことから，籾水分が比較的高い状態にある場合が多い．そのため，収穫した籾を長時間貯留したままにすると，高温時には発酵などの変質を生じるおそれがあることから，収穫後は速やかに乾燥作業に移行する必要がある．

日本におけるイネの収穫作業に占める機械別の収穫面積割合は，平成17年度現在でバインダー8％，自脱型コンバイン89％，普通型コンバイン3％程度となっている．北海道では他地域と比較して普通型コンバインの普及率が高い．また，海外では日本と比較して脱粒が容易である品種が多く，普通型コンバインの利用が主流となっている．

（長田健二）

[イネ]
収量調査

作況

作況(作柄) crop situation とは作物の出来具合を表わす用語で，そのよしあしは作況指数 crop situation index で評価される．作況指数は(当年値／平年値)×100によって算出する．平年値(収量) normal value は「作物の栽培を開始する以前に，その年の気象の推移や被害の発生状況などを平年並とみなし，最近の栽培技術の進歩の度合いや作付変動などを考慮して，実収量の趨勢を基に作成したその年に予想される収量」と定義される．実際には，平方根重回帰式やスムージングスプライン曲線と気象指数による重回帰分析から求めた傾向値に，品種や栽培技術の変化，作付面積や作期の変化などの生産事情に関する情報を加味して計算するが，便宜的に直近の7年間のうち収量が最高と最低であった年を除いた5年間の平均値を用いることもある．

作況指数は毎月，都道府県ごとに発表され，106以上を作況良，105～102をやや良，101～99を平年並(平年作 normal crop)，98～95をやや不良，94以下を不良とするが，イネでは94以下をさらに94～91の不良と90以下の著しい不良に区分する．最終的な作況は収量の作況指数で示されるが，収量が確定するまでの間は，草丈，茎数(穂数)などの生育量によって判断する．

収量調査法

日本におけるイネの収量は，通常，単位面積当たりの精玄米の重さで表わされる．精玄米とは充実が良く商品価値のある玄米を指し，これ以外は商品価値がない屑米 rice screenings として扱われる．イネの収量調査 yield survey 法には，圃場全体を収穫して調査する全刈り whole sampling 法と圃場の一部を収穫して調査する部分刈り(坪刈り) quadrat sampling 法がある．これらのうちでは全刈り法のほうが正確なデータが得られるが，労力や経費がかかるので，特定の場合以外は部分刈り法によるのが一般的である．

部分刈り法での調査場所を決定する方法として，5斜線法，対角線法，数カ所刈取り法などがある(図1)．5斜線法では，水田の縦横3分の1の位置を図のように結び，この5斜線上にある株を対象に調査する．対角線法は，水田に1本の対角線を引き，水田の端から1/4番目，1/2番目，3/4番目の畦と対角線が交わる点を中心に調査する方法である．数カ所刈取り法は，水田の中から無作為に選んだ5カ所ぐらいについて調査する．いずれの方法でも，一枚の水田で150株以上について調査するのが望ましく，これに合わせて1か所の調査株数を決定する．

収量構成要素

収量構成要素 yield component とは，収量を組み立てている要素のことである．イネの収量構成要素は，基本的に単位面積当たりの穂数 panicle (ear) number，平均1穂穎花数 number of spikelets per panicle または1穂粒(籾)数 number of grains per panicle，登熟歩合 percentage of ripened grains および1000粒重(千粒重) 1000-grain weight に分けられ，収量はこれらの構成要素の積によって以下のように求められる．

単位面積当たりの収量＝単位面積当たりの穂数×1穂穎花数×登熟歩合／100×1000粒重／1000

これらの収量構成要素の測定にあたっては，一般に代表株による方法がとられる．まず，穂数は場所による変異が大きいので，水田の中で生育中庸とみられる数か所で20～30株の穂数を数え，穂数の中庸な株3～4株を刈り，風乾する．この場合，特に機械移植では栽植密度を一定に保てない場合もあるので，調査株全体について株間，畦間を測定し，これに基づいて面積当たり穂数を算出するのが望ましい．

次に，代表株について株ごとに穂重を測定し，穂重が平均値に近い株を数株選抜する．全代表株の平均株当たり穂数に面積当たりの植付け株数を乗じて，面積当たりの穂数を算出する．次に，選抜した代表株数株を脱穀し，得られた籾数を株ごとに測定し，株当たりの平均籾数を算出する．また，株当たりの平均籾数を株当たりの平均穂数で除して平均1穂籾数を算出する．なお，1穂粒数に関係する特性として穂長 panicle (ear) length, 粒着密度(1穂粒数／穂長) grain

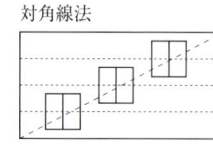

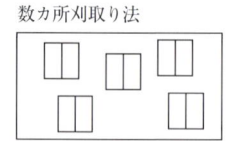

図1 部分刈り法

図2 日本における水稲収量の推移

density, 一次枝梗 primary (rachis-) branch of panicle や二次枝梗 secondary (rachis-) branch of panicle の数などを調査することもある.

そして, 得られた籾を 1.06（うるち米）または 1.03（もち米）の比重液（食塩または硫安を使用）に入れ, 十分に攪拌すると, 浮遊する籾と底に沈む籾に分かれる〔比重選（塩水選）seed selection by specific gravity, seed selection with salt solution〕. 比重液の底に沈んだ籾を回収し, 水洗後, 風乾して精籾 winnowed rough rice とする. この精籾数を全籾数（精籾数に比重液で浮かんだ籾数を加えた籾数）で除して, その値を百分率で表わして登熟歩合とする. なお, 登熟歩合には受精しなかった籾（不受精籾 unfertilized rough rice, 不稔籾 sterile rough rice）の多少が影響するので, 不稔歩合（不稔籾数／全籾数）percentage sterility を収量構成要素に加える場合もある. さらに, 精籾を 1,000 粒程度任意に抽出し, その重さを測定し, 正確に 1,000 粒の値に換算して精籾 1000 粒重とする. 精籾を籾すりして玄米とし, 玄米重として 1000 粒重を求める場合もある. この際には, 玄米の水分含量を測定し, 水分含量 15％の換算値として算出される.

なお, 代表株によって求めた収量構成要素の積による収量と, 全刈り法や部分刈り法により求めた収量との間には, かなりの誤差が生じやすい. この誤差の主因は, 代表株を選抜する場所や選抜株数の多少のほかに, 精玄米の選別方法の違いなどに基づくと考えられる. 精玄米の選別方法については, 全刈り法や坪刈り法では求められる一定の粒厚（1.7mm 以上）以上の玄米を精玄米としているのに対して, 収量構成要素法では, 登熟歩合によって選別された籾を粒厚 1.7mm 以上の精玄米とみなしている点の違いが指摘されている. 全刈り法あるいは部分刈り法と収量構成要素による収量査定の誤差を取り除くために, 表1に示したように一定の株数を刈り取った調査試料全体を対象に, 収量構成要素と収量を同時に測定する方法が提案されている.

わが国の多収記録とその収量構成要素

日本における過去 124 年間の水稲の 10a 当たり収量は年平均 2.8kg ずつ増加してきたが, 増加割合は前半と後半で異なり, 1950 年までは 1.9kg, 1951 年からは 3.4kg となっている（図2）. このため, 1900 年頃までは 200kg 前後であった日本の水稲収量は 1920 年頃に 300kg, 1960 年頃に 400kg に達し, 1984 年には 500kg を超えた. 1993 年は作況指数 74 という「平成の大冷害」に見舞われ, 収量は 367kg まで低下したが, この値でも 1950 年代と同程度である. また, 1994 年からの 13 年間で収量が 500kg に満たなかった年は 1998 年と 2003 年の 2 回だけである.

表1 収量関連形質の調査対象試料と調査・算出方法

（九州農試栽培生理研）

調査形質	対象試料	調査・算出方法
穂　　数	全試料	
粗籾重	全試料	
粗玄米重	1/2試料	1/2試料の粗玄米重÷1/2試料の粗籾重×全試料の粗籾重
精玄米重	1/2試料	1/2試料の精玄米重÷1/2試料の粗籾重×全試料の粗籾重
玄米千粒重	1/2試料	20g（2反復以上）の粒数より換算
全籾数	1/16程度	1/16試料の〔籾数／粗籾重〕×全試料の粗籾重
屑米重	—	粗玄米重−精玄米重
1穂粒数	—	全籾数／穂数
精玄米粒数	—	精玄米重／玄米千粒重×1,000
登熟歩合	—	精玄米粒数／全籾数×100

注1：以上の方法で調査・算出した値を, 必要に応じて刈り取り株数と栽植密度から単位面積当たりに換算する
注2：重量形質はすべて水分15％に換算する

表2 米作日本一の記録

年	品種名	県名	収量 (kg/10a)	総籾数 (粒/m²)	登熟歩合 (％)	1000粒重 (g)
1949	農林29号	長野	766	—	72.6	—
1950	大土8号	香川	770	39000	92.5	—
1951	短銀坊主	富山	858	48000	93.2	—
1952	千本旭	香川	920	35000	96.5	—
1953	ベニセンゴク	福岡	875	50000	95.0	25.2
1954	金南風	富山	994	54000	89.9	22.2
1955	金南風	富山	1015	48000	94.7	—
1956	新3号系	長野	869	38000	91.1	21.8
1957	新3号系	長野	856	36000	92.7	21.4
1958	農林29号	長野	1024	46000	93.3	22.2
1959	農林41号系	秋田	959	38000	97.6	—
1960	オオトリ	秋田	1052	48000	87.0	24.7
1961	ふ系55号	長野	975	47000	92.2	23.8
1962	ふ系55号	長野	863	58000	89.5	22.6
1963	ミヨシ	秋田	863	—	—	22.9
1964	ほたか	長野	914	49000	97.4	—
1965	フジミノリ	秋田	894	42000	95.0	22.0
1966	ヨネシロ	秋田	898	37000	77.6	24.2
1967	レイメイ	青森	854	40000	78.8	22.2
1968	ほたか	長野	942	51000	95.8	20.4

これらより, 現在の日本における水稲の平均収量は約 500kg と判断されるが, 過去の事例をみると 1,000kg を上回る記録も残されている.

1949 年から 1968 年まで行なわれた朝日新聞社主催の米作日本一表彰事業によると, 1960 年に秋田県で 1,052kg という値が記録されている（表2）. この事業では全刈り法で収量が調査されているので, 信頼性は極めて高い. したがって, この値がこれまでの日本における農家水田での最高収量と考えられている. そのほかにも 1955 年と 1958 年に 1,000kg を超える値が得られている. 収量構成要素からみると, これらの事例では m² 当たり総籾数を 4.5 万粒前後確保しながら登熟歩合が 90％程度に維持されている.

（楠谷彰人）

[イネ]
米の品質

米の品質 quality は，主に流通・消費過程にのる商品として米に備わるべき資質であり，用途および市場の嗜好によって評価基準が異なる．品質は作物種子である米に本来備わるべき基本的な性質である一次的品質と，米の利用上の性質である二次的品質とから構成される．飯米用の玄米の品質は一次的品質である外観と，二次的品質である精米歩合，貯蔵性，食味によって評価される．

玄米の外観

玄米の外観 appearance は登熟の良否や充実度を端的に標徴するものであるが，それだけでなく経験上貯蔵性，精米歩合，精米の外観や食味もある程度標徴するものである．米の流通形態は，世界的には籾または精米であるが，わが国では幾百年間もっぱら玄米の形態で取引が行なわれてきた．わが国では玄米の外観による米の品質評価（農産物検査）が重視される．

・登熟と玄米の外観

登熟期の障害米と完全米 登熟期を順調に発育した米粒は，品種固有の外観を示す．しかしながら，登熟期に気象条件，栽培条件その他諸条件の障害に遭遇し，発育に変調をきたした米粒は，異質な外観を示す．各種類の玄米は，粒形，粒色，光沢，胚乳部の白色不透明部位などの外観的特徴により区分される．

・発育停止粒 abortive grain　受精後の障害により生じ，極初期に発育を停止した粒をいう．粒形は扁平・尖形で，子房内にデンプンの蓄積が見られる．

・死米 opaque kernel　発育停止粒より遅れて発育を停止し，胚乳の外層部は粉状質で中心部が透明化した，光沢のない粒をいう．粒長・粒幅は完全米に近いが粒厚が著しく劣る．果皮の葉緑素の分解程度により白死米と青死米に区分する．

・乳白米 milky-white kernel　胚乳の内層部に紡錘状または輪状の白色不透明な部分があり，光沢のある粒をいう．粒長・粒厚は完全米に近いが粒幅が劣る．

・基白米 white-based kernel　粒の背側基部の胚乳に白色不透明な部分があり，光沢の劣る粒をいう．粒径・粒重は完全米に近い．

・背白米 white-back kernel　粒の背側稜線部の胚乳に白色不透明な部分があり，光沢の劣る粒をいう．粒径・粒重は完全米に近い．

・奇形米 deformed kernel　内外穎の鈎合の不全や籾殻の先端部の損傷による暴光により粒の頂部が尖るなどの不整形になった粒をいい，褐色を呈するものが多い．粒重は非常に劣る．

・胴切米 notched-belly kernel　登熟初期の低温障害により生じ，粒の腹側中央部が楔状に切れ込んだ形状を示す粒をいう．粒重・粒径は完全米に比べ劣る．

・青米 green kernel　登熟後期が低温であった場合，倒伏した場合，早刈りした場合などで多く発生する．果皮の葉緑素が退化せず残存し，緑色を示す粒をいう．緑色が薄くやや光沢感があり，透明化した粒は活青米（いきあおまい）と呼ぶ．粒重は劣る．

・茶米 rusty kernel　開花期の風水害，旱害などの気象障害，強風による籾の損傷による病原菌の侵入などで多く生じる．ポリフェノール物質の酸化褐変によって果皮が濃厚に着色・変質し，茶褐色を示す粒をいう．粒重・粒径は劣る．

・腹白米 white-belly kernel　粒の腹側中央部の胚乳に白色不透明な部分のある粒をいう．粒重・粒幅は完全米より優れる．

・心白米 white-core kernel　粒の中心部の胚乳に扁平な板状の白色不透明な部分（心白部）があり，光沢の劣る粒をいう．粒径・粒重は完全米より優れ，特に粒幅が大きい．

・完全米 perfect rice grain　品種固有の粒形と粒色を十分備え光沢を有し，白色不透明部をもたず，登熟良好な粒をいう．

発生要因　発育停止粒は弱勢穎果で発生しやすい．発育停止粒に不稔と単為結果とを総称して「しいな」empty grain と呼び，籾の風選で除去される．死米，乳白米，基白米，背白米，青米，茶米，奇形米などは，一般に登熟期の障害によって発生が助長され，しかも弱勢穎果に発生が多く，総称して登熟障害米 ill ripened kernels と呼ばれる．登熟障害米は外観を悪化させ，品質を低下させる．各種類の玄米は米選工程で篩い分けられ，選別玄米と低品位米の屑米 rice screenings とに選別される．

腹白米と心白米は品種の遺伝的特性に関係し，特異的に発生する．腹白米は粒幅の広い品種に発生しやすく，強勢穎果に多く発生し，通常の登熟障害米とは異なる範疇に属するが外観を悪化させるために好まれない．心白米は酒造米品種のような大粒品種に発生しやすく，強勢穎果で多発し，醸造用に使われる．飯米用品種で発生する心白米は外観から品質不良とされる．

・収穫・乾燥・調製と玄米の外観

収穫およびその後の乾燥・調製の処理は作業が多岐にわたり，この過程において米の性状は籾から玄米，精米へと変わる．各作業での不適切な操作は各種類の被害粒を生じ，外観のみならず，食味にも悪影響を与える．

・芽くされ米　穂発芽によって生じ，胚芽部が変色し，腐敗した粒をいう．精米歩合と貯蔵性を低下させる．

・胴割米 cracked rice kernel　立毛中および乾燥中の急激な吸湿または乾燥によって生じ，米粒に亀裂をもつ粒をいう．粒径・粒重は完全米に近い．搗精により砕米になりやすい．

・肌ずれ米 skin abrasive rice　乾燥が不十分な籾すりで生じ，玄米の表層の全体に損傷がある粒をいう．玄

表1 水稲うるち玄米の検査規格

等級	最低限度		最高限界							
				被害粒, 死米, 着色粒, 異種穀粒および異物						
	整粒(%)	形質	水分(%)	計(%)	死米(%)	着色粒(%)	異種穀粒			異物(%)
							籾(%)	麦(%)	籾および麦を除いたもの(%)	
1等	70	1等標準品	15.0	15	7	0.1	0.3	0.1	0.3	0.2
2等	60	2等標準品	15.0	20	10	0.3	0.5	0.3	0.5	0.4
3等	45	3等標準品	15.0	30	20	0.7	1.0	0.7	1.0	0.6

注:規格外 1等から3等までのそれぞれの品位に適合しない玄米であって, 異種穀粒および異物を50%以上混入していない

米の外観を損ねるばかりでなく, 貯蔵性も損ねる.
・**砕米 broken rice** 脱穀や籾すりでの衝撃などにより砕けた粒をいう. 精米歩合と食味を低下させる.
・**ヤケ米 fermented rice** 発酵米・斑紋米などともいう. 生籾の貯留中に蒸れて生じ, 玄米の表面に黄色, 褐色, 黒色などの斑紋のある粒をいう. 胚乳細胞も着色し搗精で除くことができないため, 精米の外観を損ねる.

・農産物規格規程と玄米の外観

農産物規格規程の玄米の品位規格は, 表1のように整粒歩合と検査標準品との肉眼鑑定比較による形質の最低限度と水分, **被害粒 damaged grain**・**死米**・**着色粒 colored grain**・異種穀粒および異物の最高限度から等級規格が定められており, 1〜3等米および規格外に等級格付けされる. 品位規格では表2のように**整粒 whole grain**, **未熟粒 immature grain**, 死米, 被害粒, 着色粒に大別し, さらに各種類の玄米に分類している. 整粒とは被害粒, 未熟粒, 死米, 異種穀粒および異物を除いた粒をいい, 形正常で着色淡く精米の質に影響を及ぼさない程度のものをいう.

整粒・未熟粒・死米は玄米の充実度による程度区分であって, 整粒は充実の良い粒, 未熟粒は充実の劣る粒, 死米は未熟粒の中でも特に充実の劣る粒である. 被害粒とは, 成熟の途中または収穫後, 虫, カビ, 細菌や物理的障害などによって損傷を受けた粒をいう. 着色粒とは, 米粒が虫, 水, 熱, カビ, 細菌などによりデンプン層まで着色し, 粒面の全部または一部が着色した粒および**赤米 red rice**をいう.

精米歩合

搗精は玄米から精米に加工する工程で, 5〜6%の糠層と2〜3%の胚芽が剥離される. **精米歩合 milling percentage**は玄米に対する精米の収量をいい, 重量比で表わし, 玄米の可食部の大小を示す. 普通は90〜92%程度である. 精米歩合には搗精技術が関係するが, 玄米の糠層の厚さや胚芽の大きさと脱離性などが影響する.

貯蔵性

玄米は貯蔵すると性質に種々の変化が起きて, 生命

表2 玄米の規格区分とその内容

整粒	完全米, 心白米, 腹白米, 青米, 茶米 軽微な未熟粒, 軽微な被害粒
未熟粒	背白米, 基白米, 乳白米 心白未熟粒, 腹白未熟粒, 青未熟粒, その他未熟粒[1]
死米	青死米, 白死米
被害粒	発芽粒, 病害粒[2], 芽くされ粒, 虫害粒, 胴割粒, 奇形粒[3], 茶米, 砕米, 斑点粒[4], 胚芽欠損粒, 剥皮粒[5]
着色粒	全面着色粒(ヤケ米など), 部分着色粒(斑点米[6]・穿孔米[7]・黒点米[8]など) 赤米

注:1)粒が扁平であるもの, 縦溝が深いもの, 皮部の厚いものなど. 2)フケ米など. 3)胴切米, ねじれ米, その他奇形粒. 4)玄米の表面に黄色, 褐色, 黒色などの斑点のある粒. 5)玄米の表層の一部に損傷がある粒. 6)カメムシ類の加害による着色粒. 7)イネゾウムシの加害による着色粒. 8)イネシンガレセンチュウの加害による着色粒.

力がしだいに衰える. これを米が老化するという(古米化). **貯蔵性 storage ability**とは貯蔵中の米の古米化の難易をいう. 貯蔵性には, 米の水分特性, 化学成分, 酵素活性などが関与する. 米の水分が多いほど, 酵素活性が高まり, 貯蔵米の呼吸が盛んになり, 栄養分を消耗し, 品質の劣化が速まる. また, カビが繁殖しやすく, 米の変質を早める.

食味

米の**食味 palatability**は, 一般に精米を炊いた米飯の味を基本にしている. 米飯は比較的簡単な加工調理によりできるため, 素材としての原料米の良否が大切である. 食味は非常に微妙であり嗜好性の個人差もあるが, 最近では白飯として比較的粘りの強いコシヒカリ系が広く好まれている. 米の食味に関与する要因には, 口に入れたときの食感, 硬さ, 粘りなどの物理的性質とタンパク質, アミロースなどの化学的性質があげられる. 食味の変動要因は品種が最も大きく, 次いで産地, 気候, 栽培方法などである. 一般に, 低タンパク質含量・低アミロース含量の産米が良食味とされている. 搗精時の糠の多量の残存は食味を低下させる.

(田代 亨)

〔イネ〕
乾燥・調製

乾燥

収穫後, 籾を 乾燥 drying させる意義は大きく二つある. ひとつは貯蔵性の向上である. 収穫直後の籾は含水率が高く, そのまま貯蔵すると, 呼吸によるエネルギー消耗や分解が生じ品質が低下する. また, カビ, 細菌, 昆虫などの繁殖, 活動により, 腐敗や虫害を招く. このため, 収穫後すみやかに籾を乾燥し含水率を下げることで貯蔵性が大幅に向上する.

乾燥のもうひとつの意義は, 籾すりにおける脱ぷ率の向上である. 含水率が高い状態で籾すりをすると, 後述するロール式では特に脱ぷ率が大きく低下する. また, 籾すりで玄米が砕けたり傷がつくという問題も発生する.

このように貯蔵や籾すりの点からは含水率は低いほうがよいが, 低すぎると食味や発芽率が低下する. これらのバランスから, 籾の目標水分は15%前後となる.

乾燥方法は, 籾の収穫方法によって異なる(図1). 手刈りやバインダ収穫の場合には, 稲束を地面に立てて干す 島立て乾燥 stack drying などの地干しや, 棒にかけるはざ(稲架)干し rack drying など, 戸外で天日乾燥を行なう.

近年, 広く普及しているコンバイン収穫の場合, 収穫直後の籾は比較的高水分で, 通風により仕上げ乾燥を行なう. その方式は, 乾燥法による分類では 熱風乾燥 heated air drying と 常温通風乾燥 natural air drying に分かれ, 後者のうち除湿する場合は特に 常温除湿通風乾燥 と呼ぶ. また, 構造による分類では 回分式 と 連続移動式 に分かれる. 前者は籾を乾燥機に一定量張り込んで乾燥し, その後すべて排出し新たに次の1回分を入れて乾燥する方式で, 乾燥機内で籾を動かさない 静置式 と機内で循環させる 循環式 にさらに分かれる. 連続移動式は, 乾燥機の一端から籾を入れて連続あるいは間欠に籾を移動し順次他端から排出する方式であり, 容器の形により 平形 flat bed type と 立形 upright type に分かれる.

日本で広く普及している乾燥機は, 循環式乾燥機 recirculating batch dryer (テンパリング乾燥機 tempering dryer) である(図2). その構造は, 籾に熱風を通す乾燥部と, 通風せずに籾内部の水分が表面に移動してくるのを待つ通風休止部(テンパリング部)とに分かれ, 籾を循環させながら乾燥とテンパリングを繰り返す. テンパリングの意義は, 籾の内部と表面の水分差を小さくすることにより主に胴割米の発生を防ぐことにある. 近年は, 灯油バーナで加熱する遠赤外線放射体を籾の循環経路内に組み込むことにより, 従来の熱風に加えて遠赤外線で籾を加熱・乾燥する方式が普及している. この方式では, 籾の内部へ遠赤外線が到達するため乾燥効率が高く, 灯油・電力消費量および騒音レベルが低減する. また籾内の水分差も小さいため, 胴割れの発生予防や食味向上のメリットがある.

調製

調製 processing とは, 乾燥後に籾から不要なものを除去し, 一定の基準で同一品質のものに揃える作業を指し, 籾すり, 選別, 精米の工程が含まれる.

籾すり(脱ぷ) hulling, husking　籾から籾殻を離し玄米を選別する工程を指す. 籾すり機 rice huller, rice husker は, 回転速度の異なる2個のゴムロールの隙間に籾が入り, せん断力が発生し脱ぷされるロール式と, 羽根車状の回転加速盤により遠心力が与えられた籾が壁面に衝突して脱ぷされる衝撃式がある.

籾すり歩合(脱ぷ率) husking rate は, 衝撃式では回転加速盤の回転数, ロール式では2個のロールの回転速度差率, ロール間圧力, ロール間隙によって異なり, これらを調節して80~90%になるようにする. これを超えるような設定では玄米に傷がつきやすい. また, ロール式では籾水分が高いと籾すり歩合が低下するので, 高水分籾の籾すりには衝撃式が適す.

選別 grading, sorting　粗籾や粗玄米から異物・異種穀粒・屑籾・屑米を除去し, それぞれの基準に基づき分級することにより品質, 食味, 貯蔵性を高め均質化する操作を指す. 籾粗選機, 唐箕, 万石, 揺動選別機, 米選機, 色彩選別機が含まれる.

籾粗選機 paddy cleaner は, 籾に混入したわらや雑草種子, 小石, 木片などを, 回転あるいは揺動する篩いや風選で精籾を選別する.

唐箕 winnower, winnowing machine は, 風力によって籾殻や軽い玄米を遠くへ飛ばし, 重い玄米を選別する方式である. **万石 grain sorter, grain screen** は, 2~3枚の網を組み合わせて傾斜させた網面の上に籾と玄米の混合物を流すことにより籾, 精玄米, しいな, 砕米などに分ける方式である. **揺動選別機 shaking separator**

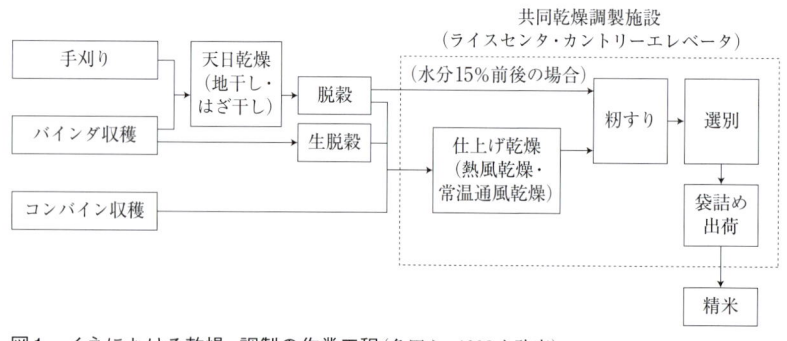

図1　イネにおける乾燥・調製の作業工程(角田ら, 1998を改変)

は，近年，籾すり機の選別部に組み込まれて広く普及している．その構造は，上向きあるいは下向きの窪みをもつ傾斜した揺動板上に籾と玄米の混合物を流し，揺動板を適切な振幅と振動数で揺動させることで籾と玄米を選別する．

米選機 rice sorterは，玄米の中から屑米，砕米を取り除き，粒厚で選別する装置であり，縦線式と回転式がある．縦線式は，剛線を縦に張った板を傾斜し，上から玄米を流すことで選別する．回転式は，近年広く普及しており，円筒または角筒状の抜き打ち鉄板製の篩を回転させ，その中に玄米を通すことで選別する．

色彩選別機 color sorterは，玄米や精米に当てた可視〜近赤外光の反射・透過により白未熟粒や着色粒，籾，異種穀粒，ガラス，石，樹脂などを識別し，ノズルから高圧空気を噴射してこれらを除去する．近年，精米工場やカントリーエレベータ(図3)で広く導入されている．

搗精 polishing, milling, purling　イネの場合は**精米** rice millingとも呼び，糠である果種皮・糊粉層・胚芽を取り除くことを指す．精米された米は，**白米(精米，精白米)** milled rice, polished riceと呼ばれる．玄米に対する白米の重量比は**搗精歩合(精米歩合)** milling percentageと呼ばれ，通常は90〜92％程度である．

精米機 rice mill, rice milling machineは，摩擦式と研削式に分かれる．摩擦式では，米粒に比較的高い圧力をかけながら米を低速で回転させて，米粒間に発生する摩擦力によって糠をはぎ取る．玄米内部には搗精が進まず，白米表面が滑らかになるため，主として飯米用に用いられる．研削式では，米粒間の圧力は低く，高速に回転する金剛砂ロールで米粒を研削する．米粒内部にまで搗精を進めることができ，また砕米が少ないため，長粒種や酒米の精米に用いることができる．

乾燥調製貯蔵施設

乾燥調製貯蔵施設 grain drying, processing and storage facilityとは，複数の農家が生産し収穫した籾を1か所に集め，乾燥・調製し，貯蔵する施設を指す．多くの場合，農業協同組合が作業を請け負い，省力化，低コスト化，米の高品質化を目的としている．なお，調製後の玄米は**袋詰め** packagingあるいはばらで出荷される．袋詰めでは，30kg入りの紙袋や60kg入りの麻袋または樹脂袋が使われる．ばら出荷では，タンク車または1t程度のフレキシブルコンテナ(フレコン)で出荷する．

ライスセンタとカントリーエレベータの2種類があり，このほか両者に併設されるドライストアがある．集荷された籾を個人別，荷口別に乾燥・調製・出荷する個別処理方式と，同じ品種ごとに処理する集団処理方式がある．

ライスセンター rice center (RC)　導入当初は個別

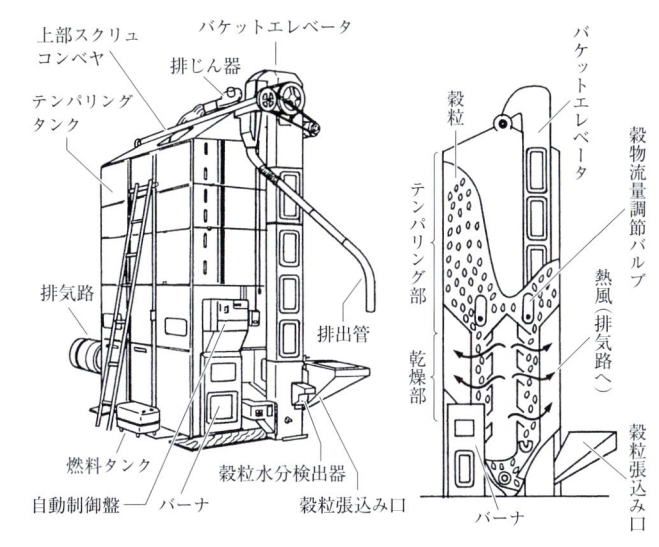

図2　循環式乾燥機(テンパリング乾燥機)(木谷ら，2005)

図3　カントリーエレベータ

処理方式による共同乾燥調製施設として設置され，バインダ収穫後に脱穀された半乾燥籾の仕上げ乾燥と調製を主目的としていた．近年は，コンバイン収穫が普及し，高水分の籾が多量に持ち込まれるようになり，集団処理方式に変更したり，ドライストアが併設されている．

カントリーエレベータ country elevator (CE)　高水分の籾を多量に処理する施設で，ライスセンタより大型の2,000t以上のサイロを持つ．品質低下を防ぐため，一次乾燥で籾水分を17％程度に，二次乾燥で仕上げ水分にする．乾燥後はサイロ内にばら貯蔵する．

ドライストア drystore (DS)　貯留乾燥施設ともいわれ，通気装置を備えた複数の貯留容器(ビン)を指す．高水分の籾が多量に持ち込まれた場合，乾燥機に入りきらない籾をこの貯留ビンで予備的に乾燥することにより品質を保持することができる．ライスセンタやカントリーエレベータに併設されることが多い．

米貯蔵庫 rice storage facility　調製後の玄米の栄養分の損失や脂質の酸化およびカビなどの微生物や害虫の発生を防止するために，通常，15℃以下の低温で湿度70〜80％の貯蔵庫が用いられる．容量500L程度の小型のものから，政府備蓄米用などの大型貯蔵庫がある．

〈森田　敏〉

〔イネ〕
冷害

冷害の実態

冷害 cool summer damage, cool weather damage **の発生傾向**　昭和30年代のように気象条件の安定した時期もあるが，冷害年はしばしば出現し，平均すると4年前後に一度の頻度で発生している．近年は地球温暖化の傾向にあるが，平成5年の百年に一度のような大冷害の年もあり，気象変動の振幅はむしろ大きくなってきている．江戸時代の飢饉につながるような**凶作** poor harvest や近代の農村が疲弊する凶作は過去のこととなった．

冷害が起こる夏の**限界温度** critical temperature としては，北海道では，7～8月の平均気温が平年よりも8℃低い19℃以下になると確実に冷害となる．5～9月の積算気温が2,400℃，7～8月の平均気温が19.5℃が，稲作の豊凶を分ける限界温度とされている．東北地方でも7～8月の平均気温が20℃以下になると冷害年の可能性が大きくなる．気象の観点からは冷害の型に二つあり，優勢なオホーツク海高気圧から北日本に向かって冷たい偏東風（**やませ** Yamase [wind]）が吹き，全国的に冷夏になるのを**第一種型冷害**といい，日本海側に比べて太平洋側の被害が大きい．他方，オホーツク海高気圧はあまり発達せずに北極寒気団が西日本に流入して弱い冬型となるのを**第二種型冷害**という．この場合は，特に北海道の日本海側での被害が大きくなる．

障害型冷害，遅延型冷害　栽培の観点からは，**障害型冷害** injury-type cool injury と**遅延型冷害** delayed-type cool injury とに大別する．この分け方は収量の低下の原因が不稔 sterility によるのか，それとも登熟不良 poor ripening によるのかを基準に考えている．

障害型冷害には，穂が成長する際に冷温によって花粉 pollen の発育不良が原因となる**穂ばらみ期冷害** booting stage cool injury と，開花期の冷温により受粉 pollination あるいは受精 fertilization が不良になる**開花期冷害** flowering stage cool injury とがある．いずれも**不受精** unfertilization による不稔が原因となる．

遅延型冷害は播種から登熟までの生育各時期の冷温や，それに伴う日照不足による生育の遅れが原因となって登熟不良となり，屑米の発生や1穂重の減少を引き起こす場合を指す．このため，冷害の発生の過程は多様となる．生育遅延はしばしば穂ばらみ期や開花期の冷温による障害と混在して起こるため，冷害のタイプを障害型と遅延型とに明確に分けられない場合がある．

冷害の原因や対策を考えるうえでは，「移植時期の冷温による根の活着遅延」「穂ばらみ期の冷温による受精障害」「出穂期の冷温による出穂遅延」，というように冷害の時期と症状とをあわせて表現する．

冷害のメカニズム

直播栽培では，種子発芽や苗立ちなどの初期生育期に冷温に遭遇する機会が多い．冷温下での種子発芽性は初期生育の活性と強く結びついているので，発芽の冷温域（5～15℃）での温度反応を調べることは直播栽培適性を考えるうえで重要な要素となる．移植栽培では，本田移植後の冷温により障害が生じる．活着は発根および根の初期伸長を指し，限界温度は12～18℃であり，この温度以下の冷温下では活着が抑制され，**出穂遅延** delayed heading の原因となる．

イネの冷害は苗の時期から登熟までの各生育ステージにわたり冷温ストレスを受ける可能性があり，活着不良，初期生育不良，**幼穂分化** panicle differentiation 遅延，出穂遅延，開花遅延，登熟遅延などの生育遅延が問題となる．

収量に最も影響するのが生殖器官の障害による不受精であり，不稔である．花粉が形成される時期の穂ばらみ期が最も冷温に感受性が高く，次いで開花期の受精の時である．これらの時期に障害を受けると天候が回復しても不稔となる．この点が天候の回復により冷温障害が軽減される可能性が高い栄養成長期と異なる．

冷害で問題とされる時期は，出穂10～13日前の幼穂長10cm以下の時期で，外観からは稈のふくらみは目立たない．冷害発生の危険性がある温度と期間は，品種・栽培条件によって異なるが，平均気温15～17℃以下で1週間から10日間である．冷温感受性期を正確には**小胞子初期** young microspore stage と呼び，若い穎花の葯（雄しべ）anther の中で花粉になる細胞が減数分裂 meiosis を終了して4つの小胞子に分離する生育ステージを指す．しかし，栽培・育種の場面では従来の**減数分裂期（減分期）** meiotic stage あるいは**危険期** critical stage と呼ぶ．品種で耐冷性を問題にする場合は，一般的には穂ばらみ期の障害型耐冷性を指す．

小胞子初期の冷害は，花粉の発育不全が原因である．花粉の発育が停止するほどの厳しい冷温処理をしたイネから葯を除去したあと，柱頭 stigma に健実な花粉を受粉すれば稔実する事実から，不稔は雌ずいでなく葯の側に原因がある**雄性不稔** male sterility である．葯は4つの葯室 anther loculus からなり，四分子細胞や小胞子は葯腔液に浮遊して存在する．この葯腔液をとり囲む細胞層が**タペート細胞層** tapetal cell layer であり，四分子細胞や小胞子に栄養を供給する機能をもつ．冷温処理によってタペートが肥大することが観察されことが多い．肥大の原因は，冷温による代謝の異常による糖などの浸透圧増大に関与する物質の蓄積が考えられているが，タペート肥大が花粉の発育不全の直接の原因であるかについては議論がある．冷害発生のメカニズムの核心部分はまだ未解明の部分が多い．

冷害危険期を判定するために**葉耳間長** auricle distance が使われる．稈から葉が出るところに**葉耳** auricle という構造があり，**止葉** flag leaf の葉耳が稈の中

にある場合（葉耳間長はマイナスと表わされる）でも葉鞘の上から指でなぞると止葉の葉耳の場所がわかる．この止葉の1枚前の葉耳と止葉の葉耳との間の長さを測ることで，止葉の葉耳よりさらに稈の下方にある幼穂の大きさを推定することができる．葉耳間長を測定して幼穂が冷害危険期にあるかどうかを判定するが，品種や栽培条件により異なる．実際の水田では−3〜0cmであるが，人工気象室で育てたイネでは葉耳間長が−10〜−5cmくらいの範囲となる．

開花は日最高気温に大きく影響され，最適最高気温は31〜32℃であり，25℃を下回ると抑制されてくる．日射の影響も大きく，適温範囲内でも雨天であれば開花せず，曇天であれば開花時刻が遅れ開花数も少なくなる．開花抑制 flowering suppressionのあと，天候が回復すると多数の穎花が一斉に開花して「満開現象」を呈するが，抑制期間が長いと天候が回復しても不稔になる．開花期不稔は花粉の発芽不良による雄性不稔であり，冷温に最も弱いのは開花直前の成熟した穎花で，穎花の発育時期が開花日から遠ざかる（成熟度が低い）につれ冷温感受性は低下する．また，いったん受精した穎花は，ある程度長期間冷温にさらされても，胚乳の肥大が遅れるだけで発育を停止することはない．

登熟の進行は炭水化物の転流による．30℃くらいまでの温度範囲では温度が高いほど速いが，10℃前後でもゆっくりと進行する．17〜18℃以下になると千粒重は顕著に減少することから，この温度域が登熟期の冷害発生の限界温度と考えられる．

冷害の克服

北海道・東北各県の水稲の単収は，10a当たり500kgを超えている．これは冷害克服のための品種改良と栽培技術の進展が大きな要因となっている．品種の耐冷性 cool weather resistance強化をはじめ，いもち病抵抗性や早生化，耐肥性強化による多収化，育苗および施肥技術の発展などが貢献している．

特に，コシヒカリは耐冷性も非常に高いことが確認されて，耐冷性に良食味は伴わないという考え方は払拭され，コシヒカリの血を受け継ぐ耐冷性極強・良食味の後代が育成され，良食米の栽培地を北日本にシフトさせた．

北海道では，登熟のために出穂後40日の平均気温積算値が800℃，正常な受精のために出穂前24日から出穂後5日までの30日の平均気温が25℃以上必要であることから，安全出穂期を策定している．

耐冷性が高い品種であっても栽培の仕方が悪ければ，せっかくの優れた形質が十分に発揮できない．育苗期間中の施肥，水管理，「むれ苗」防止のためのハウス内の温度管理，などに注意して，徒長していない炭水化物含量の高い健苗をつくることが重要となる．

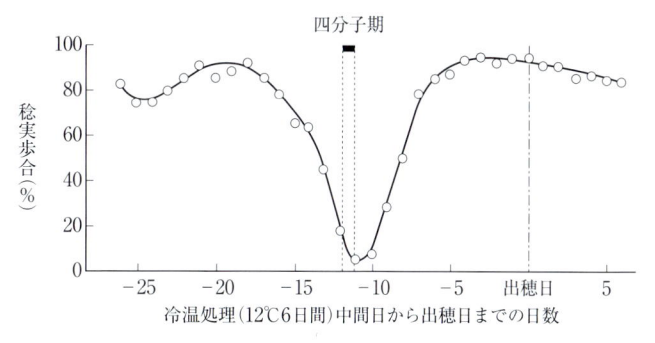

図1 稔実歩合の最も低下する出穂11日前後が最高冷温感受性期の小胞子初期である（Hayase *et al.*, 1969より改変）

堆肥などの有機物を土にすき込むと，イネの根の機能を向上させることにつながり，耐冷性を高める．ただし，小胞子初期の耐冷性は稲体の窒素濃度が高いと低下するので，冷害が予想される場合は，稲体の窒素供給量が多くなりすぎないように注意する．

小胞子初期の冷害危険期には，水位を15〜20cm以上に深くして直接水により穂を保温し，気温の低下の影響を軽減する深水灌漑 deep-flood irrigationが重要となる．より効果的に冷害を防止するために，小胞子初期の冷害危険期に先立つ10日前頃から幼穂の発育に伴うように灌漑水を深くしていく，という前歴深水灌漑 deep water irrigation prior to young microspore stage技術が確立された．花粉母細胞からの小胞子の分化と発育を促すためには，幼穂が分化を始める初期から小胞子初期前までの過程を水面下で行なわせ，不時の冷温ストレスから守ることが有効であることが立証されたことによる．幼穂形成期ころから10cm程度の水深は，少量の灌漑水で迅速に実施できる利便性もある．前歴処理に引き続き小胞子初期の冷害危険期の深水灌漑を組み合わせる技術は，北海道・東北地域においては，危険期および前歴深水灌漑技術として稲作技術の基本となっている．この際，夜間に入水して昼間止め水をして，水が保持する温度を有効に利用する．また，漏水を防ぐための畦畔管理も重要である．

冷害を防ぐために，基肥を少なくして適期に追肥を行なう肥培管理や，前歴および危険期深水灌漑などの水管理に代表される栽培上の技術の寄与は大きい．しかし，根本的には高度耐冷性品種の育成が求められる．

統計遺伝学的研究により，穂ばらみ期の耐冷性には加算的効果をもつ数個の主働遺伝子 major geneの関与が考えられているが，遺伝子の実体についてはまだ明らかになっていない．耐冷性は，分化小胞子数・発育花粉歩合・受粉歩合・受精効率の4つの受精構成要素 components participating in fertilizationの積として表わすことが可能であり，異なる要素の組合わせによる耐冷性向上の育種が可能である．

（小池説夫）

〔イネ〕
気象災害（除冷害）

農業気象災害の分類

農作物や家畜，農耕地や農業施設がある限界を超えた異常な気象条件によって受ける被害を **農業気象災害 agro-meteorological disasters** という．農業気象災害は，農業生産に大きな影響を及ぼす，温度の過不足，水の過不足，風・凍結などの物理的な気象要因により発生する．気象要因は時間，場所によって変化する特徴がある．

農業気象災害は，風害，水害，湿害，干害，冷害，高温害，霜害（凍霜害），寒害，雹害，塩害，潮風害，雪害などに分類される．ここでは前項で扱う冷害と雪害を除いた気象災害について述べる．

被害，対策

風害 wind damage 風によって生じる災害の総称で，台風，低気圧，梅雨・秋雨前線，竜巻などにより生じる強風・突風，季節風と，地形的な影響で起こる局地風などにより発生する強風害と，複合被害に分類される．

被害の状況は，風の強さ・向き，農作物の種類・品種，生育ステージなどにより大きく異なる．特に，台風による強風は，農作物の倒伏，茎葉や枝の損傷，落葉，落果を招くことから，大きな減収，品質低下をきたす．倒伏は重心が移動して倒れる現象で，茎が折れて倒れる座折倒伏，茎が折れて伏せる湾曲倒伏に分類され，農作物の減収・品質低下を招く大きな要因である．また，強風による水稲の **白穂 white head**・脱粒なども被害を拡大させる要因である．農業用ハウスやガラス室，畜舎では，倒壊や破損を引き起こす．

複合被害は，潮風害，冷風害，寒風害，フェーン害（乾熱風害），風食害などに分類される．**フェーン害 foehn damage** は，日本海沿岸を台風が西側を通過した際，特に北陸地方では太平洋からの山越え気流により発生する高温で乾燥したフェーン現象が発生し，農作物には萎凋，白穂などを引き起こす．

風害対策としては，防風林，防風垣，防風ネットなどの防風施設の整備が重要である．特に台風対策としては水稲では早期栽培による作期移動，耐倒伏性品種の作付け，早期刈取り，果樹では早期収穫・落果防止，棚や支柱の補強などが有効である．

水害 flood damage 多量の雨水のため農作物が冠水（作物体が頂部まで水没する）や浸水（頂部までの水没に至らない）することで発生する腐敗，倒伏，発芽（穂発芽），病害の発生，農耕地の流失や埋没，地すべりやがけ崩れによる間接的な被害をいう．冠水や浸水による腐敗は，雨水の濁度や溶存酸素量，冠水や浸水の継続時間などにより被害の程度は異なる．倒伏は，雨水の流入による物理的な力と雨水の付着が複合して発生する．

穂発芽は農作物の穂（種子）が雨水を吸収して発芽する現象で，狭義的には雨害に相当し，ムギ類では梅雨前線による収穫期の降水により立毛の状態で穂発芽が発生し，品質が著しく低下して減収する．水稲では台風などの強風により，倒伏した稲穂が滞留した雨水を吸収して穂発芽の被害が発生する．また，水害時に水田が冠水することにより，白葉枯病などの病害が多発する場合がある．

水害の対策としては，倒伏や穂発芽に強い品種の作付け，農耕地における排水能力の向上，短期間の天気予報に基づく収穫適期の判断などが有効である．

広義的には，梅雨・秋雨前線や台風の通過時に集中豪雨に見舞われ，河川の氾濫，農耕地に隣接する場所での地すべりやがけ崩れなどにより農耕地が流失や埋没する被害も含まれる．

湿害 wet damage 多雨，農耕地の排水不良などによる土壌の過湿が原因で生じる害である．過湿状態にある土壌では間隙に空気が減少して根が酸素不足になり，これが継続すると根が衰弱して養分や水分を吸収する能力が低下して，生育が阻害される．水田の裏作として作付けされているムギ畑や減反による転換畑では，排水不良や間接的にはムギ赤かび病の蔓延によって被害を受ける．

湿害の対策としては，農耕地の水位を下げるために明渠・暗渠排水の整備，高畝栽培による土壌の過湿を抑制，耐湿性の高いナタネなどの作物を作付けすることなどが有効である．

干害 drought damage 干ばつ（日照りで雨が降らず水がなくなること）で農耕地の土壌水分が欠乏し，農作物が根から吸収できる水分が減少して受ける害である．わが国では，古くから冷害，風水害とともに主要な農業気象災害であったが，近年の灌漑施設の整備により干害はしだいに減少する傾向にある．特に，「干ばつ（日照り）に不作なし」とたとえられるように，灌漑施設が整備された農耕地では，干ばつによる日射量や日照時間の増加により収穫量は増加する．

干害の対策としては，耐干性品種の導入，スプリンクラーなどの畑地灌漑施設の整備，点滴灌漑などによる灌漑水の有効利用，水源の確保，などが有効な手段である．世界的に見ると，異常気象の多発や人口の増大に伴う農耕地の急速な拡大により，干害は依然として重大な気象災害である．

高温害 high temperature damage 夏季の高温が作物の生育適温を上回る状態が継続した場合に発生する被害である．夏季に異常高温が続くと，冷涼を好む農作物では高温の影響を受けやすく，多くの農作物で35℃以上になると高温害が顕著に現われる．また，越冬する農作物は冬季に高温で経過すると生育が促進され，その後の低温により凍霜害などの被害（暖冬害）を受ける．近年，地球温暖化や異常気象により夏季の高温化が進んでおり，登熟期の高温による登熟不良，乳白粒や心白

粒などの白未熟粒の発生などが問題視されている.

　高温害の対策として,ハウス栽培では細霧をノズルから噴霧する細霧冷房が実施されており,機械式の冷房と比べてコストが低く,理論的には温室内の気温を湿球温度まで冷房できる.しかし,ハウス内で噴霧した水が気化し,相対湿度が100％に到達すると蒸発は望めなくなるため,ハウス内の換気制御が重要となっている.

霜害（凍霜害）frost damage　春季や秋季にシベリア大陸からの移動性高気圧が日本列島を覆い,晴天の夜間に風が弱いと,地面から上空への熱の放出が増加する放射冷却現象が発生する.地面付近の大気は,冷却されて0℃以下になり,大気中の水蒸気が昇華して作物の表面に氷の結晶が付着すると,作物体が凍結して凍死あるいは生理的障害を引き起こす.霜害は凍害との区別が明瞭でないことから,凍霜害とも呼んでいる.耐凍性が急激に低下する春季の生長開始時期に異常低温に遭遇すると,花芽や新葉に晩霜(遅霜)害が発生する.晩秋から初冬にかけて,耐凍性が上昇していない季節に起こる子実や枝への被害を,初霜(早霜)害という.

　農作物を霜から守る方法(防霜対策)として,霜害を起こす限界温度(危険温度)以上に作物の体温を維持するために重油などを燃やす燃焼法,降霜時に形成される逆転層(地上約6mで気温3〜6℃)を利用して,防霜ファンを高所に設置して暖かい空気を地表の農作物に送風して霜害を防ぐ送風法,水が氷に凍結する時に水1gにつき80calの放出する潜熱を利用して,0℃以下にならないようにすることで霜害を防ぐ散水氷結法などが行なわれている.

寒害 cold damage　晩秋から早春にかけて,農作物が低温に遭遇した場合に発生する霜害(凍霜霜),真冬の凍土の発達により農耕地の地面が持ち上がり発生する凍上害,凍裂,寒風害,土壌凍結などの被害を総称して呼ぶ.

雹（ひょう）害 hail damage　発達した積乱雲が通過する際に生じる降雹(5mm以下は「あられ」)により発生する被害を呼ぶ.積乱雲の規模,移動経路,寿命により降雹の規模や継続時間が決まる.積乱雲の移動に伴い被害域が移動するため,降雹の範囲は帯状・局地的で,時間も短い場合が多い.雹が大きい場合は,農作物の葉や子実を損傷,落下させるため,きわめて甚大な被害となる.また,ビニールハウスやガラス室の被害も多い.

　降雹の被害は,発達した積乱雲が形成されやすい5月から6月を中心とした初夏に多く,北関東から長野県の地域での発生が多い.降雹害の対策は,防雹網や寒冷紗で農耕地の上部を被覆する方法,積乱雲にロケットを発射し,ヨウ化銀を散布して雹の成長を抑制する方法があり,諸外国で実用化されている.

塩害 salt damage　塩分のために農作物が生育障害を受けて減収や品質劣化を招く被害の総称で,発生メ

図1　2006年台風13号により発生した水稲の潮風害
緑色の部分は道路法面保護シートが強風で水稲を覆っていたため潮風の被害をまぬかれた

カニズムの違いにより,塩水害,塩風害(潮風害),塩土害の3つに分類される.塩水害は,台風による高潮,地震による津波,異常潮位,海水の遡上の発生などにより,海水が農地に侵入した場合に生じる.海水の総塩濃度は約35,000ppm,作物の耐塩水性は灌漑水で1,000〜3,000ppmであることから,農作物全体が冠水した場合は被害が甚大であるが,土壌の部分的な冠水であっても生育阻害,枯死に至る場合もある.また,速やかに退水した場合でも土壌に塩化物が残留するため,除塩対策が必要となる.

　塩土害は,高温・少雨の気象環境下において,灌漑水や土壌中に含まれる塩類が蒸発散の際に土壌表面に集積する害(塩類集積)で,世界各地の乾燥地で発生する代表的な農業災害である.わが国のような降水量が蒸発散量を上回る多雨地帯においても,降水を遮断して栽培するハウスなどでは発生しており,客土や過剰に集積した塩類を吸収させてハウス外に持ち出すクリーニングクロップの栽培が有効な回避手段である.

潮風害 salt wind damage　台風や季節風などの強風が海上から内陸部に向かって吹く際,波浪による大量の海水の飛沫が風で運ばれて農作物の表面に付着する.これが少雨ゆえに洗い流されずに体内に塩分が侵入すると,生育阻害や脱水により枯死を招く(図1).農業分野では塩水害を塩害,塩風害を潮風害と区別している場合が多い.被害は,海岸からの距離に大きく起因する農作物への塩分付着量,作物の種類や生育ステージにより異なり,水稲では穂・籾が白くなり登熟が停止する白穂・白稃(ふ),カンキツ類では葉の枯死や落葉の被害が生じる.

　防風林や防風垣,防風ネットを果樹園地に整備することにより飛沫を捕捉して農作物に付着する塩分量を軽減する方法,台風通過直後に灌漑用のスプリンクラーで散水して水洗する方法などが実施されているが,干拓地などの広域の水田ではこれらの対策も実施が困難である.

〔山本晴彦・岩谷 潔〕

〔畑〕
耕耘・整地

畑の特徴

　湛水しておもに水稲を栽培する水田に対して，湛水することなしに多種多様な作物を栽培する耕地を畑 field, upland field，畑で作物栽培を行なうことを畑作 upland farming, field crop cultivation，そして畑で栽培される作物を畑作物 field cropという．

　世界の耕地面積は，2005年ではおよそ14億haでその90％が畑である．これに比べ，同年の日本では耕地面積469万haのうち45％が畑で，残りが水田である．水田の割合が高いのは，水稲作を農業の根幹として，灌漑可能な耕地のほとんどを水田として造成してきたことによる．畑地面積は北海道が94.1万haと最も広く，鹿児島県8.5万ha，茨城県7.6万ha，青森県7.4万ha，千葉県5.6万haとつづく．畑は作付けする作物の種類によって，穀類，豆類，いも類，野菜類など一・二年生作物を栽培する普通畑，果樹，茶，桑など多年生の木本作物を栽培する樹園地，そして牧草地に分類され，それぞれの割合は55％，15％および30％である．

　未耕地を開墾したばかりの畑では，作物の生育は不良で収量も低いが，堆厩肥や土壌改良材などを与え，作物栽培を継続することによってしだいに生育が改善され，収量が高く安定した畑(熟畑 mature field)に変わっていく．これを熟畑化という．しかし，熟畑化した畑でも，この状態を維持していくためには適度な管理が必要である．なぜなら，畑土壌は，水田と異なり養分の天然供給量がきわめて少ないうえに，土壌中の酸素が豊富なため有機物の分解・消耗が速く，雨水によって土壌中の養分が流亡しやすいからである．そのうえ，畑作物のほとんどは連作 continuous croppingすると収量が低下してくる（連作障害）という特性をもっている．

　それゆえ，畑で収量が高く安定した作物生産を継続していくためには，栽培に際しての適切な準備（耕耘・整地）と管理を行なうとともに，堆厩肥 compostなどの有機物を施用して常に地力の維持・向上を図ること，作物の特性に配慮した輪作 crop rotationを採用して連作障害を回避することが重要である．

耕耘・整地

　作物の栽培に際して，播種や定植（移植）をするために行なわれる一連の準備作業を総称して耕耘・整地という．作物栽培の基盤となる作業で，作物のよりよい生育を促し播種後の作業を効率的に行なうため，良好な土壌環境を整備するものである．その際に，地力を高めるための手だて（堆厩肥，石灰，土壌改良材の投入など）も同時に行なうことが多いので，これを適宜に行なうか否かは作物の生育，収量，品質の良否に影響することになる．

　耕耘・整地は通常，耕起，砕土，均平，鎮圧，畝立ての順に行なわれる．このなかで，耕起と砕土の2行程を耕耘 tillage, tillingといい，その後の均平・鎮圧・畝立てを整地 land grading, ground makingと呼ぶ．耕耘・整地の目的は以下のとおり．

1) 雑草や作物残渣を土中に埋没・枯死させ，雑草の発生・繁茂を抑えるとともに有機物の分解を促す．
2) 作土層ならびにその直下を膨軟にして通気性・透水性を高めることにより，出芽・活着，生育に良好な土壌環境をつくる．
3) 石灰，堆厩肥などの土壌改良資材や肥料を作土層に混入させることで施用効果を高める．
4) 降水により下層に移動した無機養分を上層にもってきて，作土層全体の肥沃度の均一化を図る．

　なお，土壌保全や生産コストの削減，作期の調節などを目的に，耕耘・整地を極力省略した簡易耕 reduced tillage, 最小耕耘 minimum tillage, 不耕起栽培 no-tillage farmingも行なわれている．

耕耘　耕耘の方法には，すき（犂，鋤）によって耕土の上層の土と下層の土を反転（天地返し）する反転耕 upside down plowingと，ロータリやロータによって土を細かく砕きながら混ぜる攪拌耕（ロータリ耕耘）とがある．反転耕は耕起と砕土の2行程が必要であるが，攪拌耕では耕起と砕土を同時に行なう（図1）．

耕起 plowing　作土をすき起こして反転する作業で，ボトムプラウ，ディスクプラウが用いられる．地表の作物残渣，堆肥，雑草とその種子などを下層部にすき込むことで下層部に有機物を供給するとともに，雑草の発生を抑制する．さらに，土壌を膨軟にして通気をよくしたり，下層土を表層に出すことで下層土に含まれる養分の分解を早めて作物が吸収しやすい状態にしたりする．

砕土 harrowing　耕起によって形成された大きな土塊を細かく砕く作業で，ディスクハロー，ツースハロー，ロータリハローなどが用いられる．砕土の良否は発芽率に影響する．砕土の良否を示す指標として砕土率を用いる．これは，耕耘後の土塊のうち，基準直径（通常2cm）の土塊が全体に占める割合を重量比で表わしたものである．砕土率が低い場合は播種深度がばらついて出芽の斉一性を欠いたり，種子や苗が土壌中の液相とうまく馴染まないために乾燥害を生じたりすることがある．

攪拌耕 rotary tillage　ロータリティラー，ディスクティラー，動力耕耘機などが用いられる．攪拌耕は，耕起と砕土作業を1行程で行なうもので，しかも砕土率が高いので日本では水田，畑を問わず多く採用されている．ただ，耕深が10～15cmと浅く，作物残渣などの埋没処理にも難点がある．これらの問題点を是正するため，従来のロータリが爪を進行方向に振り下ろして土を回転切削する正転方式（ダウンカットロータリ）であったのを改良して，反対方向に回転切削する逆転方式（アップカットロータリ）が開発された．さらに最近ではこれ

にレーキ状の機具を装着して，細かく砕けた土は上層に，大きい土は下層に分布するように耕耘するものもつくられている．

均平 leveling　圃場の表層をならして平らにする作業で，ツースハロー，ディスクハローなどが用いられる．播種作業の効率化を図り，播種された種子が斉一に発芽できるように土壌を整える．圃場表面を均平に管理することは，圃場全体の作物生育の均一化を促し，能率よく農作業をするうえで重要である．近年は，圃場の大区画化にともなってレーザ光線を利用して凹凸をならしていくレーザ均平機 laser leveler も使われている．

鎮圧 compaction　耕土の表面を押さえつける作業で，カルチパッカやローラなどが用いられる．耕起や砕土作業でできた土塊を押しつぶし，表土を均平にして，種子の発芽・初期生育が円滑に行なわれるように水分，酸素，温度の三条件を整える．土壌の飛散・流亡などを防ぐ効果もある．

畝 ridge　耕耘後，土をある高さで帯状や線状に盛り上げてつくったもので，そこに作条 seed furrow を切って播種または定植を行なう．また，作物の生育途中に行なう中耕培土 intertillage and ridging の作業によってもつくられる．畝をつくることを畝立てといい，鍬（くわ）や畝立て機 ridger が用いられる．畝立ての目的は，1）排水を良好にする，2）膨軟な土壌を盛り上げることによって根の発育を促す，3）日射を受ける面積を大きくして地温の上昇を図る，4）蒸発を促し土壌を乾燥しやすくする，などである．

畝には畑面を削って溝と溝の間を高く盛り上げる高畝 high ridge，畑面とほとんど高さを同じくする平畝 level row，両者の中間の畝がある（図2）．高畝の形状には丸形，台形，かまぼこ形などがあり，幅も数cmから1mを超える広幅畝もある．畝立ては，米の生産調整を機に増加している転換畑 upland field converted from paddy での湿害対策としても大変有効な手段の一つである．転換畑におけるダイズやソバ栽培では，生育初期の湿害回避を目的に，アップカットロータリを用いて耕耘と同時に畝立て・施肥・播種を1行程で行なう作業技術（耕耘同時畝立て播種）が開発されている．（図3）

間土 soil insulation　耕耘・整地作業に引き続き播種作業を行なう．作条を切って播種作業を行なう場合は，基肥 basal dressing, basal application を施し，肥料の上に土をかけ（間土），その上に種子をまく．間土は，種子と肥料が直接触れることによって生じる発芽障害を防ぐための処理である．かける土そのものを間土ともいう．最近は，作土全体に肥料を混合する全層施肥や肥料を播種位置からずらして施す側条施肥が行なわれることが多く，このような場合には間土はしない．

覆土 covering with soil　播種後，種子の上に土をかけ，土壌中に埋没させる作業を覆土という．また，かける土そのものを覆土ともいう．覆土後は表層を鎮圧して，種子と土を密着させ吸水を促す．これらの作業は，種子の水分吸収を良好にして発芽環境を整えるために行なわれるが，鳥獣類の食害や風食害を防ぐ効果もある．覆土の厚さ（播種深度）は，種子の発芽に影響を与えるので，作物の発芽特性，気象や土壌条件などを考慮する必要がある．通常，播種深度は種子の直径の3倍程度，あるいは2～3cmが適当であるが，小さい種子や光発芽種子は浅く，乾燥している土壌では深く，湿っている土壌では浅くする．

（杉本秀樹）

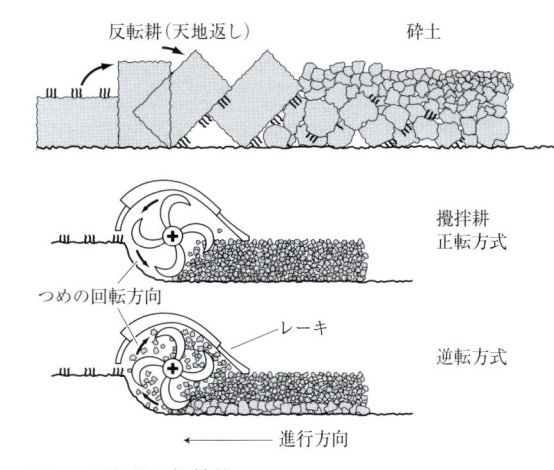

図1　反転耕と攪拌耕
出典：作物学事典（朝倉書店）185頁改変

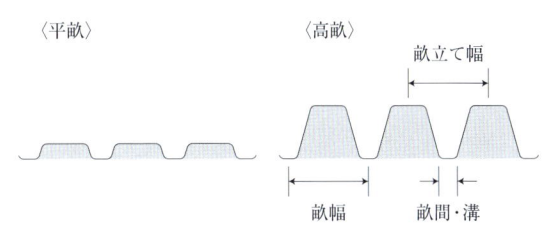

図2　畝の種類

図3　耕耘同時畝立て播種機（写真提供：細川寿）

〔畑〕管理

　耕耘・整地作業の後，播種または定植（移植）から収穫に至るまでの作物の生育期間中には，その生育を調整するために様々な管理を行なわなければならない．作物の順調な生育を促し，高品質でより多くの収穫を得るために行なうもので，作物自体に対する管理，土壌に対する管理，作物保護に関する管理に大別される．

作物の管理

　作物に対する管理には，個体間に適度な間隔をあたえるための間引き，圃場に欠株が生じた場合の補植，個体内における各器官の競合を除去して作物の収量を増やし品質の向上を図るための剪定，整枝，摘心，摘花，摘果，作物の倒伏防止を目的とした支柱立てなどがある．

　間引き thinning　幼植物の期間に苗の一部を除去する作業．あらかじめ多めの種子を播いておき，出芽後に弱小な個体，異品種，劣悪な形質をもつ個体を取り去って栽植間隔を均一にする．間引きは複数回に分けて行ない，少しずつ栽植間隔を広げていき適正な栽植密度とする．間引きが遅れると，個体間競争のため生育が抑制されるので，早めに行なうのがよい．

土壌の管理

　土壌は作物の生育に必要な養分・水分を供給し，作物を支える基盤となる．土壌管理の目的は，土壌の理化学的・生物的環境を作物にとって好適な状態とし，根系の発達を促して養水分の吸収を円滑に行なえるようにすることである．土壌に対する管理には，生育調節のための追肥，雑草を防除し，倒伏を防止し，根系の発達を促進するための中耕，培土，地表面管理のためのマルチや草生栽培，土壌水分の不足あるいは過剰によるストレスの除去と生育制御のための灌漑・排水などがある．

　以上は，作物の作期内における土壌管理であるが，土壌有機物の消耗を補うこと，輪作を行なうことなど，長期的視点に立った土壌生産力の維持に十分配慮しなければならない．

　追肥 topdressing, supplement application　播種または定植（移植）の前に施用される基肥（元肥）に対して用いられる言葉で，作物の生育期間中に施用される肥料を指す．追肥は窒素肥料を中心にカリ，リン酸が施用され，そのほかマグネシウムなどの微量要素も施用される．

　中耕 intertillage　作物の生育期間中に，土壌の表層を浅く耕す作業をいう．日本のように，夏季に温暖多湿となる地域では雑草防除を最大の目的として行なわれるが，土壌の通気性や透水性を高める効果もある．一方，乾燥地では，土壌中の毛管を断ち切って土壌表面からの蒸発による水分損失を抑制し，保水効果を高めるために行なわれる．

　培土 molding　作物の生育途中に畝間の土を株元に寄せる作業で，中耕と同時に行なわれることが多い．**土寄せ** earthing up, ridgingともいう．鍬（くわ）を用いて，あるいは管理機などで培土機を牽引して行なわれる．倒伏の防止，不定根発生による養分吸収の促進，雑草の抑制などの効果がある．

　株間の雑草に対しては，中耕の除草効果が小さいため培土によってこれを抑制する．また培土によって生じた溝は，湿害防止のための排水路として機能する．ジャガイモ栽培では，培土は肥大した塊茎が土壌表面に露出して緑化するのを防ぐための必須の作業である．またサトイモ栽培では，いもの発生を促しこれを肥大させるための場所を確保するために，特に重要な作業である．

　マルチ mulch　作物を栽培するときに土壌の表面を被覆する資材のこと．またこのような被覆を行なうことを**マルチング** mulchingという．マルチングの目的には，雨滴による水食の防止，土壌水分の保持，地温の調節，雑草の抑制，また土壌伝染性の病菌や泥はねからの汚染防止，さらにマルチの反射光による果実の着色促進，アブラムシの防除などがあげられる．マルチ資材としては，わら，籾殻，草，プラスチックフィルム，紙，不織布などが用いられる．これらは，地温上昇には透明フィルム，地温低下には敷わら，雑草の発芽・生育の抑制には黒色フィルム，アブラムシ忌避にはアルミ蒸着フィルムと，それぞれ目的に応じて使い分けられている．

　マルチは強い雨で表土が押し流されるのを防止する効果が大きく，傾斜地の果樹園などでは，**草生栽培** sod cultureとともに土壌管理の重要な手段の一つとされている．土壌表面をナギナタガヤやヘアリーベッチなどで覆う草生栽培は，土壌浸食の防止だけでなく有機物の供給も期待できる．

　灌漑 irrigation　土壌水分が不足したときにこれを補うこと．畑地灌漑では，土壌水分が圃場容水量と初期萎凋点（乾燥によって生育阻害を引き起こす水分量）とのあいだに保たれることを目標にする．水田灌漑は，用水路より水を注いで全面に湛水するのが基本であるのに対し，畑地での灌漑方式は多様で**地表灌漑** surface irrigation，**散水灌漑** spray irrigation，**地下灌漑** sub irrigationに分類される．

　日本では地表灌漑方式として**畝間灌漑** furrow irrigationが多く採用されている．一般に小水路より導水されるので揚水動力が不用で，均一な勾配をもった圃場では比較的簡便に行なえる灌漑方式である．

　散水灌漑方式には，回転するノズルより圧力水を雨滴状に噴出する**スプリンクラー法** sprinkler system，硬質パイプや軟質ホースに多くの小孔をあけ，これらの孔から散水する多孔管灌漑，さらに管に取り付けられた点滴ノズルまたは滴下孔から作物の根元に滴下する**点

滴灌漑 drip irrigation, trickle irrigation などがある．スプリンクラー法は，設置のための経費はかさむが，地形に影響されず，浸透損失が少なく比較的均等に灌漑でき，散水によって凍霜害や潮害を防止したり，薬剤や肥料の散布に活用したりと多目的に利用できる．点滴灌漑は，水の使用量を大幅に節約できるので，水資源の乏しい乾燥地に適する．

地下灌漑方式は，地中に埋めこんだチューブなどを使って給水する．

排水 drainage　農地から地表面の湛水や土壌中の過剰な水を排除すること．低湿地に分布する畑，水田転換畑などでは地下水位が高く，排水が悪い場合は湿害が起きる．排水によって，土壌中の水と酸素の流通の改善，還元化防止，有用微生物の活性化，病害虫発生の抑制が図られ，また地耐力の回復によって機械作業が容易となる．水田では，排水対策を講ずることで畑作物の栽培が可能となり，水田の高度利用，汎用利用が図られる．排水は，その経路によって地表排水と地下排水に分けられ，両者を併用することにより圃場全体の排水が促進される．

・**地表排水** surface drainage　圃場の地表面にたまった過剰な水を排除すること．圃場の傾斜，地表の排水溝（**明渠** open ditch），畝立て栽培の畝間を利用して表面排水が行なわれる．転換畑では畦畔に沿って深さ20〜30cm，幅30〜40cmの明渠がトレンチャなどによって施工される（額縁排水）．明渠は落水口に接続させる．

・**地下排水** subsurface drainage　地表残留水や土壌中の余分な水の排除，地下水位を下げることを目的とするもので，**心土破砕** subsoiling, subsoil breakingと**暗渠排水** underdrainage, pipe drainageがある．心土破砕は，作土の下にある盤層や心土など水の浸透の妨げになる層を破壊して圃場の透水性，通気性を改善する作業で，**サブソイラ** subsoilerやパンブレーカとよばれる心土破砕機が使われる．サブソイラは支持刃の下端につけたチゼル（破砕爪）で，深さ30〜40cmの下層土を破砕・膨軟化する．暗渠排水は土壌中の過剰な水を地中に設置した集水管に集めて排水路に排除するもので，本暗渠と**補助暗渠** supplemental drainから成る．本暗渠は地下60〜120cmの深さに数mmの穴または細いスリットが多数ある集水管を設置し，その上部に籾殻などの疎水材を封入する．集水管は外部排水路に開口部をもつ．補助暗渠の代表は**弾丸暗渠（モグラ暗渠）** mole drainで，サブソイラのチゼルのところに弾丸状の穿孔体を取り付け，約40cmの深さで本暗渠と直交する形で牽引して孔を穿ち水みちとする（図1）．

作物の保護

作物の栽培には雑草，病気，害虫，鳥獣，気象災害などの様々な生育阻害要因が存在し，作物の順調な生育を妨げている．そのため，それぞれの阻害要因から作物を保護するための手段が種々講じられている．ここでは

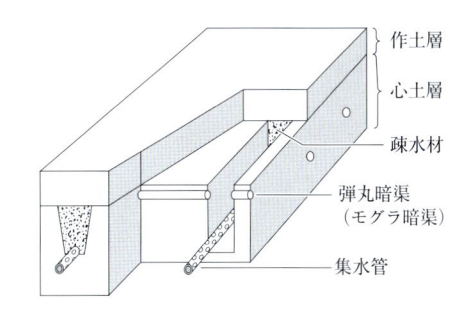

図1　暗渠排水
出典：平凡社 世界大百科事典「暗渠排水」の項を改編

雑草防除と病害虫防除について述べる．

雑草防除 weed control　雑草の発生や生育を抑制，あるいは絶滅させること．雑草が繁茂すると，1）作物と雑草の間に光，水，養分の競合が起こり，作物の生育が妨げられる，2）雑草が病害虫の潜伏場所や媒介者となり，作物が被害を受ける，3）通風不良，過湿，気温や地温の低下など作物周辺の環境条件を悪化させる．そのため，以下のような方法で防除が行なわれる．

化学的防除法　除草剤によるもので，省力化や除草労働の軽減化への貢献が大きい．しかし，過剰使用による環境汚染の懸念も生じており，安全性に十分留意した適用が必要となる．

生物的防除法　草食性家畜，食害昆虫，病原微生物などを利用する方法である．植物が浸出する生理活性物質で雑草発生を抑制する他感作用（アレロパシー）も実用化に向け研究が進められている．

物理的防除法　除草機械，マルチ，火炎や熱湯などを使って防除する方法である．人手でするヒエ抜きなどもこれに入る．

耕種的防除法　雑草の生理的弱点を突いて防除効果を上げるものである．様々な農業技術（耕起法，作付け法，灌漑法，田畑輪換，被覆作物の栽培など）を用いて，雑草の繁茂を抑制する．

病害虫防除 disease and insect pest control, pest control　安定した農業生産のために，病害虫を予防あるいは駆除すること．防除は，次のような方法で行なわれる．

化学的防除法　農薬を用いて病害虫を死滅させる．

生物的防除法　天敵や性フェロモンによる交信攪乱などを利用する．

耕種的防除法　害虫の定着，増殖を抑制する輪作や混作の導入，病害虫の発生時期を考慮した播種期の設定など．

近年，さまざまな防除技術の長所を組み合わせて，環境への負荷をできるだけ小さくしながら病害虫や雑草を総合的に防除しようという**総合防除** integrated pest control (IPC)あるいは**総合的有害生物管理** integrated pest management (IPM)の考え方が広がっている．

（杉本秀樹）

〔畑〕播種

作物の生産や育苗のために，種子を圃場あるいは苗床に播く作業を播種 sowing, seedingという．播種は作物栽培の出発点であり，種子の良否や播種期，播種量，播種方法は作物の生育を左右し，ひいては生産物の量や品質にも影響する．

種子準備

播種に用いる種子は優れた遺伝形質をもち，斉一で純度が高く，病虫害がなく，健全で充実したものでなくてはならない．播種に先立ってこのような優良な種子を選び出す作業を選種 seed grading (selection)という．種子のなかから充実不良なもの，病虫害のあるもの，雑草や他作物の種子，土砂，その他のゴミを除くことにより，純度が高く充実した優良な種子を選別する．選種の方法は作物の種類や目的によって異なるが，種子の形，大きさ，色，比重，表面の粗滑により器具や機器で優良な種子を選別することが多い．器具による選別にはふるい選，唐箕などによる風選，食塩水などによる塩水選がある．機械による選別には軽量種子や夾雑物を除く比重選別機，種子の形状によって選別する円筒選別機，着色した被害粒を除く色彩選別機などが用いられる．

発芽の促進と斉一化，初期生育の促進，病虫害や鳥獣害の予防などのために，播種前の種子に物理的あるいは化学的手法で処理することを種子予措 seed pretreatmentという．種子の発芽を促進して斉一にすることは，その後の生育を促進して栽培管理を容易にするうえで重要である．このため，種子の休眠を打破する温度処理，硬実により吸水が阻害されている種子の種皮に傷をつける傷皮処理，種子を水に浸漬する浸種 seed soaking，ジベレリンなどの植物成長調節剤溶液への浸漬，無機塩類やポリエチレングリコールなどの高浸透圧溶液に浸漬するプライミング primingなどが行なわれる．播種後の初期生育を促進するために，種子をあらかじめ発芽させておく催芽 hastening of germination，種子への肥料の被覆，マメ科作物種子への根粒菌の接種などが行なわれる．種子伝染性の病害を防除するために，種子の温湯あるいは薬剤溶液への浸漬，薬剤の種子粉衣による種子消毒が行なわれる．さらに，播種後の種子が鳥獣に食害されないように，鳥獣が嫌う忌避物質を種子に粉衣することもある．

播種作業を容易にするとともに播種精度を高めるため，小粒種子や不整形な種子を資材で被覆して一定の大きさの球形にするコーティングが行なわれる．また，水溶性あるいはバクテリア分解性の資材に種子を封入したシードテープ seed tapeが普及している．シードテープは専用の作製機で一定間隔に種子を封入することができ，シードテープ用播種機で均一に敷設，覆土されるので，発芽および初期生育が良好で間引き作業が省略できる．

播種期

種子を圃場あるいは苗床に播く時期を播種期 sowing (seeding) timeという．作物には発芽や成長，開花，結実に必要な日照や温度があり，栽培する地域の気候と作物の生理生態的特性によって播種可能な期間が決まる．このなかで収穫物の量と品質を高く保持し得る播種の期間が播種適期である．一般に作物の播種期は播種適期に合わせるのが望ましい．しかし実際には，気象災害や病虫害，前作や後作との関係，労力の配分，市場との関係など，気象災害や栽培方法，経営上の条件によって播種適期以外の時期に播種することもある．

播種量

一定の面積の圃場に播かれる種子の量を播種量 sowing (seeding) rateという．播種量は種子の発芽率と目標とする栽植密度から求める．播種後の土壌・気象条件によっては計画どおりの栽植密度とならないことが多いので，播種量はやや多めに設定されることが多い．発芽不良などにより計画どおりの栽植密度が得られない場合に，圃場内の発芽が不良な箇所に後から重ねて播種することを追播き oversowing, overseedingという．

播種量の多少は1個体の占有面積に関係するので，作物の種類や品種によって適量がある．適量以上の種子が播種されると生育にともない作物が込み合うようになり，光や養分が不足して軟弱徒長となり，収量や品質が低下する．一方，播種量が少なすぎると個体は繁茂するが，全体からみると個体数が減少して収量が低下する．また，播種量は気象，土壌，播種方法，栽培条件などによっても調整する必要がある．一般に，茎葉が繁茂するような環境・栽培条件の場合は播種量が少なくてよいが，栄養成長が抑制される場合には播種量を多くする．

播種方法

種子を圃場に播種する方法は圃場の状態，播種様式，播種する作物の種類によって分類される．

まず，播種する圃場が整地されているかどうかによって整地播きと不整地播きに分けられる．整地播きは圃場を耕起・整地し，必要に応じ畝立てをして播種する方法である．これに対し，不整地播きは耕起・整地の全部あるいは一部を省略して播種する方法で，不耕起播種，部分耕播種，簡易耕播種などがある．不整地播きは前作物の残渣による播種精度の低下はあるが，省力的で降雨による作業の遅延が少ない利点がある．

次に，種子を圃場に播種する方法はその播種様式から散播，条播，点播に大別される（図1）．

散播 broadcast sowing (seeding), broadcastは圃場

全面に種子を播種する方法で，ばら播きともいい，最も粗放な播種様式である．この方法は種子が小粒で初期生育の遅いムギ類や牧草などで播種密度を高めるために用いられる．播種能率が高く労力が少なくてすむが，均一に播種することが難しく，生育が不揃いになりやすい．また，種子量を多く要し，播種後の除草や防除などの管理作業が困難になる欠点がある．播種後に覆土をしないものを表面散播，表層土を撹拌して覆土するものを全層播き broadcasting with rotary cultivation という．

条播 row sowing (seeding)は，一定の間隔に作条をつくり，その作条に沿って不定間隔で播種する方法で，すじ播きともいう．通常，作条の間隔は45〜75cmで，ムギ類，雑穀，ニンジン，カブなど多くの作物で用いられる．播種精度が高いので播種量が節約でき，播種後の管理作業が容易である．また，光の透過や通風がよいので作物の生育がよく，多収が得られやすい．条播のなかで播き幅を広くしたものを広幅播き，播き溝を2条にしたものを複条播きという(図1)．また，条間を狭くしたものはドリル播き drilling あるいは密条播といい，15〜30cm程度の播き溝を切りながら同時に播種する方法である．ドリル播きはムギ類などの冬作物や雑草発生の少ない作物栽培に適した播種様式である(図2)．

点播 hill sowing (seeding)は，作条に一定間隔で種子を1〜数粒播種する方法で，数粒の場合は巣播 nest sowing (seeding)または摘播 nest sowing (seeding)ともいう．欠株や生育のばらつきによる損失が大きい作物で，大きさの揃った個体を一定の間隔に配置する必要がある場合は，数粒播種しておき，間引きにより1〜2本立てとする．点播は草丈が高くなる作物や茎葉がよく繁茂する作物，たとえばトウモロコシ，ダイズなどの作物や根菜類に適する．一般に条間は条播より広い．

また，作物の播種方法は播種する作物の数により単播と混播に分けられる．単播は，1種類の作物を播種する方法で，多くの作物で行なわれる．混播 mixed sowing (seeding), mix-sowing (-seeding)は，2種類以上の作物を播種する方法で，たとえば，飼料作物では収量性や栄養価の向上を目的としてイタリアンライグラスとライコムギ，トウモロコシとソルガム，イネ科牧草とマメ科牧草などが混播される．

土壌処理

畑作物を播種する場合，種子が化学肥料に直接接触すると幼芽や幼根が障害を受けて発芽や初期生育が阻害される．このため，作条を切って施肥した後に土をかけ，その上に播種するが，この肥料と種子との間に入れる土を間土 soil insulation という．肥料と土がよく混和されていれば間土をする必要はなく，最近では肥料の全層混和や側条施肥などの技術の普及により間土を行なうことは少なくなっている．

播種した後に種子の上に土をかけ，土壌中に埋没させることを覆土 covering with soil という．覆土は発芽に必要な水分を保持するとともに，風雨による種子の移動や鳥獣による種子の食害を防ぐのにも役立つ．覆土の厚さは通常2〜3cmが適当といわれるが，作物の発芽特性や土壌条件を考慮して調整する必要がある．すなわち，貯蔵養分の少ない小さな種子や発芽に光を必要とする好光性種子では浅く覆土する．湿潤あるいは重粘な土壌は薄く，乾燥あるいは軽い土壌は厚く覆土する．また，播種床が湿潤なときは薄く，乾燥しているときには厚く覆土する．

覆土した後に播き床を踏み押さえることを鎮圧 compaction という．鎮圧は種子を土壌に密着させて吸水を良好にするとともに，下層土から毛管現象による水分上昇を促進して発芽を促進する．また，土壌表層を平らにして播種深度を斉一にする効果や，土壌の飛散を防ぐ効果もある．土壌が乾燥しているときや砕土が悪く土塊が大きいときに鎮圧の効果が大きい．

〈丸山幸夫〉

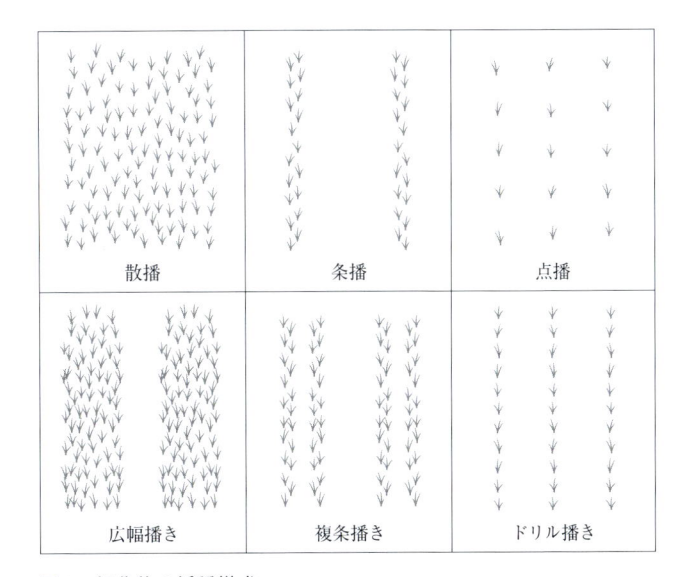

図1 畑作物の播種様式

散播 ／ 条播 ／ 点播
広幅播き ／ 複条播き ／ ドリル播き

図2 コムギのドリル播き作業(写真提供：渡邊好昭)

[畑]
栄養繁殖

栄養繁殖の利点，欠点

作物を繁殖させるには種子を利用するのが一般的で簡便な手段である．しかし，種子ができない場合や種子による繁殖では不都合な場合には栄養器官が利用される．栄養器官およびその一部を用いて繁殖させることを栄養繁殖 vegetative propagationという．種子はふつう受精によってできるので，種子による繁殖を有性繁殖というが，栄養繁殖は受精によらないので無性繁殖 asexual propagationともいう．

栄養繁殖では種子が得られなくとも増殖することが可能である．このため，種子による繁殖が困難な作物や，結実に長い年月を要する作物では有利な繁殖方法である．また，栄養繁殖では，体細胞突然変異が生じない限り均一な遺伝子型の個体を得ることが可能であり，雑種性の作物でも形質の分離が起こらない利点がある．しかし，栄養器官は種子と比べて取扱いが容易でなく，貯蔵も困難で手数がかかる．また，一般に種子による繁殖より増殖率が劣るので，広い栽培面積を要する欠点もある．

栄養体の種類

繁殖源として用いる栄養器官は作物により異なるが，主なものは葉，茎，根あるいはそれらの変形したものである．

作物の繁殖器官として特殊化したものには，地下茎の先端に養分が蓄積して肥大した塊茎（ジャガイモ），地下茎の基部に養分が蓄積し節間が短縮肥大した球茎（コンニャク），茎が変形し葉が肥厚して鱗片状となった鱗茎（タマネギ），地下茎全体に養分が蓄積して肥大した根茎（ショウガ），枝根の内部に養分が蓄積して肥大した塊根（サツマイモ），地上部の葉腋にできる肉芽（ヤマノイモ）や珠芽（ユリ）などがあり，母体から分離して繁殖に利用される．なお，花きでは塊茎，球茎，鱗茎，根茎，塊根を総称して球根という．

実際に繁殖源として利用する塊茎，球茎，塊根を種いも seed tuberという．また，花きの球根類では繁殖源として用いる球根を種球 seed bulb (corm)という．

栄養体の繁殖方法

人為的な栄養繁殖の方法には株分け，挿し木，接ぎ木，取り木，組織培養などがある．

株分け division, suckeringは植物体全体を分離して繁殖に用いる方法である．母体の地際から生ずる匍匐枝（イチゴ），吸枝（パイナップル）などの側枝を分離して独立した植物体を得る．

挿し木 cuttingは栄養器官の一部を切除して繁殖に用いる方法である．利用する部位によって茎挿し（サトウキビ，サツマイモ），芽挿し（ブドウ），葉挿し（ベゴニア），根挿し（ガーベラ）に分けられる．切除した栄養器官を土壌などの培地に挿し，不定芽や不定根を形成させて完全な植物体を得るもので，一度に多数の個体が得られる特徴がある．

接ぎ木 grafting, graftageは栄養器官の一部を切り取り，他の植物体に接いで新しい個体として増殖する方法である．利用する部位によって枝接ぎ，芽接ぎ，根接ぎに分けられる．母体から採取した部分を接ぎ穂，接がれる植物を台木という．台木は接ぎ穂と同じ作物の場合が多いが，異なる作物の場合もある．

取り木 layering, layerageは栄養器官の一部を切除することなく，盛り土などを行なって発根させてから切り取って増殖する方法である．取り木は，接ぎ木と異なり，台木を準備する必要はないが，栄養器官を切り取ることで母体を傷めることから，大量の増殖には向かない．少量の増殖で台木の準備ができない場合や接ぎ木が難しい場合に用いる．

組織培養 tissue cultureは切り取られた栄養器官の一部を試験管内の成長調節物質を含む培地に置床し，無菌的に培養してカルスを誘導し，カルスから植物体を再生させる方法である．組織培養は植物のもつ分化全能性を利用した大量増殖法で，主に茎頂が利用される．

栄養繁殖作物の栽培方法

栄養繁殖では，繁殖源となる栄養体を圃場あるいは苗床に植え付ける．作物の幼植物を苗 seedlingといい，苗床に植え付けた栄養体から苗を育成する作業を育苗という．また，苗床で育成された苗を圃場に植え付ける作業を移植 transplantingという．このうち，その場所で収穫まで育てる場合を定植 plantingといい，苗床などに一時的に植えかえる仮植と区別している．

移植後に新根が発生し，葉や分枝が発生し始めることを活着 rootingという．移植する場合，苗が水分不足になって衰弱しやすい．このような移植による苗の生育阻害を植え傷みという．植え傷みを防止して活着を早めるためには，茎葉の蒸散を抑制すると同時に，根の吸水を促進する必要がある．

栄養体から苗を育成して移植する栽培方法は，栄養体を直接植え付ける場合より多くの労力を必要とするが，作物の栽培管理や作付体系からみて多くの利点がある．育苗の利点は，外界の影響を受けやすい幼苗期に集約的な管理を行なうことにより苗が保護できること，斉一な苗が得られ生育が均一になること，播種時期を早めることにより早期収穫ができること，圃場の占有期間が短いので前後作の作付けが容易になること，などである．

栄養繁殖作物のうち，サトウキビは栄養体を圃場に直接植え付けるが，サツマイモは栄養体を苗床に植え付け，育成した苗を圃場に移植する．

サトウキビ sugar cane　サトウキビは12時間半程度の日長が一定期間継続しないと花芽が分化しない．このため，サトウキビの増殖は地上茎を利用した栄養繁殖によって行なわれ，種子繁殖は交配育種に限られる．サトウキビの草丈は最大で3～6mにもなるが，茎は太さ2～4cmで，30～40の節をもつ．茎の各節には葉が1枚ずつ着生し，1個の側芽がある．2～3節を含む茎の断片を**種茎** seed cane, set といい，これを土中に植え付けて栽培する（図1）．種茎の節の根帯から根が発生し，側芽の1つが発達し，主茎となって地上に出る．

サトウキビの栽培法には新植栽培と株出し栽培の2つがある．新植栽培には2～3月に植え付ける「春植え」と，7～8月に植え付ける「夏植え」があるが，いずれも収穫期の茎を種茎として用いる．これに対し，**株出し栽培** ratooning, ratoon cropping は収穫期に刈り取った株をそのまま圃場に残し，再生茎を利用して栽培を行なう．株出し回数が増えると病虫害によって減収するので，株出し栽培で3～4回収穫してから新植栽培を行なう．

近年，種茎による栄養繁殖の増殖率を高めるために，組織培養苗や側枝苗を利用する栄養繁殖技術が開発されて普及が進んでいる．組織培養苗は，成長調整物質を含む培地で茎頂部を培養して多芽体を形成させ，この多芽体を分割して増殖し，発根させて苗を養成する．一方，側枝苗は，上位節を切除して側枝を発生させる．この側枝の頂部を繰り返し切除することにより3～4次の側枝を発生させ，これらの大量の側枝を茎から分離して育苗する．育苗に約1か月を要するが1本の茎から約35本の側枝苗が生産でき，母本を養液栽培するとさらに増殖率が高まる．なお，組織培養苗や側枝苗の利用により，植付けが周年で可能となり，従来の方法より植付け期間の幅が広くなっている．

サツマイモ sweet potato　サツマイモは短日，高温で開花が促進されるので，熱帯・亜熱帯では開花・結実するが，温帯では着花する例が少なく，開花しても結実しない．このため，交配育種を除き，サツマイモの増殖は塊根を繁殖源とした栄養繁殖で行なわれる．

種いもは塊茎と異なり節はないが，側根が5～6すじ放射状に縦に発生する．種いもは温度と湿度を高めると萌芽する．萌芽の適温は30～32℃で，5～7日間必要とする．側根の後のくぼみに不定芽が形成されるので，萌芽は種いもの表面に5～6縦列をなす．種いもの付け根から萌芽が始まり，先端部の不定芽は休眠することが多い．萌芽数は品種により異なるが20～40程度である．種いもを苗床に植え付けることを**伏込み** laying-in という．萌芽後の苗床の生育適温は22～25℃で，夜間は18℃程度である．このため，育苗は暖地では加温を行なわない冷床でよいが，気温が低い地域では電熱などで加温する温床を使用する．

萌芽した種いもは苗床で40日前後育苗した後に採苗する．採苗は5～6回行なうが，2～4番苗が蓄積養分も多く苗質が良い．温度と湿度が適当であれば，苗は2週間程度の貯蔵が可能とされる．苗の発根限界温度は18℃前後であり，日平均気温が15℃以上になる時期が植付け早限である．サツマイモの苗の植付けは挿し木であり，挿苗ともいう．植付け方法は，労力が少なく，マルチ栽培にも適用可能な直立挿しが多い（図2）．

サツマイモを移植栽培する理由は，栄養繁殖作物の増殖率が低い欠点を補えること，春の低温時に保温など苗床を集約的に管理することにより，初期生育が促進されると同時に，圃場における物質生産が高まり多収が得られること，などの利点が大きいことである．しかし，このような育苗移植体系は多大な労力とコストを要する．このため，サツマイモ栽培では，苗の購入や委託育苗が進むとともに，大規模育苗およびセル苗育苗移植技術が開発されている．さらに，育苗移植を行なわない種いも直播栽培も研究されている．

（丸山幸夫）

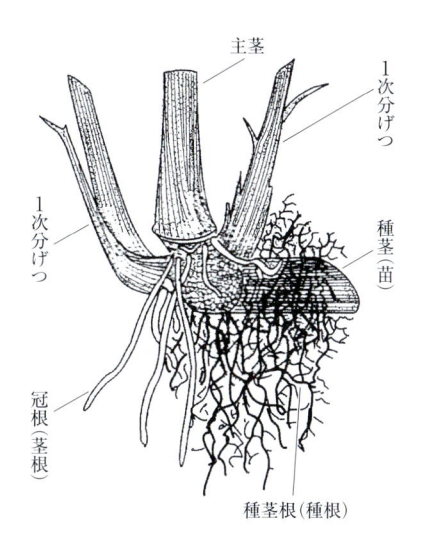

図1　植付け後のサトウキビの種茎（堀江編著，2004）

図2　サツマイモの植付け（写真提供：樽本勲）

〔畑〕
雑　草

畑雑草の区分

普通作物畑，野菜畑，飼料作物畑，果樹園などの畑地には乾生雑草から湿生雑草まで多様な畑雑草 upland weedが発生・生育する．1950年代には53科302種とされていたが，現在では帰化雑草を中心に40種ほど増加している．休眠型と自然分類を組み合わせて区分され（表1），主要な種は以下のとおりである．

主な畑雑草

・メヒシバ
Digitaria ciliaris Koeler

イネ科の一年生雑草．全国の畑地や人家の周辺にごく普通に発生する．大量に発生した場合の雑草害による減収率は，ラッカセイで90%，陸稲で70%，ダイズで60%に達する．イネ科雑草に効果のある土壌処理除草剤で防除する．幼植物の段階では中耕・培土も防除に有効である．土中での種子の寿命が短いため，数年間防除を徹底することで埋土種子量を著しく減少させることができる．

・オヒシバ
Eleusine indica Gaertn.

イネ科の一年生雑草．全国の畑地や人家の周辺にごく普通に発生する．メヒシバに比べると少ないが，果樹園や農道などでは群生する．全体にシアン配糖体を含み，生のままでは家畜に有毒とされるが，乾草やサイレージとして飼料にすることができる．

・スズメノテッポウ
Alopecurus aequalis Sobol. var. *amurensis* Ohwi

イネ科の冬生一年生雑草．全国の水田の裏作や畑にごく普通に発生し，特に水田でのムギ作での強害雑草となっている．秋から春にかけて畑土壌水分条件で5℃程度から発芽し，3月から5月にかけて出穂・開花する．水田と畑で分化した生態型が知られており，小穂は水田型で3〜3.5mm，畑型で2〜2.5mmである．後者をノハラスズメノテッポウ（var. *aequalis*）と呼ぶ場合がある．

・スズメノカタビラ
Poa annua L.

イネ科の冬生一年生雑草．全世界の至るところに発生し，畑地，芝生，果樹園，水田裏作などで雑草となる．農耕地では主に秋から春にかけて発生するが，芝生や市街地などでは通年にわたって発生する．ゴルフ場などケンタッキーブルーグラスを用いた芝地では，同属であるために除草剤の選択性が発揮されにくく，残草・繁茂して問題となる．このため，スズメノカタビラのみを特異的に枯殺する細菌 *Xanthomonus campestris* pv. *poae* を用いた微生物除草剤が開発・市販されている．

・ハマスゲ類

ハマスゲ *Cyperus rotundus* L.はカヤツリグサ科の多年生雑草で，熱帯から温帯にかけて世界的な強害雑草とされている．関東地方北部以南に分布し，飼料畑，果樹園などに発生して問題となる．ショクヨウガヤツリ *Cyperus esculentus* L.は，温帯を中心とした世界的な強害雑草で，ハマスゲより耐寒性，耐湿性に勝る．日本には1980年代に侵入した帰化雑草で，関東地方北部，北陸地方以南の飼料畑を中心とした畑や果樹園のほか，関東地方の乾田直播田や九州地方の早期栽培田などの水田にも発生している．両者とも土壌処理除草剤での効果が小さいため，ベンタゾンとMCPの混合剤や非選択性茎葉処理除草剤を処理して防除する．

・カヤツリグサ
Cyperus microiria Steud.

カヤツリグサ科の一年生雑草．全国に分布してごく普通に発生し，畑地，野菜畑，果樹園などでの雑草となる．土中での種子の寿命は5年以上で，長い．播種後の土壌処理除草剤で防除する．幼植物の段階では中耕・培土が有効である．

表1　休眠型と自然分類の組合わせで区分した主要な畑雑草の種類

自然分類などによる区分		休眠型による区分	
		一年生雑草	多年生雑草
イネ科雑草		イヌビエ，ヒメイヌビエ，アゼガヤ，メヒシバ，アキメヒシバ，オヒシバ，スズメノテッポウ，スズメノカタビラ，エノコログサ，アキノエノコログサ，タツノツメガヤ	ギョウギシバ，ハイキビ，オガサワラスズメノヒエ，セイバンモロコシ，チガヤ，チカラシバ
カヤツリグサ科雑草		カヤツリグサ，チャガヤツリ	ハマスゲ，ショクヨウガヤツリ，ヒメクグ
広葉雑草	単子葉	ツユクサ，マルバツユクサ	サルトリイバラ，ノビル，ネジバナ，カラスビシャク
	双子葉	シロザ，ホソアオゲイトウ，エノキグサ，ザクロソウ，トキンソウ，コハコベ，ミチヤナギ，ハルタデ，オオイヌタデ，ナズナ，スカシタゴボウ，イチビ，ハキダメギク，ノボロギク，ヒメジョオン	クズ，イヌガラシ，スイバ，ヒメスイバ，エゾノギシギシ，オオバコ，ヒルガオ，コヒルガオ，ガガイモ，ワルナスビ，ハルジオン，セイタカアワダチソウ，ヨモギ
シダ，コケ植物			ワラビ，スギナ，ゼニゴケ
藻類など		ネンジュモ	

- スギナ

    Equisetum arvense L.

    トクサ科の多年生雑草．全国に分布してごく普通に発生し，畑地，果樹園，水田畦畔などでの雑草となる．農耕地では主に根茎や塊茎で栄養繁殖する．土壌処理除草剤では十分に防除できず，ホルモン系の茎葉処理除草剤で防除する．水田畦畔や非農耕地などでは非選択性の茎葉処理除草剤で防除する．

- ナズナ

    Capsella bursa-pastoris Medik.

    アブラナ科の冬生一年生広葉雑草．全国に分布してごく普通に発生し，畑地，野菜畑，果樹園，水田裏作などでの強害雑草となる．播種後の土壌処理除草剤での防除が基本であるが，アブラナ科雑草への効果の劣る剤もあり，生育初期にアイオキシニルなどの茎葉処理を組み合わせて防除する．

- ヤエムグラ

    Galium spurium L. var. *echinospermon* Hayek

    アカネ科の冬生一年生広葉雑草．全国に分布するが，暖地に多い．畑地，芝生，果樹園，水田裏作などに発生し，収穫時に種子が混入して問題となるために主にムギ作での強害雑草となる．種子の土中からの発生深度が深いことと発生時期が長いことから，生育初期にアイオキシニルなどの茎葉処理を組み合わせて防除する．

- シロザ

    Chenopodium album L.

    アカザ科の夏生一年生広葉雑草．全国に分布する極めて普通な畑雑草である．茎は直立して分岐し，十分に生育すると高さ2mに達する．土中での種子の寿命は5年程度であるが，30年以上生存した記録もある．播種後土壌処理除草剤や生育期の茎葉処理除草剤で防除する．

- スベリヒユ

    Portulaca oleracea L.

    スベリヒユ科の夏生一年生広葉雑草．全国に分布し，農耕地にごく普通に発生する．茎葉ともに多肉で通常赤紫色を帯びる．種子は土中で30年以上生存する．温暖地以西では，条件がよいと1シーズンに3〜4世代を交代する．

- タデ類

    タデ科のミチヤナギ属 *Polygonum* やイヌタデ属 *Persicaria* に属する一年生広葉雑草の総称．両属を分割せずに *Polygonum* 属とする場合もある．主要な雑草としてはミチヤナギ *Polygonum aviculare* L., オオイヌタデ *Persicaria lapathifolia* S. F. Gray, ハルタデ *P. vulgaris* Webb. & Moq., イヌタデ *P. longiseta* Kitag., ヤナギタデ *P. hydropiper* Spack, タニソバ *P. nepalensis* H. Gross, イシミカワ *P. perfoliata* H. Gross などがある．タデ科植物には葉の基部から茎を包む托葉鞘があり，この形態の違いが種の識別に重要である．

- ヒユ類

    ヒユ科ヒユ属 *Amaranthus* の一年生広葉雑草．近年の帰化雑草の増加に伴い，海外からいくつかの種が侵入している．畑雑草として問題となるのはハリビユ *Amaranthus spinosus* L., イヌビユ *A. lividus* L., ホナガイヌビユ *A. viridis* L., アオビユ *A. retroflexus* L., イガホビユ *A. powellii* S. Watson, ホソアオゲイトウ *A. hybridus* L. などである．播種後土壌処理除草剤により防除する．飼料畑などでは家畜糞尿を通じて拡散することから，堆肥の発酵温度を十分に保って種子の死滅をはかる必要がある．

- ハコベ類

    ナデシコ科のハコベ属 *Stellaria* の一年生広葉雑草の総称．雑草としてはコハコベ *Stellaria media* Vill., ミドリハコベ *S. neglecta* Weihe, ウシハコベ *S. aquatica* Scop. がある．コハコベとミドリハコベを区別せずに「ハコベ」と呼ぶことがある．

- ヨモギ

    Artemisia princeps Pampan.

    キク科の多年生広葉雑草．本州以南に分布し，畑地，果樹園，放牧地，水田畦畔などで雑草となる．北海道にはオオヨモギ *A. montana* Pampan. が発生する．細断された根茎から容易に再生するため，多発圃場では耕起に注意する．多年生雑草であるため，移行性のある茎葉処理剤を活用して防除する．

- ヒルガオ類

    ヒルガオ科のヒルガオ属 *Calystegia* とサツマイモ属 *Ipomoea* に属するつる性の広葉雑草の総称．飼料畑や転換畑ダイズ作などで問題になっている．ヒルガオ属には在来の多年生雑草であるヒルガオ *C. japonica* Choisy とコヒルガオ *C. hederacea* Wall. があり，サツマイモ属ではすべて帰化種の一年生雑草でマルバルコウ *I. coccinea* L., アメリカアサガオ *I. hederacea* Jacq., マルバアメリカアサガオ *I. hederacea* Jacq. var. *integriuscula* A. Gray, マメアサガオ *I. lacunosa* L., ホシアサガオ *I. triloba* L., マルバアサガオ *I. purpurea* Roth などがある．

- エゾノギシギシ

    Rumex obtusifolius L.

    タデ科の多年生広葉雑草．ヨーロッパ原産で明治年間に北アメリカから北海道に侵入した帰化雑草．現在では全国に分布して草地・飼料作や果樹園などで雑草となっている．

- カラスノエンドウ

    Vicia angustifolia L.

    マメ科の冬生一年生広葉雑草．全国に分布し，水田裏作や果樹園などで雑草となる．ムギ作では収穫物に種子が混入して問題となるために重要な雑草となっている．

〔森田弘彦〕

[全体] 耕起と耕耘

耕起や耕耘は，凝集して固まった土壌を膨軟な状態にする，あるいは地表面にある植物残渣や堆肥を土壌と混和する作業である．このような作業によって攪乱された土壌を作土層 top soil, plow layer あるいは耕土層 top soil, plow layer という．

耕起と砕土

耕起 plowing とは，トラクタ tractor でプラウ plow を牽引して地表部と下層(深さ20～30cm)部の土壌を反転させる作業である．これにより，地表部に繁茂した雑草や堆積している稲わらなどを下層へ埋没させ，反対に，降雨によって移動した養分を含む層が持ち上げられることになる．耕起は，栽培に先がけて行なわれる作業であることから，荒起し coarse plowing, first plowing ともいわれる．

プラウは，"ヘラ"状の撥土板 mold-board で作土層を反転させるボトムプラウ bottom plow と，凹状の円盤で作土層を反転させるディスクプラウ disk plow の2つに大別される．過去に農耕家畜に牽引させて使用した犁 Japanese plow は，広義にはボトムプラウに含まれる．ボトムプラウは土壌を反転する性能が高いが，鋼鉄製の撥土板だと粘質な土壌では土がつきやすい．また，土壌が乾いて著しく硬い場合は，牽引する際の抵抗が大きくなり，作業に時間がかかるだけでなく作業精度も低下する．最近は，撥土板がプラスチック製で土の付着を少なくしたプラウもつくられている．一方，ディスクプラウは凹状の円盤が回転するため，ボトムプラウに比べて牽引抵抗は小さいが，土壌の反転性能は劣る．

耕起後は土塊が大きいため，土壌の乾燥を促すには好適であるが，このままでは播種や苗の移植には不向きなので，砕土 harrowing, soil crushing と整地 ground making, land preparation が必要である．耕起した大きな土塊が乾燥した後，トラクタにディスクハロー，ツースハローならびにドライブハローを装着して砕土と整地作業を行なう．

耕耘

耕起と砕土を同時に行なう作業が耕耘 tillage, tilling である．作業は，トラクタにロータリを装着し，エンジンの回転力を利用して鉄製の爪を回転させるもので，作業速度と爪の回転数を組み合わせることで，砕土の状態を調整することができる(図1)．また，爪の長さを変えることで耕耘の深さが変えられる．爪の回転方向を変えられる正逆転両用型もある．圃場面積が大きいほど，また耕耘する深さが深いほど高馬力のトラクタが必要となる．小区画の場合は，トラクタによる旋回が不自由なため，低馬力(3～8馬力)の歩行型の耕耘機 power tiller を使用する．さらに，小さい面積の圃場では，鍬 spade などの小農具を使った人力作業となる．

ロータリを用いた耕耘は，一工程で耕起と砕土まで行なえることから，多くの農家が導入している．作業の精度や耕耘後の土壌の状態は，作業時の土壌水分によって大きく異なる．土性にもよるが，土壌が乾いた状態で作業した場合には，砕土率(作土層に占める径20mm以下の土塊の重量比)は高くなる．これに対して，土壌水分が高いと砕土率が低下するだけでなく，回転する爪が土壌を練り返すため，土壌に発達した亀裂や孔隙を塞いでしまい透水性を低下させることになる．

標準的なロータリの爪の長さは20～25cmであるため，耕耘の深さは15～20cmとなる．これに対して，爪を長くして深さ30～40cmまで耕耘するのが深耕 deep tillage である．深耕によって作土層の下部にできた緻密な層が破壊されるため根圏の拡大が図られるが，肥沃な作土と肥沃度に乏しい下層土が混ざり，作物の生育が抑制される場合もある．また，機械の走行に必要な支持層を失うことになるので，水田での深耕は問題がある．標準的な耕耘に比べて浅い耕耘が浅耕 shallow tillage であり，ハローを装着して土壌水分の低い表層部を耕耘することで高い砕土率が得られることから，近年，水田利用のダイズ栽培にも導入されている．浅耕よりもさらに浅い，ごく表層部の耕耘が表土耕 surface tillage であり，耕種的な雑草防除として行なわれる．

水田においては，移植栽培の作業体系として代かき puddling and leveling がある．収穫後ロータリで耕耘し，春に入水した後，トラクタに装着したドライブハローで土壌を砕いて整地する方法で，田面が均平化されるとともに田面が軟らかくなり安定した苗の植付けが可能となる．

大区画水田(区画面積1ha規模)では，特に均平度の確保が困難になる．そのため，整地にレーザ光を利用する方法がある．大区画水田をプラウした後，クローラ型トラクタに排土板を装着し，プラウによってできた大きな土塊をクローラで踏みつぶし，砕かれた土塊を移動させて圃場の均平を図るものである．圃場外から発光させたレーザ光をトラクタが感知することで排土板の位置が自動的に制御され，高い均平度が得られる．

耕盤

耕起や耕耘によって，作土層の下には耕盤 plow sole (pan), furrow pan が発達する．すき床 plow sole (pan), furrow pan は，犁を使用していた名残であり耕盤と同義語である．耕盤は，水田においてはトラクタや田植機などの走行を支持し，湛水するための重要な層である．しかし，水田を転換して畑作物を栽培する際には，耕盤が緻密だと，根の伸長が抑制されたり水の浸透や毛管上昇が阻害されたりして，生育や収量を抑制する要因となる．また，傾斜のある畑地では，降雨によって作土層

内の孔隙が水で満たされると，耕盤の上を作土が滑って流れ出し浸食 erosion されることもある．

近年，緻密度の高い耕盤が作物の生育や収量に影響を及ぼすことが問題となっている．水田では，暗渠排水施設の整備により耕盤の深さに相当する土層の水分が低下して土壌が凝集することや，大型の農作業機械の車輪等による圧密が，その原因として挙げられる．また畑地では，ムギ類など根を深くまで張る作物を組み入れたこれまでの輪作体系が崩れ，比較的根圏が浅い野菜の連作が影響していることが考えられる．

土層改良

根の貫入を阻害したり透水を抑制する層がある畑地や，下層に礫があり漏水しやすい水田などの改善を図ることを土層改良 subsoil improvement という．

土層改良は，広義には作物生育や農作業等に適した土層の状態に改善するあらゆる処置をいう．すなわち，これまで述べた耕起，砕土，整地のほか，緑肥 green manure を栽培して土壌に混和することや，石灰やリン酸などの資材を施用する生物的・化学的な手法も含まれている．しかし狭義には，作物の生育や収量に影響を及ぼす物理的な土壌の問題を機械的・土木的な手法で改善することをいう．

心土破砕 subsoiling, subsoil breaking は，トラクタにパンブレーカやサブソイラなどの作業機を装着し，根の伸長や透水を阻害する緻密な下層を破砕する作業である．水田を転換した畑でのダイズやムギの栽培では，本暗渠に加え，排水組織網をつくるために補助的に施工することが多い．心土破砕が下層土のみに対する処置であるのに対して，下層土の改良と併せて作土の耕起をも伴うのが心土耕 subsurface tillage である．作業は，トラクタにプラソイラなどの作業機を装着して行なうが，土木工事的にはリッパードーザで行なう．

下層土と表層土を置き換えたり混和したりすることを混層耕 soil-layer mixing tillage という．混層耕は，バックホーなどの作業機により，比較的深いところにある有機物や作物の生育に必要な養分を含んだ土層を，不良作土と置き換えたり混和したりして改善する目的で行なわれる．前述した深耕も土層改良であり，作土と下層土が混ざる点は似ているが，混層耕は有効な下層土を積極的に利用することを目的とした処置であるのに対して，ロータリを用いた深耕は，深い位置まで膨軟性を確保するという物理性の改善を主目的として実施するものである．

図1　ロータリによる耕耘作業

不耕起

不耕起栽培は，これまでに述べた耕起や砕土などの作業を行なわずに作物を播種または移植して栽培する農法であり，降雨や風による耕土の浸食防止と省力を目的に，南北アメリカを中心に面積が拡大してきた．

不耕起 nontillage の定義は一律ではなく，ダイズ栽培で行なわれている文字どおり中耕 intertillage なども含めた一切の土耕攪拌をしないものから，種を播いたり苗を植え付けたりする部分だけは溝をつくる場合や，前作の収穫後に残渣の処理や雑草防除を兼ねて前もって耕起しておき，播種時や移植時には耕起しないものまである．これらのことから，栽培に際して最小限の耕起を行なう最小部分耕 minimum tillage と不耕起を明確に区別することは難しく，わが国では作付けに際して圃場の全面を耕起しないものを不耕起栽培とみなしている．

不耕起栽培は，わが国では現在，水稲やムギ類やダイズの栽培に導入されている．作業機には，種を播いたり苗を植え付けたりする部分だけを耕起するものや，作溝する機構の不耕起播種機や不耕起田植機などがある．いずれの機械も水田や水田を転換した畑での作物の栽培を目的としている．すなわち，導入の主な目的は，南北アメリカの畑地における土壌浸食の防止とは異なり，作業の回数や時間の削減を図ろうとするもので，省力化や作業適期の確保など作業体系の合理化にある．また，水稲の不耕起移植栽培では代かきをしないため，水田から排水路への濁水や肥料成分の流出防止，土壌からのメタンガスの発生抑制など，環境保全的な目的で導入されている例もある．この場合の短所は，漏水が発生したり，土壌からの無機態窒素の発現量が減少し施肥量を多く必要としたり，継続すると多年生雑草の発生が増加して除草剤の施用量が増えたりすることが挙げられる．

〔在原克之〕

[全体]
肥料

肥料 fertilizer
必須元素 essential element　植物の生育に必要不可欠な要素で，植物に対する必要量が比較的多量である**多量元素** major element，必要量が微量である**微量元素** minor elementに大別される．多量元素には水素 hydrogen, 炭素 carbon, 酸素 oxygen, 窒素 nitrogen, カリウム potassium, カルシウム calcium, マグネシウム magnesium, リン phosphorus, 硫黄 sulfurの9元素があり，微量元素には鉄 iron, マンガン manganese, 銅 copper, 亜鉛 zinc, ニッケル nickel, モリブデン molybdenum, ホウ素 boron, 塩素 chlorineの8元素がある．必須17元素のほかに，ある種の植物に必須あるいは重要な働きをしている元素を有用元素 beneficial elementといい，水稲に対するケイ素 siliconが知られている．

肥料三要素 three major nutrients　肥料成分のうち，窒素・リン・カリウムの3成分を肥料三要素という．

肥料の分類
・肥効の発現様式による分類
速効性肥料 readily available fertilizer　主成分が水溶性であり作物への肥効が早く現われる肥料をいう．
緩効性肥料 slow release fertilizer　成分が化学合成によりつくられ，加水分解や微生物分解によって肥効が現われ，ゆるやかに持続する肥料で，IB，グアニルなどの窒素肥料がある．
被覆肥料（コーティング肥料） coated fertilizer　肥料の表面を樹脂や硫黄などの被覆資材で覆い，肥効が発現する期間をコントロールできる肥料をいう．
・製造方法による分類
単肥 straight fertilizer　1回の製造単位で製造され，配合肥料や化成肥料のように機械的な混合や化学合成をしない肥料のこと．

配合肥料 mixed fertilizer　2種類以上の肥料（固形原料）を機械的に混合した肥料のこと．
化成肥料 compound fertilizer　化学的操作を加えて製造された複合肥料で，窒素・リン酸・カリのうち2成分以上を含む肥料．成分含量の多少によって**普通化成肥料（低度化成肥料）** low-analysis compound fertilizerと**高度化成肥料** high-analysis compound fertilizerに分類し，三要素（窒素・リン酸・カリ）成分の合計が30％以下のものを普通化成肥料，30％以上のものを高度化成肥料という．
・主成分の種類による分類
窒素質肥料 nitrogen fertilizer　含有する成分が窒素を主体とする肥料で無機質のものと有機質のものとがある．工業的に生産されている窒素質肥料は，その形態から，1) アンモニア系：**硫酸アンモニウム（硫安）** ammonium sulfate, **塩化アンモニウム（塩安）** ammonium chloride, 2) 硝酸系：**硝酸アンモニウム（硝安）** ammonium nitrate, 3) 尿素系：**尿素** urea, 4) シアナミド系：**石灰窒素** calcium cyanamide, 5) ウレイド：**IB（イソブチルアルデヒド加工尿素肥料）** isobutylidene diurea, 6) グアニシン系：**GU（グアニル尿素）** guanylurea，などに分類される．**有機質肥料** organic fertilizerには，植物の種子などから油脂分を採取した残渣である**油かす類** oil meal, 魚かすに代表される海産動物肥料である**魚脂類** fish mealなどがある．

リン酸質肥料 phosphatic fertilizer　肥料三要素の一つリン酸を主成分とする肥料で，無機質のものと有機質のものとがある．リン酸の形態は溶解性によって水溶性リン酸，可溶性リン酸，く溶性リン酸に分けられる．一般に水溶性，可溶性，く溶性の順に肥効は緩効・遅効的になる．工業的に生産されるリン酸質肥料は，その形態から，1) 過リン酸石灰系：**過リン酸石灰** superphosphate, **重過リン酸石灰** double superphosphate, 2) 熔成リン肥系：**熔成リン肥（熔リン）** fused magnesium phosphate, 3) 焼成リン肥系：**焼成リン肥** calcined phosphate, 4) 混合リン肥系：**重焼リン** muti-phosphate, 5) その他：**副産リン肥** byproduct phosphate，などに分類される．有機質肥料には**米ぬか** rice bran, **骨粉類** bone meal, **グアノ** guanoなどがある．

カリ質肥料 potash fertilizer　肥料三要素の一つカリを主成分とする肥料で，主なカリ肥料としては水溶性で速効性の**塩化カリウム** potassium chloride, **硫酸カリウム** potassium sulfateが大部分を占め，そのほかにケイ酸カリウム，腐植酸カリウムなどがある．

カルシウム（石灰）質肥料 calcium fertilizer　肥料の主成分が石灰（カルシウム）である肥料で，化学形態，製造方法およびアルカリ分から，1) **生石灰** quick lime, 2) **消石灰** slaked lime, 3) **炭酸カルシウム** calcium carbonate,

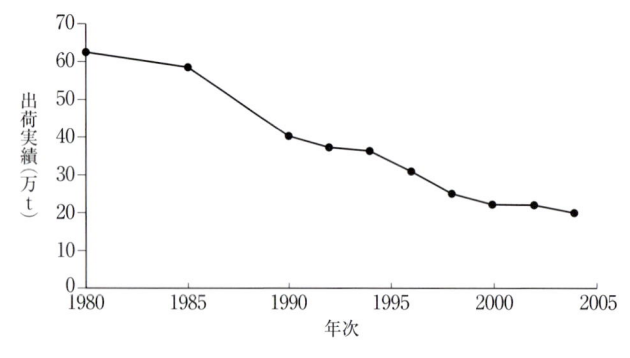

図1　ケイ酸石灰の出荷量の推移（珪酸石灰肥料協会）

苦土石灰 dolomite, 4)副産石灰(鉱さい類 byproduct lime), 5)混合石灰質肥料(2種類以上の石灰質肥料を混合した肥料)に分類されている.

マグネシウム(苦土)質肥料 magnesium fertilizer　マグネシウムを保証する肥料で, 溶解性によって水溶性とく溶性に分けられる. 主な苦土質肥料には硫酸マグネシウム(水溶性) magnesium sulfate, 水酸化マグネシウム(く溶性) magnesium hydroxide, 加工苦土肥料(水酸化マグネシウム肥料に硫酸を加えたもの, 焼成蛇紋岩に硫酸を加えたもの, 水溶性とく溶性), およびその他の苦土質肥料(炭酸苦土肥料, 腐植酸苦土肥料とリグニン苦土肥料), などがある.

ケイ酸質肥料 silicate fertilizer　ケイ酸質肥料は各種の鉱さいでケイ酸石灰(ケイカル) calcium silicateと称されている. ケイ酸石灰の主要成分はケイ酸, 石灰, 苦土, 鉄, マンガンなどである. 水田へのケイ酸石灰の施用量が, 近年著しく減少している(図1). その他, ケイ酸の肥効を有する資材としては, リン酸質肥料に分類される熔成リン肥, カリ質肥料に分類されるケイ酸カリウム potassium silicate fertilizerがある. さらに, 近年開発されたケイ酸質肥料としては, 多孔質ケイ酸カルシウム水和物の一種であるトバモライト tobermoriteを主成分とする軽量気泡コンクリート粉末肥料 autoclaved light concrete fertilizer, アルカリ分などの副成分をほとんど含有しない, pH5前後で水稲の育苗箱に施用可能なシリカゲル肥料 silica gel, リン酸質肥料に分類される熔成ケイ酸リン肥 fused phosphorus silicate fertilizerがある.

微量要素肥料 micronutrient fertilizer　肥料成分として認められている微量要素はマンガンとホウ素で, マンガンには硫酸マンガン manganese sulfateなどが, ホウ素にはホウ砂 sodium borateやホウ酸肥料 boric acid fertilizerなどがある.

・化学的反応, 生理的反応による分類

酸性肥料 acidic fertilizer　肥料を溶かした水溶液の反応が酸性を示す肥料(リン酸アンモニウム, 過リン酸石灰, 重過リン酸石灰など).

中性肥料 neutral fertilizer　肥料を溶かした水溶液の反応が中性を示す肥料(硫酸アンモニウム, 硝酸アンモニウム, 尿素など).

アルカリ性肥料 alkalime fertilizer　肥料を溶かした水溶液の反応がアルカリ性を示す肥料(石灰窒素, 熔成リン肥, ケイ酸カルシウム, 炭酸カルシウムなど).

生理的酸性肥料 potentially acid fertilizer　施肥した後に植物によって肥料成分を吸収された跡地の反応性が酸性を示す肥料(硫酸アンモニウム, 塩化アンモニウム, 塩化カリウム, 硫酸カリウムなど).

生理的中性肥料 potentially neutral fertilizer　施肥した後に植物によって肥料成分を吸収された跡地の反応性が中性を示す肥料(尿素, 過リン酸石灰など).

生理的アルカリ性肥料 potentially alkali fertilizer　施肥した後に植物によって肥料成分を吸収された跡地の反応性がアルカリ性を示す肥料(石灰窒素, 熔成リン肥など).

有機質肥料 organic fertilizer

植物質肥料には油粕, 米ぬか, 食品加工副産物(発酵かすほか)などがある.

動物質肥料には魚脂, 骨粉, 肉血粉などがある. 有機廃棄物に由来する肥料はし尿処理汚泥, 下水汚泥, 鶏糞などを乾燥処理したものがある.

自給有機質肥料としては堆肥 compost, きゅう肥 barnyard manure, 緑肥 green manure, 家畜糞 animal fecal wasteなどがある. そのなかで, 堆肥は稲わらなどの残渣, 樹皮などの木質資材と家畜糞尿などの有機質資材を堆積発酵させたもの. きゅう肥は家畜糞尿単独や家畜糞尿にわら類などを堆積腐熟させたもの. 有機質資材としては, 牛ふん堆肥 cattle manure, 豚ふん堆肥 hog manure, 鶏糞堆肥 poultry manure, バーク堆肥 bark compost, 汚泥堆肥 sewage sludge compostなどがある. いずれも, 有機質肥料は化学肥料に比べて肥効が緩効的であるとともに, 土壌物理性の改善効果も有している. 堆肥の養分組成(表1)を参考にして, 施用する水田の地力, 施用継続年数, 作付けする水稲品種などを考慮して施用量などを決定する.

(藤井弘志)

表1　堆きゅう肥など有機質資材の成分含有率(農蚕園芸局農産課, 1982より)

種類	水分 %	乾物当たり%							
		T-C	T-N	C/N比	P_2O_5	K_2O	CaO	MgO	SiO_2
堆肥	74.6	28.0	1.64	18.7	0.77	1.76	1.99	0.55	32.5
きゅう肥(牛糞尿)	66.0	33.3	2.10	16.5	2.06	2.19	2.31	0.99	20.8
きゅう肥(豚糞尿)	52.7	35.4	2.86	13.2	4.31	2.23	3.96	1.35	11.4
きゅう肥(鶏糞尿)	38.5	29.3	2.89	12.5	5.13	2.68	11.32	1.36	12.4
木質きゅう肥(牛糞尿)	65.4	38.5	1.66	24.6	1.59	1.70	1.91	0.75	9.0
木質きゅう肥(豚糞尿)	55.7	36.5	2.11	19.3	3.37	1.84	3.35	1.08	7.3
木質きゅう肥(鶏糞尿)	52.4	33.8	1.93	19.8	4.09	2.14	9.12	0.96	7.2

注:表中の数値は全試料の平均値であるが, 同一種類の資材中でも成分の変動幅はかなり大きい

[全体]
土壌

土壌とは

土壌は岩石の風化生成物である．しかし，同じ岩石の風化生成物，たとえば月面にある風化生成物は土壌とは呼ばれない．これは土壌の自然生成因子(母材, 生物, 気候, 地形, 時間)のうち, 生物要因が欠けているからである. また, 土壌は自然生成因子のほかに人為による影響を強く影響を受けている場合がある.

土壌はこれら自然や人為の生成因子の影響のもとに, 有機・無機物質の化学的な変化やこれら物質が集積 accumulation, 溶脱 leaching しながら層分化をしていく. これらの作用は, 還元状態で第一鉄が生成して青灰色の層が生成するグライ化作用 gleyzation, 表層のアルカリ元素やアルカリ土類元素が溶脱, 鉄やアルミニウムが下層に移動集積するポドソル化作用 podzolization, 溶脱作用, 塩類集積作用などと呼ばれている.

土壌の一般的名称

土壌は生成要因のひとつに焦点を合わせて呼ばれることがある. 花崗岩質土壌, 安山岩質土壌, 玄武岩質土壌, 火山灰土壌, 泥炭土壌は母材の違いによる名称である. 古生層土壌, 中生層土壌, 第三紀層土壌, 第四紀層土壌, 洪積土壌, 沖積土壌は母材の年代の違いによる名称である. 堆積様式(残積, 水積, 風積など), 土壌が存在する環境を顕著に示した名称(グライ土など)や有機物の分解程度による名称(泥炭土壌, 黒泥土壌)もある. このほか, 土壌の性質の一面を取り上げて, アルカリ土壌, 酸性硫酸塩土壌, 干拓地土壌, 重粘土壌, 礫質土壌, 鉱質土壌, 有機質土壌などと呼ばれることがある.

土壌の分類

土壌を母材, 気候などの生成要因からグルーピングすることを土壌分類 soil classification という. 土壌の分類方法は, 日本や世界で数多く試みられている. 日本の施肥改善方式, 農耕地分類などや, アメリカ農商務省の7次試案, FAO/UNESCO などの分類がそれである. 土壌分類の結果は, 土地の生産力や土地利用に利用することができる.

土壌分類は一般に土壌断面 soil profile の性状, 土壌層位 soil horizon ごとの化学的物理的性質によって行なわれる. 地力保全事業に伴う農耕地分類では, 土壌はその断面形態, 母材, 堆積様式によって, 岩屑土, 砂丘未熟土, 黒ボク土, 多湿黒ボク土, 黒ボクグライ土, 褐色森林土, 灰色台地土, グライ台地土, 赤色土, 黄色土, 暗赤色土, 褐色低地土, 灰色低地土, グライ土, 黒泥土, 泥炭土の16のグループ(土壌群 soil group)に分けられている. これらの土壌群は地形と密接に関係して分布している(図1).

土壌の構成成分

土壌は固体, 液体, 気体から成り立ち, それぞれ固相 solid phase, 液相 liquid phase, 気相 gaseous phase と呼び, その割合を三相分布 three phases ratio という. 三相分布は保水性 water holding capacity, 透水性 water permeability, 通気性 air permeability など土壌の物理的性質と関係が深い.

液相の主な成分は土壌水であり, 植物に水や養分を供給する. 土壌水は土壌へ保持されているが, 保持力の大小(土壌孔隙 soil pore space の大小)が植物への水分供給を左右する. 土壌水を植物の生育との関係から見た呼称として, 土壌孔隙を水で飽和し, 24時間後の水分量を示す重力水 gravitational water, 毛管力によって土壌に保持される毛管水 capillary water, 土壌粒子の膨潤な性質によって保持される膨潤水 swelling water, 土壌粒子の吸着力によって表面に保持されている吸湿水 hydroscopic water, 土壌の構成分子と結びついている化合水 bound water などがあげられる. また, そのときの水分保持力の強さなどを示す数値として, 土壌の孔隙がすべて水で飽和されているときの水分量である最大容水量 maximum water holding capacity, 重力水が流れ去ったときの水分量である圃場容水量 field capacity, 毛管水が切れて水の移動が止まる水分量の毛管連絡切断点 moisture of rupture of capillary continuity, 植物の萎凋が始まったときの水分量である初期萎凋点 first permanent wilting point, 植物が枯死する永久萎凋点 permanent wilting point などがある.

気相は土壌空気からなり, 畑では土壌生物, 微生物の呼吸により, 大気中の3～300倍量の二酸化炭素量が含まれる. 一方, 水田ではメタン, 窒素ガス, 硫化水素などが含まれる. 根の水分吸収速度は土壌空気中の酸素濃度と密接に関係し, 酸素濃度が低下すると根の伸張が低下する. 畑では, 気相のガス交換は拡散によって行なわれている.

固相は有機物と無機物からなっている. 有機物には植物遺体, 土壌生物, 植物遺体が分解した腐植物質 humic substance(腐植酸 humic acid, ヒューミン humin など)や非腐食物質(炭水化物, タンパク質, 有機酸など)などが含まれる. 一方, 無機物は, 鉱物が母材の構成成分である一次鉱物 primary mineral, 一次鉱物が風化した二次鉱物 secondary mineral(粘土鉱物 clay mineral), 鉄やアルミニウムの酸化物などが含まれる. また, 有機物から無機化や, 岩石などから風化によって生成した無機のイオン類も含まれるが, 植物の生育にとって十分な量とはいえない. 植物が吸収できる養分は可給態(可吸態) available と呼ばれ, 土壌有機物や土壌鉱物の一部を構成している.

土壌鉱物は一次鉱物(石英 quartz, 長石 feldspar, 輝石 pyroxene, 雲母 mica, かんらん石 olivine な

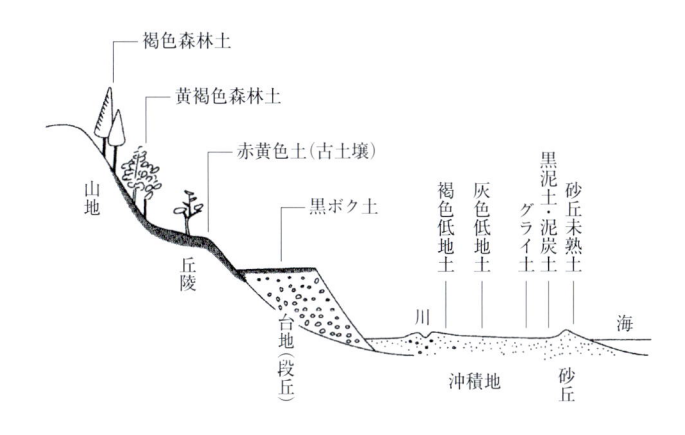

図1 宮崎地方における地形と土壌の関係（長友, 2005）

ど）と、二次鉱物（粘土鉱物とも呼ばれる、スメクタイト smectite, バーミキュライト vermiculite, カオリナイト kaolinite, ハロイサイト halloysite, アロフェン allophane, イモゴライト imogolite など）に分けられる。これらの鉱物は植物の生育に必要な養分の供給や土壌の養分保持能力にとって重要な役割を果たしている。

このほか、土壌中に生息する土壌動物 soil animal や土壌微生物 soil microorganism などの生物類が存在する。土壌動物としてはダニ、トビムシなどがあげられるが、作物生産と密接に関係する土壌動物はミミズ earthworm である。植物遺体と土壌を体内に取り込み、消化するが、その際にカルシウムを分泌する。このため、排泄物はカルシウムに富む。また、耕耘の働きをし、ミミズが1年で地表へ運びあげる量は約5mmの土層に相当する。土壌微生物としては、細菌 bacteria, 放線菌 actinomycetes, 糸状菌 fungi, 原生動物 protozoa があげられる。土壌微生物は有機物などの分解、酸化・還元反応等に関係している。そのほか緑藻やケイ藻などの藻類も生息する。

土壌の化学的性質

植物の生育にとって土壌の化学的性質、たとえば土壌の酸性、養分保持能力などは重要である。

土壌の酸性は酸度 acidity とpHで示す。酸度は酸性の原因物質の全量を示し、pHは液相および土壌に吸着している水素イオン濃度を示す。酸性土壌では作物生育が不良となるため、土壌酸性を矯正する石灰中和量を求めるときに使用するのが1M KClで抽出される水素イオンおよびアルミニウムイオンなどの酸量である交換酸度 exchange acidity (y1) である。一方、pHは作物生育の目安として用いられることが多く、植物にとっての好適pHがある。

土壌は負荷電をもち、陽イオンを電気的に保持する。この大きさを陽イオン交換容量 cation exchange capacity, CECとよぶ。また、黒ボク土壌では陰イオンを吸着する（陰イオン交換容量 anion exchange capacity, AEC）。CECは粘土鉱物によって大きく異なり、スメクタイトが多い土壌ではCECが大きい。交換座に吸着している陽イオンを交換性陽イオン exchangeable cation といい、植物に利用されやすいため、その量と塩基バランスが適当なとき地力が高いとされる。

環境問題と土壌

土壌は植物、作物の生育の場としてだけでなく、人間の生活環境に密接に関係している。

汚染物質が土壌に蓄積し、土壌のもつ作物生産力が低下したり、安全な作物の生産ができなくなったりすることを土壌汚染 soil pollution, soil contamination という。汚染物質として鉱山の排水、排煙などに由来する銅(Cu), カドミウム(Cd), 亜鉛(Zn), 水銀(Hg), 鉛(Pb), ヒ素(As), ニッケル(Ni), クロム(Cr)があげられる。また、農薬が土壌に蓄積し、生態系に大きな影響を及ぼすこともある。農薬は土壌に吸着しやすいものと、しにくいものとがある。土壌に吸着しにくい農薬は、土壌溶液中に容易に溶出するため、目的以外の作物や植物に影響を及ぼし、薬害となる場合がある。一方、吸着されやすい農薬は土壌微生物による分解が遅くなる。そのため、土壌に残留し、次期作に影響を与えることがある。

土壌は水質浄化、空気浄化、農薬の分解などの環境浄化の役割を果たしている。水質、空気浄化は土壌の汚染物質に対する物理的捕捉、微小な土壌粒子による物理的、化学的反応による捕捉と分解、微生物による代謝のプロセスを通して行なわれる。

土壌劣化

持続的な食料供給のために土壌は基盤としての役割を果たしている。しかし、近年その土壌の劣化が問題となっている。劣化現象として雨や風によって土壌表層が失われる土壌浸食 soil erosion, 砂漠周辺で植生が回復せずに土壌の生産力を失う砂漠化 desertification, アルカリ類が土壌表面に集積する塩類土壌 saline soil 化、酸性化、などがあげられる。

（安藤 豊）

[全体]
水田土壌と畑土壌

水田土壌 paddy soil

分布と特徴 わが国の水田土壌の分布は,比較的排水良好で,管状,糸根状などをした鉄の斑紋を伴う灰色の灰色低地土 gray lowland soil が最も多く(37%),ついで排水不良で地下水位の高い無機質土壌で,嫌気(還元)的条件下にあるため生成した2価鉄化合物によって土層全体が緑灰色を示すグライ土 gley soil (30%)の順となっている.地域別に見ると北海道,東北,北陸地方ではグライ土,泥炭土が半分以上を占める.一方,近畿,中国,九州では灰色低地土の分布面積が広い.

水田は連作障害 injury by continuous cropping が起きにくい,灌漑水からの養分供給量が多い,地力の消耗が起きにくい,などの特徴をもっている.しかし反面,還元の進行に伴う水稲の生育障害,温室効果ガス green house [effect] gas,すなわちメタン methane,亜酸化窒素(一酸化二窒素 nitrous oxide)の発生など,水稲生育,環境にとってのマイナス面もある.

湛水に伴う物質の変化 水田土壌の特徴は稲作期間中湛水下にあることによって生じる.湛水によって,大気からの酸素の補給が制限され,湛水以前に存在していた土壌中の酸素は微生物の活動により消失する.さらに,土壌中の三二酸化物 sesquioxide (酸化鉄や二酸化マンガン)も微生物に利用され,土壌は還元 reduction 状態となる(図1).この還元の進行とともに酸化還元電位 redox potential, Ehが低下し,硝酸 nitric acid の消失,窒素ガス,二価マンガン,二価鉄,硫化水素 hydrogen sulfate および,メタンの生成がおきる.硫化水素が発生すると水稲生育は著しく阻害され,いわゆる「秋落ち akiochi」と呼ばれる栄養凋落現象がみられる.水田からのメタンの発生量は全世界で発生するメタンの約10%を占めている.

水田の層分化 水田は湛水に伴って層分化をする(図1).作土層 plow layer 表面の数mm〜2cmは田面水からの酸素の供給により,鉄が酸化され赤褐色の酸化層 oxidized layer を形成する.この表層を除く作土層は還元状態で鉄が還元され,青灰色となる.作土層直下は硬く緻密な鋤床層 plow pan が存在する.下層土 subsoil は一般的に酸化的で,褐色〜赤褐色となる.還元層で還元された鉄,マンガンは水とともに下層へ移動する.鉄は作土層直下で,マンガンはさらに下層で酸化され斑紋 mottle などが視認される.

水田土壌中での養分動態 土壌中で窒素は大部分有機態として存在する.有機態窒素 organic nitrogen が微生物の作用による無機態窒素に変化することを無機化 mineralization という.無機化か施肥によって存在する無機態窒素は,水田土壌が還元的であるため,アンモニア態窒素 ammonium nitrogen として安定に存在する.アンモニア態窒素は水稲による吸収,土壌微生物による有機的固定(有機化 immobilization)および微生物によって硝酸態窒素,窒素ガスへと変化する脱窒 denitrification により水田土壌中から消失する.アンモニア態窒素は正荷電をもち,土壌のCECによる負荷電と電気的に吸着する.アンモニア態窒素は一般に移植から水稲の最高分げつ期までと,追肥から約1週間程度水田土壌中に存在する.

水稲によって吸収された基肥窒素量を施肥量で除した値を水稲による基肥窒素の利用率 recovery rate といい,その値は約30%である.同様に作土層での有機化率(有機化量/施肥量)は約30%,下層では5〜10%である.また,水稲による追肥窒素の利用率は50〜60%,有機化率は10〜20%程度である.未回収の大部分は脱窒によるものと考えられている.

上述のように,水田では施用された窒素はアンモニア態として存在し,土壌に電気的に吸着する.そのため,土壌溶液中に存在する施用窒素量はごくわずかであり,また下層に移行した場合,大部分が有機化される.このため,溶脱によって系外へ流出する窒素量は少ない.施用窒素が水田系外へ流出する場合,大部分は代かき時に表面排水したとき,土壌懸濁液 suspension として土壌に吸着した状態で流出する.

水稲が吸収する窒素の半分以上は土壌の有機態窒素に由

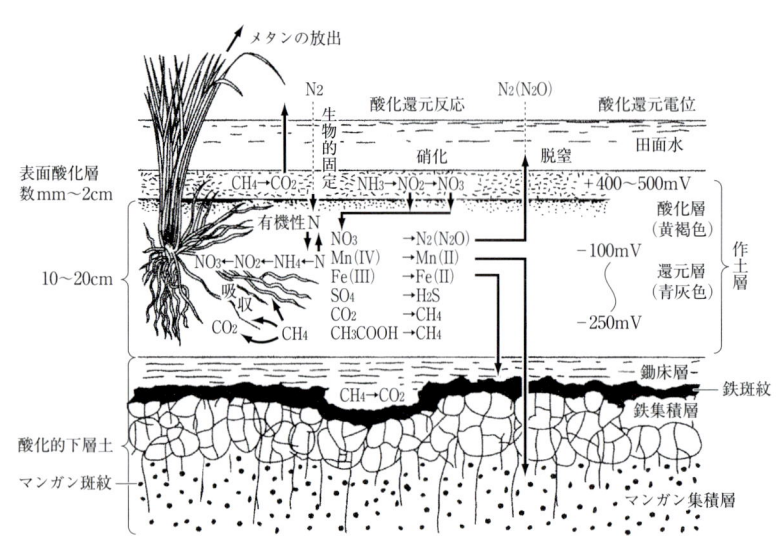

図1 水田土壌における種々の物質動態(松本, 1998)

表1 下層土酸性の異なる土壌におけるオオムギの生育と窒素吸収(三枝, 1983)

下層土	pH (H_2O)	子実収量 (g/m^2)	窒素吸収量(g/m^2)				施肥窒素利用率(%)		根長*
			全吸収量	基肥由来	追肥由来	土壌由来	基肥	追肥	
川渡	4.6	397	6.39	0.65	3.02	2.72	6.5	75.4	16
蔵王	5.5	694	11.93	4.82	3.25	3.86	48.2	81.3	>55
下層土吸収窒素量			5.54	4.17	0.23	1.14			
(%)			(46.4)	(86.5)	(7.1)	(29.5)			

注:*根長は1979年11月測定

来している。土壌有機態窒素の無機化過程は微生物反応であるために地温 soil temperatureと密接に関係している。地温を利用して土壌有機態窒素の無機化を表わすことができる。この無機化パラメータは水稲の生育および収量と密接に関係している。

　水田が還元的な状態になると鉄と化合していたリンが水に溶けやすいリン酸第一鉄に変化し、水稲が吸収できる形となる。すなわち湛水に伴って可給態(可吸態) availableリン酸が増加する。また、還元に伴って、水溶性のケイ酸量も増加する。

畑土壌 upland soil

　畑土壌と黒ボク土　日本の普通畑は約半分(47%)が火山灰を母材とする黒ボク土が占めている。そのほか、褐色森林土(16%)、褐色低地土(13%)が主な土壌である。地域的に見ると北海道、東北、関東および九州地方で黒ボク土壌が多く分布する。樹園地では褐色森林土が最も多く分布し、ついで黒ボク土、赤・黄色土、褐色低地土が多い。樹園地は主に丘陵や山地などに分布する。

　畑や樹園地は傾斜地が多く、土壌表層が降雨などにより流出する土壌浸食 soil erosionを受けやすい特徴をもつ。また、畑では黒ボク土壌が多いことから、リン酸が土壌に吸着され不可給化しやすい特徴がある。吸着の強さを表わすのがリン酸吸収係数 phosphate absorption coefficientで、黒ボク畑土壌ではこの値が高い。

　黒ボク畑土壌の鉱物組成は、非晶質を示す鉱物であるアロフェン allophaneないしイモゴライト imogoliteを主要鉱物としているアロフェン質黒ボク土壌と、結晶性2:1型鉱物を主要鉱物としている非アロフェン質黒ボク土壌に分けられる。非アロフェン質黒ボク土壌の場合、強酸性を示す土壌が多く、作物の生育に対して大きな影響を与えている。黒ボク土壌は透水性、保水性に優れているが、反面乾燥したときに風により移動しやすい(風食 wind erosion)。

　畑土壌の特徴　畑土壌は水田土壌と比較して、連作障害が起きやすい、地力の消耗が大きい、酸性障害が起きやすい、水分ストレスが起きやすいなどの特徴がある。

　畑土壌は酸化的であるため、微生物活性が高く有機物分解が速やかに進み、地力の消耗が水田土壌よりすすむ。有機物の分解にともなって、通気性、水分保持、養分保持に欠かせない団粒構造 aggregateが減少する。

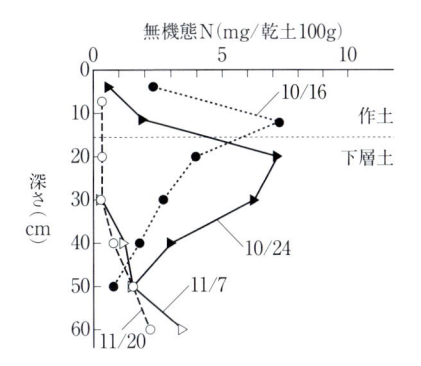

図2 オオムギ播種後の無機態Nの土壌内分布(三枝, 1983)
図内の数値はサンプリング時期(月/日)を示す
降水量10/16→10/24 88mm, 10/24→11/7 134mm

　わが国は降水量が蒸発散量を上回るため、土壌中の塩基類が溶脱 leachingしやすく酸性化する。酸性化した土壌は、水素イオン、アルミニウム、マンガンの過剰障害、リン酸、塩基、微量要素の欠乏などが起き、作物の生育が阻害される。特にアルミニウムの過剰障害は深刻で、活性のアルミニウム含量の尺度である交換酸度 exchange acidity(y_1)が大きくなると根の伸張が阻害される。pHを高くすることでその障害は取り除くことができるが、下層土のpH改良は困難である。根が下層まで伸張できないと、養分および水分欠乏となり、下層土のpHが作物生育の制限要因となることがあり、非アロフェン質黒ボク土壌ではより顕著にみられる(表1)。

　畑土壌中での養分動態　畑土壌中に存在する無機態窒素は酸化的条件であるために、硝酸態窒素 nitrate nitrogenとなる。硝酸態窒素は負荷電をもち、土壌も負荷電をもつため土壌に吸着できず、土壌溶液中に存在する。このため、降雨や灌水による水の下層への移動に伴って下層土へ、さらに地下水へ移動し溶脱する(図2)。その結果、畑地帯では水田地帯より地下水の硝酸態窒素汚染が多くなる危険性が高い。黒ボク土壌は前述のようにリン酸吸収係数が高く、リン酸固定力が強いので、畑系外へリン酸が溶出することは少ない。このことは、逆に作物によるリン吸収は根圏が小さい場合少なくなることを意味し、生育量が小さく、根系が十分に発達していない場合は土壌中のリン濃度を高める必要がある。

(安藤 豊)

[全体] 土壌改良

土壌改良 soil improvement

土壌診断 soil diagnosis　土壌調査の結果から問題点を抽出(診断)して，土壌改良や施肥法の改善のための対策を作成すること．診断の項目としては土壌の化学性 chemical property, 物理性 physical property, 生物性 biological property があり，目的によって調査項目を組み合わせて効果的な対策を導き出す．

化学性の診断項目には，土壌の酸性の程度を示す**土壌pH** soil pH，土壌中の水溶性塩類の総量を示す**電気伝導率** electric conductivity (EC)，土壌の酸化還元の強さを示す**酸化還元電位** redox potential (Eh)，土壌が陽イオンを吸着できる量を示し養分保持力の指標となる**陽イオン交換容量** cation exchange capacity (CEC)，作物が利用可能な**可給態(可吸態)養分** available nutrient(窒素, リン酸, ケイ酸など)の量を示す養分供給力，などがある．

物理性の診断項目には，作土深を示す**作土層** plow layer や根の伸長が可能な層を示す**有効土層** effective soil layer の厚さ，土層における土壌粒子のつまりの程度を表わし土壌硬度計で測定する**密度** compactness，土壌の構造である固相, 液相, 気相の割合を示し，土壌の硬さ, 保水性, 透水性などと密接に関連している**土壌三相** three phases of soil(**固相** solid phase, **液相** liquid phase, **気相** gaseous phase)，土壌が水分を保持する能力を示す**保水性** water holding capacity，土壌の透水性の良否を表わす**透水性** water permeability，**通気性** air permeability などがある．

生物性の診断項目は有機物の**生物的分解** biological decomposition などがある．

作物栄養診断 nutritional diagnosis　作物の栄養状態を診断し，要素過剰あるいは欠乏の状態を把握したり，施肥対策の情報を得たりする目的で行なう．主な栄養診断には，作物の外観症状からの診断，作物の養分分析による診断などがある．対策を策定する場合には，肥培管理, 水管理, 栽培環境など総合的に判断する．

近年，**葉緑素計** chlorophyll meter による**葉色診断** leaf color diagnosis，果菜類などの**汁液** sap を用いたリアルタイム診断および診断指標が開発・導入され，作物栄養診断の一般化や対策策定の時間短縮に結びついている．栄養診断の重要な要素である乾物重の推定にも，水稲では生育量(草丈×m²当たり茎数)や株周，ダイズでは葉柄の数から可能である．ダイズでは，開花期の乾物重による生育診断指標も策定されている(表1, 表2)．

水田土壌の改良と管理

生産性の高い水田にするには，作土層の拡大を図る**深耕** deep tillage や**客土** soil dressing，水田地力の維持・向上のための有機物施用，ケイ酸やリン酸など**土壌改良資材** inorganic soil amendment の施用による土壌改良，目標の茎数を確保した頃に落水して土壌を乾かす**中干し** midseason drainage や灌水と落水を交互に繰り返す**間断灌漑** intermittent irrigation などの**水管理** water management，などがある．

生産性の低い水田として，生育中期以降に下葉の枯れ上がりや生育の凋落により秋落ちする**秋落ち水田** akiochi paddy field，**老朽化水田** degraded paddy field，排水不良でグライ層になっている**湿田** ill-drained paddy field，地表下50cm以内に泥炭層があり，排水不良による土壌還元が問題となる**泥炭地水田** peaty paddy field，減水深が大きく水持ちの悪い**漏水田** excessively percolable paddy field，土壌の養分供給力や保持力が弱い**砂質水田** sandy paddy field があげられるが，各種の改良技術の導入により水稲収量は向上している．

主な改良対策として，老朽化水田の場合は粘土を補給し保肥力を高めるための客土，心土に集積している養分を作土に混和する深耕，異常還元を抑制する**含鉄資材** iron supplying material の施用，不足しやすい成分(ケイ酸, 苦土, マンガン)の施用があげられる．湿田の場合は地下水位を低下させるために**暗渠排水** pipe drainage，耕盤などの圧密層を深耕ロータリやプラウで破砕する**心土破砕** subsoiling, subsoil braking による透水性の改善を目的とした**排水** drainage 対策があげられる．

表1　火山灰土壌での開花期の生育量によるダイズの生育診断基準(石井和夫, 1983)

評価	乾物重(t/ha)	期待収量(t/ha)	生育型
I 極良	2.2<	5.0<	初期生育良好・中期旺盛型
II 良	1.5〜2.2	4.0〜5.0	初期生育良好・中期旺盛型
III 普通	1.0〜1.5	3.0〜4.0	初期生育並型
IV 不良	0.6〜1.0	2.0〜3.0	初期生育不良型
V 極不良	<0.6	<2.0	初期生育不良型

表2　沖積土壌での開花期の生育量によるダイズの生育診断基準(藤井弘志ら, 1985)

評価	乾物重(t/ha)	期待収量(t/ha)	倒伏度	生育型
I 不良	<2.0	2.0〜3.0	0〜1	初期生育良好・中期旺盛型
II 普通	2.0〜2.8	3.0〜4.0	0〜1	初期生育良好・中期旺盛型
III-A 極良	2.8〜3.2	4.0〜4.5	1	初期生育並型
III-B 良	3.2〜4.0	4.0〜5.0	2〜3	初期生育不良型
IV 凋落	4.0<	3.0〜4.0	3〜4	初期生育不良型

注：倒伏度　0：0〜9度, 1：10〜19度, 2：20〜39度, 3：40〜59度, 4：60度以上

泥炭水田の場合は排水対策，客土，土壌酸性 soil acidity の改良，有機物 organic matter の施用，塩基 base の補給が，漏水田の場合は漏水防止のための客土などがあげられる．

有機物施用 organic matter application 水稲の生産は地力に依存するところが大きい．近年，有機物施用の減少により地力が低下し，気象変動に弱くなっていることも指摘されている．地力の維持・向上のためには有機物施用が一般的である．水稲に対する有機物（稲わら rice straw，堆きゅう肥 stable manure）の効果は，1）有機物に含まれている窒素，リン酸，カリなどの養分的効果，2）通気性，透水性などの土壌物理性の改良，3）キレート作用による養分の有効化，4）保肥力の向上，などがあげられる．有機物施用の効果を十分引き出すためには，稲わらの場合は腐熟促進を行ない土壌の急激な還元を抑制すること，堆きゅう肥の場合は完熟堆肥を施用することと多施用による窒素過剰に留意することが重要であり，堆きゅう肥の畜種，連用年数，水稲の品種などを考慮する．

土壌改良資材施用 soil amendments application 水田に対する土壌改良資材として留意する要素には，ケイ酸とリン酸などがあげられる．特に，ケイ酸の場合，近年の灌漑水中のケイ酸濃度の低下，ケイ酸資材施用量の減少，稲わらなどの有機物施用量の減少などにより，水稲に対するケイ酸供給量が減少し，気象変動条件下における収量の安定生産が懸念される状況にある．望ましい水田土壌の性質（表3）を目標に，水田土壌の改良および管理を行なう．

畑土壌の改良と管理

生産性の高い畑を形成するためには，畑土壌の改良（深耕，除礫，透水性の改良），地力の維持・向上（有機物施用，リン酸施用），酸性改良などが必要である．

有機物施用 畑は水田と異なり酸化的であり，有機物の分解スピードが速いので有機物施用は重要である．有機物（堆きゅう肥など）の効果は，1）有機物に含まれる養分的効果，2）物理性の改良，3）キレート作用による養分の有効化，4）保肥力の向上などがあげられる．有機物の施用効果を炭素的効果と窒素的効果に分けた場合，前者は土壌腐植含量や微生物活性を高め，地力（物理的な地力，生物的な地力）の向上への貢献度が高く，後者は肥料的効果が高いとされている．したがって，目的（物理性の改善，化学性の改善）に合致した施用をするためには，有機物の特徴を把握することが重要である．

酸性改良 acid soil improvement 日本は降水量が多く，畑では塩基類が溶脱しやすく，土壌が酸性化しやすい．さらに，肥料に含まれる成分である硫酸根（生理的酸性肥料）や硝酸態窒素の蓄積によっても酸性化しやす

表3 沖積土での望ましい水田土壌の性質
（山根一郎，1985：土壌保全調査事業全国協議会，1979）

項目	改良目標値	改良方法
作土の厚さ(cm)	15～20	深耕，客土
有効土層(cm)	50以上	心土破砕
次層のち密度(mm)	20以下	心土破砕
pH(H_2O)	5.5～6.0	石灰中和
塩基置換容量(me/100g)	15以上	有機物施用
塩基飽和度(%)	51～72	石灰中和
有効態リン酸(mg/100g)	10～20	リン酸施用
有効態ケイ酸(mg/100g)	15～30	ケイ酸施用
減水深(mm/日)	15～30	大→床締め，小→暗渠
土性	壌土～植壌土	客土
地耐力(kg/cm^2)3週間後	5	大→心土破砕，小→床締め

表4 黒ボク土，普通畑作物での望ましい畑作土壌の性質
（山根一郎，1985：土壌保全調査事業全国協議会，1979）

項目	改良目標値	改良方法
作土の厚さ(cm)	20～25	深耕，客土
有効土層(cm)	100以上	心土破砕
次層のち密度(mm)	20以下	心土破砕
pH(H_2O)	6.0～6.5	石灰中和
塩基置換容量(me/100g)	20以上	有機物施用
塩基飽和度(%)	51～72	石灰施用
石灰飽和度(%)	40～50	
石灰/苦土比	3	
苦土/カリ比	10	
有効態リン酸(mg/100g)	10～20	リン酸施用
地下水位(表面より，cm)	60以上	明・暗渠
透水性(mm/日)	50以上	大→床締め，小→暗渠
土性	壌土～植壌土	心土破砕
孔隙率(%)	60%以上	有機物施用

い．畑土壌では有機物施用とともに酸性改良は重要な管理技術である．目標とするpHだけでなく塩基バランスも重要であり，資材の種類にも留意する．施用する石灰量は中和石灰量曲線法などから求める．

土層改良 subsoil improvement 土壌が硬くなると根の伸長が阻害されたり，透水性が悪くなり作物の生育が不良になったりして，作物の収量・品質が低下する．そこで，改善方法である深耕，心土破砕，上層と下層を混合する改良法である混層耕 soil-layer mixing tillage，上層と下層を反転（入替え）させる改良法である天地返し（反転耕）upside down plowing などにより圧密硬化した層を膨軟にし，通気・透水性を良好にし，根が伸長しやすい状態にする．この土層改良は物理性の改善が主なので，併せて有機物や土壌改良資材の施用を行なう．

排水　水田転換畑 upland field converted from paddy field における作物栽培の成立要件の一つとして排水対策があげられる．表水面の排水を行なう明渠排水 open ditch drainage と地中水の排水を行なう暗渠排水 pipe drainage がある．望ましい畑土壌の性質（表4）を目標に，畑土壌の改良および管理を行なう．

〈藤井弘志〉

〔全体〕
収量

多収性

作物のとれ高を示す収量 yield には，生物学的収量 biological yield と経済的収量 economic yield がある．生物学的収量は植物体全体の生産量であり，経済的収量とは経済的利用を目的とした器官の収穫量であるが，単に収量といえば経済的収量を指すことが多い．そこで，ここでは特に断らない限り，経済的収量を収量とする．

収量は，収穫された利用目的器官の単位面積当たりの重さで示されるが，収量の対象となる器官は作物の種類によって異なるので，イネやコムギ，ダイズなどでは子実重，サツマイモやジャガイモなどではいも重，牧草類では地上部全体重が収量となる．

収量を生産する能力のことを多収性 high-yielding ability または収量性 yielding ability という．多収性は作物が備えるべき特性のなかでも特に重要なものの一つであり，品質や食味，安定性などが重視されるようになった現在でも，その作物生産に果たす意義は本質的に何ら変わらない．しかし，収量は多くの微働遺伝子が関与する複合形質であり，また，作物栽培における最終生産物なので，その形成過程で環境や栽培条件の影響を強く受ける．すなわち，収量は全生育期間に働く遺伝要因と環境要因の相互作用によって支配される複雑な特性で，関与する要因が極めて多い．このため，収量の全貌を理解することは必ずしも容易ではないが，その内容を理解するために次のような方法が用いられている．

収量構成要素

収量をいくつかの形態的な要素に分解し，それらの積算値として収量を捉える方法である．すなわち，個々の収量構成要素 yield component を育種的あるいは栽培的に改良・改善することで，その積である収量を高めようとする考え方である．

収量構成要素は基本的に，利用する目的器官，すなわち収量の対象となる器官の単位面積当たりの数と，その1個分の重さに分けられる．さらに，収量対象器官の数は，収穫されたその器官の総数とこれに対する収量対象となる器官数の割合に分割される．したがって，イネやコムギの収量は一般的に次式で表わされる．

収量＝単位面積当たり粒数×登熟歩合(整粒歩合)×1粒重

単位面積当たり粒数を決定する穂数と1穂粒数も構成要素として扱われる．また，1粒重では単位が小さすぎるので1,000粒の平均値(1000粒重，千粒重)を用いることが多い．

ダイズでは単位面積当たりの節数，1節当たり着莢数，稔実莢歩合，1莢内粒数，100粒重など，ジャガイモでは総いも数，上いも歩合，上いも1個重などが構成要素となる．収量構成要素に基づく方法は，収量の構造を理解するのに都合がよく，作況解析など実績の説明には極めて効果的である．また，各収量構成要素が決定される時期は異なるため，それぞれの時期に適切な栽培管理を行なうことで収量構成要素を高め，ある程度までは収量を向上させることができる．

しかし，この方法には限界があり，一定水準以上の多収性品種の育成や多収穫栽培技術の開発に応用するのは難しいと考えられている．その原因は，収量構成要素には収量の中身にかかわる物質生産 dry-matter production の概念が含まれていないことにある．すなわち，各収量構成要素の大小を物質生産的に説明することはできるが，収量構成要素自身のなかに物質生産そのものについての情報は入っていない．このため，物質生産を考えないで収量構成要素を改良しようとすれば，ある水準までは各収量構成要素をともに高めていくことはできても，それ以上になると構成要素間に逆相関関係が生じてくる．したがって，一つの構成要素が大きくなると他の要素が小さくなり，その積である収量の増大には結びつかない．

すなわち，物質生産を無視して収量構成要素を論じることは，例えて言えばパイの大きさを考えないで，その切り分け方だけを論じていることと等しい．また，それぞれの収量構成要素が決定される時期は決まっているが，収量構成要素そのものに時間的概念は含まれていない．このため，収量をその形成過程をふまえて考察しようとする場合には，この方法を適用することはできない．これらの欠点を補って収量をより明確に把握するためには，物質生産の視点をとり入れた生育過程全般のなかでの解析が必要である．

収穫指数

収穫指数 harvest index とは，収量(経済的収量)の生物学的収量に対する割合のことである．すなわち，光合成産物の収量器官への分配比率を表わすもので，イネのもみわら比 grain/straw ratio やダイズの粒茎比 grain/stem ratio はこれに近い概念である．また生物学的収量は一般的に収穫期の全乾物重で示されるが，収穫指数を算出する場合に通常根部は含まない．したがって，物質生産的にみると作物の収量は次式で表わされる．

収量＝全乾物重×収穫指数

この式は，乾物生産量という光合成に直結した要因を基礎にしているため，作物の生理生態を強く反映した考え方といえる．したがって，物質生産的には，全乾物重と収穫指数のどちらか一方あるいは双方を高めていくことで増収が実現する．

このうち，収穫指数は内容が複雑で，その物質生産的内容はまだよくわかっていない．ただし，収穫指数は作物の種類や品種による値の安定した特性で，イネやコム

図1 収量内容物の模式図

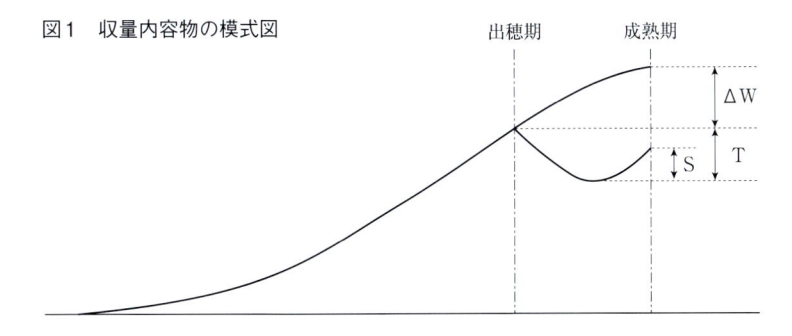

出穂期　成熟期
ΔW：出穂後同化量
T：転流量
S：再蓄積量

ギなどでは30〜50%，ジャガイモなどでは50〜80%の値を示すことが多い．また，これまでのイネやムギ類の収量向上には全乾物重よりも収穫指数が大きく貢献したとみられている．さらに，収穫指数は遺伝率が高く，多収性育種をすすめるうえでの有用な選抜指標になるとの指摘もみられる．

しかし，収穫指数は収量／全乾物重なので，全乾物重に対する収量が多い場合ばかりでなく，全乾物重が小さい場合にも収穫指数は高くなる．したがって，収穫指数の向上が収量増加に貢献するのは十分な全乾物重が確保されている場合に限られる．このため，収穫指数だけを重視して選抜を続けていくと，栄養成長量が貧弱で全乾物重の小さいものばかりが選ばれてしまう危険性がある．また，収穫指数のような二つの形質の比によって表わされる誘導形質の遺伝率は個々の形質よりも高くなるのが一般的である．このため，遺伝率が高いからといって，収穫指数が本当の意味での遺伝形質であるかどうか，すなわち収穫指数そのものを支配する遺伝子が存在するかどうかは慎重に検討してみなくてはならない．環境条件との関係でも，天候不順年には収穫指数が収量に強く影響するが，天候に恵まれた年の収量は全乾物重のほうに強く規制されることが多い．さらに，収穫指数には上限があり，60%程度で頭打ちになるとみられている．また，収穫指数には，収量構成要素と同様，時間的概念が含まれていない．

これらより，収穫指数は収量性を評価する万全の指標にはなり得ず，これを収量解析に有効に活用していくためには，収穫指数を決定する生理生態的要因と物質生産全体との関係が解明される必要がある．一方，全乾物重を規制する要因については，これまでにも多くの知見が集積されている．すなわち，作物群落の乾物生産量は基本的に，光合成器官の大きさを表わす葉面積と個葉の光合成速度および個々の葉への光の分配効率を示す受光態勢によって支配されることが明らかにされている．したがって，これらの関係を検討することで，全乾物重の決定要因やその増加方法を知ることができる．しかし，いくら全乾物重が増えても，それが具体的な収量構成要素として展開しない限り，収量としては完結し

ない．このため，収量構成要素と物質生産を統合した解析が必要である．

収量内容生産量と収量キャパシティ

光合成産物を生産して他の器官へ供給する器官を ソース source，光合成産物を受け入れて蓄積したり消費したりする器官を シンク sink と呼ぶ．これらと収量構成要素を組み合わせたのが，収量内容生産量 yield contents productivity と 収量キャパシティ yield capacity という考え方である．この方法は，収量をその中身となる収量内容物の生産量とこれを受け入れる容器の大きさを示す収量キャパシティに分けて検討し，それぞれを決定する機構を解明することで収量の本質に迫ろうとするものである．

収量内容物は，出穂期までに生産され稈や葉鞘中に蓄積されていた出穂前蓄積分と，出穂期後に生産された出穂後同化分から成り，出穂前蓄積分の一部は出穂期後に子実へ転流する．実際の解析では，出穂期から成熟期までの全乾物重の増加量を出穂後同化分，同期間中の稈および葉鞘乾物重の減少量を出穂前蓄積分の転流量とすることが多い（図1）．ただし，成熟期に近づくと，収量キャパシティが満杯になったりシンク能が低下したりすることによって，同化産物が稈などに再蓄積する場合がある．このような場合には，上述の方法では転流量を過小評価することになるので，注意が必要である．

収量内容物は光合成によって生産される物質生産量なので，その生産量はソース能に規制されるが，その転流にはシンク能も一部関与する．一方，収量キャパシティの大きさは，イネでは単位面積当たりの穎花数と内・外穎の大きさとの積で表わされる．しかし，実際には面積当たり総籾数と籾容積や玄米1粒重の積を用いるのが一般的である．種実がイネの籾のようなしっかりした容器に包まれていないコムギなどでも，粒の大きさには上限があるので，粒数と限界1粒重との積を収量キャパシティとする．このように，収量キャパシティはシンクの大きさ（シンクサイズ）を表わすが，その大小には収量構成要素が関わっている．

（楠谷彰人）

[全体] 病害虫防除

病害虫防除
disease and insect pest control, pest control

水稲単収は10a当たり500kgを超えるまでになっているが,平成5年には,北日本で大冷害といもち病の発生,西日本で風水害による白葉枯病とウンカの被害により,全国的な作況指数は74の著しい不作となった.気象災害と密接に関連する病害虫の発生は,収量の年次変動に影響し,生産性を圧迫する主要な要因である(図1).

病害防除 disease control

病害防除は,病気を引き起こす病原体(主因),病気に罹り易い状態の植物体(素因),病気が起こるのに好適な環境条件(誘因)のいずれかを取り除くことにある.

・発生予察 forecasting of occurrence

いもち病の発病は6月から7月の気温較差,日照時間と負の相関が,降水量,降水日数,湿度と正の相関が認められる.感染源である胞子や菌,細菌などを定期的に採集して,病害の発生を予測し,行政機関から発生予察情報として農家に伝達される.

・防除法 control method

耕種的防除 これまで多くの作物で耐病性 disease resistant 品種が育成されてきた.栽培管理による病害の予防,すなわち耕種的防除 cultural disease control の方策として,1)越冬病原菌の除去・消毒,2)周辺雑草や中間宿主の除去,3)病原菌を圃場に持ち込まない,4)種苗の消毒とウイルスフリー種苗の利用,5)抵抗性近縁植物台木の利用,6)疎植,窒素肥料制限,7)作期移動,8)輪作による土壌病害の回避,などがあげられる.

物理的防除 物理的な性質を利用して発病を予防・防除する方法が物理的防除 physical disease control で,種子の比重選,蒸気や太陽熱による土壌消毒 soil disinfection,紫外線除去フィルムによる胞子形成阻害,シルバーマルチによる媒介昆虫の飛来抑制などがある.

生物的防除 耕地生態系を含む環境にも配慮した環境保全型防除技術が求められており,生物的防除 biological disease control はその基幹として注目される.接種したウイルスが後から接種したウイルスの侵入感染を防ぐことを干渉作用といい,トマト,キュウリ,ダイズ,タバコなどのモザイク病やハッサク萎縮病など弱毒ウイルスが作出されている.また,Fusarium oxysporum 菌を苗に大量接種すると,つる割病が顕著に抑えられる.

微生物間の拮抗作用 antagonism として,寄生,大型アメーバや線虫による捕食,分泌する酵素による溶菌や抗生物質による発育阻害などがあげられる.拮抗微生物を農薬の代わりに用いる場合は生物農薬 biopesticide として登録される.トリコデルマ菌(Torichoderma lignorum)はタバコ白絹病菌に寄生して発病を抑える.果樹などの根頭がんしゅ病では,非病原性の Agrobacterium radiobacter 菌株の接種により抑制効果が認められている.

化学的防除 環境への影響が配慮される今日においても,作物の病害防除は農薬の施用による化学的防除 chemical disease control が基幹をなしている.

農薬 agricultural chemicals, pesticide は,殺虫剤 insecticide(有害な昆虫の防除),殺菌剤 fungicide(植物病原菌の有害作用からの防除),殺虫殺菌剤 insecticide and fungicide admixture(殺虫成分と殺菌成分を混合して,害虫,病原菌を同時に防除),除草剤 herbicide(雑草類の防除),殺そ剤 rodenticide(ネズミ類の駆除),植物成長調整剤 plant growth regulator(植物の生理機能を増進または抑制して,結実増加や倒伏を防止),その他,の7種類に分類される.「その他」には殺ダニ剤 acaricide,殺線虫剤 nematicide,忌避剤 repellent,誘引剤 attractant,展着剤 wetting agent を含む.

殺菌剤には病原菌に対して殺菌効果,または成長増殖を抑制する静菌効果を示すものと,宿主植物に対して抵抗力増強効果を示すものとがある.合成殺菌剤は無機剤(銅,硫黄)を除くと,有機化合物である.有機水銀剤 organic mercury pesticide はいもち病に卓効を示したが,その毒性が問題となり,使用禁止となった.萎凋病や立枯病などの土壌伝染病 soil-born disease に対しては土壌殺菌剤 soil fungicide の土壌への混和,灌注が行なわれる.また,抗生物質でカスガマイシンやバリダマイシンなどが市販されている.

害虫防除 insect pest control

害虫の発生時期と量および作物の被害量を予測し,防除の要否の決定と手段を選択する.

・発生予察

発生予察事業により,行政機関から発生時期と発生量,防除方法などに関する予報や注意報,警報が発表される.予察のための調査法には,1)予察灯,2)フェロモン pheromone(動物個体から放出され,同種他個体に"特異的な反応"を引き起こす化学物質)トラップ,3)黄色水盤,4)捕虫網によるすくい取り法,5)計数する見とり法がある.ある物質を,ある動物に与えた場合,その半数が死に至る量を半数致死薬量 lethal dose 50% (LD_{50})といい,薬剤に対する抵抗性の発達程度を評価する場合もある.

・防除法

耕種的防除 農薬以前は,適地適作による作物・品種の選択や圃場周辺の害虫の越冬・潜伏場所を除去することは,重要であった.連作障害を回避するため,輪作や田畑輪換などが行なわれる.間作や混作により特定害虫の大発生が抑制されることや,マリーゴールド,ギニアグラスなど対抗作物の栽培により,ネコブセンチュ

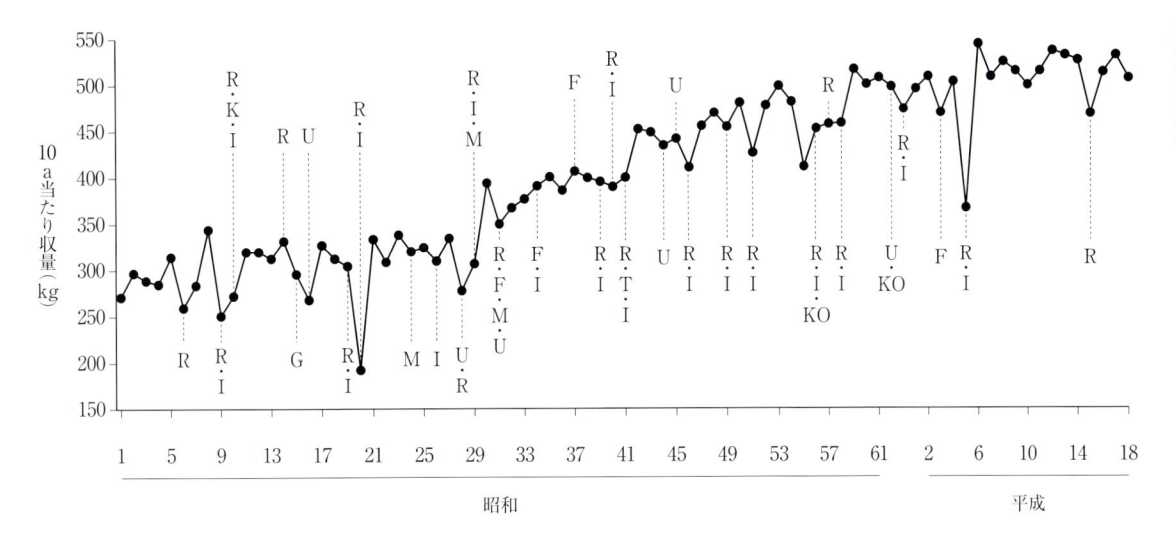

図1　水稲単収の年次変動と圧迫要因
R：冷害，K：干ばつ，I：いもち病，U：ウンカ，G：豪雨，M：メイチュウ，F：風水害，T：台風，KO：コブノメイガ

ウ密度が低下する．害虫被害を軽減するための晩植えや晩生品種の選択も重要な防除方策である．

耐虫性 insect resistance品種の利用も，防除コストの低減に有効である．抵抗性の機構は，1）非選好性（産卵，摂食，生息に不適），2）抗生性（生育阻害），3）耐性（加害，生育に対して補償能力）に大別される．土壌細菌 *Bacillus thuringiensis* 由来のBT毒素産生遺伝子を導入した組換え作物が開発されているが，生態系に及ぼす影響や食品の安全性に対する懸念が提起されている．耐虫性品種を長期間利用すると，害虫のバイオタイプが出現して大被害を生じる場合がある．

物理的防除　1）害虫の捕殺による防除，2）袋がけ，網被覆，溝，粘着物などによる害虫の侵入防止，3）点灯誘殺法による害虫の誘殺，4）黄色蛍光灯の夜間点灯による吸ガ類の果樹加害活動の抑制，5）銀色ポリマルチによるアブラムシ類の飛来防止，紫外線除去フィルムによるミナミキイロアザミウマの発生抑制，6）穀類・豆類の天日乾燥やハウスの密閉によるハダニ類の死滅，など．

生物的防除　生物社会には捕食者，寄生者または病原微生物として害虫を死滅させる天敵が存在し，天敵による防除を生物的防除という．昆虫の病気の原因となる細菌，糸状菌，ウイルスを農薬として登録し，対象害虫に施用して害虫密度の上昇を抑えようとする微生物農薬 microbial pesticideが開発されている．土壌細菌 *Bacillus thuringiensis* はタンパク質性毒素を芽胞とともに生産し，これを含むBT剤が市販されている．

化学的防除　害虫の発生に対する防除手段の基幹は殺虫剤の散布である．有機合成殺虫剤は，ニカメイチュウ防除などに効果をあげたが，その後環境汚染を引き起こした．その後低毒性，易分解性で選択性の高い殺虫剤が多数開発され，速効的で混合により多数の病害虫が防除可能で，経済的な殺虫剤は急速に普及した．

殺虫剤は成分によって有機リン系 organic phosphorus pesticide，カーバメイト系 carbamate pesticide，有機塩素系 organic chloride pesticide，ピレスロイド系 pyrethroid pesticideなどに分類され，神経機能を阻害する．殺虫剤は作用性により消化中毒剤（付着した茎葉を食害），接触剤（虫体に付着），くん蒸剤（ガス化した薬剤が気門を通じて），浸透移行剤（根から茎葉に移行），また剤型により乳剤，粉剤，水和剤，粒剤，くん蒸剤に分類される．

大面積の共同防除では，空中散布 arial applicationや動力散粉機 power dusterで粉剤が散布される．浸透移行剤は散粒機 granule applicatorにより水中散布される．動力噴霧機 power sprayerによる水和剤，乳剤の散布は接触効果が高い．

その他防除法　不妊化剤やガンマー線を用いた不妊虫放飼法がラセンウジバエ，ミカンコミバエ，ウリミバエの根絶に成功している．交信攪乱法は合成性フェロモン源を圃場全体に大量に配置して雌成虫の交尾率を低下させる．フェロモントラップにより雄成虫を大量誘殺する方法も開発されている．

総合的害虫管理　Smith and Reynoids(1966)は総合的害虫管理 integrated pest management (IPM)の概念を「あらゆる適切な技術を相互に矛盾しない形で使用し，害虫密度を経済的被害許容水準（EIL）以下に減少させ，かつ低いレベルに維持するための害虫個体群管理システム」と定義した．桐谷ら（1971）は害虫管理手段を，A：低密度低変動に長期間抑制する（天敵，耕種的手法），B：低密度に一時的に抑制する（農薬，フェロモンなど），C：根絶する（不妊化法），の3つに分け，総合的害虫管理においては手段Aを基幹的に用いて密度を低レベルに維持し，さらに密度の変動を小さくするために手段Bを副次的に用いることを提案している．

〔齊藤邦行〕

[全体]
除 草

雑草と除草

雑草 weed とは，人間の意識や価値判断で，「望まれないところに生える植物，作物生産などの人間の活動を妨害する植物」とされ，また，雑草性と呼ばれる植物としての特性，「人間の活動によって大きく変形された土地に自然に発生・生育する植物，野草とは異なり，人間による攪乱のあるところに生育できる植物」の2要素によって区分される植物群をいう（伊藤，1993）．除草 weeding，すなわち雑草防除 weed control については，化学除草剤 chemical herbicide による化学的雑草防除が主体であるが，作付体系などを活用した耕種的雑草防除，小動物や昆虫・菌類を活用した生物的雑草防除および除草機などによる機械的雑草防除が有機・減農薬栽培で利用される．

随伴雑草 ある種の作物を栽培する圃場に特異的に発生する雑草を随伴雑草 companion weed, associated weed という．種子や幼植物など植物体の形状，生活史や発生生態などで作物との類似性を高める擬態雑草 mimic weed となることが多い．タイヌビエ *Echinochloa oryzicola* では，葉身の縁が肥厚して直立し，草型・草丈・葉の長さと幅・葉の色など多くの形質でイネに近い形態を示し，イネに随伴しやすくなっている．

雑草害 雑草による農業上の被害が雑草害 weed damage で，直接的には雑草との競合により作物への光，養分，水分の配分が減少して減収や品質低下をもたらす．イネの場合，最高分げつ期前後と出穂から登熟前期までの2時期に野生ヒエが存在すると収量への影響が大きく，前者は穂数減に，後者は穂重の低下，完全粒数の減少などの登熟障害につながる（野田，1971）．

雑草の種子が作物の収穫物に混入すると品質を低下させる．クサネム *Aeschynomene indica* の種子は玄米に近いサイズであるため収穫時に混入し，炊飯すると飯が黒く着色するので問題となる．カラクサナズナ *Coronopus didymus* には異臭があり，混入した飼料作物を摂食した牛の牛乳に移行して問題になる．このほかに，水温や地温の低下，通風不良，病害虫の増加，収穫などの作業性の阻害，花粉症の発生，景観の悪化など多様な形態での雑草害がある．

帰化雑草 人為的に他国から持ち込まれ，人の意図とは関わりなしに野外で自力で繁殖できるようになった植物，すなわち帰化植物のうち，農業や景観などの人間活動に悪影響を及ぼすものが帰化雑草 naturalized weed, alien weed で，外来雑草ともいう．日本の在来雑草の多くは，縄文時代から弥生時代にかけての農耕技術の渡来に伴って侵入した史前帰化植物 prehistoric naturalized plant とされている．第二次世界大戦後は，帰化雑草が急激に増加して飼料畑などで問題となっている．

必要除草期間 作物の群落内部での相対照度などで示される光量が10%以下の条件下では，作物より草丈の低い雑草は光不足で生育できなくなる．作物の群落内相対光量が10%以下となる播種（または移植）後の日数（a日）と，その時の作物の高さ（bcm）および雑草が発生してbcmに達する日数（c日）が決まれば，播種（または移植）後 a−c日以降に発生する雑草は作物の被覆力で抑えられることになる．一方，a−c日以前に発生する雑草は作物の被覆力では抑えられず，雑草害を及ぼす可能性がある．つまり，a−c日の間は除草する必要があるので，この期間を必要除草期間 period for weed-free maintenance といい，防除期間の指標とする（野口，1983）．

除草剤

根や茎葉から植物体内に取り込まれ，植物の生理作用に異常を引き起こして枯死あるいは生育の抑制をもたらす物質のうち，農薬登録を経て商業ベースで用いられるものを除草剤 herbicide, weed killer という．化学合成物質を用いた化学除草剤 chemical herbicide が主流である．農薬登録の内容に基づいて安全使用基準 recommendation が設定される．

除草剤の作用機作 除草剤の有効成分 active ingredient は植物の生理機構などに作用して雑草を枯死させ，作用する部分を作用点 site of action といい，その仕組みを作用機作 mode of action, mechanism of action という．除草剤の有効成分はその化学構造によって約25種の系統に区分される（表1）．同じ系統に属する有効成分では，通常は作用点や作用機構が類似する．

除草剤の選択性 作物には害を与えず，雑草のみを枯殺する除草剤の特性を作物と雑草間の選択性 selectivity という．選択性には，1）作物の生理作用に害を及ぼさず，対象とする雑草の生理作用のみを阻害する場合と，2）作物と雑草の生理作用を共通して阻害するものの，濃度や使用条件の操作で作物への阻害を回避する場合とがある．選択性をもたずにすべての植物を枯殺する非選択性除草剤 non-selective herbicide もある．選択性除草剤でも，多くの場合は2）に属しており，濃度や使用条件によっては作物にも影響を及ぼす．以下の仕組みで作物への除草剤の被害を回避する．

1）作物種子が出芽前で土中にあり，雑草が出芽している状態で，雑草のみに触れるように除草剤を処理する．2）生育が進むにつれて除草剤への抵抗力が増大するため，作物が耐えられ，かつ雑草が耐えられない生育段階に除草剤を処理する．3）地表近くに除草剤の処理層をつくり，これに近い雑草の根や幼芽のみに吸収させ，処理層より深い位置にある作物苗の根部などからの吸収を防ぐ．4）生育を阻害する除草剤の濃度が雑草より作物で高い場合に，その差を考慮した量を処理する．

表1 植物に対する除草剤の作用機作と反応の特徴および主要除草剤の系統区分（野口・森田，1997を増補）

作用機作となる植物の生理作用	反応の特徴	有効成分の系統	主な除草剤成分
光合成阻害	クロロシス（白化），頂芽優勢の消失	トリアジン系	シマジン，アトラジン，プロメトリン，ジメタメトリン，シメトリン
		ダイアジン系	ベンタゾン
		尿素系	ダイムロン，リニュロン
光の関与による活性酸素の生成	褐変枯死	ピピリジウム系	パラコート，ジクワット
クロロフィル生合成阻害	白化，褐変，生育抑制	ジフェニルエーテル系	ビフェノックス，シハロホップブチル
		ダイアゾール系	ピラゾレート，ピラゾキシフェン
植物ホルモンの攪乱	呼吸・生育異常，奇形発生	フェノキシ系	2,4-D，MCPA，2,4,5-T，MCPB，ナプロアニリド，フルアジホップブチル，キザロホップエチル
タンパク質合成阻害，細胞分裂阻害	伸長抑制，萌芽抑制	芳香族カルボン酸系	MDBA
		酸アミド系	プレチラクロール，アラクロール，ブタクロール，プロパニル，ブロモブチド，メフェナセット，カフェンストロール
		カーバメート系	ベンチオカーブ，モリネート，アシュラム，ピリブチカルブ
細胞分裂阻害	褐変，生育抑制	ジニトロアニリン系	トリフルラリン，ニトラリン，ペンディメタリン
成長点，根の伸長阻害	生育抑制	有機リン系	ブタミホス，ピペロホス
アミノ酸合成阻害	生育抑制	スルホニルウレア系	ベンスルフロンメチル，チフェンスルフロンメチル，ピラゾスルフロンエチル，イマゾスルフロン
		アミノ酸系	グリホサート，ビアラホス，グルホシネート

除草剤の剤型 除草剤の有効成分は貯蔵および散布に適した剤型 formulation に製剤される．日本では，粒剤 glanule，液剤 soluble concentrate，water soluble liquid，乳剤 emulsifiable concentrate，水和剤 wettable powder，粉剤 dust，フロアブル剤 flowable などの剤型がある．また，単独の有効成分で製剤した単剤 single product と，複数の有効成分を合わせて製剤した混合剤 combination product があり，日本の水稲用除草剤では混合剤が主流となっている．

除草剤抵抗性雑草変異 同じ雑草種のなかで，特定の除草剤に対する感受性が低下してその除草剤で防除できなくなった一群を除草剤抵抗性雑草変異 herbicide resistant biotype of weedと呼ぶ．この変異は，特定の除草剤に対する感受性のみ異なり，形態や生態では元の感受性個体群と基本的には同一で，生物型 biotype として区分される．日本では，1980年代にハルジオン *Erigeron philadelphicus* などでのパラコート剤，スズメノカタビラ *Poa annua* でのシマジン剤抵抗性変異が見出された．1990年代以降は水稲用のスルホニルウレア系除草剤に対する抵抗性変異が，ミズアオイ *Monochoria korsakowii*，イヌホタルイ *Scirpus juncoides* var. *ohwianus* など10種以上の水田雑草で見出されている．

耕種的雑草防除 耕起，被覆，湛水，輪作などの耕種手段や耕種方式を利用した直接的，間接的な雑草の防除を耕種的雑草防除 cultural weed controlという．ポリエチレンや再生紙などの資材で地表面を覆うマルチ，火炎や太陽熱・堆肥の発酵熱で雑草の焼却や種子の死滅を促進する熱利用などの物理的雑草防除 mechanical weed control の一部も耕種的防除法に含まれることが多い．化学的雑草防除法に比べて，適用できる雑草種や農耕地，期間などの幅が狭く，効果が速効的でない，防除コストが高くなる，などの特徴がある．農耕地の埋土種子 seed bank 量の違いで耕種的雑草防除の効果が変動することが指摘されている．

生物的雑草防除 大・小型動物，昆虫，微生物などの生物を用いた雑草防除を生物的雑草防除 biological weed controlという．

大・小型動物の利用 耕起前や収穫後の圃場内の雑草や路傍・林床の雑草を牛・山羊や羊に摂食させて除去する．アイガモの雛を移植直後の水田に10a当たり15〜30羽放飼し，出穂期前まで雑草を摂食させる．カブトエビを水田でm^2当たり20〜60匹発生させ，田面の攪拌で一年生雑草の幼植物を浮き上がらせて防除する．

微生物の利用 日本では，細菌の一種 *Xanthomonas campestris* pv. *poae* が芝生のスズメノカタビラ *Poa annua* 用の微生物除草剤として登録され，販売された．また，野生ヒエ *Echinochloa* spp. を対象とした糸状菌 *Drechslera monoceras* が水稲用除草剤として登録された．

（森田弘彦）

[全体]
リモートセンシングと生育予測

リモートセンシングと空間情報

リモートセンシング remote sensing　センサ sensor を用いて対象物を離れたところから測定する非破壊・非接触計測技術の呼称で，遠隔計測(隔測)などとも呼ばれる．可視 visible～近赤外 near infrared～短波長赤外 shortwave infrared～熱赤外 thermal infrared～マイクロ波 microwave の波長域にわたる分光放射輝度や偏波，熱放射，マイクロ波放射や後方散乱などの広範な電磁波特性を測定する(図1)．これらの測定によって得られるデジタル数 digital number，写真濃度 optical density，分光反射率 spectral reflectance，表面温度 surface temperature，後方散乱係数 backscattering coefficient などに基づいて，農地，植物の面的，時間的変動が評価される．センサの搭載装置はプラットフォーム platform と呼ばれ，人工衛星から航空機，飛行船，気球，タワー，トラクタ，手持型まで多様で，対象との距離も数cmから3,000kmに及ぶ．

農業・資源分野においては，作付面積の調査，収量予測，災害調査，土壌特性評価，水ストレス water stress や雑草侵入程度の推定，病虫害のモニタリング，生育診断 growth diagnostics，精密農業，土地資源劣化の実態把握や炭素循環の解明など，広範な実用場面および研究場面でリモートセンシングが重要な役割を担っている．

分光反射計測 spectral reflectance measurement
波長別の反射率すなわち分光反射率や偏光反射率 polarized reflectance を分光放射計 pectoradiometer や分光画像計測装置 imaging spectrometer によって得る方法．波長分解能が数nm程度の連続スペクトルの測定はハイパースペクトル計測 hyperspectral measurement と呼ばれる．なお，全短波放射波長域の平均反射率はアルベド albedo と呼ぶ．

分光反射率を植物の分布や量などの特性に結びつけるために考案された指数を植生指数 vegetation index という．波長間の差を和で除したり，比をとることによって，大気や計測条件などの影響を軽減化し，また変化幅を相対化する効果がある．正規化植生指数(NDVI) normalized difference vegetation index は［近赤外の反射率－赤の反射率］／［近赤外の反射率＋赤の反射率］で定義され，これらの波長はそれぞれクロロフィルの反射と吸収に明瞭な特徴があるため，バイオマスや葉面積指数 leaf area index，光合成有効放射吸収率 absorptance of photosynthetically active radiation などの評価に利用されることが多い．

熱赤外放射測温 infrared thermometry　対象物の輻射エネルギーをセンサで測定することによって，対象物の表面温度を測定する方法で，放射温度計 infrared thermometer や熱画像 thermal image が得られる熱画像計測装置 thermography, thermal imager などを用いる．葉温 leaf temperature や群落表面温度 canopy temperature の遠隔測定によって，水ストレスや病気など気孔開閉と蒸散にかかわる差異を検出できる．対象物の放射率 emissivity を考慮する必要がある．作物水ストレス指数(CWSI) crop water stress index は熱赤外放射測温による植被表面温度と気温の差を大気飽差について補正し，水ストレスの程度を0～1の範囲で相対化した指数である．また，それを発展させた水分欠乏指数(WDI) water deficit index などが考案されている．

マイクロ波計測 microwave measurement　マイクロ波は電波領域の電磁波で，物体からの放射エネルギーを測定する受動的な計測と，電波を照射して対象物で散乱されセンサ側へ戻ってきた信号を測定する能動的な計測がある．前者では輝度温度 brightness temperature，後者では後方散乱係数が得られる．マイクロ波は雲を透過するため，マイクロ波後方散乱係数を高い空間解像度で画像計測する合成開口レーダ(SAR) synthetic aperture radar は，雲の多いアジアモンスーン地帯での衛星による作物観測などに好適である．

画像処理 image processing　衛星センサなどによって取得された画像から有用な情報を取出すために種々の変換を行なうことを画像解析 image analysis とよぶ．画像強調や特徴抽出，分類 classification などの操作がある．分類は画像に含まれる複数の対象をスペクトル特徴やテクスチャなどを用いてグループに分割することである．対象物のクラスが既知の領域(トレーニングエリア)の特徴量を基準として分類する教師付き分類 supervised classification と，対象についての既知情報なしに画素データの統計的近似性のみからクラスタリングなどによって分類する教師なし分類 unsupervised classification がある．

精密農業 precision farming　作物や土壌の状態に応じて圃場内の管理を最適化する圃場管理法の総称で，一般にGPS(全球測位システム)によるトラクタなど作業機の位置同定，可変管理作業機，リモートセンシングなどによる空間情報が活用される．肥料，水，農薬などの効率的使用と低減化に有用な方法である．

地理情報システム(GIS) geographical information system　地図，統計データ，衛星画像などの空間的位置づけが可能な情報を，一定の座標系のもとにデジタルデータとして集積，管理し，検索・演算・表示する機能をもつ計算機システム．地域計画や環境管理など，空間情報を扱うあらゆる分野において活用が進みつつある．ラスター raster 型とベクター vector 型のデータ形式がある．ラスター型は格子状に並んだデータでグリッド(メッシュやピクセル pixel)に属性データを与えるもので，衛星画像や国土数値情報の標高図などがこれに当たる．ベクター型は点，線分，領域で空間を表現し，属性データを与えるもので，国土数値情報の行政界や

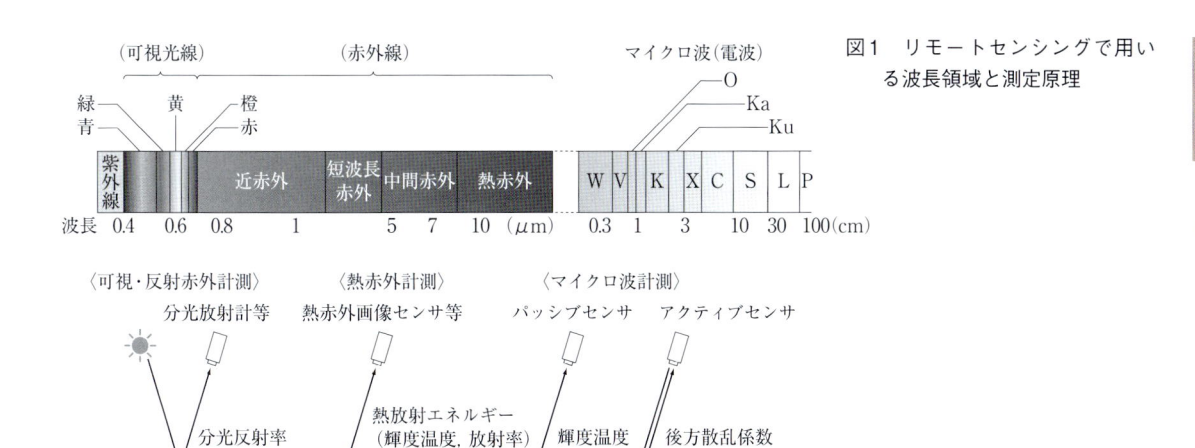

図1 リモートセンシングで用いる波長領域と測定原理

土壌区分図などがこれに当たる．

生育・収量の予測と作物モデル，環境物理モデル

収穫量予測 yield forecasting **作柄** crop situation の良否を予測するため，標本調査データの統計的分析に基づいて，平年収量を100とする相対値として**作況指数** crop situation index が算定される．また，作物生産に対する気候の影響を定量化するため，**気象生産力指数** climatic productivity index や，**気候登熟量指数** climatic ripening index などが定義されており，わが国の水稲では，前者は8～9月平均気温と平均日射量の，後者は出穂後40日の平均気温，日照時間の回帰モデルによって表わされている．これらは気候的な最大値を予測するものとみなせる．

作物モデル crop model 作物の発育・成長や収量を気象因子などによって説明・予測するための数式モデルをいう．気温や大気CO_2濃度，降水量の変動などの作物生育や収量に対する影響の評価や，作物の環境応答の遺伝変異を定量的に表現するためにも利用される．

前項のような**統計モデル** statistical model と，生理・生態・生化学的なプロセスを組み込んだ**プロセス積み上げ型モデル** process based model に分けられる．後者は**機構的モデル** mechanistic model とも呼ばれ，考慮する因子の数や構造の複雑さによって，**複雑モデル** complicated model や**簡易型モデル** simple model がある．一方，モデリングの対象によって，発育モデル，成長モデル，**収量予測モデル** yield forecasting model などがある．さらに，時間変化を内蔵する**動的モデル** dynamic model と，含まない**静的モデル** static model に分けられる．いずれも，因子間の関係式や**モデルパラメータ** model parameter は実験データや調査統計データから回帰分析に基づいて経験的に求めることが多い．モデルの適用範囲はデータの範囲に依存する．前出の空間情報と統合することにより広域的な推定や予測が可能となる．

発育モデル developmental model 出芽，開花，成熟などの**発育段階** developmental stage の時期を気象因子などから予測するモデル．**発育速度** developmental rate を気温，地温などの環境因子の関数として表わすことによって，発育進度を定量的に表現する．発育段階は葉数や出穂，器官形成などの形態的変化でとらえ，発育速度は積算温度 accumulated temperature や有効積算温度 effective accumulated temperature の線形あるいは非線形の関数で表わされることが多いが，ノンパラメトリック回帰などの方法も使われる．また，日長や養水分条件も説明変数として考慮される．

成長モデル growth model 成長に伴う**バイオマス** biomass **乾物収量** dry matter yield の変化を扱うモデルをいう．作物群落の受光，光合成，呼吸，分配を環境因子の関数として構造化することによって，**成長速度** growth rate を表わす動的モデルが一般的である．水ストレスや養分ストレスに対する気孔や光合成の反応を組み入れたモデルも多い．群落受光量と日射利用効率 radiation use efficiency（光－乾物変換効率）のみを用いてバイオマス成長を表わす簡易モデルも多用される．受光を規定する葉面積指数は光合成産物とその分配率で表現するか，気温や窒素などの関数として独立に表わされる．受光効率の評価にはリモートセンシングも使用される．光合成産物の各器官への分配率は発育段階の関数で表わすことが多い．穂などの収穫対象器官への分配率は，**収穫指数** harvest index などが使われる．

土壌－作物－大気伝達モデル soil-vegetation-atmosphere transfer model 植物群落内外の光，気温，湿度，CO_2濃度などの微気象，ならびに光合成や蒸散などの生理機能は，それらの相互作用により絶えず変動しており，空間的な分布も均一でない．植物群落と周辺環境は一つの系，**土壌－植物－大気系** soil-plant-atmosphere continuum (SPAC)を構成しているとみなせる．この系の熱，水，ガスのフラックス・収支などの環境物理学的な過程に着目した機構モデルをSVATモデルと呼ぶ．蒸発散やガス交換，土壌水分，水ストレス，バイオマスなどの多変量の動的予測に適している．

（井上吉雄）

［全体］
地球環境

地球環境 global environment

18世紀後半の産業革命以来，人類の経済活動が活発化し，工業化の進展による化石燃料の消費増大や森林破壊による温室効果ガスの大規模な放出が近年急速に地球温暖化を進めており，過去100年間（1906〜2005年）で地球表面の平均気温は0.74℃上昇した．さらに，21世紀末の気温は現在より1.8〜4.0℃も上昇することが予測されており，作物生産を含めてあらゆる生物活動に重大な影響を及ぼすと考えられている．この事態を受けて，地球環境の是正を図ろうとするIPCCなどの国際的な取組みがもたれているものの，温室効果ガスの排出規制と経済活動とは利益が相反する場面が多く，世界で一致した行動をとることができない大きな問題となっている．人類の多面的活動は世界各地で様々な公害を生み，一部は修復されてきたが，新たに環境ホルモン騒動も引き起こし，生存への不安材料が増している．また，作物生産を損なう土壌劣化や酸性雨のみならず，多くの地域で砂漠化や異常気象などの，作物生産に係わる基本的環境を悪化させる事態が拡大・頻発しており，まさに地球環境は大きく変化しつつあるといえる．

環境悪化の原因，影響

・**化石燃料** fossil fuel

地中から掘り出される有機堆積物で，燃料にできる石炭，石油，天然ガスなどを指す．これらは，植物や動物の遺骸が地中深くの圧力下で変質または分解されて生じたものとされる．産業革命を契機として，それまでの薪や木炭から石炭が主燃料となり，その後石油，天然ガスも加わって化石燃料を大量に消費する社会が成長を続け，最近では炭素換算で年間約8.4Gt（8.4×10^9t）もの燃料を燃やして，主に**二酸化炭素（CO_2）** carbon dioxide（通称**炭酸ガス**）の形で大気に放出している．これに加えて，無分別な農地開発や森林の大規模破壊によるCO_2の放出も伴い，陸上植物の光合成による取り込みや海洋への溶解などではそれらを吸収しきれないので，年間約4.6Gtもの炭素が大気に蓄積している（2001〜2010年は年間平均2.0ppmの濃度上昇）（図1）．

・**温室効果ガス** greenhouse [effect] gas

長波放射（赤外線）を吸収する気体の総称．大気中に存在すると**温室効果** greenhouse effectによる**地球温暖化** global warmingに寄与する．ここで「温暖化」というのは，単に温度が上昇することではなく，付随して降水，蒸発，気圧配置などエネルギー循環に係わる様々な気象要素の変化が伴うのである．「京都議定書」で排出量削減対象となった温室効果ガスは，CO_2，**メタン（CH_4） methane，一酸化二窒素（N_2O）** dinitrogen monoxide，ハイドロフルオロカーボン類（HFCs），パーフルオロカーボン類（PFCs），六フッ化硫黄（SF_6）で，特に，CO_2，CH_4，N_2Oの濃度は，おのおの産業革命前の280ppm，700ppb，270ppbから，2010年の389ppm，1808ppb，323ppbにまで上昇した．水稲作や畜産によるものと，沼地などの自然起源のものがほぼ半ばするCH_4の放出は，メタン産生菌が作り出す．N_2Oは，約半分が化石燃料の燃焼で，残りの1/4ずつが肥料の使用と化学品製造過程で発生するとされる．HFCsとPFCsはフロン類のように塩素を含まないので，オゾン層を破壊しない「代替フロン類」として製造・使用されてきたが，強力な温室効果をもつことが知られた．SF_6は，変圧器に封入される絶縁ガス，原子力発電所の熱媒体，半導体・液晶製造過程で使用されてきたが，強力な温室効果（CO_2の23,900倍）をもつ．

・**作物生産** crop productionと地球環境変化

地球環境変化が作物の生育習性や収量に及ぼす影響を評価することは，人類の食糧供給に係わる重要な課題である．1℃の温度上昇は作物栽培の北限を200〜350km延ばし，高度限界を150〜200m上昇させるといわれる．温度上昇は作物の**フェノロジー（生物季節）** phenologyにも影響を及ぼし，栄養成長から生殖成長への転換時期や開花習性が乱される可能性があり，特に果樹などの多年性作物にとっては，栽培地の移動が容易には行なえないので，重大な影響を受ける．また，温暖化は特にC_3植物の生産活動に対し，寒冷地ではプラスの，温暖地ではマイナスの影響をもたらすと予測されている．他方，温暖化により温帯では熱帯型の病虫害が増えたり，収穫物の品質（例：イネは登熟期に高温を受けると，乳白米が生じて商品価値を損なう）も影響を受けるので，農業面での被害は看過できない．

・**IPCC** (Intergovernmental Panel on Climate Change)

「気候変動に関する政府間パネル」と訳す．人類が排出したCO_2などの温室効果ガスが温暖化を引き起こしている，という危機感をもつ世界各国の研究者と政策担

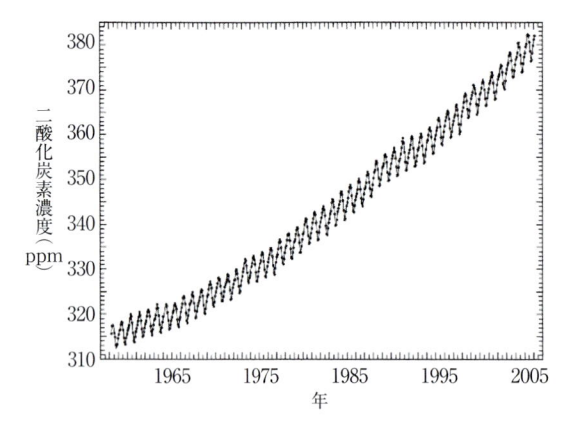

図1　大気の二酸化炭素濃度の推移
（スクリップス海洋研究所，2007）
ハワイ島マウナロア山観測所データ

当者によって一連の国際会議が1980年代に開かれ，温暖化問題の重要性と防止策の必要性が議論された．その結果，1988年に世界気象機関（WMO）と国際連合環境計画（UNEP）が共同でIPCCを設立した．IPCCは直接各国への政策提言はしないものの，温暖化に係わる最新の科学的知見を収集し，評価する組織として大きな影響力をもっている．1990年に第1次評価報告書を第2回世界気候会議（ジュネーブ）に提出したのを契機として，地球温暖化に関する国際世論が高まり，1992年にブラジルで開かれた「環境と開発に関する国際連合会議（通称地球サミット）」で気候変動枠組み条約が採択された（1994年発効）．また，この条約に基づき，1997年に京都で開かれた「第3回気候変動枠組条約締約国会議（通称COP3）」で，各国の温室効果ガスの排出削減目標を示した「京都議定書（Kyoto Protocol to the United Nations Framework Convention on Climate Change）」が採択された．IPCCは1995, 2001, 2007年にも第2, 3, 4次評価報告書を発表し，加速する温暖化と顕在化する影響に警鐘を鳴らしている．

・オゾン層 ozone layer の破壊

地上約10～50kmの成層圏には大気オゾンの約90%が含まれており（20km付近が最大濃度），ここで有害な紫外放射（紫外線）ultraviolet radiation (UV)はオゾンに吸収されて地上に到達する量はごく微量となる．しかし，地上で排出されたフロン類（CFCs），臭化メチル，メタン，一酸化二窒素などが大気中を上昇して成層圏に達すると，オゾンを分解する．オゾンの濃度が低くなったところ（オゾンホール）では，地上へのUV-B（280～320nm）到達量が増し，皮膚癌や白内障が誘発される危険性が高まる．現在，オゾンホールは一部に限られているが，やがて世界各地の上空にも広がり，人類を含む陸上動物に災いをもたらすものと危惧されている．幸いなことに，植物は予測されているUV-B増加量程度では，さほど悪影響を受けない．なお，紫外放射のうち，UV-A（320～400nm）はオゾンが減少してもほとんど変化をせず，非常に害作用の強いUV-C（<280nm）は，オゾンによって完全に吸収される．フロン類は炭素，水素，塩素，フッ素などから成り，オゾン層で紫外放射を受けると，塩素ラジカルが遊離してオゾンと反応し，一連の反応を繰り返してオゾンを酸素に変える（$Cl^- + O_3 \rightarrow ClO^- + O_2$; $ClO^- + O_3 \rightarrow Cl^- + 2O_2$）．構成成分に臭素を含むものはハロンと呼ばれ，フロンよりもオゾン分解力が強い．フロンやハロンは規制対象となったが，かつて冷媒や洗浄剤として大量に消費されていたうえ，大気中寿命が数十年～数百年にもおよび，問題が大きい．

・環境ホルモン endocrine disruptors

正式には，内分泌攪乱物質または外因性内分泌攪乱化学物質という．環境中に存在する化学物質のうち，ごく低濃度で生体にホルモン様作用を起こしたり，逆にホルモン作用を阻害したりするもの．魚や貝などで，生殖機能や生殖器の構造に異常を生ずる現象が報告され，環境庁（1998年当時）も「環境ホルモン戦略計画 SPEED '98」でトリブチルスズ，ノニルフェノールなどの内分泌攪乱作用を有すると疑われる化学物質67種（後に65種に改訂）を示したので，「オスのメス化」，「ヒト精子の減少」と関連して一挙に社会問題化した．しかし，その後の検証実験により，ほとんどの物質が哺乳動物に対する有意な作用を示さないことがわかり，研究は続行するものの，環境省はリストを取り下げた（2005年）．

・土壌劣化 soil degradation

作物生産は土壌管理が十分でないと徐々に低下し，この傾向は畑地で著しい．地力を低め，生産を制限する要因には養分の欠乏や過剰乾燥などもあるが，水食 water erosion や風食 wind erosion による土壌侵食 soil erosion が特に重要である．水食は主に傾斜地での降雨による土壌の流去，風食は平坦地での風による土壌の飛散で生じ，肥沃度の高い表土を奪う．急傾斜で降雨量も多い地域では，侵食防止・保全策が重要である．

・酸性雨 acid rain

CO_2が降水に溶けるとpH5.6となり，これに硝酸塩や硫酸塩が溶けてよりpHが下がったものを酸性雨と呼ぶが，現在ではさらに広く酸性物質を含む粒子やガスをも包含して用いることが多く，酸性降下物 acid deposition ともいう．雨，雪，霧などは湿性降下物 wet deposition，ガス成分および粒子状成分は乾性降下物 dry deposition として区別する．酸性度の上昇は自然起源（例：火山噴火の際のガスやエーロゾル）と人為起源（例：燃料の燃焼）による．植生，土壌および表層水への影響は複雑で，その程度は沈積する形（たとえば，酸性雨は植物の表面からは速やかに洗い流されるが，土壌に影響を及ぼす可能性があり，酸性霧は葉を覆うので降水の場合よりも有害），土壌・水のpHおよび自然の緩衝作用によって異なる．現在，日本で観測される降水の平均的なpHは4.8程度である．

・砂漠化 desertification

気候変化（例：主要な気候配置および風系の位置の移動），不適切な土地利用（例：過放牧，過剰耕作，灌漑と塩類集積，森林伐採），またはこれらの相互作用（例：過放牧はアルベドを変化させ，乾燥度を高めて気候変化を促進）のために砂漠が拡大または形成される過程を指していた．しかし，1992年の地球サミットでは，「不適切な人間活動に基づく乾燥・半乾燥および乾性半湿地地域に見られる土地の荒廃現象」と定義した．

・異常気象 unusual weather

「過去30年間の気候状態に対し著しい偏りを示した天候」を異常気象と定義する．異常高温，集中豪雨，冷夏，干ばつなどの，通常とは大きく異なる気象現象で，大災害を伴ったり，社会生活に大影響をもたらす場合に用いられることが多い．近年，工業化の急激な進行により異常気象が多発しているといわれる．

〈今井 勝〉

〔全体〕
環境汚染

環境汚染の分類

環境汚染 environmental pollution は，環境保全上の支障のうち，事業活動とその活動に伴って生ずる相当範囲にわたる大気汚染，水質汚濁，土壌汚染，騒音，振動，地盤沈下および悪臭などによって人の健康または生活環境に係わる被害が生じることと定義される．

大気汚染

人間の事業活動に伴った人工物質による**大気汚染** atmospheric pollution, air pollution を意味する．大気汚染源物質には環境基準がある（表1）．

硫黄酸化物 oxides of sulfur, sulfur oxides　硫黄酸化物6種類の総称．大気汚染におけるSOxとは，二酸化硫黄と三酸化硫黄および硫酸ミストをさす．植物の葉が**二酸化硫黄（SO_2）** sulfur dioxide を吸収すると，毒性の強い二酸化硫黄が硫酸イオンに解毒される．しかし，植物体内の解毒能以上に二酸化硫黄が吸収されると，葉肉細胞が阻害され白色や淡褐色などの可視障害が現われる．アルファルファ，大麦，綿などは二酸化硫黄1.25ppmで1時間曝露された場合に影響が現われる．

窒素酸化物 oxides of nitrogen, nitrogen oxides　窒素酸化物の総称．大気汚染におけるNOxとは一酸化窒素と二酸化窒素の混合物をいう．NOxの主要発生源には石油燃料の燃焼などが挙げられる．

光化学オキシダント photochemical oxidant　大気中に排気された汚染物質が光化学反応を起こすことにより生じた二次汚染物質のうち，ヨウ化カリウム溶液に溶出するとヨウ素を遊離させる酸化物．光化学オキシダントの環境基準は1時間当たり0.06ppm以下とされている．光化学オキシダントによる作物への影響は，ブドウでは葉の赤色化，ネギ類の葉尖部の白色枯死，タバコ，トマト類のそばかす状小斑点などが知られている．また，アサガオは光化学オキシダントの感受性が高いため，モニタリングに使用される．

水質汚濁

水質汚濁 water pollution とは，人間活動の結果，河

表1　主要大気汚染物質の環境基準（環境省）

物質名	基準値
二酸化硫黄	1時間値の1日平均値が0.04ppm以下，かつ1時間平均値が0.1ppm以下
一酸化炭素	1時間値の1日平均値が10ppm以下，かつ8時間平均値が20ppm以下
浮遊粒子状物質	1時間値の1日平均値が0.10mg/m³以下，かつ1時間値が0.20mg/m³以下
二酸化窒素	1時間値の1日平均値が0.04〜0.06ppmのゾーン内またはそれ以下
光化学オキシダント	1時間値が0.06ppm以下
ベンゼン	1年平均値が0.03ppm以下
トリクロロエチレン	1年平均値が0.2ppm以下
テトラクロロエチレン	1年平均値が0.2ppm以下
ジクロロメタン	1年平均値が0.15mg/m³以下

表2　水質健康項目（人の健康の保護に関する環境基準：環境省）

健康項目	環境基準	健康項目	環境基準
カドミウム	0.01mg/L以下	シス-1,2-ジクロロエチレン	0.04mg/L以下
全シアン	検出されないこと	1,1,1-トリクロロエタン	1mg/L以下
有機リン化合物	検出されないこと	1,1,2-トリクロロエタン	0.006mg/L以下
鉛	0.01mg/L以下	トリクロロエチレン	0.03mg/L以下
六価クロム	0.05mg/L以下	テトラクロロエチレン	0.01mg/L以下
砒素	0.01mg/L以下	1,3-ジクロロプロペン	0.002mg/L以下
総水銀	0.0005mg/L以下	チウラム	0.006mg/L以下
アルキル水銀	検出されないこと	チオベンカルブ	0.02mg/L以下
ポリ塩化ビフェニル（PCB）	検出されないこと	ベンゼン	0.01mg/L以下
ジクロロメタン	0.02mg/L以下	セレン	0.01mg/L以下
四塩化炭素	0.002mg/L以下	硝酸性窒素および亜硝酸性窒素	10mg/L以下
1,2-ジクロロエタン	0.004mg/L以下	フッ素	0.8mg/L以下
1,1-ジクロロエチレン	0.02mg/L以下	ホウ素	1mg/L以下

表3　水質生活環境項目と基準値（生活環境の保全に関する環境基準：環境省）

類型	水素イオン濃度（pH）	生物化学的酸素要求量（BOD）	浮遊物質（SS）	溶存酸素量（DO）	大腸菌群
AA	6.5〜8.5	1mg/L以下	25mg/L以下	7.5mg/L以上	50以下
A	6.5〜8.5	2mg/L以下	25mg/L以下	7.5mg/L以上	1,000以下
B	6.5〜8.5	3mg/L以下	25mg/L以下	5mg/L以上	5,000以下
C	6.5〜8.5	5mg/L以下	50mg/L以下	5mg/L以上	—
D	6.0〜8.5	8mg/L以下	100mg/L以下	2mg/L以上	—
E	6.0〜8.5	10mg/L以下	浮遊が認められないこと	2mg/L以上	—

川，湖沼，海洋などの公共用水域に様々な物質が排出され，水本来の状態でなくなる現象をいう．これらの対策として昭和45年に水質汚濁防止法が制定され，水質汚濁指標が決められた．水質汚濁指標には健康項目と生活環境項目がある(表2, 表3)．

重金属汚染 heavy metals pollution, heavy metals contamination　金属は比重により，4.0以上の重金属と4.0以下の軽金属に大別される．重金属はもともと自然界に存在する元素であり，それ自体が直接汚染源になるものではない．マンガン Mn, 亜鉛 Zn および銅 Cu などは作物の生育上必要不可欠な必須元素でもある．しかし，一定量の濃度を超えると高負荷となり，生育阻害や中毒症状など作物や人体に様々な毒性を示す．

富栄養化 eutrophication　生態学的定義では，栄養分の含有量が少ない貧栄養化状態の内湾や湖沼が，長い年月を経て高栄養含有量の富栄養化した内湾や湖沼に変位することである．しかし，工場排水や家庭排水の流入により，湖沼の窒素やリン濃度が増加し，富栄養化が早まって水質の悪化を引き起こす現象をいう．一般的には水質の汚染指標のひとつとして使われる．

生物化学的酸素要求量(BOD) biochemical oxygen demand　生活排水などの溶解性有機物で汚染された水の有機汚染程度を数値化したものであり，環境基準や排水基準の汚濁規制項目となっている．BOD値が高いほど汚染度は大きいことを表わす．BOD測定は20℃, 5日間暗条件で溶解性有機物と微生物を生物反応させ，有機物が好気性環境で安定な物質に変化するのにどれくらいの酸素を消費するかを示す．

化学的酸素要求量(COD) chemical oxygen demand　一般に，水中の有機物量を表わす指標．水中の有機物が過マンガン酸カリウムと二クロム酸カリウムなどの酸化剤で酸化されるときの酸素消費を数値化して，汚水の有機物を評価する．CODはBODに比べ酸化剤を用いるため，水中の全有機物評価が可能である．

土壌汚染

田畑などの農用地土壌に有害化学物質が蓄積され，人の健康被害や農産物の収量に影響を及ぼすことを**土壌汚染** soil pollution, soil contaminationという．2003年に施行された土壌汚染対策法では，重金属を含めた25項目の有害物質が特定され基準値が定められている(表4)．

ポリ塩素化ビフェニル(PCB) polychlorinated biphenylは，有機性塩化化合物に属し，主要な環境汚染物質のひとつ．最近では環境ホルモンのひとつとしても注目される．図1のような化学構造をもつ．塩素数が1～10，

表4　土壌有害物質の環境基準(環境省)

項目	環境上の条件
カドミウム	検液1Lにつき0.01mg以下であり，かつ農用地においては米1kgにつき1mg未満であること
全シアン	検液中に検出されないこと
有機リン	検液中に検出されないこと
鉛	検液1Lにつき0.01mg以下であること
六価クロム	検液1Lにつき0.05mg以下であること
ヒ素	検液1Lにつき0.01mg以下であり，かつ農用地(田に限る)においては，土壌1kgにつき15mg未満であること
総水銀	検液1Lにつき0.0005mg以下であること
アルキル水銀	検液中に検出されないこと
PCB	検液中に検出されないこと
銅	農用地(田に限る)において，土壌1kgにつき125mg未満であること
ジクロロメタン	検液1Lにつき0.02mg以下であること
四塩化炭素	検液1Lにつき0.002mg以下であること
1,2-ジクロロエタン	検液1Lにつき0.004mg以下であること
1,1-ジクロロエチレン	検液1Lにつき0.02mg以下であること
シス-1,2-ジクロロエチレン	検液1Lにつき0.04mg以下であること
1,1,1-トリクロロエタン	検液1Lにつき1mg以下であること
1,1,2-トリクロロエタン	検液1Lにつき0.006mg以下であること
トリクロロエチレン	検液1Lにつき0.03mg以下であること
テトラクロロエチレン	検液1Lにつき0.01mg以下であること
1,3-ジクロロプロペン	検液1Lにつき0.002mg以下であること
チウラム	検液1Lにつき0.006mg以下であること
シマジン	検液1Lにつき0.003mg以下であること
チオベンカルブ	検液1Lにつき0.02mg以下であること
ベンゼン	検液1Lにつき0.01mg以下であること
セレン	検液1Lにつき0.01mg以下であること
フッ素	検液1Lにつき0.8mg以下であること
ホウ素	検液1Lにつき1mg以下であること

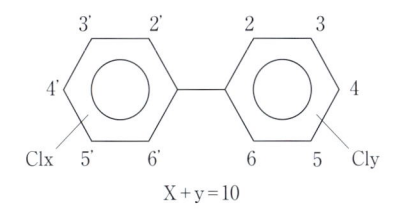

図1　PCBの構造

塩素が水素の代わりに結合する位置がビフェニルブリッジから数えて2～6位および2'～6'位あり，理論的に206種の化合物が成り立つ(図1)．そのうち，PCDD(ポリ塩化ジベンゾ-p-ダイオキシン), PCDF(ポリ塩化ジベンゾフラン)とコプラナーPCB(ダイオキシンの一種)が重要である．土壌中における環境基準は不検出(0.005 μg/gに相当).

ファイトレメディエーション phytoremediation

植物の生理機能を活用して特定の環境汚染物質を吸収および無害化する技術をいう．この技術は重金属汚染土壌の浄化に効果的である．

(土肥哲哉)

[全体]
耕地の環境保全機能と農業

作物の生産活動は，太陽のエネルギーを利用して，土壌－作物の生態系のうえで成立している．近年，世界各地において有機農法，生物的農法，生物動態農法，などと呼ばれる農法が実践されている．これらの農法は代替農業 alternative agriculture または生態系農法 ecological agricultureとも呼ばれ，化学肥料や農薬を使用した現在の慣行農法に相対する農法である．

OECD（経済協力開発機構）調査（1990年）によると，世界の窒素肥料と農薬の使用量は60kg/haと0.3kg/haであるが，日本の場合130kg/haと1.8kg/haである．この大きな違いは粗放的農業か集約的農業かの違いによるものと思われるが，環境保全の重要性が指摘されている現在，慣行農法の再検討と環境保全機能の評価および環境保全型農業の推進が重要となっている．

作物栽培で窒素施用量を増加させると収量も増加するが，一定量以上の窒素を施用しても収量は頭打ちになる．窒素無施用で水稲を栽培した場合，農業用水および降雨由来等の天然供給により3t/ha程度の収量が得られるが，長期間リン酸を施用せずに水稲を栽培しても収量は大きく減少しない．窒素肥料の施用を少なくし，天然資源であるリン酸やカリ肥料の有効利用をはかり，耕地および自然環境に及ぼす影響を最小限にする農業形態が今求められている．

有機農業

有機農業 organic farmingは生態系農法の範疇に属している．国連食糧農業機関（FAO）が1998年に提出した文書では「有機農業は単に化学肥料や農薬を使用しないという技術的なものではなく，食糧安全保障，農村における雇用と所得の創出，自然資源の保全と環境保護という3つの目的を達成できる持続可能な農業である」と規定している．1980年7月に発表されたアメリカの有機農業－実態と勧告のなかでは，「有機農業とは合成化学肥料，農薬，成長調節剤および飼料添加物の使用を全面的に回避するか大部分排除する生産方式である」とし，「有機農業は土壌の生産力と易耕性とを維持し，作物に養分を供給し，昆虫・雑草その他病害虫を防除するために輪作，作物残渣，家畜糞尿，マメ科植物，緑肥，農場外の有機性廃棄物，中耕，無機養分含有岩石および生物的病害虫防除に依存する」と定義されている．

有機農業の定義については欧米での先例があり，米国では農業法（州法）で規定されている．国内では法整備が遅れていたが1992年に「新しい食料・農業・農村政策の方向」が，1997年に有機農産物の表示ガイドラインが決められ，「化学合成農薬，化学肥料，化学合成土壌改良資材を一切使わずに3年以上を経過し，堆肥などによる土作りを行った圃場で収穫されたもの」と定義された．1999年には「食料・農業・農村基本法」が施行され，2006年12月には「有機農業推進法」が成立し有機農業の推進が法的にも整備されてきている．

広義の有機農業の定義としては「安全で安心な農作物を生産することにとどまらず，農村の環境や景観を保全し生物の多様性を保全・創造し，地域資源を利用して生産者と消費者の関係を築く総合的なシステムである」とされている．特別栽培 special cultureは使用する化学肥料および化学合成農薬を慣行使用量より50％以上減少させた栽培法である．有機農業の認証を持つ農家が作物栽培をする過程で予期せぬ病害虫の発生に遭遇した場合には，農薬を散布することができない．このような経営上のリスクを回避することを念頭に入れ，有機栽培の認証を受けずに特別栽培として作物を栽培する農家もいる．

環境保全型農業と低投入持続的農業

耕地の環境保全機能 function of environmental conservationには，水涵養機能，洪水防止機能，土壌侵食防止機能，汚染物質浄化機能，水質浄化機能，生物相保全機能など多面的な機能があり，これらの機能を公益的機能 public functionともよぶ．

農業を行なう場合には耕地に肥料や農薬を投入するが，投入量が過剰になった場合には周囲の環境に影響を及ぼすことがある．環境には一定の容量があり，EUではそれを環境容量 environmental capacityといった概念で表現している．環境容量は立地環境の違いによっても差があるが，世界的には環境容量が許す範囲の窒素施肥量は堆肥であっても家畜糞尿であっても，有機質肥料，化学肥料を問わず窒素成分量で200kg/haが限界量とされはじめている．

ヨーロッパで1ha当たりの家畜飼養頭数を制限する制度が導入されている国がある．ドイツやオランダでは成牛換算で2.2頭，北欧三国では1.5頭，イギリスの湿原地帯・サウスダウンでは1頭が，環境が許容する適正飼養頭数とされ，それ以上の飼養は家畜の糞尿で土壌環境が汚染されるとして規制されている．日本における全家畜の糞尿窒素を全耕地に還元した場合の都道府県別平均還元量（Nkg/ha：1990年）で400kgを超えるのが宮崎県であり，鹿児島県でも300kgを超える．

しかし，適切な管理のもとで農業を行なうことによって，農業は上記のような環境保全機能を果たしている．環境に及ぼす影響を可能な限り少なくしながら環境保全機能を高める農業を環境保全型農業 agriculture for environmental conservation, environmentally conscious agricultureという．

低投入持続的農業は1980年代からアメリカで推進されたLISA (low input sustainable agriculture) の日本語訳である．作物を栽培する際に投入する肥料，農薬な

ど，各種の投入量をできるだけ少なくして持続可能な農業を継続することを目的とした農業法である．農林水産省は1994年に全国環境保全型農業推進会議を発足させ，環境保全型農業を「農業の持つ物質循環機能性を生かし，生産性との調和などに留意しつつ，土作り等を通じて化学肥料，農薬の使用等による環境負荷の軽減に配慮した持続的な農業」と定義し，持続可能な農業(持続的農業 sustainable agriculture)ともよぶ．持続的農業では農地で生産された作物残渣，家畜排泄物および各種の有機質資材を土壌に還元して農業を行なうため，循環型持続農業 circulation sustainable agriculture ともよぶ．

持続可能な農業を目指す傾向は世界的な流れであり，1960年代の農薬および化学肥料の大量投入によって行なわれた緑の革命とは対照的に，真の緑の革命とよぶ人もいる．有機農法の採用で世界をリードしている国はキューバであり，コメの65％と生鮮野菜の50％近くを有機農法で栽培している．

キューバにおける有機農業の中核技術はミミズを利用した土作りと昆虫天敵や微生物天敵，輪作，不耕起，ニーム(ニームの木の抽出物)などの天然物利用である．キューバの総合的害虫管理は生物的防除を基本としたもので世界のトップ水準にある．各種作物に被害を及ぼすチョウ目害虫やコウチュウ類(イネミズゾウムシ，アリモドキゾウムシ)，タマゴバチ類，またバチルス・チューリンゲンシス，ボーベリア・バッシアナなど昆虫寄生性細菌や糸状菌も利用しているが，天敵を大量増殖させ配布する天敵生産センター(CREE)が効果的な機能を果たしている．

棚田と畑のテラス栽培

棚田 terrace paddy field とは，山の斜面や谷間の傾斜地に階段状に畦畔をつけて造成された小区画の水田をよぶ．小さいものから大きいものまであり「千枚田」とも呼ばれる(図1)．国内では6～7世紀に谷津田(やつだ)型の棚田が出現していたと考えられている．農水省は1988年に実施した「水田要整備量調査」で対象とした傾斜1/20以上の土地にある水田を棚田として分布図を作成し，以降はこれを対象としている．棚田は環境保全機能として，保水機能，洪水調節機能，地すべり防止機能を果たしている．また生態系保全として，水田景観を中心とした農村景観を通して保健休養の役割を果たしている．棚田は平坦地水田より昼夜温の差が大きいため，水稲の登熟がゆっくりであり，また水源に近いため微量要素を多く含むともいわれている．棚田として水田を耕作するには多くの労力を要し，農業機械の使用が困難であることから手労働に依存している．使用する農業用水も水田ごとに灌漑するか，ため池および小規模の湧水の利用に限られる．

畑地において棚田状態で作物を栽培する場合をテラス栽培 terrace culture とよぶ．テラス栽培は等高線栽

図1　白米の千枚田(石川県輪島市)

図2　レーザーを用いた均平作業(オーストラリア)
左：圃場に設置したレーザー発信機
右：レーザー受信機を取り付けた大型機械

培 contour line culture と同義語であり，同じ標高で土壌を整地して畦などで区切り圃場とし作物を栽培する方法である．自然立地条件下で等高線栽培を行なっている圃場もあるが規模は小さい．水路型テラスは傾斜度5～6度までの斜面に作られ広幅テラスともよばれ，斜面流去水を遮断して等高線に沿って幹線排水路に緩やかに転流させ排除する．うね型テラスは傾斜角5～6度以上の畑に作られる．横うねによって流下水を一時的に貯留し少しずつ地中に浸透させ，間接的に土壌の保全効果を高める．階段型テラスは斜面を削り段畑状にしたものである．傾斜が大きい場合でも土壌の流出を少なくする効果が期待できる．

造成された大規模圃場では，レーザーを用いて耕地を整地し，作物の等高線栽培を行なっている．欧米やオーストラリアではレーザー受信機を装着した大型機械で圃場を均平化し，等高線栽培に準拠した作物栽培を行なう方法が一般的であるが(図2)，自然立地条件のもとでは小規模面積の圃場が棚田状となっている場合が多い．

中世紀以降農耕を行なう人々は過酷な条件下で小規模な開発を行なったが主な対象地は畑地であり，山間部の傾斜地や湿地などの限られた場所では水田となった．愛媛県宇和島海岸や瀬戸内海の島では階段状の畑地がつくられ，これを段畑 terrace field とも呼ぶ．これらの栽培法を採用する大きな理由は土壌流出の防止である．

(鯨　幸夫)

〔全体〕
農法

農法 farming method とは歴史的ないし伝統的な農耕と農業の生産方式にかかわる生産技術体系、あるいは思想的に構築された技術体系を指している。三圃式農法、近代農法、自然農法、土づくり農法や最近ではアイガモ農法のように主たる栽培技術を表わす特徴的な語をもって示されることが多い。

ヨーロッパ農法

ヨーロッパ農法は、概して降水量の少ない気象条件下で発達した乾燥農業を対象に、作物生産が成立するための耕地土壌水分の確保と地力維持が課題目標とされていた。このための技術対策として休閑農業を導入することで安定した生産体系が構築された。これが穀類を主体とした三圃式(主穀式)農法 three-field system である。この農法では三区分した耕地のうちの一つを休閑 fallow して、ここに家畜を放牧し、その排泄物を利用して地力維持を図るのである。1年目にコムギ・ライムギ、2年目にオオムギ・エンバク、3年目に休閑、耕起の体系がとられる。その後、三圃式に牧草栽培が組み入れられて、耕地と草地を交互に輪換する輪換式 rotational field system または穀草式 cereal-ley rotation system と呼ばれる農法が展開された。1～3年目はムギ類、4～6年目は牧草・放牧、7年目が夏期休閑・耕起である。

これらの輪作方式 crop rotation は西欧では古くからの農法で、その主目的は耕地の地力維持と同時に連作による連作障害 injury by continuous cropping を回避することにあった。連作障害は同じ作物を同一場所に連作すると、作物に病気や生育不良などの障害が発生することから忌地(忌地現象) soil sickness ともいう。

ヨーロッパ農法は、17世紀の終わりにはイングランドのノーフォーク州を中心に、それまでの改良型として深耕を必要とする根菜類と休閑地に窒素固定能のあるマメ科作物(クローバー)を組み入れたノーフォーク型輪栽方式を完成させた。

連作障害と対策

連作障害の主な原因は、1)土壌の理化学性の悪化による生理障害、2)土壌病原菌または土壌線虫の加害、3)植物由来の毒素による生育阻害、4)微量養分などの特定養分の不足による欠乏症などが挙げられる。しかし、栽培現場ではこれらの原因が複雑にからみ合って障害が生じているため、防止対策も容易でない。一般的な対処法としては輪作や客土・堆肥投入などの耕種的手法のほか、病害虫対策には太陽熱を利用した土壌消毒が有効である。キュウリやスイカ、トマトなどは、病気に強い台木植物に接木する方法がある。

また、線虫 nematode が作物の根に寄生すると、根の機能が低下し、いも類や根菜類では収穫物に奇形が生じやすい。ジャガイモシストセンチュウ、ダイズシストセンチュウ、サツマイモネコブセンチュウなどがよく知られている。スイカ栽培ではセンチュウ被害の回避策としてマリーゴールドとの混植と鋤込みが有効な手段とされている。

このような植物自身から分泌される有機酸などの他感物質によって近接の生物の生育や活動が影響されることを他感作用(アレロパシー) allelopathy という。その多くは植物に対する生育抑制効果が大きいことから近年、化学物質の除草剤に替わる新たな天然の雑草防除素材として、高い関心が寄せられている。該当するものにセイタカアワダチソウ、ヘアリーベッチ、ハニーサックル、アップルミントなどがある。

わが国の農法と焼畑農耕

わが国農法の曙は焼畑農耕(焼畑) slash and burn agriculture であろう。この焼畑は、山間山地の多いわが国では全国的に行なわれていた農法で、昭和10年代中頃まで行なわれていた。キリカエバタ(切替畑)やナギバタ(薙畑)などとも呼ばれている。

焼畑耕作は、通常、作物を3～5年間栽培して、雑草繁茂が顕著になると他の土地へ移動することから、移動耕作 shifting cultivation とも称される。本農法は、耕地開拓法としては最も原始的な手法で、かつ簡易な開墾手段でもあり、その基本は作物栽培によって地力が低下した土地を一定の期間休閑し、これによって再生する自然植生バイオマスを活用した地力回復法である。

本農法には、火入れ時の熱処理によって、1)土壌養分の有効化促進、2)病害虫の駆除効果、3)有用野生植物の再生利用、4)雑草種子の死滅化による雑草防除効果、5)土壌微生物の活性化と土壌の団粒化促進、6)不耕起栽培につながる表土流亡の防止、などの効果がある。

現在、わが国では宮崎県や中部地方の一部山地で小規模に技術継承がなされているにすぎないが、世界的な視点からみると、アフリカや東南アジア、中南米などの発展途上国では焼畑は今日でも森林地帯で比較的広くなされている。しかし、その規模は延焼による火災防止や自然保護などの点から法的規制が強化されており、年々縮小されている。焼畑耕作の今日的問題点として、休閑期間の短期化と土壌養分の収奪農法により地力が消耗すること、森林バイオマスの燃焼が森林消失と地球温暖化の一原因となること、が指摘されている。

焼畑耕作では、栽培放棄後の土地が地力回復するまでの期間に、長期休閑 long term fallow(20～25年間)あるいは短期休閑 short term fallow(6～10年間)がなされる。短期休閑には月ごとから季節ごとの短いものもある。これらの休閑期間の決定には、扶養人口や耕地規模、対象地域の使用規制などが影響している。休閑の形態も草生休閑 sod fallow や灌木休閑 bush fallow があっ

て，前者では休閑地に牧草類が育成されて土壌の通気性と保水性が高められ，後者では灌木などの樹木が植えられる．樹種には窒素固定するものが選ばれ，その葉のリターや残根は，土壌崩壊防止ともなるが，最終的には土壌微生物に分解されて土壌を肥沃にする．

焼畑地のうち，住居地近くのものは，短期休閑の繰り返しと頻繁な作物栽培の結果，常時使われる常畑 regular use for upland へと変化し，やがて一部は水の便と結びついて，水田へと移行したと考えられる．

現代の農業と農法

その後の多様な農法を耕地利用面からみてゆくと，わが国のように耕地面積が小さい多くの地域では，休閑を設けないで年間を通した集約的利用が普遍的にみられる．どのような作物が選択されるかは，栽培時期あるいは季節（作期・作季 cropping season）ごとに，作物種や品種の早晩性などの生育特性を考慮して行なわれる．

田畑輪換 paddy-upland rotation は，水田を一定年数，水田状態と畑状態に分けて繰り返し利用する古くからの土地利用方式である．田畑輪換での水田状態の圃場を輪換田 paddy field converted from upland，畑状態の圃場を輪換畑 upland field converted from paddy という．同一耕地を田畑両用とする本農法のねらいは，元来，灌漑設備が十分でない不安定な水稲作を畑作転換によって農業収入の高い畑作物を導入し，経営的補完をすることに加えて，作物の連作を可能とする水田の特徴的な機能を畑作物に適応できる点にあった．ただし，転換畑の排水不良の改善については，水田化への転換も考慮して鋤床層や心土層を破壊しないことが肝要である．近年，集団的な水田利用調整による転換畑への転作作物の団地化栽培という新たな土地利用方式（ブロックローテーション方式）が生じた．この方式はダイズとコムギ作を中心に今日まで国内各地で普及している．

大規模耕地を有する欧米諸国のなかには，小型飛行機や大型農業機械と灌漑施設，農薬などの化学物質の多投入に加えて，遺伝子組換え作物の導入によって，農業生産システムの合理化が深化され，さらなる近代化農法の発展が追求されている．

他方，近年の環境問題に配慮した健康的で安全な食料生産を思想的背景とする有機農法は，不耕起，無化学肥料，無農薬，無除草が本農法成立の技術的基盤となっている．現在では，一般生ゴミや汚泥，家畜糞などのいわゆる有機性産業廃棄物の資源化利用を図った堆肥造成や，炭化処理などによる土壌改良資材の開発・利用といった循環型社会が志向する新たな近代有機農法が提唱されている．

メキシコのチナンパ農法

メキシコの伝統的作物生産方式，チナンパ農法 chinampa は，現在社会が志向する持続的農業として興味ある事例である．最盛期はアステカ時代（14世紀頃）

図1　焼畑農耕
左：宮崎県椎葉村の焼畑（手前の傾斜地）
右上：日本の焼畑栽培（ヒノキ苗植林後のアズキ作における除草作業：宮崎県椎葉村）
右下：熱帯の焼畑（作物種子の播種：1作目，ガーナ）

図2　チナンパ農法
左上：メキシコのチナンパ（chinampa）栽培，ヤナギに囲まれた造成耕地に接するクリークを小舟が土づくりに使うヨシを積んでいる
右：採取した泥を耕地に堆積する前に舟中で攪拌する
左下：攪拌した泥を耕地に加えて苗床を造成する

であるが，起源は2,000年以前に遡るという．この農法は，湖岸の浅い地帯に造られたクリークの泥をすくい上げて，水生植物とともにクリークに接する畑地に堆積し，耕地造成を続ける地力維持農法である．畑地の周縁部には土壌崩壊を防ぐために耐湿性の大きいヤナギが植林される．湖周辺部一帯は鳥獣保護地区で，鳥類，魚類，淡水プランクトンや水生植物など多種多様な生物が生息しており，クリーク土壌も微生物など多くの有機物を含んでいる．畑土壌は肥沃で作物生産は安定している．

最近，湖沼土壌の肥沃性を評価するため，河川に隣接する自然保存池の土壌（泥）を採集し，有機農法水田土壌と比較したわが国の研究報告によると，むしろ池土壌のほうが高い土壌生産性を示す傾向にあったという．このような肥沃な湖沼土壌を用いた耕地の肥培管理は，わが国でも江戸から明治年間にかけて輪中地帯などの低地農業地帯でなされていた．

〔堀内孝次〕

[全体]
作付体系

作付体系の区分

作付体系 cropping system は，狭義には作付順序 crop sequence と作付様式 cropping pattern を考慮した作付方式のことで（図1），作業性や土地利用効率，地力維持管理などと密接に関連している．一般に，耕地（圃場）を利用するには1年間あるいは数年先まで考えた作付けをすることが，持続的な耕地管理をするうえで重要である．特に，近年においては環境保全対策にも十分配慮した栽培管理方式でなければならない．このため，いかなる作付体系にするかは，対象作物の生育特性（生育期間，早晩性，肥料吸収力や草型など）や病害虫・雑草防除を含めた栽培管理法，さらに生産現場の立地条件（耕地面積，土壌特性，水の便，労働力，市場性）などを考慮しながら決めることになる．換言すれば，作付体系は広義には経営的観念をも包含した営農技術としての作付方式であると定義できる．

作物の栽植様式を耕地の空間的配置・配列から類型化すると，単一作物種のみを作付ける単作 monoculture と，異種間作物を組み合わせた間作 intercropping と混作 mixed cropping に分けられる（図2）．

単作

単作は，栽培管理上，極めて合理的かつ効率的な栽植法で，今日の機械化栽培で通常みられる栽植形態である．これを作付順序からみて，同一作物種を連続して栽培するのが連作 continuous cropping で，このうち規則的な順序に従って異種作物を作付けるのが輪作 crop rotation である．同一圃場（一筆の圃場）で時系列からみて1年間に複数回，時系列的に作物栽培することを多毛作 multiple cropping という．しかし，今日では，これに加えて，空間的作付配置も考慮した広義の多毛作（複作）というとらえ方が一般的である．

また，作付順序が異種作物で構成されている場合でも，同じパターンが毎年繰り返されると多毛作型連作とする場合がある．年1回の栽培が一毛作 single cropping，2回が二毛作 two-crop system，3回が三毛作 three-crop system である．この場合，同一作物種を作付けると二期作 double cropping や三期作 triple cropping となる．日本では四国や九州，沖縄の一部でイネの二期作がなされる．国土面積が北海道とほぼ同じであるバングラデシュの人口は日本よりも若干多いが，広大なガンジス川デルタ地帯でイネの二期作，三期作が広くなされることで高い人口扶養力を有している．

このような作付方式を作季と経営的な観点からみて，年間の主要季節における栽培を主作（表作）main season crop と副作（裏作）off-season crop に分けることがある．また，経済性から導入作物を主作物（主幹作物・基幹作物）main crop と副作物（補完作物）secondary crop に区別をすることもある．

わが国の水田作付体系からみた類型化では水田単作（連作）と水田多毛作に分類でき，後者については夏作と冬作を組み合わせた二毛作や野菜を組み入れた三毛作などがある．単作は高い労働生産性と経済的合理性に基づいて行なわれるが，一方で市場経済による投機的特色が強く，生産過剰による価格下落といった経済的影響が大きく現われる可能性がある．

間作と混作

広義の多毛作として扱われる間作と混作は，2種類以上の作物種が生育期間の全部もしくは一部の期間，同じ圃場に同時に栽培されるもので，土地利用効率の高い小規模耕地でよくみられる栽植法である．

間作と混作は栽培管理上，必然的に集約栽培となるため多労力を必要とするが，以下の利点がある．1) 耕地の高度利用，2) 自然災害や市場価格の急激な変動による経済的リスクに対する危険分散，3) 病害虫の分散による被害軽減，4) 異種作物の組合わせによる土壌中養水分などの資源の効率的利用，5) 雑草繁茂の抑制．

栽植形態からみた間作と混作の違いは，間作が作物種ごとの畦方向が明瞭であるのに対し，混作では作物配置に一貫性がなく，畦方向は不明瞭である．

間作の類型 空間的配置からみて，1) 畦ごとに間作する畦間作（うねかんさく）row-intercropping，2) 畦内（株間）に異種作物を配置する畦内間作（けいないかんさく）intra-intercropping，3) 作物種ごとの複数畦を交互に繰り返す交互作（交互畦間作）alternating intercropping，4) 広幅畦で長い帯状の帯状間作 strip intercropping がある．インドネシアの中央ジャワには伝統的作付方式として広幅の高畦（畑地）に野菜類を栽培し，畦間の水田に水稲を栽培する交互帯状間作 sorjan

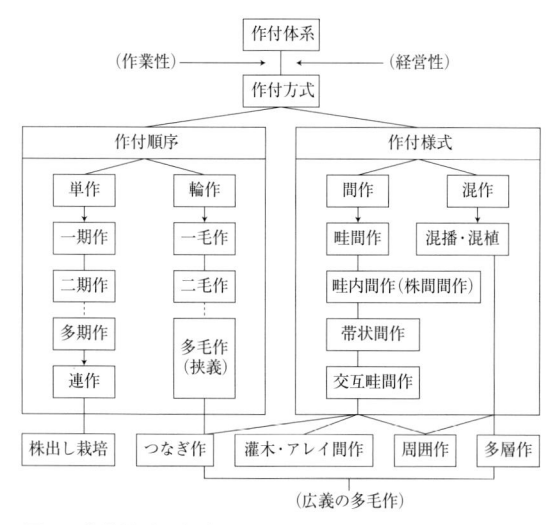

図1 作付体系の概念図

(ソルジャン：現地民族衣装の縞模様状)がみられる．この間作では，野菜類は水田からの給水が容易で早魃を回避でき，収入も水稲より高いことから地域的に奨励されている．畦の高さは低地の洪水常襲地帯ほど高くなるという．最近，わが国でも中小農業機械の導入が可能な広幅の高畦を水田圃場に造成固定し，これに畑作物を作付け，畦間に水稲を栽培するイネ×ダイズなどの交互高畦間作 alternating bed systemが提案されている．

時系列的配置には，作期全体あるいは一部が重なるつなぎ間作 relay intercroppingがある．たとえば，サトイモ×エダマメの間作ではエダマメを莢肥大期に収穫し，その後はサトイモの単作となる．また，成熟期の立毛ムギの株元にダイズを播種(麦間直播)したり，サツマイモを植え付けたり(麦間栽植)，収穫前のタバコの畦間にアズキを組み入れたりするのも，つなぎ間作である．

このほか，永年性作物(果樹も含めた樹木種)と草本性作物との組合わせからなる灌木間作あるいはアレイ作 alley intercroppingと称される間作型がある．アグロフォレストリーの栽植法に含まれるこの土地利用形態の目的は，傾斜耕地での表面水や表土の流亡防止，防風や強光を忌む作物種に対する防風あるいは被陰効果などである．これには，クリ×ショウガ，チャ×コンニャクといった間作事例がある．中国の雲南省の山地では果樹園の空間にゴマ，ササゲ，ソバなど数種の一年生作物が混植される．

周囲作 fencing culture 周囲作は圃場の周辺部にトウモロコシやモロコシなどの長程作物類が栽植され，その"垣根"の内側に主作物を囲んで作付ける栽植法で，垣根作ともいう．間作の特殊例である．かつて水田の畦にはダイズが栽培されていたが，この栽植法も周囲作の一種とみなすことができよう．

混作の例 牧草栽培でイネ科とマメ科牧草の種子を混播 mixed sowing (seeding), mix-sowing (-seeding)する場合が混作の典型である．紀伊山地や中部山地などでみられる山間傾斜地の小規模耕では"混ぜ植え"と称され，サトイモ×インゲンマメ×コンニャクの組合わせや薬用植物(当帰)×コンニャクなどの混植例がある．南米コロンビアでは新大陸起源のトウモロコシ×トマト×インゲンマメ×サツマイモ×カボチャなどの作物種が，同じ圃場に一つの植え穴に同時播種されたり，植付けられたりする混作例や，プランテーション地帯のコーヒーと被陰樹のバナナとの混植 companion (mixed) planting例がみられる．このように近接する作物に，日陰をつくったり，好都合な昆虫を誘引したり，養分供給したりして双方の生育に好影響を及ぼす作物種を随伴作物(同伴作物) companion cropと呼ぶ．

多層作 multi-storey croppingは，空間的利用として果樹や長程作物に蔓性種を巻きつかせ，地表面には一年生作物類を配置するといった草高の異なる数種を組み合わせたもので，極めて集約度の高い栽植法で混植

図2 混作と間作の例
上左：キッチンガーデン(自給畑)での混作(トウモロコシの茎に絡むトマトとカボチャ，ダイズ(南米コロンビア)
上右：オオムギとサツマイモのつなぎ間作
下：高畦(野菜類)と水田(水稲)の交互高畦間作ソルジャン(sorjan)栽培，インドネシア

の一つである．

株出し栽培

多様な栽植法の一つである株出し栽培 ratoon croppingは，地上部が刈り取られた残茎部の節位からの新たな幼芽(茎葉)の発生を期待した栽培法である．通常の新植法に比べて植付け作業の省力化を図ったもので，サトウキビ作では通常的に行なわれる．東南アジアの一部では早生イネ収穫後の残株の高位節から発生した遅れ穂ratoonを収穫する場合がある．

清浄栽培

ハウス栽培などの土耕では，土地利用上，多施肥栽培で，作物種も限定されることが多い．このため耕地の持続的な地力維持を図ることが土壌管理上重要であると同時に，エネルギー効率や市場性についても適切な作物選択の検討が必要である．この場合，作付方式として，1)経営の中心となる基幹作物と，2)収益性もあり，土地利用上基幹作物と結びつく補完作物，これに加えて，3)地力維持のための清浄作物(清耕作物) cleaning cropを導入することが多い．この清浄作物の導入は，特に過剰養分の吸収や土壌微生物を調節して基幹作物と補完作物の継続栽培を可能とさせることが目的である．清浄作物の種類は，イネ科作物のエンバクやライムギに加えて吸肥力の大きいシコクビエなどが考えられる．

〔堀内孝次〕

〔全体〕栽培形態

栽培形態の変遷

植物の採集による植物の食料等への利用を経て，ヒトはおよそ9,000年前から栽培を開始した．最初の粗放栽培 extensive cultivationは，採種後一定の空間に植物を播種することなどが考えられる．その後さらに高度な知恵や人為（エネルギーや物質の投入）により高収量・高品質の植物が得られることが技術として集積し，集約栽培 intensive cultivationへと移行した．このように集約，粗放とは相対的な程度を表わす．

たとえば，焼畑農業 shifting cultivationは自然の土地生産性に強く依存するので，施肥農業に比べ粗放的である．また，灌水技術に関して，天水栽培 rain-fed cultivationは，河川等の高度な灌水設備に依存せず降雨に依存する点から，灌漑栽培 irrigated cultivationよりも粗放的である．棚田などは典型的な天水栽培の例である．棚田は限られた水資源を効率的に利用するために，畦塗りなどには多大な労力がかけられており，長い歴史のなかで培われた合理性が内包されている．したがって，農法全体として，どちらが粗放か集約かを決めることは困難である．

灌水技術に絞りさらに考えると，粗放的な畝間灌漑 furrow irrigationから，より集約的な節水栽培 water-saving cultureであるスプリンクラー灌漑 sprinkler irrigationや点滴灌漑 drip irrigation, trickle irrigationなどがある．点滴灌漑により，粗放栽培では収穫が望めない砂漠などの耕作不適地においても耕作が可能となり，砂丘農業 sand dune agricultureを成立させる集約的な要素技術となる．集約栽培体系の一事例としてプランテーション plantationがあるが，これは熱帯地域などの広大な農地に大量の資本を投入し，先住民たちの安価な労働力により単一作物を大量に栽培する農場である．現在もっとも高度な集約栽培の事例としては，露地栽培では施肥や防除などの栽培管理をより細かく行なう精密農業（精密圃場管理） precision farmingがあり，施設栽培では工場のような閉鎖系で栽培を行なう植物工場 plant factoryがある（図1）．

このように，生産効率を高めるために，栽培は集約化されていった．一方，その過程で農業が内包していた生物の多様性や環境保全などへの配慮は低下していった（図2）．現在では，このような多様な価値も反映できる，多様な栽培形態が模索されている．

地上部管理

露地栽培 open-field culture, open culture, outdoor culture　一般に，被覆資材などで作物体を覆わずに栽培する方法であり，穀類や畑作物および多くの園芸作物がこれに含まれる．

被覆（施設）栽培 protected cultivation, farming under structure　施設栽培では地上部を資材で覆い，気温，降雨，日射，風による収量低減を緩和する．植物工場やガラス温室 glasshouse, ビニルハウス栽培 vinyl house cultivationはもちろん，広い意味では葉菜類で主に行なわれているトンネル栽培 plastic-tunnel cultureや，べたがけ row cover, direct cover栽培などもこれに含まれる．被覆資材 cover materialは多種多様であり，目的により使い分けられる．基本的には保温や雨よけ rain shadeを目的とする．塩化ビニルやポリエチレン系の資材があるほか，遮光や病虫害の進入防止に活用される寒冷紗 cheese cloth，機能性被覆資材として病害虫の発生を抑制できる紫外線カットフィルムなどもある．

根圏管理

地上部が被覆されたか否かで分類されるように，根系についてもそれが隔離されたか否かで地床栽培と，隔離床栽培 isolated cultureに分けられる．隔離床栽培は，作物の根域を大地から物理的に隔離して行なう栽培であり，強化プラスチックから安価な防根透水シート root proof sheetを用いた隔離床栽培まで様々な手法が開発されている．土壌病害の抑制や灌水制限が可能なため，高糖度トマトの生産などに応用されている．さらに隔離した培地を1m程度持ち上げた高設栽培 above-ground cultivationは，イチゴやトマト栽培において作業姿勢を改善できる栽培法として普及している．

養液栽培（水耕栽培） solution culture, hydroponics, aquaculture　基本的には，養液を作物に与え生産する栽培法．土耕栽培 soil cultureと対比され，原則として土壌を用いない栽培法である．わが国では1970年代から，湛液水耕 deep flow techniqueの実用化研究が多く行なわれ普及が広く進んだが，現在ではその面積の増加は停滞している．

NFT (nutrient film technique)は，1973年にクーパーが発表した簡易水耕装置で，わが国では1980年以降実用化のための研究がなされた．初期の固形培地を用いた養液栽培は，礫や砂を用いた礫耕栽培 gravel cultureや砂耕栽培 sand cultureが検討されたが，広く普及するには至らなかった．ロックウール rock wool栽培はトマトをはじめ，イチゴ，キュウリ，メロンなど多くの作目について実用技術として普及している．しかし，ロックウール栽培においては使用後の培地および排液の処理が問題であり，ピートモス peat moss, もみがら rice hull, ヤシがら coconut fiber, 樹皮 barkなどの有機培地 organic mediumを代替培地とする装置が開発された．

養液土耕（灌水同時施肥）栽培 fertigation　土耕栽培では適正な追肥を行なうと生育が安定する．この精密な追肥を装置化により簡易に管理する手法として，養液土

耕(灌水同時施肥)栽培がある. fertigationは, fertilizer(肥料)とirrigation(灌水)を組み合わせた造語であり, 培地としては土壌を使い, 水に肥料を溶かし込んでそれらを同時に与える手法である. 慣行施肥法に比べ単位施肥量当たりの生産性が向上するため環境保全的な栽培法として, また施肥管理が簡略化できるなど省力的な栽培法として普及が進んでいる.

植物工場

植物工場は施設生産において収量および品質を最大化させるために, 環境制御 environmental controlや自動化 automationなどに関するハイテク技術を取り込んだ周年栽培システムで, 最も進んだ集約栽培の一形態である. 人工光 artificial lightの活用や完全な閉鎖型 closed systemの栽培が究極の形とされる. エネルギーや資源を効率的に活用するという視点に立って省資源, 省エネルギーでの稼動の取組みがなされている.

代替農業

代替農業 alternative agricultureは, 集約・単作農業などで用いられる管理技術に代わる, 環境に配慮した農業全般を示すもので, 環境保全型農業 environmentally conscious agriculture, agriculture for environmental conservation, 生態系保全農業, 持続的農業などを包含した幅広い概念である.

環境保全型農業 現行の物質やエネルギーに依存しすぎた農業を見直し, 自然との調和や物質循環機能など, 農業の本来もつ多様な価値や機能を最大化する栽培体系の構築が求められている. 有機栽培も環境保全型農業のひとつとして位置づけられる(図2).

有機栽培 organic farming 安全で信頼性の高い農産物の生産だけでなく, 農村の環境・景観 landscapeや生物多様性を保全あるいは創生し, 遠路輸送されてくる資材よりも地域資源 local resourceを循環し活用する, また, 生産者と消費者の信頼関係を構築するなど, 総合的なシステムが本来の有機農業である. 狭い意味では, 無農薬・無化学肥料など化学物質に依存しない農産物の生産形態である. さらに, 国際基準として有機農産物は「植付け前2年以上, 永年作物では収穫前3年以上禁止された化学合成農薬, 化学肥料を施用していない圃場で生産されたもの」である.

特別栽培 special farming system 特別栽培農産物については, 「有機農産物および特別栽培農産物に係る表示ガイドライン」が制定・改正され, 2004年4月から施行されるようになった. この改正のポイントは, 化学合成農薬または化学肥料の片方だけを減らした減農薬栽培 farming system with agricultural chemical reduction, または減化学肥料栽培 farming system with chemical fertilizer reduction, いわゆる"片減"を特別栽培農産物に含めなかった点にある. つまり, 生産される地域の慣行レベルと比較して, 化学合成農薬の使用回数を50%以下にし, かつ, 化学肥料の使用量を50%以下にして栽培した農産物であり, 環境保全型農業の推進を目指している. 施行後は, 県などが別の名称により独自の認証制度を設けることは問題ないが, 一般流通において, 「減農薬」「減化学肥料」「無農薬」などの表示は認められていない.

(中野明正)

図1 自然光利用型植物工場の例
人工光線で補光され生産を高めている

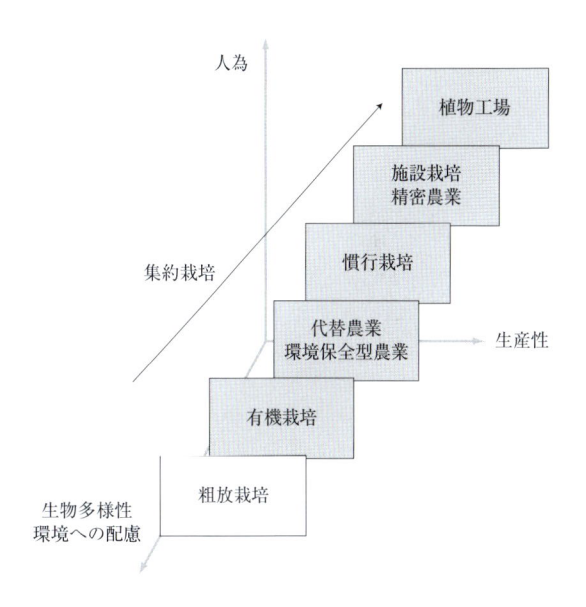

図2 栽培形態の位置づけ
一般的に人為を加えることにより農業生産性は向上してきたが, その背後では生物多様性や環境への配慮は損なわれていた. 現状では, たとえば有機栽培では, より効率的な施肥などで生産性を向上させる試みがなされ, 施設栽培では, 天敵の活用による化学農薬使用の低減など環境に配慮した取組みがなされている(上図はあくまでイメージであり, 位置関係は絶対的なものではなく, 別の評価もある)

〔イネ科〕
発芽から苗立ち

発芽・苗立ち

発芽 germination　種子が成長を開始することを発芽という。種子の発芽には水分、温度、酸素の条件が満たされる必要がある。播種後、用土や培地からの吸水によって種子中の水分含量が高まり、発芽活動が開始する。

発芽過程を生理的な側面からみると、発芽の開始には、胚から分泌するジベレリンがシグナルとなる。ジベレリンに反応して生成したα-アミラーゼが胚乳のデンプンを分解してグルコースを生成し、生成したグルコースは胚の成長に用いられる。胚における最初のジベレリンの生成は吸水によって始まるが、これは種子の吸水にともなって胚盤細胞で生じた微量のα-アミラーゼが胚乳内のデンプンを分解し、生成した糖によって胚内でジベレリンがつくられる。この過程は多くの酸素を必要とし、覆土が厚すぎたり、水分が過剰であったりなど、酸素の供給が十分でない場合には発芽率が低下する。

一方で発芽に十分な温度、水分、酸素などの条件が揃っても、種子自身の態勢がととのわず発芽しない場合がある。これを**休眠** dormancyと呼ぶ。休眠にはABAによるα-アミラーゼの生成阻害作用が関係し、その覚醒にはABA蓄積量の減少、胚のABAへの感受性の低下、拮抗的に働くジベレリンの増加が必要となる。

発芽前の種子の胚には**幼芽** plumuleと**幼根** radicle（種子根 seminal root）が分化している。幼芽は**鞘葉** coleoptileに包まれており、第1から3葉までの原基がすでに分化している。幼根は**根鞘** coleorhizaで保護されている。

発芽が始まると、幼芽は鞘葉に保護されるように葉原基を内包しながら出現する。発芽環境によるが、鞘葉は長さ数mm〜数cmほどに伸長する。鞘葉の伸長が完了すると、その頂端近くには割れ目ができ、中から第1葉が出現する。一方、根鞘からは幼根（種子根）が出現する（図1）。出現した種子根では、伸長とともに根毛の発生がみとめられる。なお、根鞘部でも根鞘毛と呼ばれる根毛の発生をみることがある。種子根数は種によって異なり、イネで1本、コムギで5〜6本、トウモロコシで3〜6本である。

出芽 emergence [of seedling]　発芽直後の若い植物体を**幼植物（実生）** seedlingといい、実生の先端が地表あるいは水面上に出現することを出芽と呼ぶ。出芽は、生育の場における成長の開始を示すのに適した用語であり、「発芽」とは区別される。

土中に播かれた種子が出芽してくる際に、茎頂の成長点は、鞘葉に包まれて地表に達する。鞘葉は播種深度、水深などの出芽環境の違いに応じて、葉原基を保護するように数mm〜数cmほどに伸長する。鞘葉の伸長のみでの出芽が困難な深播きなどの条件では、イネやトウモロコシは鞘葉の下位に位置する**メソコチル（中茎）** mesocotylも伸ばして出芽を確実にする。地表に鞘葉の先端が達するとメソコチルは伸長を停止し、鞘葉の先端からは第1葉が出現してくる。これには光の受容がシグナルとして働いている。同じイネ科のコムギではメソコチルは伸長せず、代わりに鞘葉と第1節間が著しく伸長し、出芽を助ける。

苗立ち establishment [of seeding]　発芽後あるいは出芽後の植物体は、葉の展開とともに、胚乳の養分に依存した従属栄養成長から、自身の光合成産物に依存した独立栄養成長へと移行する。植物体として将来にわたり成長を継続できるような態勢を確立したことを苗立ちという。

シュート shoot　シュート頂端分裂組織 shoot apical meristemからは活発な細胞分裂によって葉、茎が次々

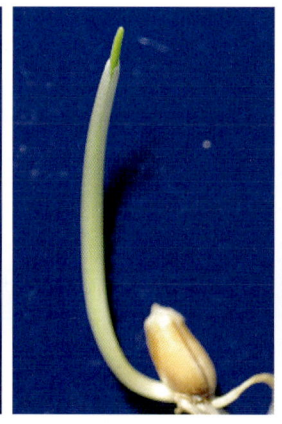

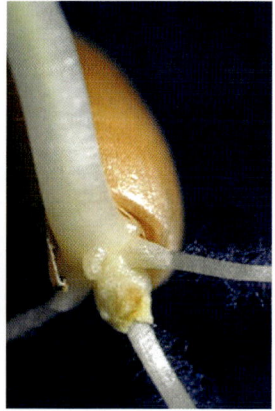

図1　発芽の形態（コムギ）
左：全体，中：鞘葉から第1葉の抽出，右：根鞘を突き破って種子根が出現している
根の表面には根毛の発生が認められる

と分化し，植物体は成長する．シュート頂端分裂組織から形成された植物体の部分をシュートと呼ぶ．なお，幼芽が伸長したシュートはしばしば苗条 shootと呼ばれる．

茎上の葉のつけ根（葉腋）には腋芽 axillary budが分化し，腋芽は成長して側枝となる．イネ科植物の腋芽はとくに分げつ芽 tiller budと呼ばれ，成長して葉鞘から出現すると分げつ tillerと呼ばれる．それぞれの分げつにも葉，分げつが次々と分化し，植物体はさらに大きく成長する．

苗の成長

苗齢 seedling age　苗の齢は，しばしば播種後日数，育苗の日数で表わされる．移植時の生育段階は20日苗などの呼称で呼ばれることがある．しかしある期間における発育量は，気温，水温，日照時間などの環境要因や栄養条件，品種の違いに大きく影響を受ける．地域の慣行的な栽培においては目安として利用されることもあるが，苗の発育程度を示す指標としては適当でない．

一方で出葉数によって齢を表わす**葉齢** plant age in leaf numberは，苗の発育程度を具体的に示す指標として適している．これは主茎の最上位の完全展開葉の葉位（自然数）に，抽出中の葉身の出現割合を足して表わす．たとえば，最上位の完全展開葉が第3葉で，次葉の第4葉（葉身）が自身の葉身全長（抽出完了した時の推定値）に対して2割（0.2）抽出していたならば，3＋0.2で，葉齢は3.2となる．この葉齢を苗に用いる際に苗齢と呼ぶ場合もある．

なおイネの葉齢を数える場合に，鞘葉の次葉（第1葉）については葉身が極めて微小で肉眼での確認が困難であるために不完全葉と呼び，カウントから除き，その次の葉（第2葉）を第1葉として数えることがしばしば行なわれる（図2）．しかし，発生学・内部形態学的には上位の葉と同一であり，またイネ科作物共通の植物形態学的知見からも混乱を生じることから，鞘葉の次に出葉する葉を第1葉と統一するべきであろう．第1葉の設定の違いは，苗の生育程度，品種の葉数，分げつ体系を取り扱う際にとくに混乱をまねくので注意が必要となる．

葉齢は苗期の発育程度を示す際にのみ利用されるのではなく，その後の生育段階においても重要な意義をもつ．葉齢をその品種の主稈葉数で割り，100を掛けたものは**葉齢指数** leaf number indexと呼ばれ，稲作では幼穂分化の時期（葉齢指数77）や減数分裂の時期（同97〜98）を知る指標となる．とくに障害型冷害の対策や穂肥時期の決定において重要な役割を担っている．

コムギではしばしば，**ホーンステージ（Haun stage）**（Haun, 1973）と呼ばれるもので齢を表わすことがある．これは最上位完全展開葉の葉位に，抽出中の葉の出現割合を足したもので，葉齢に類するが，抽出葉の出現割合は直下位の完全展開葉（葉身）の長さを基準とする．たとえば最上位完全展開葉が第3葉で，抽出途中の第4葉が第3葉の葉身に対して5割（0.5）抽出している場合には，3＋0.5で3.5として表わされる．

出葉間隔 phyllochron　茎頂分裂組織で葉原基が形成される時間間隔を葉間期 plastochronと呼び，形成された葉原基が葉鞘外に出現してくる時間間隔を出葉間隔と呼ぶ．

植え傷み transplanting injury　移植栽培を行なう作物では，移植直後に生育が停滞することがしばしばある．これは植え傷みと呼ばれるもので，移植床から苗取りをする際の根の切断に起因する水ストレスや，養分吸収の停滞が原因となる．しかし，植え付けた苗からはやがて新根（活着根）が発根し，生育が再開する．これを**活着** rootingと呼ぶ．

円滑な活着のためには，充実した苗を用いることが重要である．充実の程度は草丈に対する乾物重の割合で求められる充実率が指標となり，この値が大きい苗ほど，養分の蓄積に富み，移植後の活着が優れる．また，葉齢の進んだ苗も，新根の出現し始める節位が高く活着根となる冠根の数が優ることから，活着に有利である．農業資材からはポット育苗箱で育成したポット苗は，苗取りの際の断根が少なく有効である．

環境からは移植から活着までの気象条件が大きく影響する．快晴の時や風が強く蒸散量が高まるような条件での移植は活着を遅らせる．また温度の影響は大きく，活着できる低限温度は，作物種，苗齢，苗質さらに移植前に苗が育った温度の高低に関係する．イネの低限温度は一般に，稚苗の12℃から成苗の15.5℃の範囲（日平均気温）で，葉齢が若い苗ほど低限温度は低い．しかし，苗代期に高い温度環境にさらされた苗の活着低限温度は，本来の低限温度よりも高くなる．

〈大江真道〉

図2　イネの葉の呼称
第1葉の葉身は微小で肉眼による確認は困難である．括弧内は第1葉を不完全葉と呼ぶ場合の各葉の呼称

[イネ科] 分げつの増加

分げつ

イネ科作物の分枝はとくに分げつ tiller と呼ばれる．植物学的には側芽（腋芽）が発達した分枝であるが，わが国ではこのように呼ばれ，学術用語として位置づけられている．

分げつの成長，茎上における着生の特徴には種や品種による違いがあり，その違いが草型 plant type を決定する．一般に葉鞘内で成長中の分げつを分げつ芽 tiller bud と呼び，葉鞘外へ出現した時点をもって分げつと呼ぶ．栽培イネの分げつは，分げつ節 tillering node と呼ばれる不(非)伸長茎部 unelongated stem part の各節の葉腋部に分化した分げつ芽が成長したもので構成されている（図1）．ただし，一部のイネやイネ科植物では伸長茎部からも分げつを出すものもある．

なお，用語"分げつ"は「良く分げつしている」などのように，分げつの出現状況を意味する語として用いられる場合もある．

分げつの種類，呼称と表記

一次分げつ，二次分げつ，三次分げつ 主茎の節に由来する分げつを一次分げつ primary tiller，一次分げつの節に由来する分げつを二次分げつ secondary tiller，二次分げつの節に由来する分げつを三次分げつ tertiary tiller と呼ぶ．各分げつの表記には片山（1951）が用いた方法が広く使われている．

この表記では，第n節から出現する一次分げつをn，第n節の一次分げつの第m節から出現する二次分げつをnm，その二次分げつのk節から出現する三次分げつをnmkとして表わす（nmkは322のように算用数字で表わす）．それぞれの分げつの葉数（L）については，L/n，L/nm，L/nmkとして表わす（図2）．

次に，tillerの頭文字Tを冠して一次分げつ，二次分げつ，三次分げつをそれぞれTn，Tn-m，Tn-m-kと表わす後藤・星川（1988）の表記方法もしばしば用いられる（図3）．前述の片山の表記では，10節より上位の節からの分げつを示す場合に，ローマ数字を用いたりフォントサイズを変えたり（例：X12, 11₁）と工夫を要したが，後藤・星川の表記では特にその必要がなく都合がよい．

低位分げつ，高位分げつ 分げつは，茎上の着生する節位の高低によって低位分げつ lower nodal tiller と高位分げつ upper nodal tiller とに区別される．低位分げつは出現の時期が早いので葉数が多く，さらに分げつを増すことから強勢であるが，高位分げつは出現時期が遅く，高位になるほど葉数や根が少なく弱小となりやすい．このように分げつは着生する節位の高低によってその形態や有効化に特徴が認められる．

有効分げつ，無効分げつ 穂を着生する分げつを有効分げつ productive tiller，一方で生育の中途で立ち枯れてしまう分げつ，あるいは穂を着けても結実した子実を持たない分げつを無効分げつ non-productive tiller と呼ぶ．一般に出現時期の早い低位，低次の分げつは成長期間が長く，有効分げつとなりやすい．

イネでは，遅く出る高位，高次の分げつは，成長期間が短く，栄養的にも不利で無効分げつとなりやすい．無効化する分げつは，最高分げつ期の1週目ころの草丈が株のなかの最長茎と比べて3分の2に満たない，あるいは最高分げつ期頃の出葉に停滞がみられる，などの特徴をもつ．

コムギでは，無効化する分げつは，主茎の節間伸長開始後1週目頃から出葉速度が低下する特徴を示す．一方で，有効化する分げつは，主茎との草丈差が小さい，草丈差が増しても，それに伴って比葉面積（単位乾物重当たりの葉面積），比茎長（同茎長），茎葉比（上位3葉の葉身重／茎重）が増大し，光をめぐる競合に有利な適応を示す，などの特徴をもつ．

出現分げつに占める有効分げつの割合を有効茎歩合 percentage productive tillers と呼ぶ．出現した分げつの有効化の多少は子実生産やバイオマスの確保にとって極めて重要な意味をもつ．イネ栽培との関連では無効分げつの出現が少なく有効分げつの割合が高い生育型は，収量，肥料の利用率，群落環境に優る．有効茎歩合を高める栽培技術として，追肥重点施肥，深水栽培法などが実践されている．

分げつの増加

生育過程と分げつ イネ科植物の生育過程を1株あるいは単位面積当たりの分げつの増え方で表わす場合がある．この際，分げつの出現が始まる時期を分げつ開始期 start of tillering stage，分げつ数が最も多くなった時期を最高分げつ期 maximum tiller number stage と呼ぶ．また，平年確保される穂数と同数の分げつ数が確保された時期を有効分げつ（数）決定期 productive tiller number determining stage と呼ぶ（図4）．

分げつの増加速度 株の茎数の増加速度は一次分げつのみが出現する時期は緩やかであるが，一次分げつの生育が進み二次分げつが出現する時期に速まり，さらに二次分げつから三次分げつが出現する時期には著しくなる．株内で一次，二次，三次分げつがいっせいに出現する時期は分げつ盛期 active-tillering stage と呼ばれ，分げつ数の増加速度が最も速い．

分げつ成長における規則性（同伸成長 synchronous growth） 分げつの出現時期と主茎の葉の抽出時期との間には規則性が認められる．

イネ，ムギの分げつの出現，成長が主茎の葉の成長と時期的関係を保ちながら進行することを片山（1951）が明らかにし，この関係を同伸葉・同伸分げつ理論 relation of synchronously developed leaves and tillers

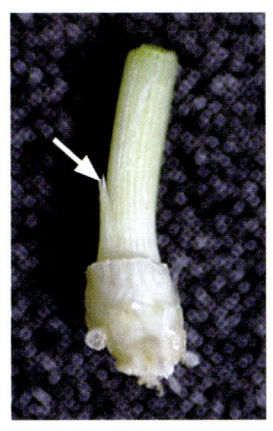

図1　分げつ芽の形態（イネ）
葉腋に分化した分げつ芽（矢印），葉鞘を除去して観察したもの

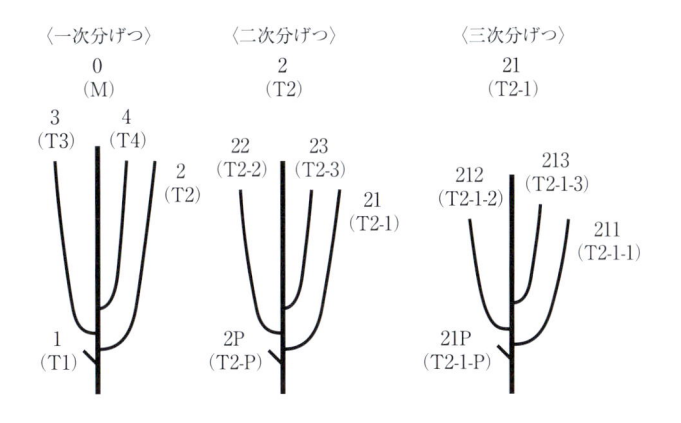

図2　分げつの種類，呼称と表記
片山による表記（上）と後藤・星川による表記（括弧内）．P：プロフィル
二次分げつ，三次分げつは主茎の第2節からの分げつで代表させた

図3　主茎の葉と分げつの出かた（葉齢7.5）
主茎の葉（第2葉から第8葉）と分げつ（枠内：一次分げつT2からT5，二次分げつT2-1）
主茎と分げつの出かたにn－3の規則性が認められる（8－3＝T5，T5の第1葉の抽出）．また一次分げつの葉数はT5の1枚から，T2の4枚まで1節下がるごとに1枚増加している

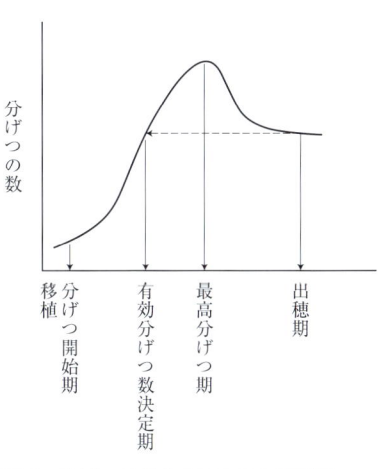

図4　分げつの増え方による生育過程
（イネ株による模式図）

と名付けた．片山の規則性に従えば，主茎のある葉が抽出したときに，その3枚下位の葉の葉腋から分げつの第1葉が出現する．さらにこの規則性は一次分げつと二次分げつとの間にも，二次分げつと三次分げつとの間にも原則的に適用できるとして，この規則性をもとに主茎の葉齢から出現分げつの種類，その葉数を知ることが可能であるとした．

しかし，栽培を行なっていると，理論では出現時期には至っていない分げつが時に確認されたり，主茎の止葉の葉位からすると理論では出現しない分げつが時に出現していたりと，出現時期や出現数に理論との差が認められる．この差を誤差ではなく傾向のあるズレとして解析した研究がイネで行なわれており，理論値よりも1.5～2倍の数の分げつが出現すること（松葉，1988）や，ズレを考慮して分げつの出現数をシミュレートすると，出現数の多少に及ぼすズレの影響は相当大きいものであること（後藤・星川，1988）が明らかにされている．

また主茎の葉数増加速度と個々の分げつの葉数増加速度における理論との差を「葉数誤差」，「相対葉齢差」とした解析がなされており，その差は分げつ次位に比例して拡大すること，差の大きさに品種間差も認められることが明らかにされている．

葉鞘内で成長する分げつ芽と主茎の成長との関係では，分げつ芽における葉原基の分化速度に特徴がある．主茎の抽出中の第n葉を基準とすると，第(n－1)節，第(n－3)節の分げつ芽の葉原基分化速度が速い．それぞれは，主茎が1枚の葉を出葉させる間に2枚の葉原基を分化する．なお，分げつ芽の発育速度の特徴は，主茎と分げつの成長の規則性に影響する．インド型イネ品種は日本型イネ品種に比べて主茎に対する分げつの発育が進行する特徴をもつが，これには分げつ芽の初期過程における発育速度の違いが影響している．

（大江真道）

[イネ科]
草姿(草型)と受光

葉間期とバイオマス

種子は播種されると発芽し成長を開始する。出芽後，順次新しい葉を展開するが，ある葉原基が分化し次の葉原基が分化するまでの期間を葉間期 plastochron と呼ぶ。葉原基が出葉あるいは展開完了するまでの期間は種によって異なり，イネでは出葉を開始した葉の内部には，発育段階の異なる4枚の葉が存在する。

ある生育時期に達すると，花芽が分化し，やがて花を咲かせ子実や果実などの生殖器官や塊茎，塊根など特殊な栄養器官が成長を開始し，それらの重量が増加する。そして，ある時点で，任意の空間に存在する生物体の総量(現存量)をバイオマス biomass といい，単位土地面積当たりの重量(乾物重)あるいはエネルギー量で表わされる。作物群落のバイオマスを正確に測定することは，純生産を推定する基本である。

受光率と葉面積指数

葉面積指数 leaf area index (LAI)は，単位土地面積上にある葉面積の総和である。生育初期は緩やかに，その後は急激に増加し，最大値に達した後，生育が進むのに伴って葉の枯死・脱落により減少する。受光率 interception of solar radiation は，個体群直上の光強度に対する個体群上部と地表面における光強度の差の割合を表わし，葉群の発達の指標として有効である。個体群による太陽光の受光率は，葉面積が小さい生育初期には低く，その後LAIの増加に伴い高くなり，最大値に達する。

個体群成長速度(CGR)は，受光率と密接な関係をもって推移し，LAIの増加とともに受光率が直線的に上昇する期間はLAIとCGRとの間にも密接な関係がある。受光率が最大値付近に達すると，CGRもほぼ最大となり，それ以上LAIが増加してもほとんど増加しなくなる。その時のLAIは限界葉面積指数 critical LAI と呼ばれ，多くの場合，受光率は95%程度である。

すなわち，LAIが限界LAIに達するまでは，LAIをより速く拡大し，葉群として光吸収率を高めることが乾物生産にとって重要であることを示している。限界LAIに達した後は，受光態勢 light-intercepting characteristics, stand geometry，個葉の光合成特性，呼吸能など，LAI以外の要因が乾物生産の相違に深くかかわる。

草型の分類とその改良

草型 plant type は重要な品種特性の一つであり，主にイネ科作物の草姿 plant shape を表わす用語として用いられている。1950年頃までは栽培適応性の面から，イネでは，穂数型 panicle number type，中間型 intermediate type，穂重型 panicle weight type の3つに分けられ，その後，それぞれの中間的な性質をもつ偏穂数型 partial panicle number type，偏穂重型 partial panicle weight type の5型に分類されている。

穂数型は，一般に穂は小さく，短稈・多げつ性であり，倒伏しにくいことから多肥栽培に適する。一方，穂重型は，穂が大きく，長稈で生育量が大きいことから多肥条件では倒伏しやすい。

1950年代末以降，半矮性在来種の十石(じゅっこく)を母本とした系統のなかから，多肥条件でも稈長が短く倒伏しにくいものの比較的大きな穂をもつ半矮性品種 semidwarf variety であるホウヨク，レイホウなどの多収性品種 high yielding variety が育成され，九州地方の収量水準が飛躍的に向上した。やや遅れて，本州中部では白千本(しろせんぼん)を母本に金南風(きんまぜ)をはじめとする品種が，東北地方では突然変異育種法により短稈極多収品種レイメイが育成され，多収性品種アキヒカリの母本となった。それらは，わが国の水稲収量を，1950年前後の約320kg/10aから現在の約520kg/10aまで，約50年間で1.6倍に増加させることに貢献した。

熱帯アジアでは国際イネ研究所(IRRI)を中心に，1960年代後半から，「緑の革命」のもととなったIR8や，一連のIR系統をはじめとする半矮性品種が多数育成され，収量レベルの向上に貢献している。

韓国では，1972年にユーカラ，台中在来1号とIR8の三元交雑により半矮性品種の統一が育成されて以降，維新，密

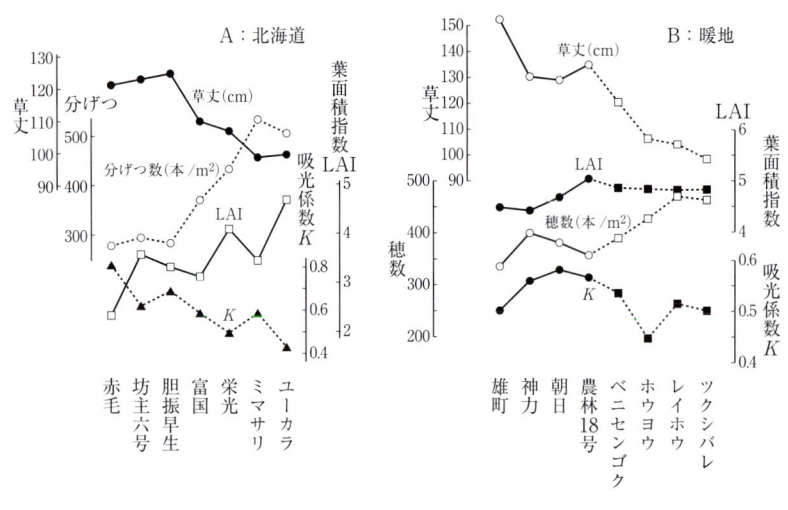

図1 草型に関する各要因の時代的変化(A:田中ら，1968，B:武田ら，1984より改写)

陽23号などが開発され，日印交雑品種 japonica-indica hybrid cultivarと呼ばれている．これらの品種の多くは，いずれも低脚烏尖に由来する半矮性遺伝子をもつ半矮性品種であり，稈長が短いことから多肥密植条件下でも耐倒伏性 lodging resistanceが大きい．また，1穂穎花数が多く，多肥条件下でも多収となる特徴を有し，従来のインディカ型品種とは著しく異なる草型を示す．

図1は，明治以降の北海道および暖地で栽培された主要品種の草型の変化を示している．両地域とも新しい品種ほど草丈が短くなり，分げつ数または穂数が増大し，長稈穂重型から短稈穂数型に変化している．さらに，地域によって程度は異なるものの，新しい品種のほうがLAIが大きく，吸光係数は小さい傾向がみられる．これらの草丈の低下は，主として施肥量の増加に伴う倒伏防止のための短稈化のなかから生まれた変化である．

草型と受光態勢

Monshi und Saeki (1953)は，群落内部の相対光強度 relative light intensity（群落直上に入射した光の水平照度に対する群落内水平照度の割合）の対数と，各高さまでの積算LAIとの間には，直線的関係があることを見出した．両者の直線の傾きは吸光係数 light extinction coefficientと呼ばれ，その値が小さいほど群落内部への光の透過性がよいことを示している．すなわち，吸光係数が小さい個体群は，葉層内部における光の減衰程度が小さく，下層に位置する葉も相対的に強い光を受けることができるために，一般に受光態勢がよいといわれる．吸光係数の大小は，葉層を構成する葉の傾斜角度 leaf inclination angleに最も大きく支配されているが，厚さ，大きさ，形などの影響も受ける．1950年代後半以降，草型は，植物体の空間的存在様式，とくに葉層内部の光の減衰程度に関与する上位葉の直立性を表わす品種生態的な意味で使われることもある．

葉面積密度とガス拡散（交換）

草丈 plant lengthは，地際から植物体先端までの長さで，成長を表わす指標のひとつとして用いられている．一方，稈長 culm lengthは，地際から穂首節までの長さで，草高 plant heightは，地際から個体群の最上層までの高さをいう．葉面積密度 leaf area density (LAD)は，単位空間当たりの葉面積の密度で，草高に対するLAIの比率は個体群としての平均葉面積密度を表わす．一般に，同一稈長の品種であっても上位葉が直立的であるほど草高は大きくなることから葉面積密度は小さい．

従来，個体群光合成に関与する個体群構造の要素として葉の傾斜角度が注目されてきた．しかしながら，同質遺伝子系統のグレインソルガムでは，長稈系統が短稈系統よりCGR，NARがともに大きく，同一のLAIにおける乾物生産効率は後者に比べて前者が優れていることが報告されている．すなわち，稈長は直接吸光係数に関与していないものの，長稈系統は葉面積の増加によ

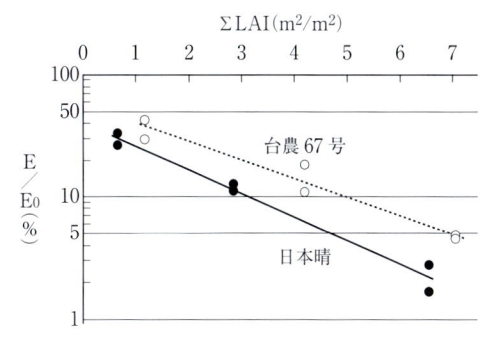

図2 積算葉面積指数（ΣLAI）と相対蒸発速度（E/E_0）との関係（黒田，1989）
E/E_0＝個体群内各層の1日の蒸発量／個体群上層（140cm）の1日の蒸発量（％）

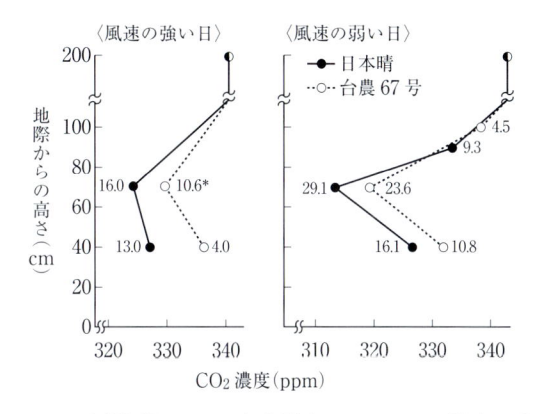

図3 登熟初期における個体群内におけるCO_2濃度の垂直分布の比較（黒田ら，1989）
＊個体群上層部（200cm）とのCO_2濃度差（ppm）

る受光能率の低下を草高を大きくすることにより補い，乾物生産効率を高く維持していると考えられる．

また，武田ら（1983）は，暖地の新旧水稲品種を比較し，出穂前20日間の乾物増加量と葉面積密度との間には有意な負の相関があることを見出した．そして，短稈穂数型品種は草高の低下に伴い葉面積密度が高くなり，それは逆に個体群内部へのCO_2の拡散を困難にすることを指摘し，穂ばらみ期におけるCGRを支配する作物側の要因として，葉面積密度の重要性を提起した．

実際，草高の異なる台農67号と日本晴を用い，個体群内部から大気中への水蒸気の拡散速度を比較した結果をみると，草高の高い台農67号は葉面積密度が小さく，相対蒸発速度は大きかった（図2）．しかも，台農67号は，日本晴に比べてLAIはやや大きく，個葉の光合成速度は同程度かやや高い．それにもかかわらず葉群内部のCO_2濃度は高く維持され，両品種の相違は，風の強い日のほうが大きい傾向が認められた（図3）．これらの結果は，葉面積密度が小さい個体群では，大気と葉群内との間におけるガス拡散 gas diffusionが行なわれやすいことを端的に示しており，武田らの推察を裏づけている．

（黒田栄喜）

〔イネ科〕
幼穂の発育

幼穂の分化

　一般に，茎頂分裂組織に花の原基が生じることを**花芽分化 flower bud initiation (differentiation)** または**花芽形成 flower bud formation** という．イネ科作物では，花序は円錐花序 panicle や穂状花序 spike に相当し穂と呼ばれるので，花芽分化(花芽形成)と同等の意味で**幼穂分化 panicle (spike) differentiation** または**幼穂形成 panicle (spike) formation** いう用語が用いられる．

　花芽(幼穂)分化は日長(短日または長日)や温度(高温)により誘発されるが，秋播型のムギなどは低温により誘発される．この反応を**春化(バーナリゼーション) vernalization** という．これらの作物の吸水種子や幼植物では，春化により日長応答性の抑制が解除され，長日に反応して花芽分化が誘発される．なお，幼植物などを人工的に低温にさらして花芽分化を可能にすることを**春化処理(バーナリゼーション) vernalization** という．

　幼穂 young panicle(出穂前までの葉に包まれた若い穂)の発育に関しては，円錐花序のイネの例で説明する．茎頂分裂組織に止葉原基が分化した2日後に，その上部，止葉原基の中軸と対称の位置に第1**苞 bract**(**苞葉 bract leaf**；花序や花を包む葉)の原基が分化し(図1-1，2)，幼穂分化となる．このときを**幼穂分化期 panicle differentiation stage**，または**穂首分化期 panicle neck node differentiation stage** という．

　この幼穂分化より前の成長(時期)を**栄養成長(期) vegetative growth (stage)**，あとの成長(時期)を**生殖成長(期) reproductive growth (stage)** という．第1苞の着生節は**穂首節 neck node of panicle** で，ここから上の部分が穂になる．第1苞の分化後，第2，3，…苞と向頂的に分化し，苞原基増加期となる(図1-3)．なお，穂が穂状花序の場合には，穂の英語表記は panicle ではなく spike を用いる．

幼穂の発達

　イネでは，第1苞分化後にその葉腋に突起が形成される(図1-4)．これが最下位の**一次枝梗(1次枝梗) primary rachis-branch of panicle**(円錐花序における一次分枝)の原基である．その後，第2，3，…苞の葉腋にも形成され(図1-5)，最上位の一次枝梗原基が形成される頃に幼穂の頂部(茎頂)は成長を停止する(図1-6)．これらの時期が一次枝梗分化期である．なお，苞と一次枝梗原基は開度2/5で分化する．

　各一次枝梗原基は伸長を開始し，基部から**二次枝梗(2次枝梗) secondary rachis-branch of panicle**(円錐花序における二次分枝)の原基が開度1/2で分化する(図1-7)．この頃になると，一次枝梗の基部には苞毛が生じ，初めに分化した下位の一次枝梗原基よりも上位のもののほうが成長がさかんになる．二次枝梗原基の発達が進むと一次枝梗原基と同様に，分化の順序と逆に分化の遅い上部のもののほうが，また上位の一次枝梗に着生したもののほうが成長がさかんになる(図1-8)．

　幼穂長が1mmほどになると，最上部一次枝梗の先端に**外穎 lemma** と**内穎 palea** の原基が分化，**穎花 glumaceous flower** の分化開始となる(図1-9，10)．穎花分化は上位一次枝梗から下位一次枝梗へと進む．二次枝梗での分化は一次枝梗よりも遅れ，やはり上位から下位へと進む．1つの枝梗内では先端穎花が最も早く分化し，次に最基部穎花が分化，続いて求頂的に分化が進む．

　幼穂長が2mmを超える頃の穎花分化中期では，穂の上から半分あたりまで穎花が分化する(図1-11)．発達が最も進んだ穂の頂部の穎花では，内穎の上部，外穎側に2つの**鱗被 lodicule**(花弁に相当)の原基が分化し，その上部に2段になって各段に3つずつの突起，すなわち**雄ずい(蕊) stamen**(雄性生殖器官)の原基が形成される(図1-12，13)．

　幼穂長が6mmほどに達した穎花分化後期には，下位の一次，二次枝梗にも穎花が分化する(図1-14)．穂の頂部の穎花では，外穎原基と内穎原基が花器部分を包み込むようになる．そして，雄ずい原基は**葯 anther** と**花糸 filament**(それぞれ，花粉をつくる器官およびそれを支える柄)に分化し，葯にはのちに花粉が形成される葯室も分化する．これらに囲まれた突起部は**雌ずい(蕊) pistil**(雌性生殖器官)の原基に分化するが，雄ずいにくらべて発生は遅れる(図1-15，16，17)．しかし，この頃には雌ずい原基内部には**胚珠 ovule**(将来種子となる器官)の原基が分化して**子房 ovary**(胚珠を包んだ雌ずいの下部で将来果実となる器官)の発達が始まる．なお，穂の構造や花粉と子房の形成に関する用語については，「穂・花」で解説する．

幼穂形成の確認

　イネが幼穂分化期(第1苞原基分化期)にあるかどうかの確認は，顕微鏡観察をしないと難しい．そこで，葉をていねいにむき，幼穂を虫眼鏡で観察して，幼穂長が1mm程度で突起があり，毛が密生していたら2次枝梗分化期と判断する(図1-7，8)．この時期を**幼穂形成期 panicle formation stage** と呼び，幼穂分化の5日後に当たる．穂肥施用や冷害対策など栽培管理の判断に利用される．

　コムギでは栄養成長期半ばから茎頂は細長く伸びて開度1/2のひだを多数つける．その後，基部側のひだは完全葉へと成長するが，残りの各ひだ，すなわち苞原基の葉腋には**小穂 spikelet**(穂を構成する単位)の原基が分化し，苞原基と小穂原基とからなる**二重隆起 double ridge** が形成され，はじめて幼穂形成に入ったことが確認できる．その後，各小穂原基は伸長し，開度1/2で向

頂的に数個の穎花原基が形成される.

イネ科ではイネ亜科を除いて,穂の分化や発達様式は基本的に同じであるが,穂軸 rachis, 小穂軸 rachilla（それぞれ穂,小穂の中央の軸）の伸長程度,1小穂内の穎花の分化数,成熟数の違いによりさまざまな穂の形態となる.

節間の成長

イネ科作物では,下位の節間は通常伸長せず,上位の節間が伸長する.イネやコムギなどでは,幼穂分化期頃に節間伸長 internode elongation を開始し,節間伸長期 internode elongation stage に入る.一方,トウモロコシやソルガムなどでは,幼穂分化に関係なく栄養成長期から節間伸長を開始する.ほとんどのイネでは幼穂分化期と前後して節間伸長を開始するが,日本など高緯度のイネはほとんどが幼穂分化と同時かその直後に開始する.幼穂分化前の栄養成長期では節間はほとんど伸長せず5mm以下であるが,幼穂分化後は節間が長く伸び,すなわち節間伸長を行なうようになり,主に上位4〜5節間が伸長する.なお,高緯度のイネほど,伸長節間数が少ない.

節を含めた伸長節間部を伸長茎部 elongated stem part,節間伸長を行なわない節・節間部を不(非)伸長茎部 unelongated stem part と呼ぶ.

イネ科作物では,伸長節間は穂首節間 neck internode of panicle (spike)（穂首節から止葉着生節までの間）をⅠと表わし,順次下へⅡ,Ⅲ,Ⅳ,Ⅴと表わす場合が多い.イネでは,最初の伸長開始は第Ⅴ節間あるいは第Ⅳ節間で起こり,順次上位の節間が伸長する.伸長節間の最終長は上位の節間ほど長い.第Ⅰ節間（穂首節間）は,出穂2日前から急激に伸長し,止葉葉鞘内の穂を押し上げて出穂させる.その圃場の中で最も早く出た穂を走り穂 precocious panicle (ear) と呼び,出穂開始を表わす.なお,圃場全体の穂のおよそ90％が出穂した時期を穂揃期 full heading time (stage) という.

イネ科の伸長節間では各節間の基部で細胞分裂活性が長く維持され,節間上部のほうが成熟が早い.このように分化が進んだ部分にはさまれた分裂組織を部間分裂組織(介在分裂組織) intercalary meristem と呼び,細胞が分裂し増殖する.そして,その上の伸長帯で細胞が縦方向に伸び,節間が伸長する.上位の節間ほど細胞分裂・伸長が旺盛なため長くなる.

節間が伸長し草丈が高くなると倒れやすくなる.生育中に作物が倒れることを倒伏 lodging という.イネではとくに下位節間（第Ⅴ,Ⅳ節間）が伸びすぎると,その節間部が登熟期に挫折して倒伏する.倒伏は曲げモーメント,風雨などの外力および下位節間の挫折抵抗 breaking resistance との相互関係で起こり,形態的には節間の長さや太さのほかに,表皮・皮層繊維組織など,機械組織の発達が挫折抵抗力に大きく影響する.

(中村貞二)

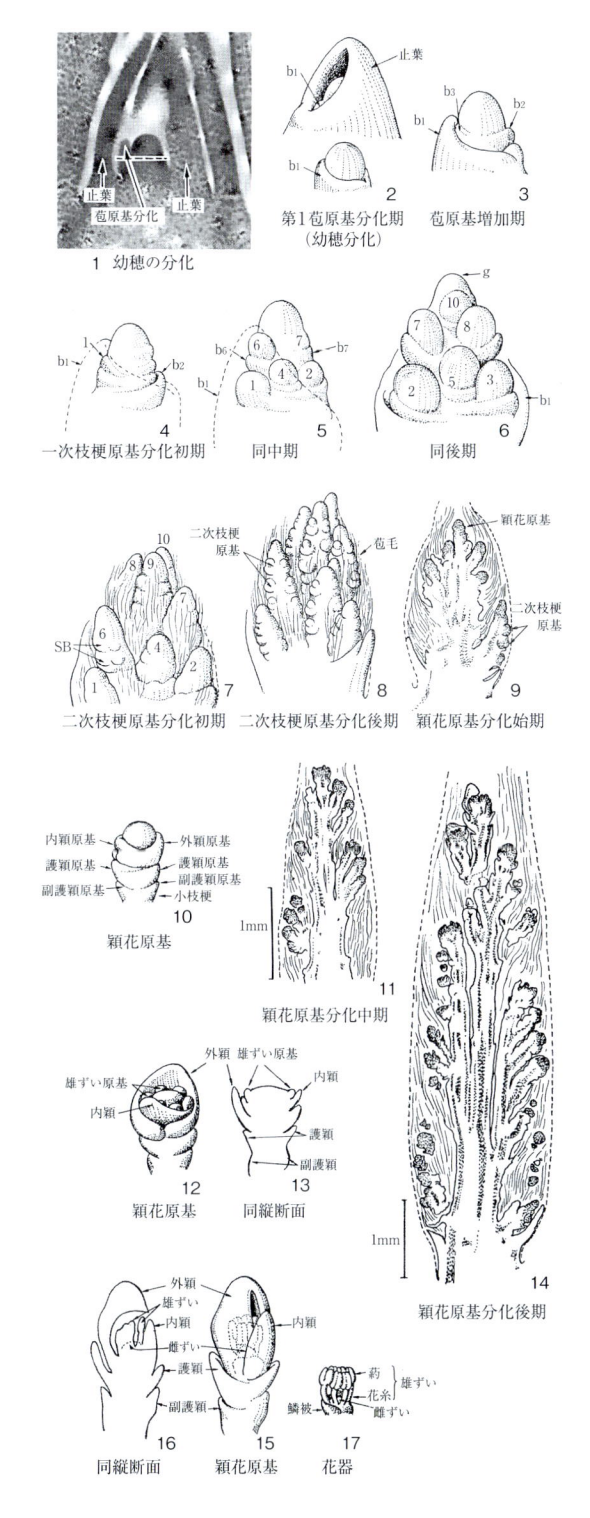

図1 イネにおける幼穂の分化と発達(星川, 1975)
b1, b2, b3, …は苞,1〜10の数字で示した突起は一次枝梗を示す.1, 9, 11, 13, 14, 16は縦断面で,他は立体図

［イネ科］出穂・開花・受精

出穂

出穂 heading, ear emergence　イネ科作物の花序である穂が止葉葉鞘から外に出現すること．穂首節間が急速に伸長し，穂を押し上げて，穂が抽出する．

穂ばらみ期 booting stage, boot stage　幼穂形成が終わり，止葉の抽出が始まる出穂約18日前から出穂期までを穂ばらみ期といい，生殖成長期の後半にあたる．あるいは，成長した穂のために止葉の葉鞘が膨らむ出穂前約6日間を指すこともある．出穂前10～11日を中心に低温を受けた場合，穂ばらみ期の冷温による不受精が発生する．

出穂期 heading time (stage)　群落全体の有効茎のうち50％が出穂した日をさし，10％が出穂した日を**出穂始期** first heading time (stage)，90％が出穂した日を**穂揃期** full heading time (stage)と呼ぶ．イネの場合，出穂と同時に開花が始まるため，出穂期と**開花期** flowering time (stage)は同じ日として扱うことができる．しかし，コムギ，オオムギなどでは出穂から数日後に開花が始まるため，開花期は出穂期に数日遅れる．

穂相 ear characteristics　枝梗と頴花の着き方の形態的特徴を穂相と呼ぶ．分化，退化，現存1次枝梗，2次枝梗数およびそれらへの着生頴花数，**着粒密度** density of spikelet setting(1穂頴花数／穂長)などの特徴をさす(図1)．

図1　穂上の2次枝梗と頴花の退化痕跡

図2　イネの開花
左：開花始まり(開頴)，右：葯の裂開

開花・受粉・受精

開花 flowering, anthesis　頴花の開閉，すなわち開頴から閉頴までの間に起こる一連の過程をイネの開花という．外頴と内頴の先端が開く開頴によって開花が始まり，約1～2.5時間かかる(図2)．

開頴は鱗皮の膨張によって起こる．葯の裂開は外頴と内頴が開く直前か開いたと同時に起こる．*Oryza sativa* L. では午前11時前後に最も多く開花するが，*Oryza glaberrima* Steud. ではずっと早く開花することが知られている．低温は開花時刻を遅らせる．午後になって，雨がやむと，一斉に開花することがある．曇天や雨天時には**閉花受精** cleistogamy(開花しないで自家受精すること)することもある．

開花順序 order of anthesis in a panicle　イネでは1穂の中で着生する位置によって頴花の開花順序はほぼ決まっている．穂の上位の枝梗の先端の頴花から開花が始まり，しだいに下位の枝梗に及ぶ．また1本の枝梗では先端頴花が最も早く，次に最基部頴花で，その後，上に向かい，先端から2番目の頴花が最も遅く開花する．この順序は幼穂における頴花の分化・発達の順序と，さらに登熟の順序とも一致する(図3)．

受粉 pollination　被子植物では**花粉** pollen(種子植物の葯から出た粉状の雄性配偶体)が柱頭に付着することをいう．花粉は柱頭上で発芽し，細管状の**花粉管** pollen tubeを伸ばす(図4)．イネでは開頴直前にすでに花糸が伸び始め，直立していた柱頭が左右に開く．開頴するよりも前に葯が裂開し，花粉が同じ花の柱頭にかかることによってイネではほとんどの花が**自家受粉** self-pollination(同一個体内での受粉)する**自殖性植物** self-fertilizing plant, autogamous plantであり，同じ頴花の中で雌ずいと雄ずいは同時に成熟する**雌雄同熟** homogamyとなっている．一方，**他殖性植物** allogamous plantであるトウモロコシでは雄穂が先に開

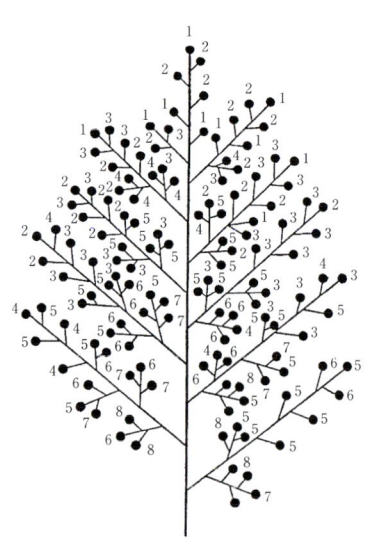

図3　1穂内の頴花の開花の順序の一例(星川, 1980)
1, 2, 3, …は，第1, 2, 3, …日目開花を示す

花する**雄性先熟** protandry, proterandry である．

花粉は柱頭につくと数分で発芽し，花粉管を柱頭さらに花柱へと伸ばし，30分ほどで胚のうに達する．花粉管には2つの精細胞が先に，その後に花粉管核がつづく．花粉内容物は花粉管の先端に移行するので，花粉本体は空になる(図5)．2つの精細胞は珠孔から胚のうに潜り込んだ花粉管によって，数時間後に卵細胞および中央細胞とそれぞれ受精する．

開葯 anther dehiscence　葯が開くこと(葯の裂開)を開葯という．この結果，葯室内から花粉が散布される．イネの葯の裂開には，花粉の急速な膨張圧による隔壁の裂開が関与すると考えられている．

受精 fertilization　雌雄の配偶子が融合し，**接合子(体)** zygote をつくること．イネでは花粉管を通って，2つの精細胞が卵細胞と中央細胞と受精する．これを**重複受精** double fertilization と呼ぶ．重複受精は被子植物特有の受精形式である．イネでは開花から受精までおよそ5〜6時間を要する．

受精卵は細胞分裂をして，**胚** embryo となる．胚は受精卵がある程度，分化・発達した若い胞子体であり，ふつうは発芽するまでをさす．一方，中心細胞と精細胞が合体したものは**胚乳** albumen(内乳(内胚乳) endosperm)となる．胚乳は胚とともに存在して種子を構成する組織であり，発芽の際に胚に養分を供給する．

出穂・開花期の障害

出穂遅延 delayed heading　出穂期が通常よりも遅れること．出穂遅延は遅延型冷害の最大の要因と考えられる．出穂，開花までの各発育段階の低温がそれぞれイネの出穂，開花を遅延させる．

遅れ穂 late emerging head　圃場全体のうち，一部の，とくに遅く出る穂をさす．遅延型冷害における遅れ穂は登熟不良となり，収量を減少させる．窒素肥料などが遅くまで効いて分げつが遅くまで出続けた場合にも遅れ穂が増え，そのような場合，穂長は短く，1穂籾数も少なく，成熟も遅く，収量，品質ともに低下する．穂長がとくに短い穂を遅れ穂とみなすこともある．

不時出穂 premature heading, unseasonable heading　移植後まもなく，イネの主茎だけが十分な栄養成長をしないまま出穂すること．穂揃いが悪くなり，穂数や1穂穎花数，あるいは葉面積不足のため収量や品質が低くなる．極早生品種を育苗期に高温条件で長く育てると起こりやすい．

青立 straight head　登熟期に入ってもいつまでも穂，茎葉などに葉緑素や水分が残り，青々としている状態をいう．冷害などによって受精が妨げられると発生する．

白穂 white head　出穂直後に穂が脱水によって白化すること．**フェーン** foehn(台風や強い低気圧の通過にともない，山の風下側に吹き下ろす高温・乾燥した風)，

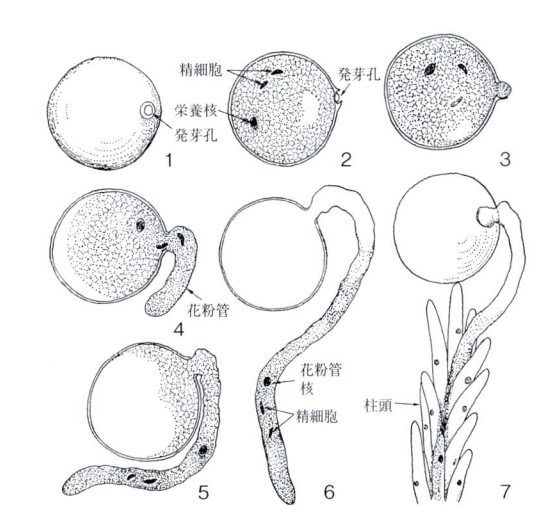

図4　柱頭上での花粉の発芽(星川，1975)

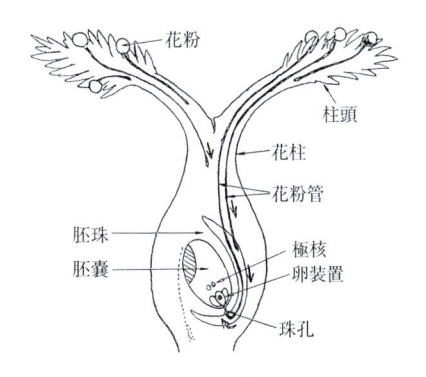

図5　花粉管の伸長と受精(星川，1975)

潮風害 salty wind damage(台風などにより飛散した海水が作物体に付着し，塩分が体内に浸透して生理機能を低下させて発生する)，病虫害によるものなどがある．

冷害 cool summer damage, cool weather damage　異常な低温(冷温)による夏作物への害のこと．イネでは幼穂形成期，出穂10〜11日前を中心とする穂ばらみ期，開花期の冷温で花粉の発育が阻害され，不稔となる**障害型冷害** cool summer damage due to floral sterility と，低温で生育が遅れて出穂が遅れ，稔実が不良となる**遅延型冷害** cool summer damage due to delayed growth に大きく分類される．

高温障害 heat damage　高温により作物が何らかの障害を受け，品質や収量の低下が起こること．イネでは開花時に高温に遭遇すると葯の裂開が妨げられ，不稔となる．登熟期の高温は胚乳へのデンプンの蓄積を阻害し，乳白米などの白色不透明部を有する不完全米を多発させる．

〈小林和広〉

[イネ科]
登熟

登熟期

登熟(稔実) ripening, grain filling　作物が開花・受精後，種子として種皮，胚(図1)および胚乳(図2)を形成し，成熟するまでの過程．イネ科作物では，登熟過程で，胚乳に主にデンプンが蓄積する．その一方で，茎葉からは同化産物や窒素などの養分が転流によって子実などへ流出し，老化する．

結実 seed-setting, fructification　果実および種子の形成のこと．イネでは，受精後に子房が肥大して，果実に相当する玄米が形成される．

登熟期(間) ripening period, (grain) filling period　出穂期から完熟期(成熟期)あるいは子実重が最大に達するまでの期間をさす．イネの登熟期間は温度に強く依存し，寒冷地ほど長い．光合成や転流などに関連した生理的な登熟期間として，**有効登熟期間** effective (grain) filling periodを図3のTとして定義することができる．乾燥子実重の大部分が有効登熟期間に生産される．

登熟初期には籾の穎は葉緑素を含んでおり緑色であるが，やがて成熟するにつれて黄色くなる．胚乳は乳白色の半流動状態から硬い固体に変わる．このような胚乳の物理性と籾の色の変化からイネにおいては，登熟期を乳熟期，糊熟期，黄熟期，完熟期，枯熟期に分ける(図4)．

乳熟期 milky (ripe) stage, milk-ripe stage　籾をおすと主にデンプンからなる胚乳内容物が白い乳状の汁となって出てくる時期である．籾はまだ緑色である．

糊熟期 dough (-ripe) stage　籾は黄緑色で，胚乳内容物が粘ちょうな糊状になった時期である．黄熟期の前半として黄熟期に含めることもある．

黄熟期 yellow ripe stage　籾が黄緑色からやや黄変し，内容物も固化し，ロウ状で，爪で破砕できる．この期の終わりが収穫適期となる．

完熟期 full-ripe stage(**成熟期** maturing stage)　米粒全体が硬くなり，爪では破砕できなくなり，胚乳の透明化が全域に達した時期．

枯熟期 dead-ripe stage　茎葉が枯死して退色し，倒伏しやすくなった時期で，この時期に収穫するのでは刈り遅れとなり，脱粒や胴割れなどが起きやすい．

収穫期 harvest time　登熟の進み方は同じ穂の上の籾であっても異なる．早く刈ると青米や未熟米が増加し，収量，品質が低くなり，遅く刈ると胴割(れ)米や茶米が増加し，品質が低下する．そのため青米と胴割れ米の両方がなるべく少なくなる時期を収穫適期とするのが一般的である．なお，収穫期は作物の用途，あるいは収量と品質のどちらを重視するかによって決まる．たとえば，ホールクロップサイレージ用飼料イネの収穫適期は糊熟期から黄熟期とされる．

青米 green rice kernel　全体が緑，緑灰白の米粒を青米という．玄米表層の果皮に残存する葉緑体が原因である．

胴割(れ)米 cracked rice kernel　亀裂の生じた玄

p:始原成長点, r:種子根原基, v:前鱗, s:芽鱗, c:鞘葉, l₁:第1葉, l₂:第2葉, e:胚盤柱状吸収組織

図1　胚の発達(星川, 1980)
1:受精1日後, 2〜4:1〜2日後, 5:3日後, 6, 7:4日後, 8, 9:約5日後, 10〜12:5日目, 13:6日目, 14:8〜10日目, 15:11〜12日目

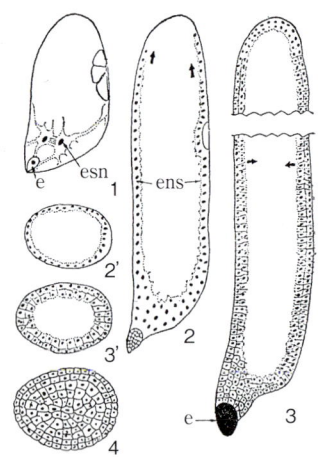

esn:胚乳核
e:受精卵
ens:胚乳核組織

図2　胚乳の発達(星川, 1980)
1:受精直後, 2, 2':3日目(縦断と横断面), 3, 3':4日目, 4:5日目

米，立毛における乾湿の繰り返し，乾燥調製過程による急激な乾燥などによって起こる．

登熟過程と胚乳の発達

受精の翌日から，子房は主として縦に伸長し，5～6日後には玄米の長さがほぼ決まる．その後，横に伸長し，腹部が肥大して，15～16日後には玄米の幅がほぼ決まる．玄米の厚さは最もゆっくりと増加し，20～25日後にほぼ決まる(図5)．胚と胚乳では先に胚が発達し，受精後10日目ごろにはほぼ胚は完成し，発芽能力を備える(図1)．一方，胚乳は胚の発達後も成長を続ける(図2)．

受精後，胚乳原核は急速に分裂を繰り返す．胚乳の最外層はデンプンを蓄積しない糊粉層，それより内側がデンプンを蓄積するデンプン貯蔵組織に分化する．デンプン貯蔵組織では，内部から細胞の肥大すなわちデンプンの蓄積が始まり，しだいに周辺に及び，最後は糊粉層に内接する細胞で蓄積が終わる．デンプン貯蔵細胞にあるオルガネラの**アミロプラスト amyloplast**にデンプンが**デンプン粒 starch grain (granule)**として蓄積される．

糊粉層 aleurone layer　糊粉層は胚乳の最も周辺にあり，イネでは腹面には1～2層，側面で1層，背面の特に通導組織に接した部分には3～5層ある．糊粉層にはデンプンは蓄積されず，糊粉粒と呼ばれるタンパク性の顆粒や脂肪顆粒，酵素などが蓄積される．発芽の時に胚乳の貯蔵物質を分解する酵素をつくる役割をもつ．

デンプン貯蔵組織 starch storage tissue　デンプンを貯蔵する組織．胚乳の表層は糊粉層に，それより内部はデンプン貯蔵細胞からなるデンプン貯蔵組織に分化する．

登熟歩合(稔実歩合) percentage of ripened grains
全籾数のうち，登熟した籾の割合を登熟歩合(稔実歩合)という．登熟した籾は比重1.06の塩水選で沈む籾とすることが一般的である．登熟期には，収量構成要素のうち登熟歩合と千粒重とが決定され，このうち登熟歩合は登熟期の環境に大きく左右される．登熟しなかった籾は，受精しなかった**不受精籾 unfertilized grain**と，受精後，デンプンの蓄積を途中で停止した**発育停止籾(部分登熟籾) partially filled grain**とに分類される．

強勢穎花 superior spikelet　1次枝梗上，とくに穂の上部の穎花は茎葉からの同化産物が減少するような不良環境下でも登熟がすぐれる．開花順序も早いものが多く，これらを強勢穎花と呼ぶ．それに対して，不良環境において茎葉からの同化産物が不足すると，登熟不良となり，発育停止籾になりやすい穎花を**弱勢穎花 inferior spikelet**といい，開花が遅いものが多い．

しいな empty grain　イネで，受精障害が起こった子房の残骸や，登熟初期に発育を停止した籾を，しいなと呼ぶ．

登熟期の障害

登熟期に障害を受けると収量，品質の両面において

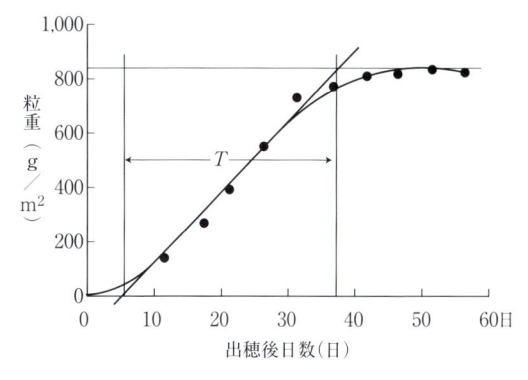

図3　イネの玄米の成長と有効登熟期間(T)の定義(韓国水原における，品種'統一'の例)(吉田，1986)

図4　玄米の発達(星川，1990)
左から，開花後0日，3日，6日(乳熟期初期)，25日(糊熟期)，45日(完熟期)

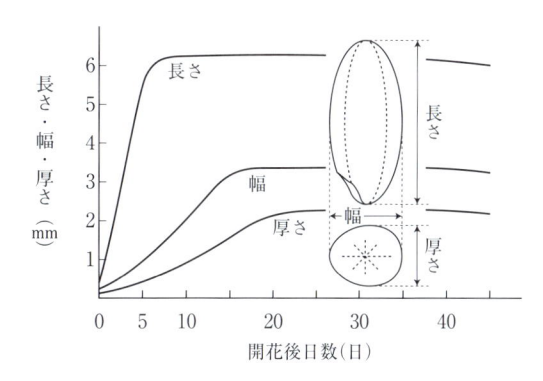

図5　玄米の外形(長さ，幅，厚さ)の発達(品種：ヨネシロ)(星川，1975)

大きな打撃を受ける．登熟期に起こる障害としては，低温により，登熟が遅れ，籾が未熟なまま発育を停止する遅延型冷害，台風など強い風雨による倒伏，長雨や倒伏による穂発芽などがある．

倒伏 lodging　作物が収穫前に倒れることを倒伏という．茎や稈が折れる挫折型，茎が彎曲する彎曲(なびき)型，根元から倒れ，根株が土から盛り上がる転び型に大別できる．倒伏は収穫作業を困難にし，受光態勢の悪化，穂発芽などによって収量と品質を低下させる．

穂発芽 preharvest sprouting　降雨，倒伏などにより収穫前に種子が穂に着いたままで発芽すること．穂発芽のしやすさには品種間差異が認められ，休眠性の強い品種ほど穂発芽しにくい傾向にある．

(小林和広)

[マメ科]
発芽から苗立ち

種子の構造

マメ科作物の種子の形状は球形からやや扁楕円形で，胚 embryo と種皮 seed coat とからなる無胚乳種子 exalbuminous seed である．胚は幼根 radicle と子葉 cotyledon とからなる（図1）．

幼根は発芽時に最初に伸長し，主根となる．子葉は白色から黄白色のものが多いが，まれに緑色のものもあり，子葉には主にデンプン，タンパク質，脂質などの養分が貯蔵されている．種皮は胚を包む外表皮で，色は種や品種によって異なり，たとえばインゲンマメでは，無色から白，黒，赤，茶，またそれらが混じっている斑模様をなすものがある．種子の大きさは直径2〜20mm，重さは数mgから2,000mg程度である．

発芽の過程

種子は適度な水分，温度および酸素条件が整えば，胚が吸水して膨らみ，幼根が種皮を突き破って現われる．このことを一般に発芽 germination という．発芽の過程は大まかに吸水，物質代謝および成長の3つの段階に分けられる．吸水はへそ hilum を通じて行なわれるが，ダイズなどの種子は種皮全体からも吸水できる．吸水がある程度進んだ後，呼吸によって貯蔵物質が分解され，それをエネルギー源に幼芽が成長する．

呼吸において，吸収した酸素に対する放出した二酸化炭素の容積比を呼吸商 respiratory quotient (RQ) という．呼吸商の値は基質となる物質の酸化程度や，呼吸のパターンによって異なるが，酸素呼吸で基質がブドウ糖の場合は1，脂肪の場合は0.7〜0.8前後である．マメ科作物の種子には脂肪やタンパク質が多く，デンプン質の多いイネ科作物に比較して，呼吸過程では多くの酸素が必要である．

発芽に影響を及ぼす生理・環境的要因

休眠　生命力のある種子が適切な環境条件下でも発芽しない現象を休眠 dormancy といい，発芽を抑制する生理的要因の一つである．マメ科植物では種子が吸水しても発芽しない，いわゆる生理的休眠は少なく，種皮が硬く，水を通さない吸水不能による不発芽がよくみられる．このような種子を硬実 hard seed という．また，この場合の不発芽は物理的休眠ともいう．

硬実種子の種皮が不透水である原因は，種皮表面の蝋物質，クチクラの柵状組織外側への沈積，種皮外壁のスベリン化などが考えられている．硬実種子は種皮に物理的な傷をつければ吸水ができるようになり発芽する．

発芽力と活力　種子の発芽力 viability of seed とは好適条件下で発芽できること，つまり種子が生きていることを表わすが，種子の活力 seed vigor は，生きている種子の活性の高さを示す．活力を表わす指標としては，発芽までの所要時間の長さ，幼根の成長速度，種子浸出液の電気伝導度などがある．種子の活力は貯蔵時間が経つにつれて徐々に低下し，最終的に発芽力を失う．種子が発芽力を失うまで貯蔵できる期間（種子の寿命）は貯蔵環境に強く影響され，種子含水率が低く温度が低いほど長く貯蔵できる．活力が低下した種子は，環境ストレスに弱くなり，土壌環境の悪化によって発芽できないか，発芽してもその後成長できないことがある（図2）．

土壌水分　マメ科作物の種子は，発芽時に大量に吸水する必要があるため，土壌乾燥耐性が弱い．発芽に必要な吸水量は，含水率換算でダイズでは約50％であり，イネの約26％，トウモロコシの約30％に比べて高い．一方，土壌水分が過剰にある場合，酸素濃度の低下による発芽障害や，種子からの養分漏出 leaching により菌の繁殖を招きやすい．

温度　温度は発芽およびその後の成長に影響する最も重要な要因である．一般に温度が高くなるほど成長が速くなり発芽も早まるが，最適温度を超えると，高温による生理活性の低下や，呼吸による消耗が発芽に負の影響を及ぼす．マメ科作物の種子が発芽可能な温度範囲は，冬作物では5〜40℃，夏作物では10〜45℃とされるが，最適温度はそれぞれ25〜30℃，30〜35℃である．

酸素　マメ科作物は，発芽過程において種子に貯蔵されたタンパク質や脂質を分解して成長のためのエネ

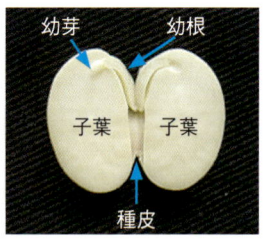

図1　種子の構造
左：外観　右：断面（背面がへそ）

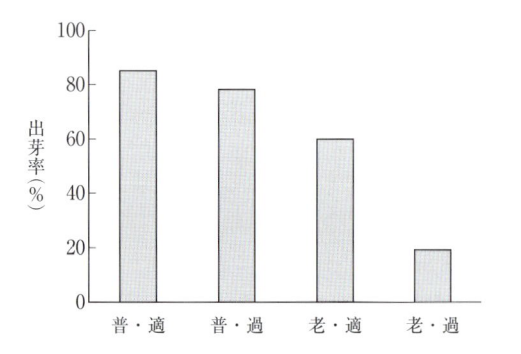

図2　ダイズの出芽に及ぼす種子活力および土壌水分の影響
（鄭・綿部，2000）
普：普通種子，老：老化処理種子，適：適湿土壌，過：過湿土壌

ルギーをつくるため，デンプンを基質とするイネ科作物よりも多くの酸素を必要とする．イネなどでは，無酸素あるいは低酸素の水中でも発芽するが，マメ科作物のダイズは水中で発芽できず，5%の低酸素条件で発芽できても後の成長に障害が残るといわれている．

出芽の過程

発芽後，幼芽 plumule が子葉に蓄えられた養分を利用して成長を続け，その先端が土壌表面に現われた時を出芽 emergence[of seedling]という．

子葉が着生する部位から根までの部分を下胚軸 hypocotyl，子葉が着生する部位から次の葉（初生葉）の着生部位までを上胚軸 epicotyl と呼ぶ（図3）．

地上子葉型 epigeal cotyledon は，下胚軸の伸長によって子葉が地上に押し上げられ，出芽に至る作物のタイプである．ダイズ，インゲンマメ，ササゲなどがある．

地下子葉型 hypogeal cotyledon は，子葉を地下に残し，上胚軸が伸長して出芽に至る作物のタイプである．エンドウマメ，アズキ，ソラマメなどがある．

出芽後子葉の次に出現する葉は初生葉 primary leaf であり，1対の単葉で対生する．それ以降は，複葉 compound leaf（本葉ともいう）が互生して出現する．複葉は多くのマメ科作物では3枚の小葉 leaflet からなるが，4枚以上の作物（エンドウマメ，ソラマメ，ヒヨコマメなど）もあり，その数は種あるいは葉位によって異なる．本葉が1〜2枚出た頃，幼芽は定着し独立成長ができるようになる．発芽からこの時期までの過程を苗立ち establishment[of seedling]という．

有限伸育型と無限伸育型

マメ科作物では，開花開始から間もなく茎の伸長が止まり，栄養成長が終止するタイプを有限伸育型 determinate type という．それに対して，開花開始後も長い期間にわたって開花・結実を続けながら，茎の伸長を続けるタイプを無限伸育型 indeterminate type という．

有限伸育型タイプの植物は立性であり，無限伸育型タイプの植物はつる性が多い．なお，ダイズにおいては両タイプあり，ともに立性であるが，無限伸育型は，有限伸育型に比べて，開花後の茎の伸長が長く，葉の展開，節間の伸長ともに徐々に収斂して止まるようになっている（図4）．

出芽と環境

出芽は，発芽の場合と同様に，土壌の温度，水分および酸素濃度の影響を受けるが，幼芽が土壌中を伸長するため，さらに土壌の物理的圧迫による影響もある．

播種深度 sowing depth とは土壌中に種子を播く深さである．播種深度が浅いと，種子近傍の土壌が乾燥し発芽できなくなり，深すぎると幼芽が地面に到達できない

図3 出芽時における地上子葉型の幼芽（左：ダイズ）と地下子葉型の幼芽（右：アズキ）の比較

図4 ダイズにおける無限伸育型（上）と有限伸育型（下）の比較

可能性がある．マメ科作物では幼芽の伸長能力は種によって最大15〜50cmにもなるが，一般的に播種深度は3〜5cm程度が適切であり，湿潤地域では比較的浅く，乾燥になりやすい地域では比較的深く播く．

土壌クラスト soil crust は，耕耘―降雨―急乾燥によって土壌表面にできる硬い層のことであり，出芽を著しく阻害する．この場合，出芽の成否には幼芽の伸長力が重要な役割を果たす．マメ科作物では種子が大きいほど伸長力が強く，また種子の大きさが同じ場合，上胚軸伸長型作物よりも下胚軸伸長型作物の方が伸長力が大きい．

マメ科作物の幼芽は，その出芽過程において土壌の物理的抵抗を受けた場合，植物ホルモンであるエチレン ethylene を多量に生成し，その作用で胚軸が太くなり，伸長力が強くなることも知られている．

〔鄭 紹輝〕

[マメ科]
開花結実(ダイズ)

花芽形成と環境

ダイズは短日植物 short-day plantである.日長に対する感応性は感光性 photosensitivityと呼ばれ,花芽の形成は短日条件によって促進される.感光性は品種によって異なり,早生品種では鈍く,晩生品種では敏感である.日長がある長さを超えると花芽分化が完全に抑制されるが,このときの日長を限界日長 critical daylengthという.

限界日長は,高緯度地域で栽培される早生品種では20時間以上であるが,晩生品種になるほど短くなり,西日本で栽培される中晩生品種では14〜16時間,さらに東南アジアやブラジル北部の低緯度地域で栽培される品種では12〜13時間のものもある.

一方,温度も花芽分化を促進する作用があり,これを感温性 thermosensitivityという.早生品種の花芽形成は短日よりもむしろ高温によって促進されるが,晩生品種では短日による影響が大きい.

花器の発育過程

花芽形成に適する日長あるいは温度条件が整えば,花の原基である花芽 floral budが分化し始め(開花の約20日前),それから花器を構成する諸器官がつくられ,雌ずい(蕊) pistil・雄ずい(蕊) stamen(同17日),子房腔 ovarian cavity・葯 anther(同10日),花粉母細胞 pollen mother cell(同6日),花粉粒 pollen grain・胚のう embryosac(同3日)が形成されて開花 blossom(同0日)に至る.花は個体内の各葉腋につく総状花序 racemeに着生する.1つの総状花序には1〜20数個の花が着生する.

花は基部ががく calyxに包まれ,1枚の旗弁 banner petal,2枚の翼弁 wing (ala),2枚の竜骨弁 keel petalがある.雌ずい・雄ずいはともに竜骨弁に包まれてめったに露出しない(図1).花の色は紫あるいは白であるが,遺伝的には白に対して紫が優性である.

開花と受精

開花はよく晴れた朝に行なわれ,花粉 pollenは開花直前に葯から放出されるため,自家受粉 self-pollinationとなる.まれに虫媒によって他花受粉 cross pollinationするが,その確率は0.5%以下である.柱頭で発芽した花粉管が花柱内を伸長する過程で,雄原核が2分裂して2核を形成し,胚珠内で1つは卵細胞,もう1つは中央細胞(中心核)と結合し重複受精が完了する.受粉 pollinationから受精 fertilization完了までは8〜10時間かかる.なお,低温,乾燥あるいは日照が悪い場合,花弁が開かないこともあるが,花粉が成熟していれば受精は正常に行なわれ,閉花受精 cleistogamyとなる.

ダイズの花序は,長い花序軸に花を側生する総状花序である.それが各葉腋に着生するため,腋生総状花序 axillary racemeと呼ばれる.また,各葉腋内では,形成される時期の違いによってさらに一次花房 primary raceme,二次花房 secondary raceme,三次花房 tertiary racemeなどに分けられる(図2).一次花房は主茎および分枝の葉腋の中央部に最初に形成されるが,二次花房は一次花房および一次分枝の基部両側に形成される.二次花房の中で再び栄養成長が起こり,短い茎が形成され,さらに複葉が1枚以上ついている場合は二次亜枝 sub-branchという.二次花房あるいは二次亜枝の基部両側に三次花房が形成される.条件がよい場合さらに四次,五次花房がまれに観察される.

開花の順序は,有限伸育型のダイズでは主茎および早期分枝の中部よりやや上の節の一次花房から始まり,

図1 ダイズの花の着生状況と構造
a:旗弁,b:翼弁,c:竜骨弁
雌ずい,雄ずいともに竜骨弁に包まれて見えない

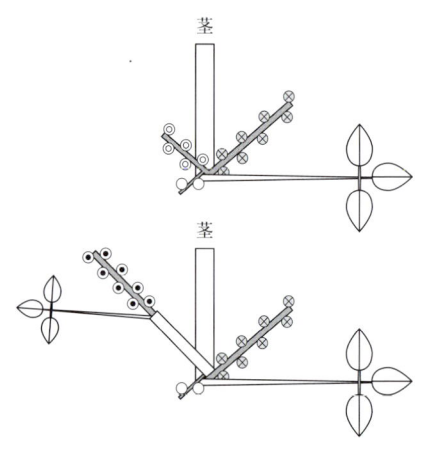

図2 茎のある節位における腋生総状花序の着花例(模式図)
上は二次花房,下は二次亜枝が発生した例

しだいに上・下の節位に拡大する．一次花房開花数日後に，最上位節に多数の花をつける大きな花房が形成され開花する．これは茎頂花房（0次花房）terminal racemeと呼ばれ，茎はそれ以上新たな節をつくることなく伸長が止まる．無限伸育型のダイズでは，開花は下部より4～5節目の一次花房から始まり，しだいに上部に移行するが，茎も並行して伸長するため，有限伸育型ダイズのように大きな茎頂花房は形成されない．

結莢と莢の成長

結莢 poddingとは受精後の子房 obaryが果実である莢 podに成長することをいい，莢内に種子が形成されることを結実 seed-settingという．個体の全開花数に占める結莢数の割合を結莢率 rate of podding，形成された莢の全胚珠数に占める稔実種子数の割合を結実率 rate of seed settingという．通常の日本におけるダイズ栽培では，結莢率は20～40％，結実率は70～90％であり，品種や栽培間差が大きい．

莢は開花・受精完了の約7日後から肉眼で観察できるような大きさ（約1cm）になり，その後急速に成長し，約20日後に最大（長さ4～6cm）に達する．この間子実の重さはあまり増えないが，胚珠内で細胞分裂が盛んに行なわれ，開花10日後頃には細胞数が最大になる．莢が最大に達した後，子実が急速に成長し，さらに30～45日後子実乾物重が最大に達する．この時点を生理的成熟期 physiological maturityと呼ぶ．生理的成熟期に達した後，莢への同化産物および水分の輸送が止まり，莢および子実は乾燥し収穫を迎える．

生殖成長器官の脱落

ダイズの開花期間は長く，通常の圃場栽培では20～40日間続き，1個体当たりの総開花数は200～500個にも達する．しかし，大半は成熟した莢に達することなく，花あるいは幼莢の状態で発育が停止し，やがて小花柄 pedicelと花軸 rachisの接合部に離層が形成されて脱落する（図3）．この現象を落花 flower shedding，あるいは落莢 pod sheddingという．

ダイズ植物は通常過剰に花を咲かせ，その一部のみを結莢させるため，結莢率は低い．落花や落莢は生理的な要因のほか，結莢期の高温，乾燥あるいは養分不足などの環境ストレスによっても引き起こされる（図4）．なお，結莢率は初期に咲いた花において高く，早生品種では最初の10日間に咲いた花由来の莢は収量の87％を占めるが，西南暖地で栽培される晩生品種では早期花から晩期花まで幅広く結莢する習性がある．また，同じ花房内では基部の花ほど結莢する確率が高いが，基部の花を摘除した場合，隣接の花の結莢確率が著しく高くなる．

図3 ダイズの総状花房内における小花の結莢と脱落の様子
基部より1～5番目の花は結莢，6, 8, 9, 10, 11番目は脱落

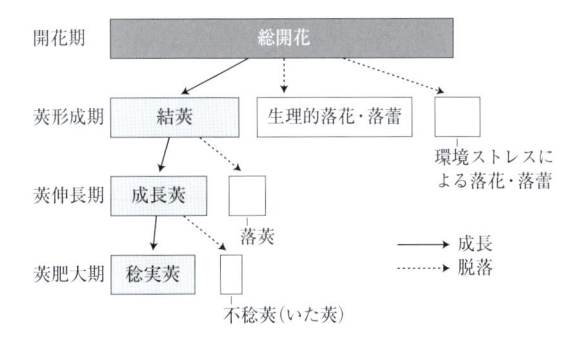

図4 生殖器官の成長と脱落の流れ

結莢の制御

ダイズの収量は，単位面積当たり莢数 pod number per area，1莢内粒数 seed number per podおよび1粒重 seed weightの積で決まる．1莢内粒数と1粒重は遺伝的な要因による支配が大きいため，収量は莢数に最も影響される．したがって，結莢率を高めることは収量の確保に重要である．

ところで，結莢に対する植物ホルモンの影響については，結莢する花の幼子房の内生サイトカイニン cytokinin含量が落ちる花より著しく高いこと，および外与サイトカイニンが結莢率を高めることから，サイトカイニンは結莢を促進する効果があると考えられている．なお，結莢に対するジベレリン，オーキシンおよびアブシジン酸などの影響も調べられているが，それらの効果はまだ明らかではない．

〔鄭 紹輝〕

[全体] 塊茎・塊根の肥大

地下栄養貯蔵器官

植物には地中に栄養貯蔵に特化した器官をつくるものがあり、それらのなかには、いも類 root and tuber crops など農業上重要な作物や雑草も含まれている。地下栄養貯蔵器官は、茎に由来するものとしては、根茎 rhizome や塊茎があり、一般的な茎の外観を保っているものを根茎、塊状となり通常の茎とは大きく形態が異なるものを塊茎と呼ぶ。根茎と比べると塊茎は、より貯蔵機能に特化した器官である。

このほか、タマネギの鱗茎のように茎と葉に由来する組織を含む器官や、塊根や肥大根といった根に由来する器官も貯蔵に特化した地下器官である。また、栄養器官以外でも、ラッカセイのように地下に存在する種子に栄養を蓄えるものも、地下貯蔵器官と見なすことができる。

地下栄養貯蔵器官の形成・肥大は、作物の生産性や雑草防除戦略を考えるうえで重要である。ここでは、地下栄養貯蔵器官のうち、塊茎と塊根について解説を加える。

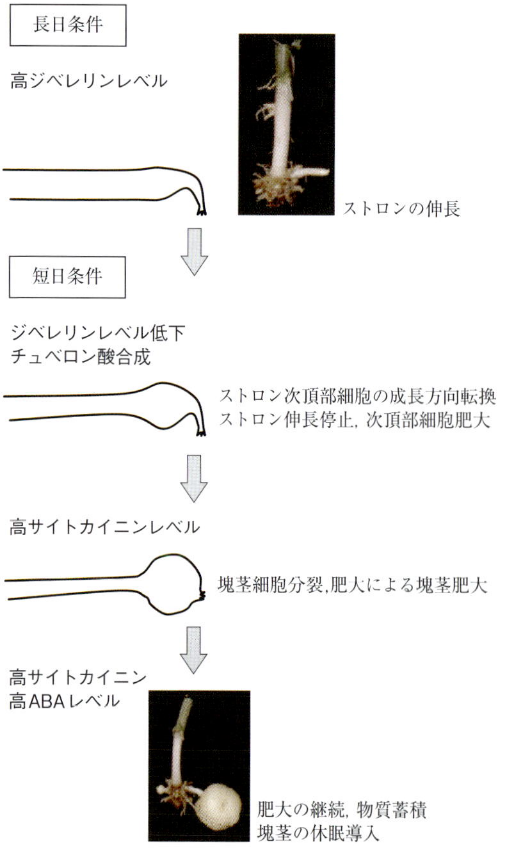

塊茎の形成・肥大

塊茎を形成する植物 茎に由来する地下栄養貯蔵器官のうち、茎が塊状に肥大したものが塊茎 tuber である。塊茎を収穫目的とする作物としては、ジャガイモ、サトイモを含むタロイモ、ヤマノイモなどのヤムイモ類、コンニャク、キクイモ、食用カンナなどがある。これらのうち、慣行としてヤムイモ類の「イモ」は担根体 rhizophore、コンニャクのそれは球茎 corm とも呼ばれる。

ヤムイモの「担根体」は、根と茎の中間的な組織として、シダ植物で用いられる用語を援用したものであるが、シダ植物の担根体の維管束配置が根に近いものであるのに対して、ヤムイモのそれは茎と同じ配置であり、厳密には、ヤムイモの収穫目的器官は担根体ではなく塊茎である。コンニャクの「球茎」も、コンニャクにおいては慣行的に使われる用語であるが、植物学的には塊茎である。

また、ミズガヤツリ、ハマスゲ、ヒメホタルイ、クログワイ、オモダカ、ウリカワ、スギナなどの雑草として問題となる植物も塊茎を形成するものがある。一般に、塊茎を形成する雑草は、一年生の種子繁殖雑草に比べて防除が難しいものが多い。これは、塊茎から発生した幼植物は、種子からのそれに比べて、利用できる貯蔵養分がはるかに大きく、土壌の深い位置からも発生可能なため除草剤が効きにくいことや、初期生育が旺盛なため初期防除のタイミングを逸しやすいことなどによる。さらに、種子繁殖と塊茎による栄養繁殖を繁殖戦略として組み合わせている雑草も多く、複雑な繁殖戦略が防除・管理を難しくしている場合もある。

塊茎の形成・肥大機構 塊茎の形成・肥大の生理的メカニズムが最もよく解明されているのは、ジャガイモである(図1)。ジャガイモの塊茎は、地中を横走する分枝茎である匍枝(ストロン) stolon の伸長が止まり、先端部付近が肥大したものである。

短日条件下で、内生ジベレリンレベルが低下するとともに、塊茎形成刺激物質ツベロン酸 tuberonic acid の合成が起こり、ストロン先端部細胞の細胞壁伸展方向が軸方向から放射方向に変わり、細胞の成長方向が伸長成長から肥大成長に転換することで塊茎形成が始まる。20℃以上の高温は、塊茎形成を阻害する。その後、サイトカイニンなどの作用により、塊茎細胞は活発に分裂、肥大を繰り返し、塊茎が肥大していく。塊茎形成後の肥大には、日長の影響は小さく、光合成産物の供給がポイントとなる。

塊茎肥大の主体は塊茎中心部の内髄 internal medulla とその外側の外髄 external medulla の細胞分裂と肥大で、この両部で塊茎容積の8割以上を占める。その外側を皮層 cortex がとり囲み、さらに最外部は、コルク組織 cork tissue, phellem を含む周皮 periderm が被っている。

図1 ジャガイモ塊茎の形成過程

長日条件
高ジベレリンレベル

↓

短日条件
ジベレリンレベル低下
チュベロン酸合成

ストロン次頂部細胞の成長方向転換
ストロン伸長停止, 次頂部細胞肥大

↓

高サイトカイニンレベル

塊茎細胞分裂, 肥大による塊茎肥大

↓

高サイトカイニン
高ABAレベル

肥大の継続, 物質蓄積
塊茎の休眠導入

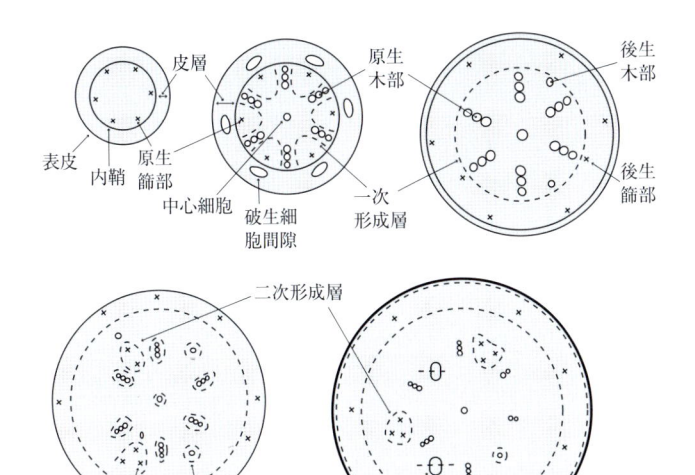

図2 サツマイモ塊根の発達過程
(国分, 1973を改変)

上述のチュベロン酸は、ジャスモン酸 jasmonic acid の類縁化合物であり、ジャスモン酸類は、キクイモやヤムイモ類などの塊茎形成にも重要な役割を果たしている．

塊根の形成・肥大

塊根の分類 根が塊状に肥大し、貯蔵器官となったものが塊根 storage root, tuberous root である．肥大した根を収穫目的とするいも類や根菜類を、根の起源で分類すると、サツマイモやキャッサバ、ヤーコンなどは不定根 adventitious root が肥大したもので、ダイコン、ニンジン、テンサイなどは種子根 seminal root が肥大したものである．なお、種子根が肥大したものは、一般には塊根と呼ばず肥大根と呼称されることが多い．

根の肥大様式で分類すると、ダイコン、サツマイモ、キャッサバなどは、主に根の木部が肥大したもので、ニンジンは木部とともに篩部も肥大する．テンサイは、何層もの維管束が根の横断面に対して同心円状に分化しながら肥大する．

塊根の形成・肥大機構 サツマイモ塊根を事例として、その形成・肥大機構をみると、以下のとおりである（図2）．サツマイモの根は、いずれも潜在的には塊根化しうる．このため、塊根になる根およびその部位は、内的・外的条件で異なるが、一般的には、植付け前に苗体内に形成されていた根原基が伸長した根が塊根になることが多い．

まず、未分化の形態的に若い根（若根 young root と呼ばれる）の中心柱 stele に木部と篩部、形成層 cambium が分化し、次いで、形成層が円周状に連結し、一次形成層 primary cambium となる．この細胞分裂によって根の直径が増加する．一次形成層の活性には、内生サイトカイニンレベルの影響が大きいとされている．さらに、一次形成層の内側に二次形成層 secondary cambium や導管周囲に分裂組織が分化するとともに、最外部には周皮が形成され、塊根に特徴的な形態が完成する．良好な栽培条件下では、ここまでに4〜5週を要する．その後、塊根では、各種分裂組織の分化が続くとともに、貯蔵柔細胞も分裂・肥大を行ない、さらに肥大が進む．

栽培種では、一次形成層の分化までの過程はどの品種でも共通であるが、それ以降の塊根の組織形態には品種間で差異が認められる．貯蔵柔細胞の単純な分裂と肥大による部分が大きい品種に比べて、二次形成層などの分化を伴って肥大が進む品種のほうが塊根の乾物蓄積が活発であるとされている．

塊根形成と環境要因 以上が正常な塊根形成・肥大の過程であるが、土壌の通気不足や光合成産物の供給不足は、塊根形成を抑制する．これらの要因により形成層の活性が低く中心柱の木化（リグニン化）の程度が大きいと、通常の吸収根である細根 fiberous root（多くの場合直径2mm以下）となり、形成層の活性が高くても木化程度が大きいと梗根 pencil-like root となる．梗根は一般にはゴボウ根と呼ばれ、根の直径はある程度増すが、「いも」の形にはならない．内部形態が諸梗（いもの成り首）部と似ているため、梗根と呼ばれる．

サツマイモの塊根形成に日長の影響は小さい．肥料成分のなかでは、カリウム potassium (K) の塊根形成への影響が大きい．キャッサバなどもサツマイモとほぼ類似の過程で塊根が肥大する．

(中谷 誠)

[全体] 成長解析

成長解析と葉面積

成長解析 growth analysis　成長解析とは，植物の成長に伴う乾物重や葉面積などの変動を数値化して成長の経過を解析し，生産力やそれに及ぼす環境要因などを評価するものである．狭義にはBlackman(1919)により提唱された解析手法をさし，これはイギリス系成長解析とも呼ばれる．Blackmanは植物の成長を複利貯金に見立てて複利法則と呼んだ．

そこでは，個体の乾物重増加は次式で示される．なお，w_0は最初の乾物重，wはt後の乾物重，rは成長率．

$$w = w_0 e^{rt}$$

両辺を微分して整理すると，rは次式のようになる．

$$r = \frac{1}{w} \cdot \frac{dw}{dt}$$

このrを**相対成長率** relative growth rateと呼び，RGRと略記する．これは，貯金でいえば利率に当たるもので，ある期間での乾物増加の割合を示すものである．乾物重の増加は光合成を行なう葉面積に影響されるため，RGRは葉面積Lを用いて，次のように書き直せる（Lは葉面積）．

$$RGR = \frac{1}{w} \cdot \frac{dw}{dt} = \frac{L}{w} \cdot \frac{1}{L} \cdot \frac{dw}{dt} = [LAR] \cdot [NAR]$$

ここで，LARは**葉面積比** leaf area ratioで，植物体の単位乾物重当たりの葉面積．NARは**純同化率** net assimilation rateで，植物体の単位葉面積当たりの乾物重増加速度を示す．

実際の測定値の解析には次式を用いる（w_1, w_2はそれぞれt_1, t_2における乾物重，l_1, l_2はそれぞれt_1, t_2における葉面積）．

$$RGR = \frac{\ln w_2 - \ln w_1}{t_2 - t_1}$$

$$NAR = \frac{1}{L} \cdot \frac{dw}{dt} = \frac{w_2 - w_1}{l_2 - l_1} \cdot \frac{\ln l_2 - \ln l_1}{t_2 - t_1}$$

また，LARは，葉の乾物重を$_LW$とすると次式のようになる．

$$[LAR] = \frac{L}{W} = \frac{L}{_LW} \cdot \frac{_LW}{W} = [SLA] \cdot [LWR]$$

$L/{_LW}$は**比葉面積** specific leaf area (SLA)と呼ばれ，葉の単位乾物重当たりの葉面積で，葉に分配された乾物によってどれだけの面積の葉を展開したかを示す．

${_LW}/W$は**葉重比** leaf weight ratio (LWR)と呼ばれ，個体（群）乾物重当たりの葉の乾物重で，生産した乾物のうち葉にどれだけ分配したかを示す．

なお，SLAの逆数（単位葉面積当たりの葉の乾物重）は**比葉重** specific leaf weight (SLW)と呼ばれ，葉の厚さの指標となる．比葉重はleaf mass area (LMA)とすることもある．

個体群成長速度 crop growth rate (CGR)　個体群や群落の単位面積当たりの乾物重増加速度．個体群，群落の地表面積をp，葉面積をLとして次式のようになる．

$$CGR = \frac{1}{p} \cdot \frac{dw}{dt} = \frac{L}{p} \cdot \frac{1}{L} \cdot \frac{dw}{dt} = [LAI] \cdot [NAR]$$

ここで，LAIは**葉面積指数** leaf area indexで，植物群落の葉面積を，その群落が占める土地面積で割った値である．植物の繁茂度の指標となる．

群落光合成は主に群落を構成している個葉の光合成能力，受光態勢，およびLAIによって規定される．LAIが小さいときは，その増加とともに群落光合成速度は増加するが，群落の光吸収率が最大となった以後もLAIが増加すると，呼吸量の増加と繁茂した葉による相互遮蔽のために，群落光合成速度の増加は頭打ちとなり，減少に転ずる．

群落光合成速度が最大値を示すときのLAIを**最適葉面積指数** optimum leaf area indexといい，受光態勢の良否や植物種により異なる．一般に最適葉面積指数は，イネ科作物で5〜7，マメ類で3〜5，イモ類で3〜4といわれている．

葉面積が過剰に増加し，相互遮蔽や受光態勢の悪化により収量や品質の低下を引き起こす状態を**過繁茂** overluxuriant growth, rank growthと呼ぶ．高温や過剰な窒素施肥，高い播種密度などにより引き起こされることが多い．追肥を抑制したり，整枝，剪葉や間引きをしたり，灌水を抑制したりすることで回避する．

なお，葉が重なりあい互いに光を遮りあう**相互遮蔽** mutual shadingは，LAIが小さいときには起こりにくいが，ある程度大きくなると，上の葉が光を遮るために下の葉の光合成が小さくなる．

実際の測定によるCGRの算出には次式を用いる（w_1, w_2はそれぞれt_1, t_2における乾物重）．

$$CGR = \frac{1}{p} \cdot \frac{w_2 - w_1}{t_2 - t_1}$$

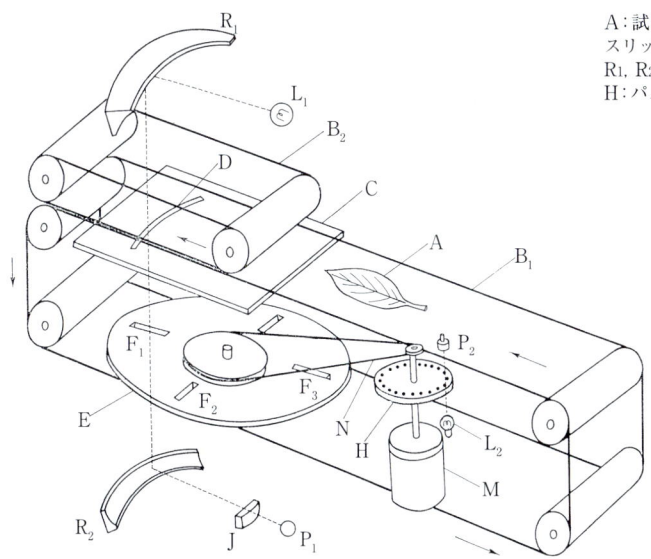

A：試料, B₁, B₂：透明ベルト, C：遮蔽板, D：固定スリット, E：スリット円板(F), L₁, L₂：光源ランプ, R₁, R₂：凹面鏡, J：集光レンズ, P₁, P₂：光電素子, H：パルス円板, M：駆動モータ, N：ベルト

図1　葉面積計のしくみ
（Murata and Hayashi, 1967）

葉面積の測定

葉面積 leaf area の増加は気温，日射に大きく影響され，とくに高温と赤色光により促進される．またジベレリンやサイトカイニンなどの植物ホルモンや，土壌中の窒素などによって促進される．逆に，水不足などの環境ストレスにより抑制される．成長解析に用いる葉面積は，光合成器官としての葉の面積を意味するため，黄化した葉の部分や枯葉や未抽出の葉身は含めない．

葉面積の測定は，直接測定する方法と，目安として葉身長や葉身幅を測定する方法とがある．直接測定する場合は，葉面積計を用いる方法と，スキャナーやデジタルカメラで得た葉の画像からコンピュータで測定する方法とがある．

葉面積計 leaf area meter には卓上型と携帯型がある．卓上型の自動葉面積計は，上下2枚の透明なベルトを挟んで発光部と感光部とが置かれており，回転するベルトに載せた葉が遮った光の量でその面積を測定する（図1）．携帯型葉面積計は同様の原理で葉面積を測定するが，屋外で葉を切り取ることなく測定できる．

また，群落の葉面積を測定するには，上記方法のほかにプラントキャノピーアナライザや同種のソフトウェアと魚眼レンズでの撮影データにより非破壊的にLAI（葉面積指数）を推定する方法もある．

葉色診断

葉の緑色の程度により，そのときの植物体の栄養状態を把握する方法．追肥の時期や量を適切に判断するために行なう．葉色 leaf color は，クロロフィルが太陽光の赤色周辺と青色周辺の波長域を吸収することにより緑色に見える．葉の緑色の程度はクロロフィル含量の目安になることから，緑葉をもつ作物では栄養状態や光合成能力などの簡易な指標となる．葉色が薄すぎる場合は窒素不足・光合成量不足から生育不良や収量の低下をまねき，濃すぎる場合は過繁茂・倒伏・病害虫の発生をもたらす可能性が高い．葉色カラースケール（葉色板）や葉緑素計（SPAD計）により測定する．

葉色カラースケールでは，目視で群落や個葉の葉色とカラースケールを比較することで葉色を測定する．葉緑素計では，葉緑素量に応じて吸光度の変化が大きい650nm付近の赤色光と，ほとんど吸光度が変化しない940nm付近の赤外光との光学濃度差により，単位葉面積当たり葉緑素含量を測定する．

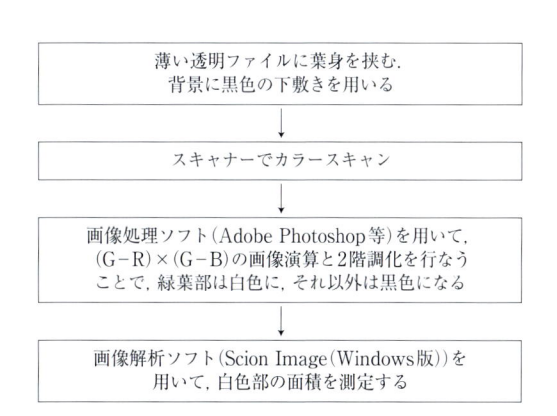

```
薄い透明ファイルに葉身を挟む．
背景に黒色の下敷きを用いる
        ↓
スキャナーでカラースキャン
        ↓
画像処理ソフト(Adobe Photoshop等)を用いて，
(G−R)×(G−B)の画像演算と2階調化を行なう
ことで，緑葉部は白色に，それ以外は黒色になる
        ↓
画像解析ソフト(Scion Image(Windows版))を
用いて，白色部の面積を測定する
```

図2　スキャナーを用いた葉面積測定のフローチャート

（中嶋孝幸）

[全体] 群落と成長

個体, 個体群, 群落

一般に, 個々の植物体を個体 individualと呼び, それが集団となったものを個体群 population, その植物集団を数種の生物の共同体として, または集団をひとつのまとまりとして考えるとき, 群落 community, stand, canopyと呼ぶ. 数種の植物集団を異種混合個体群と呼ぶこともあれば, 単一の作物集団を群落と呼ぶこともある. なお, キャノピーは草冠 canopy, すなわち植生地上部の主に葉や枝で形成される空間のことであるが, 個体群や群落の地上部をさすこともある.

植物集団の占有空間あるいは占有面積当たりにどれだけの数の個体が存在するかを表わすのが個体群密度 population densityで, 集団で生活する生物に個体群密度が及ぼす影響を密度効果 density effectと呼ぶ.

群落の成長は, 独立個体の成長を積算したものとは異なり, 個体群密度による密度効果を受ける. また, Boysen-Jensen(1932)は, 群落内の光の透過性が群落光合成に影響を及ぼすことを示した.

群落光合成 canopy photosynthesisは群落全体としての光合成で, 個体群光合成ともいう. 群落光合成による総生産量から呼吸量を引いたものが, その植物群落の純生産量となる. 群落光合成は, 群落を構成しているそれぞれの葉の光合成能力, および, それらの傾斜角度などによる群落の受光態勢, さらにLAI(葉面積指数)などによって規定される. それぞれの葉の光合成能力を高く維持するために施す窒素は, 過剰な場合, 過繁茂や受光態勢の悪化をもたらす. 葉色は葉内窒素含量の目安になるので, 葉色診断により適正な葉色を保つ必要がある.

群落構造と層別刈取法

群落内における個体の平面的な分布, 垂直的な階層構造, 成長の不均一化からおこる発育段階の異なる分布, 雑草や混播などからの種や品種の多様性などにより, 群落は複雑な構造をしている. 植物群落の地上部における空間的分布特性を群落構造(個体群構造, 草冠構造, canopy structure, canopy architecture)と呼ぶ. 門司・佐伯は群落構造と光の透過性を定量的にとらえる方法として層別刈取法 stratified clip methodを開発した. これは, 群落の一部を垂直方向に一定間隔で水平に刈り取り, 層位別に同化部と非同化部の乾物重, 葉面積を測定し, その生産構造を解析する方法である.

ここで, 生産構造 productive structureとは, 群落の構造を群落光合成速度に関連する要因に注目して定量化した構造のことである. その解析には, 門司・佐伯の層別刈取法による群落の生産構造を図式化した生産構造図 productive structure diagramが多くの研究者に利用されている. これは, 同化部と非同化部の垂直分布および垂直方向での光の減少を測定し, 一定の形式で図示するものである(図1).

この光の減少, 群落による光の吸収については, 層別刈取法において, 刈取り前に層位ごとに相対照度を測定し, 層別刈取り後の積算葉面積指数を用いて, 吸光係数を算出して数値化する.

この吸光係数 extinction coefficientとは, 群落内の葉による光の減衰特性を表わし, 溶液中の光強度の減衰特性を表わしたLambert-Beerの法則に則って算出したものである. 群落最上部の光の強さをI_0, ある高さの光の強さをI, その高さまでの層位の葉面積指数を積算したものをF, 吸光係数をKとすると, 次式が成り立つ.

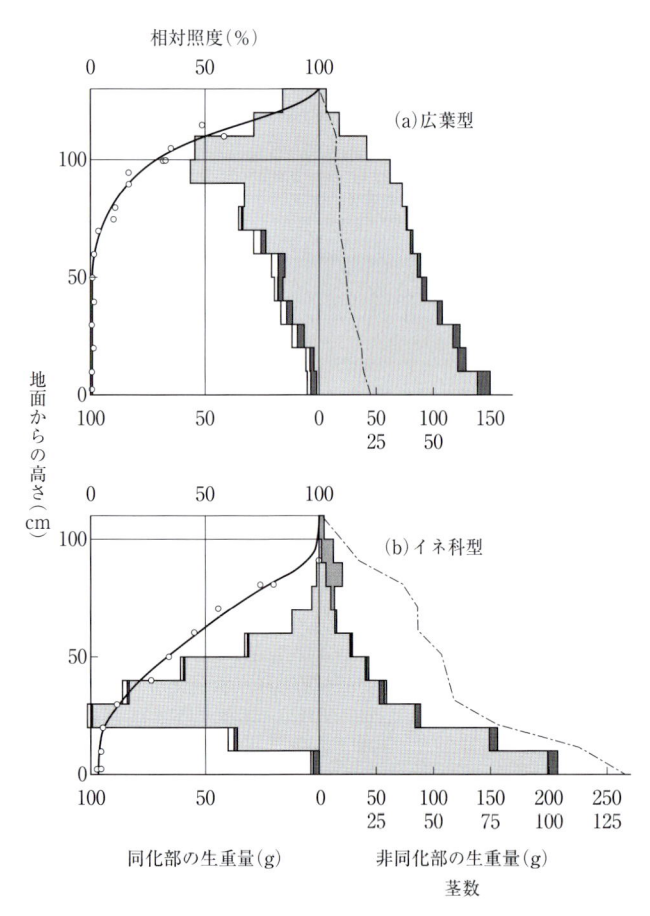

図1 生産構造図(Monsi and Saeki, 1953)
(a) 広葉型:アカザ 1949年6月28日午前
(b) イネ科型:チカラシバ 1949年9月28日午前

$$\frac{I}{I_0} = e^{-KF}$$

吸光係数が小さいほど光の透過性がよく,イネ科型群落では0.3から0.5,広葉型群落では0.7から1.0となる.吸光係数は受光態勢 light-intercepting characteristics, stand geometryの良否を表わす指標として用いられる.個体群の光の受け方を受光態勢と呼ぶが,受光態勢は光合成速度に影響を及ぼし,たとえば,同じLAIとなる群落でも受光態勢によって光合成速度は異なる.いかに群落の中まで光が入るのかが重要で,葉身傾斜角度が大きいほど,すなわち葉が立っているほど,光は群落内部まで浸透する.

周縁効果

周縁効果 border effectとは,作物を栽培している圃場の最外縁で作物の生育が内部のものよりも優れることで,周辺効果 marginal effectともいう.群落内部になるに従いこの効果は低くなる.風の影響や日射や養分などの競合が少ないために起こる.圃場試験においては,この周縁効果の影響を回避する必要があり,外側数列は調査対象としない.

成長曲線と成長モデル

植物の成長を近似するために用いる曲線.植物の成長は無限に大きくなるわけではなく有限である.そのため個体が大きくなればRGRも小さくなり,成長曲線 growth curveはS字形(状)曲線 sigmoid curveとなることが多い.

ロジスティック曲線 logistic curve Verhulst(1838)が人口モデルとして提案した.個体重wがある一定の上限値WをもつとするとRGRは次式のようになる(λは成長係数).

$$RGR = \frac{1}{w} \cdot \frac{dw}{dt} = \lambda \left(1 - \frac{w}{W}\right)$$

さらに上限値Wや成長係数λの時間的変動を考慮した一般ロジスティック曲線へと発展した(図2).

ゴンペルツ曲線 gompertz curve Gompertz(1825)が成人の死亡率曲線として提案したことから,S字形(状)曲線の後半をモデル化するのに適しているとされる(図3).

成長モデル growth model 上記成長曲線はすべて時間の関数として記述されているが,自然環境下では,気象や養水分などの影響を受けるため成長モデルとしては不十分である.成長モデルは,気象などの環境要因から生物プロセスおよびそれらの因果関係を,重量などの量的変化からモデル化したものである.光合成に必要なCO_2,光,H_2Oの観点からCO_2変換型モデル,放射量変換型モデル,H_2O変換型モデルの3つの区分で変換型モデルが提案されている.

作物成長モデル crop growth model 作物生産モデル,生育モデルとも呼ばれる.気象などの環境要因から,作物の生育,収量をモデル化したものをいう.生育,収量などと気象要因などの関係を統計的手法によってモデル化した統計的モデル(経験的モデル)と,環境要素と成長プロセスの因果関係をモデル化した機構的モデル(プロセスモデル)とに大別される.作物の発育段階により成長モデルが異なり,収穫部位への分配率も異なる.そのため機構的モデルでは,発育段階をモデル化した発育モデル,成長モデル,分配モデルの3つのサブモデルから構成される.

(中嶋孝幸)

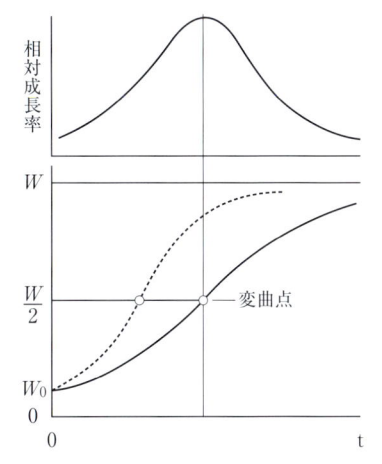

図2 ロジスティック曲線の性質(後藤・中村, 2002)
破線は,実際よりも成長係数(λ)が大きくなった場合. W:個体重(w)の上限値

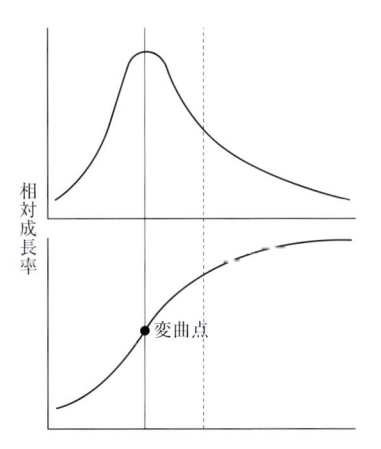

図3 ゴンペルツ曲線の性質(後藤・中村, 2002)

穂・花 [イネ科]

穂の構造

被子植物の生殖器官を花 flower といい，その集団または配列状態を花序 inflorescence と呼ぶ．イネ科の花序は穂 ear, head, panicle, spike と呼ばれ，穂の中央の主軸，すなわち穂軸 rachis への小穂（穂の構成単位）のつき方によって図1のように分けられる．穂状花序 spike では小穂が柄，すなわち小枝梗 pedicel を介さずに直接穂軸につく（コムギ，オオムギ，ライムギなど）．総状花序 raceme では小穂が小枝梗を介して穂軸につく．円錐花序 panicle では総状花序の軸がさらに分枝し，最終軸に小穂をつけ，穂全体の輪郭が円錐状をしている（イネ，エンバクなど．複総状花序 compound raceme ともいう）．

穂軸には節が存在し，最下位の節を穂首節 neck node of panicle (spike) と呼び，穂首節からその下の止葉節までを穂首 neck of panicle (spike) または穂首節間 neck internode of panicle (spike) という．穂状花序のコムギでは穂軸は約20節からなり，各節に小穂が互生する（頂部小穂だけはすぐ下の小穂に対して開度1/4で着生）．また，円錐花序における分枝を枝梗 rachis branch といい，穂軸の各節からの分枝を一次枝梗（1次枝梗）primary rachis-branch of panicle，一次枝梗の各節からの分枝を二次枝梗（2次枝梗）secondary rachis-branch of panicle と呼び，小穂が小枝梗を介してそれらに着生する．イネでは8〜15本の一次枝梗が，また一次枝梗の基部側数節から二次枝梗が形成される．

小穂の構造

小穂 spikelet は，穂を構成する単位で，基本的には中央の軸すなわち小穂軸 rachilla とそれに着生する1〜数個の小花 floret，そして小穂軸の基部に互生する2枚の葉状器官である護穎（包穎）glume からなる（図2）．基部側から第1護穎（包穎），第2護穎（包穎）と呼ぶ．イネやムギ類では，小花は外穎 lemma，内穎 palea と呼ばれる2枚の葉状器官に包まれるので，穎花 glumaceous flower ともいう．また，外穎の中央脈の先端や途中から剛毛状の突起が出るものが多く，これを芒 awn という．なお，小穂の護穎と内・外穎すなわち葉状器官をまとめて穎 glume と呼ぶことがある．

イネの小穂構造に関する最も一般的と思われる解釈は次のようになる．一つの小穂に内・外穎で包まれた完全な穎花が1個つく．その下に2枚の護穎と呼ばれる葉状器官がつくが，これらは退化した2つの穎花と考えられている．これらの下部に肉眼でようやく確認できる2つの突起がつく．これは副護穎 rudimentary glume と呼ばれ，退化した第1, 2護穎と考えられている（「種子」図1参照）．そして副護穎から下が小枝梗，上部が小穂で，小穂軸は非常に短い．また，イネでは小穂につく完全な穎花は1個なので，穎花の英語表記は spikelet（本来の意味は小穂）とすることが多い．

一般に，穂には登熟の良い強勢穎花 superior spikelet と悪い弱勢穎花 inferior spikelet とが着生するが，両者の境界は明確ではない．イネでは，二次よりも一次枝梗着生穎花，下位よりも上位枝梗着生穎花が強勢，コムギでは穂の中央の小穂が上下のものより，1小穂内（3〜5の穎花が着生）では基部の穎花が先端のものよりも強勢で，両者とも分化・開花が早いものほど強勢である．

穎花の構造

イネ科の穎花は基部側から外穎，内穎，鱗被，雄ずい，そして中央に雌ずいをつける（図2）．外穎は小穂軸に，他は小花の軸すなわち花托 torus の節につくが，花托は短すぎて判別できない．鱗被 lodicule は花弁に相当し，外穎側に通常2個つき，開花時期に給水して膨らみ内・外穎を押し広げる．雄性生殖器官である雄ずい（蕊）stamen はほとんどの種類が3本であるが，イネは6本である．雄性配偶体である花粉 pollen を内部に持つ葯 anther とこれを支える糸状の花糸 filament とからなる．

雌性生殖器官である雌ずい（蕊）pistil は1花に1本あり，基部側の膨らんだ部分が将来果実 fruit となる子房 ovary で，中に珠皮，珠心，胚のうで構成され，将来種子

図1 イネ科の花序の構造

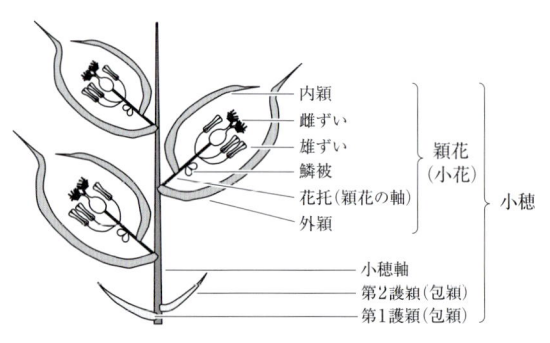

図2 小穂と穎花の構造

になる胚珠 ovuleがある．その上部が花柱 styleで，先端は2（タケ亜科は3）つに分かれ，おのおの羽毛状の柱頭 stigmaとなる．受粉後，花粉は柱頭で発芽し，花粉管 pollen tubeとなり花柱内を伸長する．

なお，トウモロコシの雄花序（雄穂）の穎花は，発生途中に雌性生殖器官が退化してできた雄花 male (staminate) flowerである．

花粉の形成と構造

イネでは，分化した葯は2つの大葯胞と2つの小葯胞とになる．葯胞内部の葯室には花粉母細胞 pollen mother cellが多数形成され，周りは葯壁に包まれる．出穂前12日頃には，花粉母細胞は収縮して減数分裂を行ない，4つの半数体細胞が密着した四分子 pollen tetradが形成されて四分子期 tetrad phaseとなる．

出穂前10日頃には四分子は分離し，のちに花粉へと発達する小胞子 microsporeとなり，葯壁の最も内側にある1層のタペート細胞 tapetal cell（タペート tapetum）（花粉に栄養を供給する働きをもつ）の内面上に並ぶ．この段階を小胞子前期 early microspore phaseという．また，四分子期から小胞子前期までを小胞子初期 young microspore stageといい，この時期の冷温により最も不稔となりやすい．なお，葉鞘の中に穂をはらんでいる時期を穂ばらみ期 booting stageといい，冷害危険期とされるが，厳密な意味での危険期は小胞子初期である．

出穂前7日頃には，小胞子の核が分裂し，小さな生殖核と大きな栄養核が形成され，出穂前6日頃には，生殖核はさらに分裂して2個の精核 sperm nucleus（雄核 male nucleus，精細胞 sperm cell）すなわち雄性配偶子の核となり，小胞子は未熟な花粉となる．その後，開花に向かってデンプンなど内容が充実してゆく．

子房の発達と構造

イネの子房原基では，出穂前18日頃に雌ずい原基の基部周囲に子房壁原基が分化し，雌ずい原基の頂端部が胚珠原基へと分化する（図3-1, 2）．子房壁原基は胚珠原基を包み込んでゆく（図3-3）．胚珠原基の基部に将来胚珠の外周部となる珠皮 integumentの原基が分化する．胚珠原基の頂端の表皮の内側の1個の細胞がとくに大きく発達し，胞原細胞となり（図3-4），将来雌性配偶子すなわち胚のう（嚢）embryosacへと発達する．

一方，珠皮原基は内・外珠皮の2枚となり，胚珠中央部を包み込んでゆく（図3-5, 6）．その外側で子房の外壁である子房壁 ovary wallは胚珠上部で融合し，柱頭へと発達する（図3-5）．胞原細胞はさらに大きく長方形となり，胚のう母細胞 embryosac mother cell（胚のうに発達）に分化する．

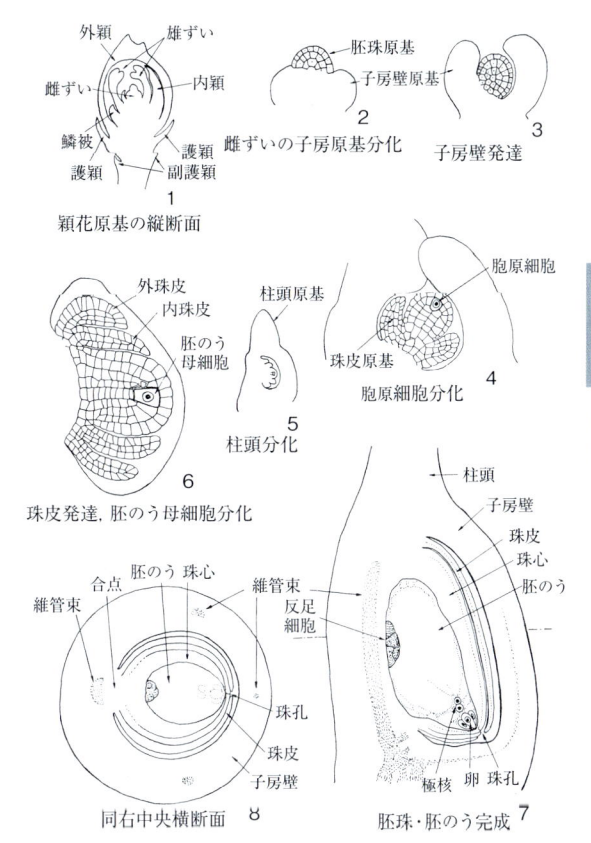

図3　イネにおける子房の発達と構造（星川, 1975）

胚珠は内部に胚のうを発達させながら大型となり，胚のう周辺の細胞は珠心 nucellusとなり，胚のうを保護する．また，内・外珠皮は胚珠頂端部を除いてすべて包み込むように発達する．この胚珠頂端部の孔が珠孔 micropyleである（図3-7, 8）．

一方，胚のう母細胞は減数分裂をして4つの半数体の細胞となるが，うち3つは退化し，残った細胞が胚のう細胞となる．胚のう細胞は3回の核分裂を経て出穂前4日頃には8核となる．最も珠孔よりの核が発達して卵細胞 egg cellとなり，2核が助細胞 synergidとなって卵細胞の両脇に並ぶ．残りの5核のうち，2核が中央に集まり，極核 polar nucleusと呼ばれる中央細胞 central cellの核となり，3核が珠孔と反対の側で反足細胞 antipodal cell, antipodeとなる．反足細胞はさらに分裂し，反足組織となる（図3-7, 8）．このようにして胚のうは開花前日に完成する．受粉後，卵細胞は1個の精核と受精し胚 embryoに，2個の極核はもう1個の精核と受精して胚乳 albumenになる．

（中村貞二）

花房・花 [マメ科]

花

花の構造 マメ科作物は蝶型の花をつける．図1にダイズの花を示す．花は毛茸 hair の密生する萼 calyx に包まれている．萼は5つの萼片 sepal から成るが，萼片の下部は筒状に合着している．この筒状の部分を萼筒 calyx tube と呼ぶ．花弁 petal の集まりである花冠 corolla は，1枚の旗弁 standard (vexillum)，2枚の翼弁 wing (ala)，および2枚の竜骨弁（舟弁）keel (keel petal, carina) で構成される．これら5枚の花弁は合着しないで，離弁花冠を成している．ダイズの花弁の色は，紫，赤紫，白などである．

雄ずい（蕊）stamen は10本で，雄ずいのうちの9本は基部が癒合し，最後に発生する1本だけが独立している．雄ずいの糸状の部分は花糸 filament と呼ばれ，その先端に葯 anther がある．それぞれの葯は2室に分かれ，さらにそれぞれの室は2つにくびれている．葯は花粉 pollen を内包している．雄ずいに囲まれて，雌ずい（蕊）pistil が1本ある．雌ずいの基部には子房 ovary があり，中間部には花柱 style があり，先端には柱頭 stigma がある．子房の基部と花糸の基部の間には蜜腺 nectary がある．

ダイズ以外のマメ科作物も，花の構造はダイズに類似している．リョクトウの花は同属のアズキによく似ており，ダイズより大型で，花弁の色が黄色，ダイズの花柱が無毛なのに対して毛茸があるなどの点でダイズと異なるが，花弁の数と種類，雄ずい，雌ずいの数などの基本的構造はダイズと同一である（図2）．

子房の内部 子房内には胚珠 ovule がある．ダイズの場合，図3のように，1つの子房内の胚珠数は1～5個であるが，リョクトウでは20個に達することもある．それぞれの胚珠は珠皮 integument に包まれた1個の胚のう（嚢）embryosac をもっている．珠皮には珠孔 micropyle と呼ばれる開口部がある．

胚のうの珠孔側には1個の卵細胞 egg cell とその両脇に2個の助細胞 synergid がある（図4）．また，胚のうの中央部には2個の極核 polar nucleus があり，胚のうの珠孔と反対側には3個の反足細胞 antipodal cell (antipode) がある．2個の極核は開花前に融合して中心核 central nucleus をつくり，反足細胞は成熟した胚のうでは退化している．

花芽分化 ダイズの花芽分化が顕微鏡で確認できるのは開花から25～30日前で，葉腋にある円錐状成長点のわきから苞葉 bract leaf が分化・成長することにより，これが分枝ではなく花芽であることがわかる．苞葉の成長に続いて，小苞葉，萼片の順に分化が進む．次いで花弁が分化するが，花弁の成長は遅いため，これが小突起の状態で留まるうちに，雄ずい，雌ずいの分化が進む．雌ずいに胚珠の原基が分化する頃から花弁の成長が盛んになるとともに，開花に向けて雄ずい，雌ずいの内部の分化が進んでいく．

開花と受粉・受精 ダイズは午前8時頃を中心として，ほとんど午前中に開花し，受粉は通常，開花直前に蕾の中で行なわれる．開花時期の気温が低いなど，環境条件によっては受粉だけ行なわれて開花しないことがあり，閉花受粉と呼ばれる．

受粉の時点では雄ずいが伸びて葯が雌ずいの柱頭付近に達しており，葯が裂開して飛散した花粉が柱頭に付着し，高い率で自家受粉する．花粉が柱頭に付着すると，花粉管 pollen tube が伸長する．花粉管が花柱内を伸長する過程で，雄原核が分裂して2個の精核 sperm nucleus を形成する．花粉管の先端は珠孔から胚のう内に入る．伸長した花粉管の先端部には花粉管核 pollen tube nucleus と2個の精核があり，胚のうに入った花

図1 ダイズの花の構造
a：開花時の正面図，b：萼，c：雌ずい，d：子房，e：花柱，f：柱頭，g：雄ずい，h：花糸，i：葯，j：翼弁，k：竜骨弁，l：旗弁

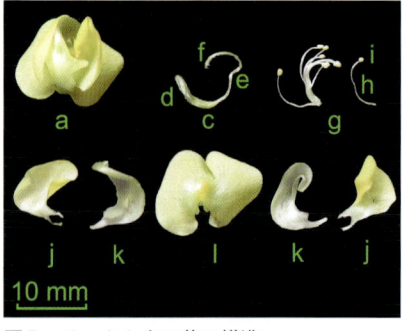

図2 リョクトウの花の構造
a：開花時の正面図，c：雌ずい，d：子房，e：花柱，f：柱頭，g：雄ずい，h：花糸，i：葯，j：翼弁，k：竜骨弁，l：旗弁

粉管から精核が放出される．精核のうちの1個は卵細胞内に進入し，雌雄の配偶子が合体して胚 embryo になる．もう一方の精核は，胚のう内の中心核と融合して胚乳 albumen を形成する．これを重複受精 double fertilization と呼ぶ．受粉から重複受精完了までは8〜10時間を要する．

子房内に複数の胚珠がある場合には，花粉管が早く到達する柱頭に近い頂部の胚珠が先に受精し，基部の胚珠は遅れて受精する．ダイズでは受精後しばらくすると胚乳に蓄積された養分は子葉に吸収され，成熟期には胚乳は2〜3層の胚乳細胞の痕跡のみになる．

花房，花序

花序のタイプ　花房 flower cluster とは花が集合したものである．ダイズでは，主茎，分枝の先端と葉腋に花房を生じる（図5）．花序 inflorescence は花の配列状態を意味する用語であるが，花房そのものを花序と呼ぶ場合もある．

花の配列状態を大別する方法として，花房内で開花が基部から頂部へ，または周辺から中心へ進行する花序を無限花序 indeterminate inflorescence，開花が頂部から基部へ，または中心から周辺へ進行する花序を有限花序 determinate inflorescence と定義する分類法がある．ダイズの個々の花房内では，基部から頂部へと開花が進行するため，ダイズの花序は無限花序である．

ダイズの花は小花柄（小花梗）pedicel を介して花房の主軸である花柄（花梗）peduncle に互生している．花序の分類法として，花軸の分枝型で階層的に区分する方法があるが，これに従えば，ダイズは花序が1種類である単一花序 simple inflorescence のなかの，主軸（花柄）に複数の花が1個ずつつく総穂花序 botrys のなかの，個々の花がほぼ等しい長さの小花柄を介して間隔をあけて主軸につく総状花序 raceme に属する．

リョクトウ，アズキの花房は，葉腋から生ずる長い花柄の先端近くに短い小花柄を介して数個〜十数個の花がつく（図6）．一見ダイズとは異なるような形態をしているが，花序の分類ではダイズと同じく無限花序であり，総状花序である．

花房の開花順序　ダイズ1個体の開花期間は通常2〜4週間程度であるが，ダイズの品種・系統は，個体の開花が始まって3〜9日後に主茎頂端部の花房の開花が始まり，主茎の伸育が止まる有限伸育型 determinate type，個体の開花開始後も主茎の伸育が長期間続く無限伸育型 indeterminate type と，両者の中間的な半無限伸育型 semi-determinate type に分類される．

有限伸育型の場合には，主茎の中位からやや上の節の花房が最初に開花し，それから上位および下位に向かって各花房が順次開花していく．一方，無限伸育型の場合には，主茎の下から4〜5節目の花房が最初に開花し，主茎の伸育に伴って上位に向かって花房が順次，発生・開花し，頂端部は花数の少ない花房になる．

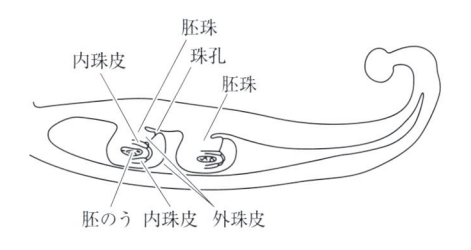

図3　ダイズの子房の内部（カールソンとラーステン，1987）

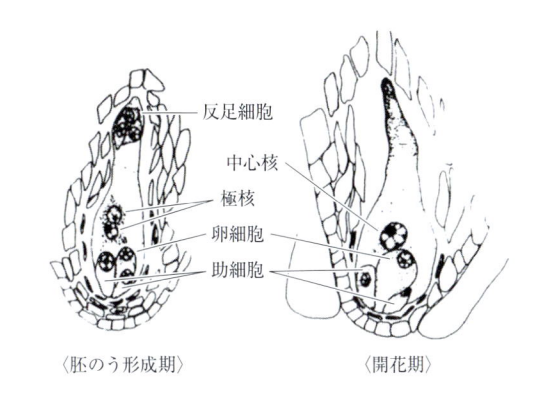

図4　ダイズの胚のうの内部（カールソン，1973）

図5　ダイズの花房

図6　リョクトウの花房

花房当たり開花数　ダイズの花房当たりの花数は，有限伸育型のほうが無限伸育型に比べて概して多く，特に頂端部の花房は多数の花をもつ．花房当たりの花数は最大10程度の品種・系統が多いが，まれには30以上の品種・系統もある．一方，1個体の中には小突起状の花柄に1〜2個のみの花をつける小さな花房も多い．

各葉腋に最初に発生した花房を一次花房と呼ぶが，一次花房の基部の片側または両側には，二次〜五次の花房が順次発生する．何次の花房まで発生するかは，品種・系統や主茎，分枝の別，花房の発生する節位，環境条件などにより異なる．三次以上の花房では，花房当たりの花数は通常少ない．なお，花房を次位別に分類する場合には，主茎および分枝の頂端部の花房は0次花房と定義することが一般的である．

（高橋 幹）

種子［イネ科］

受精後に子房が発達したものを果実 fruit, 子房内の胚珠が発達したものを種子という．イネ科では子房壁から発達した果皮が薄い膜状となり，珠皮から発達した種皮（種子を覆う皮膜）に密着し両者は一体化し，果実があたかも種子のようにみえる．これらはとくに穎果 caryopsis と呼ばれる．また，イネ科の果実は子実（穀実，穀粒）grain とも呼ばれる．

なお，穎果から種子だけを分離することは難しいので，イネ科作物では穎果，またはそれに内・外穎などが付随したもの（イネの籾など）を「たね」として用いる．そして，これらを農業上（広義には）種子と表記することも多い．イネ科作物の穎果の基本的構造は同じなので，付随物があるイネの種籾を中心に説明する．

種籾の構造

種籾 rice seed は，2枚の穎が両縁で重なり合い，堅く鉤合して穎果を包んでいる（図1）．重なった部分で内側になるのが内穎，外側となるのが外穎で内穎よりも基部側になる．外穎は先がとがって芒となる．内・外穎はごく短い小穂軸（正確には内穎は花托に，外穎は小穂軸）につき，その下部に一対の短い護穎がある．さらにその下部に副護穎と呼ばれる一対の突起があり，その下が小枝梗となり一次または二次枝梗についている．

脱穀すると小枝梗の部分で折られ，籾 rough rice, unhulled rice と呼ばれる．つまり，籾は玄米に小穂軸，内・外穎，護穎，副護穎，小枝梗の一部がついたものである．しかし，インド型などでは，穎果の成熟が進むと護穎の基部に離層ができて自然に脱離する場合があり，この場合の籾には副護穎と小枝梗の一部は含まれない．

なお，イネでは穎果（子実）を玄米 brown rice, hulled rice, husked rice と呼ぶ．籾の玄米以外の部分をすべて含めて籾殻 hull, husk, chaff と呼ぶ．

穎果の構造

果皮，種皮　イネの穎果（子実，玄米）の表面は，子房壁から発達した薄い果皮 pericarp に包まれる．果皮は外側から1層の外果皮（表皮），数層の中果皮，1層の内果皮（下表皮）からなる（図2）．中果皮のほとんどの細胞は内容や細胞壁が崩壊して海綿状となっているが，最内層の細胞だけは穎果の縦軸に直角，つまり横方向に伸長した形態を示し，横細胞と呼ばれる．この細胞中には登熟中期に葉緑素が形成されるため穎果は緑色を呈する．内果皮（下表皮）は穎果の縦方向だけに伸長し，細胞壁は木化しており，管細胞と呼ばれる．なお，果皮には背部（内穎側）に1本，腹部（外穎側）に1本，側部に2本，計4本の維管束が走向し，胚乳へ貯蔵物質を輸送する．背部の維管束が最も発達している．

果皮の内側に接して種皮 seed coat があり，これよりも内側を植物学的（狭義）には種子 seed と呼ぶ．種皮は内珠皮から発達したものであるが，成熟した穎果では細胞は崩壊し押しつぶされた細胞の残骸となっている．外珠皮は受精後早期に退化する．種皮の内側は珠心表皮 nucellar epidermis である．胚のうを取り囲んでいる珠心は受精後の胚のうの発達時に消化されて消失するが，最外層の珠心表皮（外胚乳ともいう）は残り，押しつぶされた層となって種皮と癒着する．成熟粒では種皮と珠心表皮とを合わせて種皮と呼ぶこともある．なお，果皮や種皮の内部構造はムギ類など他のイネ科作物も基本的にはイネと同様である．

胚，胚乳　開花受粉後，花粉内の2個の精核が胚のうに達して，1個は卵細胞と，他の1個は2個の極核と受精し（重複受精 double fertilization），それぞれが発達したものが胚 embryo と胚乳 albumen である．

イネでは，胚は長さが約2mmで，穎果の腹側（外穎側）基部に位置する次世代の幼植物体である（図3）．胚が胚乳と接する部分は胚盤であり，発芽の際に胚乳養分を吸収する．胚の上部に幼芽，下部に種子根の原基が1つある．幼芽は芽鱗と前鱗に保護され，鞘葉，第1葉，第2葉，第3葉までの原基がすでに分化している．種子根は胚盤から連なる根鞘に覆われ，保護されている．他のイネ科作物も，胚乳と胚の基本的な内部構造はイネとほぼ同様である．なお胚における分化葉数や種子根数

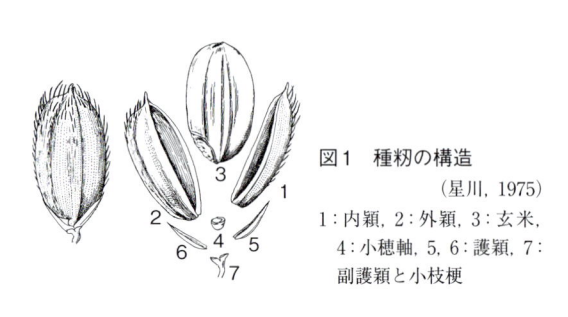

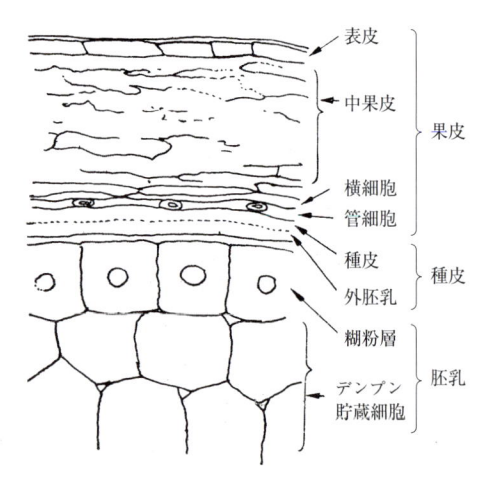

図1　種籾の構造
(星川, 1975)
1：内穎，2：外穎，3：玄米，4：小穂軸，5, 6：護穎，7：副護穎と小枝梗

図2　玄米周辺部の横断面 (星川, 1975)

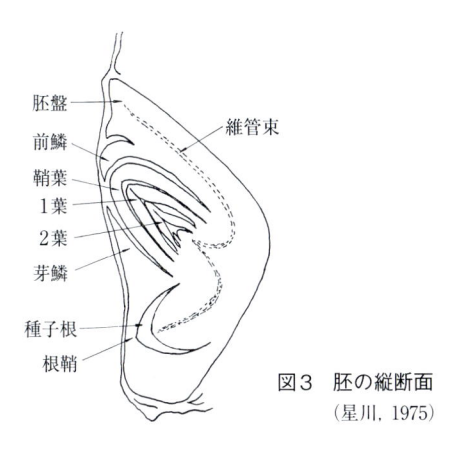

図3　胚の縦断面
（星川，1975）

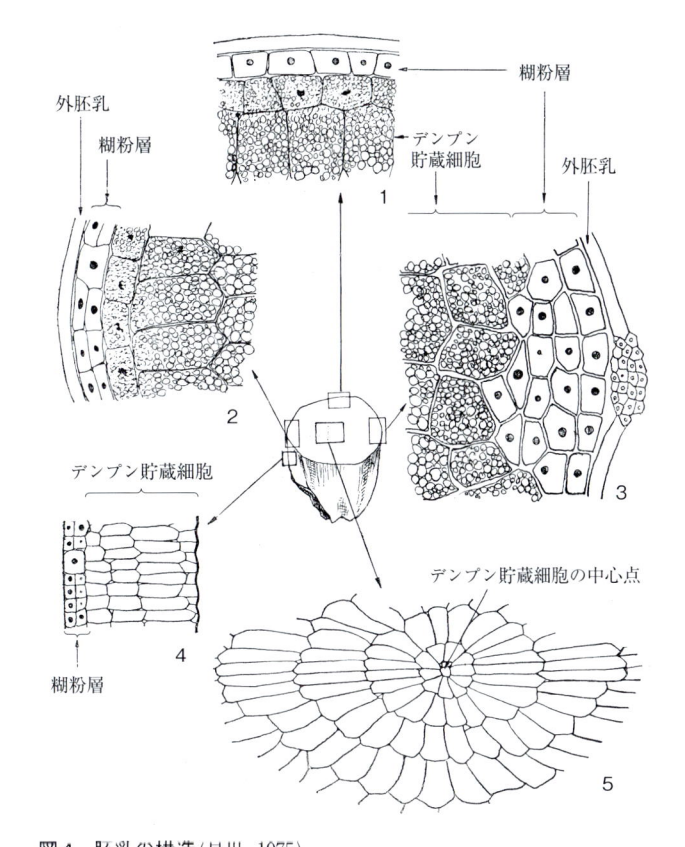

図4　胚乳の構造（星川，1975）
1：側部横断面，2：腹部横断面，3：背部横断面，4：腹部縦断面，5：中心部横断面

は作物によって様々である．

イネ，エンバク，コムギ，オオムギなどは受精後10日目頃には胚は形態学的に完成し，発芽力をもつようになるが，その後成熟するにつれてどのような好適条件下に置いても発芽しなくなる．このような現象を**休眠** dormancyという．休眠期間は数日から数か月に及び，休眠の浅い品種は穂発芽しやすい．また，収穫した種子で休眠しているものを**休眠種子** dormant seedという．

イネの胚乳の構造を図4に示した．胚乳の外表面は**糊粉層** aleurone layerとなる．糊粉層は細胞壁が厚く内部にタンパク性の**糊粉粒** aleurone grainを有する**糊粉細胞** aleurone cellからなる．側部では1層，腹部では1～2層，背部では5～6層であるが，胚と接する部分には糊粉層は発達しない．糊粉層の内部は薄い細胞壁をもったデンプン貯蔵細胞で，内部にはデンプン粒が充満している．なお，種子植物の雌性配偶体である胚のうに起源をもつ胚乳を**内乳(内胚乳)** endospermという．一方，胚珠の珠心など母性組織から発達した胚乳は**外乳(外胚乳，周乳)** perispermという．よって，イネ科の胚乳は内乳である．なお，他のイネ科作物の胚乳の基本的な内部構造はイネと同様であるが，胚乳全体，または穎果の形は作物によって異なる．

粒質　登熟が完全に行なわれ，イネ科作物の種類や品種の特性である粒形を十分に発揮している穀粒を**完全粒** perfect grainという．なお，同様な用語として**整粒** whole grainがある．それ以外の形，大きさ，色などに異常が認められるものを**不完全粒** imperfect grainという．イネのうるち米では，完全粒(完全米)は籾殻いっぱいに肥大し，左右，上下均整のとれた形で側面の縦溝が浅く，全体が透明で表面に光沢がある．不完全粒(不完全米)は未熟粒(白未熟粒，青未熟粒など)，被害粒(胴割粒，奇形粒など)，着色粒(全面着色粒，部分着色粒など)，死米(白死米，青死米など)に大きく分けられる．

多胚種子 multigerm seed　複数の胚が形成された種子をいう．また，このような現象を**多胚** polyembryonyという．通常，1個の種子(狭義)には受精により1個の胚(有性胚)が形成されるが，これに加えてカンキツ類などでは珠心細胞などから発生した無性胚が形成され，1個の種子に複数の胚が形成される場合がある．また，テンサイでは種球と呼ばれる果実が種子(広義)として用いられるが，種球は花房を形成する数個の花が，受精後果実に成長する段階で合体した集合果である．よって複数の真の種子(真性種子)をもつ．カンキツ類と異なり，植物学的な意味での多胚ではないが，種球は通常多胚種子として扱われる．なお，イネ科はすべて単胚である．

種苗法 the Plant Variety Protection and Seed Act
植物の新品種育成に対する保護を定めた法律であり，育成者はその品種を登録することで，その品種を育成する権利(育成者権)を占有できることが定められている．種子や苗の増殖，販売や提供，輸出などを行なうためには育成者権者の許可が必要となる．

（中村貞二）

莢と種子 [マメ科]

莢とその形状

莢 マメ科植物の種子(子実)を覆う殻状の組織が莢 legume, pod で，子房 ovary から発達した部分である．莢の発達は受精後の子房の肥大によって開始される．肥大中の若莢の壁は毛のある表皮，発達した維管束 vascular bundle をもつ柔組織，内果皮になる薄い柔組織層から構成される．

莢は成熟するにしたがって外表皮が厚膜化し，厚いクチクラ cuticle が発達する．外表皮の表面には多くの気孔 stoma があり，気孔は内部の柔組織と通じている(図1)．また若莢は葉緑体 chloroplast を含むため，ほとんどの若莢の色は緑または淡緑である．このためマメの若莢は世界各地で野菜として利用される．

野菜として利用されるマメはインゲンマメ common bean: *Phaseolus vulgaris* (L.)，エンドウ pea: *Pisum sativum* (L.)，シカクマメ winged bean: *Psophocarpus tetragonolobus* (L.) DC，ツルアズキ rice bean: *Vigna umbellate* (Thunb.) Ohwi & Ohashi，ライマメ butter bean, lima bean: *Phaseolus lunatus* (L.)，フジマメ hyacinth bean: *Lablab purpureus* (L.) Sweet，ジュウロクササゲ（三尺ササゲ，ナガササゲ）yardlong bean: *Vigna unguiculate* (L.) Walpers cv-gr. *sesquipedalis* E. Westphal などがある．このうちシカクマメ，ツルアズキ，ジュウロクササゲは東南アジア諸国で，フジマメはインドおよび東南アジア諸国で，ライマメは主に南米で利用される．日本ではエンドウマメの若莢をサヤエンドウ，インゲンマメの若莢をサヤインゲンと呼び野菜として利用している．なお関西地方の一部の地域ではフジマメを「インゲン」と呼び，若莢を野菜として利用している．

莢は完熟すると黄色または褐色に変化する．莢は背側と腹側の縫合線 suture で結合し，莢が成熟すると背側から裂開し，内部の完熟種子が外へはじき出される．

莢の形状 マメの種によって円筒形，刀形，弓形など多様である．中国ではソラマメ broad bean: *Vicia faba* L. を蚕豆と呼ぶが，これは莢の形状が蚕の幼虫に似ていることに由来する．またナタマメ sword bean: *Canavalia gladiate* (Jacq.) DC. は莢の形状が刀または鉈に似ているため，ナタマメと名付けられた．

莢の横断面の形状も種によって円形，楕円形，四角形など多様である．熱帯原産のシカクマメの和名は莢の横断面の形状に由来する．また，莢の長さもマメの種によって2～120cmと多様である．ジュウロクササゲの和名は，莢が通常のササゲ cowpea: *Vigna unguiculata* (L.) や近縁のインゲンマメよりも著しく長いことに由来する．

種子

種子 seed 種子は胚珠 ovule が成熟したもので，種皮，胚，胚乳から構成される．マメ科の種子は莢の中で成熟する．

種子の形状 種子の形状はマメの種によって円形，腎臓形，楕円形，長楕円形など多様である．ヒラマメ（レンズマメ）lentil: *Lens culinaris* Medik. は種子の平たいレンズ状の形状から名付けられた．ヒヨコマメ chickpea: *Cicer arietinum* (L.) は種子の形状がヒヨコの頭部の形状と似ているため chickpea と名付けられた．また種子の大きさはマメの種によって小さいものは数ミリ，大きいものは3～4cmと多様である．

胚 embryo 種子のなかで最も重要な部分が胚で，子葉 cotyledon，下胚軸(胚軸) hypocotyl，および幼根で構成される．胚は胚珠の中で受精した卵細胞の分裂によって形成される．

胚乳 albumen 植物学上，内胚乳と外胚乳とに分けられる．内胚乳は被子植物の重複受精によって生じた組織で，外胚乳は珠心組織から発達した組織である．

マメ科植物の種子には，イネ科植物の種子(穎果)のような発達した胚乳組織は認められない．マメ科植物のように成熟種子に胚乳の発達が認められない種子を無胚乳種子 exalbuminous seed と呼ぶ．無胚乳種子の胚乳は胚の発達に伴って崩壊あるいは退化するか，最初から胚乳が形成されない場合がある．たとえば，ダイズ

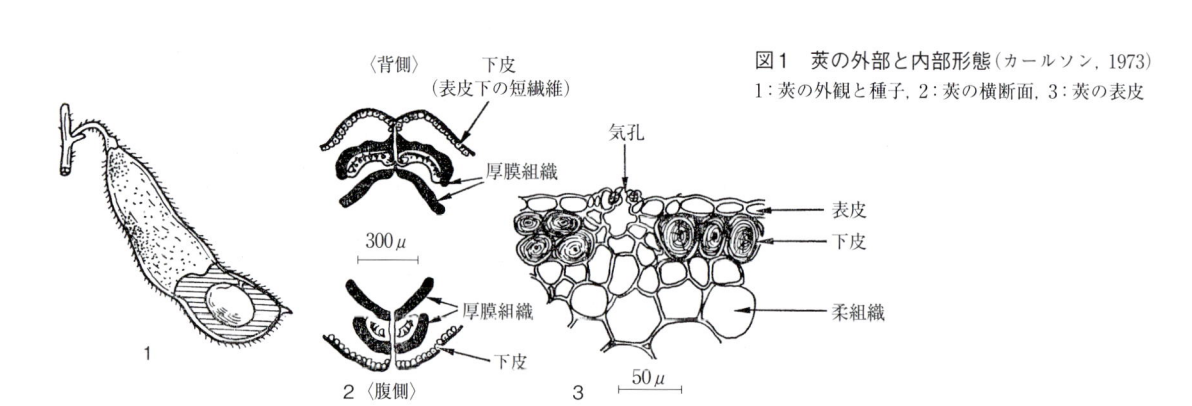

図1 莢の外部と内部形態(カールソン, 1973)
1：莢の外観と種子，2：莢の横断面，3：莢の表皮

の胚乳組織は種皮の直下に残存しているだけである.

100(百)粒重 hundred-seeds-weight　100粒の種子の重さを測定した値である. 100粒重の算出は100粒の風乾させた成熟種子(水分16%以下)を2反復で測定し, 得られた値の平均値を100粒重(g)とする.

マメ科植物の種子の外部形態は多様である. 最も特徴的な外部形態は, 種皮, 珠孔(発芽孔), 臍(へそ), 縫合線である(図2).

種皮 seed coat　珠皮から発達した組織で, その構造は珠皮 integument の厚さと数, 維管束 bundle の配列, 胚珠の特徴, 機械細胞の分布, 色素の沈着などの組合わせによって決定される. 珠皮は胚珠を構成する組織で, 外珠皮 outer integument と内珠皮 inner integument とに分けられる. ダイズの場合, 種皮はクチクラ層, 外珠皮から由来した厚膜化した細胞で構成される柵状層, 砂時計型細胞, および海綿状組織 spongy tissue で構成される(図3). また種皮の直下には前述した胚乳組織がある.

臍(へそ) hilum　臍は胚珠へ貯蔵物質を送るための珠枝 suspensor が付着していた部位で, マメの種によって大きさと形状が異なる. このため臍の大きさと形状はマメの種の同定に利用される.

珠孔 micropyle　胚珠の先端にある珠皮の開口部である. 受精の際に花粉管 pollen tube が侵入する部位である. 珠孔は発芽孔となる.

幼根 radicle　胚を構成するひとつの部位で, 発芽時に根となる.

発芽

マメ科植物の種子は発芽時に上胚軸 epicotyl と下胚軸(胚軸) hypocotyl と呼ばれる部位が伸長する(図4).

エンドウでは, 子葉着生部の上・下の茎的部分がそれらにあたる. マメ科植物には上胚軸を伸長させる種と, 下胚軸を伸長させる種とがある. 上胚軸の先端には茎や葉を成長させる頂端(茎頂)分裂組織があり, 下胚軸の先端には根を成長させる頂端(根端)分裂組織がある. アズキ adzuki (azuki) bean, エンドウ pea は発芽時に子葉を地中に残したまま上胚軸と下胚軸を伸長させて出芽し, その後, 初生葉 primary leaf, 本葉(普通葉) foliage leaf を展開する. このような発芽形態の種を地下子葉型 hypogeal cotyledon という. 一方, ダイズ soybean などは下胚軸を伸長させ, 子葉を押し上げて出芽させ, その後, 初生葉, 本葉を展開させる. このような発芽形態の種を地上子葉型 epigeal cotyledon という.

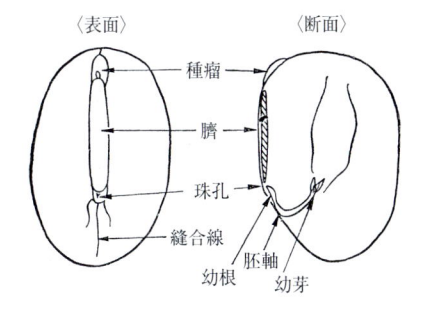

図2　アズキ種子の形態(十勝農試, 1972)

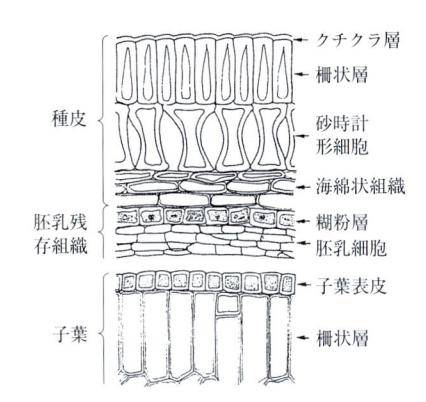

図3　ダイズ種子の構造(星川, 1980)

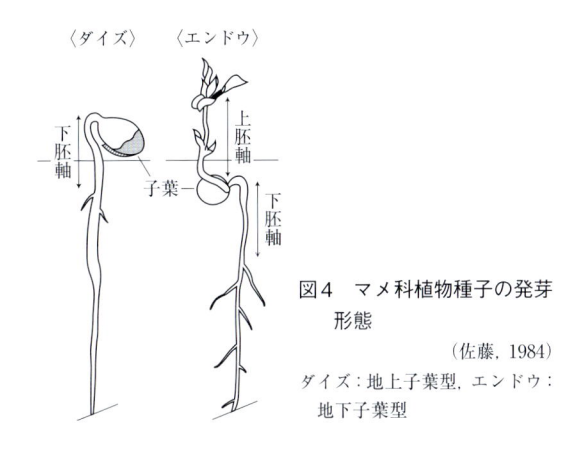

図4　マメ科植物種子の発芽形態
(佐藤, 1984)
ダイズ:地上子葉型, エンドウ:地下子葉型

子葉は, 発芽後の幼植物に最初に展開する葉の総称である. イネ・コムギなどの単子葉植物では1枚, マメ科植物など双子葉植物では2枚である. 初生葉は, 子葉展開後に最初に展開する葉のことをいう.

(柏葉晃一)

根 [イネ科]

根の種類

種子根 seminal root 胚に形成された根を**幼根** radicle という。幼根は胚では鞘状の構造物である**根鞘** coleorhiza にとり巻かれているが、播種後成長してこれを破って出現する。出現したものが種子根で、本数は種によって異なる。イネやトウモロコシでは1本、エンバクでは3本、6条オオムギでは5本と一定であるが、コムギやライムギでは3〜6本、2条オオムギでは7〜8本と幅がある。

種子根は、発芽後の初期生育における養水分の吸収や個体の支持にかかわる重要な器官である。また、トウモロコシやムギ類などでは一般に、根系を構成する根のなかで最も長く伸び、個体の生育後期まで積極的な機能を果たす。

冠根 crown root 根以外から形成される根は**不定根** adventitious root とよばれ、冠根もその一種である。分裂能力を回復した茎の内鞘に原基が形成され、成長して出現する。茎をとり囲んで冠状に出現することから、冠根とよばれる。また、伸長茎部で明らかなように、節の近くから出現することから**節根** nodal root ともよばれる。

分枝根 branch root（**側根** lateral root） 種子根や冠根から分枝した根である。側根はもともと双子葉植物の**主根** taproot, main root に対して用いられていたが、近年は単子葉植物の分枝根も側根とよぶ場合が多い。種子根や冠根から分枝したものが**一次分枝根** primary branch root（**一次側根** primary lateral root）、一次分枝根から分枝したものを**二次分枝根** secondary lateral root（**二次側根** secondary lateral root）とよぶ。

支持根（支根, 支柱根） prop root, brace root 地面より上の露出した茎の部分から出現して土中に入る不定根で、作物体を支える役割を果たす。気根の一種。トウモロコシ、ソルガム、浮きイネなどでしばしば認められる。

気根 aerial root 地面より上の空中にある根の総称。地面より上の露出した茎の部分から出現する根と、土中から上向きに伸びて地面より上に出る根とがある。支持根は気根の一種。

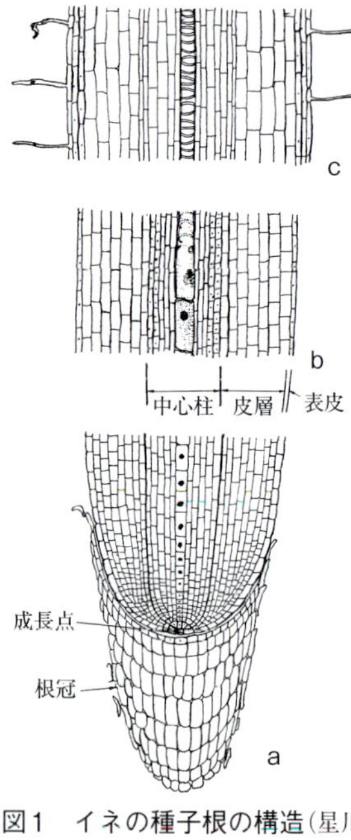

根の構造

・組織

根の構造は根の種類にかかわらず基本的に同じで、根冠と根体とからなる。根冠と根体を含む根の先端部分は**根端** root apex とよばれる。

根冠 root cap 根体の先をおおい、土壌との接触による物理的な刺激から根体先端部を保護する。老化した組織は脱落する。根冠の細胞をつくり出す分裂組織は、根体の先端中央の数個の細胞群である。

根体 root body 根体は、先端から基部側に向かって、**分裂帯** root apex zone, **伸長帯** elongation zone, **成熟帯** maturation zone に分けられる（図1）。分裂帯では**成長点** growing point（**根端分裂組織** root apical meristem）部分の数個の細胞が盛んに分裂し、将来、表皮、皮層、中心柱となる細胞をつくる（図2）。これらの細胞は根の長軸方向に分裂を繰り返す。伸長帯では細胞分裂は起こらず、細胞は長軸方向に伸長し、これによって根が長軸方向に伸びる。細胞の内容物も充実し、中心柱では原生木部や原生篩部などの維管束組織も形成される。成熟帯では細胞の長さが決定し、**根毛** root hair や分枝根が形成される。根毛は表皮細胞の一部が外側に突出した単細胞である。

・内部形態

成熟した根の内部形態は、根の種類にかかわらず基本的に同じである（図3）。横断面で最も外側が表皮であり、その内側には皮層が、さらにその内側には中心柱がある（図4）。

表皮 epidermis, **外皮** exodermis, **厚壁細胞** sclerenchyma cell 表皮は基本的に1層の細胞である。根の伸長にともなう土壌との接触によって、破れたり剥離したりするものが多い。その場合は、そのすぐ内側の外皮やさらに内側の厚壁細胞が根を保護する。

皮層 cortex 皮層は外側から外皮、厚壁細胞層が並び、その内側に大きな空隙の層が形成

図1 イネの種子根の構造（星川, 1975）
a：分裂帯, b：伸長帯, c：成熟帯

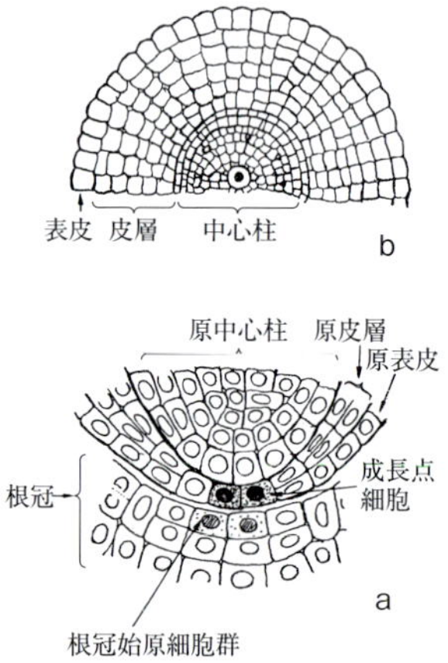

図2 種子根の根端部分
（星川, 1975）
a：成長点と根冠部, b：横断面

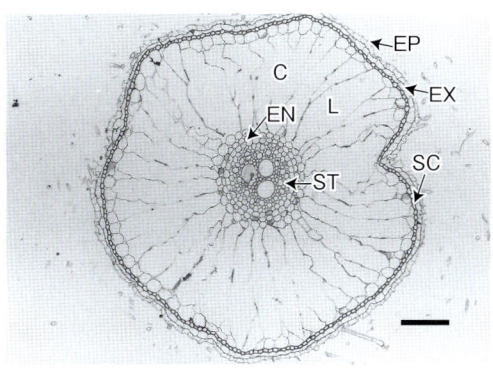

図3 イネの冠根の横断面（光学顕微鏡，スケール：100μm）
（新田原図）
C：皮層，EN：内皮，EP：表皮，EX：外皮，L：破生通気組織，SC：厚壁組織，ST：中心柱

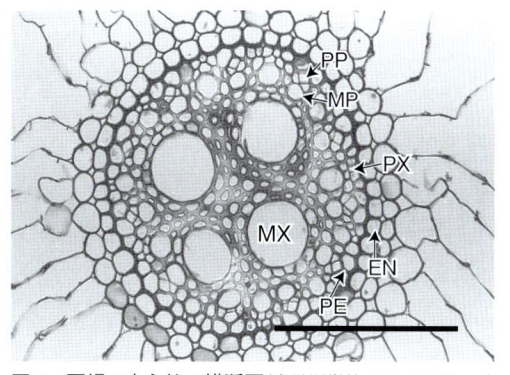

図4 冠根の中心柱の横断面（光学顕微鏡，スケール：100μm）
（新田原図）
EN：内皮，PE：内鞘，MP：後生篩部，MX：後生木部，PP：原生篩部，PX：原生木部

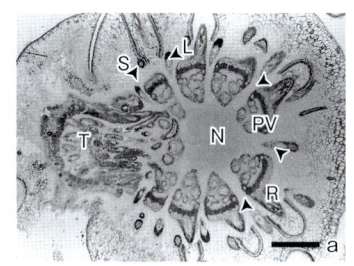

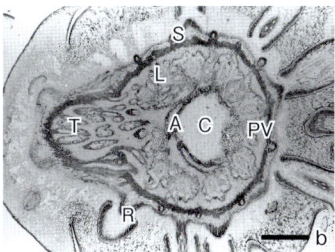

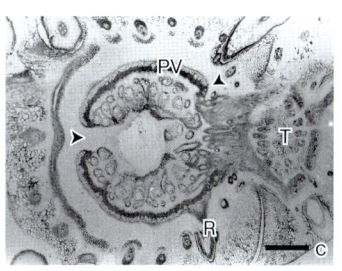

図5 イネの不伸長茎部（第7節付近）における横断面（光学顕微鏡，スケール：1mm）（新田原図）
a：第7節部，b：第7節よりもやや基部側，c：第6節よりもやや頂端側
A：節網維管束，C：髄腔，L：葉鞘からの大維管束，N：節横隔壁，R：冠根原基，PV：辺周部維管束環，S：葉鞘からの小維管束，T：分げつ

される．その内側で丸みをおびた細胞が隙間なく並んだ層が**内皮 endodermis**であり，皮層の最内層である．横断面でみて内皮細胞の上下左右の細胞壁には，スベリンを含む肥厚した帯状の部分が認められることがある．これは**カスパリー線 casparian strip**とよばれる．

皮層ははじめ10層程度の生きた細胞で構成されるが，多くの細胞が消失（破生）または細胞どうしが離れる（離生）ことによって，細胞壁だけが根の中心部から放射状に連なって残る．このようなことから，これらの空隙はそれぞれ**破生通気組織 lysigenous aerenchyma**，**離生通気組織 schizogenous aerenchyma**とよばれる．一般には両者を**空隙 air space**とよぶことが多い．

内鞘 pericycle，中心柱 stele, central cylinder 内皮よりも内側が中心柱であり，維管束が並ぶ．中心柱の最外層は1層の内鞘で，細胞壁が厚く，隣の細胞と密着している．内鞘細胞層のところどころには**原生木部 protoxylem**が，また内鞘細胞層のすぐ内側のところどころには**原生篩部 protophloem**がある．それよりも内側の部分に**後生木部 metaxylem**や**後生篩部 metaphloem**が分布する．これらの維管束は根が太いほど多い．原生木部・原生篩部は後生導管と後生篩部よりも先に形成される．養水分や光合成産物の輸送量は後生導管・後生篩部のほうが多い．

冠根原基の形成

冠根原基（冠根始原体）crown root primordia 茎内に形成される，冠根のもととなる組織．イネ，コムギ，トウモロコシなどでは，茎の中を円筒形状に走向する**辺周部維管束環 peripheral cylinder [of longitudinal vascular bundles]**の外側に接する分裂組織に分化する（図5）．

従来，イネやムギ類などで，冠根原基は節の上・下の部分にだけ形成されるとされていたが，近年になって，節・節間の位置に関係なく辺周部維管束環が走向するすべての部分に形成されることが明らかになった．イネでは茎の長軸方向に連続的に形成されて分布するが，コムギでは連続的ではない．また，イネで分げつの多い品種では茎1本に形成される冠根原基の数が多く，出現する根は細い．

（新田洋司）

根 [マメ科]

根系と構造

根系 双子葉類のマメ科植物は種子から発生する1本の主根を主軸とし，そこから発生する側根とによって根系を形成する（図1）．単子葉類のイネ科植物が茎から発生する複数の不定根（節根）を主軸として，ひげ根状の根系を形成するのとでは，様相が大きく異なる．図1は根系の広がりを2次元で表現したものであるが，実際の圃場における根系は3次元で広がり，その広がりを規定するのは側根である．

側根 側根は親根の中心柱の最外層に位置する内鞘に由来して発生するが，ランダムに分化するわけでなく，親根横断面の木部列や篩部列といった維管束の配列に規定されている．木部列が中心から周縁に向けて2方向，3方向あるいは4方向に発達する場合，側根も2列，3列，4列で形成され，それぞれ 2原型 diarch, 3原型 triarch, 4原型 tetrarch と呼ばれる．双子葉類では4原型が圧倒的に多いが，単子葉類ではさらに多くの木部列となる 多原型 polyarch の場合が多い．

根の構造 二次肥大成長してない，成熟した若い根の横断面を観察すると，周縁から中心に向かって 表皮 epidermis, 皮層 cortex, 中心柱 stele, central cylinder が区別できるのは，種を超えて共通に見出される構造である．茎の中心柱には様々なパターンがあるが，根の場合は必ず 放射中心柱 actinostele である．根の一次構造は種による違いが小さく，イネ科植物の基本構造はマメ科植物でも共通している点が多い．共通した基本構造はイネ科植物の根（前ページ）を参照されたい．マメ科植物がイネ科植物と異なる点は，二次肥大成長すること，根粒という共生組織を形成することで，これらについて解説する．また，マメ科植物に限らず広く植物種の根で見出される共生組織の菌根についても，ここでとり上げる．

二次成長

イネ科植物が属する単子葉類では，茎が 二次肥大成長 secondary thickening growth するものであっても，根が二次肥大することはほとんどない．これに対して，マメ科植物を含む双子葉類の根は二次肥大成長するものが多い．二次肥大成長は木部と篩部との間の柔細胞を起源とする 維管束（内）形成層 vascular cambium が分裂を繰り返すことで起こり，形成層の内側に木部組織（二次木部 secondary xylem），外側には篩部組織（二次篩部 secondary phloem）が形成される．また，著しい二次成長を行なうものでは，維管束間の柔組織にも維管束間形成層を形成し，維管束内形成層と連続した形成層となる．

肥大成長に伴い表皮や皮層などの一次組織が崩壊すると，コルク形成層 cork cambium, phellogen が 内鞘 pericycle から分化する．そして，崩壊した表皮の代わりに中心柱を保護するように，スベリン化したコルク細胞からなる 周皮 periderm を形成する．

根粒

根粒 root nodule はマメ科植物に特徴的な共生組織であり，ここで固定される窒素は個体全体の窒素含量の7〜8割を占める．

根粒の形成 根粒は土壌細菌の一種である 根粒菌 rhizobium がマメ科植物の根に侵入して形成される（図2）．宿主植物と根粒菌との組合わせは特異的で，化学物質を媒介にした高度な情報交換が発達している．

まず，宿主植物のシグナルを認識した根粒菌は根毛に付着し，次にその根毛は根粒菌を包むように湾曲する．さらに，根毛内に形成された感染糸を通って，根粒菌は根の内部に侵入して皮層まで達する．すると，皮層細胞は活発に分裂し始め，根粒原基を形成する．その際，根の内鞘でも分裂が生じ，やがて根粒組織をとり巻く維管束へと発達する．ただし，根毛を脱落させるラッカセイでは根毛を介さず，側根が親根を突き破る際に生じた根の裂け目から根粒菌は感染する．

根粒と窒素の輸送形態 根粒には，先端に分裂組織を持つタイプ（無限伸長型）と，持たないタイプ（有限伸長型）がある．エンドウ，シロクローバー，アルファルファなどの根粒は分裂組織を持つタイプで，先端の分裂組織が分裂を続けるために細長い形の根粒となる．そのような分裂組織を持たないダイズ，ラッカセイ，インゲンなどの根粒は球状となる．

根粒の形態が異なると，根粒から宿主植物に輸送される窒素化合物の形態も異なる場合がある．一般には，ダイズやインゲンなどの有限伸長型の植物では，ウレイド態窒素（アラントインやアラントイン酸）が輸送形態であり，無

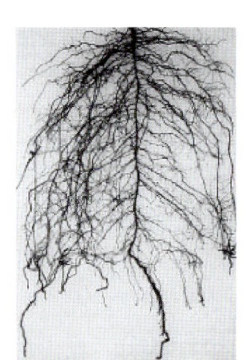

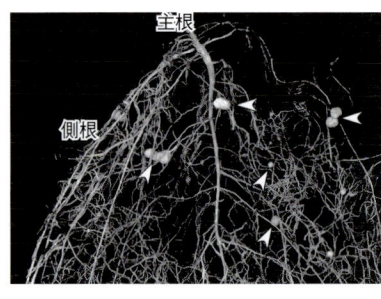

（左）図1 30日齢のラッカセイ根系（Yanoら，1996）
左半分にのみアーバスキュラー菌根菌を接種した
（右）図2 キマメ根系と根粒（矢印）

限伸長型のエンドウやアルファルファでは，アミド態窒素（主としてアスパラギン）が輸送形態である．しかし，有限伸長型の根粒を形成するラッカセイでは，輸送形態はアミドが主体である．なお，ウレイド態窒素で輸送する植物では，導管液中のウレイド態窒素の割合から，その時点での窒素固定量を推定することもできる．

根粒内での酸素制御 根粒内では，根粒菌は分裂能を欠いたバクテロイド bacteroidとなり，そこでニトロゲナーゼ nitrogenase活性が発現する．ニトロゲナーゼはN_2をNH_3まで還元するが，1分子のN_2を還元するのに16分子のATPを消費する．多量のATPをまかなうには呼吸が必要であり，そのためにはO_2の供給が不可欠である．

ところが，ニトロゲナーゼはO_2に接すると速やかに失活する性質があるため，小さな根粒内部でO_2に対して相反する要求が生じる．これを両立させるのが，動物の赤血球中のヘモグロビンに類似したレグヘモグロビン leghemoglobinというタンパク質である．このレグヘモグロビンはO_2と高い親和性を有するため，酸素濃度は根粒組織内で局所的に制御される．

菌根

菌根と菌根共生 菌根 mycorrhizaは，糸状菌の一種である菌根菌 mycorrhizal fungusが宿主植物の根に侵入して形成される共生組織である．宿主と菌との組合わせによって，いくつかのタイプに分類されるが（樹木に形成される外生菌根として，アカマツに対するマツタケが有名），作物など草本性植物に形成されるのはアーバスキュラー菌根 arbuscular mycorrhizaである．この菌根共生の起源は古く，陸上植物が出現し始めた約4億年前までさかのぼるとされる．そのため，アカザ科，アブラナ科植物など一部の例外を除き，現存する陸上植物種のほとんどはこの菌根の形成が可能である．

根粒共生とは異なり，宿主と菌の関係は特異的でなく，たとえば1つの菌がイネ科植物とマメ科植物の両方に同時に感染することもある．しかし，エンドウやアルファルファで菌根形成能を欠落させた突然変異体が見出され，これらの変異体は根粒形成能にも異常をきたしていることから，根粒形成と共通した制御機構が介在する．

菌根の形成と働き アーバスキュラー菌根形成においても，まず菌が宿主根からのシグナル物質を感知し，それに向かって菌糸を分枝・伸長させる．適当な根の表面に定着した菌糸は根の皮層まで侵入し，皮層細胞の間隙を縫うように内生菌糸を張り巡らせる（図3）．内生

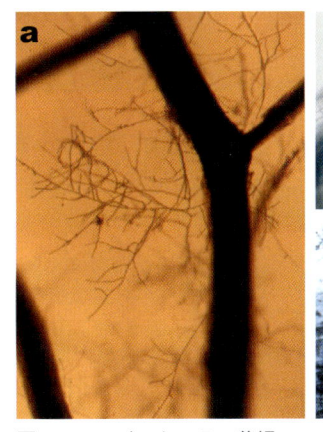

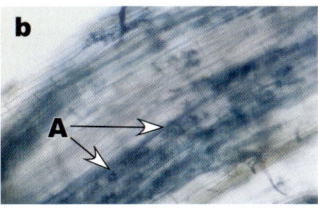

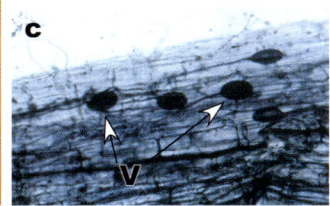

図3 アーバスキュラー菌根
a：根の外部に伸長した外生菌糸，b：根の内部に発達した内生菌糸と樹枝状体（A），c：嚢状体（V）

図4 アーバスキュラー菌根形成による根系発育阻害の回復
a, b：不耕起条件下での圧縮土壌
（Yano et al., 1998）
c, d：pH4.2の強酸性土壌
（Yano and Takaki, 2005）

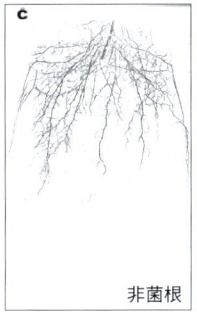

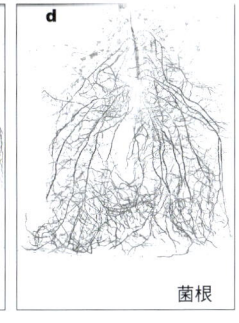

菌糸の一部は，皮層細胞の細胞壁を貫入（細胞膜は貫入しない）して樹枝状体 arbusculeを形成する一方で，根細胞間隙には嚢状体 vesicleも形成する（ただし，一部の菌は嚢状体を形成しない）．さらには，根から土壌中へも外生菌糸を伸長させて種々の養分を宿主植物へと輸送する代わりに，宿主から炭素源が供給されて共生関係が成立している．

貧栄養な土壌環境では，菌根形成は宿主植物の養分獲得能を向上させて栄養状態を改善する．この効果は，PやZn，アンモニア態Nなど土壌中で移動しにくい養分において顕著である．また，菌根形成は宿主植物の根系発育を促進するので（図1），圧縮土壌や酸性土壌などで阻害された根系発育を回復するのにも有効である（図4）．

〔矢野勝也〕

シュートと茎 [全体]

シュートとシュートシステム

植物体は，葉，茎，根の3つの基本器官からなる．このうち，とくに茎と葉は発生的にも機能的にも密接に関連しているため，1つの茎軸とそれから生じた葉をひとまとめにしてシュート shoot と呼ぶ．

シュートは胚発生の過程で分化する．これは幼芽 plumule（1～数枚の葉原基 leaf primordium，上胚軸 epicotyl および茎頂分裂組織 shoot apical meristem からなる）と呼ばれ，種子のなかで子葉 cotyledon にとり巻かれた状態で存在する．種子が発芽すると，幼芽の先端は頂芽 terminal bud（シュートの先端＝茎頂 shoot apex にあって，その成長を担う芽）としてシュートを成長させていく．シュートからはさらに不定根 adventitious root が発生することがあるが，とくに単子葉植物では根系の大部分がシュート由来の不定根によってまかなわれる．

さらに，シュートの側方には側芽 lateral bud（被子植物では葉腋に形成されるので腋芽 axillary bud ともいう）が形成される．これら側芽は，条件が揃えば成長を開始し新たなシュートを形成していく．さらに不定芽 adventitious bud（上記以外の場所に形成される芽）が生じてシュートが形成されることもある．こうして，複雑なシュートシステム shoot system がつくり出されていく．

茎（軸）

このように，茎 stem はシュートシステムの骨格をなす軸性器官であり，単に軸 axis とも呼ばれる．幼芽が成長してできた軸は主軸 main axis と呼ばれ，側枝 lateral branch と区別される．茎は，葉の着生部位である節 node と，節と節の間の部分である節間 internode とに分かれる．節間はしばしば著しい伸長成長を行なうが，これを節間伸長 internode elongation という．

一組の節と節間を単位とする繰り返しは，高等植物の基本的構造とみることができる．実際，茎頂分裂組織で繰り返される葉原基の分化と節，節間，側芽，さらには不定根の分化との間には，密接かつ協調的な関係がある．このため，葉とその着生節，これに連なる節間，側芽および不定根からなるユニットの繰り返し構造としてシュートシステムをとらえることが便利である．このユニットをファイトマー phytomer あるいはメタマー metamer という（図1）．ファイトマーの考え方は，もともとは植物体をサンゴやコケムシのような群体とみる古代ギリシャ以来の伝統から生じたものであるが，ユニット構造としてのファイトマーのまとまりは，今日的な細胞系譜の研究からも支持されている．

幼植物における茎

茎はすでに幼芽のなかで上胚軸（双子葉植物・単子葉植物ともに，胚のなかの子葉から上の茎部分をさす）として存在するが，幼植物には他にもいくつかの茎的器官がある．子葉から上の上胚軸に対して，子葉から下の茎部分は下胚軸（胚軸）hypocotyl と呼ばれる．形態上，下胚軸は茎と根の間の移行的な存在である．発生的にも，幼芽を欠く突然変異体においても正常に形成されるなど，茎頂分裂組織の働きとは無関係に形成される点で上胚軸から上の茎部分とは大きく異なる．

イネ科植物は胚の体制が特殊化しており，胚の各部が他の単子葉類の胚のどこに対応するかについてはさまざまな解釈が存在するが，子葉鞘（幼葉鞘，鞘葉）coleoptile と胚盤 scutellum をあわせたものが1枚の子葉に相当するとの解釈がもっとも一般的であり，これに従えば子葉鞘から上の茎部分が上胚軸，胚盤から下の部分が下胚軸ということになる．もっとも実際の出芽過程では，ふつう子葉鞘と胚盤の間に著しい伸長が起こる．この茎的部分はイネ科固有のものであり，中胚軸 mesocotyl と呼ばれる．下胚軸と同様に，中胚軸も茎頂分裂組織とは無関係に形成されるうえに，イネ科植物の節間に特徴的な介在分裂組織（部間分裂組織）intercalary meristem（次項，茎の多様性参照）も分化しないなど，成体の茎とはかなり性格を異にする．

茎の内部構造

根と同様に表皮，皮層および中心柱からなる．

表皮 epidermis　茎の最外層で，ふつう1層の細胞層からなる．葉の表皮と同様に，クチクラが発達するほか，気孔や毛状突起を備える．木本などで茎の肥大に伴って表皮が破れると，その直下にコルク形成層 cork

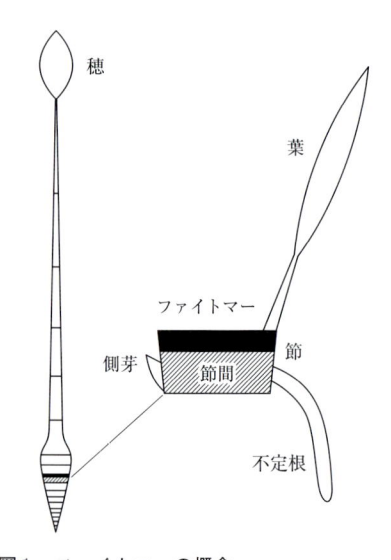

図1　ファイトマーの概念
ファイトマーの考え方は，栄養器官に限らず穂を含めた花序の形態にも適用できる

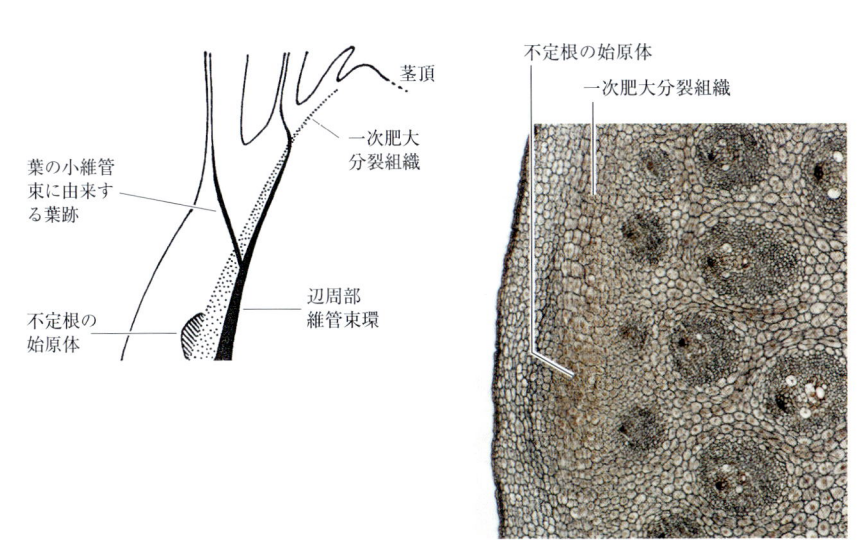

図2 単子葉植物の茎の模式図(左)およびトウモロコシの茎(横断面)における不定根の分化(右)
単子葉植物では茎の肥大や維管束系の形成,不定根の分化などに一次肥大分裂組織が大きな役割を担っている

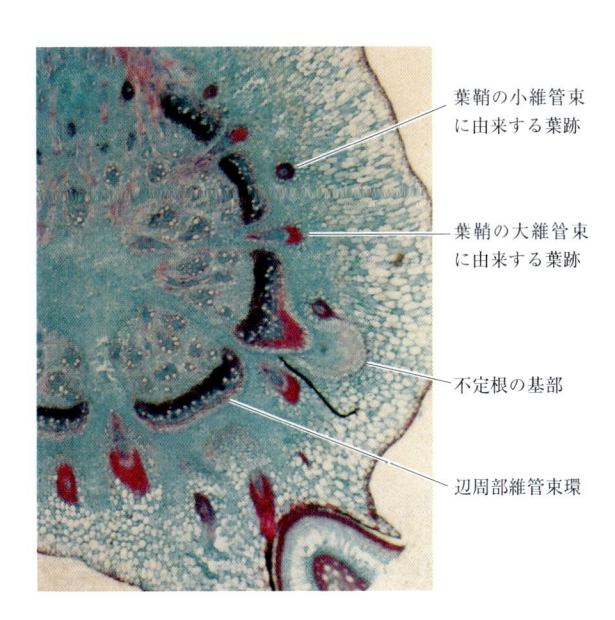

図3 成熟したイネの節部の横断面
葉鞘から下降してくる維管束(葉跡)のうち,小維管束に由来する葉跡は辺周部維管束環と合流する.これに対し,大維管束由来の葉跡は辺周部維管束環を通り抜けて中心柱の内部へと伸びていくため,節部の横断面では葉跡の"通り道"によって辺周部維管束環が寸断されているように見える.節間の横断面では,辺周部維管束環は単純なリング状となる

cambium, phellogenが分化して**周皮 periderm**を形成し,表皮の役割を代替する.

皮層 cortex 表皮と中心柱の間の組織.柔組織を主体とするが,外周部は**厚角細胞 collenchyma cell**からなる**厚角組織 collenchyma**となることも多い.また,イネのような湿生〜水生植物ではしばしば**通気組織 aerenchyma**が形成される.

中心柱 stele, central cylinder 茎の中心部分で,維管束が集中的に走行する.中心部は細胞間隙の多い柔組織からなる**髄 pith**となるが,成長にともなって髄が破壊・消失し**髄腔 pith cavity, medullary cavity**ができることもある.茎は根と異なり内皮・内鞘が明瞭でないため,とくに双子葉植物では皮層と中心柱との境界がはっきりしない場合が多い.

単子葉植物の茎頂では,内鞘に相当する位置に**一次肥大分裂組織 primary thickening meristem**(単子葉植物固有の分裂組織のひとつ.内方に細胞を送り出して中心柱を肥大させるとともに,内鞘と同様,その外周に不定根を形成する)が存在する.この一次肥大分裂組織は最終的には**辺周部維管束環 peripheral cylinder [of longitudinal vascular bundles]**となるため,単子葉植物では辺周部維管束環から内側の部分を中心柱とみればよい(図2).なお,双子葉植物・単子葉植物ともに節部は,葉から下降してくる維管束(**葉跡 leaf trace**)のために複雑な内部形態をとることが多い(図3).

(根本圭介)

茎の多様性［全体］

単軸と仮軸

ふつう茎の成長においては，単一の茎頂分裂組織が次々にファイトマーを送り出していく．こうしてできた茎軸を単軸 monopodium，このような成長様式を単軸成長 monopodial growth という（図1）．

一方，トマトのように，1つの茎頂分裂組織が数個のファイトマーを送り出した後に自身が花芽や茎巻きひげ，茎針などに転換し，代わって茎頂近くの側芽が茎軸の成長を担っていくことがある．多くの場合，軸の成長を引き継いだ側芽の茎頂分裂組織もやがて主軸の茎頂と同じ発生経過をたどり，軸の成長がさらに高次の側芽へとリレー式に引き継がれていくため，最終的に"つぎはぎ式"の茎軸が形成されることになる．こうした茎軸を仮軸 sympodium，このような成長様式を仮軸成長 sympodial growth という（図2）．

仮軸は厳密にはシュートではなく，シュートシステムに対応するが，実際問題としては仮軸を単一のシュートに準じて扱うのが便利なことも多い．こうした曖昧さを排除するために，単一の茎頂分裂組織に由来する茎軸と葉をモジュール module と呼ぶことがある．この場合，単軸成長で形成されたシュートはモジュールそのものであり，いっぽう"仮軸成長で形成されたシュート"（"sympodial shoot" と表現されることが多い）はモジュールの複合体となる．

特殊な茎

茎（あるいはシュート）には，直立茎 erect stem や匍匐茎 repent stem, creeping stem などに加えて，特殊な機能を有するものが多い．作物に関わりの深いものとしては，以下のような型をあげることができる（側枝に固有の形態は，次項で解説する）．

つる liane, vine　節間が著しく伸長するうえにほとんど肥大せず，単独では直立が不可能な茎であり，巻きつき茎 twining stem, volubile stem（支柱に巻きついて伸びる茎）とよじ登り茎 climing stem（巻きひげや付着根を出して他物にすがりついて伸びる茎）がある．

ロゼット rosette　逆に，節間がほとんど伸長しないシュートもあり，ロゼットと呼ばれる．ロゼット型の植物には，ダイコンのように開花期には茎が伸長するもの（時限ロゼット植物 half-rosette plant）と，イチゴのように開花期にも茎が伸長しないもの（終生ロゼット植物 full-rosette plant）とがある．

球茎 corm, **鱗茎** bulb　ロゼット型のシュートが貯蔵器官として特殊化することがある．このうち，地中あるいは地際で茎軸全体が伸長することなく球形に肥大したものは球茎と呼ばれる．また，同様に茎軸全体が圧縮されるが，茎は肥大せず，多肉質に肥厚した葉（あるいは葉の基部）によって球形に取り巻かれるものを鱗茎と呼ぶ．球茎も鱗茎も，条件がよければ頂芽が花芽となり，花茎が抽出する．

稈 culm　イネ科およびカヤツリグサ科植物の伸長した地上茎を稈と呼ぶ．高等植物一般に組織の分化と成熟は向頂的 acropetal に進むが，稈においては，分化・成熟がそれぞれの節間のなかでは向基的 basipetal に進行する．このため，伸長中の稈では分裂活性の高い組織が稈基部に局在している．この分裂組織を介在分裂組織（部間分裂組織） intercalary meristem という．稈（とりわけ介在分裂組織による伸長が旺盛な部位）では茎内部の一次肥大分裂組織の発達が悪く，不定根の形成がみられないことが多い（図3）．

特殊な側枝

側枝は単軸・仮軸にかかわらず，主茎を模倣して成長する（イネ科植物の側枝である分げつ tiller は，この傾向がとくに強い）こともあれば，逆に，特定の機能を果たすために主茎とは異なった形態をとることも多い．後者の例としては，花や花序のほかに以下のような型がある．

長枝 long shoot, **短枝** short shoot　側枝はしばしば，節間が伸長する側枝と，節間が短縮してロゼット状となる側枝の二型性を示す場合が少なくない．この場合，前者を長枝，後者を短枝という．長枝と短枝の二型性は，樹冠において葉を望ましい位置に空間配置するための機能と考えられる．

茎巻きひげ stem tendril, **茎針** stem spin　側枝が特殊化するにあたって，側枝が有限成長器官に転じることがある．このような例として，茎巻きひげと茎針がある．これらは，トマトの花序のように主軸の頂芽の変形であることも多いが，このような場合，当然ながら主軸は仮軸となる．

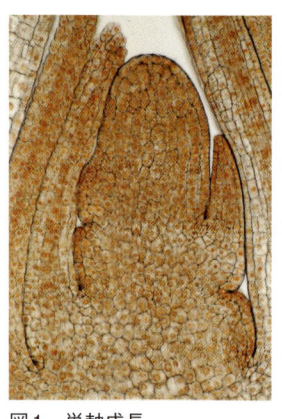

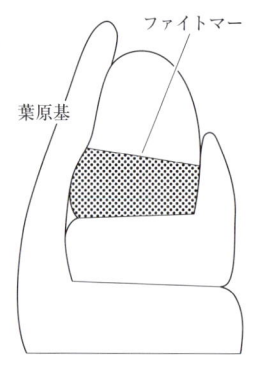

図1　単軸成長
単一の茎頂分裂組織がファイトマーの形成を繰り返していくことによって起こる茎軸の成長を単軸成長という．単一の茎頂分裂組織がつくり出した構造はモジュール（狭義のシュート）と呼ばれる．写真はトウモロコシの茎頂

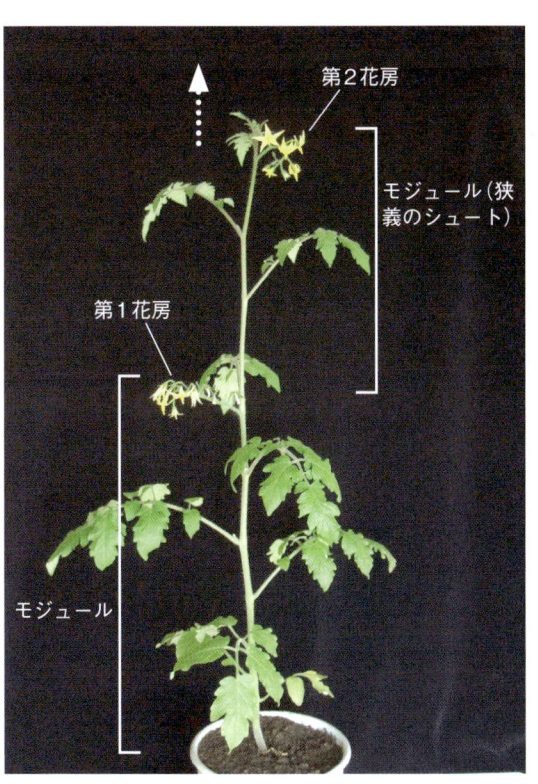

図2　トマトの仮軸成長
幼芽の茎頂分裂組織は数枚の葉を分化させた後，花序（第1花房）となって成長を停止するが，代わりに花房直下の側芽が旺盛な成長を始める．この側芽もやがて茎頂が花序（第2花房）となって成長停止するが，順次，高次の側芽の成長によって個体の長軸方向への成長が続いていく．このように，仮軸成長ではモジュールの繰り返し構造として植物体が形成されていく

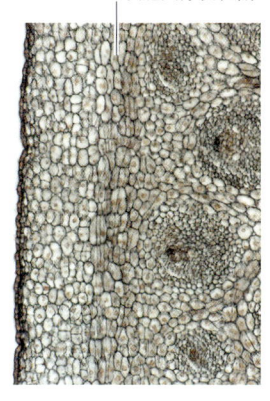

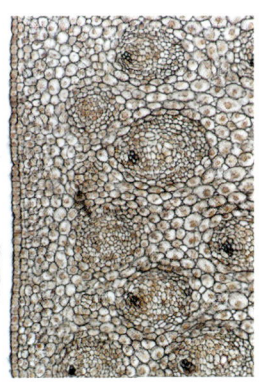

図3　トウモロコシの稈（横断面）における一次肥大分裂組織（左）と伸長の旺盛な高位の節間（右）
伸長が旺盛な高位の節間では一次肥大分裂組織が発達しないため，茎が細く，また不定根も形成されない（右）

むかご brood shoot　栄養繁殖のための側芽で，養分を貯蔵するとともに，容易に離脱・発根して新たな植物体を形成する．これらのうち，オニユリのむかごのように葉が肥厚して貯蔵器官となるものを**鱗芽** bulbil, brood bulbil，ヤマイモのむかごのように茎が貯蔵器官となるものを**肉芽** brood, brood tuberという．なお，むかごのように栄養繁殖によって独立して生存できる単位構造を**ラメット** ramet という．

根茎 rhizome　側枝が節間伸長によって地表面や地中を匍匐しつつ，先々でラメットを直立茎として生じさせる，という栄養繁殖方式もある．このうち，地中を水平方向に伸長する，比較的寿命の長い茎を根茎と呼ぶ（細長く伸長するものは，ふつう，次の走出枝や匍匐枝に含める）．根茎の一部が不定形に肥大したものを**塊茎** stem tuber, tuberと呼ぶ．走出枝，匍匐枝ともに，仮軸である場合が少なくない．

走出枝 runner, **匍匐枝（ストロン，匐枝）** stolon　根茎と同様にラメットを増殖する仕組みであるが，側枝が節間伸長により細長く伸びることを特徴とする．根茎に比べて短命である場合が多く，栄養的に独立したラメットを生じる傾向が強い．走出枝と匍匐枝とは区別せずに用いられることも多いが，両者を区別する場合には，伸長した側枝の各節から発根する場合を匍匐枝，ラメットを生じる節以外からの発根がない場合に走出枝と呼ぶ．ジャガイモのように，走出枝の先端が塊茎となるものもある．

（根本圭介）

葉(1)［イネ科］
外部形態

葉の構造

単子葉類であるイネ科作物の葉は，平らに広がった葉身 leaf blade と鞘状の葉鞘 leaf sheath とで構成される（図1）．葉身と葉鞘の境目には葉緑素がなく，白色の襟状の部分があり，カラー collar とよばれる．一般に葉間節（葉節）lamina joint はカラーの部分を指すことが多い．

葉耳 auricle と葉舌 ligule がカラーの向軸側（内側）につく（図2）．葉耳は，イネの場合カラーの両端にあり，稈や上位葉の葉鞘を抱くように先端が内側に曲がっている．葉舌は白色の薄い膜状で，発生的には葉鞘の先端が退化したものと考えられている．イネ科作物ではよく発達する．

鞘葉（子葉鞘，幼葉鞘）coleoptile は，単子葉類のイネ科作物などで発芽時に最初に地上へ抽出する部分である．単子葉類では胚盤と鞘葉とが子葉に相当するという考え方が有力で，鞘葉は子葉の一部の胚的器官と考えられている．

節間基部で，葉が着生する部分の直上部が葉腋 leaf axil，シュート頂の側方に形成される新たなシュートが側芽 lateral bud である．イネ科作物では葉腋の向軸側に側芽が形成され，腋芽 axillary bud とよばれる．イネ科作物の分げつは腋芽が発達したものである．ふつう腋芽は葉腋に1つ形成される．腋芽を抱く葉は苞葉 subtending leaf である．

前葉（前出葉）prophyll は，側芽で最初に形成される葉である．プロフィルが着生する節をプロフィル節とよぶ．プロフィルの形や葉序には作物種によって特徴がある．単子葉作物のプロフィルは，母茎側につくことが多い．

イネのプロフィルも母茎側につき，その反対側に分げつの第1葉がつく．葉身を欠き，2つの稜をもち，構造は葉鞘に類する（図3）．プロフィルは，母茎上の分げつの着生位によって大きさが異なり，上位の分げつのものほど大きい．

苞葉，芽鱗，花葉，果鱗，鱗茎葉など，ふつうの葉よりも著しく小さい鱗片状の葉を鱗片葉 scale leaf とよぶ．また，花や花序を抱く葉を苞葉 bract leaf（苞 bract）とよぶ．

なお，葉身の上（表）側は向軸側 adaxial，下（裏）側は背軸側 abaxial である．葉鞘では内側が向軸側，外側が背軸側である．

葉の外部形態

一般に双子葉類で，葉身，葉柄，托葉が揃った葉を完全葉 complete leaf とよぶ（図4）．一方，これらのうち1つまたは2つが欠けている葉を不完全葉 incomplete

図1 イネの葉身と葉鞘（後藤ら，2000）

図2 イネの葉耳，葉舌，カラー（星川，1975）

図3 イネのプロフィル（星川，1975）
左：外形，右：横断面

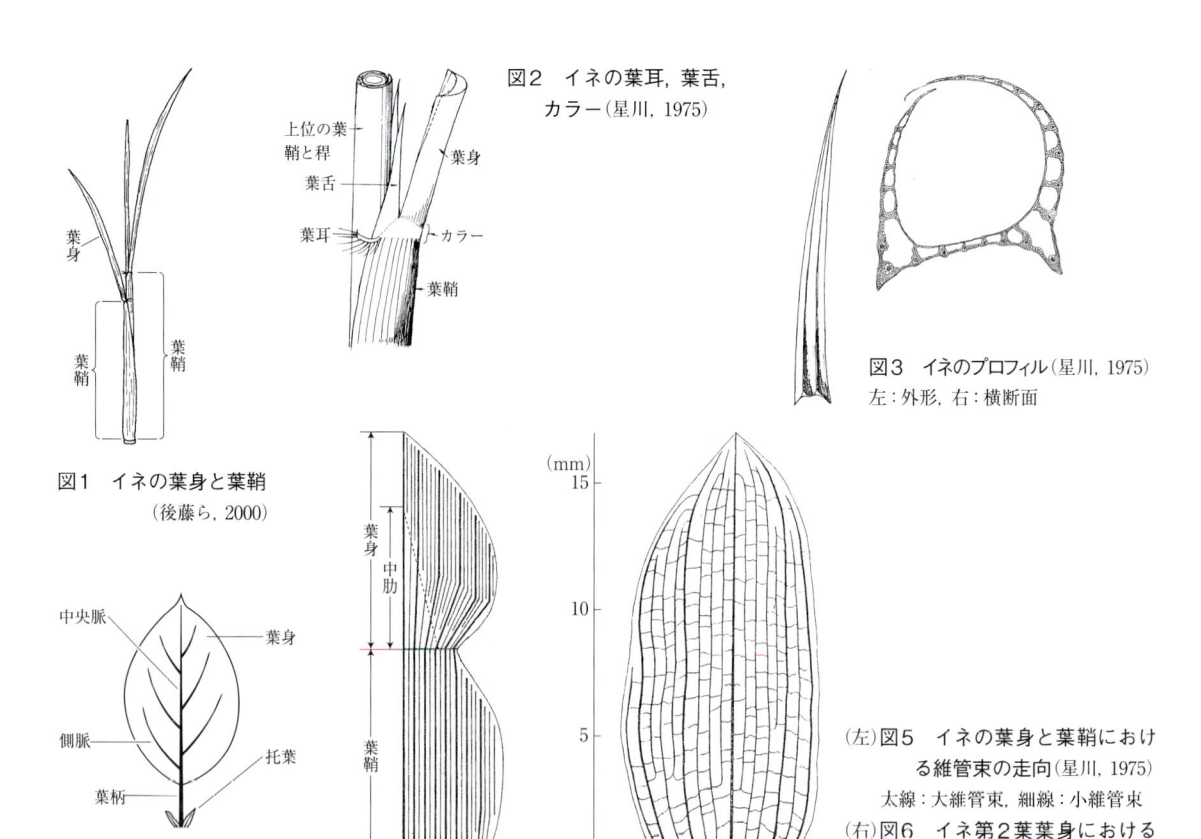

図4 完全葉（土橋，1999）

（左）図5 イネの葉身と葉鞘における維管束の走向（星川，1975）
太線：大維管束，細線：小維管束

（右）図6 イネ第2葉葉身における維管束の走向（星川，1975）

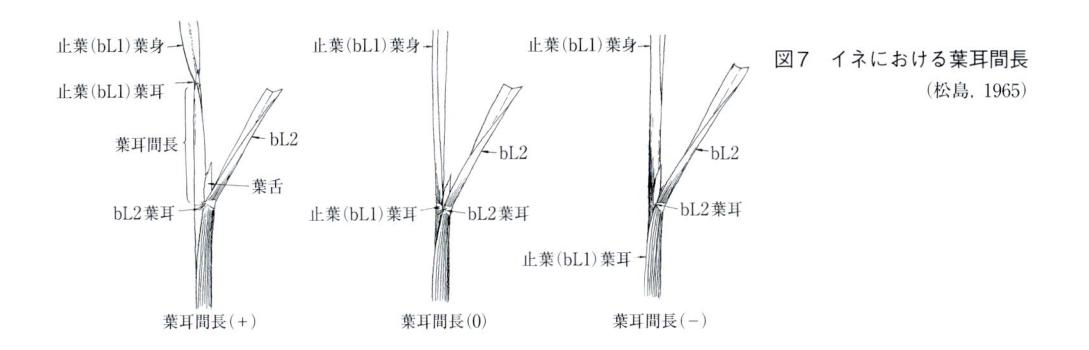

図7 イネにおける葉耳間長
(松島, 1965)

leafとよぶ. しかし単子葉類では, ほとんどの作物で托葉はなく, 葉柄の代わりに葉鞘を有する.

イネでは, 第1葉は葉身を欠くため不完全葉とよばれる. 第2葉以上の葉は葉身および葉鞘を有するため完全葉とよばれている.

葉身を走向する維管束系を葉脈 vein, 維管束の分布様式を脈系 venationとよぶ. 一般に, 脈系は平行脈 parallel venation, 網状脈 netted venation, 二又脈 dichotomous venation, 単一脈 simple venationに大別されるが, 単子葉類であるイネ科作物は平行脈である. 脈には維管束が走向する

平行脈は, 脈が分枝せず葉身の縦方向に平行に走向する. この縦脈の太さはあまり変わらない場合が多い.

網状脈は, 主脈から側脈が, 側脈から細脈が分枝して相互に連絡し, 網目状に連絡した脈系である. 双子葉類で多いが, 単子葉でもサトイモ科, ユリ科などにみられる.

二又脈系は葉脈が二又に分かれ網目を形成しない. シダ類にふつうにみられるなど, 他の脈系に比べて原始的な植物に多い. 単一脈系は脈が分枝せず中央にのみある. 裸子植物に多い.

葉の中央を走向する隆起部を中肋 midribとよぶ.

平行脈のイネの葉では, 太い脈と細い脈とが交互に並んで縦走する(図5). 太い脈には大維管束が, 細い脈には小維管束が走向する. 一般に, これらの維管束の数は上位の葉ほど多い.

葉身の先と基部では, 細い脈を走向する小維管束が隣の維管束に合流するため, 脈の数は中央部よりも少ない. また, 葉身の基部では, 太い脈を走向する大維管束と小維管束とが交互に並んで走向し, 葉鞘に入る.

縦走する小維管束は, 葉身の多くの部分で隣の小維管束や大維管束と, 横方向に走向する横走維管束と連絡している(図6).

葉の位置

主茎上の葉の位置を基部から数えて葉位 leaf positionとよぶ.

イネ科作物で, 茎の最上位の葉を止葉 flag leafとよび, その上に穂がつく. 主茎では品種の止葉の葉位(主茎総葉数)は地域と栽培方法によりおおむね決まっていて, 栽培年による変動は1程度である.

葉齢指数 leaf number indexは個体の葉齢を主茎総葉数で割り100を掛けた値であり, 出穂までの生育程度をあらわす. 一方, ある葉が出現してから次の葉が出現するまでの期間を出葉間隔 phyllochronとよぶ. イネでは通常4〜6日であるが, 品種や気温などによって異なる. また, ある葉の原基が形成されてから次の葉の原基が形成されるまでの時間を葉間期 plastochronとよぶ.

葉序

茎における葉の配列様式を葉序 phyllotaxisとよぶ. 節に着生する葉の枚数にもとづく.

輪生葉序 verticillate phyllotaxis, whorled phyllotaxisは, 1節に2枚以上の葉が着生する場合であるが, 狭義には3枚以上の場合に使われる.

対生葉序 opposite phyllotaxisは, 1節に2枚の葉が着生する. 2枚の葉が1節に180度開いて着生し, 上・下の節と直交する場合は十字対生 decussateとよばれ, 対生葉序でもっとも多い. 対生葉序は輪生葉序のひとつである.

互生葉序 alternate phyllotaxisは, 1節に1枚の葉が着生する. 多くの単子葉作物でみられ, 開度 divergence (茎に直角な面からみて, ある葉と次の葉とのなす角度)はほぼ一定である.

なお, 同じ個体内で節によって異なる形態の葉(異形葉 heterophyll)が形成されたり, 葉序が変化したりする場合がある.

葉耳間長

止葉の葉耳とその下の葉の葉耳との間の距離が葉耳間長 distance between auricles of flag and penultimate leavesである. おもにイネ科作物で使われる. 止葉抽出前(止葉の葉耳がその下の葉の葉耳よりも下にある場合)はマイナスで, 止葉とその下の葉の葉耳が同じ高さにある場合は0で, 止葉抽出後(止葉の葉耳がその下の葉の葉耳よりも上にある場合)はプラスであらわす(図7). イネでは, 環境影響を受けやすい減数分裂は, 葉耳間長が−10cmから+10cmまでに行なわれ, −3cmのころに最盛期である.

(新田洋司)

葉(2)[イネ科]
内部形態

イネ科作物の葉の内部形態は種によって異なる．ここではイネを中心に述べる．

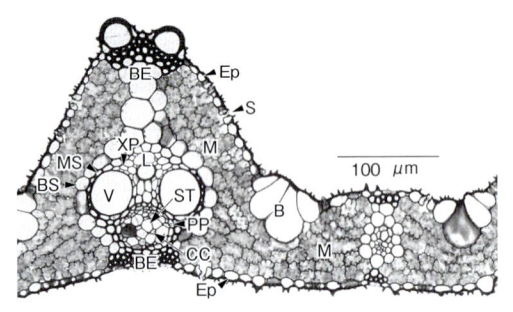

図1 イネの葉身横断面(光学顕微鏡)

(中村原図)

V：導管，XP：木部柔細胞，L：原生木部腔，ST：篩管，CC：伴細胞，PP：篩部柔細胞，BS：維管束鞘，BE：維管束鞘延長部，MS：メストム鞘，M：葉肉，Ep：表皮，S：気孔，B：機動細胞

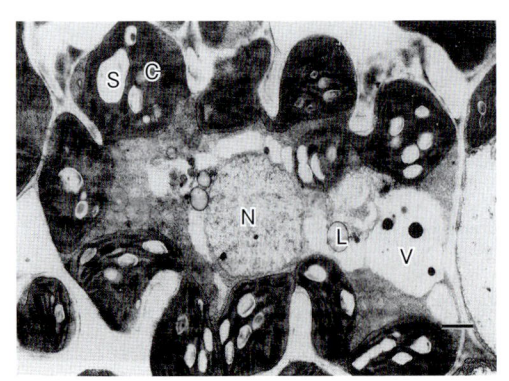

図2 イネの葉肉細胞(透過電子顕微鏡，スケール：1μm)

(長南ら，1977)

C：葉緑体，L：脂質顆粒，N：核，S：デンプン粒，V：液胞

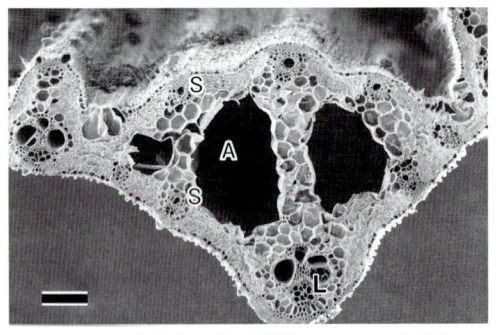

図3 イネ止葉葉身の中肋横断面(走査電子顕微鏡，スケール：100μm)(新田原図)

図の上側が向軸側．A：通気組織，L：大維管束，S：小維管束

葉身

内部構造 向軸側は凹凸が多く，背軸側は比較的平坦である(図1)．向軸側の大きな山にあたる部分には大維管束 large vascular bundle が，小さな山にあたる部分には小維管束 small vascular bundle が走向する．大維管束と小維管束は，それぞれの葉で横断面の大きさで容易に区別できる．2つの大維管束の間には，1〜数本の小維管束が走向する．

大維管束・小維管束のいずれも，維管束鞘細胞 vascular bundle sheath cell がとり囲んでいる．維管束鞘細胞は大型の柔細胞であり，イネでは小型の葉緑体を含む．維管束鞘細胞の一部は向軸側および背軸側に延長し，維管束鞘延長部 bundle sheath extension が形成される．維管束は，向軸側が木部 xylem で，導管 vessel が走向する．導管は，原形質や上下の隔壁が消失し，死んだ細胞が管状になったものである．背軸側は篩部 phloem で，生細胞の篩管 sieve tube が走向し，光合成産物を輸送する．

谷にあたる部分には機動細胞 motor cell, bulliform cell がある．機動細胞は葉身の厚さの半分程度を占める大型の細胞で，膨圧が低いと小型になって葉を巻き，膨圧が高いと大型になって葉を開く．

維管束や機動細胞以外の部分には，葉緑体を含む柔細胞である葉肉細胞 mesophyll cell がある．被子植物では向軸側に柵状組織 palisade tissue が，背軸側に海綿状組織 spongy tissue が分化することが多いが，イネ科作物などではそれらの区別はない．イネの葉肉細胞は細胞壁の一部が内側に貫入し，有腕細胞 arm cell とよばれる(図2)．細胞壁の表面を拡大して，養水分の吸収に寄与する．細胞壁に沿って葉緑体が分布する．

中肋の部分は背軸側に大きく突きだし，その頂部に大維管束が走向する(図3)．内部には通気組織 aerenchyma があり，その上下に小維管束が走向する．

なお，トウモロコシなどイネ科のC4作物では維管束鞘細胞が大きく，中に大型の特殊な葉緑体が含まれ，光合成の炭酸固定経路の一部を担っている(図4a, b)．

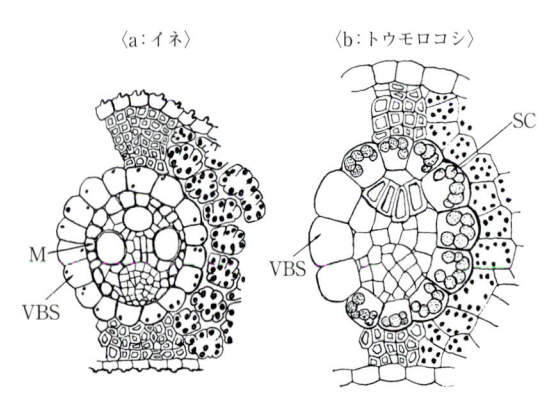

図4 イネとトウモロコシの葉身横断面(星川，1975)

M：メストムシース，SC：維管束鞘細胞内の特殊な葉緑体，VBS：維管束鞘

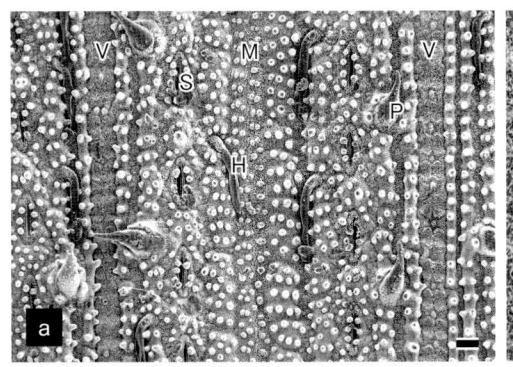

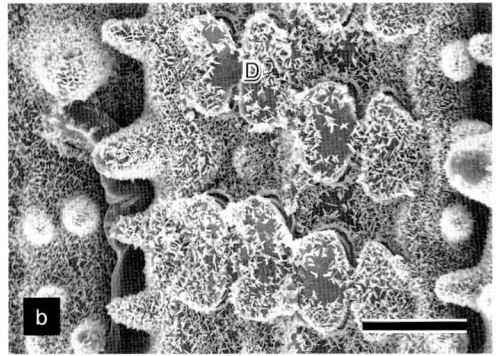

図5 イネ葉身の向軸側表面(走査電子顕微鏡, スケール：10μm)(新田原図)
図の下側が葉身の先端側. a：2列の葉脈と機動細胞列, b：亜鈴型細胞, D：亜鈴型細胞, H：毛茸, M：機動細胞列, P：刺毛, S：気孔, V：葉脈

表面構造 向軸側の表面では，葉脈の中央に亜鈴型細胞 dumbbell shaped cell が並ぶ(図5a, b). その列は，大維管束の葉脈では2〜3列，小維管束の葉脈では1〜2列である. 気孔 stoma は，葉脈の斜面に，長細胞と交互に列となって並んでいる. 気孔は孔辺細胞 guard cell と副細胞 subsidiary cell とからなり，前者の膨圧が高くなると腔が形成される. 気孔の長さは30μm程度で，単位面積当たりの数は一般に上位葉のほうが多い. 葉縁部や中肋の先端部には水孔 water pore があり，体内の過剰な水分を排出する.

毛には刺毛 prickle hair と毛茸 hair とがある. 刺毛は長さ40〜90μm程度で，基部が太く直立して内容物はない. 先端は葉身の基部側を向いている場合が多い. 一方，毛茸は長さ50〜500μm程度で，1〜4の細胞で構成され，細胞質や核を有する. 先端はとがらず，葉身の先端側を向いている場合が多い.

背軸側に機動細胞はなく，向軸側の機動細胞列に対応する部分に大きないぼ状突起を有する細胞が並ぶ. 向軸側の気孔列に対応する部分に気孔列がある.

葉鞘

内部構造 背軸側の表皮に近い部分に大維管束と小維管束とが交互に走向する(図6). 向軸側の表皮のすぐ内側に皮層繊維組織が，さらにその内側に葉肉細胞がある. 葉肉細胞は葉身のような有腕細胞ではない. 背軸側の維管束から向軸側の表皮へは柔組織が連絡するが，他の大部分は柔組織が崩壊して形成された破生通気組織 lysigenous aerenchyma である. 呼吸や蒸散に必要な空気や水蒸気が運ばれる.

表面構造 背軸側の表面は葉身の背軸側表面に似るが，葉脈の山はなだらかで，幅の狭い長細胞が緻密に並ぶ. 2列の葉脈間では，長細胞と短細胞とが多数のいぼ状突起を有し，規則的に並ぶ. 山の斜面には気孔の列が

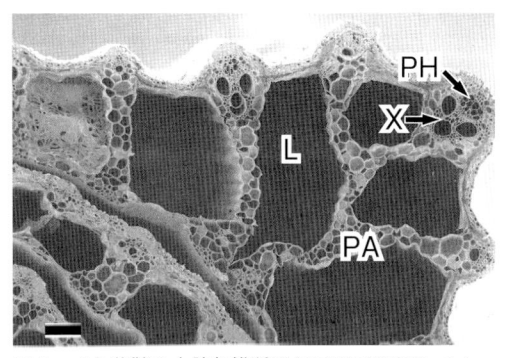

図6 イネ葉鞘の中肋部横断面(走査電子顕微鏡, スケール：100μm)(新田原図)
L：破生通気組織, PA：柔組織, PH：篩部, X：木部

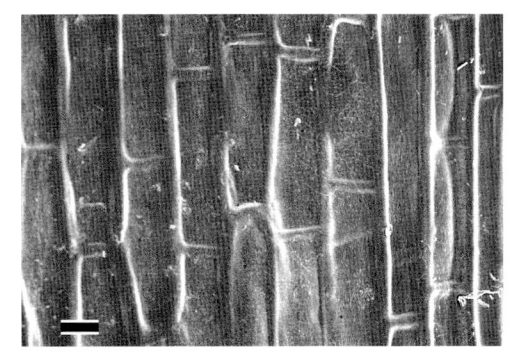

図7 イネ葉鞘の向軸側表面(走査電子顕微鏡, スケール：10μm)(新田原図)

ある. 機動細胞はない. 刺毛と毛茸の先端は葉鞘の上方を向く.

向軸側の表面はきわめて平滑で，葉脈部分と他の部分との差異がない(図7). 細胞は葉鞘の上・下方向に長く，葉脈と平行に列となる. 気孔はきわめて少ない.

(新田洋司)

葉(3) [マメ科]
外部形態

葉の種類

葉とその相同器官をまとめて葉的器官 phyllome という．種子が発芽して花が形成されるまでに，葉的器官は茎の基部側から子葉，低出葉，普通葉，高出葉，花葉の順に出現する．しかしこれらのいくつかを欠いている植物も多い．普通葉は光合成を行なう通常の葉である．

低出葉 cataphyll, 高出葉 hypsophyll 普通葉の下側の茎の部分，あるいは普通葉の上側で花との間の茎の部分には，突起状，鱗片状の未発達な葉的器官が出現し，それぞれ低出葉，高出葉と呼ばれる．葉的器官には，その形状から鱗片葉 scale leaf と呼ばれるものもある．冬芽を覆う鱗片葉はその典型であり，低出葉である．高出葉でその葉腋から花または花序が形成される場合は，苞 bract または苞葉 bract leaf という．

一般に低出葉も高出葉も普通葉に近い部位のものほど発達しており，基部側，茎頂部側に離れるほど未発達となる．しかし，植物によっては苞葉が大形化して花弁のように見える場合もある．普通葉も茎上の着生位置によってかなりの形態変化が認められる．側枝にも低出葉と高出葉とが認められる．側枝第1節に形成される低出葉は特に未発達で，前葉（前出葉）prophyll と呼ばれる．双子葉植物では2枚の前葉が対生する．

なお，茎における葉の着生位置を葉位 leaf position といい，茎の下部（基部側）に着生している葉を下位葉 lower leaf，茎の上部（茎頂側）に着生している葉を上位葉 upper leaf というが，これらは葉の着生位置のみを反映した用語である．一方，低出葉，高出葉は着生位置とともに，葉の発育程度も考慮した用語である．

子葉 cotyledon 子葉は，茎頂分裂組織から側生したものではなく，胚発生の過程で独自に発生した器官である．双子葉植物では子葉節に2枚の子葉が対生する．マメ科植物の子葉は貯蔵器官としての機能をもつ．マメ科植物の種子は無胚乳種子であり，種子形成の初期に内乳（胚乳）が形成されるが，やがてその養分は吸収され，その後子葉に貯蔵養分が蓄積される．ダイズ，インゲンマメ，ササゲ，リョクトウでは発芽過程で子葉は地上へ出て展開する．このような発育様式を地上子葉型 epigeal cotyledon という．一方，アズキ，エンドウ，ソラマメ，ベニバナインゲンでは下胚軸がほとんど成長せず，子葉は地中にとどまり上胚軸のみが地上に出る．このような様式を地下子葉型 hypogeal cotyledon という．ラッカセイは中間型で，子葉は地表面で開く．

花葉 floral leaf 花を構成している葉的器官であり，基部側から萼片 sepal, 花弁 petal, 雄ずい(蕊) stamen, 心皮 carpel の順に並んでいる．雌ずい(蕊) pistil は1ないし数枚の心皮が融合したものである．このように，花は茎と花葉より構成されるシュートの相同器官系である．

葉の形態

普通葉（本葉）foliage leaf マメ科植物の普通葉は葉身 leaf blade, 葉柄 petiole, 托葉 stipule から構成される．1枚の葉身で構成されている葉を単葉 simple leaf という．葉身が複数の部分に分かれている葉は複葉 compound leaf といい，分かれている個々の葉身を小葉 leaflet という．葉身を茎に接着させている軸状の構造が葉柄であるが，複葉において小葉を葉軸 rachis（複葉の中央の軸）あるいは葉柄に接着させているのが小葉柄 petiolule である．托葉は葉柄基部に通常2枚ある．小葉柄の基部に小托葉が形成されることもある．エンドウではとくに大形の托葉が形成されるが，ダイズでは未発達で突起状である（図1）．

初生葉 primary leaf, 成形葉 adult leaf ダイズやインゲンマメでは低出葉は認められず，子葉の次に最初に出現する普通葉は単葉で，子葉節の上の第1節に対生する．これを初生葉と呼び，その後互生して発生する成形葉と区別する．ダイズやインゲンマメの成形葉は3枚の小葉からなる複葉であり，その形状から三出複葉 ternately compound leaf と呼ばれる．作物学では成形葉を初生葉や子葉と区別して本葉と呼ぶが，本葉の英語に foliage leaf を用いると普通葉と区別できなくなるので，compound leaf などその植物に適した具体的な表記をしたほうがよい．

ラッカセイでは初生葉は形成されず，最初から4枚すなわち2対の小葉からなる羽状複葉 pinnate compound leaf が互生して出現する．ソラマメでは，子葉の上の2～3節に突起状の低出葉が互生して出現した後，小葉2枚からなる羽状複葉を数枚出し，上位葉になるにしたがい小葉は3枚から6枚まで順次増加する．このような場合，初生葉から成形葉への移行は漸進的に進んでいると考えられ，初生葉と成形葉の区別は困難である．エンドウも2枚の低出葉が互生した後，2枚の托葉と2小葉をもつ普通葉が出る（図2）．さらに上位葉において巻きひげが現われ，小葉数も増加する．この場合も初生葉は識別

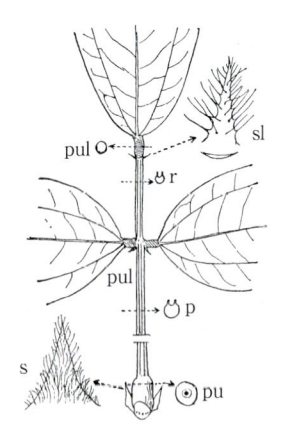

図1　ダイズ複葉の形態
(星川，1992)
p：葉柄，pu：葉枕，pul：小葉枕，r：葉軸，s：托葉，sl：小托葉

できない．ダイズの成形葉はすべて三出複葉であるが，その大きさは下位葉から上位葉へとしだいに大きくなり，先端の数葉では順次小さくなる．

葉脈 vein 葉身の維管束および維管束を含む盛り上がりを葉脈という．単子葉植物では葉脈は葉の軸方向とほぼ並行に配列して平行脈 parallel venation となるが，双子葉植物では網目状に枝分かれして網状脈 netted venation となる．エンドウの托葉にも網状脈がみられるが，ダイズの托葉は平行脈である．葉身の中央部を軸方向に走向する葉脈は最も太く，中肋 midrib あるいは主脈 main vein と呼ばれる．網状脈をもつ双子葉植物でも中肋は葉の中央部を縦走する．中肋や太い葉脈には複数の維管束が走向している．

葉枕 pulvinus マメ科植物の葉柄基部には葉枕と呼ばれる膨らみが形成されることが多い．この場合，托葉は葉枕基部の側面に形成される．葉柄上端で葉身とのつなぎ目に葉枕が形成されることもある．また，複葉の小葉柄基部には小葉枕が形成される．しかし，英語では小葉枕も pulvinus と表記して葉枕と区別しない．あるいは，primary pulvinus（葉枕），secondary pulvinus（小葉枕）などとして区別する．

葉枕では葉柄を走向してきた維管束が軸の中央付近に集まり，周囲を柔組織がとり囲んでいる．この柔組織の一部に浸透圧変化が起こって収縮し，反対側の柔組織が膨張して，葉身や小葉が葉枕部分で屈曲する．これによって葉の就眠運動や調位運動が起こる．

巻きひげ tendril エンドウの複葉先端部には巻きひげが形成される（図3）．巻きひげは小葉の主脈と相同であり，支柱にからみついて植物体を支えるのに役立つ．

葉の発生

双子葉植物では，茎頂分裂組織の周辺分裂組織において，外衣第2層目あるいはそれよりも下層の細胞層に並層分裂が起こることによって，葉のもととなる葉原基 leaf primordium の分化が開始される．

茎上での葉の配列様式を葉序 phyllotaxis という．葉原基は，種によってほぼ決まった一定の間隔で発生してくるので，それによって葉序が決定される．葉が付着している茎の部分を節というが，節に1枚ずつ葉がつく様式を互生葉序 alternate phyllotaxis，2枚以上の葉がつくものを輪生葉序 whorled phyllotaxis という．輪生葉序のうち，1節に2枚の葉がつく場合をとくに対生葉序 opposite phyllotaxis という．

対生葉序の場合，同じ節につく2葉は通常約180°の開度をなす．互生葉序の場合も葉は規則的に配列する．互生葉序では葉は茎上にらせん状に配列するが，シュートを上からみたときに，葉は茎の外周上に一定の間隔（角度）で出現し，植物固有のある一定の周期ごとに同じ位置に葉が重なって出現する．ダイズでは，子葉および初生葉は対生葉序であるが，成形葉は 2/5 の互生葉序を示す．2/5 というのは茎の外周を2周する間に葉が5枚

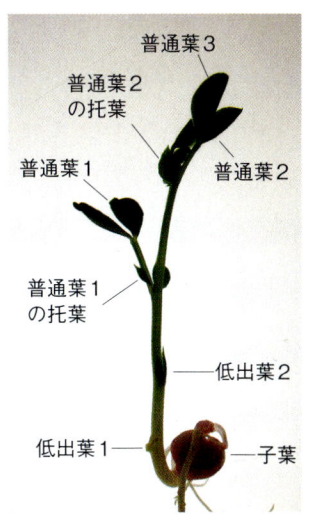

図2 エンドウの芽生え
子葉と低出葉1は地中にある

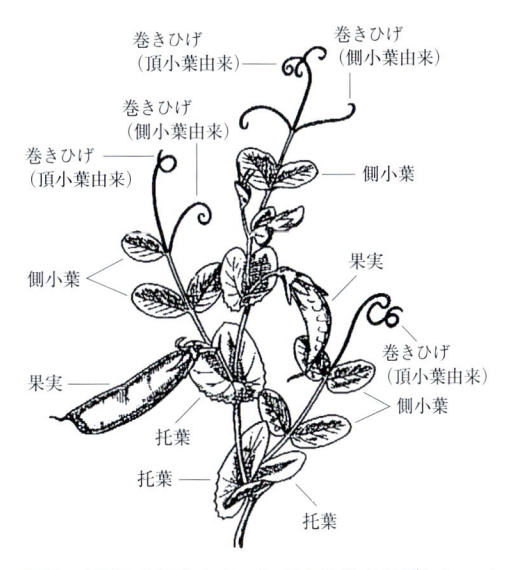

図3 小葉から変化したエンドウの巻きひげ（ヴェルナー）

出現し，6枚目が1枚目と同じ位置に出現することを意味する．この場合，外周上で連続する2葉間の開度の理論値は144°である（360°×2÷5）．

腋芽の発生

葉のつけ根部分の向軸側，すなわち葉柄と茎にはさまれた部分を葉腋 leaf axil というが，側芽の多くは葉腋の茎の部分に形成される．葉腋に形成された側芽を腋芽 axillary bud という．腋芽は一定の条件が整うと成長し，側枝となる．しかし，成長せずにそのまま退化してしまうものもある．ソラマメの低出葉は未発達で，葉身と葉柄の分化も認められないが，その葉腋からは立派な側枝が発生し，子実をつけて収量に貢献する．

（三宅 博）

葉(4)[マメ科]
表面構造と内部構造

表面構造

葉の表面は通常1層の細胞からなる表皮 epidermis で覆われている．表皮にはところどころに気孔 stoma（複数形 stomata）と呼ばれる穴があいている（図1）．イネ科植物では気孔は葉の軸方向と平行に，直線的に配列するが，マメ科植物などの双子葉植物では散在している．

葉の表側（上面側）を向軸側 adaxial，裏側（下面側）を背軸側 abaxial という．これは葉原基が分化発達する過程で植物体の茎頂と根端を結ぶ軸を向いていた側を向軸側，それとは反対側を背軸側として表現したものである．このように表記すると，背腹性が不明確な葉や，葉柄がねじれて葉の裏表が逆転している場合でも，方向性を正しく表現できる．

陸生の双子葉植物の場合，向軸側よりも背軸側表皮のほうが気孔密度が高い．気孔は孔辺細胞 guard cell という細長い1対の細胞の細胞間隙として形成される．すなわち，細胞間隙と1対の孔辺細胞から，組織としての気孔が構成される．1対の孔辺細胞に隣接して，2～4個の副細胞 subsidiary cell が存在することが多い．副細胞はその他の表皮細胞よりもやや小形である．

気孔の内側（葉肉側）には大きな細胞間隙があり，葉肉細胞間の細胞間隙とつながっている．これによって，気孔を介して葉と大気との間にCO_2や水蒸気などのガス交換が起こる．孔辺細胞の細胞壁の厚さは不均一なので，膨圧の変化によって孔辺細胞は著しく変形し，気孔の開閉が起こる．気孔の開閉によってガス交換速度が調節される．孔辺細胞と隣接する細胞との間には原形質連絡が存在せず，孔辺細胞への溶質の出入りは細胞膜の輸送タンパク質の働きによってアポプラストとの間でなされる．未熟な孔辺細胞には原形質連絡が存在するが，細胞壁の肥厚にともない切り離されて消失する．

葉縁部や葉の先端部の気孔はしばしば水孔 water pore となっている．すなわち水孔は気孔の相同組織である．水孔は排水構造 hydathode のひとつで，夜間や早朝など蒸散が抑制された条件下で水滴を排出する．水孔の内側には被覆組織 epithem と呼ばれる細胞壁の薄い特殊化した葉肉組織があり，その内側に維管束末端の仮導管が到達している．水は仮導管から被覆組織の細胞間隙あるいは被覆組織の細胞質をとおって水孔内側の細胞間隙に到達し，水孔より排出される．水孔を構成する孔辺細胞は，気孔と異なり開閉能力を失っている．なお，排水構造にはおもに2種類あり，ひとつは水孔であり，もうひとつは毛茸由来のものである．

毛茸（毛状突起）trichome は表皮系由来の突起構造の総称であり，毛状の構造体の他に鱗片状その他の構造体も含まれる．腺毛や排水構造に変化しているものもある．単細胞性と多細胞性とがある．腺毛や排水構造は多くの場合，多細胞性である．毛茸由来の排水構造は排水毛 hydathodal hair と呼ばれる．ダイズでは葉脈の上に多数の剛毛状の毛茸と棍棒状の排水毛が観察される（図2）．剛毛状の毛茸は単細胞性であり，棍棒状の排水毛は多細胞性で，数細胞が縦に並んで形成されている．湿度が高い条件で蒸散を抑制すると，排水毛の先端から水滴が排出される．

なお，毛茸は「もうじょう」または「もうじ」と読む．作物学では慣用的に「もうじ」が用いられてきたが，茸の音は「じょう」であり，「じ」とは読まないので，「毛茸」の代わりに「毛耳」が用いられることもある．植物形態学では trichome の訳語として毛状突起が用いられる．

内部構造

マメ科植物の葉の内部構造は典型的な双子葉植物としての特徴を示す（図3）．葉の向軸側と背軸側の表面は1層の表皮によってとり囲まれている．その内側には基本組織系に属する葉の組織である葉肉 mesophyll が存在する．葉肉を構成する細胞を葉肉細胞 mesophyll cell という．葉肉細胞には多数の葉緑体が存在し，葉肉は同化組織として機能する．葉肉は向軸側の柵状組織

図1　開孔時の気孔
インゲンマメ初生葉背軸側．g：孔辺細胞，s：副細胞（凍結走査電顕による）

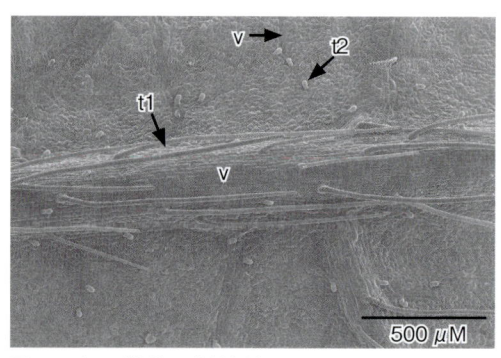

図2　ダイズ複葉の背軸側表面
t1：剛毛状の毛茸，t2：棍棒状の毛茸（排水毛），v：葉脈（常法の走査電顕による）

palisade tissueと背軸側の海綿状組織 spongy tissueとに分化している．

柵状組織は細胞間隙が少なく，円柱状の柵状組織細胞が表皮に対し長軸側を垂直に向けて配列している．ダイズの柵状組織は初生葉では3層の細胞から構成されるが，下位葉では2層の細胞から構成され，上位葉では再び3層となる．海綿状組織は細胞間隙が大きく，くびれや枝分かれした形状をもつ海綿状組織細胞が散在している．海綿状組織のほうが細胞間隙は大きいが，細胞間隙と接している表面積は，柵状組織のほうが大きい．一般に葉緑体のグラナは，柵状組織に比べ海綿状組織の葉緑体のほうが多数のグラナチラコイドから形成されていて厚くなっている．また，同化デンプンは海綿状組織の葉緑体のほうが大形になる．強光条件では柵状組織がよく発達し，弱光条件では海綿状組織がよく発達する．

ダイズでは柵状組織と海綿状組織の間に1層の葉脈間細胞が存在する．この細胞は枝分かれした形状をもち，葉脈間を網目状につなぐ細胞層を構成する．また液胞にタンパク質を貯蔵する．そのほかラッカセイでは背軸側表皮の内側に1層の貯水細胞が存在する．

マメ科植物にはC_4植物は発見されておらず，すべてC_3植物であるが，他の多くのC_3植物と同様に維管束の外側を1層の維管束鞘 vascular bundle sheathがとり囲んでいる．維管束鞘は維管束に対し平行方向に伸長した細胞からなり，維管束を鞘状にとり囲んでいる．維管束鞘細胞には小形の葉緑体が存在する．維管束鞘は1層であるが，植物によっては維管束鞘と向軸側および背軸側表皮との間に，維管束鞘細胞と同種の細胞が配列していることがあり，この部分を維管束鞘延長部 bundle sheath extensionと呼ぶ．イネ科植物とは異なり，維管束鞘の内側にメストーム鞘 mestome sheathは存在しない．

維管束鞘の内側には維管束 vascular bundleが存在する．維管束の背軸側には篩部が，向軸側には木部が存在する．イネ科植物とは異なり，維管束の柔細胞にもグラナのある葉緑体が存在する（図4）．ダイズでは，維管束鞘の側面は葉肉でとり囲まれているが，向軸側と背軸側では維管束鞘延長部が表皮に接している．ダイズの排水毛は維管束鞘延長部に接して形成されていることから，ダイズでは葉中の水分が過剰なときには，木部→維管束鞘→維管束鞘延長部→排水毛，の経路で水分が排出されると考えられている．

細胞と細胞の間の空間を細胞間隙 intercellular spaceという．茎頂分裂組織や葉原基の段階では細胞間隙はほとんど存在せず，細胞と細胞は密着している．組織の成長，細胞伸長の過程で隣接する細胞壁が中葉の部分で離れたり，一部の細胞が破壊されたりして細胞間隙が形成される．前者を離生細胞間隙 schizogenous

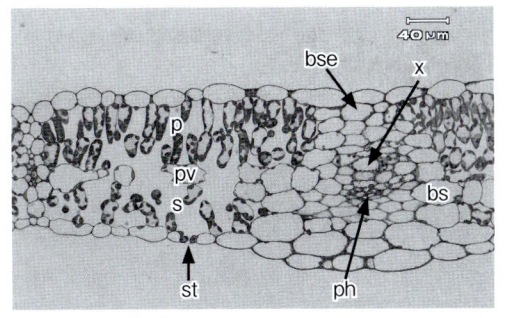

図3 ダイズ複葉の断面
bs：維管束鞘，bse：維管束鞘延長部，p：柵状組織，ph：篩部，pv：葉脈間細胞，s：海綿状組織，st：気孔，x：木部

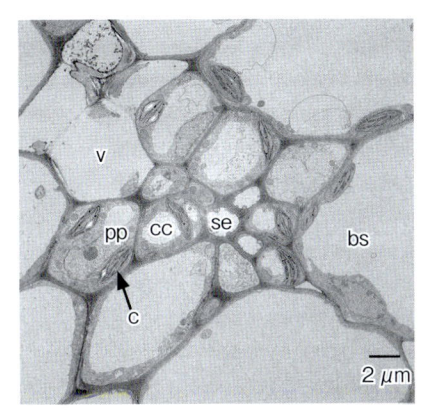

図4 ダイズ複葉の維管束
c：葉緑体，cc：伴細胞，bs：維管束鞘細胞，pp：篩部柔細胞，se：篩管，v：導管

intercellular space，後者を破生細胞間隙 lysigenous intercellular spaceという．

双子葉植物の葉肉の細胞間隙はおもに離生細胞間隙である．破生細胞間隙はイネ科植物の葉鞘や根の皮層などに形成される．葉肉とくに海綿状組織では細胞間隙がよく発達しているが，維管束鞘とその内側の維管束の細胞にはほとんど細胞間隙は形成されない．細胞間隙は通常気体で満たされているが，水孔の近くの組織や，通常の葉肉組織でも，蒸散と根圧のバランスによって細胞間隙に水が滲出してくることがある．細胞間隙がよく発達した組織は通気組織 aerenchymaと呼ばれ，酸素などの供給に重要な役割を果たす．

分泌組織 secretory tissueはさまざまな分泌物を貯蔵，分泌する組織である．分泌組織では，それを構成する分泌細胞自身が分泌物質を蓄積する場合もあるが，分泌細胞の集合体が細胞間隙に粘液や樹脂などの分泌物を蓄積する場合もある．腺毛 glandular hairや蜜腺 nectaryは表皮組織系由来の分泌組織で，その基部には基本組織系由来の分泌細胞が存在することもある．蜜腺は花に存在するが，ソラマメの托葉などにもみられる．

（三宅 博）

維管束 [全体]

維管束 vascular bundle は，シダ植物および種子植物の根，茎，葉などの器官を条束状に貫く組織系である．木部 xylem と篩部 phloem とで構成される．

根および茎の頂端分裂組織の前形成層 procambium から分化した木部を一次木部 primary xylem，篩部を一次篩部 primary phloem とよぶ．それぞれ，原生木部 protoxylem・後生木部 metaxylem，原生篩部 protophloem・後生篩部 metaphloem で構成される．

原生木部は前形成層の内側部分から最初に形成され，のちに後生木部が形成される．原生木部は原始性であり，構成する細胞は小さく数は少ない．原生篩部は前形成層の外側部分から最初に形成され，のちに後生篩部が形成される．

一方，裸子植物や双子葉類で，形成層の並層分裂によって内側に形成される木部を二次木部 secondary xylem，外側に形成される篩部を二次篩部 secondary phloem とよぶ．二次木部・篩部の基本的機能は，一次木部・篩部と同様である．

維管束の構成

木部 導管と仮導管とからなる管状要素 tracheary elements と，木部柔組織 xylem parenchyma cell，木部繊維 xylem fiber で構成される．このうち管状要素では水や無機養分の通導が，木部柔組織ではデンプンや油脂などの貯蔵が，木部繊維では植物体の機械的支持が行なわれる．

導管 vessel は，縦に並んだ円柱状の細胞の上下の隔壁が消失して穿孔 perforation が形成され，長い管となった組織である．仮導管とともに死細胞である．

仮導管 tracheid は，両端がとがった細長い紡錘形の細胞で，穿孔はない．となりの細胞とは細胞壁で接し，通導は細胞壁の薄い部分や壁孔 pit で行なわれる．壁孔は二次壁が局部的に円状に形成されず，くぼんだ部分である．となりの細胞でも同じ位置に同時に壁孔が形成される．原始的な維管束植物では導管をもたず，仮導管しかもたないものがある．

木部繊維は仮導管に似る．細胞壁は木化が進み，きわめて厚く肥厚し，長い．

篩部 篩部は，篩要素 sieve element，伴細胞 companion cell，篩部柔組織 phloem parenchyma，篩部繊維 phloem fiber で構成される．このうち篩要素では有機養分の通導が，篩部柔組織では有機養分の貯蔵が，篩部繊維では植物体の機械的支持が行なわれる．シダ植物および多くの裸子植物には伴細胞および篩部繊維はない．

篩要素は，篩管細胞 sieve tube cell と篩細胞 sieve cell とからなる．篩管細胞はふつう円柱状で，上下に連続して篩管 sieve tube を形成する．隣接する隔壁または側壁の篩域 sieve area には篩孔 sieve pore が集合し，細胞質が連絡して物質移動が行なわれる．篩細胞は，両端がとがった細長い紡錘形の細胞であり，篩域が特定の部分に限られない．

伴細胞は篩管細胞に密着する柔細胞である．篩管細胞と同じ始原細胞が縦分裂し，篩管細胞のほかに1～数回分裂して形成された柔細胞である．横断面では扁平である．細胞質が豊富で生理的活性が高く，篩管細胞とは原形質連絡で連絡する．

維管束型

ふつう，同一種では，木部と篩部は一定の位置に配列して走向する．

並立維管束 collateral vascular bundle 木部が向軸側 (内側)，篩部が背軸側 (外側) に接して走向する維管束．裸子植物および被子植物の茎葉にもっとも多い．

複並立維管束 bicollateral vascular bundle 木部か篩部のどちらかが両側にあり，他方を挟んで走向する維管束．ふつうは外篩複並立維管束がみられる．

包囲維管束 concentric vascular bundle 木部か篩部のどちらかが他方を包囲した維管束．単子葉類の地下茎に多い外木包囲維管束と，シダ植物の茎に多く，被子植物の花，果実，葉柄などにもみられる外篩包囲維管束とがある．

放射維管束 radial vascular bundle 木部と篩部とが独立して放射状に配列した維管束．根にふつうにみられる．茎ではまれ．

中心柱

茎や根において，内皮 endodermis よりも内側の基本組織と維管束の部分をまとめて中心柱 stele, central

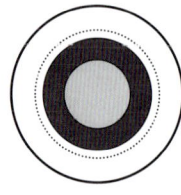

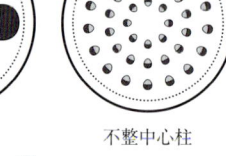

原生中心柱　　真正中心柱　　不整中心柱　　放射中心柱
○ 木部　　● 篩部　　‥‥‥ 内皮

図1　おもな中心柱型

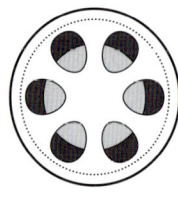

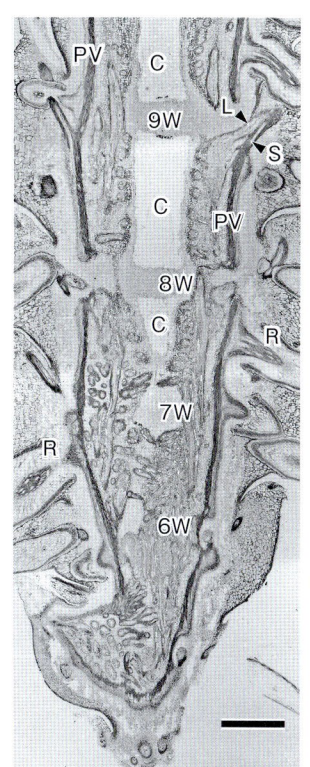

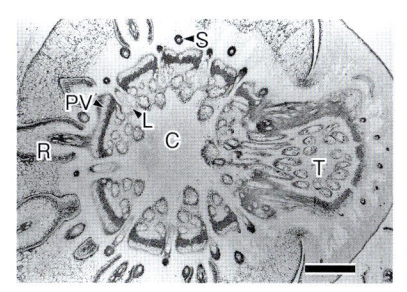

図3 イネの不伸長茎部(第7節付近)の横断面(光学顕微鏡,スケール:1mm)
(新田原図)
C:髄腔,L:大維管束,PV:辺周部維管束環,R:冠根原基,S:小維管束,T:分げつ

図2 イネの不伸長茎部の縦断面
(光学顕微鏡,スケール:1mm)
(新田原図)
6w〜9w:第6節〜第9節部,C:髄腔,L:葉鞘へ通じる大維管束,PV:辺周部維管束環,R:冠根原基,S:葉鞘へ通じる小維管束

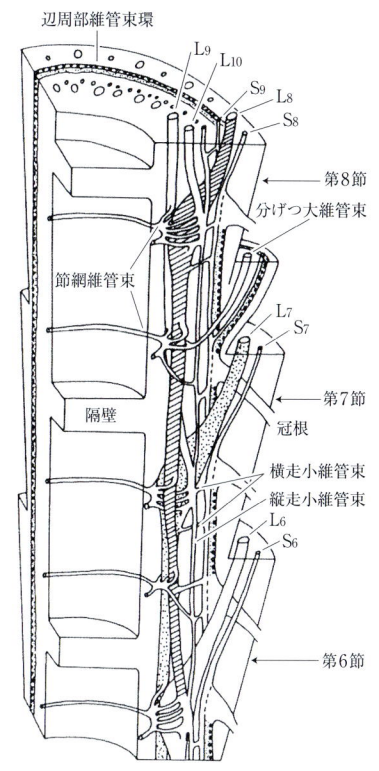

図4 イネの不伸長茎部における縦断面の維管束走向(長南,1976)
L:大維管束,S:小維管束

cylinderとよぶ(図1).中心柱内の維管束配置の様相を中心柱型 stelar typeとよぶ.ただし,内皮は種子植物の茎ではあまりみられない.

原生中心柱 protosteleは,中央に木部が,その周囲に篩部がある.最古の型といわれる.放射中心柱 actinosteleは,原生中心柱の木部が星状に突出し,突出部の間に篩部が存在する.その結果,木部と篩部とが放射状に配列する.原生木部の突出部の数によって,2原型,3原型,多原型などとよばれる.この数は篩部の数と同じである.真正中心柱 eusteleは,多くの並立維管束が環状に並ぶ.種子植物の茎では一般的である.不整中心柱 atactosteleは,中心柱の基本組織内に多くの並立維管束が散在する.単子葉類の茎に多い.以上のほか,中央に髄がありその周囲に木部があって,木部の内外に篩部が存在する管状中心柱 siphonosteleなどがある.

形成層

形成層 cambiumは,前形成層が一次成長で形成した維管束の,木部と篩部との間の分裂組織である.二次肥大成長を行なう裸子植物および双子葉類の茎や根でみられ,維管束内形成層 fascicular cambiumとよばれる.接線分裂をして,内側に二次木部,外側に二次篩部を形成する.また,維管束内形成層の分裂が活発になると,維管束に挟まれた基本組織内の柔細胞が分裂を再開し,分裂組織となる.これが維管束間形成層 interfascicular cambiumであり,維管束内形成層と連絡してリング状となる.

イネの維管束の形態と走向

ここでは,維管束の形態や走向に関する研究が顕著に進んでいるイネの例を示す.

根および葉の維管束の形態と走向は比較的単純であり,他の単子葉作物と同様である.

茎の周辺部では,葉鞘から入った小維管束が横に連絡して形成される辺周部維管束環 peripheral cylinder [of longitudinal vascular bundles]が走向する(図2,図3,図4).辺周部維管束環の外側に接した組織に分げつや冠根の原基が形成される(図3).

葉鞘の大維管束は節部に入ると肥大して肥大維管束 elliptical vascular bundleとなる.その後,再び細くなって茎を下降し,2つ下の節部で細かく分かれて分散維管束 diffuse vascular bundleとなる(図4).節部には節網維管束 nodal anatomosesが走向し,縦走する維管束を横方向に連絡する(図3, 4).

(新田洋司)

貯蔵器官・貯蔵組織［イモ類］

イモ類では，有性生殖 sexual reproduction に直接関係しない器官，すなわち栄養器官 vegetative organ である根あるいは茎が，貯蔵物質 reserve substance を貯えて肥大したものがおもな貯蔵器官 storage organ になる．イモ類の貯蔵器官は一般に「イモ」と呼ばれている．また，イモ類の貯蔵器官は，栄養生殖 vegetative reproduction（栄養繁殖 vegetative propagation）と呼ばれる無性生殖 asexual reproduction を行なう器官でもある．無性生殖とは，有性生殖のように配偶子の生産とその融合の過程なしに増殖が行なわれる生殖である．

イモ類の貯蔵器官の種類

塊根 tuberous root　根が貯蔵物質を貯えて肥大したもので，サツマイモ，キャッサバ，レンコン，ヤーコンなどで形成される．

塊茎 tuber　植物体の主軸から伸長した地下茎 subterranean stem が貯蔵物質を貯えて肥大したもので，ジャガイモ，ヤムイモ，キクイモなどで形成される．ヤムイモの多くの種では，地上部の葉腋にむかごと呼ばれる地上塊茎 aerial tuber が形成される．

担根体 rhizophore　イワヒバ属，ミズニラ属，ヤマノイモ属などの植物に形成され，根を生じ，葉をつけない特殊な茎のことである．ヤムイモの塊茎は，担根体ともみなされている．

球茎 corm　植物体の主軸の基部が貯蔵物質を貯えて球状に肥大したものである．タロイモでは，球状とは異なる円柱状などのイモが形成されることもあるが，それらも球茎と呼ばれている．

貯蔵器官の形態

・ジャガイモ

茎の地下部の各節から匍匐枝（ストロン，匐枝）stolon と呼ばれる地下茎が生じ，匍匐枝の先端が肥大したものが塊茎になる．匍匐枝の長さは品種により差があり，5～60cm 程度である．また，品種により匍匐枝は2分岐することもある．

塊茎の最外部には周皮 periderm がある．植物では，茎や根における皮層 cortex，二次篩部 secondary phloem の背軸側，および傷害を受けたところの柔組織においてコルク形成層 cork cambium, phellogen が生じる．コルク形成層が細胞分裂し，向軸側に生きた細胞から成るコルク皮層 phelloderm，背軸側に細胞壁がスベリン化して死んだ細胞から成るコルク組織 cork tissue, phellem が形成されることがある．周皮とは，コルク形成層，コルク皮層およびコルク組織の3組織，あるいは，形成されないこともあるコルク皮層を除いた2組織で構成される．なお，二次篩部とは，形成層の活動によりその外側につくられた篩部のことである．

ジャガイモ塊茎の周皮の内側には皮層が分布する．さらに，皮層の内側には維管束環 vascular bundle ring があり，その内側に髄 pith が分布する．髄とは，植物体の軸性器官において，管状に配列した維管束に取り囲まれた内側の部分のことである．ジャガイモ塊茎の髄は，維管束環に接している周辺髄 external medulla, perimedulla と塊茎中心部にある中心髄 internal medulla, central medulla とに区別される．貯蔵物質を蓄積する柔細胞から構成される貯蔵組織 storage tissue，すなわち貯蔵柔組織は，皮層と髄の大部分を占め，多量のデンプンを含有している（図1）．

・サツマイモ

苗あるいは種イモ seed tuber（corm [球茎], tuber [塊茎]）から萌芽し成長した植物体の茎の節から出根した不定根 adventitious root が，貯蔵物質を蓄積し，肥大して塊根になる．不定根とは，根以外の器官から二次的に形成される根のことである．1本の苗で数十本の不定根が出根される．そのうち，ほとんど肥大しない根は細根 fine root, rootlet，5～20mm 程度まで肥大するが塊根にはならずにゴボウ状になった根は梗根 pencil-like root, cylindrical root と呼ばれている．

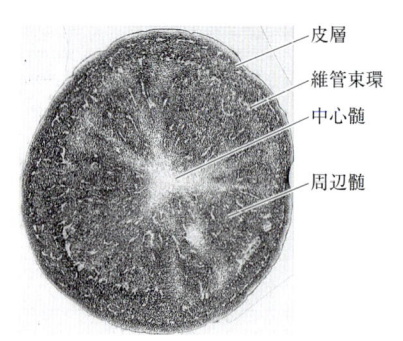

図1　ジャガイモ塊茎の内部組織（横断面，I-KI 染色）

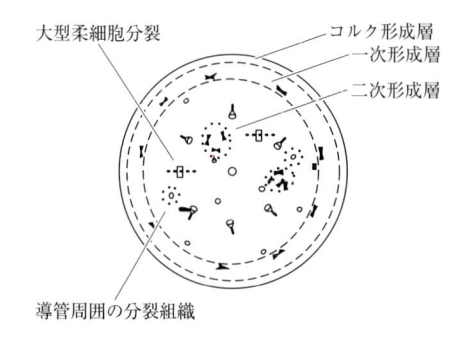

図2　サツマイモ塊茎の内部組織（横断面）（国分，1973）

細根になる根では、一次形成層 primary cambium の活動程度が小さく、中心柱 central cylinder, stele の木化程度が大きいため肥大成長が行なわれない。梗根になる根では、一次形成層の活動程度が大きく、中心柱の木化程度も大きいため、二次以降の形成層の分化・発達程度が小さくなり塊茎のように肥大しない。塊茎になる根では、原生篩部 protophloem と原生木部 protoxylem の周囲の分裂組織から発達した一次形成層の活動程度が大きく、中心柱の木化程度が小さいため二次形成層 secondary cambium や三次以降の形成層の分化・発達程度も大きくなり、肥大が活発になる（図2）。表皮 epidermis、皮層および内鞘 pericycle は、塊根肥大に伴い脱落し、それらに代わり周皮が塊根を覆うようになる。

・タロイモ

タロイモでは、地中に植え付けられた種イモから生じた頂芽が成長するのに伴い、頂芽の基部が肥大して親イモ mother corm［球茎］(mother tuber［塊茎］, mother tuberous root［塊根］)が形成される。さらに、親イモから生じた側芽が成長するのに伴い、側芽の基部が肥大して子イモ daughter corm［球茎］(daughter tuber［塊茎］, daughter tuberous root［塊根］)が形成される。側芽の位置は、2/5の旋回性を示す。同様に、子イモから孫イモ secondary corm［球茎］(secondary tuber［塊茎］)が、さらには孫イモから曾孫イモが形成されることがある。

子イモ以降に形成される球茎は総じて分球と呼ばれ、子イモは第一次分球、孫イモは第二次分球、曾孫イモは第三次分球とも呼ばれる。分球の着生数や肥大程度は、品種により大きく異なる。また、親イモから子イモの代わりに葡萄枝を地中につけるものや、葡萄枝の先端部が肥大して小イモ（生子）を形成するものもある。

球茎の最外部には周皮が、その内側に皮層、さらにその内側に中心柱がある。球茎の頂部には頂端分裂組織 apical meristem がある。また、多くの品種では、中心柱には貯蔵性の粘液 mucilage を蓄積する粘液管 mucilage duct と呼ばれる管状の細胞間隙が散在している。主要な貯蔵物質であるデンプンは、中心柱の大部分を占める貯蔵柔組織に蓄積される（図3）。

・ヤムイモ

ナガイモやヤマノイモ（ジネンジョ）などのヤムイモの塊茎は、担根体とも呼ばれる。塊茎の維管束は、木部と篩部がならんで対になっている並立維管束 collateral vascular bundle である。塊茎から葉は生じず、根が発生する。したがって、塊茎は根と茎の中間的な特徴を有する。

塊茎の形状は、種や品種により様々である。ナガイモでは、塊茎の形状により、長い形状のナガイモ群、イチョウの葉の輪郭に似た形状のイチョウイモ群、球状のツクネイモ群に分類されている。ナガイモ群では、塊茎の長さが100cm程度に達するものもある。多くの栽培種では、むかごと呼ばれる地上塊茎が形成され、その大きさは地中の塊茎よりもはるかに小型である。

球茎の最外部には周皮、その内側に皮層があり、さらに内部には皮層に覆われた中心柱が存在する（図4）。中心柱の大部分を占める貯蔵柔組織において、デンプンや貯蔵性粘液が多量に蓄積される。

（川崎通夫）

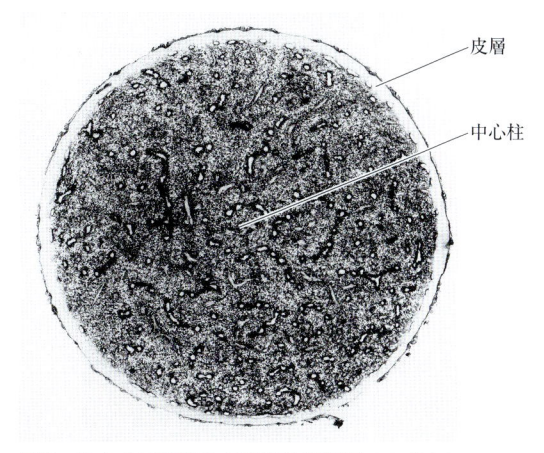

図3 サトイモ球茎の内部組織（横断面, I-KI染色）

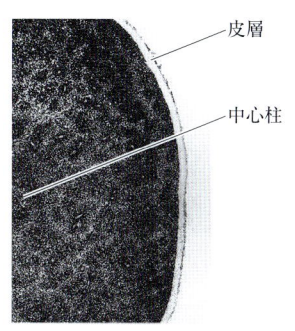

図4 ヤマノイモ塊茎の内部組織（横断面, I-KI染色）

デンプン・糖類の貯蔵 [全体]

糖とデンプン

　食用作物では，収穫対象となる種子，塊茎および塊根などの貯蔵器官に糖が多量に蓄積される．糖は，単糖 monosaccharide，単糖2分子がグリコシド結合により1分子となった二糖 disaccharide，単糖3分子が結合した三糖 trisaccharide，単糖2分子〜20分子程度が結合したオリゴ糖（少糖）oligosaccharide，さらに多くの単糖が結合した多糖 polysaccharide に分類される．主要穀類やイモ類，マメ類などで利用上最も重要な糖は，多糖類のデンプン（澱粉）starch である．

　デンプンは，アミロース amylose とアミロペクチン amylopectin で構成される多糖である．アミロースは，多数の α-グルコース分子がグリコシド結合（$\alpha 1 \rightarrow 4$ 結合）によって重合し，直鎖状になったデンプン分子である．また，アミロペクチンは，多数の α-グルコース分子がグリコシド結合（$\alpha 1 \rightarrow 4$ 結合および $\alpha 1 \rightarrow 6$ 結合）によって重合し，枝分かれの多い構造になったデンプン分子である．デンプンには，アミロペクチンを75〜80%程度含んだ粳性の nonglutinous, nonwaxy ものと，ほとんどがアミロペクチンでアミロースがわずかな割合で含まれている糯性の glutinous, waxy ものとがある．

デンプンの貯蔵

　植物体内で貯蔵物質として貯えられたデンプンは，貯蔵デンプン reserve starch, storage starch と呼ばれる．デンプンは，結晶構造物であるデンプン粒 starch grain, starch granule の状態でアミロプラスト amyloplast 内に貯蔵される．アミロプラストは，内部の大部分にデンプン粒を含んだプラスチド（色素体）plastid である．プラスチドは，植物細胞に固有であり，葉緑体とその類縁の半自律的な細胞小器官の総称である．また，プラスチドは，微小な細胞小器官であるプロプラスチド（原色素体）proplastid から発達し，二重の包膜や固有のDNAとその複写・転写・翻訳系を有する．貯蔵性のデンプン粒の形成と蓄積は，プロプラスチドが形成されたのち，アミロプラストに発達するまでの状態のプラスチドから，成熟したアミロプラストへ至る系において行なわれる．

　1個のアミロプラストに1個形成されるデンプン粒は，単粒［デンプン］simple [starch] grain, simple [starch] granule，複数個形成されるデンプン粒は複粒［デンプン］compound [starch] grain, compound [starch] granule と呼ばれる．複粒を構成する個々のデンプン粒がデンプン小粒と呼ばれることもある．

　穀類　イネでは，種子の胚乳 albumen に複粒のデンプンが蓄積される．1個のアミロプラストの中に，日本型イネでは50〜80個，インド型イネでは100個程度のデンプン粒が蓄積されている．デンプン粒はきわめて緻密に蓄積され，多角錐状を呈する（図1）．

　コムギの種子の胚乳では，第1次デンプン粒，第2次デンプン粒と呼ばれる，形態的に異なる2タイプの単粒デンプンが蓄積される．第1次デンプン粒は，受精後6〜7日目から胚乳組織の最内部の細胞で蓄積されはじめ，しだいに周辺部の細胞に蓄積されるようになる．完熟した胚乳では，長径20〜40 μm のレンズ形状になる．第2次デンプン粒は，受精後17日目頃から形成されはじめ，大きさは長径10 μm に達しない．

　トウモロコシの種子の胚乳では複粒のデンプンが蓄積される．個々のデンプン粒の長径は10〜30 μm 程度である．

　イモ類　サツマイモでは，デンプンは塊根 tuberous root 中心柱の貯蔵柔組織におもに蓄積される．1個のアミロプラストには2〜25個程度のデンプン粒が蓄積される．アミロプラストの長径は20〜50 μm 程度である（図2）．

　ジャガイモでは，デンプンは塊茎 tuber の皮層で最も多く，周辺髄，中心髄の順に多く蓄積される傾向がある．アミロプラストの中には単粒のデンプン粒が形成される．デンプン粒の大きさは長径10〜100 μm である．アミロプラストが大型化しても増殖するため，デンプン粒

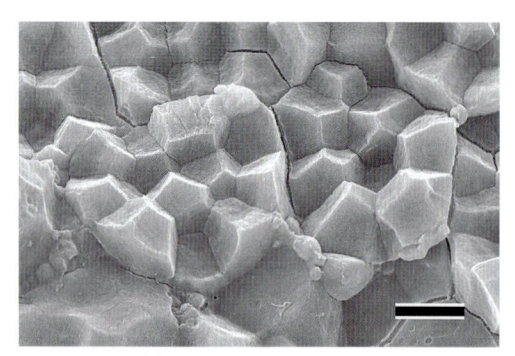

図1　イネの成熟種子の胚乳横断面（スケール：10 μm）
デンプンが緻密に貯蔵されている

図2　サツマイモ塊根の貯蔵柔細胞

の大きさの変異が大きくなると考えられている.

タロイモでは，デンプンは球茎 corm の中心柱の貯蔵柔組織におもに蓄積される．サトイモでは1個のアミロプラストに多いもので4,000個程度のデンプン粒が含まれている．個々のデンプン粒の大きさは，長径1〜3μm程度であり，イモ類の貯蔵性のデンプン粒としてはきわめて小型である(図3).

ヤムイモでは，貯蔵デンプンは塊茎(担根体 rhizophore) の中心柱の貯蔵柔組織におもに蓄積される．ヤマノイモの塊茎では長径20〜30μm程度のアミロプラストが多く，単粒でデンプンが蓄積される．肥大中のアミロプラストには，突出部と呼ばれる特異構造物が形成される(図4)．この突出部はデンプン粒の形成に関与すると考えられている．

マメ類 ダイズ種子では，子葉 cotyledon にタンパク質と脂質が豊富に含まれ，デンプンは少量含まれている．アズキの種子では，子葉においてデンプンが23％程度含まれ，直径20〜77μmの単粒のデンプン粒が形成される．ソラマメでは，種子においてアミロプラストが直径40〜50μmにまで大型化し，この内部には単粒のデンプンが形成される．

デンプン以外の糖類の貯蔵

作物では，貯蔵器官においてデンプンの他にも有用な糖類が貯蔵される．これらの糖類は，結晶構造物として貯蔵されるデンプンとは異なり，水溶化して貯蔵される可溶性炭水化物 soluble carbohydrate である．

サトイモ 球茎において貯蔵性の粘液 mucilage が，粘液管と呼ばれる管状の細胞間隙に蓄積される．粘液管は，球茎の中心柱に散在する．粘液には，主にD-ガラクトース残基から構成される多糖であるガラクタン galactan，あるいは高プロテオグルカンであるアラビノガラクタン-プロテイン arabinogalactan-protein が含まれると報告されている．

コンニャク 球茎では，グルコースとマンノースがおよそ2：3の割合でβ-1,4-結合した，多糖のコンニャクマンナン konjak mannan と呼ばれるグルコマンナン glucomannan が，中心柱に散在するマンナン細胞と呼ばれる柔細胞内に蓄積される．マンナン細胞は大きいもので長径約500μm以上もあり，デンプン貯蔵柔細胞よりも顕著に大きい．

ヤムイモ 塊茎の中心柱の貯蔵柔細胞内にデンプンとともに貯蔵性の粘液が蓄積される．この粘液には，タンパク質が多く含まれ，D-マンノースを主成分とする多糖類であるマンナン mannan なども含まれている．

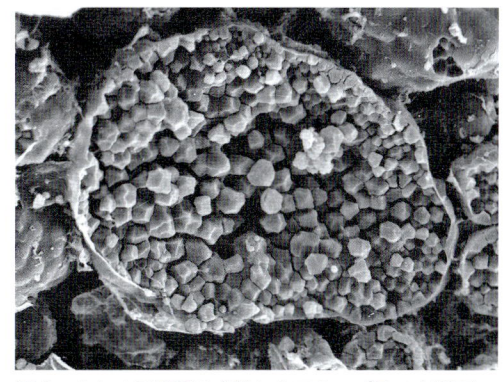

図3 サトイモ球茎の成熟したアミロプラスト断面

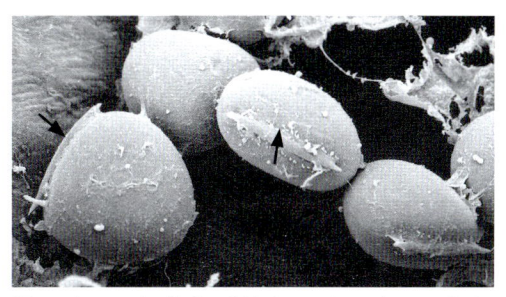

図4 ヤマノイモ塊茎の肥大中のアミロプラストとその突出部(矢印)

その他イモ類 キクイモ塊茎では多糖類のイヌリン inulin が，ヤーコンの塊根では二糖であるスクロース(ショ糖，蔗糖) sucrose の果糖部分に1〜数分子の果糖が結合したフラクトオリゴ糖 fructo oligosaccharide が蓄積される．

ダイズ 種子には，有用な糖類として大豆オリゴ糖 soybean oligosaccharide と呼ばれるスタキオース stachyose やラフィノース raffinose (melitose, melitrinose, gossypose) が貯蔵されている．また，種皮には，D-ガラクトースとD-マンノースから構成される多糖であるガラクトマンナン galactomannan も含まれている．

糖用作物 サトウキビやテンサイ(サトウダイコン，ビート)では二糖であるスクロースが主な貯蔵性の糖類である．サトウキビでは茎の節間 internode の貯蔵柔組織に，テンサイでは主根と胚軸が多肉状に肥大した多肉根 succulent root の貯蔵柔組織にスクロースが貯蔵される．

(川崎通夫)

タンパク質・脂質の貯蔵［全体］

タンパク質の蓄積

タンパク質 protein　植物の構成成分のひとつで，基本構造はアミノ酸 amino acid の重合体である．植物においてタンパク質が最も集積するのは貯蔵組織で，イネ科植物種子（穎果）の胚乳組織，イモ類の地下組織，マメ科植物種子の子葉組織の特定の細胞小器官に蓄積される．

タンパク顆粒 protein body　タンパク質を蓄積した細胞内顆粒のことで，種子の子葉，胚乳，胚盤などの組織に存在する．**タンパク体** protein body と呼ばれる場合もある．走査型電子顕微鏡では直径1～40μmの表面が滑らかな球体として観察される．また透過型電子顕微鏡では，タンパク顆粒内部は電子密度の高い状態で観察される（図1）．

タンパク顆粒は内部の電子密度が高いため，アミロプラスト，オイルボディ，ミトコンドリアなど，ほかの細胞小器官と容易に区別できる．

プロテインボディ protein body　イネ種子のタンパク顆粒は形成過程の違いによって，プロテインボディIとプロテインボディIIに区別される．

プロテインボディI protein body I (PB-I)は，粗面小胞体 rough endoplasmic reticulum から形成される．イネの胚乳細胞で観察され，直径1～2μm，形状は球形である．酢酸ウランと酒石酸で染色した試料を透過型電子顕微鏡で観察すると，PB-I内部には含硫アミノ酸を多く含むタンパク質が集積した年輪状の同心円の構造が認められる．**プロテインボディII** protein body II (PB-II)は，液胞 vacuole から形成される．イネの胚乳細胞で観察され，直径3～4μm，形状は球形または楕円形，一重膜で覆われている．透過電子顕微鏡でPB-IIを観察するとPB-IIの内部には年輪状の構造物は認められず，電子密度が均一な状態で観察される．エンドウ，ソラマメ，ダイズ種子などのマメ科植物のタンパク体はPB-IIと同様に液胞から形成される．

タンパク質の種類

タンパク質は溶媒分画の違いによって，アルブミン，グロブリン，グルテリン，プロラミンの4つに分類される（表1）．4つのタンパク質は単一のタンパク質で構成されるのではなく，いくつかのタンパク質あるいは糖が結合した状態で構成される．これらのタンパク質は種子に貯蔵され，発芽時に養分として利用される．

アルブミン albumin　水溶性タンパク質の総称で，中性から弱酸性の水に可溶，熱によって容易に凝固する．アルブミンにはコムギとオオムギのロイコシン leucosin，エンドウとダイズのレグメリン legumelin，ヒマのリシン lysin などがある．

グロブリン globulin　塩溶液に可溶性なタンパク質の総称で，マメ科植物の種子に多く含まれる．エンドウのビシリン vicilin，ダイズのレグミン legumin，ラッカセイのアラキン arachin などがある．レグミンは豆腐の主成分で，豆腐の製造はマグネシウム塩類の添加によって，グロブリン系タンパク質のレグミンが凝固する性質を利用したものである．

グルテリン glutelin　中性の水溶液で，塩溶液，アルコール類に不溶で希アルカリ溶液や希酸溶液に可溶性なタンパク質の総称である．グルテリンはイネ科植物の種子に多く含まれ，イネのオリゼニン oryzenin，コムギのグルテニン glutenin，オオムギのホルデニン hordenine などがある．コムギのグルテニンはプロラミン系タンパク質のグリアジン gliadin とともに，**グルテン（麩質，麩素）** gluten を形成する．グルテンはこねた小麦粉を水洗して得られる．

プロラミン prolamine　水に不溶性で，60～90％の含水エタノールに可溶なタンパク質の総称である．イネ科植物の種子に多く含まれる．オオムギのホルデイン hordein，コムギのグリアジン gliadin，トウモロコシのゼイン zein などがある．

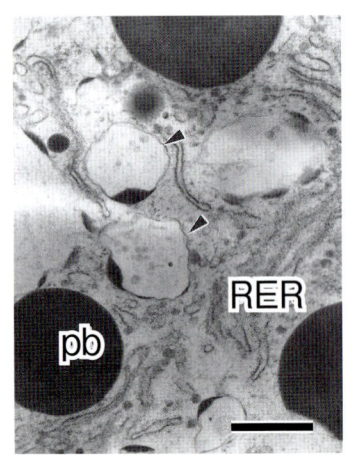

図1　ソラマメ子葉柔細胞に認められるタンパク顆粒(pb)と粗面小胞体(RER)（スケール：1μm）

表1　貯蔵物質が蓄積する細胞内顆粒（芳野，1991改）

貯蔵物質	細胞小器官*	場所
デンプン（アミロース，アミロペクチン）	アミロプラスト	子葉，胚乳，地下組織
タンパク質（アルブミン，グロブリン，グルテリン，プロラミン）	タンパク顆粒 プロテインボディ	子葉，胚乳，胚盤
脂質（おもにトリグリセリン）	オイルボディ スフェロソーム	子葉，糊粉層，胚盤

＊貯蔵物質を蓄積する細胞小器官の名称

小麦粉の種類

小麦粉は，粉に含まれるグルテンの量と質によって強力粉，準強力粉，中力粉，薄力粉，デュラム粉に分けられる．

胚乳の最外層の**糊粉層** aleurone layer には，デンプンやグルテンを含む**麸質貯蔵組織** starch and gluten parenchyma と呼ばれる貯蔵組織がある．コムギはグルテンの量と質によって硬質コムギ，軟質コムギ，中間質コムギに区別される．通常，**普通コムギ（パンコムギ） wheat brad wheat** のなかで種子が硬いものを硬質コムギ，種子が軟らかいものを軟質コムギと区別する．また普通コムギ以外では，**デュラムコムギ durum wheat** を硬質コムギ，**クラブコムギ club wheat** を軟質コムギと区別する場合もある．

硬質コムギ hard wheat グルテンの含有量が高いコムギの種類で，それから生産される小麦粉は硬く，粉の粒子が粗い．硬質コムギの小麦粉が硬い要因は，グルテンがアミロプラストの表面に強固に付着し，製粉の際に破砕が進まず，細かい粒子になりにくいためである．硬質コムギの小麦粉を水でこねると粘りが強くなる．このため硬質コムギの小麦粉はパンや麺の原料に利用される．

軟質コムギ soft wheat グルテンの含有量が低いコムギの種類で，それから生産される小麦粉は軟らかく，粒子が細かい．軟質コムギの小麦粉が軟らかい要因は内胚乳に低分子のタンパク質が多く蓄積しているためである．軟質コムギの小麦粉を水でこねると粘りが適度であるため，軟質コムギの小麦粉は菓子，ケーキ，ビスケット，てんぷら粉に利用される．

貯蔵器官

植物は，デンプン，タンパク質，脂質などの貯蔵物質を，イネ科植物では種子の胚乳組織の細胞や胚盤に，マメ科植物では種子の子葉組織の細胞に貯蔵する．

子葉 cotyledon 子葉は種子のなかにあり，双子葉植物では2枚，単子葉植物では1枚である．マメ科植物を含む多くの双子葉植物は，種子の登熟中に脂質，タンパク質などの貯蔵物質を子葉に蓄積し，子葉は貯蔵器官として機能する．発芽時に子葉中の貯蔵物質は分解され，養分として成長部位へ供給される．またダイズなど**地上子葉型 epigeal cotyledon** の子葉は，発芽後に光合成を行ない，養分を成長部位へ送る機能を有する．

胚乳 albumen イネ科種子の胚乳は貯蔵物質を蓄積する．コムギの場合，胚乳は種皮の内側の糊粉層とデンプン貯蔵組織とで構成され，糊粉層にはタンパク質が蓄積し，デンプン貯蔵組織にはデンプンが蓄積する．イネ

図2 ラッカセイ子葉柔細胞に認められる脂質体(L)
（走査型電子顕微鏡，スケール：10μm）

やコムギなど胚乳に多量のデンプンを蓄積する種子を，**デンプン種子 starch seed** と呼ぶ．

胚盤 scutellum イネやムギ類では子葉の一部に胚盤と呼ばれる組織が形成される．胚盤は**鞘葉（子葉鞘，幼葉鞘）coleoptile** と**幼根 radicle** を覆っている．胚盤は発芽時に胚盤上皮細胞でジベレリン gibberellin を生成し，ジベレリンは**アミラーゼ amylase** の合成を促し，デンプンを可溶化する．

脂質

脂質 lipid タンパク質とともに植物に必要な油性の物質群の総称である．脂質は種子に特異的に蓄積し，その貯蔵形態はトリグリセリドと呼ばれる物質として貯蔵される．

トリグリセリド triglyceride ヒマ，ナタネ，ラッカセイなどの種子に蓄積する．中性脂肪のひとつで，基本骨格は1分子のグリセロールに3分子の脂肪酸が結合した構造であるが，グリセロールの結合位置の違いによって多様な分子種を形成する．葉で生成された**スクロース（ショ糖，蔗糖）sucrose** が種子に転送され，**グルコース glucose** と**果糖 fructose** に分解されたのちにトリグリセリドに加工される．

オイルボディ oil body オイルボディ(脂質体，脂質顆粒)とはトリグリセリドを含む細胞内顆粒の総称で，大きさは直径0.5～1μmである(図2)．貯蔵組織に認められ，マメ科植物のダイズ，ラッカセイなどの子葉組織の細胞に多い．オイルボディは**小胞体 endoplasmic reticulum** の膜から形成される．

スフェロソーム spherosome スフェロソームとはオイルボディとほぼ同一の意味であるが，形成過程の違いによって区別される場合がある．小胞体膜から形成後間もないオイルドロップの状態を意味し，その後，成熟したスフェロソームをオイルボディと呼ぶことがある．

（柏葉晃一）

分裂組織(1)[全体]
種類と役割

分裂組織の種類

つねに未分化な状態を保ちながら，種々の組織へと分化していく細胞をつくりだす組織のことを，分裂組織 meristem という．分裂組織の分け方にはさまざまな方式があるが，植物体上の位置から，つぎの2種類に大別されることが多い．

頂端分裂組織 apical meristem シュートの先端（茎頂）あるいは根の先端（根端）にある分裂組織で，それぞれ茎頂分裂組織，根端分裂組織と呼ばれる．これら頂端分裂組織からつくり出される組織を一次組織 primary tissues という．

側部分裂組織 lateral meristem 茎や根の周辺部近くに位置する分裂組織で，維管束形成層（形成層）とコルク形成層とを含む．これら2つの分裂組織によって二次組織 secondary tissues が形成される．

なお，後述のように厳密には分裂組織といえないが，分裂組織に準じて扱われる組織も存在する．

頂端分裂組織の構造と機能

茎頂分裂組織 shoot apical meristesem 栄養成長期の茎頂分裂組織は平坦なものからドーム状を呈するものまで様々であるが，いずれの場合でも中央部は大型で分裂頻度の低い細胞によって構成され，中央帯 central zone と呼ばれる．中央帯は，発育相が栄養相から生殖相へ転換すると生殖成長のための活発な分裂を始めることから，待機分裂組織 waiting meristem と呼ばれることがある．

中央帯の周囲には分裂頻度の高い細胞がドーナツ状に分布しており，周辺分裂組織 peripheral meristem, peripheral zone と呼ばれる．周辺分裂組織は葉原基 leaf primordium が分化する場となる．一方，中央帯の直下は，俵型の細胞によって構成され，髄状分裂組織 rib meristem と呼ばれる．髄状分裂組織は主として茎の髄となる細胞をつくる．

なお，このような中央帯，周辺分裂組織および髄状分裂組織の区分（細胞組織帯 cytohistological zonation）とは別に，茎頂分裂組織の表層付近の細胞は中央帯・周辺分裂組織を通じて明瞭な層状構造（通常1〜2層）をなす．この層状の部分を外衣 tunica と呼び，より内側の層状構造をなさない内体 corpus と区別する（図1）．任意の茎頂分裂組織の構造は，細胞組織帯と内体外衣のそれぞれについての特徴を重ね合わせることによって，よりよく理解することができる．

茎頂分裂組織の一部は，葉原基の腋部に腋生分裂組織 axillary meristem として分離・残存する．腋生分裂組織からはやがて腋芽 axillary bud が生じるが，このような頂端分裂組織の活性を直接に受け継ぐかたちでの分枝様式は，下等シダ植物にみられる二叉分枝の変形であると考えられている（図2）．

根端分裂組織 root apical meristem 根端分裂組織

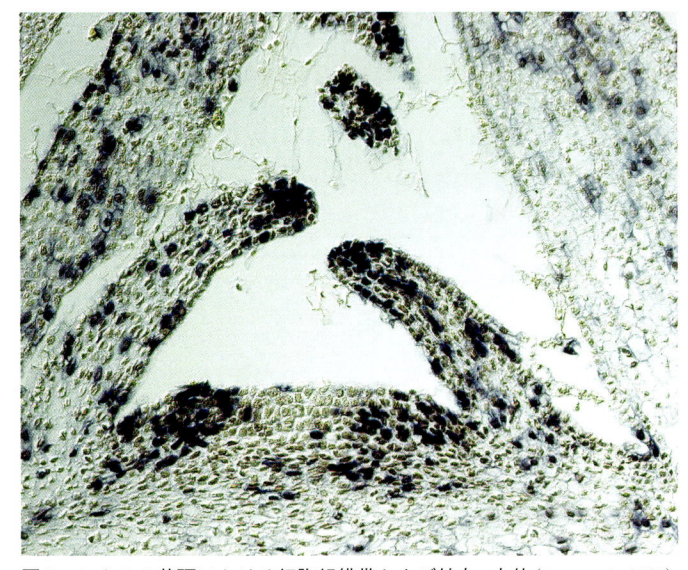

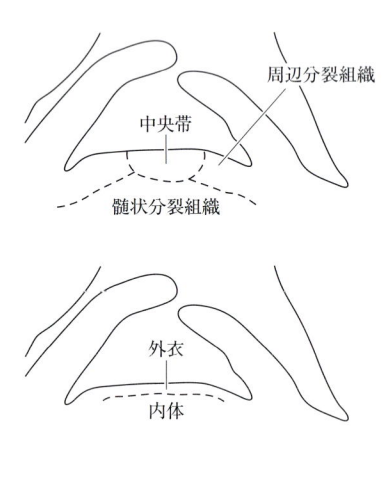

図1 レタスの茎頂における細胞組織帯および外衣・内体（Lee et al., 2005）
左はヒストンH4遺伝子をプローブとして用いた in situ ハイブリダイゼーションによってDNA合成期の細胞を青く染色している．細胞の分裂頻度と形状から，中央帯・周辺分裂組織・髄状分裂組織の細胞組織帯（右上）を，また，細胞の並びから外衣・内体の区部（右下）を認めることができる

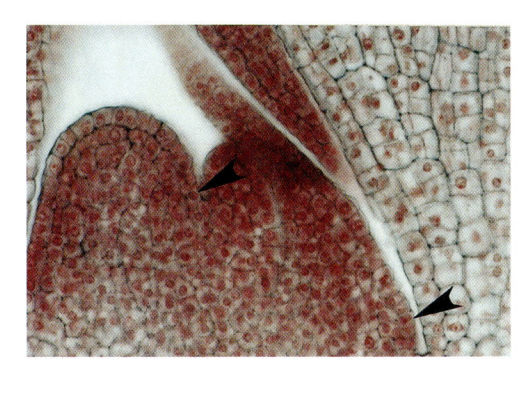

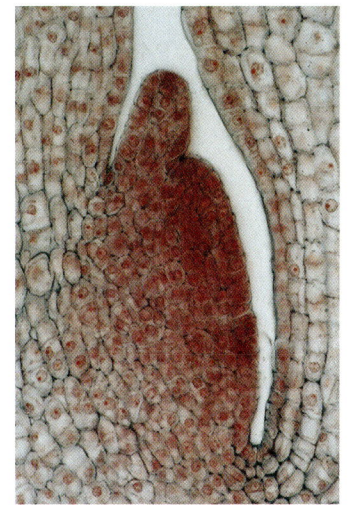

図2 イネの茎頂における腋生分裂組織(左：矢印)
および腋生分裂組織から生じた腋芽(右)

　は**根端** root apex において，**根冠** root cap に覆われた状態で存在する．茎頂分裂組織と同様に，根端分裂組織の中央部も細胞分裂頻度が非常に低く，根の諸組織をつくる細胞は主にその周辺部でつくられる．この分裂頻度の低い部位を**静止中心** quiescent center と呼ぶ．ただし静止中心も，根端が傷つくと細胞分裂を行なって修復を行なうなど，重要な機能を担っている．

　頂端分裂組織に由来する細胞の分化・発育　頂端分裂組織によって送り出された細胞は直ちに成熟するわけではなく，通常は細胞分裂を数回行なった後に茎，葉および根の成熟した組織をつくる．このような，頂端分裂組織に由来する"分裂活性をもつ組織"は，未分化な状態が永続するわけではないので厳密には分裂組織とはいえないが，分裂組織の名で呼ばれることが少なくない．このような組織を代表するものに，表皮をつくる**前表皮** protoderm, 維管束をつくる**前形成層** procambium, 表皮・維管束以外の組織をつくる**基本分裂組織** ground meristem, fundamental meristem がある．これら3つは直接に一次組織をつくるという意味で**一次分裂組織** primary meristem と呼ばれる．

　なお，しばしば側部分裂組織に分類される**一次肥大分裂組織** primary thickening meristem (茎の肥大や辺周部維管束環の分化，不定根の形成に関与する単子葉類固有の分裂組織)も，この一次分裂組織に含めて考えることが妥当であろう．

　分化・成熟の過程で，これら一次分裂組織の一部が頂端分裂組織から孤立することがある．たとえばイネ科を含む一部の単子葉類の伸長茎では，個々の節間内での組織の分化・成熟が頂端側から基部側へと進行するため，分裂活性をもつ組織は発育上のある段階から各節間の基部に隔離されるようになる．このような部位を**介在分裂組織(部間分裂組織)** intercalary meristem という．

側部分裂組織の構造と機能

　形成層 cambium (**維管束形成層** vascular cambium)
　茎や根に円筒状に存在する．茎では，個々の前形成層において**一次篩部** primary phloem と**一次木部** primary xylem の間に分化するが(**維管束内形成層** fascicular cambium と呼ぶ)，それらの間の基本分裂組織が形成層へと誘導される(**維管束間形成層** interfascicular cambium と呼ぶ)ことによって，最終的にはリング状の構造をとるようになる．放射中心柱をもつ根では，交互に並んだ一次篩部と一次木部の間に分化する．形成層は外側に木部，内側に篩部をつくり出していくため，つねに木部と篩部にはさまれた状態で存在する．形成層のつくる木部と篩部をそれぞれ**二次篩部** secondary phloem, **二次木部** secondary xylem と呼ぶ．

　なお，ユッカやドラセナなど木本性の単子葉類で形成層と呼ばれる組織は，こうした真の形成層ではなく，上述の一次肥大分裂組織である．

　コルク形成層 cork cambium, phellogen　茎ではふつう表皮のすぐ内側の細胞層，根では内鞘に由来する側部分裂組織で，外側に**コルク組織** cork tissue, phellem, 内側に**コルク皮層** phelloderm をつくり出す．コルク組織とコルク皮層とが一緒となって，二次的な保護組織である**周皮** periderm を形成する．

（根本圭介）

分裂組織(2)［全体］
細胞の分裂と拡大

分裂組織における細胞の分裂と拡大

分裂組織での細胞拡大 cell expansion と細胞分裂 cell division とは相互に関連しながら繰り返され，その結果として分裂組織の成長の軸が形成されていく．これに，分裂組織によって送り出された組織における細胞分裂と細胞拡大が加わり，個体全体の成長がもたらされることになる．

細胞分裂の頻度 ある細胞が分裂を行なってから次の分裂を行なうまでの過程は，G1期（第一間期）G1 phase，S期（DNA合成期）S phase，G2期（第二間期）G2 phase およびM期（分裂期）M phase の4期からなる．

このサイクルを細胞周期 cell cycle と呼ぶ（図1）．栄養成長期のイネ茎頂では，分裂活性の高い周辺分裂組織で11時間，分裂活性の低い中央帯で86時間という数値が，細胞周期の実測値として報告されている．このように細胞周期の長さは分裂活性の高低に対応して変異するが，M期の長さは一般に変異が小さく，細胞周期の長短はおもにG1期とG2期の長さに規定される．実際，G1期からS期への移行，あるいはG2期からM期への移行は細胞周期の制御点と考えられているが，これらの過程の制御にはサイクリン cyclin およびサイクリン依存性キナーゼ cyclin dependent kinase (CDK) と呼ばれるタンパク質が中心的な役割を担っている．

なお，細胞周期の実測は煩雑であるために，ある部位の全細胞に占める分裂中の細胞の頻度，すなわち分裂指数 mitotic index を求めて分裂頻度の目安とすることも広く行なわれてきた．

細胞分裂の方向 普通，細胞分裂は細胞の拡大方向に対して垂直な面で起こる．そのため，分裂を繰り返しても個々の細胞の形は比較的一定に保たれる傾向がある．例外的な存在は不等分裂 unequal division であるが，不等分裂は嬢細胞間における偏った細胞質分配を通して両者の発生運命に積極的に差違を生じさせる機構と考えられている（例：根毛の形成）．

細胞分裂の方向を表現する際には，横分裂 transverse division（器官の長軸方向に垂直な面での分裂），放射分裂 radial division（器官の長軸を通る面での分裂），接線分裂 tangential division（器官の表面に平行な面での分裂）の3種類に類別することが普通であるが，当然のことながら中間的な分裂も多く存在する．頂端分裂組織の場合には，外衣・内体といった層状構造の成り立ちへの関心から，垂層分裂 anticlinal division（分裂組織の表面に垂直な面での分裂）と並層分裂 periclinal division（分裂組織の表面に平行な面での分裂，接線分裂に相当）の2種類を区分する場合が多い．

分裂組織における細胞分裂のパターンを解析するうえで有効な材料に，斑入りに代表されるキメラ chimera（遺伝的に異なるいくつかの部分から構成される植物）がある．近年では，自然に生じたキメラに加えて，分裂組織へのX線照射によって誘発させたアルビノやアントシアン異常を有するキメラに基づいて，分裂組織における細胞系譜 cell lineage が詳細に解析されてきた．このような解析をクローン解析 clonal analysis という．

細胞拡大の方向 細胞の拡大は，その細胞がもつ細

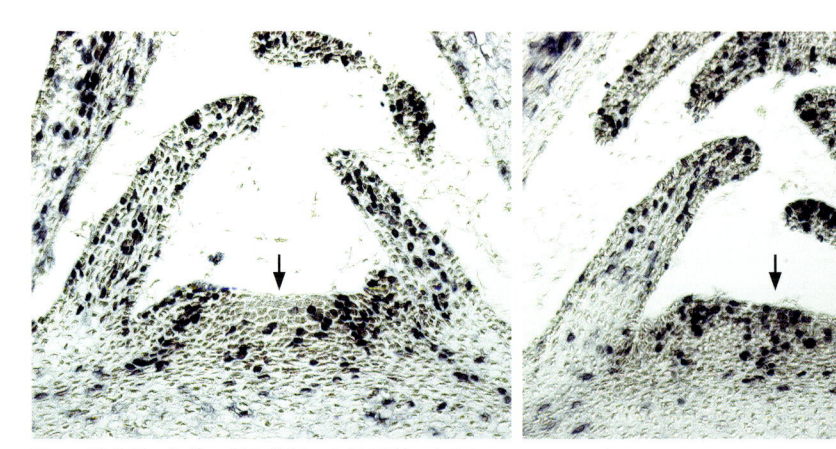

図1　発育相の転換に伴う茎頂の細胞周期の変化 (Lee *et al.*, 2005)
茎頂分裂組織の中央帯（矢印）は，栄養成長期では分裂活性が低くM期やS期の細胞の頻度が低いが（左），生殖成長が始まると細胞周期が顕著に短くなり，M期やS期の細胞の頻度が高まる（右）．この中央帯での細胞周期の短縮は，相転換に伴って起こる様々な発育現象のうちでも最も初期に起こる現象のひとつとして知られる．
図は，ヒストンH4遺伝子をプローブとしてS期の細胞を青く可視化したレタスの茎頂

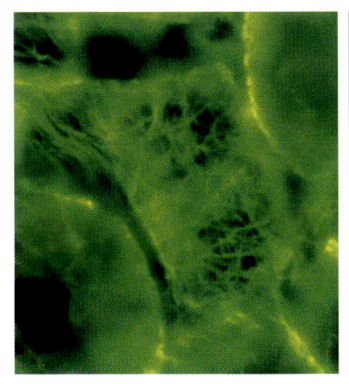

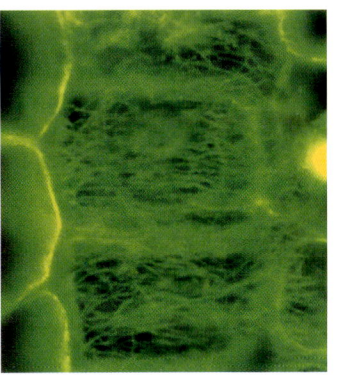

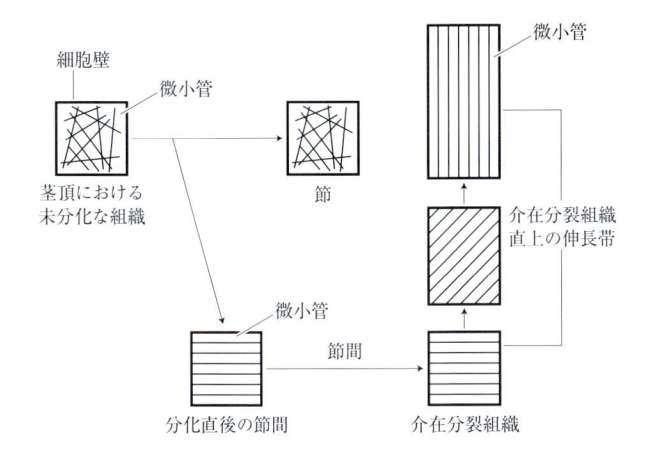

図2　成長中のトウモロコシ稈における表層微小管の配向（Nemoto et al., 2004）

茎頂の未分化な組織において表層微小管はランダムに配向するが、この特徴は節の細胞（左上写真）にそのまま引き継がれる．一方，節間は分化と同時に表層微小管の配向を横へと変化させるが（右上写真），この表層微小管の横の配向は，やがて起こる縦方向の急伸長にとって有利な特徴である．横方向の配向は嬢細胞にも引き継がれていき，節間が介在成長による急伸長を開始するまでに，表層微小管が横に配向した多数の細胞が節間に形成されることになる

やがて，節間の上端から細胞の伸長が始まり"伸長帯"が形成されるが，ここでは表層微小管が細胞伸長に"たが"をかけるように横方向から縦方向へと変化する．伸長停止した細胞は順次成熟していくが，それら成熟細胞が節間の上端より蓄積していく結果，伸長部位は節間の基部に次第に局在していくようになる．この間，元の節間細胞は，横の微小管配向を維持したまま，"介在分裂組織"として伸長帯に細胞を送り出し続ける

胞壁の構造と性質に強く規定される．細胞壁には，セルロース微繊維 cellulose microfibril がヘミセルロースやペクチンなどのマトリクス多糖 matrix polysaccharide によって架橋された状態で存在しているが，一般に細胞の拡大は，このセルロース微繊維の向きに直交する方向に起こる．

ところで，セルロース微繊維の配向は，細胞骨格 cytoskelton の一種である表層微小管 cortical microtubule によって制御されている．表層微小管は原形質膜を裏打ちしている繊維状のタンパク質で，細胞壁におけるセルロース微繊維の沈着は，この表層微小管の配向に沿って進行していく．表層微小管の配向は，各種の植物ホルモンに敏感に応答する．たとえば，ジベレリンは表層微小管を軸方向に対して垂直な向きへと配向させるが，これに伴ってセルロース微繊維も軸方向に直交し，結果として長軸方向への細胞拡大が促される．表層微小管による細胞拡大の制御は，分裂組織でも，また分裂組織から送り出された細胞が成熟していく過程においても重要な働きを担っている（図2）．

なお，実際に細胞拡大が起こるためには，さらにセルロース微繊維とマトリクス多糖類との間の結合が緩んで細胞壁の伸展性が増大することが必要であるが，こうした細胞壁の緩みをもたらすタンパク質としてエクスパンシン expansin がよく知られている．

分化・成熟の過程における細胞相互の位置関係

分裂組織によって送り出された細胞が分化・成熟する過程では隣り合う細胞どうしの位置関係は元の状態とは異なってくるが，そのために細胞壁どうしがいったん離れたのちに別な形でくっつき合うといったことは通常は起こらない．このことは，たとえどちらか一方の細胞にだけ分裂が起こるような場合でさえも，隣接する細胞壁どうしは同じ速さを保ちながら成長していることを意味している．このような成長様式を同調成長 coordinated growth, symplastic growth という．

一方，伸長中の繊維細胞などは，細胞と細胞の間に割り込んで一方的に伸長する．このような成長様式を割込み成長 intrusive growth という．

（根本圭介）

根系 [全体]

根系の形

作物の根の集合体を根系 root systemと呼ぶ．茎葉部の形が作物種によって異なるように，根系も種によって固有の形を示す．

イネ科作物の根系は，ひげ根型根系 fibrous root systemと呼ばれ，主軸根 axile root（種子や茎から直接発生する根の総称）から比較的細い側根 lateral rootが多数発生することによって，細かい"ひげ"が密集した様相を呈することが多い．

マメ科作物の根系は主根型根系 taproot systemと呼ばれ，下方にまっすぐに伸びた主根 taproot, main rootが特徴的である．主根は比較的土壌深くまで伸長し，そこから発生する側根と，茎下部から発生した不定根 adventitious rootとが横方向に伸びた状態を呈する．

根系の形は，茎から発生する不定根（とくに節位を対象にしてとらえる場合には，節根 nodal rootと呼ぶ）の伸長方向と根長によって規定される根域 rooting zoneの広がり方と，その中での根の発生状態によって決まる．土壌の理化学的な環境条件に応じて，個々の根の成長速度や成長量，さらには伸長方向が変化するため，土壌ストレス環境下では根系の形が顕著な変化を示す場合もある（図1）．

フィールドでの作物生育は，根がどの土壌層にどれだけ分布するかが栽培管理上たいへん重要であるため，とくに根系の垂直分布により根系のタイプを分類することがある．土壌の下方まで多くの根を分布させる作物種を深根性作物 deep-rooted crop，逆に深層への発達が通常はあまり認められない作物を浅根性作物 shallow-rooted cropと呼ぶ．

根群の種類

根の集団を有機的なシステムとしての集合体として捉えた概念が"根系"であるのに対して，その根系の一部を示す場合，あるいは根系をバイオマスとして表現するときには根群 root massと呼ぶ．根群を，植物体からの発生位置別に1つの集団として扱う場合には，発生節位別に根を分類し，第n節根と呼ぶ．あるいはファイトマー phytomer理論に基づいて"要素 shoot unit"別に根を分類する方法論もあるが，最近では前者の考え方

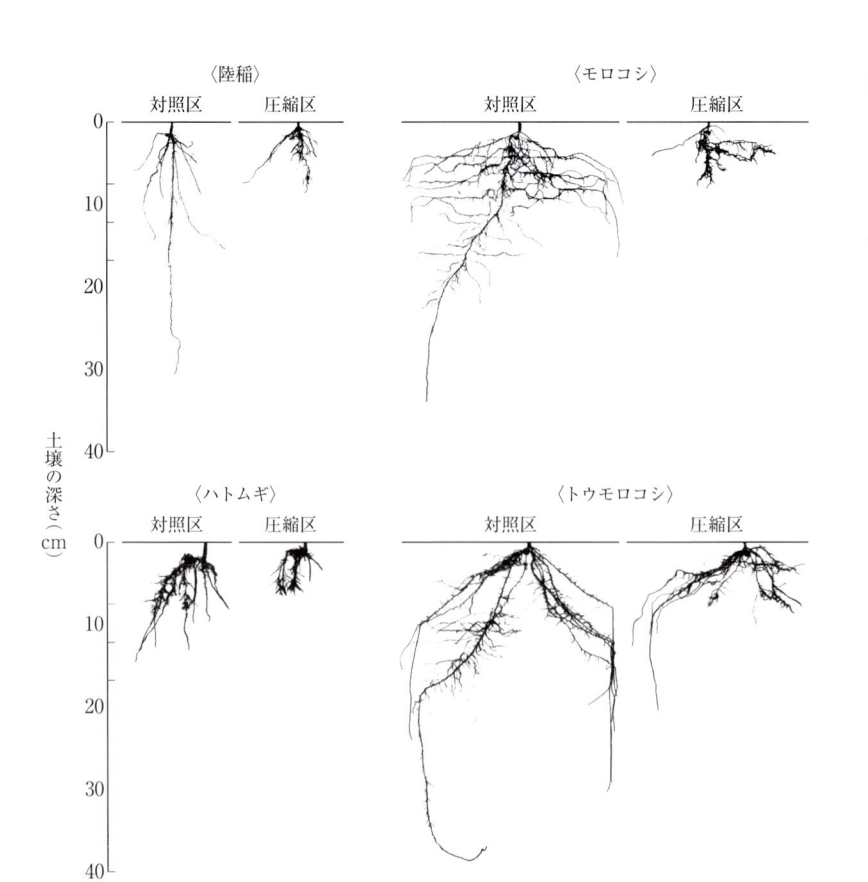

図1 イネ，ハトムギ，トウモロコシ，モロコシの根系像
(Iijima and Kono, 1991. Jpn. J. Crop Sci. 60: 130-138. より許可を得て掲載)

各作物を2段階の土壌密度で2週間生育させ，改良根箱法により根系像を撮影した．土壌容積重は，対照区では1.33g/cm^3，圧縮区では1.50g/cm^3

に基づいた，節根という表現が用いられることが多い．一方，根の機能を考慮する場合には，土壌表面を基準として，垂直的な根の存在位置の違いによって，根群を以下の3つに分類する．

深根 deep root　土壌中深くまで伸びた根の集団ないし単独の根を，深根と呼ぶ．深根になりやすい根は，イネでは分げつのプロフィル節から発生する**プロフィル根 profile root**，トウモロコシでは生育の中期に発生する中位節根，コムギでは生育の初期に発生する下位節根あるいは**種子根 seminal root**である．深根は深層土壌に蓄積した養水分を吸収する働きがあるため，土壌の乾燥や機械的ストレスを受けた作物では，深根を発達させることによってストレスによる収量減を緩和させることができる．

浅根 shallow root　作土層の中でも表層寄りの比較的浅い土壌層に分布する根群を浅根と呼ぶ．とくに表層に近い根の場合には，**表層根 surface root**とも呼ばれる．

フィールドでは，降雨による水の供給や追肥による化学肥料の供給は土壌の表層から行なわれる．すなわち養水分は，まず表層根や浅根により吸収され，余剰の養水分が下方に浸透する．また，耕起によって膨軟にされた作土層では，水や空気，機械的抵抗などの物理的な生育環境が好適に保たれやすいため，根系の大部分は作土層ないし土壌の表層近傍に集中する傾向がある．

水稲では生育の後半になると水田土壌の表層部を覆う，**うわ根 superficial root**が発生することがある．うわ根が密生した水田では多収となることが多いため，多収性との関連が指摘されている．一方，多年生の作物種，たとえばコーヒーでは表層根が保持されることによって，傾斜地での土壌の流出を防ぎ，表層から施用される肥料を効率よく吸収し，同様に多収性に関連をもつ．

気根 aerial root　トウモロコシでは，高位の節から発生する根は，空気中に露出した状態で茎葉部を支える働きがあるため，**支持根 prop root**と呼ばれる．前述した"うわ根"は，土壌表面上に展開し，その大部分が水中に存在するため，気根の一種とみなすこともできる．

根系発達評価手法

土壌中での分布　土壌中の根系の広がりや分布状態を知ることにより，作物収量を制限する要因を特定したり，作物の生育を評価したりすることができる．もっともよく使われる指標として，根域内での根の分布密度の違いを調べる手法がある．

一定の土壌体積当たりの根の長さを**根長密度 root length density**（単位：cm/cm^3）と呼び，広範に用いられる．ただし根長の測定には多大な労力が必要とされるため，簡易な指標として長さの代わりに重量を用いる**根重密度 root weight density**（g/cm^3）もよく用いられる．あるいは，土壌断面に出現した根の数で評価する**根数密度 root number density**（$number/cm^2$）もまれに用いられる．また，根の平均的な深さを表わす指標として**根の深さ指数 root depth index**（cm）がある．これは，根長や根重の垂直分布を重心位置によって評価した根の深さである．

いずれのパラメータも土壌中に存在する根を，数や重さあるいは長さで定量化する指標であるため，その測定には多大な労力を必要とする．そこで，根の深さや根域の広がりを間接的に評価する簡易な概念として**根系の引き抜き抵抗 root pulling resistance**（kg）がある．これは，根系を引き抜くときに必要な最大荷重をばねばかりなどで測定した値であるため，簡易に多数の品種・系統を選抜する場合の基準として用いられることが多く，また耐倒伏性のひとつの指標でもある．

分枝性の評価　土壌中での根の分布以外にもさまざまな根系の評価手法がある．代表的なものとして，側根の分枝程度を簡易に評価する指標として，**分枝係数 branching coefficient**と**分枝指数 branching index**が知られている．前者は，総根長／総主軸根長，後者は（総根長－総主軸根長）／総主軸根長，と定義される．前者は各主軸根の単位長さ（たとえば1cmの根軸）当たりにどれだけの長さの根群が展開しているのかを示している．すなわち，側根の成長量の相対値を表わす．一方，総根長とは側根と主軸根の長さの合計値であるので，後者は以下のように変形できる．

分枝指数
　＝総側根長／総主軸根長
　＝（総側根長／総側根数）×（総側根数／総主軸根長）
　＝側根の平均長×単位主軸根長当たり側根発生密度

すなわち平均的な側根の発生密度さえ測定できれば，側根の平均的な長さを推定することが可能となる．

著者らの測定例では，ダイズ（タマホマレ）の莢形成期に土壌（軽埴土）表層5cmに発達した根系では，通常の耕起条件下で十分な灌水を与えた圃場では15.2（cm/cm），一方，不耕起条件下で乾燥条件にした圃場では53.4（cm/cm）であり，同じ品種であってもじつに3.5倍程度の違いがある（Iijima et al., 2007）．

総根長は**ルートスキャナー root length scanner**という，一般に広く使われている測定機器で比較的簡易に測定することができるが，主軸根長の場合には物差しによる手作業測定に頼らざるをえない．そのため，側根成長を表現するもっと簡便な指標として，**比根長 specific root length**という概念がよく使われる．これは総根長／総根重で定義され，この値が大きい場合には根系全体の平均的な直径が小さいか，あるいはより高次の側根が多く発生していることを意味する．以上のような測定手法により，土壌中に展開する根系あるいは一部の根群の形態と機能が評価されている．

（飯嶋盛雄）

細胞 [全体]

細胞の構造

細胞 cell は生物の基本的な構成単位であり，多細胞生物である作物は器官・組織により多種多様な細胞から構成されている．細胞の分裂・増殖・成長・肥大・崩壊は作物の生育に大きく関与している．植物の細胞は周囲を細胞膜 cell membrane と細胞壁 cell wall に囲まれて，細胞と細胞は中葉 middle lamella を介してかたく結びついている．例外的に，発生初期の胚乳細胞などでは細胞壁がない場合もある．

細胞膜，細胞壁 細胞膜は各種チャネルや受容体の役割をしているタンパク質を含む脂質二重膜であり，細胞内と細胞外との物質やイオン，水などのやりとりを行なっている．

細胞壁は細胞分裂後，最初に形成される一次壁 primary cell wall と，その後組織の成熟に伴って形成される厚く強固な二次壁 secondary cell wall とからなる．一次壁はセルロース cellulose が繊維状となったセルロース微繊維 cellulose microfibril，その表面に接着し架橋するヘミセルロース hemicellulose，ペクチン，構造タンパク質からなる．二次壁は，リグニン lignin を含んでおり，構造上の強度を獲得している．

細胞間の連絡 細胞と細胞は，細胞壁を貫通する細い溝である原形質連絡 plasmodesmata でつながっている．原形質連絡には細胞質と小胞体由来のデスモ小管 desmotuble とが存在し，細胞間の情報伝達を行なっている．物質の輸送を行なう維管束周辺の細胞間などでは，比較的多くの原形質連絡が観察される．

原形質連絡により細胞内部がつながっている経路をシンプラスト symplast と呼び，細胞外の細胞壁や細胞間隙などの部分であるアポプラスト apoplast と区別される．組織内の溶質の輸送経路としてシンプラストとアポプラストは重要である．

根の内皮細胞などでは細胞壁の表層がスベリン化 suberization したカスパリー線 Casparian strip と呼ばれる構造がある．スベリン化するとシンプラストによる水の流出が防止される．スベリン化は子房内で胚珠を囲む珠皮の細胞などでも観察される．

細胞が高張液におかれ細胞内の水分が減少すると，細胞壁と細胞膜が離れる原形質分離 plasmolysis という現象が起こる．

細胞の内部構造 細胞内部は核 nucleus，細胞小器官，細胞質からなる．核は二重膜の核膜で覆われており，内部にDNAとタンパク質からなる染色質を貯めている．核内部の粒子が詰まった部位は核小体でありリボソームの合成に関与している．

細胞小器官もそれぞれ固有の膜で囲まれており，細胞質と区別される．成熟した植物細胞の中で多くを占めるのは液胞 vacuole であり，液胞膜 tonoplast で覆われている．液胞内部には水，無機塩，有機酸，糖，各種の二次代謝物が溶解している．イネの胚乳細胞内の液胞では成熟に伴って貯蔵タンパク質を蓄積し，タンパク顆粒に形を変える．小胞体 endoplasmic reticulum には滑面小胞体と，表面にリボソーム ribosome が付着した粗面小胞体 rough endoplasmic reticulum とがあり，タンパク質合成の場として機能している．扁平な嚢，小胞からなるゴルジ体 Golgi body は複合多糖や糖タンパクの合成と分泌に関与している．新しい細胞壁を造成する細胞分裂が盛んな細胞などでは多く観察される．

ミトコンドリア mitochondrion とプラスチド(色素体) plastid は二重膜によって囲まれている．ミトコンドリアは細胞内での呼吸の場所であり，糖の代謝エネルギーによりATPを合成する．

色素体は植物細胞固有の細胞小器官であり，いろいろな組織により形態や機能が分化する．分化前はプロプラスチド(原色素体) proplastid と呼ばれる．葉では葉緑体 chloroplast となり，光合成を行なう場となる．葉緑体では内部に膜構造のチラコイド thylakoid が発達し，積層してグラナ grana を形成する．層状に重なる構造をラメラ lamella と呼ぶ．チラコイドを囲む流動性の部分はストロマ stroma であり，隣接したグラナはストロマラメラでつながっている．色素体は内部にデンプンを蓄積する．イネの胚乳細胞などで特にデンプンを多く蓄積するものはアミロプラスト amyloplast と呼ばれる．

ミクロボディ microbody は単膜で囲まれた細胞小器官であり，その機能によって，酸素を消費し有機物から水素を除くペルオキシソームや，貯蔵脂肪酸の糖への変換を助けるグリオキシソームと呼ばれることがある．

細胞のマトリックス部分は細胞質であり，多くのリボゾームが観察される．細胞質内部には微小管，微小繊維，中間フィラメントからなる細胞骨格が存在し，構造維持や物質輸送に関与する．細胞骨格は細胞分裂の各ステージにおいて規則的な配列を組み，染色体の移動，新しい細胞壁の再生などに重要な役割を担う．

細胞の種類 (細胞型 cell type)

植物には茎葉と根の先端に細胞分裂を盛んに行なう頂端分裂組織 apical meristem があり，そこで増殖した細胞がやがて茎葉や根，花器の細胞などに分化する．双子葉植物では維管束の木部と篩部との間に形成層 cambium があり，新たな木部や篩部の細胞を形成する．

維管束内はいろいろな細胞から構成されている．木部には水分の通路となる仮導管 tracheid や，完全に内部の原形質を失い上下の隔壁も消失した導管要素 tracheary element があり，水を通道する組織を形成する．一方，主に同化産物の通路である篩部には，篩管を形成する篩管要素 sieve element や，篩管要素になる篩細胞 sieve cell がある．篩細胞および篩管要素には，タ

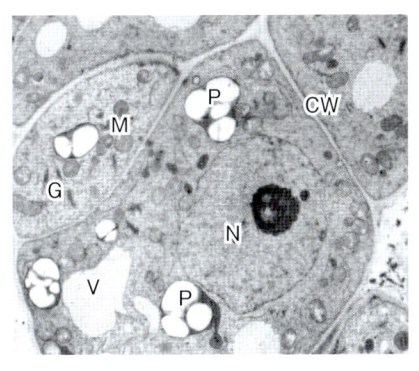

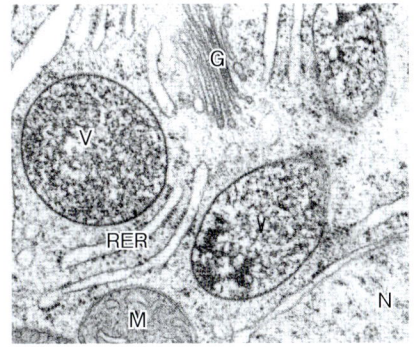

(左)図1　イネの胚の細胞
　　CW：細胞壁，G：ゴルジ体，M：ミトコンドリア，N：核，P：プラスチド，V：液胞
(右)図2　*Malva parviflora* の分泌腺細胞
　　G：ゴルジ体，M：ミトコンドリア，N：核，RER：粗面小胞体，V：液胞

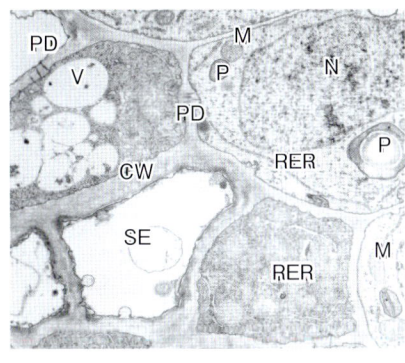

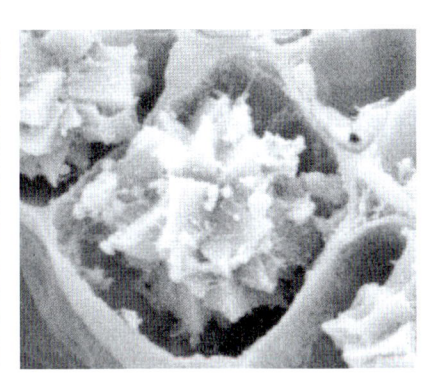

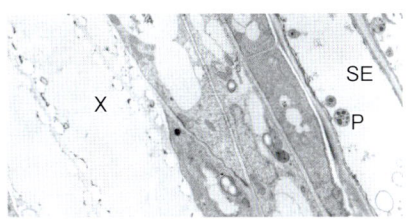

(左上)図3　イネの維管束の細胞(横断面)
　　CW：細胞壁，M：ミトコンドリア，N：核，P：プラスチド，PD：原形質連絡，SE：篩管要素，
　　RER：小胞体，V：液胞
(左下)図4　イネの維管束の細胞(縦断面)
　　P：篩管プラスチド，SE：篩管要素，X：導管要素
(右)図5　モロヘイヤの葉の異形細胞

ンパク質の結晶を含み特殊な形態をした篩管プラスチドが存在する．篩管の周囲には伴細胞 companion cell が位置している．維管束周辺の細胞には，細胞壁の内向突起がみられることがあり，物質の転送の役割を果たしていることから転送細胞(輸送細胞) transfer cell と呼ばれる．転送細胞は維管束以外にも物質の転流が盛んな組織，たとえば胚乳の周囲の組織にもみられる．

植物の表皮 epidermis はクチクラ層で覆われている細胞からなる．表皮には，ガス交換を行なう気孔や，分泌腺など特殊に分化した細胞がみられる．イネなどの場合，ケイ酸が表皮組織の下部に集積して珪化細胞 silicified cell をつくり，葉を強剛にしている．柔組織を形成する細胞は柔細胞 parenchyma cell と呼ばれる．成熟した葉の柔細胞などには，内部に大きな液胞がある．

細胞は組織により特殊な機能・形態を有することがある．葉や茎の構造維持には，角の部分に肥厚した一次細胞壁を有する厚角細胞 collenchyma cell，全体的に細胞壁が肥厚し木化した厚壁細胞 sclerenchyma cell が関わっている．乳液などを分泌する乳管 laticifer，コルク化したコルク細胞 cork，厚壁細胞の一種で細長くなった繊維 fiber，タンニンや炭酸カルシウムなどの結晶を貯蔵する厚壁異形細胞 idioblast などが植物組織内に存在する．

(鈴木克己)

形態学実験法(1)［全体］
根系調査法

野外での調査法

土壌環境は根系の発育と機能への直接的な影響を介して作物の生育や収量を規定しているので，圃場での根系発育を調べることは栽培技術上きわめて重要である．しかし，根系調査は時間と労力がかかるので困難だともいわれる．実は本当の難しさは，土壌環境の不均一性，ならびに根系がもつ環境要因に対する反応の鋭敏さが直接反映される反復個体間の大きな変異にある．したがって，根系調査にあたっては，その目的を明確にしたうえで，適切な方法を1つ，あるいは複数組み合わせて選択し，あわせて適正な調査点数，位置（場所）と規模を決めることが重要である．

モノリス法 monolith method

根系の一部や全体を採取して定量的な解析をする時に用いられる方法である．圃場から，根系を含む土壌モノリス soil monolith を掘り出し，そこから根系を洗い出し，根重や根長を測定する．必要に応じて，土層の深さ別に分けてから測定する．以下の2方法がある．

方形モノリス法 square monolith method 鉄製の枠を圃場に打ち込んで，直方体のモノリスを掘り出し，水をかけ流しながら，根が切れないように注意深く洗い出す．根形態の観察を目的とする場合には，土壌中で生育していた状態からの変化を最小限にとどめるために，根をピンなどで留める．モノリスのサイズは，作物個体のサイズにもよるが，取り扱いやすさから，幅30cm×奥行き10cm×深さ30cmくらいが適当である．定量的解析を目的とする場合には，掘り出したモノリスを，土層や茎からの距離などによって切り分けたのち，それぞれのモノリスから根を洗い出す．

円筒モノリス法 round monolith method ステンレス製の円筒を用いて，円柱型の土壌モノリスを採取する方法である（図1）．作物体の大きさ，栽植密度，土壌の状態などにあわせて，直径5～30cm，深さ30～40cmくらいの円筒を用意する．採取した土壌柱から，水をかけながら慎重に根を洗い出す．切れた根を回収する必要がある場合には，ふるいの上で行なう．また土層別の分布を知る必要のある場合には，必要に応じた厚さごとに円盤にあらかじめ切り分けてから根を洗い出す．ここからゴミなどを注意深く取り除いてから，根長や根重を測定し，単位土壌体積当たりの根長である根長密度 root length density や，根重である根重密度 root weight density などを計算する．

コアサンプリング法 core sampling method

円筒モノリス法の変法で，通常円筒の直径は5cm，高さ5cm程度のものを用いる．これは，土壌コアサンプラ soil core sampler として市販されている．原理は円筒モノリス法と同じであるが，圃場表面から順に深さの異なった土層から土壌コアを採取して，根系の土層別分布を求めるのに適している．

塹壕法 trench method

圃場に生育しているままの作物根系の分布や形状を定性的，定量的に調べる方法である．トレンチャー，パワーショベルなどの機械，あるいはスコップなどで，人が入って観察できるような深さ1.5～2mほどの塹壕を掘る．竹べら，ブラシやスコップ，あるいは加圧水やエアコンプレッサによる空気などを使って，土壌断面から根系を掘り出す．掘り出した根は，ピンで留めて位置がずれないようにする．

根系を掘り出したら，透明なビニールシートをあててスケッチするか写真を撮る．また，土壌断面に一定間隔の格子をあて，格子のマス目ごとに，土壌を厚さ数mmほどかき取り，現われた根を数えたり，根長を測定したりする．格子の面積当たりの根数を根数密度，土壌体積当たりの長さを根長密度とする．このようにして根系の分布を表わす方法を土壌断面法 soil profile method と呼ぶ．

メッシュバック法 mesh bag method

土壌中の根系の形態や分布に深く関連する形質として，根の伸長角度 rooting angle があり，これを定量的に調べる方法である．圃場にあらかじめ，プラスチック，または金属製のざるを埋め込んでおく．土壌中を伸長した根はざるのメッシュを通過するので，目標とする時期に根系をざるごと採取し，根の伸長方向を定量的に把握する．

リゾトロン rhizotron

圃場に，恒久的な地下室を造り，透明なガラスあるいはアクリルのようなプラスチック製壁面に現われる根を，定性的に観察したり，定量的に計測したりする方法である．非破壊的に根を観察，定量できる．しかし，建設に多大な費用がかかるうえ，供試土壌や作物の入替えに労力がかかり，壁面と土壌との間の環境が通常と異なるため根の発育が影響を受ける可能性があることなどの問題もある．

ミニリゾトロン mini-rhizotron

圃場にあらかじめ，アクリルのような透明プラスチック製の管を埋設し，管壁に現われる根を観察する方法である．主として，ファイバースコープを撮影装置として根を画像化する．リゾトロンと比較して安価で，しかも埋設する管の数を増やすことで測定点数を増加させることができるので，データの統計的取り扱いが可能である．

人工環境下での調査法

圃場での根系調査の困難さを回避するために，種々の容器を用いて根系を生育させ，調査する場合も多い．根系発育は容器サイズによって制限を受けるので，目的に応じて適切なものを選ぶ必要がある．原理的には，透

明な容器を用いてその壁越しに根を直接観察する方法と、容器から根を採取して測定に供する方法とがある。容器は、ポット、根箱、円筒などを用いる。培地としては土壌（人工土壌を含む）、水耕法 hydroponics あるいは噴霧耕 mist culture を用いることもある。

ポット法 pot culture

透明なポットの壁面に現われる根を定期的にマーキングして、伸長角度や速度などの必要な情報を得る方法である。実験目的に従った間隔で、ポットから根を採取して目的とする形質を測定する。この実験の場合には、不透明なポットを使用することによって、藻の発生や根に光が当たるのを防ぐことが望ましい。

根箱法 rhizobox method

原理的はポット法と同じである。多くの場合、根箱は厚さの薄い直方体で、根系を2次元に展開させる（3次元展開が可能なケージ法 cage method もある）。前方に傾け（3〜25度）、透明な壁面に現われる根を、マーキングあるいは写真撮影などによって記録する方法もある。また必要に応じて、その壁面を取り外して根試料を採取する場合もある。一方、ピンボード needle board と組み合わせることによって、根系形態をほぼ維持したまま容易に根系を採取でき（図2）、カメラやスキャナーなどによって画像化することができる（図3）。

円筒法 tube method

非破壊的に根の伸長速度を測定する場合には、透明なプラスチック製のものを用い、円筒を傾斜させ、壁面に現われる根を記録する。また、長い筒を用いれば、最大到達深度を測定することもできる。一方、非破壊的に伸長を追跡する必要がない場合には、安価な不透明プラスチックを用いて測定点数を増やす。

グロースポーチ法 growth pouch method

水耕法の変法で、水の蒸発を防ぐためのポリエチレンシートによって挟んだ、2枚に折りたたんだ濾紙の間に根を生育させる方法である。ポーチを垂直方向に揃え容器の中に納め、容器の底に張った水耕液中に濾紙の下端が浸るようにし、毛管力によって水耕液を吸収させる。2枚の濾紙の間（上端）に播種する。多数の個体を対象に幼植物の根系形態を観察、定量するのに適しており、根系形態もそのまま観察可能である。

根系解析法

ルートスキャナー root length scanner

採取した根系について、その養水分吸収機能との関連で測定すべき重要な形質は長さである。この測定には多くの時間を要するが、その点を画期的に改善したのが

図1 円筒モノリスによるイネ根系のサンプリング
写真のものは直径20cm、高さ40cmのステンレス製の円筒。鉄板の上から、鉄製のおもりによって打ち込む

図2 根箱によって生育させた根系をピンボードと組み合わせてサンプリング
土壌中に生育していた状態をほぼ維持できる

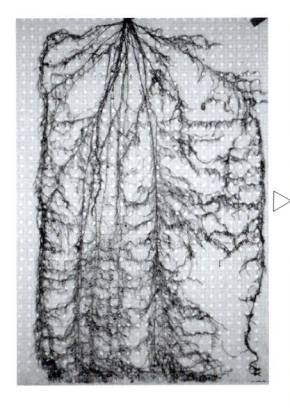

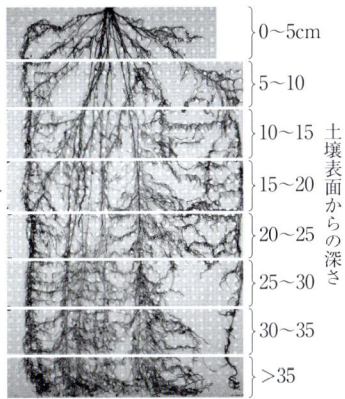

図3 根箱法によってサンプリングしたイネ根系を画像化し（左）、コンピュータ上で土層深度別に切り分けた像（右）
これを使って、深度別根長を測定することができる

ライン交差点法 line intersection method である。格子（辺の長さa）の上に根をランダムに配置すると、その総長（R）と格子との交点の数（N）との間に高い正の相関関係が存在する $[R = (\pi/4) \times N \times a]$。このことから根長が求められる。そしてこの原理を使って測定を自動化したのが本装置である。ガラス盤上にランダムに根を配置し、それを回転させ、根が光線を遮る回数を光センサーで感知し、根長に換算する。直径が2〜0.1mmの範囲の根を正確に測定することができる。

画像解析法 image analysis

デジタル化した根系画像（図2、3）について、さまざまなコンピュータ画像解析用のソフトを用いて、根長などのパラメータを測定する方法である。画像の取り込みには、デジタル（ビデオ）カメラやスキャナーを用いる。取り込むための根の試料を準備するのに最も時間がかかるが、測定は正確である。

〔山内 章〕

形態学実験法(2)［全体］
室内実験

パラフィン・樹脂切片法

作物の内部形態を研究する場合，切片を作成して顕微鏡で観察する．その代表的な方法に，パラフィン切片法 paraffin sectioningと樹脂切片法 resin sectioningとがある．いずれの場合も，手順は基本的に同じで，固定→包埋→切片作成→染色→検鏡である．

固定 fixation　採取時に近い状態で観察するために，材料をFAA（ホルマリン・酢酸・エタノール混合液，保存も可能）やグルタルアルデヒドで処理する．材料の形・大きさを工夫するとともに，減圧処理して固定液を浸透させ，固定した後，観察する対象部分を切り出す．

包埋 embedding　切り出した材料を第三ブチルアルコール・エタノールシリーズで脱水してパラフィン paraffinに，またはアセトン・エタノールシリーズで脱水して樹脂 resinに置換する．その後，材料を含むパラフィンまたは樹脂のブロックを作製する．

切片作成 sectioning　パラフィン・樹脂のブロックを適当な形・大きさに成形し，ミクロトーム microtomeを用いて切片を作成する．ミクロトームには，滑走式ミクロトーム sliding microtomeと回転式ミクロトーム rotary microtomeとがある．パラフィン切片法（回転式ミクロトーム）の場合は連続切片を作成できるメリットがあるが，滑走式ミクロトームや樹脂切片法では難しい．樹脂ブロックは非常に硬く，ウルトラミクロトーム ultra-microtomeを使えば，厚さ1μm以下の超薄切片 ultra-thin sectionを作成することができる．スライドグラスに卵白・グリセリンを塗り，蒸留水を垂らして，パラフィン切片を浮かべ，乾かして切片を貼り付ける．樹脂切片の場合は，そのままスライドグラスにのせ，乾燥させるだけでよい．

染色 staining　パラフィン切片の場合，キシレンとエタノールのシリーズでパラフィンを除去してから染色する．樹脂切片の場合はそのまま染色できる．観察対象によって染色剤を選ぶ必要があるが，たとえばトルイジンブルーは染め分けができるので便利である（図1）．その後，カナダバルサムやオイキットなどの封入剤を滴下し，カバーグラスで封入すれば永久プレパラートが完成し，顕微鏡で観察できる．

切片作成の簡易法

予備的観察を行なうために，材料を固定せずにニンジンなどにはさみ，カミソリを用いて徒手切片 hand sectionを作成することがある．基本的に同じ作業を行なうことができる機械が，マイクロスライサー microslicerである．材料を固定する代わりに凍結させ，クリオスタット cryostattで切片をつくれば，ミクロトームを使った場合と同じくらいの薄い切片も作成できる．いずれの場合も，切片を作成した後は同じで，スライドグラスの上の水滴に切片を浮かべ，染色液を滴下してからカバーグラスをかけ，顕微鏡で観察する．

表面の観察法

植物体の表面には凹凸があり，切片を作成して観察することが容易ではない．表面の微細構造を観察する方法として，スンプ法 SUMP methodがある．これは，植物体の表面の鋳型を観察する方法である．たとえば，葉にマニキュアを塗り，乾いたらセロテープで剥がし，スライドグラスに貼り付ければ，表皮細胞や気孔の様子を観察することができる（図2）．そのほか，後述する走査型電子顕微鏡も植物体の表面や断面の構造を観察するのに適している．

光学顕微鏡の種類

光学顕微鏡 light microscopeは，集光器，対物レンズ，接眼レンズからなる光学機器である．観察を行なう場合，対物レンズと接眼レンズの倍率を掛けた拡大率よりも，対物レンズの開口数に比例する分解能 resolving

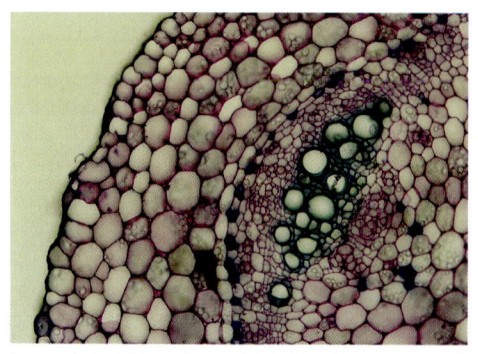

図1　トルイジンブルーで染色したジャガイモの茎の断面（写真：森田茂紀）

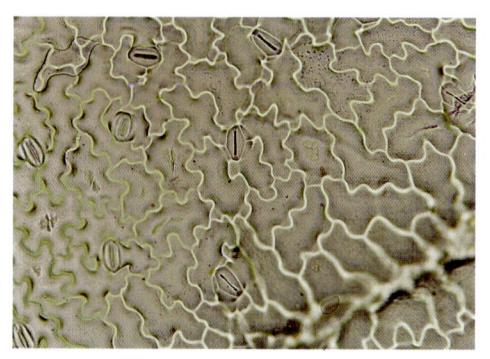

図2　スンプ法で観察したジャガイモの葉の表面
（写真：森田茂紀）

powerが重要である.光学顕微鏡は,一般的な照明を利用して試料を透過した光を集める**明視野顕微鏡 bright field microscope**を指すことが多いが,そのほかにも,以下のような様々な顕微鏡が目的や材料に合わせて開発されている.

暗視野顕微鏡 dark field microscope 対象の周囲が明るすぎて見えにくい場合に利用する顕微鏡である.照明光が直接,対物レンズに入らず,対象からの散乱光を集めるため,暗い背景の中に対象が光って見える.たとえば,細菌の鞭毛を観察する場合に利用される.

位相差顕微鏡 phase contrast microscope 材料の異なる部分を通る直接光と回折光の位相のズレ,すなわち位相差を明暗に換えて観察する顕微鏡である.透明な材料の観察に適しており,たとえば,染色体や細胞内小器官などの観察に利用される.

微分干渉顕微鏡 differential interference microscope 材料を透過した光と近くの光とが干渉することを利用した顕微鏡である.材料の屈折率が異なる部分に影がつくので立体的に見える.そのため,生きている透明な材料を観察するのに優れている.たとえば,細胞分裂や原形質流動などの観察に利用される.

偏光顕微鏡 polarization microscope 光源と試料との間に偏光子,また,対物レンズと接眼レンズとの間に検光子を挿入して,対象の複屈折性を観察する顕微鏡である.主に鉱物や結晶の観察に利用されるが,生物では,たとえば導管を観察する場合に役に立つ.

蛍光顕微鏡 fluorescence microscope 材料に紫外線などの特定波長の励起光をあてると,特定物質が蛍光を発することがある.この蛍光を観察する顕微鏡で,特定物質の存在場所などを知るのに役立つ(図3).励起光の照射方法から,透過型と落射型とがある.

電子顕微鏡

透過型電子顕微鏡 transmission electron microscope (TEM) 単に電子顕微鏡という場合は,これを指すことが多い.原理や試料の処理は,光学顕微鏡(明視野顕微鏡)に似ている.すなわち,グルタルアルデヒドおよびオスミウム酸で固定した材料を,アセトン・エタノールシリーズで脱水して樹脂で包埋し,ウルトラミクロトームで超薄切片をつくる.切片を重金属で電子染色して,光の代わりに電子線を試料にあて,透過したものを電磁レンズで拡大して可視化する.超薄切片を作成する必要があるのは,電子線の透過性が非常に弱いためである.電子線の波長は可視光線のそれよりはるかに短いため,光学顕微鏡より高い分解能が得られ,超微細構造を観察することができる.

走査型電子顕微鏡 scanning electron microscope (SEM) 試料をグルタルアルデヒドおよびオスミウム酸で固定し,エタノールシリーズで脱水してから酢酸イソアミルに置換し,液体炭酸ガスで置換してから臨界点

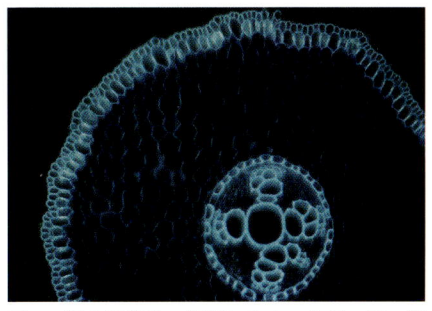

図3 蛍光顕微鏡で撮影したタマネギの根の断面(写真:森田茂紀)

図4 走査型電子顕微鏡で観察したコムギの幼穂
(写真:豊田正範)
図中のスケールは500μm

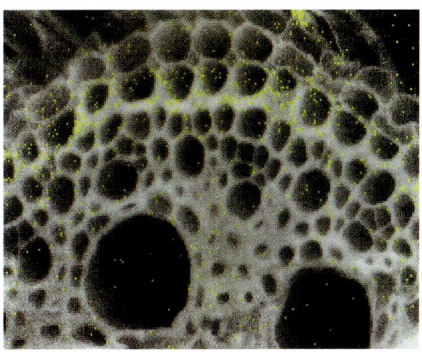

図5 低真空走査型電子顕微鏡で撮影したイネの根の断面とX線解析装置で分析したケイ素の分布(写真:阿部淳)

乾燥を行ない,金などを蒸着して観察する.試料に電子線をあてたときに発生する2次電子を利用して表面構造を観察する(図4).材料によっては固定・乾燥過程を省いて,直接,蒸着してもよい.また,低真空走査型電子顕微鏡を利用すれば,水分を含む材料をそのままの状態で観察することも可能である.**X線解析装置 X-ray analyzer**を併用すれば,特定元素の分布位置を形態画像に重ね合わせることも可能である(図5).

(森田茂紀・服部太一朗)

発芽生理

種子

種子 seed とは胚珠が受精して発達したものをいう．成熟した種子は繁殖用の散布体となり，次代の植物体を分散させる機能をもつ．

一般に種子は，種皮に包まれた胚と，それを養う胚乳とからなる．ただし胚乳の量は植物種によって多様であり，まったく胚乳のない無胚乳種子もある．イネ，ムギ，トウモロコシなどの禾穀類や，ダイズ，アズキなどのマメ類，さらにソバのような偽禾穀類など，種子を食用とするものを子実と呼ぶことがある．

種子形成 seed development 受精卵が何度か細胞分裂を行ない胚が形成される．次世代の植物体の基本構造は，この胚発生の初期段階で決定される．双子葉植物では，魚雷型胚と呼ばれるステージを過ぎると，子葉，胚軸，幼根が明確に区別できるようになる．単子葉植物でも，胚発生の早い段階で鞘葉や種子根の原基の分化が起こる．その後胚を形成する各細胞の容積が増大し，成熟胚が完成する．

種子では，胚発生とともに実生の成長のための栄養源となる貯蔵物質の蓄積が起こる．蓄積される過程で，貯蔵物質が一時的に胚乳に貯まりその後子葉に吸収される植物と，胚乳がそのまま貯蔵組織として発達する植物とがある．主要な貯蔵物質としては，炭水化物，タンパク質，および脂質などがある．

イネやコムギなどの胚乳には，**貯蔵デンプン reserve starch, storage starch** が多く含まれ，このような種子はデンプン種子とも呼ばれている．これに対してダイズではタンパク質の，ヒマやナタネなどでは脂質の含有率が高い．

種子は成熟する過程で極めて脱水した状態となり，代謝レベルが最低限まで低下する．極限状態まで乾燥しても胚は死滅することはなく，胚発生は一時的に休止する．種子の耐乾燥性の獲得には，植物ホルモンの**アブシジン酸 abscisic acid (ABA)** が重要な役割を果たす．種子中でABAは，乾燥耐性にかかわるタンパク質の遺伝子発現を誘導している．このようなABAによって発現が誘導される遺伝子のプロモーターには，ABA調節領域（ABRE）と呼ばれる共通のコア配列を含むことが多い．その代表的な一群の遺伝子が**LEA (late embryogenesis abundant) タンパク質遺伝子**である．

LEAタンパク質は，胚形成の後期に多く発現し，種子以外の組織や器官でも環境ストレスにさらされると誘導されることが知られている．乾燥状態の種子でLEAタンパク質は，他のタンパク質や膜構造の保護に関与していると考えられている．また成熟した種子は，乾燥だけでなく低温や高温といったストレスにも高い抵抗性を示す．

種子貯蔵タンパク質 seed storage protein 種子に含まれる貯蔵タンパク質は，歴史的にその溶解性に基づいて分類されてきた．すなわち，水に溶けるアルブミン，塩溶液に溶けるグロブリン，有機溶媒に溶けるプロラミン，そしてアルカリ溶液に溶けるグルテリンである．

一般に双子葉植物ではグロブリンが，単子葉植物ではプロラミンが主要な種子貯蔵タンパク質として知られている．しかしながら，このような物理化学的性質により貯蔵タンパク質を分類すると，構造的に類似性の高いタンパク質が異なるグループに分類されてしまうことがある．そこで最近では，タンパク質の一次構造の類似性に基づく分類法が用いられることもある．

発芽

発芽 germination は，休止状態にあった胚や芽が成長を開始することと定義される．花粉が花粉管を出すことや，胞子が発芽管を出すことも発芽という．芽が発芽することは萌芽ともいう．種子からの発芽は，胚組織の一部（幼根や幼芽）が種子から出現することとして認知される．

種子の発芽 極めて乾燥した状態にあった胚が成長を開始することになるので，まずは急激な吸水が起こる．このような時期を吸水期という．図1は籾殻をむいたイネの種子を播種したときの水分吸収パターンを示しているが，この図では播種後9時間程度までが吸水期にあたる．吸水期の吸水は完全に物理的であり，低温条件下でも起こる．

吸水期をすぎると一時的に吸水の増加が停滞する．この時期を発芽準備期と呼ぶことがある．吸水中に水が細胞内に流入し始めてから代謝が活性化する初期の段階では，あらかじめ種子形成時に生産されて乾燥種子中に存在していたオルガネラや酵素が利用されている．

呼吸は吸水直後に開始されるが，ATP合成を担うミトコンドリアも乾燥状態で保存されていたものが働く．またタンパク質の合成も吸水期の初期に起こるが，これも新規の転写産物が用いられるのではなく，乾燥種子に貯蔵されていたmRNAが利用されると考えられている．シロイヌナズナの乾燥種子には15,000を超える種類のmRNAが存在しているとの報告がある．しかしながら吸水期から発芽準備期にかけて種子内で起こる生化学的機構については，いまだ不明な点も多く残されている．発芽準備期に停滞していた種子の吸水量は再び増加し，実生の成長が始まる．この時期を成長期と呼ぶ．

発芽の過程では，貯蔵物質の代謝も起こり，エネルギー源として利用されている．したがって，吸水に伴いこれらの貯蔵物質の代謝に必要な酵素の遺伝子が発現する．イネやコムギなどの穀類では，種子が吸水すると胚で**ジベレリン gibberellin** が生成され，このジベレリンが糊粉層に拡散して**α-アミラーゼ α-amylase** 遺伝子の発現を誘導する．合成されたα-アミラーゼは，胚乳

に蓄積していたデンプンを分解し，この代謝産物が最終的に幼芽や幼根の成長に用いられることになる．

種子の発芽は，吸水だけでなく酸素の供給や温度などの環境要因によっても影響を受ける．しかしながら種子が**休眠 dormancy** している場合には吸水や酸素の供給，さらに温度について最適条件であっても発芽は誘導されない．休眠を打破する方法としては，低温処理や高温処理，ジベレリンをはじめとした植物ホルモン処理などが知られている．水の透過性が悪い種皮をもつ種子の場合は，種皮を傷つけて休眠を打破することもある．

アミラーゼ amylase デンプンを加水分解する酵素の総称．α-アミラーゼは，デンプンやグリコーゲンなどの$\alpha(1\to4)$グルコシド結合を内部から分解する．β-アミラーゼはデンプンやグリコーゲンなどの非還元末端からマルトース単位で分解する．枝切り酵素は$\alpha(1\to6)$グルコシド結合の加水分解に関与する．グルコアミラーゼは，非還元末端からのグルコース単位での切断に関与する．

光発芽種子 photoblastic seed 好光性種子，明発芽種子とも呼ばれる．光によって発芽が促進される種子．タバコ，セロリ，ミツバ，レタス，ゴボウ，シソ，クワなどが知られている．感光性は温度によって影響を受ける．光の受容体は**フィトクローム phytochrome** であり，660 nm付近の波長の赤色光で発芽が促進され，720 nm付近の遠赤色光で抑制される．この反応は可逆的で，赤色光と遠赤色光を交互に種子に照射した場合は，最後に照射した光の効果が現われる．

暗発芽種子 negatively photoblastic seed 光発芽種子に対する語で，嫌光性種子とも呼ばれる．光によって発芽が抑制される種子をさす．クロタネソウ，ケイトウ，カボチャなどが知られている．光による発芽抑制作用は，温度や種子の古さなどによって影響を受ける．また，光の作用に関わらず暗所で発芽する種子についてもこの語が用いられている．

種子活力 seed vigor 種子の発芽能力のことをいう．遺伝的に決まる形質でもあるが，種子形成時の環境や，種子の保存状態によっても大きな影響を受ける．種子活力は，実際に**発芽試験 germination test** を行なって評価される．発芽試験では，発芽率と発芽速度を検定することになるが，結果が得られるまでには時間を要することになる．簡便に種子活力を評価するためには，種子のもつ特定の酵素の活性や還元力などを呈色反応で検定する方法が用いられることもある．

発芽率 percentage of germination, germination percentage 播種した種子の総数に対する，発芽した種子の数の割合を百分率で示したもの．一般に，比重が大きくて充実した種子ほど，発芽率が高くなる傾向があ

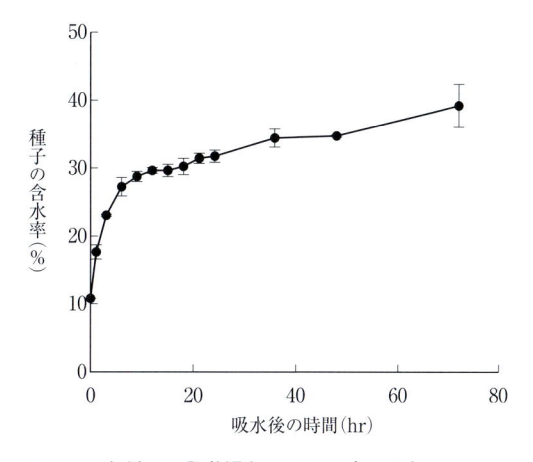

図1　イネ種子の発芽過程における水分吸収
籾殻をむいたイネ（日本晴）の種子を28℃で吸水させた
播種後0～9時間は急激な吸水がみられた（吸水期）
9～18時間では吸水が停滞し，その後わずかに吸水量が増えた（発芽準備期）．48時間で発芽し，幼芽と幼根が成長し始めた（成長期）

る．このため，風選，水選，塩水選などの比重を指標にした方法により，高い発芽率をもつ種子の選別が行なわれている．また，種子が休眠している場合には，休眠を打破する処理を行なって発芽率を高める必要がある．古い種子は発芽率が低下する．発芽試験で発芽率を評価するときには，発芽しうる種子のすべてが発芽を終了した時点で調査を行なう．

発芽勢 germination rate 種子の発芽の揃いの程度を表わす．すなわち発芽率が高く，発芽に要する時間も短く，芽が伸びる勢いがよい種子が，発芽勢の高い種子といえる．したがって発芽勢は，主として発芽率と平均発芽日数によって評価される．遺伝的背景が同じ種子であっても，保存期間が長くなると発芽勢は低下する．

種子寿命 seed longevity 種子が生存している期間をいう．種子寿命は植物種によっても異なるが，種子の貯蔵されている環境によって大きく影響を受ける．一般には，低温で乾燥した状態が種子寿命の維持には適している．しかし低温・乾燥が種子活力を損なう場合もある．種子が死に至る要因は，貯蔵物質の消耗，発芽に必要な因子の生理活性の消失などが考えられる．

出芽 emergence, emergence of seedling 土壌中で発芽した幼芽が，地表に姿を現わすこと．土壌中の全種子数に対する出芽した個体数の割合が出芽率である．一般に，発芽してから出芽するまでの期間が長くなると，土壌中の微生物や害虫，さらに冠水など様々なストレスを受ける可能性が高くなる．したがって，速やかに出芽するような栽培管理が重要となる．

〔金勝一樹〕

温度

一般的な生物学的過程の温度依存性

生物の生体反応は，酵素を触媒とする生化学的反応に基づいており，その反応速度は温度条件によって変化する．低温域では，通常，反応速度は温度の上昇とともに指数関数的に上昇する（図1の温度域A−B）．化学反応は，反応に関与する分子のエネルギーがある閾値を超える場合に生じるが，この化学反応に必要な最低限のエネルギーを活性化エネルギー activation energy と呼ぶ．酵素は，活性化エネルギーを低下させることによって化学反応の速度を上昇させる．

化学反応の速度定数kの温度依存性は，分子のエネルギー分布がボルツマンの分布則に従うものとして，次式のアレニウスの式 Arrhenius equation で近似することができる．

$$k = A e^{-Ea/RT}$$

ここで，Aは定数，E_aは活性化エネルギー，Rは気体定数，Tは絶対温度である．アレニウスの式を自然対数の形で表わすと，

$$\ln k = -(E_a/R) \cdot (1/T) + \ln A$$

となるので，x軸に1/T，y軸にln kをとって作図したアレニウスプロットの傾きからE_aが推定される．

温度係数 temperature coefficient (Q_{10}) を用いて，生物学的過程の反応速度vの温度依存性を，次式のように近似することもできる．

$$v = v_r Q_{10}^{(T-T_r)/10}$$

ここで，Tは温度，v_rはある基準温度T_rにおける反応速度である．すなわちQ_{10}とは，ある基準温度T_rから温度が10℃上昇した場合の反応速度と基準温度における反応速度の比である．生物学的過程ではQ_{10}が2付近の値をとることが多い．

生物学的過程では，ある程度以上高温になると，反応速度はやがて最大に達し（図1のB−C），さらに温度が上昇すると反応速度は低下する（図1のC−D）．高温で反応速度が低下する主な理由は，反応に関与する酵素が熱による破壊または変性のために失活しはじめるためである．生物学的過程の温度依存性は，全温度域では図1のような曲線で表わされる．したがって，推定されたE_aやQ_{10}の値は，図1の温度域A−Bを外れると，値が大きく変化することに注意すべきである．

有効積算温度 effective accumulated temperature 測定された温度と基準温度との差，すなわち有効温度 effective temperature を，ある一定期間にわたって日々合計したもの．ただし，測定された温度が基準温度を下回る場合は合計しない．同様に，測定温度をそのまま合計したものが積算温度であるが，区別せずに，有効積算温度を単に積算温度と呼ぶことも多い．

積算温度の概念は，生物学的過程の進行が反応速度と時間の積で表わされることに基づいている．すなわち，反応の温度依存性を図1の破線で示された直線のように線形近似したうえで，時間について1日単位で積分すれば，生物学的過程の進行度は近似的に積算温度に比例するとみなせる．したがって，積算温度が有効な温度範囲は本来，図1の温度域A−Bであるが，その簡便さゆえに様々な場面に応用されている．たとえば，主要な作物種や品種の温度要求度が積算温度によって与えられており，各作物・品種の栽培適地や作期を決めるのに役立っている．また，作物の発育の進行程度の指標としてもよく用いられている．

同様の概念としてヒートユニット heat unit やチルユニット chill unit がある．これらは，階段状関数によって温度反応を表現したもので，前者は温度が促進的に作用する一般的な温度反応に，後者は春化や萌芽などに必要な低温要求量を求めるときに用いられる．両者とも，温度に応じた関数値をある期間にわたって積算したものである．

温度変換日数 number of days transformed to standard temperature 反応速度と温度の間にアレニウスの式で表わされる関係を仮定し，ある温度(T)でn日を要する生物学的過程が標準温度(T_s)で何日分に相当するかに換算したものである．すなわち，温度変換日数(DTS)は，次式で表わされる．

$$DTS = n \cdot \exp\{E_a(T - T_s)/(RTT_s)\}$$

ただし，E_aは活性化エネルギー，Rは気体定数である．とくにn = 1，T_s = 298K（25℃）の場合を標準温度変換日数と呼ぶ．温度変換日数は，土壌窒素の無機化量を推定する際によく用いられている．

温度日較差 daily (diurnal) temperature range 日最高温度と日最低温度の差のこと．

温周性 thermoperiodism 恒温条件に比較して，温度が周期的に変化するときに植物の生育がよくなる現象．明期で進む過程と暗期で進む過程では適温が異なっていることから生じると考えられる．通常，暗期に比較的低温で，明期に比較的高温になる条件で生育がよくなる場合が多い．

植物の発育過程の温度依存性

発育に対する温度の影響は，花芽形成に低温要求性を示す植物にとっての低温刺激と，他の生物学的過程と同様の一般的な温度依存性に分けられる．

低温要求性 chilling requirement コムギなどのある種の植物では，花芽分化するためにある期間低温にさらされることが必須であるか，あるいはそれによって花成が促進される．このように，花成に低温刺激を必要とする性質を低温要求性という．低温にさらされないと花芽分化せず，いつまでも栄養成長を続ける場合を絶対的(質的)低温要求性，花芽分化に低温が必ずしも必要ではないが，低温によって花成が促進される場合を相

対的(量的, 機能的)低温要求性という.

コムギの春化に有効な温度は-4～14℃程度であり, 最も有効な温度域は0～10℃である. また, 花成以外にも, 種子の発芽, 芽の休眠打破において低温要求性を示す種がある.

春化(春化処理), バーナリゼーション vernalization
元来は, 低温要求性の作物(秋播き性作物)に人為的に低温処理を与え, 春播き性に転化すること. 現在では, より広義に, ある種・品種が花成において低温要求性を示す場合, 低温が花成に対して特異的, 促進的に作用すること, およびそれに関与する過程自体を春化という場合が多い. それに対して, 人為的低温処理であることを強調して, 春化処理ということがある.

春化消去 devernalization　春化が完了するまでに, 植物が日平均気温20℃以上に遭遇すると, それまでの低温の効果が打ち消される現象.

感温相 thermophase　旧ソ連のルイセンコは, 発育段階説(相的発育説)をとなえ, 秋播き性ムギ類の発育相は低温要求性を示す感温相と長日条件を必要とする感光相から成り立っており, 低温要求性が満たされてから次の感光相に進むとした. しかし, 実際には両者の境界はルイセンコの言うように明確なものではない.

感温性 thermosensitivity　従来, イネなどの作物で, 戸外の自然日長下で栽培したものに対して, 温室で加温栽培した場合に出穂の促進される程度をもって感温性とした. また, その程度の大きい品種を**感温性品種** thermosensitive variety という.

北海道や東北のイネ品種では感温性が大きく, 九州など暖地のイネ品種の感温性は小さいとされてきた. しかし, 感光性の強い暖地の品種を適日長限界より長い自然日長条件で栽培すれば, 温度の効果が相対的に小さくなるのは当然であり, 日長反応と分離して温度反応自体を捉えているとは言い難い. 実際, 感光性の強い暖地のイネ品種を10～12時間程度の短日条件で実験すると, 寒地の品種と同様に高温条件によって出穂が促進される.

モデル解析によっても, 感光性暖地水稲品種の幼穂分化に向けての発育速度が, 寒地の非感光性品種と同様に温度の影響を受けていることが推定されている(図2). また, 感光相では, 感光性の強い品種のほうが温度に対する感受性が高いとの報告もある. したがって, それらの意味ではすべてのイネ品種が感温性をもつといえる. 感温性を温度の上昇による一般的な成長の促進, あるいは日長反応など, 花成にかかわる過程の温度反応に由来する二次的な花成促進とすれば問題ないが, 低温要求性や日長反応のように, ある温度条件が特異的に開花を促進する花成刺激になると考えると問題がある. いずれにしても, 感光性, 感温性というように二者併記して, 花芽分化に対する温度の特異的作用を想起させるような用語法は避けるほうがよい.

(中川博視)

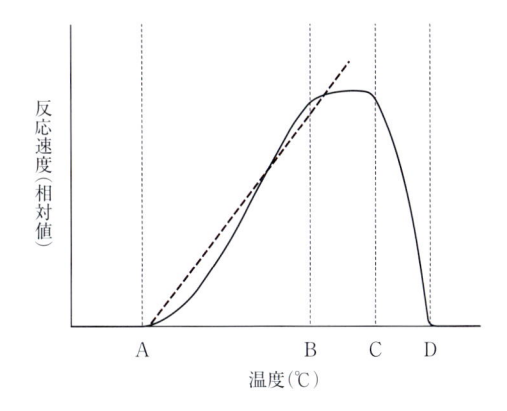

図1　生物学的過程の反応速度と温度の関係の模式図
AおよびDは, それぞれ最低および最高の限界温度, B-Cは最適温度域である

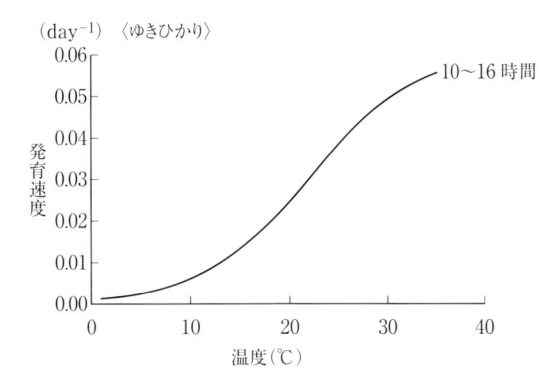

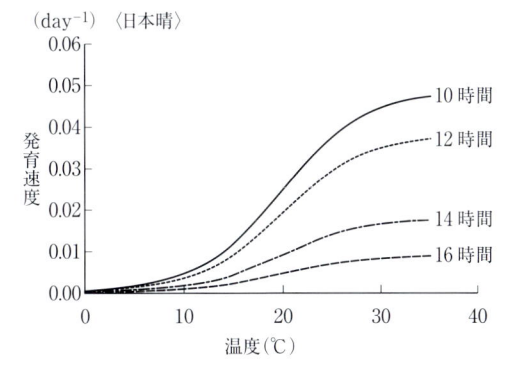

図2　発育モデルで推定された水稲品種ゆきひかり(非感光性品種)と日本晴(感温性品種)の発育速度の温度と日長に対する反応

光感受性

光形態形成

光形態形成 photomorphogenesis とは，光環境の変化によって発生や分化の過程が制御される現象をいう．植物の生活環 life cycle に普遍的に見られ，光の影響により種子や胞子の休眠 dormancy を解除したり，細胞分裂 cell division の時期や方向，成長の速さ，細胞の器官分化を制御したりする．光形態形成は，ごくわずかな光が引き金となって反応する場合と，連続的な照射を必要として反応する場合がある．

光形態形成に有効な光は，赤色光 red light と青色光 blue light である．赤色光はフィトクローム phytochrome と呼ばれる色素タンパク質 pigment protein によって，青色光はクリプトクローム cryptochrome と呼ばれる色素タンパク質によって受容される．これら色素タンパク質は，光を受けると吸収スペクトル absorption spectrum を可逆的に変える性質をもち，環境の光条件を感知して植物の機能を調節する．フィトクロームは，赤色光を受けると近赤外光 near infrared radiation を受容するように変化し，クリプトクロームは，青色光を受けると近紫外光 near ultraviolet radiation を受容するように変化する．

フィトクロームは，赤色光の照射により，光発芽種子を休眠打破したり，芽生えの形態形成を制御したり，光周性の反応で暗期 dark period を光中断する際に作用し，さらに，葉の成長を促進したり，クロロフィル合成を誘導したり，茎の成長やメソコチルの伸長を阻害する．一方，クリプトクロームは，青色光の照射により，茎の屈光性 phototropism をもたらすオーキシン分布の不均一を招いたり，植物の黄化を制御したりする．ただし，屈光性はクリプトクローム以外の物質が青色光を受容して反応することが近年明らかにされ，この光受容体は，フォトトロピン phototropin と名づけられている．

表1 レタス発芽に対する赤色光（R）と近赤外光（FR）の影響（Borthwick ら，1954）

光処理	発芽率（%）
R	70
R→FR	6
R→FR→R	74
R→FR→R→FR	6
R→FR→R→FR→R	76
R→FR→R→FR→R→FR	7
R→FR→R→FR→R→FR→R	81
R→FR→R→FR→R→FR→R→FR	7

光発芽種子

光発芽種子 photoblastic seed とは，休眠打破 dormancy breaking に光を要求する種子であり，野生植物の約7割にみられる．発芽は近赤外光（700〜800nm）により阻害され，休眠は赤色光（600〜650nm）により打破される．ただし，赤色光の休眠打破効果は，赤色光照射直後に当てた近赤外光によって再び打ち消される（表1）．

レタスの種子は光発芽種子であり，暗所では発芽しないが，種皮を除去すると暗所でも発芽するようになる．これは，レタスが種皮に発芽を抑制するのに十分な発芽抑制物質 germination inhibitor のアブシジン酸を含んでいるからである．レタスは，秋に発芽して冬を越し，春に花を咲かせ種子をつくる植物であるが，このような種子の多くは，盛んにアブシジン酸合成が続けられる夏の高温条件下では発芽せず，秋になり温度が下がるか，化学的にアブシジン酸合成が阻害されることで発芽するようになる．

芽生えの形態形成

芽生え seedling は，光合成器官や茎頂を土の中から外へ傷つけずに送り出すのに都合がよいように成長し，形態形成 morphogenesis する．たとえば，単子葉植物では土の外へ出るまで第1葉は幼葉鞘に包まれており，メソコチルと呼ばれる部分が成長する（図1）．メソコチルは，幼葉鞘の先端が土の外に出ると成長を止める．第1葉は，これと同時に伸びだし，幼葉鞘の先端を破って外へ出る．さらに第1葉はそれまでの巻かれた形が，伸び出すことで巻きがほぐれ展開する．このような成長による形態の変化は，光がシグナルとなって生じている．

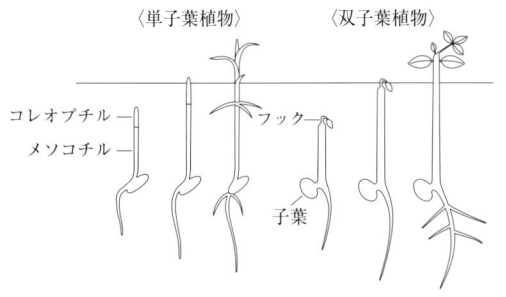

図1 芽生えの形態形成（桜井ら，2001）

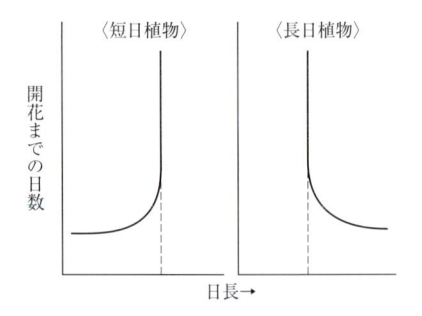

図2 短日植物と長日植物の日長と花芽形成の関係（増田，1977）
縦の破線が横軸と交わる点の日長は，限界日長を示す

双子葉植物では茎の先端が釣針状に折れ曲がり，いわゆるフックを形成しており，芽生えが土中を突き抜ける際に茎頂を保護している．このフックは土中を突き抜けると，光のシグナルにより開きだし，茎頂を上に向けるようになる．こうして葉は土中にある間は展開せず，土中を突き抜けたあとで展開する．茎の伸長速度も土中では大きいが，フックの先端が光を受けると大幅に低下する．

光周性

光周性 photoperiodism とは，地球の公転・自転によって生じる明期 light period（または暗期）の長さの変化によって引き起こされる生体の反応性をいう．植物は，光周性によって，日長 daylength がある長さより短くないと花芽 flower bud を形成しない短日植物 short-day plant，ある長さより長くないと花芽を形成しない長日植物 long-day plant，花芽形成 flower bud formation が日長に支配されない中性植物 day-neutral plant に分類される（図2）．短日植物および長日植物におけるこの"ある長さ"は，限界日長 critical daylength と呼ばれる．

短日植物は，主として低緯度地方を栽培の起源とするものが多く，イネ，ダイズ，サトウキビ，トウモロコシなどがある．長日植物は，温帯地方を栽培の起源とするものが多く，コムギやナタネなどがある．短日植物は，明期（昼の時間）が短いためではなく，暗期（夜の時間）が長いために花芽形成することが知られている（図3）．短日植物であるオナモミの一種は，たとえ限界日長よりも短い明期の条件下においても，暗期の途中で1分間の光を与えると花芽形成しない．このように，花芽形成は短日植物では一定期間以上の連続する暗期（限界暗期）により誘導され，光中断 light break と呼ばれるこの短い光照射は，暗期による花芽形成誘導の効果を消失させる．

花成ホルモン

花芽形成は，たとえば短日植物においては，1枚の葉だけに袋をかぶせて，この葉だけに短日条件を与えるだけでも誘導される（図4）．このことから，光周性による花芽形成には花成ホルモン flowering hormone が関与していると考えられている．花成ホルモンは，短日植物であれば，葉のフィトクロームにおいて連続した限界暗期を感じて生成され，頂端分裂組織に移動して花芽形成を誘導する．短日植物は，日中，葉の中に花成ホルモンの合成を阻害するのに十分な量のフィトクロームP730を保持しており，この葉を暗所に置くことでP730は徐々にP660へと転換する．暗所の葉は，限界暗期を越えるとP730がわずかとなり，花成ホルモンの合成を始める（図5）．短日植物は，このような仮説により，連続した暗期が花芽形成を誘導すると考えられている．

黄化

黄化 etiolation とは，緑色植物を暗所で発育させたと

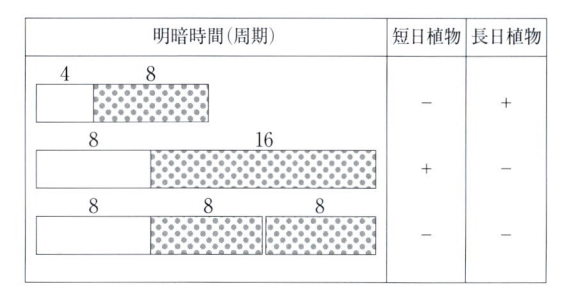

明暗時間（周期）	短日植物	長日植物
4 ─ 8	−	+
8 ─ 16	+	−
8 ─ 8 ─ 8	−	−

図3　暗期条件を変えたり，光中断した場合における短日植物と長日植物の花芽形成の有（+）無（−）（増田，1977）

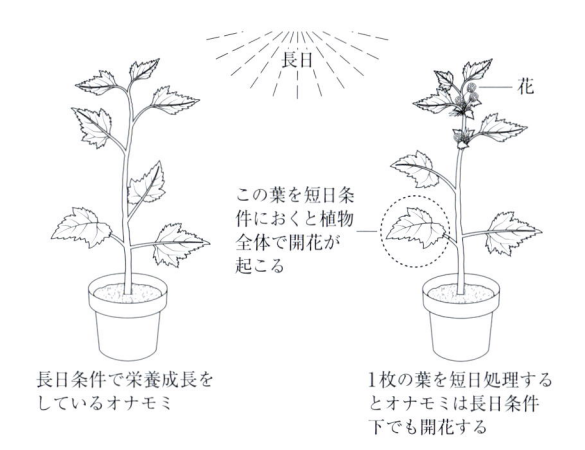

図4　オナモミの花芽分化（増田，1977）
短日植物であるオナモミは，長日条件下であっても1枚の葉を短日処理してやると花芽を分化する

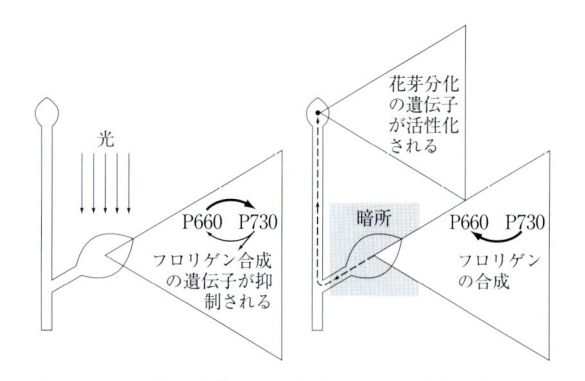

図5　短日植物の暗期による花成ホルモン誘導の仮説
（ヘス，1980）

きに生じる植物体の色が変化する現象をいう．黄化は，クロロフィル chlorophyll が形成されないためにカロテノイド carotenoid の黄色が目立つ状態であるが，黄色があまり目立たないときは白化 chlorosis と呼ばれる．ただし，白化も含めてこれらすべての現象を黄化と呼ぶ．フィトクロームおよびクリプトクロームによる光形態形成反応に依存する現象はすべて黄化に直接関与するほか，間接的には光合成にも関与する．

（高橋 肇）

光合成(1)
光反応

光化学系

光化学系 photosystem とは，光合成 photosynthesis のなかで光エネルギーを用いて化学反応を行なう反応系の総称である．葉緑体 chloroplast には内膜系のチラコイド thylakoid と，可溶性画分のストロマ stroma が存在するが，光エネルギーの初期変換反応の場はチラコイドに存在する．チラコイド膜には光合成色素や電子伝達系の成分が局在している．

光合成色素 photosynthetic pigment 光合成反応のなかで光の吸収やエネルギー移動，また光化学反応による電子移動に関与する色素の総称．光エネルギーを捕捉し，電子エネルギーに変換するクロロフィル chlorophyll，タンパク質複合体として存在し，吸収した光エネルギーをクロロフィルに渡す光捕集機能や過剰な光による障害を防ぐ光障害防御機能をもつカロテノイド carotenoid などが含まれる．

エネルギー捕集系 energy-capturing system 光化学反応を駆動するためには色素が光を吸収し，その励起エネルギーを複数の色素を介して反応中心に渡すことが必要であり，エネルギー捕集系は光吸収とエネルギー移動の機能を担う色素と，それらを結合したタンパク質を含む集光性色素タンパク質複合体 light-harvesting protein complex (LHC) から構成される．

光合成電子伝達系 photosynthetic electron transport system 2種類の光化学系の作用で水から電子を奪って酸素を発生し，$NADP^+$ を還元する．この光合成電子伝達反応はチラコイド膜中の電子伝達成分によって行なわれるが，この電子伝達と共役してATP合成酵素 ATP synthase によってATPが合成される（この光エネルギーによるATP合成を光リン酸化 photophosphorylation と呼ぶ）．

生成したNADPHとATPはストロマにおける暗反応での CO_2 の固定(還元)に使われる．水から $NADP^+$ までの電子伝達系は，光化学系I photosystemI 複合体，光化学系II photosystemII 複合体とそれらの間を結ぶシトクロム cytochrome b_6f 複合体，および移動性電子伝達体で構成されている．

反応順序(図1，図2)としては，まず光化学系IIにあるD1タンパク質に結合したマンガンが水から電子を引き抜いて酸素を発生し，プロトンはチラコイド内腔に放出される．

$$2H_2O \rightarrow 4e^- + 4H^+ + O_2$$

水からの電子はD1タンパク質のチロシンZ(Y_Z)を通り，光酸化された光化学系II反応中心クロロフィル $P680^+$ を還元(電子を付与)する．P680からの電子はフェオフィチン(Phe)へ渡り，D2タンパク質に結合したプラストキノン plastoquinone (Q_A キノン電子受容体：Q_A) を通ってD1タンパク質に結合したプラストキノン(Q_B キノン電子受容体：Q_B) を還元する．Q_B は2電子還元を受けた後，ストロマ中から2個のプロトンを受け取って結合部位を離れ，チラコイド膜中に遊離すると同時に酸化型のプラストキノン(PQ)が Q_B 部位に結合する．ここまでが光化学系II複合体中で起こる反応である．

還元型になったプラストキノンはシトクロム b_6f 複合体のキノン結合部位に結合して，リスケ鉄-硫黄センター(FeS)に1電子を渡すとともにプロトンをチラコイド膜内腔に放出する．その電子はシトクロム f を通って b_6f 複合体を出て，プラストシアニン(PC)を還元する．

光化学系Iは光化学系I集光性色素タンパク質複合体と光化学系I反応中心複合体からなる．光化学系I集光性色素タンパク質複合体のアンテナ色素 antenna pigment に吸収された光エネルギーは光化学系I反応中心複合体に結合しているアンテナ色素を経て光化学系I反応中心複合体中心部に伝達され，そこで強い還元力を持った光化学系I反応中心クロロフィル(P700)の励起状態 exited state を形成する．前出の還元型プラストシアニンは光化学系I複合体中の光酸化された反応中心クロロフィル $P700^+$ を還元する．P700からの電子は一次電子受容体クロロフィルa(A_0)に移る．次いで，二次電子受容体フィロキノン(A_1)を通り鉄-硫黄センターX(FeS_X)に電子が渡される．この電子は2つの鉄-硫黄センターA，B($FeS_{B, A}$)に渡る．ここまでが，光化学系I複合体中で起こる反応である．

次に，電子はフェレドキシン(Fd)に渡り，フェレドキシン-$NADP^+$ レダクターゼ(FNR)がフェレドキシンから2回電子を受け取って $NADP^+$ を還元する．このとき $NADP^+$ にプロトンが結合するので，ストロマ中のプロトンが消費される．水の酸化によるチラコイド膜内腔へのプロトン放出や，シトクロム b_6f 複合体によるプロトン輸送と相まってプロトン勾配を形成し，ATP合成酵素による光リン酸化に寄与している．またフェレドキシン-$NADP^+$ レダクターゼはチラコイド膜での光合成電子伝達系の末端酵素で，炭酸固定系との接点である．

なお，電子伝達成分を酸化還元電位に従って並べたもの(図1)は横向きのZと見立てて，Zスキームモデル Z-scheme model と呼ばれる．

光－光合成曲線

照射した光強度と光合成速度との関係を示した曲線を光－光合成曲線という(図3)．光強度がゼロのときは暗呼吸のために葉の光合成速度は負を示すが，光強度が上昇するにつれて光合成速度は上昇する．光合成速度がゼロの値を示すときの光強度(x切片)を光補償点 light compensation point という．

光合成速度の上昇は弱光下では直線的で，光が強くなるにしたがって上昇は鈍り，やがて飽和する．弱光下での直線の傾きを初期勾配 initial slope，飽和した状態

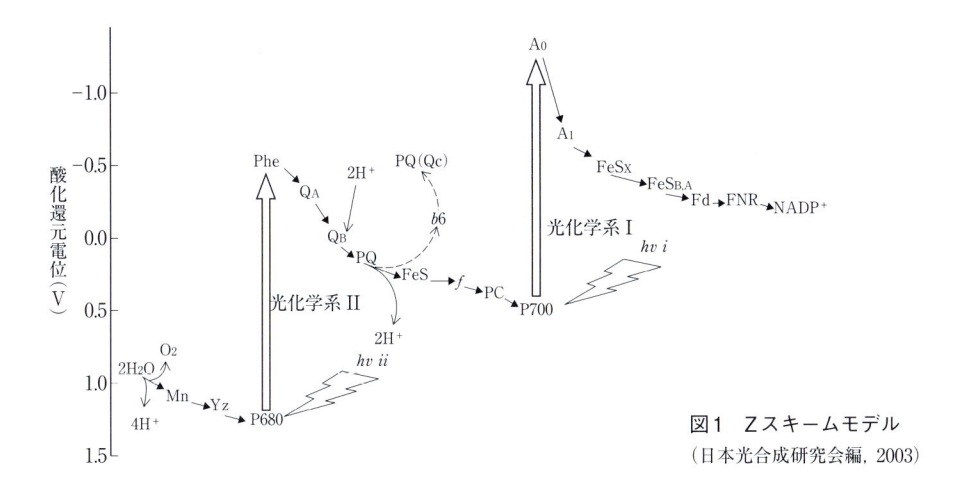

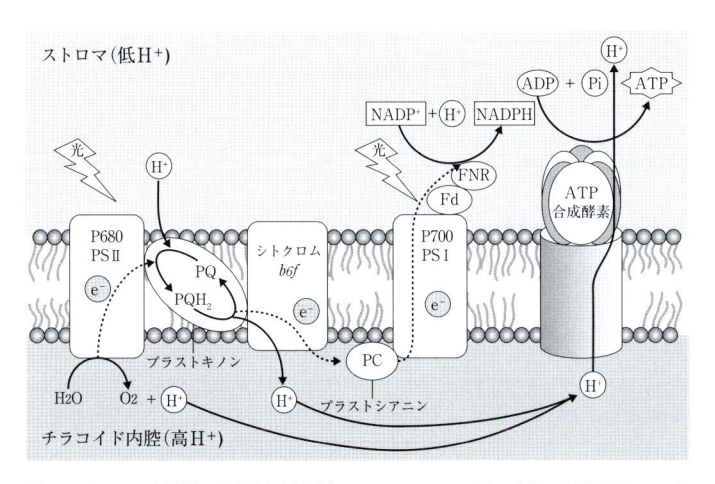

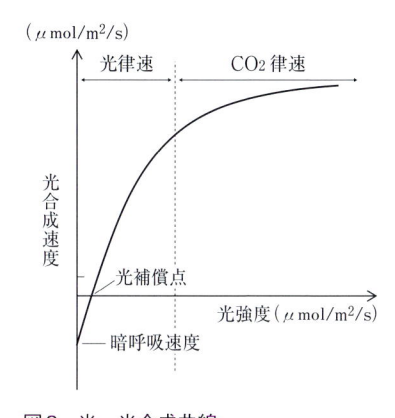

図1 Zスキームモデル (日本光合成研究会編, 2003)

図2 チラコイド膜の電子伝達系 (テイツ・ザイガー編, 西谷・島崎監訳, 2004)

図3 光－光合成曲線

を光飽和 light saturation と呼び，光飽和状態での光合成速度は二酸化炭素濃度や炭酸固定酵素の活性と関連が深い．

光エネルギーの利用

光エネルギー捕集系が吸収した光エネルギーは，光合成に利用される以外にも様々な反応で消費・散逸される．作物学では，作物の生産量や成長速度，光合成などを吸収光量当たりで示したものを光利用効率 light use efficiency といい，作物の生産効率の指標として使われる．

また葉の光合成の量子収率 quantum yield も，波長400～700nmの光合成有効放射 photosynthetically active radiation (PAR) を照射したときに得られた葉面積当たりの光合成速度を，単位時間に単位面積を通過する光合成有効放射の光量子数である光合成有効光量子束密度 photosynthetic photon flux density (PPFD) で除して求めるため，光利用効率と考えられるが，簡単に光－光合成曲線の初期勾配を光利用効率の指標とする場合もある．

しかし，過度の強光状態では，吸収した光エネルギーが消費・散逸される量を超過し，エネルギー過剰状態になる．この状態になると光化学系IIでは三重項クロロフィル生成，一重項酸素生成，および光化学系Iでのスーパーオキシド生成，過酸化水素生成が促進される．これらの活性酸素種が消去しきれなくなると，炭酸固定系の酵素の失活，クロロフィル，カロテノイドなどの光合成色素の分解による白化などを引き起こし，光合成機能が低下する光阻害 photoinhibition が発生する．光阻害の抑制のために植物葉は，過剰光エネルギーを熱として放出，光呼吸や水－水サイクルでの過剰還元当量の消去，活性酸素の消去を行なう．

(佐々木治人)

光合成(2)
炭酸固定反応

炭酸固定経路と光呼吸

光合成反応は，葉緑体による光エネルギーの捕捉ならびに化学エネルギーへの変換(明反応 light reaction)と，明反応により生み出された化学エネルギーを用いて行なわれる炭酸固定(暗反応 dark reaction)に分けられる．炭酸固定 CO_2 fixation の主要な型は，大気 CO_2 をカルビン回路により固定還元する C_3 光合成 C_3 photosynthesis と，C_4 ジカルボン酸回路とカルビン回路との協同で固定還元する C_4 光合成 C_4 photosynthesis である．

カルビン回路 Calvin cycle C_3 回路，還元的ペントースリン酸(RPP)回路とも呼ばれる．本回路は葉緑体に存在しており，大気 CO_2 はルビスコ(Rubisco：リブロース 1,5-ビスリン酸カルボキシラーゼ/オキシゲナーゼ ribulose 1,5-bisphosphate carboxylase/oxygenase の略)のカルボキシラーゼ反応により，RuBP(リブロース 1,5-ビスリン酸 ribulose 1,5-bisphosphate)を基質として，初期代謝産物の 3-ホスホグリセリン酸(3-PGA)として固定される(図1)．3-PGA は還元反応を経てトリオースリン酸となり，これから RuBP の再生が行なわれる．1分子の CO_2 を固定還元するために 3 分子の ATP と 2 分子の NADPH を必要とする．本回路の中間代謝産物からショ糖は細胞質で，デンプンは葉緑体で合成される．

ルビスコ Rubisco カルビン回路の CO_2 初期固定反応を触媒する(カルボキシラーゼ反応)ほか，グリコール酸回路の初期反応も触媒する(オキシゲナーゼ反応)．植物に最も多量に蓄積している蛋白質で，C_3 植物の葉では全蛋白質の 12〜35% を占める．高等植物の Rubisco は 8 つの大サブユニットと 8 つの小サブユニットから構成されており，大・小サブユニット遺伝子はそれぞれ葉緑体ゲノムと核ゲノムにコードされている．本酵素に CO_2 と Mg^{2+} が結合して活性型となる．また，ルビスコ活性化酵素 Rubisco activase の活性調節により，ルビスコの活性化率が制御されている．

グリコール酸回路 glycolate cycle カルビン回路から派生するグリコール酸が代謝される回路(図1)．光呼吸回路とも呼ばれる．初期反応は葉緑体の中で起こり，ルビスコのオキシゲナーゼ反応により RuBP と O_2 が結合してホスホグリコール酸が生成される．ホスホグリコール酸はグリコール酸に転換されたのちペルオキシソーム peroxisome に移行し，グリシンとなる．グリシンはミトコンドリアの中でグリシンデカルボキシラーゼの働きにより脱炭酸される．光呼吸による CO_2 放出は，これに由来する．このとき生じたセリンはペルオキシソームに移り，グリセリン酸に変換されたのち葉緑体に移行して，3-PGA としてカルビン回路に回収される．

光呼吸 photorespiration 光照射下で見られる O_2 の取り込みと CO_2 の放出現象．緑色組織でのみ見られる．C_3 植物では，光合成で固定した炭素の数十% が光呼吸により失われる．消光した直後の一過性の CO_2 放出として捕えられる．また光合成の O_2 阻害(ワールブルク効果 Warburg effect)は O_2 による光呼吸の活性化に基づくことから，光呼吸量は 2%O_2 と 21%O_2 における光合成速度の差としても推測される．強光，高温，低 CO_2，高 O_2 で促進される．

光呼吸の生理的意義については長く論争されてきたが，現在では葉内の CO_2 が不足し光エネルギー過多となったとき(たとえば，水ストレス下)，過剰のエネルギーを消費し光阻害を回避する系として役立っていると考えられている．

C_4 ジカルボン酸回路 C_4-dicarboxylic acid cycle C_4 回路，ハッチ・スラック回路とも呼ばれる．本回路は，葉肉細胞 mesophyll cell と維管束鞘細胞 bundle sheath cell の協同により行なわれる(図2，図3)．大気 CO_2 は葉肉細胞に局在する PEP-カルボキシラーゼ PEP carboxylase の働きにより，PEP(ホスホエノールピルビン酸 phosphoenolpyruvate)を基質として C_4 化合物のオキサロ酢酸として固定される．本酵素の固定炭素種は HCO_3^- であるが，炭酸脱水酵素 carbonic anhydrase の触媒により CO_2 から HCO_3^- への転換が行なわれる．オキサロ酢酸はリンゴ酸あるいはアスパラギン酸に変換されたのち維管束鞘細胞に運ばれ，脱炭酸酵素 decarboxylating enzyme の働きにより CO_2 と C_3 化合物に分解される．生じた CO_2 はカルビン回路により再固定される．一方，C_3 化合物は葉肉細胞に移行し，PEP に再生される．このように，大気 CO_2 を葉肉細胞で C_4 化合物として固定し，これを維管束鞘細胞に送って脱炭酸することにより，維管束鞘細胞内の CO_2 濃度は高く保たれる．

C_4 光合成では，C_3 光合成に比べ 1 分子の CO_2 当たり

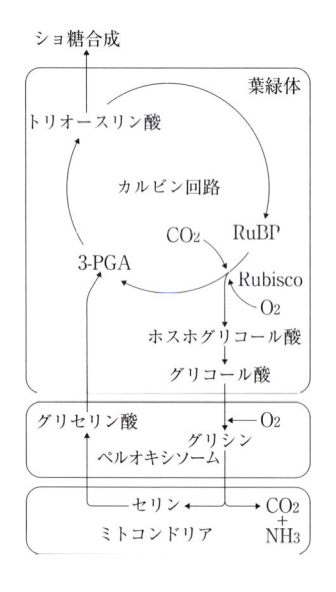

図1 カルビン回路とグリコール酸回路
RuBP：リブロース 1,5-ビスリン酸，3-PGA：3-ホスホグリセリン酸

2ATPを余分に必要とするが，C4ジカルボン酸回路のもつCO2濃縮機能により光呼吸が抑制され，全過程の効率はC3光合成よりも優る．本回路はC4化合物の脱炭酸反応にかかわる酵素の違いにより，NADP-リンゴ酸酵素(NADP-ME)型，NAD-リンゴ酸酵素(NAD-ME)型，PEPカルボキシキナーゼ(PCK)型という3つのC4サブタイプ C4 subtypeに分けられる．

C3，C4およびCAM植物の特徴

C3植物 C3 plant　C3光合成を行なう植物．イネ，コムギ，ダイズ，ナタネ，ジャガイモ，ワタなど主要な作物の多くはC3植物である．光合成は単一種の光合成細胞（葉肉細胞）で行なわれる（図3A）．光呼吸は高く，最大光合成速度は一般にC4植物よりも低い．光合成の光飽和点と光合成適温もC4植物に比べ低い．また水利用効率，窒素利用効率，生産力も一般にC4植物よりも低い．C3植物は，温帯性の植物ばかりでなく，熱帯・亜熱帯性の植物にも広く見られる．

C4植物 C4 plant　C4光合成を行なう植物．C4植物は熱帯・亜熱帯起源の植物に起こり，作物ではトウモロコシ，サトウキビ，ソルガム，キビ，アマランサスなどが，雑草ではメヒシバ，イヌビエ，ハマスゲ，スベリヒユなどがある．C4回路のCO2濃縮機構の働きにより光呼吸は抑制されている．葉の中は，葉肉細胞と多量の葉緑体を含む維管束鞘細胞が維管束を取り囲むように配列したクランツ構造 Kranz anatomyを示す（図3B）．C4植物の最大光合成速度，光合成光飽和点，光合成適温は，C3植物に比べ高い．また水利用効率，窒素利用効率，生産力も一般にC3植物よりも高い．

初期炭酸固定酵素の違いを反映して，C3植物とC4植物では固定された炭素の安定同位比が異なり（炭素同位体分別 carbon isotope discrimination），これをもとに光合成型を判定することができる．光合成特性がC3型とC4型との中間的なC3-C4中間植物 C3-C4 intermediate plant（フラベリア，モリカンディアなど）や，C3型とC4型の間で光合成型を切り替える植物（エレオカリス）も見られる．

CAM植物 CAM plant　ベンケイソウ型有機酸代謝 crassulacean acid metabolism (CAM)により炭酸固定を行なう植物．サボテン，カランコエなどの多肉植物やランなどの着生植物に起こり，作物としてはパイナップルやアガベなどがある．CAM光合成の生化学的機構はC4光合成と類似点が多いが，単一種の光合成細胞の中で夜間と日中の間で代謝を分割して行なう点で異なる（図4）．

CAM植物では，気温が下がった夜間には気孔が開き，大気CO2はPEP-カルボキシラーゼの働きにより固定され，リンゴ酸 malic acidとして葉肉細胞の液胞に

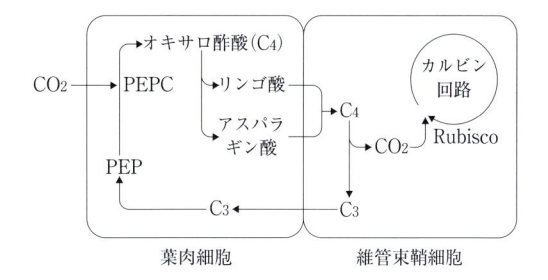

図2　C4ジカルボン酸回路
C3：C3化合物，C4：C4化合物，PEP：ホスホエノールピルビン酸，PEPC：PEPカルボキシラーゼ

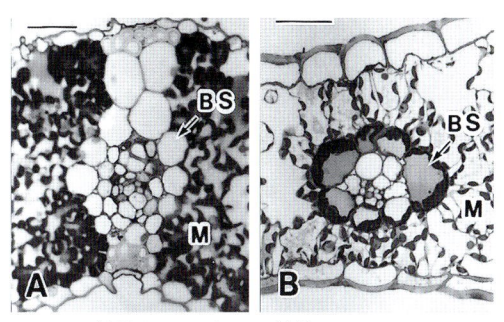

図3　C3植物（A，イネ）とC4植物（B，トウモロコシ）の葉の内部構造
M：葉肉細胞，BS：維管束鞘細胞
イネのBSは少量の葉緑体しか含まないが，トウモロコシのBSは遠心的に配列した多量の葉緑体を含む
バーはA＝20μm，B＝40μm

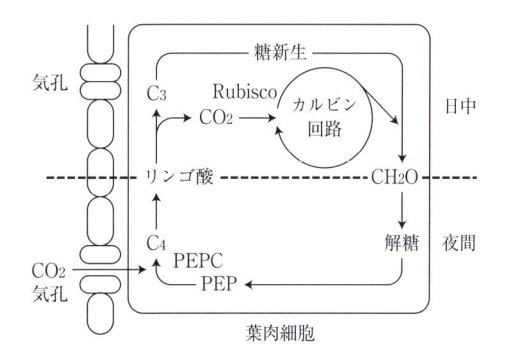

図4　ベンケイソウ型有機酸代謝（CAM）
略語は図2を参照

蓄えられる．高温・乾燥した日中には気孔は閉じて，葉肉細胞内でリンゴ酸の脱炭酸反応が起こり，生じたCO2はカルビン回路で再固定される．このように，CAMは一般に乾燥環境に適応した光合成代謝機構と見ることができる．CAMの発現様式には変異が多く，塩ストレスや乾燥ストレスを受けるとC3型からCAM型に変わる植物（アイスプラントなど）も見られる．

〈上野　修〉

光合成(3)
個葉の光合成

葉と光合成

植物の葉は，日中，光エネルギーおよびCO_2を吸収・固定することで物質生産の中心的役割を担っており，光合成器官 photosynthetic organ（同化器官 assimilation organ）とも呼ばれている．光を受けている葉は，気孔を通して葉内に取り込んだCO_2を葉肉細胞内の葉緑体（クロロプラスト）chloroplastで固定すると同時に，呼吸によってCO_2を放出している．前者のCO_2を固定する速度が真のCO_2交換速度 gross CO_2 exchange rate（真の光合成速度 gross photosynthetic rate），後者はCO_2放出速度（呼吸速度）と呼ばれている．

通常，真の光合成速度から呼吸速度を差し引いた正味のCO_2取り込み速度が，みかけの光合成速度 apparent photosynthetic rate（または純光合成速度 net photosynthetic rate）であり，単位葉面積・単位時間当たりのCO_2固定量（$mgCO_2/dm^2/hr$，または$\mu mol/m^2/sec$）として表わされる．植物体の乾物増加に直接関与することから，物質生産上はみかけの光合成速度が重視されている．

葉の光合成速度は，測定時の光強度，CO_2濃度，温度などの環境要因，全窒素，タンパク質，Rubiscoなどの葉内成分や種，品種，葉齢などの植物体側の要因など，さまざまな要因により変動する．一般に，好適な条件で生育し，高い光合成を発現している葉について，飽和光，大気CO_2濃度，最適温度条件下で測定された最大光合成速度は，個葉の光合成能力 photosynthetic capacityとも呼ばれ，種あるいは品種の能力を比較するために用いられる．

CO_2の拡散と光合成

光合成によるCO_2固定と暗呼吸や光呼吸によるCO_2放出が均衡し，みかけの光合成速度がゼロになる外気CO_2濃度をCO_2補償点 CO_2 compensation pointと呼び，C3植物は40～70ppm（μbar），C4植物は0に近い．CO_2濃度の上昇に伴い光合成速度は直線的に増加したのち，しだいに増加程度は小さくなり，一般にC3植物は約900ppm以上で，C4植物は200～300ppm付近で飽和する．

通常の大気中で光合成を行なっているときの葉の細胞間隙 intercellular spaceのCO_2濃度は，C3植物が230～250ppm付近，C4植物が100ppm程度といわれている．それより低CO_2濃度下の光合成は葉内外のCO_2の拡散伝導度 diffusion conductanceとRubisco量とそのCO_2固定能力に律速される．高CO_2濃度下では光化学系電子伝達活性による律速段階に移り，飽和領域ではショ糖やデンプン合成に伴う無機リン酸の再生産・再利用速度により律速されると推定されている．

通常の大気CO_2濃度下で光合成を行なっている葉においては，葉緑体内のCO_2濃度は外気のそれよりも明らかに低い．その濃度差によって，CO_2は，外気→境界層→気孔→細胞間隙→葉肉細胞の細胞壁→原形質膜→細胞質→葉緑体包膜→ストロマの順に拡散し固定される（図1）．CO_2分子は，その過程でさまざまな抵抗を受け，外気から葉表面の境界層を通過するときの抵抗，気孔を通過する際の抵抗，気孔から細胞間隙を通って葉緑体内に到達し固定されるまでの抵抗の3つに大別され，それぞれ葉面境界層抵抗 leaf boundary layer resistance (r_b)，気孔抵抗 stomatal resistance (r_s)，葉肉抵抗 mesophyll resistance (r_m)と呼ばれている．

Gaastra(1959)は，葉から蒸散による水蒸気の流れにオームの法則を適用し，水蒸気に対する葉の拡散抵抗 leaf diffusion resistance (r_l)を求める方法を提唱した．すなわち，蒸散速度（T_r），大気の絶対湿度（e_a），細胞間隙の絶対湿度（e_i：葉温T℃における飽和絶対湿度）を実測することにより，次のように表わされる．

$r_l = (e_i - e_a)/T_r$

葉の拡散抵抗は気孔抵抗とクチクラ抵抗 cuticular resistanceからなるが，両抵抗は並列であり前者に比べて後者は著しく大きく通常は変化しない．一方，水蒸気やCO_2の拡散は，気孔の開口部を介して行なわれるが，葉面積に占める開口部の面積の割合はわずか0.5～1.2%程度である．しかも，気孔は絶え間なく開閉運動を行ない，葉身全面の気孔が同じ程度開いているわけでもない．通常，気孔の閉鎖の程度は同じ葉身でも部位によって不均一であり，気孔開度 stomatal apertureは，ガスの流れを調節するうえで重要な役割を果たしている．ま

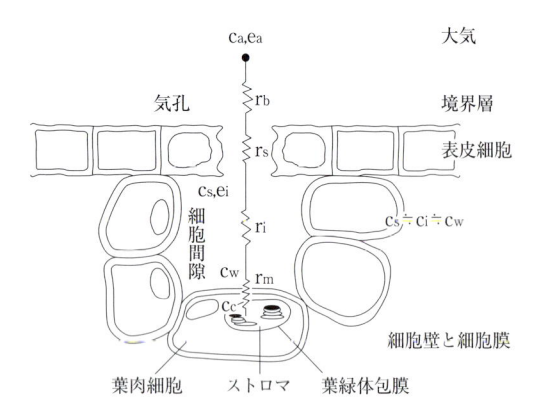

図1 CO_2の輸送に関する拡散モデル

CはCO_2濃度を，eは絶対湿度を表わし，添え字のaは外気を，sは気孔内腔を，iは細胞間隙を，wは細胞壁を，cはCO_2固定が行なわれる場所を意味する．rは抵抗を表わし，bは境界層を，sは気孔を，iは細胞間隙を，mは細胞壁，細胞膜，細胞質，包膜およびストロマを含む液相を表わす

細胞間隙の気相中のCO_2拡散に対する抵抗(r_i)は小さいことから，気孔内腔と細胞壁周辺のCO_2濃度差は小さいと考えられている

た，境界層の厚さは，風速，葉と風の角度，葉の大きさなどによって影響される．一般に野外では，風によって境界層抵抗は全拡散抵抗に比べて著しく小さくなることから，無視できる場合が多い．以上のことから，葉の拡散抵抗は気孔抵抗を表わすと考えられており，その逆数は，気孔伝導度 stomatal conductanceと呼ばれている．

一方，みかけの光合成速度（A）は，大気のCO_2濃度をC_a，細胞間隙のCO_2濃度をC_iとすると，次式で表わされる．

$$A = (C_a - C_i)/(1.6 \times r_l)$$

なお，1.6はCO_2とH_2Oの拡散係数の比であり，AとC_aを測定することによりC_iを求めることが可能である．

細胞間隙の気相におけるCO_2の拡散はすみやかであり，葉が薄く，多くの気孔が開いている場合は，気孔内腔 stomatal cavityと細胞壁付近のCO_2の濃度差は小さい．細胞壁からストロマのRubisco近傍まで，CO_2は液相やいくつかの膜を拡散することから，この間の液相の抵抗（葉肉抵抗）は気孔抵抗につぐかなり大きな抵抗であることが示唆されているが，ほとんどわかっていない．

個葉光合成の変動とその要因

日変化 diurnal change　圃場条件下における個葉の光合成速度は，日の出後，光強度が増加するにつれて大きくなり，日中最大に達したのち，夕方光が弱くなると低下する．しかし，湛水状態で生育するイネであっても，晴天で蒸散の盛んな日には，個葉の光合成速度は午前9〜10時頃に最大値に達したのち，光強度が増しても低下する．それは，気孔を通したガス交換 gass exchangeの難易度を示す水蒸気の拡散伝導度（気孔伝導度）の日変化とほぼ一致している．

図2は，同一生育時期に測定した同一葉位の多数のデータを用いて，ほぼ同じ気孔伝導度ごとに整理した光－光合成関係を示したものである．弱光域における光合成速度は，気孔伝導度に無関係にほぼ一つの光－光合成曲線で表わされる．しかし，強光下における光合成速度は，気孔伝導度の大きさにより異なり，気孔伝導度の増加に伴って増大している．すなわち，日中，飽和光以上を受光していても，気孔が閉じ気孔伝導度が小さくなると光合成速度も低下することを示している．

光合成速度の日中の低下程度は，測定日，生育時期や葉位によって4〜35％までかなり大きな変異がみられ，平均で約20％に達していた．また，光合成速度の日中低下程度と気孔伝導度のそれとの間には，高い正の相関関係が認められることから，光合成速度が日中低下する要因の一つは，気孔の閉鎖による葉内へのCO_2取り込み量の減少にあると考えられている．

個葉間変異 individual variation among leaves　飽和光下で測定された同一葉位の光合成速度には，かなり大きな個葉間変異がみられる．光合成速度の個葉間変異は，当該葉の全窒素含量とは一貫した関係はみられないが，気孔伝導度とは常に高い相関関係がみられた．また，同一個体の主茎と分げつ茎に着生する同伸葉 synchronously emerging leafの光合成速度を比較すると，展開完了直後は，主茎と分げつ茎の同伸葉の間にはほとんど相違はみられなかった（図3）．

しかし，葉の加齢 agingがすすむと主茎に比べて分げつ茎の同伸葉の光合成速度はかなり小さくなり，老化 senescenceに伴う光合成速度の低下程度は主茎に比べて分げつ茎の葉身で大きかった．すなわち，同一個体の個葉間における光合成速度の変異は，分げつ性にも起因していることが示唆されている．

（黒田栄喜）

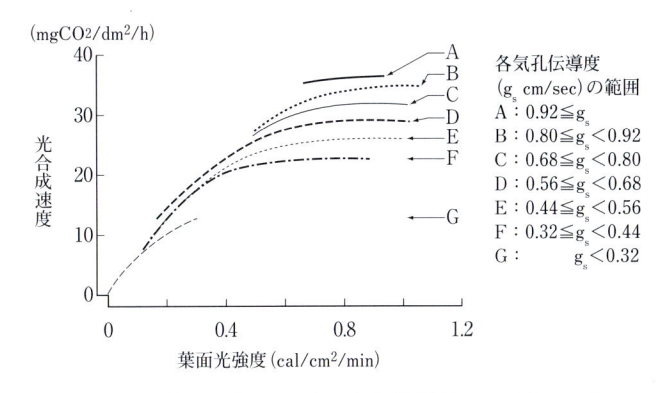

図2　気孔伝導度別に整理した光－光合成関係（黒田・玖村，1989）

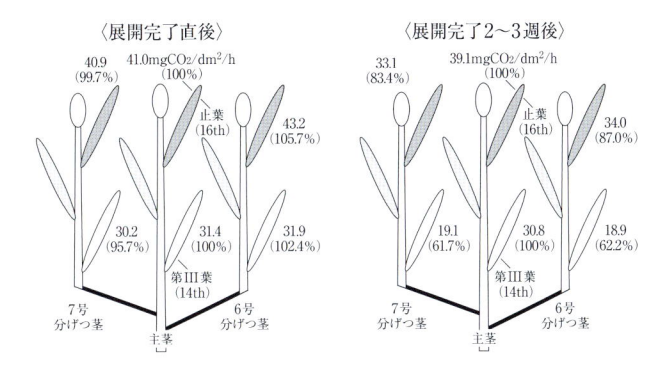

図3　主茎と分げつ茎における葉身の老化に伴う光合成速度の低下の比較（大川ら，1991より作図）
品種：日本晴，光合成速度は3個体の平均値
同じ印は同伸葉の葉身を表わす
（　）の数字は主稈の光合成速度を100としたときの同伸葉の割合

光合成(4)
個体群の光合成，乾物生産

乾物生産，物質生産 dry matter production　独立栄養生物である植物が，光合成作用によって太陽エネルギーから化学エネルギーに変換された有機物の生産過程，あるいは物質生産の結果としての乾燥物質量をさす．一次生産ともいう．一次生産力は生産速度として表わされ，生産者としての植物が単位時間当たり単位土地面積当たりに生産した有機物量（乾物重量）で表わす．ある場所と時間における有機物量は現存量あるいはバイオマスといい，単位土地面積当たり乾物重で表わされる．

一次生産には<u>総生産</u> gross productionと<u>純生産</u> net productionの2つの概念がある．総生産は植物の光合成による乾物生産の総量を示し，純生産は総生産から生産を行なう生物自身の呼吸を差し引いたものである．

個体群成長速度 crop growth rate (CGR)　単位土地面積当たり，単位時間当たりの乾物重増加速度を示し，次式のように表わす．ここで，Aは土地面積である．

$$CGR = 1/A \cdot dw/dt$$

個体群成長速度は，葉面積(L)を用いて以下のように分解できる．

$$CGR = 1/A \cdot dW/dt$$
$$= L/A \cdot 1/L \cdot dW/dt$$
$$= LAI \times NAR$$

個体群成長速度は，<u>葉面積指数</u> leaf area index (LAI)と<u>純同化率</u> net assimilation rate (NAR)の積から求められ，いずれの要因が個体群成長速度に影響を及ぼすかを解析することができる．Watsonにより考案された成長解析法である．

LAIは，個体群に存在する葉面積(L)を土地面積(A)で割って求めた単位土地面積当たりの葉面積である．純同化率は，単位葉面積当たり，単位時間当たりの乾物重増加速度を表わし，次式より算出する．

$$NAR = 1/L \cdot dW/dt$$

純同化率は，<u>個体群構造</u> canopy structure，受光態勢，個葉光合成速度などによって影響を受ける．

図1は，水稲個体群におけるCGR, NAR, LAIを品種間で比較したものである．水稲品種アケノホシは日本晴に比べて，出穂期以降のCGRが大きく，NARとLAIに分けて解析した結果，CGRが大きい要因はLAIではなくNARが大きいことによっていた．この例で示すように，作物種・品種間や栽培環境，栽培方法の違いなどにより乾物生産量が相違する要因を明らかにする目的で成長解析が用いられている．

吸光係数 light extinction coefficient　個体群内への光の透過の難易を表わす係数．門司・佐伯は，個体群内に光が吸収されていく過程をランベルト・ベールの法則に近似できることを見出し，個体群内の相対照度と個体群の上からの積算葉面積指数との関係から，以下の式により表わした．ここで，Iは個体群内のある高さの光強度，Ioは個体群上面の光強度，Fは積算葉面積指数，Kは吸光係数である．

$$I/Io = e^{-KF}$$
$$\ln(I/Io) = -KF$$

個体群内部の相対照度(I/Io)の対数と，上面からの積算葉面積指数との間には，直線関係が成り立ち，直線の傾きKが小さければ，個体群内への光の透過が容易であることを示す．吸光係数は，葉の配列，形，傾斜角度などによって変化し，一般に葉が直立するイネ科植物では吸光係数は小さく，広葉のマメ科植物などでは大きくなる．吸光係数を求めることにより，受光態勢の良否を比較することができる．

水稲では，品種改良の過程で葉身が直立化し，改良品種では個体群内への光の透過のよい個体群構造をもち，改良品種の吸光係数は旧品種に比べて小さい．図2は，多収性水稲日印交雑品種密陽23号とわが国の標準品種日本晴の個体群構造を比較したものである．日本晴に比べて密陽23号は，穂の位置は低く，個体群上層の光の透過がよい特性をもつ．これらの品種の吸光係数を比べると，両品種とも積算葉面積指数と相対照度の対数との間には負の直線関係があるが，密陽23号は日本晴に比べて積算葉面積指数の増加に伴う相対照度の低下率が小さく，直線の傾きで示される吸光係数は密陽23号が日本晴より小さい(図3)．

受光態勢 light-intercepting characteristics　植物が

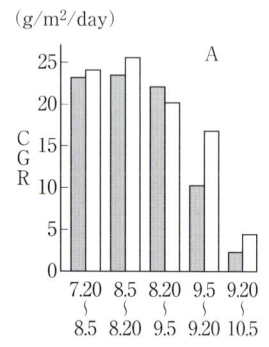

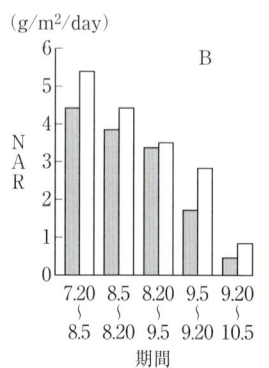

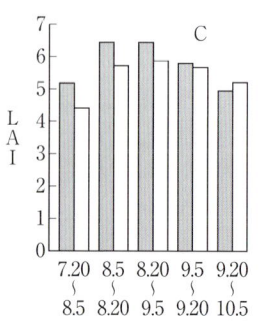

図1　成長解析の例：水稲における個体群成長速度(CGR)，純同化率(NAR)，葉面積指数(LAI)の比較（蒋ら，1988）
水稲品種アケノホシ（白棒）は日本晴（黒棒）に比べて登熟期のCGRが大きく，その要因はLAIではなくNARが高いことによる

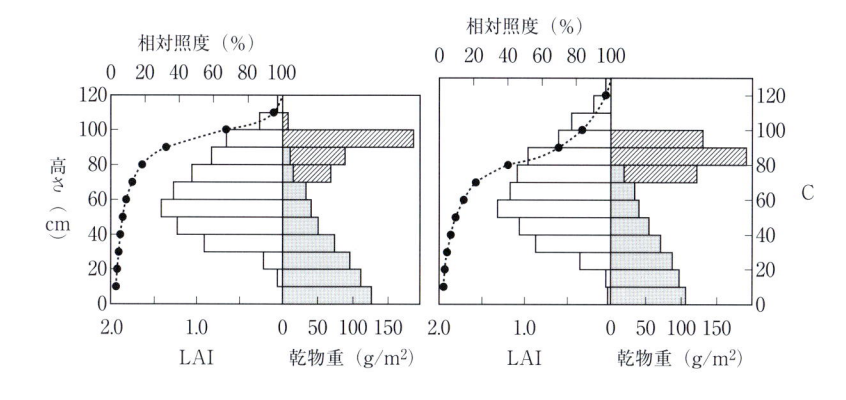

図2 登熟初期における水稲品種間の個体群構造の比較(斎藤ら,1990)

日印交雑品種密陽23号(図右)は日本晴(図左)に比べて,穂の位置が低く,葉身が直立していることにより個体群内への光の透過がよい

光を吸収するため葉や茎を配置している様子.受光態勢の良否は吸光係数が指標として用いられる.葉面積指数が拡大し,草冠が閉じたのちに受光態勢の良否が純同化率に影響し,個体群成長速度に大きく影響する.

登熟期の倒伏 lodging は,受光態勢を悪化させることにより個体群光合成速度を低下させ,乾物生産量および収量の低下をもたらす.登熟期を通じて受光態勢を維持し,乾物生産量および収量の高い品種を育成するためには,耐倒伏性の付与が不可欠となる.

受光率 light interception by canopy 個体群上部の光強度に対する個体群上部と地表面の光強度の差の割合で求める.受光率は葉面積指数の増加と密接に関係し,葉面積指数が増加するとともに受光率は増加し,最大値に達する.初期成長の良否には,いかに早く葉面積を拡大し,受光率を早く高めるかが関係する.受光率は栽植様式による影響も大きく受け,栽植密度の高い個体群では低い個体群に比べて,早期に受光率が増加する.

最適葉面積指数 optimum leaf area index 個体群成長速度,あるいは個体群光合成速度が最大値を示すときの葉面積指数をさす.個体群成長速度(あるいは個体群光合成速度)は,LAIが小さく相互遮蔽が少ない条件ではLAIの増加とともに直線的に増加する.LAIが大きくなり,受光率が最大値に達したのちも,葉面積指数が増加すると低下し,ある葉面積指数で極大となる.

限界葉面積指数 critical leaf area index 受光率が最大値近くに達し,個体群成長速度,あるいは個体群光合成速度が頭打ちとなるときの葉面積指数を限界葉面積指数という.葉面積指数が増加し受光率も直線的に増加する段階では,葉面積指数と個体群成長速度との間に密接な関係があり,この期間の乾物重は指数関数的に増加する.受光率が最大値近くになると個体群成長速度も頭打ちとなり,この期間の乾物重は直線的に増加する.限界葉面積指数に達したのちは,受光態勢や個葉光合成速度などの要因が乾物生産に大きく影響する.

相互遮蔽 mutual shading 葉面積指数が増加し,草冠が閉じてきて個体間あるいは個体内で葉と葉の重なりが著しくなり,相互に影をつくり,光競合を生じる状態.

過繁茂 overluxuriant growth 茎葉が多く茂り,最適葉面積指数を超えて葉面積指数が増加し,相互遮蔽

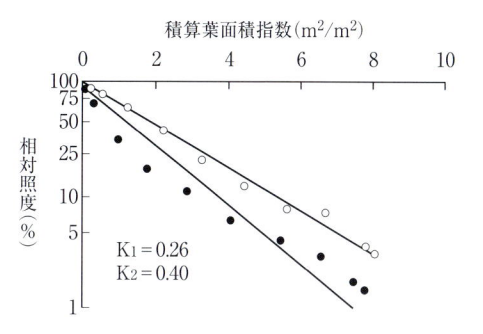

図3 水稲における個体群内の相対照度と積算葉面積指数との関係(石原,1997)

上位葉が直立する日印交雑品種密陽23号(○)は日本晴(●)に比べて,直線の傾きが小さく,吸光係数が小さい

$K_1 = 0.26$
$K_2 = 0.40$

が著しくなるような生育の状態をさす.たとえば,水稲では土壌からの窒素供給が適量を超えた場合などに,分げつの発生が多く茎葉が徒長するなどして相互遮蔽が著しくなり,受光態勢の悪化,耐倒伏性の低下などの悪影響をもたらす.

葉面積密度 leaf area density (LAD) 個体群内の単位体積の空間内に存在する葉の片面の表面積を葉面積密度(LAD)という.葉面積指数から次式により表わされる.ここで,hは草高,あるいは葉面積の存在する空間の高さである.

$$LAD = LAI/h$$

ガス拡散 gas diffusion 気体分子の物理的な拡散をさし,個体群では一般に,光合成や蒸発散に関与する個体群上から個体群内へのCO_2の拡散,あるいは個体群内からの水蒸気の拡散を示す.個体群内のCO_2濃度は光合成の盛んな日中に減少し,ガス拡散の良否は個体群光合成速度に大きく影響を与える.ガス拡散に関与する植物の要因として,個体群内の葉面積密度が密接に関係する.たとえば,水稲長稈品種台農67号は日本晴に比べて草高が高くなる登熟期には,個体群の葉面積密度が小さくなり,葉面積指数がほぼ同じでも日中の個体群内のCO_2濃度は高く維持される.このように,受光態勢以外にもガス拡散の良否は,個体群光合成速度に大きく影響する要因となる.

(大川泰一郎)

同化産物の転流と蓄積(1)
代謝とシンク・ソース関係

　成熟葉の光合成によって生成した同化産物は，根，未成熟葉，子実・果実などへと転流され利用・蓄積される．このとき，同化産物を供給する器官のことをソース source，受容し利用・貯蔵する器官をシンク sink とよび，この両者の関係をシンク・ソース関係 sink-source relationship という．作物における光合成炭酸同化産物の最も一般的な転流形態はショ糖であるため，ソースにおけるショ糖の合成，転流，シンクにおけるショ糖の代謝（利用）はシンク・ソース関係の生理生化学的側面として重要である．

ソースでのショ糖の合成

　ショ糖合成は細胞質で行なわれる．成熟葉（ソース）の葉緑体において，カルビン・ベンソン回路で生じた三炭糖リン酸（ジヒドロキシアセトンリン酸とグリセルアルデヒド 3-リン酸）は，葉緑体包膜の三炭糖リン酸トランスロケーターによって細胞質へと輸送される．

　三炭糖リン酸はフルクトース 1,6-二リン酸（F1,6BP）に変換されたのち，細胞質型 FBPase（フルクトース 1,6 - ビスホスファターゼ fructose 1,6-bisphosphatase）により脱リン酸化されてフルクトース 6-リン酸（F6P）を生じる．さらにF6Pの一部はグルコース 6-リン酸，グルコース 1-リン酸を経てUDP-グルコースへと変化し，UDP-グルコースとF6Pからスクロースリン酸シンターゼ sucrose phosphate synthase (SPS) の働きでショ糖リン酸を生じる．最後にショ糖リン酸がスクロースホスファターゼによって脱リン酸化されてショ糖が生成される．この経路では細胞質型FBPaseとSPSがキーエンザイムとして重要であり，この2つの酵素が様々な発現調節あるいは活性調節を受けることによってショ糖合成がコントロールされる．

　なお，日中葉緑体には一部の光合成産物がデンプンとして蓄積される．このデンプンが夜間に分解されてショ糖に変換される場合には，デンプン分解で生じたマルトースおよびグルコースが細胞質に輸送され，グルコースリン酸となったのちに上述経路をたどってショ糖となると考えられている．

ショ糖の転流・代謝とシンク

　ソース葉の光合成細胞で合成されたショ糖は，維管束篩部の篩管へ輸送（ローディング）されたのち，篩管を通ってシンクへと転流される．この篩部輸送においては，原形質膜のショ糖トランスポーターが篩管へのショ糖の濃縮，および篩管内の物質輸送に重要な役割を果たしている．

　シンクにおいて篩管から維管束外へ輸送（アンローディング）されたショ糖は，インベルターゼ invertase またはスクロースシンターゼ sucrose synthase によって分解されたのち，シンク組織の成長・維持，または貯蔵物質の合成に利用される．インベルターゼはショ糖をフルクトースとグルコースに加水分解する反応を触媒する酵素で，高等植物では細胞質に中性インベルターゼ（至適pH = 7.0〜7.8），液胞と細胞壁に酸性インベルターゼ（至適pH = 4.5〜5.0）があるが，シンク組織における篩管からのショ糖の輸送経路では細胞壁型インベルターゼが特に重要な役割を果たしている．

　また，スクロースシンターゼは細胞質に存在し，ショ糖とUDPからUDP-グルコースとフルクトースを生じる．この酵素の活性はシンク器官で高く，デンプンの合成活性と高い相関を示すことが多い．またUDP-グルコースは細胞壁合成にも利用される．

シンク・ソース相互作用

　シンク器官とソース器官が同化産物を利用あるいは供給する能力をそれぞれシンク能，ソース能とよび，それぞれの容量と生理活性の積によって表わされる．これらは独立ではなく互いに影響を及ぼしあう関係にあり，これをシンク・ソース相互作用という．

　穂や果実を切除したり，一部の葉を被陰したり切除したりすることでシンクとソースのバランスを変化させると，葉の光合成速度も変化する例が多く知られている．一般的には，シンク除去などでシンク能を相対的に小さくすると葉の光合成は抑制され，逆に葉の一部除去などでシンク能を相対的に大きくすると残された葉の光合成は増大する．

　これらの変化には，シンクにおける光合成産物の消費に影響されるソース葉中の糖濃度の変化による光合成関連遺伝子の発現調節や，糖代謝中間産物などによる酵素活性の制御など複数の要因が関与すると考えられている．

　また，長期間にわたって高CO_2環境におかれた植物では，光合成が抑制される例がしばしば報告されているが，ジャガイモやダイコンのように大きなシンク能をもつ植物では光合成の抑制はみられず，シンクが著しく肥大することも知られている．さらに，ソース葉のみを高CO_2環境にさらすと未展開のシンク葉の気孔密度が減少する例も報告されている．

　このような器官形成も含めたシンク・ソース相互作用のメカニズムはいまだ不明であるが，炭水化物や植物ホルモンによるシグナリングが関与している可能性が考えられる．

シンク・ソース関係と作物の生産性

　作物の生産性をシンク・ソース関係で考えると，通常，シンクとなる茎，根，子実・果実などが同時に多数存在する．したがって，異なるシンクが限られた光合成産物を奪いあっており，結果的に同化産物が様々な割合で

多数のシンクに分配される．シンクの成長は乾物重の増加として考えられることから，異なるシンク間での同化産物の分配割合は乾物分配率 dry-matter partitioning ratio としてとらえられる．

この乾物分配率は，作物の生育ステージや環境要因などにより変化する．たとえば生育初期の植物では同化産物のほとんどが新しい葉や根をつくるために使われるが，生育が進むと子実，果実，塊茎などへの分配が増大する．加えて，作物種によっては，葉柄や茎が一時的なシンクとして機能しており，生育途中でシンクからソースに転移するため，これらの組織への乾物分配率は一時的に増加したのち減少する．また，多くの植物は高窒素条件で栽培すると茎葉への炭水化物分配が高まることが広く知られている．

このように，シンク・ソース関係は多様かつ複雑であり，作物の生産性を同化産物の分配比率を指標にして解析・評価する際には，シンク・ソース関係を明確にしながら検討する必要がある．

たとえば，イネ科穀類の物質生産や収量をシンク・ソースという関係で考えるときには，シンクは穂につく頴果であり，貯蔵物質を供給するソースは2つある．1つは出穂前に一時的に炭水化物・タンパク質を蓄えた茎葉（主に稈・葉鞘）であり，これを出穂前蓄積分 pre-heading reserved assimilates という．もう1つは出穂後の光合成産物を供給する成熟葉（ムギ類では内外頴や芒も含む）であり，これを出穂後同化分 post-heading photosynthates という．

また，ソース能およびシンク能についてサイズ（容量）と生理的活性の両面から検討すると，ソースのサイズ（ソース容量 source capacity）は出穂期の茎葉乾物重や葉面積指数で表わされるが，生理的活性（ソース活性 source activity）については個体群光合成速度，個体群の構造（葉の傾斜角度，吸光係数など），光合成にかかわる酵素活性などを考慮する必要がある．一方，シンクのサイズ（シンク容量 sink capacity）は穂の籾数と大きさで表わされるが，生理的活性（シンク活性 sink activity）については，その実体がまだ明らかにされておらず，転流物質（ショ糖）のアンローディング，呼吸による消費，貯蔵物質（デンプン）の合成といった同化産物の輸送と代謝にかかわる酵素活性などの面から評価される場合が多い．

このようにシンクとソースの生理的活性には，光合成による炭酸固定，ショ糖の転流・代謝，デンプン合成といった代謝過程が関係するため，シンクとソースという概念によって乾物生産および収量形成過程と代謝過程を結びつけることができる．

シンクとソースからみた収量形成過程

このようなシンクとソースによる収量形成過程の考え方は村田（Murata, 1969）によって先駆的に示された．彼は収量構成要素という形態的解析手法と物質生産の概念を関連づけるものとして，次式による考え方を提示した．

収量＝収量キャパシティ×収量内容生産量

ここで，収量キャパシティ yield capacity は収量の入れ物の容量を意味し，イネの場合は単位面積当たりの総籾数と籾（内外頴）の大きさの積と考える．一方，収量内容生産量 yield contents productivity は，収量形成に直接かかわる登熟期の光合成による乾物生産量と出穂・開花期までに稈・葉鞘に一時的に蓄えられ，出穂後に籾に転流・蓄積される物質量の和と考える．

村田によれば，収量キャパシティは出穂1週間前には決定されるのに対し，収量内容生産量は出穂3週間前から出穂後4週間で決定される．この2つの要因を用いることで，収量形成過程を入れ物の形成時期と内容物の充実時期に分けて検討することが可能となる．

村田の提案した収量キャパシティは，シンク能（この場合はシンクの生理的活性を含まないのでシンクサイズ）とみることができる．また，収量内容生産量は主に光合成産物を供給するソース能を反映しているが，一部シンクの生理的活性もかかわっていると考えられる．

収穫指数による収量のとらえ方

また，収穫部位の異なる作物の間で比較するための一つの指標として，作物の生育を乾物重の増加としてとらえ，収穫器官における乾物生産量，すなわち，同化産物の蓄積量をシンク・ソース相互作用による乾物分配率の違いと結びつけて収量を考える方法がある．

この方法では，植物体全体の乾物生産量を生物学的収量，また，収穫部分の乾物生産量を経済学的収量とし，生物学的収量のうち，どれだけの配分比率で経済学的収量が決定されるかを解析する．この配分比率を収穫指数 harvest index といい，3者の関係は次式で示される．

経済学的収量＝生物学的収量×収穫指数

生物学的収量と収穫指数による収量評価は，光合成による物質生産の所産である乾物重を基礎にしている点で合理的であり，また，異なる作物同士での比較が可能である．

しかし，収穫指数という概念は実体のない単なる指数であるため，この方法を活用するためには収穫指数の決定にかかわる生理的過程を明らかにする必要がある．その際には，ソースからシンクへの同化産物の移動という考え方が有効である．

（青木直大・大杉 立）

同化産物の転流と蓄積(2)
転流・輸送

転流と通導組織

植物体において，ある器官（組織）から他の器官（組織）に同化産物や栄養塩類などが輸送されることを転流 translocation と呼ぶ．通常は通導組織を介した離れた器官間の物質輸送（長距離輸送）を指すが，隣接する，もしくは近傍の組織（細胞）間の，おもに原形質連絡による物質移動（短距離輸送）も含まれる．

高等植物の長距離輸送における通導組織は維管束とよばれ，葉の先端から茎を経て根系の末端や果実・子実まで，その途中で分枝や合流を繰り返しながらパイプのように連続してつながっている．維管束は篩部と木部に別れており，長距離輸送は篩部輸送と木部輸送に大別される．炭水化物やアミノ酸といった同化産物の転流はもっぱら篩部 phloem の篩管 sieve tube で行なわれるのに対し，栄養塩類の転流は両者で，特に根から吸収されたリン酸，アンモニウムなどの無機塩類の地上部への転流は木部 xylem の導管 vessel で行なわれる（維管束の形態については形態分野「維管束」の項を参照）．

同化産物の転流は篩部輸送であるため，ソース器官の葉肉細胞で光合成によって合成された同化産物は近傍の維管束篩部の篩管に入る．この過程をローディング loading または篩部ローディング phloem loading という．

篩管は篩要素とよばれる核などの原形質オルガネラをほとんど含まない細胞が縦に連なって形成されており，転流物質が移動するパイプとして機能する．また，篩要素に隣接する伴細胞は原形質に富み，とくに多数のミトコンドリアが存在する．伴細胞と篩要素との間は多数の原形質連絡でつながっており，これらの特徴から伴細胞は，輸送の場として特殊化している篩要素に様々な物質やエネルギーを供給する役割を果たしている．こうした両細胞の密接な関わりから，篩要素と伴細胞とをあわせて篩要素／伴細胞複合体 sieve element/companion cell complex (SE/CCC) とよぶことがある．

シンプラスティックローディングとアポプラスティックローディング

成熟葉の篩管（篩要素）は一般に伴細胞以外の細胞との間に原形質連絡をもたないが，伴細胞と（篩要素以外の）その周辺の細胞との間の原形質連絡の密度は植物種によって大きく異なる．ウリ科やシソ科などでは伴細胞と周辺の柔細胞とは多数の原形質連絡で結ばれており，このような篩部の構造をタイプ1という．これに対してナス科やキク科などでは，両細胞間に原形質連絡がほとんどあるいはまったくなく，これをタイプ2とよぶ（両者の中間的なタイプ1-2も存在する）．

ローディングにおいて，タイプ1の篩部構造をもつ葉では光合成産物が原形質連絡を通ってSE/CCCまで移動すると考えられ，実際にシンプラスト（原形質）経由で篩管に入るローディング symplastic phloem loading 経路が確かめられている．一方，タイプ2の葉ではシンプラスト経由でSE/CCCに入ることは困難あるいは不可能であり，最低一度はアポプラスト（細胞間隙）を経てSE/CCCに取り込まれるローディング apoplastic phloem loading 経路であると推測できる．また，タイプ2の葉では，伴細胞が複雑に陥入した細胞壁をもつ転送細胞 transfer cell の形態を有する場合がある．転送細胞では，原形質膜の表面積が飛躍的に増大するため，アポプラストからの同化産物の取り込み，すなわちローディングが効率よく行なわれると考えられる．

糖の転流形態とローディングのタイプ

最も一般的な糖の転流形態はショ糖（二糖）で，多くの植物では篩管液 phloem sap に含まれる糖はほぼショ糖のみである．しかし，一部の植物ではショ糖よりもラフィノース raffinose やスタキオース stachyose などのオリゴ糖をより高濃度で含んでおり，これらオリゴ糖も転流糖として機能している（最近，ケシ科やキンポウゲ科の植物は単糖を主な転流糖とする可能性が示唆された）．またセリ科やバラ科の植物はショ糖に加えてマンニトール mannitol やソルビトール sorbitol などの糖アルコールを転流することが知られている．

興味深いことに，オリゴ糖転流型植物の葉の篩部形態を調べると，例外なく前述のタイプ1，すなわちシンプラスティックローディングを行なっている構造をもつ．一方，タイプ2，すなわちアポプラスティックローディングの篩部形態をもつ植物は，調べられた限りではすべてショ糖転流型であり，また糖アルコール転流型の植物の篩部形態はタイプ1-2のものが多い．こうした転流糖の種類と篩部形態との関連は，転流機能の進化を考えるうえできわめて興味深い．

一般に，これらの転流糖類の篩管内での濃度は非常に高く，特にショ糖転流型の植物では篩管液中のショ糖濃度が1モルを上回ることもある．このような篩管での高度な糖の集積は，明らかに濃度勾配に逆らって起こっており，実際，SE/CCCでの転流糖に特異的な濃縮機構の分子的実体が近年急速に解明されつつある．

能動輸送とトランスポーター遺伝子

光合成産物のアポプラスティックローディングにおいて，ショ糖を濃度勾配に逆らって篩管に取り込む能動輸送 active transport にSE/CCCにある膜タンパク質が関与していることは古くから指摘されていたが，植物分子生物学の急速な進歩により，1992年にドイツのRiesmeierらによってホウレンソウの緑葉からショ糖トランスポーターの遺伝子が世界で初めて同定・単離された．この発見を契機に高等植物における同化産物（ショ糖）転流の分子機構に関する理解は急速に進み，現在ま

でにジャガイモ，ダイズ，イネ，コムギ，トウモロコシなどの主要作物を含む約40種の植物からショ糖トランスポーターの遺伝子が単離されている．さらに，セロリやナシなどの糖アルコール転流型植物からは，糖アルコールトランスポーターの遺伝子が同定・単離されている．

塩基配列から予想されるアミノ酸配列の構造解析により，高等植物のショ糖トランスポーターや糖アルコールトランスポーターは，原核および真核生物の輸送体に広く認められるMajor Facilitator Superfamily (MFS) と呼ばれるタンパク質群に属し，分子量50〜60kDa程度の非常に疎水的なタンパク質で，N-，C-両末端を細胞質側にした12回膜貫通構造をとると推定されている．これらのトランスポーターは，一般的に，細胞外（アポプラスト）のショ糖または糖アルコールをプロトン（H^+）との共輸送によって細胞内に取り込む担体である．SE/CCCにおいては，H^+-ATPaseの働きによって維持される原形質膜内外のプロトン濃度勾配（外側のpHが低い）を使ってショ糖や糖アルコールを能動的に取り込み，篩管内に濃縮する機構として働いている．

いくつかの植物種においては，これらのトランスポーターがSE/CCCの原形質膜上に発現していることや，光合成産物のローディングにおいて重要な役割を果たしていることが，実験的に示されている．なお，アポプラスティックローディング経路では，光合成産物であるショ糖が篩部内でアポプラストに放出される必要がある．しかしながら，ショ糖を細胞（おそらく篩部柔細胞）から放出する機構については，いまだに解明されていない．

糖濃縮機構とシンプラスティックローディング

カボチャなどのウリ科の植物は，篩管液中に転流糖としてラフィノースなどのオリゴ糖を含んでおり，タイプ1の篩部構造をもち，シンプラスティックな経路により光合成産物が篩管にローディングされる．これらの植物では，ポリマートラップとよばれる機構によって同化産物が篩管内に濃縮されると考えられている．

この説によれば，原形質連絡を通じて葉肉細胞から伴細胞まで拡散してきたショ糖は，伴細胞においてガラクトース残基が付加され，ラフィノース（三糖）やスタキオース（四糖）などのオリゴ糖に変換される．これらのオリゴ糖類は，伴細胞から篩管への原形質連絡は通過できるが，伴細胞と葉肉細胞間の原形質連絡は通過できない．結果として，葉肉細胞とSE/CCCとの間のショ糖の濃度勾配は保たれ，オリゴ糖は篩管液中に濃縮され転流糖になる．この説は現在のところ広く受け入れられているが，なぜオリゴ糖の通過に関して細胞間で選択性があるのかを検証すべき点がいまだに残っている．

上で述べたようなローディングにおける転流糖に特異的な濃縮機構の存在は，篩管を通したソースからシンクへの物質の長距離輸送機構に関してMunchが1930年に提唱した圧流説 pressure flow modelを支持している．このモデルによると，ソース組織では篩管に糖が高濃度に蓄積し，さらにシンク組織では転流糖を活発に消費することによってソース・シンク間で篩管内の浸透圧に勾配が生じ，この勾配に沿って生じる水の流れによって糖やアミノ酸などの同化産物がソースからシンクへと運ばれる．

アンローディングと篩部後の輸送

ローディングとは逆に，シンク器官において転流されてきた同化産物が篩部の外に出ることをアンローディング unloading，または篩部アンローディング phloem unloadingという．ローディングの場合と同様に，篩部アンローディングにもシンプラスト経由とアポプラスト経由の2つが考えられるが，現在までのところ多くのシンク器官においてSE/CCCと周辺の柔細胞の間には原形質連絡が多数存在し，また蛍光色素の移動パターンの解析結果などからもシンプラスティックな経路が一般的であると考えられている．

さらに，篩部から出た光合成産物はシンク器官内で実際に利用・貯蔵される組織や細胞に到達するまで移動する必要があるが，この移動過程を篩部後の輸送 post-phloem transportとよび，篩部アンローディングとは区別する．

この篩部後の輸送ではシンプラスト経由だけではなく，アポプラスティックな輸送も重要である．たとえば，花粉や種子などでは世代が異なる親側組織と子側組織の間に原形質連絡がなく，シンプラスティックな連続性がないため，同化産物は親側組織からいったんアポプラストに放出され，その後子側組織によって取り込まれる．

このような場合，アポプラストに放出されたショ糖を子側組織へ取り込む経路には2種類あることが知られている．一つは，アポプラストに存在する細胞壁型インベルターゼによって単糖（グルコースとフルクトース）に分解された後，単糖トランスポーター monosaccharide transporterによって取り込まれる経路で，もう一つは，ショ糖トランスポーターによってショ糖の形で取り込まれる経路である．これらのトランスポーターは子側組織の原形質膜に存在し，単糖またはショ糖をプロトンとの共輸送で細胞内に取り込む．また，これら子側組織の細胞はしばしば転送細胞化している場合がある．

現在までの研究によって，種子における2つのアポプラスティック経路は，それぞれが種子の発達段階のある時期にのみ働いていることが明らかになっている．たとえばソラマメの種子では，種子の発達初期すなわち胚発生期には単糖トランスポーター系のみが働き，その後デンプン蓄積期になると代わりにショ糖トランスポーター系が働く．このような2つの輸送系の切り換わりはイネやオオムギ種子の発達・登熟過程でも見られるため，マメ科植物とイネ科植物で共通の機構であると考えられている．

（廣瀬竜郎・青木直大）

同化産物の転流と蓄積(3)
貯蔵

植物体の成分

シンク器官に転流された同化産物はエネルギー代謝や器官形成に利用されるほか，種々の貯蔵物質の合成・蓄積のために用いられる．それらの貯蔵物質は，その成分から貯蔵炭水化物 reserve carbohydrate，貯蔵タンパク質 reserve protein および貯蔵脂質に大別される．本項では，このうち同化産物の転流と関連が深い貯蔵炭水化物について解説する（貯蔵物質については形態分野「デンプン・糖類の貯蔵」，および「タンパク質・脂質の貯蔵」の項も参照のこと）．

炭水化物 carbohydrate（糖質）は $C_n(H_2O)_m$ の一般式をもつ化合物にポリアルコールとそのアルデヒド，ケトン，酸およびそれらの誘導体，縮合体を含めた総称である．いずれも植物の光合成により固定された炭素を骨格に形成され，ひろく生物の代謝基質，骨格物質，貯蔵物質などとして機能している．そのうち最も基本的な単糖は，それを構成する炭素の数により五単糖（ペントース），六単糖（ヘキソース）などに分類され，さらにそれら単糖の重合度によって二糖，オリゴ糖，多糖に分類される．

植物の成分としての炭水化物は，セルロースなどの細胞壁の構成成分として植物体の構造にかかわる構造性炭水化物と，それ以外の非構造性炭水化物 non-structural carbohydrate に大別される．一般に貯蔵炭水化物として扱われるのは非構造性炭水化物であり，具体的には単糖・ショ糖（サトウキビ，テンサイおよび多くの果実など），デンプン starch（穀類，イモ類など），フルクタン（キクイモ，ムギ類の茎葉部など），マンナン（コンニャクなど）が挙げられる．

デンプン

作物学の立場からみると，貯蔵炭水化物のなかでもデンプンがとりわけ重要である．OECDの統計によれば，人類が食品から摂取するエネルギーの半分程度を穀類に依存している．穀類の主要な貯蔵炭水化物がデンプンであることから，デンプンは食品成分的にみた人類の主食として重要な意味をもっている．

・デンプンの構造と性質

構造 デンプンは α-D-グルコースがグリコシド結合によって多数重合してできた多糖で，アミロース amylose とアミロペクチン amylopectin という分子構造が異なる2種類の多糖の混合物である．アミロースはグルコースどうしが α-1,4結合によって直鎖状に長く重合した構造である．これに対して，アミロペクチンは直鎖部分のところどころに α-1,6結合による枝分かれがあり，全体として多くの枝をもつ熊手のような構造をとる．このうちデンプンの主要成分はアミロペクチンであり，アミロースは15〜30％程度にとどまる．日本の粳（うるち）米の場合，アミロース含量は17〜23％程度である．なお，糯（もち）米はアミロース合成にあずかる酵素遺伝子の変異のために，アミロースをまったく含まない．

性質 高等植物ではデンプンはプラスチド（アミロプラストや葉緑体）で合成され，デンプン粒 starch grain として存在する．ソース葉の葉緑体で合成・蓄積されるデンプンを同化デンプンと呼んで，貯蔵器官のデンプン（貯蔵デンプン storage starch）と区別することがある．両デンプンは構造上の特徴に違いがあり，貯蔵デンプンは同化デンプンよりも規則性の高い結晶構造を有している．このことには，同化デンプンが同化産物の一時的な貯蔵形態であるのに対して，貯蔵デンプンは同化産物をより長期的，安定的に貯蔵するためのものであることに関連していると思われる．

貯蔵デンプンは植物の様々な器官に蓄積・貯蔵されるが，大きく分けて子実（穀類，マメ類など）や幹（サゴヤシなど）の地上部に蓄積するものと，塊茎（ジャガイモなど）や塊根（サツマイモ，キャッサバなど）などの地下部に蓄積するものがある．これらのデンプンの粒子の大きさや形状，糊化温度などの特性は植物の種類によって異なる．これは，それぞれのデンプンを構成するアミロペクチンの分子構造や結晶構造の違いを反映していると考えられている．

・デンプンの合成経路

高等植物におけるデンプン合成経路とそこで働く酵素については，1990年代までに概ねその全貌が明らかになった（図1）．それによると，デンプン合成の核心部は4段階の酵素反応による．すなわち，1) ADPグルコースピロホスホリラーゼ ADP-glucose pyrophosphorylase による基質（ADP-グルコース）の合成，2) デンプン合成酵素 starch synthase による糖鎖の伸長，3) グルカン分枝酵素によるアミロペクチン分子の枝分かれの付加，4) グルカン脱分枝酵素による枝の整形，である．

ADPグルコースピロホスホリラーゼ（AGPase） 本酵素は以下のような反応を触媒し，デンプン合成の基質であるADP-グルコースをつくる働きをする．

  グルコース 1-リン酸 + ATP ⇌ ADP-グルコース + ピロリン酸

この反応そのものは可逆的であるが，植物体内ではADP-グルコース合成側に大きく傾いている．本酵素は大小2種類のサブユニットそれぞれ2個ずつからなるヘテロ四量体を形成している．また本酵素はアロステリックな活性調節を受けており，3-ホスホグリセリン酸により活性化され，無機リン酸により阻害される．一般に，本酵素はプラスチドに局在するが，穀類の胚乳では例外的に細胞質（全活性の80〜95％）とプラスチド（同5〜20％）の両方に存在する．なお，トウモロコシの本酵素遺伝子の機能欠損変異（*shrunken-2* および *brittle-2*）は，粒中のデンプンの減少と糖含量の増加をもたらすため，

スイートコーンの育種に広く利用されている.

デンプン合成酵素　本酵素は, ADP-グルコースのグルコース残基を既存のポリグルカンの非還元末端に転移し, 糖鎖の伸長を行なう. 本酵素はスターチシンターゼとも呼ばれ, デンプン粒に強固に結合したデンプン粒結合性スターチシンターゼ granule-bound starch synthase (GBSS)と可溶性スターチシンターゼ soluble starch synthase (SS)とに分けられる.

GBSSはアミロース合成にあずかり, その機能を欠失すると糯性となる. 一方, SSはアミロペクチン合成に関与し, 多くの植物で分子量や構造が異なる4種類のアイソフォーム(SSI, SSII, SSIII, SSIV)の存在が知られている. それぞれのアイソフォームは反応特性が微妙に異なり, また植物種によって各アイソフォームの存在割合が異なる. たとえばイネ胚乳のSSは大部分がSSIであるが, ジャガイモではSSIIIがこれに代わる. こうしたSSアイソフォームの反応性や存在割合の差異が, アミロース分子の鎖長分布などの特性に反映されると考えられている. たとえばインディカ米とジャポニカ米ではデンプンの性質(アルカリ崩壊性)が異なるが, これはジャポニカでは胚乳で働くSSIIの活性がインディカに比べて低いことに起因する.

なお, SSは可溶性の酵素とされているが, 実際には一部がデンプン粒に結合していることがわかってきた.

グルカン分枝酵素(BE)　枝づくり酵素, ブランチングエンザイムとも呼ばれ, アミロペクチンの枝分かれであるα-1,6-グルコシド結合をつくる働きをする. これにより, アミロペクチン分子の基本構造がつくられるとともに, 非還元末端の数を増やし, 結果的にデンプン合成が促進される. 高等植物にはBEIとBEIIの二つのアイソフォームが知られている. なお, メンデルが注目したエンドウマメの皺型(*rugosus*)はBEII遺伝子の機能欠損変異が原因である.

この変異体(*rugosus*)の種子では, アミロース含量の増加とアミロペクチン含量の低下がおきるが, 同時にデンプン全体の含量も低下し, その一方で可溶性糖類や脂質の含量は増加する. その結果, 発達中の種子は多くの水を吸収するが, 成熟時に乾燥が進むと種子の収縮が顕著となり, 結果的に皺を生じる.

グルカン脱分枝酵素(DBE)　枝切り酵素, デブランチングエンザイムとも呼ばれ, BEとは逆にアミロペクチン分子の枝分かれ(α-1,6結合)を加水分解する. 基質特異性の違いによりイソアミラーゼ型とプルラナーゼ型に分類される. DBEはデンプン分解ばかりでなくデンプン合成の際に, アミロペクチンの分枝構造を整える(トリミング)働きをもっている. トウモロコシやイネで本酵素(イソアミラーゼ型)の遺伝子が欠損すると*sugary*とよぶ変異が生じ, 正常なアミロペクチンが合成されず, フィトグリコゲンとよばれるランダムな枝分かれをもつポリグルカンが蓄積される.

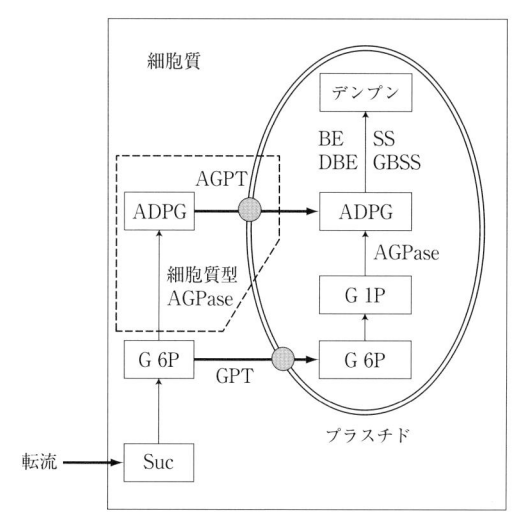

図1　デンプン合成経路の概要

ショ糖(Suc)として転流された光合成産物はグルコース6-リン酸(G 6P)に変換され, グルコース6-リン酸トランスロケーター(GPT)によってプラスチド内に運ばれる. ここでグルコース1-リン酸(G 1P)を経てADPグルコースピロホスホリラーゼ(AGPase)によりADP-グルコース(ADPG)となる. このADPGのグルコース残基はスターチシンターゼ(SSおよびGBSS)によってデンプン分子の糖鎖に付加される. このときアミロペクチン分子ではブランチングエンザイム(BE)による分枝の付加とデブランチングエンザイム(DBE)による枝切り・整形が行なわれる. なお, 穀類の胚乳では, 細胞質にもAGPaseが存在し, ここでつくられたADPGがトランスロケーター(AGPT)によってプラスチドに運ばれる経路(破線内)も併存している

基質の輸送　以上の4つの酵素とともに重要なのがデンプン合成の場であるプラスチド内への基質の輸送である. デンプンを蓄積するシンク細胞のプラスチドへの光合成産物の輸送形態は, かつてはトリオースリン酸であると考えられていたが, 最近の研究によりグルコース6-リン酸による取込みが一般的であることがわかってきた. このグルコース6-リン酸を細胞質からプラスチドに輸送するのがグルコース6-リン酸トランスロケーターである. 取り込まれたグルコース6-リン酸は, グルコース1-リン酸に変換されてAGPaseの基質となる.

また, 前述のように穀類の胚乳組織では, AGPaseが細胞質にも存在し, ADP-グルコースはプラスチド内だけでなく細胞質でも合成される. このADP-グルコースはADP-グルコーストランスロケーターによりプラスチドに取り込まれる. トウモロコシの*brittle-1*やオオムギの*lys5*は, この輸送体遺伝子の欠損変異体であり, ともに胚乳のデンプン含量の低下を引き起こす.

なお, 穀類のADP-グルコーストランスロケーターと相同なタンパク質は他の植物にも存在するが, 最近アラビドプシスで調べられた限りでは, 同タンパク質はプラスチドにおいてヌクレオチドの輸送体として機能し, ADP-グルコースは輸送しないらしい.

(廣瀬竜郎)

呼 吸

呼吸の役割

呼吸 respiration は，植物が光合成によって固定した光合成産物を，O_2を消費してCO_2とH_2Oに分解し，エネルギーを取り出す過程であり，そのエネルギーは植物体のほとんどの代謝過程に使われる．明条件下の葉で行なわれる光呼吸もO_2を消費してCO_2を放出するが，呼吸は光呼吸と区別して，暗呼吸 dark respiration とも呼ばれる．

1970年にMcCreeは呼吸により生成されたエネルギーの用途によって，呼吸を2つに分け，植物体が新たにその構成成分をつくるために必要な呼吸を成長呼吸 growth respiration，現存する植物体の維持のために必要な呼吸を維持呼吸 maintenance respiration とすることを提唱した．成長呼吸は植物体の総光合成量に比例する．また，成長呼吸は新たに生成される構成成分の種類によって変わり，脂質やタンパクを生成する場合には高く，有機酸や炭水化物を生成する場合には低い．一方，維持呼吸は植物組織内のイオンや代謝産物の濃度勾配の維持や，タンパク質のターンオーバーに必要な呼吸であり，植物体現存量に比例し，特にタンパク含量が高いと大きくなる．

一般に，植物体全体の総呼吸量は成長に伴う現存量の増加とともに大きくなるが，単位重量当たりの呼吸速度は成長とともに低下する．また，形成中の器官の呼吸速度は成長呼吸速度が高いために高く，成熟に伴って低下する．総呼吸量に占める成長呼吸量と維持呼吸量の割合は成長とともに変化し，栄養成長期には成長呼吸量の割合が高く，生殖成長期にはいると維持呼吸量の割合が高くなる．これは生殖成長期には新たな器官形成は行なわれないにもかかわらず，植物体の現存量が大きくなるためである．

現在では，成長呼吸と維持呼吸に加えて，さらに根による養分吸収に要する呼吸を分け，生成されるエネルギーの用途の異なる3つの呼吸について，成長過程に基づいた研究が行なわれている．

呼吸と環境条件

呼吸速度は温度条件によって大きな影響を受けることが知られており，通常の温度範囲では概ね10℃の温度上昇で2倍になる．これを，Q_{10}は2であるという．また，前述した成長呼吸が総光合成量に比例することから，明期の光強度が高いかあるいは大気中のCO_2濃度が高いと，引き続く暗期の呼吸速度は高くなる．しかし，高CO_2濃度下で成長した植物体では呼吸速度が低下するという報告が多く，そのメカニズムについてはさらに検討を要する．乾燥条件においては成長が抑制されるため，呼吸速度は低下するが，乾燥が厳しくなると上昇するという報告もある．

呼吸経路

呼吸経路は大きく分けて，二つの過程からなっている（図1）．一つは，糖などの植物体内成分の酸化的分解によって電子供与体であるNADH（ニコチン酸アミドアデニンジヌクレオチド nicotinamide adenine dinucleotide の還元型）を生成する過程であり，これは解糖系 glycolysis と，クエン酸回路 citric acid cycle（トリカルボン酸回路（TCA回路）tricarboxylic acid cycle, クレブス回路 Krebs cycle ともいう）とからなっている．もう一つは，生成されたNADHとO_2を用いて高エネルギー化合物であるアデノシン-5'-三リン酸 adenosine triphosphate (ATP) を生成する電子伝達系 electron transport system (chain) である．

解糖系は細胞質に存在し，嫌気条件下でも進行する．その主経路は，10段階の酵素反応を経てグルコースをピルビン酸にまで分解するエムデン－マイエルホーフ－パルナス経路（EMP経路，EM経路）Embden-Meyerhof-Parnas pathway である．EMP経路により，グルコース1分子からNADH1分子とATP2分子が生成される．嫌気条件下では，さらにピルビン酸からアセトアルデヒドを経てエチルアルコールが生成されるか，あるいはピルビン酸から乳酸が生成される．これは微生物による糖からアルコールを生成する過程（アルコール発酵 alcohol fermentation）や乳酸を生成する過程（乳酸発酵 lactic acid fermentation）と同じ経路であり，後者についてはほとんどの動物組織も同じ経路を持つ．このアルコールあるいは乳酸生成過程でNADH1分子が消費されるため，最終的には嫌気条件下で解糖系によって1分子のグルコースから2分子のATPが生成される．これを嫌気呼吸 anaerobic respiration と呼ぶ．

解糖系には，ペントースリン酸経路 pentose phosphate cycle という側路がある．この経路ではグルコース6-リン酸からグリセルアルデヒド3-リン酸が生成される過程でNADPH（ニコチン酸アミドアデニンジヌクレオチドリン酸 nicotinamide adenine dinucleotide phosphate の還元型）2分子が生成される．

一方，好気条件下では，解糖系で生成されたピルビン酸はミトコンドリア内に入ってアセチルCoAとなり，アセチルCoAとオキサロ酢酸からクエン酸が生成される．その後クエン酸回路によって順次代謝され，これらの過程で合わせて$CO_2$2分子，NADH4分子，FADH1分子，GTP1分子が生成される．

解糖系およびクエン酸回路によって生成されたNADHおよびFADHはミトコンドリア内膜に存在する電子伝達系に電子を供与し，通常はシトクロム経路（チトクロム経路）cytochrome pathway と呼ばれる酵素群を経由して最終的にO_2を還元してH_2Oを生成する．この

過程で，ミトコンドリア内膜の外膜側にH$^+$が送られ，マトリクス側との間にH$^+$の勾配ができる．このH$^+$の駆動力を利用してATP合成酵素によりアデノシン-5'-二リン酸 adenosine diphosphate (ADP)と無機リン酸からATPを生成する．この過程を酸化的リン酸化 oxidative phosphorylationという．生成したATPは細胞質へ送られ，種々の代謝過程のエネルギーとして使われる．このように好気条件下でO$_2$を消費して行なわれる呼吸を好気呼吸 aerobic respirationと呼ぶ．

ところで，シトクロム経路はシアン化合物によって阻害されるが，植物にはシトクロム経路とは別にシアン化合物によって阻害されないオルターナティブ経路 alternative pathwayと呼ばれる電子伝達系が存在することが知られている．これはシトクロム経路と同様に最終的にO$_2$を還元してH$_2$Oを生成するが，ATP生成と共役しておらず，ATP生成を伴わない．したがって，エネルギーの生産という意味では無駄な経路であるが，オルターナティブ経路は種々のストレス下で上昇することから，ストレス回避過程に関与していると考えられている．

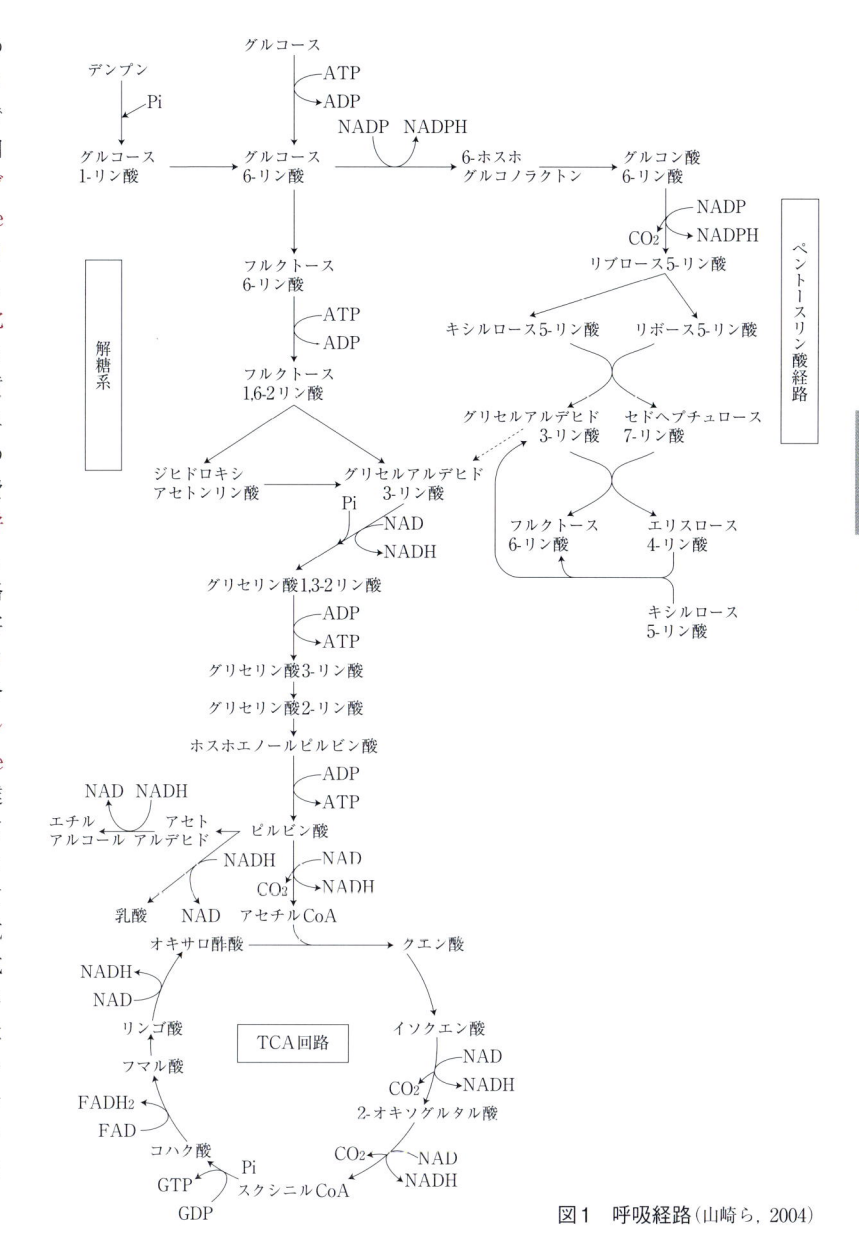

図1 呼吸経路（山崎ら，2004）

植物体内成分と呼吸

解糖系やペントースリン酸経路，クエン酸回路の中間産物のなかには，植物体の構成成分合成の前駆体になる物質が多くある．たとえば，ピルビン酸，エリスロース4-リン酸，2-オキソグルタル酸，オキサロ酢酸からはタンパク質合成の材料である各種のアミノ酸が生成される．また，ジヒドロキシアセトンリン酸から生成されたグリセロールと，アセチルCoAから生成された脂肪酸から脂質がつくられる．また，リボース5-リン酸からは核酸が生成される．このように呼吸経路の中間産物は多くの代謝過程に利用されるが，これらが使われると高エネルギー化合物であるATPの生成効率は低下する．

デンプンや多糖類の分解産物であるグルコースは呼吸の基質として主要なものであるが，そのほかタンパク質の分解産物であるアミノ酸や脂質，有機酸といった植物体構成成分である炭素化合物は呼吸の基質となりうる．これは前述の呼吸経路の中間産物が各種代謝産物の前駆体となる過程の逆と考えてよい．つまり，活発に成長している組織では多くの呼吸経路の中間産物が植物体の構成成分の生成に利用されるが，発芽時の種子や老化過程にある組織では炭水化物だけではなく，タンパク質や脂質も分解されて呼吸経路に入り，呼吸基質となる．

呼吸によって放出されるCO$_2$と吸収されるO$_2$との比率(CO$_2$/O$_2$)を呼吸商 respiratory quotient (RQ)と呼ぶ．この値は炭水化物が呼吸基質となるときには1であるが，脂肪やタンパク質が呼吸基質をなると1以下になり，反対に有機酸が呼吸基質となると1より大きな値となる．

（山岸順子）

水分生理 (1)
体内水分状態と水輸送

植物体内の水分状態

土壌や植物体内では，水は主に液体で移動する．この水移動は水ポテンシャル water potential の概念を用いて統一的にとらえることができる．

水ポテンシャル（Ψ）　対象とする系と純水からなる系との水の化学ポテンシャル（それぞれ，μ_w, μ_0；エネルギーの単位）の差を水の部分モル体積（V_w）で割ったものとして定義され（$\Psi = (\mu_w - \mu_0)/V_w$），圧力の単位で表わされる．ある系の水ポテンシャルは，それと平衡している水蒸気圧 e と同温度の飽和水蒸気圧 e_0 との比から，$(RT \ln(e/e_0)/V_w)$ によって計算できる（R は気体定数，T は絶対温度）．水は土壌，植物体中を水ポテンシャルの高いほうから低いほうへと移動する．

植物や土壌の水ポテンシャル（Ψ_w）は次式のように，その構成要素によって決まる．ここで，Ψ_{os} は浸透ポテンシャル osmotic potential, Ψ_p は圧ポテンシャル pressure potential（植物細胞では膨圧 turgor pressure），Ψ_m はマトリックポテンシャル matric potential, Ψ_g は重力ポテンシャル gravitational potential である．

$$\Psi_w = \Psi_{os} + \Psi_p + \Psi_m + \Psi_g$$

植物ではマトリックポテンシャルは細胞壁などに吸着・結合されている水によるもので，水ポテンシャルが著しく低下したとき以外は無視できる．草高の低い植物では重力ポテンシャルも無視できる．

植物細胞を高張液に浸すと，細胞から水が出て，プロトプラストが収縮して細胞壁から分離する現象が観察される．これを原形質分離 plasmolysis という．古くは，細胞が水を吸う力を吸水力 suction force として表わされていた．細胞の吸水力は，浸透圧から膨圧を引いた値で一般には表わせる．原形質分離の起こっている細胞を純水に移すと，細胞の中に水が浸透して入ってくる．このときの細胞の吸水力は細胞の浸透圧に等しい．吸水力は，現在では熱力学的考察から導かれた水ポテンシャルの概念によって置き換えられている．

植物の水分状態　植物の水分状態は水分含量 water content として，細胞，組織あるいは器官に含まれている水の量で表わすこともある．あるいは現在の水分量を，十分に水分を含んだ時に対する割合で表わすこともある．これを相対含水量 relative water content という．図1にイネの葉の相対含水量と水ポテンシャル，浸透ポテンシャル，膨圧との関係の一例を示した．

イネでは葉の水分が約10%減少すると，細胞の膨圧はゼロ近くに低下する．ヒマワリ，トウモロコシなど他の多くの作物の葉でも，同様な関係が認められている．十分に水を含んだときの葉の浸透ポテンシャルは，イネ，ヒマワリ，トウモロコシなど多くの作物では，$-1.0 \sim -2.0$ MPa 程度であるが，砂漠植物や塩性植物では低い傾向がある．熱帯の海岸や河口に生育するマングローブの浸透ポテンシャルは $-2.5 \sim -3.0$ MPa と低く，これによって膨圧を高く維持し，葉の水ポテンシャルを土の水ポテンシャルより低くして水吸収を可能にしている．

水ストレス下でも細胞の膨圧を高く維持することが水ストレス耐性において重要となる．相対含水量の減少に対する膨圧の低下の割合は，弾性率 ε ($= V \cdot d\Psi_p/dV$, V は細胞の体積）で表わされ，乾燥耐性に関わる細胞壁の性質である．また，浸透調整 osmotic adjustment（次項「水分生理(2)」参照）によって，植物体の水ポテンシャルが低下しても細胞は膨圧や含水量を高く維持できる．このとき細胞内には，無機イオンのほかにグリシンベタイン，ソルビトール，プロリンなど，濃度が高くなっても酵素の活性に大きな影響を及ぼさない適合溶質 compatible solute の蓄積が認められる．

木部中の水輸送

植物体内の水が水蒸気として空気中に逃げていく現象を蒸散 transpiration という．植物体内の水蒸気圧（水蒸気濃度）と空気の水蒸気圧（水蒸気濃度）の差が蒸散の推進力となる．この水蒸気圧（水蒸気濃度）差と植物体の水蒸気の拡散抵抗，境界層抵抗が蒸散速度に影響する．拡散抵抗にはクチクラ抵抗と気孔抵抗が含まれる．植物体の中では表面積が大きく，太陽光をよく受ける葉からの蒸散が最も多い．

蒸散によって葉の水ポテンシャルが低下すると，水ポテンシャル勾配に沿って根から葉に水が輸送される．このとき茎や葉の木部には大きな張力が働く．水には分子間に静電的引力が働き，水分子同士が強く引きあう力（凝集力）が生じている．この凝集力によって水は導管内を連続した柱として存在する．これが凝集力説 cohesion theory である．水の強い凝集力と(仮)導管の壁が水と非常になじみやすい組成をもっていることによって，1 MPa あるいはそれ以上の張力（-1 MPa あるいはそれ以下の圧ポテンシャル）が働いていても導管内の水柱は途中で途切れることなくつながっている．

しかし，導管の張力が大きくなると，水柱が切れることがある．これをキャビテーション cavitation という．キャビテーションの発生のしやすさは植物の種によって異なり，この相違は植物の耐乾性や分布にも影響する．

吸水

ほとんどの陸上植物は，生育にとって欠くことのできない水を根から吸収する．水が根の表皮から木部に達する過程に着目すると，吸水 water absorption は，根の木部の水ポテンシャルが根の生育する培地の水ポテンシャルより低くなると起こる．根の木部の水ポテンシャルが低下する機構に基づいて，吸水を受動的吸水と浸透(能動)的吸水とに分けることができる．

受動的吸水 passive absorption of water 　地上部，

特に葉からの蒸散が引き金となって起こる吸水である。上述のように，葉で蒸散が起こると，葉の水ポテンシャルが低下し，根の木部の圧ポテンシャル，ひいては根の木部の水ポテンシャルが低下して吸水が起こる．

浸透(能動)的吸水 osmotic absorption of water　根から吸収された溶質が根の木部液中に蓄積すると，木部液の浸透ポテンシャルが低下する．その結果，木部の水ポテンシャルが培地の水ポテンシャルより低くなり，吸水が起こる．夜間や早朝の蒸散の少ないときに，葉先などに見られる排水 guttation や多くの植物で茎などの切り口から木部液が出てくる出液 bleeding, exudation は，この浸透的吸水によって起こる．

導管内の液を上に押し上げるように働く圧力を根圧 root pressure という．根あるいは茎基部の切り口からの出液を物理的に止めると，根圧を測定することができる．蒸散が起こっているときには，木部液は受動的に吸収された水によって薄められ，木部液の浸透ポテンシャルは著しく高くなる．そのため，蒸散速度の大きいときの水の吸収のほとんどは受動的吸水によっておこる．

植物体内における水輸送に対する抵抗

吸水を含む根から葉までの植物体内における水輸送の難易は植物の水ストレスの発生に大きな影響を及ぼす．水輸送の難易は，水輸送の推進力となる水ポテンシャル差と，水の流れ(フラックス)とから算出される水の通導抵抗 resistance to water flow，あるいは水伝導度 hydraulic conductance, hydraulic conductivity で評価することができる．蒸散している植物の根から葉までの水の輸送過程では，葉や茎の抵抗に比較して根の抵抗が大きいことが多くの植物で認められているが，葉や茎の抵抗がかなり大きい場合もあり，植物種や生育条件によって異なる．注目すべきことは，根の抵抗は茎葉の抵抗に比較して変化しやすい点である．

根の抵抗は水が表皮から木部に達するまでの放射方向の抵抗と木部内，言い換えると軸方向の抵抗とに分けて考えることができる．木部の水の通導抵抗は通常は非常に小さいので，木部の通導機能の小さい根端を除けば，根における主要な水の通導抵抗は，放射方向の水移動に対する抵抗にあるといわれている．この理由は，放射方向の水移動では，水は内皮細胞層を通過するためである．内皮細胞には細胞壁に帯状にスベリンなどの疎水性物質が沈積したカスパリー線がある．カスパリー線の発達した内皮細胞では，水や溶質はアポプラストを通過せずにシンプラストを通ると考えられている．この時に水は，抵抗の著しく大きい細胞の膜を通ることになる．

細胞の膜には水チャネル water channel と呼ばれる膜タンパク質(アクアポリン aquaporin)が存在し，これが細胞の膜の水透過性に大きな役割を果たしている(図2)．多くの植物細胞では，アクアポリンの機能によって水の透過性が約10倍高まることが知られており，細胞の膜の水透過性はアクアポリンの発現量とリ

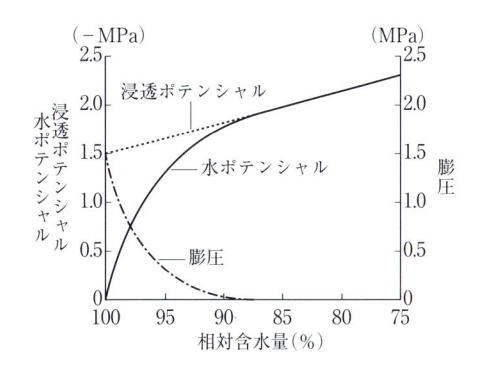

図1　イネ葉身の相対含水量と水ポテンシャル，浸透ポテンシャル，膨圧の関係(Cutler *et al*., 1979から作図)

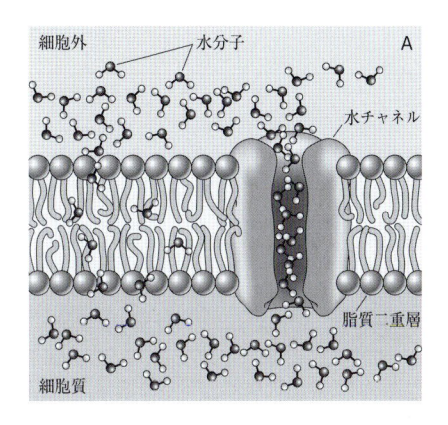

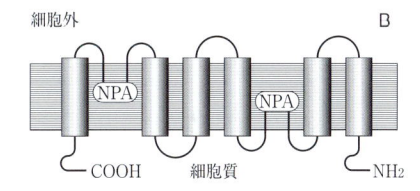

図2　細胞膜における水輸送

A：水は水チャネルによって脂質二重層における拡散よりもはるかに速い速度で輸送される(テイツ・ザイガー編，西谷・島崎監訳，2004)

B：水チャネルは分子量23〜30kDaの疎水性の高い膜タンパク質で，六つの膜貫通領域と二つのAsn-Pro-Ala(NPA)モチーフをもつ(前島，2001)

ン酸化による活性化程度によって影響を受ける．上述の根の水の通導抵抗が大きく変化することには，この水チャネルの発現量と機能とが関わっている可能性が考えられる．アクアポリンは，細胞膜で機能している plasma-membrane intrinsic protein (PIP)，液胞膜型の tonoplast intrinsic protein (TIP) がよく知られている．ほかに Nod26-like intrinsic protein (NIP), small basic intrinsic protein (SIP) の2つのサブグループがある．

近年外皮にも内皮のカスパリー線に似た構造があることが明らかになり，外皮においても水や溶質のアポプラストにおける移動が阻止される可能性が示されている．

(平沢 正)

水分生理(2)
体内水分調節と水ストレス

水ストレス water stress　ストレスは，工学や物理学で使われる応力のことで，物体が荷重を受けたとき，任意の単位面積を通してその両側の物体部分が互いに相手に及ぼす力をさす．生物での水ストレスは「生体機能を攪乱する水要因」のような，あいまいさを含んだ概念である．水ストレスは器官の**水ポテンシャル** water potentialや**圧ポテンシャル** pressure potential，あるいは**相対水分含量** relative water contentの低下，**萎凋** wiltingなどから知ることができる．

水分欠乏(水欠乏) water deficitは，水ストレスの内欠乏側を示す．

浸透圧ストレス osmotic stress　半透膜 semi permeable membraneをもつ器官が，塩類などの低い浸透ポテンシャル(高い浸透圧)液にさらされたとき起きる脱水ストレスであるといえる．

圃場容水量 field capacity　十分水を与えられた土壌から重力で完全に排水されたとき(−0.03MPa)の土壌水分量である．しかし実際には完全な排水は起こらないため，厳密な指標ではない．

永久しおれ点(永久萎凋点) permanent wilting point　飽和湿度下で12時間置いても植物のしおれが回復しないときの土壌水分含量(しおれ係数，−1.5MP)．しかし，湿度や平衡時間で変化し，あいまいな概念である．

保水性 water holding capacity　土壌の水分含量と土壌水分吸引圧(土壌の水ポテンシャル)との関係である土壌水分特性曲線 moisture characteristic curveから判断される．粘土では砂質土壌よりも同じ吸引圧で土壌保持水分量が多く，保水性が高いといえる．

水利用効率 water use efficiency (WUE)　作物の乾物生産量／水利用量あるいは光合成速度／蒸散速度を示す．逆数が**要水量** water requirementや**蒸散比** transpiration ratioである．水利用量は蒸散量のみ，あるいは土壌蒸発量を加えたもので表わされる．**蒸散量** transpirationを**水蒸気圧差(飽差)** vapor pressure deficitで除したもので求められる水利用効率は湿度の影響が除かれ，作物ごとに安定した値を示す．

要水量 water requirement　蒸散比と同様で，水利用効率の逆数である．単位乾物当たり生産に必要な水の量を示す．

飽差 vapor pressure deficit　大気の飽和水蒸気量(g/m^3, kPa)に対する実際の水蒸気量との百分率比が**相対湿度** relative humidityで，両者の差が飽差である(図1)．

気孔蒸散 stomatal transpiration　器官表面にあいた可変的な気孔からの蒸散である．

気孔抵抗(気孔伝導度) stomatal resistance (stomatal conductance)　気孔を通した水蒸気やCO_2の拡散への抵抗を示す．気孔伝導度(抵抗の逆数，gw)のcm/sから$mol/m^2/s$への単位変換式は以下のとおり．

Gw $(mol/m^2/s)$
= gw (cm/s) 0.446[273/(T + 273)][P/101.3]

ここで，Tは気温(℃)，Pは気圧(kPa)である．

境界層抵抗 boundary layer resistance　組織表面に空気の粘性と組織との摩擦によって形成される空気層がもたらす抵抗．

クチクラ cuticle (**クチクラ層** cuticular layer)　地上部の植物表面はクチクラという撥水性の高い層で表面が覆われている．クチクラはペクチン層によって表皮に張り付いたクチンや蝋質からなる．この層は乾燥すると水を通しにくく，湿ると通しやすくなる．**クチクラ蒸散** cuticular transpirationはクチクラからの蒸散で，水蒸気やCO_2の組織内外への拡散抵抗が**クチクラ抵抗** cuticular resistanceである．

孔辺細胞 guard cell　気孔の周りにあり，孔辺細胞の膨潤や細胞壁の膠質 micellar構造を通して気孔を開かせる．

蒸散係数 transpiration coefficient　水面蒸発量あるいは飽差(E_0)によって蒸散量(T)における蒸発環境の影響を補正したとき(T/E_0)の水利用効率 water use efficiency ($= 1$/water requirement) $= Y/(T/E_0)$，ここでYは物質生産量を示す．水面蒸発速度を使ったとき，作物では50〜200kg/ha/dayを示す．

蒸発散 evapotranspiration　植物からの蒸散と土壌などからの蒸発を足したものである．

可能蒸発散(蒸発散位) potential evapotranspiration　完全に飽和している面からの蒸発散速度をいう．1日当たりの可能蒸発散(ET_0)は正味放射，風速，湿度を気象要因として，草高を植物側要因として，次のようなPenman-Van Bavel式により計算される．

$$ET_0 = \frac{\Delta}{\Delta + \gamma} \cdot \frac{S}{l} + \frac{\gamma}{\Delta + \gamma} VSD/ra$$

ここで，Δはそのときの気温における飽和水蒸気圧曲線の勾配で気温の関数で近似できる(図1)．γは乾湿計定数(0.66hPa/℃)，Sは正味放射量，lは温度の関数である水の蒸発潜熱，VSDは飽差である．raは群落高さ(h)と風速により推定される群落の境界層抵抗である．正味放射量は実測値を使うか，または日射量などから推定される．

浸透調整 osmotic adjustment　細胞の脱水に伴って，細胞内物質の濃度が脱水に伴う濃度増加以上に増えて，膨圧を維持することをいう．

水ポテンシャル(WP)は浸透ポテンシャル(OP)と膨圧を示す圧ポテンシャル(PP)によって，次の式で表わせる．

WP = OP + PP　……(1)

すなわち

$$PP = WP - OP \quad \cdots\cdots(2)$$

WPの低下にともないPPは減少する．しかし，溶質の積極的濃度増加によってOPが低下した場合，WPが低下してもPPは低下しにくい．このような，OPを低下させるような作用を浸透調整という．細胞組織が弾性のない半透膜でできていると考えると，細胞のOPはファント・ホッフの式から以下の関係で表わせる．

$$OP = (n/V) RT \quad \cdots\cdots(3)$$

ここで，n/Vはモル濃度で，Rは気体定数，Tは温度である．この式を変形すると，

$$OP = (n/V_0)(V_0/V) RT$$
$$= [(n/V_0)/(V/V_0)]RT \quad \cdots\cdots(4)$$

V_0は細胞が十分吸水したときの水分量である．ここで，V/V_0は細胞の相対水分含量 relative water content (RWC) である．したがって，OPは気温一定のもとではRWCの関数で表わせる．

$$OP = [(n/V_0)/RWC]RT \quad \cdots\cdots(5)$$

この関係を利用してプレッシャーチェンバーで加える圧力Pの逆数とRWCとの関係をプロットし，pressure-volume curveからOPを求めることができる．すなわち式(5)から，

$$1/P = RWC/[(n/V_0)(RT)] \quad \cdots\cdots(6)$$

RWCが低下し細胞弾性 (elastic module) が消失しPPが0になったとき成立する直線(6)に，RWC = 1を外挿して得られたPが，組織のOPである．対照区と乾燥区のOPの差が，浸透調整による低下である．

プロリン proline　水ストレスなどにより細胞微細構造や窒素，炭水化物代謝が影響されると，タンパク質合成が低下して遊離体アミノ酸や糖濃度が増加する．このようなアミノ酸として代表的なものとしてプロリンがある．浸透調整などへの関与は明確でない．

耐乾性 drought resistance　野生植物に見られる厳しい乾燥のもとでの高い生存能力は，しばしば極めて低い生産量と関係している．一方，栽培植物では高い生産量がなければ意味がない．生物収量は水利用効率と水利用量の積で表わすことができる．栽培植物の水利用効率の種間差はCAM植物を除きそれほど大きくないため，多くの作物では高い生産量は水利用量の高さに依存する．さらに子実作物では効率的な収穫部分への物質分配が行なわれる必要がある．

干害 drought injury　旱魃による降雨の不足や灌漑水の欠乏によって農作物が障害をうけること．

乾生植物 xerophyte　非常に乾燥した状態で成長でき，旱魃に耐えることのできる植物をいう．水の保持能力，蝋質の葉，蒸散による水消費を避けるための旋回運動，短期間で終えられる生活史で適応している．この植物の形態的特徴が乾生形態 xeromorphism である．

乾燥回避性 drought avoidance　旱魃が起きたとき植物が水分欠乏発生を回避しようとする性質である．気孔やクチクラの高い蒸散抵抗，毛茸や蝋質による日光反

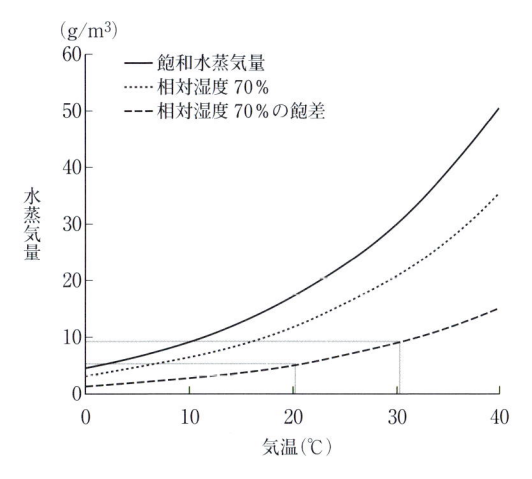

図1　飽和水蒸気量，相対湿度70％時の水蒸気量，そのときの飽差の関係 (Simulation Meteorological Table より作図)
同じ相対湿度でも気温20℃に比べ，30℃では飽差は約2倍になる

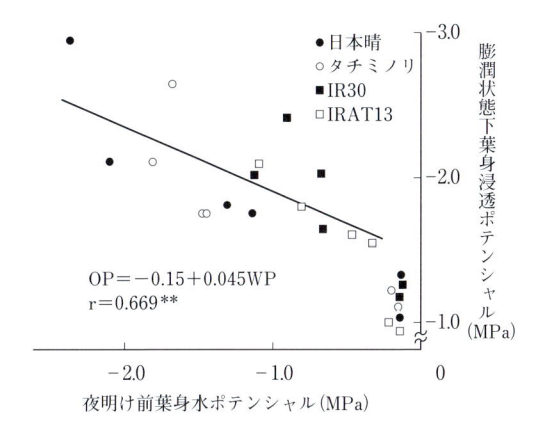

図2　4品種のイネに土壌乾燥を与えたときの葉身の乾燥強度と膨潤時の浸透ポテンシャルの低下 (浸透調整に相当する)．浸透調整は乾燥強度に依存した (Ahmad et al., 1987)

射，小葉面積による水消費節約などによる植物の水分損失の防御，湿った深い土層からの水吸収が優れ水移動抵抗が低い根などの水分吸収能力が貢献する．

乾燥耐性 drought tolerance　体内水分欠乏に耐えて成長を続ける性質で，浸透調整，高い細胞弾性 (浸透調整参照)，小さな細胞による圧ポテンシャル維持，原形質や細胞壁の耐性による脱水耐性である．

乾燥逃避性 drought escape　降雨期にあわせて生育する熱帯モンスーン地帯の感光性イネのような，旱魃前に生育を終える特性である．

中生植物 mesophyte　極端に乾燥でも湿潤でもない環境に適応した植物．

FTSW fraction of transpirable soil water　土壌水分量を蒸散利用可能土壌水分の百分率で表わし，保水量の違う土でも相対化できる．

(小葉田 亨)

植物ホルモン(1)

植物ホルモン plant hormone は植物体内の情報伝達物質である．複数の植物ホルモンが協働あるいは拮抗して植物の成長を制御している．一連の生合成酵素群による生合成量と分解酵素による分解量の差によって植物ホルモンの量は決められている．遊離型 free form の植物ホルモンは活性型 active form であるが，アミノ酸や糖と結合した結合型 bound form は一般に貯蔵型 storage form であり，そのままでは活性は弱い．現在のところ，以下の8種が知られている．

また花成ホルモン flowering hormone (フロリゲン florigen) のように，いまだ正体不明のものもある．篩管内を移動するタンパク質がその本体である可能性が示されている．

オーキシン

オーキシン auxin は植物ホルモンの中心として働く．オーキシンは総称であり，インドール酢酸 indole-3-acetic acid (IAA) が天然型の内生オーキシン endogenous auxin である．合成オーキシン synthetic auxin としてはナフタレン酢酸 naphthaleneacetic acid (NAA) や 2,4-ジクロロフェノキシ酢酸 2,4-dichlorophenoxyacetic acid (2,4-D) などがある(図1)．IAA は不安定であるため，組織培養などには合成オーキシンが用いられることが多い．過剰のオーキシンは植物に対して強い毒性を示すため 2,4-D などは除草剤 herbicide としても用いられてきた．

IAA は茎頂でつくられ，形成層などの柔組織内を常に基部へ向かって極性移動 polar transport する．根端に達すると，根冠内で移動方向が180度変わり，皮層部を上方に移動するようになる．オーキシンは茎の細胞の伸長成長を促進するが，根の細胞の成長は反対に阻害する．オーキシンの不等分布は光屈性や重力屈性の主因となる．

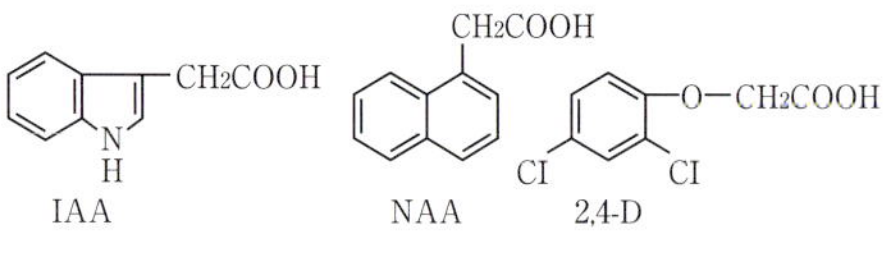

頂芽は葉の付け根に存在する側芽の原基の成長を強く抑制し休眠状態におく(頂芽優勢 apical dominance)．オーキシンは頂芽優勢の原因物質である．オーキシンに反応して根で生成される何らかの物質が側芽の成長を阻害していると考えられている．根端で生成したサイトカイニンは，頂芽優勢を打破する．茎に沿ったオーキシンとサイトカイニンの濃度勾配は逆になっており，オーキシン／サイトカイニン比は頂芽優勢の程度を決定する．オーキシンは根の内鞘における側根形成を促進し，また不定根形成も促進(発根促進 stimulation of root formation)する．

維管束が傷つけられると，その上部に IAA が蓄積し，それによって周囲の柔細胞が傷害誘導性管状要素 wound vessel member に分化して仮導管となり，水の通路が確保される．IAA は通常の管状要素分化も促進する．ナフチルフタラミン酸 (N-1-naphthylphthalamic acid, NPA) やトリヨード安息香酸 (2,3,5-triiodebenzoic acid, TIBA) などはオーキシンの極性移動阻害剤 inhibitor of polar transport であり，様々なオーキシン反応を阻害する．植物ホルモンの作用機作の研究には生合成能の欠損変異種 deficient mutant がよく用いられるが，IAA の欠損株は致死的であるため，見つかっていない．IAA の生合成経路は複数あり，トリプトファン経路と非トリプトファン経路に大きく分けられる．

遊離オーキシン free auxin である IAA のほかに，植物体内には IAA が糖やアミノ酸と結合した結合型オーキシン bound auxin が多く存在する．結合型としては IAA-イノシトール，IAA-グルコース，IAA-アラニン，IAA-アスパラギン酸などが知られている．結合型は遊離型のレベル調節に働くか，あるいは分解経路への入り口となっている．

ジベレリン

イネ馬鹿苗病 (*Gibberella fujikuroi*) が生産する毒素としてジベレリン酸 gibberellic acid (GA_3) が見出された．今までに100種以上のジベレリン gibberellin (GA) が植物から見つかっており，GA_1〜GA_nと番号が与えられている．化学構造から GA とされていても，生理作用を示さないものも多い．活性型の GA は，GA_1, GA_3, GA_4 および GA_7 である(図2)．

GA は成長中の茎頂，果実，未熟種子および根端で合成される．主な作用は種子の休眠打破 dormancy breakimg，無傷植物体の伸長促進(特に節間伸長促進)である．一般の冬一年生植物は生育1年目の秋にはロゼット型を保ち，低温の冬を越したのち，春の長日条件で抽苔(抽だい)が生じて開花に至る．GA は抽苔を促進する．GA が抽苔後の開花を引き起こすか否かは定かではない．イネ科の種子では GA が発芽開始のシグナルとなり，α-アミラーゼを生成して貯蔵デンプンをグルコー

図1　オーキシンの化学構造

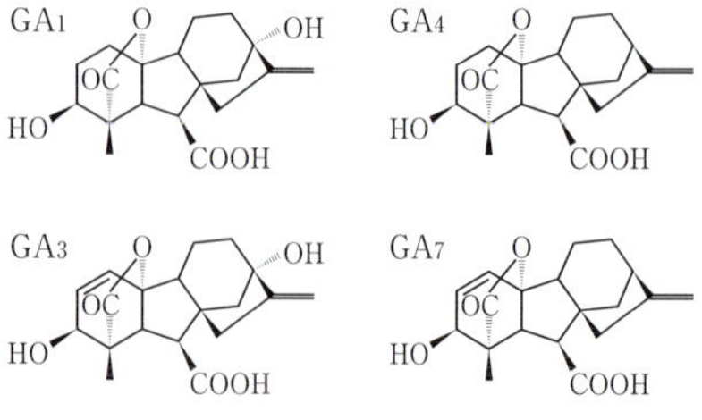

図2　活性型ジベレリンの化学構造

スに変える．GAはジャガイモ塊茎やタマネギ鱗茎の形成など，細胞肥大を伴う形態形成を強く阻害する．

GA，アブシジン酸（ABA），サイトカイニン分子の一部およびブラシノステロイドは，いずれもイソペンテニルピロリン酸（IPP）から生合成される．IPPはアセチルCoAが3個結合してできたメバロン酸から生成する経路（細胞質やミトコンドリアに存在）と，ピルビン酸とグリセロアルデヒド-3-リン酸から合成される経路（プラスチドに存在）でつくられる．

GAはIPPが4個結合して生成するゲラニルゲラニルピロリン酸が環化することにより合成される．GA合成に関与する多くの酵素の遺伝子は複数存在し，その発現量は器官や時期により異なる．活性型GA生合成の最終段階はGA3酸化酵素 GA3 oxidaseが触媒する．GA合成酵素群の遺伝子発現は，活性型ジベレリンによりフィードバック制御されている．活性型GAはGA2酸化酵素 GA2 oxidaseによって2β位が水酸化されると失活する．

CCC，Amo-1618，ホスホン-D，アンシミドール，ウニコナゾール-P，パクロブトラゾールなど様々なGA生合成阻害剤 inhibitor of GA biosynthesisが知られている．これらを散布すると節間が短縮し植物体が小型化することから，それらは園芸的な矮化剤 growth retardantやイネなどの倒伏防止剤 inhibitor of lodgingとして用いられている．

サイトカイニン

サイトカイニン cytokininはオーキシンの存在下で細胞分裂を促進する物質であると定義されてきた．天然の活性型サイトカイニンとしてはゼアチン zeatin，イソペンテニルアデニン isopentenyl adenine，およびそれらにリボースが結合したゼアチンリボシド ribosyl zeatinと，イソペンテニルアデノシン isopentenyl adenosineなどがある（図3）．合成サイトカイニンとしてはカイネチン kinetinとベンチルアデニン benzyl adenineが安価なため組織培養などでよく用いられている（図3）．ベンチルアデニンは特に葉の老化を強く阻害する（図4）．

サイトカイニンの主要な生合成部位は根端であるが，未成熟種子もサイトカイニン生成能をもつ．IAAは根端におけるサイトカイニン生成を阻害する．根端分裂組織には始原細胞層に接して静止中心（Quiescent center, QC）と呼ばれるほとんど細胞分裂を行なわない部分が存在する．QCはサイトカイニンの生合成部位であり，QCが分裂できないのは高濃度のサイトカイニンのためであるとされている．

サイトカイニンは5'-AMPにIPPが結合してイソペンテニル5'-AMPが生成することにより合成が始まる．この反応はイソペンテニル転移酵素 isopentenyl

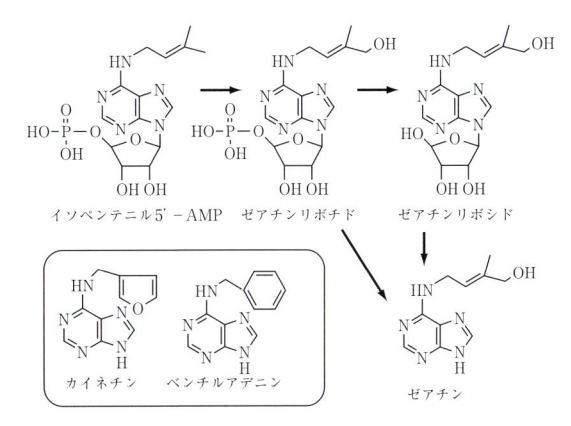

図3 サイトカイニンの化学構造

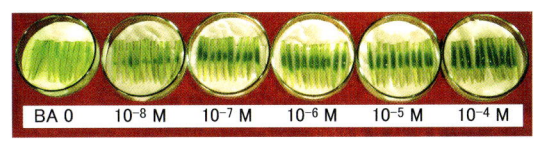

図4 ベンチルアデニンによる葉の老化阻害作用
5cmの長さに切り取ったエンバク第一葉にサイトカイニンを含む検液10μlを滴下し，3日間暗所に放置したもの

transferaseが触媒する．イソペンテニル5'-AMPからリン酸がとれるとイソペンテニルアデノシンに，またさらにリボースがとれるとイソペンテニルアデニンとなる．イソペンテニル5'-AMPのイソペンテニル基が水酸化されるとゼアチンリボチド zeatin ribotideができる．ゼアチンリボチドは貯蔵型サイトカイニンであり，リン酸がとれてゼアチンリボシドとなり，さらにリボースがとれてゼアチンになり活性型となる．最近リボチドから直接的にゼアチンを遊離させる酵素が見つかっている．

ゼアチンの側鎖には二重結合が一つ存在するため，ゼアチンにはシス型ゼアチン cis-zeatinとトランス型ゼアチン trans-zeatinがある．トランス型が一般的であるとされているが，ジャガイモはシス型を主に含む．また二重結合が飽和したジヒドロゼアチン dihydro-zeatinも存在するが活性は弱い．

根でつくられたサイトカイニンは地上部に送られ，側根形成阻害，気孔の開口促進，形成層の分裂促進，クロロフィルの合成促進，頂芽優勢打破，葉の老化防止などの役割を果たす．シュートにサイトカイニンを与えて無菌培養すると，頂芽優勢が打破され，多数のシュートが発生する．これをマルチプルシュート multiple shootと呼び，シュートの大量増殖に用いられる．茎の傷害により維管束周辺が失われると，茎頂方向から移動してきたオーキシンと根から移動してきたサイトカイニンが傷の周辺に蓄積し，形成層の活動が活発化してカルス（癒傷組織）callusを形成し，傷口をふさぐ．

（幸田泰則）

植物ホルモン(2)

アブシジン酸

アブシジン酸 abscisic acid (ABA)(図1)は綿の果実の落果を引き起こす物質として，またカエデの芽に存在する成長阻害物質として見出された．ABAは細胞の伸長成長阻害，離層 abscission zone の形成促進，種子の発芽阻害(休眠誘導)や葉の老化促進などの，主に阻害作用を示すが，細胞分裂は阻害しない．車の速度を一定に保つためにはアクセルとブレーキが必要である．これと同様に，生物の成長反応はそれを促進するホルモンと阻害するホルモンのバランスで巧妙に調節されている．ABAはどちらかといえばブレーキのような役割を果たしている．種子休眠に関してはABAが直接的に休眠を誘導しているかどうかは不明のものも多く，コムギの種子休眠はABA単独では説明できない．

ABAの生合成能は植物体中に広く分布する．登熟中の種子ではABAは徐々に増加し，LEAタンパク質 late embryogenesis abundant proteins の生成を促進する．このタンパク質は親水性のアミノ酸を多く含み水を保持する機能が高いため，細胞の内膜系を乾燥から保護し，種子の耐乾燥性が著しく増加する．葉が水ストレス(乾燥)や低温にさらされると，短時間でABAは数倍から数十倍増加する．この増加したABAにより様々なストレス応答反応が引き起こされ，障害から回避される．

ABAはIPPが3個結合して生じた炭素15個(C_{15})のファルネシルピロリン酸から生合成される経路(直接経路)と，C_{40}のカロチノイドを経由する経路(間接経路)の2種が存在するとされてきたが，近年では間接経路が主なものであることが明らかとなった．この経路ではC_{40}のゼアキサンチンがいくつかの反応を経て9'-cis ネオキサンチンに変わる．次にこれが酸化的に開裂してキサントキシン xanthoxin を形成し，ABAが生成する．ABAはABA8水酸化酵素 ABA8-hydroxylase により8-ヒドロキシABAとなり，これからファゼイン酸 phaseic acid が生成し，分解経路へ入る．フルリドンはABAの生合成阻害剤として用いられているが，カロチノイド全体の合成を阻害するため特異性は低く，与えると植物は白化する．

エチレン

ガスであるエチレン ethylene(図1)は水によく溶け(0℃で0.25mL/mL, 25℃で0.11mL/mL)，植物体内に容易に取り込まれる．エチレンは成長の様々な段階で構成的につくられ生理作用を示すが，接触や傷害によっても急激に生成する．

毎日植物に触ると草丈が低くなるのは，摩擦で生じたエチレンによる成長阻害が一因である．またエチレンは茎や根の伸長成長を阻害すると同時に，わずかな肥大を引き起こす．芽生えにエチレンを与えると胚軸は短く太くなり，根は短くなるため，良質のモヤシの生産にはエチレンが実際に用いられている．固い土壌中で種子が発芽する際は，摩擦によりエチレンが発生し，胚軸が太くなって出芽力が増加する．

またエチレンは果実の追熟 afterripening を促進する．未熟な果実は少量のエチレンを生成し，その生成量がある一定の閾値を超えたところで突然急激な呼吸の増加が起こる．この時期をクライマクテリック期 climacteric phase と呼び，大量のエチレンが生成する．その後ペクチンやヘミセルロースの低分子化と分解が進み果実は軟らかくなる．CO_2はエチレン生成を阻害することから，リンゴの長期貯蔵はCO_2を2%程度に富化し，O_2を3%ほどに減少させた低温貯蔵室で行なわれる(CA貯蔵 controlled atmosphere storage)．

エチレンの生合成はアミノ酸の一種のメチオニンにATPが結合し，S-アデノシルメチオニン(SAM)ができることに始まる．SAMからACC合成酵素 ACC synthase によって1-アミノシクロプロパン-1-カルボン酸(ACC)が生成する．ACCはACC酸化酵素によって酸化的に分解されてエチレンとなる．

エチレンの発生は果物のみならず収穫後の野菜や切り花の貯蔵性の低下を招くため，様々なエチレン吸着剤が開発されている．アミノオキシ酢酸(AOA)やアミノエトキシビニルグリシン(AVG)は，ACC合成酵素を阻害することによりエチレン生成を阻害する(エチレン発生抑制剤 inhibitor of ethylene biosynthesis)．

水生植物や半水生植物では植物体中に酸素を供給するための通気組織が発達している．イネ科の茎に見られる髄孔や根の通気組織の形成は低酸素分圧下(5%)で促進され，エチレンが引き金となっている．

ブラシノステロイド

セイヨウアブラナの花粉からインゲンマメの節間伸長を促進する物質としてブラシノライド brassinolide(図1)が最初に単離された．ブラシノライドはステロイド骨格をもち，極微量で植物の成長を促進する．類似物質が見出され，総称としてブラシノステロイド brassinosteroid と呼ばれるようになった．ブラシノライドが最も強い生理活性をもつ．ブラシノステロイドは植物体の各部位に存在するが，花粉や未熟種子に特に多い．

ブラシノライドは10^{-9}モルほどの極低濃度で活性を示し，また成長に必要な量は恒常的に存在しているため，外から与えても大きな効果は出にくい．微量のブラシノステロイドは細胞伸長，細胞分裂，花粉形成，導管・仮導管細胞(管状要素)分化，ストレス耐性の獲得などを促進する．またブラシノライドはイネ葉身基部のラミナジョイントの細胞を肥大させることにより，イネの葉身と葉鞘のなす角度を増加させる働きも有する(図2)．葉身の角度は植物群落全体の受光量に大きな影響を及

ぽすが，この制御にブラシノライドが関わっている可能性がある．

ブラシノライドはIPPから生成する．カンペステロールを経てカスタステロン casterone になり，これからブラシノライドができる．ブラシノライドの異性体であるエピブラシノライド epibrassinolide は合成が容易であるため，成長調節剤としての応用が試みられている．ブラシノライドの特異的生合成阻害剤であるブラシナールを与えた植物体は，一般に節間が短くなり，葉は縮んで厚くなる．ソラマメのブラシノステロイド合成能欠損株もこのような形であり，この株は低温耐性や耐湿性が高い．またコムギもハードニング後には，このような形になるため，低温耐性の獲得やハードニングにはブラシノステロイドの減少が必要なのかもしれない．

ジャスモン酸

ジャスモン酸 jasmonic acid (JA)（図1）の主な作用は，葉の老化促進，細胞伸長成長阻害，細胞肥大促進，細胞分裂阻害，防衛反応の誘導などである．JAはABAに類似するブレーキ型のホルモンであるが，発芽阻害作用はもたない．JAのメチルエステル（JA-Me）がジャスミンの芳香成分の一つとして単離されたため，この名前が付けられた．

JA-Meは葉の老化を強く促進するが，実際の老化への関与は不明である．JAの閏化合物であるツベロン酸 tuberonic acid（図1）は，ジャガイモの塊茎形成を誘導し，またナガイモやキクイモの塊茎形成はJAによって引き起こされる．JA-Meの蒸気をジャガイモに与えると塊茎が形成される（図3）．

JA生合成能は植物体全体に分布する．特に葉などのプラスチドをもつ組織での合成量が多い．エチレンのようにJAも傷害によって急速に生成される．このJA生成量はサイトカイニンにより増幅され，生じたJAは多様な防衛反応を引き起こす．トマトの場合はタンパク質分解酵素の阻害タンパク質であるプロテイナーゼインヒビターが新たに合成される．これを食べた昆虫は消化不良を起こし，植物の虫害が軽減される．さらにファイトアレキシンの生成やアルカロイドの蓄積などが起こり，植物の防衛力が増す．植物体中で構成的に生成するJAは花粉の成熟や開花にも関わっていると考えられている．

葉緑体などのプラスチド膜の糖脂質から切り出されたリノレン酸からJAは生成する．リノレン酸はリポキシゲナーゼによってC13位が過酸化された後，シクロペンタノン環が生成して12-oxo-phytodienoic acid (12-oxo-PDA)となる．12-oxo-PDAは還元されたのち，β酸化を3回受けてJAが生成する．

サリチル酸

糸状菌（カビ），細菌あるいはウイルスに対して抵抗性をもつ植物は，これらに感染すると，最終的には過敏感反応による壊死を起こして病原の蔓延をくい止める．

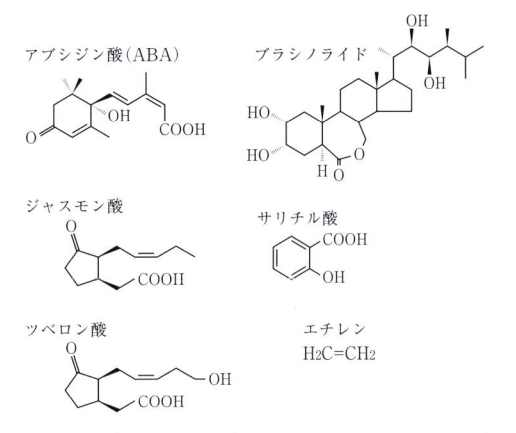

図1 アブシジン酸，ブラシノライド，ジャスモン酸，ツベロン酸，サリチル酸，エチレンの化学構造

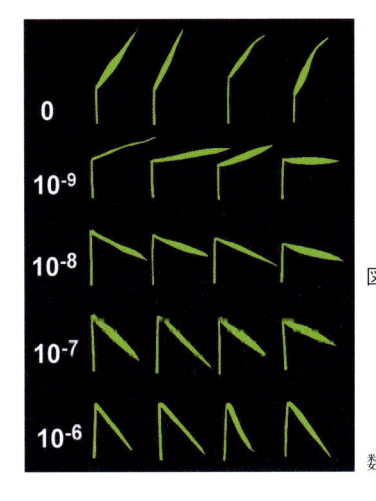

図2 イネの第2葉の葉鞘と葉身の角度に及ぼすブラシノライドの影響（ラミナジョイントテスト）
数字は濃度（mol/L）

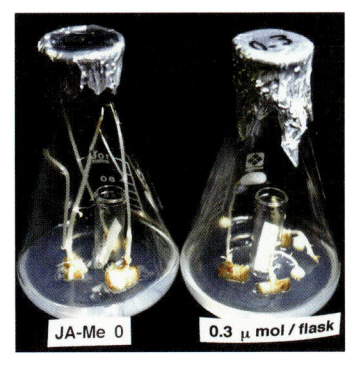

図3 ジャスモン酸メチルの蒸気によるジャガイモの塊茎形成

同時に周辺で抗菌活性やカビの細胞壁を分解する活性をもつPRタンパク質 pathogenesis-related proteins が増加し，全身抵抗性を獲得する．この全身抵抗性の獲得には，ジャスモン酸やエチレンのほかにサリチル酸 salicylic acid（図1）が関わっており，近年ではサリチル酸を植物ホルモンのなかに含めることがある．

（幸田泰則）

成長調節

植物成長調整剤の範疇

　化学物質・天然物を用いて植物の成長・分化・代謝などを人為的に制御することを**成長調節 chemical control**, そしてその際に用いられる化合物を**植物成長調節物質 plant growth substance**と呼ぶ. それらのうち, 農業生産場面における実用的な使用方法によっても有益な効果を示すものについて製剤化したものが狭義の**植物成長調整剤 plant growth regulator**と分類される.

　植物成長調節物質には, 植物ホルモンも含まれるが, それ以外にも, 植物以外の生物(微生物など)によって生合成される生理活性物質や, 化学合成によって得られる物質も含まれる. 特に化学合成品は天然の生理活性物質(**リード化合物 lead compound**)をモデルとして, 活性の向上, 植物体内への移行性改善, 代謝安定性の向上などといった**最適化 optimization**が行なわれるため, 実用化されている植物成長調整剤は化学合成品が主流となっている. また, 植物ホルモン様活性を阻害するように設計された化学合成品もあり, 抗植物ホルモンと呼ばれる. このなかには, 内生植物ホルモンの生合成阻害剤, 移動阻害剤, 受容体遮断剤などがある. 一方, 作用機作が必ずしも明らかにされていないものや, 生化学的な効果ではなく物理的・化学的な効果によるものも植物成長調整剤として分類されている (図1).

植物成長調整剤の種類と農業上の利用

ジベレリン様活性物質 gibberellin-like substance
発酵法によって製造された**ジベレリン A_3 gibberellin A_3**, gibberellin A_4+A_7などが実用化されている. ジベレリンの細胞肥大作用を利用した果実肥大促進剤, 内生ジベレリン生合成欠損である矮性インゲンに対するつる化誘導剤, 長日性花卉類の開花促進剤, 種子の発芽促進剤などとして使用されている. また, 種無しブドウの誘導にも用いられている.

抗ジベレリン活性物質 anti-gibberellin　内生ジベレリンの生合成阻害剤として, **アンシミドール ancymidol**, **クロルメコートクロリド chlormequat chloride**, **フルルプリミドール flurprimidol**, **イナベンフィド inabenfide**, **メピコートクロリド mepiquat chloride**, **ウニコナゾール uniconazole**, **パクロブトラゾール paclobutrazol**, GA_{20}→GA_1水酸化酵素阻害によって活性型ジベレリンであるGA_1の生合成を阻害する物質として, **プロヘキサジオンカルシウム塩 prohexadione-calcium**, 同様に(GA_{20}→)GA_5→GA_3水酸化酵素阻害によってGA_3の生合成を阻害する**トリネキサパックエチル trinexapac-ethyl**などが開発されている.

　実用上は, 活性型内生ジベレリン濃度の低下に伴う茎・葉柄の伸長抑制作用を利用した矮化剤, 徒長抑制剤, 倒伏軽減剤, 過繁茂抑制剤, 芝刈軽減剤, 剪定管理軽減剤などに利用されている. また, 徒長抑制によって新鮮重当たりの養分濃度が高まる結果として生じる緑度向上作用も利用されている. 木本類では, 新梢伸長に養分が過度に分配されると落花がおこるが, 抗ジベレリンで新梢の伸長抑制すると花器への養分分配が向上する. この作用を利用して, ブドウの落花(花振るい)防止剤や花木の花数増加剤としても利用されている.

オーキシン様活性物質 auxin-like substance
オーキシンの作用を高めたものとして, **4-CPA(4-chlorophenoxy)acetic acid**, **ジクロルプロップ dichlorprop**, **エチクロゼート ethychlozate**, **MCPB 4-(4-chloro-2-methyl phenoxy)butanoic acid**, **1-ナフチルアセトアミド 2-(1-naphthyl)acetamide**, 1-naphthylacetic acid, 植物体内でβ酸化を受けることによって活性型オーキシンであるインドール酢酸を発生する**インドール酪酸 4-indol-3-ylbutyric acid**, インドール酢酸の酸化酵素を制御することによって内生オーキシン活性を高めるnitrophenolate mixtureなどが開発されている.

　実用上は, オーキシンの根の誘導作用を利用した挿し芽・挿し木・単子葉植物苗の発根促進剤, 受粉不良による種子由来内生オーキシン不足の補充を企図した着果剤・果実肥大促進剤, 果樹の落果防止剤, 高濃度オーキシン処理によるエチレン生合成促進作用を利用した果樹の摘果剤, 着色促進剤などとして利用されている.

抗オーキシン活性物質 anti-auxin　オーキシンの作用を低下させるものとして**マレイン酸ヒドラジド maleic hydrazide**, chlorflurenol-methyl, 内生オーキシンの極性移動阻害剤としてcyclanilide, 2,3,5-triiodobnzoic acid, naphthylphthalamic acidなどが開発されている. 実用的には, オーキシンの細胞分裂作用を抑制することによる貯蔵塊茎・貯蔵鱗片の萌芽抑制効果, 茎伸長促進作用を阻害することを利用した新梢成長抑制効果などが知られている.

エチレン活性物質 ethylene generator　植物体内でエチレンを発生する**エテホン ethephon**が実用化されている. 実用上は, エチレンの果実成熟促進作用を利用した果樹の成熟・着色促進剤, ムギ類の稈の伸長抑制作用を利用した倒伏軽減剤などとして利用されている. また, パイナップルなどエチレンで開花誘導される植物では開花促進剤としても利用されている.

抗エチレン活性物質 anti-ethylene　内生エチレンの前駆体である1-アミノシクロプロパン-1-カルボン酸の生合成阻害剤としてaviglycine, エチレン受容体の遮断剤として1-methylcyclopropeneが開発されている. エチレンの老化促進作用を軽減することによる果樹の落果防止・収穫期間延長効果などが知られている.

サイトカイニン様活性物質 cytokinin-like substance
アデニン骨格をもつサイトカイニンとして**ベンジルアミノプリン 6-benzylaminopurine**, kinetin, 内生サイ

トカイニンの分解抑制作用も併せもつジフェニルウレア系サイトカイニンとしてホルクロルフェニュロン forchlorfenuron, thidiazuron などが開発されている．実用上は，サイトカイニンの細胞分裂促進作用を利用した果実の肥大剤・着果促進剤，側芽誘導作用を利用した分枝・側枝誘導剤，老化防止作用を利用した苗の老化防止剤などとして実用化されている．また，thidiazuron は過剰なサイトカイニン処理によるエチレン発生作用を利用したワタの摘葉剤として用いられている．

アブシジン酸様活性物質 abscisic acid-like substance 発酵法によって製造されたアブシジン酸 abscisic acid が実用化されている．内生アブシジン酸は発芽抑制を誘導しているが，実用上は低濃度処理による発芽勢向上作用が利用されている．

抗アブシジン酸様活性物質 anti-abscisic acid abamine などについて，内生アブシジン酸生合成阻害作用をもつことが明らかにされているが，実用化はされていない．

ブラシノステロイド様活性物質 brassinosteroid-like substance $2\alpha,3\alpha$-dipropionyloxy-22,23-epoxy-24S-ethyl-β-homo-7-oxa-5α-cholestan-6-one などが開発され，種子の発芽促進作用などが明らかにされているが，実用化はされていない．

抗ブラシノステロイド活性物質 anti brassinosteroid 抗ジベレリン活性物質であるウニコナゾールは内生ブラシノステロイドの生合成も抑制することが知られている．また，強力なブラシノステロイド生合成阻害剤として brassinazole などが知られているが，実用化はされていない．

ジャスモン酸様活性物質 jasmonate-like substance ジャスモン酸の成熟促進作用を利用した果樹の着色促進剤としてプロヒドロジャスモン n-propyl dihydrojasmonate が利用されている．

サリチル酸様活性物質 salicylate-like substance 病害抵抗性誘導物質であるサリチル酸と同様の活性物質として，probenazole などが開発されている．

抗ジベレリン以外の成長抑制物質 growth retardant 抗ジベレリンと類似した活性を示す成長抑制剤としてダミノジッド daminozide が花卉類の矮化剤として実用化されている．また，ブトルアリン butralin, ペディメタリン pendimethalin が分枝の発達抑制作用を利用したタバコの腋芽抑制剤，ジケグラック dikegulac が伸長抑制作用・頂芽優勢解除作用を利用した木本類の生育抑制剤，分枝（花芽）数増加剤，メフルイジド mefluidide が分裂細胞の発達抑制作用を利用した芝類・草地の草丈伸長抑制剤，デシルアルコール n-decanol がタバコなどの腋芽抑制剤として開発されている．

根系発達促進作用をもつ殺菌剤 root-promoting fungicide 殺菌剤として開発されたものの，根系の発達促進作用も確認されたものとして，ヒドロキシイソキサゾール hymexazole, メタスルホカルブ methasulfocarb が挙げられる．また，イソプロチオラン isoprothiolane は発根促進作用のほかに水稲の登熟歩合向上作用，花卉類の分枝促進作用も認められている．

コリン関連物質 choline-related compound コリンやアセチルコリンは植物体内に内生されていることが知られているが，植物成長調整剤としては塩化コリン choline chloride が生育促進剤として実用化されている．

その他の植物成長調整剤 生理活性の改変を直接のターゲットとしていない植物成長調整剤として，葉面での皮膜形成による蒸散抑制作用を利用した萎凋防止剤としてワックス wax, パラフィン paraffin が実用化されている．また，無機化合物として，水稲湛水直播時の種子への酸素供給剤として過酸化カルシウム calcium peroxide, 果樹の柱頭の傷害誘導による摘果剤として蟻酸カルシウム calcium formate, 温州ミカンの浮き皮軽減剤として塩化カルシウム・硫酸カルシウム合剤 calcium chloride, calcium sulfate が実用化されている．

植物成長調節物質の研究上の利用

研究目的では，実用上有益とならない効果に着目した利用も盛んである点が特徴的である．

培養系での利用 従来，細胞培養・組織培養においてはオーキシン・サイトカイニン様活性物質などが活用されている．

分化・シグナル伝達研究での利用 植物ホルモン生合成阻害剤や極性移動阻害剤に抵抗性のミュータントは，当該ホルモンを内生していなくても正常に発育することから，シグナル伝達系研究に用いられている．

代謝研究での利用 植物ホルモン生合成阻害剤を添加した培地で植物を生育させ，任意の物質を処理した場合の反応によって，当該ホルモン活性の検定や代謝経路を推定する研究が行なわれている．また，インドール酪酸などを与えた場合のオーキシン作用の発現の有無によってβ酸化酵素の検定が行なわれている．

（副島 洋）

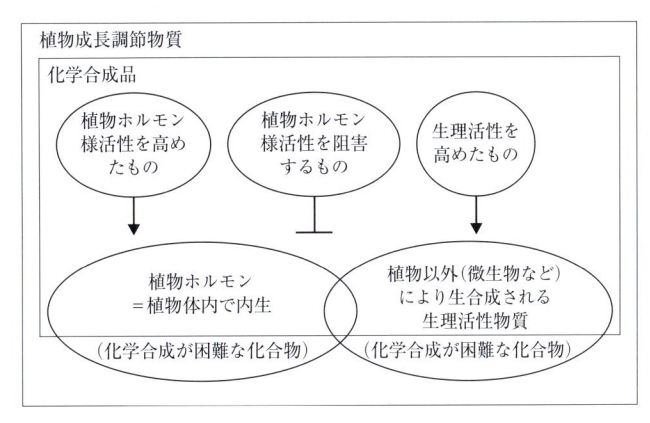

図1 植物成長調節物質の範疇

窒素固定

共生窒素固定 symbiotic nitrogen fixation　マメ科植物は，土壌中に生息する**根粒菌** rhizobium との共生関係によって大気中の窒素分子をアンモニアに還元して窒素栄養にすることができる．この還元反応には多量のATPと還元力（電子伝達タンパクである**フェレドキシン** ferredoxin が供給）が必要であり，マメ科作物は光合成同化産物をエネルギー源として供給し，根粒菌のもつ**窒素固定酵素** nitrogenaseによる還元反応を進める（図1）．窒素固定酵素は，FeとMoを含む酵素とFeとSを含む酵素の二つの成分からなる複合体である．得られたアンモニアはマメ科作物に供給され，アミノ酸として利用されることから相利共生関係が成立するので，共生窒素固定と呼ばれる．

なお，無機化学肥料としての窒素は，Haber & Bosch法という高温高圧条件下で，分子状窒素をアンモニアに還元する方法で工業的に生産されている．

根粒 root nodule　マメ科植物は3亜科（ジャケツイバラ亜科，ネムノキ亜科，マメ亜科）に分類され，約18,000種からなる．ジャケツイバラ亜科の約23％，ネムノキ亜科の約90％，マメ亜科の約97％が，根粒菌と共生して窒素固定を行なう場である根粒を形成する（図2上左，上右）．これらの種のなかには，茎の皮目に形成される不定根原基から根粒菌が侵入して茎にこぶ状の構造である**茎粒** stem nodule を形成し，窒素を固定する植物種（Sesbania rostrata）もある（図2下）．

根粒の形態は多様で，ダイズやラッカセイでみられる球形で先端に分裂組織を持たないものを**有限伸育型根粒** determinate type といい（図2上左），アルファルファやヘアリーベッチのように細長く掌のように広がるものは先端に分裂組織をもち，**無限伸育型根粒** indeterminate type と呼ばれる（図2上右）．また，根粒が側根の出現部位に多く着生するものや，根系全体に広く着生するものなど，着生の様態も多様である．

根粒菌 rhizobium　根粒菌は鞭毛をもった運動性のあるグラム陰性細菌である．大別すると，酵母マニトール培地上で培養した際に，生育が速いRhizobium属と生育が遅いBradyrhizobium属に分けられる．生育の速いものはさらに，Shinorhizobium属とMesorhizobium属に分けられる．また，上述した茎に茎粒を形成するS. rostrataに感染するAzorhizobium属は，生育が速く，培養の際に炭素源として乳酸を利用するという特徴をもつ．この種は単生でも**アセチレン還元活性** acetylene reduction activity を示す．

アセチレン還元法 acetylene reduction assay　窒素固定酵素の活性を簡便に測定する方法である．基質としてアセチレンを与え，一定時間後に生成（還元）されるエチレンをガスクロマトグラフィーで測定する．気相のアセチレン濃度，インキュベーション温度などが測定結果に影響する．測定の容易さから，切り離した地下部のみを用いる場合が多いが，還元反応に必要なエネルギーを光合成同化産物に依存しているので，時間経過とともに活性は低下する．

感染糸 infection thread　根粒菌はまず根圏で増殖し，宿主の根面に付着し皮層細胞へ侵入する．菌の侵入とともに宿主根の皮層に根粒原基が形成され，そこに菌が侵入して根粒構造がつくられる．菌の宿主への侵入過程には多様性がある．クローバやダイズでは，根圏で増殖した菌は**湾曲化** curling した根毛先端から侵入して，根毛内に形成された筒状の構造である感染糸を経由して皮層細胞に侵入する（図3）．一方，ラッカセイやセスバニアでは，菌は根毛を介さずに細胞間隙を経由して皮層細胞に感染する（**クラックエントリー** cruck entryと呼ばれる）．

根粒形成遺伝子群 nod genes　根粒菌のマメ科作物への感染は，根粒菌と宿主との間における相互のシグナル伝達によって進む．根粒形成に重要な役割を果たすnod遺伝子は，Rhizobium, Shinorhizobium, AzorhizobiumではSymプラスミドと呼ばれる巨大プラスミドに存在し，BradyrhizobiumとMesorhizobiumでは染色体に座乗している．

これらの遺伝子群には，根粒形成にかかわる共通の遺伝子と宿主特異性を制御する遺伝子が知られている．前者はnodA, B, C, Dといったいずれの種類の根粒菌においても共通に保存されている遺伝子である．たとえば，構成的に発現しているnodD遺伝子は，nodboxと呼ばれる転写活性領域が宿主側の根から放出される**フラボノイド** flavonoidとこのnodDが生産するタンパクとが結合した複合体によってさらに活性化され，誘導的発現が起きて根粒形成を促す．一方，nodboxは，nodA, B, C遺伝子の転写も活性化し，これらの遺伝子の発現により**nodファクター** nod factorと呼ばれるリポキトオリゴサッカライドが生産される．この物質がシグナルとして宿主側のノジュリン遺伝子の発現を制御する．**初期ノジュリン** early nodulin遺伝子は，根毛の湾曲化，根の皮層細胞の分裂，感染糸の形成を誘導する．

バクテロイド bacteroid　根粒菌は根粒組織中では分裂能力を失ったバクテロイドという形態に変化して窒素固定を行なう．宿主側の遺伝子として，窒素固定酵素の発現に重要な**レグヘモグロビン** leghemoglobin遺伝子やウリカーゼ遺伝子といった固定窒素の代謝にかかわる遺伝子が単離されており，これらは**後期ノジュリン** late nodulin遺伝子とも呼ばれる．窒素固定活性の高い根粒を切断すると内部が赤くみえるのはレグヘモグロビンが生産されているからである．酸素と結合できるレグヘモグロビンの存在は，嫌気性菌である根粒菌の窒素固定酵素の発現にとって，低酸素条件の維持という重要な役割を果たす．

ウレイド ureid 根粒組織内で固定された窒素は，アンモニアとしてバクテロイドから宿主の細胞質基質に移動し，そこで主としてGS/GOGATサイクルによって同化され，新たに形成された根粒内の導管から宿主植物の導管を通して地上部に運ばれる．この固定窒素の転流形態には植物間差異が知られており，ダイズやササゲでは，アラントインやアラントイン酸（その転流形態からウレイド植物と称する）が，エンドウやアルファルファでは，アスパラギン（同，アミド植物）が転流形態である．したがって，ウレイド植物では，導管液のウレイド含有率を分析することによって固定窒素の全窒素に占める割合を調べることができる．

重窒素自然存在比法 natural ^{15}N abundance method
マメ科作物の吸収窒素は，窒素固定，肥料，地力に由来するが，それぞれの由来別の窒素量を評価する際に，上述の導管液分析法，**重窒素同位体希釈法** ^{15}N dilution method，重窒素自然存在比法などが用いられる．

重窒素同位体希釈法では，調査するマメ科作物と同様の生育過程を経る非マメ科作物を対照作物として栽培する．そして両者に重窒素標識した窒素肥料を施用して，対照作物の吸収窒素における肥料窒素と地力窒素の吸収割合と，マメ科作物の肥料由来窒素の吸収割合とからマメ科作物の地力由来窒素量を計算し，固定窒素量を推定する方法である．

一方，重窒素自然存在比法では，栽培する土壌，対照作物，マメ科作物のそれぞれの窒素安定同位体比を質量分析計で精密に測定して，固定窒素量を推定する．すなわち，大気中の重窒素自然存在比を0‰と定義し，それを窒素供給源とするマメ科作物の安定同位体比が低いことを利用して解析する手法である．

根粒形成阻害 inhibition of nodulation 窒素固定を制御する環境要因の一つに培地中の窒素化合物があげられる．特に硝酸態窒素の存在は根粒形成や窒素固定活性を阻害する．菌の侵入に重要な役割を果たす根毛の湾曲化に対する硝酸代謝物の亜硝酸による阻害，根からの吸収窒素の同化と根粒形成や窒素固定酵素の発現との間における光合成同化産物の競合による阻害，バクテロイドの代謝に対する酸素防御機構の阻害，などがあげられる．

また，エチレンの生合成やその活性を阻害剤で抑制すると，硝酸による根粒形成阻害が軽減することから，植物ホルモンを介した阻害機構も存在する．

オートレギュレーション autoregulation 根粒形成の制御を失った突然変異体に，過剰に根粒が形成する**根粒超着生変異体** supernodulating mutantがあり，ミヤコグサ，タルウマゴヤシ，ダイズなどで知られている．野生株では根粒数の著しい増加は共生関係のバランスを崩すことから，宿主内で自己制御されて過剰な形成はさけられる．これを根粒形成のオートレギュレーションといい，エチレン，地上部由来の窒素代謝産物，同化産

窒素固定酵素複合体
$$N_2 + 8e^- + 8H^+ + 16ATP \rightarrow 2NH_3 + H_2 + 16ADP + 16Pi$$
（還元型 ferredoxin）　　　（酸化型 ferredoxin）

図1　窒素固定酵素複合体による分子状窒素のアンモニアへの還元

図2　有限型根粒（ラッカセイ）（上左）と無限型根粒（ヘアリーベッチ）（上右）および S. rostrataの茎粒（下）

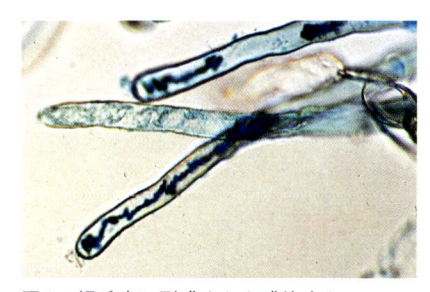

図3　根毛内に形成された感染糸（Crotalaria junceaに侵入したBradyrhizobium属菌）

物により調節されている．

窒素固定菌 nitrogen fixing bacterium　ハンノキやモクマオウに共生するFrankia（放線菌）や，コケ類，シダ植物のアゾラ（アカウキクサ）に共生するNostoc（ラン藻）も大気中の窒素をアンモニアに還元することができる．また，イネの根圏に生息するAzospirillumは，いわゆる"ゆるい共生関係"によってイネとの間で炭素と窒素の受け渡しを行なっている．また，サトウキビやパイナップルの根や地上部の細胞間隙や細胞内には，Acetobacter diazotrophicusがエンドファイト endophyte細菌（内生菌）として存在して窒素固定を行なっている．さらに，単生の窒素固定菌として，好気性のアゾトバクター Azotobacter，嫌気性のクロストリジウム Clostridiumやクレブシラ Klebsiellaなどが知られている．いずれも農業生態系における窒素の動態や作物生産への貢献度について明らかにすることが期待されている．

〈大門弘幸〉

窒素代謝

窒素代謝 nitrogen metabolism　植物は根で吸収した硝酸イオン(NO_3^-)やアンモニウムイオン(NH_4^+)と，光合成で得た糖や有機酸とから，**アミノ酸** amino acid を合成する．生体の構成成分として重要な**タンパク質** protein や**核酸** nucleic acid は，アミノ酸から合成される窒素化合物であり，アミノ酸の合成には，呼吸代謝によって生じたエネルギーが必要である．この**窒素同化** nitrogen assimilation の最初のステップは，根からの窒素の吸収である．

窒素吸収 nitrogen absorption　植物が土壌から吸収できる窒素の主な化合物は硝酸イオンである．根の細胞膜は細胞壁側が正に，細胞質側が負に帯電しており，陰イオンである硝酸イオンの細胞膜の通過は膜電位に抗して行なわれなければならない．また，土壌の硝酸イオン濃度は細胞質より低いので，濃度勾配に逆らった**能動輸送** active transport が必要である．この能動輸送を担う細胞膜上の硝酸イオンの担体が**硝酸トランスポーター** nitrate transporter (NRT) である．植物の硝酸トランスポーターには，*NRT1*型と*NRT2*型があり，前者は高い硝酸濃度に反応する低親和性型，後者は低い濃度の硝酸との親和性が高く輸送速度が速い高親和型である．

一方，有機物の分解や肥料から由来するアンモニウムイオンは，通常の好気的土壌では**硝化(硝酸化成)菌** nitrifier によって硝酸イオンに変換されるが，水田のような還元的土壌ではアンモニウムイオンとしても植物に吸収される．その際に機能する担体が**アンモニウムトランスポーター** ammonium transporter (AMT) である．水稲や湿性植物は，陽イオンとして土壌に吸着されて安定的に存在するアンモニウムイオンを吸収利用するので，好アンモニア植物と呼ばれる．

硝酸還元 nitrate reduction　根の細胞内に取り込まれた硝酸イオンの多くは導管を通って葉に輸送され，そこで**硝酸還元酵素** nitrate reductase (NR) によって亜硝酸イオンに還元され，さらに**亜硝酸還元酵素** nitrite reductase (NiR) によってアンモニウムイオンに還元されて，アミノ酸合成に用いられる(図1)．また，葉に運ばれずに根の細胞の液胞に蓄積された硝酸イオンは，根のNRとNiRによる還元によってアンモニアに変換される．

両反応には呼吸代謝によるエネルギーが必要であるが，その際の電子供与体は，NRによる還元ではNADHまたはNADPH，NiRでは還元型フェレドキシンである．アンモニウムイオンを直接取り込んだ場合は，この還元反応が不要なので，エネルギーコストからは，アンモニウムイオンのほうが硝酸イオンよりも効率がよい．

なお，一般に，植物体中のアンモニウムイオン濃度は極めて低い．これは葉における硝酸還元で得られたアンモニウムイオンは葉緑体で，根で吸収されたアンモニウムイオンは根において，それぞれ速やかにアミノ酸に同化されるからである．

アミノ酸同化 amino acid assimilation　上述の還元反応によって生成されたアンモニウムイオンは，グルタミン合成酵素によって有機態窒素へと変換される．すなわち，まずグルタミン酸のカルボキシル基の一つにアンモニウムイオンが付加されて，**アミド** amide であるグルタミンとなる．グルタミンに付加されたアミノ基は，次にグルタミン酸合成酵素によって2-オキソグルタル酸に転移し，2分子のグルタミン酸が生成される．このようにアンモニウムイオンからのアミノ酸同化の最初の段階では，GSとGOGATが双方に必要な基質を供給しあって成立しており，この代謝系をGS/GOGATサイクルと呼ぶ(図2)．

グルタミン合成酵素 glutamine synthetase (GS)　葉には細胞質基質局在型(サイトゾル型：GS1)と葉緑体局在型(プラスチド型：GS2)の，2種のGSが存在する．多くの植物ではGS2のほうが量的に多い．イネの葉では老化に伴いGS1は大きく減少するが，GS2は葉の老化が始まった後も一定値を保つ．根でのアミノ酸同化にもサイトゾル型とプラスチド型のGSが機能する．

グルタミン酸合成酵素 glutamine 2-oxoglutarate aminotransferase (GOGAT)　GOGATの反応には，電子供与体(還元物質)としてNADHあるいは還元型フェレドキシン(Fd)が必要である．前者を利用して反応を進めるものをNADH-GOGAT，後者を利用するものをFd-GOGATと称する．イネでは，NADH-GOGATは若い未展開の葉身や根組織などの非光合成組織のプラスチドに局在し，Fd-GOGATは緑葉中の葉緑体のストロマ構造に多く局在する．

グリコール酸回路 glycolate cycle　炭酸固定酵素であるルビスコ ribulose-1,5-bisphosphate carboxylase/oxygenase (Rubisco) のオキシゲナーゼとしての反応では，酸素と結合したribulose-1,5-bisphosphate (RuBP) は，2-ホスホグリコール酸(2-phosphoglycolate：2-PG)と3-ホスホグリセリン酸(3-phosphoglycerate：3-PGA) に裂開する．生成された2-PGは，葉緑体ストロマ，ペルオキシソーム，ミトコンドリアで代謝されて，3-PGAを経てRuBPに再生される．この代謝をグリコール酸回路といい，この過程でアンモニウムイオンが生じる．このアンモニウムイオンは，GS/GOGATサイクルをもつ葉緑体でGS2とFd-GOGATによって速やかにグルタミン酸に同化され，アンモニウムイオンの生体における蓄積を防いでいる．グルタミン酸は，細胞質内のペルオキシソームに輸送され，そこでグリオキサル酸にアミノ基を転移してグリシンが生成する．

アミノ酸の炭素骨格 carbon skeleton　GS/GOGATサイクルで合成されたグルタミンあるいはグルタミン酸は，種々のアミノ酸におけるアミノ基の供与体となる．アミノ酸の炭素骨格は，解糖系や還元的ペントースリン

酸回路（カルビンサイクル）で生成した種々の中間代謝産物であり，これらの代謝産物にアミノ基が転移される．アミノ酸合成系の多くは葉緑体に存在する．

アスパラギン合成酵素 asparagine synthetase　グルタミンと同様に，アスパラギンも窒素の転流や貯蔵に重要な役割を果たしている．まず，グルタミン酸からオキサロ酢酸にアミノ基が転移することによりアスパラギン酸が生成し，次にアスパラギン酸にグルタミンからアミノ基が転移してアスパラギンが合成される．この反応がアスパラギン合成酵素（AS）によって触媒される．ASの反応は緑葉よりも老化組織や根において多くみられるので，ASは窒素の再転流に関与しているものと思われる．なお，アスパラギン酸は，スレオニン，イソロイシン，リジン，メチオニンの前駆体となる．

アミノ酸代謝 metabolism of amino acids　ピルビン酸を炭素骨格にして，アラニン，バリン，ロイシンが合成される．また2-オキソグルタル酸から前述のようにグルタミン酸ができるが，このグルタミン酸を経由してアルギニンとプロリンが合成される．芳香族アミノ酸であるフェニルアラニン，チロシン，トリプトファンは，シキミ酸経路 shikimic acid pathway を経て生成される．フェニルアラニンとチロシンのアミノ基供与体はグルタミン酸であり，トリプトファンのアミノ基供与体はセリンである．ホスホグリコール酸からは，グリシンとセリンが合成される

含硫アミノ酸であるシステインは，根から取り込まれた硫酸イオンの代謝経路で合成される．すなわち，根から葉へ運ばれた硫酸イオンは葉緑体中で還元され，炭素骨格としてセリンを利用してシステインが合成される．システインあるいはアスパラギン酸由来のホモセリンからメチオニンが生成される．

生合成されたアミノ酸は，それぞれの合成された部位でタンパク質や核酸などの組織構造の構築や生体機能の維持に必要な物質に変換されて利用され，一部は他の組織や器官に転流する．

脱窒 denitrification　農耕地生態系における窒素循環を知るうえの重要な現象として脱窒作用がある．土壌中のアンモニア態窒素は，施肥，有機物の微生物による分解（酸化），マメ科作物の窒素固定などによって増加するが，アンモニウムイオンは，酸化的な土壌表層においては硝化（硝酸化成）菌によって亜硝酸を経て硝酸イオンとなる．この過程で一酸化窒素（NO）や一酸化二窒素（N_2O：亜酸化窒素）が生成されるが，この反応を**硝酸化成** nitrification という．

一方，生じた硝酸イオンは水に溶けて移動して河川や地下水に流出するとともに，土壌中が還元条件にあるときには，**脱窒菌** denitrifier によって亜硝酸イオン，NO，N_2O，N_2と還元される．この過程で気体として土壌から窒素成分が消失する現象が脱窒である（図3）．このよう

$NO_3^- + 2e^- \rightarrow NO_2^-$（硝酸還元酵素（NR）による反応）
$NO_2^- + 6e^- \rightarrow NH_4^+$（亜硝酸還元酵素（NiR）による反応）

図1　細胞内に取り込まれた硝酸イオンのアンモニウムイオンへの還元
電子供与体はNADHと還元型フェレドキシン

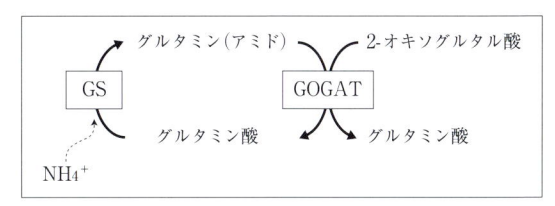

図2　アミノ酸合成の第一段階であるGS/GOGATサイクル

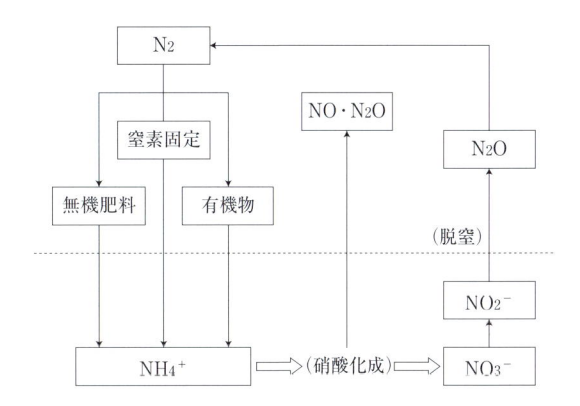

図3　硝酸化成と脱窒の過程における亜酸化窒素の放出

な嫌気条件下での硝酸イオンを利用した微生物による呼吸を**硝酸呼吸** nitrate respiration という．

亜酸化窒素放出 emission of nitrous oxide　温暖化ガスの一つとして農耕地からの放出が問題となるガスの一種に，亜酸化窒素（一酸化二窒素：N_2O）があげられる．上述のように，過剰な窒素施肥や大量に投入された有機物の分解によって土壌に蓄積した硝酸イオンからの脱窒と酸化条件下における硝化作用の過程で亜酸化窒素が発生する．畑条件とちがって水田条件（還元状態）では，分解によって生じた硝酸イオンは亜硝酸イオンから最終的に窒素ガスとなって大気に放出されるので，畑状態に比べて亜酸化窒素の放出量は少ないといわれている．

農耕地や熱帯，亜熱帯の森林などに栽植される窒素固定量の多いマメ科植物は，地力増強には有用である．しかし一方で，土壌の窒素バランスを変化させるので，亜酸化窒素を放出しやすいとの懸念もある．農耕地からの亜酸化窒素の放出量を削減するために，堆肥，緑肥などの有機物と無機化学肥料の施用のバランスや施用の位置や時期などについて考慮する必要があろう．

（大門弘幸）

植物の栄養

研究の歴史

腐植説 humus theory　植物は土壌の腐植などの有機物を吸収し，これを炭素源として成長するとした学説．腐植栄養説や有機栄養説とも呼ばれる．19世紀初めにテーア Thaer によって唱えられ，無機栄養説が受け入れられるまで広く信じられていた．

無機栄養説 mineral nutrition theory　腐植説は間違いであり，植物は窒素やリンなどの無機物を吸収し，二酸化炭素を炭素源として成長するとした学説．鉱物説とも呼ばれる．1820年代後半にスプレンゲル Sprengel によって提唱された．1840年以後にリービッヒ Liebig の活躍によって広く知られるようになり，無機質肥料の利用が進んだ．

最少養分律（最小養分律） law of the minimum nutrient　植物の成長は，必要とする養分のうち，最も不足している養分の量に制限されるという考え方．1828年に無機栄養説とともにスプレンゲルによって提唱された．1840年以後にリービッヒの活躍によって広く知られるようになったため，リービッヒの最少養分律とも呼ばれる．後に，水・光・空気などの養分以外の要素が追加され，**最少律（最小律）** law of the minimum と呼ばれた．これらをわかりやすく説明するものとして，**ドベネックの樽** Dobeneck's barrel（リービッヒの樽 Liebig's barrel）があり，各樽板の長さを各要素の充足具合に見立てたときに，樽に溜められる水量を植物の成長量と見立てる（図1）．ただし，実際には，最も不足している要素を補っても生育量は直線的に増加しないなど，最少律が厳密には成立しない場合がある．

水耕栽培 hydroponics (water culture)　植物の根が無機塩の水溶液に浸るように固定して栽培する方法．無機栄養説に触発され，植物に必要な無機塩を実験的に調べるため，1860年にザックス Sacks，1865年にクノップ Knop によって，少数の無機塩を溶かした水溶液で植物を育てる水耕栽培が確立された．この方法により，植物の生育に必要な元素の種類を把握できるようになった．

植物の構成元素

・**必須元素** essential element

植物の正常な生育に必須な元素で，以下の基準がある．1) その元素が欠乏すると，植物の生育が異常となり，栄養成長と生殖成長の過程を全うできないこと．ただし，その効果はその元素特有のもので，他の元素では代替できず，他の元素の過剰害を拮抗的に弱めるような間接的なものではないこと．また，特定の植物のみに限られないこと．2) その元素が植物に必須の生体物質の構成成分になっているか，植物に必須の生化学反応に関与していること．

必須元素は現在17元素とされている．植物の必要量が多い炭素・水素・酸素・窒素・リン・硫黄・カリウム・マグネシウム・カルシウムの9元素は**多量元素** major element (macroelement) と呼ばれ，必要量が少ない鉄・マンガン・銅・亜鉛・モリブデン・ホウ素・塩素・ニッケルの8元素は**微量元素** minor element (microelement, trace element) と呼ばれる．9種の多量元素と微量元素の鉄が必須元素であることは，少数の無機塩を溶かした水耕栽培の確立過程で明らかとなった．鉄以外の7種の微量元素が必須元素であることは，1920年以後，分析化学の進歩によってわかった．特にニッケルが必須元素とみなされるようになったのは近年である．

栄養障害 nutritional disorder　必須元素などの要素が欠乏して葉や果実に特徴的な症状が現われることを**要素欠乏** nutrient deficiency (mineral deficiency) といい，欠乏した要素に応じた症状が出るが，作物の種類や生育段階，また欠乏の程度によっても異なる．窒素，リン，カリウムなどは古い葉から若い葉に再転流しやすいため，要素欠乏の症状は古い葉に出やすい．一方，再転流が少ないホウ素やカルシウムなどでは，若い葉などの成長器官に症状が出やすい．逆に，要素が過剰な場合に特徴的な症状が現われることを**要素過剰** nutrient excess (excess injury) という．ある要素が過剰な場合に，拮抗作用によって別の要素の吸収を阻害することも多い．

炭素 carbon (C)，**水素** hydrogen (H)，**酸素** oxygen (O)　植物体を形成する炭水化物，脂質，タンパク質やその他の有機化合物の構成元素であり，窒素，リンとともに植物の基本構成元素である．

窒素 nitrogen (N)　生体生理関連物質の主要構成成分であり，植物の成長・分化増殖のすべてに関与し，制限因子になっている．窒素が欠乏すると，葉は古葉から黄化し小型化する．

リン phosphorus (P)　生体内で，DNAやRNAのポリリン酸エステル鎖として存在するほか，ATPなど重要な働きを担う化合物中に存在している．欠乏すると，葉は濃緑色となり，アントシアニン色素が形成され，赤紫色または赤色を呈することがある．

カリウム potassium (K)　細胞質におけるpHや浸透圧の調節に作用している．また，種々の酵素の活性化にも関与している．欠乏すると，葉に褐色斑点が生じ，下葉から枯れ上がる．カリウムが過剰に与えられると，マグネシウム欠乏を引き起こすことがある．

カルシウム calcium (Ca)　セルロースやペクチンなどの膜成分と架橋をつくり，膜壁構造の安定化に寄与している．欠乏すると，茎の先端部や新葉の発育部位の成長が異常となり，トマトの尻腐れ，キャベツ，ハクサイの縁腐れ，心腐れなどが発生する．

マグネシウム magnesium (Mg)　植物の光合成色素

である葉緑素(クロロフィル)の構成成分である．また，細胞質中のリボソームの構造維持に関与したり，種々の酵素反応の活性化を行なう．欠乏すると，下位葉から上位葉に黄化が進む．

硫黄 sulfur (S) 含硫アミノ酸として植物体のタンパク質の構成成分であり，光合成などの生体内反応や代謝調節に重要な役割を果たしている．含量はアブラナ科で高く，イネ科では低い．欠乏すると，全体的に小型になり，古い葉よりしだいに緑色が淡くなる．

鉄 iron (Fe) 生体内でFe^{2+}として酵素の活性化に関与する．また，ポルフィリン環に入ってヘムとなり，種々の酵素の活性中心に存在し，酸化還元反応，電子伝達反応，酸素運搬に関与している．欠乏すると，新葉が黄化し，特に，葉脈間が白化する場合がある．

マンガン manganese (Mn) 基本的な代謝過程に働く酵素の賦活剤になっている．葉では多くが葉緑体に存在し，酸素発生に関与している．欠乏すると，上位葉が黄化，クロロシスとなる．

銅 copper (Cu) 鉄とともにチトクローム酸化酵素の成分元素として呼吸に関与するほか，葉緑体中に銅タンパク質のプラストシアニンとして局在し，光合成の電子伝達系に関与している．ムギ類では出穂期頃に欠乏症が現われやすい．

亜鉛 zinc (Zn) 炭酸固定に役割を演じる炭酸脱水酵素をはじめとする重要な酵素タンパクの成分元素になっており，植物ホルモンのインドール酢酸の生成への関与も認められる．亜鉛が欠乏すると，全体として葉がロゼット状になる．

塩素 chlorine (Cl) ハロゲン元素の一つで，マンガンとともに光合成の酸素発生に関与している．また，タマネギなど孔辺細胞が葉緑体を持たない場合は気孔開閉に塩素イオンが必要である．

ホウ素 boron (B) 作物によって含量や要求性，耐性に著しい差がある．ほとんどが細胞壁に存在し，その形成や機能の維持に関与している．欠乏症は成長点付近に発生しやすく，アブラナ科は特に要求量が多い．また，ダイズ後のオオムギで不稔となる場合がある．

モリブデン molybdenum (Mo) 根粒菌の窒素固定に関与するニトロゲナーゼの構成元素で，マメ科植物では欠乏すると生育は抑制され，葉中の窒素含有率は低くなる．欠乏症状は古い葉や組織に現われ，アブラナ科のカリフラワーやブロッコリーでは鞭状葉となる．

ニッケル nickel (Ni) 尿素の分解に関与するウレアーゼや，微生物による水素の発生と吸収に関与するヒドロゲナーゼを活性化する．

・**有用元素 beneficial element**
必須元素の基準を満たさないが，植物の生育に有用な元素．特定の植物で必須であったり，植物の成長を促

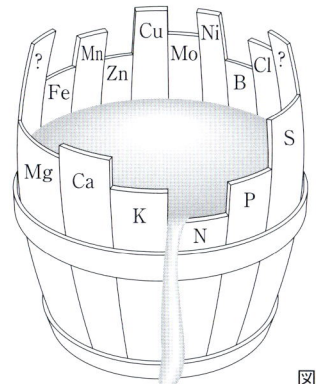

図1 ドベネックの要素樽

進したりする．

ケイ素 silicon (Si) オルソケイ酸H_4SiO_4として植物に吸収され，特に，イネは生育後期に顕著に吸収し，受光姿勢がよくなり，生育促進，いもち病に対する抵抗性，倒伏抵抗性が増す．また，低温，乾燥，窒素過剰，塩害に対してもケイ酸の肥効が期待できる．さらに，キュウリのうどんこ病に対しての抑制効果も知られている．

ナトリウム sodium (Na) C_4植物で必須とする種が存在し，C_3植物でもカリウム欠乏の障害を軽減する．特定の作物ではカリウムが十分供給されてもナトリウムの生育促進効果が認められている．

アルミニウム aluminium (Al) pH4.5程度以下の土壌でAl^{3+}として存在し，酸性障害を引き起こす．集積植物として知られるチャでは，根や葉の表皮細胞に局在し，低濃度の施用で，花粉管の成長を促進したり，マンガン過剰症を軽減する．なお，ムギやトウモロコシ，アジサイ，ソバなどは，アルミニウム耐性をもつことが知られている．

コバルト cobalt (Co) 動物および多くの微生物では必須元素である．高等植物では，必須性は確認されていないものの，植物と微生物の共生的窒素固定にはコバルトが根粒内のレグヘモグロビンの生合成に関与しているとされる有用元素である．

セレン selenium (Se) イオウと同族元素であり，化学的性質が類似している．マスタードやブロッコリーに比較的多く集積し，耐性を示す．アメリカでは家畜の飼料の干草や穀物中のセレン含量が低いと筋肉白化症が多いことが知られている．

ストロンチウム strontium (Sr) カルシウムの供給を制限した場合に効果が現われることがトウモロコシで認められ，カルシウムの一部代替性をもつと考えられている．

ルビジウム rubidium (Rb) 土壌中では非常に低濃度であるが，植物によって吸収されやすく，カリウムに似た挙動で代替性を示す．

〔土屋一成・原 嘉隆〕

養分吸収

養分吸収機構
・無機養分の吸収

　植物は，根の周りのごく薄い養分の溶液中から，濃度勾配に逆らって無機養分を吸収する．このような吸収は積極吸収 active absorption といい，呼吸エネルギーを利用して行なわれる．溶液中と植物体中の養分イオンの比率は異なり，養分イオンの選択的な吸収が行なわれている．

　根圏 rhizosphere での養分移動　根圏での養分の移動は，植物の吸水に伴う土壌水分の移動とともに無機養分が移動するマスフロー mass flow と，根の吸収により生じた無機養分の濃度勾配に従って無機養分が移動する拡散 diffusion の2つの要因に支配されている．通常，移動速度は，マスフローが拡散よりも大きい．

　植物体内での養分移動　植物根内での無機養分は，表皮内側の皮層細胞の細胞壁と細胞間隙における拡散や蒸散により物質が移動するアポプラスト apoplast 輸送と，植物細胞の原形質連絡における拡散や原形質流動により物質が移動するシンプラスト symplast 輸送の2つの経路で運ばれる（図1）．維管束植物の根には，細胞膜と細胞膜の間にスベリン suberin などの疎水性物質が詰まった不透水性のカスパリー線 Casparian strip と呼ばれる構造が発達し，アポプラスト輸送を抑制している．養分イオンは，選択的な取り込みを受けてアポプラストからシンプラストに入り，導管をとり巻く中心柱細胞から再びアポプラストに放出されて導管に運ばれる．

　膜輸送 membrane transport　養分イオンの選択的な取り込みは，膜内外の電気化学的ポテンシャル勾配を利用した受動輸送 passive transport と，勾配に逆らった能動輸送 active transport に分けられる．荷電している養分イオンは脂質分子から構成される細胞膜を通常透過できないため，養分イオンの透過路を膜タンパク質が担い，これらの膜タンパク質はチャネル channel，ポンプ pomp，トランスポーター transporter に分類される．

　チャネル　細胞膜を通り抜けているタンパク質からなる孔で，電気化学的ポテンシャルの勾配に従って特定のイオンを通過することができる受動的吸収機構である．K^+, Na^+, Cl^-, Ca^{2+}, $B(OH)_4^-$ などのチャネルの存在が明らかになっている．

　ポンプ　膜電位差に逆らって養分イオンを膜輸送する能動吸収機構で，ATPの加水分解エネルギーを利用して電気化学勾配に逆らった輸送を担う．

　トランスポーター　複数の膜貫通領域と基質の認識領域をもつタンパク質複合体で，無機イオンや栄養物質などの様々な輸送に関与する．トランスポーターは，細胞内のATPにより駆動または制御されるABC (ATP-Binding Cassette) ファミリーとこれ以外のSLC (Solute Carrier) ファミリーに分けられる．SLCは，基質の電気化学勾配に従う促進拡散，およびポンプにより形成されたイオン勾配を駆動力にして基質の電気化学勾配に逆らう輸送を担う．

　これらの膜輸送系タンパク質の量や輸送活性は，植物の栄養条件や土壌中のイオン濃度などにより調節されている．

・有機物吸収 organic matter absorption

　植物は，比較的低分子の糖や有機酸，アミノ酸などの有機物をトランスポーターの働きなどにより直接吸収することができる．タンパク質，多糖類などの高分子の有機物の吸収機構としては，細胞膜が内側にくびれて小胞として取り込む膜輸送 cytosis がある．有機態窒素の吸収では作物種・品種間差が存在し，ニンジン，チンゲンサイは土壌中で無機化される窒素の供給源と考えられる分子量8,000〜9,000程度の比較的均一なタンパク様物質と推定されるリン酸緩衝液可溶有機態窒素を直接吸収すると考えられている．

・葉面吸収 foliar absorption

　植物は，葉面からも無機養分やグルコース，尿素などの有機物を吸収することができる．根に障害を受けて養分吸収が阻害された場合や微量要素欠乏症が発現した場合には，葉面から養分を吸収させる葉面散布が効率的である．葉面吸収では主にクチクラにおける拡散による透過が重要であると考えられている．またクチクラ膜の透過には方向性や物質選択性がある．

養分の可給化

　可給態養分 available nutrient　土壌に存在する養分のうち植物根が吸収できる形態の養分．可給態養分は一般には水溶性形態である．不可給態の養分は，土壌の物理・化学反応，微生物反応，根の作用によって可給態化する．根は，直接あるいは根圏，根内微生物を介して養分を可給態化する多様な機能をもつ．根の分泌物 root exudate による根圏環境の改変は，可給態化の重要な機構のひとつである．

　鉄の可給化　鉄は土壌中に豊富に存在するが，大部分は植物根が吸収できない不溶性の形態である．鉄は酸化条件では3価鉄Fe (III) として存在するが，その化合物は一般に溶解度は低く，特に高pHでは低下するため，石灰質土壌など高pH下では鉄欠乏が生じやすい．

　植物根は，難溶性鉄を吸収する2つの戦略をもつことが知られる．戦略Iはイネ科以外の植物にみられ，根からの水素イオンや有機酸の分泌による根圏pHの低下，細胞膜に存在する3価鉄イオン還元酵素の作用でFe (III) が2価鉄Fe (II) へ還元されることによる可溶化，Fe (II) トランスポーターによる根内への取り込み，によって鉄を吸収する．戦略IIはイネ科植物にみられ，Fe (III) のキレーターであるムギネ酸 mugineic acids が根から分泌され，鉄をキレート化したのち，ムギネ酸-鉄トラン

ポーターによって根内に取り込む(図2).ムギネ酸類はL-メチオニンを前駆体として生合成され,鉄欠乏で分泌は促進される.

リンの可給化 土壌のリンは無機態と有機態からなるが,大部分は不溶性であり,一般に土壌溶液中のリン濃度は非常に低い.無機態リンは,カルシウム,鉄,アルミニウムと結合して存在する.カルシウム型リンの溶解度は低pHで増大する.植物根は,根圏を酸性化し,カルシウム型リンを溶解し吸収を促進する.酸性土壌での主な無機態リンである鉄型とアルミニウム型リンの溶解度は非常に低い.

ある種の植物では,鉄やアルミニウムのキレート物質を分泌することによってリンを放出させ可給態化する.ルーピンはリン欠乏下でプロテオイド根 proteoid rootを形成しクエン酸を分泌する.酸性土壌 Alfisolでよく生育するキマメでは,根から鉄キレート物質ピシジン酸を分泌することが知られる.有機態リンは,土壌微生物により無機態リンに分解されて吸収されるが,一部の植物は,根から酸性フォスファターゼを分泌し,無機態リンに分解する.また,菌根 mycorrhizaは,菌糸の伸長による吸収面積拡大やリンの可給化によって植物のリン吸収を促進する.

ミネラルストレス

酸性耐性 酸性土壌では,一般に植物の生育が低下する.これは,リンの不溶化,塩基類の欠乏などの欠乏障害や,酸性下で吸収が高まるアルミニウム,マンガンなどの過剰障害による.アルミニウムは,pH4.5程度以下では毒性の高いAl^{3+}として存在し,根の生体物質と結合して伸長抑制などの障害を起こす.アルミニウム耐性植物は,アルミニウムキレート物質を根から分泌するなどして障害を軽減している.キレート物質としては,主に有機酸が知られ,コムギではリンゴ酸,ソバではシュウ酸を分泌する.

重金属障害 銅,亜鉛,ニッケル,ヒ素などは植物の生育を阻害する.重金属イオンを無毒化する機構としては,重金属イオンを有機酸やアミノ酸と結合させキレート化し液胞内に貯蔵する,あるいはペプチドと結合させる機構などが知られる.たとえばソバではクエン酸とキレート化する.また,システインに富むペプチドであるグルタチオンやフィトケラチン,メタロチオネインなどは,チオール結合によって重金属イオンを無毒化するのに関与している.

ファイトレメディエーション phytoremediation 植物を利用して土壌の重金属,汚染物質などの有害物質

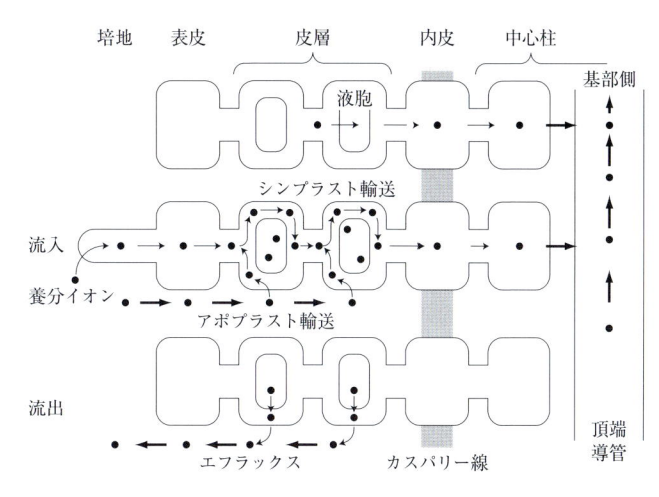

図1 根中の養分イオンの動き(大山,1994)

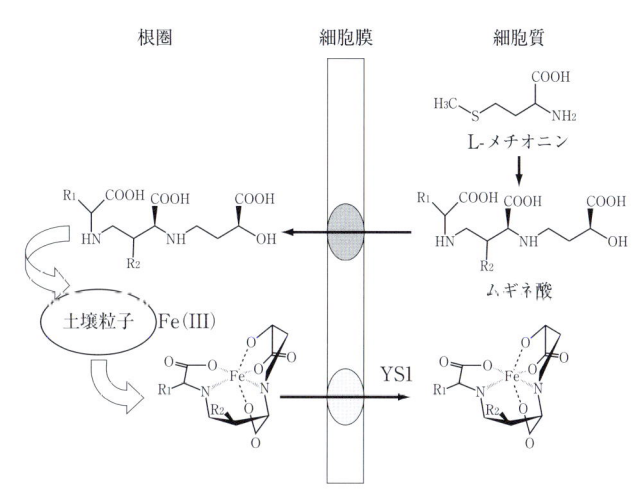

図2 イネ科作物の根における鉄獲得機構(戦略II)
(Ma and Nemoto, 1993)

YS1:ムギネ酸-鉄トランスポーター

を除去,低減して環境を修復することをいう.対象となる成分を特異的に低減できること,客土など土木工程や化学物質の投資が不要なことなどが特徴である.重金属のほか石油や有機塩素系化合物など有害有機化合物などが対象となる.

有害物質を低減するには,地上部に吸収させて収穫,分離する方法と,土壌中で根や根圏微生物のはたらきで分解,固定させる方法がある.前者には,さらに地上部に吸収させて収奪するファイトイクストラクション phytoextraction,空中に揮発させるファイトボラティリゼーション phytovolatilizationが含まれる.ファイトイクストラクションによる重金属の低減では,これらの養分を特異的に吸収する集積植物 hyperaccumlatorを利用できる.

(関矢博幸・近藤始彦)

休眠

作物と休眠

休眠 dormancy は，広義には植物の発生過程において一時的に成長を停止する現象を指し，狭義には芽，種子，胞子などが，発芽に適当な水分，酸素，温度，光などの条件が与えられても発芽しない状態をいう．休眠状態にある種子を休眠種子 dormant seed，球根類や木本類の芽を休眠芽 dormant bud という．

生活環を通じて，季節や気象の変動により生育環境はいつも好適とは限らない．たとえば，冬の凍結や乾燥は植物の成長に不適である．種子繁殖および栄養繁殖をする植物はそれぞれ，耐寒性がきわめて優れる種子および地中に完全に埋まった根茎や球茎の状態を維持することで冬をしのいでいる．休眠は成長活性を著しく低下させるかわりに不良環境に対する耐性を高め，個体の生存や種の繁殖をはかる適応手段として受け止められる．休眠の強弱は，環境にも左右されるとともに遺伝的支配を強く受けている．

作物種の種子は，一般に野生種に比べて休眠性が弱まっている．作物では発芽が制御しやすいこと，すなわち播種後適当な条件が与えられれば速やかかつ斉一に発芽することが求められるためである．一方，休眠性が弱すぎると，種子の貯蔵可能期間が短くなり，コムギやイネなどでは後述する穂発芽が発生しやすくなる．よって，作物の休眠性は種子の用途や栽培環境に応じて最適化される必要があり，しばしば重要な育種目標となっている．

休眠は，種子や芽の発達中に形成される自発休眠，不良環境によって誘導される誘導休眠，狭義の休眠には入らないが環境条件によって成長が停止させられた状態の強制休眠，の3タイプに分けられる．なお，急速に成長している枝において，頂芽優性によって側芽の成長が抑制され休眠芽が生じるが，これは上の3タイプの休眠とは区別される．

自発休眠 innate dormancy

一次休眠 primary dormancy もしくは内生休眠 innate dormancy ともいう．種子作物や雑草では一次休眠の用語を用いることが多い．種子や芽の発達の過程において親植物上で誘導される休眠をいう(図1)．

種子の休眠は，原因が胚をとり囲む種皮・果皮や胚乳に生じているものと，胚自身にあるものとに大別される．前者では，胚の吸水阻害 inhibition of water uptake，種皮の酸素や二酸化炭素の透過性，胚の成長に対する機械的抵抗 mechanical resistance および発芽抑制物質 germination inhibitor が原因となる．胚自身に原因が存在するものとしては，胚の生理的未熟 immaturity of embryo，形態的未完成，胚自身がもつ生理的成長阻害機構が挙げられる．また，光によって発芽が促される種子 positively photoblastic seed や阻害される種子 negatively photoblastic seed が示す光発芽性も胚の内部休眠のしくみの一つである．さらに，これらの原因が単独だけでなく複合的にはたらくことが，多くの植物で知られている．

自発休眠が誘導される際の重要な因子(発芽抑制物質)の一つとしてアブシジン酸がよく挙げられる．アブシジン酸量は，種子や芽の発達過程の中期から後期にかけて増加する．また，アブシジン酸が合成されないような処理条件もしくは変異体において発達する種子では，成熟しても休眠しないことが知られている．

休眠は，胚をとり囲む組織の物理的性質の変化やアブシジン酸をはじめとする発芽抑制因子の減少，もしくはこれと拮抗する因子，たとえばジベレリン，オーキシン，サイトカイニンなどの増加によって解除される．それは，時間の経過や，冬の低温，夏の高温など季節の推移にともなう環境因子の変化によって進む．このようにして自然に休眠が解除されることを休眠覚醒 dormancy awakening と呼ぶ．

大多数の種子は一般に成熟後に数日から数か月あるいは数年の休眠期 dormancy period をもつ．この期間において種子が発芽能力をもつに至る過程を，成熟過程のひとつとみなして後熟 afterripening と呼ぶ．なお，収穫後の果実が食用に適した熟度に達する過程も後熟というが，これは休眠には関係しない．

誘導休眠 induced dormancy

種子作物や雑草を対象とするときは二次休眠 secondary dormancy を使用することが多い．休眠性のない種子や後熟を終えて自発休眠から覚醒した状態にある種子が，発芽に不適な環境条件に一定期間置かれることで形成される休眠状態をいう(図1)．

強制休眠とは異なり，誘導休眠では原因となった因子が取り除かれただけでは発芽しない．原因となる条件には，低温，高温，光の有無，二酸化炭素や酸素などの気体の過不足，水分の過不足などがある．それらは，自発休眠と同様に種皮などに生じる場合と胚や芽に生じる場合がある．誘導休眠は，不良環境を回避する意義をもつとともに，種子の寿命の延長に役立っていると考えられている．

強制休眠 enforced dormancy

環境休眠 environmental dormancy ともいい，必要な環境条件が満たされないために発芽できない状態をいう．一般に条件が満たされると発芽するので，狭義の休眠とは区別され，休止 quiescence と呼ぶこともある．たとえば，ジャガイモの塊茎は，塊茎形成後の一定期間その内部のジベレリン含量の低下や休眠物質の蓄積などにより自発休眠の状態にあるが，それが終了しても低温

条件のために引き続き萌芽しない，すなわち強制休眠状態にあることが多い．

休眠打破 dormancy breaking

芽・種子などの休眠期の長さは，休眠の原因を取り除いたり，その解除を促進する条件を与えたりすることで，人為的に著しく短縮できる．これを休眠打破という．休眠打破は，基本的に自発休眠や誘導休眠の原因を取り除くものである．具体的な方法として，一時的な低温・高温処理，適当な植物ホルモン処理（ジベレリン，サイトカイニン，エチレン，ブラシノステロイドなど），芽の部分的傷害や種子の傷つけ処理などがある．またムギ類では過酸化水素処理も有効である．

硬実 hard seed

クローバ類，レンゲ，アルファルファなどのマメ科牧草種子では，種皮の不透水性のために発芽が抑制されていることが多い．種皮に原因をもつ休眠の一つであり，とくに硬実と呼ぶ．

硬実はアズキやダイズなどの食用マメ類にも生じることがある．それらは加工・調理の前提として吸水が必要であるため，硬実の発生は利用面からも望ましくなく，石豆と呼ばれる．

硬実状態にある種子を播種する場合は，砂と摺り合わせたり濃硫酸に浸漬したりして，人為的に種皮に傷をつけることで休眠打破を行ない，発芽の斉一化がはかられる．

穂発芽 preharvest sprouting

ムギ類やイネの種子が収穫前に穂についたまま発芽する現象を穂発芽という（図2）．種子の休眠は種子発達の後期に形成されるが，その程度が遺伝的に弱かったり，条件によりそれが覚醒されたりすることが関係する．ムギ類では低温と高湿度もしくは降雨の組合わせが，イネでは長雨や倒伏が，それぞれ穂発芽の発生を助長する外的要因となる．

種子発芽の過程で α-アミラーゼ活性が誘導されるが，それによるデンプン分解が顕著な品質劣化を引き起こす．コムギではさらにエンドプロテアーゼ活性の増加がグルテンの劣化ひいては製パン性の低下の原因になる．

穂発芽性 ear-sprouting tolerance には著しい品種間差異が存在し，穂発芽被害が多発するわが国のコムギ作を改善するための重要な育種目標になっている．

（白岩立彦）

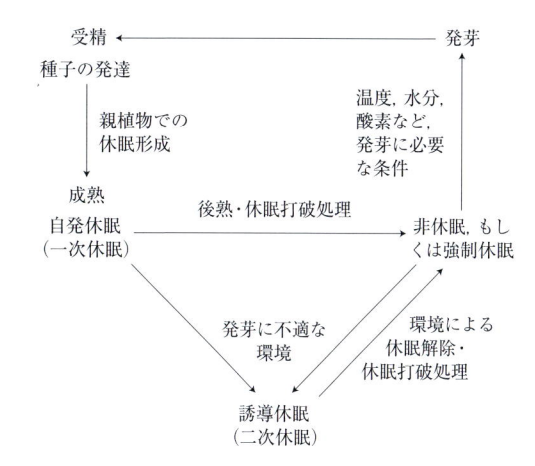

図1　種子の自発休眠および誘導休眠の形成と解除

図2　イネの穂発芽

成長・運動

成長

　生体量の増加を **成長 growth** という．かつては植物には生長の文字を使ったが，現在では植物でも成長を使うことが多い．作物学の分野では物質生産の視点から，水分量の増加を含めず，乾物量の増加を成長とすることが多いが，水分量の増加も含める場合もあり，器官や細胞の長さの増加や葉面積の増加も成長という場合がある．さらに，量的な増加だけでなく，分化に伴う構造の質的な発達も含めることがあり，何を成長と呼んでいるか内容からの判断が必要である．成長を生体量の増加とした場合，細胞数の増加と細胞容積の増加の2つの要素に分けることができる．

　成長量を経時的に測定し，横軸に時間，縦軸に成長量をプロットして得られるグラフを **成長曲線 growth curve** と呼ぶ．成長曲線はS字状曲線（シグモイド曲線）になる場合が多い．この成長曲線を数式化するために，最も一般的に用いられているのがロジスティック曲線（図1）である．ロジスティック曲線は，ある時間 t での成長量を y とすると，次の式で表わすことができる．

$$y = \frac{Y}{1 + ke^{-\lambda t}}$$

ここで，Y は成長量の最大値，λ は成長率，k は積分定数である．成長曲線は，作物の成長解析や収量予想において利用されている．

　細胞伸長 cell elongation　一般に植物の茎や根の器官では，先端部に局在する頂端分裂組織 apical meristem で，分裂により生じた細胞がその容積を増大させることによって成長する．この細胞容積の増大のうち，細胞の軸に沿った縦方向の伸びを細胞伸長という．細胞伸長は吸水による成長（吸水成長）であり，細胞内液と外液の水ポテンシャル差がその原動力となる．植物細胞は周りを硬い細胞壁で覆われているために，吸水による細胞伸長のためには細胞壁が伸びる必要がある．細胞壁の力学的性質，すなわち伸びやすさのことを **細胞壁伸展性 cell wall extensibility** という．細胞壁に一定の荷重をかけて伸長させ，長さが安定したのち荷重を取り除くことによって，可逆的な伸長と不可逆的な伸長に分けることができる（図2）．可逆的な細胞壁の伸びやすさを弾性的伸展性 elastic extensibility，不可逆的な伸びやすさを可塑的伸展性 plastic extensibility という．

　実際の植物細胞の成長が不可逆的であり，また植物成長ホルモンであるオーキシンで組織切片を処理すると細胞壁の可塑的伸展性が増大することより，可塑的伸展性の増加をもたらす細胞壁構造の変化が細胞伸長に重要であると一般に考えられている．細胞壁の伸展性が増大することを，壁のゆるみ wall loosening という．成長中の細胞の壁（一次細胞壁）は，強固なセルロースミクロフィブリルをある種のヘミセルロースが架橋することによって，細胞内部からの圧（膨圧）に対して抵抗するような構造となっている．壁のゆるみは，これらのヘミセルロースの切断や分解，転移によって生じると考えられてきたが，細胞壁タンパク質エクスパンシン expansin がセルロースとヘミセルロース間の水素結合を引き剥がすことにより生じるとする説もある．

　オーキシンは様々な組織で細胞伸長を誘導し，その際に細胞壁（アポプラスト）内を酸性化する．これはオーキシンが，細胞膜 H^+-ATPase の合成を促し，さらにその活性化を引き起こすことによるものである．これらによって，細胞壁中の水素イオン濃度が増加し，細胞壁内は酸性化する．そして，酸性pHで活性化するエクスパンシンが壁のゆるみをもたらし，その結果，細胞伸長が引き起こされると考えられている．

運動

　植物は環境の変化に対応して，自らを移動させることができないので，光や重力，水分などの環境刺激の変化に対して，植物体の一部を動かすことによって適応するという能力を発達させてきた．このような植物の運動 movement は，**成長運動 growth movement** と **膨圧運動 turgor movement** とに分けることができる．成長運動は成長に基づく運動であり，ある器官における両側での不均等な細胞伸長（偏差成長）により起きる反応で不可逆的である．一方，膨圧運動は，運動細胞内の膨圧が変化することによる細胞体積の増減に基づく反応で可逆的である．気孔の開閉は，孔辺細胞の膨圧運動によるものである．成長運動や膨圧運動により植物の器官は屈曲することが可能となり，環境変化の刺激に対し，傾性や屈性といった反応を示す．

・**傾性 nasty**

　植物器官が外部環境からの刺激に対して反応する屈曲運動のうち，その刺激の方向に関係なく，一定の方向に屈曲する性質をいう．刺激の種類により，温度傾性，光傾性，接触傾性などに分けられる．日周期的な花の開閉運動やマメ科植物の葉の上下運動といった **就眠運動 nyctinasty** は，温度傾性や光傾性によるものである．チューリップの花の開閉は成長運動による温度傾性であり，朝の気温の上昇時には花弁の内側の組織が成長して花が開き，夜の気温の下降時には花弁の外側の組織が成長して花を閉じる．このサイクルを繰り返すことにより，花弁はしだいに大きくなる．

・**屈性 tropism**

　植物器官が外部環境からの刺激に対して反応する屈曲運動のうち，その刺激の方向に対して一定の方向に屈曲する性質をいう．刺激の方向に対して，屈曲する方向が平行の場合を正常屈性 orthotropism といい，ある角度で屈曲する場合を傾斜屈性 plagiotropism という．一

一般に，主根や茎の主軸は重力に対して正常屈性反応を示し，側根や側枝は傾斜屈性反応を示す．刺激と同じ方向に屈曲するものを正の屈性，刺激と反対方向に曲がるものを負の屈性という．

屈性は主として成長運動によるもので，組織両側での伸長速度の違い（偏差成長）で生じる．コロドニー・ヴェント説では，屈性を引き起こす刺激が植物ホルモンの一つであるオーキシンの移動方向の変化を誘導することによって，組織内のオーキシン濃度分布を変化させ，その濃度差により偏差成長が生じるとされている．また，同じ刺激でも器官によって屈曲方向が異なる場合がある（たとえば，重力に対する根とシュートの反応）が，これはそれらの器官の伸長に対するオーキシンの作用の違いで説明することができる．

屈性は刺激の種類により分けられ，光屈性，重力屈性，水分屈性，接触屈性などがある．

光屈性 phototropism　屈光性ともいう．光刺激に対しての屈性をいい，正の光屈性を特に**日光屈性（向日性）** heliotropismという．植物は光合成によりエネルギーを得ることで生命活動を持続するため，光屈性はとりわけ重要で，この反応により受光態勢が生存に有利になるように体を動かす．光刺激の受容体はフラビンタンパク質フォトトロピンであり，これが自己リン酸化することによりオーキシン輸送の変化をもたらすと考えられている．

重力屈性 gravitropism　屈地性ともいう．重力刺激に対しての屈性をいい，植物の地上部では負の重力屈性を示し（図3），根では正の重力屈性を示す．根では根冠に存在するコルメラ細胞が重力感受細胞（平衡細胞）で，その内部に存在するデンプン粒を含むアミロプラストが重力センサー（平衡石）として機能している．根の受ける重力方向が変わると，アミロプラストの沈降方向が変わり，これによる膜系への圧迫方向の変化がシグナルになると考えられている．そしてこのシグナルが，細胞膜でのオーキシン排出キャリアーの分布を変えてオーキシンの流れを変えることにより，伸長部位のオーキシン濃度分布が変化し偏差成長が起こると考えられている．茎では内皮細胞（デンプン鞘細胞）が平衡細胞の役割を担っている．

水分屈性 hydrotropism　屈水性ともいう．水分勾配が刺激となる屈性のことをいい，水分の吸収器官である根では正の水分屈性を示す．しかしながら根の水分屈性は，より反応性の高い重力屈性によってマスクされるため地上で観察するのは難しい．重力屈性を示さないエンドウ突然変異体や，宇宙の微少重力環境下でその存在が確かめられている．

接触屈性 thigmotropism　屈触性ともいう．接触刺激による屈性のこと．アサガオの茎やエンドウの巻きひげで見られる運動で，それらの先端部の成長部位は支柱などの物体に接触すると，その物体に巻きつくことにより植物体を安定化させる．

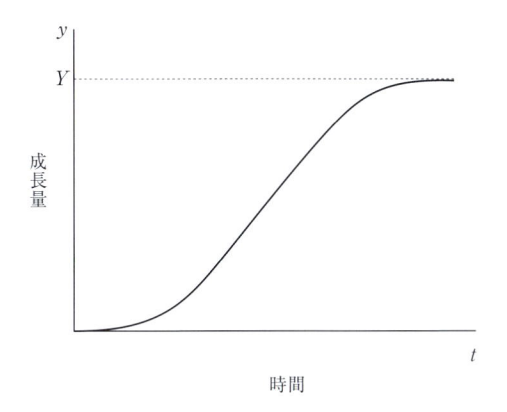

図1　ロジスティック曲線

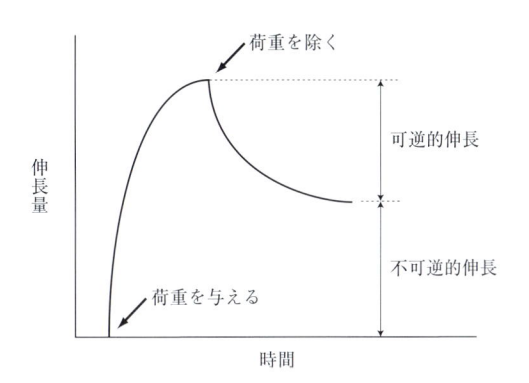

図2　荷重を与えることによる細胞壁の伸長
細胞壁に荷重を与え，長さが安定した段階で荷重を除く．細胞壁はもとの長さにまでは戻らず，可逆的な伸長と不可逆的な伸長に分けることができる

図3　浮稲茎葉部の重力に対する反応
浮稲植物体を横たえると，2から3の節部位（葉鞘基部）が負の重力屈性により屈曲し，茎葉を持ち上げる

上偏成長 epinasty　トマトやジャガイモの比較的若い植物体をエチレンで処理すると，葉柄が山型になって葉が下方に垂れ下がる．これは葉柄の上側組織の成長速度が下側組織に比べて速いために起きる現象で，このような成長反応を上偏成長という．反対の現象は**下偏成長** hyponastyという．上偏成長は，成長運動による傾性反応とみなすことができる．

（東　哲司）

環境ストレス

塩ストレス

塩ストレス salt stress とはおもに，土壌中に集積した塩類や高潮による冠水など，塩類の害によって作物が正常な生育を妨げられる現象をいう．また，塩ストレスによって起こる生育障害を塩害 salt injury という．作物が受ける塩ストレスには，塩類の浸透圧による根からの吸水阻害（浸透圧ストレス）と，塩を構成している個々のイオンの特異的な生理作用による過剰害（イオンストレス）とがある．

作物が浸透圧ストレスを受けると，水ポテンシャルは低下し，吸水が困難になり，細胞は膨圧を失う．その結果，気孔開度の低下，葉身の萎凋，光合成産物の転流阻害などが起こり，ひいては作物の生育を低下させる．一方，イオンストレスは，塩類土壌に存在するNa^+，Mg^{2+}，K^+およびCa^{2+}などのカチオンが原因で起こる．作物は，細胞中のイオン濃度がある範囲を超えると代謝が乱れて，正常な生育が抑制される．その限界濃度は，作物がどのぐらいの塩濃度まで正常な生育が可能かで決まる．

塩類に強い性質を耐塩性 salt tolerance といい，耐塩性の高い作物は塩類濃度の高い土壌でも生育が可能である．塩生植物 halophyte は砂漠地帯で乾燥に強くかつ塩類濃度の高い土壌で生育する（図1）．塩生植物は一般に耐塩機構が発達していて，過剰塩を体内から排出する塩毛・塩腺などの特別な器官を有するか，あるいは細胞内に適合溶質 compatible solute を蓄積し，細胞内の浸透圧を高め，浸透圧の差により高濃度のNa^+やK^+などの塩類の浸入を防ぐ仕組みを有している．適合溶質とは，植物が乾燥・塩などによって起こる浸透圧ストレスに応答して，細胞内浸透圧を調節するため蓄積する低分子有機化合物をいう．プロリンやグリシンベタインが知られ，これらの物質は細胞内代謝を妨げない．

そのほか，酵素の活性阻害および細胞内の恒常的代謝系を維持するため，過剰塩をイオンポンプやチャネルを通して細胞外への排出，または液胞への隔離により細胞質の塩濃度を低下させるのも，塩耐性の仕組みである．

高温・低温ストレス

作物には種や品種特有の生育に適した温度域がある．生育の至適温度域および生存可能温度域から外れる高温または低温を，生育の限界温度 critical temperature という．

高温障害と耐暑性　高温の場合は，作物の特定の器官や細胞レベルでのストレスや高温障害 high-temperature injury の発生原因となる．たとえば，限界温度を超える高温に長時間さらされると，光合成の低下，呼吸の増加による炭水化物の減少，さらには酵素の不活性化によりタンパク質合成が阻害される．とくに，炭水化物の減少は生育の停滞や根の枯死，さらには地上部の枯死を引き起こす．

耐暑性 heat tolerance とは，作物が高温による障害に耐える能力で，高温耐性ともいう．高温度域で生存できる能力は，個々の植物種のもつ遺伝子群とその発現様式の違いに規定されると考えられている．分子レベルでの高温耐性では，熱ショックタンパク質 heat-shock protein (HSP) が重要な役割をもつ．HSPとは，生物が高温にさらされると，熱ショック応答として，通常の生育温度で機能しているタンパク質の合成が停止し，一過的に誘導されるタンパク質をいう．HSPが誘導される温度は生物種の生育温度により異なり，高等植物では40℃前後で誘導される．

植物のHSPも動物のそれと同様に，分子量とアミノ酸配列の類似性や機能により分類され，低分子量HSP，シャペロニン，HSP40ファミリー，HSP60ファミリー，HSP70ファミリー，HSP90ファミリーおよびHSP100ファミリーに分けられる．シャペロニンおよびHSP70ファミリーは，分子シャペロン molecular chaperon として知られる．

多くの分子シャペロンは，直鎖状のポリペプチド鎖が折りたたまれて高次構造のタンパク質を形成するフォールディングを正しく行なえるように助ける．また，HSP70ファミリーは，HSP40ファミリーメンバーの助けをかり，ATPを加水分解することで基質タンパク質と結合・解離を繰り返し，熱などによって変性したタンパク質の凝集防止と再活性化させる働きをする．

低温による障害　植物が低温下で生じる障害を低温障害 low temperature injury といい，氷点温度以上から15～20℃の冷温域で障害が起こる冷温障害 chilling injury と，0℃以下の温度域で生じる寒害 cold injury に分けられる．

冷温障害は，熱帯・亜熱帯原産の多くの冷温感受性植物や花器・果実が冷温感受性である植物に致命的な障害を与える．その典型として15～17℃の冷温を数日間受けることにより花粉が不稔となる水稲の障害型冷害が挙げられる．冷温障害の発生メカニズムは，温度低下とともに生体膜の脂質が液晶状態から流動性の低下したゲルに転移することにより膜タンパク質と膜脂質とが相分離し，生体膜の生化学的反応の活性低下や停止が生じるとする生体膜相転移説が有力とされている．

寒害は，植物細胞が凍結して生理的な障害をもたらす凍害 freezing injury，地中に発達した霜柱の層によって断根し，融凍後に植物根が地上に浮上し，抜根され枯死する凍上害 frost heaving injury，滞水しやすい窪地などで氷盤中に閉じこめられた植物体が嫌気的条件におかれて氷点下2～3℃の低温で窒息死するアイスシート害 ice encasement injury，土壌凍結により根の水分吸収が抑えられた状態で，冬季の乾燥条件におかれ，

植物体の水分蒸散量が根の水分吸収量を上回ることによって生じる冬季乾燥害 winter drought injury などの総称である．なお，寒害に加えて，雪腐病などによる雪害を含めて冬害 winter injury という．

凍害は，積雪が少なく，低温に直接さらされる寒冷地で発生しやすく，凍結が急速に起こる場合に致死的な障害となる．凍結によって生じる植物組織の障害は，細胞が急速に冷却され細胞内部まで凍結する細胞内凍結 intracellular freezing による細胞死と，細胞質の外側にある水が凍る細胞外凍結 extracellular freezing により起こる細胞内からの脱水に伴う障害が含まれる．なお，凍害は冬季の植物成長の休止期に生じる害をいう．春の生育開始後に凍結耐性を失った越冬性植物や秋の生育休止期前の凍結耐性が付与されていない植物が，遅霜や初霜によって受ける障害を霜害 frost injury という．

耐寒性と凍結耐性 厳しい寒さの自然環境で植物が凍結ストレスに耐える能力を耐寒性 cold resistance という．植物の凍結回避法は生態的凍結回避，凍結耐性，および生体内の凍結回避に大きく区分される．生態的凍結回避には，寒さに弱い越冬器官が葉や植物枯死体，積雪などに被覆され地中で越冬する生活型・空間的凍結回避と，越冬前に寒さに弱い器官を離脱させる時間的凍結回避がある．

熱帯高山で夜間凍結を防止するために夜間のみ茎頂を巨大なロゼット葉で被覆していることも生活型・空間的凍結回避の例として挙げられる．

凍結耐性 freezing tolerance は，植物が0℃以下に冷却されても細胞外凍結による細胞内からの脱水に耐える能力をいう．凍結耐性のメカニズムには，細胞内を過冷却状態におきながら細胞外に水分を移動させ，この水分を細胞壁の孔隙や細胞間隙で氷結させる細胞外凍結による細胞内凍結の防止や，細胞質内の脱水に伴う糖濃度の増加による脱水の軽減，細胞膜の成分変化，糖，親水性アミノ酸，高親水性タンパク質の増加によるタンパク質機能，生体高分子構造の安定化作用などがある．

生体内の凍結回避には，持続的な過冷却，氷点降下，器官外凍結 extraorgan freezing などがある．器官外凍結は，水分を高く維持する必要がある器官を過冷却状態にするために，凍害の影響を受けない他の器官の細胞間隙に水分を移動させ凍結させることである．なお，過冷却状態は氷核物質がない純水の場合，零下38℃まで維持される．

多くの植物は，同じ植物体内で凍結耐性と凍結回避のメカニズムを共に有している．

ハードニング 環境ストレス負荷がやや高いときに，ストレス環境に適応する生体膜，タンパク質，RNA，防御物質などを再構築・合成する環境ストレス耐性獲得段階のことをハードニング hardening という．

図1 代表的な塩生植物（アッケシソウ）

植物が，厳しい低温ストレスに長期間耐えられるように，気温5℃前後の低温ストレスを与え，植物の形態・生理代謝を夏型から冬型に切り替えるハードニングを低温順化 low-temperature acclimation という．低温順化は，秋の気温の低下に伴い成長が停止するまでに細胞内の水分量を減少させ，細胞浸透価と透過性の増大，糖類，タンパク質の増加を促し凍結耐性を高くする．低温順化過程においても，ごく最近，低温ショックタンパク質として知られているRNAシャペロンCSP3が耐凍性に関与していることが報告されている．

とくに，細胞内の糖類増加は，氷点の低下，原形質タンパク質変性の保護および細胞内からの脱水を少なくする．晩冬になり気温が上昇すると脱低温順化し，植物体は冬型から夏型に切り替わり急速に凍結耐性を失う．

湿害

湿害 flooding injury とは，土壌に過剰な水分が含まれるときに植物に生じる障害をいう．土壌が過湿状態になると土壌間隙の気相が低下し，酸素欠乏による植物根の酸素呼吸が阻害される．その結果，植物体の嫌気呼吸によるエタノール，乳酸などの急激な生成と蓄積により植物細胞の機能低下が起こり障害を生じる．

また，土壌中の酸素濃度低下により，土壌が還元状態となり硫化水素などが生成され，植物に障害を与える．さらに，土壌の酸素欠乏により植物の代謝機能が低下し，病原体に対する抵抗性の減少に伴う病害発生も湿害に含まれる．

〔桃木芳枝・吉田穂積〕

生理学実験法(1)
体内成分分析法とアイソトープ実験法

窒素・炭素含量の解析

窒素の定量　窒素の定量には従来，硫酸を用いて有機物を分解し，分解物中の窒素を測定するケルダール法 kjeldahl method が使われてきた．最近は炭素，窒素の定量を機械で行なうNCコーダー NC analyzer が使われる．

炭素・炭水化物の定量　糖質の測定方法としては，デンプンなどの不溶性高分子を完全に加水分解するための前処理の必要がないアントロン硫酸法 anthrone sulfuric acid method があり，アントロンと硫酸で全糖を測定する．還元糖の還元力に基づくネルソン-ソモギ法 Nelson-Somogyi method は，弱アルカリ性溶液中で糖によってCu^{2+}から還元されて生じたCu_2Oを利用して，硫酸酸性で砒素モリブデン酸塩をモリブデンブルーに還元し，その吸光度から糖の濃度を求める方法だが，毒物である砒素化合物を使用するため，取扱いが難しい．現在はスクロース，フルクトース，グルコースやデンプンを選択的に測定する酵素法 enzymatic method が主流である．

炭素・窒素の転流測定　植物体内の物質の分配や転流を調べる方法にアイソトープを用いたアイソトープ法 isotope method が使われる．アイソトープの中でラジオアイソトープを用いた方法ではガイガー・ミューラーカウンター Geiger-Müller counter や液体シンチレーションカウンター liquid scintillation counter を用いて検出するが，ラジオアイソトープの安全性と取扱いにくさの面から，最近は炭素，窒素については非ラジオアイソトープ種(^{13}C, ^{15}N)の安定同位体元素を用いたトレーサー法 tracer method を用いる（図1）．^{13}C, ^{15}Nの解析にはまた，試料分子を高真空のもとで加熱気化させたあとイオン化し，これを電磁気的に分離して検出する質量分析（マススペクトリメトリー）mass spectrometry (MS) による測定が行なわれている（図2）．

無機イオンの測定方法

一般に植物体の無機成分の分析に当たっては，試料を無機化しておく必要がある．試料をるつぼなどに入れ，加熱して有機物を酸化分解する乾式灰化法 dry ashing method と試薬の酸化力を利用する湿式灰化法 wet ashing method がある．微量成分の定量は成分の損失を避けるために湿式灰化法を用いることが多い．

さまざまな物質の定量によく使われるのは，分光光度計 spectrophotometer を用いて，決まった波長の光の吸収特性から比色定量を行なう方法（比色定量法 colorimetric analysis）である．また，金属イオンの分析方法としては，被滴定物質に対してビュレットで滴下して反応を進行させ，等量点に達するまでに必要とした滴定剤の体積より被滴定物質の量を決定するキレート滴定があり，用いられるキレート試薬のほとんどがEDTAなので，EDTA滴定法 EDTA titration という．

高温の炎中にある種の金属粉末や金属化合物を置くと，試料が熱エネルギーによって解離・原子化され，電子が励起し，エネルギーを光として放出する際に特徴的な輝線スペクトルを示す．これを利用して金属原子固有の波長の発光量を測定するのが炎光分析法 flame analysis で，金属の定性・定量分析に利用されている．

原子吸光分析法 atomic absorption spectrometry (AAS) は，試料を高温中で原子化し，そこに光を透過して吸収スペクトルを測定することで，試料中の元素の同定および定量を行なうものである．

発光分光分析 emission spectrochemical analysis は，熱，電気あるいは光などのエネルギーによる試料中の元素や化合物の発光を分光して得られる輝線スペクトルや帯スペクトルの波長から定性分析を，その強さから定量分析を行なう方法である．原子吸光法と異なり，一度に何種類もの元素を分析することができるが，感度はフレームレスの原子吸光法より劣る．

タンパク質の分析方法

電気泳動を利用する方法　陰陽の電場の中で電荷を帯びた物質が固定相中を移動する現象が電気泳動 electrophoresis である．それぞれの電荷を帯びた物質は電荷の量，大きさ，形状により決まった速度で移動することから，これを利用してタンパク質を分離・解析することができる．支持体としてはポリアクリルアミドゲル，アガロースゲルがよく使われる．タンパク質の等電点を利用してpH勾配の存在下で行なう等電点電気泳動 isoelectric focussing や，それを利用した2次元電気泳動 two-dimensional electrophresis では酵素のアイソザイムの解析が可能である．

電気泳動後に成分を分析する方法としては，染色液で染めるほか，放射線を発する物質を利用してX線などのフィルム上に焼き付けるオートラジオグラフィー autoradiography や，電気泳動によって分離したタンパク質を膜に転写し，任意のタンパク質に対する抗体でそのタンパク質の存在や量を検出するウェスタンブロッティング法 western blotting がある．また電気泳動技術を用いた分析方法としてキャピラリー電気泳動 capillary electrophresis が開発され，電荷をもったタンパク質や低分子物質などの解析には威力を発揮している．

抗原抗体反応を利用する方法　抗原抗体反応を用いて抗原（ポリペプチド），抗体の分析を行なうことも可能である．組織，細胞内の抗原を特異的に認識する1次抗体，また1次抗体を認識する蛍光標識した2次抗体を用いてその抗原の分布を調べる蛍光抗体法 fluorescent antibody や，細胞内，細胞間の微細構造中でのタンパク質の分布を調べる免疫電顕法 immuno

(左)図1 葉内へ^{13}Cを供与している実験
(右)図2 質量分析法で使用される同位体質量分析装置

質量分析部(写真右下部:テーブル下)に導入する.^{13}C,^{15}N用分析ガスを精製するためにNCコーダー(写真左上部)を接続する場合が多い.また写真前部は測定用植物葉からの^{18}O分析ガス採集装置,写真右上部(テーブル上)は^{18}O分析ガスの精製装置で,^{18}Oなどの同位体の測定も可能である

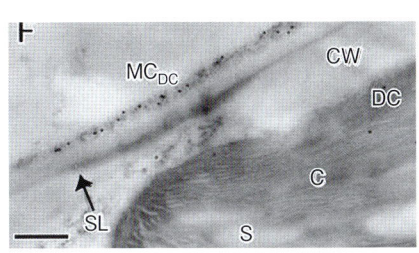

図3 葉内の調査対象タンパク質の微細局在部位を示した免疫電子顕微鏡写真
(Wakayama et al., 2003)
C:葉緑体,CW:細胞壁,DC:Distinctive cell,MC$_{DC}$:DCに隣接した葉肉細胞,S:デンプン粒,SL:スベリン層

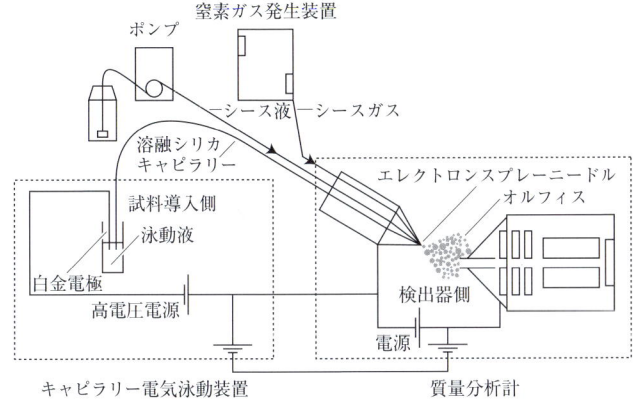

図4 メタボローム解析で使用されるキャピラリー電気泳動—質量分析計(CE-MS)の構成図
(若山, 2008, 特願2008-52488)

electron microscopeがある(図3).また定量的な解析を行なうには,抗体やアルカリフォスファターゼ,パーオキシダーゼなどの酵素を用いた酵素免疫測定法 enzyme immunoassay (EIA)がある.マイクロプレートなどを利用した固相酵素免疫測定法 enzyme-linked immunosorbent assay (ELISA)は,試料中に含まれる抗体あるいは抗原の濃度を検出・定量する際に用いられる方法で,安価で簡便であるため,現在微量タンパク質や抗原の検出・定量に広く用いられている.

抗原,抗体を固相に吸着させるパターンによって,直接吸着法やサンドイッチ法,競合法の方法がある.また高感度の検出が可能な方法として,放射性同位体および抗原抗体反応の特異性の両方を利用した微量物質の定量法である放射免疫測定法(ラジオイムノアッセイ) radioimmunoassay (RIA)がある.

網羅的解析

最近は,測定対象を包括的に分析する解析技術が開発されてきた.2次元電気泳動の結果,得られたタンパクの出現パターンのデータを網羅的に解析するプロテオーム解析 proteome analysisが,ポストゲノムの解析では利用されている.また,キャピラリー電気泳動やガスクロマトグラフィー,液体クロマトグラフィーと質量分析機を接続したCE-MSやGC-MS,LC-MSは,ポストゲノム解析のなかでメタボローム解析 metabolome analysisの一分野を切り開いている(図4).

(佐々木治人・大川泰一郎)

生理学実験法(2)
生物検定法と機器分析

生物検定法

個々の植物成長調節物質(PGR)にはそれぞれ生理活性 physiological activity がある．生物検定法 bioassay ではこれら反応の特徴を利用し，定性分析 qualitative analysis や定量分析 quantitative analysis を行なう．

一方，これらPGRの生理活性を阻害する抗生理活性物質 anti-bioregulator も合成され，抗ジベレリン活性物質 anti-gibberellin は，農業における生産現場でもよく実用化されている．

オーキシン インドール酢酸 indole-3-acetic acid (IAA)の発見以来，主として用いられてきた検定法には，イネ科植物を活用したアベナ子葉鞘伸長検定 avena straight growth test とマメ科植物を活用したエンドウ上胚軸伸長検定法 pea epicotyl growth test がある．これら検定法で用いられる植物は黄化苗(芽生え)であり，IAAの存在下で子葉鞘 coleoptile や胚軸 epicotyl が伸長する．オーキシン活性程度 auxin activity は子葉鞘や胚軸の長さを測定することで評価できる．

ジベレリン 作物における活性型はGA$_1$，GA$_4$，GA$_7$などである．イネのばか苗病菌 *Gibberella fujikuroi* の代謝産物からも分離されているので，生物試験法も短銀坊主，矮稲Cや矮性トウモロコシのようなGA含量が極めて少ない水稲やトウモロコシが検定に使われている．したがってイネの第2葉鞘長や茎の伸長程度を測定し，GAの種類や活性程度を評価している．最も一般的な手法に，短銀坊主を活用した村上法のイネ苗テスト rice seedling test(点滴法 drip method)がある．

ジベレリン活性は，GA$_3$相当量 GA$_3$ equivalent で表示することも行なわれている．

サイトカイニン 生物試験法は，葉緑素保持試験とカルス誘導・カルス分裂促進試験が代表的なものである．

葉緑素保持試験 chlorophyll retention test は最も簡易な方法であり，TLC分離と併用すればサイトカイニンの種類や量が定性できる．また，カルス誘導・カルス分裂促進試験 callus growth test は，ダイズ胚軸からのカルス誘導・増殖あるいはニンジン根篩部組織からのカルス誘導・増殖の2法が簡易な方法になる．

エチレン エチレンの生物試験法では，エンドウ胚軸伸長阻害試験法などが代表的なものである．

アブシジン酸 ABAの生物試験法では，ワタ葉柄脱離試験 cotton petiole abscission test や種子発芽阻害などがある．試験の利便性などを考えると，後者の種子発芽阻害試験が最も適している．

ブラシノライド 発見はアメリカで，セイヨウアブラナの花粉から単離されブラッシンと呼ばれていた．日本でも丸茂ら(名古屋大)は，イスノキ虫えいからオーキシンと異なる強い活性をもつ未知の物質を見出し，前田(名古屋大)の考案したイネ葉身屈曲試験法(ラミナ・ジョイント検定法 lamina joint test)と組み合わせ，その存在を明らかにした．ほかに，合成ブラシノライドとしてエピブラシノライド epibrassinolide も開発された．

ツベロン酸 この化合物を発見した北海道大の幸田と吉原の研究グループにより，ジャガイモ塊茎形成活性検定法の確立とともに発展した．

PGRの分離と精製

PGRは，溶質の分配がpHにより変化すること(解離型-非解離型 dissociation type-nondissociation)，ならびに溶媒に対する極性-非極性 polarity-nonpolarity による溶解性を活用し，分画・精製される．PGRの溶媒抽出は，pHと有機溶媒の組合わせで塩基性 basic，酸性 acidic，弱酸性 weak acidic，中性 neutral と水溶性 aqueous(高極性物質)に分画 fractionation するのが一般的である．

溶媒抽出 solvent extraction 溶媒抽出は，分液漏斗 separatory funnel を用い，水層 water phase と有機溶媒 orgnic solvent phase の二種類を振とう機などでよく振り，水相と有機溶媒相とに分画する．このことにより，極性の高い配糖体 glycoside は水相に，極性の低い物質は有機溶媒相に分画される．ゼアチンの分配抽出には水飽和ブタノールや酢酸エチルが，アブシジン酸のそれには酢酸エチルや5%重炭酸ナトリウムがよく使われている．

カラムクロマトグラフィー column chromatography サイトカイニンの精製では，サイトカイニンと呼ぶには強陽イオン交換樹脂 cation-exchange resin に吸着されることが条件とした時代もあったので，主としてダウエックス50，解離基H型(酸性) dissociation group, H type カラムで精製することが一般的である．近年，物質の分解や変性を避けるため，分子ふるい molecular sieve 効果を利用するためセファデクスLH-20カラムで精製することが多くなった．溶出溶媒 eluent は20～35％メタノールを用いるので，サイトカイニンの分離が極めて容易になった．

薄層クロマトグラフィー thin layer chromatography (TLC) カラムクロマグラフィーによる精製は，目的のPGR以外に多くの物質が溶出される．したがって，さらに精製度を上げるためには，ペーパークロマトグラフィー(PPC)やTLCが適用される．とくに，蛍光指示薬 fluorescence indicator，UV$_{254}$入りシリカゲル(Wakogel B-5F)を用いることで，薄層上 thin layer plate にUV$_{254}$ランプを照射するとサイトカイニン類は黒色スポットとして検出できるので分離が簡便になった．

また，アブシジン酸をシリカゲル薄層クロマトグラフィーで展開後，5%硫酸溶液を噴霧し105℃で加熱するとUV下で蛍光 fluorescence を呈する．さらに，TLC上でPGRの種類を確認する場合，PGR標品と被験物

test substanceと混合し展開する**コクロマトグラフィー co-chromatography**も大いに役に立つ方法である．もし，同一物質であれば，Rf値が同じでシングルスポットになる．

固相抽出法 solid-phase extraction method　PGRのHPLCなどの機器分析を行なうために，セップパックC18 Sep pak C18やボンドエリュートC18 Bond elute C18などの逆相系（C18タイプ）の固相抽出カートリッジreversed-phase cartridgeを用いる固相抽出法が普及してきた．本法は，高・低極性物質やイオン性物質の精製に適しており，多検体処理が短時間に，高い回収率と**再現性 reproducibility**に，ならびに物質の濃縮効果にそれぞれ優れている．

機器分析

PGRの最終的な同定と定量には，**紫外可視スペクトロメトリー ultraviolet and visible spectrometry**，**赤外スペクトロメトリー infrared spectrometry**，**質量分析（マススペクトロメトリー）mass spectrometry (MS)**，**ガスクロマトグラフィー gas chromatography (GC)**，**高速液体クロマトグラフィー high performance liquid chromatography (HPLC)**などが広く適用されている．また，**超微量分析（ng, pg）ultramicroanalysis**については，**モノクロナル抗体 monoclonal antibody**を使った**固相酵素免疫測定法 enzyme-linked immunosorbent assay (ELISA)**がある．

紫外スペクトロメトリー UVspectrometry　重水素放電管（400nm以下）を装備したシングルまたはダブルビーム型分光計を用い，石英セルに入れた試料溶液に入射させ，**吸光度（$A = \log(I_0/I)$）absorbance**を測定する．サイトカイニン類は，アデニン骨格を有することから200〜350nmの範囲でスペクトルを測定する．アデニンとゼアチン標品の**吸収極小 absorption minimum**は230nmと232nmで，**吸収極大 absorption maximum**は262nmと262nmである．

ガスクロマトグラフィー　GCは，ケイソウ土などの**担体 carrier**を充塡したカラムに，キャリヤーガスとしてヘリウム（He）や窒素（N_2）ガスを移動相に用い，エチレンなどのガス状PGR分析に適している．本法の特徴としては，GCに注入する被験物を加熱により**気化 injection port**することが必要条件であり，検出器として**熱伝導検出器 thermal conductivity detector (TCD)**や**水素イオン化検出器 flame ionization detector (FID)**などがよく用いられている．感度は，ng（10^{-9}）〜pg（10^{-12}）オーダで検出できる利点がある．しかし，サイトカイニンやアブシジン酸など300℃前後でも揮発しない有機化合物は，**トリメチルケイ素化誘導体 trimethylsilylation derivative（TMS誘導体）**やメチル化 methylationなどで，熱に安定な**揮発性化合物 volatile substance**にする必要がある．

高速液体クロマトグラフィー　GC法とは異なり，**移動相 mobile phase**に水，buffer，アセトニトリル，メタノールなどの溶媒を用いるところに特徴がある．検出器は，**紫外線可視検出器 UV-VIS detector**，**蛍光検出器 fluorescence detector**や**示差屈折計 refractive index detector**が汎用性が高い．PGRの分析には，充塡剤（固定相）としてシリカ系の逆相分離モードで，しかもシリカゲルにオクタデシルシランやアルキルジメチル基を化学結合させたカラムで，移動相に水，アセトニトリル，メタノールなどの有機溶媒を用いる逆相クロマトグラフィー仕様で広く可能にしている．また，分離能を高めるために溶媒グラジェント法も適用されている．

GC, LC-マススペクトロメトリー（GC, LC-mass spectrometry）　GCやHPLCで分離されたPGRに相当するピークが質量分析装置（MS部）へ導入され，**イオン検出器 ionization detector**によりフラグメントイオンピークと基準となるピークがそれぞれ測定される．質量分析部では，イオンの**質量数（m）mass number/電荷数（z）charge number**によって分離される．近年，LC-MS法も開発が進み，PGRをメチル化やTMS化誘導体でなくとも，直接LCピークをイオン化部へ導入しマススペクトルをとることも可能になっている．

また，マススペクトルでは縦軸に**イオン強度（相対強度％）ionic strength**を，横軸にはイオンのm/zを示している．したがって，標品PGRのマススペクトルパターンから，作物体に内在するPGRの同定を，また，^{13}Cなどの**安定同位元素 stable isotope**で標識された既知量PGRのフラグメントイオン強度からも定量をそれぞれ可能にしている．

固相酵素免疫測定法（ELISA）　100mg相当量の生体試料に存在するPGRの同定と定量には，**放射免疫測定法（ラジオイムノアッセイ）radioimmunoassay (RIA)**や酵素免疫測定法などがある．これらの方法は，抗原抗体反応を利用しているので，PGRの粗抽出物であっても高感度（pg, fgオーダ）で物質が検出できる．定量法では，**抗体 antibody**を塗布したプレート，**抗原（試料）antigen**，**酵素標識抗体 enzyme linked antibody**，酵素の**基質 substrate**を加えると黄色が消失するので，その発色程度の差から含量を求めることができる．ただし，ウサギを使った**ポリクロナル抗体 polyclonal antibody**作成では，PGRの分子量が200〜300と小さいので，**ウシ血清アルブミン bovine serum albumin**を結合させ分子量の大きい抗原をつくることが必要である．また，各PGRの類縁体との間には**交差反応 cross reactivity**がある．

〈蓜田隆治〉

生理学実験法(3)
光合成・呼吸の測定法, 他

光合成・呼吸の測定

光合成は, 基質であるCO_2の吸収, 水の分解で生成されるO_2の放出のいずれかで計測されるが, 今日一般的に用いられるのが, 赤外線ガス分析計によるCO_2交換速度の測定である. 赤外線CO_2分析計 infrared CO_2 analyzerは, CO_2が赤外部の放射波長をよく吸収する性質を利用したものである. なかには, 同じ分析計でH_2Oも測定できるものがあり, 光合成と蒸散の測定に利用される.

植物と大気間のCO_2交換速度を測定する方法は, 同化箱(チャンバー)を用いる方法と, 群落の微気象要素から水蒸気の輸送を算出する方法に大別される. 同化箱法 chamber methodは, 測定対象を同化箱に入れ, 同化箱内のCO_2濃度の一定時間内の変化を測定する. 同化箱法にも閉鎖系と開放系の2種類がある(図1). 前者は容器内の空気を循環させてそのCO_2濃度の変化を計測するのに対して, 後者は同化箱内を通気して, 入口と出口のCO_2量の差を測定する. 閉鎖系は, ガス分析計1台で測定できるが, 時間とともに同化箱内のCO_2濃度が減少するため, 長時間の連続測定には適さない. 開放系は2か所で比較的小さなCO_2の濃度差を検出する必要があるが, 分析計の小型化・精度向上により, 一般的な手法となった. 同化箱もサイズや機能において様々であるが, 近年は温度, 光, CO_2濃度などの環境を制御でき, かつ蒸散も同時測定できる携帯型光合成・蒸散測定装置が普及している.

微気象学的方法 micrometeorological methodは, 群落上のCO_2濃度とCO_2輸送にかかわる温湿度, 風速, 放射環境を測定し, 乱流による輸送理論に基づき群落と大気とのCO_2交換を算出するもので, 群落上の2高度でのCO_2濃度からCO_2フラックスを算出する方法(傾度法)と, 1高度でのCO_2濃度の変動からCO_2フラックスを推定する方法(渦相関法 eddy covariance method)とがある. いずれも群落面が十分広いこと, 風を乱すものがなく, 群落固有の境界層が発達すること, などの条件がある.

いずれの方法でも, 暗黒条件で測定されるCO_2交換速度は暗呼吸速度と呼ばれる. 光照射条件下で酸化的リン酸化と異なる経路でO_2を消費してCO_2を生成する光呼吸については, ガス交換から正確に計測するのは難しい. 光呼吸活性がないとされる低酸素条件(2%前後)と通常酸素条件(21%)の光合成速度の差から光呼吸を簡便に推定する方法もある. しかし, 低酸素条件が光呼吸以外にも影響することが指摘されていることから, 同位体(^{18}Oや$^{14}CO_2$)やクロロフィル蛍光分析と組み合わせた方法などが提案されている.

光合成を水の光分解による酸素の放出によって測定することも可能であるが, 高濃度で存在する大気中の酸素濃度に比べて酸素放出量が著しく小さいため, 気相における測定は一般的ではない. この方法は, 液相における藻類や細胞内器官の測定には用いられ, 一般には白金の陰極と銀／塩化銀の陽極からなる酸素電極を用いるため, 酸素電極法 oxygen electrode methodと呼ばれる. 酸素電極法は作物の葉片にも適用可能で, 葉片を水に入れて, 水中の酸素濃度の上昇により光合成速度を測る. 小さな葉片を液相で使用するため, 得られた結果は気孔の影響を除いた光合成能力を示すものと考えられている.

クロロフィル蛍光分析 chlorophyll fluorescence analysisは, 葉が受けた光をどの程度有効に光合成に利用するかを調べるものである. クロロフィルが吸収した光エネルギーは, 大部分が水を分解して電子の供給・伝達(光化学反応)に用いられ, 残りは熱か, クロロフィルからの蛍光として放出される. 吸収したエネルギーのうち, 蛍光として放出されるエネルギーの割合は蛍光収率と呼ばれ, 光阻害が大きくなったり, 電子伝達の機能が損なわれたりすると増大する. この性質を利用して光合成制御因子を分析するのがクロロフィル蛍光分析である. 特に, 高周波に変調したパルスを利用したPAM (pulse amplified modulation)蛍光計の開発によって, 野外条件でもバックグラウンド光にかかわらず, 蛍光収率の測定が可能になり, 広く利用されるようになった.

吸水・蒸(発)散の測定

植物の吸水, 耕地からの蒸発散量の測定には, 土壌や水耕液における水の減少速度から推定する方法, 植物体からの大気への水蒸気の放出速度から推定する方法, 植物体中の蒸散流の移動速度から推定する方法がある. 水分の減少を簡便に検知するには, ポット栽培した土壌と作物の重量変化を記録する重量法 weighing methodがある. また, ポトメーター potometerは, 水耕栽培において水耕液の減少量を正確に定量する吸水計で, 一般に個体や器官を対象とした吸水量の経時変化の測定に用いる. ライシメーター lysimeterは, 土壌を充填したタンクにおける水分の変化を検出するもので, 耕地の蒸発散量や水収支などを計測する. 水分量の変化を検出する方法としては, タンク全体の重量変化を検出する方法, タンク内の水位変化を検出するものや, 水位を保つために必要な供給水量を測定するものなどがある.

植物体からの大気への水蒸気の放出速度を測定する方法にも, 同化箱を用いる方法と, 群落の微気象要素から算出する方法がある. 同化箱法は, 個葉, 個体や群落などの対象に応じた同化箱を用いて, 一定時間の水蒸気圧の変化を測ることによって蒸散を測定する. ポロメーター法 porometer methodも同化箱法の一種で, 一般に用いられる定常型では, 個葉用の小型同化箱内の湿度を一定に保つとともに, そのために送り込む乾燥空気の量から蒸散量を求める. ただし, この方法で算出される蒸散速度は, 葉同化箱内の特殊環境における蒸散

速度であり，実際の蒸散速度を推定するのではなく，気孔開度の指標である気孔コンダクタンスを求めるのに利用する．

微気象観測から群落の蒸発散を推定する方法にも傾度法，渦相関法，熱収支ボーエン比法などがある．いずれも，乱流による輸送理論や群落熱収支に基づいて，潜熱，すなわち水蒸気の放出を推定する．CO_2フラックスと同様に，広い群落条件を確保することが測定の必要条件である．

植物体中における蒸散流の移動速度から推定する方法には，ヒートパルス法 heat pulse method, 茎熱収支法 stem heat balance methodがある．両者ともに茎の一部を加熱し，熱の伝わり方から蒸散流の速度を推定するものである．ヒートパルス法では，ヒータを組み込んだ針を茎に挿入し瞬間的に熱を与えるのに対し，茎熱収支法では連続的に加熱する．前者は太い茎に，後者は細い茎，根の蒸散流測定に適している．

能動的な吸水過程は，葉や茎を切除し，溢れる出液速度 bleeding sap rate により推定する．一般的には，切り口に脱脂綿をあて，蒸発を防ぐためにビニール袋などで覆う．一定時間後，脱脂綿を採取し，その重量変化を測定する．

植物体内水分の測定

植物の体内の水分状態を表わす指標としては，含水率や水ポテンシャルが用いられる．植物体の含水量は生体重と乾物重との差し引きで求められ，含水率は乾物重，生体重当たりなどで表示される．また，サンプルの生体重を測定後に一定時間水に浸けて飽水し，飽水時の含水量に対するサンプル含水量の割合を相対含水率と呼ぶ．

水ポテンシャルは，植物の体内水分状態を単位体積当たりの水の自由エネルギーで表わしたもので，水分が欠乏したり，多くの水分を要求したりする場合にはより負の値をとる．サイクロメーター psychrometer は，水ポテンシャルを測定する装置の一種で，葉片などのサンプルを小型容器内に密閉し，サンプルと容器内の空気の湿度が平衡に達したときの水蒸気圧から水ポテンシャルを求める．プレッシャーチャンバー pressure chamber は，木部の圧ポテンシャルを迅速に測定するもので，加圧するためのチャンバーに測定対象部位を切り口が外になるようにして入れ，チャンバーを徐々に加圧し，切り口から水が溢れ出たときの圧力を木部の負圧とする．作物組織の水ポテンシャルの測定には，細胞内の膨圧を直接測定するセルプレッシャープローブなども開発されている．

光環境の計測

光環境は，植物への影響が波長帯などによって異なること，エネルギー，光量子，明るさなど異なる基準で測られることなどから，それぞれの特性を理解して使い

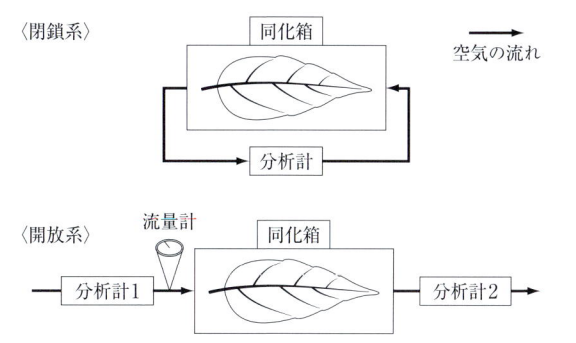

図1 赤外線CO_2分析計を用いた閉鎖系（上），開放系（下）の光合成測定の概略

分ける必要がある．太陽からの放射を測定する全天日射計 pyranometerは，日射を受けた面の温度上昇を検出する方式が一般的で，300〜3,000nmの波長帯を測定する（単位：W/m^2）．一方，400〜700nmの波長帯の光合成光量子密度の測定に用いる光量子計 quantum sensorには，放射量の変化を電流あるいは電圧の変化として検出するタイプが多い．通常，フォトダイオードとフィルターの組合わせで，光量子を$\mu mol/m^2/s$の単位に変換して出力される．

明るさの指標として用いられる照度計 photometric sensorは，555nmの波長を中心とする人間からみた明るさを測る（単位：lux）もので，光合成光量子密度とは測定波長が異なるために単純な換算はできない．日照計 sunshine recorderは，$120W/m^2$以上の直達日射量の照射時間を計るもので，太陽光を球形ガラスで集光し焦げ跡から求めるもの，青写真感光紙上にピンホールからの日光による像を記録するもの，フォトダイオードを利用して測るもの，直達日射計の出力を利用するものなどがある．

環境制御・操作実験

地球温暖化などの気候変動が作物の成長・収量に及ぼす影響を解明するためには，温度やCO_2濃度といった環境条件を変化させる環境制御・操作実験が行なわれる．

閉鎖系環境を利用したチャンバー実験では，室内を均質な環境条件に保とうとする人工気象室 growth cabinetや，細長いビニールハウス型のチャンバーを利用し，片側の妻面から取り入れた空気を反対側の出口にかけて連続的に昇温させる温度勾配チャンバー temperature gradient chamberがある．

このほか，圃場条件での環境操作では，上部が開放になっているオープントップチャンバー open top chamber, 囲いなしで大気中のCO_2濃度を上昇させる開放系大気CO_2増加 Free-Air CO_2 Enrichment (FACE) 実験などがある。また，FACE実験は，高濃度O_3曝露実験にも応用されている．

（長谷川利拡・桑形恒男）

早晩性

品種の早晩性

ある作物の生育期間の長短をいい，出穂・開花期や成熟期で早晩性 earliness を判定する．早く収穫できる品種を早生(わせ)品種 early variety，遅い品種を晩生(ばんせい，おくて)品種 late variety，中間のものを中生(なかて，ちゅうせい)品種 medium variety という．また，それぞれの地域で栽培可能な品種のなかで最も収穫までの期間が短い品種を極早生(ごくわせ)品種 extremely early variety と呼ぶこともある(図1)．

これら品種の早晩性は相対指標であるので，同一品種でも温度や日長が異なる地域では異なる．出穂期や成熟期はどの作物でも品種間差が大きい．この品種間における相対的な関係は環境条件が異なってもあまり変わらない．寒地や高冷地で夏作物を栽培する場合や，収穫期が雨期にかかる場合は生育期間の短い早生品種が有利である．しかし，一般に早生品種の収量は低く，晩生品種のほうが収量が高い．

光周性による植物の分類

植物は日長への反応が異なり，花芽分化に必要な日照時間の長短，すなわち光周性 photoperiodism によって，長日植物，短日植物，中性植物に大別できる．

長日植物 long-day plant　ムギ，ナタネのように春になって一定の時間(限界日長 critical daylength，作物によって異なり，花芽が分化する最長日長のこと)より長い日長時間(明期)で花芽分化が促進される植物をいう．

短日植物 short-day plant　昼間の長さ(日長)が，ある時間よりも短くなると花芽の形成が起こる，あるいは促進される植物．すなわち，イネ，ダイズ，トウモロコシ，オナモミ，アサガオのように，夏から秋にかけて限界日長より短い短日条件で花芽分化が促進される植物を短日植物という．短日植物の花芽分化では，暗期の連続性が重要であることが知られ，暗期中に赤色光を照射することで花芽分化が抑制される．キクは典型的な短日植物で，秋ギクの電照栽培ではこの性質を用いて開花時期を調節する．

中性植物 day-neutral plant　トマト，インゲンマメなどのように日長と関係なく花芽を形成する植物をいう．

イネの早晩性

イネの早晩性は感光性，感温性，基本栄養成長性の3要因の相対的な影響力によって決定される(図1)．わが国のイネ品種の場合，早生品種ほど感温性が強く，晩生品種ほど感光性が強い．各地方での栽培に適した品種や植付け時期は，早晩性と栽培地域の環境との兼ねあいを吟味したうえで決められている．

感光性 photosensitivity, photoperiodic sensitivity
植物が日長に対して反応する性質をさすが，イネでは長日条件下において出穂開花が遅延する性質を特に感光性という．イネは植物生理学的には短日植物に分類され，限界暗期よりも長い継続した暗期を含む光周期条件下で花芽を形成する．しかし短日植物といえども暗期が長すぎると光合成が抑制されるので，おのずから最適な日長条件がある．

水稲の最適日長は10時間前後といわれる．しかし実際に栽培されているイネには，感光性(短日性)の高いものから感光性を失ったものまで，さまざまな性質のものが存在する．一般に高緯度地方では低温を避けて早期に収穫するために，長日条件の初夏に出穂できる感光性の低いものが用いられ，低緯度地方では感光性の高いものが用いられる傾向があるが，低緯度地方でもインドの秋稲の品種群であるアウスやインドネシアのジャバニカ型イネ，あるいはIRRIの育成品種のように感光性がほとんどないものもある．

感温性 thermosensitivity, sensitivity to temperature
イネは約30℃まで温度が高くなるほど花芽分化が促進されるが，高温で花芽分化が早められる性質を感温性という．なお，35℃以上の高温になると，さまざまな障害が現われてくる．一般に高緯度地方では感温性が高いものが，低緯度地方では感温性が低いものが用いられる．

基本栄養成長性 basic vegetative growth　短日，高温というイネの花芽形成誘導における最適条件下で，発芽から花芽分化が起きるまでの栄養成長期間の長さの程度を基本栄養成長性といい，この期間を基本栄養成長期間という．一般に高緯度地方では基本栄養成長性の低いものが，低緯度地方では基本栄養成長性の高いものが用いられる傾向がある．基本栄養成長性の高いものは感光性，感温性ともに低い傾向があるが，基本栄養成長性の低いものと感光性，感温性との関係は明確でない．

ムギ，ナタネの早晩性

ムギやナタネなど越冬性長日植物は，冬期の低温下で一定期間成長しないと春の長日下でも花芽を分化せず，栄養成長を続けていわゆる座止 rosette formation 状態となる．このように低温によって花成への一段階を経過することを春化現象 vernalization と呼び，幼穂分化を促す低温処理を春化 vernalization という．

ムギには春播性品種と秋播性品種とがある．低温要求が弱い品種は春に播いても出穂するため春播性品種 spring wheat といい，低温要求が強いものは秋播性品種 winter wheat と呼ばれている．一般的にムギでは，寒地の夏作(春コムギ)と暖地の冬作に春播性品種(農林61号など)，寒地では秋播性品種(ホクシンなど)が栽培されている．このような品種の使い分けには，植物体の低温抵抗性や早晩性が関係している．すなわち，苗を

寒さに順化させるため寒冷地では早播きを行なうが，本格的な低温期がくる前に出穂しないように秋播性程度が強い品種を栽培する．

順化 acclimatization, hardening　急激な環境変化は植物の生育を阻害したり枯死させたりする．そこで，ストレスの大きい環境へと直接変化させず，環境を漸次変化させて植物のストレスに対する抵抗性を高め，より大きな環境変化に適応できるようにすること．

暖地では十分な低温期が得られないため春播性品種を栽培する．その際，早く出穂しないように早播きは行なわない．このような慣行的な品種の選抜基準に対して，収穫の早期化を目的とする暖地での早播き栽培や，春コムギの栄養成長期間の拡大を目的として冬期に播種する根雪前栽培に，秋播性が比較的高い品種を用いるなどの新たな試みもみられる．

広域適応性と季節適応性

一般に作物の品種は，出穂・開花特性やそれぞれにとって好適な温度や水の条件などを異にするので，それぞれの品種に栽培適地や栽培適期がある．そのため，主要作物には世界中で十数万の実用品種があり，夏ダイズと秋ダイズ，夏ソバと秋ソバ，ムギ類の春播型と秋播型，イネにおける陸稲と水稲など，作期や栽培条件に対応した明らかな分化が認められる．

しかしながら，個々の品種の栽培適地や適期が特殊化すればするほど多数の品種が必要とされ，育種のコストが増大するので，より広範な条件に適応した品種を育成することも必要である．広い地域や異なる季節などの広範囲な環境条件下で安定した高い収量の確保が可能な遺伝的能力を有する品種を**広域適応性品種** widely adapted variety という．**広域適応性** wide adaptability は，特定の環境条件に対する特殊適応性と対比して一般適応性ともよばれる．広域適応性品種の育成には選抜の場が重要である．広域という言葉は，地域の広さを意味するが，適応性が広いという内容には季節的な適応性（**季節適応性** seasonal adaptability），すなわち**時なし性** all season という意味も含まれている．

雑種後代を異なる地域や季節に栽培・選抜して，適応性の広い系統を選抜することによって地域適応性および季節適応性の広い品種が育成される．1960年代以降の国際農業研究機関の活動によって，このような広域適応性品種の育成が加速され，IRRI（国際稲研究所）で育成されたIR36は東南アジアの各国で1,100万ha以上の栽培面積をもった代表的な広域適応性品種である．

雑種集団を異なる地域や季節に栽培し，すぐれた系統を選抜するシャトル育種あるいは季節分裂淘汰によって地域適応性や季節適応性の高い品種が育成されている．

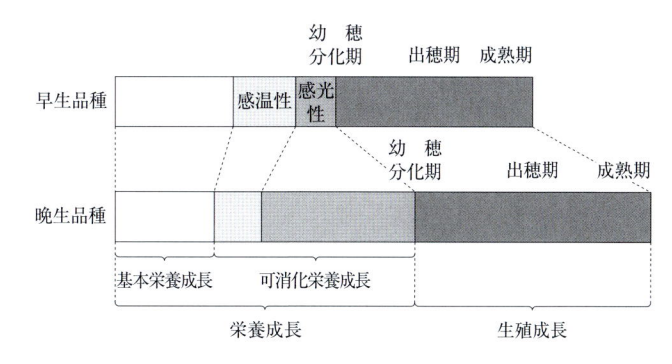

図1　早晩性品種の違い

シャトル育種 shuttle breeding　雑種集団を気候や日長が大きく異なった環境条件（場所，季節など）に交互に栽培し選抜を行なうことによって，適応性の高い系統の選抜を行なう方法のこと．緑の革命に寄与したメキシココムギの育成者であるN. E. Borlaug（1968）により名づけられた．

季節分裂淘汰 disruptive selection　ダイズの雑種集団を毎世代異なる条件のもとに栽培し，一定の発育型と草型を選抜することによって，広域適応性（一般適応性）の高い品種が育成されたことから，シャトル育種と類似したこの方法を岡彦一（1967）が名づけた．

一方，広域適応性品種の問題点は，同一の耐病性や耐虫性をもった品種を大規模に栽培することによる抵抗性の遺伝的脆弱化，すなわち，病原菌のレースや害虫のバイオタイプが変化した場合に容易に抵抗性が失われること，ならびに気象や土壌条件の異なる広い地域に同一品種を無理に栽培することによって生じる不都合などがある．このことから，極端な広域適応性を目指すよりも，それぞれの地域や作期によく適応した地域適応性を有する品種をそれぞれに育成したほうがよいという考え方もある．

地域適応性 regional adaptability, local adaptability
作物が温度や日長，病害虫の発生条件や地力など地域特有の栽培環境条件のもとで，安定して高い収量や高品質を維持，発揮できる遺伝的能力をいう．

日本の作物育種では，国や県の育成地で育成された有望系統は国内の系統適応性検定試験地や標高，土壌，気象や病害虫の発生状況が異なる普及しようとする地域で生産力を検定することにより，地域適応性が検定されている．適応性の統計的評価方法としては，Finlay, K. W. and G. N. Wilkinson（1963）による，品種の収量安定性をある環境における全品種の平均に対する回帰係数で表わす方法や，奥野忠一ら（1971）による遺伝子型×環境交互作用を主成分分析により分割し，固有ベクトルおよび主成分スコアによって適応性を評価する方法などが提唱されている．

（尾形武文）

草型

　作物の栽培は，収益性や風土に対する適合性から選択した作物の繁殖器官を耕地に定着させることに始まる．作物生産性の向上を図るためには，作物個体の機能解析のみならず，個体群の構造と機能を明らかにし，純生産（個体群光合成）を高める必要がある．

　その第一の方策は品種改良である．個体群の立体構造や光強度分布そして群落光合成モデルが明示され，さらにガス交換法による群落光合成の実験的研究（田中，1972）により，出穂期以降も上位葉が直立した草型をもつ品種の育成，いわゆる草型育種が行なわれてきた．さらに，同様の理論に立脚して栽植様式や栽植密度，耕起・中耕培土・排水などの土壌管理，施肥や灌水などの土壌水分管理により，草型を制御する手法が開発されてきた．

草型 plant type
・穂数型，穂重型
　植物の各器官の形態とそれらの空間的配置によって規定される植物の態勢をいう．狭義には，葉，稈，茎などの地上部に着目する場合が多い．草型は，光エネルギーや水・栄養分などの資源獲得，ガス交換の効率，他生物との協調・競合など，収量性に大きく関係する諸形質の組合わせによりいくつかの型に分類される．

　新旧水稲品種の乾物生産特性を比較すると，登熟期における新品種の乾物生産能力は旧品種に比べて高く，これには個体群吸光係数が小さいこと，すなわち出穂期以降も良好な草型（受光態勢）を維持していることが関係していることが明らかである（図1）．

　作物育種においては，それぞれの栽培環境に応じて草型を改良することにより，多収品種の育成が進められてきた．現在栽培されている日本品種は一般的に短稈・短穂長・多分げつの草型をもっている．これらは収量構成要素の解析から，分げつ数や穂数が多く，1穂重が小さい穂数型 panicle number type, many tillering typeと，分げつ数や穂数が少なく，1穂重が大きい穂重型 panicle weight type, heavy panicle typeと，それらの中間型 intermediate typeに分類できる．さらに中間型のなかで偏穂数型 partial panicle number typeと偏穂重型 partial panicle weight typeに分かれる．穂数型品種は肥沃地や多肥培条件下で多収となるが，痩せ地や少肥栽培条件では穂重型品種に比べ収量は低い．

・半矮性
　成熟期における草丈ないし稈長が，正常品種に比べて半分前後あるいはそれ以下に短縮した特性を一般に矮性 dwarfnessというが，それより短縮が極端でなく正常型と矮性のほぼ中間程度の草型のものを半矮性 semidwarfnessとよんでいる．短稈と同義であるが，半矮性はその遺伝的背景が半矮性遺伝子に支配されているときに用いる傾向がある．半矮性は伸長節間の短縮により生じている場合が多く，その節間の短縮は全体として短くなる型と，節間により異なる型がある．イネ科作物の育種に利用されている半矮性は，耐倒伏性，耐肥性，さらに直立葉を伴う場合は草型による受光態勢や収穫指数などにすぐれた特徴をもち，多肥条件下での収量の飛躍的な向上を可能にした．

・耐倒伏性
　倒伏に対する抵抗性のこと．耐倒伏性 lodging tolerance, lodging resistanceには極めて多くの形質が関与している．イネを例にすると，形態的形質では，稈長，稈基重，穂重，挫折荷重，節間長，葉鞘，稈壁の厚さ，維管束の位置，ヤング率，生体重，稈の曲げモーメント，化学成分など，これ以外にも多くの形質が関与している．

　草丈（稈長）の高い品種は，生育後期ないし開花期前後から成熟期にかけて倒伏しやすい．倒伏は，作業能率を著しく低下させ，収量や品質の低下を招くことが多い．耐倒伏性は，多収性に関与する重要な特性で，ころび型倒伏，なびき型倒伏（たわみ型倒伏，湾曲型倒伏，屈曲型倒伏），挫折型倒伏などがある．耐倒伏性には，

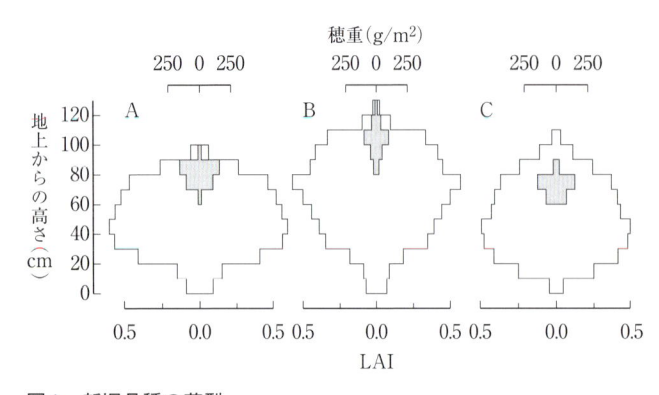

図1　新旧品種の草型
A：新，B：旧，C：中間型

図2　押し倒し抵抗の測定

稈（茎）の長さ，内・外径，強度，リグニン，セルロース，珪酸などの成分，節間長パターン，根の分布様式などの形質が複雑に関与する．稈長は稈の強度が同じであれば短いほど，しかも下部節間が詰まり稈基重の大きいほど倒伏に強い．

イネ科作物の半矮性品種は多肥条件下での機械化栽培に適した耐倒伏性の向上により収量の飛躍的な向上をもたらした．オオムギ品種「はがねむぎ」は世界で最強の稈強度をもち，並性であるがきわめて強い耐倒伏性を示す．

ころび型倒伏 root lodging 直播水稲でみられる特殊な倒伏の型で，根の分布が浅いため地上部を支持する力が弱く，株が浮き上がって倒伏する型をいう．水稲の移植栽培では，なびき型倒伏（茎がしなる）や挫折型倒伏（茎が折れる）が発生するが，水稲の湛水直播栽培では，移植栽培では発生しないころび型倒伏が加わり，複雑な様相を呈する．根の支持力を評価しようとする押し倒し抵抗値 pushing resistance は測定方法が簡便であり，耐倒伏性の評価指標として有効である（図2）．押し倒し抵抗値が小さい品種は倒伏程度が大きく，反対に抵抗値が大きい品種は倒伏程度が小さいことが明らかとなっている．

・**耐肥性**

作物品種の肥料に対する反応で，一般的には窒素施用量が増加するほど増収する品種を耐肥性 adaptability for heavy manuring 品種と呼び，その性質の弱い品種は耐肥性の弱い品種と呼ばれる．耐肥性品種の特徴はかなり明らかにされており，耐肥性の強い品種は，1）多肥条件でも草丈が低く，直立葉を有し，2）多窒素条件下においても光合成と呼吸のバランスが悪化しにくく，3）体内デンプン含量が比較的高いなどの特徴をもっているといわれている．最近育成された多収性の品種は耐肥性を備えた品種が多い．

成長抑制物質 growth inhibitor

矮化剤，成長抑制剤など，作物の草丈を短くする薬剤．イネ科作物で穂数に影響を与えず稈長を短くする矮化剤が開発されている．クロルメコート46%液をコムギの出穂前20～40日に散布すると，収量や品質への悪影響なしに上位3節間が短くなり，稈長が約10cm短くなって倒伏が軽減される．ヨーロッパでは，本剤と多肥を併用したコムギの極多収栽培がなされている．

草型育種 plant type breeding

戦時中のわが国の育種において，イネやコムギ，オオムギにおける半矮性遺伝子の利用が，倒伏しない多収性の品種育成に有効であることが示された．これを基礎にして，1960年にフィリピンに設立された国際イネ研究所（IRRI）では，群落内の光透過率を増加させ乾物生産量を増大させるための品種育成が行なわれ，葉身が厚

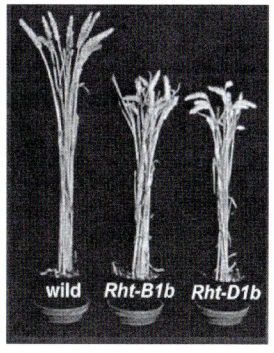

図3 草型育種の例
左はイネ，右はコムギでの半矮性遺伝子の導入

く直立し，穂が大きくてよく成熟し，かつ分げつ力が大きい品種が育成された．この品種には倒伏耐性を強化させるために「低脚烏尖」に由来する半矮性遺伝子（図3左）が導入され，奇跡のイネと呼ばれる「IR8」などの多くの優良品種が育成された．また，メキシコの国際トウモロコシ・ムギ改良センターにおいては，わが国のコムギ品種農林10号の遺伝子を利用してメキシパークなどの優良品種が育成された．この成果は「緑の革命」と称され，N. E. Borlaugがノーベル平和賞を受賞し，わが国の研究者が先鞭をつけた半矮性遺伝子の利用の有効性が世界的にも認知された．

オオムギおよびトウモロコシにおいても水稲，コムギと同様，多肥栽培の一般化に伴い短稈・直立葉へと草型を改良することにより多収品種の開発が成功している．このように，葉の配置を考え，半矮性遺伝子を用いる育種法（図3右）は，草型育種といわれる．

水稲の栽培的観点に立った草姿制御論

栽培的観点から草型を考えた場合，受光態勢の最適化を目指した草姿制御論がその中核をなしている．その代表的な例が，理想稲（V字）稲作理論（松島，1973）である．耐倒伏性を強化し，受光態勢を改善するために，下位伸長節間は短く，上位3葉身は短く，厚く直立的であるべきとされる．同時伸長する止葉とIV節間，第2葉とV節間を対象として，それらの伸長期を制御期間として窒素吸収の制限により草姿を制御することを目的としている．

また，理想稲稲作理論に対して，窒素制限によって上位葉身は短縮するが下位節間は短縮しない，生育前期の多肥は下位伸長節間に徒長性の素質を付与し，中期以降の窒素制限は上位節間・上位葉身を短縮させ秋落ち型の草姿となる場合もある．さらに，生育前期を少肥条件で経過させ，生育中期に窒素を吸収させると，下位伸長節間が短く，上位節間・上位葉身長が長い逆三角形型の草姿が形成されることが見出されている．今後は低投入で多収，良食味となる草姿制御が必要とされる．

（尾形武文）

食 味

食味 palatability, eating quality

　米の食味とは炊いた飯を人間が食べて判断する味である．世界各国の飯の味に対する嗜好性は，その国における自然，風土と密接に関係した食味文化の違いや，インディカ型(長粒米)やジャポニカ型(中粒・短粒米)などの亜種の栽培の違いによって，さまざまである．概してインディカ型の栽培地帯では粘らない米が美味しいとされており，逆にジャポニカ型の栽培地帯では粘る米を美味しいとする．日本において，多くの人が感じている美味しい飯の条件をまとめてみると，色は白く，光沢があり，飯粒がなんとなく甘く感じられて滑らかで粘りと弾力があり，軟らかいことである．

　米粒には炭水化物，タンパク質，脂質，灰分，無機質，ビタミンなどが含まれている．これらのなかで食味に関係する成分として，炭水化物，タンパク質，脂質および無機質などがある．炭水化物はデンプン starchで，アミロースとアミロペクチンから成り立っている．

　食味の評価方法には人間が試食して統計学に基づいて評価する官能検査方法と，炊飯米の化学性や物理性に基づいて評価する理化学的機器分析方法とがある．**良食味米品種 highly palatable rice cultivar**の速やかな育成の成否は，食味に関与している形質を効率的に評価する技術の有無が重要な鍵となる．

官能試験 sensory test

　旧食糧庁の食味試験実施要領による方式が標準的である．この方式は，基準品種を含めて1回に4点の試料を約50gずつ4種の色による印をつけた白色皿(径25cm)に盛りつけて評価を行なう方法である．年齢構成や性別に関する条件を満たした24人のパネル員によって，外観，味，香り，粘り，硬さおよびそれらを総合した総合評価の6項目を，それぞれ基準品種のそれとの比較で判定する．

　外観は飯の光沢の良否や粒形の整否で判断する．味はいわゆる飯のうま味で，喉ごしの感じの良い滑らかさ，噛んでいるうちに感じるわずかな甘みに着眼して判断する．香りは飯特有の新米の香りの有無を評価する．粘りは飯の粘りの強弱を判断する．硬さは飯の硬軟の程度を判断する．総合評価は基準米に比べて供試米の食味の良否を総合的に判断するもので，単なる各評価項目の合計ではない．一般にこの値が食味値と呼ばれている．評価段階は総合評価，外観，味，香りを－3(かなり不良)から＋3(かなり良い)，粘りを－3(かなり弱い)から＋3(かなり強い)，硬さを－3(かなり軟らかい)から＋3(かなり硬い)の7段階で行なう．

　一方で現在，水稲良食味品種の育種事業においては，食味検定材料が増加しているとともに，一定期間内での常時24名のパネル員の確保が困難などの理由により旧食糧庁方式の実施が不可能な状況となっている．このような場合は，訓練されたパネル員であれば1回の供試点数を10点に増やした(図1)，パネル員13名という少数パネル，多数試料による米飯の官能検査でも精度は十分に確保できる．

理化学的機器分析

　理化学的機器分析方法には以下の方法がある．

　アミロース amylose　デンプンを構成する$\alpha 1 \rightarrow 4$グルコシド結合から成る直鎖成分で，日本の米のアミロース含有率は15～25%のものが大部分である．アミロース含有率が低下すると炊飯米の粘りが増加し，食味は良好となる．アミロース含有率は窒素肥料の肥培管理条件よりも品種固有の遺伝的特性に強く支配されている．また，登熟温度の影響を大きく受け，登熟温度が低下するにしたがいアミロース含有率は高くなる．

　アミロペクチン amylopectin　デンプンを構成する$\alpha 1 \rightarrow 4$グルコシド結合に$\alpha 1 \rightarrow 6$結合した枝分かれ構造から成る成分で，日本の米のアミロペクチン含有率は，粳米では75～85%のものが大部分で，糯米ではほぼ100%である．アミロペクチンの鎖長分布は餅の硬化性と関係しており，短鎖の比率が低く，長鎖の比率が高い品種は餅硬化速度が速いことが知られている．

　タンパク質 protein　タンパク質含有率が高くなると，炊飯米が硬くなるとともに，粘りが低下し，食味は不良となる．特に，窒素施肥量と関係しており，穂肥の増加や実肥は精米中のタンパク質含有率を高めて食味の低下を招く．また，sinkとsourceの相対的な大きさによっても大きく影響を受け，sinkとsourceの大きさが調和して，粒にデンプンが十分蓄積されて玄米千粒重が重くなった場合はタンパク質含有率は低下し，食味は良好となる．

　脂質 lipid　米の貯蔵においては，脂質の分解が起こり遊離脂肪酸が生成される．この遊離脂肪酸の生成量(脂肪酸度)が多いほど食味の劣化が進むため，食味劣化および貯蔵性の良否の指標に用いられている．食味が年間を通じて安定して貯蔵性に優れている品種は，遊離脂肪酸の生成量が少ないことが判明している．遊離脂肪酸はより高温，高湿条件下で生成量が多くなる．

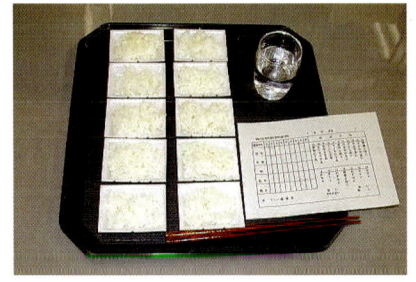

図1　育種事業における食味試験例

アミログラム特性 amylographic characteristics　ブラベンダー社製のアミログラフを用いて，水に懸濁させた精米粉を一定の速度で攪拌しながら，加熱による米粉の糊化特性を図2のように測定する．

　一般に**最高粘度** maximum viscosity（加熱に伴うデンプン粒の膨潤によって粘度が最高に達した点）が高く，**ブレークダウン** break down（最高粘度と最低粘度の差で加熱による粘度低下を示し，熱によるデンプン粒の崩壊度の大きさを示すもの）が大きいほど食味は良い．最高粘度とブレークダウンは登熟温度の影響を大きく受け，登熟温度が低下するに従い最高粘度は低く，ブレークダウンは小さくなる．

糊化特性 gelatinization property　加熱によるデンプン粒の**糊化** gelatinization（デンプンを水中で加熱するとデンプン粒は徐々に膨潤を始め，しだいに透明度が増大し，粘度が上昇する現象のこと）特性の総称である．測定は糊化開始温度，最高粘度，最低粘度，ブレークダウン，コンシステンシーの5項目から成る．糊化特性は品種，登熟温度，千粒重の違いによって大きく異なる．

最低粘度 minimum viscosity　高温で加熱しつづけると膨潤粒が伸びきって壊れることによって糊液の粘度が最低に達した点である．

アルカリ崩壊度 alkali solubility　精米米粒を一定条件下でうすいアルカリ液に浸けると，米粒は膨潤し，さらには崩壊するにいたる．この膨潤，崩壊の程度をいう．崩壊の程度は表1に示したように0〜7段階の指数によって類別されており，品種や栽培来歴（登熟温度）の違いによって大きく異なる．崩壊はアルカリによるデンプンの糊化現象にもとづくものと考えられるが，指数と食味との関係は不明である．

テクスチャー特性 texture characteristics　人間の口腔内でのそしゃく動作を模擬化した機械であるテクスチュロメーター（図3）で，図4に示したように，飯米の硬さ（H，値が大きいほど硬い），粘性（−H，マイナス値が大きいほど粘性が強い），付着性（A_3，値が大きいほど付着性が大きい）を測定することができる．H/−HまたはH/A_3比が小さいほど食味は良好である．窒素施用量が多くなると，Hが大きく，−HとA_3が小さくなって，H/−HまたはH/A_3比が大きくなって食味は劣る．したがってテクスチャー特性は窒素施用量と食味との関係および食味の劣化程度を判断する簡易な指標として利用できる．

炊飯特性 cooking quality　精米を多量の水のなかで加熱した際の米粒の吸水率，膨張体積，溶出固形物量，ヨード呈色度，炊飯液pHの5つの測定項目から成っており，これら形質の測定値から総合的に炊飯時の特性を判断する．

食味計 tasting analyzer

　食味官能試験には多大の労力を要するとともに，評価値そのものが絶対値でないために客観的評価が困難

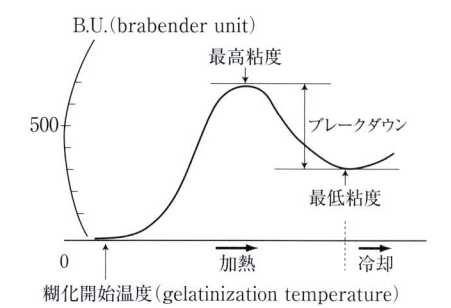

図2　アミログラム特性

表1　精米のアルカリ崩壊指数（Littleら，1958）

指数	崩壊程度
0	崩壊せず
1	少し膨張する
2	少し崩壊する
3	半分崩壊する
4	崩壊して不透明になる
5	崩壊して綿絮状になる
6	崩壊して半透明綿絮状になる
7	崩壊して透明綿絮状になる

図3　テクスチュロメーター

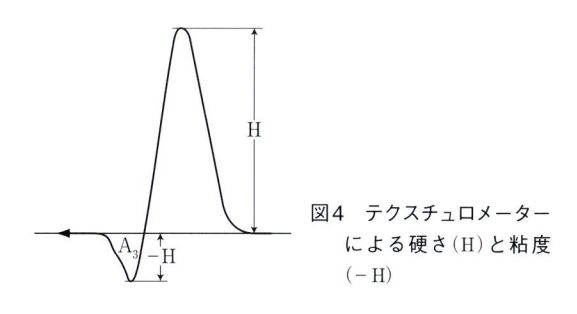

図4　テクスチュロメーターによる硬さ（H）と粘度（−H）

なことから，より簡便にかつ客観的に食味の良否を数値でもって判断することを目的として開発された評価装置である．各メーカー独自でいくつかの成分を検査して食味値を表示している．現在のところ，これらの食味測定評価装置は成分分析計としては使用可能であるが，食味値と食味官能値との相関が必ずしも高くないため，食味の良否を判定する測定精度の向上が大きな課題となっている．

（松江勇次）

米の種類と品質

米の種類

米の性状からみて米にはいろいろな種類がある．デンプンの組成の違いによってうるち米，もち米に区分される．

また，商習慣上，米の品質評価や搗精，貯蔵の難易を判断する目安として，軟質米 soft-textured rice（一般に水分の多い北海道，東北，北陸，山陰の産米のことをいう）と硬質米 hard-textured rice（軟質米生産地以外の産地米）に区分されている．

この区分は必ずしも硬軟の区別ではない．検査規格上，水分の最高限度が硬質米は15％より高く設定されていたが，現在では水分の最高限度は硬軟質米の違いに関係なく15±1％である．米粒組織では軟質米は背腹軸に長形細胞が多く，硬質米はそれが少ない．概して，軟・硬質米の間には，水分についての本質的な差はなく，化学成分に差がみられるが，最も的確には組織的および物理的な差異をもつことが指摘されている．

うるち米（粳米） non-glutinous rice　普通の食用米品種のことで，飯専用種．デンプン組成はアミロースが15〜25％，アミロペクチンが85〜75％からなっている．ヨウ素と結合しやすく，ヨウ素反応で青色を呈する．

もち米（糯米） glutinous rice　デンプン組成がほぼ100％アミロペクチンからなっている．胚乳水分が概ね15％以下になると白色不透明に変化する．この現象をりょく化（䅥化）またははぜるという．デンプン貯蔵細胞の中に非常に小さな気泡が多発生し，これが細胞の境界面で光を散乱するためであるといわれる．

糯粳性の識別はヨード・ヨードカリ水溶液の呈色反応により明確に識別ができる．糯米が赤，粳米が青に染まる．これは，アミロースとヨウ素が結合して青色を呈するためである．また，イネの糯粳性は単因子劣性のモチ遺伝子（wx遺伝子）によって支配されている．

最近，消費者の食品に対する安全・安心性の関心が高まるなかで，体の健康志向に応えるために胚芽米，発芽米，発酵米などの機能性を付与した米が開発されている．また，環境や手間などに配慮した無洗米，米の貯蔵性を考慮したパーボイルドライスがある．

胚芽米（胚芽精米） milled rice with embryo　玄米の胚芽を残すように，特別な方法で精白した米であり（図1），胚芽米としての規格は，旧食糧庁において胚芽保有率は80％以上と定められている．

普通の精白米（一般に白米と呼び，ぬかを完全に除去した状態で，その際の歩留りは90〜92％）に比べて微量栄養素や生理機能成分を豊富に含み，また，玄米に比べて食べやすく消化されやすい特徴がある．胚芽米は，栄養価を損なわずに白米のもつ美味しさを追求した米である．胚芽米には動脈硬化に効果のあるビタミンE（α-トコフェロール），ビタミンB$_1$，血圧降下作用のあるγ-アミノ酪酸（通称ギャバ）などの多くの機能性成分が含まれている．

発芽米 brown rice with germination　良質の玄米を水につけ，わずかに発芽させた米が発芽玄米である．栄養価は胚芽米よりさらに高いといわれている．

機能成分としては，γ-アミノ酪酸が特に豊富で，胚芽の部分に多く含まれている．また，結石やガン予防に役立つといわれているIP6や，自律神経失調症や更年期障害の緩和に期待できるオリザノールが豊富ともいわれている．

そのほか食物繊維，ミネラル，ビタミンE，ビタミンB$_1$，栄養機能が高いイノシトール，フェルラ酸などが含まれている．

発酵米 fermented rice　いろいろな酵素を使用して発酵させた米のこと．発酵米を利用して，機能性食品の開発やアミノ酸，ミネラルなどが豊富なもろみ酢，発酵米ぬかを活用した美肌効果のある化粧製品が開発されている．

無洗米 wash-free rice　一般消費者や炊飯業者などの炊飯に対する簡便化および利便化志向に対応した，米のとぎ洗いが不要な米である．

製造方法としては，米ぬか rice bran の除去をブラシによる方法，研磨による方法（研磨米 polished rice），気流で糊粉層などを吹き飛ばす方法，アルコール洗浄法，水洗法などがある．無洗米の長所としては，洗米が不要で，手間が省けるのに加え，とぎ汁による水質汚染の防止などがあげられる．

パーボイルドライス parboiled rice　籾を水に浸けて吸水させ，これを蒸気で蒸して，乾燥したものである．精米すると通常の白米と同様に飯米になる．

パーボイルドライスは古来インド，スリランカで発達した加工方法で，長所は，籾殻が剥れやすくなり，籾摺り作業が容易になる，炊飯後長く置いても，粘っこくなったり，酸っぱくなったりしにくいなどがある．また，砕粒発生が減少し，精米歩留りが上がり，特に整粒が増加する．

米粒が硬化するので，昆虫の食害を受けにくくなり吸湿性も小さいため貯蔵性に優れる．さらには，パーボイリング中にビタミンやミネラル類が胚乳部に移行することにより，栄養価が高くなるなどがあげられる．

米の品質

玄米の登熟程度を示すもので，品種固有の粒形の充実度から判断して完全米と不完全米に大きく分けている．

完全米 perfect rice grain　登熟が完全に行なわれ，品種固有の特徴である粒形を十分に示している米粒を完全米という．完全米は豊満で左右，上下均整がとれ，籾殻内いっぱいに肥大し，側面の縦溝が浅く，粳米では

(左)図1　胚芽米
(右)図2　完全米

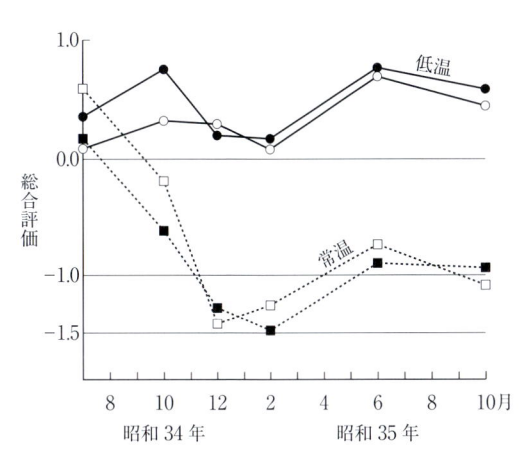

図3　低温貯蔵米の食味（食総研，1969）

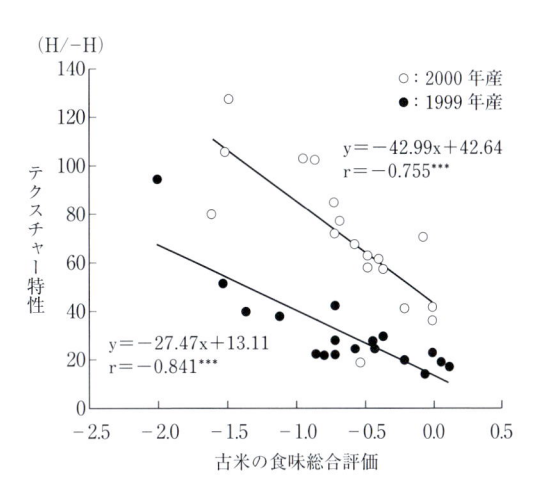

図4　古米の食味の品種間差

全体が透明質で，表面が光沢を有している（図2）．

不完全米 inperfect rice grain　粒形，大きさ，色沢などにどこか異常な欠陥をもち，品種固有の粒形を有していない米粒を不完全米という．主たる要因としては，登熟期間中の内的（籾数や稲体窒素濃度）および外的要因（気象条件など）がある．

わが国では米はその大部分がいったん玄米の形態で貯蔵された後，消費されることと，現在，米市場においては良食味でかつ年間を通して食味が安定している品種が求められている．このため，貯蔵米 stored rice の食味の良否は品種が具備すべき重要な特性である．一般には，貯蔵中の米の変質を防ぐために，低温貯蔵 low-temperature storage（温度10〜15℃，湿度75%以下）が普及している．図3に示すように低温貯蔵米は食味の低下が極めて小さい．玄米の貯蔵期間の違いによって新米と古米の呼称がある．

新米 new rice　収穫してすぐに出荷された米で，貯蔵させない米をいう．流通場面では，収穫年の年末，場合によっては翌年の春頃まで新米として売っている．新米の特徴は，水分を多くもち，光沢があり，柔らかく，粘りが強く，香りが良い．

古米 old rice　行政上は，毎年11月から始まる米穀年度で1年以上経過した米を古米と呼ぶ．米市場においては，翌年の梅雨明け以後を古米とする分け方がある．

古米の特徴としては，米飯が硬く，粘りが弱く，古米臭があり，米飯の光沢や白度が低下するなどの点があげられる．古米臭は不飽和脂肪酸の生成によるもので，その含量を示す指標値としてヨウ素価が用いられている．また，古米になると食味は低下するものの，食味低下程度の小さい品種と大きい品種が存在し，品種間差が認められる．

貯蔵性を評価する方法としては，恒温恒湿器（温度40℃，湿度95%）を用いた30日間処理での炊飯米のテクスチャー特性H/−H比を測定することにより可能で，H/−H比が小さい品種は貯蔵性が優れる（図4）．この方法で食味からみた米の貯蔵性の良否を短期間で効率的に評価することができる．

ヨウ素価 iodine value　「油脂100gに吸収されるハロゲンの量をヨウ素のグラム数で示したもの」で，脂肪酸中の不飽和脂肪酸の含量を表わす．不飽和度の高い脂肪酸は変質しやすい．すでに変質している油脂の不飽和脂肪酸は減少し，ヨウ素価は小さくなる．

〔松江勇次〕

F1品種

一代雑種品種 hybrid variety　交雑により得られた雑種第1代目の種子を利用して栽培する専用品種. 雑種第1代では両親より生育が優れる**雑種強勢** hybrid vigorを示し, 生育や品質が均一となり多収性, 耐病性などに優れた特性を発揮する. 普通作物, 園芸作物, 特用作物などにかかわりなく, また他殖性作物のみならず自殖性作物でも利用される.

一代雑種品種は, 20世紀初頭に米国のトウモロコシで初めて開発され, 現在ではソルガム, ワタ, ヒマワリなどの他殖性作物の改良に用いられている(図1). 野菜類では, 他殖性のキャベツ, キュウリ, メロンだけでなく, 自殖性のトマトやナスなどの品種改良にも利用されている. さらにイネでは, **ハイブリッドライス** hybrid riceとして中国において雄性不稔・回復遺伝子を利用した多収の品種が実用化されている.

一代雑種品種育種法 F1 hybrid breeding　優秀な一代雑種が得られる交配組合わせを選び, 経済的なF1採種を行ない, そのF1を直接品種として利用する育種法. トウモロコシなどのように, 近交系より収量, 病害虫抵抗性などが優れるというF1の雑種強勢を利用する場合と, 野菜類のように生育の揃い, 形状や品質の均質性が優れることを利用する場合とがある.

一代雑種品種では雑種第2代目は形質が分離してくることから, 農家が自家採種してもその品種固有の能力を発揮できない. 種子生産者は, 親系統を一代雑種種子作製用に保存しておき, 雑種種子を生産して供給する. また, 農家は毎回その種子を購入して栽培することとなる.

雑種強勢 hybrid vigor　異型接合体が同型接合体に比べ優れた生活力をもつ現象, すなわち雑種が両親よりも旺盛な生育を示すこと. これは対立遺伝子の適応性がホモの状態のときよりヘテロの状態のときに強大となるためである. 生活力は自殖を続けると低下するが, 再び交雑を行なうことによって増大する.

雑種強勢は, 両親が比較的遠縁のとき, またホモ接合性が進んだ親間のときに顕著である. 自殖性作物でも認められるが, 他殖性植物の自殖系統間で交配したときに, その雑種第1代で最も強く現われる. 現在では**ヘテロシス** heterosisとほとんど同義に使われているが, 語としては雑種強勢のほうがヘテロシスより古い.

近交弱勢 inbreeding depression　多くの他殖性植物において, 自殖などの近親交配を続けると雑種強勢における旺盛な生育とは逆の個体の生活力が著しく低下する現象が現われてくること. 同系交配を続けると遺伝子座がホモになるものが増えて, 生活に不利な形質が顕在化してくることによる. ふつう他殖性のものを自殖させた場合にこの効果が顕著である. また生育や稔実が衰えて極限まで下がったところを自殖極限という.

自殖性植物は, 自殖を繰り返してきたもので, すでに安定した自殖極限に達している. そのため, 自殖性作物は自殖しても弱性が現われることはなく, 生育や収量について自殖極限の高いものが選び抜かれている.

雄性不稔 male sterility　花粉が形成されなかったり, 形成されても無能力で機能せず, 自家受粉種子がとれないものをいう. この不稔性には核遺伝子によるものと細胞質遺伝子によるものとがある. 核遺伝子雄性不稔は多くの場合, 1個の劣性遺伝子によって支配される. これを育種に利用するうえでの問題点は, 種子繁殖では雄性不稔型の固定系統をつくり出せないことであるが, 細胞質雄性不稔を利用することにより解決できる.

細胞質雄性不稔 cytoplasmic male sterility　雄性不稔のうち, 細胞質中の遺伝子によって起きる雄性不稔をいう. それを起こす要因が細胞質中にあるので, 不稔遺伝子は種子親を通して伝達される. 細胞質雄性不稔は育種上, 雑種強勢を利用するために使われるが, それには核にある稔性回復遺伝子が必要である. 細胞質雄性不稔性をもつ種子親に稔性回復遺伝子をもつ花粉親を隣接栽培することで, 除雄する手間なしにF1雑種種子が得られる(図2).

雄性不稔維持系統 male sterile maintainer　細胞質雄性不稔系統は自家受精により増殖が不可能であり, これを維持するために花粉親として用いられる系統をいう. その遺伝子型は細胞質ゲノムが可稔型で, 核ゲノムの稔性回復遺伝子が劣性ホモ接合型である. 維持系統は稔性以外の遺伝子型について雄性不稔系統と同質にすることが必要であり, そのため両系統間で連続戻し交雑により育成する.

稔性回復系統 fertility restorer　一代雑種が雄性可稔で結実するように利用される**花粉親** pollen parentのこと. F1採種において, イネなどのように種実を生産対象とする場合, 雄性可稔で結実しなければ実用価値がない. そのため, 稔性回復遺伝子を優性ホモ接合型で持つ花粉親が必要であり, これを稔性回復系統という.

経済的F1採種法 economical F1 seed production　F1種子の採種には両親系統以外の同種の植物花粉から隔離すること, 確実に除雄が行なわれ, その際の手数が省けることが重要である. そのために, 雄性不稔性や自家不和合性, 雌雄異株・異花など植物がもつ特性を利用した採種法が行なわれる.

イネにおけるF1採種法としては, 細胞質雄性不稔を利用した三系法がある. すなわち, 細胞質雄性不稔系統(A系), 稔性維持系統(B系), 稔性回復系統(R系)の3種類を用いる方法である. 親となるA系とR系は収量については高い一般組合わせ能力, 病害抵抗性やストレス耐性, よい草型や品質をもつ必要がある. さらに, A系は飛散してくる花粉を受けやすい構造, R系は大量の花粉を飛散させる構造の花器をもつ必要がある.

これらを利用して中国における効率的なイネF_1採種では，環境条件として，気温25〜30℃，湿度50〜60％，快晴で風速2.5m/秒以上がよく，交雑を促すために花粉親R系の植物体をロープや棒で揺さぶって花粉を飛散させるなどすることも行なわれている．この方法により中国ではF_1種子の生産量は2.7t/haであるという．

一代雑種品種育種の実際 米国のトウモロコシは，複交雑の有用性が1917年に示されて以降その利用が盛んになり，1940年代にはほとんどすべての畑は複交雑品種で占められた．収量は1865年の南北戦争終結以来も2t/ha以下であったが，年とともに増加し，1930年からの30年間で倍増した．さらにその後優良な近交系が開発され，複交雑にかわって単交雑や三系交雑品種が主流となり，収量増加が加速され，現在では8t/haを超えている．

イネのF_1品種育種は中国が最も盛んである．1976年に安定して高収量のF_1品種が開発されて以来その栽培は急速に広がり，1998年ではイネの全栽培面積の54％（1,764万ha）に達し，イネ収穫量の63％を生産している．F_1品種の平均収量は6.6t/haに達している．中国以外ではベトナム，インド，フィリピンで利用されている．

イネF_1品種の収量における雑種強勢は主に穂数と穎花数の増加が関与している．利用する品種としては，*Indica*品種間や*Japonica*品種間の交雑よりも*Indica*×*Japonica*や熱帯*Japonica*を用いた交雑組合わせのほうが高い雑種強勢が期待される．なお，食味の改良に関してはF_1品種は通常品種に及ばないのが実情である．

不和合性 incompatibility 雌性器官も雄性器官も形態や機能が正常であるにもかかわらず，受粉しても受精にいたらない遺伝現象をいう．花粉が由来した植物体の遺伝子型と，交配相手の花柱の遺伝子型との関係で受精の可否が決まる．そのため，花柱の遺伝子型に無関係に受精の有無が決まる**不稔性** sterilityとは区別される．

特に両性花や同株内の他花間で不和合性が認められる場合を**自家不和合性** self-incompatibilityという．また，自家不和合性には個体間で雌雄ずいに形態的分化が認められない同型花型と分化のある異型花型とがあり，さらに同型花型は配偶体型不和合性と胞子体型不和合性に分けられる．

自家不和合性は顕花植物で広く見られる現象で，配偶体型の同型花にはナシ，リンゴなど，胞子体型の同型花にはキャベツ，ハクサイ，ダイコン，サツマイモなどがある（図3）．日本のキャベツ，ハクサイでは自家不和合性を利用したF_1雑種育種が行なわれている．

交配不和合性 cross-incompatibility 交雑不稔の一つ．交雑不和合性ともいう．属，種，品種間のある種の交雑において，胚珠も花粉も完全であるにもかかわらず受精しない現象．果樹やアブラナ科作物などに多く見られる．その原因は生理的，遺伝的なものと考えられ，特に染色体の不和合性は直接の原因になる．

細胞質遺伝子 cytoplasmic gene 葉緑体遺伝子やミトコンドリア遺伝子のこと．これらの遺伝子は，片側の親のみから子に伝わり，他の種と交ざり合うことがないため，同じ遺伝子が長い世代維持され，選抜育種や交雑育種を経ても変化しない．この遺伝子による遺伝様式はメンデルの法則に従わず，非メンデル遺伝とよばれる．

（古庄雅彦）

図1　ヒマワリの一代雑種品種

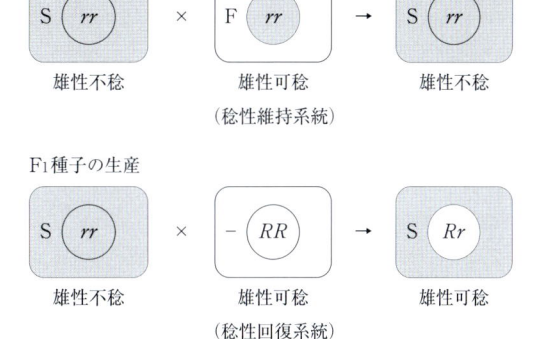

図2　細胞質雄性不稔を利用したF_1採種法（日向, 1991）
S：不稔性細胞質, F：可稔性細胞質, R：優性の稔性回復遺伝子, r：雄性不稔遺伝子

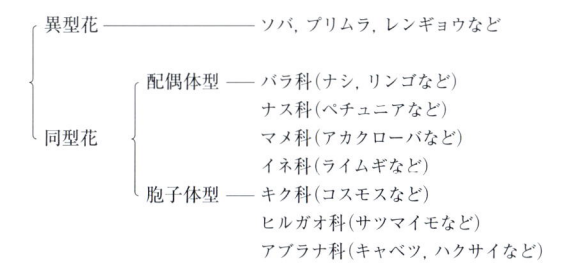

図3　自家不和合性の型と代表的な植物（日向, 1991）

育種法

自殖性植物 self-fertilizing plant　自家受粉により種子を結実する植物．両性花をもち，同じ個体の雌ずい（めしべ）と雄ずい（おしべ）の間で受精が行なわれ，通常自然交雑率が4％未満の植物をいう．

他殖性植物 cross-fertilizing plant　他家受粉で種子を結実する植物．2型があり，自家不和合性により自家受精できず，自家不和合性遺伝子の遺伝子型が個体間で他家受粉すれば他殖種子を結ぶ型と，自家和合性であるが，雌雄異熟性や雌雄同株で雌雄異花との間で他殖種子を結ぶ型である．自然交雑率が4％以上の植物をいう．

栄養繁殖植物 vegetatively propagated plant　生殖器官およびそれに付随する組織・細胞以外の器官または組織から新しい個体を無性的に繁殖する植物のこと．茎を繁殖器官としているジャガイモ（塊茎），コンニャク，サトイモ（球茎），タマネギ，チューリップ（鱗茎），カンナ，ミョウガ（根茎），ナガイモ（肉芽），根を繁殖器官としているサツマイモ（塊根），アヤメ，ガーベラ（宿根），葉を繁殖器官としているオニユリ（鱗片）などがある．

染色体と倍数性 chromosome and polyploidy　作物の染色体数は原則としてそれぞれの種で固有であり，近縁種属間では基本染色体数を単位として倍数関係がみられる．基本染色体の単位がゲノム genome であり，生物がその生活機能を維持し，子孫を継続するために必要な最小限度の遺伝子を含む基本染色体組である．基本染色体数を x で表わすと，2n = 2x の生物が二倍体 diploid，2n = 3x, 4x…の生物が三倍体 triploid，四倍体 tetraploid であり，このような倍数関係を倍数性 polyploidy という（図1，図2）．

倍数体 polyploid　3ゲノム以上の染色体を含む細胞，組織および個体をいう．同じゲノムを重複してもつ個体を同質倍数体，異なるゲノムをもつ個体を異質倍数体という．一般的には，二倍体が基準となり，一倍体を半数体，三倍体以上のものを倍数体という．

半数体 haploid　ある植物種の半数の染色体をもつ植物体をいう．半数体の体細胞はもとの植物の配偶子染色体数と同数の染色体をもつことになる．二倍体から生じる半数体を単数性半数体，倍数体から生じる半数体を倍数性半数体という．

固定 fixation　遺伝子がホモになること．自家受粉する植物において，ある雑種を作製後，代々自家受粉を繰り返していくうち，いくつかの型に分離し固定していく．したがって，遺伝子については純系 pure line となり，子孫で分離をしない状態のことをいう．

系統 line　祖先を共通として，遺伝子型において等しい個体群をいう．純系にはば等しいが，それほど純粋なものとして考えないという程度の差がある．

品種（栽培品種） cultivar, variety　作物の種類を農業上の特性の差により分類したもの．実用的形質に関して他の集団と区別されるが，その集団内では相互に区別されない一定の遺伝的特性をもった集団をいう．

変種 variety　分類上の一単位で，種よりも下の階級．遺伝的に固定した変異をさすが，同一種内の変種間では稔性のある交配種をつくる．変種を表わすときには種名の後に変種名を加える．また変種名の前には var. をつけることが多い．

人工交配 artificial cross　人工的に遺伝的組成の異なる2個体の交配を行なうこと．目的とする交配を行なうためには，まず遺伝的組成の異なる個体のうち，めしべとして利用する個体からおしべを取り除く除雄 emasculation を行なう．その後もう片方の個体からの花粉をめしべに交配することにより，人工交配が完成する．特に水稲においては，温湯によりおしべを死活させる温湯除雄法 hot water emasculation を利用して人工交配を行なっている．

純系 pure line　すべての遺伝子についてホモな一つの個体から自殖によって得られた後代で，遺伝的に均一でホモ接合となった個体からなる系統の総称．

枝変わり bud mutation　植物体の一部の体細胞分裂組織に遺伝子突然変異が生じ，そこから形成される器官に他と異なる形質部分を生じること．斑入りの葉，色変わりの花，形質の異なる果実を生じる場合などがある．芽条突然変異 bud mutation ともいう．

純系選抜法 pure line selection　種々の遺伝子型を含む自殖性植物の集団について，はじめに個体選抜を行ない，その後代系統を比較して育種目標に最も適合した純系を選び，それを増殖して新品種として普及する育種法．

集団選抜法 mass selection　集団のなかから相当数の優良個体を選び，その種子を交ぜて後代をつくる方法のことをいう．自殖性植物の強い選抜を受けていない集団について，この集団選抜を適用した場合，後代は各選抜個体に由来する純系を混合した形の集団となる．純系選抜が最優良の1遺伝子型の純系を新品種とするのに対し，この方法は，優良な複数の遺伝子型，複数の純系を交ぜた形で集団を一歩改良し，維持しようとするもの．

集団選抜は，このように遺伝的に多様な多数の個体を一つの集団として扱いながら選抜を繰り返すことができるので，年数をかけると集団の改良を大きく進めることができる．

系統育種法 pedigree method　雑種の初期世代（F_2 か F_3）から個体選抜を開始し，次世代以降，系統および個体選抜を続けて優良系統を育成する．本法では，明確な育種目標をもち，それに関係する品種特性を熟知し，分離世代の多数個体を対象とする肉眼による迅速判定を含めて厳格で的確な選抜を行なうこと，またそのために適した選抜の場をもつことが重要である．

集団育種法 bulk-population method　雑種の初期世代（F_2からF_4）では混合集団として世代を進め，遺伝的固定度を増加させた後期世代に対して，系統育種法に準じた選抜を行なう育種法である．初期世代を集団として維持していくため，系統育種法と比べると選抜が簡明で材料展開が容易である．ただし，後期世代には多くの不良型が含まれ，希望型個体の出現する確率が低く，集団サイズを大きくしないと希望型を逃してしまう危険性があることが欠点である．

戻し交配法 backcross method　F_1をつくった両親のうちの片親と交配すること．戻し交配でできたF_1をさらに同じ片親に交配すること，またそれを繰り返すことを反復戻し交配という．はじめの交配の親のうち反復戻し交配で繰り返し交配されるほうを反復親，はじめの交配のみで親となるものを一回親という．反復親の全体的な形質は保ったまま，それがもたない耐病性遺伝子などを取り込みたいような場合に用いられる．

多系交配法 multiple cross　3つ以上の品種のなかに含まれる優良形質を一つの品種に集めたい場合に行なう方法で，A×(B×C)，(A×B)×(C×D)などの組合わせがあげられる．はじめの交配のF_1を直ちに交配に使うこともあるが，各組合わせ別に選抜を加えてから交配を行なうこともある．

循環選抜法 recurrent selection　微動遺伝子の集団内での頻度を高めるため，原集団から選抜した遺伝子型を直ちに相互に交配して次の集団をつくり，その集団から希望遺伝子型を選抜し，また相互に交配を行なうことを繰り返す育種法．直接の品種育成とともに，手持ちの交配母本の改良によく用いられる．

組合せ能力 combining ability　ある品種を交配したとき，その後代に優れた個体の現われる程度のこと．一般組合せ能力と特定組合せ能力があり，前者の能力が高い品種とは平均的に多収を生み出す品種のことを，後者の能力の高い品種とは特定の組合わせでよい場合をいう．

単交配 single cross　雑種強勢を利用するための交雑の一つで，2つの遺伝子型間の交雑をいう．通常では両親に純系ないしは近交系が用いられる．

複交配 double cross　単交配同士の交配をいう．得られる複交配植物で発現する生産力や均一性は単交雑に通常劣る．優良な近交系の開発が進んだことにより，最近はあまり用いられない．

合成品種育種法 synthetic variety breeding　一代雑種育種法と同様に，組合せ能力について選抜された遺伝子型間の相互交雑により育成され，自然交雑により維持される品種育成法．合成品種では，多様な遺伝子型が含まれることから，世代を進めても比較的高いヘテロ接合性が維持され，種子を大量に増殖して使用できる．このため種子のコストを低く抑えることができ，牧草などの育種に多用されている．

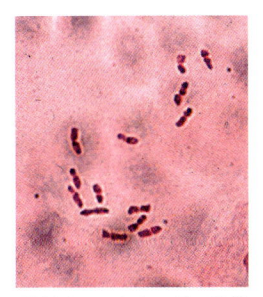

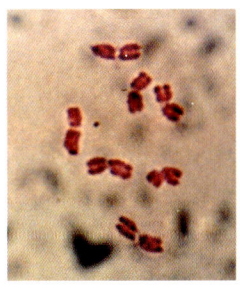

（左）図1　オオムギ2倍体の染色体（2n = 14）
（右）図2　オオムギ半数体の染色体（n = 7）

栄養系選抜法 clonal selection　栄養体で繁殖や育種を行なう場合に，その挿し木や接ぎ木による繁殖体クローンの諸特性を調査・選抜し，改良する育種法．優れた栄養系を選抜すれば直ちに増殖され，評価試験ができる．

突然変異育種法 mutation breeding　遺伝子の性質が突然に変化することを利用した育種法．自然突然変異もあるが出現頻度が低いため，人為的に放射線照射により頻度を高める方法がよく用いられる．

交配育種法 cross breeding　遺伝子型の異なる品種や系統を人為的に交配して，その植物の繁殖様式に従って世代を進め，雑種世代で希望型を選抜することにより新しい遺伝子構成をもつ品種をつくり上げる方法をいう．

遺伝資源 genetic resources　遺伝の機能的な単位（遺伝子）を有する植物，動物，微生物に由来する素材．農学的な意味では，収集されて系統的に保存・維持されている多数の品種の集合．品種改良にとって重要な材料・資源である．

品種保存 variety preservation　品種や系統を収集，増殖，整理し，育種事業や育種研究に用いるために保存すること．一般的には育種事業のなかで交雑などに用いる有用な材料を保存する小規模から中規模な材料の維持をいう．品種保存では，材料が消失しないように組織的に体系化した保存体制が必要．

原種・原々種 stock seed, foundation seed　採種場所に供給するための種子を原種，育成機関で育成された品種の種子（育種家種子）から生産機関において，系統栽培により増殖された種子を原々種という．原々種をもとに増殖された種子が原種である．

奨励品種 recommended variety　主要農作物種子法（主要農作物とはイネ，オオムギ，ハダカムギ，コムギ，ダイズをいう）の規定により，都道府県が行なう**奨励品種決定試験** performance test for recommendable varietiesの結果をふまえ，当該都道府県において普及することが奨励されると決定された品種をいう．

（古庄雅彦）

遺伝子(1)
分子遺伝学

遺伝子解析技術

PCR法 Polymerase Chain Reaction method　目的とするDNA領域を短時間で爆発的に増幅する方法である。反応は，2本鎖DNAの熱変成，増幅したい領域の両末端への**プライマー** primerのアニーリング，耐熱性ポリメラーゼによる相補的DNAの伸張反応を一サイクルとした連鎖反応からなる．理論上，一サイクルで目的DNAを2倍に増幅できるため，サイクルを繰り返すことで，指数関数的にDNAを増幅できる．

RT-PCR法 Reverse Transcription-PCR method　RNAと相補的なプライマーをアニーリングさせ，逆転写酵素によって**cDNA (complementary DNA)** を合成し，そのcDNAを鋳型にしてPCR法を行なうことで，発現しているRNAをDNAとして増幅する方法である．

サザンブロッティング southern blotting, **ノーザンブロッティング** northern blotting　標識した核酸と相補的な塩基配列を持つ核酸をメンブレン上で検出する方法のこと．サザンブロッティングでは通常切断したDNAを電気泳動によって分離しメンブレンへブロット(転写)する．次に標識した1本鎖の核酸をメンブレンと反応(ハイブリダイゼーション)させ，2本鎖を形成させてDNAを検出する．ノーザンブロッティングは電気泳動で分離する対象がRNAであること以外は，上記の方法と同様に行なえる．サザンブロッティングの名前は考案者のEdwin M. Southernに由来する．

ウェスタンブロッティング western blotting　電気泳動によって分離したタンパク質をメンブレンにブロットし，目的のタンパク質に対する特異抗体でそのタンパク質を検出する方法である．イムノブロッティング immuno blottingともいう．

in situハイブリダイゼーション in situ hybridization (ISH)　組織や細胞におけるDNAやRNAの分布や発現を検出する方法である．原理的にはサザンブロッティングやノーザンブロッティングと同様であるが，切片上で1本鎖核酸同士の塩基対を形成させ検出するのが特徴．

RAPD法 Random Amplified Polymorphic DNA method　通常のPCR法とは異なり，反応条件やプライマーの塩基配列を任意に変えることで，複数の領域から増幅される多様なDNA断片の多型を検出する方法である．増幅されたDNA断片の数や長さを比較することによって品種識別などに利用されている．

RNAi RNA interference　細胞内で2本鎖RNAと相補的な配列を持つmRNAが特異的に分解される現象のこと(図1)．2本鎖RNAはDicerというRNA分解酵素によってsiRNA (small interfering RNA)と呼ばれる21〜23ヌクレオチドの3'突出型2本鎖RNAに分解される．siRNAはRISC (RNA induced silencing complex)というタンパク質複合体に組み込まれて活性型RISCを形成し，標的RNAを認識してそれを特異的に分解する．RNAi法は，この現象を利用して人為的に2本鎖RNAを導入し，目的とする遺伝子の発現を抑制する手法である．

DNAシーケンサー DNA sequencer　DNAの塩基配列を自動的に読み取る装置のこと．現在の装置はキャピラリーゲル電気泳動を用いるタイプが多い．塩基配列を決定するためのシーケンス反応は，改変されたジデオキシ法(サンガー法)を用いるものが主流である．

制限酵素 restriction enzyme　塩基配列特異的に2本鎖DNAを切断する酵素のことをいう．I型，II型，III型があるが，組換えDNA実験に多用されるのはII型である．II型制限酵素は，パリンドローム構造を認識して特定の部位で2本鎖DNAを切断する活性を持つ．制限酵素という名称は，ある種の大腸菌ではバクテリオファージの増殖が制限されることに由来する．

組換えDNA recombinant DNA　DNAの一部を制限酵素などで切り取り，他のDNAと連結させることで新たなDNA分子を作製することである．**遺伝子組換え** genetic modificationは，この技術を利用して遺伝子を改変し，生物に導入することで，ある生物種が本来持たなかった形質(表現型)を付与すること．

遺伝情報の発現

遺伝子発現 gene expression　転写調節領域，構造遺伝子および転写終結に必要な**ターミネーター** terminatorからなる遺伝子が転写されて，最終的にその構造遺伝子が持つ機能を果たすことをいう．

転写調節 transcriptional regulation　遺伝情報の発現(遺伝子発現)は，さまざまなステップで制御されているが，転写調節はその主要なものの一つである．タンパク質をコードする遺伝子はその機能を発現するために，DNAから**mRNA (messenger RNA)** に転写される必要があるが，どの遺伝子を時間的，空間的に，どれくらい転写するかを制御するのが転写調節領域である．この領域は構造遺伝子の上流にあるのが一般的で，RNAポリメラーゼが結合して転写を開始するために必要な**プロモーター** promoter，転写活性化のためのエンハンサー enhancer，などを含んでいる．しかし現在では，上記のプロモーターをコアプロモーターと呼び，転写調節領域全体をプロモーターと呼ぶことが多い．

スプライシング splicing　真核生物の構造遺伝子は，成熟mRNAになるために必要な**エクソン** exonとそれを分断する**イントロン** intronからなる．スプライシングとは，転写された前駆体mRNAからイントロンを除去し，エクソンを連結して成熟mRNAとする過程のことをいう．

オープンリーディングフレーム open reading frame (ORF)　DNAまたはRNAの塩基配列の3通りの読み枠(DNAの場合，相補鎖も考えると6通り)のうち，実際に

タンパク質のアミノ酸配列情報をコードしている可能性がある読み枠のこと．

遺伝子と作物

QTL quantitative trait locus　量的形質遺伝子座といい，量的形質に影響を与えるDNA領域のこと．QTLを明らかにすることは作物の品質や収量に直結するため非常に重要なことであるが，複数の染色体上の多数の遺伝子座の影響を受けることから，従来の方法では困難であった．しかしながら近年，多くの生物種において染色体上の一里塚ともいうべきDNAマーカー DNA markerが開発され，いくつかの作物ではDNAマーカー間の距離が極めて近い高密度連鎖地図が作製されている．これを用いることで農業形質に関するQTLの検出精度が飛躍的に高まっている．

ホメオボックス遺伝子 homeobox gene　動物や植物などの発生・形態形成に関与する遺伝子に保存されているDNA領域のことをホメオボックスといい，それを持つ遺伝子をホメオボックス遺伝子という．ホメオボックスは約180塩基対からなり，DNA結合部位であるホメオドメインをコードする．高等植物におけるホメオボックス遺伝子は，表現型に大きな影響を与えることから，分子育種の素材として注目されている．

ABCモデル ABC model　シロイヌナズナを用いて証明された，花の形態形成を説明するモデル．花の形成にはA，B，Cという3つの遺伝子の組合わせが重要であり，Aだけが発現すると萼，AとBで花弁，BとCでおしべ，Cだけでめしべが形成される．A，B，Cすべての遺伝子に変異が入った3重変異体では，花がすべて葉に変わる．このような花の形態形成にかかわるホメオティック遺伝子も分子育種の素材として注目されている．

トランスポゾン transposon　細胞内で染色体やプラスミド上を転移することができるDNA領域のこと．DNAが直接転移する場合と，転写，逆転写の過程を経てDNAの複製を伴う場合があり，後者は特にレトロトランスポゾン retrotransposonまたはレトロポゾン retroposonと呼ばれる．トウモロコシの実の斑入り現象の研究から，Barbara McClintockによって発見された．トランスポゾンの転移はDNA配列を変化させることから変異源となるため，分子生物学や遺伝学において幅広く利用されている．

総体としての生命の理解

ゲノム解析 genome analysis　細胞に含まれる遺伝情報の総体をゲノムといい，それを総合的に解析することをゲノム解析という．具体的にはゲノムを構成するDNAの塩基配列を決定し，その情報をもとに遺伝子部分を同定することなどが含まれる．そしてこのようにゲノムを扱う学問分野をゲノミクス genomics, ゲノム学と呼ぶ．また，転写産物の総体をトランスクリプトーム transcriptome, タンパク質の総体をプロテオーム proteome, 代謝産物の総体をメタボローム metabolomeといい，それらを扱う学問分野をそれぞれトランスクリプトミクス transcriptomics, プロテオミクス proteomics, メタボロミクス metabolomicsと呼ぶ．

モデル植物 model plant　生物学において，普遍的な生命現象の研究に用いられる植物のこと．そのための条件として，栽培が容易，世代交代が早い，遺伝子導入が容易，ゲノムサイズが小さく解析が進んでいる，染色体上のDNAマーカーが充実している，などの条件が挙げられる．シロイヌナズナ，イネ，ミヤコグサ，アサガオなどがモデル植物として広く利用されている．

DNAアレイ解析 DNA array analysis　cDNAやゲノムDNAを基盤上に配置したものをDNAアレイといい，基盤としてガラスやシリコンを用いて高密度に配置したものをマイクロアレイ microarray, メンブレンに配置したものをマクロアレイ macroarrayと呼ぶ．基盤上のDNAと調査対象のcDNAやゲノムDNAをハイブリダイゼーションさせて，遺伝子の発現やDNAの存在などを網羅的に解析する手法をDNAアレイ解析という．

EST expressed sequence tag　cDNAライブラリーからランダムに選んだクローンの末端から一度だけ決定された塩基配列(通常300～600塩基対)のこと．

システムバイオロジー system biology　1つ1つの遺伝子やタンパク質のもつ役割の理解は分子生物学の発達で飛躍的に進んだが，一歩進んで，それらがどう相互に関係して生体としての機能が発現するかを解明し，生命現象をシステムとして理解することを目的とする生物学の研究分野をいう．

〔鈴木章弘〕

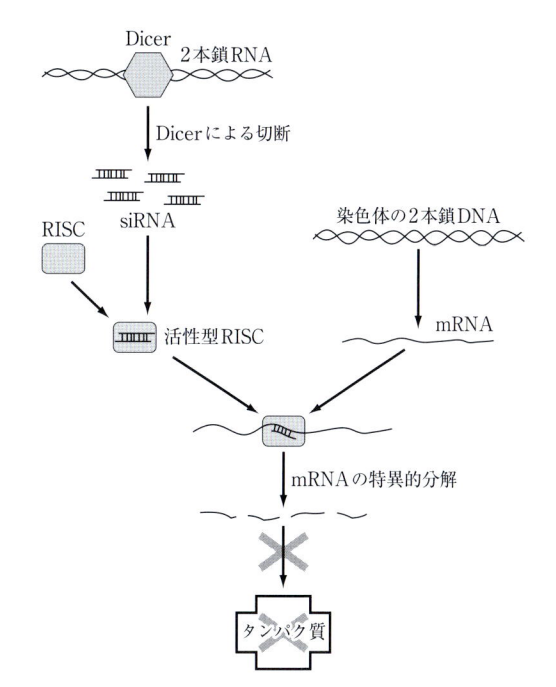

図1　RNAiの原理

遺伝子(2)
細胞・組織・器官培養

組織培養 tissue culture

動物，植物に限らず組織の一部を外植片 explantとして取り出し，無機塩類や有機物を栄養分として含む培地 culture mediumに置床して生育させる技術をいう．植物の組織培養は，細胞，組織から器官への分化や発育の機構を探る際の実験手法であると同時に，優良な形質をもつ品種の栄養繁殖による大量増殖や外来遺伝子を植物に導入して形質転換体（遺伝子組換え体）を作出する際の基本となる重要な技術である．

植物の生育に必要な様々な栄養分が入った培地のことを培養基 culture mediumとよび，基本培地 basal mediumとして窒素やリンなどの多量要素やマンガンやホウ素などの微量要素を添加したものを用いる．Murashige & Skoogの培地（通称MS培地）やGamborgのB5培地などがよく利用される基本培地である．植物の生育に必要な炭素はショ糖で与える場合が多い．培地のpHは5.8～6.2程度に調整する．培地は，寒天やゲランガムで固化した固形培地 solid mediumやこれらの固化剤を加えない液体培地 liquid mediumとして用いる．

一般に，置床する外植片はあらかじめ表面殺菌し，培地の分注や外植片の置床などの操作は無菌条件を保つことができるクリーンベンチ内で行なう．

再分化 redifferentiation

培養の目的によって異なるが，たとえば葉，茎，根などを外植片として培地に置床して，脱分化 dedifferentiationした細胞の集団であるカルス callusを誘導するような場合，その植物種やそれぞれの組織からの脱分化の誘導に適した植物成長調節物質 plant growth regulatorを培地に添加する．NAA，2,4-Dのようなオーキシン，BAP，thidiazuronなどのサイトカイニンを様々な濃度で組み合わせて添加することで，カルス誘導の頻度や誘導されたカルスの形状などが異なる．

カルスは切り分けたり，茶こしなどの上でつぶしたりして適当な大きさにしてから液体培地に置床し，回転しながら培養する振とう培養 shaking cultureを行なうと，比較的小さく均一な大きさの細胞集団からなる懸濁培養 suspension culture細胞を誘導できる．振とうしないで培養する場合もあり，これを静置培養 static culture, stationary cultureという．

誘導されたカルスや懸濁培養細胞を，基本培地に適当な植物成長調節物質を添加して培養すると，芽や根などの器官を再分化することができる．再分化は，植物種や培養する組織，添加する植物成長調節物質，炭素源，光条件など様々な要因で制御されるが，大別すると不定芽 adventitious budまたは不定胚（体細胞胚）somatic embryoを経由して再分化する（図1左，右）．

不定芽は，茎頂分裂組織のみを分化するものであり，植物成長調節物質や環境条件によっては，不定芽の腋芽がさらに分化を繰り返し発育して多芽体 multiple buds, multiple shootsを形成する場合もある（図2右）．優良苗の急速大量増殖に利用される．一方，不定胚は受精胚に対応した用語であり，脱分化した細胞集団の一部が胚発生 embryogenesisの過程を経て体細胞から胚を形成する様式である．受精胚とは形態が異なる場合も多いが，細胞集団は球状胚，心臓型胚，魚雷型胚を経由して，茎頂分裂組織と根端分裂組織の二極分化した胚を形成する．不定芽分化能の高いカルスをorganogenic callus, 不定胚分化能の高いカルスをembryogenic callusと呼ぶ．

外来遺伝子を導入した遺伝子組換え植物を作出するには，目的とする植物種で効率よく再分化個体が得られ，このような培養系を確立することが必要である．モデル植物である，イネ，タバコ，シロイヌナズナ，ミヤコグサなどではこれらの培養系が確立されている．

プロトプラスト protoplast

植物細胞の細胞壁をセルラーゼやマセロザイムといった酵素で溶解した単一の原形質体のことをいう（図3左，右）．交配育種では不可能な遠縁交雑を目的に，2種のプロトプラストを電気的刺激や薬品処理によって融合させる細胞融合 cell fusionに用いたり，電気パルスで原形質膜を穿孔して培地中のDNAを導入する際の材料として用いたりする．異種の体細胞由来のプロトプラストを融合して得られた雑種を体細胞雑種という．

単離材料には，葉，茎，根なども用いられるが，上述の不定芽や不定胚の分化能が高い細胞集団を単離材料として用いることで，再分化系の確立が容易になる．しかし，プロトプラストからの再分化系が確立できている植物種は少なく，個々の材料において培養技術の開発が望まれる．分裂活性の高い細胞集団をプロトプラストの周辺に置床して分裂を誘導するナース培養 nurse cultureが有効な場合もある．周辺に置床する細胞をナースセル nurse cellという．

単一細胞から再分化する培養系が確立できると，その培養系に選抜圧をかけることによる細胞選抜 cell selectionを通して，優良形質の効率的な選抜を行なうことができる．なお，細胞選抜では，選抜圧をかけずに培養中に生じる変異を利用してより優良な特性をもつ細胞集団を選抜する場合もある．

器官培養 organ culture

植物組織培養の分野では，材料として用いる部分によって，器官培養という用語を用いる場合があり，根，葉，茎，胚，子房などを培養する場合，それを器官培養と称することがある．

遠縁植物間の交雑では受精卵が発育する過程で細胞死 apoptosisを起こして胚発生が停止するなど，種の

図1 ダイズの未熟胚からの不定胚形成（左）とラッカセイの花糸から誘導したカルスにおける不定胚形成（右）

図2 イネ葯培養において誘導したカルスにおける不定芽形成（左）とマキノキの新梢から誘導した多芽体（右）

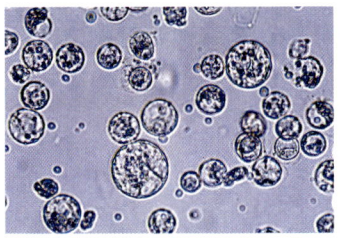

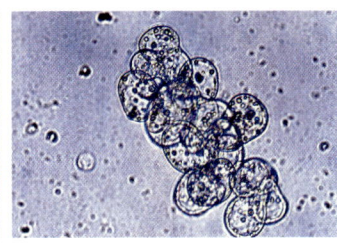

図3 ラッカセイの懸濁培養細胞から単離したプロトプラスト（左）とその培養7日目に観察された細胞分裂（右）

隔離のための防御機構が発現するが，器官培養によってこれを打破することも可能である．すなわち，受精後の胚の発育が進まない時には，このような弱勢胚救済 embryo rescue のために，未熟な受精胚を取り出して十分な栄養を与えて培養する胚培養 embryo cultute が用いられる．受精胚だけを取り出すことによる損傷を避け，また胚の周辺組織からの影響を維持するために，胚珠を取り出して培養する胚珠培養 ovule cultuture や子房ごと培養する子房培養 ovary culture を行なうこともある．これらの培養技術を応用して，試験管内で受粉して胚発生を促す試験管内受精もユリなどで成功している．

葯培養 anther culture

育種年限を短縮するために半数体を作出する際には，葯を培養して花粉由来の植物体を再分化させる．再分化の過程は，イネのようにカルスを経て不定芽や不定胚を分化する場合と，タバコのように花粉から直接不定胚を分化する場合がある（図2左）．得られた再分化個体はコルヒチン処理などで染色体を倍加させるか，自然倍加した個体を利用する．葯培養の過程で生じた培養変異（後述）を利用したイネの品種育成も行なわれている．花粉培養 pollen culture は，単一の花粉から植物体を再生させることを目的に行なわれる．小胞子培養 microspore culture ともいう．イネ科，アブラナ科，ナス科などいくつかの限られた植物種で半数体の作出に成功している．

茎頂培養 shoot apex culture, apical meristem culture

成長点を含む茎頂分裂組織を顕微鏡下で0.3〜1mm程度の大きさに切り出して培養する．茎頂部分のウイルス濃度は低いので，ウイルスフリー virus free 苗を増殖する際にはこの培養系を利用する．実際に，サツマイモ，イチゴ，ランなどの栄養繁殖性作物の増殖に利用されている．また，優良系統の大量増殖の際の外植片として茎頂組織を用いて多芽体を誘導したり，有用な遺伝資源を保存したりするために，この培養系を利用した低温保存の技術も開発されている．

培養変異（体細胞変異）somaclonal variation

組織培養で再分化個体を得る場合には，培養を繰り返す過程で様々な変異がおき，得られた再分化個体がしばしば形態異常を示す場合があり，これを培養変異と呼ぶ．花色の変化や矮化などの優良な変異は，新品種の育成にも使われる場合がある．最近では，培養変異の原因として転移するDNAであるレトロトランスポゾン retrotransposon の活性化が明らかにされつつあり，人為的な転移の制御による変異の抑制や積極的な変異の誘導も可能になるかもしれない．

（大門弘幸）

遺伝子(3)
遺伝子導入とGMO

遺伝子導入

形質転換 transformation　細胞(生物)が持つ表現型(形質)が元の細胞とは異なるものに転換されることをいう．遺伝子の変化を伴うことが多い．現在では，外来遺伝子を細胞へ導入することを形質転換と呼ぶ場合がほとんどである．

プラスミド plasmid　細菌や酵母などには，染色体とは独立して複製され，分裂時には嬢細胞へ分配される小型の環状または線状のDNAやRNA分子が存在していることがあり，このような核外の自律的複製因子をプラスミドという．現在では，人工的に改変された環状プラスミドDNAが組換えDNA実験の際に利用されている．また，植物細胞へ外来遺伝子を導入するための**形質転換用ベクター** transformation vectorも，人工的に改変されたプラスミドの一つである．

外来DNA exogenous DNA　ある細胞を中心に考える場合，細胞外から細胞内へ導入されるDNAのこと．外来遺伝子とほぼ同じ意味で使われることが多い．

アグロバクテリウム法 Agrobacterium method　*Agrobacterium tumefaciens*(最新の分類では*Rhizobium radiobactor*)または*Agrobacterium rhizogenes*(同*Rhizobium rhizogenes*)を介して外来遺伝子を植物細胞の染色体へ導入する方法のこと(図1)．*A. tumefaciens*は双子葉植物に感染し，クラウンゴールと呼ばれる植物の腫瘍を形成する病原性の土壌細菌であり，細胞質中にTi (tumor inducing)プラスミドを持つ．一方，*A. rhizogenes*は感染した場所から毛状根hairy rootを生じる土壌細菌であり，細胞質中にはRi (root inducing)プラスミドを持つ．これら2つのプラスミドの大きさは，通常約200Kbであり，プラスミド上には，アグロバクテリウムが宿主植物へ感染した後，宿主細胞の染色体に組み込まれる**T-DNA (transfer DNA)** と呼ばれる領域がある．

T-DNA上には，アグロバクテリウムがエネルギー源として利用する**オパイン** opineと総称される特殊なアミノ酸の合成系の遺伝子やオパインを利用するために必要な遺伝子があり，さらにクラウンゴールを形成するために必要な遺伝子群(Tiプラスミドの場合)，または毛状根を形成するために必要な遺伝子群(Riプラスミドの場合)などもコードされている．ところがT-DNA上の塩基配列はその両端の境界配列を除いて，アグロバクテリウムの生存や宿主植物への感染，T-DNAの染色体への組込みには影響しないため，この部分を任意の塩基配列に交換することが可能となる．

したがって，アグロバクテリウム法は，Tiプラスミドを外来遺伝子導入のための形質転換用ベクターとして用いるわけである．T-DNA上に挿入される遺伝子としては，たとえば遺伝子導入後の細胞選抜が容易になるように**薬剤耐性遺伝子** drug resistance geneや，導入された遺伝子が発現しているかどうかを判別するための**レポーター遺伝子** reporter geneなどさまざまなものが用いられる．レポーター遺伝子としてはオワンクラゲのGFP (green fluorescent protein)，大腸菌のGUS (β-glcuronidase)，ホタルのLUC (luciferase)遺伝子などが広く利用されている．通常，Tiプラスミドを人為的に改変した形質転換用ベクター(バイナリーベクター)は，取り扱いが簡便なため大腸菌中で維持されることが多い．そして，遺伝子導入のための組換えDNA操作が完了したベクターをアグロバクテリウムへ移し，それを形質転換したい植物に感染させることになる．

大腸菌からアグロバクテリウムへのベクターの導入には，しばしば**トリペアレンタルメイティング法** tri-parental mating methodが用いられる．形質転換用ベクターを受容するアグロバクテリウム(受容菌)，提供する側の大腸菌(供与菌)そして接合伝達を可能にするヘルパープラスミドを持つ大腸菌(ヘルパー)を共存培養し，形質転換用ベクターを受容したアグロバクテリウムのみが生存可能な選択培地で生育させて選抜する．

シロイヌナズナでは，開花・結実しつつある花をアグロバクテリウムの懸濁液に浸すことで感染させ，そこから種子を得ることで形質転換された個体が容易に得られる．しかし，ほとんどの高等植物では形質転換された細胞を選抜し，個体再生の過程を踏まなければならない．また，当初はイネなどの単子葉植物には利用できない方法とされていたが，培地へフェノール化合物であるアセトシリンゴンを添加することでその問題も解決された．これは，T-DNAを切り出す過程に，単子葉植物が合成できないアセトシリンゴンが関与していることによる．

パーティクルガン法 particle gun method　細胞内へ外来遺伝子を導入する手法の一つである(図2)．金やタングステンなどの金属微粒子と導入したいDNAを含む溶液を混合することで，微粒子をDNAでコーティングし，高圧ガスや火薬の力を借りて，その粒子を細胞内へ打ち込む方法である．高等植物の場合は，打ち込まれた細胞を薬剤耐性などで選抜し個体再生させることで遺伝子組換え植物が完成する．この方法は，物理的に外来DNAを細胞内へ送り込むため，植物細胞が持つ細胞壁を除去する必要がなく，分化した組織や器官の細胞へもDNAを導入することが可能である．一方，コーティングした粒子を打ち込むための装置が高価なことから，このシステムを容易に導入できないという問題点もある．

エレクトロポレーション法 electroporation method　電気パルスで細胞に孔をあけ，外来遺伝子を導入する手法である．電気穿孔法ともいう．植物細胞を形質転換する場合は細胞壁を薬剤処理によって除去し，プロトプラストを得る．次に導入したいDNAを含む溶液とプロトプラストを混合し，短時間の電気パルスをかけると

プロトプラストの細胞膜に小さな孔があき，そこから外来DNAが細胞内へ取り込まれる．通常，細胞内へ外来DNAが侵入した場合は除去されるのが普通であるが，低頻度で染色体DNAに組み込まれることを利用している．外来DNAが染色体に組み込まれるメカニズムは解明されていない．形質転換された細胞の選抜以降は，他の手法と同様である．

遺伝子組換え作物

GMO (genetically modified organisms), **遺伝子組換え生物**　直訳すると遺伝子改変生物ということになり，遺伝子導入されたすべての生物を表わす単語のはずであるが，遺伝子組換え作物 genetically modified cropsそのものを指す場合も多い．LMO (living modified organisms)は同義語であり，「遺伝子組み換え生物等の使用等の規則による生物の多様性の確保に関する法律」通称カルタヘナ法では，こちらが用いられている．

現在栽培されている遺伝子組換え作物の多くは，除草剤耐性遺伝子や害虫抵抗性遺伝子を導入したものであり，作物の種類としてはダイズ，ナタネ，トウモロコシなどが挙げられる．これらは，作物の収穫効率を上げる目的で開発されたものであり，第1世代遺伝子組換え作物と呼ばれる．それに対して健康維持・増進や環境浄化などを目的とした付加価値の高いものを第2世代遺伝子組換え作物 second category of genetically modified cropsという．

隔離温室 isolated greenhouse　2004年2月に施行されたカルタヘナ法の特定網室に相当するもの．特定網室には，外部からの昆虫の侵入を最小限にとどめるため外気に開放された部分に網その他の設備が設けられていること，屋外から網室に直接出入りすることができる場合には当該出入り口に前室が設けられていること，網室からの排水中に遺伝子組換え生物等が含まれる場合には当該排水を回収するために必要な設備，機器または器具が設けられていること，または網室の床または地面が当該排水を回収することができる構造であること，といういくつかの満たすべき事項が定められている．

遺伝子組換え作物の開発には，実験室で作出された遺伝子組換え作物を特定網室で栽培して，組換え作物としての基本的な性質を調査する必要がある．このような作物は一般圃場における栽培の前段階として，模擬的環境影響試験圃場，通称隔離圃場 isolated fieldにおける試験栽培を行なう必要がある．隔離圃場は，圃場のまわりが柵やフェンスで仕切られていて，人や動物が容易に出入りできないこと，圃場内で使用した長靴や農機具などを洗浄する場所があり圃場の土が外に持ち出されないこと，圃場内に焼却炉があり栽培された作物を焼却できること，という3つの条件を満たしている必要がある．ここでは，遺伝子組換え作物が周辺の自然環境へ悪影響を及ぼす可能性がないかどうか調べられる．

遺伝子拡散 gene flow　遺伝子組換え作物が，周囲

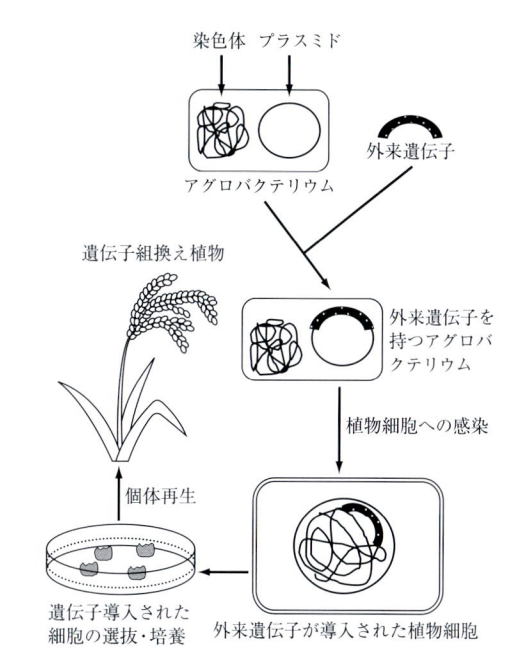

図1　アグロバクテリウム法の原理

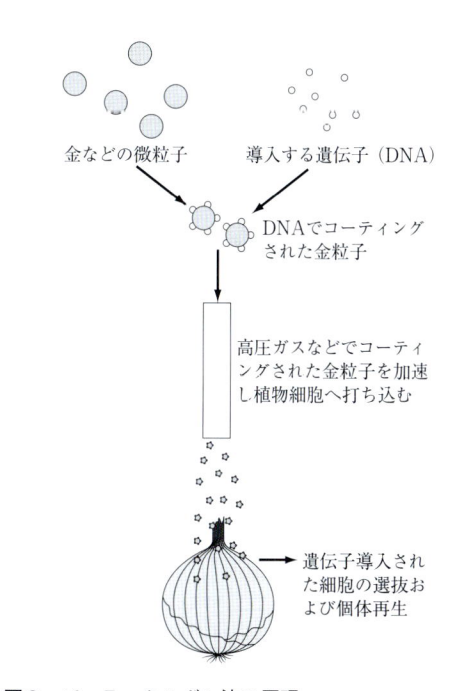

図2　パーティクルガン法の原理

に生育する近縁の野生種や非組換え作物と交配することによって，導入された遺伝子が自然界に広がっていく現象をいう．遺伝子汚染 genetic contaminationは，遺伝子拡散とほぼ同義語として用いられることが多いが，本来の意味は，ある生物の個体群が持つ遺伝子が，さまざまな理由で人為的な影響を受けることを指す．

〔鈴木章弘〕

酒米, 他用途米

酒米

　酒造用の原料米は, 麹(こうじ)米, もと米・酒母(しゅぼ)米および掛(かけ)米に分けられ, 広義にはこれら酒造りに使用される米すべてを酒米 rice for sake brewery, brewer's riceという. しかし, 一般には, 麹米およびもと米の呼称として用いられ, しかも, 心白の発現がみられる醸造用玄米を酒米ということが多い. 以下では, 醸造用玄米として適した品種を酒米品種とする. 主な品種には「五百万石」「山田錦」「美山錦」などがある.

　酒米品種の作付面積は水稲全体の約1%と少ないため, 育種に関する基礎的研究は比較的少なく, 品種育成も主として, 府県で小規模に行なわれている. しかし近年, 食用米の過剰による減反政策や, 高級清酒の需要拡大などに対応して, 優良な酒米品種を育成しようとする気運が高まり, 国, 道府県および民間での育種が活発に行なわれるようになっている.

酒造適性 brewer's rice properties　酒米品種として具備すべき特性のこと. 酒造適性に関係する形質としては, 玄米の形・大きさ(粒重), 心白の発現状態, 白米におけるタンパク質などの成分含量や吸水性, 蒸し米の消化性などがあげられる.

　精米所要時間が短くてすむため, 一定の精米歩合にまで精白する酒米品種は大粒品種のほうがよい. また, 大粒品種ほど心白が出やすいほか, 吸水が速く, タンパク質含量が低く, 消化性が高いという傾向がある. ただし, 玄米千粒重が30gを超えると, 過度に大きな心白や腹白が出やすくなるので, 必ずしも好適とはいえない.

　心白米は, 吸水時に亀裂を生じやすく, 吸水速度が大きいため, 亀裂部から蒸し米内部へ麹菌糸が入りやすく, いわゆる破精込み(はぜこみ)のよい麹ができる. したがって, 心白は酒米にとって望ましい形質であるとされている. しかし, 心白の発現形状が大きすぎる場合には, 搗精時に砕米が生じて無効精米歩合が高くなるおそれがある. そのため, 玄米横断面でみた心白の形状としては,「山田錦」のように薄い直線状のものが望ましく, とくに高度に精白される吟醸酒, 大吟醸酒用の原料米では, 心白はさらに小さいほうがよいと考えられるようになっている.

　タンパク質は, そのアミノ酸組成により, 清酒の味, 香りの成分として不可欠であるが, 多すぎると変色, 変質, にごりなどを生じ, 香気を損なう. さらに, 白米タンパク質含量が高いと, 吸水速度が遅くなる傾向がある. そのため, 酒米としては一般に低タンパク質含量のものが好まれる. また, 脂質, カリウムなどの含量も, 少ないものが酒造適性は優れる.

栽培特性 cultivation characteristic　栽培特性の育種目標としては, 早熟性, 多収性, 耐倒伏性, 耐病虫性, 耐冷性などがある. 在来品種や古くに育成された酒米品種は, たとえ優れた酒造適性を有していても, 稈長が長く, 耐倒伏性が弱かったり, 収量性が低いなど栽培特性の劣るものが多い. そのため, 交雑育種法では, これらの品種に栽培特性の優れた一般食用米品種を交配して, 耐倒伏性や多収性などの栽培特性を改良することが多い.

心白米 white core rice　正常に稔ったうるち品種の米粒において, 粒の中央部が白色不透明な米粒をいう. 心白米は, 登熟不良によって発生する乳白米や死米などの充実不足米とは異なり, 登熟条件の良好な場合に発現しやすい. 心白の発現程度は, 全粒数に対する心白米粒数の割合(心白発現率, または心白米歩合)で表わす.

　心白の大きさを考慮した心白発現程度は以下の式で算出する. ここで, a, b, cはおのおの心白大, 中, 小の粒数を, Nは調査粒数を表わす.

$$心白率(\%) = (5a + 4b + 2c) \times 100 / 5N$$

新形質米

　新しい用途が期待される米の形質には, 長粒や大粒など粒の形状にかかわるもの, アミロースやタンパク質など米胚乳の成分にかかわるもの, 香りや色素にかかわるものなどがある. こうした新形質米品種の育成には, 交配によって外国品種から目的形質を日本品種に導入する方法に加えて, 放射線や化学物質を使った突然変異育種法によって新たな形質を作出する方法が用いられた. こうして育成された新形質米は, 新たな米需要を生み出すものと期待されている.

香り米 aromatic rice(匂い米 scented rice, 芳香米 fragrant rice, 有臭米 smelled rice)　炊飯するとポップコーン様の独特の香りを発する米またはイネ品種の総称. 世界的に流通する米のなかでも高い評価を受けているインドおよびパキスタンのバスマティ米, タイのジャスミン米をはじめ, 古くから世界および日本の各地に栽培され, その生態型も幅広い.

　香りは植物体全体から発生し, 主要成分は2-アセチル-1-ピロリンであると判明している. 遺伝的には一対の劣性遺伝子に支配されているという報告が多い. しかし, 香りの強さの品種間差は大きく, 栽培法, 乾燥法によっても変動する. 香り米の育成も世界中で行なわれており, 日本では混米型(普通米に3~5%)の「はぎのかおり」「さわかおり」, 全量型の「サリークイーン」「プリンセスサリー」などが登録されている.

低アミロース米 low amylose content rice　アミロース含量が5~15%で, もちとうるちの中間の米を低アミロース米と呼ぶ. これらは胚乳が半透明であることから, 中間糯, 半糯, ダル dullなどと呼ばれる低アミロース性の突然変異系統がつくり出され, Wx座とは独立なdull 1~5までの5種類の遺伝子座の存在が確認されている.

低アミロース遺伝子の導入により炊飯米の粘りが向上し，食味の改善が期待されるため，日本各地で低アミロース突然変異体を使った良食味育種が進んでいる．日本最初の低アミロース品種は「ニホンマサリ」の突然変異体'NM391'を用いて育成された「彩」である．「ミルキークイーン」は「コシヒカリ」のMNU（メチル・ニトロソ・ウレア）処理によって育成された突然変異体であり，Wx座内の塩基置換変異による低アミロース性であることが明らかにされている．

　高アミロース米 high amylose content rice　アミロース含量が25％以上の米を高アミロース米と呼ぶ．アミロース含量を高めると炊飯米の粘りが少なくなり，特に冷めるとポロポロになる．一般に東南アジアなどで栽培される粒の細長いインド型米はアミロース含量が高い傾向にあり，インド型品種から多収性や耐病性を日本品種に導入する育種の過程で「ホシユタカ」や「夢十色」などアミロース含量が30％近い高アミロース米品種が育成されてきた．

　これらの米は炊飯米としては硬くて粘りが少ないため，一般の嗜好には合わないが，カレー，ピラフ，チャーハンなどの調理用米への加工利用には通常米より適している．また，炊飯米の粘りが少ないため食品加工機械での「さばけ」が良く，味噌，酒などの発酵製品や，ビーフン，ライスヌードルなどへの利用も期待されている．また，通常の米より堅めの米菓ができるなど新しい食感の米菓用の素材米としても適している．現在のところ日本での高アミロース米の利用は低アミロース米ほど活発とはいえないが，外食産業での需要拡大が期待されている．

　タンパク質変異米 protein mutant rice　玄米に7〜10％含まれるタンパク質は必須アミノ酸のリジン含量が高く，米は栄養的に優れたタンパク質摂取食品である．しかし，一方で，タンパク質は炊飯米の食味に影響を及ぼし，主食用品種ではタンパク質含量が高いと炊飯米の粘りが低下し食味が落ちるため，タンパク質含量を低下させる方向で品種育成や栽培が行なわれている．逆に，西アフリカ稲作開発機構（WARDA）などでは，発展途上国向けに高タンパク化による米の栄養価の向上を育種目標としている．

　一方，タンパク質の含量よりも，その組成を変えることによって従来の米にはない新しい機能性を与える新形質米品種の研究が進められている．なかでも，消化されやすいタンパク質（グルテリン）の割合を減らした米（低グルテリン米）は実質的な低タンパク米として，タンパク質の摂取が制限されている腎臓病患者向けの米飯用や，低タンパク米が適する醸造用としての利用が進められている．品種としては，「LGC-1」や「春陽」が開発されている．

（左）図1　赤米の改良品種'つくし赤もち'（左），中は'サイワイモチ'，右は'対馬在来'
（右）図2　現地での'つくし赤もち'

　また，アトピー性皮膚炎に代表される，食品が原因となって起こるアレルギー患者には，そばや卵と同様に米のタンパク質によって症状を起こす人たちがいる．そこで，アレルギーの原因となるタンパク質（アレルゲン）を少なくした米（低アレルゲン米）の育成が進められている．開発された品種としては，「ソフトワーホープ」や「家族だんらん」などがある．

　有色米 colored-kernel rice　有色米は，赤米（あかまい，あかごめ）red-kerneled rice，紫黒米（紫米）など，玄米の果皮に赤褐色や紫色などの色素を有する米である．粒色の色素は，紫黒米はアントシアニン，赤米はカテキン，カテコールタンニンおよびフロバフェンである．最近は色のない白米（しろごめ）が主流であるが，昔は赤米が多く，野生稲には赤米などの有色米が多い．遺伝的にみれば有色米の色は優性で，白色のほうが劣性である．

　日本では，11世紀後半以降，中国から渡来した大唐米または唐法師と呼ばれる長粒の赤米が広範囲に栽培された．明治中期以降は赤米が雑草化して混入するのを防ぐために，徹底した除去が行なわれた．その結果，赤米は神田などごく一部で栽培されるだけとなっている．

　東南アジア諸国では，有色米は現在も栽培されており，赤飯，おかゆ，菓子など，祝祭事用として珍重されている．有色米は，精白すると果皮の色素が糠とともに除かれて，普通の米と同様に白い米になる．このため，有色米は玄米のままか，色素が少し残る程度に軽く精白して利用される．この米粒の色素は，水浸する過程で米粒全体に染み出して，紫色や淡赤色のご飯になる．また，色素を含む糠は染料として利用される．

　日本でも近年，有色米に対する関心が高まり，赤飯や着色酒，高級呉服の染料などへの利用が進められるとともに，穂の色が赤やピンクである有色米は地域おこしのための景観作物としても期待されている（図1，図2）．

（尾形武文）

保護制度, 課題, その他

品種保護制度

品種開発には多大な労力と資金が必要であるが, 開発された種苗の増殖は容易な場合が多い. このため, 新品種に対して独占的な利用権を付与し, 新たな品種開発意欲を高める必要がある. **品種保護制度 variety protection system** は, この独占的利用権を担保したうえで, 新品種の育成者を保護するための制度である.

国内の品種保護制度は, 1947年に制定された農産種苗法を契機として始まった. その後, 国際的には「植物の新品種の保護に関する国際条約(通称：UPOV条約)」が, 品種保護のための統一ルールとして1968年に運用が開始されたため, 1978年に**種苗法 the Plant Variety Protection and Seed Act** が新たに制定された. しかし, 育成者権を明確に定義していなかったことから, 育成者保護をより重視した形で1998年に改正種苗法が制定され, 品種育成を行なった育成者の権利が法的に明確に位置づけられた. 現在では, この改正種苗法のもとで**品種登録 variety registration** が行なわれ, 育成者権の保護が図られている.

新品種として登録がなされるためには, 以下の5つの要件が必須となる. 1)区別性：既存品種と比較して明瞭な特性の違いが認められること. 2)均一性：当該品種の重要な形質については, 実用上支障がない程度に固定されていること. 3)安定性：繰り返し繁殖させても, 特性が変化しないこと. 4)未譲渡性：出願日から1年遡った日より前に出願品種の種苗や収穫物を譲渡していないこと. 5)名称の適切性：品種の名称が既存の品種や登録商標と比較して紛らわしいものでないこと.

出願された品種は, 出願公表で仮保護を受け, 審査を経た後に登録が行なわれる. 品種登録により育成者権が発生し, その存続期間は25年となっている(ただし, 永年性作物では30年). また, 育成者権の及ぶ範囲は種苗法の改正により順次拡大されており, 2005年の法改正で当該品種の収穫物から直接つくられる加工品も保護の対象となった.

非生物的ストレス耐性

作物がその生育期間中に受けるストレスは大きく分けて, 病害虫などによる**生物的ストレス biotic stress** と極端な温度, 水分条件などの**非生物的ストレス abiotic stress** がある. 非生物的ストレスに対する耐性を総称して, **非生物的ストレス耐性 abiotic stress resistance** という. このなかで温度条件に対する反応には, 低温側では耐寒性(耐凍性, 耐雪性, 耐冷性)が, 高温側では耐暑性が重要である. また水分条件に対する反応では, 乾燥ストレスに対する耐乾性(乾燥耐性, 旱魃耐性, 旱魃抵抗性, 耐旱性, 耐干性), 過湿ストレスに対する耐湿性が重要である. そのほか, 多肥培条件下でも倒伏しない耐肥性も安定栽培上, 欠くことのできない形質である.

耐寒性 cold resistance 耐凍性, 耐雪性, 耐冷性に大きく分類できる. 耐凍性, 耐雪性は主としてムギ類や多年生牧草において重要であり, 耐冷性は北日本におけるイネおよびダイズ品種で不可欠な形質である.

耐凍性 freezing hardiness 冬季の積雪の少ない地域で栽培されるムギ類は地表近くの気温の影響を直接受けるため, 氷点以下の低温に長期間さらされることとなる. 作物は維管束および細胞内の原形質が凍結すると最終的に枯死する. コムギなどの冬作物は, 低温順化により細胞内の原形質に糖類やその他の防御物質が蓄積して凍結耐性を獲得する(図1).

耐雪性 snow endurance 多雪地帯で栽培されるムギ類は, 冬季の大部分を積雪下で過ごすため, 氷点以下の低温にさらされることはないが, 呼吸による消耗と雪腐病に対する耐性が重要となる. 最近の研究では耐凍性には主として単糖類や二糖類, 耐雪性には多糖類の蓄積がおのおの重要であることが明らかにされている.

なお, 耐凍性と耐雪性を含めて, 冬季に越冬できる耐性を**耐冬性 winter hardiness** と呼ぶこともある.

耐冷性 cold weather resistance イネおよびダイズの冷害には大きく分けて, 生育期間中全般を通じた低温により子実の充実が悪くなる遅延型冷害と, 開花・受粉時における低温により不稔を生じる障害型冷害がある. 遅延型冷害は早い秋冷によりイネの登熟が不十分になる現象である. 江戸時代の北日本では, 多収の晩生品種の作付けが行なわれた圃場でたびたび遅延型冷害による被害を受けている. 障害型冷害は葯内の花粉の不稔が原因であり, 穂ばらみ期の冷温と開花期の冷温に起因する場合がある. 一般的に冷害といえば, 穂ばらみ期の低温による不稔に起因する障害型冷害を指すことが多い.

総じて根系が発達したイネは耐冷性に優れる傾向にある. また, 窒素施肥は耐冷性を低下させ, 深水栽培は低温から穂を守る効果がある. 不稔は, 冷温による糖質の代謝異常が小胞子やタペート細胞の変形を引き起こすことにより, 葯の充実が異常になることに起因する. 北日本の農業試験場では, 戦前から耐冷性系統の選抜を精力的に進めており, 高度な耐冷性を有する品種が数多く育成されてきている.

耐暑性 heat tolerance 近年水稲で問題となっている登熟期の高温による玄米の外観品質の低下や, 開花期の高温による花粉不稔の問題などを包含して用いられる.

登熟期間中の平均気温が26〜27℃以上になると, 乳白粒などの未熟粒が発生しやすくなる. これら未熟粒は玄米の外観品質を低下させる原因となる. 未熟粒の発生程度には品種間差があり, '初星'などは多く, '越路早生'などは少ない特徴がある. また, 開花期に40℃以上の高温に遭遇すると, 葯の裂開と受精が不良となり不稔が発生する. 高温による不稔は熱帯地域における水

稲の収量停滞の一要因となっている．葯内の花粉の高温耐性にも品種間差があり，日本型水稲では'ヒノヒカリ'が弱く，'日本晴'が強いとされている．

なお，短時間の高温処理で誘導される熱ショックタンパク質の出現により作物の生存能力が高まるとの報告があり，熱ショックタンパク質は高温抵抗性の獲得に寄与していると考えられている．

耐乾性 drought resistance 砂漠化の進行などから，作物生産において世界的に重要になりつつある形質である．作物の耐乾性にはストレスホルモンであるアブシジン酸(ABA)が深く関わっており，気孔の閉鎖や細胞の膨圧の増加等により水分蒸散を制限している．また，形態的には根の形態が重要であり，IRRIで育成された水稲品種'IR52'は，深根性で根量の多いことから耐乾性に優れている特徴がある．

耐塩性 salt tolerance 近年，過剰な森林伐採や乾燥地帯における不用意な灌漑により，土壌表層に塩類が蓄積し作物栽培に不適な土壌が世界的に増加しつつある．一般に発芽時の耐塩性と発芽以後の生育期の耐塩性は異なる機構によると考えられている．

水稲では汽水域に生息する品種に耐塩性に優れるものが多く，インド原産の'Pokkali'，'Nona Bokra'，'Cheriviruppu'などは耐塩性の育種素材として利用されている．また，コムギでは，六倍体コムギ(*AABBDD*)が四倍体コムギ(*AABB*)や二倍体コムギ(*AA*)よりも耐塩性に優れることから，*D*ゲノムに耐塩性に関する遺伝的領域があることが推定されている．一方，イスラエルの死海周辺などの高塩類集積地でも生育の可能な塩生植物は，植物体外への塩類の排出，細胞の液胞への塩類の局在能力などを発達させて塩類耐性を獲得している．

耐塩性を作物に付与することができれば，世界の耕地面積を飛躍的に拡大できると期待されることから，耐塩性遺伝子の単離および遺伝子導入に関する研究は世界的に進められている．

耐湿性 excess water tolerance 元来畑作物であるムギ類は水稲に比較して著しく耐湿性は劣る．北日本においてムギ類は畑圃場で栽培されるが，西南暖地の水田におけるムギ類栽培では常に降雨の危険性にさらされており，耐湿性は重要な形質である．耐湿性は生育期間全般を通して重要であるが，一般に種子の耐水性と植物体の耐湿性は区別して用いられている．コムギはオオムギに比較して，概ね耐湿性に優れる傾向にある．また西南暖地の麦類品種は，北日本の品種に比較して，浅根性で湿害を受けにくい特徴がある．

ダイズでは発芽時の冠水耐性が重要であり，一般に黒大豆は冠水抵抗性に優れるものが多い．QTL解析の結果，冠水抵抗性を支配する複数の領域が明らかになっているが，うち一つは種皮色遺伝子座の近傍にあることがわかっている．

耐肥性 adaptability for heavy manuring 穀類で高収量をあげるには，多肥栽培条件下でも倒伏しないこと

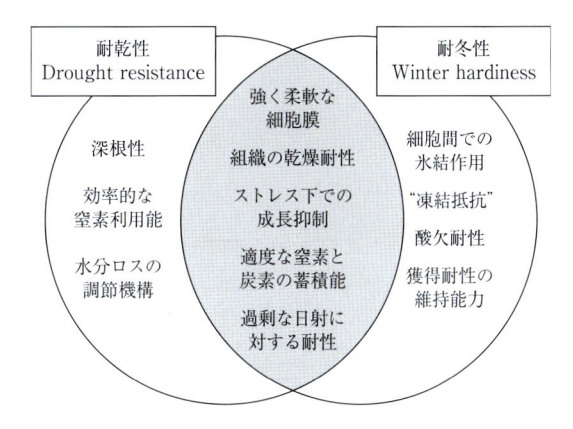

図1 耐乾性と耐冬性にかかわる形質
(M. Ashraf and P. J. C. Harris, 2005)

が求められる．国際稲研究所(IRRI)で開発された'IR8'はインドネシアの在来品種で長稈の'Peta'に台湾の在来品種'低脚烏尖'の半矮性を取り込んだ画期的品種で，多肥栽培でも倒伏しない特徴があり，東南アジアの水稲生産量の向上に大きく貢献した緑の革命の基幹品種である．この半矮性は第1染色体に座乗する半矮性遺伝子*sd1*に支配される形質である．*sd1*はジベレリンの合成酵素の一つをコードする遺伝子であり，この機能が失われているために，*sd1*を有する水稲は結果として節間伸長が抑制されることとなる．

また，日本で育成されたコムギ'農林10号'は，国際とうもろこし・コムギ改良センター(CIMMYT)で半矮性遺伝子の供給親として品種改良に用いられ，コムギの単収向上に役立っている．

単為生殖

雄性配偶子または雌性配偶子が他方の影響を受けることなく，胚を形成する生殖様式のことを単為生殖 parthenogenesisという．葯培養でつくった半数体をコルヒチン処理で倍加して二倍体を得る育種法は水稲やオオムギの育種年限の短縮に有用であるが，これは雄性単為生殖を利用したものである．またオオムギでは野生オオムギ*H. bulbosum*の花粉を受粉させると，*bulbosum*由来の染色体がすべて消失する現象があり，F₁株にこの手法を適用して半数体を作出し，これをコルヒチンで倍加する半数体作出法がある．これは雌性単為生殖を利用したものである．コムギでもトウモロコシの花粉を利用した同様の半数体育種法がある．

一方，F₁品種の雑種強勢の固定に有用とされる現象にアポミクシス apomixisがあるが，これは卵細胞以外の反足細胞などから胚が形成される偽単為生殖も含み，単為生殖よりも広い概念である．なお，牧草のギニアグラスの生殖様式は条件的アポミクシスであることから，アポミクシス系統と有性生殖系統の交雑から，アポミクシス遺伝子の単離が試みられている．

(和田卓也)

イネ(1)
種類, 起源

イネ(稲) rice
 Oryza sativa L.
 イネ科の一年生作物. 染色体数は2n = 24.
 後述のアフリカイネと区別するため, アジアイネ Asian riceと呼ぶこともある. 沼沢地を好むが, 畑条件での栽培に適応した品種群もある. インディカ *Oryza sativa* ssp. *indica*とジャポニカ *Oryza sativa* ssp. *japonica*の2つの亜種からなるが, 両者の交雑に由来すると考えられる中間的な在来品種群も多く存在する. 世界における栽培面積は1億7062万ha(FAO, 2007), 子実生産は6億836万t(FAO, 2007)で, トウモロコシ, コムギに次いで世界第3位の穀物である. 国別生産量では中国が最も多く1億8052万t, 次いで, インド, インドネシア, バングラデシュ, ベトナムの順である. 作物特性の詳細は他項に譲る.
 同属の作物に, 後述のアフリカイネ(グラベリマイネ) African rice; *Oryza glaberrima*がある. なお, イネという用語を, アジアイネとアフリカイネとを一括して, すなわちイネ属の栽培種の総称として用いることもある.

表1 イネ属*Oryza*の野生種(Vaughan, 1989を一部改変)

種群および種	分布
O. schlechteri	ニューギニア(絶滅?)
O. brachyantha	アフリカ
*O. ridley*種群	
O. longiglumis	ニューギニア
O. ridleyi	東南アジア, ニューギニア
*O. meyeriana*種群	
O. granulata	南アジア, 東南アジア*, 中国南部
O. meyeriana	東南アジア島嶼部*
*O. officinalis*種群	
O. officinalis	南アジア, 東南アジア, 中国南部
O. rhyzomatis	スリランカ
O. minuta	フィリピン
O. eichingeri	東アフリカ, スリランカ
O. punctata	アフリカ, マダガスカル
O. latifolia	中南米
O. alata	中南米
O. grandiglumis	南米
O. australiensis	オーストラリア北部
*O. sativa*種群	
O. rufipogon	南アジア, 東南アジア, オーストラリア北部
O. barthii	アフリカ
O. longistaminata	アフリカ, マダガスカル
O. glumaepatula	中南米
O. meridionalis	オーストラリア北部

注:*ニューギニアを除く

イネ属植物の系譜
・祖先野生種

 栽培イネの祖先野生種(野生稲 wild rice)は, アジアからオーストラリアにかけて広く分布する*Oryza rufipogon*(図1)である. 栽培イネと同様に沼沢地を好み, 浮稲性を示す個体群もある. 多年生型と一年生型とがあり, 後者はしばしば別種(*Oryza nivala*)として扱われてきたが, 多年生型と一年生型の間には中間的な型が多く見られるうえに, 分子マーカーを用いた集団構造の解析からも, 多年性型と一年生型とが種レベルで分化していることを示す証拠は得られていない.
 栽培イネと*O. rufipogon*との間では今なお交雑が日常的に起こっており, 栽培イネからの遺伝子浸透を受けていない*O. rufipogon*個体群は, インドやインドネシアの森林地帯にわずかに残っているにすぎないという. *O. rufipogon*と栽培イネとの間に生じた雑種は後述のように水田の強雑草となることがある一方, *O. rufipogon*は耐病性遺伝子や細胞質雄性不稔の供与親としてイネの育種に重要な役割を果たしてきた. 近年では量的形質遺伝子座(QTL)の解析により, 収量そのものの向上に寄与するゲノム領域が*O. rufipogon*より見出されており, その育種的利用が図られている.
 なお, イネ属には*O. rufipogon*を含めて約20種の野生種(後述の*O. spontanea*のように栽培種との交雑に由来すると考えられるものは除く)が知られており, 野生稲 wild riceという用語をこれらイネ属野生種の総称として用いることもある(表1). これらのうち, *O. rufipogon*, *O. longistaminata*, *O. barthii*, *O. glumaepatula*および*O. meridionalis*が栽培イネと同じAAゲノムをもつ(*O. sativa*種群). また, 同じイネ科で子実を食用とするアメリカマコモ(*Zizania palustris*)も, 市場でワイルドライス wild rice, wildriceと呼ばれる.

・栽培イネの起源地

 *O. rufipogon*からイネがアジアのどこで栽培化されたかに関しては, 今なお十分にはわかっていない. かつては栽培品種にみられる遺伝的多様性に基づき雲南・アッサム地域が起源地であるとされたが, 現在では, この地域における多様性はインディカとジャポニカの交雑, さらにはそれらと*O. rufipogon*との交雑の結果として生じたものであって, イネの栽培化との直接の関係はないものと考えられている.
 一方, 近年の考古学的調査によって, 約1万年前からジャポニカが中国の長江下流域で栽培されていたことが判明し, 少なくともジャポニカについてはこの地域が起源地である可能性が高まりつつある. インディカの起源については, ジャポニカとの関連(ジャポニカとインディカはそれぞれ独立に*O. rufipogon*から栽培化されたのではないかとも言われている)をも含めて, よくわかっていない.
 日本では, 縄文時代の遺跡からイネのプラントオパール plant opal, phytolith(土壌中に埋没した植物細胞由

図1 *Oryza rufipogon*（マレーシア産）
穎果（右）は長い芒をもち，脱粒性が非常に高い

図2 アジアイネ（左，品種：Moroberekan）とアフリカイネ（右，系統：W0025）の穎果
アジアイネの穎果にはふつう毛（ふ毛）があるのに対して，アフリカイネの穎果はつねに無毛

来の珪酸体結晶）が出土しているが，本格的な水田稲作が始まったのは弥生時代からである．

・雑草イネ

栽培イネとは別に，雑草として生活しているイネが世界各地にみられる．これら雑草イネ weedy rice は，水田の強雑草として世界の稲作に大きな被害をもたらしてきたが，とくに近年，アジア各地における乾田直播の普及に伴って被害が急増している．

雑草イネは，栽培イネからの雑草化，ジャポニカ－インディカ間の交雑，栽培イネと野生稲（*O. rufipogon*）との交雑（たとえば，*O. fatua* や *O. spontanea* と命名されてきた個体群がこれに該当する）など，多様な起源をもつものと考えられている．これらのうち，とくに野生稲との交雑に由来する型は一般に他殖率が高いため，それらが生息する地域で遺伝子組換えイネを圃場栽培した場合，交雑によって雑草イネに遺伝子逸脱が起こる危険性が懸念されている．

なお，雑草イネの多くが赤米（種皮部分にタンニン系の赤色色素を含むイネ品種の総称）であるため，欧米では"red rice"という用語が雑草イネと同義に用いられる場合が多い．

・アフリカイネ

3500年以上前に，ニジェール河中流域の内陸デルタ地帯において，*Oryza rufipogon* の近縁種である *Oryza barthii* から栽培化されたと考えられている．現在ではナイジェリアやマリ，リベリアなど西アフリカの一部で栽培されている．形態はアジアイネに似るが，籾と葉はふつう無毛（図2）で，葉舌が数mm程度と著しく短く（アジアイネでは2cm前後），また，穂に2次枝梗を欠く場合が多い．また，アジアイネが基本的には多年生であるのに対して，アフリカイネは祖先種の *O. barthii* と同様に完全な一年生植物である．子実中のアミロース含量は一般に高く，糯性の系統は知られていない．アジアイネに比べると作物化の程度が低く低収であるが，鉄過剰を含む不良土壌耐性や病虫害耐性に優れている．多くが深水稲であり，きわめて高度な浮稲性をもつ品種もあるほか，ギニア高地を中心に陸稲型の品種も知られる．アジアイネと混植されることも多い．

アフリカイネとアジアイネはAAゲノムを共有する．したがって，両者の間のF$_1$雑種における減数分裂時の染色体対合は完全であるが，強力な不稔遺伝子の働きのためにF$_1$稔性はきわめて低い．このため，アジアイネの収量性をアフリカイネに導入しようという試みは長らく失敗に終わってきたが，近年アフリカ稲研究所（WARDA）において不稔の問題が倍加半数体法の利用によって克服され，アフリカイネとアジアイネの種間交雑による育種が軌道に乗り始めている．作出された一連の品種はネリカ（New Rice for Africa, NERICA）と呼ばれる．これまでに実用化されたNERICA品種は陸稲品種であったが，ごく最近になって水稲品種も実用化され始めている．

なお，アフリカイネに関しても雑草型があり *O. stapfii* と命名されているが，これはアフリカイネと *O. barthii* との交雑に由来するものと考えられている．

（根本圭介）

イネ(2)
品種，栽培型

品種群の分化

　イネにはきわめて多数の品種が存在するが，中国では古くからイネを穀粒に粘りのある品種と粘りのない種に大別し，それぞれ粳稲 keng dao および秈稲 hsien dao と呼んできた．また，インドネシアでは，分げつが少なく穀粒が短いブル稲 bulu rice と多げつで長粒のチェレ稲 tjereh rice が区別されてきた．このように，多くのアジア民族がイネに大きな2つのグループを認めてきた歴史をもつが，イネ品種間の雑種不稔を調査した加藤(1928)はアジア各地の稲品種が交雑親和性の観点からも2つのグループに大別できることを確認し，イネをインディカ Oryza sativa ssp. indica とジャポニカ Oryza sativa ssp. japonica の2つの亜種に分けることを提唱した．インディカには秈稲やチェレ稲，ジャポニカには日本の品種のほかに粳稲やブル稲が含まれる．

　このインディカとジャポニカの区分は，実際，東アジアおよび東南アジアにおいては明瞭である．しかしながらインド亜大陸では，典型的なインディカ品種とジャポニカ品種に加えて，アウス稲やバスマティのように両者の特徴を併せ持った品種群も多数存在する．そのため，グラズマン(1986)は国際イネ研究所所蔵の3000余品種を対象として，各種のアイソザイムを手がかりにしてイネの種内構造を明らかにするとともに，加藤による体系を修正・補足するものとして，アジアの在来イネ品種を以下の6つのグループに分類した．

第1群　上記した秈稲(中国)やチェレ稲(東南アジア島嶼部)などの典型的なインディカ品種からなる群で，きわめて多くの品種を含む．タイの輸出米の主力である香り米 Khao Dawk Mali 105 をはじめとするインドシナ半島のインディカ品種も大半が本群に属するほか，インド・バングラデシュのアマン稲 aman rice (感光性の強い，雨季作の稲)も多くが本群に属する．一部の品種は浮稲性 floating ability をもつ．なお，低脚烏尖(台湾)やLatisail(インド)，Tjina(インドネシア)など近代的なインディカの育種に用いられた主要な育種素材も多くが本群に属することから，今日の改良インディカ品種もまた大半が本群の範囲に含まれる．

第2群　主としてインド・バングラデシュのアウス稲 aus rice (感光性の低い，早生の稲．早春に播種され，雨季のはじめには収穫される)，およびボロ稲 boro rice (冬季に栽培される．アウスと同様に感光性が低い)からなる群であるが，一部は中東にも産する．品種数では，第1群と第6群に次いで大きな群であり，耐旱性 drought tolerance (N22，インド)，耐暑性 heat tolerance (Dular，インド)，冠水抵抗性 submergence tolerance (FR13A，インド)，耐塩性 salinity tolerance (Jhona349，インド)など，様々な環境耐性の遺伝資源としてきわめて重要である．

第3群　インド・バングラデシュのアマン稲で，すべて浮稲である．群としては小さいが，Lakiや Aswina，Goai(Gowai)といった重要な浮稲品種群を多く含む．

第4群　バングラデシュの特異な浮稲品種群であるラヤダ稲 rayada rice に代表される．ラヤダ稲は，雨季に浮稲として生長するに先だって乾季にボロ稲と混植される関係上，2か月を超える基本栄養成長性をもつ．また，収穫直後に播種されることから，種子は休眠性を欠く．

第5群　インドから中東にかけて分布する群で，群としては大きくはないが，インド・パキスタンのBasmati(バスマティ，最も良質とされる香り米)やイランのSadriのように，高品質ゆえに経済的価値の高い品種が多い．一部のアマン稲も本群に属する．

第6群　すべてのジャポニカ品種，すなわち，中国，朝鮮半島，日本に産する温帯ジャポニカ temperate japonica と，東南アジア，中東，マダガスカルなどに産する熱帯ジャポニカ tropical japonica (＝ジャワニカ javanica)を含む．他の群に比べて耐冷性 cool tolerance や低温発芽性 low-temperature germinability に富む傾向があるほか，熱帯ジャポニカには耐旱性や不良土壌耐性 adverse soils tolerance, 広親和性 wide compatibility (遠縁交雑に伴う雑種不稔を緩和する能力)をもつ品種も多い．なお，アメリカ合衆国やヨーロッパにおける改良品種の育成も，インディカからの半矮性遺伝子の導入などを除き，基本的には本群の枠内で行なわれてきた．

　グラズマンの体系は，近年におけるDNAマーカー多型の解析結果によっても支持されており，イネの種内構造を的確に表わしていると考えられる．第2～5群は第1群(狭義のインディカ)と第6群(狭義のジャポニカ)の中間的な位置を占めるが，これらは第1群と第6群の間の交雑によって生じたものと推定されている．なお，同様にアイソザイムのパターンから，これらの中間的な群は野生稲からも遺伝子浸透を受けてきたと考えられており，それらが有する浮稲性もまた野生稲に由来すると考える研究者が多い．

　なお，グラズマンは第1～第3群まで広義のインディカ，第4～第6群を広義のジャポニカとして扱うことを提唱したが，これまでの慣例を踏襲して第1～第5群までをインディカ，第6群をジャポニカとする研究者もおり，いまだ定着した分類方式はない．

栽培型の分化

　品種分類のもうひとつの軸として栽培型 cultural type がある．元来，イネは湿性植物であり，その多くは湛水条件下で水稲 lowland rice として栽培されるが，一部の品種は畑条件下で陸稲 upland rice として栽培される．在来の陸稲品種は大半が第6群のうちの熱帯ジャポニカ(フィリピンのAzucena，ギニアのMoroberekan

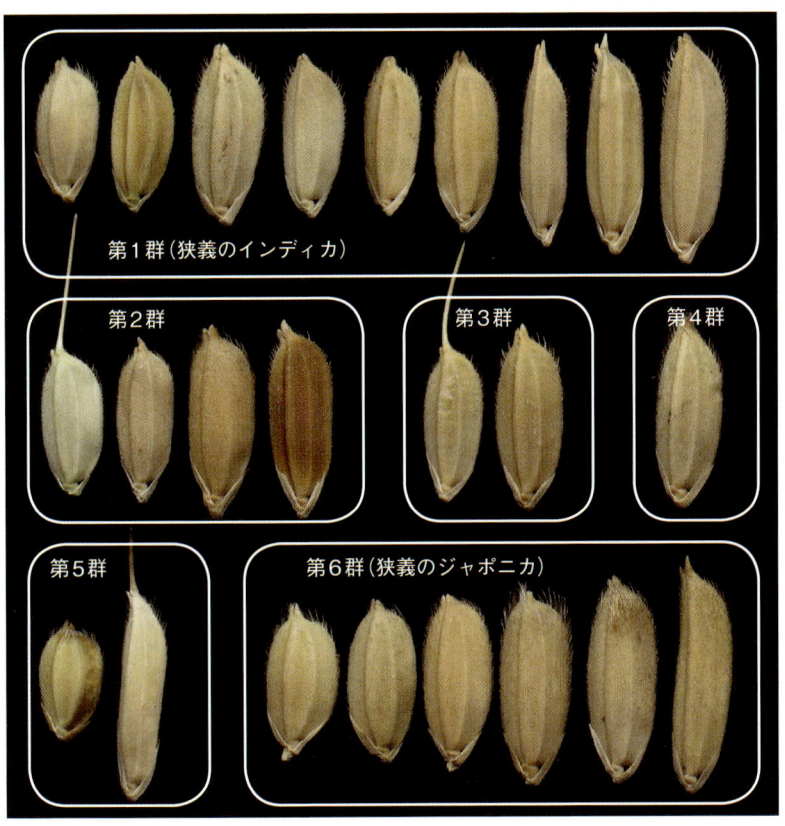

図1 各品種群の代表的品種とその粒型．粒型は変異が大きく，品種群を分ける標徴とはならない

第1群　左より
　Chhote Dhan（ネパール）
　Kalukantha（スリランカ）
　Badal（バングラデシュ）
　Arang（インドネシア）
　Latisail（インド）
　Ai Chiao Hong（中国）
　Leuang Pratew（タイ）
　Patnai 23（インド）
　Leb Mue Nahng 111（タイ）

第2群　左より
　FR13A（インド）
　N22（インド）
　Gerdeh（イラン）
　Dular（インド）

第3群　左より
　Bamoia（バングラデシュ）
　Goai（バングラデシュ）

第4群
　Rayada（バングラデシュ）

第5群　左より
　Abri（ブータン）
　Basmati 370（パキスタン）

第6群　左より
　亀の尾（日本）
　Y Chang Ju（中国）
　Genjah Wangkal（インドネシア）
　Gharib（イラン）
　Maintimorotsy（マダガスカル）
　Azucena（フィリピン）

など），あるいは第2群のうちのアウス稲（インドのN22など）である．わが国の在来陸稲は大半が温帯ジャポニカと熱帯ジャポニカの中間的な存在であるという．アフリカや中南米で育成された改良型陸稲品種も多くは熱帯ジャポニカであるが，第1群に含まれるインディカ品種もある．陸稲は通常，深い根系をもつことによって旱魃による被害を回避する．

　水稲は大部分が灌漑稲 irrigated rice あるいは天水稲 rain-fed lowland rice として栽培されるが，一部の品種はガンジスやチャオプラヤーのような大河川流域の氾濫原において深水条件（1か月以上にわたって50cm以上の水深が持続するような環境）で栽培される．これを深水稲 deepwater rice と呼ぶ．このうち，水深が50cm～1mの地帯では，Latisail（インド）や Leuang Pratew 123（タイ）のような長稈性の在来品種（traditional tall rice，第1群に属する品種が多い）が栽培されるが，水深1m以上の地帯では浮稲 floating rice のみが生育可能となる．浮稲は，水位の上昇に合わせて茎を旺盛に伸長させるという特殊な能力（浮稲性）をもつイネで，インド，バングラデシュ，タイなどに産する．浮稲は上記の第3群と第4群がこれに該当するほか，バングラデシュのBadal，タイの Leb Mue Nahng 111 のように第1群に属する品種もある．深水稲は，雨季と乾季のサイクルに合わせて開花結実する必要上，感光性がきわめて強い．

　さらに，Patnai 23（インド，第1群）のように汽水の影響を受ける湿地でも栽培可能なイネを tidal swamp rice として区別する場合もある．

（根本圭介）

コムギ(1)
起源, 種類

コムギ（小麦） wheat
Triticum aestivum L.

イネ科ウシノケグサ亜科 Festucoideae, コムギ族 Triticeae, コムギ属 *Triticum* の越年生植物 winter annual で, C3植物. 20種以上があり, このうち, パンコムギ bread wheat; *Triticum aestivum* L. は, 現在栽培されているコムギ属の大部分を占める代表種で, 収量もすぐれ, 世界中で広く栽培されている.

倍数性 polyploidy, 稔実小花数 ripening floret number

コムギは, 1つの小穂に4～6の小花を着生し, そのうち最も基部の1小花だけが稔実する1粒系コムギ einkorn wheat, 基部の2小花が稔実する2粒系コムギ emmer wheat, 3～4小花が稔実する普通系コムギ dinkel wheat に分類されている（表1）. コムギのゲノムは7つの染色体 chromosome（n = 7）からなり, 1粒系コムギは, 染色体数が2n = 14の二倍体 diploid, 2粒系コムギは, 染色体数が2n = 28の四倍体 tetraploid, 普通系コムギは, 染色体数が2n = 42の六倍体 hexaploid である. 2粒系コムギおよび普通系コムギは複二倍体 amphidiploid（異質倍数体 allopolyploid）であり, 染色体ゲノム構成は, 1粒系コムギがAA, 2粒系コムギがAABB, 普通系コムギがAABBDDである.

チモフェービ系コムギ timopheevi wheat
同じ2粒系コムギでも, チモフェービコムギ *Triticum timopheevi* だけはゲノム構成がAAGGであり, これをチモフェービ系コムギとして別にする分類法もある.

起源中心

コムギは, 人類が農耕を始めた1万～1万5000年前から作物として栽培し始められたと考えられている. 考古学的資料では, トルコ, イラクおよびイラン地域の各遺跡で, BC8400～BC5000年の間の野生1粒コムギの種子を発掘しており, この時代には野生のコムギを採集して利用してきたことが伺われる. イラクのザクロス山脈にあるBC6700年ころのメソポタミア文明の遺跡では, 1粒系の野生種 wild species と栽培種 cultivated species の中間型の種子が発見されたことから, メソポタミアで1粒系コムギの栽培が成立していたと考えられるが, 2粒系コムギもともに出土している. メソポタミアの周辺のトルコやシリア地域でも新石器時代にすでに2粒系コムギの原始的な栽培型 cultivation type が出土している.

人類がコムギを利用し始めた頃には1粒系も2粒系も存在していた. 栽培型の1粒系コムギはBC7000～5000年に起源すると推定されている. 一方, 2粒系コムギの栽培型エンマーコムギ emmer wheat; *Triticum dicoccum* Schubl. は, 野生型 wild type の2粒系コムギに起源したと考えられている. デュラムコムギ durum wheat; *Triticum durum* Desf. は, 裸種ではあるが, BC1000年頃に有稃種であった2粒系のエンマーコムギから出現したと推定されている.

このデュラムコムギは, 伝播する過程での突然変異や, 他の種との交雑, さらには栽培地帯による生理生態的条件の違いから, いろいろな2粒系コムギに変異した. イギリスではイギリスコムギが, トランスコーカサスではペルシアコムギ Persian wheat; *Triticum carthlicum* Nevski が, エチオピアではアビシニアコムギなどができた. そのほか各地で成立した栽培2粒系はすべてデュラムコムギに由来していると推定されている.

コムギの進化

2粒系コムギは, コムギ栽培の祖先種 ancestral species であり, 野生の1粒系コムギ *Triticum boeoticum* とコムギの近縁野生種 wild relatives であるクサビコムギ *Aegilops speltoides* Tausch. とが自然交雑 natural hybridization し, 倍数化したことで形成されたと推定されている（図1）. *T. boeoticum* は, AAゲノムをもち, トルコ南東部からイラク北部, イラン西部を

表1 コムギ族の栽培種における染色体とゲノム構成

倍数性と種名	染色体数(2n)	ゲノム構成	普通名
2倍体(1粒系コムギ)			
T. monococcum	14	AA	ヒトツブコムギ(einkorn wheat)
4倍体(2粒系コムギ)			
T. dicoccum	28	AABB	エンマーコムギ(emmer wheat)
T. durum	28	AABB	デュラムコムギ(durum wheat)
T. turgidum	28	AABB	ポーラードコムギ(poulard wheat)
T. polonicum	28	AABB	ポーランドコムギ(Polish wheat)
6倍体(普通系コムギ)			
T. aestivum	42	AABBDD	パンコムギ, 普通コムギ(bread wheat, common wheat)
T. compactum	42	AABBDD	クラブコムギ(club wheat)
T. spelta	42	AABBDD	スペルトコムギ(spelt wheat)

出典：吉田智彦. 作物学(I)—食用作物編—. 文永堂出版

中心に広く自生しており，A. speltoides は，BB ゲノムをもち，T. boeoticum と同じ分布域からさらに地中海寄りの平地にまで分布した．2粒系コムギは，これら両者の交雑・倍数化によりAABBゲノムをもち，様々な栽培種となってシリア南西部とヨルダン北西部からしだいにカスピ海南部へと広がった．

パンコムギは，2粒系コムギと雑草のタルホコムギ Aegilops squarrosa L.とが自然交雑し，倍数化したことで形成されたと考えられている．A. squarrosa は，DDゲノムをもち，イラン北部やカスピ海南岸地帯からトルクメンスカヤ北部，アフガニスタン北部をさらに東へ広がり，パキスタン東部にまで分布しており，主にカスピ海南部でAABBゲノムをもつ栽培種と交雑・倍数化してAABBDDゲノムをもつ普通系のパンコムギへと進化した．

なお，タルホコムギのもつDゲノムは，大陸性ステップによく適応する強い耐旱性 drought resistanceをもっており，普通系のパンコムギに世界の半乾燥地域全域に栽培できるような強い適応性 adaptability を備えさせるとともに，秋播き性 winter habitというすぐれた特性をももたらした．

パンコムギは，西南アジアから小アジアへと伝えられ，紀元前3000年ごろにはヨーロッパ全域に広がった．パンコムギは，冷涼で乾燥した気候風土を好み，適応性が大きいことから，今では，ロシア・アメリカ・カナダ・中国・インド・フランス・オーストラリアなど世界の広範囲な地域で栽培されている．

日本へは中国北部から朝鮮を経て，400～500年までには北九州から入ってきたと考えられている．800年ごろには，日本国内でも水田の裏作として広く栽培されるようになった．

コムギの種類

コムギは，現在では，パンコムギ Triticum aestivum，デュラムコムギ Triticum durum，クラブコムギ club wheat; Triticum compactum，スペルトコムギ spelt wheat; Triticum spelta といった種が栽培されている（表1）．パンコムギは，普通系コムギとも呼ばれる六倍体の種であり，世界の栽培面積の9割以上を占める代表的な種である．日本では，栽培されているコムギのすべてがパンコムギである．パンコムギは，パン，麺，菓子の原料として利用されている．デュラムコムギは，マカロニコムギ macaroni wheatとも呼ばれる四倍体の種であり，地中海沿岸，ロシア南部，北アメリカで栽培されている．デュラムコムギは，粉のタンパク含量がきわめて高く，硬質で粒子が粗いことから，マカロニやスパゲッティといったパスタの原料として利用されている．クラブコムギは，六倍体の種であり，パンコムギに近いが穂軸 rachis の節間が短く穂が密となる特徴をもつ．クラブコムギは，ヨーロッパ，中央アジア，北アメリカで栽培され，粉のタンパク含量が低く，軟質であるため，菓子の原料としてパンコムギと混合して利用されている．スペルトコムギは，栽培されている種のなかで最も野生に近いものであり，穂軸がもろく折れやすいうえに，粒は穎 glume に固く包まれている．ヨーロッパの一部でのみ小規模に栽培されている．

コムギは，商品としては，いつ種をまくか，粒の色，品質にどのような違いがあるかなどによっても分類されている．種をまく時期については，冬コムギ（ウィンター）winter wheatと春コムギ（スプリング）spring wheatに分けられている．粒の色については，赤コムギ（レッド）と白コムギ（ホワイト）に分けられている．品質については，硝子質粒 glassy kernelと粉状質粒 chalky kernel，さらには硬質コムギ（ハード）hard wheatと軟質コムギ（ソフト）soft wheatに分けられている．春コムギは，一般に，質的に硬く，小麦粉の生地に粘弾性 viscoelasticityを与える小麦粉特有のタンパク質であるグルテン glutenの含量が多く，粒の切り口は硝子質であり，硬質コムギと呼ばれるものが多い．冬コムギは，質的に軟らかく，グルテン含量が少なく，粒の切り口が粉状質であり，軟質コムギと呼ばれるものが多い．

世界のコムギは，これらの特徴に産地名を加えた商品学的分類により命名され，取引されている．たとえば，パン用の強力小麦粉には，カナダ産のナンバーワン・カナダ・ウエスタン・レッド・スプリング（1CW）やアメリカ産のハード・レッド・ウィンター（硬質秋播赤コムギ hard red winter wheat）という銘柄 brand が用いられ，うどん用の中力小麦粉には，オーストラリア産スタンダード・ホワイト（ASW）という銘柄が用いられている．

（高橋　肇）

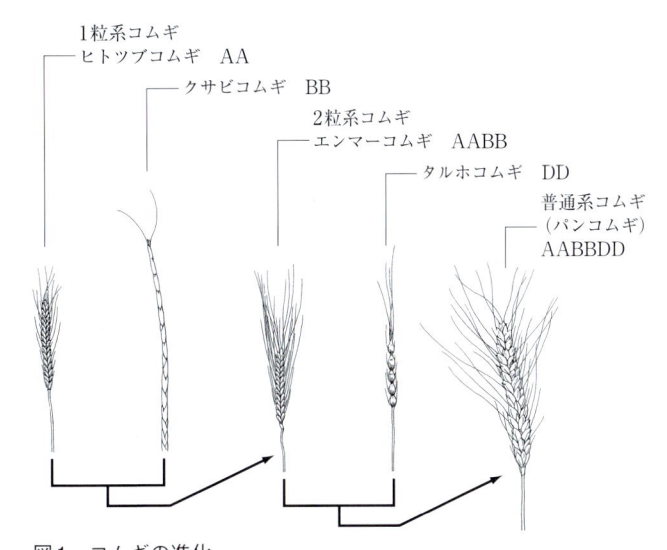

図1　コムギの進化
出典：角田公正ら監修．作物入門．実教出版（一部改）

コムギ(2)
生育特性, 品種

コムギの生育

コムギは、他のイネ科作物と同様、出芽期 emergence から成熟期 maturity までの生活史 life histry が、幼穂分化期 spike initiation stage を境として、栄養成長期 vegetative growth stage と生殖成長期 reproductive stage とに大別される(図1). さらに、生殖成長期のうち、開花期 anthesis から成熟期までは登熟期間 grain filling period として区別される.

コムギでは、出芽後、栄養成長期間において成長点(成長点)上に開度1/2で葉原基が次々と分化し、葉に発達して抽出する. 葉の基部近く、いわゆる葉腋に分げつが発生し、さらに多くの葉を抽出する. この間(生育相I)、葉身への乾物分配率が高く、光合成で新たに生産された物質はもっぱら葉身の成長に利用される.

やがて、成長点では幼穂が分化し始め、栄養成長期から生殖成長期へと生育相が転換する. 幼穂分化は、止葉原基が分化した後、成長点上に開度1/2で苞原基が次々と分化することに始まる. 成長点は縦に伸長し、苞原基と苞原基の間が大きく膨らんで小穂原基 spikelet primordium が分化する. 二重隆起期 double ridge stage は、この苞原基と小穂原基が重なって二重に隆起して見える状態をさし、成長点が幼穂分化したことを知る目安となる. 幼穂では、その後苞原基が退化して、小穂原基上に小花が分化する. 頂端小穂分化期 terminal spikelet initiation stage は、成長点の頂端に最後の小穂が分化した時期であり、すでに各小穂原基上には小花が分化している. 分げつは、幼穂分化期以降は、新たに発生しない.

幼穂分化期から止葉期までは、すでに分化した止葉までの葉が伸長、展開し、節間伸長が始まって茎立期 jointing stage となる. この間(生育相II)、生殖成長期ではあるものの穂への乾物分配はなく、茎・稈への乾物分配率が高まり、葉身への乾物分配率は止葉が完全に展開して0%となるまで低下する.

止葉が出葉すると、幼穂は止葉の葉鞘内で急速に成長し、穂ばらみ期を経て、出穂する. 出穂後、穂は穂首節間 peduncle の伸長により植物体の最上部に押し出され、1週間ほどで開花する. この間(生育相III)、穂への乾物分配率が高まり、同時に節間伸長のため、稈への乾物分配率も高い. 半矮性品種 semidwarf variety は、長稈品種 long-culmed variety に比べてこの時期での穂への乾物分配率が高い.

開花期から成熟期までは、生殖成長期の中でも登熟期間として区別されている. 開花から、その2週間後の乳熟期 milk-ripe stage までは、受精した子房内で胚乳細胞が分裂・増殖しており、子実が十分なシンクとなるまでの間、余剰の光合成産物が茎・稈に一時的に養分として蓄積される. この間(生育相IV)、子実への乾物分配率は乳熟期に胚乳細胞が完成して100%となるまで高まる. 乳熟期から成熟期までは、分裂を終えた胚乳細胞にデンプンが蓄積される. 植物体は、すでに下位葉から老化が進行し、群落全体での物質生産も低下していくため、子実の高いシンク容量に対して不足する同化産物を茎・稈の一時蓄積養分を子実へと再転流する. この間(生育相V)、すべての同化産物は子実成長に用いら

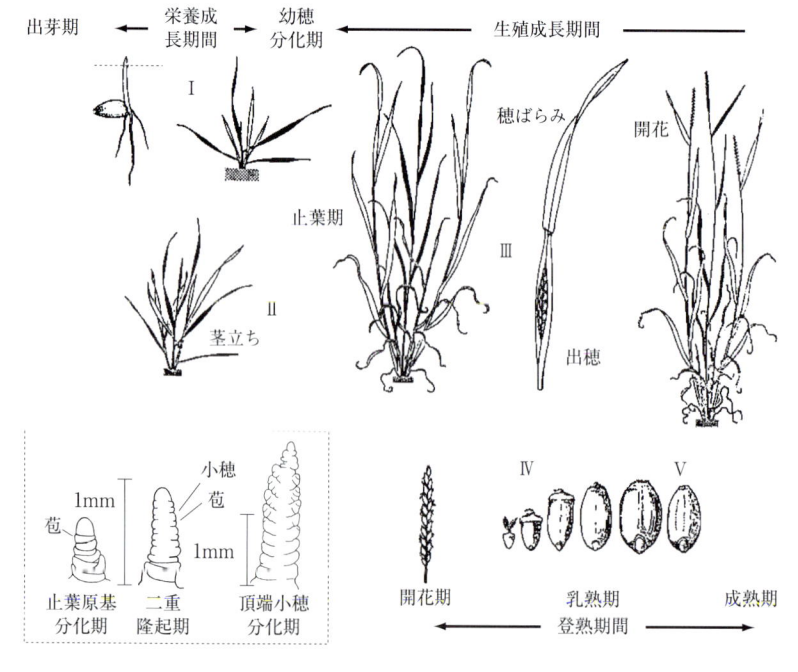

図1 コムギの生育
(Tottman and Makepeace, 1979;星川, 1980;張, 2007から引用)
ローマ数字は、乾物分配率からみたコムギの生育相(I〜V)を示す

れるため，子実への乾物分配率が100%となる．

コムギの登熟相

コムギの登熟期間は，開花後，稈の伸長が停止するまでの初期，胚乳細胞が分裂を終える乳熟期までの前期，群落での光合成能力が低下し，みかけの光合成速度がほぼ0となるまでの後期，光合成停止後稈の一時蓄積養分の再転流により子実成長が続く末期の4つに区分される（図2）．登熟初期における稈の伸長量や，登熟末期における一時蓄積養分量の多少などが，品種や栽培環境によって大きく異なる．

コムギの物質生産

コムギは，開花期にはすでに1本の稈に緑葉が止葉を含めても3葉ほどしかなく，子実生産に対する止葉の貢献度はイネに比べて高い．さらに，コムギは穂の稃や芒，さらに葉鞘や稈にも光合成能力があることが知られており，ロゼット状に繁茂した葉身で光合成生産を行なっている出穂期前の生育前半と，穂を群落上面に配置し，その下に空間的に配置された上位葉とで光合成生産を行なっている出穂期後の生育後半とでは，群落での光エネルギー転換効率もおのずと異なってくる．

発育の早晩

コムギの生育は，これら物質生産を規定する各生育相の早晩によって大きく異なってくる．これらは，気温などの栽培環境により決定されると同時に，気温や日長に反応する品種の特性によっても決定される．

コムギは，栄養成長期から生殖成長期へと生育相を転換する際に一定条件の低温を必要とする秋播き性 winter habit を有する．秋播き性程度 degree of winter habit は，品種によって異なり，低温をまったく必要としない春コムギ spring wheat と呼ばれる春播き品種 spring variety のIから，もっとも強く低温を要求する冬コムギ winter wheat と呼ばれる秋播き品種 winter variety のVIIまで7段階に分類されている．

日本では，北海道や東北など寒冷地帯で秋播き性程度の高い品種が，四国や九州などの西南暖地で春播き品種が用いられている．北海道では，秋播き栽培 autumn sowing とともに，雪解け後に春播き性品種を春に播種する春播き栽培 spring sowing もあり，近年では，春播き性品種を根雪前に播種する初冬播き栽培も行なわれている．一方，九州では，一般に，秋に春播き性品種を播種するが，近年では，秋播き性品種を用いて秋季の早播き栽培 early sowing も試みられている．

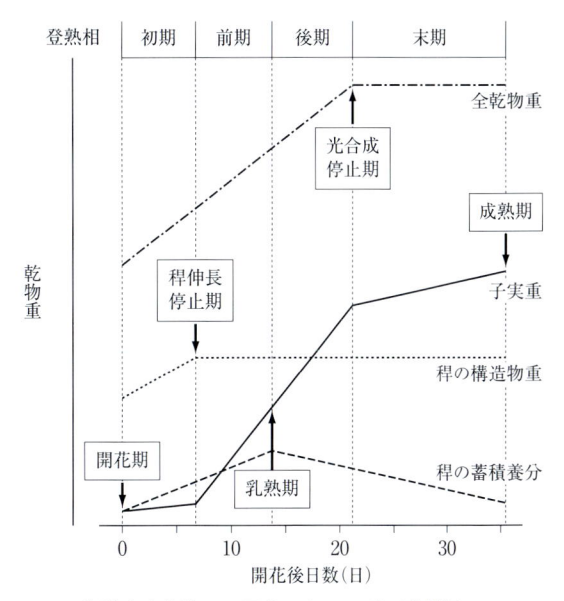

図2 物質生産特性から区分したコムギの登熟相
（高橋ら，1993を改変）

コムギは，長日植物であることから，長日条件下で早く出穂・開花する品種もある．とくに，北海道の春播き性品種には，長日に強く反応する品種があり，雪解けが遅れて春の播種が遅れたとしても，北海道の初夏の長日条件で幼穂分化が加速され，開花・成熟が大きく遅れることはない．

早生品種の必要性

コムギは，関東以西での栽培では，水田二毛作や転換畑で後作となるイネの移植時期やダイズの播種期よりも前に収穫しなければならず，早生品種により収穫期を早めることが求められてきた．さらに，コムギは収穫期に雨にあたると穂発芽 preharvest sprouting が発生したり，低アミロ小麦が生じたりすると品質が大きく低下することから，梅雨を避けるためにも，早生品種により収穫期を早めることが求められてきた．現在，関東以西では農林61号がもっとも広く作付けされているが，これ以降に育成された品種はいずれも農林61号よりも早生化されてきた．

早生品種は，幼穂分化期が早まることにより，出穂・開花期が早まり，その結果として成熟期が早まる．それゆえ，早生品種は節間伸長するまでに十分な分げつ数を確保することができず，穂数が少なくなり収量が低くなる傾向にある．出穂が1日早まるごとに10a当たりの収量が10kg減少すると報告されている．

（高橋 肇）

コムギ(3)
栽 培

栽培型

コムギの栽培方法は大きく秋播き栽培 autumn sowingと春播き栽培 spring sowingに分けられる．秋播き栽培は，秋に播種して幼植物の状態で越冬させ，春から初夏にかけて成長させて収穫する栽培法で，おおむね北緯20～40度の地域に多い．一方，それより高緯度の地域や標高の高いところでは春播き栽培が行なわれる．わが国では，北海道の一部でパン用コムギ品種が春播き栽培されているが，そのほかは秋播き栽培が行なわれている．

世界的にみるとコムギが栽培されるのは年間降水量が100～1,500mmの地域で，特に400～900mmの地域が中心となっている．このようにコムギは比較的乾燥した気候に適している畑作物である．しかし，日本や中国などでは水田にも作付けされている．水田での栽培は，イネとの二毛作が行なわれる場合と，水田転換畑でコムギが単作される場合やダイズなどと輪作される場合がある．いずれにしてもコムギを水田で栽培するためには，明渠や暗渠などの圃場の排水対策が欠かせない．

コムギは乾燥した地域では粘質な土壌が適し，湿潤な地域ではやや軽い土壌が適している．最適な土壌pHは6.0～7.0で，耐酸性はオオムギよりも強いが，土壌pHが5以下になると減収するため，水田など土壌pHが低い場合には石灰資材などにより酸度矯正を行なう．

わが国では秋播きコムギの登熟期は高温多湿な時期となるため，赤かび病防除などの殺菌剤の散布が欠かせない．また，収穫期が梅雨入り後となるため，成熟期に達したらすぐ，梅雨の晴れ間をぬって収穫する．刈り遅れると穂発芽(図1)が起こり，出荷できなくなる．

作付体系は，北海道では畑での一毛作で，ジャガイモやテンサイなどとの輪作が一般的．東北から北関東では，単作またはダイズなどとの組合わせで二年三作，南関東から九州では水稲との二毛作も行なわれている．

播種

秋播きコムギの播種適期は，北海道では9月中旬，東北では9月下旬～10月中旬，関東では11月上旬，東海から九州にかけては11月中下旬である．また，北海道の春播きコムギは，5月上中旬に播種し8月に収穫する．なお最近，わが国では各地域の農業関係の試験研究機関でコムギの播種期の再検討が行なわれ，北海道の春播きコムギを秋から冬の根雪前に播種して生育期間を延長させて多収を得る栽培法や，東北北部で秋播きコムギを初冬に播種することにより夏作物の収穫や調製作業との競合の緩和を図る栽培法，九州では播き性程度が高い品種を早播きすることにより，春先の凍霜害の発生を防ぎつつ収穫期の前進を図るような栽培法が開発され，各地域において普及が進みつつある．

ドリル播き drilling　ドリル播種機(ドリルシーダ)という播種機により，条間15～25cm，播種深度3～4cmで一度に多くの条をすじ状に播種する方法である．機械で播種溝を切り，種子を落として覆土するとともに粒状の化成肥料を散布する作業を一工程で行なう．幅2～3mで10条前後の機械が多いが，海外では20条もの大型機械も用いられる．播種量は10a当たり種子重で4～7kgとし，条播などに比べて播種量を多くする．条間が狭いために除草を目的とする中耕などができないが，条播に比べて種子が均等配置に近くなるために多収を得やすい．近代的な大規模栽培で採用されることが多い播種法で，現在，海外でもわが国でも広く行なわれている播種法である(図2)．

条播 row sowing　手播きまたは小型の播種機で播種する方法で，ドリル播きのように条間20～30cmで細いすじ条に播くすじ播き，条間60～90cmでくわの幅(9～12cm)に播く慣行条播，くわの幅の2～3倍の幅(30～40cm)に播く広幅条播種がある．ドリル播種機のような大型の播種機が開発される前に広く一般的に行なわれてきた播種方法である．条間が広く，中耕や倒伏防止を目的とする土寄せが容易なため，畑作で多く採用されてきた播種方法であり，南東北や北関東では他の作物を間作するためにもこの播種法が用いられてきた．

全層播き broadcasting with rotary cultivation　全面全層播きともいわれる播種法で，省力的な播種方法である．圃場表面に肥料と種子を散布した後にロータリなどで土壌と種子を混和する．深さ0～20cmに種子が埋土されるが，深く入った種子は出芽できないため，できるかぎり深さ3～5cmの位置に種子が多くなるように耕深を調節する．播種量は他の播種法に比べて多く，10a当たり10～15kgが標準である．特別な播種機を必要とせず省力的に大面積を播種できるが，出芽が不均一になりやすく精度の高い播種方法とはいえない．

不耕起播き non-tillage sowing　水田での栽培において一部で古くから行なわれてきた播種法で，イネを収穫した跡にコムギの種子と肥料を圃場全面に散布し，稲わらで被覆する方法であり不耕起散播といわれる．覆土しないので除草剤による初期の除草が難しい．また，コムギが倒伏しやすく，苗立ちも安定しない．一方，近代的な栽培においては，特別な不耕起播種機が用いられる．不耕起播種機はディスクなどで播種溝を切り，そこに播種する．ブラジルなどの南米諸国や北米大陸でも広く行なわれ，特に土壌の風蝕や水蝕が起きやすい地域では土壌の流亡を防ぐためによく採用される．不耕起播種は耕起のエネルギーが不要なため，省力・低コスト栽培となるが，雑草の繁茂が問題になるため，除草剤の使用が前提となる．わが国でも，イネやダイズの播種と兼用できる不耕起播種機(図3)が開発され，普及が進みつつある．

(左) 図1　コムギの穂発芽
(右) 図2　コムギの播種(ドリル播き)

(左) 図3　コムギの播種(不耕起播種)
(右) 図4　コムギの収穫

管理

　コムギを播種した直後に除草剤を土壌処理することが一般的である．このような土壌処理除草剤は数日間の残効性があることが特徴であり，コムギが出芽する前に土壌表面から発芽する雑草を枯死させる．また，土壌処理除草剤で防ぐことができなかった広葉雑草に対しては，生育の初期にあたる冬季から春季に選択性除草剤を散布して防除する．なお，中耕・培土，土入れといったような機械的な除草も行なわれてきたが，省力化や経営規模の拡大などにより，減少しつつある．

　秋播き栽培において生育の初期にあたる年内から翌春の茎立ち期に至る間に2～3回にわたってタイヤローラーなどで鎮圧する作業を踏圧 tramplingという．以前は人がコムギの幼植物を足で踏んで歩いたことから麦踏み treadingともいわれる．北関東など雪は少ないが寒冷な地域ではコムギの根張りが不十分な生育初期に霜柱により株が持ち上げられて枯死してしまう凍上 frost heavingを防ぐほか，コムギの植物体に物理的な刺激を与えることにより，分げつ発生を促進させ，生育の進みすぎによる春先の凍霜害を防止する効果がある．

　出穂前20～25日頃に株もとに土を寄せたり，条間の土を砕いて飛ばし株全体に3～4cmほどの厚さにかけたりする作業を土入れ topsoilingという．土入れは，閉じた株を広げて株内部の受光を良くし，株の基部の支えを強くして倒伏を防止する．また，水田での栽培では，土入れで条間に溝ができ，これが排水溝となって圃場全体の排水効果を高め，湿害防止に役立つ．

　病害のうち世界的に最も深刻なのはさび病で，赤さび病，黒さび病，黄さび病がある．さび病には耐病性の品種を栽培することや殺菌剤の散布が対策となる．また，品質上，わが国で最も深刻な問題となるのが赤かび病である．赤かび病が発病した茎葉や粒を食べると家畜や人間が中毒するため，品質管理上，厳しく管理されている．赤かび病に強い抵抗性を示す品種はなく，出穂後，特に開花期とその後2～3回，薬剤防除を行なう．積雪地帯で発生する雪腐病には，抵抗性品種を選択するとともに，積雪下でのエネルギー消耗に耐えられるように適期に播種して幼植物に抵抗力をつけておくことも必要である．また，ウイルス病の縞萎縮病は，土壌伝染性であるため，麦種の転換や輪作を行なうこと，感染機会を減少させるために早播きを避けるなどの対策が行なわれている．一方，害虫被害は冬作物であるために比較的少ない．

　施肥は基肥のほか生育期間中に2～3回追肥する．生育初期の追肥には分げつ促進と収量増加の効果があり，生育後期の追肥には子実品質の調整効果がある．

収穫・乾燥・調製

　子実の水分が40%に低下した時点が生理的な成熟期といわれ，気象条件によっても変わってくるが，おおむね出穂後45日頃である．この時期に子実重が最大となり，その後は子実は乾燥していく．以前は手刈りやバインダー刈りで，はざかけ乾燥が行なわれていたため，この生理的な成熟期が収穫期であったが，最近はコンバインでの収穫(図4)のため，生理的な成熟期より2～3日後の子実水分30%以下で収穫されるようになった．わが国ではコムギの収穫時期が梅雨入りの時期に重なるため，適期を迎えたコムギは速やかに収穫することが必要である．なお，コンバイン収穫した圃場では，麦稈 wheat strawが切断された麦わら straw of wheatとして圃場に散布される．

　コンバインで収穫されたコムギの子実は水分が12.5%以下になるまで乾燥させ，2mm程度の目のふるいで選別する．品質の良否を判断するために子実のタンパク質含有率，容積重(粒1L当たりの重さ)，灰分含量，フォーリングナンバー値(穂発芽の有無の判定)などが測定され，製粉工場へと出荷される．このうち，わが国のコムギに対しては特に赤かび病や穂発芽の発生がみられず，小麦粉の用途に合ったタンパク質含有率をもつことが厳しく求められている．そのためには，殺菌剤の散布や窒素追肥量の調節などの栽培管理が重要である．

〈小柳敦史〉

コムギ(4)
品質,加工

用途,粒質

用途 コムギの子実は製粉し小麦粉 wheat flour として食用に供されるが,その用途は粉のタンパク質含有率によって大きく分けられる.タンパク質含有率が6.5〜9.0%のものが薄力粉 soft flour で,カステラなどの菓子類やてんぷら粉として用いられる.また,7.5〜10.5%の小麦粉が中力粉 medium flour でうどん用や即席めん用となる.わが国で生産されるコムギの多くはこの用途に用いられている.さらに,10.5〜12.5%の小麦粉は準強力粉で,ラーメンや餃子の皮として使われる.11.5〜13.0%のものが強力粉 strong flour で,主にパン用として用いられる.このほかにデュラムコムギからつくられる粗い粉のことをセモリナといい,マカロニなどに用いられる.

小麦粉のタンパク質含有率は品種によって決まるが,栽培条件でも変化し,タンパク質の構成成分である窒素を追肥することによりタンパク質含有率は増加する.製粉したものは,ふすまの混入が少なく灰分含量が低く色相の良い小麦粉から一等粉,二等粉,末粉など分ける.

粒の品質 種皮の色によって赤コムギと白コムギに分けられる.わが国のコムギ品種には穂発芽に強い赤粒品種(赤コムギ)が多い.なお,粒の成熟が途中で止まったような場合には葉緑素が残って緑色粒となるが,これは胚乳のデンプンも未完成であり,品質も悪い.種子は収穫前に雨に濡れた場合や収穫後に高温で乾燥された場合には光沢を失うため,光沢は外観上でコムギ粒の健全度を示す指標となる.コムギの粒の長さは4.5〜8.5mm,幅は1.4〜4.7mm程度であるが,厚さが2mm以上のものをふるいで分けて用いる.子実の千粒重は通常30〜35g程度である.一定のますの中に入る粒の重さを容積重といい,国産コムギには833〜840g/L以上が求められている.この容積重は,個々の粒の比重や一定の容積に粒がつまった時の間隙の大きさによって決まるもので,粒の充実度を示す指標になっている.

粒質 grain texture は,コムギの粒の断面の様子から硝子質,中間質,粉状質に分けられる.粒を切断したとき,その切断面の70%以上が透明な硝子状を示すものを硝子質 glassiness,30%以下のものを粉状質とし,その間を中間質としている.粒質は栽培環境の影響を受けるが,基本的には品種特性ととらえることができる.わが国のコムギ品種のうちで粒が硝子質になる代表的な品種は「ハルユタカ」「農林27号」,中間質になる品種は「ホロシリコムギ」「ナンブコムギ」「シラネコムギ」などがあり,粉状質になる品種には「チホクコムギ」「キタカミコムギ」「農林61号」「シラサギコムギ」「チクゴイズミ」などがある.

粒の硬軟質性 子実が硬いコムギのことを硬質コムギ hard wheat という.小麦粉の中にグルテン gluten が多く,加工利用において,グルテンの性質が強く発揮される強力粉がとれる.タンパク質の含有率が高いために製パン適性 baking quality が高く,主に製パン用,中華めん用として使われる.軟質コムギ soft wheat はコムギの子実が軟らかい.軟質コムギからとれる薄力粉は胚乳の貯蔵タンパク質の含有率が低く,主に菓子用やてんぷら用の小麦粉として使われる.

硬質コムギと軟質コムギの中間的なコムギを中間質のコムギといい,日本で生産されるコムギの多くがこれに含まれる.中間質のコムギは主に日本めん(うどん)用として使われるほか,菓子用としても用いられている.なお,この硬軟質性は胚乳の結晶性に依存しており,この結晶性に関与する物質は二種類のピュロインドリンというタンパク質であることが明らかになっている.

製粉

コムギの種子を挽いて麩 bran と小麦粉に分ける作業のことを製粉 milling という.製粉は人類史上最古の工業ともいわれ,紀元前3000〜4000年頃の古代バビロニアや古代エジプトで製粉作業の記録がある.最初は子実を平らな石の上に載せ,擦って粉にする方法がとられてきたが,その後,乳鉢状の臼に入れて乳棒状の小さい石を手で回すようになった.さらに,平らな石の上で擦っていた石を回転させるようになったのが石臼製粉である.動力は人力から畜力に代わり,風力や水力に代わっていった.

現在はロール式の製粉機によって電力で製粉が行なわれている.あらかじめ精選により異物を取り除いた粒を水分含量が15%程度になるように加水して20〜40時間ほど放置する.これをテンパリングという.これにより粒の皮部に製粉の過程で行なわれる粉砕に対する抵抗力を与え,小麦粉となる胚乳部との分離を容易にする.現代のロール式製粉機による製粉では,段階的製粉方式が採用され,破砕(ブレーキング),分別(グレーディング),純化(ピュリフィケーション),粉砕(リダクション),篩分け(シフティング)の工程を経て製粉される.なお,コムギの品種改良や品質研究には試験用製粉機(図1,図2)が用いられているが,原理はロール式製粉機と同じである.

製粉歩留(り) flour milling percentage は,一定の量のコムギ子実から取れる小麦粉の量をいい,製粉歩合ともいわれる.この値は品種や栽培条件によって変化するが,通常は80%以下であり,低い場合は60%程度と評価されることもある.コムギの製粉の良否は製粉工程における「ふるいぬけ性」,「皮ばなれ性」,「ふすまの切れ込み性」によって決まる.このうち国産小麦は「ふるいぬけ性」と「皮ばなれ性」が劣るため製粉歩留が低く,品種改良の目標のひとつとなっている.なお,製粉歩留は,一般的に硬質コムギで高く,軟質コムギで低い傾向にある.

粉質，胚乳デンプン

粉質 小麦粉のうち粉がザラザラした感じのものを硬質粉といい，なめらかで軟らかいものを軟質粉という．顕微鏡で見ると硬質粉は大きな硝子の破片のような結晶状体が見られ（図3），軟質粉は多くの小さくて丸いデンプン粒が塊となっているのが観察される（図4）．一般的に硬質粉のタンパク質含有率は高く，軟質粉のタンパク質含有率は低い傾向にある．

胚乳デンプン コムギの胚乳デンプンは通常，70～80％がアミロペクチン，20～30％がアミロースからなっている．ところが，アミロースがなくアミロペクチンのみからなるデンプンをもつものを「もち性」と呼ぶ．イネ，トウモロコシ，オオムギなどでは古くからもち性の品種があり利用されてきたが，六倍体のコムギにはもち性が存在しなかった．一方，通常のコムギよりもアミロース含量が少ない低アミロース系統「関東107号」が育成されたのをきっかけにして，その後この系統に別の遺伝子構成をもつ「Bai Huo」を交雑させることにより，わが国の研究者が世界で初めてもち性コムギ waxy wheatを誕生させた．もち性コムギは胚乳デンプンがアミロペクチンのみから構成されている特異なコムギであるといえる．また，これと同時期に「関東107号」の人為突然変異からも，もち性コムギが生まれた．

これら初期のもち性コムギ品種は農業特性や製粉性に問題を抱えていたが，各地域で品種改良を重ねた結果，関東以西の「うららもち」や東北の「もち姫」など農業現場に普及可能な品種が育成されるに至った．ただし，もち性コムギから得られる小麦粉は極めて特徴的な品質特性を示すため，通常の小麦粉にブレンドして使用する方法やもち性小麦粉自体の新規用途の開発が研究の途上にある．

加工適性

小麦の加工適性の評価は1次加工適性と2次加工適性に分けて行なわれる．1次加工適性は製粉のしやすさや製粉歩留で評価する．

2次加工適性は，製粉して得られる小麦粉の性質のことで，タンパク質の含有率や色相，デンプンの性質などが関係する．このうち，色相についてはめんにしたときに明るい白色で若干，黄色みがかっているものが好まれる．逆に暗い色でくすんだような色調のめんは良くないとされている．これまで色相には灰分含量やタンパク質含有率が関係するといわれてきたが，最近，特に鉄や銅などの金属元素が色相と関係があることが報告されている．さらに，早刈りした場合や雨にぬれた場合にも色相は悪化する．国産小麦の小麦粉の色相改善は重要な研究課題であるが，小麦粉の色相を決定する要因は相互に複雑に関係しているとみられ，色相に関する要因の全貌解明は今後の課題となっている．

小麦粉の需要と研究方向

2004年のわが国の小麦の需要量は627万tであり，パン用が159万t，うどんなどの日本めん用が68万t，中華めん用等が128万t，菓子用が78万t，味噌・しょうゆ用が36万t，飼料用が62万tなどである．このうち，国産小麦は86万tで，自給率は14％程度．国産小麦はその約6割が日本めん用として使われ，残りの4割が菓子用や味噌・醤油用などとして用いられている．

日本めん用としての小麦粉品質には，タンパク質含有率が中庸で，栽培された地域や年次によるばらつきが少ないことが強く求められている．タンパク質含有率は生育後期の窒素追肥によって制御することができるため，葉色診断や土壌診断により子実のタンパク質含有率を求められる範囲に収める研究が行なわれている．

国産小麦のパン用の利用は現在のところごくわずかであるが，最近になって秋播き栽培することができるパン用コムギ品種が開発され，今後の生産拡大が期待されている．パン用としての小麦粉に求められる品質はタンパク質含有率が12％以上と高いことに加えて，小麦粉のグルテンが十分な粘弾性をもつことである．このうち，グルテンの質については品種改良によるが，タンパク質含有率の向上については窒素追肥を中心とする栽培上の研究課題である．

（小柳敦史）

図1　小型の試験用製粉機
図2　大型の試験用製粉機
図3　硬質の小麦粉（小前幸三原図）
図4　軟質の小麦粉（小前幸三原図）

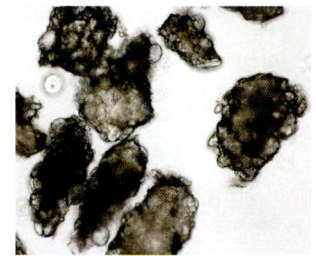

オオムギ(1)
種類，形態

オオムギ(大麦) barley
Hordeum vulgare L.

イネ科の一年生作物で，染色体数は2n = 14. 穂状花序で，穂軸にある10～14個ほどの節のおのおのに小穂が3つ着生する．3つの小穂は穂軸の左右に交互に着生する(開度1/2＝開度180度で互生する)．

種類

この3つの小穂がすべて稔実する穂を上からみると，小穂が6列に並んで見える．このようなオオムギが**六条オオムギ** six-rowed barleyである．これに対し，各節に着生する3つの小穂のうち中央(主列)の小穂のみが稔実し，両側(側列)の小穂は稔実しないオオムギがある．その穂を上からみると稔実した小穂が2列に並んで見える．これが**二条オオムギ** two-rowed barleyである．二条性は単一の優性遺伝子 *V* によって決定され，この遺伝子の劣性突然変異遺伝子 *v* をもつものが六条性となる．なお，1小穂は1つの小花からなり(1小穂1小花)，これにより1小穂多小花であるコムギと識別できる．

成熟期に果皮から糊状物質が分泌され頴果が内頴および外頴に糊着する**皮麦** hulled barleyと，そのような物質が産生されず頴果が内・外頴から容易に分離する**裸麦** naked barleyとがある．これら皮・裸性は1遺伝子支配である．

条性および皮・裸性の違いにより，オオムギは，六条カワムギ，六条ハダカムギ，二条カワムギ，二条ハダカムギの4型に区分される．二条ハダカムギは世界的にもほとんど栽培されていない．農林水産統計上では，六条カワムギは六条大麦，六条ハダカムギは裸麦，二条カワムギは二条大麦と表記される．二条カワムギは主にビール醸造の原料として利用されることから，**ビール麦** beer brewing barleyとも呼ばれる．日本で栽培されているオオムギの3型の写真を図1に示す．

起源・伝播

六条および二条オオムギはともに野生オオムギの一種で，二条皮性のスポンタニウム亜種(*H. vulgare* subsp. *spontaneum*)から起源したと考えられている．スポンタニウム亜種は成熟すると小穂が容易に脱落する．その脱落性は，二つの優性補足遺伝子(*Btr1Btr2*)によって支配されており，いずれか一つの遺伝子または両方の遺伝子が劣性突然変異を起こして非脱粒性が獲得され，栽培オオムギ(*H. vulgare* subsp. *vulgare*)が生まれたとされている．東アジアに分布するオオムギ品種は主に*Btr1Btr1btr2btr2*(E型，東亜型または東洋型と呼ばれる)，西域に分布するオオムギ品種は主に*btr1btr1Btr2Btr2*(W型，西域型または西洋型と呼ばれる)の遺伝子を有している．

栽培オオムギは，イラン，イラクおよびトルコにまたがるいわゆる「肥沃な三日月地帯 fertile crescent」において，紀元前7000～8000年頃に誕生したとされている．その後，世界の各地に伝播し，たとえば中国では，紀元前1000年には広い地域で栽培されたと考えられている．日本には縄文晩期～弥生時代前期に伝播したとされている．この頃に日本に伝わったオオムギは六条カワムギおよび六条ハダカムギであり，二条カワムギは明治以降にビールの醸造用としてヨーロッパから導入された．

生産状況

世界のオオムギの栽培面積は約5647万ha，年間の生産量は約1億3800万tである．禾穀類のなかでオオムギは，トウモロコシ，コムギ，イネに次ぐ第4位の生産量である．ヨーロッパでの生産量が世界全体の5割を占め，次いでアジアと北アメリカでそれぞれ十数％が生産されている．生産量の多い国は順にロシア(全体の12％)，カナダ(9％)，ドイツ(8％)，フランス(7％)，ウクライナ(7％)，トルコ(7％)となっている(2005年)．なお，ヨーロッパでは二条オオムギの栽培が多い．

日本におけるオオムギの消費量は231万tである．そのうちの20万tが国産のオオムギで賄われており，自給率は9％である(以上，2003年と2004年の平均)．

オオムギの種類によって生産量の多い地域は異なる．六条カワムギは北陸および関東・東山で生産が多く，生産量の多い都道府県は順に福井県，茨城県，栃木県，宮城県となっている．六条ハダカムギは四国および九州で生産量が多く，愛媛県，香川県，大分県が主な生産地である．二条カワムギは，主に九州および関東・東山で生産され，佐賀県，栃木県，福岡県での生産量が多い(以上，2006年)．

六条カワムギに比べ六条ハダカムギは，耐寒性および耐雪性が低い．そのため，六条ハダカムギは四国や九州といった温暖な地域で栽培される．また，二条カワムギは耐寒性および高温耐性が低く，生育に好適な温度環境の幅が狭いとされている．

秋播き性程度

オオムギは，冬に降雨があり夏は乾燥，高温となる地中海性気候のもとで起源した．そこで，そのような気候に適応した次のような生育経過を示す．すなわち，秋に発芽し冬を越し，春になって急速な成長を行ない出穂，開花，受精し頴果を発育させ，夏になる前には頴果を成熟させる．このように生育するオオムギ品種に加え，冬が厳しく越冬が困難な地域に伝播する過程で，春に発芽し夏～秋に成熟するという生育特性を有する品種も成立した．前者が**秋播き品種** winter variety，後者が**春播き品種** spring varietyである．なお，日本で春播き栽培が行なわれているのは北海道の一部地域のみである．

図1　日本で栽培されているオオムギの3型
上左：二条カワムギ(二条大麦)，上右：六条カワムギ(六条大麦)
下：六条ハダカムギ(裸麦)
(　)内は農林水産統計上の呼称．二条カワムギはビール麦とも呼ばれる
出典：BARLEY GERMPLASM DATABASE, Barley Germplasm Center,
Research Institute for Bioresources, Okayama University

オオムギ品種の秋播き性程度 degree of winter habit は，I〜VIの6階級に分けられる．オオムギを発芽後5℃程度の低温処理すると，秋播き性程度の低いものは処理の有無と無関係に出穂するが，秋播き性程度の高いものはその程度に応じて長期の低温処理を経て初めて出穂する．秋播き性程度がIおよびIIの品種は，寒さが厳しく秋播き栽培のできない北海道に分布する．東北，北陸には秋播き性程度の高い品種が，それより南部の温暖地には秋播き性程度の低い品種から高い品種までが分布する．また，秋播き性程度の強い品種の出穂は長日処理により促進される．秋播き性程度の強い品種にみられるこのような低温および長日要求性は，安全に越冬し，開花，結実するための安全弁といえる．六条カワムギおよび六条ハダカムギには，秋播き性程度がIII〜Vの品種が多くI〜IIの品種は少ない．一方，二条カワムギの秋播き性程度はすべてI〜IIである．

形態

種子根は3〜6本ほどであり，不伸長節間から発生する不定根とともに根系を形成する．葉身はコムギよりやや短いが幅広であり，このため幼植物の時はコムギより大柄に見える．そこで「大」ムギと呼称されるようになった，とする説がある．主茎葉数は12〜18枚程度，伸長節間の数は5〜6個ほどである．茎の質はコムギに比べてもろく，挫折型の倒伏をしやすい．内・外頴，果皮および糊粉層にフラボノイド系などの色素を有する品種が存在する．芒の形態に変異があり長芒，短芒，無芒の品種，および三叉芒 hooded awn と呼ばれ芒が花に変化する変異体が存在する．頴果は両端がややとがっており，背面の基部に胚が，腹面に縦溝がある．千粒重は六条カワムギで25〜35g，六条ハダカムギで25〜30g，二条カワムギで40〜50gである．

日本，朝鮮半島および中国には，*uzu*遺伝子(渦遺伝子)をもったオオムギ品種が存在する．この遺伝子をもつ品種は正常型(並性 normal type, *Uzu*遺伝子をもつ)に比べ，子実はやや小さく，葉身長，節間長，穂軸節間長が短く，その一方で，葉身の幅はほとんど変わらず直立し，葉は厚い．このような形質は渦性 *uzu* type と呼ばれ，耐倒伏性および受光態勢の向上に寄与する．「渦」とはアサガオの矮性変異体に与えられていた呼称であり，それをオオムギに適用したものである．なお，渦性のオオムギは北陸・関東以南で栽培されている．これは，渦性オオムギの耐寒性が低いことに加え，半矮性という性質から温暖な地域でないと十分なバイオマスが得られず収量が上がらないためと推察される．

(露崎 浩)

オオムギ(2)
生育と栽培, 利用

生育

　秋播きされるオオムギの生育過程を, 関東地方の平野部を例にとって以下に記す. 10月下旬に播種された後, およそ1週間で出芽し, 播種後3~4週間目に分げつが出現する. その後, 越冬中も分げつは増え, 3月中下旬に茎数が最大となる. 幼穂の分化が始まるのは, 播種後3~4週間目の分げつの出現開始期頃である. オオムギの幼穂分化・発育の限界温度はコムギより低いため, 比較的低温な条件下でも幼穂は発育を続ける. 2月上旬頃には成長点部で二重隆起 double ridge が生じて小穂の分化が確認できるようになる. 3月上旬頃に穎花が分化する. 穎花分化の終了する3月下旬頃から顕著な節間伸長が始まる. そして, 新しい葉が展開するとともに草丈が急速に伸びる. 4月下旬に出穂, その3~4日後に開花, 受精して穎果の発育が始まり, 6月上旬に成熟する. 成熟期はコムギに比べて1週間ほど早い. この早晩性は主に, 両作物の節間伸長開始期から開花期までの日数の長短に依存している. そして, その長短には節間の伸長速度の差異が関わっている.

　最適な発芽温度は24~26℃, 生育温度は20℃とされる. この最適生育温度はコムギのそれより5℃ほど低い. 過湿にはコムギより弱く, 圃場容水量が60~75%であると生育・収量が良い. 土壌pHは7.0~7.8が最適で, 酸性に弱い.

　出穂期以降の光合成が子実生産に大きく関わっており, 葉鞘・茎, 穎および葉身のいずれも大きく貢献している. 芒の長い品種では, その寄与度が大きい. また, 茎や葉鞘に光合成産物を一時的に蓄え, それを穎果へ再分配する現象がみられる. その再分配物質の穎果重に占める割合は2割程度であり, コムギのそれより低い傾向を示す.

栽培

　各都道府県ではそれぞれの地域に適した品種の栽培を奨励している. また, ビール醸造の原料となる二条カワムギ(ビール麦 beer brewing barley)は, 農家がビール会社と契約して栽培する. 生産量の多い品種は, 六条カワムギではファイバースノウおよびシュンライ, 六条ハダカムギではイチバンボシおよびマンネンボシ, 二条カワムギではミカモゴールデンおよびニシノチカラである(2006年).

　オオムギは発芽期および登熟期の耐湿性が弱い. したがって, 暗渠や明渠の施工などの湿害対策を行なう必要がある. また, 酸性土壌で栽培する場合には, 播種前に石灰を施用し酸度を矯正する. 砕土率を高めることは, 出芽個体数を確保するうえで重要である.

　篩選および塩水選により選種する. 播種適期の幅は寒い地域ほど短くなる. 適期より早く播種すると厳寒期前に幼穂が分化し, 寒さで幼穂が凍死する危険性が高まる. また, 適期より遅いと越冬前の生育が不十分で減収に結びつく.

　施肥量は窒素, リン酸およびカリウムをおのおの10kg/10a程度とし, 窒素については基肥と追肥に分けて施す. 追肥にあたっては倒伏を引き起こさないよう, 追肥時期および量を注意する. また, 二条カワムギ(ビール麦)では子実のタンパク質が高くなりすぎないようにする.

　暖冬の年などで節間伸長が早まると予想される場合には麦踏み treading を行ない徒長を抑え凍霜害 frost injury を受けないようにする. オオムギの病気には赤かび病, さび病, 縞萎縮病などがある.

　収穫適期よりも早く収穫すると穀粒の充実が不十分で, いわゆる細麦となる. また, 遅れて収穫すると穂発芽 preharvest sprouting や病害が発生し, 品質の低下を招くので適期に収穫することが重要である. コンバイン収穫の場合には, 穀粒の含水率が25%以下となった頃が収穫適期である. 二条カワムギ(ビール麦)の収穫にあたっては, 発芽力を落とさないように低回転で脱穀する必要がある. なお, ホールクロップサイレージとして利用する場合には, 栄養価の高い出穂後30日ぐらいの糊熟期に刈り取る.

利用・品質

　オオムギはコムギと比較し, 一般的に収量が多く, また収穫期は1週間ほど早い. このような特性をもったオオムギは, 煮て食べるための土器が使用されるようになった文明段階には

図1　収穫したオオムギを運ぶチベット女性

図2　ツアンパを作るチベット人農夫

好んで栽培され「オオムギ食」の時代になったと推定されている．その後，製粉技術が発展し粉食が容易にできるようになるとコムギが好まれるようになった．なぜなら，小麦粉は水でこねるとグルテンによる粘りが出て加熱加工がしやすく，味も良いからである．さらに時代がすすみ，粉を発酵加工するようになるとコムギへの比重がいっそう高まった．このようにして，「オオムギ食」の時代は「コムギ食」の時代へと移ったと推定されている．なお，「オオムギ食」の時代の中国において，「主要な」という意味から「大」ムギと名付けられたとする説もある．

現在，オオムギが主食であるのは世界中でチベット高原のみとなっている．標高が3,000mを超え，夏が短く冷涼なチベット高原ではコムギの栽培はできず，早生であるオオムギ（六条ハダカムギ）が春播き栽培されている．図1は，その高原で収穫したオオムギを運ぶチベット人女性の，図2はツアンパと呼ばれるオオムギの主食をつくっている男性の写真である．ツアンパは，炒ったハダカムギを製粉し，その粉をバター茶（牛の一種であるヤクのバターと少量の塩を混ぜた茶）でこねたものである．

日本におけるオオムギの用途別内訳は，飼料用が51％，加工用（主に醸造用）が46％，食用が3％となっている（2004年）．

飼料用としては，可消化養分総量，タンパク含有率および穀粒の外観品質が重要である．

オオムギは酵素による糖化力が強いため，ビールやウイスキーなどの醸造用原料となる．ビール用のオオムギとして求められる性質は，発芽の揃いが良いこと，粒が大きく充実して揃っていること，穀皮が薄く皮の色が良く，皮剥けのないこと，タンパク含量が少なく（9〜11％）ビールに濁りを生じさせないこと，などである．二条カワムギは，上記のような条件を満たしている．現在，β-アミラーゼの酵素活性および熱安定性を高めるなど麦芽品質 malting quality を向上させる育種が計られている．なお，二条カワムギでは側面裂皮粒および凸腹粒という被害粒が生じることがある．その発生機構および耐性評価方法が明らかにされている．ビールやウイスキーのほか，オオムギは焼酎，味噌，麦茶，麦こがし（炒った後に粉にしたもの，はったい粉ともいう）などの原料となる．近年，焼酎醸造向けの品種が育成されている．味噌は米味噌が一般的であるが，九州，四国，中国および関東地方では麦味噌もつくられている．搗精歩留りが高く穀粒の粒揃いが良いこと，淡黄色で光沢があることなどが求められている．麦茶は，オオムギ（六条カワムギ）を炒ることで生ずる香りが特徴の飲み物である．麦こがしは，砂糖と飴を混ぜて落雁とするなど，菓子の材料としても用いられる．

搗精して胚乳だけの丸麦にし，これを加熱後にローラーで平たく圧したものが押麦 rolled barley である．また，粒を縦溝にそって2つに割ったものが米粒麦，それを押しつぶしたものが白麦である．これらは米と混炊して食べられることが多い．搗精歩留り，精麦粒の白度，切断性の良否，縦溝の黒条線が目立たないこと，などが品質の評価基準である．近年，オオムギの機能性への関心が高まっている．オオムギは植物繊維を豊富に含み，それがコレステロールや血圧の低下，および大腸疾患の予防に効果があるとされる．

早生であり作付体系に組み込みやすいなどの生態的特性，食品としての多様な用途および機能性の活用，ならびに日本の食料自給率向上の観点から，オオムギの生産拡大が期待される．

〈露﨑　浩〉

その他の麦類

麦類 winter cereals はコムギ，オオムギ，ライムギ，ライコムギ，エンバクなどの冬作穀類であるが，コムギとオオムギは別の項でとり上げるため，ここではライムギ，ライコムギ，エンバクについて解説する．

ライムギ rye
Secale cereale L.

ライムギ（図1）はイネ科・コムギ族・ライムギ属の植物で，染色体数は $2n = 14$ である．2006年における世界の作付面積は561万ha，生産量は1,232万tである．わが国における作付面積は青刈り飼料用などとして約3,000haであり，子実収穫用の栽培はほとんどない．海外でも主に飼料用に用いられるほか，子実を製粉して得られる粉を小麦粉と混ぜて黒パン（ライムギパン）の原料となる．

形態 茎葉部は鞘葉が赤みを帯びているのが特徴で，葉は青みがかった緑色を示す．これにより他のムギ類と容易に区別することができる．草丈は1.3～1.8m程度と長稈であるが茎が強く倒伏しにくい．幼葉は毛で被われている．葉の長さは13～20cm程度で，葉の幅は0.7～1.0cmである．穂の形もコムギやオオムギに似ているが，先端の小穂が欠如しているのが特徴である．小穂の幅は0.8～1.2cmで，それぞれの小穂に2～3個の小花がつく．穂の長さは8～18cm，芒の長さは3～8cmである．子実はコムギよりやや細く，淡黄色や淡緑色から淡褐色まで多様な色を示す．子実の成分組成はコムギに似ているがタンパク質の含有率はやや低い．

根は種子根と節根からなり，植物体の成長に伴って根系が拡大していくが，登熟期になると根長の増加が止まり，乳熟期には根重も最大値を示す．

生理・生態 発芽の最低温度は1～2℃，最適温度は20～25℃であり，低温でも発芽しやすい．また，成長においても冷涼な気候が適している．ライムギの出穂の最適温度は20～21℃で，開花は気温が12℃に達しているときの明け方に行なわれる．好適な気象条件下では3日で穂の15～20小穂が開花する．穂の開花がすべて終了するのに5日，個体全体では7～8日かかる．開花までに必要な積算温度は，1,225～1,425℃であり，成熟までの日数は秋播きで280～320日，春播きで110～140日である．

ライムギは根系がよく発達して深いため，乾燥した砂質壌土や壌質砂土が適しており，土壌のpHは5～6が適している．降水量は年間500mm以上の地域が適するが，成熟期に雨が多いと倒伏する．

ライムギは他のムギ類とは異なり，自家不和合性の程度が高いのが大きな特徴である．風媒花であり，他家受粉が行なわれる．ただし，ライムギのなかから自家稔性個体を選抜したという報告もあり，ライムギの自家不稔性は遺伝的な性質であると考えられる．

栽培 ライムギの品種は春播き用品種と秋播き用品種に大別される．冬の寒さが厳しくコムギの栽培が難しい地域においてもライムギの栽培は可能である．播種期は他のムギ類と同様で，北海道では9月上中旬，東北で9月下旬から10月，関東以西では11月まで播種できる．なお，春播き栽培の播種期は4月下旬までである．播種量は10a当たり6kg程度，青刈り栽培では7～8kg程度である．収穫は北海道では秋播き栽培で7月下旬から8月上旬，春播き栽培で8月中旬から下旬に行なわれる．

品種は「ペトクーザー」がわが国で多くつくられてきた．この品種はドイツにおいてライムギ品種「プロブスタイル」から選抜されたもので，北海道の農業試験場において優良品種として決定されたものである．

病害としては麦角病，雪腐病，赤かび病，黒さび病，赤さび病，黒穂病などがあげられる．このうち，麦角病は，麦角菌が雌蕊の柱頭から侵入して発病するもので，子房中に寄生して黄色の液を分泌し，それが乾くと暗褐色になる．この子房が異常に肥大して1～2cmの紫黒色の角状の塊となる．この麦角には有毒物質が含まれ，家畜や人間が食べると危険である．ただし，止血剤や血圧上昇剤として医療用として用いられることもある．

加工・利用 子実はコムギと同様に製粉して食用に供される．製粉して得たライムギ粉はライムギパンとして東ヨーロッパでは主食の位置を占めてきた．また，わが国でも健康意識の向上からライムギパンが見直されている．さらに，ビスケットなどの焼菓子の原料としても用いられる．なお，ライムギの麦芽からはビールやウイスキーが醸造される．そのほかの多くは青刈り飼料用として利用されている．

ライコムギ triticale
× *Triticosecale* Wittmack

ライコムギは，ライムギとコムギを交配してつくられた新しい作物である．ライムギのもつ耐寒性，耐酸性，耐病性，高タンパク質含有率などの長所がコムギに導入されたものである．1960年代からカナダの大学やメキシコの研究機関で研究され，ライムギとコムギを交雑させて得た胚を培養し，染色体の倍加を行なって六倍体と八倍体のライコムギを得た．このうち，主要な品種は六倍体（$2n = 42$）である．

草姿や穂の形はコムギに似ており，子実もコムギに似ているが表面にしわが多く，品質上の問題となる．ライコムギの子実はコムギよりもタンパク質含有率が高く，食用としても飼料用としても栄養的には優れている．ライコムギは多くは飼料用として用いられているが，一部パン用，オートミール用，菓子類などにも利用されている．コムギに比べて製パン性は劣るが，その特徴を生かして様々な食品に加工されている．

ドイツ，ポーランド，中国などで栽培が多く，1996年

の世界のライコムギの収穫面積は256万ha。作出されて以来増加してきたが，最近は栽培面積の拡大が頭打ちの傾向にある。なお，単収は3.29t/haであり，コムギやオオムギより多収である。

エンバク oats
Avena sativa L.

エンバク（図2）はイネ科・エンバク族・カラスムギ属の植物で，オートあるいはオートムギともいわれる。主な栽培種は六倍体（2n＝42）の普通種のエンバク（*Avena sativa*）であるが，普通種のほかにいくつかの野生種があり，2倍種の *Avena strigosa* は線虫や土壌病原菌の対抗植物として緑肥作物での利用が行なわれている。エンバクがツバメの麦（燕麦）といわれるのは，小穂の2枚の護穎がツバメの翼のような形であるためである。

図1　ライムギ

図2　エンバク

エンバクの2006年の世界の作付面積は1,267万ha，生産量は2,287万tであるが，生産量は年々減少している。主産国はロシア，カナダ，アメリカ合衆国，ポーランド，ドイツなどである。2006年におけるわが国の作付面積は約6万haであるが，そのうち青刈り飼料用として約7千haが鹿児島県，宮崎県，長崎県などで栽培されており，残りの栽培面積は緑肥用・クリーニングクロップ用である。子実用としての栽培は少ない。

形態　エンバクの稈長は60〜150cmで品種や栽培条件によって異なる。成熟した稈は黄みを帯びるが，品種によっては赤みを帯びるものもある。葉の幅はコムギよりも広く，一部の種以外では葉舌がみられる。穂長は20〜25cmの品種が多く，枝梗が上方に向いているもの，開散しているもの，下垂しているものの3つの型が認められるが，いずれも他のムギ類とは違い，小穂が細長い小枝梗をもつため，穂全体が大きく開いた形となる。小穂は護穎と1〜4つの小花からなる。子実は皮麦と裸麦のあるオオムギと同じように，粒に穎が密着して離れない種と容易に離れる種がある。エンバクの根系は3〜5本の種子根と節根からなる。根系は深く，コムギやオオムギに比べて根量が多い傾向にある。

生理・生態　エンバクの発芽適温は26℃，生育適温は25℃である。開花は15〜32℃の範囲で起こり，一日の最高温度が過ぎて温度が下降し始めた時に開花する。このため，日中の温度の変化が極めて少ない日には開花がみられない。

エンバクは他のムギ類に比べて生育に多量の水分を必要とする。最適な土壌水分含量は60〜80%，用水量は376gという報告もある。このため，エンバクは腐植に富む埴壌土でやや湿気のあるところに栽培されることが多い。栽培可能な土壌pHは4.0〜8.0といわれ，オオムギやコムギに比べて適応できる土壌の幅は広い。ただし，乾燥には比較的弱く，幼穂分化期や出穂期前に土壌が乾燥すると生育の低下を招く。

栽培　エンバクは北海道では春播き栽培され，4月下旬から5月中旬の間に播種される。一方，その他の地域では秋播き栽培が行なわれてきたが，近年，耕地の有効利用を可能とする夏播き栽培の技術が確立された。九州では最近になって夏播き用の品種「はえいぶき」および「たちいぶき」が育成され普及が進んでいる。

一般に，エンバクは平畦で条播されるか，18〜20cm幅でドリル播きされる。播種量は10a当たり種子重で5〜6kg程度である。施肥量は10a当たり窒素2.4kg程度が標準となっており，リン酸とカリの施用も併せて必要である。

エンバクは倒伏に弱いために培土が必要になる場合もある。また，旱魃に弱く，出穂前10日以降に土壌水分が不足すると小穂の一部が白化する白穂が発生することがある。病害には裸黒穂病，冠さび病，斑葉病，赤かび病などがあり，虫害としてはハリガネムシが幼植物の地下部を食害する。

エンバクは吸肥力が強く，前作を選ばないが，輪作したほうが生育旺盛となる。単作されることも多いが，マメ科牧草と混作される場合やダイズとの間作が行なわれる場合もある。

加工・利用　エンバクの子実は精白して食料とされる。オートミールの原料として使われるほか，粉にしてビスケットやケーキの材料といった菓子用としても用いられる。青刈り飼料用エンバクは飼料としての栄養価が高く，家畜の嗜好性もよい。乳熟期に刈り取ると可消化養分総量が最も高くなる。一方，*Avena strigosa* にキタネグサレセンチュウの抑制効果があることが見出されているため，今後は飼料と緑肥・クリーニングクロップとしての機能を併せもつエンバク品種の開発が期待される。

（小柳敦史）

トウモロコシ(1)
起源, 形態, 生理

トウモロコシ(玉蜀黍) maize, corn
Zea mays L.　トウキビ, ナンバンキビ, コウライキビ

イネ科, キビ亜科・トウモロコシ属の一年生作物である. 染色体数は2n = 20. C4植物に属し乾物生産能力が高く, 幅広い適応性をもち, 生産物の利用範囲が多岐にわたることから重要な作物となっている. 世界での栽培面積は1億4,682万ha, 子実生産量は7億2,451万t (FAO, 2004)で, 栽培面積ではコムギ, イネに次いで多く, 生産量では最も多い作物である.

起源と日本への導入

トウモロコシは, 今から4,000〜5,000年前にメキシコ, グアテマラ, アンデス地方などの複数の場所で栽培化されたと考えられている. その起源に関しては多くの議論がなされているが, いまだ結論には至っていない. 有力な説として, テオシント説と三部説の2つがある. テオシント説はトウモロコシの祖先はある種のテオシント teosinteであるとするもので, 現在最も広く支持されている. 一方, 三部説は, トウモロコシの祖先は今は絶滅した野生型トウモロコシであり, テオシントはトウモロコシとトリプサクム Tripsacumの交雑により成立したもので, 現在のトウモロコシは初期の栽培型トウモロコシへのテオシントやトリプサクムの遺伝子の導入により成立したとするものである.

日本へは天正年間(1573〜1591年)にポルトガル人によって九州長崎あるいは四国に伝えられた. この時に導入されたのはカリビア型フリント種で, その後, 九州, 四国, 富士山麓などの中山間地を中心に九州から東北地方にかけての各地に定着し, 稲作の困難な地域での主食や間食用として利用された. また, これらとは別に明治時代に入ってから北海道開拓使によってアメリカから導入された. それらは, 主に北方型フリント種やデント種で, 飼料用, 子実用および生食用として北海道から東北地方にかけて定着し, 一部は北関東に至った.

形態

稈 stalkは円筒形で, 外周部は厚膜組織からなる固い皮層 rindである. その内部は柔らかい髄 pithで, 多数の閉鎖維管束が散在している. 稈長はふつう200〜250cm程度で, 短いものでは100cm以下, 長いものでは400cm以上. 稈径は地際部では3cm前後で, 上に向かってしだいに細くなる. 日本の品種では, 主稈は12〜25節からなる. 節数は早生品種では少なく, 晩生品種では多い. 各節から葉を生ずる.

葉は互生し, 葉鞘, 葉舌, 葉耳および葉身からなる. 葉身の中央には縦方向に中肋が通り, 葉身を空中に保持する役割を果たす. 葉身長と葉幅は葉位により異なり, ふつう葉長は着雌穂節の近辺の葉で最大となり, 葉幅はそれより1〜2節上位の葉で最大となる. 分げつは, 下位節の葉腋に生じる. 通常0〜5本で品種や生育環境により異なり, 子実用やサイレージ用の品種ではほとんどないが, スィートコーン品種では多い.

根は, 一時根 temporary root, 永久根 parmanent root(冠根 crown root), 支根 brace rootの3つに区別される. 一時根は, 発芽時に最初に出る初生根(幼根) primary root, 次いでその基部から出る2〜3本の不定根 adventitious seminal rootからなり, 主として発芽から2〜3週間後までの養分吸収を担う. 発芽の7〜10日後には, 永久根が発生する. 永久根は地下部にある2〜4節から生じる. 鞘葉節から発生し始め, 成長とともに順次上位の節から発生する. 永久根は, 初めは地表近くに分布するが, 生育とともに深く分布するようになり, 最終的には水平方向には稈から約1mの範囲, 垂直方向には草丈の約80％の深さまで達する. 支根は地面より上の節に生じる根で, ふつう地表面から2〜3節に生じるが, 品種によってはさらに上位の節からも生じる. 下位の節から発生した支根は地中に伸長して細根を生じ, 永久根とともに養分吸収や地上部を支持する.

トウモロコシは雌雄異花で, 雄性の総状花序である雄穂 tasselは茎の先端に, 雌性花序である雌穂 earは茎の中間部分の節に着生する. 雄穂は直立した主梗とそこから分枝した枝梗とからなり, 2次枝梗をもつものもある. 主梗には2個ずつ対をなした小穂が4列, 枝梗には対をなした小穂が2列に配列する. 対となった小穂は一方が無柄 sessileで, もう一方が有柄 pedicellateである. 各小穂は1対の護穎に包

図1　トウモロコシの植物体
雌雄異花で, 雄穂(雄花)は稈の頂端に, 雌穂(雌花)は稈の中間に着生する

図2　トウモロコシの開花
雄穂の開花(左)と絹糸の抽出(右)

図3 幼苗における根の様子（Wallace and Brown, 1949）

図4 雄性小穂の断面（Weatherwax, 1955）

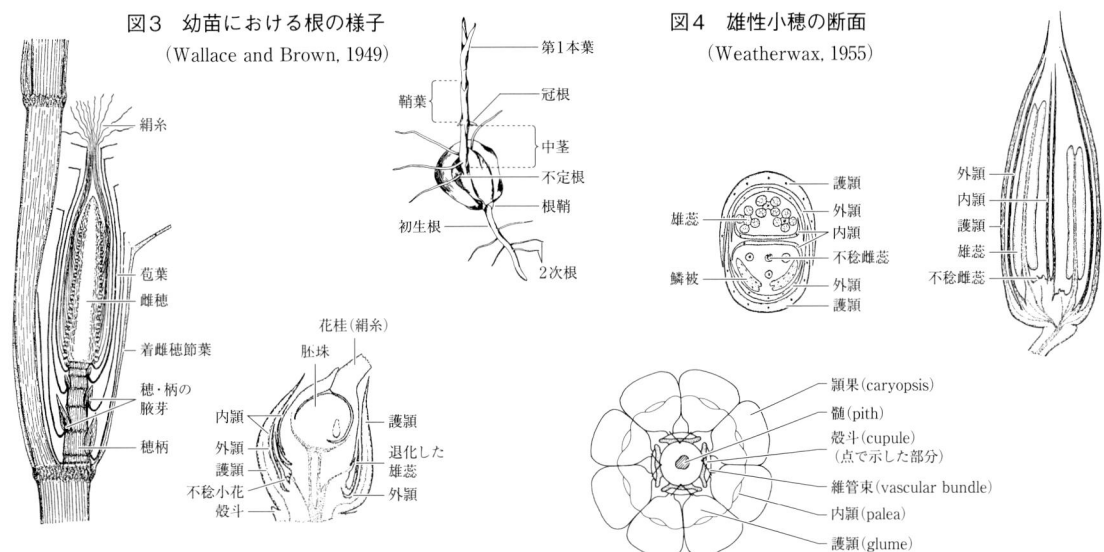

図5 主茎に着生する雌穂と雌性小穂の断面（Weatherwax, 1955）

図6 雌穂の構造（ハーラン, 1984）

まれ，その中に2つの小花をもつ．小花は，外側に内頴と外頴があり，その中に2個の鱗被，3個の雄ずいおよび1個の退化した雌ずいが包まれている．1個の雄ずいの葯には通常1,000～3,000粒の花粉が形成される．雄穂全体では1,000～2,000個の小穂をもち，そこから飛散する花粉は2,000万粒前後とされる．葯から出た花粉は，屋外において気温21～34℃，湿度30～70％の場合，24時間程度受精能力を保持しているが，35℃以上の気温では1～2時間で受精能力を失う．雄穂の一部が雌性化して頴果が着生することがあり，これはタッセルシード tassel seed とよぶ奇げつで，多く見られる．

雌穂は，品種によって大きさや形状が大きく異なる．成熟時の大きさは親指大のものから長さ40cm以上のものまである．形状は円筒形ないし円錐形で，長径比の違いによって様々である．茎の節の葉腋から伸びた穂柄 shank の先端に着生し，穂柄の各節に生じる数枚の苞葉 husk に包まれ，発達した穂芯（穂軸）cob 上に8～20列の小穂が並んでいる．雌穂の構造の基本的な単位は，対の小穂を着生する穀斗が背中合わせに結合したくびき構造で，各単位間での節間の縮合により粒列が形成されている．小穂は，雄穂と同様に対になっており，各小穂中の2小花のうち片方だけが稔性をもち，もう片方は退化して内外頴だけを残す．雌ずいの花柱と柱頭は，その形状から絹糸 silk とよばれる．稔性の小花に1個の雌ずいがあり，絹糸を伸ばしてその先端を苞葉から抽出させる．絹糸の表面には細毛が密生し，花粉が付着しやすくなっている．絹糸が受粉すると，1～1.5時間後に花粉管が伸長し始め，24時間以内に受精する．

受精後の絹糸は伸長を停止して萎凋するが，受精が行なわれなければ50cm以上伸長することもある．絹糸の受精能力の持続期間は，個々には5日前後，雌穂全体では8～10日程度であるが，35℃以上の高温や旱魃によりそれより短くなる場合がある．各粒列には通常30～50粒の頴果が稔実する．

頴果は，果皮，胚乳，胚および尖帽部に分けられる．果皮の内側には薄層となった種皮があるが肉眼の識別は難しい．胚乳の外側は1層まれに2層からなる糊粉層である．外観が青色や紫色の頴果は糊粉層の色素による．登熟が進み頴果への乾物蓄積が終わると，尖帽部と胚乳の境界部分に黒ないし茶色の離層が形成される．離層はブラックレイヤー black layer ともよばれ，登熟終期の目安とされる．

生理・生態

トウモロコシの栽培地域はきわめて広い．主要栽培地帯は北緯40度付近で，アメリカのコーンベルトをはじめとして東西ヨーロッパ，中国の東部から東北部など．栽培の北限は旧ソ連およびカナダの北緯60度付近，南限はアフリカおよび南米の南緯40度付近までで，高地ではアンデス高原の標高3,500m付近まで栽培されている．

播種の適期は日平均気温が10℃前後となる頃である．

発芽の最低温度は6～7℃，最適温度は25～28℃とされ，6℃以下や44℃以上では発芽に不適である．

トウモロコシは本来短日植物であるが，感光性の程度は品種によって大きく異なる．一般に，低緯度地方の品種は感光性が強く，高緯度地方の品種は感光性がごく弱い．一方，感温性の程度には感光性ほどの大きな差はない．同一日長条件下での開花の早晩は，有効積算温度によってほぼ決まる．開花，結実に必要な積算温度は品種により，早生品種ほど小さい．また，有効温度の下限すなわち，最低生育温度は温暖地の品種より寒冷地の品種で低く，デント種よりフリント種で低い傾向にある．

（濃沼圭一）

トウモロコシ(2)
分類, 品種, 利用

分類

穎果の形状と胚乳形質から以下のように分類する。

デント種 dent corn　胚乳の周縁部は硬質デンプン，中央部分は頂部まで軟質デンプンからなるため，成熟すると中央部分がくぼんで臼歯のような形状になる。

フリント種 flint corn　胚乳の周縁部から頂部まで硬質デンプンからなり，その内側が軟質デンプンからなるため，丸く光沢のある外観をもつ。

ポップ種 pop corn　胚乳の大部分が硬質デンプンからなり，軟質デンプンは内部にわずかに存在する。水分13〜15%の完熟した穎果を加熱すると爆裂する。

フラワー種 flour corn　胚乳全体が軟質デンプンからなり，光沢がなく，大きさのわりに軽い。

スィート種 sweet corn　胚乳中に糖分が多く，デンプンの充実が悪く成熟して乾燥するとしわを生じる。

スターチィ・スィート種 starchy-sweet corn　フラワー種とスィート種の中間の性質をもつ。メキシコからペルーの中南米地域でいくつかの品種が残っている。

ワキシー種 waxy corn　もち性の胚乳で，デンプンのほとんどがアミロペクチンからなる。外観は光沢なく不透明。20世紀初めに中国の在来品種から発見された。

ポッド種 pod corn　穎が発達し，穎果を1粒ずつ包んでいる。粒質は様々である。

これとは別に地理的分布，形態特性，細胞遺伝学的特性などに基づき，大きく次の7つのレース複合に分ける分類もある。

北方型フリント Northern Flint　アメリカ北部，カナダ南部，中央ヨーロッパなどに分布。雌穂の粒列は8〜10列。稈はやや短くて細く，分げつが多く，葉幅は狭い。

コーンベルトデント Corn Belt Dent　温帯地域に広く分布。19世紀にメキシコデントと北方型フリントの交雑により生まれた。雌穂は円柱形〜やや円錐形で粒列は14〜22列。ふつう分げつはなく，雄穂には枝梗が多い。

アルゼンチンフリント Cateto Flint　南米南部およびヨーロッパ南部に分布。雌穂は円柱〜円錐形で，大きさは中庸。穎果は黄〜橙色。

メキシコデント Mexican Dent　雌穂は8〜26列と変異が大きく，苞葉が厚い。ふつう分げつはない。

キューバフリント Cuban Flint　分布はキューバに限られる。雌穂は12〜16列で比較的短く，穎果は橙色。ふつう分げつはなく，葉鞘に柔毛が多い。

カリビア型フリント Caribbean Flint　西インド諸島に分布する。感光性が強く，雌穂は比較的短く，やや円錐形で，10〜12列である。穎果は横幅が広い。日本に初めて伝えられたのはこの型とみられる。

沿岸熱帯フリント Tuson Flint　南米東北部の沿岸地帯〜西インド諸島にかけて分布。長稈，晩生で，雌穂は円柱形〜円錐形で8〜14列。分げつはない。

品種

トウモロコシは他殖性であるため，古くからある栽培品種は品種内の個体間での任意交配によって維持される**自然受粉品種** open-pollinated variety である。自然受粉品種は，重要形質についてはある程度の斉一性を保っているものの，遺伝的に雑多な個体の集団である。

一方，トウモロコシは異なる品種や系統を交雑したときの**雑種強勢** heterosis, hybrid vigor の発現が顕著である。この性質を利用したのがハイブリッドコーン hybrid corn とよばれる**一代雑種品種 (F1品種)** hybrid variety で，現在の栽培品種の主流となっている。一代雑種品種には自然受粉品種を親に用いる品種間交雑品種も含まれるが，自殖系統とよばれる近交系を親に用いる自殖系統間交雑品種が一般的である。自殖系統は，自然受粉品種・集団や複数の自殖系統間の交雑後代を材料とし，人為的に自殖を繰り返して育成される。自殖の過程で自殖弱勢により生育力は低下するが，異なる自殖系統を交雑した一代雑種は，雑種強勢により元の品種・集団より生育旺盛で多収となる。一代雑種には2つの自殖系統の交雑による**単交雑** single cross，3つの自殖系統の交雑による**三系交雑** three-way cross，4つの自殖系統の交雑による**複交雑** double cross がある。アメリカでは1930年代に複交雑品種の普及が始まり1960年代以降単交雑品種へと移行し，現在では世界的に単交雑品種が主流となっている。

トウモロコシの品種開発では，国際的に事業展開する大規模な民間種苗会社の役割が大きく，日本にも外国種苗会社の育成品種が多数導入され，広く普及している。日本の公的機関では，国内での栽培が最も多いサイレージ用品種の開発を行なっており，在来フリント種の特長を生かした茎葉消化性や収量の年次安定性に優れる品種が育成されている。最近の育成品種には，暖地・温暖地向きの「ゆめシリーズ」（ゆめちから，ゆめそだち，

図1　トウモロコシ一代雑種 (品種：おおぞら) と両親の雌穂
一代雑種の雌穂 (中央) は雑種強勢により両親系統の雌穂 (左は種子親，右は花粉親) より大きくなる

ゆめつよし），東北から九州までを適地とするタカネスター，寒地向きのぱぴりか，おおぞらなどがある．

利用

大きく分けて，子実利用と飼料として植物体全体を利用する青刈り・サイレージ利用とがある．子実利用の形態には，(1) 子実をそのまま，または簡単に粉砕して，(2) ウェットミリング（湿式製粉）によってデンプン，タンパク質などの化学成分ごとに分けて，(3) ドライミリング（乾式製粉）によって胚乳，胚芽，種皮などの部分に分けて，などがある．

子実は，全生産量の約13%（約8,300万t）が輸出されている（FAO, 2004）．輸出量の約6割はアメリカ（4,874万t）で，次いでアルゼンチン1,069万t，フランス616万tなどである．輸入は日本の1,648万tが最も多く，次いで韓国837万t，メキシコ552万tなどである．

子実の利用は，飼料用が最も多い．粉砕または圧扁して他の飼料と混合し，配合飼料として利用される．トウモロコシ子実の成分はデンプンが70%強，タンパク質が約10%，脂質が約4.5%，残りが繊維等で，デンプン含量の高い高エネルギー飼料であるが，タンパク質中のアミノ酸のうちリジンとトリプトファンの含量は低い．主要な貯蔵タンパクであるツェイン zein の含量を低下させて子実中のリジンやトリプトファン含量を高めるオペーク2 opaque-2 などの遺伝子を利用して，アミノ酸組成を改良した実用品種が開発されている．

このほか，ウェットミリングやドライミリングによる加工副産物，アルコール発酵残渣なども飼料として利用される．アメリカでは燃料用エタノール原料としての利用が急増し，飼料利用との競合が顕在化しつつある．

食品として子実を直接利用するには，丸ごと煮るか，焼くか，ゆでる．ひき割りにしてかゆ状にし，また粉にしてパンにする．スィートコーンなどの未成熟の雌穂をゆでたり，焼くなどして生食する．スィートコーンを缶詰加工して利用する．ポップ種をポップコーンとして利用する．伝統的な食べ方には，石灰水に浸漬してから調理する方法と石灰水を用いない調理法がある．

加工原料として利用する場合，ウェットミリング wet milling では子実を浸漬後に磨砕して胚芽，種皮などの繊維，タンパク質を順次分離してデンプン液を得る．胚芽はコーン油の搾油に使われ搾り粕はコーンジャームとなり，繊維はコーングルテンフィード，タンパク質はコーングルテンミールとなるほか，デンプンの洗浄と子実の浸漬に使用された水は濃縮されてコーンスチープリカーとなり，飼料として利用される．デンプン液は乾燥されてコーンスターチとなるほか，水飴や異性化糖，化工デンプンの製造などに回される．他方，ドライミリング dry milling では，子実に加水後，胚乳，胚芽および種皮を分離し，胚乳は挽砕して粒度により大きなものからコーングリッツ，コーンミール，コーンフラワーに分別する．胚芽はコーン油の原料．種皮等は粉砕されてホミニーフィードとして飼料になる．

青刈り・サイレージ利用は，雌穂と茎葉を含む地上部全体を刈り取って飼料とする．細断してサイロに詰め，嫌気条件で乳酸発酵を起こさせて貯蔵飼料とする．サイレージ用トウモロコシ silage maize の収穫適期は，乾物率がサイレージ調製に好適な30～35%になる黄熟期である．適期に収穫したトウモロコシサイレージは，子実が乾物中の40～50%程度を占める高エネルギーな自給粗飼料である．サイレージ用は子実用より早く収穫できるので，高緯度地方で多く栽培されている．1990年代後期の栽培面積は，西ヨーロッパで約400万ha，カナダで約20万ha，アメリカで230万haなど．

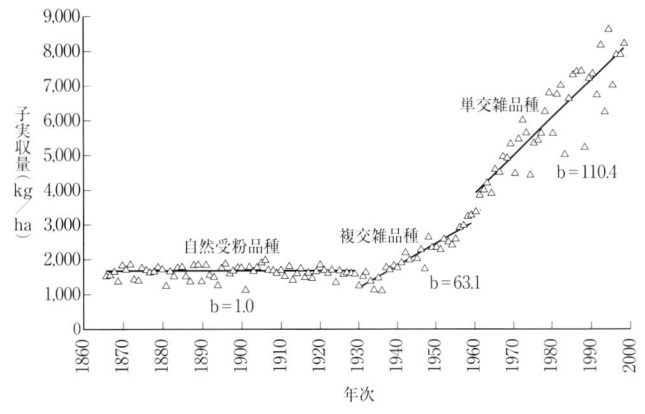

図2 アメリカにおけるトウモロコシの平均子実収量の推移と品種の種類の変遷（南北戦争当時から1998年まで）（Troyer, 2001）

日本での栽培・利用

日本でのトウモロコシの栽培面積（2005年）は，青刈り・サイレージ用が8万5,000ha，スイートコーンが2万6,000haで，そのほか緑肥として利用されることもある．子実用の栽培はほぼ皆無である．

青刈り・サイレージ用の栽培では，大型機械による播種，収穫体系が普及しており，雑草管理には土壌処理除草剤が使われる．播種作業の効率化・省力化を目的に，不耕起栽培，あるいは反転プラウ耕やロータリー耕の工程を省いた簡易耕栽培が普及しつつある．北海道などでは，単収向上を目的とした狭畦密植栽培も行なわれている．また，除草剤を使用せずに雑草を抑制する方法としてシロクローバやベッチ類などを被覆作物として利用する技術が検討されている．細断形ロールベーラが開発され，収穫時に圃場内で細断したトウモロコシをロール状に整形してフィルムで密封してラップサイレージ wrapped silage を調製できる．また，収穫機に破砕装置を装着して処理を行ない，子実の消化性を高める技術が広まってきている．

（濃沼圭一）

ソルガム

ソルガム sorghum
Sorghum bicolor Moench　モロコシ（蜀黍），タカキビ

イネ科，*Sorghum* 属の一年生作物で，C4植物．外観はトウモロコシに似ている．染色体数は2n = 20．タカキビと呼ぶ地方もあるが，これは，比較的草丈の低いキビをイナキビ（稲黍）と呼ぶのに対してである．

エチオピアを中心とする北東アフリカ地域が原産地と考えられている．5,000年以上前に栽培化されたと考えられており，この地域からアフリカ各地，ヨーロッパ，インド，中国へと伝播し，日本には室町時代に中国から伝わった．アメリカには18世紀に伝わった．

根の発達が顕著で耐旱性が強く，トウモロコシが生育できないほどの半乾燥地域でも生育できる．一方，過湿な土壌でも比較的よく育ち，また，幅広い土壌pHで生育可能であるなど，環境適応力が高い．

世界における栽培面積は4,546万ha（FAO, 2003），子実生産は5,964万t（FAO, 2003）で，オオムギに次いで世界第5位のイネ科穀物である．国別生産量ではアメリカが最も多く1,045万t，次いで，ナイジェリア，インド，スーダン，中国の順である．

形態

草丈は0.5～6m．葉身は長いものでは1m以上，幅10cm以上になる．主茎葉数は品種や環境によって変わるが，少ない品種では10枚程度，多い品種では30枚以上になる．葉身の縁は弱く波打っており，表面はロウ質で乾燥に強い．葉鞘の表面に白いロウ wax が粉状に出ることもある．稈の太さは1～3cmで，髄部は充実している．茎基部から数本の分げつが出現する．栽植密度によるが，通常，0～2本の分げつが収穫時まで生き残る．出穂後，穂近くの高節位から分げつが出現することもある（これも tiller だが branch と表現することもある）．種子根は1本．冠根は地下各節部から出るが，地上部の下位節からの根は支持根 prop root となる．根系はトウモロコシよりも発達し，深さ1.5mまたはそれ以上に達する．また，トウモロコシに比べて，2次根が多く，吸水力も強い．

穂は総状花序で，穂軸には10前後の節があり，各節に5～6本の1次枝梗が輪生し，さらに2次枝梗，3次枝梗と分枝する（図1）．枝梗には2小穂が対に着生し，一方が有柄，他方が無柄で，有柄の小穂は稔実しない．無柄の小穂は2穎花からなり，下位の穎花は退化し，上位のみ稔実する．穎果は，内外穎や護穎よりも発達し，上部が露出するが，穎に包まれている品種もある．千粒重は23～32g．穎果は卵型や偏球形，長球形などで，色は赤色，淡紅色，黄色，褐色，白色などである．また，白地に赤，紫，褐色などの斑点のある穎果もある．穎果にはデンプンが約70%，タンパク質が約10%，脂肪が約3%含まれている．デンプンには，糯性（もち性）と粳性（うるち性）がある．

穂の形は，枝梗の長さや穂軸の長さによって次のように区分する．密穂型：枝梗が短く穂がコンパクト，開散穂型：枝梗が長く，疎に着生，箒型：穂軸は短いが枝梗が著しく長い．また，穂首の状態は，通常直立する（直立型）が，成熟するにしたがって湾曲して垂れ下がる鴨首型もある．ソルガムは自殖性植物であるが，風媒による他家受精も行なわれる．通常の自然交雑率は5％程度であるが，なかには50％を示す事例もある．密穂型よりも開散穂型のほうが交雑しやすい．

生理・生態

播種時期決定の目安とする播種限界温度は15℃である．発芽の最適温度は34℃．

ソルガムは短日植物であるが，幼穂分化には日長だけでなく温度も関係する．高温条件下では，出穂が遅れ，葉を形成する期間も長くなって，葉数は増加する．栽培地域や年次，播種期が異なると，同じ品種でも出穂期が変動し，品種間の早晩性の順序が入れ替わることがある．これは，日長や温度に対する感応性が品種によって大きく異なるためである．

ソルガムには青酸配糖体 dhurrin が含まれ，特に若い茎葉で含有率が高い．これは加水分解されると青酸を生じ，飼料として家畜に与えた場合，中毒を引き起こすことがある．このため，若い時期や再生直後の青刈り利用は避ける．

分類・品種

ソルガムは地域的な変異が大きく様々なタイプがある．利用面からみると，子実を食用や飼料とするグレインソルガム，茎に蓄積された糖をシロップなどに利用するスイートソルガム，穂の長い枝梗を箒に利用するホウキモロコシ，茎葉を家畜の粗飼料として利用する飼料用ソルガムの4群に類別される．

グレインソルガム（穀実用ソルガム） grain sorghum
この系統には，中近東・北アフリカのDurra，南アフリカのKafir，スーダンのFeterita, Hegari，中東アフリカのMilo，インドのShallu，中国のKaoliangがある．現在の主産地アメリカに導入された当初は，稈長が高く成熟期が遅かった．1950年代初めに細胞質雄性不稔系統が発見されてからソルガム育種は飛躍的に発展し，子実収量が多く，コンバインでの収穫に適した短稈で耐倒伏性が強いハイブリッド品種が育成され，1950年代後半から1960年初めにかけて急速に普及した．

スイートソルガム sweet sorghum; *Sorghum bicolor* var. *saccharatum*　茎中に含まれる糖類が多く，糖用ソルガム，サトウモロコシ sugar sorghum，またソルゴー

sorgoともいう．茎を搾汁して得られた糖液から糖蜜 molassesを生産する．アメリカでは1884年にアフリカから導入し，糖蜜を生産する技術を発展させ，1900年代前半には，家庭での「テーブルシロップ」の原料として栽培していた．同時に家畜の飼料としても広く使われていた．その後，ライフスタイルの変化やサトウキビ産業の発達により，飼料以外の栽培はほとんどなくなった．日本では明治時代にスイートソルガムを導入し製糖法が検討されたが，実現しなかった．

近年，搾汁した糖液から燃料用アルコールを生産できることから，バイオマス資源作物として注目されている．さらに，搾り粕はパルプの原料としても利用できる．また，最近では，地上部全体からメタン，メタノールを合成する方法が開発され，化石エネルギーを補完するエネルギー資源として期待が高まっている．このほかに，サトウキビの初期生育の緩慢さを改善し収量を増大させる目的で，サトウキビとスイートソルガム品種との交配品種の育成が研究されている．

ホウキモロコシ broom corn, broom-millet; *Sorghum bicolor* var. *hoki*　短い穂軸に密に着生する枝梗は長くしなやかである．箒用ソルガムともいい，子実を取った穂を束ねて箒として使う．

飼料用ソルガム forage sorghum, grass sorghum
日本で栽培されるソルガムは主に飼料として利用されている．ソルゴー栽培面積は2万800ha（平成16年）で，そのうち九州地方が65％を占める．その分類については，農林水産省試験研究機関が1979年の申し合わせで，短稈で穂が大きいグレインソルガムを「子実型ソルガム」，子実よりも茎葉利用（粗飼料）を主目的とし，長稈で茎が太い「ソルゴー型ソルガム」，子実，茎葉ともに多収の「兼用型ソルガム」の3つに分類している．また，稈が細くて分げつが多く，再生力に優れるスーダングラス Sudan grass; *Sorghum sudanense* (Piper) Stapfや，ソルガムの雄性不稔系統にスーダングラスを交配した「スーダン型ソルガム」も飼料として利用している．

子実型と兼用型は栄養価の高いホールクロップサイレージ，ソルゴー型は茎葉サイレージとして利用する．スーダングラスやスーダン型ソルガムは，青刈りや，円筒状に巻いたソルガムをビニルフィルムで包装して貯蔵するロールベールサイレージに適している．

ソルゴー型は，さらに「普通タイプ」，「糖蜜タイプ」，「極晩生タイプ」に細区分されることがある．糖蜜タイプは多汁質で糖分含量が高く，良質なサイレージをつくることができる．極晩生タイプは熟期が極晩生で，大型できわめて乾物収量が高いが繊維質で消化性が低い．日本で育成された極晩生タイプには，短稈で耐倒伏性に優れる品種（風立）もある．このほかに，茎葉部のリグニン形成を抑制する高消化性遺伝子bmr-18を導入して茎葉の消化性を高めた品種（葉月，秋立）も育成されている．

図1　ソルガムの穂
左：高節位からの分げつ，2，3枚の葉を展開して穂を出す
中：穂の形態（Keller）
右：2次枝梗に着生する頴果

利用

世界の子実総生産量のうち約10％が輸出に回され，その約8割はアメリカで，また，総輸入量のうちメキシコが52％，次いで日本が22％（約149万t）を占める（FAO, 2003）．子実の多くは家畜の飼料として利用されるが，熱帯半乾燥地域では重要な食料である．粉にひいて粥や団子にする．また，アルコールの原料とする．インドにある国際半乾燥地熱帯作物研究所（ICRISAT：International Crops Research Institute for the Semi-Arid Tropics）で，ソルガムの育種や系統保存を行なっている．

近年，小麦粉のアレルギー原因物質グルテンを含まない代替食品として，ソルガムの種子が，注目されている．特に，タンニン含量が低く，果皮の白いホワイトソルガム white sorghumが期待されている．

ほかに，施設栽培における塩類集積土壌から塩類を除去するための清耕作物 cleaning cropとして，また，緑肥として栽培されることもある．

なお，ジョンソングラス Johnson grass; *Sorghum halepense* (L.) Pers.は多年草で，過去に飼料化も検討されたが，永年性で地下茎が深いため，雑草化することが嫌われた．

〔中村　聡・後藤雄佐〕

雑穀 (1)
アワ, ヒエ, キビ

雑穀は, 主穀 (基本的には米を指すが麦を含めることが多い) 以外の穀類のことである. 豆を含めるかなど, その範囲は曖昧なことが多い.

穀類の多くは, 子実にデンプンを多く含み, 乾いてその貯蔵性が良い. 狭義ではイネ科作物 (禾穀類 cereals, cereal crops) を指すが, 広義ではマメ科作物や他科の作物も含まれる. 穀類としてのマメ科作物を特にしゅく穀 (菽穀) 類 pulses, pulse crops, leguminous crops と呼ぶ. また, 双子葉植物で, 禾穀類の種子と似ているソバ, アマランサス, キノアなどを擬禾穀類 pseudocereals と呼ぶこともある. なお, millet はアワ, キビなど小さな種子をつける穀類を指す.

通常, 雑穀として扱われる作物は, マメ科作物を別として, アワ, ヒエ, キビ, シコクビエ, トウジンビエ, モロコシ (タカキビ), トウモロコシ, ハトムギ, テフなどのイネ科作物と, ソバ (タデ科), アマランサス (ヒユ科), キノア (アカザ科) などである.

アワ (粟, 梁) foxtail millet
Setaria italica Beauv.

アワはイネ科エノコログサ属の一年生作物で, 祖先種は雑草のエノコログサと考えられている. C_4植物. 染色体数は $2n = 18$. 東アジアが栽培起源地で, インドやヨーロッパなどへ伝わり, 日本には朝鮮半島から伝来したと推定される. イネ渡来以前の主食とみられる. 穂が長く垂れ下がるオオアワ (Italian millet; var. *maxima* Al.: 図1) と, 穂が短く直立するコアワ (small foxtail millet; var. *germanicum* Trin.) とがある.

形態 草丈は1〜1.5m. 葉身長は30〜40cm, 幅3cm前後. 葉舌は短く粗毛が密生し, 葉耳はない. 穂をつける分げつは普通1, 2本, 多いときには5, 6本になる. 穂は複総状花序で, 穂軸の各節に4本の1次枝梗が輪生し, 2次枝梗, 3次枝梗に分かれ, これに小穂が互生する. 小穂は2穎花からなり, 上位の穎花が稔実し, 下位の穎花は不稔. 穂の形には, 円筒型, 円錐型, 棍棒型, 紡錘型, 猿手型, 猫足型がある (図2). 穂の長さは10-40cm. 穎果は光沢のある外内穎に包まれ, 卵形または球形, 色は黄白色, 黄橙色, 灰色, 黒色など, 千粒重は2g前後である (図3). 糯品種と粳品種がある. 主に自家受精するが, 風媒により0.5%ほどの他家受精も行なわれる.

栽培 発芽の最適温度は30〜31℃. 過湿条件下では発芽しにくい. 温暖で乾燥した地域に適しているが, 生育期間は90〜130日と幅があり, 生育期間の短い品種は寒冷地でも栽培が可能である. 施肥量は, 三要素それぞれ10a当たり5kgを目安とする. 寒冷地では, 5月上旬から6月上旬頃に播種し, 9月中下旬に収穫する. 暖地では, 7月上旬から8月上旬に播種し, 9月中旬から12月上旬に収穫する. 穂が垂れて, 全体が黄変した頃が収穫適期. 全国の栽培面積約102haのうち, 岩手県で43ha, 長崎県で23ha栽培されている (2004年).

分類・品種 品種には, 春播き型 (春アワ), 夏播き型 (夏アワ), 中間型があり, 主に春播き型は北海道や東北地方, 夏播き型は九州地方に分布する. 北では糯品種, 南では粳品種が多く分布するが, 全国的には糯品種が多い.

利用 アワの子実はタンパク質, 脂質を多く含み, 消化吸収率が高く, ビタミン類も多く含まれる. 粳品種は精白して米と混炊し, 糯品種は餅や粥として利用する.

ヒエ (稗) Japanese millet, barnyard millet
Echinochloa utilis Ohwi et Yabuno

ヒエはイネ科ヒエ属の一年生作物. C_4植物. 雑草のヒエと区別するために, 「栽培ヒエ」と呼ぶことがある. 日本を中心とする東アジアで栽培されているヒエは雑草のイヌビエ (*E. crus-galli* L.) から, インドなどで栽培されているヒエ (*E. frumentacea* Link) はコヒメビエ (*E. colona*) から, それぞれ栽培化されたと考えられている. 染色体数はどちらも $2n = 54$ の六倍体であるが, ゲノム構成が異なる. 日本には縄文時代に中国から伝わったとされる.

形態 草丈は0.8〜2m, 穂をつける分げつは2〜5本. 葉身長は50〜70cm, 幅2〜4cmで, 葉耳と葉舌はない. 穂は複総状花序で10〜30cm, 穂軸に20〜30本の1次枝梗がつき, さらに2次枝梗が分かれて小穂をつける (図4). 1小穂は2穎花からなり, 上位の穎花が稔実し, 下位は不稔. 穂の形は, 枝梗の粗密によって密穂, 開散穂, 中間型穂に分けられる. 穎果の表面は滑らかで光沢があり, 灰色, 赤色, 黄褐色などがある (図5). 千粒重は3g前後.

栽培 耐寒性, 耐湿性が強く, 不良環境に対する適応性が高い. 根は破生通気組織が発達し, 湛水条件下での栽培も可能である. ヒエ栽培には, 直播と移植の方法があり, 一般に, 移植すると穂重や粒数が増えて増収する傾向がある. 施肥量は, 三要素それぞれ10a当たり5kg程度とする. 田植機による苗の移植, バインダーでの収穫が可能であり, さらに短稈の在来品種「達磨」では, 自脱型コンバインでも収穫できることから, ヒエの機械化栽培体系が確立され, 水田の転作作物としての栽培が多くなってきている. 全国の栽培面積約178haのうち, 岩手県で152ha, 青森県で19ha栽培されている (2004年).

利用 精白の方法には, 天日で子実を乾燥させた後, そのまま精白する白乾し法と, 水に十分に浸した子実を蒸した後乾燥させ, その後精白する黒蒸し法とがある. 精白米と比較して, タンパク質, 脂質, 食物繊維に富む. 最近, 抗酸化性などの機能性が注目されている. 家畜の

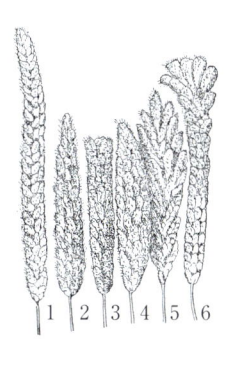

(左)図1　垂れ下がるアワの穂
(中)図2　アワの穂型(星川，1987)
　1：円筒型，2：円錐型，3：棍棒型，4：紡錘型，5：猿手型，6：猫足型
(右)図3　アワの穎果(左：背面，右：腹面)

(左)図4　ヒエ(品種：ダルマ)の穂
(右)図5　ヒエの穎果(左：背面，右：腹面)

(左)図6　キビ(平穂型)の穂
(右)図7　キビの穎果(左：背面，右：腹面)

青刈り飼料としての利用も多く，優良な青刈り用品種が開発されている．

キビ(黍) common millet, proso millet
Panicum miliaceum L.　イナキビ

キビはイネ科キビ属の一年生作物．C_4植物．染色体数は2n＝36の四倍体．原産地は中央アジアから東アジアにかけての温帯地域と考えられているが，祖先種は明らかになっていない．モロコシをタカキビと呼び，キビをイナキビと呼ぶ地方もある．

形態　草丈は0.7～1.7m．稈は中空で，穂をつける分げつは2～5本．葉身，葉鞘には柔らかい長毛が密生している．葉舌は極めて短く，葉耳はない．穂は複総状花序で，3次枝梗まで分かれる．穂の長さは30～50cm程度．小穂は2穎花からなり，上位の穎花が稔実し下位の穎花は不稔．穂の形は，枝梗が長く穂が垂れる平穂型(図6)，枝梗がやや短く穂軸の片側によって垂れる片穂(寄穂)型，枝梗が短く稔実しても穂が立っている密穂(丸穂)型がある．穎果は硬い光沢のある内外穎に包まれ，形はやや扁平な球形，色には白色，黄色，黄褐色，黒褐色などがある(図7)．千粒重は4～5g．自家受精が主であるが，風媒による他家受精が10％以上行なわれることがある．

栽培　発芽温度は最低6～7℃，最適30～31℃．高温を好み，耐旱性が極めて強い．生育期間は70～130日と短く，高冷地でも栽培できる．暖地では春に播種し夏に収穫(夏作)，さらに夏に播種し秋に収穫(秋作)と，年に2回栽培できる．寒冷地では5月に播種，9月に収穫する．茎葉が黄変し始め，穂の半分ほどが成熟した頃(出穂後30～40日)が収穫適期．糯性品種と粳性品種があるが，一部の品種を除いてイネのような明瞭な区別はない．日本では糯性品種が多く栽培されている．全国の栽培面積227haのうち，岩手県で73ha，沖縄県で40ha，長崎県で37ha栽培されている(2004年)．

利用　キビの子実はタンパク質に富み，消化率も高い．精白して米と混炊して食べたり，粉にして団子や餅，飴などの原料にしたりする．茎葉や子実は家畜の飼料として利用する．

〈中村 聡・後藤雄佐〉

雑穀(2)
ハトムギ, 他

ハトムギ Job's tears
Coix lacryma-jobi L. 薏苡

イネ科ジュズダマ属の一年生作物. 野生するジュズダマによく似るが, 実の形(図1)はジュズダマに比べてやや細長く, それほど硬くない.

草丈は1.5〜1.8m. 第10節前後より上位の節から穂梗が出て, さらに分枝してその先に穂をつける(図2). 穂は総状花序で, 雄性花序と雌性花序とからなる. 穂基部の総苞 involucre(花序基部の多数の包葉により形成される器官)は壺状で硬く, 暗褐色の縦縞があり, つやがある. 雄性花序は, 総苞内部の節から長い穂梗を伸ばし, 総苞先端から外に出て5〜8個の雄性小穂がつく(図3). 雌性花序は3小穂からなり, そのうち1小穂のみ発達し, 2本に分かれた花柱が総苞先端から外に出る. 穎果は総苞によって包まれており, やや扁平な卵形. 腹面に幅広い深い縦溝がある. 千粒重は100g前後.

耐湿性が極めて強く, 水田でも栽培ができる. ただし, 播種直後から生育初期にかけての湛水や過湿条件では, 生育不良となる. 脱粒しやすいため, 全粒の約60〜70%が着色したときが収穫適期である. 育成品種には, 「はとちから」(1990年), 「はとむすめ」(1992), 「はとじろう」(1995), 「はとひかり」(1995)などがある.

穀類のなかでもタンパク質と脂質に富んでいる. お茶としての利用が多いが, 米と混炊したり粥として食べたり, 味噌や焼酎などの原料, 粉にして小麦粉と混ぜ菓子などの原料とする. 精白したハトムギ(薏苡仁)は, 滋養強壮剤のほか, 利尿, 鎮痛, イボ取りなどの薬効のある漢方薬とされる.

シコクビエ finger millet
Eleusine coracana (L.) Gaertn. 龍爪稷

イネ科オヒシバ属の一年生作物. C4植物. アフリカの *E. africana* が祖先種と考えられている.

草丈は1〜1.5m. 稈は扁平で角稜がある. 伸長した稈では1つの節から複数の葉が出ているようにみえるが, これは伸長節間に挟まれて, 伸長しない節間が1〜数節間あるためである. 分げつは旺盛. 穂は3〜10本の枝梗が輪生し, 各枝梗には小穂が2列につく(図4). 穎果は球形で, 色は赤褐色や灰褐色, 千粒重は2.6g前後.

生育期間が短く, 寒冷地や山間部でも栽培できる. 比較的乾燥した気候に適しているが, 耐湿性も強く, 山間の冷水田で移植栽培されることもある.

子実はタンパク質やミネラルに富み, 特にカルシウムが豊富である. 日本では主に茎葉を飼料として利用する. アフリカやインドなどでは食用として重要であり, 醸造原料としても利用される.

トウジンビエ(唐人稗) pearl millet
Pennisetum americanum (L.) K. Schum. パールミレット

イネ科チカラシバ属の一年生作物. 原産地はアフリカのエジプトからスーダンにかけての地域.

草丈は1〜4m. 葉身は長いもので1m, 幅5cmほどである. 節部には毛が密生する. 穂は円筒形で, 長さは普通30〜40cmであるが, 90cmになるものもある(図5). 穂軸に多数の短い枝梗がつき, 各枝梗に小穂が1〜4つ着生する. 1小穂は2穎花からなり, 一般に上位の穎花が稔実し, 下位は不稔となる. 穂の上位から下位に向かって順次開花する. 柱頭が伸び出た後に葯が抽出するため, 他家受精となる. 穎果は倒卵形で, 色は灰青色や深褐色, 千粒重は約7g.

耐旱性が強く, 主にアフリカやインドなどで栽培される. 子実を挽き割りにして粥にしたり, 粉にしてパンなどにしたりする. 茎葉は飼料として利用する.

テフ teff
Eragrostis abyssinica (Jacq.) Link

イネ科スズメガヤ属の一年生作物. 栽培起源地はエチオピア.

草丈は0.3〜1.2mほどで, 穂は開散状から密穂状のものまである. 子実は長さ1mm, 幅0.8〜1mmで小さく, 千粒重は約0.4g. 赤紫色と緑白色のものとがある. エチオピアでは古くから利用されてきた.

アメリカマコモ wildrice
Zizania aquatica L. ワイルドライス

イネ科マコモ属の一年生作物. 五大湖周辺からアメリカ東海岸の湿地帯に分布し, 子実はアメリカインディアンの食糧とされた.

草丈は1.5〜3mで, 分げつは少ない. 穂の長さは30〜50cmで, 穂軸の各節に約15cmの枝梗をつける. 穂の上半分はあまり開散せず, 雌花のみ着生する. 下半分はよく開散し, 雄花のみを着生する. 雌花と雄花の開花時期が異なるため, 他家受精する. 1小穂1穎花. 穎果は細長い円筒形で長さは1.5〜2cm, 幅は1.5mmで, 背面に浅い縦溝がある. 子実表面は黒色. 成熟すると脱粒しやすい.

子実はタンパク質含量が多く, カルシウムとリンも多い.

フォニオ fonio
Digitaria exilis Stapf

イネ科メヒシバ属の一年生作物. アフリカのサハラ地域でBC5000年頃から栽培が始められた.

草姿は雑草のメヒシバによく似る. 草丈は約50cm, 葉は約15cmで細い. 穂は2〜4本の枝梗に分かれ, 各枝梗は約15cm. 穎果の長さは約1mmで, 色は白色, 黄色, 紫色など. 千粒重は約0.5g.

西アフリカ地域では重要な食糧である.

(左) 図1　ハトムギの子実(右)とその縦断面(左)
(中) 図2　ハトムギの穂
(右) 図3　総苞から抽出したハトムギの雄性小穂

図4　シコクビエの穂

キノア quinoa
Chenopodium quinoa Willd.

アカザ科アカザ属の一年生作物．南アメリカのボリビアからペルーにかけての高原地帯で栽培化された．

草丈は0.7～3m．草姿は雑草のアカザやシロザによく似ている．花穂は緑白色または紫紅色(図6)．子実は直径2～3mmで扁平，胚乳の周りを胚組織がリング状にとりまいている．千粒重は2～4g．デンプンは粳性．耐乾性に優れるが，開花期は耐暑性が弱く，比較的冷涼な気候に適している．

子実はタンパク質に富んでおり，リジンの含量が高い．ミネラルでは，カルシウムや鉄分が多く含まれている．米と混炊したり，粥にする．また，粉にして小麦粉と混ぜてパンやケーキなどの原料にしたりするほか，醸造原料として利用する．

アマランサス grain amaranth
Amaranthus spp.　仙人穀

ヒユ科ヒユ属の一年生作物の総称．C4植物．観賞用，野菜用，子実用として，約10種が利用されている．子実用として栽培されているのは，穂が紐のように長く垂れ下がる*Amaranthus caudatus* L.(ヒモゲイトウ，センニンコク，図7)，穂が直立に開張する*A. hypochondriacus* L.(図8)，穂が短くて大きく開張する*A. cruentus* L.(スギモリゲイトウ)の3種である．

A. caudatus L.の草高は，1.5～2mほどであるが，*A. hypochondriacus* L.や*A. cruentus* L.はそれよりも高く，草丈が2m以上になることが多い．種子は円盤状で，胚乳の周りを鉢巻き状に幼芽がとり巻いて，この上を種皮が包んでいる(図9)．色は，黄色，黄白色，淡紅色，褐色，黒色など．千粒重は0.3～0.7g．

種子の発芽には17℃以上の地温が必要．発芽適温は27～29℃．生育期間を通して，過湿の害を受けやすい．汎用コンバインなどを利用した機械化栽培技術が開発されている．育成品種として，短桿の「ニューアステカ

図5　トウジンビエの穂　　図6　花穂をつけたキノア

(上左) 図7　*A. caudatus*(センニンコク)の穂
(上右) 図8　*A. hypochondriacus*の穂
(下) 図9　アマランサスの種子

(アマランサス農林1号)」(2002年)がある．

種子には約65％のデンプンが含まれ，糯と粳がある．子実はタンパク質やカルシウム，鉄分が豊富である．米と混炊して利用したり，粉にして小麦粉と混ぜて，クッキー，パン，うどんなどにする．

(中村 聡・後藤雄佐)

作物

ソバ

ソバ buckwheat の種類

ソバはタデ科 Polygonaceae, Fagopyrum 属の一年生作物で，数少ない非イネ科の穀類である．ソバ類には2つの作物種があり，他殖性の普通ソバと自殖性のダッタンソバが知られている．日本では普通ソバが広く栽培されており，単にソバといえば普通ソバのことをさす．また，シャクチリソバ(宿根ソバ) perennial buckwheat (*F. cymosum* Meisn.)は他殖性の近縁野生種で，中国南部を中心に広く分布する．これら3種は遺伝的に近縁であり，自殖性野生種 *F. homotroicum* を加えて Cymosum グループに分類されている．ほかに，*Fagopyrum* 属には13種からなる Urophyllum グループがあるが，野生種である．

Fagopyrum 属は中国の四川省，雲南省，東チベットにまたがる地域を中心に分布し，染色体数8を基本として，普通ソバとダッタンソバは二倍体，シャクチリソバは二倍体と四倍体がある．

普通ソバ common buckwheat
Fagopyrum esculentum Moench

普通ソバの栽培発祥地は，アイソザイム分析やDNAマーカーによる分析，野生祖先種の発見などからサルウィン川，メコン川，長江の上流域で3大河が平行して南北に流れる三江地域と推定されている．栽培化されたソバは中国雲南省から中国北部を経て朝鮮半島へ伝播し，日本へ渡来したとされている．縄文遺跡からの出土記録があり，日本では古くから食料として利用されている．また，ソバは中国北部から西方へも伝わり，ロシアやポーランド，フランス，イタリアまで伝播している．

栽培面積は世界的に減少したが，北半球の温帯や亜寒帯地域の広い地域で栽培されている．日本における栽培面積(2002年)は41,400haであり，北海道が最も多く11,300ha，次に福島県(3,920ha)，青森県(3,010ha)の順で，栽培面積が2,000ha以上の県は，新潟県，長野県，山形県，茨城県である．栽培面積は最近増加傾向にあり，水田への作付け割合は年々増加して70%に達している．

・形態

茎には稜角があるが，ふくらみがあるので丸くみえ，中空で柔らかい．主茎の最下位の第1節には子葉が生じる．本葉は三角状の卵形で長い柄があり，第2節以上の各節に1枚ずつ互生する．下位節の葉腋に1次分枝を生じ，数節目の葉腋には花を着生し，これより茎先端まで花を着生する．1次分枝の下位節には2次分枝を生じ，上位節には花を着生する．さらに，3次分枝を発生することもあるが，分枝数は品種や栽植密度により異なる．主根に多数の側根が発生するが，根糸の発達は劣る．

花は房状に集まった花房をつくり，花房は複数の小花房からなっている．花色は白あるいは赤で，日本在来品種は多くが白色である．花は花被片が5個，雄しべが8個，花柱は1個で先端が3裂している．

ソバの個体には短い雌しべと長い雄しべをもつ短花柱花型 thrum type と長い雌しべと短い雄しべをもつ長花柱花型 pin type が混在し(図1)，同型花個体間では受精しない異型花柱性 heterostyly の自家不和合性である．花柱性と自家不和合性は S 遺伝子座に座乗し，長花柱花の遺伝子型は劣性ホモの *ss* であり，短花柱花はヘテロの *Ss* である．このため，自然界では長花柱花個体と短花柱花個体がほぼ1:1で混在している．

果実は痩果で，三稜形である．果実の基部には宿存萼がある．果実の外側に黒色ないし褐色の殻(果皮)があり，次に種皮，胚乳，そして中心部にS字状に曲がった大きな胚芽が存在する．食用には一般に殻を除いた粒(丸抜き)が利用されている．

・生理・生態

ソバ種子は休眠性がほとんどなく，収穫直後に播種しても発芽する．成熟期に長雨に遭遇すると容易に穂発芽する．発芽の適温は25〜30℃といわれるが，発芽可能温度は幅広い．好条件下では播種後3日程度で出芽するが，低温時には7〜10日を要する．

ソバは量的な短日植物であるが，開花成熟に対する短日要求度は品種によって異なる．開花はおもに日長に影響されるが，日本の在来品種間では開花期に10日程度の差しかない．開花は温度にも影響され，低温で遅延する．一方，開花終期(ほとんどの個体が開花を終了した日)は早生種と晩生種で大きな変異が認められる．

授粉には訪花昆虫による媒介が必要であるが，開花受精が正常に行なわれながら，結実に至らないことが多い．結実率は10〜30%と非常に低い．ソバの開花は生育とともに順次進んでいく．すなわち，主茎，1次分枝，2次分枝の順に，それぞれ下部から上部に開花が始まる．このため，種子の成熟も斉一でないので，個体内の80%程度の種子が黒化したときを成熟とする．種子は脱粒しやすく，成熟期までに20%程度が脱粒し，成熟期を過ぎると大部分の種子が脱粒して減収する．ソバの脱粒は種子に離層を形成せず枝梗が切断して発生する．

降霜により容易に枯死する．このため，春期の晩霜，秋期の初霜を避けるように，また結実障害が生じるとされる高温期(平均気温28℃以上)を避けて各地の播種期が決められている．

ソバは酸性土壌に対する耐性が強く，pH4.5程度でも良好に生育する．しかし，土壌の過剰水分，湿害に対しては非常に弱い．湿害には生育期間を通して弱いが，生育初期ほど収量の減少が著しく，とくに播種期に湿害を受けると出芽とその後の生育が著しく抑制される．

・分類・品種

普通ソバは様々な作型で北海道から九州まで栽培されており，在来品種は生態型をもとに夏型 summer

typeと秋型 autumn type，中間型に分けられている．しかし，夏型と中間型，あるいは中間型と秋型との区分は相対的であり，必ずしも明瞭ではない．

夏型 東北北部や北海道などの高緯度地域や長野などの高冷地に分布．感光性は弱く，生育日数が短い．栽培可能期間が短い北海道では6月上旬に播種し，8月下旬から9月上旬に収穫するので，夏型を利用する．代表的品種は「キタワセソバ」．同様に栽培可能期間が短い長野県高冷地では，7月中旬に播種し，10月上旬に収穫する．「しなの夏そば」などの夏型が利用されている．

秋型 四国，九州などの低緯度地域に分布．感光性が強く，生育日数が長い．草丈は高い．温暖な九州南部では9月上旬に播種し，11月下旬に収穫するので，秋型のなかでも短日要求度が強い品種が利用されている．

中間型 中間地域に分布．感光性も中間的．

自殖性品種 普通ソバは他殖性であり，開花期に天候が不順で降雨が続いた場合には，訪花昆虫が少なくて減収する．また，品種の特性を維持するためには隔離栽培する必要がある．そこで，近縁野生種 *F. homotroicum* から自殖性を導入した品種が育成されている．花型は雌しべと雄しべが長くて等しい同型花柱性 homostyly の長等花柱花である（図1）．

有限伸育性品種 ソバは無限花序性であり，個体内の開花が斉一でなく，成熟も揃わないので収穫期の判定が難しい．そこで，有限伸育性の変異体から有限伸育性品種 determinate type cultivar が育成されている．

・作期

降霜，風雨による倒伏や湿害を避けて各地で多様な作期が成立している（表1）．しかし，ソバは補完作物であり，前作や後作との関係で作期が決定され，その場合，作期に対応した生態型の品種を選定する必要がある．暖地では野菜作やタバコ作の後，さらに九州では早期水稲後に作付けられている．

・利用

麺 ソバの種子は製粉して蕎麦麺として利用されているが，麺としての歴史はうどんよりも浅く，一般に普及したのは江戸時代中期以降である．中国，朝鮮，ブータンなどでは日本と同様にソバを麺に加工している．製麺は丸抜きを製粉した粉を用いるが，殻つきのままで製粉した粉を用いる地域もあり，田舎蕎麦と呼ばれる．

ソバ粉 種子は20％を占める殻を除くと，種皮と胚芽，胚乳からなっている．胚乳はほとんどがデンプンで占められている．種皮と胚芽にはタンパク質が多い．ソバは他の穀物と比較すると栄養価が高いが，殻を除いて残りすべてを食用として利用しているためである．殻をはずした粒は製粉されやすい順に内層粉（一番粉），中層粉（二番粉），表層粉（三番粉）に区分される．タンパク質量は全層粉の10％程度であり，表層粉に多く存在する．タンパク質はアルブミンとグロブリンが主体で，全タンパク質の50％を占めている．脂質含量は2〜3％で，表層粉に多い．炭水化物は70％程度で，小麦粉や精白米よりも少ない．主要なミネラル類はカリウム，リン，マグネシウムで全灰分の50％を占める．ソバ粉にはルチンが含まれている．ルチンはフラボノイドの一種で，毛細血管強化作用をもち，高血圧などの疾病に有効とされる機能性成分である．このほか，機能性成分としてはカテキン類やプロアントシアニジンも存在する．

図1 普通ソバの花型
上左：長花柱花
上右：短花柱花
下：長等花柱花

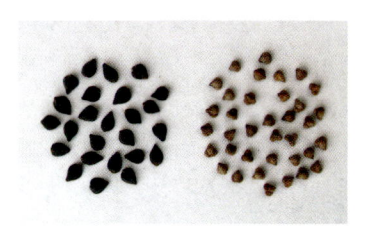

図2 普通ソバ（左）とダッタンソバ（右）の種子

表1 主なソバ生産地の作期

地域	播種期	開花期	収穫期
北海道十勝地方	6月上旬	7月上旬	8月下旬
青森県（春播種）	5月下旬	6月下旬	8月中旬
青森県（夏播種）	7月下旬	8月中旬	10月上旬
茨城県	8月中旬	9月中旬	10月中旬
長野県（春播種）	5月中旬	6月中旬	7月中旬
長野県中山間	8月上旬	9月上旬	10月上旬
長野県高冷地	7月中旬	8月中旬	10月上旬
福井県	8月中旬	9月中旬	10月下旬
鹿児島県	9月上旬	10月上旬	11月下旬

ダッタンソバ Tartary buckwheat
Fagopyrum tatarium Gaertn. ニガソバ

野生祖先種は中国甘粛省〜パキスタン北部まで分布．ネパールやチベット，中国東北部などで食用や飼料用として栽培されているが，日本ではほとんど栽培されていない．種子粒の成分は普通ソバと違いがみられないが，ルチン含有量はソバの約100倍で非常に多い．ダッタンソバ粒にはルチン分解酵素も多く，粉への加水で急速に分解して苦み成分のケルセチンが生成する．この独特の苦みのために，ニガソバとも呼ばれている．

〔手塚隆久〕

ダイズ(1)
起源, 生産, 利用

ダイズ(大豆) soybean
Glycine max (L.) Merr.

　マメ科, 胡蝶花亜科 *Pailionoideae* のダイズ属 *Glycine* に属する一年生草本. C_3 植物で, $2n = 40$ である.

近縁野生種

　Glycine 属は2つの亜属(*Soja*, *Glycine*)からなる. *Soja* には栽培種のダイズとその野生型である**ツルマメ wild soybean** が含まれ, いずれも一年生である. ツルマメはかつては栽培種(*G. max*)とは別種(*G. soja*)とされたが, 両者に生殖的な障害はないことから, 現在では同一の種の亜種(ダイズ:*G. max* subsp. *max*, ツルマメ:*G. max* subsp. *soja*)とされる. ツルマメはシベリアのアムール河流域から中国, 朝鮮, 日本, 台湾にかけて野生し, 蔓性で種子は黒色や茶色で小さく, 百粒重1〜2gでダイズの1/10にすぎない(図1).

　一方, *Glycine* 亜属には20種以上が含まれ, すべて多年生であり, オーストラリアから南太平洋の島々に分布する. これらのダイズ近縁野生種のなかには, 高冷地や半乾燥地などに適応し, 不良環境耐性を有しているものがある.

起源地と伝播

　ダイズの起源地はかつては中国東北部からシベリアのアムール河流域とみなされてきたが, 考古学的な証拠などから, 現在は中国北部あるいは中国南部説が有力である. 中国では, ダイズは古代から五穀のひとつとして栽培されている.

　日本では縄文時代の遺跡から, ダイズの炭化物などが出土しているが, 当時栽培されていたかどうかは明らかでない. 作物としては弥生時代初期に中国から伝来して, 栽培が始まったものと思われる. 古事記(712), 日本書紀(720)にはダイズの記述があり, この頃にはすでに普及していたと推定される.

　起源地の中国から東インド諸島へは17世紀以降に伝わり, インドへは18世紀または19世紀初めに伝わった. ヨーロッパへは18世紀に中国・日本から海路で伝えられた. すなわち1712年には日本のダイズが紹介され, 1739年に中国のダイズ種子が初めてパリ植物園に入り, 1786年にはドイツで, 1790年にはイギリスのキュー植物園で試作された. なお一説には, 昔からシベリア, ロシアを経由して東ヨーロッパに伝播していた可能性もあるといわれる.

　アメリカへはヨーロッパから伝わったが, そのほか19世紀には, 日本や中国から直接に導入された. 黒船で来航したペリーも1864年に日本からダイズの種子を持ち帰っている. アメリカは1920年代から普及を始め, 第二次世界大戦後には起源地の中国を抜いて, 世界一の生産国となった. 南米への導入径路は明らかでないが, 19世紀にヨーロッパから入ったものと思われる. 1960年代以降はブラジル, アルゼンチンなどで栽培が急増し, 近年では南米全体ではアメリカに並ぶ大生産地になっている.

生産

　世界のダイズ収穫面積, 収穫量は20世紀の後半に飛躍的に増加したが, とりわけ南北アメリカ大陸において顕著であった(表1). 1970年頃まではアメリカで, 1970年以降は南米諸国(ブラジル, アルゼンチン, パラグァイなど)において急速に生産地が拡大した. 現在では, 北米と南米の生産量は拮抗している. 古い産地であるアジアでは, 中国の生産量が停滞しているのに対し, インドの生産量が増加している. 2004年現在, 100万tを超す生産国は, アメリカ(85.5, 単位100万t), ブラジル(49.2), アルゼンチン(31.5), 中国(17.6), インド(5.5), パラグァイ(3.6), カナダ(3.1), ボリビア(1.7)の8か国である. 単収は地域差が大きく, 南北アメリカで高くアジア, アフリカで低い. 特に, 20世紀後半の40年間において, 南北アメリカの単収は約1t/ha増加しているのに対し, アジアでは約0.5t/haの増加にとどまっている.

　わが国のダイズ収穫量は, 明治時代前半の20万t台から徐々に増加し, 1920年前後に50万tを超し, 第二次世界大戦前後には一時的に減少したものの, 1950年代には再び50万t前

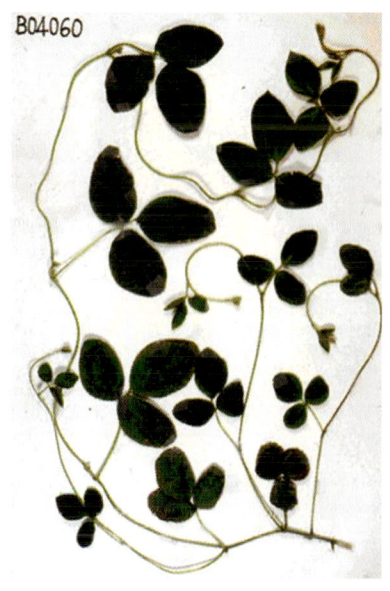

図1　ツルマメ
(写真提供:阿部純)

後に回復した．しかし，1960年のダイズ輸入自由化後は安価な輸入品が大量に輸入され，国内の生産量は減少を続け，1994年には10万tを切るに至った．近年は水田利用再編対策により水田での作付け比率は80％を超し，生産量は20万t前後になっている．地域別では，かつては北海道が最大の産地であったが，現在は東北や九州の生産量がもっとも多く，次いで北海道，北陸，関東・東山となっている．単収は1.8t/ha程度で世界平均よりかなり低い．約500万tに及ぶ年間需要量に対し，国内生産量が約20万tにすぎないため，大部分を輸入に依存せざるをえず，自給率はわずか5％前後にすぎない．

表1　世界の地域別ダイズ収穫面積，単収および収穫量（FAOSTATより作表）

項目	年	世界	アジア	アフリカ	ヨーロッパ	北・中米	南米
収穫面積	1960	21.1	11.5			9.2	0.2
(100万ha)	2004	91.6	19.9	1.1	1.3	31.2	38.1
単収	1960	1.33	0.83		0.86	1.62	1.26
(t/ha)	2004	2.25	1.36	0.98	1.72	2.84	2.29
収穫量	1960	28.0	11.3			14.8	0.2
(100万t)	2004	206.4	27.1	1.1	2.2	88.8	87.2

利用

ダイズは，搾油して食用油として利用されるとともに，搾油後のダイズ粕 soybean meal の大部分は家禽類や豚などの家畜飼料として利用される．近年のダイズ生産量の世界的な増加は，生活水準の向上に伴う食用油と家畜飼料の需要増加が原動力になっている．

ダイズの種子はタンパク質を約35％，脂質を約20％含み食品としての栄養価が高い．ダイズのタンパク質はリジン lysine を多く含み，栄養価が高いが，メチオニン methionine，シスチン cysteine などの含硫アミノ酸がやや不足している．このため，家畜飼料として利用される場合にはこれらのアミノ酸を添加する必要がある．

ダイズタンパクはコレステロール値を低下させることが知られている．さらに，ダイズはビタミンB_1，Eや，イソフラボン isoflavone，サポニン saponin などの微量成分を比較的多く含んでいる．近年，これらの成分が抗ガン作用などの健康維持機能をもっていることが明らかにされている（表2）．このため，ダイズは健康食品として注目されているほか，成分の栄養補助食品 supplement としての利用も増えている．

アジア地域では豆腐，納豆，醤油などの加工食品として長い利用の歴史がある．近年では，経済的・宗教的な理由で肉食をしない人々のタンパク食品としての利用法が工夫されている．ダイズの食用および工業用としての主な利用法は以下のとおりである．

食用油　食用油としては，ダイズのほかにヒマワリ，ラッカセイ，ワタ，ナタネなどが用いられるが，ダイズ油がもっとも多く使われている．ダイズ油は不飽和脂肪酸 unsaturated fatty acid に富んでおり，特にリノール酸 linoleic acid の含有率が高い．

表2　ダイズの成分と生理機能（喜多村・国分，2004による）

成分	生理機能
種子タンパク質	コレステロール低下，抗肥満，老化防止
トリプシンインヒビター	抗ガン
食物繊維	大腸ガン予防
オリゴ糖	整腸作用
フィチン酸	ミネラル吸収阻害，抗ガン
サポニン	抗酸化能
イソフラボン	ガン予防，骨粗しょう症予防
リノール酸	コレステロール代謝改善
α-リノレン酸	抗アレルギー，循環器疾患予防
レシチン	脂質代謝改善
トコフェノール	抗酸化能，循環器病改善
ステロール	血清コレステロール改善
ビタミンK	血液凝固

食品　ダイズの食品としての利用法は多様であるが，大きくは発酵の有無によって分類される．無発酵食品としては，モヤシ，エダマメ，きな粉，豆乳，ゆば，豆腐などがある．菓子原料としても広く用いられる．また，タンパク質を抽出，成型（繊維状，粉末状など）して様々な食品原料として用いる．脱脂後のダイズはタンパク質に富み，醤油原料や人造肉などの加工用原料に用いられる．

発酵食品としては醤油，味噌が代表的である．醤油，味噌は中国にその原型をみることができるが，わが国で発展した独特の発酵食品である．ダイズ，ムギ，コメを原料としてコウジカビを用いて発酵させる．食塩を加えるので長期間の保存に耐える．納豆は塩を使わない，いわゆる無塩発酵なので保存がきかない．また，納豆はカビではなくバクテリアによる発酵である．納豆と同じ無塩発酵食品として，アジア諸国にはインドネシアのテンペ，タイのトァナオ，ネパールのキネマなどがある．

このほかに工業原料として接着剤，塗料，潤滑油，プラスチック，インクなどの原料として様々な用途がある．また，バイオディーゼル油としての利用も検討されている．

（国分牧衛）

ダイズ(2)
品種,形態

品種の分類

草型による分類　ダイズの草型は,主茎の長短や分枝の性状などにより分類される.1974年に作成された大豆調査基準では,主茎の長短により長茎型と短茎型,分枝の多少により分枝型と主茎型,分枝の開張度により開張型と閉鎖型とし,これらを組み合わせて8つの草型に分類された.

それぞれの分類の基準値は,主茎長は60cm,分枝(10cm以上の)数は5本,分枝の開張度は15cmあるいは20cmである.

茎の生育習性による分類　茎の成長点の分化発達について,無限伸育型 indeterminate type と有限伸育型 determinate type とに分けられる.無限伸育型は下位節から順次花芽を分化しつつ茎は伸長し,節が増えてゆくが,やがて先端ほど細く弱勢となり,着莢数は少なくなり,未発達に終わる.無限伸育型の品種は主として中国東北部やアメリカ北部に栽培され,生育期間の短い品種に多い.

有限伸育型は下部節で花芽が分化すると,やがて茎頂で節の増加が止まり,頂端に花芽が着いて,下部と同様に結莢する.頂端の葉(止葉)が大きい特徴がある.日本の品種はほとんどすべて有限型に属し,アメリカ南部の品種もこの型が主体である.両型の中間的な品種もあり,半無限伸育型 semi-determinate type と呼ぶ.

生育適期や生育日数による分類　西日本では,播種期が早く夏に成熟する夏ダイズ型 summer soybean,晩播き・晩生の秋ダイズ型 autumn soybean,両者の中間の中生品種が中間型とされる.中国ではこれに加え,春大豆,冬大豆などの呼称がある.

福井・荒井は,開花まで日数について極短から極長までをⅠ,Ⅱ,…,Ⅴの5段階に,結実日数について短,中,長をa,b,cの3段階にそれぞれ分け,これを組み合わせて9生態型に分類した.Ⅰa,Ⅰb,Ⅱaは夏ダイズ型,Ⅱb,Ⅱc,Ⅲb,Ⅲcは中間ダイズ型,Ⅳc,Ⅴcは秋ダイズ型に相当する.

一方,南北アメリカ大陸では,単純に生育日数の長短により,000,00,…Ⅹに分類している.低緯度地帯ほど数字の大きな品種が栽培される.

用途別の分類　ダイズは多様に利用されるため,それぞれの用途に適応した特性をもつ品種が用いられる.たとえば,豆腐用にはタンパク質含有率の高い品種,搾油用には油を多く含む品種,煮豆用には外形の揃って美しく臍が白く大粒の品種,納豆用には粒の小さい品種が用いられる.また,黒豆(煮豆)用,緑色系の黄粉用,ひたし豆用,枝豆用などにも品種が分化している.さらに,飼料用,緑肥用にも専用の品種がある.

近年では,栄養・生理機能に関与する成分(イソフラボン,脂肪酸組成など)や味覚に影響する成分(リポキシゲナーゼ,サポニンなど)を改変した品種も栽培されている.

育種

育種目標　主要な育種目標は,多収性,病虫害抵抗性,良品質,機械化適応性などである.また,寒冷地では耐冷性も重要な育種目標である.耐病虫性ではウイルス病,立枯れ性病害,ダイズシストセンチュウ soybean cyst nematode に重点がおかれている.これまでの育種努力により,ダイズモザイク病 soybean mosaic virus とダイズシストセンチュウに対しては,優れた抵抗性品種が育成されており,これらの病虫害の多発地帯における被害軽減に大きな貢献をしている.

ダイズの収穫はコンバインの利用が一般的となってきたため,コンバイン収穫時の粒の損失を少なくする特性(難裂莢性,成熟の斉一性,高い着莢位置)が育種目標とされる.

ダイズ品質に関しては,大粒,極小粒,黄白色の種皮,白い臍の色(白目)および高タンパク質含量が目標とされている.近年では,青臭みの原因となるリポキシゲナーゼ lipoxygenase が欠失したもの,えぐみの原因となるサポニン saponin が欠失したもの,イソフラボン isoflavone 含有率が高く機能性の高いもの,アレルゲンを低減したものなど,種子成分の改良も重要な目標となっている.

育種の手法　育種の手法は系統育種法と集団育種法が基本であり,突然変異育種法も用いられている.わが国では,各地域における主要品種(表1)は,これらの手法を用いて育成された農林登録品種が主体であるが,納豆小粒や丹波黒のような在来種も根強く残っている.

育種の効率化の手段のひとつとして,育種目標である形質を支配する遺伝子と連鎖したDNAマーカーを利用した選抜も試みられている.近年では,遺伝子組換え技術を用いた育種がアメリカで開始され,除草剤耐性や耐虫性を付与した遺伝子組換え品種が実用化している.

形態

種子　種子は円,楕円形など球型のものが多いが,扁平のものもあり,百粒重も10～80gと変異がある.色は黄,黒,茶,緑など変化がある.種子が莢と連絡していた部分すなわち臍 hilum の色も白,黄,茶,褐色と変異に富み,品種の特徴となっている.種子の外・内形は,2枚の子葉とそれにはさまれて幼芽・幼根がある.

根　根は発芽に際して伸び出した1本の主根 taproot と,それから分枝した多くの支根(2次根 secondary root および3次根)からなる樹枝状根系をなす.根の構造は,表皮 epidermis,皮層 cortex,中心柱 central pith からなり,表皮は根毛帯では多くの根毛 root hair を出す.

表1　わが国の地域別ダイズ主要品種の栽培面積割合

地域	品種名
北海道	いわいくろ(20)，トヨムスメ(16)，ユキホマレ(14)，トヨコマチ(9)，スズマル(9)，ツルムスメ(5)
東北	リュウホウ(23)，スズユタカ(14)，ミヤギシロメ*(12)，おおすず(10)，タンレイ(9)，タチナガハ(5)
関東	タチナガハ(51)，納豆小粒(17)，ナカセンナリ(11)，フクユタカ(5)，ギンレイ(2)，ハタユタカ(2)
北陸	エンレイ(94)，あやこがね(3)，オオツル(2)
東海	フクユタカ(93)，つやほまれ(3)，エルスター(1)
近畿	オオツル(22)，フクユタカ(16)，丹波黒*(16)，タマホマレ(12)，黒大豆*(10)，サチユタカ(8)
中・四国	サチユタカ(32)，丹波黒*(22)，タマホマレ(14)，フクユタカ(13)，アキシロメ(5)，黒大豆(3)
九州	フクユタカ(85)，むらゆたか*(10)，エルスター(2)
全国	フクユタカ(23)，エンレイ(11)，タチナガハ(8)，リュウホウ(6)，スズユタカ(4)，いわいくろ(3)

注1：( )内数値は地域における2005年の作付け面積比率(%)．農林水産省の資料より作表
注2：*農林登録されていない品種

根には根粒菌 root-nodule bacteriaが寄生し，根粒 root noduleを形成する．根粒内の根粒菌は分裂能力を消失し，バクテロイド bacteroidと呼ばれるものになる．根粒細胞内にはレグヘモグロビン leghemoglobinができて，根粒内部はピンク色となり，この頃から窒素固定 nitrogen fixationを始める．

茎　発芽に際し，下胚軸 hypocotylが伸びて子葉 cotyledonを地上に持ち上げる(epigeal)．子葉のつけねから上の初生葉のつけねまでは上胚軸 epicotylであり，初生葉 primary leafから上が正常な茎となる．初生葉節にも対生して側芽 lateral budを着ける．

茎は日本の品種では普通14〜15節あり，各節に1枚ずつの葉と側芽を着ける．茎の内部構造は，外側から表皮，皮層，内鞘に囲まれた内原型並立維管束の真正中心柱からなっている．

葉，葉柄　子葉，初生葉，本葉，前葉の4種類がある．初生葉は単葉で，楕円形で，子葉節の上の節に対生する．葉柄基部には1対の托葉 stipuleがある．本葉はすべて3枚の小葉 leafletをもつ複葉 trifoliate leafで，初生葉節の上のすべての節および分枝の節に1枚ずつ着く．葉序 phyllotaxisは2/5である．

各小葉は細葉，円葉などがあり，品種の特徴となる．葉柄 petioleは長く，その基部には大きな葉枕 pulvinusがある．また小葉柄の基部にも小型の葉枕がある．

老化した葉は下位葉からしだいに黄化し，小葉から脱落し，次いで葉柄も脱落する．

花，受精，稔実　ダイズは各葉腋に出る短い花枝に着く腋生総状花序 axillary racemeをなす．花は，萼 calyxに包まれ，花冠 corollaは1枚の旗弁 banner petal, 2枚の翼弁 wing petalおよび2枚の竜骨弁 keel petalからなる．花弁の色は品種により多様で白，紫，淡紅色などを呈する．雄蕊 stamenは10本で，うち1本は独立，他の9本は癒合している．葯の開裂が開花前であるために自家受粉となり，自然交雑は1%以下である．

ダイズの莢 podは5cm前後で，内部に2〜3個の種子を形成する．成熟した莢の色は淡黄から褐，黒色などを呈する．莢の表面には通常毛茸 pubescenceがあるが，少ないものやないもの(裸莢種)がある．

ダイズの花は蕾，花，莢と発達する過程で，分化した花芽の20〜80%が結莢 pod settingせずに落ちてしまう．すなわち，落蕾 flower bud abscission, 落花 flower abscission, 落莢 pod sheddingが多く発生する．

(国分牧衛)

図1　ダイズの形態
上：開花期の草姿
右上：頂端の花房
下：成熟期の草姿

ダイズ(3)
栽 培

整地

慣行的な耕起栽培では，秋・春2回または春1回，プラウ plowで耕起 plowingし，ハロー harrowで整地 land gradingする．1回のロータリー耕だけですます場合も多い．秋耕は土壌を風化させる利点をもち，多肥の場合は春耕を伴うとその効果が一層高い．しかし傾斜地や火山灰地など，水や風による土壌侵食が起きやすい地域では秋耕を避ける．

南北アメリカ大陸では耕起に伴う土壌流亡が大きな問題とされ，流亡を防止するために，耕起をまったく行なわない不耕起栽培 no-tillage cultivationが急速に普及している（図1）．不耕起栽培では播種前の耕起や生育期の中耕をまったく行なわないため，除草は除草剤への依存度が高くなる．そのため，除草剤耐性を付与した遺伝子組換え品種が普及する要因になっている．

施肥

施肥量は土壌条件などにより異なる．標準的栽培では，10a当たり窒素1〜4kg，リン酸とカリは各5〜10kg，石灰20〜40kgを基肥とする．

酸性土では石灰を施用してpH6.0〜6.5程度に酸度を矯正する．洪積地，黒ボク土ではリン酸を多めに施用する．種子が化学肥料と接触すると障害を受けやすいので，施肥位置と播種位置を離す間土をする．

ダイズの栽培歴のない圃場では根粒菌 root-nodule bacteriaの接種 inoculationは効果が期待できる．

播種

播種時期の目安は，晩霜のおそれがなくなり，地温が15℃以上となった頃である．標準的な播種期は，北海道・東北では単作では5月中下旬〜6月上旬，麦後では6月下旬である．関東や西日本では麦後が多く，6月中旬〜7月下旬に播種する．梅雨時期に当たるため，降雨のあい間に播種する必要がある．播種後に降雨が続く場合も多く，多湿条件では出芽が不良になり，大きな減収要因となる．

播種密度は品種によって異なるが，早生・短茎品種は晩生・長茎品種より密植し，また直立型品種も分枝型より密播し，さらに晩播，寒地，地力の低い土壌，少肥栽培でも密植とする．条間60〜70cm，株間10〜20cm，栽植密度10〜20本/m²程度が標準である．不耕起播種栽培では，条間を30〜60cmと狭くして，栽植密度30〜40本/m²程度の超密植が行なわれる．

除草, 中耕・培土

播種後，除草剤を土壌処理する．出芽後，欠株が多いときは補植 complementary plantingする．除草と倒伏防止のため，中耕 intertillageと培土 moldingを開花までに1〜3回行なう．

病虫害

病害
ダイズの主要な病害は，モザイク病 soybean mosaic virus, 萎縮病 soybean stunt virus, ダイズわい化病 soybean dwarf virusなどのウイルス病，および紫斑病 purple stain, べと病 downy mildewおよびさび病 soybean rustなどの糸状菌病に分類される．細菌病も発生するが，深刻な被害はない．また，複数の病原菌が引き起こす立枯れ性病害の発生も各地でみられる．薬剤防除のほか，抵抗性品種の利用や輪作などにより発生を抑制する．

害虫
ダイズは害虫の種類，被害がきわめて多い．マメシンクイガ以外は暖地ほど発生が多い．また，被害率は盛夏や厳寒期の気温と相関を示す．ダイズシストセンチュウを除き抵抗性品種はほとんどないので，殺虫剤の散布により適期防除に努める．しかし，殺虫剤に対する虫の抵抗性が顕在化しており，薬剤のローテーション散布，天敵 natural enemyやフェロモントラップの利用などによる，総合的害虫管理 integrated pest management (IPM) が必要となっている．

主要害虫は，食葉性のハスモンヨトウ common cutwormやコガネムシ類 beetle, 子実を加害するカメムシ類 stink bug, マメシンクイガ soybean pod borer, シロイチモジマダラメイガ lima-bean pod borer, ダイズサヤタマバエ soybean pod gall midge, タネバエ seedcorn maggot, そして根を加害するダイズシストセンチュウ soybean cyst nematodeなどである．

収穫・調製

収穫適期は，葉が黄変・脱落し，莢が熟して褐色など品種固有の色を呈した時である．北海道では9月中旬〜10月上旬，東北は9月中旬〜11月上旬，関東は8月下旬〜11月上旬，近畿は11月上旬〜下旬，九州では夏ダイズが7月下旬から，秋ダイズは11月下旬頃である．

収穫 harvesting・乾燥 drying・脱粒 threshingは以下の3つの体系に分類される．第1の方法は，人力で刈取り cutting－自然乾燥－人力あるいはビーンスレッシャ bean thresherによる脱粒，第2の方法はビーンハーベスタ bean harvesterによる刈取り－自然乾燥－ビーンスレッシャによる脱粒，第3の方法はコンバインによる刈取りと脱粒である．近年は，集団で大規模に栽培する場合が多く，コンバイン収穫が増えている．

コンバインには普通型とダイズ専用型とがある．コンバイン収穫では，莢が乾燥しすぎると刈取時に裂莢 pod dehiscenceによるヘッドロス head lossが多くなるので，裂莢しにくい品種を採用し，成熟後早めに収穫する必要がある．コンバイン収穫では粒や茎の水分が比較的高い時期に収穫される場合が多いため，茎成分に

よる粒の汚染や，高水分粒の損傷が問題となる．茎水分が60%以下，粒水分が15～18%程度を目安に収穫する（図2）．また，朝夕の露のある時間帯の収穫は避ける．

脱粒後の粒水分が高い場合は，乾燥機 dryer を用いて検査規格の最高限度である水分15%以下に乾燥させる．火力乾燥では，急激に乾燥すると裂皮やしわ粒が発生するので，送風温度や送風湿度を調整しゆっくりと乾燥させる必要がある．夾雑物や被害粒を除く．

作付体系

ダイズをはじめマメ類は連作 continuous cropping により収量が低下しやすい．ダイズは連作により3～4年目から減収が著しくなることが多い．マメ類の連作障害はエンドウ，アズキ，インゲンマメで著しく，ダイズはそれに次いで著しい．

ダイズの連作害の原因は多様であるが，なかでもダイズシストセンチュウの発生が大きな障害である．水田転換畑では立枯れ性病害も増加する．また連作は害虫の発生も増加させる．これらの障害は他作物との輪作によって防ぐことができる．特にダイズシストセンチュウはイネ科作物には寄生できないので，ダイズを数年つくらないとほとんど駆除できる．

一般にイネ科作物－ダイズ－根菜類といった作付体系が適当で，ダイズの前作としてはムギ類，トウモロコシ，陸稲，サツマイモなどが適しており，後作としてはジャガイモ，テンサイ，サツマイモあるいはトウモロコシ，ムギ類などが導入される．

ダイズは，吸収窒素の多くを根粒菌の窒素固定 nitrogen fixation に依存することや，葉や根を圃場に残す量が他作物に比べて多いことから，かつては地力を涵養する作物とみなされてきた．しかし，ダイズの子実は多量の窒素(主としてタンパク質)を含むため，多収のダイズでは圃場から多量の窒素が持ち出されることになる．また，田畑輪換によりダイズの作付けの回数が多くなると，長期的には水田の土壌肥沃度が低下することが報告されているので，有機物の施用などによる地力維持対策が必要である．

移植栽培は鳥害および晩播対策として昔から行なわれてきた．苗を移植することにより生育が抑制ぎみとなり，根群は浅く，草丈は低くなる．開花期はやや遅れるが分枝や開花数はやや増え，着莢歩合も増えること，また成熟期が早まることにより総合的には増収しやすい．このほか特殊な増収技術として，主茎の芽を摘む摘心 topping 栽培があり，丹波黒の栽培などに用いられる．

(国分牧衛)

図1 ダイズの不耕起栽培(パラグアイ)
上：不耕起播種機を用いた播種作業
下：生育初期の状況

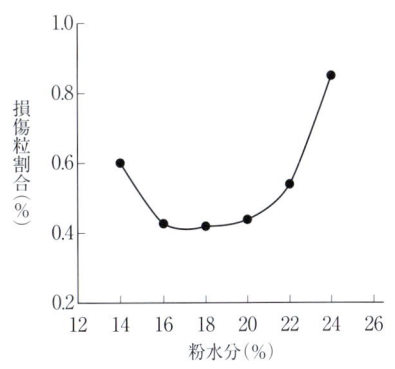

図2 コンバイン収穫時の粒水分と損傷粒割合との関係
(市川, 1989を改図)
品種：タマホマレ，コンバイン：農機研式汎用型

アズキ

アズキ(小豆) adzuki (azuki) bean
Vigna angularis (Willd.) Ohwi et Ohashi

マメ科ササゲ属の一年生作物.かつてはインゲンマメ属 *Phaseolus* に入れられていた.染色体数は2n = 22.日本,中国,朝鮮半島,ブータン,ネパールで,祖先野生種とみられるヤブツルアズキが分布し,また雑草型(移行型)がみられることから,アズキへの順化(栽培化)が起こったと考えられている.子実の赤色が呪術や神事など儀礼習俗に,あるいは薬効に結びつき,古くから栽培されてきた特異な作物で,日本では遺跡の調査から少なくとも5,000年前には存在したと推定される.

栽培し食用とする国は東アジアの数か国に限られ,生産量は中国が最も多い.日本への輸出目的で栽培している国に,オーストラリア,アメリカ,カナダ,ブラジルなどがあるが生産量はわずかである.日本では最大時で18.5万t(1961)の生産をみているが,2005年現在では8万t,うち88%を北海道が占める.作付面積は4万ha(北海道3万ha)である.

形態

草丈は約30cmのものから蔓化して3mに達するものまであるが,多くは50~70cmである.主茎葉数は11~20で,品種や栽植密度にもよるが2~5本の分枝が出る.2次分枝の発生は少ない.根系は直根型であるが上胚軸にも多数の側根が生じ,地表下20cm以内に重さで約90%の根が集中する.また主としてその部分の根に,出芽約2~3週間後から根粒が形成され始める.地下子葉性 hypogeal であるため,出芽する葉は初生葉である.初生葉は単小葉で対生し,続いて出る本葉が3小葉で互生する.1葉の面積は中位より数節上で最も大きい.葉形には円葉と剣先葉とがあるが中間的なものもあり,最近の品種はほとんど円葉である.

開花は分枝発生節の直上節から始まり,分枝では少し遅れて,順次向頂的に進む.花は蝶形花で,花弁の色は黄色,大きさはインゲンマメとほぼ同じである.花柄は5~10cmと長い.莢は花柄上端にある花軸2~3節に対生し(4節より上の節の花蕾はほとんど脱落する),長さ約10cm,幅1cm弱でやや湾曲する.熟した莢の色は品種に固有で,ごく淡い褐色から黒に近いものまである.1莢内の子実数は,小中粒種で平均7粒,大粒種で4粒程度であるが,胚珠数はそれより多く,不受精や初期発育停止粒がみられる.

種皮の色は赤,白,灰白,茶,黒,緑の単色と斑紋状や部分的な混色のものがあるが,実用上は赤色がほとんどを占め,ごく一部白色の品種が栽培されるにすぎない.アズキ特有の赤色にも濃淡や暗鮮にさまざまな程度がみられ,品種改良の重要な指標となっている.子実の形は円筒形と烏帽子形に大別される.子実の大きさは百粒重6g程度の小さいものもあるが,12~15g(小中粒種)が最も多く,最近では25gを超える極大粒の品種も育成されている.

生理・生態

ダイズのように開花後まもなく茎の伸長が停止する典型的な有限伸育型はなく,基本的には無限伸育性である.条件にもよるが播種後約2週間で出芽する.地下子葉性であるため,地上子葉性 epigeal のダイズなどに比べ出芽が遅く,初期生育も遅い.開花期間は30~40日であるが,初期の花ほど結莢率が高く,後半に開花した花の多くは結莢しない.全体の結莢率は品種によっても異なるが50%前後である.子実は開花後25~40日で最大に達し,後脱水収縮して品種固有の大きさになる.子実(水分15%)は約60%の炭水化物,20%のタンパク質,2%の脂質を含む.

根粒菌(*Bradyrhizobium japonicum* および *B. elkanii*)と共生し,大気窒素を固定する.茎葉の成長は開花期間に最も旺盛となり,光合成産物が栄養成長と生殖成長の両方に使われて根粒菌へのエネルギー供給が減少し,窒素固定能力は低下していく.そのため,子実窒素の約50%が茎葉に蓄積された窒素の再転流に依存している.

子実の最初の吸水部位は臍の一端付近にある種瘤 strophiole(図1)に限られ,臍,珠孔,種皮からは吸水しない.そのため,ダイズやインゲンマメに比べ初期の吸水速度がきわめて遅い.種瘤中央の長さ約0.5mmの条が堅く閉じているとまったく吸水せず,硬実となる.成熟直後の子実は多くの硬実を含むが,通常は脱穀時の衝撃により種瘤条が開き吸水可能となる(図1).

分類・品種

ササゲ属に属する食用マメ類には下述するアズキ亜属のほかに,中央アフリカ原産で広く熱帯温帯に栽培されるササゲ; *Vigna unguiculata* (L.) Walp. があり,亜種としてササゲ,ハタササゲ,ジュウロクササゲが含まれる.ササゲ(豇豆,大角豆) cowpea; ssp. *unguiculata* とハタササゲ(畑豇豆) catjang; ssp. *cylindrica* (L.) Verdc. は蔓化の程度や莢の大きさなどが異なるが,子実はアズキに似た食べ方がされ,日本では赤い種皮色のササゲを赤飯に用いる地方がある.しかし食用ササゲの生産はわずかで,世界的には(とくにアメリカで)飼料作物あるいは緑肥作物としての利用がはるかに多い.また,ジュウロクササゲ(十六豇豆) asparagus bean; ssp. *sesquipedalis* (L.) Verdc. はサンジャクササゲ(三尺豇豆),ナガササゲ(長豇豆)とも呼ばれ,強い蔓性で莢も長いものは1m近くになる.主に若莢を野菜として食べるために栽培される.

アズキに近縁の栽培種としてリョクトウ,ケツルア

ズキ，ツルアズキがあり（図2），野生種ではヤブツルアズキ（藪蔓小豆）*V. angularis* var. *nipponensis* (Ohwi) Ohwi et Ohashiのほか十数種が知られ，これらはアズキ亜属 subgenus *Ceratotropis*としてまとめられる．野生種のなかには耐病性や耐虫性に優れるものがあり，栽培アズキへの導入が期待されている．

リョクトウ（緑豆） mung bean; *Vigna radiata* (L.) R. Wilcz.はブンドウ（文豆），ヤエナリ（八重成）とも呼ばれ，生育期間が短く2毛作が可能で，インド，東南アジアを中心に古くから栽培されてきた．草姿はアズキに類似するが，地上子葉性で茎，莢に毛が目立ち容易に区別できる．百粒重3～4gでアズキよりかなり小さい．種皮色はふつう緑．中国ではアズキよりも一般的で生産量も多く，豆粥，惣菜（もやしとして最も上質とされる），はるさめの原料に使われる．日本でも古くから栽培されてきたが，生産量はごくわずかである．

ケツルアズキ（毛蔓小豆） black mappe; *Vigna mungo* (L.) Hepperは栽培がインドとその周辺の数か国に限られ，挽き割りしてダールとして食べる伝統的な食用豆である．草姿はリョクトウに似ているが，匍匐するものも多い．百粒重2～4gで種皮色はふつう斑のある黒褐色である．日本では栽培されないが，最近，リョクトウよりも安価なもやしの原料としてタイやミャンマーから輸入されるようになった．

ツルアズキ（蔓小豆） rice bean; *Vigna umbellata* (Thunb.) Ohwi et Ohashiはタケアズキ（竹小豆），カニノメ（蟹目）とも呼ばれ，主茎分枝ともに著しく蔓化する．アジア，太平洋諸島で栽培され，米に類似した食べ方をする．若莢や葉も野菜として食べる．子実はアズキよりも細長く，臍の部分が大きく目立つ．百粒重8～12gで種皮色は赤をはじめ緑，黄，褐など多様であるが，日本では赤色が餡の増量剤として中国から輸入されている．

これら3作物は栽培地では飼料，緑肥としての利用も重要である．

アズキには生産国に共通する生態型のような分類はない．国内では開花結実習性に基づいて，夏型，中間型および秋型それぞれ細分を含む7型（田崎，1957）に，あるいはさらに細かく19生態型（川原，1959）に区分する方法があり，品種の分布を知るうえで有効である．実際の育種ではそれぞれの地域に適する品種の評価規準が必要となる．主産地である北海道では，熟期と粒大を中心に，草丈，葉形，莢や子実の形と色など多くの形質により品種を分類している．現在アズキの育種センターである北海道立十勝農業試験場で本格的に交配を開始したのは1950年頃からで，1964年の「光小豆」をはじめとして，1974年に大粒品種「アカネダイナゴン」（あずき農林1号）が出ている．それまでは交配も試みられたが，地方から集めた在来種のなかから優良なものを選択したり，純系分離したりする方法が主で，1959年に出た「宝小豆」は10年にわたり普及率50%を維持した．最近はもっぱら交雑育種によって品種改良されるが，1981年に

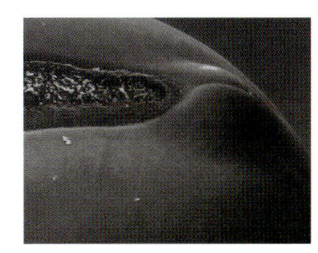

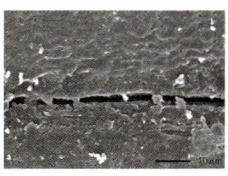

図1 種瘤表面の変化（横棒の長さは10μm）
左：種瘤（臍に近接，珠孔の反対側）
右上：成熟直後の種瘤条（中央）
右下：脱穀時の衝撃で開いた種瘤条

図2 アズキとその近縁栽培種
上左：アズキ，上右：ツルアズキ
下左：リョクトウ，下右：ケツルアズキ

リリースされた「エリモショウズ」（あずき農林4号）は製餡・製菓業者による品質評価が高く，急速に普及し，一時は北海道の栽培面積の90%を占め，現在に至る20年間50%以上を保つという希有な品種である．

利用

国内で生産されるアズキの約60%（北海道産は80%）が餡に加工され，残りは赤飯，茹で小豆，甘納豆などで消費される．餡は和菓子に使われ，日本独特の食文化を形成している．消費量はほぼ一定しており約10.5万tである．生産量は年次によって変動するが最近10年で平均7.5万t，不足分が主として中国から輸入される．また，約7万tの加糖餡（乾燥豆に換算して2万t）が輸入されている．なお，流通上，百粒重20g（北海道産は18g）以上の大粒種を「大納言小豆」，それ未満の品種を「普通小豆」と呼んでいる．

最近，食物繊維の整腸作用やポリフェノール（主として種皮に含まれるカテキン catechinに由来）の抗酸化性などから，機能性食品として注目されている．

〔由田宏一〕

インゲンマメ，他

インゲンマメ common bean, kidney bean
Phaseolus vulgaris L.　サイトウ，サンドマメ

　インゲン属 *Phaseolus* を代表する一年生の草本で，染色体数は2n＝22．和名でインゲンマメ（隠元豆），サイトウ（菜豆），サンドマメ（三度豆）と呼ばれる．東北地方ではササゲ，関西地域ではフジマメとも呼ぶ．
　原産地はメキシコ南部または南アメリカと考えられている．アンデス西部地域の紀元前5000年頃の遺跡から炭化したインゲンマメの莢が発見されたことから，栽培は少なくとも紀元前6000〜5000年頃から始まったと考えられる．南アメリカからアメリカ大陸を経由し，ヨーロッパへ伝播した．日本への伝播は一説によると16世紀頃に中国から渡来した隠元禅師によってもたらされ隠元豆（インゲンマメ）と呼ばれるようになったという．一方，隠元禅師がもたらした豆はインゲンマメではなく，別種のフジマメであったという説もある．インゲンマメは江戸時代の書物に登場することから，少なくとも江戸時代に栽培されていたことは確かなようである．明治初期にアメリカから優良種が導入され，急速に全国各地で栽培されるようになった．
　世界におけるインゲンマメの完熟種子の生産量は1,904万t（FAO, 2003）で，マメ類ではダイズの次に完熟種子の生産量が多い．最大の生産国はブラジルで，次いでインド，メキシコ，中国，アメリカである．日本国内では年間2万t（農水省統計，2005）の完熟種子が生産され，北海道が全国の総作付面積の90％を占めている．

形態

　インゲンマメの形態的な変異は極めて多様である．草型によって矮性種（有限伸育性），蔓性種（無限伸育性）に分けられる．矮性種の草丈は50〜60cm，節数は6〜9，節間は短い．また蔓性種の草丈は100〜300cmで，節数は20以上になる場合がある．矮性種と蔓性種の中間の草型を半蔓性種（半有限伸育性）と区別する場合もある．インゲンマメの初生葉は単葉で対生し，地上子葉性 epigeal である．本葉は各節に互生し，長い葉柄に3つの小葉を着ける．根は主根と側根からなる．主根はあまり深く伸びず，浅い根系を形成する．根の表面には窒素固定根粒が付着する．
　葉腋から花茎が伸び，先端に数個の花が着く．花芽分化は矮性種では播種後20〜25日から始まり，主茎と側枝でほぼ一斉に分化する．開花は播種後40〜45日で始まり，開花は先端から下位の花序へ進む．蔓性種の花芽分化は播種後25〜30日の6〜7節目から始まり，その後上位節に進み，開花は播種後50〜60日に下位から上位へ進む．開花数は矮性種で30〜80個，蔓性品種で80〜200個である．花の色は白，クリーム，紫および淡紫（図1）で，結莢率は40〜60％である．
　莢の長さは10〜20cm，莢の幅は1〜2cm，成熟すると莢の色は黄褐色になる．莢の表面は無毛あるいは軟毛がある．莢の先端はくちばし状に突出し，一莢に種子が5〜15個入る．種子の形状は球，楕円形，長楕円形（図1），腎臓形など変異に富む．種子の色は赤，淡赤，淡褐，褐，黒，白，紫などであり，品種によっては斑紋が入る．百粒重は15〜80gと変異が大きい．完熟種子は100g当たり346カロリー，水分12.0g，タンパク質22.9g，脂肪1.3g，炭水化物60.0g．

生理・生態

　インゲンマメは多湿と乾燥に弱い．発芽温度は20〜25℃，生育適温は15〜25℃である．花粉の発芽適温は20〜25℃で，30℃以上では花粉の発芽が阻害され，結莢が著しく低下する．一方，10℃以下の低温では落花が助長され，8℃以下では開花しない．またインゲンマメは短日植物といわれるが，実際は日長に鈍感な品種が多く，短日性は一部の品種に限られる．土質の適応性は広いが，pH5.0以下の酸性土壌に弱く，酸性土壌に対して食用豆類のなかで最も弱いとされる．最適pHは6.0〜6.5である．インゲンマメは根系に着粒する根粒菌の働きが他のマメ類より弱いため多くの窒素肥料を必要とする．特に多数の莢をつける系統・品種では窒素の施肥量が結莢に大きな影響を与える．また他家受粉率が10％程度であるため，採種目的では隔離栽培が必要となる．

分類・品種

　インゲンマメの品種は極めて多く，世界では14,000以上，日本国内でも200の栽培品種があるという．インゲンマメの分類は前述した草型によって矮性種と蔓性種，用途によって子実用インゲンと莢用インゲン，あるいは種子の大きさと色によって kidney bean, field bean, marrow bean, pea bean (navy bean) に分類される．
　子実用インゲンマメの莢は硬いが，莢用インゲンマメの莢は軟らかいため野菜として利用される．kidney bean は主に南アメリカで生産され，種子の長さが1.5cm以上で，種子の色が赤紫色である．kidney（腎臓）とは種子の形状から名づけられた．field bean は北アメリカで生産され，種子の長さが1〜1.2cm，種子の色が赤で，淡黄あるいは褐色の斑紋が入る．marrow bean は種子の長さが1〜1.5cm，種子の色は白．pea bean はカリフォルニアで栽培され，種子の長さが約0.8cm，種子の色は白．インゲンマメの種子の色は地域的嗜好と強い関係があり，ブラジルでは黒色または淡黄色，コロンビアでは赤色の種子が好まれる．

利用

　インゲンマメは若莢（未熟莢，青莢）または完熟種子を利用する．ジャワでは若莢を野菜として利用する．

ヨーロッパ，アメリカ，アジア各地の国々では若莢が野菜として利用されたり，冷凍食品や缶詰に加工されたりする．日本では約5万t（農水省統計，2005）の若莢が生産され，野菜として利用されている．南アメリカおよび北アメリカでは完熟種子がスープや煮込み料理に利用される．日本では手芒類，うずら類，金時類の完熟種子が餡，煮豆，甘納豆などに加工される．日本では国内消費量の不足分を補うため，毎年2〜3万tの完熟種子を輸入している．

ベニバナインゲン flower bean
Phaseolus coccineus L. ハナササゲ，ハナマメ，オイランマメ

インゲンマメと同じ*Phaseolus*属に属し，温帯地域では一年生，熱帯地域では多年生の草本．染色体数は2n = 22．ベニバナインゲンの起源はメキシコ付近の標高約2,000mの地域と考えられる．メキシコの紀元前2000年頃のTehuacan遺跡から栽培型の種子が発見され，一方，紀元前7000年以上前Ocampo遺跡から野生型の*P. coccineus*の種子が発見されている．日本には江戸時代後期にオランダ人によってもたらされた．最初は観賞用として栽培されていたが，明治時代から食用栽培が始まった．日本における完熟種子の生産量はわずかであるが，アルゼンチンでは年間40万tの完熟種子を生産する．

ベニバナインゲンの草型は蔓性，草丈は3〜4m，茎と葉の形態はインゲンマメと類似する．根は肥大し，いも状の塊根を形成する．花の色は朱に近い赤（赤花）または白（白花）である．赤花は紫の地色に黒色の斑の種子（図1），白花は白色の種子を着ける．莢の長さは10〜30cmでインゲンマメよりも大きく，莢の幅も広い．種子は大型で，長さは1.8〜2.5cm，百粒重は120〜160gである．完熟種子は100g当たり250カロリー，水分12.5g，タンパク質20.3g，脂肪1.8g，炭水化物62.0gを含む．

ベニバナインゲンは温潤で冷涼な気候を好み，中日性あるいは短日性である．栽培はインゲンマメに準じるが，高温や乾燥に弱く，特に高温に対してはインゲンマメより弱い．このため関東以西の暖地で種子を収穫することは難しい．花の色と草型により白色矮性種，赤色矮性種，白色蔓性種，赤色匍匐枝種の4つに分類される．

若莢は温帯地域で野菜として利用される．中央アメリカでは未熟種子と完熟種子を食べる．また肥大した塊根も食べられるという．日本では完熟種子が煮豆，甘納豆，餡などの材料に利用される．

ライマメ butter bean, Lima bean
Phaseolus lunatus L. アオイマメ

インゲンマメと同じ*Phaseolus*属に属し，温帯地域では一年生，熱帯地域では多年生となる草本．染色体数は2n = 22．ライマメの小粒種は紀元前500〜300年の中央

図1 インゲン属作物の花と完熟種子（スケール：0.5cm）
上左：インゲンマメの花，上右：インゲンマメの種子
下左：ベニバナインゲンの種子，下右：ライマメの種子

アメリカで，大粒種は紀元前6000〜5000年の南アメリカで，それぞれ独立に栽培化された．その後ヨーロッパへ伝播し，日本には江戸時代に伝播し，アオイマメと呼ばれた．現在，ライマメは日本ではほとんど栽培されていない．

ライマメには矮性種と蔓性種がある．矮性種の草丈は30〜60cm，蔓性種の草丈は2〜4m．茎と葉の形態はインゲンマメと類似している．花はインゲンマメよりも小さく，色は赤紫，淡緑，クリーム，白である．弓状の莢の長さは5〜12cm，莢の幅はインゲンマメより広い．種子の長さ1〜3cm，色は赤紫，褐，黒，白（図1）などで品種によって斑紋が入る．種子には臍（へそ）部から背腺まで放射状の縞模様が入る．完熟種子100g当たり345カロリー，水分10.3g，タンパク質21.5g，脂肪1.4g，炭水化物64.0g．種子の色が赤，黒などの有色種の完熟種子には有毒の青酸配糖体が含まれる．

ほとんどのライマメは短日性である．排水の良い土壌と温暖で乾燥気候を好み，耐塩性はあるが，耐湿性は劣る．矮性種，蔓性種とも生育適温は10〜30℃であるが，耐暑性はインゲンマメより劣り，気温が27℃以上になると著しく不稔となり，結莢率が低下する．種子の大きさと色によって小粒で有色のJava bean，大粒で有色のred bean，大粒で白色のwhite bean（図1），大粒で青酸配糖体を含まないとされるLima beanに分類される．

完熟種子には特有の香りがあるため，食用豆類のなかでは最も美味とされる．特にアメリカではライマメの煮豆の料理が好まれる．ただし，青酸配糖体が含まれるため，種子を食用とする場合には除毒あるいは十分に煮る必要がある．日本では餡の増量材として利用し，また地域によってはライマメの未熟種子，若莢が野菜として利用される．

〈柏葉晃一〉

ラッカセイ, エンドウ

ラッカセイ（落花生） peanut, groundnut
Arachis hypogaea L. ナンキンマメ

　栽培種の原産地は，南米アルゼンチン北西部周辺のアンデス山脈東麓．栽培種は2亜種に分けられ，さらにそれぞれを2変種に区分する（表1）．これらの区分は，主茎に結果枝をつけるもの（主茎着花）とつけないもの，また分枝上の栄養枝と結果枝の配列の仕方からなされる．

　草丈は15～60cm，匍匐性から立性によって異なる．

　分枝には栄養枝と結果枝とがある．栄養枝 vegetative branchは各節に本葉をつけ，その葉腋芽には栄養枝や結果枝をつける茎である．結果枝 reproductive branchは各節に通常の本葉をつけず，退化した葉あるいは低出葉 cataphyll（鱗片葉など）をもち，その葉腋芽に花をつける5cm程度以下の短い茎である．なかには，さらに伸長して先端の節に本葉をつけるものもある．各葉腋芽は栄養枝とならない．

　花は約1cmの黄色の蝶形花で，長さ5～7cm，萼筒は4～6cm，無柄である．主に自家受精をする．

　子房と花托の間の介在分裂組織が伸長して子房柄 gynophore となる．先端に花殻をつけた子房柄は伸長し受精後6日目に約1cm，さらに地面に向けて伸びる．開花2週間後，先端の子房は地中数cmまでもぐり，莢として肥大成長を始める（図1）．子房柄は，一般的には節間として解釈され，その構造は茎と同様に維管束がリング状に配列し，大きな髄，束生の形成層をもつ（図2）．子房柄は茎の構造をもつが，子房の先端は根冠と同様な構造をもち，地中への侵入時に子房を保護し，また養水分の吸収をするなど根のはたらきをする．なお，子房柄の先端を切り取ると屈地性は見られなくなる．

　莢実 fruitは，子房が発達し，子房壁は果皮となり莢を形成し，胚珠は種子となる．莢（果皮）の網目模様は維管束網であり，子房柄の維管束と連絡し，成熟が進むにつれて莢の表面に表われてくる．莢はその表皮細胞から水や無機養分の吸収を行ない，また生育が進むにつれて表皮細胞は剥離し，周皮に置き換わる．種子は基部の基豆が早く成長し，先端の先豆は遅れ，しばしば未熟になる．1株の開花数は200～400花で，実際に完熟莢になるものは10%以下である．また，開花時期の早い花ほど完熟莢になる割合が大きい．莢は構造的には開裂果であるが，機能的には非開裂果である．畑で取り残した莢実は，翌年莢を破って発芽するものもある．

　分枝習性 branching patternとは，主茎上に結果枝が着生するか，また，分枝上の栄養枝と結果枝の配列に違いがあるかどうかである．亜種およびタイプを分けるキーとなる．栄養枝と結果枝が2本ずつ交互に着生するものと結果枝が連続して着生するものとがある．主茎上に結果枝が着生するものは，分枝上に連続して結果枝を着生することが多い．

　分枝の茂り方は，傾伏茎 decumbent stem（地面を這いながら先が立ち上がる）および平伏茎 procumbent stem（先も地に伏している）をもつ匍匐性 creeping stemのものと，直立した立性 erect stemのもの，そして，その中間性（傾伏茎のひとつとも考えられる）のものがある．千葉半立はその名のとおり，中間性である．

　タイプ botanical typeは，現在，変種 varietyとして扱われ，バージニアタイプ，スパニッシュタイプ，ペルータイプ，バレンシアタイプがそれぞれの変種に相当する（表1）．近年育成された品種は，タイプ間交雑種である．

エンドウ（豌豆） pea, garden pea, field pea
Pisum sativum L.

　エンドウはいろいろな用途に使われ，グリンピース fresh green seedsは，料理や野菜として食され，また缶

表1　ラッカセイ（*Arachis hypogaea* L.）栽培種の分類

亜種／変種		タイプ	主茎着花	分枝習性	成長習性	1莢粒数	種子の大きさ	品　種
hypogaea								
	hypogaea	バージニアタイプ (virginia type)	しない	栄養枝と結果枝が2本ずつ交互に着生	匍匐性から立性まで	2～3	大粒	千葉半立，立落花生1号，改良和田岡，立ラクダ1号，千葉55号，千葉43号，千葉74号など
	hirsuta	ペルータイプ (peruvian type)	しない	〃	匍匐性	2～4	〃	
fastigiata								
	fastigiata	バレンシアタイプ (valencia type)	する	結果枝の連続着生	立性	3～5	小粒	飽託中粒，バレンシアなど
	vulgaris	スパニッシュタイプ (spanish type)	する	〃	〃	2	〃	ジャワ13号，白油7-3など
亜種間交雑		タイプ間交雑	する	結果枝の連続着生	立性	2	大粒	ナカテユタカ，ふくまさり，郷の香，土の香，ユデラッカ，サヤカ，ダイチ，アズマユタカ，タチマサリ，サチホマレ，ペリーシグナ，ワセダイリュウ，テコナ，アズマハンダチなど

詰や冷凍され広く使われている．いくつかの品種は若莢（サヤエンドウ）で利用されている．成熟した乾燥種子は，食用や家畜の餌に使われる．葉はハーブとしてビルマやアフリカの一部で使われている．茎葉は生草飼料，乾燥飼料，サイレージや堆肥として使われる．メンデルはエンドウを使って遺伝法則の画期的な実験を行なったことは有名である．

分類 次の2つの種（あるいは亜種）に分かれるといわれているが，それらは完全に交雑し，現在の栽培品種では中間型も多く，定説にはなっていない．

(1) *P. arvense* L.（あるいは *P. sativum* subsp. *arvense* Poir.）；field peaと呼ばれ，乾燥種子用や飼料用として畑に這わせて栽培される．

(2) *P. sativum* L.（*P. hortense* Ascher. & Graebn. あるいは *P. sativum* subsp. *hortense* Poir.）；garden peaと呼ばれ，グリンピースやサヤエンドウ用に栽培される．

起源 ヨーロッパ，中央アジアにおける雑草の *P. elatius* Stevenとロシアのジョージアに野生としてみられる *P. arvense* の交雑から栽培種ができたと考えられているが，*P. humile* Poir. が祖先であるとも考えられている．栽培化は，ムギ類と同じくらいに古く，南西アジアでB.C.7000～6000年頃とみられる．

生態 冷涼（10～20℃）で湿潤気候に適している．1,300m以下の熱帯地域では良好な生育は望めない．高温乾燥気候では，種子発達が阻害される．

形態 草丈は約30cmから200cmに達するものがある．矮性品種は約30cm程度で，普通は蔓性で約1mである．草丈の品種間差は節の長さや数の違いによる．

茎は弱く，やや四角ばり，細く，中空で，高くなる品種は支柱を要する．3～10本の分枝が伸長し，栽培品種と環境条件によって分枝数はかなり変わり，収量構成に大きくかかわる．

葉は1対から3対の小葉をもつ羽状複葉である．先端の小葉は巻きひげに変わる（図3）．小葉は卵形もしくは楕円形，縁に切れ込みがないか，あるいは波状，長さ1.5～5.5cmで幅1～3cmである．托葉は大きく葉のようで小葉より大きい．卵形で，葉の下半分は小歯状突起をもち，2～6.5cmの長さである．苞葉は非常に小さい．

花は葉腋につき，房をなさない単性か，あるいは2から3花の総状花序である．萼は片側がふくれて不均等である．花冠は通常白色，ピンクや紫色もある．蝶形花で1.2～1.6cmである．ほとんど自家受精である．

莢は子房壁（1心皮）が発達した果皮であり，細長く平たい2つの萼片 valveからなる．縫合線 sutureに沿った胎座に2～10個の種子が並んでつく．短い花柄 stalkをもち，まっすぐか，湾曲しているものがあり，長さ4～15cmで幅は1.5～2.5cmである．裂開性 dehiscentのものと，非裂開性 indehiscentのものがある．乾燥種子用の品種では莢の内層に羊皮紙状（膜状組織）の内果皮を

図1　子房柄の地中侵入過程（高橋芳雄，1992から）
上：開花8日後．子房柄が3cmのび地表へ（花がら付き）
下：開花2週間後．地下5cmで莢が肥大し始める（5mm）

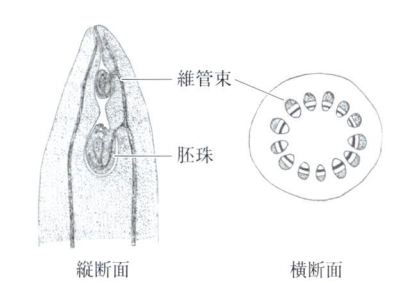

図2　子房柄の構造（E. L. Reed, 1924による）

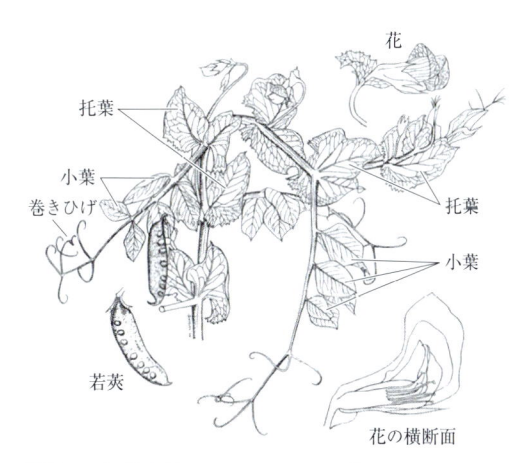

図3　エンドウ（J. W. Perseglove, 1974）

もつが，莢を食べる品種ではこれを欠く．

乾燥種子は，形が球状あるいは角張ったもの，平準かしわがよったものがあり，色は緑，灰色，褐色，ぶちがあり，百粒重は15～25gである．種子は胚乳が発達しない無胚乳 exalbuminous種子であり，子葉に貯蔵養分をためる．成熟が進むにつれて糖含有量が減り，デンプンが増えるが，甘みに富む品種は糖含有量の減少が少ない．

（野島 博）

ソラマメ，他

ソラマメ broad bean
Vicia faba L.

　一年生草本で，染色体数は2n = 24．紀元前7000～6000年頃のカスピ海南部において栽培化された．ソラマメは2亜種，3変種から構成され，祖先野生種は*Vicia galilea*と*V. narbonensis*のいずれかと推定される．変種は種子の大きさによって小粒種 hores bean（馬科豆），大粒種 broad bean（蚕豆，図1）に区別され，小粒種は丸く，大粒種は扁平である．小粒種はカスピ海南部からヨーロッパ，地中海周辺地域および北アフリカへ伝播し，大粒種はシルクロードを通って中国へ伝播し，その後日本へもたらされた．ソラマメはオーストラリア，中国，エジプト，エチオピア，フランスなどで栽培される．最大の生産国は中国で，世界総生産量約400万t（FAO, 2003）のうち約27%を占めている．
　草丈は90～130cm，花の色は白，淡紫で暗紫の斑が入る．莢は直立し，長さは5～20cm，2～7個の種子が入る．種子は平たい歪楕円形で（図1），長さは小粒種で10～18mm，大粒種で18～28mmである（図1）．種子は100g当たり402カロリー，水分10.1g，タンパク質26.2g，脂質1.3g，炭水化物59.4g．
　生育適温は16～20℃で，20℃以上になると生育が衰える．また越冬中は耐寒性が強いが，越冬後に気温が－5℃以下に下がると枯死する場合がある．酸性土壌を嫌い，排水の良い土壌を好む．連作に不向きである．
　ソラマメは未熟種子および完熟種子が利用される．日本では未熟種子が塩茹でにされる．完熟種子は甘納豆，餡，煎豆，煮豆などの原料として利用される．
　なお，飼料用種を tick bean，食用種を fava bean と呼ぶ場合がある．

ヒヨコマメ chick pea
Cicer arietinum L.

　一年生または二年生の草本で，染色体数は2n = 14, 16, 24．祖先野生種は*Cicer*属の野生種 *C. reticulatum* Lad.と考えられる．英名は種子がヒヨコの頭部の形状と似ているため．和名は英名に由来する．栽培は少なくとも紀元前5000年頃に西アジア地域で始まったといわれ，トルコでは紀元前5400～5000年のハシラルの農耕遺跡から出土している．インドには紀元前800年もしくは紀元前400～100年にもたらされた．日本へは昭和初期にアメリカから導入されたが，定着しなかった．アメリカ，インド，エチオピア，スペイン，チュニジア，トルコ，メキシコおよび地中海周辺地域で栽培されている．インドは世界最大の生産国であり，世界総生産量約712万t（FAO, 2003）のうち約60%を占めている．
　匍匐性で，草丈は0.2～1m，花の色は白，ピンクもしくは紫である．莢は長円形，莢の中に1～4個の種子が入る．種子は角ばった球形で，角のような小さな突起をもつ（図1）．多くの変種が存在し，一般的に種子の大きさによってカブリ型，デジ型および中間型に分類される．カブリ型 Kabuli（大粒種：図1）の種子の大きさは直径1cm前後で色は淡黄か黄，デジ型 Desi（小粒種）の種子は0.5～0.7cmで褐，黒あるいは緑である．
　冷涼な乾燥気候と排水の良い土壌を好む．
　種子100g当たり357カロリー，水分4.5～15.6g，タンパク質14.9～24.9g，脂質0.8～6.4g，炭水化物63.5g．
　完熟種子は丸のまま茹でる，炒る，油で揚げるなどして食べる．欧米では炒豆に加工する．

ヒラマメ lentil
Lens culinaris Medik　ヘントウ（扁豆），レンズマメ

　一年生の草本で，染色対数は2n = 14．ヒラマメの名前は種子の形状に由来する．属名の*Lens*は，光学レンズの語源とされ，英名のlentilはラテン語のlensから由来する．
　紀元前7000～6000年頃の西アジア地域で栽培化された．エジプトでは紀元前2700年頃の遺跡から種子が出土し，紀元前1000年頃のピラミッドの壁画に記録があるという．ヨーロッパへの伝播は古く新石器時代もしくは青銅器時代と推定される．インドには紀元前2000～1600年頃に伝播し，中国へ伝わった．アメリカ，インド，イランなどで栽培され，完熟種子の世界総生産量約310万t（FAO, 2003），インドは約27%を占めている．
　草丈は25～50cm，花の色は薄青，白またはピンクである．莢は楕円形で平たく，莢の中に1～2個の種子が入る．種子は両凸レンズ状で，直径4～9mm，厚さが3mm以内である（図1）．種子の大きさと形状によって分類される．種子の直径6～9mmは大粒種 macrosperma（図1），直径3～6mmは小粒種 microsperma．種子は100g当たり344カロリー，水分12.0g，タンパク質20.2g，脂質0.6g，炭水化物65.0g．植物性血球凝集素を含む．
　乾燥，冷涼な温帯性気候を好む．
　完熟種子は丸のまま，あるいは砕いてからスープに入れる．また，粉砕し粉として利用する．

フジマメ hyacinth bean
Lablab purpureus (L.) Sweet

　多年生草本だが，一年生作物として栽培されることが多い．染色体数は2n = 22, 24．熱帯アジアと東アフリカの2つの起源説がある．栽培地域はアフリカ，アメリカ，アジア，中国の熱帯地域または亜熱帯地域である．日本には1654年に中国の隠元禅師によってもたらされたという．このため関西ではフジマメをインゲンと呼ぶことがある．西日本の一部の地域，沖縄諸島・先島諸島で栽培される．

草丈は1.5〜6m, 花の色は紫, ピンクもしくは白である. 莢の形は扁平, 莢の中に3〜6個の種子が入る. 種子は直径1cm前後, 種子の地色は白, 淡黄, 茶, 赤褐（図1）, 黒および斑入である. 臍（へそ）は白く隆起し（図1）, 種子の周囲の1/3ほどの長さである. 種子100g当たり334カロリー, 水分12.1g, タンパク質21.5g, 脂質1.2g, 炭水化物61.4g, 繊維6.8g, 灰分3.8gである.

生育適温は18〜30℃, 高温を好む. 耐暑性と耐乾性に優れ, 重粘土土壌においてもよく生育する. ただし低温では花粉の発芽, 受精が著しく阻害される. 30〜50の変種があり, 完熟種子の色, 花の色, 短日性および長日性によって分類される.

若莢と完熟種子を食用とする. 熱帯地方および亜熱帯地方では若莢を野菜とする. 沖縄諸島・先島諸島では若莢を茹で, 和え物, 天ぷらとして食べる. 完熟種子は青酸配糖体を含むため, 食べる前に除毒する.

キマメ（樹豆）pigeon pea
  Cajanus cajan (L.) Millsp

多年生の灌木. 染色体数は2n = 22, 44, 66である. 英名pigeon peaは種子がハトに好まれることから名付けられた. 原産地はアフリカ北部あるいはインドといわれる. アフリカ北部では紀元前2000年頃から, インドでは紀元前300年頃から栽培されていた. 現在はアフリカ, インド, 東南アジア, ラテンアメリカの熱帯地域で利用されている. 最大の生産国はインドであり, 世界総生産量約320万t（FAO, 2003）のうち約70%を占めている. 日本では食用栽培はなく, 沖縄諸島・先島諸島で緑肥作物として利用している.

高さ2〜4mに達する. 花の色は黄あるいは赤褐色. 莢は扁平で, 中に2〜9個の種子が入る. 種子の形状は球形あるいは楕円形で, 直径は8mm前後である（図1）. 種子の地色は黄, 茶および斑入りである. 種子100g当たり345カロリー, 水分9.9g, タンパク質19.5g, 脂質1.3g, 炭水化物65.5gである.

生育適温は18〜29℃, 高温に強く, 耐乾燥性を示す. 土壌を選ばず, 砂質から重粘土までよく生育する. インドではトゥル Turと呼ばれる小型種の品種群, アルハール Arharと呼ばれる大型の品種群に分類される.

完熟種子はアフリカ, インド, 東南アジアおよび中央アメリカで日常的に食べられる. キマメの完熟種子を利用したダール dhalには特有の香りがあるため, インドではキマメのダールを入れた料理が好まれる.

図1　マメ科作物の完熟種子（スケール：0.5cm）
上左：ソラマメの種子, 上右：ヒヨコマメの種子
中左：ヒラマメの種子, 中右：フジマメの種子
下左：キマメの種子, 下右：ナタマメの種子

ナタマメ sword bean
  Canavalia gladiata (Jacq.) DC

多年生だが, 一年生作物として栽培されることが多い. 染色体数は2n = 22, 44. 莢の形状が刀に似ていることからナタマメと名付けられた. 原産地は熱帯アジアとされ, 日本には江戸時代初期に導入された. *Canavalia*属は4亜属, 51種から構成される. なお, タチナタマメ *Canavalia ensiformis* (L.) DCは同一種との説もある.

蔓性で, 蔓の長さは品種によって10mまで達する. 花は白色あるいは赤紫色である. 莢の長さは20〜40cmに達し, 10〜14粒の種子が入る. 種子は楕円形で, 長さ2〜3cm, 幅1〜2cm前後（図1）, 白色あるいは赤褐色である. 2つの変種に分類され *C. gladiata* var. *gladiata* は花と種子が赤く, *C. gladiata* var. *alba* は花と種子が白である. 種子100g当たり318カロリー, 水分14.9g, タンパク質27.1g, 脂質0.6g, 炭水化物53.8g. 有毒性サポニンとコンカンバリンΛを含む.

30℃程度の高温を好み, 含塩土壌に抵抗性がある. 根系が強靭であるため耐乾燥性に優れる.

熱帯アジアでは未熟な莢を野菜として食べ, 日本では若莢を醤油漬, 福神漬の材料に利用する. 完熟種子は有毒物質を含むため十分な除毒を行なう必要がある.

〈柏葉晃一〉

ジャガイモ (1)
起源, 分布, 形態

ジャガイモ potato
Solanum tuberosum L.　バレイショ(馬鈴薯)

ナス科 Solanaceae に属する双子葉植物で,地下部に貯蔵器官の塊茎を形成し,栄養繁殖する.

起源・伝播

野生種は228種,栽培種は7種あり,いずれも *Solanum* 属に分類される (Hawkes, 1990).野生種は,アメリカ大陸西部の北緯42度から南緯47度の地域に分布し,分布高度は低地から4,500mに及ぶ.

現在世界各地で栽培されているのは四倍体の *S. tuberosum* ssp. *tuberosum* (2n = 48) であり,その起源種 (ssp. *andigena*) はアンデス高原地帯のチチカカ湖周辺 (ペルーとボリビアの国境地帯,南緯15度付近,標高3,000~4,000m) で分化し,7000年前頃から栽培された.コロンブスの新大陸発見 (1492年) 以降の南アメリカとヨーロッパとの交易の過程で,16世紀後半にスペインとイギリスに持ち込まれ,その後,北アメリカには17世紀前半に,インドと中国には17世紀末までに,またヨーロッパ各国には18世紀中頃までに伝わった.寒冷地や養分の少ない耕地でも収穫物を得られることから,18世紀末頃までにはヨーロッパや北米の各地で広く栽培されるようになった.

日本への伝播は,当時日本と交易していたオランダ人がジャワのジャガタラ (現在のインドネシアのジャカルタ) 経由で,1600年前後に長崎に持ち込んだのが最初と考えられている (田口, 1977).その後100年間ほどで,当時蝦夷地と呼ばれていた北海道を含む日本各地で,**救荒作物 emergency crop** (イネやムギ類などが不作の時に飢えを回避するために利用する作物) として栽培されるようになった.しかし,現在日本で栽培されているジャガイモは,明治以降に北米やイギリスから新たに導入された *S. tuberosum* ssp. *tuberosum* であり,江戸時代まで栽培されていた *S. tuberosum* ssp. *andigena* は残っていない.

ジャガイモの呼び名は,ジャガタライモの変化したものと思われるが (牧野, 1935),江戸時代に小野蘭山が中国の植物誌に記載された「馬鈴薯」をジャガイモと同一の植物と述べ,「バレイショ」と呼ばれるようになった.行政機関や北海道ではバレイショの呼称が用いられている.

分布

南アメリカ以外の地域では17世紀以降に伝えられた新しい作物であるが,現在では世界各地で栽培され,食用作物の中でエンバクに次いで7番目の栽培面積を占める.収量が穀類やマメ類などに比べ著しく高いため,生産量はトウモロコシ,イネ,コムギに次いで4番目の位置にある.地域別にみると,旧ソ連地域と東欧地域で多く栽培されてきたが,最近では中国での栽培が増加し,世界で最も栽培面積と生産量の多い国になった.収量は西ヨーロッパやアメリカ合衆国などの先進国で高い.

日本では,1965年に史上最高の21万haの栽培面積となったが,これ以降の40年間にほぼ半減した.しかし収量は40年間で65%も増加し,生産量は1970年以降現在までほぼ同じ水準で推移している.地域別にみると,北海道が栽培面積と生産量の大半を占め,次いで長崎,鹿児島などの西南暖地での栽培が多い.西南暖地では春作 (2月に植え付けて5,6月に収穫する) と秋作 (9月に植付けて12月に収穫する) が可能で,長崎では栽培面積の約25%が秋作である.収量は生育期間の長い北海道で高い.

形態・生理・生態と成長過程

葉,茎,花,果実の地上部器官 (図1) と,根,**匐枝 (ストロン) stolon**,塊茎の地下部器官 (図2) から構成されている.収穫器官である塊茎は生育の早い時期に形成され,地上部および根の成長と塊茎の成長とが拮抗して進む.

塊茎には,頂部より基部に向かって葉序と同じ2/5の開度でらせん状に**目 eye** が10個程度分布し,1つの目には頂芽と複数の側芽をもつ.圃場に植え付けると,通常は数個の目から芽が伸長し,主茎となる.主茎が地表面に出ることを**萌芽 sprouting** と呼ぶ.

茎は主茎と主茎の節から伸長する分枝から構成される.主茎は,地表面から12番目前後の節まで開序2/5で葉と分枝を分化させた後,先端部が花芽となる.その1節下からは**仮軸分枝 sympodial branch** が伸長し,5~6節から葉を生じた後に花芽と仮軸分枝を生じる.主茎と仮軸分枝の複合が,みかけ上の主茎となる.また,主茎の地表面近くの数節および仮軸分枝の1つ下の節からは,比較的太い分枝が生じ,先端部が花芽となる.

主茎と分枝の内部には真正中心柱があり,複並立維管束をもつ.茎の横断面は萌芽直後には円形であるが,生育に伴い維管束の形成層が分裂して肥大し,また表面に**稜翼 wing** ができて,角張った五角形となる.主茎数は,塊茎の休眠終了後の日数 (**齢 age**) によって変化するが,通常は2~4本程度である.茎長は開花終了期に最大となり,早生品種では60cm程度,晩生品種では100cm程度に達する.

萌芽直後には円形の単葉が2~3葉展開し,その後は複数の大型の小葉と小型の**間葉 secondary leaflet** からなる複葉をもつ (図3).葉の表面と裏面には,1mm^2 当たり50~200個の気孔が分布し,また針状の葉毛をもつ.葉の内部は柵状組織と海綿状組織に分化し,それぞれの細胞内に光合成を行なう葉緑体を含む.ジャガイモの

光合成はイネやダイズと同じC_3型で，個葉の純光合成速度の最大値はこれら作物と同等である．しかし，光合成の適温域は18〜20℃と低く，25℃以上の高温では低下する．

他の作物に比べ葉面積の増加が早く，萌芽後1か月頃には葉面積指数(LAI)が3程度となり，葉が畦間まで被って，群落に投下される日射量をほぼ100％利用できるようになる．しかし，葉が水平に展開するため，LAIが4以上になると葉の相互遮蔽が大きくなる．群落の乾物生産速度が最大となる最適LAIは3から4程度であり，イネ科の作物に比べ小さい．LAIは開花終了期頃に最大となり，その後，下葉から順次落葉して減少する．生育期間中の乾物生産量を大きくするためには，生育の早期に3程度のLAIを確保し，これを長期間維持することが重要となる．収量は一般に早生品種に比べ晩生品種で，また暖地に比べ寒冷地で多いが，葉面積の維持期間の差異が主要因である．

萌芽後2週間で主茎の頂部に蕾ができ(着蕾期)，約2週間で開花する(第1花房開花期)．その後2〜3週間の間隔で仮軸分枝の第2花房，第3花房が順次開花する．花房は十数個の花からなる集散花序で，花色は品種によって白，青，紫，赤紫などがある．主として風媒によって受精するが，花粉のできにくい品種(たとえば男爵薯)もある．受精後4〜5週間で直径1〜2cmの球型のトマトに似た果実(しょう果 berry)ができ，内部には長さ2mmほどの扁平楕円型の種子(真正種子 true potato seed，TPSと略記)を50〜200粒(千粒重は約1g)含む．TPSを播種すると通常の植物体となり，塊茎を形成する．育種では，人為的に交配して得たTPSを栽培して，遺伝的な分離集団を得る．

主茎の地下部は約6節をもち，各節から平均6本の節根が伸長し，根系の骨格を構成する．節根からは側根が発生し，通常は2次ないし3次側根まで認められる．節根の直径は1〜2mm，側根の直径は0.2〜0.3mmである．内部には真正中心柱があり，放射維管束をもつ．根は第1花房開花期には50cm程度の深さにまで伸長し，早生品種ではほぼこの深さで伸長が止まる．晩生品種ではその後も伸長を継続して，100cm以上の深さに達する．全体の根長は5〜20km/m^{2}であり，早生品種に比べ晩生品種で多い．また，深さ30cmまでの作土層，特に施肥部位に分布する根が多く，これ以下の土層では著しく少ない．ジャガイモは，コムギ，トウモロコシ，ダイズなどに比べ，根の分布域が浅く，全体の根長も少ない．

主茎の地下部の各節からは，白色のストロンが発生する(図2，次項図1)．ストロンは地上部の分枝と相同器官であり，地上部に露出すると葉を生じて分枝となる．通常は地下部を水平に伸長し，節が分化して2次ストロンや細根を生じる．ストロンの直径は2〜3mmで，先端部はかぎ状に曲がり成長点を保護している．

ストロン先端の次頂部分の細胞容積を増加させて，塊茎を形成する(次項，図1)．塊茎形成 tuber formation には日長が関係し，南米の栽培種や野生種では12時間前後の短日になってから塊茎を形成する．しかし，日本や欧米の栽培種(S. tuberosum ssp. tuberosum)では，伝播の過程で長日条件下でも塊茎形成する特性を獲得したものと考えられており，地上部の着蕾期頃になると長日条件下でも塊茎を形成する．塊茎形成には日長以外にも気温，特に夜温が影響し，25℃以上の高温では塊茎形成が抑制される．

(岩間和人)

図1　第一花房開花期(萌芽1か月後)の地上部(品種：男爵薯)

図2　第一花房開花期の地下部(品種：根優3号)

図3　複葉
最上部の大きい葉は頂小葉
左右の大きい葉は側小葉
側小葉の間の小さい葉は間葉

作物

ジャガイモ(2)
形態，品種，栽培，利用

ストロンの先端部は塊茎形成開始後約1週間で直径1cm程度の球形となり（図1），その後は先端部の細胞の分裂と容積の増加を繰り返して，**塊茎肥大 tuber bulking**が起こり，デンプンを蓄積する．塊茎の一部は途中で肥大を停止して消滅するため，塊茎数は第1花房開花期頃に最大となる．デンプンの含有率は肥大に伴い高まり，肥大期間の長い晩生品種で高い．茎葉が黄変する頃になると塊茎の肥大が停止し，塊茎の表面はコルク化した細胞からなる**周皮 periderm**で覆われる．ところどころに**皮目 lenticel**と呼ばれる穴があり，空気の通路となる．

塊茎生収量 tuber fresh yieldは，塊茎数と塊茎一個の平均生重（**塊茎一個重 tuber one weight**）の積で表わされる．また，**塊茎デンプン収量 tuber starch yield**は，生収量とデンプン含有率の積で表わされる．塊茎数は主茎数によって異なり，塊茎形成期や肥大期の環境条件によっても影響される．また，塊茎数と塊茎一個重，および生収量とデンプン含有率は，それぞれ一般的に負の相関関係を示す．このため，これら収量構成要素の人為的な制御は難しい．

塊茎に分布する芽は，塊茎形成後の一定の期間は成長を停止した状態にあり，塊茎内部のジベレリン含量の低下や休眠物質の蓄積などの生理的な要因による内生休眠（自然休眠）と，低温などの不適な環境要因による外生休眠（強制休眠）がある．内生休眠は塊茎の肥大に伴い深くなるが，高温などの環境条件によって葉のジベレリン合成が高まると，休眠が一時的に解除され，塊茎の2次成長が起こる．ひょうたん型など異形の塊茎となり，また内部品質も低下する．収穫期に地上部が除去されると，塊茎内で休眠物質の分解やジベレリン含量の増加が徐々に進行し，内生休眠が終了する．内生休眠が終了した塊茎を3℃程度の低温下で貯蔵すると，外生休眠の状態で経過する．しかし，貯蔵が長期間におよぶと，徐々に芽の成長が進む．休眠期間は品種によって異なり，寒冷地での貯蔵中の品質の維持や暖地2期作での品種選択のうえで，重要な形質である．

芽の成長は頂芽優勢のためにまず塊茎の先端部の芽で開始し，日数の経過にともない，順次基部近くの芽も成長する．休眠終了後の期間によって，萌芽する主茎数が変化し，休眠明け直後の塊茎を**種イモ seed tuber**として植え付けた場合には1～2本の主茎数であるのに対し，休眠明け後の期間の長い塊茎（老化いも）では場合によっては10本近くの主茎数となる．

品種特性

1840年頃から欧米で**疫病 late bright**が大発生し，これを契機にジャガイモの計画的な育種が英国と米国を中心に始まった．日本では明治時代に欧米から多数の品種が導入され，男爵薯 Irish Cobblerやメークイン May Queenが普及した．また1918年からは国公立の試験研究機関で交雑育種が始まり，紅丸や農林1号が育成された．1939年からは種間交雑育種も行なわれ，1950年以降に育成された品種の多くは S. demmisum に由来する疫病真正抵抗性をもっている．

用途によって必要とされる品質が異なり，食用では外観，肉質，食感が重要である．また，健康食品の観点からビタミンCの含有率が注目されている．需要が増加している加工食品用では，油で揚げたときの焦げ具合と関係する還元糖の含有率，製品の歩留りに関係するいもの形や芽の深さなどが重要となる．デンプン原料用では**デンプン価 starch value**（デンプン含有率（％）＋1）の高いことが重要となる．最近は，これらの様々な用途に適した品種が育成されている．

栽培方法

冷涼な気候を好み，霜の害のない5℃以上の気温で栽培でき，15～20℃の気温で最も生育がよく，30℃を超える気温では生育が抑制される．世界の主産地は年平均気温が5～10℃の地域にある．しかし，萌芽後60日程度の短期間でも収穫が可能であり，夏期が高温となる地域では春や秋などの比較的気温の低い季節に栽培できる．なお，土壌乾燥には弱く，生育期間中の降水量が300mm以下の地域では灌漑が必要となる．また，多湿条件下では疫病などの病害が多くなる．

肥料分の少ない土壌でも栽培が可能であるが，多収を得るためには通気性のよい肥沃な砂壌土または壌土が望ましい．土壌酸性には強く，5程度のpHでも栽培可能である．また，マメ類に比べると連作による収量の低下は小さいが，過度の連作では土壌病害が増加し，品質の維持が難しい．3年以上の輪作を行ない，ムギ類やマメ類の後作がよい．西南暖地での水田裏作栽培では，良品質のイモが収穫される．

種イモは，植付けの3週間前からビニルハウスやガラス室などの雨の当たらない場所に広げ，**浴光催芽 green-sprouting**（**浴光育芽**ともいう）を行なう．浴光催芽は，塊茎の温度を高めることによって芽の分化を早めるとともに，光を与えることによって芽の徒長を防ぐ効果をもつ．太い芽が5mm程度に伸長した状態が最適である．また，種イモは40g程度あれば生育と収量に影響がないので，大きい塊茎は切断して用いる．

植付けでは，まず20cm程度の深さまで耕起した後，約70cmの幅で深さ10cmの畦を切る．栽植密度は10a当たり4,000～5,000株を標準とし，地上部が大きくならない早生品種や暖地の秋作ではより密植にする．株間は30cm程度となる．施肥量は10a当たり窒素7～10kg，リン酸10～15kg，カリ10～15kgを標準とし，全量基肥で畦溝に条施した後，軽く土をかける．種イモは，切断面

を下にして畦溝に置き，5cm程度覆土する．北海道などの広い圃場では，作条，施肥，種イモ置床，覆土を一度に行なうポテトプランターが利用されている．また，暖地の秋作では地温が高く，植付け後に種イモが腐敗することが多いので，地温の低い早朝に植え付ける．

植付けから萌芽までの期間は，積算地温で約300℃を要し，通常3〜4週間かかる．萌芽1週間後には，除草を兼ねて畦間を中耕する．萌芽2週間後（着蕾期頃）には，畦間の土を株基部に寄せる培土 ridging（図2）を行なう．培土は，肥大して大きくなる塊茎が土表面に露出して緑化するのを防ぐために必須の作業である．株間の除草や地温の上昇，排水を良好にして塊茎が水に浸かるのを防ぐなどの効果もある．

一般圃場で栽培すると，アブラムシの媒介するウイルス病に罹病する．罹病当年では収量への影響が小さいが，収穫した塊茎を翌年の種イモとして用いると，著しく生育が抑制され，収量が低下する．アブラムシ防除やウイルス罹病株の除去を行なって生産された無病の塊茎を種イモとして用いる以外には，防除法がない．

疫病も重要病害で，蔓延した場合には数日ですべての葉が枯死し，収穫が皆無になることもある．疫病菌は罹病塊茎中で越冬し，萌芽後20〜30日目頃までに地上部に移行して一次発生源となる．比較的低温（平均気温18〜20℃）で曇雨天の日が続くと，次々に感染を繰り返して圃場全体に蔓延する．感染した植物体では，葉の一部に暗褐色の病斑が生じ，葉の裏側の緑色健全部と病斑との境界付近に白色霜状のかびが密生する．幼茎や葉柄部に暗褐色の病斑が生じることもある．また，降雨によって地上部の菌が地表面に流出し，地下部の塊茎表面に達すると，塊茎が腐敗する．さらに，菌の付着した塊茎を貯蔵すると，隣接した塊茎にも感染が広がる．第1花房開花期以降に1〜2週間の間隔で薬剤の茎葉散布を行ない，菌の蔓延を防ぐ．暖地の春作では梅雨の時期になると疫病が蔓延するので，栽培時期を早め，梅雨前に収穫することが望ましい．

虫害では，ニジュウヤホシテントウ，ヨトウガ，ハスモンヨトウなどによる葉の食害が日本各地で問題となる．また，一部の地域ではジャガイモシストセンチュウ cyst nematodes が発生している．土壌や種イモの移動によって汚染が拡大し，いったん発生すると卵は10年以上も生存する．薬剤による防除は難しく，最近育成された抵抗性品種を栽培したり，4年以上の輪作を行なったりして，センチュウ密度を徐々に低下させる必要がある．

北海道ではポテトハーベスターによる機械収穫が一般的であり，その他の地域では耕耘機につける簡易な掘取り装置が利用されている．収穫後，温暖地では直ちに選別して出荷されるが，寒冷地ではいったん冷暗所に貯蔵し，春までに順次出荷される．塊茎にはソラニン

図1　ストロンと塊茎
上：伸長中のストロン
中：塊茎形成始期（萌芽2週間後）
下：塊茎肥大始期（形成始期1週間後）

図2　培土（萌芽2週間後）後の地上部（品種：男爵薯）

solanin と呼ばれるアルカロイドの一種が含まれ，苦味をもち，大量に摂取すると有毒である．通常の塊茎では微量しか含まれず，食用として問題にはならないが，塊茎が光にさらされて表面が緑化するとソラニンが増加する．また，休眠終了後に芽が成長を開始すると目の周辺部で増加する．収穫と貯蔵の際に注意する必要がある．

利用

用途は，青果（家庭食用），加工食品，デンプン原料，飼料および種イモに大別される．栄養的にバランスのとれた食品であり，旧ソ連やヨーロッパでは主食に近い位置を占めている．青果と加工食品を合わせた一人当たりの年間消費量は，イギリスでは100kg，オランダでは80kgであり，日本の16kgに比べ著しく多い．また，オランダでは50％が種イモ用として生産され，世界各地に輸出されている．

日本での需要量は約400万tで，青果用が25％，加工食品用が30％，デンプン原料用が30％を占める．全体の17％が国外の主として米国から輸入され，すべて加工食品として利用されている．北海道で生産されるジャガイモの約50％がデンプン原料用で，片栗粉として家庭料理で利用されるほか，かまぼこなどの水産練製品や紡績，製紙の製造過程での添加物となる．

〈岩間和人〉

サツマイモ(1)
起源, 生育, 品種

サツマイモ sweet potato
Ipomoea batatas (L.) Lam.　カンショ(甘藷)

　ヒルガオ科 *Ipomoea* 属に属し, わが国では一年生作物として栽培されるが, 植物学的には多年生である. 九州・沖縄地域では, カライモ(唐芋)と呼ばれることも多い. 六倍性(2n = 90)の栄養繁殖作物で, 主な収穫目的器官は塊根 storage root, tuberous root である.

　わが国では, 南九州や関東の畑作地帯の基幹作物として, 年間百万t弱の生産がある. 世界的には, 中国, 東南アジア, アフリカ諸国を中心に, 約1億3千万tが生産され, 食用作物として第7～8位である. なお, 日本は, 世界の第6～7位の生産国である.

　サツマイモは, 干ばつや台風害などの気象災害に比較的強く, 痩せ地でも比較的生産性が高いといった特徴とともに, 穀類に比べると貯蔵, 輸送が困難という特徴も持っているため, 世界的にも, 日本においても, 従来は農家の自給作物あるいは救荒作物 emergency crop としての位置づけが強かった. しかし, 近年は, ビタミンやミネラルが豊富で健康的な食材としてのイメージを活かして, 市場販売作物や加工食品原料作物としての開発が世界各地で進められている.

起源と伝播

　サツマイモが新大陸熱帯地域起源の作物であることは疑いないが, 中米起源説とペルーを中心とする南米起源説とが提唱されており, いまだ結論をみていない. 現在, *Ipomoea* 属 Batatas 節に属し, サツマイモと交配可能な6種を含む *I. trifida* 複合体が栽培種の成立に関わったとする説が有力である. 六倍性栽培種成立には, *I. trifida* に見出された, 非還元性二倍性配偶子をつくる特性が関わったとされている.

　新大陸に起源したサツマイモは, 主に3つの経路で世界各地に広まった. うち2つは, コロンブスの新大陸到達後に, 主にヨーロッパ人の活動による伝搬経路で, 新大陸から大西洋を渡り欧州, アフリカを経てアジア各地へと伝搬した経路と, メキシコから直接太平洋を渡ってフィリピンに伝わった経路とである. もう一つは, コロンブス以前にポリネシア人により, ニュージーランドを含むポリネシア一円に広まった経路である.

　日本へは, 1600年代の初頭に, 中国から琉球に伝来し, その100年後には九州に, さらにその30年後には関東に伝えられた.

生育特性

　日本では, サツマイモは通常, 苗床 nuresery bed で種イモ(塊根)を萌芽させた苗 cut-sprouts, cuttings を切り取り, 本圃に挿す栄養繁殖が行なわれる. 種イモの萌芽適温や苗の発根適温には品種間差もあるが, 30℃

図1　サツマイモ植物体の全体像(品種:パープルスイートロード)

図2　サツマイモ植物体の多様な塊根形態

付近のものが多い．塊根は不定根が肥大した器官であり，すべての根が潜在的には塊根化し得るが，多くの場合，植付け前に苗の節に形成されていた根原基から伸長した根が塊根に分化する．

根の塊根化は，良好な条件下では植付け4～5週間後に起きる．未分化の若根が塊根化するためには，根の形成層の細胞分裂活性が盛んであることと，根の中心柱の木化（リグニン化）程度が低いことが重要で，分裂活性が低く木化程度が大きいと通常の吸収根である細根 fiberous rootとなり，分裂活性が高くても木化程度が大きいとゴボウ状の梗根 pencil-like rootとなる（図3）．

一般にサツマイモの地上部は，つる性で分枝しつつ匍匐し，茎長は数mに達する場合もある．葉は互生し，葉身の形状は広葉型から心臓型まである．生育中期以降は地表を覆い，雑草被圧能力は高いが，水稲に比べると群落の受光態勢は良くない．このため，乾物生産速度の最大値は，同じC_3植物である水稲に比べると低いが，比較的高い乾物生産速度を長く維持し，効率的に収穫器官である塊根に生産物を転流・蓄積するので，日本の作物のなかでは単位面積当たりの乾物生産能力が最も高い作物の一つである．近年の平均塊根収量は2.5t/10a内外であり，多収事例としては南九州では7t/10a，関東地方でも5t/10a程度の収量が記録されている．

育種と品種

サツマイモは短日植物で，アサガオによく似た花をつけるが，日本の条件では通常開花しないため，交配育種を行なう際には，アサガオの台木に接ぎ木して開花誘導する．また，自家不和合性と交配不和合性があり，交配前に不和合性の検定が必要である．交配育種のほか，芽条変異による品種もある．

日本の品種は，用途別に青果用（食用），澱粉原料用，加工用に分類される．青果用の場合，外観や食味などの品質が重視され，赤皮・黄肉のものが多い．澱粉原料用の場合，澱粉収量が最も重視され，赤皮では色素が澱粉の白度を落とすので，白皮が好まれる．加工用品種の場合，用途によって求められる特性は異なるが，最近，紫肉の品種や焼酎用品種の需要が伸びている．

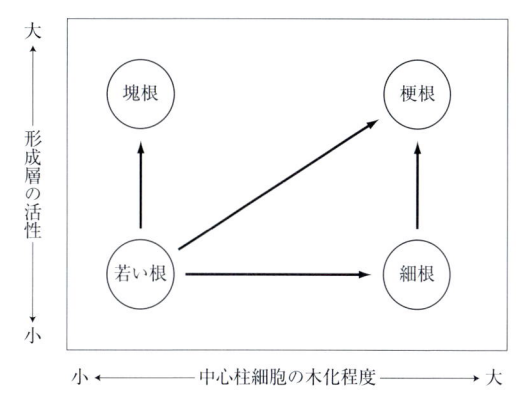

図3　サツマイモの根の発達の模式図（戸苅，1950）

（中谷　誠）

サツマイモの用途と品種

わが国でのサツマイモの主な用途には，青果としての市場販売用（44％，2003年度），デンプン原料用（21％），アルコール（焼酎）原料用（10％），食品加工用（10％）などがあり，幅が広い．したがって，それぞれの用途に適した特性を持つ品種が求められている．

青果用品種には，関東地方を中心に栽培されている「ベニアズマ」（1984年登録），関西以西の「高系14号」（1945）などがある．皮色は鮮やかな赤～紅色で，肉色は淡黄～黄色，肉質は粉質で甘く，口当たりのよい特徴がある（図4）．デンプン原料用品種では，デンプン収量が多いほかに，品質として，歩留まりが高く，貯蔵性が良く，また，デンプン白度が高いことなどが望まれており，専用の品種は「シロユタカ」（1985），「シロサツマ」（1986）など．最近では，収量性や貯蔵性が改良された「コナホマレ」（2000），「ダイチノユメ」（2003）が育成され，普及し始めている．焼酎原料用としては，「コガネセンガン」（1966）が広く利用されており，食品加工用では，干しいも（蒸切干し）として「タマユタカ」（1960），きんとんやあん類の原料として「ベニアズマ」や「高系14号」が用いられている．

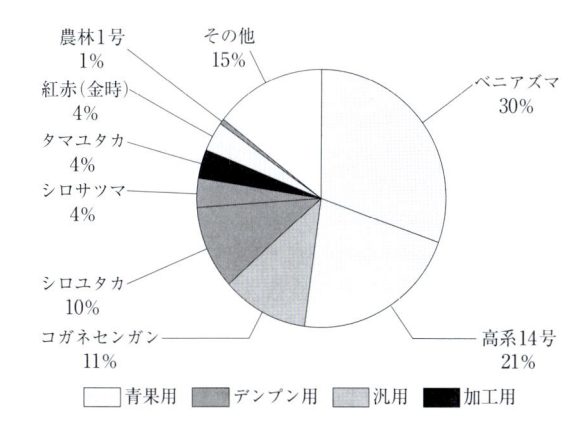

図4　サツマイモの品種別作付面積割合（2003年）

最近育成された品種には，外観が優れ良食味の「べにはるか」（2007），デンプン収量が高く焼酎原料用品種の「ときまさり」（2007），アントシアニン色素含量が高い「アケムラサキ」（2005），加熱しても甘くならずコロッケなどの惣菜に適する「オキコガネ」（2004）などがある．

（中村　聡）

サツマイモ(2)
栽培，貯蔵，利用

栽培

育苗と作付け準備 通常の苗移植栽培では，日平均気温が15℃以上になる時期が植付けの早限となり，晩限は一般的に7月初旬となる．育苗には50日程度を要するので，育苗時期は，本圃の植付け時期から逆算して決める．育苗には保温ないし加温措置が必要である．南九州などでは無加温のビニールハウスなどで育苗が可能であるが，それ以外の地域では，電熱や有機物の発酵熱などによる加温が行なわれる．種イモは品種特性をよく示す無病のものを選ぶ．種イモの必要量は，標準的には苗床 m^2 当たり15〜25本で，本圃の栽植密度3,000本/10aで2〜3回の採苗を前提とすると，10aの本圃に対し，15m^2以上の苗床が必要である．

育苗管理で最も重要なのは，温度管理であり，育苗初期は30℃付近，萌芽後は20〜25℃に管理する．苗が6〜8節，30cm程度に伸長すると採苗できる．現在は人力で1本ずつ採苗される場合が多い．採苗後，灌水と窒素追肥を行なえば，3回程度の採苗が可能である．温度や湿度が安定した条件であれば，採苗後数日間は苗貯蔵が可能である．

サツマイモは，土壌の肥沃度は問わないが，水はけのよい土壌が適する．水はけ確保と収穫を容易にするため，通常，高畝栽培される．また，ポリエチレンフィルムマルチで高畝を覆えば，植付け時期の地温上昇による初期生育促進効果などが期待できるので，青果用栽培を中心に普及している．施肥量は土壌診断をしたうえで決めるのが原則であるが，一般的には窒素成分を抑えた化成肥料（N：P：K = 3：10：10）を10a当たり100kg程度施用する．

サツマイモは畑作物のなかでは比較的連作に強い作物とされているが，抵抗性品種以外の連作は，ネコブセンチュウなどの病害虫密度の増加を招き，被害が発生しやすくなる．

植付けと成育中の管理 植付けは苗を挿木する（挿苗）．挿し方は，直立挿し，斜め挿し，釣り針挿し，船底挿し，改良水平挿し，水平挿しなど様々な方法があり（図1），それぞれ長所・短所がある．最も一般的な直立挿しと水平挿しを比較すると，直立挿しは土壌の深い層まで挿すことになるので，乾燥などに対する安定性が高く，労力も少ないが，土中の節数が少ないので塊根数が少なく，塊根のサイズの揃いも悪い．逆に，水平挿しは，塊根数を確保しやすく，揃いもよいが，挿苗位置が浅いので，初期の乾燥などに対する安定性は低く，挿苗に手間がかかる．

生育中の管理としては，生育初期の畝間除草，生育中期以降のナカジロシタバなどの害虫防除を行なう．砂地など窒素が切れやすい圃場以外では，通常追肥は行なわれない．

収穫と貯蔵

サツマイモは，降霜により枯死するまで塊根肥大を続けるので，収穫が遅いほど多収となる．しかし，青果用の場合，外観や味などが重要で，この点で，4か月前後で収穫されることが一般的である．早期出荷をねらう場合には，3か月程度で収穫する場合もある．地上部を刈った後，小型のディガータイプの収穫機を使用することが多い．

サツマイモ塊根は貯蔵が比較的難しい．生理的な休眠はないため，貯蔵温度が高いと萌芽する．逆に，10℃以下では，低温障害 chilling injury を被る．貯蔵適温は13〜15℃である．貯蔵中の湿度は，95〜100%がよい．収穫後，貯蔵前に，30〜32℃，湿度95%以上の条件で5〜7日間，キュアリング curring と呼ばれる処理を行なうと，塊根表層にコルク層が形成され，収穫・搬送時の傷が治癒するので，貯蔵性が向上する．

利用

食用としては，戦中，戦後の食料難時代には，代用主食として利用されたが，現在は，天ぷらや焼きいもなど

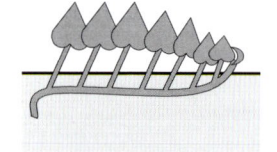

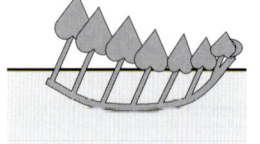

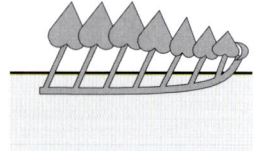

図1 サツマイモ苗の植付け方法

直立挿し　斜め挿し　釣り針挿し
改良水平挿し　船底挿し　水平挿し

副食あるいは野菜としての利用が主体である．加工食品としては，きんとんやスイートポテトなど和洋の菓子類の原料としての利用が多い．最近は機能性のアントシアニンを含む紫品種を用いたアイスクリームやジュースなど新たな加工利用も広まっている．伝統的な加工食品としては，蒸切干し（干しイモ，乾燥イモ）がある．これは，原料塊根を蒸し，剥皮後，スライスして乾燥させたものである．

　工業原料として大きな比重を占める利用は澱粉原料であるが，安価な輸入澱粉に圧されて，澱粉原料需要の占める比率は2割を切っている．最近，いも焼酎の原料としての需要は伸びている．このほか工業原料としては，最近，紫品種を色素抽出原料として利用している．

　世界的にみると，サツマイモは飼料としても重要な作物であるが，日本では飼料利用はわずかである．最近，黒豚などの飼料として復活する動きもみられる．飼料としては，塊根のほか，地上部を青刈り飼料ないしサイレージとして利用できる．

図2　キダチアサガオ台木に接ぎ木して開花誘導したサツマイモの花

　サツマイモの地上部は，ビタミンやミネラルなど栄養に富んでおり，世界的には緑色野菜として利用されているが，日本では現在あまり利用されていない．このほか，観賞・緑化植物としての利用や，開発途上地域では薬用的利用（止血，整腸など）もみられる．

（中谷　誠）

デンプン・アルコール原料としてのサツマイモ

　わが国でのデンプン供給量294万tのうち，約86％が輸入トウモロコシを原料とするコーンスターチ(2006年)で，国産いもデンプンは約9％．そのうちジャガイモデンプンは約8割，サツマイモデンプンは約2割（全体の1.9％）である．サツマイモデンプンの用途は，水飴やブドウ糖，異性化糖などの糖化製品が85％で最も多く，次いで，菓子（わらび餅など）や麺類（葛切り，春雨，冷麺など），水産練製品などの食品原料が10％，さらにのりや接着剤などの5％である．

　わが国におけるサツマイモのデンプン原料としての利用は，1965年には229万t（サツマイモ生産量の約46％）であったが，その後，コーンスターチなどの安価なデンプン原料の輸入が増大したために急減し，2006年では約18万t（約18％）である（図3）．一方，最近焼酎原料としての需要が高まり，2006年では約21万t（約21％）とデンプン原料用を上回っている．全国生産量の約4割を占める鹿児島県では，サツマイモの用途別仕向量の割合は，焼酎用が46％，デンプン用が約40％である（2007年）．

　サツマイモデンプンは，コーンスターチの原料としての輸入トウモロコシとの抱合わせ制度により，その需要が維持されてきた．しかし，2007年にその制度が廃止され，サツマイモデンプンの需要確保が重要な課題となってきている．

　青果用品種の「クイックスイート」（2002年登録）は，従来の品種に比べて低い温度で糊化するデンプン（低温糊化性デンプン）を含んでいるため，電子レンジでの短時間の調理でも甘味があり，またデンプンが老化しにく

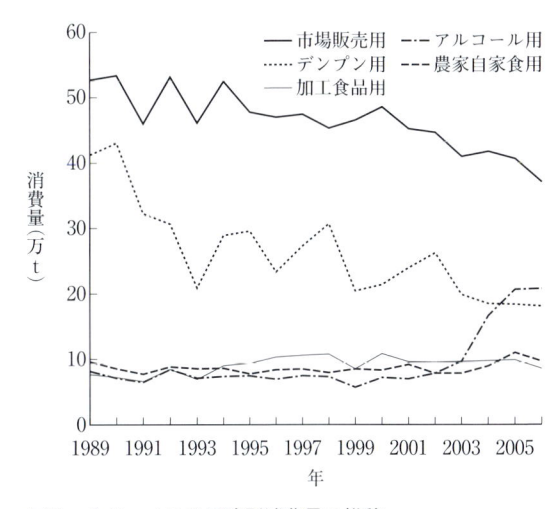

図3　サツマイモの用途別消費量の推移

い特徴を持ち，和菓子類などへの用途拡大が期待されている．

　焼酎原料用品種として現在は主に「コガネセンガン」が利用されているが，「アヤムラサキ」(1995)などの紫色系の品種でつくった焼酎には赤ワイン的な香り，「ベニハヤト」(1985)などのβ-カロチンを含む橙色系の品種の焼酎には熱帯果実のような香り，デンプン含量が高い焼酎原料用品種の「ジョイホワイト」(1994)の焼酎には柑橘系の香りがつき，これらの特徴を活かした商品開発が行なわれている．

　このように，サツマイモデンプンの付加価値を高め，消費拡大を目指した研究，開発が行なわれている．

（中村　聡）

ヤムイモ

ヤマノイモ属植物

　ヤムイモあるいはヤムという呼称は，単子葉類，ヤマノイモ科 Dioscoreaceae，ヤマノイモ属 *Dioscorea* に属している植物の総称，あるいは，狭義としてヤマノイモ属の食用種の総称として使われている．

　ヤマノイモ属の植物は，熱帯降雨林からサバンナ地域あるいは温帯の寒冷地域にかけて広く分布している．ヤマノイモ属の種数は，おおよそ600種であると報告されている．しかし，ヤマノイモ属植物は形態の変異幅が大きくて分類が難しく，また，雌雄異株であるため雌株と雄株が別種として扱われることもある．さらに，原産地から遠く離れた地域で古くから生育している種が別種として扱われている場合もあり，実際の種数は上記の値より大幅に少ない可能性も指摘されている．これらヤマノイモ属の植物のなかで，食用として栽培されるものは50〜60種である．

主要栽培種と起源，伝播，分布

・アジア原産種

　ダイジョ（大薯） water yam, greater yam, winged yam; *Dioscorea alata* L.　インドシナ半島原産とされ，*D. hamiltonii* と *D. persimilis* の雑種集団から人為選択により生じたものと推察されている．3,500年以上も前にアッサム，ミャンマーからタイ，インドシナを経て，インドネシアに渡り，そこからオセアニアに伝播したと推定されている．また，インド経由で，アフリカへも伝播している．東南アジア，西アジア，オセアニア，アフリカにおいて広く栽培されている．日本でも沖縄，九州，四国や南西諸島などの温暖地で栽培されている．

　トゲドコロ（ハリイモ，トゲイモ） lesser yam, potato yam; *Dioscorea esculenta* (Lour.) Burk.　インドシナを起源とし，タイで栽培化されたと推定されている．3世紀頃には中国南部でも栽培され，アジア，オセアニア，アフリカの熱帯各地に伝播した．

　カシュウイモ aerial yam; *Dioscorea burbifera* L.　熱帯アジア，アフリカ，オセアニア，西インド諸島に広く野生している．栽培は西アフリカで多い．

　ゴヨウドコロ five-leaved yam; *Dioscorea pentaphylla* L.　熱帯アジア，特にインドネシアからオセアニアにかけて野生するが，栽培もされている．

　ナガイモ（薯蕷） Chinese yam; *Dioscorea opposita* Thunb.　中国の華南西部が原産地であるとされ，中世に朝鮮を経て日本へ伝播したと考えられている．東アジアに広く分布し，耐低温性を有していることから青森県や北海道などの寒冷地でも多く生産されている（図1）．

　ヤマノイモ（ジネンジョ，自然薯） Japanese yam; *Dioscorea japonica* Thunb. ex Murray　温帯アジア原産で，日本本州以南，台湾，中国長江以南，朝鮮半島などに分布している．日本では古くから野生しているが，各地で栽培もされている．

・アフリカ原産種

　ホワイトギニアヤム（ホワイトヤム） white Guinea yam, white yam; *Dioscorea rotundata* Poir.　アフリカの熱帯雨林から湿潤サバンナまで広く栽培され，アフリカで最も生産量が多い．西インド諸島でも広く栽培されている．

　イエローギニアヤム（イエローヤム） yellow Guinea yam, yellow yam; *Dioscorea cayenensis* Lam.　アフリカ赤道付近の熱帯雨林地域で栽培されている．特に，ナイジェリア東部からカメルーンなどで生産が多い．

　ビターヤム bitter yam; *Dioscorea dumetorum* (Kunth) Pax.　熱帯アフリカに広く分布し，西アフリカの特にカメルーンで栽培されている．

・南米原産種

　クスクスヤム cush-cush yam; *Dioscorea trifida* L.　主に西インド諸島で栽培されている．

生産状況

　2007年における世界のヤムイモの収穫面積は463万8,933ha，生産量は5,194万8,149tである．2007年では，アフリカは世界の生産量の約96.5%，最大の生産国であるナイジェリアは世界の生産量の約71.5%を占めている（FAO統計）．そのほかに生産の多い国としてコートジボワール，ガーナ，ベナンが挙げられる．2006年における日本のヤムイモの作付面積は8,540ha，収穫量は19万2,200tである．2006年の日本の全収穫量のうち約38.0%が青森県，約33.5%が北海道，約4.9%が長野県，約4.5%が千葉県で生産されている（農林水産省統計）．

形態

　塊茎 tuber は，根と茎の中間的な特徴が認められることから担根体 rhizophore とも呼ばれている．塊茎の維管束型は，並立維管束であり，根で認められる放射維管束，茎で認められる複並立維管束とは異なる．また，塊茎には葉はつかないが，根が発生する．塊茎の形状は，種や品種により様々である．ナガイモでは，塊茎の形状により，長く伸びた形状のナガイモ群，イチョウの葉の輪郭に似た形状のイチョウイモ群および球状のツクネイモ群に分類されている（図2）．ナガイモ群では，塊茎の長さが100cm程度に達するものもある．

　茎は，つる性で，ダイジョ，ホワイトギニアヤム，イエローギニアヤムでは右巻き，カシュウイモ，ミツバドコロ，ビターヤム，クスクスヤムでは左巻きである．葉は，つる性の茎に互生あるいは対生する．地上部の葉腋には，むかごと呼ばれる地上塊茎 aerial tuber, bulbil が多数形成される．多くの栽培種では，むかごの大きさは塊茎よりもはるかに小さく直径1〜3cm程度であるが，カ

シュウイモのむかごは大きいもので直径5cmを超える．

生態・生理

　ヤムイモでは，塊茎やむかごにより栄養生殖を行なう．ほとんどの栽培種では，温帯や亜熱帯のみならず熱帯においても1年に一度，塊茎以外の部位は枯死し，塊茎は2～4か月間ほど休眠する．休眠は，温帯では冬季に，熱帯では乾季において行なわれる．休眠を終えた塊茎から萌芽して新たに茎，葉および根が発生・成長する．その間に，休眠を終えた塊茎内の貯蔵物質は消耗し，代わって新たな塊茎が形成される．ダイジョの塊茎における休眠には，内生のジベレリンが関与していると報告されている．

　ダイジョにおいては，早生系統は感光性が弱く，塊茎の肥大成長と成熟が早期に始まり，晩生系統は逆に感光性が強く，肥大成長の開始と成熟が遅い．ナガイモにおいては，日本の寒冷地で栽培されているナガイモ群とイチョウイモ群は，塊茎の肥大成長の日長感度が低く，早生形質であるのに対し，暖地で栽培されるツクネイモ群は，塊茎の肥大成長の日長感度が高く，晩生形質である．また，ナガイモでは，塊茎形成の制御にジャスモン酸が関与していると報告されている．ヤムイモでは，種子は実るが，不稔種子が多く，種子繁殖はあまり行なわれない．

栽培

　日本においては，ナガイモ群などの長形品種の栽培では，表土が深くて軽い火山灰土壌や砂質土壌が適し，トレンチャーなどで深さ100～110cm程度にまで深耕することがある．イチョウイモ群は短根であり，表土の浅いところでも栽培される．ツクネイモ群は乾燥に弱く，他の群よりも草勢が弱く，肥沃で排水が良くやや粘質な土壌で栽培される傾向にある．長形品種では，収穫時に掘り取りやすいように土中に筒桶あるいは竹籠を斜めに埋めて，その中へ種イモを植え付ける方法もある．受光態勢がよく収量が向上することから，つるを支柱に張ったネットに絡ませる方法が広く行なわれている．

　アフリカでは，雨季の終わりごろから林野の伐採と火入れをした後に，種イモを定植する焼畑式農法が主に行なわれている．西アフリカでは，焼畑地にマウンドと呼ばれている肥沃な表層土を集めた小山がつくられ，そこへ種イモが定植される農法が一般的である．つるを絡ませる支柱には，樹木間に張ったロープ，焼畑に燃え残った灌木，前作の穀類の茎などが利用されると報告されている．塊茎は休眠するので，収穫後，種イモ用の塊茎を，地面の穴や涼しい場所に積まれた枯れ草の中に埋めたり，ヤムイモ専用の貯蔵小屋で貯蔵したりする．

　病害には，腐敗病，斑点病，ウイルス病などがある．

図1　ナガイモの地上部

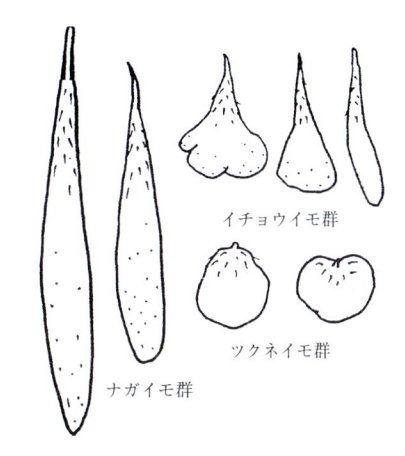

図2　ナガイモの塊茎（岡本，2001）

害虫には，コガネムシ，カイガラムシ類，ハムシ類，ゾウムシ類などがある．また，ヤムセンチュウ，ネコブセンチュウなどの線虫の害も受ける．

利用

　ヤムイモは，デンプンを豊富に含み，タンパク質，ビタミン，ミネラルに富む栄養価の高い作物として知られている．日本では，すり下ろしたり，千切りにしたりして生で食べることが多いが，海外では一般的に加熱調理される．アフリカでは，煮たイモを杵で搗いて餅状にしたフフ fufu がよく食される．また，加工原料として，日本では菓子，酒および練り製品などに使われている．ナイジェリアやベナンなどでは，薄切りにしてイモを煮てから天日で干し，粉末にしたアマラ amala と呼ばれるヤムイモ粉が生産されている．ヤムイモ粉は近年食品メーカーによって高品質のものが生産され，ヤムフラワーとして流通している．また，ヤムイモは，中国では古くから山薬と呼ばれ，漢方薬や健康食品として広く利用されている．

〈川崎通夫〉

タロイモ

サトイモ科 Araceae の植物は単子葉類に属し，およそ100属，1,500種で構成される．タロイモあるいはタロとは，サトイモ科に属する食用種の総称であり，また，狭義としては古くから主に熱帯の地域において重要な *Colocasia esculenta* var. *esculenta* のことである．

分類・主要栽培種・起源・伝播・分布

タロイモには，熱帯アジア起源のサトイモ属 *Colocasia*，クワズイモ属 *Alocasia*，キルトスペルマ属 *Cyrtosperma*，コンニャク属 *Amorphophallus* および熱帯アメリカ起源のキサントソマ属 *Xanthosoma* に属する種が存在する．

タロイモ（タロ） taro, dasheen, cocoyam; *Colocasia esculenta* (L.) Schott var. *esculenta* Hubbard & Rehder，**サトイモ** eddo; *Colocasia esculenta* (L.) Schott var. *antiquorum* Hubbard & Rehder　肉穂花序の不稔性付属体の形態や球茎 corm の着生・肥大様式の違いにより，*Colocasia esculenta* (L.) Schott 種は，タロイモとサトイモの2つの変種に分類される．古くはインド，中国，日本，太平洋諸島へ広まり，ローマ時代にはエジプトを経由してイタリア，スペインへ，西暦初期にはアフリカ西海岸へ，1905年にはアメリカへ伝播した．

ヤウテア（アメリカサトイモ） yautia, tannia, cocoyam; *Xanthosoma sagittifolium* (L.) Schott　19世紀に西アフリカ，太平洋諸島，アジアへ導入された．乾燥に強くて生育がよく，味もよいため，アフリカ，太平洋諸島，東南アジアで急速に広まった．

インドクワズイモ giant taro; *Alocasia macrorrhiza* (L.) Schott　マレーシアの群島部で最初に栽培化された．現在では主にトンガやサモアなどで食用として栽培されている．

スワンプタロ（ミズズイキ） giant swamp taro, swamp taro; *Cyrtosperma chamissonis* (Schott) Merr.　草丈は2〜4mにまで成長する大型の種である．インドネシアが原産地と考えられ，主にミクロネシアやメラネシアで食用として栽培されている．

ゾウコンニャク（インドコンニャク） elephant yam; *Amorphophallus paeoniifolius* (Dennst.) Nicolson　ベルガン湾の北部沿岸地域が原産地とされている．インド，スリランカからミャンマーやマレーシアを経てフィリピン，インドネシア，南太平洋沿岸諸国へと広まった．主に，インドネシアのジャワ島で栽培されている．日本や中国などで栽培され，加工食品の原料となる**コンニャク** *Amorphophallus konjac* K. Koch も，学術的にはタロイモの一つとして扱われる場合がある．

生産状況

国際食糧農業機関（FAO）の統計資料では，タロイモは 'taro (cocoyam)' と 'yautia (cocoyam)' の2つに区分されている．

前者の2007年における世界の生産量は1,194万9,300t，収穫面積は181万6,171haである．世界の生産量のうち約79.6%はアフリカで，国別にみると約45.9%がナイジェリア，約13.9%がガーナ，約13.8%が中国，約9.5%がカメルーンで生産されている（FAO統計）．一方，後者の2007年における世界の生産量はおおよそ35万tである．FAOの統計資料では，yautia (cocoyam) の生産の多い国として，キューバ，ベネズエラ，ドミニカ共和国，ペルーなどが挙げられ，生産国のほとんどが中南米諸国である．

しかし，近年，アフリカ，太平洋諸島，熱帯アジアなどでは，南米原産であるヤウテアが，古くから栽培されている熱帯アジア原産のタロイモに代わり，急速に普及していると報告されている．このような地域では，ヤウテアは古くから栽培されてきたタロイモなどと同じ呼称で扱われている場合があるため，それらの実際の生産量については不明瞭である．

日本での2006年におけるサトイモの作付面積は14,400haであり，収穫量は174,700tで，そのうち14.9%が千葉県，10.8%が宮崎県，9.6%が埼玉県，5.4%が鹿児島県で生産されている（農林水産省統計）．

形態・品種

多くの種では，地上部は葉柄と葉身から成り，茎は球茎として地中で肥大する．インドクワズイモなどでは，球茎の上部が地表から突き出ていることもある．タロイモの葉柄は，ずいきと呼ばれ，品種により食用とされる．

タロイモの球茎の着生の仕方については，まず，地中に植え付けられた種イモから生じた頂芽が成長するに伴い，頂芽の基部が肥大して**親イモ** mother corm［球茎］(mother tuber［塊茎］, mother tuberous root［塊根］) が形成される．さらに，親イモから生じた側芽が成長するに伴い，側芽の基部が肥大して**子イモ** daughter corm［球茎］(daughter tuber［塊茎］, daughter tuberous root［塊根］) が形成される．側芽の位置は，2/5の旋回性を示す．同様に，子イモから**孫イモ** secondary corm［球茎］(secondary tuber［塊茎］) が，さらには孫イモから曾孫イモが形成されることがある．

タロイモでは，子イモ以降に形成される球茎は総じて分球と呼ばれ，子イモは第1次分球，孫イモは第2次分球，曾孫イモは第3次分球とも呼ばれる（図1）．分球の着生数や肥大程度は，属・種・品種により大きく異なる．また，親イモから，子イモの代わりに匍匐枝を地中につけるもの，さらにコンニャクのように匍匐枝の先端部が肥大して小イモ（生子）を形成するものもある．葉柄は，球茎の上位節から輪生し，先端に葉身をつける（図2）．

日本の栽培種は，昭和以降に導入された品種を含め

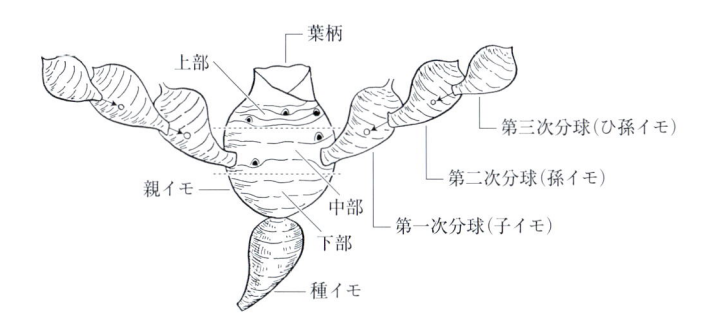

図1 サトイモの分球模式図（飛高）
節数は20以上ある．分球は中央部に多い．しかし，下方から2〜5節は休眠に終わるばあいが多い

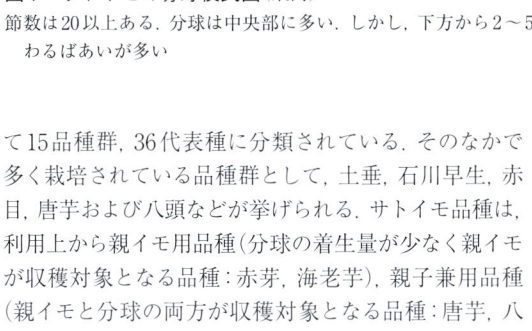

図2 サトイモの地上部

て15品種群，36代表種に分類されている．そのなかで多く栽培されている品種群として，土垂，石川早生，赤目，唐芋および八頭などが挙げられる．サトイモ品種は，利用上から親イモ用品種（分球の着生量が少なく親イモが収穫対象となる品種：赤芽，海老芋），親子兼用品種（親イモと分球の両方が収穫対象となる品種：唐芋，八頭），子イモ用品種（分球を収穫対象とする品種：土垂，石川早生，蘞芋）および葉柄用品種（葉柄を収穫対象とする品種：ハスイモ）と類別されている．

ハスイモ（蓮芋 *Corocasia gigantea* Hook. f.）は，分類学上はサトイモとは別種であるが，サトイモの一品種として扱われている．なお，クワズイモ属では主に親イモが，キルトスペルマ属では主に分球が食用とされる．

生理・生態

タロイモは，熱帯・亜熱帯から温帯の温暖な地域にかけて分布している．寒冷な地域では生育が難しく，地上部は霜により枯死する．日本では，サトイモは主に関東以南において栽培されている．

多くのタロイモは，気温が25〜30℃，年間降水量が2,000mm程度の環境で生育がよい．主に親イモを食用とするものの多くは，特に高温を必要とする晩性であり，保水力のある粘質土壌に適している．主に分球を食用とするものの多くは，比較的低温に強く，排水のよい土壌に適する傾向がある．

日本で栽培されているサトイモは，熱帯で栽培されている品種よりも少ない雨量の地域でも生育し，かつ，より低温に抵抗力がある．しかし，タロイモは全般的に乾燥に弱く，耐湿性を有し，品種により水田でも栽培されている．土壌pHに対する適応性が広く，pH4〜9で生育できる．また，連作により生産性が顕著に低下する代表的な作物である．

タロイモでは，主に球茎による栄養繁殖が行なわれる．一部の種や品種では，種子繁殖により得られた植物体も栽培に利用されている．

栽培

熱帯・亜熱帯では，乾季のない地域や水田などの灌漑のあるところでは年中収穫が可能である．雨季と乾季のある地域では，畑への植付けは，雨季に入る頃に行なわれることが多い．植付けには，種イモのほか，葉柄をつけた親イモの上部を切り取ったもの，さらには，催芽床で種イモを萌芽させて葉が展開した苗などが用いられる．日本では，冬季があることから4月頃に植え付けて9〜11月に収穫するが，温室，マルチ，トンネルなどを用いて初期生育を早めて市場入荷量の少ない5〜8月に出荷する栽培もされている．栽植密度は，日本では22,000〜25,000本/ha程度であるが，西アフリカやパプアニューギニアでは慣行として10,000本/ha程度である．

タロイモは根圏が広いため，畑作においては耕土を深くすることが大切である．タロイモは，多肥性の植物であり特に窒素・カリ・カルシウムを多く必要とする．また，日本のサトイモ栽培では，球茎の肥大を良くするために土寄せの作業が慣行されている．タロイモは熱帯において，ゴム，バナナ，ココア，ココヤシ，柑橘類の植物体の間においてよく間作されている．ナイジェリアなどの西アフリカでは，ヤムイモと混作されることがある．

病害虫には，腐敗病，根腐病，菌核病，ウイルス病，ハスモンヨトウ，ハダニ類などがある．また，ネコブセンチュウによる被害もある．

利用

球茎は豊富にデンプンを含み，特に熱帯では人類のカロリー源として重要である．日本では，球茎をそのまま塩茹でにして食べるほか，煮物や汁物の食材として副食蔬菜として利用されている．また，ハワイやポリネシアの一部の島では，ポイ poiと呼ばれる煮たイモをつぶしたもの，あるいは，それを発酵させたものが食されている．また，ハスイモなどの葉柄（ずいき）は，汁物，あえ物，酢の物などにされる．

〈川崎通夫〉

ヤシ科作物(1)
ココヤシ，アブラヤシ，他

ヤシ科作物の種類と特徴

　ヤシ科 Palmae (Arecaceae) は6亜科，約200属2,600種からなり，常緑で，多くが低木または高木である．単子葉植物のなかではイネ科植物に次いで経済的に有用なものが多い．熱帯地域では，食料，油料，糖料，嗜好品として，あるいは建材，生活用具など様々に利用されている．温帯地域でも，油脂(石鹸やコーヒーホワイトナーなど)，高級アルコール(界面活性剤，合成洗剤など)，たわしなど，その利用は人間の生活に密着している．

　葉は大型で互生し，葉身の展開に伴って小葉や裂片が開く．葉軸 rachis が伸びずに扇型となる掌状複葉 palmate compound leaf の種と，葉軸が伸びて羽状複葉 pinnate compound leaf となる種とがある．2回羽状複葉 bipinnate compound leaf の種もある．抽出前の葉は扇だたみの状態にあり，葉軸に小葉が着生する部分が「V」字型 induplicate の種は折り目の上で裂け，「∧」字型 reduplicate の種は下で裂ける．これは亜科レベルの分類指標となる．葉柄の基部は幅広い葉鞘となって茎を包む．

　茎は草質で短いものや木質で高木状のもの(肥大して木質となったものを幹 trunkと呼ぶ)などがある．いくつかの属を除いて基部以外では分枝しない．つる性のもの climbing palm もある．

　花序は頂生または腋性の大型の総状花序 raceme で，分枝の多いものから，みられないものまで変異が大きい．両性花か雌雄異花を着ける両性株(雌雄同株)と，雌雄異株がある．花は比較的小型で，3数性であり，6枚の花被(萼3枚，花弁3枚)，3本か6本あるいはそれ以上の雄蕊，1～3心皮をもつ上位子房からなる．1心皮に1個の倒生胚珠をもつ．果実は核果 drupe または液果 succlent fruitで，鱗片 imbricate scale で覆われるものと覆われないものがあり，大きさは直径数mmのものから，40cmを超えるものまである．胚乳は多くが角質 horny で，属によっては極めて硬い．これらの特徴などから，コウリバヤシ亜科，トウ亜科，ニッパヤシ亜科，アンデスロウヤシ亜科，ビンロウヤシ亜科，アメリカゾウゲヤシ亜科の6亜科に分類される．

ココヤシ(古々椰子) coconut [palm]
Cocos nucifera L.

　ビンロウ亜科の常緑高木．近縁種は絶滅しており，現在，ココヤシ属は1種のみ．熱帯の多湿な低地では最も広く栽培されており，用途も多様である．原産地は明確でないが，熱帯アジアかポリネシアと推定されている．太平洋からインド洋まで旧世界の熱帯に広く分布したのは，ポリネシア人が航海の際に若い果実の胚乳液 coconut waterを飲料として利用したことによるといわれている．品種群としては Typica, Javanica, Nana の3つがあり，現在は多くの栽培品種がある．アメリカ大陸にまで広がったのは比較的最近と考えられている．栽培に適するのは日平均20℃以上，年間降水量1,500mmで平均して降雨があるところが望ましい．

　樹高20～30m，幹直径は基部で50～60cm，上方は30cm程度となる．幹基部の肥大程度を品種分類の指標とし，一般に，矮生種の基部は太くない．葉は羽状複葉で長さ約5m，小葉は長さ60cmくらいになる．出葉速度は約1枚/月である．雌雄同株で，葉腋に長さ1～2mの円錐花序を着け，上部に小形の雄花を多数着け，下部に10～20個の大形球形の雌花を着ける．極直径約30cm，赤道直径約25cmの果実を60～70個着ける．苗の定植から3～4年で幹立ちし，6，7年目に初めて結実する．約15年で結実最盛期に達する．普通60年までは良好な果実生産ができ，70～80年で生産が落ちるので，経済的樹齢は60～70年とされる．

　中果皮は乾質で厚い繊維(ハスク)からなり，コイア coirと呼ばれる繊維が採れ，焚物，ロープ，マット，たわし，刷毛，箒，網などに利用される．内果皮(核)は硬い殻(シェル)で，黒褐色を帯び球形をした殻となり，胚と胚乳を囲む．シェルは燃料(木炭)や活性炭，容器などの細工物，幹は建材などにする．内果皮の内壁に沿って約1cmの胚乳層が発達する．これは生食でき，成熟して固化した脂肪部層を削り取って搾ったものが「ココナツミルク」である．完熟した胚乳を乾燥したものをコプラ copraと呼び，搾油原料になる．ココヤシ油 coconut oilは中鎖脂肪酸型油脂で，食用・石鹸用として用いられるほか，界面活性剤などの工業原料として重要である．花序の軸を切って糖液を集め，酒や，赤砂糖をつくる．

アブラヤシ(油椰子) oil palm
Elaeis guineensis Jacq.

　ビンロウ亜科ココヤシ連の常緑高木．アブラヤシ属には中南米熱帯域原産のアメリカアブラヤシ *Elaeis oleifera* もあるが，単にアブラヤシといえばギニアアブラヤシ *E. guineensis* を指す．多湿な熱帯アフリカでは全域にみられ，原産地の特定は難しいが，西アフリカ原産と考えられている．19世紀後半にプランテーション作物として開発され，マレーシアやインドネシアでも大規模栽培されている．野生では川沿いでの生育がよい．

　樹高20～25m，葉の基部の繊維で覆われた幹の上に長さ3～5mの羽状葉が叢生する．雌雄異花，雌雄の花序が同一個体に着く．花は短く，よく分枝し，一部は葉の基部に隠れた形で着生する．普通は，雄花序が抽出した後に雌花序を形成し，同時に開花はしないので，人工授粉により良好な結実を確保する．送粉にはゾウムシの一種が効果的で，東南アジアへも導入され，増産がもたらされた．

　果実は卵形で，長さ3～5cm，赤道直径2～4cm，重さ

3～30gで，1房に1,000～3,000個が密生する．年間に6～20kgの果房が10～12個収穫できる．中果皮は油脂と繊維からなる．内果皮は硬い殻で，内果皮内部には油脂を含む胚乳がある．中果皮からはパーム油が，胚乳からはパーム核油が得られ，脂肪酸組成が異なる．内果皮の厚みからDura種，Tenera種，Pisifera種に分けられる．他の作物に比べて油脂の生産性は高く，2.5～4t/ha/年である．マーガリン，ショートニング，石鹸の原料などにされる．中果皮から油が採れるのは，このほかブリーチヤシ，ムクジャーヤシ，核油が採れるのはココヤシ連アッタレア属のババスヤシとコフネヤシがある．

ナツメヤシ（棗椰子） date palm
Phoenix dactylifera L.

コウリバヤシ亜科ナツメヤシ属の常緑高木で，ナツメジュロ，カラナツメ，戦捷木ともいう．原産地ははっきりしないが，エジプトやメソポタミア，アラビアでは古代から栽培されていた．果実 dateはエジプトから中近東での主要な食品であり，この地域を中心に広く栽培されている．また，古くから神聖な木とされ，戦に勝ったとき（戦捷）などの祝賀にも用いられた．

乾燥地に生育するが，地表近くに地下水があるところ，季節的には川が出現するところやオアシスにみられる．

幹は直立して，樹高20～30m，葉は羽状複葉で長さ1～3m．小葉は長さ20～40cmの線状披針形で葉軸への着生部位はV字型．花序は前年に展開した葉の葉腋に大きな房状に着生する．花序枝が直接軸に着いているように帚状に分枝する．雌雄異株であり，雄と雌の花序は外見上似ている．受粉後，雌花序は伸長して，鳥が近づきやすくなる．果実は長さ3～4cmの長楕円形でナツメに似ており，下垂する花序に多数群がって着く．

果肉は柔らかく，果糖を多く含み食用にする．生食するほか，乾果やジャム，ゼリーなどに加工する．樹液を採集し，椰子酒をつくり砂糖を採る．頂芽を野菜とすることもある．

サトウヤシ（砂糖椰子） sugar palm
Arenga pinnata Merr.

ビンロウ亜科，クロツグ属の常緑高木．インドからマレーシアに分布し，各地で栽培されている．樹高9～17m，幹には黒い毛に覆われた葉鞘が残る．葉は羽状複葉で長さ約6～12m，小葉は長さ約60cm，幅約3cmの線形，先は不規則に切れ込み裏面は銀灰色を帯びる．花序は肉質で長さ1～3m，花は雌雄同株，まず雌花序が幹の先端近くに，次いで1.5mほどの雄花序が幹基部近くに形成される．

果実は核果で扁球形，長さ3～5cm．雄花序の花軸を切って樹液を集め，砂糖を採り，また酒にする．幹からデンプンを採り，葉鞘の繊維でロープ，刷毛などをつくる．

図1 ヤシ科植物の種類
上左：ナツメヤシ，上右：アブラヤシ
中：ココヤシ
下左：サトウヤシ，下右：ニッパヤシ

ニッパヤシ nipa palm
Nypa fruticans Wurmb

ニッパヤシ亜科唯一の種．常緑低木で，ベンガル湾，インドシナ，東南アジア島嶼部，オーストラリア北部，フィジーまで分布．日本でも西表島のマングローブ林でみられる．茎は二又分枝して，マングローブ林の泥中あるいは表面を匍匐する．茎の先端から5～10mの大きな羽状葉が叢生する．雌雄同株，長さ1～2mの肉穂花序が雌雄別々に直立し，雌の頭状花序は多くの苞と小苞で包まれている．果実は黒褐色の扁平な倒卵形で食用とする．葉は屋根葺き，マットや籠の材料とされる．花序軸から採取した樹液から砂糖やアルコールを採り，また，酒とする．燃料用アルコールの原料にできる可能性がある．

〈江原 宏〉

ヤシ科作物(2)
サゴヤシ

サゴヤシ(沙穀椰子) sago palm
Metroxylon sagu Rottb.

トウ亜科サゴヤシ属・サゴヤシ節 section *Metroxylon* (*Eumetroxylon*) の常緑高木. 染色体数n=16. ニューギニア島, マルク(モルッカ)諸島が原産と考えられ, タイ南部, マレーシア, インドネシア, フィリピン中・南部, パプアニューギニア(PNG), ソロモン諸島など, 東南アジアからメラネシアの南北緯10度以内に分布する. 低湿地や酸性土壌でも生育でき, 標高700mぐらいまでの湖沼や河川の近くに自生する. 幹に大量のデンプンを蓄積し, バナナ, タロイモなどとともに古くから利用されてきた. 日本では貝原益軒の「大和草本」(1709年)に沙菰米(さごべい)として紹介されている. マサゴヤシ, セイゴヤシ(西穀椰子)ともよび, ニューギニア島, マルク諸島, スラウェシ島, ボルネオ島, スマトラ西方のシブルート島などの住民には, 主食として重要である.

生育面積は世界で約250万haとみられており, インドネシア約140万ha, PNG100万ha, マレーシア4万5千haほど(東マレーシアが約4万ha)である. 自然林が多く, 栽培および半栽培のものは10%程度である. 年間のデンプン生産量は, インドネシア約20万t, PNG約2万t, 東マレーシアのサラワク州約5万tである. サゴ sago という語は, もともとはジャワ語で, ヤシの髄から得るデンプンの意味であったが, 多くの言語でデンプンの総称となっている. 他のヤシやソテツの幹, あるいはキャッサバから得るデンプンもsagoと呼ぶ. パプア語のsagoはパン, マレー語のsaguは食糧粉を意味する.

形態, 生育, 特性
・形態
種子繁殖とサッカー suckerと呼ぶ分枝による栄養繁殖が可能. 発芽またはサッカーの植付けから約4年間のロゼット期を経て幹が形成され, 計12年前後で幹長約10m, 樹高約15mに達する. 幹直径は45cm前後となるが, 形成層がなく二次肥大成長をしないので, 樹齢による変化はほとんどない. 早ければ発芽後2年目にはサッカーが発生するが, 個体変異が大きい.

葉は羽状複葉で, 葉軸に90対前後の小葉(長幅それぞれ130cm, 10cm前後)を着生し, 7〜8mに達する. 葉の着生角度は45度前後が多いが, 生育が進むと大きくなることから, 収穫時期を判定する指標とされる. 花芽形成から約2年で開花期を迎える. 花序は頂生の総状花序で, 約5mの長さになり, 3次まで分枝し, 第2次枝梗の次が花梗となって雄花と両性花が着生する(両性花雄花同株). 雄花の開花が早く, 両性花の花粉は不稔なので虫媒による他家受粉となる.

果実最外層の外果皮は鱗片状で, 18シリーズの縦列となっている. 成熟した果実は直径約5cm, 生重約60g. 根には幼根(主根)と茎から出る不定根とがある. 成長すると根系は太い(直径6mm以上)不定根と細い側根に区別できる. 細い側根は湛水条件では上方へも伸びることから, 通気組織として機能すると考えられている.

現地では, 葉柄と葉軸の背軸側に着生するトゲの有無, 長短, 疎密, 縦に走るバンドの有無や色などの形態的特徴を基準に, 様々な民俗変種 folk variety に区別されている. DNA多型解析からは, マレー諸島 Malay Archipelagoに生育する民俗変種の遺伝的距離は地理的分布と関連すること, 起源地域では遺伝的多様性が大きいこと, 葉柄・葉軸上のトゲやバンドなどの特徴と遺伝的距離には対応関係はないことが示されている.

・生育と収量
種子の発芽率は一般に低いが, 発芽抑制物質を含む果皮を除去すると発芽率は高まる. 発芽日数には変異がみられるものの, 発芽後の根鞘様器官 coleorhiza-like organ, エピブラスト, 主根など各器官の発生は規則的である. 出葉速度は実生で約1枚/月, 幹立ち後はそれより遅い. 幹上の葉痕間隔は10〜15cm程度である.

髄 pithのデンプン含有率は幹立ちから幹伸長早期は幹基部で高く, 伸長終期から開花期には基部と頂部の差が小さくなり, 最高値に達する. この頃が収穫適期である. デンプンとは逆に全糖含有率は収穫期に向けて低下する. 果実発育期に入ると, 髄デンプン含有率が樹幹下部から低下し始め, 成熟期には全体に低くなる. 髄乾物率の変化もほぼ同様である.

収穫に達するまでの年数や樹体のサイズは生育環境, 特に土壌の自然肥沃度, あるいは民俗変種によって異なる. 鉱質土壌では8〜12年, 泥炭質土壌では12〜15年かかる. サッカーの本数を制限すると出葉速度が高まるといわれ, また, 適正なサッカーの調整により, 母樹を収穫した後も同一株を継続して利用することが可能となる.

デンプン収量は幹長, 幹直径, 樹皮厚, 髄密度, 髄乾物率により規定される髄乾物収量と髄デンプン含有率により決定される. 収穫適期の髄は, 密度0.8前後, 乾物率40%前後, デンプン含有率70%前後であり, 幹1本当たり300kg前後の乾燥デンプンが得られる. 生育地や民俗変種の違いによる収量の変異は大きく, 800kgを超える例もある. デンプン収量の多少には, 髄乾物収量の影響が大きく, 主な規定要因は幹直径と髄乾物率である. 幹直径は土壌の自然肥沃度と密接な関係にあること, 髄デンプン含有率に対しては葉身の形態形成を通じた土壌環境の影響が指摘されている. 自然林, 半栽培林での面積当たりの年間デンプン生産量は1〜7t/ha, 栽培林では10〜15t/ha程度と推定され(山本, 1998), 栽培林での生産力は主要なデンプン作物と比較して高い.

・デンプンの特性と利用
伝統的な家族労働では, 伐採した幹を縦に割り, 先端が平らな手斧のような道具で髄を掻き出し, おがくず状

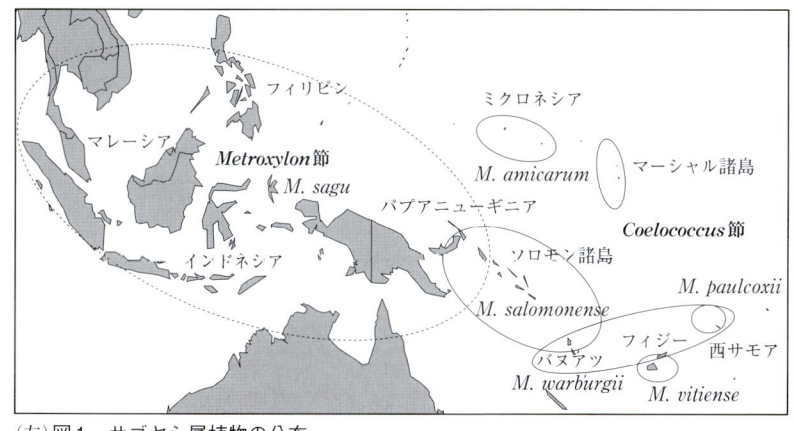

(左)図1　サゴヤシ属植物の分布
(右)図2　サゴヤシ樹の生育状態(パプアニューギニア東セピック州)

の髄をサゴヤシの葉鞘でつくった樋状の容器に入れ，水をかけてデンプンを揉み出す．これを樋の先に取り付けたココヤシの繊維を通して髄の繊維分を取り除き，くり抜いたサゴヤシ幹でつくった丸木舟状の水槽に入れてデンプンを沈澱させる(デンプン抽出効率は70％前後)．産業規模になると数工程が機械化され，伐採した幹を約1mの丸太(ログlog)に切断し，樹皮を剥ぎ，髄部を縦に分割して磨砕機rasperで粉砕してから抽出する．

デンプン粒は楕円形やその一部が欠けた釣鐘型で，粒径は30μm程度で，ジャガイモより小さくコムギより大きい．アミロース含量，ゲル化性は種実デンプンに近く，構造特性や粘度はタピオカやジャガイモなど根茎デンプンに近い．コムギ，タピオカに比べてタンパク質，脂肪，ビタミンB_1，リンの含量が低い．食品としての利用は，(1)水で溶いたデンプンに湯をかけてもち状にしたもの，(2)ビスケット状に焼き上げたもの，(3)パンダナスなどの葉で包んで蒸し焼きにしたもの，(4)ココナッツミルクや魚のすり身などと混ぜて粒状にして炒ったもの，などが主食となる．麺，ソーフン(ビーフンの米粉の代わりにサゴデンプンを20％程度混合したもの)，練り物，焼き菓子，揚げ菓子，冷製デザートに用いられる．PNGでは，マラリア患者の鉄欠による貧血を防ぐため重要だともいわれている．近年は，アレルギーを起こし難い食品としても評価されている．工業的に，デンプン糖，加工デンプン，調味料などに加工される．高い粘性やアミロース含量を生かした利用，あるいは石油代替エネルギー原料として利用が期待されている．

近縁種

サゴヤシ属のCoelococcus節には，ソロモン諸島とバヌアツ北・中部に分布するソロモンサゴ；M. salomonense (Warb.) Becc.，バヌアツとフィジーおよびサモアに分布するM. warburgii (Heim) Becc.，フィジーのフィジーゾウゲヤシ；M. vitiense (H. Wendl.) H. Wendl. ex Hook.，サモアのM. paulcoxii McClatchey (M. upoluense Becc.)，ミクロネシアのタイヘイヨウゾウゲヤシ；M. amicarum (H. Wendl.) Becc.の5種がある(図1)．これらはサッカーを形成しない．タイヘイヨウゾウゲヤシは葉腋に花序を生じるが，ほかの4種はサゴヤシと同様に頂生の総状花序を生ずる．また，M. warburgiiは，果実が植物体に着いたまま発芽する<u>胎生種子 viviparous seed</u>で，これとフィジーゾウゲヤシ，タイヘイヨウゾウゲヤシの種子は高い発芽力をもっている．果実の鱗片列数は種によって異なり，21～31シリーズで，種内変異もある．いずれの種もサゴヤシより大きな果実を着け，特にタイヘイヨウゾウゲヤシでは極直径で9cm前後となる．

M. warburgiiはサゴヤシよりも幹長が短く，幹直径が細いが，ソロモンサゴとフィジーゾウゲヤシ，タイヘイヨウゾウゲヤシはサゴヤシと同程度かそれ以上の樹幹を有する．葉は建材や生活用品として重要であるだけでなく，タイヘイヨウゾウゲヤシやM. warburgiiの種子の堅い胚乳部分は工芸品原料として利用される．また，フィジーゾウゲヤシでは頂芽が野菜として利用される．これらの種はサゴヤシに比べて髄乾物率と髄デンプン含有率が低いため，ソロモンサゴとタイヘイヨウゾウゲヤシは樹体が大形であるにもかかわらずデンプン収量は低い．その一方で，この2種とM. warburgiiでは花序を抽出した後であっても髄の全糖含有率が比較的高い．

ミクロネシア，メラネシア，ポリネシアにおいて，Coelococcus節のヤシは救荒作物的な存在であり，1950～60年代までは主要作物が気象災害にあった場合に利用されてきた．1940年代，ヴァヌアツでは葉を燃やした灰から塩分を得ていたとの報告があり，PNGでも同様の例がみられる．現在は屋根葺き材としての利用が最も多く，ヴァヌアツやサモアでは栽培化が進んでいる．

幹からデンプンが採れるヤシは，サゴヤシ属のほかに，Eugeissona属(ボルネオサゴヤシ)，ミリチーヤシ属，コウリバヤシ属，オウギヤシ属，ナツメヤシ属，クジャクヤシ属，クロツグ属，アッサムヤシ属にある．

(江原　宏)

デンプン・糊料作物

　光合成によってつくられた炭水化物は，篩管を通って転流し，種子，茎，根などにデンプンの形で蓄積する．デンプンは，多数のグルコース（ブドウ糖）が結合した高分子の多糖類で，貯蔵組織細胞のアミロプラスト amyloplast にデンプン粒 starch grain として貯蔵される．

　デンプンは人類の主要な食料であるが，工業用原料としても非常に重要である．デンプンを含む種子，茎，根などは多くの作物にみられるが，デンプン料作物としては，一般に多量に生産でき，かつ安価であることが求められる．現在，デンプン製造原料として用いられている作物には，種子にデンプンを蓄積するトウモロコシ，コムギ，イネ，リョクトウなど，幹に蓄積するサゴヤシ，地下の茎や根に蓄積するジャガイモ，サツマイモ，キャッサバ，クズウコンなどがある．基本的には細胞壁を破壊してデンプン粒を取り出すが，穀類やマメ類ではデンプンとタンパク質や脂質が密着しており，アルカリや酸を用いてこれらを除去する場合がある．

　作物によってデンプン粒の形状や特性が異なるため，用途にあわせて作物を選択する（表1）．用途を大別すると，高分子のデンプンそのものを利用するものと，低分子の糖に加水分解して利用するものとがある．高分子で利用する場合，糊化などの物理的性質が重要となる．食品用として，水産練製品，畜肉加工品などのつなぎや，麺類，菓子類などに利用され，工業用として，紙の印刷適性・強度向上のための処理（サイジング）や，段ボールやベニヤ板などの接着剤，洗濯糊などに利用される．また，デンプンを分解して生産されるブドウ糖や水飴，異性化糖などの糖化製品は，清涼飲料や菓子などの甘味料，医薬品，化粧品，発泡酒の原料とされ，さらにグルタミン酸ナトリウムなどの食品工業原料にもなる．

　デンプン以外の多糖類原料作物には，イヌリンを根茎に蓄積するキクイモ，マンナンを球茎に蓄積するコンニャクなどがある．

　日本のデンプン需要量約300万tのうち，糖化製品が65％，デキストリンなど化工デンプンが14％，繊維・製紙・段ボールが約7％，食品が約7％，ビールが約4％である（2007）．また，デンプン供給量の約86％が輸入トウモロコシを原料とするコーンスターチである（2007）．

キャッサバ cassava
Manihot esculenta Grantz　木薯

　トウダイグサ科の多年生作物．タピオカ tapioca, マニホット manihot, マニオク manioc, マンジョカ mandioca ともいう．地下にイモ（塊根）を形成し，多量のデンプンを蓄積する．非常に多くの品種や系統がある．中央アメリカ，南アメリカ北部の原産．16世紀に西アフリカ，18世紀後半にアジアに伝わった．

　2～3mの低木で，茎の太さは2～3cmで節が目立つ（図1上左）．葉序は2/5．葉身には深い切込みがあり，掌状に3～7裂する．裏面の葉脈上に細かい毛がある．

　花は総状花序で雌雄異花．雌花，雄花とも花弁がない．緑色で釣鐘状の雄花は，1花序内の上方につき，黄色～赤黄色の萼をもつ雌花は下方につく（図1上右）．雌花は雄花より1週間ほど早く開花するため，自家受精率が低い．果実は球形の蒴果で，3室に各1個の種子がある．

　不定根が肥大すると円筒形または長紡錘形の塊根となり（図1下），肥大しないものは細根となる．塊根は長さ30～80cm，太さ5～10cmで，1個体当たり5～10本ほどつく．塊根は茎基部から放射状に水平または斜め下方向に伸長する．塊根は外皮，皮層，髄部からなり，外皮は灰褐色や濃褐色で，木質様で粗い．塊根の大部分を占める髄部は白色であるが，黄色みを帯びるものもある．生イモからのデンプン収量は15～30％である．

　イモに含まれる有毒な青酸配糖体であるリナマリン linamarin が多い苦味種 bitter cassava と，少ない甘味種 sweet cassava とに大別される．組織が傷つくと酵素により青酸配糖体が分解されて青酸が生じるが，加熱や水洗によって取り除くことができる．一般に苦味種のほうが多収であり，デンプン生産に適する．

　生育適温は27～28℃の高温で，年間平均気温で20℃以上が必要．耐旱性が強く，半年ほどの乾季にも耐える

表1　作物の種類とデンプンの特性，用途

作物	粒径	特性	主な用途
トウモロコシ	6～21μm （平均14～15μm）	糊化温度は高い．粘度が安定．接着力高い	糖化原料（異性化糖），製紙，段ボール接着剤，ビール，化工デンプン
コムギ	5～40μm （小粒：2～8μm，大粒：20～30μm）	糊化温度は最も低い．糊液は白濁．粘度は比較的安定	水産練製品，繊維用糊，接着剤，医薬品
イネ	3～8μm	糊化温度が低く，安定した低い粘度	印画紙，化粧品原料，白玉粉
ジャガイモ	2～100μm （平均30～40μm）	白度が高く，糊液が透明．糊化温度が低く，最高粘度が高い	糖化原料，片栗粉，水産練製品，即席麺菓子，春雨
サツマイモ	2～50μm （平均20～25μm）	糊化温度がやや高く，完全に糊化する．液化酵素により溶けやすい	糖化原料（水飴，ブドウ糖），春雨，わらびもち，ラムネ菓子原料
キャッサバ	4～35μm （平均17～20μm）	加熱により吸水膨潤しやすい．糊液が透明	化工デンプン，製紙，冷菓・レトルト食品，即席麺

が，耐湿性は弱い．繁殖は種子でも可能であるが，通常は成熟した茎を20〜30cmに切って苗とし，2/3程度を地中に挿すか，茎を水平にして浅く埋め込む．一般に植付け後10か月前後で収穫するが，品種により幅があり，生育期間が長いほど生産量が大きい．生育が旺盛で生産量も大きく，地力が減耗しやすいので施肥が重要である．収穫後の塊根は腐敗しやすいため，すぐに乾燥チップにするなどの加工が必要である．

　デンプン粒は球形または半球形（つりがね状）で，径は4〜35μmと幅が広いが平均粒径は17〜20μmである．アミロースが少なくアミロペクチンが多い．イモを蒸煮して食用にし，乾燥後，粉にして利用する．皮付きのイモを破砕して乾燥させたものをチップ，これを圧縮加工したものをペレットと呼ぶ．精製されたデンプンを湿潤状態で加熱して半糊化状態で乾燥，冷却するとタピオカ tapiocaができる．形状により，直径1〜6mの球形のものをシード，パール，薄片状のものをフレークと呼ぶ．糖化製品（ブドウ糖，水飴）やグルタミン酸調味料，アルコールの原料，製紙用接着剤などに利用する．また，食用や飼料とする．

　2007年の世界のキャッサバ生産量は2億2,814万t，収穫面積は1,222万haで，近年増加傾向にある．特にナイジェリア（20％，2007）での増産が顕著である．日本はタピオカデンプンを約15万t輸入しているが（2008），そのうち97％がタイからである．

図1　キャッサバ
上左：草姿，上右：花，下：塊根

キクイモ（菊芋） Jerusalem artichoke
Helianthus tuberosus L.

　キク科ヒマワリ属の多年生作物．北米北東部の原産．日本には江戸時代末期に伝わり，明治初期には飼料作物として再び導入された．現在の栽培はわずかで，自生している場合もある．草丈は1〜3m，茎上部が分枝し，直径7cm前後の頭状花序をつける（図2）．長い匍枝を出し，その先端に塊茎を形成する．塊茎は開花期以降に顕著に肥大する．栽培は，一般に塊茎を春に植え付ける．環境適応性が高く，日本全国で栽培可能．

　塊茎には，多糖類のイヌリン inulin（スクロースにフルクトースが約30個結合）が13〜15％含まれる．塊茎中のイヌリンは成熟期以降減少するため，塊茎を薄く切り低温で乾燥させて貯蔵するか，収穫後なるべく早く加工する．果糖製造やアルコール発酵原料とする．近年，イヌリンの一部が加水分解されて生じる難消化性のイヌロオリゴ糖が，機能性の面から注目されている．

クズウコン arrowroot, West Indian arrowroot
Maranta arundinacea L.　アロールート，竹芋

　クズウコン科クズウコン属の多年生作物．熱帯アメリカ原産．地下茎は，地中に長さ20〜30cm，太さ3〜5cmの多肉質で白い紡錘形．草丈は0.6〜1.8m．葉身は卵形

（左）図2　キクイモの花
（右）図3　ショクヨウカンナ（写真提供：山本由徳）
　左：開花時の姿，右：塊茎

または楕円形で，鞘状の長い葉柄が茎に2列に互生する．穂状花序で，花色は白．根茎を植え付けてから約10か月後に収穫する．根茎のデンプン含量は約20〜30％．根茎からとれるアロールートデンプンはデンプン粒が小さくて消化によく，良質で，幼児食ビスケットなどに利用される．

ショクヨウカンナ Queensland arrowroot, edible canna, purple arrowroot, achira
Canna edulis Ker-Gawl.

　カンナ科カンナ属の多年生作物．中南米原産．草丈は1〜3m，葉身は長さ60cm，幅30cmほどで，葉柄は長く茎に互生（図3左）．地下に多肉質の塊茎を形成し（図3右），約25％のデンプンを含む．三倍体品種もある．

〈中村　聡・後藤雄佐〉

糖料作物（1）

甘味物質の種類，糖含有率

　糖料作物 Sugar crops とはテンサイ，サトウキビなどの天然甘味物質を抽出するために栽培する作物で，甘味資源作物ともいう．

　最も利用されている甘味物質はショ糖（蔗糖）で，テンサイから抽出されたものを甜菜糖 beet sugar，サトウキビから抽出されたものを甘蔗糖（カンシャトウ）cane sugar という．また，植物からの採取物を濃縮固化したものを含蜜糖 non-centrifuged sugar，遠心分離によって非結晶性成分（糖蜜）を除去したものを分蜜糖 centrifuged sugar と呼ぶ．いわゆる黒砂糖 brown sugar はサトウキビから生産される代表的な含蜜糖で，製糖工場で生産される分蜜糖の一次生産物は粗糖 raw sugar と呼ばれる．粗糖は精糖工場で精製されて精製糖 refined sugar へと加工される．

　転化糖 invert sugar　デンプンやショ糖の加水分解（転化 inversion）により得られるブドウ糖や果糖などのこと．転化の過程でデンプンなどの多糖類から少糖（オリゴ糖）oligosaccharide や単糖へ分解することを糖化 saccharification という．糖化には植物の内生酵素を利用する方法や，工業的に酵素を添加する方法，酸・アルカリを用いる方法がある．酵素法では数種のアミラーゼが使用され，特に β-アミラーゼによる糖化で生成される麦芽糖はブドウ糖2分子からなる二糖で，水飴として利用される．果糖は工業的にブドウ糖からグルコースイソメラーゼの働きにより生成されており，果糖を含む転化糖は異性化糖と呼ばれている．これらの糖類は通常液体であることから液糖とも呼ばれる．また，還元性があるブドウ糖と果糖は還元糖とも呼ばれる．

　糖蜜 molasses, treacle　製糖工程で生成される糖液からショ糖の結晶を取り除いた液体残渣のこと．製糖工程での中間生成物から最終産物までを指すが，特に最終的な副産物を廃蜜と呼ぶ．原料や製糖技術にもよるが，経済的に糖分回収が困難となった廃蜜には50％以上ものショ糖が含まれており，発酵原料としてアルコールやアミノ酸，酵母などの製造に利用されている．精製糖製造時の糖蜜など不純物の少ないものは食用とされ，シロップとも呼ばれて欧米諸国では多く消費されている．

　甘味 sweetness, sweet taste　甘さ，甘さを伴う味覚のこと．甘さの度合いは，等濃度ショ糖溶液の甘さと比較したときの相対値で示され，この値を甘味度という．一定の測定方法が確立されておらず，温度などの測定条件によって大きく変動するため，甘味度には幅がある．ブドウ糖の甘味度は0.6〜0.7，果糖では1.2〜1.5である．甘味比 sugar-acid ratio は果実汁液などに含まれる糖／酸比で，全糖含有量を滴定酸度で除して求める．同様の指標である糖酸比は糖度／滴定酸度で算出する．

　糖度　糖含有率 sugar concentration，あるいはショ糖含有率 sucrose concentration を指し，重量％で示されるが，使用場面によって意味が異なる．糖料作物関連分野ではショ糖含有率を意味する．英語では慣用的に sugar (sucrose) content と記述され，polarization とも呼ばれることもある．

　糖度の測定には屈折計（ハンドレフラクトメーターなど）が普及しており，果実ではその測定値である屈折計示度 refractomater index を糖度と呼ぶ場合がある．ただし，屈折計示度が示すのは液体中の可溶性固形物含有率（重量％）であるブリックス Brix の近似値で，溶解している糖以外の物質を含んでいる．一般に作物汁液のブリックスが高い場合にはその成分の多くは糖類，特にショ糖で占められることから，ショ糖含有率や全糖含有率に近似する．しかし，ブリックスはショ糖含有率（糖含有率）と一致しないことから，ブリックスと糖度を区別することが望ましい．ブリックスに占めるショ糖の割合を純糖率 purity という．

　製糖原料に含まれるショ糖含有率は，サトウキビでは甘蔗糖度，甜菜では根中糖分と呼ばれている．

ステビア（アマハステビア）stevia
Stevia rebaudiana (Bertoni) Hemsl　kaa he-e

　南米パラグアイ原産のキク科の多年性植物．2n＝22．草高は1〜2mで，直立する茎に葉柄のほとんどない披

図1　ステビアの形態
上：ステビア群落*
中左：花序**，右：茎と葉身の形態**
下左：花器**，右：葉身形態の異なる挿し木苗**
写真提供：*ステビア工業会，**畠修一

心形の葉が対生し，全体に短毛を有する．短日性で夏に散房状の花序を形成する．生育適温は20～25℃で，寒冷地では越冬しない．種子は光発芽性を示す．葉に甘味物質を6～15％（乾物中）含む．抽出される甘味物質の複合結晶体は総ステビオサイドと呼ばれ，その甘味度はショ糖の120～150倍といわれる．主成分であるステビオサイドは配糖体ステビオールに3つのグルコースが結合したもので，ショ糖の300倍の甘味度を有する．後味や苦味，渋味の点で優れたレバウディオサイドAは，ステビオサイドにさらにグルコース1つが結合した物質で，甘味度450倍程度といわれ，近年の品種改良で含有比率が高められている．

ステビアは原産地で野生植物が利用されていたが，1970年にわが国に導入されて栽培・加工技術が確立された．主として挿し木，株分けによる栄養繁殖が行なわれる．栽培初年目には単一の茎に分枝が発生し，生育2年目以降には多数の茎が萌芽する．生育初年目は収穫量が少なく，雑草対策を必要とする．甘味成分は開花によって低下することから，収穫は開花前に実施される．収穫時には地上部を刈り取り，乾燥後に葉身を分離して利用に供する．暖地では年2回の刈取りが可能で，収量は乾燥葉で400kg/10aに達する．甘味成分の量と比率は栽培条件の影響を受け難い．コルヒチンによる四倍体が開発され，収量，品質および栽培特性の優れた三倍体品種が開発されている．

わが国では，かつて熊本県，宮崎県，鹿児島県を中心に栽培されていたが，現在では茨城県でわずかに栽培されている．現在の主な生産地は中国で，生産物はわが国のほか，韓国，中国で消費されている．欧米では食品添加物として徐々に普及しつつある．

サトウカエデ（砂糖楓） sugar maple
Acer saccharum Marsh.

北米大陸東北部原産のカエデ科喬木で樹高30～40m，幹径1～1.2mに達する．樹液の流動が始まる早春に，樹幹に孔を空けて管を差し込み，樹液を採取する．北米では幹径25cm以上で採取に供され，太さに応じて1～3か所から採取される．樹液の採取量は樹体の大きさに依存するが，1か月足らずの間に1本当たり30L以上の樹液が採取できる．樹液には3％程度のショ糖が含まれており，煮沸して濃縮するとメープルシロップ maple syrup となる．さらに濃縮して固形化したものはメープルシュガー maple sugar となる．独特のフレーバと色（黄金色）は濃縮工程の間に生成する．製糖可能な樹液は同属のいくつかの種からも採取可能で，わが国では山形県でイタヤカエデからシロップが生産されている．

甘草 licorice
Glycyrrhiza spp.

根からグリチルリチンを主とする甘味成分を抽出する

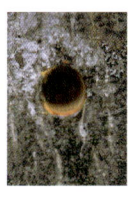

図2　サトウカエデの樹姿と樹液の採取
上左：開花期のサトウカエデ樹姿*，中：サトウカエデの葉*，右：樹液採取孔（イタヤカエデ）**
下：イタヤカエデからの樹液採取の様子（山形県金山町）**
写真提供：*京都府立植物園，**鹿熊勤

図3　甘草の形態（ウラルカンゾウ）
上：群落
下左：花序，中：実，右：根（5年以上）
写真提供：柴田敏郎

数種のマメ科 *Glycyrrhiza* 属多年性植物の総称で，鎮咳など様々な効能がある薬用植物としても知られる．中国西部～エジプトに分布するスペインカンゾウ *G. glabra* は主として甘味料に，中国北部～モンゴル，ロシアに分布するウラルカンゾウ *G. uralensis* は主として薬用に利用されている．一部栽培されているものがあるが，多くは野生植物が採取されている．根に3～4％含まれるグリチルリチンは甘味度がショ糖の250倍といわれ，強い後味を特徴とする．わが国で消費される甘草約1万tの約6割が食品添加用途で，ほかに医薬品，化粧品，タバコの風味添加に使用されている．

（寺内方克・野村信史）

糖料作物(2)
テンサイ

テンサイ（甜菜）sugar beet
Beta vulgaris L. var. *saccharifera* Alef　サトウダイコン

アカザ科フダンソウ属の作物で，同種にはテンサイのほかにフダンソウ sinach beet，カエンサイ table beet，飼料用ビート fodder beetが含まれる（図1）．2n = 18．テンサイは18世紀末にドイツで飼料用ビートから開発された比較的新しい作物で，19世紀初めの本格的な製糖に使用されたテンサイのショ糖含有率は5～7％，その後開発された「ホワイトシレジア種」で7～10％とされ，現在では17～18％まで改良が進んでおり，条件によっては20％以上に達する．北米大陸には19世紀に導入され，わが国へは1880年代に伝来した．

フダンソウ（不断草）*Beta vulgaris cicla*は葉茎を食用とする蔬菜で根部はほとんど肥大しない．カエンサイ（火焔菜）*Beta vulgaris cruenta* = *Beta vulgaris esculenta*はテーブルビートとも呼ばれ，胚軸の肥大した偏球形の胚軸塊を食用とする．一般に茎葉および胚軸塊の内外は赤色を呈する．飼料用ビート *Beta vulgaris rapa*は胚軸および根上部が肥大し，*Beta vulgaris*栽培種のなかで最も大きな肥大根部を形成する．これらの作物は東部地中海沿岸に分布する野生種 *Beta maritime* L.から分化したと考えられており，中間型が存在してその分類は不明瞭である．

テンサイはおおむね緯度30～60度の地域で栽培されており，ヨーロッパを中心に約3,700万t生産される甜菜糖は，世界の砂糖生産の4分の1を占めている．わが国では北海道で約70万t生産され，国内産糖量のおよそ8割を占めている．

生育相，種子，育種・品種

生育相　テンサイは二年生植物 biennial plantで，生育初年目に根部が肥大し，その上部に最盛期には最大20～30枚の葉が密生する（図2）．葉は披針形，楕円形あるいは心（臓）形で，全長の半分ほどの葉柄を有する．葉の着生する部分は冠部 crownと呼ばれ茎および上胚軸に相当する．その下の肥大した根部は菜根と呼ばれ，胚軸に由来する頸部と主根上部が汁液に富んだ貯蔵根 storage rootを形成し，700g～1kgに達する．飼料用ビートに比べ菜根に占める主根の割合が大きく，円錐形の主根部にはやや捻れつつ180度に対向する2列の側溝 root furrowがあり，ここから側根を発生する．肥大した根部の横断面には維管束からなる8～12層の同心円状の輪層（リング ring）が形成される．肥大しない直根下部には側根が発達し，深根性を示す．

生育2年目には，冠部頂端または葉腋から花茎（種子茎）flowering stalkが発生し，抽台 boltingする．抽台は低温による春化とその後の長日によって生じる．品種によっては播種当年にも抽台する（当年抽台）．西南暖地では圃場で越冬するが，北海道の採種栽培では低温貯蔵された根部を5月初旬に移植すると，6月初旬に抽台を開始する．種子茎の下部は分枝し，無限花序を形成する．6月下旬から7月上旬には下部から上部に向かって順次開花し，自家不和合性で風媒により他家受粉する．種子は30～40日で成熟する．種子茎は開花後も成長を続け2mに達する．

テンサイは4～5℃程度の低温条件下でも発芽し，発芽後に10℃以下の低温が長期間継続すると当年抽台する．当年抽台は収量と糖含有率の低下をもたらす．現在では，耐抽台性品種が開発されており，春季の低温によっても，ほとんど抽台しないことから，早期播種による栽培期間の延伸が収量の向上をもたらしている．

種子　種子（真正種子）は扁平な腎形で果実内部に固着する．密生する果実は融合して集合果である種球 seed ballを形成し，多胚種子 multigerm seedを構成する．複数個体の発芽する多胚種子では間引きに手間がかかることから，単胚種子 monogerm seedを得る方法として，多胚種子を機械的に単胚とした破砕種子が創案され，さらにその性状を均質化して機械作業性を高めた研磨種子や被覆種子が開発された．ただし，真性種子の損傷による発芽率の低下などの欠点があったことから，1948年に1果1種子の単胚種子を形成する単胚遺伝子が発見されると，アメリカでは1960年代に単胚種子品種が普及し，北海道では1986年以降すべての品種が単胚品種となった．

育種・品種　他家受粉作物であるテンサイでは，従来遺伝的に雑多な集団が品種として用いられてきたが，特定の母本から集団を形成する合成品種の時代を経て，現在では自殖系統を利用した一代雑種品種となっている．また，同質四倍体を活用して育成された三倍体品種が普及してきている．

テンサイの根重とショ糖含有率は相反する関係にあり，品種は根重とショ糖含有率のバランスによって根重型，中間型，糖型に分類されている．北海道ではテンサイ取引にショ糖含有率が加味されて以降，中間型と糖型が利用されている．

病害抵抗性では，重要病害である褐斑病 cercospora leaf spotと，世界的な蔓延が懸念される叢根病 rhizomaniaそれぞれの抵抗性品種が開発されており，複合抵抗性を有する品種も育成されている．また，近年は黒根病抵抗性品種も開発されつつあるが，苗立枯病，根腐病，葉腐病，萎黄病などの病害に対しては輪作などの耕種的防除と薬剤防除が行なわれている．テンサイを食害する代表的害虫はコトウガで，このほか北海道ではテンサイモグリハバエやテンサイトビハムシ，マヤバカスミカメなどが被害をもたらし，薬剤防除されている．また，テンサイシストセンチュウは世界的に甚大な被害

をもたらしており，北海道では抵抗性作物の輪作によってキタネコブセンチュウの抑制がはかられている．

栽培

冷涼な高緯度地方のドイツ，フランスなどでは春播き栽培が，スペイン，イタリア，モロッコなどの温暖な地域では秋播き栽培が行なわれている．いずれも直播栽培であるが，北海道では主として「紙筒移植栽培」が行なわれている．テンサイの栽培には輪作は不可欠で，北海道ではコムギ，マメ類，ジャガイモなどとの3～5年輪作が行なわれている．また，多収には適当なpH(6.5～7.5)，有機物・可給態養分の確保，良好な排水，深耕が必要なことから土壌改良推進の原動力となっている．

紙筒移植栽培 多雪地帯で春季が低温に推移する北海道では十分な栽培期間を確保できないことから収量が低迷してきた．そこで早春の低温期間を温室育苗し，栽培期間の延伸を図ることで多収を実現する紙筒移植栽培技術が開発された．ペーパーポットと呼ばれる紙筒は直径2cm，高さ13cmで，1,400本が融合した束になっており，これを蜂の巣状に展開し，培養土を充填する．個々の紙筒は栽培中に分離する．3月中下旬に播種し，2～4本葉期の苗を4月下旬～5月上旬に自動移植機(ビートプランター)で移植する．初期生育の促進効果によって収量は4月中旬～5月上旬に播種する直播栽培に比べ1～2割増収するほか，いくつかの病虫害の被害を回避・軽減できる．

ショ糖の蓄積，収穫，製糖

葉身から転流するショ糖は根部の維管束リングを経由して柔組織の液胞中に蓄積する．根部のショ糖含有率は肥大成長と密接な関係にあり，一般に良好な生育環境下で根部が肥大し，低温や栄養条件の悪化によってショ糖蓄積が促進される．たとえば，施肥窒素は根部の肥大を促進するが，過剰施用は糖蓄積を抑制する．

菜根ショ糖の含有率は根中糖分と呼ばれ，取引単価に反映される．製糖工程における回収率を考慮した含有率は修正糖分，実際の回収率は歩留りと呼ばれ，歩留りには菜根中の不純物の含有率が大きく影響する．菜根中に含まれるカリウム，ナトリウムはその4～6倍，窒素化合物は25～28倍のショ糖の結晶化を阻害するとされ，ショ糖回収率を大きく低下させる．これらの灰分・有害性窒素成分は結果として糖蜜 molasses, treacle を増加させることから，造蜜性非糖分(有害性非糖分)と総称されている．造蜜性非糖分は冠部に多く含まれており，その多少は品種や施肥量とも関係する．

テンサイの収穫時期は収穫量や作業性，製糖開始時期を考慮して決定される．収穫時には造蜜性非糖分の多い冠部を切除(タッピング toping)する．切除部分を大きくすると造蜜性非糖分を減らすことができるが，収量が減少する．最下葉痕跡部で切断するタッピングは正タッピングと呼ばれ，タッピングの標準となっている．

図1 *Beta vulgaris* 4作物の形態
左から，フダンソウ，カエンサイ，飼料用ビート，テンサイ
写真提供：田口和憲

図2 テンサイの形態および育苗作業
上左：収穫期の形態*，上右：採種圃場で抽台したテンサイ
下左：テンサイの葉，下右：ペーパーポットの土詰め作業
写真提供：*山田誠司

寒冷地では，収穫されたテンサイが貯蔵された後(北海道では12～3月)に製糖工程に移されるため，高い貯蔵性が求められる．

甜菜糖の製造工程では，千切りに裁断した菜根(コセット cossette)から温水でショ糖を抽出し，糖汁を得る．これを濃縮後結晶化する．副産物として液体残渣である糖蜜が産出する．テンサイの糖蜜は発酵原料としてアルコールやアミノ酸，酵母などの製造に利用されており，最近ではクロマトグラフィー装置を用いてオリゴ糖の一種であるラフィノースや調味成分ベタイン(トリメチルグリシン)が抽出されている．コセット残渣であるビートパルプ(テンサイパルプ) beet pulpは栄養価の高い飼料として販売され，最近では食物繊維としても利用されている．

(寺内方克・野村信史)

糖料作物(3)
サトウキビ

分類

サトウキビ sugar cane は以下のように分類される.

Saccharum officinarum L. 2n=80. 通常の栽培種で, 高貴種 noble cane と呼ばれ, Badila, Batjan, Fiji, Lahaina, Loethers などの野生種と, CP65-357, F161, H44-3098, NCo310, POJ2725, ROC5 などの育成品種がある.

S. sinense Roxb. 2n=115〜120. 気候に対する適応性は広く, インド, 東南アジア, 中国, 台湾をはじめ南北アメリカ, アフリカ大陸などに古くから栽培され, 日本の在来種はいずれも本種に属する. 早熟性で, 収量および糖度は低いが, 耐病性が強くて不良環境にもよく生育する. 代表的な品種には, Uba cane, 竹蔗(読谷山種, 鬼界ヶ島種), Canna cane, Naanal cane などがある.

S. barberi Jeswiet 2n=81〜124. 適応性は広く, 温帯〜亜熱帯に好適し, 熱帯においてもよく生育する. 本種は *S. sinense* よりも細葉, 細茎で繊維質に富み, 分げつが多い. 糖度は高貴種に比べ低い. 一般に病害虫に対する抵抗性が強く, 特に萎縮病には免疫性である. 主な品種には, Chunnee, Saretha, UK Cane などがある.

S. robustum Jeswiet 2n=63〜205(通常60, 80). ニューギニアとその付近の島嶼, ならびにセレベス島に自生し, 分布は比較的狭い純熱帯圏に限られている.

S. spontaneum L. 2n=40〜128. 高貴種に対して, 本種は一般に野生種 wild cane と称されている. 糖度は極めて低く(1〜3%), 繊維が多い.

S. edule 2n=60, 70, 80. 本種は *S. spontaneum* と *S. robustum*, 他の属との交雑で生じたものと考えられている. メラネシア野菜としての利用が有名である.

原産地, 品種, 形態

原産 インド(*S. barberi*, *S. sinense*), ニューギニア(*S. officinarum*, *S. robustum*), アフリカ(*S. spontaneum*)などに原産する. 栽培の歴史はインドが最も古く, 紀元前に遡る. わが国へは中国を経て1534年に沖縄に導入された.

世界のサトウキビ生産状況は, 2005/2006年現在で主要国の収穫面積は1,020万1,000ha, 総生産量は7億7,252万tである. 主要国の生産量は, ブラジルが2億2,965万t, インドが1億8,850万t, わが国の生産量は125万tで, 沖縄県が70万t前後を, 残りを鹿児島県が生産している. 1ha当たりの収量は, コロンビアの122.8tを筆頭に, エジプトの100tと続く.

品種 育成品種の命名は国際甘蔗技術者学会(ISSCT)の遺伝育種委員会で掌握されており, 命名法は国際的慣例が確立されている.

POJ2725:東ジャワ試験場 Proefstation Oost Java でPOJ2364×EK28を交配し, 1917年に育成された.

POJ2878:ジャワでPOJ2725と同じ両親から1921年に育成された.

NCo310(*S. officinarum* L.):インドのコインバトールでCo421×Co312の交配した種子から, 南アフリカ連邦ナタールで1947年に育成された品種で, 台湾を経て1951年に沖縄に導入された.

Ni9(*S.* spp. Hybrid, 農林9号):NCo310を母本に, インド品種(Co331, Co740), 米国品種(CP29-116, CP45-150)を父親として, 多父交配によって得られた雑種.

NiF8(*S.* spp. Hybrid, 農林8号):1980年台湾糖業研究所でCP57-614を母本に, F160を父本として交配した実生のなかから, 九州農試作物部が選抜, 育成(図1).

NiTn10(*S.* spp. Hybrid, 農林10号):1982年台湾糖業研究所で育成された高糖多収, 易脱葉性のF117を母本に, 早期高糖性のNiF4を父本とした品種.

形態 大型の多年生草本で, 栄養器官で繁殖する. 通常, 地上部の茎を挿入して増殖し, 種子繁殖は交配育種の際に用いる以外は希である. 茎は高さ3〜4m, 茎径1.5〜4.0cmの円筒形で多数の節と節間からなり, 多い品種で40〜50節に及ぶ. 節間の長さは品種間に差があり, 同一品種でも生育条件で異なるが, 概して茎の中央部で最も長く, 茎の基部および梢頭部では短い. 茎は節とそれに隣接する節間部からなり, 成長帯 growth ring, 根帯 root band, 根基 root primordial, 芽 bud, 葉鞘痕 leaf scar, 蝋帯 wax ring, 成長亀裂 growth crack がある. 節間の形状は円筒型 cylindrical, 紡錘型 tumcent, 糸巻型 bobin-shaped, 円錐型 ccocoidal, 倒円錐型 obconoidal, 湾曲型 curved の6型に区別される.

茎の地中の節から多数の分げつが出現する. 茎の表面は硬く, 滑らかで緑色を帯び, 成熟すれば帯黄色になるが, 品種によって黄, 紫, 赤紫, 紅色を呈し, 条斑を有するものもある. 節間の内部は充実し, やや硬く多汁質で, 成熟期には多量の糖分を含む.

各節には芽・葉が互生する. 葉は葉身と葉鞘からなり, 葉鞘は茎を包む. 葉身は長さ1〜2m, 幅3〜7cmで, 中肋は太く白色で, 葉舌および葉耳がある. 葉舌, 葉身, 葉鞘には形態の異なる毛茸群があり, その種類, 多少および分布状態は品種同定の際の特徴として扱われる.

葉身の内部形態は, C_4型光合成を行なう典型的なクランツ構造で, 維管束鞘細胞の周りを葉肉細胞が放射状にとり囲み, 高い光合成能力を発揮するのに貢献している. サトウキビの葉の気孔数はイネに比べ少なく, ムギ類より多い. また, 表に比べ裏面に多く分布し, その値は1.7〜3.7倍である. 気孔密度は210〜431個/mm^{2}で, 孔辺細胞のサイズは35〜45μmである.

根は苗から出る蔗苗根と, 発芽成長後に茎の各節の根帯から出現する茎根とがあり, 深根性で多数のひげ根が根系を形成する

成熟期に達すると出穂し, 品種によって結実するもの

もあるが，多くは不稔で花粉の形成は少ない．

栽培

サトウキビは元来，有機物を多量に自己生産し，連作障害も少ない，持続可能な農業的作物として知られている．しかし，新開地では，植付け前に，夏植えで4.5t/10a，春植えで3t/10a堆きゅう肥を施用する．

サトウキビ苗の植付けは，畝の谷間に行ない，発芽後中耕して根の活着を促す．通常，苗は2節苗を用いるが，最近では石垣島製糖が開発した側枝苗の利用も増えつつある．通常，苗圃は全収穫面積の約10％にも及ぶため，側枝苗の普及は生産量増大に大きく貢献する．さらに，側枝苗は機械化も可能であり，植付けから収穫まで一貫した機械化が確立しつつある．

作型は夏植えと春植え，株出し，に大別できる．夏植えは，沖縄本島および周辺離島では7月下旬から8月下旬，先島，南大東島では8月上旬から10月中旬に植え付け，翌々年の1月から3月に収穫する．春植えは，収穫後の2〜3月に植え付け，翌年の1〜3月に収穫する．株出しは，収穫後の株の萌芽茎を肥培管理して，再度収穫する栽培法である．栽培期間は，夏植えが約18か月，春植えと株出しは約12か月である．したがって，夏植えは収量は高いが，病害虫，台風や干ばつなどの自然災害を受けやすく，収穫量の年次変動が著しい．また，夏植えは収穫から植付けまでの畑の裸地状態の期間が長く，赤土流出の原因にもなり，環境保全の面からも緑肥や被覆植物のバイオマス利用を検討しなければならない．

収穫は，現在，手刈りと機械（ハーベスター）刈りの2通り行なわれている．収穫は，手刈りが理想的であり，工場搬入後の歩留りも高いが，労働が過酷なためハーベスター刈りへ移行しつつある．ハーベスター刈りはトラッシュ（梢頭部，枯葉，枯死茎，遅発茎，結束資材，土，石礫）の混入が多く，品質低下の原因となっている．

光合成と物質生産

サトウキビはC_4型光合成が発見されたという歴史的な経緯もあり，ガス交換に関する研究報告は多い．サトウキビの葉の光合成速度における品種，系統間の違いを見ると，栽培種に比較して野生種で高い傾向にある．特に，JW66の光合成速度は光強度が2,000 μmol/m^2/sの時60 μmol/m^2/sを示し，C_4植物のなかでも極めて高い．また，気孔伝導度も栽培種に比較して野生種で高い傾向にある．光合成速度の最適温度は，32〜40℃にみられC_4植物のなかでは比較的高い．

サトウキビは耐干性の高い種としても知られている．葉の水ポテンシャルが低下するとガス交換速度は減少するが，野生種は−2.0MPa付近まで低下しても光合成速度は低下しない．

C_4植物に属するサトウキビは，光合成的窒素利用効率が高く，高窒素条件下では"光—光合成曲線"がC_4植物に特有な不飽和型を呈し，窒素が1.35％以下ではC_3

図1　サトウキビ（農林8号）
葉で合成されたショ糖は茎の基部から順に蓄積され，収穫期には茎上部でも甘くなる

図2　糖蜜からバイオエタノールを生産するプラント
沖縄県宮古島市の沖縄製糖内に設置された．手前のコアサンプラーはサトウキビの糖度を測定するシステム（2007年3月12日撮影）

光合成の特徴である飽和型に変化した．さらに，葉の窒素含量が低下すると光飽和点も低下する傾向にあった．葉の窒素含量の平均値は2.0％前後であり，イネの3.0〜4.0％に比較して低い．

糖の種類と取引制度

糖の種類　サトウキビの茎に含まれる砂糖には蔗糖，ブドウ糖，果糖がある．サトウキビから製造したものを甘蔗糖 cane sugarといい，分蜜糖と含蜜糖に分類できる．分蜜糖は遠心分離機で砂糖結晶と糖蜜とを分離したもので，含蜜糖は両者を分離していないものをいう．糖蜜 molasses, treacleの糖度は約50％前後で，蔗糖，ブドウ糖，果糖が含まれ，さらに，ミネラル成分，有機酸類，アミノ酸類も多い．現在，糖蜜はバイオエタノール（図2）および飼料や有効成分の抽出へ利用されているが，収穫後のサトウキビ圃場に10倍希釈で散布すると，収量や糖度が向上する．

取引制度　わが国のサトウキビ原料買取り体系は，平成6年度より重量取引から品質取引に移行した．基準糖度帯は13.1〜14.3度で，それ以上では糖度が0.1度上がるとt当たり130円プラス，それ以下では逆にマイナスされる．甘蔗糖度 Pol in caneは，近赤外線分析装置 Near Infrared Spectroscopy（NIR）で蔗汁糖度を測定し換算する．糖度と収量は逆相関の関係にあり，重量と糖度を同時に向上させる栽培技術の開発が必要である．

（川満芳信）

畳表・紙原料作物

イグサ（藺草，藺）mat rush
Juncus effusus L. var. *decipiens* Buchenau (= *J. decipiens* Nakai)

イグサ科イグサ属の多年生草本で，染色体数は2n = 40．イと呼ぶこともある．藺草は世界の温帯・寒帯の湿地に自生し8属，約300種ある．イグサはわら類より細く，強靭で美麗なために古墳時代から敷物に編まれて，平安時代に置畳，鎌倉時代末に敷畳が現われ，現在に及ぶ．水田での栽培が広く普及し始めたのは1500年代からである．

栽培は日本に限定され，明治・大正時代には北海道から沖縄まで全国各地で栽培されていた．10a当たり収量は過去100年間約1,000kgで大きな変動はない．昭和戦前期には岡山と広島が二大産地であった．作付面積は1964年に12,300haと最大，1968年に熊本県が最大産地となった．1980年代になると中国南部・浙江省を中心とする地域でイグサ栽培と日本向けイ製品の加工が急速に拡大し，1993年には作付面積で日本を超え，1999年にはイ製品輸入量が国内生産量を上回った．1990年代後半になると国内作付面積は急減し1,992ha，2006年度には1,435ha（熊本1,326ha，福岡46ha，広島23ha）と急減した．

形態　栽培は栄養繁殖で行なわれる．各茎には7節あり，第2節位分げつ芽（主芽）と第3節位分げつ芽（側芽），まれに第4節位分げつ芽が伸長する．葉序は1/3互生で，分げつ茎は120度で整然と配列する．苗移植後，春の彼岸後に急増する1株茎数は200本内外に及ぶ．各茎は第2節までは地中を横走し根茎（地下茎），第3節から先端部は直立して地上茎となる．花を着生しないものでは第7葉（葉鞘），着生したものでは花序節ができる第7節より下方にある伸長した第6節間が大部分を占め，これに苞として15～25cm伸長した第7葉から成り立っている．

茎の直径は1.5～3mmで円筒形，クチクラ層が発達し，気孔をもつ表皮細胞の内側に葉肉細胞，硬膜組織と大小の維管束があり，最内層は星状細胞からなる髄となっている．地下茎となる第1節から第3節までの部分から側根をもつ不定根を数本出根する．不定根は1層の表皮細胞の内側に2～3層の厚膜細胞，大型の皮層細胞，放射維管束となる中心柱からなる．根系は地下水位まで到達する．花序は茎の先端から20cm下方に着き，長さ1mm以下の小花は苞2，内花被3，外花被3，雄蕊3，心皮3，中軸胎座，1穂に20花以上が集散花序となる．

生理・生態　種子は黒色，長さ0.6×0.3mm，千粒重は0.03gで極めて小さく，遺伝的にヘテロで，光発芽種子である．イグサの発根限界は日平均気温7℃，11月から12月が植付け適期となる．発根成長は15～20℃が適温である．イグサは長日作物であり，自然日長が増加する期間に旺盛に伸長する．茎の伸長は平均気温17～25℃，株元相対照度10%以下で促進される．茎伸長停止後，気温27℃以上になると茎先端部の先枯れが進行する．花芽形成には14時間程度の日長と40日以上10℃以下の低温の継続が必要である．

10a当たり1作に施される化学肥料成分は窒素52.4kg，リン酸22.2kg，カリ45.3kgと多肥作物である．なお，水田における脱窒により地下水への硝酸性窒素汚染は畑地に比べ軽微である．

分類・品種　1947年度，広島県に農林省指定イグサ試験地設置以前には在来種が各地で栽培されてきた．試験地では在来種の収集，栄養系分離と放射線育種により，さざなみ（1951年育成，農林1号），あさなぎ（1962年，放射線育種，農林2号），いそなみ（1970年，農林3号），きよなみ（1978年，農林4号），せとなみ（1982年，放射線育種，農林5号），ふくなみ（1984年，農林6号）を育成した．長期間，岡山県と熊本県の主力品種であった岡山3号は岡山県農試早島分場で1948年，栄養系分離法で育成された．1990年度，指定試験地が熊本県に移管されたが，下増田在来×せとなみの交配により1998

図1　イグサ・農林7号「ひのみどり」の原種
（熊本県い業研究所）

図2　コウゾの花序
（熊本大薬草園）

年「ひのみどり」(農林7号, 図1)が育成された. 福岡県では1997年「筑後みどり」を育成した.

品種的特徴から草丈は長, 分げつは少, 茎は太, 着花は多となる「伸長型」と, 逆の「分げつ型」に二分される.「伸長型」は寒冷地に適し,「さざなみ」と沖縄県の福岡在来(通称, オキナワフトイ)が属し,「分げつ型」は暖地に適し, さざなみ以外の農林6品種, 岡山3号, 筑後みどりが属する.

利用 イグサの90％は畳表として加工され, 残りが塩基性染料や反応染料で染色後, 花筵として利用される. 髄部は灯心として古くから利用されてきた. 近年, イ茎に60％含まれている食物繊維が各種の生活習慣病に対して機能性を発揮すること, イ茎が窒素酸化物などの大気汚染物質を浄化する能力をもつことがわかり, 住空間を快適にする素材として注目され始めた.

コウゾ(楮) paper mulberry
Broussonetia kazinoki × B. papyrifgera

クワ科落葉木であるカジノキ属のカジノキ(*B. papyrifgera*, 雌雄異株), ヒメコウゾ(*B. kazinoki*, 雌雄同株)と両種の雑種であるコウゾ(*B. kazinoki × B. papyrifgera*, 雌雄異株と雌雄同株, 図2)を楮と考えるのが妥当である. 染色体数はn＝13, 体細胞では高知県産コウゾ2栽培品種のアカソ(赤楮)とアオソ(青楮)は2n＝26, カジノキ4栽培品種のうち, タカカジとマカジでは2n＝26, タオリでは2n＝39, クロカジでは2n＝39に2n＝26が混在しており, 今後はDNA解析を進める必要がある.

西洋紙が導入されるまで, 推古天皇の時代から1200年間主要和紙原料であった. 1990年の栽培面積は446haで, 伝統美術工芸紙として土佐和紙など各地で生産されている. 根挿し法など栄養繁殖苗を定植し, 落葉後, 当年伸長枝を地際部で刈り取る. 5年目以降15年目まで安定, 多収となる. 利用部位は形成層でつくられた二次繊維で, 繊維伸長期の夏期に高温と多雨となる南斜面が適地となり, 肥培管理も重要である.

ミツマタ(三椏) mitsumata
Edgeworthia chrysantha Lindl. (=*E. papyrifera* Sieb. et Zucc.)

ヒマラヤ原産のジンチョウゲ科の落葉木で, 栽培は日本だけである. 2n＝36だが栽培種は四倍体. 利用は新しく, 1876年, 紙幣利用により栽培が拡大した. 大正期には26,000haも栽培されていたが1981年度には1,100haとなった. 四国山地と中国山地が主産地となっている.

図3 ミツマタの花序(熊本大薬草園)

枝が30～70cmごとに三叉に分枝するので「三つ股」状となり和名の由来になっている. 栽培地では樹高3～4m, 茎直径は3～5cm, 2/5互生葉序. 立春頃から芳香を発する5弁の筒状花を開花する(図3). 自家不和合性で, 花粉はアザミウマが伝播する. 6月に痩果が熟し, 中に黒色, 千粒重25gの種子がある. 種子は乾燥すると発芽力を失う. 陰樹で, 乾燥を嫌うので庇陰樹を植え, 標高300～500mの山間北側傾斜地が栽培適地である.

ヒコバエの出方により幹萌芽型(静岡種, 実生繁殖可能で, 1965年の作付面積の65％を占める)と根萌芽型(高知種, 青木種)に二分される.

利用部位は幹で, 放任区栽培で4年生, 集約栽培で3年生幹を冬季に地際3cmで切り取る. 以後, 3年ごとに収穫し, 経済栽培年限は15年である. 一次, 二次繊維層はコウゾに比べ容易には剥げず, 朝皮は厚いが, 繊維歩留は高く, 老茎ほど繊維は良質となる. 繊維はコウゾに比べ短く, 強靭性で劣るが, より潤沢で色も卵黄色で, 精密印刷に適することから主に紙幣, 公債, 証券, 株券, 地図用などの高級紙原料となる.

ガンピ(雁皮) gampi
Diplomorpha sikokiana (Franch. et Savat.) Honda (=*Wikstroemia sikokiana* Franch. et Savat.)

東海・北陸以西九州西部の日当たり地に分布する高さ2mほどのジンチョウゲ科の落葉木. 生育が遅いため栽培は困難で, 野生種を3～9月の生育期に採取する. 虫害のおそれがない紙質は光沢, 緻密, 粘り, 優雅さがあり「紙の王様」と呼ばれ, 奈良時代から利用されてきた. 複写機普及以前には謄写版原紙の原料として大量に使用され, 1980年には石川県, 滋賀県など国産黒ガンピ82t, 輸入328tもあった. 同属のキガンピ, サクラガンピ, シマサクラガンピなども利用されている.

(片野 學)

繊維料作物（1）

ワタ（棉） cotton
Gossypium spp.

アオイ科ワタ属 *Gossypium* の一年生〜多年生作物．ワタ属は熱帯地方を中心に15〜20種が分布する．そのうち作物として栽培されるのは4種である．野生ワタの多くは熱帯起源の多年生であるが，栽培ワタでは北方に伝播する間に温帯性の一年生作物に改良された．栽培ワタの起源についてまだ十分に明らかにされていないが，新・旧大陸の各地で別々に作物化されたと考えられている．旧大陸ではアジアメン Asiatic cotton とよばれる二倍体のキダチワタとシロバナワタがある．新大陸では四倍体のリクチメンとカイトウメンの2種が作物化された．

種類

・キダチワタ（木立棉） tree cotton
Gossypium arboreum L.　木棉（きわた），インドワタ

染色体数26の二倍体でAAゲノムをもつ．インド原産で古くから栽培され，パキスタンのモヘンジョダロ遺跡から紀元前2000年頃の綿布片が出土している．インド古典のリグヴェダにも記載がある．原始的な品種群は多年生で高さ4〜6mの樹木状になるが，改良された品種群では一年生で高さ1〜1.5mくらいである．朔果は小型で，綿毛の長さは9〜23mmと短いが，強度が大きい．中国では一年生のキダチワタが10世紀以後に広まり，12世紀から栽培が本格化した．日本では室町時代の終わり頃から栽培が全国的に広まったが，明治以後に衰えた．かつてアジア〜アフリカで広く栽培されたが，繊維が短く機械紡織に適さないため現在では大部分がリクチメンに置きかわり，インドなどでわずかに栽培されるにすぎない．

図1　農家の庭先で栽培される多年生キダチワタ（ネパール）

・シロバナワタ（白花棉） short staple cotton
Gossypium herbaceum L.

染色体数26の二倍体．AAゲノム．野生化した系統がアフリカに分布する．栽培化された地域はアラビア南部〜シリア〜インド西部と考えられている．一般に朔果は小型で綿毛は短い．現在はアフリカなどでわずかに栽培される．

・リクチメン（陸地棉） upland cotton
Gossypium hirsutum L.　メキシコワタ

染色体数52の複二倍体である．中米地域で旧大陸のAゲノムをもつワタとDゲノムをもつ新大陸原産の *G. raimondii* との交雑で生じたとされる．メキシコではリクチメンが古くから栽培され，紀元前3400年の遺跡から出土している．原産地では多年生の原始的な栽培系統が存在する．現在世界で栽培される品種群は一年生の系統に由来する．18世紀初頭にアメリカ合衆国内陸部に導入され，南部の大綿花地帯を形成した．その後各地に広まり世界のワタ作付面積の90%を占める最も重要な種となっている．綿毛は長さ13〜33mmで比較的繊細である．世界各地に多くの地域品種が成立している．

・カイトウメン（海島棉） sea island cotton
Gossypium barbadense L.　ベニバナワタ

染色体数52の複二倍体．ゲノム構成はリクチメンと同様AADDである．ペルー北部の山岳地帯において多年生のペルーメンとして栽培され，ペルーの北部海岸地域では紀元前2500年頃に栽培化が進行した．14〜15世紀のインカ文明では組織的な機織が行なわれ，多量の綿布が生産された．西インド諸島に伝播し，18世紀になってから一年生のカイトウメンが生じたと考えられている．湿気の多い温暖な海洋性気候に適する．高品質で有名なエジプトメンはカイトウメンの一系統である．綿毛はワタのなかで最も長く（38〜50mm）細手の糸を紡ぐことができる．

品種

遺伝子組換え品種　Btタンパク質産生遺伝子を組み込んだ害虫抵抗性品種や，グリホサート耐性遺伝子やブロモキシニル耐性遺伝子などを組み込んだ除草剤耐性品種，さらに害虫抵抗性遺伝子と除草剤耐性遺伝子の両者を組み込んだ品種などが開発され，1996年以降に商品化されている．遺伝子組換えワタの世界における栽培面積は1996年には80万haであったが，2006年には1,340万haに急増した．除草剤耐性ワタ，害虫抵抗性ワタ，および除草剤耐性・害虫抵抗性ワタの栽培面積はそれぞれ140万ha，800万ha，および410万haである（2006年）．近年では中国とインドでの栽培が急増している．中国では国内ワタの全栽培面積の66%が遺伝子組換え品種が占めている（2006年）．インドでは2002年にはじめて害虫抵抗性ワタが栽培された．その後遺伝子組換えワタの栽培面積が急増して，2006年には630万haとワタの全作付面積の約7割にまで拡大した．

F₁ハイブリッド品種 人手が安くワタ遺伝資源の豊富なインドでは高品質の綿花生産を目的として，F₁ハイブリッド品種が栽培されている．

着色綿花品種 現在の綿花品種の多くは白色の綿毛をもつが，在来系統では淡茶〜濃茶，淡緑，淡紅〜淡オレンジ，灰色などの着色した綿毛をもつ系統が世界各地に分布する．日本でも茶ワタと呼称される茶色の綿毛系統がある．最近アメリカでは淡緑色や淡紅色などで，綿毛の比較的長い品種が育成されている．着色綿花から得られる布は染色工程をはぶいて自然の色合いを楽しむことができる．近年の自然志向をうけて需要が高まっている．

形態・栽培

灌木状で高さ1〜2.5mまたは高さ数mの中・低木．葉柄をもつ葉身は普通3〜5に深裂した掌状をしている．主茎から結果枝と発育枝が生じ，発育枝からさらに結果枝が生じる．主茎の下位の枝は発育枝に，上位の枝は結果枝になる傾向がある．結果枝には花が形成され，花芽は3枚の苞葉 bract leaf に包まれる．苞葉の鋸歯はアジアメンでは切込みが少なく，新大陸系のワタでは深い欠刻をもつ．開花は下位の枝から順次上位の枝に進み，1個体の花が咲き終わるのに1〜2か月かかる．花の色はクリーム白色から白，ピンク，のどが赤くなるものがある．果実は長さ3〜5cmで朔果 boll, capsule とよび，先がとがったモモの実のような外形をしている．内部が3〜5室に分かれ，各室に6〜9個の種子ができる．

種子は成熟するにつれて種皮細胞の一部が綿毛 cotton lint として伸長し，0.5〜3cmに伸びる．それぞれの綿毛は1つの細胞が伸長したもので，綿毛の細胞壁の外側は薄いクチクラでおおわれ，内側にはセルロースが重層に沈着する．ふつう長い綿毛の他に短毛(地毛) linters, fuzz がある．伸長するにつれて綿毛は朔果内に充満し，開花後50〜60日して朔果が完熟して開裂(開じょ opening of ball)すると綿毛が外に現われる．開じょと同時に綿毛は大気にさらされて急速に脱水され，らせん状によじれる．このよじれは糸を紡ぐうえで重要な性質で，アジアメンでは最も少なく，カイトウメンでは最も多い．成熟期の晴天は開じょに都合がよい．綿毛の中心部には空隙があり，木綿がもつ水分の吸収・発散，保温作用と深く関連している．綿毛の発育はワタが生育する環境条件によって影響される．とくに綿毛発育期間中の気温，日照，土壌水分・養分の影響が大きい．

ワタの発芽最低温度は16℃，最適温度は19〜35℃である．ワタの生育には15℃以上の年平均気温が必要である．さらに無霜期間が180〜200日以上，雨量は年間500mm以上，生育期間の40％以上の晴天日が必要である．ワタ作が行なわれる地域はほぼ北緯45度から南緯35度の間の熱帯から温帯にかけて分布する．

図2　ワタの花(上)，朔果(上右)および綿花(下)
それぞれキダチワタ(上)，カイトウメン(上右)およびリクチメン(下)

ワタは酸性に弱いがアルカリに対する適応性が高い．最適土壌pHは6.0〜6.5である．塩分に対しては作物のなかで耐性が高く，塩分の多いアルカリ性土壌で栽培できる．また連作障害の比較的少ない作物である．大規模栽培では機械による収穫が行なわれるが，その際，葉片などの混入を防ぐために収穫前に薬剤で落葉させる．また落葉により朔果が直射日光にさらされ開じょが促進される．

ワタは一般に窒素肥料が多いと栄養成長が盛んとなり，草丈が高く，成熟が遅れる傾向となる．施肥量は，アメリカ(ミシシッピー州)における大規模栽培では10a当たり窒素7〜9kg，リン酸(P_2O_5)3〜10kg，カリ(K_2O)7〜13kgである．半量を基肥で残りを追肥とする．

生産・用途

ワタは紡績繊維作物 textile fiber crop のなかでもっとも生産量が多く重要な地位を占めている．2000年から2004年までの5年平均における世界のワタ栽培面積は約3,280万haで，綿花の生産量は2,140万tである．綿花の生産は中国，アメリカ，インド，ウズベキスタン，トルコ，オーストラリア，ブラジルなどで多い．いっぽう綿花の輸出はアメリカ，ウズベキスタン，オーストラリア，ブラジルなどで多い．

綿毛には約94％のセルロースが含まれている．綿花の大部分が紡織用(綿糸，綿織物など)あるいは製綿用(ふとん綿，脱脂綿など)に利用される．地毛は短いため繊維として利用されずセルロースや紙の原料とされる．綿毛の表面を脱脂して棉ろう cotton wax が得られる．種子は18〜24％の油脂 fat and oil と16〜20％のタンパク質を含む．油脂から綿実油 cotton seed oil がとれる．搾油した後の油粕 oil meal はタンパク質に富み，家畜の飼料として重要であり，また肥料としても需要が多い．

(巽 二郎)

繊維料作物(2)

アマ(亜麻) flax
Linum usitatissimum L.

アマ科の一年生草本．原産地はコーカサス〜中近東で，古代に中近東で栽培化された．ヨーロッパへ古く広まり，重要な紡織用の植物繊維として利用された．

双子葉植物の茎の篩部やそれに接した内鞘には茎の強度を保つ靱皮繊維 bast fiber が発達する．この繊維は茎を剥皮することにより比較的簡単に取り出すことができ，アマ，タイマ，ラミー，ジュートなどから採取される．剥皮した繊維に付着する木部や外皮などを取り除いて靱皮繊維だけを分離するために精練 retting を行なう．生の茎から得られる靱皮繊維の歩留りは2〜10%程度である．

草丈は1m内外で茎は細く，長さ2〜3cmの細長い葉が1株に50〜70枚つく．初夏に上部で枝分かれした茎の先に着花し，花は青紫または白色で午前中に散る．果実は球形の蒴果で，種子は長さ4〜5mmの扁平型で黄褐色．繊維は茎の内鞘に発達する．繊維用品種と，アマニ油 linseed oil をとるための種子用品種がある．

アマは気候に対する適応性の高い作物であるが，湿気が多く，排水もよい肥沃な土壌を好み，やや冷涼な気候が適する．生育期には適度の降雨が望ましいが，成熟期以降は雨が少ないほうがよい．種子の採油が目的の場合は温度が高く，乾燥する気候が適する．連作が困難で，一度栽培した畑には6〜7年の間栽培することができない．しかし肥料要求量が少ないのでムギ類，マメ類などと輪作するのに適している．北海道の場合は4月下旬〜5月上旬に播種，7〜8月に収穫する．

繊維は強さと美しさと耐久性で木綿よりも優れる．また水分の吸収発散が早く，熱伝導がよいので亜麻布は涼感がある．アマ繊維の世界生産は約78万t(2000-2004年平均)で，収穫面積は約52万ha．中国(52%)，フランス(10%)，ロシア(7%)などで生産が多い．最近ヨーロッパでは自動車の内装素材への用途が増加し2000年には約2万tが用いられた．アマニ油は乾性油で，食用のほかに印刷インク，塗料などに用いられる．

タイマ(大麻) hemp
Cannabis sativa L.

クワ科の一年生草本．中央アジア〜西アジア原産．カスピ海沿岸〜シベリア南部，ヒマラヤ山麓の広い地域に野生する．日本へは縄文時代前期に渡来した．

茎は四角柱状で高さ1〜5mにまっすぐに伸びる．葉は細長い小葉5〜9枚からなる掌状の複葉で，葉柄は長い．各小葉には細かい鋸歯がある．根は深く伸びる主根と多数の分枝根からなる．雌雄異株の風媒花．雄花は黄緑色で枝の先端部に円錐状に集まって咲く．雌花は茎頂に短い穂状につく．果実は短卵形で硬く，灰褐色，苧実(おのみ)とよばれる．茎の内鞘に繊維が発達する．タイマの繊維は強靱で弾性が強く，耐水性，耐久性に優れるが，アマと比べて太く，リグニン含量が高く柔軟性に欠ける．布は通風性に優れ，水分の吸収・発散能力が高いので夏物の衣服に適する．また強靱さを利用してロープや帆布，畳表の経糸や下駄の鼻緒などに用いられる．

栽培は，温暖で1,000mm以上の降雨のある地域が適する．熱帯よりも温帯に適する．有機物の多い肥沃な土壌を好むが，風当たりの弱い場所が適する．施肥量のめやすは，栃木県の場合，10a当たり堆きゅう肥1,000kg，苦土石灰60kg，窒素10kg，リン酸15kg，カリ8kgで，全量基肥として入れる．4月初旬に播種し，5月中旬に間引いて生育を揃える．播種後90〜100日で収穫する．精製繊維の収量は10a当たり60〜75kgである．世界における繊維用タイマの収穫面積は約5.7万haで生産量は約6.5万tである(2000-2004年平均)．中国(36%)，スペイン(20%)，北朝鮮(19%)などで生産が多い．日本における生産は，1945(昭和20)年に9,400haの作付けがあったが，現在は栃木県で約11ha(1997年)栽培されるにすぎない．

種子の油脂は食用や石けん，塗料などに利用される．葉や雌花を乾燥させたものや雌花から浸出した樹脂状の分泌物が，いわゆる「大麻」であり，麻薬的な薬理作用がある．大麻の薬効主成分はカンナビノールなどのテトラヒドロカンナビノール(THC)異性体である．

ジュート jute
Corchorus spp.　黄麻(コウマ)

シナノキ科ツナソ属の一年草．中国南部原産．古代にインドに伝播し，ガンジス下流域で広く栽培される．ジュートにはツナソとタイワンツナソの2種がある．

ツナソ(綱麻) white jute; *Corchorus capsularis* L.
茎は高さ3〜5m，まっすぐな長い円筒形で，先端付近で分枝．葉は先のとがった細長い卵形で長さ5〜15cm．花は黄色．果実は球形で先が平らな蒴果で，径1〜2cm，内部は5室に分かれ，暗褐色の小さな種子がある．

タイワンツナソ red jute; *Corchorus olitorius* L.　別

図1　開花期のアマ(左)とタイマ畑(右，栃木県)

図2　ジュート(左)とラミー(右)　　図3　ボウマ(左)とケナフ(右)

名シマツナソともいい，ツナソに似るが果実が長い円筒形(5〜10cm)で先端がとがる．内部の種子は暗緑色．両種ともに若い葉や芽を蔬菜として利用する．

　茎の靭皮繊維はタイマやアマと比べて繊維細胞が短く，強度が弱く，耐久力が劣り，繊維としては低質である．しかし安価に生産できるので，農産物などの包装用(麻袋)に広く利用される．

　栽培は，熱帯・亜熱帯の湿潤な気候が適する．生育期間中の温度が15〜38℃，年降水量が1,270mm以上必要である．干ばつには弱いが，一時的な湛水に強い．肥沃な土壌が適するが，海岸の塩害地にも栽培できる．精製繊維の収量は10a当たり130〜170kgである．世界における収穫面積は約280万ha(2000−2004年平均)，ジュート繊維の生産量は138万tである．インド(65%)，バングラデシュ(29%)などで栽培が多い．日本では昭和30年代頃まで大分，静岡，熊本などで多少栽培された．

ラミー ramie
Boehmeria nivea (L.) Gaud.　苧麻(チョマ)

　イラクサ科カラムシ属の多年草．東南アジア原産で，中国やマレー半島で古くから栽培された．根株から多数の茎が立ち上がり，高さ1〜2mとなる．葉は互生し，卵形で先がとがり，縁には鋸歯がある．葉の裏に白い綿毛が密生する系統をシロチョマ white ramie, China grass，これを欠くものをミドリチョマ green ramieと呼ぶ．シロチョマは中国・日本などの温帯に栽培され，茎の靭皮繊維は繊細で良質である．ミドリチョマは東南アジアで栽培され，熱帯の気候に適するが品質が劣る．夏，花穂を出し，多数の小花をつける．日本の中部以南に広く野生化している．日本では古くからからむし，あるいはまお(真苧)と呼ばれ各地で栽培・加工された．越後上布や小千谷縮などがよく知られる．

　ラミーの栽培は気温が高く，湿度の高いところが適している．土質は腐植質に富んだ壌土が良い．深根性作物である．繁殖は主として株分けか挿し木で行なう．良質の繊維を生産するには多量の肥料を要求する．窒素30kg，リン酸8kg，カリ15kg程度の施肥が必要である．伸長した茎の収穫は6月下旬〜11月上旬にかけて3回，熱帯地方では年6回の刈取りができる．剥皮は他の麻類と比較して困難である．剥皮機を用いて収穫後なるべく早く行なう．粗繊維の収量は10a当たり100kg程度．

　ラミーの繊維は強度と光沢が優れ，繊維の長さは12〜14cmと長い．しかし弾力性に乏しい．繊維の中心に空洞がある．ラミー布は吸湿性，通気性に優れ，しなやかで夏の衣服に適する．世界におけるラミー繊維の生産高は約22万t(2000−2004年平均)，収穫面積は約12万haで，90%以上が中国で生産される．日本では地域の特産品としてわずかに栽培されるにすぎない．

ボウマ China jute
Abutilon theophrasti Medik. (= *A. avicennae* Gaertn.)　イチビ

　アオイ科のインド原産の一年草．高さ2m内外で茎の頂部付近に黄色の5弁花をつける．葉はハート形でキリの葉に似る．かつて世界各地で繊維植物として導入された．日本には古い時代に中国から伝わったが現在ではほとんど栽培されない．最近輸入飼料や輸入種子を介して侵入した系統が畑地に繁茂し，駆除困難な害草となっている．温暖な気候に適し生育上壌を選ばない．初夏に種を播き90〜100日で収穫する．茎の靭皮繊維はケナフやジュートよりも粗くもろいので，他の繊維を混入して麻袋などの製造に用いる．

ケナフ kenaf
Hibiscus cannabinus L.

　アオイ科の一年草．インドで古くから栽培され，草丈3〜4m，黄色の5弁花で中心が暗赤色．南方型と北方型の2つの生態型があり，それぞれ熱帯地方と中国東北部などの温帯に栽培される．葉はタイマに似るが茎には刺がある．靭皮繊維はジュートよりも強靭であるが，やや硬く柔軟性に欠ける．ジュートと同様の目的に利用．日本でも栽培可能．種子に約20%の半乾性油を含み，料理用，燈火用，せっけん原料とする．同じフヨウ属のロゼル roselle; *Hibiscus sabdariffa* L.も繊維が利用される．

　ケナフ，ロゼル，サンヘンプ，ボウマなどのジュート類似繊維の世界における生産量の合計は約39万t(2000−2004年平均)である．この約半分をインドが占める．

(巽 二郎)

繊維料作物(3)

マニラアサ Manila hemp
Musa textilis Née　abaca

バショウ属の多年生草本で, 原産地はフィリピン. 高さ4〜9mで草姿はバナナによく似る. 茎のように見える部分は偽茎 pseudostemで直径20〜40cm, 葉鞘が同心円状に巻き重なっている. 頂部から四方に広がる葉身は長さ2.5〜6mになる. バナナに似た小型の果実をつけ, 黒色の種子をもつ. 食用のフェイバナナと近縁である.

マニラアサやサイザルアサなどの単子葉植物の葉には繊維組織がよく発達し, これが繊維原料として利用される. 単子葉植物の維管束は葉の組織中に分散して走行しており, 繊維組織もこれに付随して分散分布している. このため茎の繊維のように靱皮繊維だけを分離して取り出すことが困難である. 単子葉植物の葉から繊維を採取する場合は, 靱皮繊維だけでなく篩管や導管をも含む維管束をそのまま利用する. これを組織繊維 structural fiber, leaf fiberとよび, 硬質繊維 hard fiberともよばれる. 組織繊維の採取にあたって発酵精練法を用いると大変時間がかかり, また精練が過度になり品質が低下する. したがって組織繊維の採取は発酵精練法ではなく, 機械的に維管束以外の葉肉を除去する方法が用いられる.

マニラアサの葉鞘の繊維は強靱で弾力があり, 比重が小さく耐水性が高い. この特性を生かして船舶用のロープや漁網に多く用いられるが, 製紙原料としても利用される. また織物や帽子, 民芸品などの材料となる. 古くから住民が織物や漁網用に利用していた.

東南アジア, 中南米などの熱帯地域を中心に栽培される. 船のロープとしての需要が高まり, 19世紀末から20世紀初頭にかけて, フィリピンの輸出額第1位を占める商品であった. 1920年代にミンダナオ島南部のダバオに日本人経営のプランテーションが開かれた. 戦後は合成繊維の普及で打撃を受け, 1960年代には輸出も6万t程度に落ち込んだが, 1980年代に需要が回復している.

世界における栽培面積は13.8万haで, 生産量は約10万t (2000-2004年平均). 生産の約71％をフィリピンが占め, ついでエクアドル(27％)で, この両国で98％を占める. 近年はほぼ横ばいで生産が推移している.

マニラアサの栽培は, ほぼ赤道の南北15度以内で, 栽培期間中の温度は27〜32℃, 年降水量は1,500mm以上で平均した降雨のある熱帯海洋性気候が適する. 葉面積が大きく根が浅いので, 干ばつに対して非常に弱い. いっぽう過湿に対する抵抗性も低い. また強風による茎の倒伏に注意する. 土壌は肥沃で排水のよいところが適する. 繁殖は主として株から発生する吸芽を定植して行なう. 苗を移植後伸長した茎は約18か月で収穫できる. 収穫適期は花梗を抽出する時期である. 株もとから次々と茎が伸長し, 3年で10〜30本の株立ちとなる. 株の更新は移植後10年くらいである. 繊維の収量は1ha当たり1t弱である.

イトバショウ
Musa balbisiana Colla　リュウキュウイトバショウ

沖縄をはじめとする南西諸島で栽培される. マニラアサ同様に偽茎から繊維を採り, 芭蕉布が織られる. 独特の風合いがあり, 今でもわずかに生産される. 食用バナナの原種系統の一つバルビシアーナに由来すると考えられている. 果実には黒い種子があり食べられない.

サイザルアサ sisal
Agave sisalana Perr.

リュウゼツラン属の多年生草本. 中央アメリカ原産で乾燥した場所に生育する. 木質の短い茎から多数の多肉質の葉が放射状に密生する. 葉柄がなく, 葉身は先のとがった剣状で青緑色, 長さ1〜2mとなる. 葉の辺縁に刺がない品種が多い. 7〜20年生育すると, リュウゼツランに似た花茎を伸ばし, 多数の淡緑色の花をつける. 結実することはまれで, 落花後多数の珠芽をつけ, 母植物は枯死する.

一生の間に200〜300枚の葉を生産する. 成熟した葉からとれる繊維は黄白色, 柔軟で光沢があり弾力性が高い. 主としてロープや農業用のひもに用いられるが, 袋などにも加工される. 繊維はマニラアサとよく似ているが, 水に対する耐久性が劣る. 繁殖は子株か珠芽によ

図1　マニラアサ(左)と乾燥中の繊維(右)
写真提供：National Abaca Research Center, Visayas State University, Philippines

図2　イトバショウの花と果実(石垣島)

る．世界における生産量は約32万tで，収穫面積は約36万haである（2000-2004年平均）．ブラジルが世界生産の約58%を占める．そのほか中国，メキシコ，タンザニア，ケニヤ，マダガスカルなどの熱帯・亜熱帯地域で栽培される．最近の生産は横ばい状態である．

アガーベ属 Agaves
Agave pp.

サイザルアサ以外のアガーベ属で葉の繊維を利用するために，ヘネケン，カンタラアサなどが栽培される．

ヘネケン henequen; *Agave fourcroydes* Lem. 古くからメキシコのユカタン地方に栽培される．葉の表面に粉があり白っぽくみえる．葉縁には刺がある．古い株では茎が0.6〜1.5mになる．繊維の品質はサイザルアサよりも劣るが，同様な用途に利用される．栽培しやすく収量は多い．

カンタラアサ cantala; *Agave cantala* (Haw.) Roxb. インドや東南アジア島嶼部を中心として栽培される．繊維はサイザルアサよりも繊細であるが弱い．

ニュージーランドアサ New Zealand flax
Phormium tenax Frost.

リュウゼツラン科のユッカ属に近縁の多年生草本で，ニュージーランド原産．根株から多数の葉を生じる．葉の長さは1.5〜2.5m，硬膜細胞が発達し，これが繊維として利用される．古くからマオリ族が繊維をとりだし利用していた．硬質繊維が得られる植物のなかで唯一温帯でも栽培可能である．広く世界中の熱帯〜温帯に栽培される．日本においても温暖な地域で栽培されたことがある．繊維はマニラアサよりも柔らかく，光沢があるが強靱性が劣る．

モーリシャスアサ Maulitius hemp
Furcraea gigantea (D. Dietr.) Vent.

リュウゼツランに近縁の多年生草本．熱帯アメリカ原産．葉はサイザルアサに似るがやや薄く，葉縁の刺は少ない．葉から繊維をとる．品質はサイザルアサより劣るが，安価．この属の数種は同様の用途に利用される．

サンスベリア属 bowstring hemp
Sansevieria spp.

この属の植物はリュウゼツラン科の多年生で，熱帯アフリカおよびアジアに分布する．地下茎から肉質の厚い扁平または円筒状の葉が多数立ち上がる．葉の長さは1〜2mである．この属のうちのアツバチトセラン（*S. trifasciata*）など数種が葉の繊維を利用するために栽培される．

ココヤシ coconut [plam]
Cocos nucifera L. コイア

アジア，アフリカなどの熱帯の海岸や河口沿いの広

図3　ココヤシ（タイ）　　図4　カポック（ラオス）

い範囲に生育し，高さ30mに達する（ヤシ科作物(1)参照）．果実はラグビーボール形で横径10〜30cm，外皮は薄いが中果皮は厚く粗い繊維質で，黒褐色の固い球形の内果皮をおおっている．中果皮からコイア coirと呼ばれるココヤシ繊維がとれる．繊維の長いものは15〜33cm程度で，木化して約40%のリグニンを含む．糸に紡いでロープやマットに加工される．また亀の子たわしの材料ともなる．ココヤシの成熟した胚乳から得られるコプラ copraはヤシ油の原料となる．多くの場合，ココヤシ繊維はコプラ採取の副産物として生産される．

世界におけるココヤシ繊維の生産量は1980年〜1995年までの16年間に急増した．最近の生産量は93万t（2000-2004年平均）である．そのうちの49%がインド，ついでベトナム（24%），スリランカ（15%）などである．

カポック kapok
Ceiba pentandra Gaertn.

カポックはキワタ科インドワタ属の木本で，樹高は15mまたはそれ以上になる．枝は幹から水平に出る．葉は掌状で5〜8片に分かれる．花は白色または淡紅色で葉腋から出る数本の花柄につく．ふつう落葉時に開花する．果実は長楕円形の蒴果で長さ12〜15cm．枝からぶら下がる．蒴果の内面から生じた長毛の繊維が種子を包んでおり，カポック繊維（パンヤ）と呼ばれる．

カポック繊維は単細胞からできており，白色で絹のような光沢があり，弾力に富む．比重が非常に小さく水を通さないので，クッション，ふとん，枕などの充填用として綿毛よりも優れる．繊維の長さは10〜30mm，直径20〜40μmであるが，撚りがないために織物には利用しにくい．種子は23%前後の油脂を含み，食用や石けん製造用などに利用される．カポックの栽培は高温で比較的湿度の高い地域に適する．またコーヒーやカカオの庇蔭樹 shade treeとしても利用される．世界におけるカポック繊維の生産量は12.6万t（2000-2004年平均）でインドネシア，タイなどで主に生産される．

（巽 二郎）

油料作物

　植物体の一部に含まれる油 oil を利用する作物を**油料作物 oil crop**と呼ぶ．油とはグリセリンに脂肪酸 fatty acid が結合した常温で液体の物質であり，常温で固体のものは脂（脂肪）fat という．油の脂肪酸組成は用途に関係する重要な特性である．特に，脂肪酸における炭素間の二重結合の多少は油の乾燥性や酸化安定性と関係し，二重結合の多い油（**ヨウ素価 iodine value** 130以上）を**乾性油 drying oil**，中程度の油（100～130）を**半乾性油 semidrying oil**，少ない油（100以下）を**不乾性油 nondrying oil**と呼ぶ．

図1　ナタネ（上左），エゴマ（上右）およびゴマ植物体（下左）と花（下右）

図2　ヒマワリ（油料用）の植物体（左），花（右上）および種子（右下）

ナタネ（菜種）rape, rapeseed
Brassica spp.　アブラナ（油菜）

　アブラナ科 Cruciferae, アブラナ属 *Brassica* の越年生作物 winter annual crop 6種の総称であるが，一般には *Brassica campestris* L.（n = 10, アブラナ，在来種ナタネ，赤種ウンダイ）と *Brassica napus* L.（n = 19, セイヨウアブラナ，洋種ナタネ，黒種ウンダイ）の2種をさす．在来種はカブなどが属する *Brassica rapa* の変種で，トルコ高原周辺が原産である．洋種はキャベツ類の属する *Brassica oleracea* と在来種がヨーロッパで自然交雑 natural hybridization した複二倍体と推定される．

　種子は含油率 oil percentage が35～50％であり，**ナタネ油 rapeseed oil** は食用・工業用の半乾性油である．構成脂肪酸の35～50％を占める**エルカ酸（エルシン酸）erucic acid** は心筋・骨格筋などに病変をおこすため，また，**ナタネ粕 rapeseed meal** 中のグルコシノレートは甲状腺肥大物質のため，食用・飼料用としては問題があった．1978年に，それらが少ない食用品種がカナダで初めて登録され，**カノーラ Canola**（Canadian low-acid seed）と呼ばれた．現在，世界種子生産量・収穫面積は4,900万 t・2,800万 ha（FAO, 2005）で，油料作物中第3位に増加した．生産は中国，カナダ，インドが多く，次いでドイツ，フランスである．輸出総量は1,700万 t で，カナダが多い．

　ナタネは基本的に種子春化 seed vernalization 型であり，冬ナタネと夏ナタネがある．在来種は自家不和合性が強く，洋種は自家和合性であるが，風媒 anemophily, wind pollination および虫媒 entomophily, insect pollination で非常に交雑しやすい．

ゴマ（胡麻）sesame
Sesamum indicum L.

　ゴマ科 Pedaliaceae の一年生夏作物で，エチオピア原産，染色体数2n = 26の自家受精植物である．種子は油を約50％含み，日本では焙煎して搾油後に濾過だけで食用にされて独特の芳香が好まれるが，世界では精製油にされる．**ゴマ油 sesame oil** はオレイン酸とリノール酸を約40％ずつ含む半乾性油である．セサミン，セサモリンなどの抗酸化物質を含むリグナン類が約1％含まれ，酸化安定性が強く，機能性食品として注目されている．

　現在，世界の種子生産量・収穫面積は320万 t・800万 ha（FAO, 2005）であり，生産はインド，中国，ミャンマーの順で，スーダン，エチオピアなどが続く．世界生産の約30％が輸出され，インド・アフリカからが多い．日本は世界貿易量（113万 t）の約15％を多くの国から少しずつ輸入し，栽培は自家用だけである．

エゴマ（荏，荏胡麻）perilla
Perilla spp.

　シソ科 Lamiaceae の一年生夏作物で，染色体数は2n

= 38〜40. 原産地は不明だが東部アジアと考えられる. *P. ocymoides* L.は温帯アジアに広く分布するが, 日本では高冷地で伝統食用に *P. frutescens* (L.) Britton var. *japonica* (Hassk.) H. Haraが自家用栽培される. 葉はペリラケトンを主成分とする揮発油を約0.4%含み, 韓国では焼肉を葉で包んで食べる. 対種子含油率は約45%であり, エゴマ油 perilla oilはリノレン酸 linolenic acidを約50%含む食用・工業用の乾性油である. 最近, 機能性食品として注目される.

ヒマワリ（向日葵）sunflower
Helianthus annuus L.

キク科 Compositaeの一年生夏作物で, 染色体数は2n = 34, 北米西部原産である. 油用品種は種子が黒色, 食用品種は白色が多い. 対種子含油率は約40%であり, ヒマワリ油 sunflower oilは登熟期の気温によって脂肪酸組成が大きく変化する食用油である. 低温ではリノール酸 linoleic acidが70%もあるが, 高温でオレイン酸が多くなる. 変化しない高オレイン酸品種もある. 栽培種の頭状花は一茎一花であり, 雄蕊先熟 protandryのために他花受精である. 蕾が転頭運動し, カリ吸収量が多い特徴がある.

現在, 種子生産量・収穫面積は約3,000万t・2,400万haで(FAO, 2005), 油料作物中第4位である. ロシア, ウクライナ, アルゼンチンで世界の生産量の約半分を占める. これらの国からの輸出が多く, 世界の輸出総量は1,300万tである. 日本は種子換算で約5万tの需要のほとんどを輸入しているが, 多くが高オレイン種である.

ベニバナ（紅花）safflower
Carthamus tinctorius L.

キク科 Compositaeの越年生または一年生夏作物で, エチオピア原産説が有力である. 古くから薬用, 染料用であったが, 含油率30〜40%の品種が育成されて油料作物としての地位ができた. ベニバナ油 safflower oilはリノール酸を約75%も含む乾性油（高リノール種）であり, 食用および工業用にされるが, 高オレイン種もある. USA, メキシコ, インドなどで栽培されている.

ヒマ（蓖麻）castor, castor bean
Ricinus communis L. トウゴマ

トウダイグサ科 Euphorbiaceaeの草本植物で, 染色体数は2n = 20, エチオピア原産である. 茎先端の花房分化後に腋芽が成長して仮軸分枝 sympodial branchingを繰り返し, 無限に成長する. 温帯では冬枯死して夏作物となり, 熱帯では永年性灌木になる.

対種子含油率は約50%であり, ヒマシ油（蓖麻子油）

図3　ベニバナの畑（左上）, 花（左下）および開花前の植物体（右）

図4　ヒマの植物体（左上）, 種子（左下）, 開花花房（右上）および登熟中の果房（右下）

castor oilは不乾性油で, 構成脂肪酸の約80%がOH基を持つ特殊なリシノール酸 ricinoleic acidのため, 特殊な工業用の用途を有する. 現在, このような油を生産する作物はヒマだけである. 油粕には有毒なリシン, リシニンが含まれる.

日本では, 切り花用栽培がまれにある. 世界の種子生産量は約143万t(オイルワールド誌と業界情報, 2005/2006)である. インドが世界生産の約62%を, 中国, ブラジルをあわせると90%以上を生産する. 日本にはインド, 中国, タイなどから油および誘導体で輸入される.

（道山弘康）

ゴム・樹脂料作物

パラゴム Para rubber
Hevea brasiliensis Muell. Arg.

トウダイグサ科の高木．2n＝36で，南米アマゾン，オリノコ両川流域が原産地である．天然ゴムの生産は，ほとんどすべてこの種によるが，原産地以外での栽培は1876年に英国人ウイッカム Wickamがブラジルから持ち出した野生ゴムの種子を王立キュウ植物園が育て，マレー，スリランカなどに搬送して移植試験したことに始まる．

形態 栽培ゴムノキの成木は樹高20m，幹周1.8mで，まっすぐ伸びる幹の枝に長卵形の3小葉をもつ多数の複葉が着生する（図1）．幹の形成層外側の篩部組織の**乳管** latex vesselから**乳液** latexを分泌し，ゴム原料となる．雌雄異花同株，果実は3室からなる蒴果で各室に鶏卵大，約5gの種子1個をつける．種子には20～30％の油分を含み乾性油として利用される．

生理・生態 かつては熱帯雨林地帯の気候が最適とされたが，最近では乾季のある熱帯のモンスーンからサバンナ地域，さらに亜熱帯地域でも栽培される．乾季がやや長くても土壌保水性が良好ならば栽培は可能であるが，強風地は避ける．乳液の収量性は乳管組織の層数を切りつけて溢泌する乳液が凝固するまでの時間に関係する．冬季は短期間落葉するが，その間は乳液採集は行なわない．

経済的に乳液を採集できる期間は約30年である．

栽培と品種 繁殖は実生苗に優良系統の芽を接いだ芽接ぎ苗が用いられる．栽植は220本/ha程度の並木植えで，新植に際して他の食用作物が間作されることもあるが，一般に単作である．本来典型的なプランテーション作物で現在も大規模な農園で栽培されることが多いが，タイでは4～5ha規模の小農が生産の中心になっている．

品種改良 近年マレーシアゴム研究所（PRIM）ではブラジル原産種とPRIM改良種の交配系統から，通常は年間約1,500kg/haのラテックス収量を2倍にすることが可能で，成木の木部材の量も従来の数倍に達する早生型のクローンが選抜された．これは乳液の生産性を顕著に高めるだけでなく，結果的には採集適期をすぎた成木をラバーウッズ家具用材とするためにも有効な改良である．

乳液採集・加工 定植後5年以後から1～3日に一度，樹幹に垂直につけた縦溝に向けて早朝に樹周の1/2～1/3の表皮を斜めに切りつけて溢泌液を小容器に受けて収集する（図2，図3）．ところによっては電動ナイフ，ビニールバッグも使用され，マレーシアではエチレンガス噴霧により溢泌を刺激するなど採集作業の労働性の改善が試みられている．乳液のゴム含有量は約40％，主成分は炭化水素のシス-1,4ポリイソプレンで，樹脂含量が少ないことが加工上有利である．集めた乳液は少量の酢酸または蟻酸でゴム成分を凝固させ，水洗圧延してリブをつけて燻煙乾燥し赤茶褐色のスモークド・シートとする．また乳液を亜硫酸水素ナトリウムで漂白して酸で凝固させ，水洗圧延して薄いシートとして乾燥したちりめん状の白色クレープは高級生ゴムである．このほかに粘度を調整したブロックゴムがある．

また以上のような過程を経ずに，乳液を化学的方法や遠心分離法によって60～70％に濃縮して輸送・販売して直接工業製品化することもある．

ゴム生産量の推移 2005年の世界の天然ゴム生産量は878万tである．日本のゴム工業における2005年の年間消費量（新ゴム量ベース）は162万tで，うち天然ゴムが84万tと52％を占めている．天然ゴムは摩擦による発熱や変性が少ないため，主に自動車用などタイヤ（日本の消費量の90％のシェア）の原材料として使用されている．

近年はかつて生ゴム産出量首位のマレーシアに代わり，タイ，次いでインドネシアの産出量が多い．タイ，インドネシアでは上記のようなゴム小規模農園の開発を推進したことにより，生産量と輸出が増大した．

スリランカでは茶園の被覆樹を兼ねて栽培することもある（図4）．

図1 パラゴムの葉
（写真提供：後藤雄佐）

図2 幹に切り傷をつけて樹液を集める

図3　ゴム園での採集作業（写真提供：後藤雄佐）

図4　スリランカではパラゴムの木を茶園の被覆樹として利用（写真提供：後藤雄佐）

図5　インドゴム（写真提供：後藤雄佐）

サポジラ sapodilla
Manilkara zapota (L.) P. Royen (=*Achras zapota* L.)　チューインガムノキ

中央アメリカ原産，アカテツ科の15mに達する高木．樹皮に傷をつけて採集した乳液を煮詰め，酸で固め乾燥したものがチクル chicleで，メキシコ，ブラジルなど中南米の国々から輸出される．

かつてはそのままチューインガムとしたが，現在はプラスチック，エステルガムなどを混ぜあわせる．ガム・ベースとしては天然チクルがすぐれる．球形から広楕円形，直径5〜9cmの果実の黄褐色の果肉は，柔らかでカキに似た味で甘味がつよく，インド，インドネシアの熱帯地域では生食用に栽培され，欧米でも好まれている．

グッタペルカ guttapercha
Palaquium gutta (Hook. f.) Baill.

アカテツ科の高さ20mに達する高木．マレー，スマトラ，ボルネオに野生する．樹幹に切り傷をつけて乳液を採取する．野生の木は伐りつくされてほとんどなく，現在はジャワの栽培園から得られるが，これは類縁種の*Palaquium oblongifolium*で，主として葉から成分を得ている．採集した葉を粉末にし，ぬるま湯で成分を浸出して冷却浮上するものを洗浄後ローラーにかけると生葉から約2.5%のグッタが得られる．

ゴムに似ているが弾力性はなく，高温，水中でも性状が安定しているので海底電線の被覆，医療器具などに利用されたが，近年では合成樹脂などで代用される．しかし歯科医療では現在もグッタを主材としたものが信頼され世界的に用いられている．

インドゴム Indian rubber, Assam rubber
Ficus elastica Roxb.

ミャンマー，インドからマレーに分布するクワ科の常緑高木で（図5），パラゴムが出まわる以前は樹液から弾性ゴムを得るためマレー半島で大規模に栽培された．分泌量がすくなく質も劣るため現在は利用されない．わが国で観葉植物として鉢植えされているものと同種である．

*

以上のほかマニホットゴム manihot rubber, Ceara rubber; *Manihot glaziovii* Muell.-Arg., グァユール guayule, Mexican rubber; *Parthenium argentatum* A. Gray などがあるが，近年ではほとんど利用しない．

〈高村奉樹〉

染料作物

アイ(藍) Chinese indigo
Persicaria inctoria (Aiton) H. Gross
(= *Polygonum tinctorium* Lour.)

インドシナ南部原産のタデ科一年生植物，イヌタデに似るところからタデアイ(蓼藍)とも呼ばれる(図1). 日本には6世紀頃中国から伝わり，藍色染料を得るため広く栽培され，特に江戸時代には阿波を中心に全国で5万haに達した. 明治時代に入って藍玉がインドから輸入され，ドイツでインディゴ染料が化学合成されるにいたって栽培は縮小し，現在ではほとんど栽培をみない.

草丈は50～80cmで，立性と匍匐性があり，葉から染色成分のindigotin(青藍)を得る. 発芽適温は15～20℃，高温多照で排水のよい肥沃地が適し，吸肥力が強く，特に窒素は収量・品質への影響が大きい. 刈取りは7月上旬と8月中下旬に2回行なうが，藍成分は生育旺盛な着蕾前が最も多く，また上位葉ほど含量が高い. 刈取り後，よく乾燥して茎を除いて葉藍とし，これを屋内に堆積して，5～7日ごとに灌水と切返しを行なって，約3か月発酵腐熟させたのち，染原料「すくも」とする.

染色法は，すくもにアルカリ性の木灰などを混ぜて水を加え，一定の温度で発酵を促進させたものに布を何度も浸して空気に晒して染色する. また，生葉から抽出した液を用いる生葉染などもある. つむぎ，かすりなどの伝統的工芸品ほか，近年は高級服地，ネクタイ，ふろしきなど用途の拡大が試みられている. 乾燥させた葉は解熱，殺菌の漢方薬としても用いられる.

なお，琉球では古くはリュウキュウアイ Assam indigo; *Strobilanthes cusia* O.Kuntzeを染色に用いたが，その後はマメ科のキアイ(木藍，インディゴ common indigo; *Indigofera tinctoria* L.)が導入利用されている.

ベニバナ(紅花) safflower
Carthamus tinctorius L.

キク科の一～二年草で野生原種は不明である. イスラエル南部からイラク西部に自生する近縁種間の交雑から栽培種が生じ，中央アジア，インドで薬用または染料として古くから利用された. 日本へは飛鳥時代前の6世紀末に中国から渡来したと考えられる.

乾燥した高温気候帯に適する中性～長日植物で，秋または早春に播種する. 高さ約1m. 主茎の頭花，次いで側枝の頭花が上位節から順に開花する. 直径約3cmの頭花は開花当初の黄色から橙色(図2)，鮮紅色を経て褐色～赤黒色と変化し，開花後4～5週間で1頭花15～30個の痩果が結実する. 朝露のある早朝に花弁だけを摘み取る. 花弁をすりつぶして布袋に入れ水洗し，黄色素を除いて乾燥後せいろで蒸し，さらに搗いて餅状のものを天日乾燥して扁平な紅花餅として染色原料とする.

花弁には水溶性のサフラワーイエロー26～36%と水不溶性，アルカリ液に可溶の橙赤色色素カルサミン0.3～0.6%が含まれる. 古くから後者が絹や木綿の染料，あるいは化粧料紅の原料として重要であった. 一方，前者は飲料，麺，菓子など食品の着色に使われたが，近年になって布地の染料としても利用する. 陰乾した花は紅花(こうか)の名で浄血，通経用漢方薬となる. 種子はリノール酸70～80%，オレイン酸10～20%，飽和脂肪酸6%程度を含む12～48%の乾性油 drying oilを含有する. このサフラワーオイルはサラダオイル，マーガリンの原料として需要が増大し，カリフォルニア州ではリノール酸含量の多いセイコウベニバナを栽培して世界最大の生産量をあげている.

(左)図1 アイの花(写真提供：後藤雄佐)
(右)図2 ベニバナの花(写真提供：後藤雄佐)

表1 ウコンとその近縁種の名称

和名	植物	ウコン(秋ウコン)		ハルウコン	ガジュツ(紫ウコン)
	生薬	鬱金		姜黄/薑黄(キョウオウ)	莪蒁
中国名	植物	姜黄		鬱金	莪朮
	生薬	姜黄(根茎) 鬱金(塊根)		姜黄(根茎) 鬱金(塊根)	蓬莪朮(根茎) 鬱金(塊根)
学名		*Curcuma longa.* L (= *C. domestica* Val.)		*C. aromatica* Sal	*C. zedoaria* Rosc.
英名		turmeric		yellow zedoary	zedoary

提供：山本由徳・宮崎彰

サフラン（洎夫藍）saffron
Crocus sativus L.

アヤメ科の多年草で原産地は地中海沿岸地帯．観賞用サフランは春咲きであるが，この種は秋咲きで，球根を9月植えすると11月には花が咲く．春咲きクロッカスに似た花の雌しべは花柱先端で3つに分かれ鮮やかな赤色．これを摘み取って乾燥した後保存する．収量は10a当たり1〜1.5kgでスパイスとしては最も高値である．ぬるま湯に浸すと，独特の香りと快い苦味とともに澄んだ黄金色を呈するため，ケーキや料理の香味，色付けに使われる．香りの主成分はサフラナール，色素はカロチノイドの一種クロシンで，雌しべは生薬の番紅花（ばんこうか：日本薬局方「サフラン」）であり鎮静，鎮痛，通経作用がある．紀元前からヨーロッパで香料・染料として利用されたが，古代ギリシャではサフランの黄色は王族だけに許されたロイヤルカラーであった．南フランスのブイヤベース，スペインのパエリア，インドのサフランライスには欠かせない食用の香・染料である．主産地はスペイン，フランスなどで，また日本では大分県竹田市，宮城県塩釜市で生産される．

ウコン（鬱金）turmeric
Curcuma longa L. (= *C. domestica* Valet.)

ショウガ科の多年草でインド原産．高温多雨の地によく育ち，熱帯・亜熱帯に広く栽培される．地下に太い塊状で枝分かれした楕円形の根茎をつけ，地上部は根茎から長い柄をもつ長楕円形の葉を数〜十数枚出して，高さ50〜170cmになる．根茎には独特の味と匂いがあり，外観は茶色で，内側は明るい黄色から橙色．

ウコンには多くの近縁種が存在し，ウコン属植物として50種程度が熱帯アジア，アフリカ，オーストラリアに分布しているが，わが国で栽培されている主なウコン属植物はウコン，ハルウコン yellow zedoary; *C. aromatica* Sal., ガジュツ zedoary; *C. zedoaria* Rosc.である（図3，図4）．ウコンは初秋に葉の間から花茎が伸び出して白い花穂をつけることから，通称秋ウコンと呼ばれ，一般にウコンという場合は秋ウコンを指す．葉の表裏ともに無毛平滑であるのがウコンの特徴である．ハルウコンは春にピンク色の花をつけ，葉の裏側に絨毛（あるいはビロード状の毛）をもつ点でウコンと異なる．ガジュツは葉の中肋に沿って紫色の筋が現われることから紫ウコンとも呼ばれ，根茎の内部が鮮やかな青色である．和名のウコンおよびハルウコンは，中国名ではそれぞれ姜黄および鬱金と呼ばれるが，和名，中国名および生薬名の間で混乱が生じている（表1）．

主産地はインドで，ヨーロッパ，アメリカ，日本などへ輸出している．日本へは18世紀半ば近くに渡来して薬用あるいは観賞用に栽培され，現在も暖地で栽培されている．根茎を株分けして3月末〜5月に植え付けると，根茎は9月頃から肥大し始め，葉が枯れる頃に成熟

図3　ウコン（上左）とハルウコン（上右）の草姿と花，ガジュツ（下）の葉
（写真提供：山本由徳・宮崎彰）

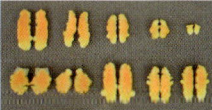

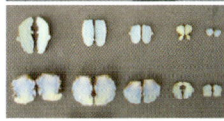

図4　根茎の形態の特徴
（写真提供：山本由徳・宮崎彰）
上左：ウコン，上右：ハルウコン
下：ガジュツ

する．収穫は霜が降りる前に行なう．日本では根茎収量は10a当たり1〜4tである．生育期間が短くなるほど収量は減少する．根茎は水洗いして皮をむいて5〜6時間煮たのち，2週間ほど天日で乾燥させて細かく砕く．

根茎の粉末はターメリックとして一般に市販されている．黄色の色素はクルクミンで染料や食品の着色料，たとえばたくあん漬けに用いられ，またカレー料理には欠かせない香辛料である．日本の総需要は平均して4,000t/年，90%以上がカレー粉と調味料である．クルクミンは，ウコンに多く含まれ，ハルウコンでは一けた少ない．ガジュツには含まれていないが，シネオールなどの独特の精油成分を含む．クルクミンと精油は薬効成分として注目され，肝障害の予防，肝機能改善，抗酸化作用，殺菌作用などが知られており健康食品としても利用されている．インド周辺では食用以外に傷薬や肌のパック剤としても使われる．

（高村奉樹）

嗜好料作物(1)
チャ① 形態, 生理, 品種

チャ Tea
Camellia sinensis (L.) O. Kuntze

ツバキ科, *Camellia*属の永年性常緑樹. 染色体数は2n = 30. 葉が小さく, 低木で耐寒性が強い中国種; *C. sinensis* var. *sinensis*と, 葉が大きくて先端がとがり, 高木で耐寒性が弱いアッサム種; *C. sinensis* var. *assamica*(図1)の2変種に大別される. しかし, 両者の交雑種で中間的な形態特性, 耐寒性をもつアッサム雑種 assam hybridや近縁種との交雑種もあり, 変異は多様である.

原産地については, 中国南西部雲南省・四川省・貴州省を中心とする説が有力である. チャは漢民族による飲用と栽培が契機となり, 世界各地に波及した. 日本の関東以西に自生するヤマチャ native tea bushは日本固有種ではないとする説が有力で, わが国の喫茶の風習, チャの栽培は中国からの伝来とされる. アッサム種は1823年インドアッサム地方でイギリス人により発見され, 紅茶用として広く栽培されている. 世界のチャの栽培面積は約270万ha, 生産量は約300万tに達する. その約50%はインド, 中国が占め, その他はスリランカ, インドネシア, ケニア, 日本, ベトナム, トルコなどの主要生産国に加えて, アルゼンチン, ロシア, オーストラリアなど世界の多くの地域で産出される.

形態

チャの樹姿には, 多数の枝が横へ広がる開張型 spread type, 枝が上方へ伸びる直立型 errect type, 両者の中間である中間型 medium type, の3タイプがある. 新芽は枝の頂部あるいは葉腋に形成されるが, 頂芽優勢である. 外側2枚の苞葉 bract leaf, janamの中に6〜8枚の幼葉を分化し, 5〜6枚が展開し終わると一時成長を止める. 頂芽の摘み取りによって腋芽が伸び, 二番茶, 三番茶の芽となる. 茶園では剪枝して1m以下の高さに仕立て, 樹冠面を整える.

根系は, 実生樹では深根性 deep-rootedで, 種子根である直根が深さ1m以上に達する. 挿し木樹は浅根性 shallow-rootedで, 側方へ伸びる7〜8本の太い不定根をもち, 多くの根は深さ60cm内に分布する(図2). 花は白色の花弁をもつ直径3〜4cmの両性花 hermaphroidyで, 当年枝の先端または葉腋に1〜3個を生ずる(図3). 6〜10月に分化し, 秋の開花, 受精を経て, 翌年10月頃成熟する. 自家不和合性 self incompatibilityが強く, 自家受精はしにくい. 種子は1果当たり1〜3個である.

生理・生態

チャの新芽は春から秋にかけて周期的に成長し, 葉は新葉が発生してから約1年で大半が更新する. 根の成長は芽の成長が停止する秋に最も活発化し, 細根の多くが更新される. チャは強度の刈込みにも耐える再生力をもつ. 秋冬期には芽は休眠し, 成長を停止するが, 自発休眠と他発休眠との区別は明らかでない. 休眠中も葉は光合成を続け, この時期に体内に多量の糖, デンプンを蓄え, 翌春の生育時の呼吸基質として利用する.

春の萌芽(図4)は平均気温12℃以上で始まるとされるが, 早晩と斉一度には品種に固有の休眠特性と一定期間の低温(10℃以下)が関与する. 中国種は−10〜−15℃まで生存するが, 栽培には年平均気温13℃以上, 年間降水量1,300mm以上の気象条件を必要とし, 経済栽培の北限は新潟・茨城付近とされる[注]. 温暖多雨が生育に適し, 多収となるが, 品質はやや冷涼(日平均15〜18℃)で昼夜の温度較差が大きい多湿の山間, 川沿いの地帯で優れるとされる. チャは耕土が深く, 透水性, 通気性ともに高い土壌を好み, 好酸性(最適pH5.0〜5.5), 好アンモニア性, 好アルミニウム性である.

注)栽培の北限 秋田県の檜山茶や宮城県の桃生茶など新潟・茨城以北にも小規模な茶産地が存在する. 一般に生産性は低く, 地域限定的な消費にとどまっている. 産地の起源は江戸期に遡り, 不利な条件下で栽培を支えた先人の苦労が偲ばれる.

品種

自家不和合性の強いチャの育種では, 栄養繁殖 vegetative propagationを前提とした品種の育成が行なわれている. 明治期以降, 早生 early budding cultivar, 中生 medium budding cultivar, 晩生 late budding cultivarなどの早晩性が異なる, また, 耐病虫性, 収量性, 耐寒性, 加工適性に優れた多数の品種が育成されている. 平成18年現在の登録品種数は煎茶用60, 釜炒り・玉緑茶用6, 玉露・てん茶用8, 紅茶用10, 中間母本6である. また, 品種登録はされなかったが, 品種として扱われているものも18種ある.

図1 アッサム種茶樹(母樹)

図2 チャの地上部と根系(5年生茶樹)

図3 チャの花

図4 チャの新芽
左：出開芽，右：未出開芽

図5 紅茶(ブロークンタイプ) 　図6 ウーロン茶(鉄観音) 　図7 緑茶(上級煎茶)

加工・利用

茶の加工では，葉中の酸化酵素によるポリフェノール酸化反応を発酵 fermentationと呼ぶ．世界の茶は発酵茶 fermentated tea，半発酵茶 semi-fermentated tea，不発酵茶 non-fermentated teaに大別される．摘み取った生葉 plucked new shootを萎らせてよく揉み，葉中の成分の酸化を進めた発酵茶の代表は紅茶 black tea(図5)で，外観は黒紫〜黒褐色，浸出液の色は紅赤色である．生葉を日光にさらして多少萎らせ，葉成分の一部を酸化させた半発酵茶には酸化の程度に応じた様々の茶があり，ウーロン茶 oolong tea(図6)はその代表的な茶である．酸化により特有の香り，色を生ずる．生葉に熱を加えて酸化を止めた不発酵茶は緑茶 green tea(図7)で，緑色の外観が特徴である．加熱方式により蒸し製と釜炒り製がある．

世界の茶は約75%が紅茶，残りのほとんどは緑茶で，半発酵茶は少ない．わが国では緑茶が主体で，収穫直後の生葉を蒸気で蒸すか，釜炒りして酸化酵素を失活させてから加工する．煎茶，玉露，てん茶(碾茶)，番茶は蒸し製で，玉緑茶には釜炒り製と蒸し製とがある．現在は，手揉み manual tea processing技術を基礎として開発され，いくつかの工程に合わせて組み合わされた一連の大型製茶機械により加工される．煎茶は最も一般的な茶で，蒸し(蒸熱) steaming・粗揉 primary drying・揉捻 tea rolling・中揉 secondary drying・精揉 final rolling・乾燥 dryingの工程を経て製造され，外観は鮮緑色で，細長い形状が特徴である．加工したばかりの茶を荒茶 crude teaといい，選別，乾燥(火入れ) firing，合組み(ごうぐみ) blendingなどを行なって仕上げ茶 refined teaとする．

玉露は強い遮光下で成長させた新芽を用いて，煎茶とほぼ同様な工程で加工された日本独自の高級茶で，独特な青海苔様の香りと濃厚なうま味をもつ．てん茶は玉露と同じ新芽を用い，蒸した後，揉まずに乾燥されたもので，石臼でひいて抹茶 powdered teaに加工される．釜炒り製玉緑茶は，炒り葉 parching・揉捻・水乾 secondary tea drying・締め炒り final tea drying・乾燥の工程を経て加工される．玉のように丸みを帯びた形状と香ばしい香りが特徴である．

茶の品質評価は人間の五感に基づく官能試験 sensory testにより行なわれ，外観(形状 shape，色沢 color of made tea)と内質(香気 aroma，水色 color of liquor，滋味 taste)により格付けされる．日本での荒茶生産量は1983年に約10万tに達したが，近年は約9万tで推移している．これまでわが国の茶の消費はほとんどがリーフであったが，近年，ドリンク需要の増加や機能性に着目した商品の開発により，茶の加工形態も変化しつつある．

(山下正隆・根角厚司)

作物

嗜好料作物（2）
チャ② 栽培

茶園の造成・改植

新規開設では，まず気象条件を考慮して園地を選定し，有効土層が深く，通気性，保水性のよい場所を選ぶ．圃場は深さ1m程度まで耕起し，暗渠や排水溝を設置する．必要に応じて酸度矯正，土壌消毒を行なう．また，生産力が低下した老朽化茶園 deteriorated tea fieldは新たに苗を植え替える改植 replantingを行なう．植付け前に，うねの位置に植え溝を掘り，底に堆厩肥を入れ，土とよく混ぜ合わせておく．

育苗・幼木園の管理

チャの育苗は一般に挿し木 cuttingによって行なう（図1）．挿し木は6月頃に行なう夏挿し summer cuttingが一般的であるが，9～10月の秋挿し autumn cuttingも行なわれる．挿し木に使用する若枝である挿し穂 cuttingをとるための母樹園 field of mother bush for cuttingでは，一番茶新芽を摘まずに残し，新梢から2枚の葉をつけて切り取った挿し穂（2葉挿し）を苗床に挿す．挿し木後は，寒冷紗で70～80％遮光し，十分に灌水する．約30日で発根し，約70日で一次根の形成が完了する．育苗期間は9か月（1年生苗）または20か月（2年生苗）である．若苗ほど活着は速いが，根のほとんどが細根のため植付け後の水管理に注意が必要である．ペーパーポットを用いるポット育苗では，ポットのまま定植できるので植え傷みがなく，活着が良好である．長期の育苗でポット内の根が過密になると，生育が抑制され，活着も悪くなるので，挿し木後1年以内に定植する．

苗の定植は3月に行なう．栽植密度は，二条植えで10a当たり約2,500本，一条植えでその半分が標準的である．二条植えは一条植えに比べて，樹冠の幅である株張り spread of tea bushの拡大が早く，また，枝が密生してしっかりした樹冠を形成するので機械での管理に向く．早期に生産性の高い樹形を整えるため，仕立て bush formationを行なう．仕立ては枝を樹冠面の下方深い位置で切り取る剪枝 pruningと樹冠面から上の位置で切って整える整枝 skiffingにより行なう．樹形は機械摘みに適した緩やかな弧状型 arch shapedが一般的である．

成木園の管理

新芽 shootの収穫である摘採 plucking（図2）は，九州南部地域では年3～4回，四国，東海地域では年2～3回，関東地域，標高の高い山間地では年2回である．玉露やてん茶園では年1回である．

最終摘採後，10月下旬に秋整枝 autumn skiffing，または翌年2月下旬に春整枝 spring skiffingを行ない，樹冠面（摘採面 plucking surface area）を整える．一般に，秋整枝では春整枝に比べて一番茶の萌芽 sproutingが早まり，新芽の数が増加して小型化する芽数型 bud number typeの傾向が強まる．新芽の大きさや数は摘採回数，整枝の高さ，樹勢によっても変化し，新芽の数が減って大型化する場合は芽重型 bud weight typeと称する．

成木園での年間施肥量は，成分量で10a当たり窒素50kg，リン酸20kg，カリ20kgが標準的である．昭和40～50年代の一時期，品質偏重から10a当たり100kg以上の過剰な窒素施肥が行なわれた．窒素の多用により緑茶のうま味成分であるアミノ酸の一種テアニン theanineが増加するからである．しかし，茶園からの硝酸態窒素の流出により周辺環境へ負荷を与えたという反省から，近年の窒素施肥量は適正化している．施肥は年間5～8回に分施し，8～9月に行なう秋肥 fall-applied fertilizer，2～3月に行なう春肥 spring-applied fertilizer，一番茶の萌芽期直前に行なう芽出し肥 pop-up fertilizer，各茶期直後に行なう夏肥 summer-applied fertilizerが一般的である．三要素のうち，リン酸とカリは秋肥と春肥で全量を施す．また，酸度矯正には秋肥の時期に10a当たり100kgの石灰をうね間に施用する．

越冬後最初に伸びた新芽を一番茶 first crop of tea，順次，二番茶 second crop of tea，三番茶 third crop of teaという．二～四番茶は総称して夏茶 summer crop of teaという．苞葉から本葉が出現することを萌芽といい，摘採面の芽の70％が萌芽した時期が萌芽期 sprouting timeである．萌芽した新芽は，内包された幼葉のうち5～6枚が展開した後，いったん成長を停止する．この状態が出開き banjhiである．摘採面上の新芽の60～80％が出開きに達した時期を摘採期 plucking timeとする．そのほか，一番茶後の整枝を兼ねる刈り番 bancha，秋の整枝を兼ねる秋番 autumn crop of made

（左）図1　挿し木床
（右）図2　大規模茶園で稼働中の大型乗用摘採機

teaがある．収量は単位面積当たり新芽数 number of new shoots, 新芽重 weight of a new shoot および摘採面積率 ratio of plucking furface to land の3要素で構成されるが，成木園では摘採面積率はほぼ一定となる．

摘採方法には手で新芽を摘む手摘み hand plucking, 手ばさみを使うはさみ摘み shear plucking, 動力による機械摘み mechanical pluckingがある．手摘みは玉露園，てん茶園などで行なわれる程度で，機械摘みが一般的である．摘採機にはハンディな小型機，うねの両側から2人で保持する可搬型摘採機 power tea plucker, うね間に敷設したレールに載せて移動できるレール走行式摘採機 rail-tracking plucking machine, 大型の乗用型摘採機 riding-type tea plucking machine まで茶園の規模や立地条件に応じて様々な機種が開発されている．レール式や乗用型摘採機は付属装置を取り付けることで施肥や防除などの目的にも使用される．

茶園では品質向上，摘採期の延長，冬季の寒害防止，晩霜害防止などを目的として被覆 covering が行なわれる．玉露やてん茶園のように固定した枠を設置し，わらやよしずなどを用いて強度の遮光を行なう茶園を覆い下茶園 severe shading tea field (図3), 夏茶期に寒冷紗などで60%程度の遮光を短期間行なう茶園をかぶせ茶園 light shading tea fieldという．新芽生育期の遮光は，うま味成分を増し，特有の色，香りを生ずる．

チャの経済樹齢は35年程度とされるが，樹勢更新処理を施すことにより50年以上生産力を保持することができる．地上部は剪枝，根はうね間の深耕・断根 deep plowing・root pruningにより更新する．剪枝はふつう一番茶摘採後に行ない，その程度に応じて，幹枝を地上10cm程度に切り戻す台切り collar pruning, 地上50cm程度に切り戻す中切り medium pruning (図4), 摘採面から10～20cm低く切り揃える深刈り deep trimming of canopy, 摘採面から数cm低く切り揃える浅刈り shallow trimming of canopyなどの方法がある．効果の持続期間は数年～30年とされ，深く切るほど回復は遅れるが，更新効果は大きく，長く持続する．

深耕・断根処理は秋に行ない，土壌物理性の改善と新根の再生を促す．処理適期は根の成長期前にあたる初秋期で，樹冠の外縁部直下である雨落ち部 rain dropping lineからやや株元寄りの位置で処理するのが最も効果的である．根系の回復には1,2年を要するため，連年の処理はかえって樹勢更新を阻害することになるので避ける．この処理による更新効果は大きく，持続期間は5年以上である．

気象災害

気象災害には秋季の初霜（低温）による凍害 freezing

図3 覆い下茶園（てん茶園）

図4 中切り更新茶園

図5 林立する防霜ファン

injury, 冬季の寒干害 cold inury・cold drought damage, 春期の晩霜害 frost injury, 夏季の干害 drought injury, 台風による風害・潮風害などがある．初秋期の凍害は南九州で徒長した枝や幼木の幹に発生し，形成層部の凍結のため皮層が裂開して裂傷型凍害 bark split frost injuryを生ずることがある．冬季の寒害には低温で葉が枯死・赤変する赤枯れ cold injury, 寒風による乾燥を伴った低温で緑葉のまま枯死する青枯れ cold drought damageがある．萌芽後の新芽は−1～−2℃で被害を受けるため，晩霜による被害は大きい．防止対策には晩生品種の利用のほか，地上6～7mの暖気を茶園に吹き下ろす防霜ファン frost protective fan（図5）が有効である．近年は，冬季温暖なため，いったん休眠した芽が初冬期に再萌芽 re-sproutingすることがあり，翌春一番茶の収量，品質上問題となっている．

〈山下正隆・根角厚司〉

作物

嗜好料作物(3)
コーヒー, カカオ, マテチャ

コーヒー coffee
Coffea spp.

コーヒーノキはアカネ科の永年性常緑灌木. 赤道をはさんで南北緯25度以内の地域で栽培され, 果実内の種子をコーヒー豆 coffee bean として利用する.

・種類

アラビアコーヒー Arabian coffee; *Coffea arabica* L. エチオピアのKefa州原産で, 世界で生産されるコーヒーの約2/3を占める(図1). 酸味と香りを特徴とし, 通常アラビカ種と呼ばれる. 13世紀にアラビア半島に移植され, イスラム社会での神秘的な飲料であったが, 15世紀以後には世俗的飲料となり16世紀半ばにはイスタンブールにコーヒーハウスが開かれた. 以後17世紀末までにヨーロッパまで普及してパリ, ハンブルグなどにコーヒー店が開設された. 日本では東京上野に「可否茶館」が1888年に開かれた.

ロブスタコーヒー robusta coffee; *Coffea robusta* Linden (= *Coffea canephora* Pierr. ex Froeh.) コンゴ原産でCongo coffee ともいわれ, 成長旺盛, 果実は小さいが果肉が薄いため種子は大きい. 強い苦味とコクが特徴で, 通常ロブスタ種と呼ばれ世界生産量の1/3を占める. 主にブレンドの増量用, インスタントコーヒー, もしくはアイスコーヒーに用いられる.

リベリアコーヒー Liberian coffee; *Coffea liberica* W. Bull. ex Hiern. アフリカ西岸アンゴラ地方原産. 湿潤低地でも生育可能であるが, 香りが乏しく混合用のほか現地で消費される.

・生産

現在のコーヒー世界総生産量は648万tで, そのうち517万tが輸出される(2005年). 世界の約60か国で生産されるが主要な産出国はブラジルが群を抜き, コロンビア, ベトナム, インドネシアの順, 次いでインド, エチオピアがほぼ同じで並ぶ. 世界市場価格は一般にブラジルでの豊凶によって大きく影響される. 2006年の日本の輸入量は生コーヒー豆換算で458,000t, 世界第3位の輸入国であるが1人当たりの消費量ではベストテンに入らない.

・品種と栽培

アラビカ種は原産地が1,500～2,000mの高地であるため, やや低温(平均気温16～24℃), 降水量は1,600mm/年程度で, 花芽形成にとっては明らかな乾・雨季のあることが必要である. 自殖性の種子繁殖で苗床から仮植前半まで(約半年)はシェード下, 1年後に畑に定植する(図2). 同一の幹から続けて何年も収穫すると生産性が落ちるため, 幹を地上25～30cmで切り返し, 側芽を出させて新たな主幹とするなど, 土地にあった整枝剪定の方法が試みられている.

葉の裏に鉄のさびに似る病徴がでる致命的な病害, さび病が19世紀の半ば以後蔓延して, 南米, アフリカの各地域で耐病性品種育成が試みられたが成功をみなかった. その後自家不和合性のロブスタ種との交雑を繰り返した後代とみられるさび病に強い種類がインドネシアのチモールで見出されて育種材料に供された. burbonと呼ばれる系統もそのひとつである.

コーヒー豆はアルカロイドのカフェイン caffeine を約1%含み, 飲用による生理作用として中枢神経興奮作用, 利尿作用などがある. 一方, 最近エチオピアでカフェイン含量の低いアラビカ種が見出され, こうした作用を避けるため育種に利用される可能性がある.

コーヒーノキは枝葉成長と果実の成長がかさなる時期の養分要求が大きく, 施肥には堆・厩肥のほかに化学肥料が施用され, 病害虫の防除には多量の薬剤が投入される. 降水量が十分なところでは, マメ科の低木, 時に高木を被陰樹とするが, 乾燥しやすい地域では水分の競合を避けるためコーヒー苗をやや密に植え, マルチを施すほうが有利である.

・収穫と加工

収穫は手摘みであるため多量の労働力が必要である. 摘み取った果実の調整法には水洗式と乾燥式(非水洗

図2 コーヒー園の造成
タンザニア, キリマンジャロ麓モシ

図3 天日乾燥中のコーヒー
水浸し, 脱果肉後乾燥

図1 実が熟し始めたコーヒーノキ

(左)図4　カカオの果実
　樹幹に直接つく．幹には小さな花も咲いている（ガーナ，クマシ周辺）
(右)図5　カカオの種子乾燥
　脱果肉，水浸のあとで天日乾燥

式）がある．水洗式はまず果肉を脱肉後，水槽に温度によって異なるが8～40時間浸漬，その後数日間天日乾燥する（図3：最近は機械乾燥が増えた）．種子を覆う粘液mucilageが分解し，パーチメント（外皮）が適切に乾燥する過程でコーヒー豆としての質が向上する．これを通常発酵と呼び，その後の脱穀作業は乾燥したマメに付着する外皮やミューシレージなどの除去を目的とする．乾燥式は収穫後約15日間天日乾燥の後，脱肉，脱穀する．いずれもその後粒の形状で選別してコーヒー豆（生豆）として販売，輸出される．コーヒー豆はその後目的に応じてブレンドされ，焙煎して製品とする．

カカオ cacao
Theobroma cacao L.

・**種類と性状**

熱帯中・南アメリカ原産．長楕円体果実の果肉内部の種子をココアやチョコレートの原料とする．古くはユカタン半島地域でマヤ人がトウモロコシ粉にまぜて搗いたペーストを熱湯に溶かし飲用した．ヨーロッパには大航海時代以後にもたらされて，1660年アムステルダムでカカオ豆 cacao beansが初取引された．加工法が当初の英国でのすりつぶし法から，1828年オランダのVan Hoten社の脱脂法によるココア粉，1876年スイスのPeter社による板チョコレートの製法開発によってカカオの需要は拡大した．現在では固形チョコレートが製品の主体で，ココアは副産物の感がある．

栽培カカオの系統には，メキシコ南部からニカラグア地域原産で香りはよく良品質だが病害虫耐性の弱いクリオロ種，南アメリカ南部原産で病害虫耐性の強いフォラステロ種，およびそれらの雑種トリニタリオ種がある．フォラステロ系の品種は東南アジア，西アフリカで栽培され，クリオロ種はベネズエラ，メキシコで少量生産されるがチョコレートの香味のブレンド豆として貴重である．

・**栽培と加工法**

熱帯低地原産で，年間24～28℃の多雨地域が生育に適する．年間通じて落葉の常緑樹．特に幼樹時代は半日陰を好み，成木もしばしば被蔭樹の下におかれる．ただし試験の結果からは，施肥・水分条件が良好であれば非遮光から80％程度の遮光の元で収量性が大きい．

成長すると7～10m，幹径は10～20cmに達し，枝・幹の不定芽 adventitious budから長楕円体の長さ18～30cmの果実を着生する（図4）．開花と新しい枝，葉の生長期が重なるため，その時期の肥料成分要求度が大きい．果実には40～50個の種子を含む．種子は常温で積み上げてバナナの葉で，または木箱に入れてバナナの葉やシートで覆うなどの方法で発酵させるが，5～6日間に豆の風味は改善され，水洗して後天日乾燥（図5）または機械乾燥する．

カカオ豆を粉末にして砂糖，香料およびデンプンを加え圧し固めてチョコレートとする．カカオ豆の油脂含量は50～60％で，圧搾して得られるカカオバター（カカオ脂）cacao butterで，特有の芳香をもつ薄黄色の固体脂（融点32～39℃）である．その脂肪酸組成は飽和脂肪酸のパルミチン酸，ステアリン酸合計約60％，不飽和脂肪酸のオレイン酸を合わせて90％を超える．搾油残渣の粉末がココアとして飲用されるが，タンパク質，食物繊維をそれぞれ20％以上含むことが栄養的な特徴である．カカオバターはおもに製菓用のほか，融点が低いため化粧品原料として用いられる．

マテチャ mate
Ilex paraguayensis A. St. Hil.

ブラジル原産のモチノキ科で常緑の低～小高木．楕円状倒卵形で4～8cmの厚い葉を摘採して利用する．南アメリカで古くから飲用されるチャで，ブラジルを中心に栽培される．低地で湿度の高いところでよく生育し，高地にも育つが耐寒性は弱い．12月から8月，すなわち初夏から冬にかけて葉を摘み，天日または熱気で乾燥し粉砕したものを湯浸して飲む．

乾燥葉は2％のカフェインと8％のタンニンおよびわずかの脂肪分を含む．煎じて湯を注ぐと芳香と軽い苦味を呈し，砂糖やレモンを加えて飲むこともある．

（高村奉樹）

嗜好料作物(4)
タバコ

タバコ tobacco
Nicotiana tabacum L.

ナス科，*Nicotiana*属の一年生作物で，染色体数は2n=48．原産地は南米ボリビアとアルゼンチンの国境付近と考えられているが，野生植物は未発見．コロンブスの新大陸到達後にヨーロッパにもたらされ，その後急速に世界各地に伝播した．日本への植物としての伝来は，慶長年間(1596～1614年)の初め頃とされている．

葉たばこ leaf tobaccoは製品たばこの原料を意味する呼称で，タバコの種類(品種群)や乾燥法の違いにより，特徴の異なるさまざまな葉たばこが生産される．

2004年における世界のタバコ栽培面積は385万haで，葉たばこ総生産量は665万tであった(USDA FAS 2004：ESTIMATE)．国別では中国の生産量が最も多く，次いでブラジル，インド，米国の順．同年の日本の栽培面積はおよそ2.2万ha，生産量は5.3万tであった．

形態

草姿は直立し，草丈は2m前後に達する．幹の地際部付近は直径3cm程度．葉は互生(螺旋葉序)し，主幹には開花までに30枚前後の本葉が分化するが，10枚ほどは苗床期の葉であるため，畑では20枚前後が収穫される．葉は幅30cm，長さ60cm程度になり，有柄，無柄，細葉，広葉などの品種間差異がある．

夏に開花する集散花序で花長は5cm程度．漏斗型の花筒，1本の雌蕊，5本の雄蕊で，花弁は通常濃いピンク色．個体の最初に咲く花を**さきがけ花** first flowerという．放置すれば，順次数百の花が咲き，自家受粉により蒴果となる．一つの蒴果は1,300～1,500の種子を含み，種子は卵型で，長さ0.6～0.8mmときわめて小さい．植物の地上部は全身が毛茸で覆われ，腺毛は粘性のあるテルペン化合物を分泌する．根は苗床期の根から発達して下方に伸長する基本根および側根と土寄せにより土中に埋没した茎から発生する不定根に分けられる．

生理・栽培

種子の発芽は25～30℃の変温条件で最も促進され，一部の品種は暗所での発芽率が著しく低下する．苗を畑に移植する方式が一般的で，通常の育苗には50～60日を要する．**地床** ground seedbedは畑の一隅などをそのまま苗床とするもので，初歩的ではあるが，世界的には標準的な形式であった．近年の欧米では，造粒種子と養液耕を組み合わせた人工的な育苗方式が増加している．日本では，専用の容器に肥土を入れ，ビニールハウスなど施設内での育苗が普及し，播種床で育った苗をより大きな面積の新しい苗床に植え替える独自の仮植育苗法が定着している．播種床を**親床** primary bed，植替え用の苗床を**子床** secondary bedと呼ぶ．

畑の栽培形式は世界的には裸地栽培が普通で，日平均気温15～16℃の時期に移植することが多いが，日本では高畦・被覆栽培が普及し，日平均気温12～13℃の時期に移植する．移植されたタバコは，栄養成長期を経て**発蕾期** button stageを迎える．これは幹の先端を真横から見て蕾が見えるようになる時期を指し，7～10日後にさきがけ花が咲く．通常の栽培では，開花後間もない時期に，花序全体を主幹から切除する**心止め(摘心)** toppingを行なう．移植から心止めまでの日数は，品種により異なるが，おおむね60～70日である．

心止めの直後には，**わき芽** suckerの発生を防ぐ作業を行なう．わき芽は葉腋部に発生する芽のことで，タバコでは，各葉腋に3次芽までの原基が形成されている．実際の作業では，**わき芽抑制剤** suckercideを散布するのが一般的で，現在は接触型の薬剤が使用されている．

摘心から収穫終了までの期間を成熟期といい，この期間には，デンプンが蓄積して葉が厚くなるとともに，ニコチンなどの含量も増加する．しかし，栽培環境が劣悪な場合は，**枯上がり** burningや**生理的斑点病** physiological leaf spotが発生しやすい．枯上がりは幹の下方から上方に向かって葉が枯れていく現象で，湿害，病気による根傷み，地力の不足などが原因で起こる．生理的斑点病は非伝染性の斑点性生理障害の総称で，原因別にタイプⅠ～タイプⅤに分類されている．

収穫・乾燥

葉の収穫法には，二つある．**葉掻き** primingは葉を1枚ずつ幹から掻き取る収穫法で，**幹刈り** stalk cuttingは葉がついた幹を刈り取る収穫法である．葉掻きによる収穫は，下位葉から順に，日数をかけて行なう．最後は幹だけが畑に残り，これを**残幹** residual stalksという．下位葉は葉掻きし，中・上位葉を幹刈りする場合もある．

1回ごとの葉掻き収穫にあたっては，**着葉位置** stalk positionの等しい葉を収穫するように注意する．着葉位置は個々の葉の主幹上の位置を意味するが，着葉位置を表わす方法として，収穫の対象となる全葉を下から上まで相対的な尺度で区分し，それぞれに特定の名称をつける方法が広く用いられている．これらの名称は，収穫葉数の異なる種類(品種群)や品種についても同様に適用でき，葉たばこの特性を分類するうえでも有用なので，**葉分け** classification of leaves on stalk positionと呼ばれ，農家からたばこ製造工場までのあらゆる段階で広く用いられている．日本では，着葉位置が低いほうから**下葉** primings，**中葉** lugs，**合葉** cutters，**本葉** leaf，**上葉** upper leafと称し，品種により異なるが，一区分には2～5枚程度の葉が含まれる．上葉の最上位部分の数枚を**天葉** tipsと称した時期もあるが，現在は上葉に統合され，この葉分けは存在しない．

収穫した葉は直ちに乾燥 curingという操作に移され

る．乾燥は，適当な温湿度条件のもとで，葉緑素，タンパク質，デンプンなどの分解を促しながら，葉の色を変化させ，かつ脱水を進める作業である．乾燥前の葉を生葉 green leaf といい，乾燥後の葉を乾葉 cured leaf という．乾燥経過に伴って葉の様相が変化するため，各期の特徴で進行のステージを表わす．黄変期 yellowing stage は，葉の緑色と黄色が混在して，緑色が黄色に変わりつつある時期を指し，褐変期 browning stage は，黄色と褐色が混在して，黄色が褐色に変わりつつある時期を指す．中骨乾燥期 stem drying stage は，葉肉が乾固し，中骨 midrib, stem と呼ばれる葉の主脈の脱水のみが必要とされる最終的なステージである．

乾燥は，乾燥室 curing barn と呼ばれる農家の施設で行なわれるのが一般的であるが，その構造は，タバコの種類や収穫法によって異なる．

黄色乾燥 flue-curing は，38℃前後に加温して葉を黄変させ，その後温度を上げながら脱水を促進し，100時間程度で黄色の乾葉に仕上げる乾燥法である．したがって，前述の褐変期は存在しない．葉掻き収穫を前提とし，専用の乾燥室で乾燥する．日本では灯油バーナーによる間接加熱・強制送風式の循環乾燥機が使用されているが，諸外国には，燃料を燃やした熱気を床に配置した鉄管に誘導し，間接的に室内を加温する自然対流式の乾燥室も多い．黄色乾燥の英名(鉄管乾燥)は，このような乾燥室の構造に由来する．葉を乾燥室に収納するための吊り具としては，自然対流式乾燥室の場合は縄，循環乾燥機の場合はスチールハンガー，バスケットなどを用いる．葉あみ sewing, stringing は，葉掻き収穫した生葉を吊り具に装着する作業をいう．

空気乾燥 air-curing は，自然の空気の温湿度を利用し，30〜40日をかけて褐色の乾葉に仕上げる乾燥法である．葉掻き収穫した葉の場合は，縄を吊り具として用いる．葉あみした吊り具の一本を連といい，この乾燥法を連干し乾燥 prime and curing と呼ぶ．空気乾燥は幹刈り収穫した場合にも行なえることが特徴で，吊り具は幹を逆さまにして吊るための丈夫な金属製のネットなどである．この乾燥法を幹干し乾燥 stalk-cut curing と呼ぶ．この場合は，乾燥終了後に幹から葉をもぎ取る葉もぎ leaf stripping を行ない，葉分け別に区分する．

日干乾燥 sun-curing は，太陽の輻射熱を積極的に利用する乾燥法で，変法が多い．黄変期以降，直射光にあてる本格的な日干乾燥では，黄色の乾葉になる．

分類・品種

黄色種 flue-cured tobacco　黄色乾燥される品種の総称で，乾葉は黄色で糖含量が高く，甘味 sweet taste を含む特有の香気がある．世界の葉たばこ生産量の約60％を占め，病害抵抗性をもつ多数の品種が育成されている．葉は無柄で，細葉型と広葉型がある．

バーレー種 Burley tobacco　ホワイト性と呼ばれる形質をもつ品種の総称で，葉色がやや淡く，幹や葉の主脈が白い(図1)．葉は無柄で，広葉型．空気乾燥で幹干し乾燥が多い．乾葉は褐色で，チョコレート様の香り．世界の葉たばこ生産量の約12％を占める．やや冷涼な気候に適し，日本では主に東北地方で栽培される．

オリエント種 Oriental tobacco　ギリシャ，ブルガリア，トルコを中心に，ロシアや中国などでも栽培される品種群で，トルコ種ともいわれる．一般に草丈が低く，葉が小型で，面積当たりの植付け本数が多い．日干乾燥が行なわれ，黄色の乾葉は黄色種と同様に窒素含量が低く，糖含量が高い．特有の芳香が強く，世界の葉たばこ生産量の約8％を占める．日本では栽培されていない．

以上のほかに，葉巻の原料として用いられる葉巻種，硬木を燃やした煙で葉をくん蒸するくん蒸種があるが，これらも日本では栽培されていない．注目すべき品種群は，世界の各地で古くから栽培され，主に自国内で消費されてきた在来種 domestic tobacco と呼ばれるもので，多くは空気乾燥され，品種や喫煙形態の多様性に特徴がある．インド，南米諸国，東南アジア諸国に多く，日本のタバコも，20世紀初頭までは，すべてが在来種と呼ばれるものであった．松川，水府，国分など各地に銘葉が栽培され，刻みたばこを製造するための作業として，乾葉を1枚ずつ手で平らにする葉のし flattening が行なわれていたが，現在では，松川などがわずかに栽培されるのみで，特殊な場合を除いては，葉のしも行なわれていない．

利用

農家段階で乾燥を終了した葉たばこは，選別 sorting という出荷前の簡単な区分け作業を行なった後，仲買人やたばこ製造業者に売り渡され，ケース詰めの熟成 aging 期間を経て，製品たばことなる．製品の形態は紙巻たばこ，葉巻，パイプたばこのほか噛みたばこや嗅ぎたばこもあり，変化に富む．ただし，生産国で製品になるのは葉たばこ全体の2/3程度で，国により事情は大きく異なるが，全体の約1/3は輸出に回される．これは，製品のうちで圧倒的な割合を占める紙巻たばこが，種々の葉たばこをブレンドして製造されるため，世界各地から原料を調達する必要があるためである．

(佐藤昌良)

図1　成熟期のバーレー種
下葉はすでに収穫されている

香辛料作物(1)

コショウ(胡椒) pepper
Piper nigrum L.

東インドを原産地とするコショウ科の常緑つる(蔓)植物 climbing plant で赤道をはさむ南北緯20度以下の地域でよく生育する。インド原産ではあるが，古代ヨーロッパにおいてすでに貴重な香辛料であった。

挿し木，ときに種子繁殖で，4～5mの支柱にからませて育て(図1)，2～3年目から収穫を始めて7～8年でその最盛期を迎える。管理によって25～30年にわたり収穫が可能である。

つるの長さは7～8mとなり，葉と対のところに花穂が着生して多くの白い小花が群がって咲き，直径5mm前後の丸い果実が，長さ15～17cmに伸びた果柄に房状に実り(図2)，黄赤色から熟して黒色になる。種子の採集は通年可能であるが，収穫後の処理のためには乾季が適する。未熟果を房ごと刈り取り，2日間天日にさらして足で踏み，房の柄を除いて粒だけにしたのが黒コショウ(図3)，完熟果を1週間流水に浸して外皮を除き乾燥したのが白コショウである。

主成分は外皮に3/4含まれるので，黒コショウのほうが香・辛味は強いが，ヨーロッパでは白コショウの上品な香味が好まれる。防腐効果もあり肉の保存に使われる。主産地はインドで世界の1/3を生産する。セイロン，インドネシアなどの東南アジアのほかブラジル，西インドのコショウ園で栽培される。

トウガラシ(唐芥子) red pepper
Capsicum annuum L. (= *C. frutescens* L.) chili, capsicum

ナス科。草丈30～70cm，灌木のように枝分かれして広く張り茂る植物で，温帯では一年生，熱帯では多年生。広く世界に栽培し利用される辛味系のタカノツメ(鷹の爪)から甘味系のピーマンに至るまで，すべてメキシコ原産の本種に由来する。花はふつう白色あるいは白に近い色で，果実の形態は，たとえば長さ2～5cmの細い円錐形のタカノツメ，細長く7～10cmさらに品種によっては30cmにもなる伏見とうがらし，大きく丸みがある多肉質の甘とうがらし(ピーマンなど)まで形態的変異が大きいとともに，同じ種類のなかでも辛味の程度に違いがある。なおキダチトウガラシ(小笠原島に生育しているのでシマトウガラシ)は灌木状で高さ2mになり，長さ2～3cmで上向きにつく果実はきわめて辛い。これは *C. frutessens* L. として扱われることもある。

トウガラシはその辛味が好まれ多くの地域で多様な料理に使われるが，辛味成分はカプサイシン Capsaicin で種類によって含量の変異は大きい。赤く熟した果肉にはビタミンCが多く含まれる。大航海時代の1493年にメキシコからヨーロッパにもたらされたが，当時スパイスの代表が胡椒であったため，赤い胡椒 red pepper，または原産地メキシコでの呼称からチリペッパー chili pepper と名づけられた。中国，韓国には16世紀，日本にはそれらを経由してほぼ同じ頃に到来したため唐芥子と呼ばれる。

若い果実は焼き，揚げ，煮るなどするが，葉は佃煮，熟果はそのままで多くは乾燥保存して香辛・調味料として利用する。調味料のパプリカは同名の品種を乾燥させて辛味のない赤い実を粉末にして各種料理に使われ，タカノツメの若い果実をすりつぶしたタバスコソースはアメリカ合衆国でよく利用される。朝鮮半島でのキムチ漬けにはトウガラシの辛味が必須で，中国料理に使うラー油はその粉をゴマ油に溶いたもの，またカレーの香辛・調味料のひとつとして重要である。

この種のほかに，主として現地南米においてのみ利用される3種の南米起源の栽培種(*C. chinense*, *C. baccatum*, *C. pubescens*)がある。

ホースラディッシュ horseradish
Armoracia rusticana Gaertn., Mey. et Scherb. (= *Cochlearia armoracia* L.) ワサビダイコン(山葵大根)

フィンランド原産のアブラナ科多年草(図4)。黄白色の直根が肥大し肉色は白く繊維は多いが辛味と香味がある。種子はできにくく，繁殖は根分けにより3月頃植

図1 コショウの栽培(マレーシア，サワラク州)

図2 コショウの果実

図3 日に干しているコショウの果実と黒胡椒

(写真提供はいずれも俊藤雄佐)

え付け翌秋に収穫する．ヨーロッパではワサビと同様に用いるが，和食とは合わずあまり普及しなかった．乾燥粉末はワサビの代用となる．

ワサビ(山葵) wasabi
Eutrema japonica (Miq.) Koidz. (= *E. wasabi* Maxim.)

東洋原産の多年草で清い清流中に育ち，日本では古くから栽培される．緑色の根茎は肥大して特有の香りと辛味をもち，すりおろして魚や肉のなますやすし，ソバの香辛料として広く利用される．葉や茎も刻んでわさび漬けにするが，葉や花芽を春に摘めば香り高い野菜となる．

流水の砂礫に分枝した根茎を植え付け，約2年で収穫する．3～5月に長さ30cmの花茎の先に4弁の白花をつけ，主茎は残しておくと4年目に枯死する．

青茎と赤茎があり畑地で栽培する畑ワサビもある．

シロガラシ(白芥子) white mustard
Sinapis alba L. (= *Brassica alba* (L.) Boiss.)

西アジア，地中海地方原産で，一年生～越年生のアブラナ科植物．茎は約1m，葉はキク葉状．4～6月に黄色の花をつけ，黄または白色の種子を粉にして欧米の辛子粉とする．和辛子より香りがすぐれ，マヨネーズ，ドレッシングに加える．粒は漬物やサラダの飾りに，油はナタネ油と用途は同じ．ギリシャ時代から知られているが，18世紀まではもっぱら薬用であった．日本ではほとんど栽培されない．

クロガラシ(黒芥子) black mustard
Brassica nigra (L.) Koch

地中海地方原産で，一年生～越年生のアブラナ科植物．シロガラシより丈が低く，莢には毛がない．灰褐色の種子を粉にして欧米の辛子粉とする．粒は漬物やサーデイン・サラダその他用途が広く，大陸ではシロガラシより好まれるという．辛子油は唾液分泌刺激，食欲増進などの効果がある．日本には和辛子(*B. cernua* Hemsel.)があるため，ほとんど栽培されない．

シナモン cinnamon, Ceylon cinnamon
Cinnamomum verum J. Presl (= *C. zeylanicum* (Garc.) Bl.) セイロンニッケイ

スリランカ特産の樹高10～15mになるクスノキ科の常緑高木(図5)．若木を地際で切って，萌芽する若い枝の樹皮をはいで乾燥し，良質の香料の原料桂皮を得る．淡褐色で薄い桂皮は，淡い辛味と芳香性の品のよい甘味をもつ．ケーキ，クッキーなどベーカリー製品，フルーツシチュー，漬物および飲料などに用いられる．最近はスリランカでの栽培が少なく，高価となりカシアが代用されている．

(左)図4　ホースラディッシュの花
(右)図5　シナモンの木(スリランカ)

(写真提供はいずれも後藤雄佐)

カシア cassia, Chinese cinnamon
Cinnamomum cassia J. Presl (= *C. cassia* Blume) シナニッケイ

華南・インドシナ特産のクスノキ科の常緑高木で枝や若木の幹の皮をはいでカシア桂皮をとる．シナモンに比べるとやや厚く暗褐色で粗い．辛味とともに渋味があり香りも劣るが生産量は多く，一般に市販されるのはこの種で，ケーキ，クッキー，パイ，パンなどベーカリー製品，フルーツシチュー，漬物類の香味づけに用いられる．未熟果実の乾燥品にも肉桂香があり，漬物に添加される．

ニッケイ(肉桂) Saigon cinnamon
Cinnamomum loureirii Nees

華南原産のクスノキ科常緑高木．小枝は緑色で芳香とともに甘辛味がある．享保年間(1716～1736年)に中国から伝来して西日本の暖地に庭園樹としても栽培されているが霜に弱い．幹や根の表皮を干した肉桂皮には甘味とともに辛味があり菓子の香辛料とするが，シナモンやカシアより品質は劣る．薬用にも用いるが，細根を干したものはかつて駄菓子のニッキ，その水溶液はニッキ水として子供に親しまれた．

ゲッケイジュ(月桂樹) laurel
Laurus nobilis L.

クスノキ科の常緑小高木で雌雄異株．花は5月に咲き淡黄色で芳香がある．雌株は少なく暗紫色の果実は秋に実るが種子繁殖のほか株分け，挿し木により増殖．スパイス香のある葉はBay-leafとして，生葉または乾燥葉をスープ，シチュー，カレーライスや菓子などの芳香づけに利用する．葉に含まれる成分は月桂油，主成分はシオネールが約50%，他はユーゲノールなど．葉のついた枝で編んだ月桂冠は古代ギリシャのオリンピック以来，勝者をたたえる冠として使われる．

〔高村奉樹〕

香辛料作物(2)

オールスパイス allspice, pimento
Pimenta dioica (L.) Merr. (= *P. officinalis* Limdl.)

　西インド・ジャマイカ島原産のフトモモ科の常緑高木．夏に小枝に白い小花が群がって咲き，直径約1cmで1～2個の種子をもつ核果になる．果実は完熟前に採集し，天日で乾燥すると赤みをおびた暗褐色となり，これを市場に出す．南アメリカ各地に半野生状態で生育し，古くからスパイスとして利用された．香辛料としてチョウジ，ニッケイおよびニクズクの香味を併せもつようであるためにオールスパイスと呼ばれる．香り成分はユゲノールでチョウジと同じであり香りはよく似ている．高温乾燥で石灰性の土地が生育に適し，定植7年目から果実をつけ始め，15年で最盛期を迎えて1本の木から35～45kgの乾燥果実が収穫される．調合スパイスの共通成分として重要でありソーセージ，トマトケチャップ，ソースなどに，精油はケーキなど製菓の香料として利用される．

アニス anise
Pimpinella anisum L.

　ギリシャからエジプト地域原産のセリ科一年草．草丈50cmほどで，枝分かれした茎の頂部に白い花が群がり咲く．8月に1本の柄に長さ5mmほどの黄褐色広卵形の実が2つペアとなって成熟する．果実の黄化を待って刈り取って，追熟させ調製する．アニス実（AniseedまたはAnise fruit）は特有の甘い香りをもつ揮発性のアニス油を含み，そのままパン，ビスケット，ケーキ類に入れ，またフルーツに加える．料理にもスープなどに使われ，生葉はハーブとしてサラダに混ぜる．またギリシャ時代から薬用植物として有名で，健胃・駆風邪・痰切り，催乳の効果があるとされた．日本では明治以来少量ながら薬用に栽培されてきた．

コリアンダー coriander
Coriandrum sativum L.　コエンドロ（香菜）

　地中海沿岸原産セリ科の一～二年草で，草丈30～90cm，全草に異臭がある．初夏に小さい白花をつけ，果実は球状で直径3～5mm．2つの分果からなり9月頃に熟する．古代エジプト以来，ギリシャ・ローマ時代にも盛んに利用された．果実は香菜実（胡荽実：こえんどろじつ）とよび健胃・駆風など薬用のほか丸のままピクルス，腸詰めに入れ，また粉末にしてキャンディー，菓子パンの香りつけ，カレーや魚料理のソースに加える．主成分はリナロールを主とする精油1%で，ほかにペトロセリン酸を主とする脂肪酸を含む．

茎葉全体にも強い匂いがあり，スープ，サラダ，あえ物や肉料理などに使われる．従来，日本人にとって向かないとされたが，中国や東南アジア料理の普及とともに親しまれるようになり，日本でも栽培されている．

クミン cumin
Cuminum cyminum L.

　地中海沿岸原産．セリ科の一年草で，茎は15～20cmの非常に弱々しい植物．晩春に淡紫または白の小花をつけ，実は長さ4～7mmの細い楕円形．ヒメウイキョウ（姫茴香）の本家はこれである．クミンの実は香気がすぐれ，キャラウェーに似て辛味があるが味はやや劣る．成分のクミナールが焼けるような辛味のもとである．古代ギリシャ・ローマ時代にも貴重な薬草として栽培されたらしいが，興奮剤または逆に鎮静剤にされたという．モロッコ・イラン地方にも多く，インド・中国でも利用される．スパイスとしてチーズ，ザウエルクラウト，カレー粉原料に加え，スープ，シチュー，ライス料理，また菓子用としてパンやケーキ類の香りづけにする．

ウイキョウ（茴香） fennel
Foeniculum vulgare Mill.　フェネル

　地中海沿岸から西アジア原産のセリ科宿根草．茎は直生して1～2m，全草に芳香（茴香臭）があり2年目の夏から秋に黄色の花を着け果実は秋に熟す．若葉を摘んでハーブとして利用，またピクルスにも加える．果実は長さ4mm，そのまま，または粉を香辛料として魚料理や肉製品に加え，ロシアスープのボルシチなどに使うなど欧米ではたいそう好まれる．パン・ケーキ類にも加えるほか，リキュールの着香料にされる．
　アネトールを主とする精油3～8%含む茴香油は胃カタルや腹痛，風邪の家庭薬として使われる．わが国では長野・岩手・富山などで栽培される．

キャラウェー caraway
Carum carvi L.　カルム

　セリ科の一～二年草．西アジアからヨーロッパ東部原産．草丈は30～60cmで小さく，指くらいの太さでニンジンに似た黄色の根は野菜にする．外見はウイキョウに少し似るが小型で基部の葉は長楕円形，花は白色で，寒さに強い．花は夏に咲き，実は細く5mmほどでやや曲がり，熟して緑から茶緑色となる．薬用ではカールム実と呼ぶ．イノンドとともにヒメウイキョウとも呼ばれるが，園芸学ではクミンをヒメウイキョウとする．
　利用の歴史は石器時代に遡り，山野，牧場などにも見られる．葉はハーブとしてすぐれているが，実はそのままあるいは荒びきしてビスケット，キャンディー，ケーキ類に入れ，黒パンの香りづけにまぜ，料理用にはスープ，ピクルス，とくにザウワクラウトに入れる．チーズやソーセージの香味料でもあり，リキュールの着香に使う．栽培はヨーロッパ北部，イギリス，オランダ，ドイツ，ロシアなど．

デイル dill
Anethum graveolens L.　イノンド

セリ科の一年草．インドからイラン地域原産．ウイキョウに似るがやや小型で草丈60〜100cm．ヒメウイキョウと呼ぶこともある．全株に特有の香気がある．夏に黄色の花をつけ，果実は卵形で香りが強く苦味があり，古代ギリシャ時代からスパイスとして肉料理などに使われた．ソース，カレー粉原料のひとつである．特有の香りが肉料理によく合うが，ケーキの香りづけにも用いられる．中国経由で江戸時代中期に薬用のジルジツ（蒔羅実）として伝来したが，これはインド名のデイルによっており，現在も薬用に少量栽培されている．若い葉も香りがよく，スープやソースにまぜ，刻んで肉料理，レバーソーセージやキュウリのピクルスなどに使う．種子はカルボンを主とする精油3〜4%とともに脂肪酸17%を含む．

ナツメグ nutmeg
Myristica fragrans Houtt.　ニクズク（肉豆蔲）

モルッカ諸島原産のニクズク科，10〜20mの常緑高木．雌雄異木で花は花弁のない小さな黄白色．つぼ型で芳香がある．果実は赤みがかった黄色で直径5cm．開花後5〜6か月で熟すと，肉質の外果皮は縦にさけて中の直径3cmの種子が見える．褐色の種子の周りに網目状に朱肉色の仮種皮があり，これが肉豆蔲花（はなにくずく），メース maceである．メースを除いた種子は暗褐色，この種皮を除き中の胚乳を石灰液に漬けたのち乾燥させたものが肉豆蔲（ナツメグ）で，強く甘い芳香がある．

メースは香気がやわらかで最優品とされる．肉その他の料理の香味料，ソース用に欠かせない．菓子用にはベーカリー製品に使われ，特にドーナッツの匂いのもとである．ミリスチシンが主香成分，そのほかにユーゲノール，リナロールなどを含む．チョウジと並ぶモルッカ諸島の香料として10世紀頃からアラビア人が貿易を始めたが，中世以来ヨーロッパ各国はその独占販売を競った．現在はインドネシア，アフリカ，西インド諸島で栽培される．

タマリンド tamarind
Tamarindus indica L.

マメ科の常緑高木で高さは7〜20m．葉はアカシアのように互生する羽状複葉で，花は淡黄色で4〜5月に咲く．果実は肉厚の褐色の莢で，表面はややビロード状，種子間がくびれ，長さは15cmまで，幅1.5〜2.5cm．内部は褐色軟質の果肉で満たされ，中に1〜12個の種子を含む．果肉は酸味が強く，そのまま砂糖水に溶いて清涼飲料，ゼリー，シャーベット，調味料としてソースやチャトニイ，カレーに利用する．インド，東南アジアでは種子を含んだままの果肉を圧して塊として，西アフリカではそのまま煮て球状に丸めたものが販売されている．果肉の酸味は主として酒石酸（9〜14%）とクエン酸（4〜12%）で，ほかに40%の糖分を含む．種子も粉末としてまたは炒って食用とする．樹園として栽培されることは少ないが街路樹としても植えられる．

図1　デイルの花
（写真提供：後藤雄佐）

タイム common thyme, garden thyme
Thymus vulgaris L.

ヨーロッパ南部原産．シソ科の高さ30cmほどの低灌木．初夏に淡紅紫色まれに白色で小型の花をつけ，全草に芳香がある．潮風をうける乾燥した丘陵地に育ち，ヨーロッパでは古くから知られ，現在ではとくにフランスに多い代表的なハーブである．葉をとってソース，トマトケチャップやハムなどに加えるが防腐作用も兼ねるとされる．カレーや肉，魚介料理にもあう．薬用として開花時に全草を刈り取って乾燥したものをチムス草といい，鎮咳効果がある．観賞用としても花壇の縁などに植えられ野外で越冬する．春に播種のほか挿し木でも増殖する．芳香の主成分はチモール，ピネン，シメン，リナロールなどである．

セージ sage
Salvia officinalis L.

ヨーロッパ南部原産．シソ科の多年草で最もポピュラーなハーブである．花壇によく見られるサルビアにごく近縁で，茎の高さ50〜90cmで茂み状になり株元は灌木のように木化する．全草に白い軟毛が密生し，5〜7月に紫，青，白色の花をつける．葉をソース，カレーなどに使うが豚肉の料理に合うといわれ，ハム類の加工に多く利用される．欧米では家庭の花壇にもっとも普通に見られるハーブで，春または秋に播種して8月頃に葉を摘む．干した葉はハーブティーとして飲まれるが，その芳香の爽快さから頭脳の働きへの好作用があるとされた．葉に含まれる精油の成分はピネン，シネオールなどである．

〈高村奉樹〉

香辛料・芳香油料作物

バニラ vanilla
Vanilla planifolia Andrews

　熱帯メキシコからブラジルの森林に野生し、茎が10m以上に伸びるつる性のラン。古くから中南米地域の住民がチョコレートの香りづけに使っていたが、ヨーロッパへは16世紀にスペイン人によってもたらされた。

　直径約1.5cmの茎は、葉のつく各節から出た気根で朽木などにからみついて伸長する。葉は先の尖った長楕円形で、厚めの美しい肉質であり観葉植物にもなる。花は葉のつけねに房状に着き下位のものから順次開花し、直径5～10cm、淡緑色で気品がある。雌しべの先が袋に包まれているので、人手を添えて受粉させる。

　果実(種子鞘)は長さ15～20cmの三稜がある細長いさや状で、バニラ豆と呼ばれ、開花4～5か月後に紫褐色に熟する。完熟前のやや黄ばんだ種子鞘を採って、ゆっくり発酵させるとチョコレート色のバニラ特有の甘い香りをもつ製品となる。生育には多雨の海洋性気候が適するが、結実・調整期には寡雨であることが必要。

　しなしなしたひも状のバニラ豆は細切りし粉末にしてアイスクリーム、プリン、チョコレート、キャンディーほか各種洋菓子の香味づけに使う。油を搾って得るバニラ香油、アルコールでエッセンスを抽出したバニラチンキもひろく使われる。薬用としても熱病、ヒステリーほか効能があるとされた。主成分バニリンは現在ではパルプ廃棄物から化学合成が可能で天然物に多少とも添加する。

　マダガスカル島が主産地で世界生産の90%を産するが、ほかにフィジー、タヒチ、ハワイ、西インド諸島でも栽培される。

レモングラス lemongarass
Cymbopogon spp.

　高さ1m前後の直立するイネ科オガルカヤ属の多年草。葉にはレモンに似た香りがあり乾燥させて粉末にしたり、生のままでハーブティ、スープ、カレー、鳥肉やシーフードなどアジアおよびカリブ料理に利用されたりする。生葉から搾油されるシトラールを多量に含むレモン油が精油として使われる。オガルカヤ属には50以上の種があるが利用される主要なものは次の二つである。

　東インドレモングラス east Indian lemongrass; *Cymbopogon flexuosus* (Nees ex steud.) Wats.は、インド、ミャンマー、タイで栽培される。

　西インドレモングラス west Indian lemongrass; *Cymbopogon citratus* (DC. ex Nees) Stapfは、マレーシア原産と考えられており、マレー半島はじめインド、マダガスカル島、ブラジルで栽培される。このほうが料理に適している。なおインドでは薬用、香料としても用いられる。

ジャスミン jasmine
Jasminum spp.

　ジャスミンはモクセイ科ソケイ属木本の総称で、世界に300種類が知られており、アジアからアフリカの熱帯、亜熱帯地方の原産。ほとんどの種は白または黄色の花を咲かせ、いくつかの種の花は強い芳香をもち、香水やジャスミン茶の原料として利用される。

　とくにソケイ common white jasumine; *Jasminum officinale* L.とマツリカ Arabian jasumine; *Jasminum sambac* Aiton(図1)の2種は香料原料として大規模な栽培が行なわれている。ソケイは16世紀中ごろからフランスで香料原料として大規模に栽培されたが、主産地はエジプトやモロッコ、インドなどに移っている。花は夜間に開くので、開ききった明け方に摘み取り、有機溶媒、次いでエタノールで抽出後、エタノールを除去したものが、香料として使用されるジャスミン・アブソリュートである。花約700kgからジャスミン・アブソリュート1kgが得られる。マツリカは中国南部、台湾、インドネシアで栽培されており、ジャスミン茶の着香に使用される。やはり夜間に花が開くが、摘取りはつぼみの状態の昼間に行なって、夜間に花が開き始めたところで、茶葉と混合して着香する。

　ジャスミンと名のつく植物は他の多くの科にもあるが、本来のジャスミンとは系統の遠いものもある。

ペパーミント peppermint
Mentha × piperita L.　西洋薄荷

　シソ科のハッカ属にはすぐれた多くのハーブがあるが、そのなかでもヨーロッパ原産で古くから最も有名な西洋のハッカである。30～90cmの茎の頂部にちかい葉腋に紫または白色の花をつける多年草(図2)で、地下茎で繁殖する。生葉を刻んで羊肉や魚肉料理に使う。葉に約1%含まれるメントールを主成分とするペパーミント(ハッカ)油を蒸留抽出し、カクテル、リキュールの着色・香りづけはじめキャンデイ、チューインガム、さらに化粧料や歯磨きの香料として広く用いられる。そのほか強心剤、興奮剤として薬用にも利用される。

図1　ジャスミンの一つ、マツリカの花
(写真提供：後藤雄佐)

(左)図2　ペパーミントの花
(中)図3　ハッカの花
(右)図4　クローブの花蕾
（写真提供はいずれも後藤雄佐）

スペアミント spearmint
Mentha spicata L. (= *Mentha viridis* L.)　緑薄荷

中央ヨーロッパ原産のシソ科のハーブ．多年草で30〜60cmの茎の先端付近に，夏から秋に淡紫色5〜10cmの穂状小花をつける．繁殖は地下茎または匍匐枝による．茎に葉身がじかにつくところがペパーミントと見分けるポイントである．オランダハッカとも呼ばれるが，茎葉の蒸留によって得られる主成分カルボンを含む緑黄色の液体は，ペパーミント，日本のハッカと異なりメントールを含まない．香りはペパーミントに及ばないが，生葉は肉・魚料理に利用され，精油はカクテル，ジェリーなど菓子類やチューインガムに利用される．

ハッカ(薄荷) Japanese mint
Mentha arvensis L. var. *piperascens* Malinv. ex Holmes

日本・朝鮮からシベリアにかけて湿地に自生する東洋のハッカで日本特有の作物．草丈60cm程度で，7〜8月頃に茎先端付近の多くの葉のつけねに淡紫色の小花が群生する(図3)．地下茎で繁殖するが12月に田や畑に定植し，寒地では開花初期，暖地ではさらにもう一度刈取りが可能である．収穫期の夏に少雨のところが品質よく，生草は乾燥して水蒸気蒸留して黄緑色の取卸油を得る．これから無色針状結晶の薄荷脳，透明な薄荷油が精製される．

精油含量は1%内外でその主成分の70〜90%がメントール．苦辛味が強く，樟脳臭があるためそのままでは菓子，酒用の香料にならないが，清涼用の口中芳香料，菓子，飲み物などに添加利用する．薬用としては多様な用途があるほか石鹸，たばこ，歯磨きの香料として利用される．主産地は日本の北海道，岡山などであったが，最近は合成品ができて天然ハッカの需要は減少した．

ラベンダー lavender, true lavender
Lavandula angustifolia Mill. (= *L. officinalis* Chaix., *L. vera* DC.)

地中海地方原産でシソ科の低多年生草本．春に多くの分枝の先端部に紫・白・ピンク色の花をつける．ラベンダー色は薄紫色を意味するように紫色が最もポピュラー．葉および花が食用にされるが，開花期の花から蒸気蒸留によって得られる精油は浴剤のほか，とくにアロマテラピーに用いられる．気候的には暖・温帯が適し，ローマ時代から入浴剤，洗剤として湯に入れて利用したといわれる．芳香主成分は酢酸リナリル48%，リナロール40%である．

本来香料用であるが観賞用としても品種改良が進み，また交雑種が生じやすいので，品種による開花時期など生態的特性，香油成分や香りの変異が大きい．日本では北海道の富良野地方，ニセコ町などで観光資源として広く栽培されている．

クローブ clove
Syzygium aromaticum (L.) Merr. et Perry (= *Eugenia caryophyllata* Thunb., *E. aromatica* Kintze)　チョウジ(丁子，丁字)

モルッカ諸島原産のフトモモ科，高さが4〜7mの常緑高木．茎頂に紅色の小花が集まって咲くが，つぼみが紅熟し開花する前に摘み取って(図4)，約1週間，天日または加熱乾燥して，褐色の釘状のﾉ香を得る．

紀元前から中国に知られ，エジプト，ギリシャにも知られていたが，ヨーロッパで珍重されるようになったのはナツメグと同様に中世以後である．オランダがモルッカ諸島で独占をはかりナツメグ同様に苗木，種子の持出しを禁じたが，18世紀にはアフリカ，西インドに移植され，現在ではアフリカ東海岸のザンジバル，ペンバ諸島で世界生産の90%を産出する．

ケーキ，ベーカリー製品のほか，ひろく料理のスパイスとして利用され，とくにカレーにとって欠かせない．ケチャップ，ソース，アルコール漬け果実の香りづけとする．粉末も香辛料のほか健胃，防腐剤，薬品の香りづけのほかインドネシアでは巻たばこの葉に混入する．水蒸気蒸留で採ったチョウジ油は薬用のほか菓子や酒に加える．果実(母丁子)も香料とするが香はやや劣る．主成分はユーゲノールで，そのほかアセトユーゲノール，セキステルペンが含まれる．

〔高村奉樹〕

薬用作物

生産・流通の現状

薬効があるとされ利用されている植物(薬用植物 medicinal crops)は多種あり,薬用に使われる部分も葉や花,果実,根など様々である.医薬品や健康食品の原料として多く用いられており,現在でも,野生のものを利用していることが多い.しかし,必要な量の確保が困難な場合や,野生品の入手が難しい種類など,さらに品質の均一化を目的として栽培化されているものがある.これらが薬用作物である.現在栽培されている薬用作物は,漢方薬の原料とするものに加え,健康食品の原料となるものも多く,また,ジョチュウギクのように防虫を目的とするものもある.

なお,薬用成分を低コストで多量に生産するために,遺伝子組換え技術を用いてコムギなど生産性の高い作物に遺伝子導入したものも薬用作物と呼ばれている.現時点では薬用成分の生産技術として確立したとはいえず,ここでは扱わない.

国内の薬用作物生産量は約9,847tで,このうち約69tは輸出されている.一方,輸入量は29,123tでその55%は中国から.国内消費量38,901tのうち75%は輸入品である(2004年度).

薬用植物の輸入品には野生植物を利用するものも多く,これらの需要が伸びると,自然との調和を乱すことになる.近年,中国においてカンゾウやマオウなどの乱獲による環境破壊が問題となり輸出が規制された.また,過去にダイオウやハンゲなどで供給不足が生じた.供給の不安定な要因が多いことから国内での安定的な生産が求められているが,ごく一部を除き,輸入に頼らざるをえない状況が続いている.さらに医薬品として使用される薬用植物は品質の均一性が要求されるが,生産地や気象条件,加工法などによって品質に差を生じやすいため,栽培化による良質品の生薬の安定的供給が望まれる.

薬用植物の栽培研究は,医薬基盤研究所薬用植物資源研究センターや都道府県の試験場,薬科系の大学などで行なわれている.

品質の評価については五感による鑑定だけでなく,有効成分の評価など科学的な評価法も進展している.個別の薬用植物ごとに有効成分と呼ばれる薬効をもった成分の研究は進んでいるが,薬用植物は含有する成分の数が大変多く,一つ二つの有効成分だけではその評価ができないものがほとんどである.たとえばダイオウは,単独で下剤として,または甘草と配合して漢方薬の大黄甘草湯として便秘に使用したりしており,この働きをもつ有効成分としてはセンノサイド類が知られている.しかし,これ以外に抗菌作用や消炎作用が知られ,それぞれアンスラキノン類とフェニルブタノン配糖体の作用とされている.

日本で栽培される薬用作物(広義として健康食品用も含める)は,県別では大分県が3,936tと最も多く,ついで島根県の2,258t,福岡県の1,899tとなっている.大分県では主にオオムギ,島根県および福岡県ではケールなどである.これらは主に健康食品に使用されている.

医薬品原料ではセンキュウが最も生産量が多く289t,ついでトウキが198t,シャクヤク147t,ダイオウ127tである.民間薬として使用されるドクダミは163t生産されている.主な生産地は,センキュウは北海道,トウキは群馬県と北海道,ダイオウは北海道,シャクヤクは北海道である(日本特産農産物協会,2006).また,奈良県は古くから良質なトウキなどの生産地で,種苗の維持にも力を入れており,これによって原植物が保存されている一面もある.

薬用植物は,もっぱら医薬品として用いられるもの,また,部位により使用目的が分かれるものがあるが,これらについては厚生労働省により「医薬品の範囲に関する基準」として定められている.

代表的な薬用作物について以下に述べるが,医薬品として使用するものについては,日本薬局方にその品質が規定されている.

(左) 図1　ダイオウ
　　　(写真提供:三和生薬)
(右) 図2　オタネニンジン
　　　(写真提供:後藤雄佐)

センキュウ（川芎）
Cnidium officinale Makino

セリ科の多年草で，葉は2～3回の羽状複葉．初秋に30～60cmになり，多数の白い小花が咲くが結実しない．地下に太い根茎ができる．栽培法は，秋に地下部を分割して本圃に定植し，翌年の秋に収穫する．代表的な成分はリグスチライド，センキュノライド．

トウキ（当帰）
Angelica acutiloba Kitagawa など

セリ科の多年草で，自生するものもある．葉は1～2回3出の羽状複葉．夏に40～90cmになり，多数の白い小花が咲き実をつける．栽培法は，春に苗床に播種して1年間育苗し，次の年の春に本圃に定植，その年の秋に収穫する．定植時の苗が大きすぎると生育期間中に抽台し，その結果根が木質化し品質が悪くなる．日本産は品質が優れている．品種はヤマトトウキ，ホッカイトウキなど．代表的な成分はリグスチライド．

ダイオウ（大黄） medical rhubarb
Rheum officinale Baill. など

タデ科の多年草（図1）．夏，花茎は1～3mに伸び，多数の花をもつ．根茎は太い．日本には自生せず，現在栽培されているのは中国などから導入され日本において育成されたものである．栽培法は，1年目の春に苗床に播種し，同年夏から秋にかけて本圃に定植し，3年以上栽培したものを秋に収穫する．このほかに，秋に収穫した根茎を分割して定植する栽培法がある．品種はホッカイダイオウ，信州大黄など．代表的な成分はセンノシド．

オタネニンジン ginseng
Panax ginseng C. A. Mey. 人参，コウライニンジン，チョウセンニンジン

ウコギ科の多年草（図2）．根は毎年徐々に肥大する．栽培法は春に発芽させた種子を，直接本圃に播くか，一度苗床に播いてその後本圃に定植する．発芽するためには種子の後熟が必要である．有機物に富んだ，深い耕土が望ましい．簾屋根をつけ直射日光と強い降雨を避ける．通常5年以上栽培したものの根を収穫する．代表的な成分はジンセンノシド．

シャクヤク（芍薬） peony
Paeonia lactiflora Pall. (= *Paeonia albiflora* Pall.)

ボタン科の多年草．根を生薬とする．日当たりと排水のよい土地を好む．繁殖法は実生と株分けがある．収穫は実生で約7年，株分けで約5年目の秋に行なう．品種は北宰相など．代表的な成分はペオニフロリン．

図3 トリカブトの花と地下部（写真提供：三和生薬）

トリカブト aconite, wolfsbane
Aconitum carmichaeli Debx. など 附子，烏頭

キンポウゲ科の多年草（図3）．*Aconitum*属は国内では30～40種自生すると考えられているが，変異が大きく分類が難しい．

栽培法は秋に収穫した子根を本圃に定植し，翌年の秋，あるいは2年後の秋に収穫する．実生による方法もあるが，収穫までに3年以上を要する．漢方では，トリカブトの母根を烏頭（うず），子根を附子（ぶし）と呼び，鎮痛，強心，利尿作用があるとされている．生のままでは毒性が強いため減毒加工を行なうのが基本である．代表的な品種はハナトリカブト，ヤマトリカブト，サンワおくかぶと1号．代表的な成分はアコニチン，メサコニチン．

ジョチュウギク（除虫菊） pyrethrum, insect flower
Chrysanthemum cinerariaefolium Visiani (= *Pyrethrum cinerariifolium* Trevir.)

キク科の多年草．開花期に花を収穫し，乾燥させ，殺虫剤などの原料とする．クロアチアのダルマティア地方原産とされ，Dalmatian pyrethrumの名がある．国内には明治初年に導入され第二次世界大戦前に生産量が世界第1位となったこともあるが，現在では観賞用に栽培されている程度である．現在の産地はケニアなど．

〈岡田浩明〉

飼料作物(1)
定義, 利用, 分類

草食動物と茎葉飼料

植物の茎葉を食物とする草食動物 herbivore のうち, ウシ, ヒツジ, ヤギ, ウマなどのように, 人類が家畜として飼養し, 利用している動物を草食家畜 domestic herbivore という. 草食家畜の多くは, 繊維質の多い植物茎葉中の栄養素を利用するための構造と機能(一度摂取した食物を, 反芻胃から食道を逆流させて口に戻し, 咀嚼しなおしたうえで再び反芻胃に送り, 微生物群による消化を行なう)を備えた反芻動物 ruminant である.

草食動物の食物としての茎葉を茎葉飼料という. 英語では herbage あるいは forage というが, 前者は草本植物に限って用いられ, 後者は草本, 木本両方の植物に用いられる. 粗飼料 roughage という用語も植物の茎葉に由来する飼料を表わすが, この用語は, 栄養価(次項参照)の観点から, 粗繊維が多く, 可消化養分が少ない飼料という意味で, 逆の特性をもつ濃厚飼料 concentrate (穀類, 油粕類, ぬか類, 製造粕類, 動物質飼料)との対比として用いられる. 動物への餌給与の観点からは, 主体となる飼料(通常, 粗飼料)を基礎飼料 basal feed, basal diet, これを栄養的に補うための飼料(通常, 濃厚飼料)を補助飼料 supplementary feed という.

飼料植物と飼料作物

茎葉飼料を生産する植物を飼料植物 forage plant という. 飼料植物は, 草本植物である飼料草類 herbage plant と木本植物である飼料木 fodder tree に分けられ, 飼料草類はさらに, おのおのの土地に自生する野草 native pasture plant, 野草類から飼料用に選抜・改良された牧草 improved pasture plant, 人間の食料としての食用作物が飼料用に転用・改良された青刈作物 soiling crop に分けられる. これらのうち牧草と青刈作物をあわせて飼料作物 forage crop と呼ぶ. 人間が改良した飼料草類の総称である. 世界で栽培・利用される飼料作物のうち, 牧草は約150種, 青刈作物は数十種程度である.

飼料作物の生産基盤

飼料畑 forage crop field は, 土地利用分類上は耕地に属し, 青刈作物あるいは一年生か越年生の牧草のように1作の栽培期間が短い(1年未満)飼料作物が栽培される土地である. 輪作草地 rotational grassland, ley は, 耕地において, 主として牧草が, 穀類など食用作物との輪作体系を構成する作目として, 飼料生産のみならず, 地力の維持・増進の目的で栽培(1作の栽培期間は5年未満)される土地である. 他方, 永年草地 permanent grassland は, 耕地とは異なる土地利用区分に属し, 長期的(5年以上)に, 牧草が栽培されるか, 野草が自生する土地である.

以上の生産基盤のうち, 輪作草地や永年草地を草地 grassland と呼ぶ(牧草が栽培される飼料畑を含めることもある). 草地のうち, 牧草が栽培される土地を牧草地 sown grassland と呼び, 野草が自生する土地(野草地 native grassland, range)と区別する.

飼料作物の利用

飼料作物は, 人間(機械)により刈り取られる(図1, 図2, 図3)か, 放牧動物により直接採食される(図4). 前者を採草(刈取り)利用 mechanical harvesting, cutting, 後者を放牧利用 grazing という. これらの利用形態に基づき, 草地は採草地 meadow, 放牧地 pasture, grazing land もしくは採草・放牧兼用地 dual-purpose grassland と呼ばれる.

採草利用はさらに, 収穫された茎葉が新鮮なまま(生草, 青刈飼料 fresh forage という)家畜に給与される生草(青刈)利用 fresh forage feeding, green soiling, zero grazing と, 収穫物がいったん乾草 hay やサイレージ silage として貯蔵され, 冬季や乾季など新鮮な茎葉が得られないときに給与される貯蔵利用 storage feeding に分けられる. 乾草は茎葉を乾燥(水分含量15%以下)させることにより, サイレージは茎葉や子実(水分含量40~80%以上)を微生物(乳酸菌)により嫌気的発酵させ, pHを下げることにより, カビなどによる腐敗を防ぎ, 長期間の保存を可能にするものである. 乾草およびサイレージをつくることを, それぞれ乾草調製 hay making およびサイレージ調製 silage making という. ヘイレージ haylage とは, サイレージのうち材料草の水分含量が65%以下のものをさす. また, ホールクロップサイレージ whole crop silage とは, イネ科青刈作物の子実が糊熟期以降の完熟前の時期に達したときに, 茎葉とともにサイレージ調製したものである. サイレージの調製と保存に用いられる容器をサイロ silo と呼び, タワーサイロ, トレンチサイロ, バンカーサイロ, スタックサイロ, バッグサイロ, ラップサイロなどの様々な種類がある.

飼料作物の分類

選抜・改良履歴 この分類による牧草と青刈作物については上述の通りである.

生物分類 飼料作物のほとんどはイネ科あるいはマメ科に分類される. 前者に属するイネ科飼料作物 gramineous forage crop は, 成長点が地表面近くに位置し, 刈取りあるいは採食されてもすばやく再生できることから, 飼料作物として適している. 後者に属するマメ科飼料作物 leguminous forage crop は, 根粒菌との共生により空中窒素を固定できることから, 飼料作物として適している. 草食動物にとって, イネ科は炭素(エネルギー)の, マメ科は窒素(タンパク質)の供給源として重要である.

図1 サイレージ用トウモロコシの収穫
細断されたトウモロコシはホールクロップサイレージとして調製される

図2 飼料イネの収穫(写真提供:飛佐学)
刈り取られたイネは収穫機後部のベーラでロール状に梱包される(その後ラップフィルムで密封され、ホールクロップサイレージとして調製される)

図3 牧草地(バヒアグラス草地)の採草利用

図4 牧草地(バヒアグラス草地)の放牧利用

生存期間 一年生 annual および越年生 winter annual の飼料作物は、生存期間が1年未満で、毎年播種されるか、自然下種 natural reseeding によって更新される。後者の場合には、開花・結実期の利用(採草や放牧)を制限するなどの管理が必要となる。多年生 perennial の飼料作物は、一度播種・定着すると、多年にわたり生存し続ける。多年生であっても、過放牧 overstocking, overgrazing など過度の利用下では、生存年限が短縮され、草地の荒廃を招く。

草型と草高 草型(生育型) growth form による分類では、直立型 erect type は茎が上方に伸びて生育するもので、特にイネ科草本の場合には株型 tussock type, bunch type と呼ばれる。匍匐型 prostrate type, creeping type は茎が地面近くを這って生育するもので、イネ科草本の場合には芝型 sod type と呼ばれることもある。巻きつき型 twining type, climbing type は、茎やつるが他の植物などに巻きついて生育するもので、主としてマメ科草本に見られる。また、イネ科草本は、自然状態での草の高さである草高により、草高が大きくなる(背が高い)長草 tall grass と草高が小さい(背が低い)短草 short grass に分けられる。一般に、直立型・長草型の草種は採草利用に、匍匐型・短草型の草種は放牧利用に向いている。巻きつき型は、刈取りや採食により、成長点を失いやすく、衰退しやすい。

生育環境 寒地型 temperate type, cool-season type は寒帯・温帯を、暖地型 tropical type, warm-season type は熱帯・亜熱帯を原産とする飼料作物である。両者の主要な差異は生育適温と草質にある。寒地型の生育適温が15〜20℃であり、それ以上の温度域では夏枯れ summer depression と呼ばれる生育停滞が起きるのに対し、暖地型の生育適温は25℃以上である。また、暖地型は寒地型に比べて栄養価(次項参照)が低い。イネ科草本の場合、寒地型はC_3植物に、暖地型はC_4植物に相当する。

(平田昌彦)

飼料作物（2）
評価，青刈作物

飼料作物の評価

生産性 飼料作物の多くは1年に複数回にわたって利用される．多収性 high-yielding ability は高い年間収量をあげる性質を，季節生産性 seasonal productivity は季節による生産性の変動をさす．早晩性 earliness は熟期の早さを表わし，早い順に，早生 early maturing type，中生 medium maturing type，晩生 late maturing type と呼ぶ．採草もしくは放牧により失われた茎葉を再生産する能力を再生力 regrowth vigor という．多年生作物が長い年月にわたり生産性を維持する性質を永続性 persistence と呼ぶ．

環境適応性 環境適応性 environmental adaptability は，温度（寒さ，暑さ），水分（乾燥，湿潤），土壌の肥沃度や塩類濃度など，動物や作業機の踏圧，病害虫などに対する抵抗性を表わす．個別の因子に対する耐性は，耐寒性 cold hardiness，耐暑性 heat tolerance，耐乾（旱）性 drought resistance，耐湿性 wet endurance，耐肥性 adaptability to heavy fertilizer，耐塩性 salt tolerance，耐酸性 acid tolerance，耐踏性 trampling tolerance, traffic resistance，耐雪性 snow endurance，耐病性 disease resistance，耐虫性 insect resistance などと呼ばれる．

図1 トウモロコシのサイレージとしての貯蔵（中国，北京郊外）（写真提供：後藤雄佐）
丘を削ってつくられたサイロに収穫したトウモロコシを詰め込む

図2 サイレージ用ソルガム（スイートソルガム）の収穫（中国，北京郊外）（写真提供：後藤雄佐）

品質と利用適性 栄養価 nutritive value とは動物に対する栄養上の特性で，粗タンパク質，粗脂肪，可溶無窒素物，粗繊維などの含量，これらの消化されやすさを示す消化率（消化性）digestibility，可消化粗タンパク質＋可消化粗脂肪×2.25＋可消化可溶無窒素物＋可消化粗繊維として求められる可消化養分総量 total digestible nutrients (TDN)，飼料の総エネルギーから糞として排泄されるエネルギーを差し引いた可消化エネルギー digestible energy などの指標により表わされる．嗜好性 palatability は，栄養価とは別の観点から，動物に好んで食べられる性質をいう．放牧適性，採草適性，乾草適性，サイレージ適性はそれぞれの利用用途への適性をいう．多葉性 leafiness とは，栄養価と嗜好性が高い部位である葉の割合が高いことをさす．

青刈作物 soiling crop

青刈作物の名称は，子実作物を未熟な状態（子実の完熟以前）で刈取り利用することに由来する．世界で栽培・利用される主要な青刈作物には，ムギ類（エンバク，ライムギ，オオムギなど），トウモロコシ，ソルガム類（ソルガム，スーダングラスなど），ヒエ類（ヒエ，パールミレット，シコクビエなど），その他の雑穀類（ハトムギ，イタリアンミレットなど），マメ類（ダイズ，カウピーなど），根菜類（飼料用カブ，スウェーデンカブ，飼料用ビート）などがある．わが国では最近，イネも用いられる．イネ科の青刈作物はすべて株型の長草である．なお，飼料用根菜類は，水分を多く含むことから，多汁質飼料作物 succulent forage crop として，青刈作物と区別することもある．

エンバク oat, oats; *Avena sativa* L. 一年生もしくは越年生の寒地型イネ科作物．直立型で稈長は60〜150cmである．冷涼でやや湿った気候に適する．耐寒性は強くなく，耐乾性はムギ類のなかで最も低い．寒地では春播きされるが，暖地では秋播きされて生草またはホールクロップサイレージとして利用される．秋播きの限界は最寒月の平均気温が－4℃である．飼料としての品質に優れる．

ライムギ rye; *Secale cereale* L. 一年生もしくは越年生の寒地型イネ科作物．直立型で稈長は130〜200cmである．ムギ類のなかで最も耐寒性が強く，不良土壌にも耐え，他のムギ類が生育不良な環境でも栽培可能である．寒地での秋播き栽培が多い．主として生草利用される．

オオムギ barley; *Hordeum vulgare* L. 一年生もしくは越年生の寒地型イネ科作物．直立型で稈長は70〜90cm程度のものが多い．耐寒性や耐雪性には比較的優れるが，酸性土壌には著しく弱い．耐湿性は弱く，排水の良い肥沃土に適する．わが国では生草，乾草，ホールクロップサイレージ用として二条オオムギが用いられることが多い．

トウモロコシ corn, maize; *Zea mays* L. 一年生の

暖地型イネ科作物．直立型で稈長は1～4m程度である．温暖で，適度な降水があり，日射量の多い気候に適する．生草またはホールクロップサイレージとして利用する（図1）．青刈作物として最も一般的な夏作物であり，高質の飼料を生産する．

ソルガム（モロコシ） sorghum; *Sorghum bicolor* (L.) Moench 一年生の暖地型イネ科作物．直立型で稈長は1～4m以上である．トウモロコシと比較して，発芽・生育に高温を要求し，生育適温は25～30℃．耐乾性と再生力が強い．ホールクロップサイレージや生草といった利用形態に応じたさまざまなタイプがある（図2）．

スーダングラス Sudan grass; *Sorghum sudanense* (Piper) Stapf 一年生の暖地型イネ科作物．直立型で稈長は1～3m程度である．ソルガムに比べ，細稈，細葉，多分げつ，多葉であり，再生力が旺盛で多回刈が可能である．生草，乾草およびサイレージとして利用される．

ヒエ Japanese millet, barnyard millet; *Echinochloa utilis* Ohwi et Yabuno 一年生の暖地型イネ科作物．直立型で稈長は1～2m．温暖な気候に適するが，多湿や乾燥によく耐えるうえ，生育日数が短いため，不良環境下で栽培されることが多い．主として生草や乾草として利用される（図3）．

パールミレット（トウジンビエ） pearl millet; *Pennisetum americanum* (L.) K. Schum, *Pennisetum typhoides* (Burmf.) Stapf et Hubb. 一年生の暖地型イネ科作物．直立型で稈長は1～3m以上．耐乾性が高く，痩せた砂質土壌によく生育する．生草，乾草およびサイレージとして利用される．

シコクビエ African millet, finger millet; *Eleusine coracana* (L.) Gaertn. 一年生の暖地型イネ科作物．直立型で稈長は1～2m．耐乾性と耐湿性の双方に優れ土壌を選ばない．分げつ発生が旺盛で，多葉性と再生力に優れている．主として生草やサイレージとして利用．

ハトムギ Job's tears; *Coix lacryma-jobi* L. var. *mayuen* 一年生の暖地型イネ科作物．直立型で稈長は1.2～2m程度．耐湿性が強く，湛水条件での生育はよいが乾燥に弱い．主に生草やサイレージとして利用．

イタリアンミレット（オオアワ，アワ） Italian millet, foxtail millet; *Setaria italica* (L.) P. Beauv. 一年生の暖地型イネ科作物．直立型で稈長は50～180cm．温暖で乾燥した土地に適するが気候適応性が高く，寒冷地から温暖地まで栽培可能である．主として生草や乾草として利用される．

テオシント teosinte; *Euchlaena mexicana* Schrad. トウモロコシに近縁な一年生の暖地型イネ科草本．直立型で稈長は3～4m．高温・多照を好み，耐乾性は劣る．再生力が旺盛なため生草として利用．

ダイズ soybean; *Glycine max* (L.) Merr. 一年生の

図3　飼料用ヒエ（写真提供：農文協）

寒地型マメ科作物．気候や土壌に対する適応性が高い．通常，生草で利用する．

カウピー（ササゲ） cowpea; *Vigna unguiculata* (L.) Walp., *Vigna sinensis* (L.) Savi ex Hassk. 一年生の暖地型マメ科作物．つる性で草高は2m以上に達する．耐乾性が大きく土壌を選ばない．主に生草利用．

飼料用カブ turnip; *Brassica rapa* L. 地中海地方～西南アジアを原産地とする一年生もしくは越年生のアブラナ科作物．肥大した根部を利用．高温や乾燥に弱いため，一般に秋播きする．土壌に対する適応性は広い．寒地では，収穫後に凍結しない温度で貯蔵し給与する．暖地では，圃場に放置して適宜給与することができる．茎葉も飼料として利用することがある．冬季の多汁質飼料として，水分やビタミン類（ビタミンB_1とC）の補給に適し，家畜の嗜好性が高い．

スウェーデンカブ（ルタバガ） Swedish turnip, swede, rutabaga; *Brassica napus* L. var. *napobrassica* (Mill.) Reichb. 地中海地方原産とされる一年生あるいは越年生のアブラナ科作物．肥大した根部を利用する．飼料用カブに比べ，大型・硬質で，貯蔵性が高い．また，晩生で，耐寒性が強く，冷涼・多湿な気候を好み，土壌をあまり選ばない．一般に寒地で春播きされる．茎葉も生草利用する．冬季の多汁質飼料として，水分やビタミン類の補給に適し，家畜の嗜好性が高い．

飼料用ビート fodder beet, mangold, mangel-wurzel; *Beta vulgaris* L. var. *alba* DC. 地中海地方および西アジア原産とされる一年生もしくは越年生のアカザ科作物．飼料用カブやスウェーデンカブよりも根の肥大は遅いが，肉質が硬く，貯蔵性がよい．寒地では春播き，暖地では春播きあるいは秋播きされる．冬季の新鮮粗飼料として，乳牛の嗜好性が高く，泌乳効果が高い．

イネ rice; *Oryza sativa* L. わが国では，水田機能の維持と飼料自給率向上の観点から，2000年以降になって栽培面積が拡大した．飼料用品種は，食用品種と比較して，茎葉収量が高いなどの特徴をもつ（穂の収量はほぼ同じ）．ホールクロップサイレージとして利用される（前項，図2）．

（平田昌彦）

寒地型イネ科牧草

イネ科植物は，タケ亜科(Bambusoideae)，キビ亜科(Panicoideae)，ヒゲシバ亜科(Chloridoideae)，イチゴツナギ亜科(Pooideae)，ダンチク亜科(Arundinoideae)，ササクサ亜科(Centothecoideae)の6群に大別される．

主にヨーロッパに原産地をもつ寒地型イネ科牧草 temperate forage grassは，すべてムギ類と同じイチゴツナギ亜科(約3,300種，イネ科全種数の3分の1)に属する．C3植物であるイチゴツナギ亜科は大部分が南北の温帯に分布し，暖地型イネ科牧草の属するキビ亜科およびヒゲシバ亜科(いずれもC4植物)と生息域を分けている．主要な寒地型イネ科牧草は，約1,200種を含むイチゴツナギ連 Poeaeと約1,050種を数えるカラスムギ連 Aveneaeに集中しているが，コムギ連 Triticeae，スズメノチャヒキ連 Bromeaeにもいくつの重要な草種が含まれる(表1)．

日本で栽培される草種

・オーチャードグラス orchardgrass
Dactylis glomerata L. カモガヤ

2n = 28．ヨーロッパ，北アフリカ，およびアジアの一部地域を原産地とし，200年前に米国で牧草としての利用が始まった．出穂盛期(本州中部で5月中旬頃)には草丈が1.4m近くになる長草(図1上段左)で，葉身はV字型に折りたたまれて出現し，展開すると扁平になる．葉身が長いため，再生草でも草丈1m近くに成長する．穂は円錐(複総状)花序で，成熟に伴って1次枝梗がニワトリの足形に開くため(図1上段中)，英国でcocksfootと呼ばれる．

根系が深く伸びて乾燥に強く，耐暑性も優れており，土壌酸度への適応幅も広い．初期生育が速く，生産性が優れているため，日本各地で栽培され，最も重要な草種となっている．株化傾向が強く，密度が低下しやすい欠点があるので，伸ばし過ぎると維持年限が限定される．採草用として優れた生産性を示す一方，放牧適性もあり，採草・放牧兼用や放牧用としての利用も盛んである．耐寒性も比較的強いが，チモシーには劣り，北海道では一部を除いて越冬が不安定となる．秋期の成長を改善したアキミドリ，耐寒性の優れたキタミドリ，放牧に適したマキバミドリなどの優良国内品種が育成されている．

・チモシー timothy
Phleum pratense L. オオアワガエリ

2n = 42．はじめ米国北部の寒冷地でその優れた耐寒性と生産性が評価され，現在ではヨーロッパも含めて温帯寒冷地の主要な採草用草種となっている．穂状花序に似た円柱状の総状花序を形成する(図1上段右)．越冬後，出穂までに展開する葉数が10枚以上と多く，出穂時期はオーチャードグラスより3〜4週間遅い．出穂茎では，基部の1〜2節間が肥大して球茎 haplocormが形成される．出穂前の草姿はオーチャードグラスに似るが，葉色がやや淡く，葉身が巻かれて出現するので区別しやすい．

浅根性で，耐乾性，耐暑性が劣る．遅い出穂時期を反映して茎部比率が高く，相対的にタンパク含量が低

表1 主要な寒地型イネ科牧草の系統分類*

	学名*	草種名(英名)
Poeae連	*Dactylis glomerata* L.	オーチャードグラス(orchardgrass/cocksfoot)
	Festuca arundinacea Schreb.	トールフェスク(tall fescue)
	Festuca pratensis Huds.	メドウフェスク(meadow fescue)
	Festuca rubra L.	レッドフェスク(red fescue)
	Lolium multiflorum Lam.	イタリアンライグラス(Italian ryegrass)
	Lolium perenne L.	ペレニアルライグラス(perennial ryegrass)
	Poa pratensis L.	ケンタッキーブルーグラス(Kentucky bluegrass)
Aveneae連	*Phleum pratense* L.	チモシー(timothy)
	Phalaris arundinacea L.	リードカナリーグラス(reed canarygrass)
	Phalaris aquatica L.	ハーディンググラス(hardinggrass)
	Agrostis gigantea Roth	レッドトップ(redtop)
	Arrhenatherum elatius L.	トールオートグラス(tall oatgrass)
	Holcus lanatus L.	ヨークシャーフォッグ(Yorkshire fog)
	Alopecurus pratensis L.	メドウフォックステイル(meadow foxtail)
Bromeae連	*Bromus inermis* Leyss.	スムーズブロームグラス(smooth bromegrass)
	Bromus marginatus Nees ex Steud.	マウンテンブロームグラス(mountain bromegrass)
	Bromus catharticus Vahl	レスクグラス(rescuegrass)
Triticeae連	*Agropyron cristatum* (L.) Gaertn.	クレステッドウィートグラス(crested wheatgrass)
	Psathyrostachys juncea (Fisch.) Nevski	ロシアンワイルドライ(Russian wildrye)

注：*Clayton, W. D. and S. A. Renvoize. 1986. Genera Graminum. Kew Bulletin Additional Series XIII. Royal Botanic Gardens, Kew, London, および United States Department of Agriculture. 1995. Grass Varieties in the United States. CRC Press, Boca Ratonによる

いという弱点はあるが，嗜好性に優れ，乾草用に好まれる．再生が緩慢で利用回数が少ないため，採草専用とされてきたが，最近は放牧利用もされる．北海道では最も重要な牧草で，極早生のクンプウ，早生のノサップ，晩生のホクシュウなど優れた国内品種が多い．

・**イタリアンライグラス** Italian ryegrass
　　Lolium multiflorum Lam. ネズミムギ

2n = 14, 28. 地中海地方原産の短年生牧草で，晩秋の生育がよいが耐寒性はない．浅根性で，土壌の乾燥には弱いが，初期生育が極めて旺盛で，短期間に大型株になる．巻かれて出現する葉身の上表皮に葉脈が浮き上がり，下表皮は光沢が強い．本州中部では5月10日頃に大型の小穂を互生した穂状花序を出し始める（図1下段左および中）．若齢の分げつも含めて出穂茎が非常に多く，穂揃期には1.2mほどになる．生産性が高く，栄養品質に優れるが，刈取り後に再生可能な栄養生長茎が少なくて永続性が乏しいため，主に南東北以南，特に暖地で越年利用される．四倍体品種は一般に耐雪性，越冬性が優れ，再生力も増す．暖地向きで早生のワセユタカやミナミアオバ，耐雪性の優れたナガハハヒカリ，越夏性の優れたエースをはじめ，国内品種が多い．

・**ペレニアルライグラス** perennial ryegrass
　　Lolium perenne L. ホソムギ

2n = 14. ヨーロッパ原産で冷涼な気候に適し，集約放牧に最適の優良牧草である．耐暑性，耐寒性ともに低く，適度の土壌水分を要求するため，栽培地が制限される．英国やアイルランド，オランダなど海洋性気候の地域で栽培が盛んで，最近，北欧にも広がっている．イタリアンライグラスと近縁で自然交雑するが，より小型で細い葉身が折りたたまれて出現するので区別できる．分げつが非常に多く，頻繁な剪葉がない時には大型化して個体密度が減少しやすいが，ごく短い草高で利用すると栄養品質きわめて良好となり，高密度の草地が維持される．優れた品質特性が好まれて採草利用も行なわれる．わが国では東北地方や冬の厳しくない北海道の一部，ないしは高冷地に栽培地が限定される．越夏性の優れた放牧用のヤツユタカ，耐雪性が強い兼用種のヤツカゼ，放牧用で北海道向けのフレンドなどの国内品種がある．

・**トールフェスク** tall fescue
　　Festuca arundinacea Schreb. オニウシノケグサ

2n = 42. ヨーロッパ原産で，移民により北米に導入されたが，粗剛な草質が嫌われ，はじめはほとんど利用されなかった．1930年代にKentucky 31 fescueやAltaなどの生産性の高い品種が選抜されると放牧草として全米各地に広がり，現在では最も重要な放牧草種となっている．本州中部では5月中旬に円錐花序を出す（図1下段右）．粗剛な感触，やや淡い緑色，穂の形態を除く

図1 寒地型イネ科牧草の草姿および穂の外観
（写真提供：カネコ種苗）
上段左から：オーチャードグラス，オーチャードグラスの穂，チモシー
下段左から：イタリアンライグラス，イタリアンライグラスの穂，トールフェスク

と，外観はイタリアンライグラスに近似する．太い節根を土中深く伸ばして耐乾性が強く，また，分げつが長寿命で秋に短い根茎を形成するので，個体の維持年限が非常に長い．放牧圧が十分に加わって低草高が維持されると，分げつ密度が高まり，草質は良好となる．寒地型イネ科草のなかでは最も耐暑性があり，九州でも栽培されるが，耐寒性は比較的弱い．耐寒性の強いホクリョウ，暖地向きのナンリョウやサザンクロスが育成されている．なお，フェスク類はライグラスとの属間雑種が可能で，トールフェスクの栄養品質改善を目的にした属間雑種品種，**フェストロリウム** Festuloliumがある．

トールフェスクは共生内生菌**エンドファイト** endophyte（*Neotyphodium*菌）に感染すると，外的因子への抵抗力を増すが，エンドファイトの産生するアルカロイドが家畜に障害を起こすので，牧草用には非感染種子を確保する必要がある．ほとんどの芝草用品種はエンドファイト感染系統である．ライグラス類でも同様の問題があり，輸入された芝草用品種のストロー乾草で家畜に被害が生じたという報告がある．

・**メドウフェスク** meadow fescue
　　Festuca pratensis Huds. ヒロハノウシノケグサ

2n = 14. ヨーロッパ原産の放牧用草種で形態はトールフェスクに酷似するが，やや小型で，小穂の形態などに差異がある．耐寒性が強く，草質良好で放牧適性が高いため，北欧における最重要放牧草となっている．耐暑性が弱く，栽培地が北海道や東北に限られる．国内でもトモサカエ，ハルサカエが育成されている．

- **リードカナリーグラス** reed canarygrass
  Phalaris arundinacea L.　クサヨシ

　2n = 14. ユーラシア大陸に広く自生する．放置すると2mを超える長草となり，乾物収量が非常に高く，維持年限も長くて粗放な管理に耐える．長期の冠水にも耐え，冷涼，湿潤気候に適するとされているが，高温，乾燥への耐性も強い．出穂は遅く，本州中部では5月末に円錐花序を出す．葉身はタンパク質含量が高いが，もともと葉鞘と節間の細胞壁構成成分 cell wall constituents（特に難消化性分画）含量が多いうえに，茎葉比も大きいため粗剛となりやすい．

　初期の品種は tryptamine や β-carboline などのアルカロイド alkaloid を多く含んでいたため，家畜に下痢症状を起したりして嗜好性不良の原因とされた．最近の品種，Venture や Palaton はアルカロイド成分が著しく低減され，生産性，嗜好性ともに改善されている．国内育成品種はない．

- **ケンタッキーブルーグラス** Kentucky bluegrass
  Poa pratensis L.　ナガハグサ

　ヨーロッパ原産で世界の温帯に広く分布している．細い折りたたまれた葉身をもち，5月に円錐花序を疎生する短草．10〜20cmの根茎を多発して旺盛に匍匐し，広がる．以前は米国において放牧草として多用されたが，現在では芝草利用が主である．耐寒性が強いが，耐乾性，耐暑性は劣る．北海道の気候によく適応して野生化し，有害草扱いされることもあるが，短草状態で適正に管理すれば良質の放牧草となる．古い牧草用品種 Troy および Kenblue が現在も流通している．

分げつの発生様式

　イネ科牧草はいずれも分枝能力が高く，地際部に茎端を保持しながら栄養成長を続ける分げつが随時補充されるため，持続的な茎葉生産が可能となる．

　株型の牧草では，通常，親の分げつ（母茎）と相似の形態をした直立分げつ erect tiller を規則的に生じる．直立分げつの発生の仕方には，イネ，ムギ類と同様，親分げつのある葉「n」が出現しているとき，その3節下 n-3 の葉腋から分げつが発生する「n-3型」（オーチャードグラス，チモシーなど）と，その2節下の n-2 葉腋から分げつ発生する「n-2型」（ライグラス類，フェスク類，ケンタッキーブルーグラスなど）がある．分げつ発生が正常に続く時には，n-2型の分げつ数の増加は n-3型より急速である．

　また，ケンタッキーブルーグラスのような匍匐型の生育をする牧草は直立分げつの他，地下茎の一種である根茎 rhizome を仮軸分枝的に生じ，その生存領域を広げる．根茎は多くの場合，母茎茎頂近くで形成された分げつ芽がいったん休眠状態を経過した後，萌芽して横走を始めたものであり，地下で一定の匍匐成長をした後，直立分げつに転じて新たな株に発達する．

温度反応と日長感応

　寒地型イネ科牧草の生育適温 optimum temperature は，20〜22℃前後にある．25℃以上では生育が抑制され，高温が続くと植物体の活力がいっそう低下して枯死することもある．低温になるほどしだいに生育は鈍化して地上部の成長量が少なくなるが，根の成長の抑制は相対的に少なく，地上部と地下部の乾物重の比，T-R率 top-root ratio は小さくなる．

　葉のサイズは生育温度と密接に関係し，高温ほど大きく，低温ほど小さくなるが，過度の高温は葉長を抑える．アルプス以北の西ヨーロッパや北欧起源の草種，品種は，5℃前後を下ると新葉の出現が止まり，休眠状態となる．地中海系の草種や生態種は，この温度低下に伴う休眠が弱くて低温での生育鈍化が少ないかわりに，耐寒性は劣る．

　寒地型イネ科牧草はいずれも長日植物で，春に日長が増加するとともに穂を形成する．チモシーを除く大部分の寒地型イネ科草種では，花芽が分化・発達するためには，先行する栄養成長期に低温または短日条件のいずれか，あるいは両者に遭遇する必要がある．Heide (1994) は，この生理的過程を第一次花成誘導 primary floral induction と呼び，越冬後，日長の延長に感応して始まる花芽分化の開始を第二次花成誘導 secondary floral induction と定義した．麦類における春化は，第1次花成誘導に相当する．

　日長は，寒地型牧草の栄養器官の形態形成に対しても影響を及ぼす．長日は個々の葉身の長さを増大し，既存の分げつの成長を促進する働きをもつ．反対に，短日下では個々の葉は短くなり，既存分げつの成長は抑えられる．また，長日では新しい分げつの発生は抑制されるが，短日では分げつの成長抑制の一方で分げつの発生が促進され，茎数の増加が顕著となる．短日条件下では発根も促進される．実際の草地群落では，低温と短日が重なる秋に分げつ数（茎数密度）の顕著な増加が起こり，翌年の春から夏に至る生育期間は漸減の傾向を示すことが多い．

　自然条件下では，温度と日長が1か月前後のずれを伴って差動的に変化していくが，寒地型イネ科牧草はこの変化に反応して特徴的な季節生産性のパターンを描く．春から初夏にかけては比較的冷涼な温度条件下におかれ，寒地型イネ科牧草は成長が旺盛となるが，この間，初春に分化，発達を始めた幼穂は長日下で出穂して節間を伸長し，また，個々の葉長も増大するため，地上部乾物の増加速度は著しく大となる．これをスプリングフラッシュ spring flush といい，春の最初の収穫—1番草群落 primary canopy は，年間で最も高収となる．2番草以後の再生草群落 aftermath は出穂せず，節間も伸長しないので，1番草のような急速な乾物の増加はない．そのうえ，日本の多くの地域では夏の高温下で生育が抑制される夏枯れ summer depression が顕著であるため，夏の谷間を挟んで春を第一のピーク，秋を第二の

ピークとする季節生産性のカーブが観察される．

牧草の再成長と貯蔵物質

　牧草は，刈取りにより地上部を失っても，基部に残された刈り株 stubble から新たな茎葉を新生して再度地上部生産を繰り返す．この現象を再成長（再生）regrowth という．直立分げつを多発して，密集した株を形成するオーチャードグラスやペレニアルライグラスでは，栄養成長茎の刈り株に残された未展開葉基部と発達途中の幼葉が順次伸長して再成長が始まる．1番草群落で生殖成長に移行した出穂茎は刈取り後に伸長しないが，この時，栄養成長段階の分げつも多く混在していて出葉を継続するため，出穂後の再成長が可能となる．1番草がほとんど生殖成長茎だけになるチモシーやリードカナリーグラスでは，球茎の腋芽や根茎様の休眠芽が萌芽して直立茎となり，2番草群落を形成する（図2）．

　刈取りや，放牧家畜により地上部が喫食されると，刈り株にはほとんど葉身が残らないので，出葉の継続や休眠芽の萌芽に必要な呼吸基質の供給が中断される．植物体には，成長中に葉身で同化された光合成産物の一部が未利用のまま徐々に蓄積されるが，寒地型イネ科牧草ではフラクタン fructan の形態で刈り株に貯蔵される．牧草の再成長には，これらの貯蔵物質，とりわけフラクタンなどの非構造性炭水化物 nonstructural carbohydrates の役割が決定的に重要であるとする考えが長く支配的であった．しかし，1960年代以降，種々の疑問が提起され，現在では，貯蔵炭水化物の役割は再成長のごく初期に限られること，剪葉直後に新生してくる新葉の役割が予想以上に大きいことが明らかにされている．また，刈り株に貯蔵されたタンパク質も再成長のための呼吸基質として一定程度，利用される．

草地の造成と密度維持

　戦後の一時期，畜産振興に伴って，原野や山林を切り開いて人工草地に変える大規模草地造成 sward establishment が盛んであったが，現在はほとんど行なわれない．既存の草地や耕地にできた牧草地は，年月を経ると当初の植生密度が低下したり，雑草が侵入して草種構成 sward composition が変化し，生産力が低下する．このような衰退した草地では，牧草の植生を回復し，再び元の生産力に戻す作業，草地更新 sward renovation が必要となる．その際，プラウで完全耕起して前植生を破壊し，石灰などの土壌改良剤 inorganic soil amendment と基肥 basal dressing fertilizer（通常，N：P：K各成分で10：10：10kg/10a程度）を投入したうえで牧草播種する方法のほか，前植生にはまったく手をつけず不耕起のまま，あるいは土壌表層部を部分的に攪乱するだけで追播 overseeding を行なう方法がある．

　草地の造成や更新の直後には，通常，1,000個体/m²を大きく超える高密度の個体群が形成される．発芽，定着した個々の実生個体は順次，分げつを増やして個体

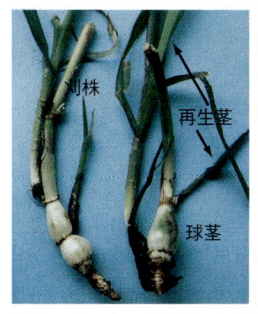

図2　チモシー球茎からの再成長（左）およびリードカナリーグラスの根茎の萌芽（右）

重を拡大していくので，草地は急速に鬱閉して各個体間には光および土壌養水分を奪いあう競争が起こる．そして競争の激化とともに，しだいに強勢個体が弱勢個体を抑圧し，ついには枯死に至らしめる自己間引き self-thinning が起こり，個体密度の減少が始まる．草地群落中では，平均個体重と個体密度は相互に密接に関連しており，個々の個体が生長して群落が過繁茂になると，自己間引きにおける3/2乗則 3/2 power law of self-thinning に支配されて個体の密度が減少の過程をたどる．

利用適期と成分組成

　刈取りや放牧の頻度に規定される再生期間は，草地の生産のみならず，収穫部の栄養品質にも密接に関係する．生育期間の延長は葉面積指数の拡大を通して乾物生産を高め，年間総収量を高めるので，収量を重視する採草利用においては，必然的に刈取り回数が少なくなる．しかし，群落の生育が進むと，柔組織などの細胞内容物 cell contents を多く含む葉身の割合が減る一方，細胞壁構成成分主体の葉鞘および節間の比率が高まり，枯死部も増加するので，収量に反比例して栄養品質が低下する．したがって，採草利用においては，1番草では出穂期を過ぎて茎葉比率が増大し，枯葉が急増する以前に，また，栄養生長を行なう再生草においては，群落が鬱閉して枯葉が発生する（刈取り後約1か月）以前に収穫して，乾物生産と品質維持の両立を図る必要がある．

　これに対して，放牧利用においては，草高を高くすると草食家畜の食性の関係で十分に採食されず，残草が増すので，放牧圧を高めて短草状態を維持するような利用管理法が求められる．この場合，牧草の乾物生産は低いが，若い状態で採食される牧草の品質は良好となり，しかも，草地は高密度が維持され，維持年限が延びる．なお，草地は利用されるたびに土壌中の肥料要素が域外に持ち出されるので，追肥 top dressing を定期的に行なって土壌養分を補充する必要がある．イネ科主体の草地においては，通常，1回の採草利用の後に2〜5kg程度の窒素成分の追肥が必要であり，また，適宜，リン酸，カリ成分の追肥も行なわれる．

〔伊東睦泰〕

暖地型イネ科牧草(1)
日本で栽培される草種-1

イネ科飼料作物のなかで，暖地型イネ科牧草 tropical forage grassはヒゲシバ亜科 Chloridoideaeとキビ亜科 Panicoideaeに大別される．暖地型イネ科牧草の多くは，アフリカ，中南米起源で，生育適温は寒地型イネ科牧草に比べて高い．わが国では1950年代以降，温暖地で寒地型イネ科牧草の夏枯れ summer depressionの発生を受け，栽培の必要性が指摘され，1960年代に草種導入，比較試験や新品種育成が開始された．全世界の牧草の約11.2%を含むAndropogoneae連，約24.7%を含むPaniceae連のほか，Cynodonteae連やEragrostideae連などの草種が含まれる(表1)．日本で栽培される主要な暖地型イネ科牧草は次のとおり．

ローズグラス rhodesgrass
Chloris gayana Kunth　アフリカヒゲシバ，オオヒゲシバ

ヒゲシバ亜科．2n = 20, 30, 40．東・南アフリカの標高600〜2,000mの熱帯・亜熱帯地域が原産で，関東以西の特に九州では耕地，沖縄では放牧地に導入され，最も普及した暖地型イネ科牧草．多年生で，通常匍匐性．採草利用が主で，乾草調製に適する．草高は出穂茎では0.5〜2mで，茎は細くて倒伏しやすく，葉は無毛で葉身長25〜50cm，葉幅2〜20mmの多葉性．穂状花序 spikeで長さ4〜15cmの総が穂軸から掌状に3〜20本出る(図1)．千粒重は0.1〜0.25g．匍匐茎の節から新株を形成し，速やかに裸地を被覆する．二倍体に比べ，四倍体の品種では出穂期が遅れる．種子繁殖で，発芽率40%前後．乾物収量は10〜25t/haで，粗タンパク質(crude protein, CP)含量3〜17%，*in vitro*乾物消化率(*in vitro* dry matter digestibility, IVDMD)40〜80%と飼料品質の変動が大きい．

生育適温は20〜37℃で広く，低温伸長性に優れる品種が育成されたが，耐霜性は劣り，九州以北では1年利用，南西諸島では多年利用．土壌水分適応性が広く，間欠的な冠水地域でもよく育つ耐湿性と，年降水量600mmの乾燥地帯でも生育可能な耐乾性をもつ．pH4.5以上の土壌に適応でき，火山灰土壌や砂質土壌でもよく生育し，耐塩性が高く，葉にナトリウムを蓄積する．品種はKatambora，Callide，ハツナツ，アサツユな

表1　主要な暖地型イネ科牧草の系統分類

亜科／連	学名	草種名(英名)
ヒゲシバ亜科(Chloridoideae)		
ギョウギシバ連(Cynodonteae)	*Chloris gayana* Kunth	ローズグラス(rhodesgrass)
	Cynodon dactylon (L.) Pers.	バーミューダグラス(bermudagrass)
	Zoysia japonica L.	シバ(Japanese lawngrass)
	Cynodon nlemfuensis Vanderyst	ジャイアントスターグラス(giant stargrass)
スズメガヤ連(Eragrostideae)	*Eragrostis curvula* (Schrad.) Nees	ウィーピングラブグラス(weeping lovegrass)
	Eleusine corocana Gaertn.	シコクビエ(African millet)
キビ亜科(Panicoideae)		
キビ連(Paniceae)	*Panicum maximum* Jacq.	ギニアグラス(guineagrass)
	Panicum maximum Jacq. var. *trichoglume* Eyles	グリーンパニック(green panic)
	Panicum coloratum L.	カラードギニアグラス(coloured guineagrass)
	Paspalum notatum Flügge	バヒアグラス(bahiagrass)
	Paspalum dilatatum Poir.	ダリスグラス(dallisgrass)
	Paspalum distichum L.	キシュウスズメノヒエ(knotgrass)
	Paspalum atratum Swallen	アトラータム(atratum)
	Pennisetum purpureum Schumach	ネピアグラス(napiergrass)
	Pennisetum clandestinum Hochst. ex Chiov.	キクユグラス(kikuyugrass)
	Brachiaria decumbens Stapf	シグナルグラス(signalgrass)
	Brachiaria mutica (Forssk.) Stapf	パラグラス(paragrass)
	Brachiaria brizantha (Hochst. ex. A. Rich.) Stapf	パリセードグラス(palisade grass)
	Brachiaria humidicola (Rendle) Schweick.	クリーピングシグナルグラス(creeping signalgrass)
	Digitaria eriantha Steud.	ディジットグラス(digitgrass)，パンゴラグラス(pangolagrass)
	Setaria sphacelata (Schum.) Stapf & C. E. Hubb. ex M. B. Moss	セタリア(broadleaf setaria)
	Setaria italica (L.) Beauv.	アワ(foxtail millet)
	Echinochloa crus-galli (L.) Beauv.	ヒエ(barnyard millet)
ヒメアブラススキ連(Andropogoneae)	*Miscanthus sinensis* Anderss.	ススキ(silvergrass)
	Eremochloa ophiuroides (Munro) Hack.	センチピードグラス(centipedegrass)
	Andropogon gayanus Kunth	ガンバグラス(gambagrass)

注：Clayton & Renvoize(1989)に基づき，新たに作成

どで，高塩基・塩分耐性系統 ATF3964 が育成中である．

ジャイアントスターグラス giant stargrass
Cynodon nlemfuensis Vanderyst

ヒゲシバ亜科．2n = 18, 36．東アフリカの中標高地で年降水量約600mmの半乾燥地帯が原産．草勢がよく，現在では沖縄県八重山地域の基幹草種．匍匐性の多年生で地下茎はない．草高50～100cm，稈径1～3mm，葉身長3～30cm，葉幅2～7mm．穂状花序 spike で3～11cmの総を穂軸から数本出し，内側に巻く．種子は不稔粒が多く，千粒重は0.25～0.45g．主に匍匐茎を2～3節に切り，1t/haの密度で散布し草地造成する．乾物収量は16～20t/haでやや低いが，土壌適応性が広い．4週ごとの刈取りで，CP含量11～16%，IVDMD55～60%．踏圧に対し生育初期には弱いが，匍匐茎が伸長し地表全面を覆うと強く，過放牧や盛夏時の放牧にも十分耐え，牧養力が高い．高施肥では生育初期に青酸を最大0.015%含有し，注意が必要．

バーミューダグラス bermudagrass
Cynodon dactylon (L.) Pers.　ギョウギシバ

ヒゲシバ亜科．2n = 18, 36．トルコまたはパキスタンが原産の多年草．匍匐茎や地下茎を伸長させて圃場を被覆し，密な草地をつくる．草高は通常10～40cmで，葉身長3～12cm，葉幅2～4mmで細い．穂状花序 spike で，3～7本の総を放射状に出し，千粒重は0.2～0.3g．根群は比較的密に分布する．

平均気温24℃以上で生育が旺盛で，夜温が零下では休眠し，-3℃以下で地上部は枯死する．発芽率と低温発芽性が低く，良好な発芽には20℃以上を要する．播種量5～10kg/ha．耐乾性が強く土壌適応性が広い．耐塩性が強く，地下部に光合成産物を転流し耐性を増す．耐寒性も比較的強く，西南暖地の低標高地で越冬可能．年間乾物収量5～15t/ha，CP含量は遅刈りで3～9%，早刈りで20%と変異に富む．IVDMD40～69%．緑化・被覆用の利用も多い．

ギニアグラス guineagrass
Panicum maximum Jacq.

キビ亜科．2n = 18, 32, 36, 48．熱帯東アフリカ原産で，熱帯草地に広く分布し，株型の多年草．草高は0.5～3m，葉身に毛の有無の変異があり，葉身長40～100cm，葉幅10～35mmで，形態的な変異に富む（図2）．出穂期は7～12月．出穂茎が1.5～1.8mの大・中型品種と，1.5m以下の小型品種とに分かれる．垂れて開く12～40cmの円錐花序 panicle で，千粒重は0.45～1.4g．出穂や1穂内の開花が長く続くため，種子の脱粒性が高い．東南アジアでは人力による効率的な採種法が考案

図1　ローズグラス　　図2　ギニアグラス

されている．

根系は深く，密な分岐根が多く耐乾性が高い．西南暖地では4月下旬～6月中旬に，播種量10～20kg/haで散播・条播する．降霜下での越冬性に劣るが，自然下種 natural reseeding を用いた連年栽培も可能．浅い土層から石礫地まで生育でき，肥料反応性が高く，排水良好な肥沃地で最も高収．年間乾物収量は20～30t/haで，CP含量6～25%，IVDMD50～64%．弱放牧下ではセントロ，サイラトロなどの蔓性暖地型マメ科牧草との混播適応性に優れる．種子の休眠性があり，採種翌年の発芽率は約10%と低いため，ジベレリン処理（予措）で発芽を促進する．生殖様式は，アポミクシス（無配偶生殖）apomixis と有性生殖がある．線虫抑制効果に優れ，緑肥利用も行なわれる．主要大・中型品種にはナツカゼ，ナツユタカ，Tanzania 1，小型品種にはナツコマキ，Petrieなどがある．

バヒアグラス bahiagrass
Paspalum notatum Flügge　アメリカスズメノヒエ

キビ亜科．2n = 20．中南米原産で，西南暖地の低標高地帯で最も重要な放牧用の基幹草種．匍匐性の多年草．深根性で，直径5mm以上の太く短い匍匐茎で広がる．草高20～50cm，出穂時に80cmに達し，葉身長20～50cm，葉幅3～10mm．穂状花序で，5～10cmの総が通常V字状で2列に分かれ，小穂は総の片側に2列に密に着生し，千粒重1.8～4.0g．長日植物で九州では6～10月まで出穂する．砂壌土を好み耐乾性大．いったん密な草地を形成すると，耐踏圧性が極めて強く，多年にわたり放牧利用可能．高温・多照下で生産性が高いが，放牧下の耐陰性をもつ．乾物収量は多肥のもとで20t/ha以上で，CP含量5～20%，IVDMD50～70%．

耐寒性は暖地型牧草で最も強く，西日本の低暖地で越冬可能．播種は4月中旬～6月中旬に，20kg/haで散播するが，8月下旬～9月中旬の秋播きも可能．発芽・初期成長が遅く，300kgN/haまで施肥反応性が大．二倍体品種（Pensacola型）は有性生殖系統で，葉身が長く葉幅が狭く匍匐性と耐寒性に優れ，Pensacola，ナンゴク，ナンプウ，シンモエ，Tifton 9などがあり，四倍体品種（common型）は，葉幅広く株張りと耐寒性に劣るが良採食性で，ナンオウ，Competidor などがある．

〈石井康之〉

暖地型イネ科牧草(2)
日本で栽培される草種-2

ダリスグラス dallisgrass
Paspalum dilatatum Poir. シマスズメノヒエ

キビ亜科. 2n = 40, 50. 南米原産で, 株型の多年草. 草高20〜50cm, 出穂茎では最大150cmで深根性. 葉は濃緑色で, 葉身長30〜50cm, 葉幅3〜13mm. 穂状花序の総が穂軸にほぼ直角に互生し, 片側の2列に小穂がつく. 1小穂1小花で有毛であり, 千粒重1.3〜2.0g. 耐寒性と低温伸長性に優れ, 亜熱帯か降霜の少ない暖地に適する. 年降水量750〜1,700mmの地域に適応でき, 耐乾性に優れるが, 冠水抵抗性は劣る. 施肥反応性に富み, 乾物収量15t/haで, CP含量4〜23%, IVDMD57〜63%. 地下茎部が大きく強度の刈取りや放牧に耐えるが, 株中央の地下茎部から再生しない「株抜け」が発生して生産性が低下し, 放牧年限が縮まる. 穂が麦角病に罹ると品質や収量が低下し, 産出するアルカロイドは毒性をもつ.

キシュウスズメノヒエ knotgrass
Paspalum distichum L.

キビ亜科. 2n = 40, 60. 熱帯アジア, 北中南米に分布する匍匐性の多年草. 湿地で匍匐茎が旺盛に生育し密な草地を形成し, 水田では強害雑草化のおそれがある. 草高20〜40cmで, 2本の穂状花序は4〜9cm長. 草地造成は, 匍匐茎を細断して散布して行なう.

カラードギニアグラス coloured guineagrass
Panicum coloratum L.

キビ亜科. 2n = 18, 36, 54. 熱帯アフリカの重粘地が原産で, 亜熱帯〜温帯南部で栽培され, 短い根茎をもつ株型で形態的変異性が大. 茎は2〜4mmで細く直立し, 分げつ性大. 草高は0.3〜1.5m, 葉身長5〜45cm, 葉幅は4〜14mmで滑らか. 分岐根が発達し, 長さ20〜40cmの円錐花序で, 千粒重0.7〜1.3g. 450kgN/haまでは窒素反応性大. 乾物収量は8〜23t/haで, CP含量5〜19%, IVDMD47〜60%で嗜好性良. 耐乾性と一時的な滞水にも耐える耐湿性を備え, 本州転換畑の夏期乾草生産に好適.

変種に, カブラブラグラス(var. *kabulabula*), マカリカリグラス(var. *makarikariensis*)がある.

アトラータム atratum
Paspalum atratum Swallen

キビ亜科. 2n = 40. 南米・ブラジルの低湿地が原産で, 株型の多年草(図1). 短日感応後に幼穂形成・節間伸長し, 草高2mに達する. 葉幅は25mm以上で広く, 葉身割合が高く, 採草利用に適する. 円錐花序で, 穂長26cm, 総が20本に達し, 千粒重2.2〜4g. 肥沃土壌でよく生育し, 酸性土壌にも適応できる. 湛水下で栽培でき, 長い乾期にも耐えるが, 耐霜性は低い. 種子収量は人力採種で1t/haに達するが, 脱粒性も高い. 発芽率80%以上で発芽勢も高い. 刈取り後の再生能力に優れるが, 頻繁な刈取りでは生産性が低下する. 乾物収量は10〜15t/ha, CP含量は約11%, IVDMDは50〜68%.

ネピアグラス napiergrass, elephant grass
Pennisetum purpureum Schumach

キビ亜科. 2n = 28, 56. 湿潤熱帯アフリカ原産で, 1965年以降南西諸島で主要牧草となり, 南九州沿岸の一部でも栽培される. 多年生で株型. 草高は4m以上に達する. 茎は直立し分げつが多く, 葉身長30〜120cm, 葉幅3〜5cm. 密な円錐花序で穂長20〜30cm, 小穂に多数の約1cmの剛毛をつけ, 千粒重0.3g. 刈高を高めると高位節分げつが再生する. 通年栽培可能な熱帯では乾物生産力が最大85.9t/haに達するが, 通常20〜30t/ha. 温帯でネピアグラスに匹敵する乾物生産力をもつ草種はなく, 窒素施肥に対して600〜900kgN/haまでは増収する.

越冬性良で九州の低標高地では越冬する. 栄養繁殖(茎挿し)を行ない, 適切な施肥下では, 病虫害, 雑草害, 台風害は少ない. 生育段階の初期では乾草利用できるが, 主に青刈り, サイレージ利用され, 家畜嗜好性も高い. 主要品種は, Merkeron, Capricorn, 台湾A146, Wruk wona, 大島在来種, 種子島在来種. 米国ジョージア州で矮性品種のMottが育成され, わが国でも放牧利用(図2)を検討中. パールミレットとの交雑種にバナグラス, プサジャイアントネピア, キンググラスがあり, 中国・江蘇省では乳牛や淡水魚の青刈り飼料としても利用される.

キクユグラス kikuyugrass
Pennisetum clandestinum Hochst. ex Chiov.

キビ亜科. 2n = 36. 東部・中央アフリカの標高1,500〜3,000m, 降水量1,000〜1,600mmの地域が原産. 熱帯低標高地では生育が劣り, 降霜地帯でも枯死し, 年間を通じて温暖な地域に適する. 匍匐性多年草で, 深根性. 節間が太い匍匐茎, 地下茎により密な草地をつくる. 採草利用では草高50〜60cm, 放牧下で密な芝状となる. 葉身長30cm, 葉幅1cm以下で葉に柔毛がある. 密な穂状花序は葉鞘よりわずかに先端を出し, 小穂は葉鞘に包まれ早朝に花糸を抽出する. 千粒重約2.5g.

西日本では, 高温の夏よりも初夏, 初秋で生育が良好. 霜害があるが, 適度な窒素施肥により低暖地で越冬可能. 造成には栄養茎を散布するか, 種子(ペレット種子)を播種量1.1〜2.2kg/haで散播する. 密な地下茎による土壌侵食の防止効果が大きく, 暖地型マメ科牧草の*Arachis pintoi*, シロクローバなどとの混播に適応できる.

セタリア broadleaf setaria, golden timothy
Setaria sphacelata (Schum.) Stapf & C. E. Hubb. ex M. B. Moss

キビ亜科. 2n = 18, 36, 54. 南アフリカ原産で, var. *anceps* と var. *splendida* がある. 株型の多年草. 短い根茎をもち, 草高1～3m. 葉身長30～80cm, 葉幅10～20mmで変異に富む. 穂状花序で穂長20～30cm, 短い花梗をもつ小穂が密につき, 千粒重約0.7g. 年降水量1,000mm以上の地域に適し, 品種Kazungulaを含むvar. *anceps* は耐湿性大. 耐霜性の品種間差大で, 耐乾性は劣る. 強酸性, 強アルカリ性土壌には不適. 火入れに強く, 造成は雑草除去後に条間30～50cmで2～6kg/haを播種し, 軽く覆土する. 窒素, カリの肥効大. 家畜嗜好性は良で, CP含量6～20%, IVDMD50～70%で高い. 放牧, 生草, 乾草, サイレージ利用される. シュウ酸含量が高く, 長期放牧は家畜(特にウマ)に毒性のおそれがある.

図1　アトラータム　　図2　ネピアグラス(矮性品種)
図3　パリセードグラス　　図4　センチピードグラス

シグナルグラス signalgrass
Brachiaria decumbens Stapf

キビ亜科. 2n = 18, 36. 東南アフリカの標高500～2,300m地域原産の匍匐性多年草. 放牧利用が主. 匍匐茎の各節から伸びる直立茎は50～70cm, 葉身長10～25cm, 葉幅0.7～2cmで, 背軸側に柔毛を密生. 穂軸からほぼ直角に一方向に3～5本の総を出す形状が信号機に似ることが名の由来. 千粒重3.6g. 採種後10か月以上の常温貯蔵で休眠が打破される. 2～4kg/haの播種で草地を造成. 生育適温が高く霜害を受ける. 適湿で肥沃な土壌で生産性が高く, 強酸性土壌でのアルミニウム耐性や耐陰性も有し, 熱帯の乾期でも長く緑色を保つ.

パラグラス paragrass
Brachiaria mutica (Forssk.) Stapf

キビ亜科. 2n = 36. アフリカ原産の匍匐性多年草. 熱帯の中南米, 東南アジアの過湿地で広く栽培される. 出穂後の草高は約2m. 適湿土壌で匍匐茎を盛んに伸長し, 各節から直立茎を伸長させ草地を被覆する. 幼穂は短日下で形成され, 円錐花序は長さ10～20cm, 総に2～3cmの小穂が密生. 耐霜性はなく高温に適し, 種子稔性が低いが, 栄養繁殖による草地造成が容易であり, 雑草化のおそれもある.

パリセードグラス palisade grass
Brachiaria brizantha (Hochst. ex A. Rich.) Stapf

キビ亜科. 2n = 36, 54. アフリカ原産の匍匐性の多年生で, 採草, 放牧用. 草高1～2m(図3)で, 低肥沃土, 酸性土などに適応し, 耐霜性はないが, 熱帯の乾期で緑色を長く維持する. ヒツジ, ヤギなどへの給与で光感作を引き起こす. 種子生産性が高く, 2～4kg/haを散播する. 乾物収量は8～20t/haで, CP含量7～16%, IVDMD55～75%.

センチピードグラス centipedegrass
Eremochloa ophiuroides (Munro) Hack.

キビ亜科. 2n = 18. 中国原産で, 東南アジアに広く自生する多年草. 草高30～40cm, 葉身長20～30cm, 葉幅3～6mm. 匍匐茎が旺盛に伸長して密な草地を形成する(図4). 出穂は夏以降で, 短い穂状花序を抽出する. 耐暑性, 耐乾性に優れ, 耐寒性も高い. 水田畦畔などの被覆・緑化植物としても利用.

ディジットグラス digitgrass
Digitaria eriantha Steud.

キビ亜科. 匍匐型は2n = 30, 株型は2n = 18, 36. アフリカ原産で, 熱帯圏の重要草種の一つ. パンゴラグラス pangolagrass ともいう. 沖縄県では, 採食性がよく, 導入後短期間に重要草種になった. 西南暖地の低標高・無霜地帯で越冬する. 匍匐型品種は多年生で, 長い匍匐茎を出し, 各節から発根して新株をつくり, 多数の細長い葉で密な植生をつくる. 草高1～1.5mで, メヒシバに似た穂状花序が穂軸から放射状に数本着生する. 初期成長はやや遅く, 夏期の高温時では成長が盛ん. 匍匐型品種の草地造成は, 4月以降2～3節の茎を, 0.5～2t/ha移植して行なう. 施肥反応性は高く, 100～200kgN/haでは増施に伴い収量, CP含量がともに増加する. 飼料品質はバヒアグラス, バーミューダグラスよりも優れる. 家畜嗜好性が優れ, 放牧主体だが過放牧に弱く, 輪換放牧が望ましい. また, 夏期の生育最盛期に刈高10cm, 3～5週間隔で採草利用でき, 乾物収量は約10～20t/ha. 近年, 種子繁殖可能な株型のPremier, Advance, 栄養繁殖で匍匐型のTransvalaなどの新品種が育成され, 栽培地域が拡大している.

〈石井康之〉

マメ科牧草

分類, 生育と生産の特性

マメ科は1万8千種を数える巨大な植物グループで, 世界各地に分布し, イネ科と同様に人類の生存に不可欠な種を多数含む. ほとんどの**マメ科牧草 forage legume**は草本の多いソラマメ亜科 Papilionoideaeに属する. イネ科牧草にならって寒地型と暖地型に分けられるが, 系統分類上の位置と対応した区分ではない(表1).

マメ科植物に共通する生理的特性は, 空中窒素の固定である. 大部分のマメ科植物は, 共生する根粒菌の固定窒素に大きく依存して成長する. なかでもクローバ類やアルファルファの窒素固定量は多く, 年間, 約200kg/ha・Nと見積もられることもある. 混播草地においては, このマメ科植物を介した固定窒素が, イネ科も含めた草地全体の生産に大きく寄与することになる.

マメ科牧草には, **主根型根系 taproot system**をもち, 直立成長するものや, **巻きひげ tendril**で他の植物に寄りかかる巻きつき型から, **ひげ根型根系 fibrous root system**を発達させて旺盛に匍匐し, 栄養繁殖するものまで, さまざまな草型, 生育型が含まれる. いずれも開度1/2の互生葉序で節間の伸長した茎に手のひら状の掌状複葉, または羽毛状の羽状複葉をつける.

マメ科牧草は, 葉群を水平に近い角度で配列し, 吸光係数が大きいので, イネ科牧草に比べると単位面積当たりの乾物生産効率は劣るが, タンパク質含量が高く, 細胞壁構成成分が少ないなど, 栄養成分組成はイネ科より優れる. 乾物生産能力に優れたイネ科牧草を品質的に補完するうえでその役割は大きい.

アルファルファやアカクローバのような直立型のマメ科牧草は成長に伴って節間が伸長するので, 刈取りや家畜の喫食により茎端が奪われると, その枝は再生不能となる. この時, 実生直立茎の基部節で休眠していた腋芽が萌芽してくることもあるが, 刈取りが繰り返されて定芽の発生部位を失うと, 幼苗の胚軸近辺に発達した**冠部 crown**から不定芽 adventitious budが生じ, 再成長を行なう. したがって, 直立型の草種では, 冠部の発達の程度と活力が永続性を決めるが, この冠部は概して家畜の踏圧に弱いので, 採草用に使われることが多い. シロクローバのように茎が完全に匍匐する牧草では収穫部は葉部だけなので, 基本的に茎端は剪葉の打撃を受けず, いわば無限に匍匐茎の伸長・分枝と新葉の形成を繰り返す. そのため, 耐踏圧性も強く放牧に向く.

日本で栽培されるマメ科牧草は圧倒的に寒地型であるが, 生育適温は寒地型イネ科牧草に比べてやや高く, また, 高温への耐性も勝る. そのため, イネ科・マメ科の混播草地では寒冷な地域ではイネ科が優占, 暖地ではマメ科が優占する傾向がある.

日本で栽培される主な草種

・**アルファルファ** alfalfa(米名), lucerne(英名)
　Medicago sativa L.　ムラサキウマゴヤシ

$2n = 32$. 西アジア原産で, マメ科牧草のなかでは最も栽培の歴史が古い. 肥大した主根を地中深く発達させて直立成長する. 耐乾性が非常に強く, 地際部に長寿命の冠部を形成するので, 維持年限が長い. 短い柄をもつ3小葉の掌状複葉を互生する. 幼植物時には基部葉腋から分

表1　種々のマメ科牧草と系統分類

	学名	草種名(英名)
Trifolieae連	*Trifolium repens* L.	シロクローバ(white clover)
	Trifolium pratense L.	アカクローバ(red clover)
	Trifolium hybridum L.	アルサイククローバ(alsike clover)
	Medicago sativa L.	アルファルファ(alfalfa/lucerne)
	Melilotus albus Medicus	白花スィートクローバ(white sweetclover)
	Melilotus officinalis (L.) Pallas	黄花スィートクローバ(yellow sweetclover)
Galegeae連	*Galega orientalis* Lam.	ガレガ(goat's rue, galega)
Vicieae連	*Vicia villosa* Roth	ヘアリーベッチ(hairy vetch)
	Vicia sativa L.	コモンベッチ(common vetch)
Loteae連	*Lotus corniculatus* L.	バーズフットトレフォイル(birdsfoot trefoil)
Cytiseae連	*Lupinus luteus* L.	黄花ルーピン(yellow lupin)
	Lupinus angustifolius L.	青花ルーピン(blue lupin)
Desmodieae連*	*Desmodium intortum* (Miller) Urban	グリーンリーフデスモディウム(greenleaf desmodium)
Phaseoleae連*	*Centrosema pubescens* Benth.	セントロ(centro)
	Macroptilium atropurpureum (DC.) Urban	サイラトロ(siratro)
	Macroptilium lathyroides (L.) Urban	ファジービーン(phasey bean)
Aeschynomeneae連*	*Stylosanthes guianensis* (Aublet) Sw.	スタイロ(stylo)
	Aeschynomene americana L.	アメリカジョイントベッチ(American jointvetch)

注:学名はILDIS (International Legume Database and Information Service) による. *暖地型マメ科牧草

枝を生じてすばやく成長し，また，再生草では冠部から不定芽が生じ，直立茎を多数形成する．5月頃から盛夏にかけ，直立茎の上位節に紫色の小花をつけた総状花序を側生する（図1上段左）．生産力が高く，栄養品質が優れるため，乾草用に好んで単播されるが（図1上段右），寒地型イネ科牧草との混播も多い．元来，温暖な気候に適した草種であるが，耐寒性の非常に強い野生近縁種 *Medicago falcata* との交雑が重ねられた結果，現在では，耐寒性の優れた品種まで幅広い変異がある．アルファルファの共生根粒菌 *Rhizobium meliloti* の生息密度が低いので，播種時の根粒菌接種が不可欠である．日本の育成品種として，タチワカバ，ヒサワカバ，マキワカバなどがある．

・シロクローバ white clover
　　Trifolium repens L.　シロツメクサ

$2n(4x) = 32$．永続性の優れた地中海原産の匍匐型草で，世界中の温帯各地域に広がり，イネ科牧草との混播用マメ科草種として重要な位置を占める．葉，茎とも無毛で，掌状複葉は楕円形ないし円形に近い小葉を通常3枚もつ（図1下段左）．家畜に採食されても葉身と長く伸びた葉柄の一部を失うだけで茎端は地表に無傷で残るため，すぐに新葉が伸びて群落がすばやく回復する．幼植物時には主根が発達するが，早期に機能は失われ，匍匐茎の各節から生じる節根にかわる．匍匐茎の腋芽は初夏から盛夏にかけて主に花芽となり，15〜30cmの花梗先端に球形の頭状花序（30前後の白色の小花がつく）をつける．花のない時には匍匐茎はよく分枝し，優れた永続性を実現する．節根は浅く，土壌が乾燥すると生育が停滞する．

小葉の大きさで分類されるが，中葉や大葉型（ラジノ型）品種は採草にも使われ，一方，小葉型の品種は主に混播草地で放牧利用される．小葉型品種のほうが耐寒性が強い．国内品種に中葉型のマキバシロ，大葉型のミネオオハがあるが，外国品種も輸入されている．

・アカクローバ red clover
　　Trifolium pratense L.　ムラサキツメクサ

$2n = 14, 28$．地中海原産で，80cm近くに直立成長する生産性の高い牧草．世界各地の温帯地域で栽培され，種々のイネ科牧草と混播される．シロクローバに似た3小葉からなる掌状複葉を互生するが，葉柄は短く，茎，葉ともに短毛に覆われるので区別しやすい．まばらに分枝し，5月から夏にかけ100個近い赤紫色の小花からなる頭状花序を頂生する（図1下段右）．播種年には主根がよく発達し，茎との境界部に冠部が形成される．主茎の刈取り後は冠部から新しい枝が萌芽して再成長する．越年後は分枝根や不定根が主根にかわるが，3〜4年で株の生存に不可欠の冠部が衰える．放牧にも使われるが，シロクローバほど家畜の踏圧には強くなく，再生も遅いので採草用が適する．

早生型および晩生型の2群に大別されるが，前者は2回刈り型ともよばれる品種群で，耐寒性が弱い．晩生型（1回刈り型）は生育が遅い一方，耐寒性が強く，永続性もある．ホクセキ，マキミドリ（早生），タイセツなど（い

図1　各種マメ科牧草の外観
上段　左：アルファルファの総状花序＊，右：アルファルファ単播草地（中国黒竜江省）＊＊
下段　左：シロクローバの掌状複葉と頭状花序＊＊，右：アカクローバの頭状花序＊　写真提供：＊カネコ種苗，＊＊崔国文

ずれも北海道用）の国内品種がある．本州以南では，米国の古い品種Kenlandが流通している．

・ガレガ goat's rue, galega
　　Galega orientalis Lam.

$2n = 14$．耐寒性，越冬性に優れたマメ科牧草としてバルト諸国で栽培が始まった．近年，北海道に導入され，チモシーとの混播に用いられている．小葉15枚程度の奇数羽状複葉を互生し，1m以上に直立成長する．初期生育が緩慢で，再生も遅いが，根茎で栄養繁殖するので，維持年限は非常に長い．6月頃，直立茎の上位節に大型の総状花序を側生する．

このほか，わが国ではスィートクローバ類 sweet clover; *Melilotus* spp., ルーピン類 lupin(e); *Lupinus* spp., バーズフットトレフォイル birdsfoot trefoil; *Lotus corniculatus* L. なども導入が試みられたが，現在はほとんど栽培されない．アルサイククローバ alsike clover; *Trifolium hybridum* L. が北海道の一部で栽培されている．

また，暖地型マメ科牧草としては，つる性，多年生で中南米原産のサイラトロ siratro; *Macroptilium atropurpureum* (DC.) Urban や熱帯南米原産のセントロ centro; *Centrosema pubescens* Benth., 匍匐茎を有して直立し，木化する中南米原産のグリーンリーフデスモディウム greenleaf desmodium; *Desmodium intortum* (Miller) Urban などが西南暖地に導入されたことがある．しかし，栄養価が寒地型マメ科牧草に比べて劣る，一部にタンニンなど家畜が忌避する物質が含まれる，永続性が不安定などの問題があり，本格的な栽培には至っていない．最近，九州の一部で一年生のファジービーン phasey bean; *Macroptilium lathyroides* (L.) Urban やアメリカジョイントベッチ American jointvetch; *Aeschynomene americana* L. が導入され，一年生イネ科牧草との混播が試みられている．

（伊東睦泰）

緑肥作物，クリーニングクロップ，カバークロップ

緑肥作物

　植物体が腐る前に土壌中にすき込んで分解させ，肥料とするものを緑肥 green manure といい，緑肥にするために栽培される作物を緑肥作物 green manure crop という．かつては山野草を緑肥として使うこともあったが，現在ではほとんど利用されていない．緑肥作物は，化学肥料が普及する前は窒素肥料の代替えとしての性質が強く，レンゲなどマメ科の緑肥作物が盛んに栽培されていたが，化学肥料が普及するとその栽培面積は減少した．しかし，最近では，環境保全の観点や輪作体系の見直しなどから，緑肥作物の利用が増えてきている．

　緑肥作物は，窒素肥料としての役割以外に，土壌の団粒化や透水性など物理性の改善，また，有用微生物を増加させたり，土壌病害や線虫害，雑草などを抑制したりする効果が期待されている．また，施設栽培では過剰に蓄積された養分を除去する目的に栽培され，そのほか土壌の流失防止や景観の美化などの機能も注目されている．

　緑肥作物を土壌にすき込む場合，C-N比（炭素率）C-N ratio に注意する必要がある．C-N比とは，有機物における窒素含量に対する炭素含量の割合である．C-N比が高い緑肥作物をすき込んだ場合，すき込んだ炭素を栄養源とする土壌中の微生物が繁殖し，作物との間で窒素の奪いあいがおきる．このため，一時的に窒素不足になることがあり，これを窒素飢餓 nitrogen starvation という．窒素飢餓を防止するためには，すき込み時に石灰窒素などを施用してC-N比を30以下にする必要がある．すき込む時期などによっても異なるが，レンゲ，クローバ類，ベッチ類，セスバニア，クロタラリアなどのマメ科の緑肥作物のC-N比は，10〜20程度で分解しやすい．エンバクやライムギなどのイネ科作物では15〜30程度，ソルガム，トウモロコシ，ヒマワリなどでは20〜40程度である．

クリーニングクロップ

　施設栽培では，過剰な肥料が原因となる塩類集積による障害が起こることが多い．この塩類障害を軽減するために，休閑期に栽培される作物をクリーニングクロップ（清耕作物）cleaning crop という．吸肥力の高いトウモロコシ，ソルガム，スーダングラスなどのイネ科作物が用いられる（図1）．収穫後，圃場外に搬出することによって塩類集積を回避する．最近では，センチュウ密度の低減効果などをもつマリーゴールド，ラッカセイ，クロタラリアなどの作物も，クリーニングクロップに含めることがある．

カバークロップ

　休閑地や畦畔などの地表面を被覆する作物をカバークロップ（被覆作物）cover crop という．土壌侵食を防止したり雑草を抑制したりする効果があるほか，花をつける作物は同時に景観形成の役割も果たす．水田の畦畔の除草作業の軽減として，アジュガ（*Ajuga reptans* L.）（図2）やリュウノヒゲ（*Ophiopogon japonicus* Ker-Gawl.）などが利用される．沖縄南西諸島地域でのサトウキビの圃場では，土壌流失防止のために，キマメ（*Cajanus cajan* (L.) Millsp.）やクロタラリアなどが用いられている．飼料用トウモロコシ栽培期間中に，雑草防除を目的として同時に栽培されるシロクローバなどのような被覆作物は，リビングマルチ living mulch とも呼ばれる．

利用されている作物の例

- **レンゲ（紫雲英）Chinese milk vetch**
  Astragalus sinicus L.

　マメ科ゲンゲ属の一年生作物．原産地は中国．日本に伝わった時期は不明であるが，江戸時代末期までには主に四国，九州などの温暖地で，水田裏作の緑肥や牛馬の飼料として栽培された．全国的に普及したのは明治以降である．最盛期の全国の栽培面積は約30万ha（1933年）であったが，化学肥料の普及とともに激減し，現在では2万4,300ha（2005年）である．

　形態　草高は，寒冷地では30〜60cm，温暖地では150cm以上になることもある．葉は一般に9〜11枚の奇

図1　ハウスでクリーニングクロップとして栽培されているソルガム

図2　アジュガの花茎

(左)図3　レンゲの花
(中)図4　開花したクロタラリア
(右)図5　セスバニアの群落

数の小葉からなる羽状複葉で，小葉は円形または卵型である．基部から3～10本の分枝を発生するが，30本以上発生することもある．葉腋から10～15cmの花梗を出し，その先端に10個前後の蝶形花をつける(図3)．花の色は紅紫色で，虫媒花である．種子の形は腎臓形をしており，色は黄緑～濃褐色，表面に光沢があり，硬実である．千粒重は3～4g．

栽培　発芽適温は20～25℃．水田で裏作する場合，生育期間を通して過湿に弱いので，排水対策を十分にとる．特に発芽時は弱く，播種前に落水しておくとよい．播種適期は，東北地方などの寒冷地では8月下旬～9月上旬，四国，九州地方などの温暖地では9月下旬～10月上旬頃で，イネの収穫前に播種する．翌春，開花して草高が15～20cmの頃に刈り取り，10～15日間放置して乾燥させてからすき込む．すき込む時期によっても異なるが，開花時のレンゲには，乾物重当たり，窒素，リン酸，カリがそれぞれ成分で，約4％，約0.4％，約2％含まれているので，これを目安に施肥量を調節する．レンゲのC-N比は10前後で分解しやすく，すき込み直後に湛水すると還元状態が進み生育障害を起こしやすいので，すき込み後，乾田状態で1～2週間おいてから湛水するとよい．すき込んでから湛水，移植するまでの期間が長くなるほど，レンゲに含まれる有機態窒素が減少し，肥効が小さくなるので注意する．

利用　緑肥としての利用のほか，家畜の飼料，養蜂の蜜源，地力増進，景観形成作物としても利用される．

・アゾラ azolla
　　Azolla spp.

アカウキクサ科アカウキクサ属の小型の水性シダ．植物体は赤色をおび，全体が三角形になる．日本では主に西日本に分布．葉状体の裏の空洞に*Anabaena*属の藍藻(シアノバクテリア)が共生し，窒素固定を行なう．日本にはアカウキクサ(*A. imbricata*)と，それよりも大型のオオアカウキクサ(*A. japonica* Fr. et Sav.)も自生するが，アカウキクサと同様，絶滅危惧種に指定されている．

東南アジア諸国や中国南部地域では，*A. pinnata* が緑肥や飼料として利用されている．最近，生態系を乱すおそれがあることから，外来のアゾラ(*A. cristata*)が特定外来生物に指定された．

・クロタラリア sunn hemp
　　Crotalaria spp.

マメ科タヌキマメ属の一年草．原産地はインド．*Crotalaria juncea*, *C. spectabilis*, *C. breviflora*の3種が利用されている．緑肥作物として利用するほか，センチュウの抑制効果が高く，クリーニングクロップとして利用されることが多い．

葉は単葉．播種後，約3～4か月してから黄色の蝶形花をつける(図4)．種子はハート形をしている．深根性．*C. juncea*は本来は茎から繊維をとるために熱帯で栽培される作物．生育が旺盛で，温暖地では播種後約2か月で1.5mを超える．約2か月栽培してから，立毛のままあるいは細断してからすき込む．収穫が遅れると，茎が木化して硬くなり，作業がしにくくなる．*C. spectabilis*は，サツマイモネコブセンチュウのほか，ネグサレセンチュウやダイズシストセンチュウにも高い抑制効果を示し，3種のなかでセンチュウの抑制効果が最も高い．しかし，*C. juncea*に比べ初期生育が遅く，茎が空洞で折れやすい．*C. breviflora*は初期生育が遅く，草丈が低いため倒伏しにくく，茎に柔軟性があり折れにくい．

播種期は，温暖地では5月上旬から8月下旬．センチュウの抑制効果を高めるためには，密植にする必要がある．初めて作付けする圃場では，根粒菌を接種すると効果が大きい．

・セスバニア sesbania
　　Sesbania ssp.

マメ科ツノクサネム属の一年草．キバナツノクサネム(*S. cannabina* Pers.)と*S. rostrata*が緑肥作物として利用されている(図5)．平均気温が20℃以上になる時期が播種適期で，関東地方では6月下旬～7月下旬，西南暖地では6月上旬～8月中旬頃である．草丈は2m以上になる．根は深根性であり，ダイズやクローバ類に比べて，根粒菌による窒素固定能が高い．耐湿性が高く，排水が不良な転換畑でも栽培可能である．

(中村　聡・後藤雄佐)

作物

コンニャク

コンニャク（蒟蒻）elephant foot, konjak
Amorphophallus konjac K. Koch

サトイモ科コンニャク属の多年草．原産地はインドシナ周辺．コンニャク属は東南アジア，中国を中心に広く分布し，100種を超える．日本にはヤマコンニャク（*A. kiusianus* Makino）が自生しているが，コンニャクマンナンが含まれておらず，食品のこんにゃくはできない．

コンニャクは日本には中国から伝来したと考えられているが，その時期は縄文時代や奈良時代など諸説ある．江戸時代の1700年代後半に，イモから荒粉や精粉を加工する方法が考案され，全国的に栽培が広がった．

2006年の全国統計では，栽培面積は4,720ha，そのうちで出荷用の収穫面積は2,680ha，収穫量は68,900tである．群馬県の収穫量は61,900tで全体の90%である．

形態・成長

通常，展開する葉は1年に1枚である．直立した長い葉柄の先に，大きな葉身が着生する（図1）．羽状複葉 pinnate compound leafで，葉身に当たる部分は，葉柄先端が3本の小葉柄に分かれ，それぞれの小葉柄がさらに分枝し，そこに多数の小葉が着生している．葉柄は多肉質の円柱形で，葉柄の表面には黒紫色の斑紋がある．葉柄の基部はわずかに鞘状になっており，その中に翌年展開する葉（内芽）がある．草型には，小葉柄が水平に広がる水平型，やや斜め上に広がる立型，これらの中間型（半立型）がある．葉は他の作物に比べて蒸散速度が低いために，高温多照になると葉温が上昇しすぎて日焼け症を起こし，部分的に枯死することがある．

貯蔵器官であるイモは，茎が極めて短縮され肥大した球茎 corm, solid bulbで，やや平たい球形である（図2）．イモの上部中央の窪み（芽つぼ）には，主芽（頂芽）があり，10枚ほどの芽苞が幼葉を包む．主芽のまわりには，葉柄がついていた輪状の葉痕がある．球茎は，表皮，皮層部，髄層部からなり，髄層部にはマンナンが蓄積する．種イモとして植え付けた球茎は成長とともに貯蔵養分が消費されるが，葉柄基部の下位で種イモの上位にある幼茎が肥大し，種イモより大きな新しい球茎が形成される．新球茎の肥大過程で，主芽のまわりにある側芽が伸長して吸枝 suckerとなる．発達した吸枝に養分が蓄積したものを生子という．生子には，先端部分だけが肥大して球状になったものや，全体に養分が蓄積して棒状になったもの，これらの中間的な形などがある（図3）．

幼茎から根（基根ともいう）が発生するが，新球茎は幼茎の下方が肥大してできるため，生育とともに新球茎の上部に根が多く集まる形となる．幼茎から発生した根は太く，地表面近くを横に伸びる性質があり，その根からは1次支根，さらに2次支根が発生する．古い球茎や吸枝からも新根が発生するが，きわめて短い．

4～5年ほどたつと，夏に花芽分化し，翌春に花茎を伸ばし先に花をつける（図4）．花はロート状の仏焔苞に包まれた肉穂花序で，下部に雌花，上部に雄花が着生し，雄花着生部の上には大きな付属体がある．開花すると付属体から悪臭が発生する．赤橙色の果実ができる．果実の中には，1～2個の黒褐色の種子がある．花芽を形成した球茎は，翌年花をつけるが，このとき新球茎も生子もできず，種イモは養分が消費されて小さくなる．

栽培

春に生子を植え付け，秋に新球茎を掘り取って貯蔵し，翌春に植え付けて秋に収穫する．このように生子を植え付けた栽培から，さらに1～2年栽培して出荷する．生子を冬期間貯蔵し，翌春植え付けるとき「1年生」と呼ぶ．1年生を秋に掘り取ったものを「2年生」，2年生を春に植え付けて秋に掘り取ったものを「3年生」と呼ぶ．

植付け時期は，平均気温12～14℃，最低地温が10℃となる頃を目安とする．種イモの年生が大きいほど，大きな葉が展開するため，栽植密度は畝幅60cmの場合，株間は種イモ3つ分をあける程度とする．ただし，立型の品種は水平型の品種よりも，やや密植にする．種イモ植付け機や生子植付け機（球状生子専用）などがあり，植え溝切り，植付け，覆土を一度に行なうことができる．施肥は主に緩効性肥料を用いる．生育期間の短い地域では植付け前の整地時に全面に全量を施用し，生育期間の長い地域や肥料養分が流亡しやすい砂壌土などでは，植付け前と培土時に半量ずつ施用す

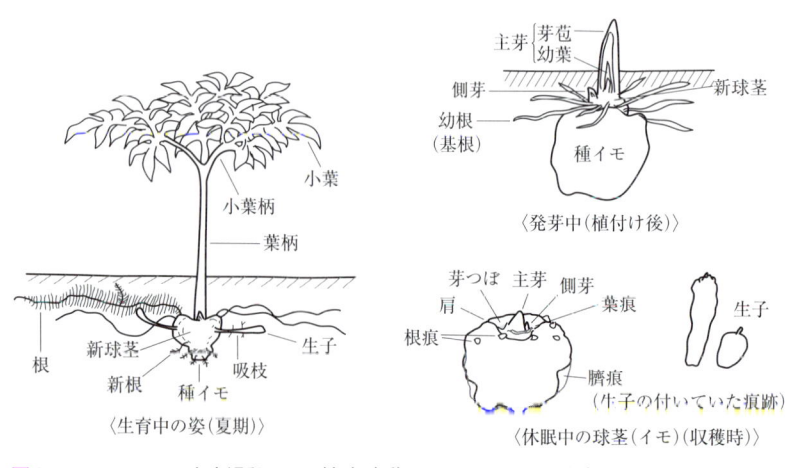

図1　コンニャクの生育過程および各部名称（群馬県特作技術研究会，2006）

る．施肥量は，2，3年生では窒素，リン酸，カリ，それぞれ10a当たり12～15kg，1年生では10～12kgが目安．

萌芽し始め，発根してきた6月上中旬頃に中耕・培土を行なう．この時期を過ぎると根を切断し，その後の生育に悪影響を及ぼす．追肥を行なう場合は，培土前に全面に施用しておく．培土は土壌の通気性を改善し，根の伸長を促進し，排水性も高める．

培土後に稲わらや麦わらを圃場全面に敷く．これは雑草防除の効果のほか，土壌乾燥防止，土壌流出防止，土壌膨潤維持，地温上昇防止，腐敗病や葉枯病の発生防止などの効果がある．掘取り後に敷わらをすき込むと地力増進にもなる．現在では，植付け前後にオオムギを播種し，座止したものでマルチする方法が広く普及している．これは，秋播性の高いオオムギを春に播くと，穂が出ずに夏に枯れ上がる性質（座止）を利用したものである．このように同時に栽培され，雑草防除などの役割を果たす作物を 保護作物 nurse crop という．オオムギのほかに，コムギ，エンバク，ライムギなどが用いられる．保護作物には，えそ萎縮病や根腐病の発病回避，土壌浸食防止，風害防止，乾燥害防止，地温上昇の抑制などの効果が期待できるが，種類や播き方により，過繁茂害や養水分の競合害などを引き起こすことがある．

コンニャクの主な病虫害としては，腐敗病，葉枯病，乾腐病，白絹病，根腐病，ネコブセンチュウなどがある．

収穫・貯蔵

10月に入ると，葉が黄化し葉柄もしおれて倒れ始める．圃場の70～80％の株が倒れた頃が収穫適期である．トラクタに装着した掘取り機で収穫する．掘上げ後，数時間天日干しし，生子，年生別に選別する．種イモにするイモは予備乾燥してから貯蔵する．

種イモの貯蔵方法には，土中貯蔵と屋内貯蔵がある．土中貯蔵には，越冬法と土囲い法とがあり，越冬法は，秋に掘り取らず圃場で越冬させ，植付け，収穫，貯蔵にかかる労力を軽減する利点がある．土囲い法は比較的温かい地方で行なわれている生子の貯蔵方法で，南に面した排水のよい傾斜地で生子を土に埋めて貯蔵する．現在は，屋内貯蔵がほとんどで，温風暖房機などで一定の温度と湿度を維持した貯蔵庫で，コンテナや貯蔵箱に入れ貯蔵する（図5）．貯蔵温度は，球茎で7～10℃，生子で10～12℃前後が適当で，湿度は80％程度．

品種

古くから栽培されてきた品種に「在来種」，「備中種」，大正時代に中国から導入された「支那種」，育成品種としては「はるなくろ」（こんにゃく農林1号：1966年登録），「あかぎおおだま」（同2号：1970），「みょうぎゆたか」（同3号：1997），「みやままさり」（同4号：2002）がある．こんにゃく育種指定試験地の群馬県農業技術センター・こんにゃく特産研究センターで育成されている．

コンニャクの育種には，交配育種のほか，芽に放射線

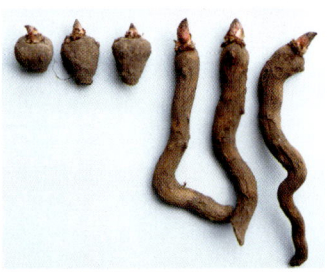

(左上) 図2　コンニャクの球茎（あかぎおおだま）
(左下) 図3　コンニャクの生子（左：在来種，右：あかぎおおだま）
(右) 図4　コンニャクの花

図5　コンニャクの生子の貯蔵

を照射したり薬剤を処理したりして遺伝的変異を起こさせる突然変異育種，コルヒチンなどで染色体数を増加させる倍数体育種，異なる種同士を交雑させる種間交雑育種がある．また，新品種を早期に普及させるための種イモの増殖方法として，分球増殖法と切断増殖法がある．分球増殖法は，主芽を切除して頂芽優勢を解除し，貯蔵中に多数の側芽を伸長させる方法で，処理されたイモを植え付けると5枚前後の葉が伸長し，葉の数だけ種イモが得られる．切断増殖法は，主芽を通るように種イモを4～8個に切断する方法で，各片から1枚の葉が成長してイモをつける．

利用

糊の原料としても使われたが，現在はほぼ食用として利用される．球茎を薄く輪切りにして乾燥させたもの（切り干し）を 荒粉 dried corm slice といい，これを粉砕してマンナン粒子のみに精製したものを 精粉 refined flour という．球茎の主成分の コンニャクマンナン konjak mannan は，マンノースとグルコースが3:2のグルコマンナンで，アルカリ液を加えると固まり，弾性をもつ．生イモをすりおろしたものや精粉に水を加えると糊状となる．これに水酸化カルシウムなどのアルカリを加えて凝固させたものが食用とするこんにゃくである．

(中村 聡・後藤雄佐)

植物バイオマスとその利用

バイオマス

バイオマス biomass は従来,生物量あるいは生物現存量という概念で使われてきた.現在,バイオマスは生物資源量,特に植物をエネルギー等の資源として評価する概念として用いられる場合が多い.この原因は,1970年代の石油ショック時に植物をエネルギー資源としてバイオマスという言葉で評価した結果と考えられる.

20世紀後半に至り地球温暖化の原因が化石燃料の大量消費に由来する大気CO_2濃度の上昇であることが強く認識されるようになった.そのなかで化石燃料,特に石油資源の有限性が明確になり,2030年頃をピークに石油の供給量が減少することがほぼ確実視され,石油に代わるエネルギー資源の確保が喫緊の現実的課題と認識されるに至った.石油の有効性がエネルギーの供給は当然として,基本的に炭化水素 hydrocarbon 資源でもあることから,同様の化学結合物質を基本として成り立っている植物が石油に替わる資源として注目されることになった.同時に地球温暖化の原因が大気CO_2濃度の上昇に起因することから,その対策として植物の光合成 photosymthesis によるCO_2固定ということも地球温暖化対策のひとつとして期待されている.

バイオマス・ニッポン総合戦略

植物バイオマスの利用と開発の方向性について,日本政府策定の「バイオマス・ニッポン総合戦略 Biomass Nippon Strategy」をまとめてみる.本政策は,2002年2月に閣議決定され,早々に施策の実行が開始されたが,2005年2月の京都議定書 Kyoto Protocol の発効等の状況変化を考慮し,再検討が加えられ2006年3月に新たな総合戦略が策定された(バイオマス・ニッポン総合戦略,平成18年3月).

一次の総合戦略では,バイオマスの種類を「廃棄物系バイオマス」,「未利用バイオマス」,「資源作物」,「新作物」の4種類に大別し,関連する技術の達成目標を2005年頃までに「廃棄物系バイオマス」の利用技術を実用化段階へもってゆく第1期,2010年頃までに農作物非食用部や林地残材などの「未利用バイオマス」を利用する技術を完成させる第2期とし,第3期では2020年頃までにサトウキビやジャガイモなどの「資源作物」をエネルギー作物として栽培・利用する技術を確立,第4期では2050年頃までに海洋植物や遺伝子組換え gene recombination 作物といった「新作物」が開発され,それらを利用した効率的なバイオマスの生産利用技術を開発する,というシナリオが示されている(小宮山ほか2名.2003.バイオマス・ニッポン 日本再生に向けて.日刊工業新聞社).

2005年2月に発効した京都議定書への対応を加味した2006年3月の本戦略の改訂では,バイオマス利用の目的として地球温暖化防止,循環型社会の形成,新たな戦略的産業の育成,農林漁業と農山漁村の活性化,の4つが明記され,これらを実現するための方策として2010年までに300地区でバイオマスタウン biomass town を構築することが掲げられている.バイオマス・ニッポン総合戦略での植物バイオマス利用の基本構造は,植物バイオマスをエネルギー資源とマテリアル資源として利用することを目的とするものの,利用にあたってはバイオマスリファイナリー biorefinery という考え方に従ったカスケード利用を基本としたバイオマスタウンを構築するというものである.このような考え方は,植物バイオマスが面的に広く薄く存在すること,植物バイオマスが単なるエネルギー資源にとどまらないなど,植物バイオマスの存在形態やその資源としての価値の特異性が加味されている.

エネルギー効率

エネルギー効率 energy efficiency は,エネルギー投入・産出比 energy input output ratio, net energy ratio (NER) という呼び方もされる指標で,作物生産に使われる総エネルギー量で生産物の総エネルギー量を除した値である.特にバイオマスを燃料として使う場合は生産物をエタノールの量(容量)あるいはエタノール換算の熱量として算出する.作物生産をバイオマスエネルギー生産として捉えるときには,このエネルギー投入・産出比は1.0以上になることが必須である.

バイオエタノールの原料として注目を集めているサトウキビを中心にスイートソルガムとキャッサバ(Da Silva, J. G. and G. E. Serra. 1978. Science 201, 903-906),パインアップルについて解説する.

サトウキビとキャッサバについては,ブラジルでの生産をベースに評価された.サトウキビの栽培は夏植え summer planting 新植と2回の株出し ratooning の3年半の実栽培期間であるが,土地占有期間は4年として,平均収量は54t/ha/年と評価され,圃場からエタノール生産工場までの平均輸送距離は10km,収穫は手刈りでそのエネルギー単価は544kcal/hr/人,収穫などの耕種作業はトラクター等の機械によって実施される.以上のような耕種概要で栽培収穫されエタノール生産工場に搬入された原料サトウキビ millable cane からバガス bagasse 250kg(含水率50%)/tが生産され,バガスの燃焼エネルギーは1,300kcal/kgである.エタノール生産工場では原料サトウキビから66L/tのエタノールが生産される.エタノール発酵残渣の肥料や飼料としての利用はエネルギー評価に組み込まれていない.

キャッサバについては,栽培期間は2年間で根収量が29t/haで年平均収量は14.5t/ha/年,圃場からエタノール工場までの輸送距離は単収が低いために平均20kmとされている.収穫は人力で,収穫物当たり5,145kcal/

kgというサトウキビに比べ約2倍の収穫エネルギーを必要とする．そのほかの耕種作業は機械によって行なわれる．キャッサバからのエタノール生産効率は174L/tである．

スイートソルガムについては合衆国の例がとり上げられ，それぞれ4か月の栽培期間を要する新植と1回の株出し栽培をベースに，新植での収量は茎32.5t/ha，子実3.0t/ha，株出しではそれぞれ20t/haと2.0t/haとされている．スイートソルガムの茎からは280kg/tのバガス（含水率50%）が得られ，その燃焼エネルギーは1,300kcal/kgである．茎と子実から66L/tのエタノールが生産される．

以上のような状況下でサトウキビ：$21,345×10^3$kcal/ha/年，キャッサバ：$1,815×10^3$kcal/ha/年，スイートソルガム：$21,757×10^3$kcal/ha/年のエタノールが生産される．耕種からエタノール製造までのほぼすべての工程を含めたエネルギー投入産出比は，サトウキビ2.43，キャッサバ1.16，スイートソルガム1.89という値になる．エタノール生産工程を除く圃場レベルでの投入産出比は，サトウキビ4.53，キャッサバ1.71，スイートソルガム3.39と評価される．サトウキビについてはカリブ海沿岸地域での試算として圃場レベルでの投入・産出比が5.27という値の報告もある（Lima, J. E. 1982. Sugar y Azucar 77, 62-71）．

ハワイにおいてサトウキビ，キャッサバ，パインアップルについてエネルギー生産効率を評価した結果（Marzola, D. L. and D. P. Bartholomew. 1979. Science 205, 555-559）では，それぞれのエタノール生産量は921，611，964L/ha/月と報告され，パインアップルもサトウキビと同様なエタノール生産能をもつと評価されている．この報告では作物栽培を制限する水利用効率 water use efficiency (WUE)についても評価が加えられ，エタノール生産の水利用効率はサトウキビ5.1，キャッサバ4.9，パインアップル11.6L/mmと評価されている．

光合成の太陽エネルギー利用効率 efficiency of solar energy utilization in plant photosynthesis

バイオマスの生産効率は究極的には光合成による太陽エネルギーの変換効率によって規定される．物理的な光化学反応 photochemical reactionおよび生化学的なアデノシン三リン酸 adenosine triphosphate (ATP)を用いたCO_2固定（暗反応 dark reaction）いう光合成による太陽エネルギー変換の最も基本となる面に限って，その変換効率の限界について簡単に解説する．

高等植物における光合成の光化学反応中心系Iおよび系IIでの光化学反応は，波長700nmと680nmの光によって生じることから，光合成における光利用の長波長限界を系Iの700nmとして，光合成有効放射 photosynthetically active radiation (PAR)(390～700nm)の光エネルギーがすべて誘導共鳴によるエネルギー移行によって系Iに集積されたとすると，32%のPARが系Iによって利用できることになる．さらに光化

図1　サトウキビ（写真提供：後藤雄佐）
サトウキビのプランテーション（インドネシア）

図2　スイートソルガム
（写真提供：後藤雄佐）
出穂直前の生育．この年，草丈5mほどになった

学系におけるギブスの自由エネルギー変換を加味するとPARからのエネルギー変換効率は25%となる（柴田和夫．1982．光と植物．培風館，60-68頁）．

次にカルビン回路によるCO_2固定のエネルギー変換効率については，1molのCO_2の糖への還元には114kcalのエネルギーが必要とされる．光呼吸を無視したカルビン回路 Calvin cycleのCO_2固定においては2molの還元型ニコチンアミドジヌクレオチドリン酸 reduced nicotinamide adenine dinucleotide phosphate (NADPH)と3molのATPが使用される．光化学反応において3molのATPが合成されるためには12molのH^+がチラコイド内腔に蓄積される必要がある．そのうちの8molはNADPH生成の電子伝達にともなって蓄積され，残りの4molは光化学系Iを中心とした循環型H^+蓄積によって達成される．したがって，12molのプロトン蓄積が光合成の光化学反応によってもたらされる時に用いられるエネルギーを光化学系Iによる光化学反応によって賄うと仮定すると，700nmの光の光量子1molは41kcalのエネルギーをもつことから，12光量子のエネルギー量は492kcalとなり，1molのCO_2を糖へ還元するエネルギー収率は，23%となる．

以上のべた物理的な光化学反応による光合成の太陽エネルギー利用効率の限界25%とカルビン回路によるCO_2固定のための化学エネルギーとその利用効率23%から，高等植物の太陽エネルギー利用効率は5.75%を超すことはない．

（野瀬昭博）

和名索引

英和索引

学名索引

凡 例

1. 本文中において赤色を施した重要語を抽出し，和名索引，英和索引，学名索引に取り纏めた．
2. 見出し語は以下の基準に従って表示した．
   ［ ］は省略する場合があることを示す．
   　　　soil sickness　忌地［現象］
   　　　emergence［of seedling］　出芽
   （ ）は書換えが可能であることを示す．
   　　　intercalary meristem　介在（部間）分裂組織
   　　　direct seeding（sowing）　直播，直播き
   《 》は説明または補注を示す．
   　　　aging　加齢，熟成《タバコ》
   　　　ear　穂，雌穂《トウモロコシ》
3. 英和索引では，複数の日本語がある場合コンマを用いて並記した．
   　　　available nutrient　有効態養分，可給（吸）態養分
   　　　drilling　ドリル播き，［密］条播
4. 各事項の出現ページ数は，分野を表わす漢字1文字を冠して検索の便を図った．分野名は次のとおり．
   　　　栽培＝「栽」　　　生理＝「生」
   　　　成長＝「成」　　　品種・遺伝・育種＝「品」
   　　　形態＝「形」　　　作物＝「作」

和名索引

【A～Z】

AAS（原子吸光分析法）　生190
ABA（アブシジン酸）　生144, 生172
ABA8水酸化酵素　生172
ABCモデル　品209
ACC合成酵素　生172
ADP（アデノシン [-5'-] 二リン酸）　生165
ADPグルコースピロホスホリラーゼ　生162
AEC（陰イオン交換容量）　栽53
AMT（アンモニウムトランスポーター）　生178
ATP（アデノシン [-5'-] 三リン酸）　生164, 作335
ATP合成酵素　生150
BOD（生物化学的酸素要求量）　栽69
C_3-C_4中間植物　生153
C_3光合成　生152
C_3植物　生153
C_4光合成　生152
C_4サブタイプ　生153
C_4ジカルボン酸回路　生152
C_4植物　生153
CAM植物　生153
CA貯蔵　生172
CDK（サイクリン依存性キナーゼ）　形134
cDNA　品208
CE（カントリーエレベータ）　栽33
CEC（陽イオン交換容量）　栽53, 栽56
CGR（個体群成長速度）　成96, 生156
C-N比（炭素率）　作330
CO_2（二酸化炭素）　栽66
CO_2補償点　生154
COD（化学的酸素要求量）　栽69
CP（粗タンパク質）　作324
CWSI（作物水ストレス指数）　栽64
DNAアレイ解析　品209
DNA合成期　形134
DNAシーケンサー　品208
DNAマーカー　品209
DS（ドライストア）　栽33
EC（電気伝導率）　栽56
EDTA滴定法　生190
Eh（酸化還元電位）　栽54, 栽56

EIA（酵素免疫測定法）　生191
ELISA（固相酵素免疫測定法）　生191, 生193
EMP（EM）経路　生164
EST　品209
F_1品種　作238
FACE（開放系大気CO_2増加）　生195
FBPase　生158
FID（水素イオン化検出器）　生193
FTSW　生169
G1期（第一間期）　形134
G2期（第二間期）　形134
GA（ジベレリン）　生170
GA2酸化酵素　生171
GA_3（ジベレリン酸）　生170
GA3酸化酵素　生171
GA_3相当量　生192
GA生合成阻害剤　生171
GBSS（デンプン粒結合性スターチシンターゼ）　生163
GC（ガスクロマトグラフィー）　生193
GIS（地理情報システム）　栽64
GMO（遺伝子組換え生物）　品213
GOGAT（グルタミン酸合成酵素）　生178
GS（グルタミン合成酵素）　生178
GU（グアニル尿素）　栽50
HPLC（高速液体クロマトグラフィー）　生193
HSP（熱ショックタンパク質）　生188
IAA（インドール酢酸）　生170, 生192
IB（イソブチルアルデヒド加工尿素肥料）　栽50
in situ ハイブリダイゼーション　品208
in vitro 乾物消化率　作324
IPCC（気候変動に関する政府間パネル）　栽66
IPM（総合的有害生物（害虫）管理）　栽41, 栽61, 作252
JA（ジャスモン酸）　生173
LAD（葉面積密度）　成83, 生157
LAI（葉面積指数）　栽25, 成82, 成96, 生156
LAR（葉面積比）　成96
LD_{50}（半数致死薬量）　栽60
LEA　生144
LEAタンパク質　生172

LHC（集光性色素タンパク質複合体）　生150
LISA（低投入持続的農業）　栽70
LWR（葉重比）　成96
MCPB　生174
mRNA　品208
MS（質量分析, マススペクトロメトリー）　生190, 生193
M期（分裂期）　形134
N_2O（一酸化二窒素）　栽66
NAA（ナフタレン酢酸）　生170
NADH（ニコチン酸アミドアデニンジヌクレオチド）　生164
NADPH（ニコチン酸アミドアデニンジヌクレオチドリン酸）　生164
NAR（純同化率）　成96, 生156
NCコーダー　生190
NDVI（正規化植生指数）　栽64
NER（エネルギー投入・産出比）　作334
NERICA（ネリカ）　作219
NFT　栽76
NiR（亜硝酸還元酵素）　生178
nodファクター　生176
NR（硝酸還元酵素）　生178
NRT（硝酸トランスポーター）　生178
ORF（オープンリーディングフレーム）　品208
PAR（光合成有効放射）　生151, 作335
PCB（ポリ塩素化ビフェニル）　栽69
PCR法　品208
PEP（ホスホエノールピルビン酸）　生152
PEP-カルボキシラーゼ　生152
pH　栽53
PPFD（光合成有効光量子束密度）　生151
PRタンパク質　生173
Q_{10}（温度係数）　生146
QTL（量的形質遺伝子座）　品209
RAPD法　品208
RC（ライスセンター）　栽33
RGR（相対成長率）　成96
RIA（放射免疫測定法）　生191, 生193
RNAi　品208
RQ（呼吸商）　成90, 生165
RT-PCR法　品208
RuBP（リブロース1,5-ビスリン酸）

339

生152
SAR（合成開口レーダ）　栽64
SEM（走査型電子顕微鏡）　形143
SLA（比葉面積）　成96
SLW（比葉重）　成96
SO₂（二酸化硫黄）　栽68
SPAC（土壌−植物−大気系）　栽65
SPAD値　栽25
SPS（スクロースリン酸シンターゼ）
　　生158
SS（可溶性スターチシンターゼ）　生163
S期（DNA合成期）　形134
S字形（状）曲線　成99
TCA回路　生164
TCD（熱伝導検出器）　生193
TDN（可消化養分総量）　作318
T-DNA　品212
TEM（透過型電子顕微鏡）　形143
TLC（薄層クロマトグラフィー）　生192
TMS（トリメチルケイ素化）誘導体
　　生193
T-R率　作322
V字型稲作　栽20
WDI（水分欠乏指数）　栽64
WUE（水利用効率）　栽168, 作335
X線解析装置　形143
y1（交換酸度）　栽53, 栽55
Zスキームモデル　生150

【あ】

アーバスキュラー菌根　形111
アイ（藍）　作298
アイスシート害　生188
アイソトープ法　生190
合葉《タバコ》　作306
アウス稲　作220
亜鉛　生181
アオイマメ　作257
青刈作物　作316, 作318
青刈飼料　作316
青刈利用　作316
青枯れ　作303
青立　成87
青米　栽30, 成88
アガーベ属　作293
赤枯れ　作303
アカクローバ　作329
赤種ウンダイ　作294
赤米　栽31
赤米《他用途米》　品215
秋落ち　栽54

秋落［ち］水田　栽2, 栽56
秋型　作247
秋ダイズ型　作250
秋番　作302
秋播き栽培　作226
秋播き性　作223, 作225
秋播性程度　作225
秋播き性程度　作231
秋播性品種《ムギ》　品196
秋播き品種　作225, 作230
アクアポリン　生167
アグロバクテリウム法　品212
浅刈り　作303
浅水灌漑　栽22
亜酸化窒素　栽54
亜酸化窒素放出　生179
アジアイネ　作218
アジアメン　作288
亜硝酸還元酵素　生178
アズキ（小豆）　形107, 作254
アスパラギン合成酵素　生179
あぜ　栽3
アゼガヤ　栽18
アセチレン還元活性　生176
アセチレン還元法　生176
アゼナ類　栽18
畦塗り　栽10, 栽22
アゾラ　作331
アッサム雑種　作300
アッサム種　作300
圧ポテンシャル　生166, 生168
圧流説　生161
アデノシン［-5'-］三リン酸　生164,
　　作335
アデノシン［-5'-］二リン酸　生165
アトラータム　作326
アニス　作310
アブシジン酸　生144, 生172, 生175
アブシジン酸様活性物質　生175
油かす（油粕）　栽50, 作289
アブラナ（油菜）　作294
アブラムシ　栽17
アブラヤシ（油椰子）　作274
アフリカイネ　作218
アベナ子葉鞘伸長検定　生192
アポプラスト　形138, 生182
アポミクシス　品217
アマ（亜麻）　作290
アンチャ　作300
アマニ油　作290
アマハステビア　作280

アマランサス　作245
アマン稲　作220
網状脈　形117, 形121
アミド　生178
アミノ酸　形130, 生178
アミノ酸代謝　生179
アミノ酸同化　生178
アミラーゼ　形131, 生145
アミロース　形128, 生162, 品200
アミログラム特性　品201
アミロプラスト　成89, 形128, 形138,
　　作278
アミロペクチン　形128, 生162, 品200
雨落ち部　作303
雨よけ　栽76
アメリカサトイモ　作272
アメリカジョイントベッチ　作329
アメリカスズメノヒエ　作325
アメリカマコモ　作244
荒起し　栽48
荒粉　作333
荒しろ　栽10
荒代施肥　栽21
荒茶　作301
アラビアコーヒー　作304
アラビノガラクタン−プロテイン
　　形129
アリマキ　栽17
アルカリ性肥料　栽51
アルカリ崩壊度　品201
アルカロイド　作322
アルコール発酵　生164
アルサイククロバ　作329
アルゼンチンフリント　作238
α-アミラーゼ　生144
アルファルファ　作328
アルブミン　形130
アルベド　栽64
アルミニウム　生181
亜鈴型細胞　形119
アレイ作　栽75
アレニウスの式　生146
アレロパシー　栽72
アロールート　作279
アロフェン　栽53, 栽55
アロフェン質黒ボク土壌　栽55
アワ（粟, 梁）　作242, 作319
暗期　生148
暗渠　栽3, 栽23
暗渠排水　栽23, 栽41, 栽56, 栽57
暗呼吸　生164

アンシミドール 生174
暗視野顕微鏡 形143
安定同位元素 生193
アンテナ色素 生150
アントロン硫酸法 生190
暗発芽種子 生145
暗反応 生152, 作335
アンモニア態窒素 栽54
アンモニウムトランスポーター 生178
アンローディング 生161

【い】

移動耕作 栽72
イエローギニアヤム(イエローヤム) 作270
硫黄 生181
硫黄酸化物 栽68
イオン強度 生193
イオン検出器 生193
維管束 形106, 形123, 形124
維管束環 形126
維管束間形成層 形125, 形133
維管束形成層 形110, 形133
維管束鞘 形123
維管束鞘延長部 形118, 形123
維管束鞘細胞 形118, 生152
維管束内形成層 形125, 形133
イグサ(藺草, 藺) 作286
育苗 栽6
育苗器 栽7
育苗箱 栽6, 栽8
異型花柱性 作246
異形葉 形117
維持呼吸 生164
萎縮病 栽15
萎縮病《ダイズ》 作252
異常気象 栽67
移植 栽44
位相差顕微鏡 形143
イソブチルアルデヒド加工尿素肥料 栽50
イソフラボン 作249, 作250
イソプロチオラン 生175
イソペンテニルアデニン 生171
イソペンテニルアデノシン 生171
イソペンテニル転移酵素 生171
イタリアンミレット 作319
イタリアンライグラス 作321
一次花房 成92
一次休眠 生184
一次形成層 成95, 形127

一次鉱物 栽52
一時根 作236
一次枝梗 栽29, 成84, 形100
一次篩部 形124, 形133
一次側根 形108
一次組織 形132
一次肥大分裂組織 形113, 形133
一次分げつ 成80
一次分枝根 形108
一次分裂組織 形133
一次壁 形138
一次木部 形124, 形133
一代雑種(F1)品種 品204, 作238
一代雑種品種育種法 品204
1-ナフチルアセトアミド 生174
1番草群落 作322
一番茶 作302
イチビ 作291
一毛作 栽13, 栽74
萎凋 生168
イチョウイモ群 作270
1粒系コムギ 作222
5日苗 栽9
一期作 栽13
一酸化二窒素 栽54, 栽66
遺伝子汚染 品213
遺伝子拡散 品213
遺伝子組換え 品208
遺伝子組換え作物 品213
遺伝子組換え生物 品213
遺伝資源 品207
遺伝子発現 品208
移動相 生193
イトバショウ 作292
イナキビ 作243
イナベンフィド 生174
稲わら 栽57
イヌリン 形129, 作279
イネ(稲) 作218, 作319
イネ科飼料作物 作316
稲こうじ病 栽15
イネットムシ 栽16
イネドロオイムシ 栽16
イネ苗テスト 生192
イネミズゾウムシ 栽16
イノンド 作311
イボクサ 栽18
イモゴライト 栽53, 栽55
いもち病 栽14
いも類 成94
忌地[現象] 栽72

炒り葉 作301
陰イオン交換容量 栽53
インゲンマメ 形106, 作256
インディゴ 作298
インドール酢酸 生170, 生192
インドール酪酸 生174
インドクワズイモ 作272
インドゴム 作297
インドコンニャク 作272
イントロン 品208
インドワタ 作288
インベルターゼ 生158

【う】

ウイキョウ(茴香) 作310
ウイルス 栽14
ウイルスフリー 品211
ウーロン茶 作301
植え傷み 栽11, 成79
植えしろ 栽10
植代施肥 栽21
ウェスタンブロッティング 生190, 品208
植付け株数 栽10
植付け深 栽11
ウェットミリング 作239
上葉《タバコ》 作306
浮稲 作221
浮稲性 作220
浮き苗 栽4, 栽11
ウコン(鬱金) 作299
ウシ血清アルブミン 生193
羽状複葉 形120, 作274, 作332
渦性 作231
ウニコナゾール 生174
畝 栽39
畦間作 栽74
畝立て機 栽39
畝間灌漑 栽40, 栽76
裏作 栽13, 栽74
ウリカワ 栽19
粳性の 形128
粳(うるち)米 品202
ウルトラミクロトーム 形142
ウレイド 生177
うわ根 形137
ウンカ 栽17
雲母 栽52

【え】

エアロビックライス 栽23

341

頴　形100
頴花　成84, 形100
頴果　形104
永久根　作236
永久しおれ点（永久萎凋点）　栽52, 生168
永続性　作318
永年草地　作316
栄養価　作318
栄養器官　形126
栄養系選抜法　品207
栄養枝　作258
栄養障害　生180
栄養生殖　形126
栄養成長［期］　成84
栄養繁殖　栽44, 形126
栄養繁殖植物　品206
栄養補助食品　作249
液果　作274
腋芽　成79, 形112, 形116, 形121, 形132
腋生総状花序　成92
腋生分裂組織　形132
液相　栽52, 栽56
液体シンチレーションカウンター　生190
液体培地　品210
疫病　作264
液胞　形130, 形138
液胞膜　形138
エクスパンシン　形135
エクソン　品208
エゴマ（荏, 荏胡麻）　作294
エゴマ油　作295
エゾノギシギシ　栽47
枝変わり　品206
エチクロゼート　生174
エチレン　成91, 生172
エチレン活性物質　生174
エチレン発生抑制剤　生172
エテホン　生174
エネルギー効率　作334
エネルギー投入・産出比　作334
エネルギー捕集系　生150
エピブラシノライド　生173, 生192
エムデン-マイエルホーフ-パルナス経路（EMP経路, EM経路）　生164
エルカ酸（エルシン酸）　作294
エレクトロポレーション法　品212
塩化アンモニウム（塩安）　栽50
塩害　栽37, 生188

塩化カリウム　栽50
塩化カルシウム・硫酸カルシウム合剤　生175
塩化コリン　生175
沿岸熱帯フリント　作238
塩基　栽57
塩基性　生192
炎光分析法　生190
円錐花序　成84, 形100
塩水選　栽6, 栽29
塩ストレス　生188
塩生植物　生188
塩素　生181
エンドウ（豌豆）　形107, 作258
エンドウ上胚軸伸長検定法　生192
円筒法　形141
円筒モノリス法　形140
エンドファイト　生177, 作321
エンバク　作235, 作318
エンマーコムギ　作222
塩類土壌　栽53

【お】

追播き　栽42
オイランマメ　作257
オイルボディ　形131
黄化　生149
黄化萎縮病　栽15
黄色乾燥　作307
黄熟期　成88
黄色種　作307
黄色土　栽
横走維管束　形117
黄変期　作307
オオアワ　作242, 作319
オオアワガエリ　作320
覆い下茶園　作303
オーキシン　生170
オーキシン活性程度　生192
オーキシン様活性物質　生174
オーチャードグラス　作320
オートラジオグラフィー　生190
オートレギュレーション　生177
オオヒゲシバ　作324
オープントップチャンバー　生195
オープンリーディングフレーム　品208
オオムギ（大麦）　作230, 作318
オールスパイス　作310
置床（おきどこ）　栽8
晩生（おくて, ばんせい）品種　品196
遅れ穂　成87

押し倒し抵抗値　品199
押麦　作233
晩植栽培　栽12
オゾン層　栽67
オタネニンジン　作315
汚泥堆肥　生51
オニウシノケグサ　作321
苧実（おのみ）　作290
オパイン　品212
雄花　形101
オヒシバ　栽46
オモダカ　栽19
表作　栽13, 栽74
親イモ　形127, 作272
親床　作306
オリエント種　作307
オリゴ糖　形128, 作280
オルターナティブ経路　生165
温室効果　栽66
温室効果ガス　栽54, 栽66
温周性　生146
温床紙　栽8
温帯ジャポニカ　作220
温湯除雄法　品206
温度係数　生146
温度勾配チャンバー　生195
温度日較差　生146
温度変換日数　生146

【か】

カーバメイト系　栽61
外衣　形132
外因性内分泌攪乱化学物質　栽67
外頴　成84, 形100
開花　成86, 成92
ガイガー・ミューラーカウンター　生190
開花期　成86
開花期冷害　栽34
開花順序　成86
開花抑制　栽35
外観　栽30
塊茎　成94, 形115, 形126, 形128, 作270
塊茎一個重　作264
塊茎形成　作263
塊茎デンプン収量　作264
塊茎生収量　作264
塊茎肥大　作264
塊根　成95, 形126, 形128, 作266
介在分裂組織　成85, 形112, 形114,

形133
外珠皮　形107
開じょ　作289
改植　作302
外植片　品210
外髄　成94
害虫　栽16
害虫防除　栽60
回転式ミクロトーム　形142
開度　形117
解糖系　生164
カイトウメン(海島棉)　作288
外乳(外胚乳)　形105
カイネチン　生171
外皮　形108
回分式　栽32
開放系大気CO₂増加　生195
海綿状組織　形107, 形118, 形123
開葯　成87
下位葉　形120
蓋葉　形116
外来DNA　品212
解離型–非解離型　生192
解離基H型(酸性)　生192
改良水平挿し　作268
カウピー　作319
カエンサイ(火焔菜)　作282
カオリナイト　栽53
香り米　品214
花芽　成92, 生149
カカオ　作305
カカオバター(カカオ脂)　作305
カカオ豆　作305
化学除草剤　栽62
化学的酸素要求量　栽69
化学的防除　栽60
花芽形成　成84, 生149
花芽分化　成84
花冠　形102
可給態(可吸態)　栽52, 栽55
可給態(可吸態)窒素　栽20
可給態(可吸態)養分　栽20, 栽56, 生182
可給態(可吸態)リン酸　栽20
核　形138
萼(がく)　成92, 形102
核果　作274
核酸　生178
拡散　生182
拡散伝導度　生154
萼筒　形102

攪拌耕　栽38
萼片　形102, 形120
隔離温室　品213
隔離床栽培　栽76
隔離圃場　品213
花茎　作282
かけ流し灌漑　栽23
花梗　形103
加工苦土肥料　栽51
化合水　栽52
禾穀類　作242
過酸化カルシウム　生175
花糸　成84, 形100, 形102
可視　栽64
カシア　作309
花軸　成93
仮軸　形114
仮軸成長　形114
仮軸分枝　作262
果実　形100, 形104
カシュウイモ　作270
ガジュツ　作299
花序　形100, 形103
可消化エネルギー　作318
可消化養分総量　作318
芽条突然変異　品206
ガス拡散　成83, 生157
ガスクロマトグラフィー　生193
ガス交換　生155
カスタステロン　生173
カスパリー線　形109, 形138, 生182
化成肥料　栽50
花成ホルモン　生149, 生170
化石燃料　栽66
画像解析　栽64, 形141
渦相関法　生194
画像処理　栽64
下層土　栽54
花托　形100
家畜糞　栽51
花柱　形101, 形102
褐色森林土　栽55
褐色低地土　栽55
活性化エネルギー　生146
活性型　生170
滑走式ミクロトーム　形142
活着　栽11, 栽44, 成79
活着限界温度　栽11
活着肥　栽21
褐変期　作307
活力《種子の》　成90

果糖　形131
仮導管　形124, 形138
可能蒸発散　生168
カノーラ　作294
カバークロップ　作330
下胚軸　成91, 形106, 形107, 形112
過繁茂　成96, 生157
果皮　形104
カフェイン　作304
株型　作317
かぶせ茶園　作303
株出し[栽培]　栽45, 栽75, 作334
株張り　作302
株間　栽10
株分け　栽44
花粉　成86, 成92, 形100, 形102
花粉親　品204
花粉管　成86, 形101, 形102, 形107
花粉管核　形102
花粉培養　品211
花粉母細胞　成92, 形101
花粉粒　成92
花柄　形103
花弁　形102, 形120
下偏成長　生187
花房　形103
過放牧　作317
カポック　作293
釜炒り製　作301
紙筒移植栽培　作283
カメムシ[類]　栽16, 作252
カモガヤ　作320
カヤツリグサ　栽46
カヤツリグサ類　栽18
花葉　形120
可溶性スターチシンターゼ　生163
可溶性炭水化物　形129
カラー　形116
カラースケール《葉色板》　栽25
カラードギニアグラス　作326
ガラクタン　形129
ガラクトマンナン　形129
ガラス温室　栽76
硝子質　作228
硝子質粒　作223
カラスノエンドウ　栽47
カラムクロマトグラフィー　生192
からむし　作291
カリウム　成95, 生180
刈り株　作323
カリ質肥料　栽50

刈取り利用　作316
刈り番　作302
カリビア型フリント　作238
過リン酸石灰　栽50
カルシウム　生180
カルシウム質肥料　栽50
カルス　生171, 品210
カルス誘導・カルス分裂促進試験
　　　生192
カルパー　栽5
カルビン回路　生152, 作335
カルム　作310
枯上がり　作306
加齢　生155
枯熟れ　栽27
ガレガ　作329
カロテノイド　生149, 生150
カワムギ(皮麦)　作230
稈　形114
簡易型モデル　栽65
簡易耕　栽38
感温性　成92, 生147, 品196
感温性品種　生147
感温相　生147
灌漑　栽40
干害　栽36, 生169
寒害　栽37, 生188
灌漑稲　作221
灌漑栽培　栽76
灌漑水田　栽2
環境汚染　栽68
環境休眠　生184
環境制御　栽77
環境適応性　作318
環境保全型農業　栽70, 栽77
環境保全機能　栽70
環境ホルモン　栽67
環境容量　栽70
還元　栽54
還元型ニコチンアミドジヌクレオチ
　　　ドリン酸　作335
感光性　成92, 品196
緩効性肥料　栽50
冠根　形108
冠根原基(冠根始原体)　形109
間作　栽74
乾式灰化法　生190
甘蔗糖　作280, 作285
カンショ(甘藷)　作266
管状中心柱　形125
管状要素　形124

完熟期　成88
灌水　栽22
灌水同時施肥栽培　栽76
乾生形態　生169
乾生植物　生169
乾性油　作294
感染糸　生176
完全米　栽30, 品202
完全葉　形116
完全粒　形105
乾燥　栽32, 作301
乾草　作316
甘草　作281
乾燥回避性　生169
乾燥室　作307
乾燥耐性　生169
乾草調製　作316
乾燥調製貯蔵施設　栽33
乾燥逃避性　生169
カンタラアサ　作293
間断灌漑　栽22, 栽56
寒地型　作317
寒地型イネ科牧草　作320
稈長　栽24, 成83
含鉄資材　栽56
乾田　栽2, 栽23
乾田直播　栽5
間土　栽39, 栽43
カントリーエレベータ　栽33
官能試験　品200, 作301
乾葉　作307
ガンピ(雁皮)　作287
冠部　作282, 作328
乾物重　栽25
乾物収量　栽65
乾物生産　生156
乾物分配率　生159
灌木間作　栽75
灌木休閑　栽72
甘味　作280
含蜜糖　作280, 作285
甘味比　作280
間葉　作262
乾葉《タバコ》　作307
かんらん石　栽52
寒冷紗　栽76

【き】

キアイ(木藍)　作298
気化　生193
機械摘み　作303

機械的抵抗　生184
擬禾穀類　作242
帰化雑草　栽62
キカシグサ　栽18
器官外凍結　生189
基幹作物　栽74
器官培養　品210
キクイモ(菊芋)　作279
キクユグラス　作326
偽茎　作292
奇形米　栽30
危険期　栽34
生子　作332
気孔　形106, 形119, 形122
気孔開度　生154
気孔蒸散　生168
気孔抵抗　生154, 生168
機構的モデル　栽65
気孔伝導度　生155, 生168
気候登熟量指数　栽65
気孔内腔　生155
気候変動に関する政府間パネル　栽66
気根　形108, 形137
蟻酸カルシウム　生175
キサントキシン　生172
基質　生193
キシュウスズメノヒエ　栽19, 作326
気象生産力指数　栽65
輝石　栽52
季節生産性　作318
季節適応性　品197
季節分裂淘汰　品197
気相　栽52, 栽56
基礎飼料　作316
キダチワタ(木立棉)　作288
拮抗作用　栽60
輝度温度　栽64
ギニアグラス　作325
キノア　作245
揮発性化合物　生193
機動細胞　形118
基肥　栽21, 栽39
キビ(黍)　作243
忌避剤　栽60
旗弁　成92, 形102
基本栄養成長性　品196
基本培地　品210
基本分裂組織　形133
キマメ(樹豆)　作261
キメフ　形134
客土　栽22, 栽56

「Λ」字型《ヤシ科》 作274
キャッサバ 作278
キャビテーション 生166
キャピラリー電気泳動 生190
キャラウェー 作310
キュアリング 作268
休閑 栽72
球茎 成94, 形114, 形126, 形129, 作272, 作320, 作332
球茎《コンニャク》 作332
吸光係数 成83, 成98, 生156
救荒作物 作262, 作266
吸光度 生193
吸枝 作332
休止 生184
吸湿水 栽52
吸収極小 生193
吸収極大 生193
吸収スペクトル 生148
吸水 生166
吸水阻害 生184
吸水力 生166
キューバフリント 作238
きゅう肥 栽51
牛ふん堆肥 栽51
休眠 成78, 成90, 形105, 生145, 生148, 生184, 作322
休眠芽 生184
休眠覚醒 生184
休眠期 生184
休眠種子 形105, 生184
休眠打破 生148, 生170, 生185
樹枝状体 形111
境界層抵抗 生168
ギョウギシバ 作325
凶作 栽34
教師付き分類 栽64
教師なし分類 栽64
凝集力説 生166
強勢穎花 成89, 形100
強制休眠 生184
共生窒素固定 生176
京都議定書 作334
強陽イオン交換樹脂 生192
強力粉 作228
極核 形101, 形102
局所施肥 栽21
極性移動 生170
極性移動阻害剤 生170
極性-非極性 生192
玉露 作301

魚脂類 栽50
木棉 作288
近交弱勢 品204
菌根 形111, 生183
菌根菌 形111
近紫外光 生148
近赤外 生64
近赤外光 生148
均平 栽39
菌類 栽14

【く】

グアニル尿素 栽50
グアノ 栽50
グァユール 作297
空気乾燥 作307
空隙 形109
空中散布 栽61
クエン酸回路 生164
茎 形112
茎立期 作224
茎熱収支法 生195
茎針 形114
茎巻きひげ 形114
草型 成80, 成82, 品198
草型《飼料作物》 作317
草型育種 品199
草丈 栽24, 成83
クサネム 栽18
クサヨシ 作322
クズウコン 作279
クスクスヤム 作270
屑米 栽28, 栽30
クチクラ 形106, 生168
クチクラ蒸散 生168
クチクラ層 生168
クチクラ抵抗 生154, 生168
屈光性 生148, 生187
屈触性 生187
屈水性 生187
屈性 生186
屈折計示度 作280
グッタペルカ 作297
屈地性 生187
苦土質肥料 栽51
苦土石灰 栽51
組合せ能力 品207
組換えDNA 品208
クミン 作310
グライ化作用 栽52
グライ土 栽54

クライマクテリック期 生172
クラックエントリー 生176
グラナ 形138
クラブコムギ 形131, 作223
クランツ構造 生153
クリーニングクロップ 作330
グリーンリーフデスモディウム 作329
クリオスタット 形142
珪化細胞 形139
グリコール酸回路 生152, 生178
クリプトクローム 生148
グルコース 形131
グルコマンナン 形129
グルタミン合成酵素 生178
グルタミン酸合成酵素 生178
グルテリン 形130
グルテン 形130, 作223, 作228
グレインソルガム 作240
クレブス回路 生164
グロースポーチ法 形141
クローブ 作313
クローン解析 形134
クロガラシ(黒芥子) 作309
クログワイ 栽19
黒砂糖 作280
黒種ウンダイ 作294
クロタラリア 作331
グロブリン 形130
黒ボク土 栽55
クロルメコートクロリド 生174
クロロフィル 生149, 生150
クロロフィル蛍光分析 生194
クロロプラスト 生154
群落 成98
群落光合成 成98
群落構造 成98
群落受光量 栽65

【け】

珪化細胞 形139
景観 栽77
蛍光 生192
蛍光検出器 生193
蛍光顕微鏡 形143
蛍光抗体法 生190
蛍光指示薬 生192
経済的F1採種法 品204
経済的収量 栽58
ケイ酸 栽20
ケイ酸カリウム 栽51
ケイ酸質肥料 栽51
ケイ酸石灰(ケイカル) 栽51

和名索引

345

形質転換　品212
形質転換用ベクター　品212
茎数　栽24
傾性　生186
形成層　成95, 形125, 形133, 形138
ケイ素　生181
形態形成　生148
茎頂　形112
茎頂花房　成93
茎頂培養　品211
茎頂分裂組織　形112, 形132
系統　品206
系統育種法　品206
畦内間作　栽74
畦畔　栽2
鶏糞堆肥　栽51
茎葉飼料　作316
茎粒　生176
軽量気泡コンクリート粉末肥料　栽51
ケージ法　形141
結果枝　作258
欠株　栽10
結莢　成93, 作251
結莢率　成93
ゲッケイジュ（月桂樹）　作309
結合型　生170
結合型オーキシン　生170
結実　成88, 成93
結実率　成93
欠損変異種　生170
ケツルアズキ（毛蔓小豆）　作255
ケナフ　作291
ゲノミクス（ゲノム学）　品209
ゲノム　品206
ゲノム解析　品209
検見（けみ）　栽25
ケルダール法　生190
限界温度　栽34, 生188
限界日長　成92, 生149, 品196
限界葉面積指数　成82, 生157
減化学肥料栽培　栽77
嫌気呼吸　生164
原形質分離　形138, 生166
原形質連絡　形138
原々種　品207
絹糸《トウモロコシ》　作237
原色素体　形128, 形138
原子吸光分析法　生190
原種　品207
減水深　栽22
減数分裂期　栽34

原生篩部　形109, 形124, 形127
原生中心柱　形125
原生動物　栽53
原生木部　形109, 形124, 形127
懸濁液　栽54
懸濁培養　品210
ケンタッキーブルーグラス　作322
減農薬栽培　栽77
健苗　栽8
玄米　形104
研磨米　品202
原料サトウキビ　作334

【こ】
コアサンプリング法　形140
コアワ　作242
コイア　作293
子イモ　形127, 作272
抗アブシジン酸様活性物質　生175
高アミロース米　品215
広域適応性　品197
広域適応性品種　品197
高位分げつ　成80
耕耘　栽10, 栽38, 栽48
耕耘機　栽10, 栽48
公益的機能　栽70
抗エチレン活性物質　生174
抗オーキシン活性物質　生174
高温害　栽36
高温障害　成87, 生188
硬化　栽7
光化学オキシダント　栽68
光化学系　生150
光化学反応　作335
光学顕微鏡　形142
厚角細胞　形113, 形139
厚角組織　形113
降下浸透　栽22
交換酸度　栽53, 栽55
交換性陽イオン　栽53
耕起　栽38, 栽48
好気呼吸　生165
耕起・砕土　栽10
高貴種《サトウキビ》　作284
後期追肥　栽21
向基的　形114
後期ノジュリン　生176
合組み《チャ》　作301
抗原（試料）　生193
光合成　生150
光合成器官　生154

光合成色素　生150
光合成電子伝達系　生150
光合成による太陽エネルギー変換効
　　率　作335
光合成能力　生154
光合成の太陽エネルギー利用効率
　　作335
光合成有効光量子束密度　生151
光合成有効放射　生151, 作335
光合成有効放射吸収率　栽64
交互作（交互畦間作）　栽74
交互高畦間作　栽75
梗根　成95, 形126, 作267
交差反応　生193
向軸側　形116, 形122
硬実　成90, 生185
硬質秋播赤コムギ　作223
硬質コムギ　形131, 作223, 作228
向日性　生187
硬質繊維　作292
硬質米　品202
抗ジベレリン活性物質　生174, 生192
光周性　生149, 品196
後熟　生184
高出葉　形120
耕種の雑草防除　栽63
耕種の防除　栽60
広親和性　作220
合成オーキシン　生170
合成開口レーダ　栽64
合成品種育種法　品207
抗生理活性物質　生192
高設栽培　栽76
コウゾ（楮）　作287
高速液体クロマトグラフィー　生193
酵素標識抗体　生193
酵素法　生190
酵素免疫測定法　生191
抗体　生193
紅茶　作301
向頂的　形114
梗稲　作220
高度化成肥料　栽50
耕土層　栽48
交配育種法　品207
交配（交雑）不和合性　品205
硬盤　栽22
耕盤　栽48
抗ブラシノステロイド活性物質　生175
厚壁異形細胞　形139
厚壁細胞　形108, 形139

孔辺細胞　形119, 形122, 生168	ゴマ(胡麻)　作294	根粒形成阻害　生177
後方散乱係数　栽64	ゴマ油　作294	根粒超着生変異体　生177
黄麻　作290	古米　品203	
コウライキビ　作236	ごま葉枯病　栽14	【さ】
コウライニンジン　作315	コムギ(小麦)　作222	催芽　栽6, 栽42
光量子計　生195	小麦粉　作228	細菌　栽14, 栽53
護穎　形100	米貯蔵庫　栽33	サイクリン　形134
コエンドロ(香菜)　作310	米ぬか　栽50, 品202	サイクリン依存性キナーゼ　形134
コーティング肥料　栽50	個葉間変異　生155	サイクロメーター　生195
コーヒー　作304	ゴヨウドコロ　作270	剤型　栽63
コーンベルトデント　作238	コリアンダー　作310	再現性　生193
糊化　品201	コリン関連物質　生175	最高粘度　品201
糊化特性　品201	コルク形成層　形110, 形112, 形126, 形133	最高分げつ期　成80
コガネムシ類　作252	コルク細胞　形139	細根　成95, 形126, 作267
呼吸　生164	コルク組織　成94, 形126, 形133	サイザルアサ　作292
呼吸商　成90, 生165	コルク皮層　形126, 形133	最小耕耘　栽38
穀実(穀粒)　形104	ゴルジ体　形138	最小部分耕　栽49
穀実用ソルガム　作240	ころび型(転び型)倒伏　栽5, 品199	最少養分律(最小養分律)　生180
極早期栽培　栽12	転び苗　栽4, 栽11	最少律(最小律)　生180
穀草式農法　栽72	根圧　生167	栽植密度　栽10
穀類　作242	根域　形136	栽植様式　栽10
コクロマトグラフィー　生193	根冠　形108, 形133	再生草群落　作322
極早生(ごくわせ)品種　品196	根群　形136	再成長(再生)　作323
固形培地　品210	根茎　成94, 形115, 作322	再生二期作　栽13
ココヤシ(占々椰子)　作274, 作293	根系　形136	再生力　作318
ココヤシ油　作274	根系の引き抜き抵抗　形137	採草地　作316
5斜線法　栽28	根系発達促進作用をもつ殺菌剤　生175	採草利用　作316
糊熟期　成88	根圏　生182	採草・放牧兼用地　作316
枯熟期　成88	混合石灰肥料　栽51	最大容水量　栽52
コショウ(胡椒)　作308	混作　栽74	最低粘度　品201
後生篩部　形109, 形124	根重密度　形137, 形140	最適化　生174
後生木部　形109, 形124	根鞘　成78, 形108	最適葉面積指数　栽25, 成96, 生157
互生葉序　形117, 形121	根鞘様器官　作276	砕土　栽10, 栽38, 栽48
固相　栽52, 栽56	混植　栽75	サイトウ　作256
固相酵素免疫測定法　生191, 生193	根数密度　形137	サイトカイニン　成93, 生171
固相抽出法　生193	混層耕　栽49, 栽57	サイトカイニン様活性物質　生174
個体　成98	根体　形108	栽培型　作220
個体群　成98	根端　形108, 形133	栽培特性　品214
個体群構造　成98, 生156	根端分裂組織　形108, 形132	栽培品種　品206
個体群成長速度　成96, 生156	根長密度　形137, 形140	再萌芽　作303
個体群密度　成98	コンニャク(蒟蒻)　作332	再分化　品210
骨粉類　栽50	コンニャクマンナン　形129, 作333	細胞　形138
固定　形142, 品206	混播　栽43, 栽75	細胞外凍結　生189
子床　作306	コンバイン　栽26, 栽27	細胞拡大　形134
コナギ類　栽18	ゴンペルツ曲線　成99	細胞型　形138
コバルト　生181	根毛　形108	細胞間隙　形123, 生154
コブノメイガ　栽16	根粒　形110, 生176, 作251	細胞系譜　形134
コプラ　作274, 作293	根粒菌　形110, 生176, 作251, 作252	細胞骨格　形135
糊粉細胞　形105	根粒形成遺伝子群　生176	細胞死　品210
糊粉層　形89, 形105, 形131		細胞質遺伝子　品205
糊粉粒　形105		細胞質雄性不稔　品204

347

細胞周期　形134	殺線虫剤　栽60	酸度　栽53
細胞伸長　生186	雑草　栽62	三糖　形128
細胞選抜　品210	雑草イネ　作219	サンドマメ　作256
細胞組織帯　形132	雑草害　栽62	三二酸化物　栽54
細胞内凍結　生189	雑草防除　栽41, 栽62	散播　栽5, 栽42
細胞分裂　形134, 生148	殺そ剤　栽60	三倍体　品206
細胞壁　形138	殺ダニ剤　栽60	三番茶　作302
細胞壁構成成分　作322	殺虫剤　栽60	サンヘンプ　作291
細胞壁伸展性　生186	殺虫殺菌剤　栽60	三圃式農法　栽72
細胞膜　形138	サツマイモ　栽45, 作266	三毛作　栽74
細胞融合　品210	サトイモ　作272	三葉苗　栽9
砕米　栽31	サトウカエデ(砂糖楓)　作281	散粒機　栽61
在来種ナタネ　作294	サトウキビ　栽45, 作284	
サイラトロ　作329	サトウダイコン　作282	【し】
サイレージ　作316	サトウモロコシ　作240	シードテープ　栽42
サイレージ調製　作316	サトウヤシ(砂糖椰子)　作275	篩域　形124
サイレージ用トウモロコシ　作239	砂漠化　栽53, 栽67	しいな　栽30, 成89
サイロ　作316	さび病　作252	紫外可視スペクトロメトリー　生193
酒米　品214	サブソイラ　栽41	紫外スペクトロメトリー　生193
さきがけ花　作306	サフラン(泪夫藍)　作299	紫外線可視検出器　生193
砂丘農業　栽76	サポジラ　作297	紫外放射　栽67
朔果　作289	サポニン　作249, 作250	シカクマメ　形106
作柄　栽65	莢　成93, 形106	自家受粉　成86, 成92
作期(作季)　栽12, 栽73	作用機作　栽62	自家不和合性　品205
作条　栽39	サリチル酸　生173	篩管　形118, 形124, 生160
柵状組織　形118, 形122	サリチル酸様活性物質　生175	篩管液　生160
作付順序　栽74	酸化還元電位　栽54, 栽56	篩管細胞　形124
作付体系　栽74	酸化層　栽54	篩管要素　形138
作付様式　栽74	酸化的リン酸化　生165	色彩選別機　栽33
作土　栽3	サンカメイチュウ　栽16	色素体　形128, 形138
作土層　栽48, 栽54, 栽56	残幹　作306	色素タンパク質　生148
作物栄養診断　栽56	三期作　栽13, 栽74	直播き　栽4
作物生産　栽66	三系交雑　作238	直播き栽培　栽4
作物成長モデル　成99	3原型　形110	シキミ酸経路　生179
作物水ストレス指数　栽64	塹壕法　形140	軸　形112
作物モデル　栽65	三叉芒　作231	シグナルグラス　作327
砂耕栽培　栽76	三次分げつ　成80	ジクロルプロップ　生174
サゴヤシ(沙穀椰子)　作276	三尺ササゲ　形106	ジケグラック　生175
ササゲ(豇豆, 大角豆)　形106, 作254, 作319	三出複葉　形120	時限ロゼット植物　形114
サザンブロッティング　品208	散水灌漑　栽40	枝梗　形100
座止　品196	サンスベリア属　作293	篩孔　形124
挿し木　栽44	酸性　生192	嗜好性《飼料》　作318
砂質水田　栽56	酸性雨　栽67	シコクビエ　作244, 作319
挫折抵抗　成85	酸性化　栽53	自己間引き　作323
サッカー　作276	酸性改良　栽57	自己間引きにおける3/2乗則　作323
作況(作柄)　栽28	酸性降下物　栽67	支根　作236
作況指数　栽28, 栽65	酸性肥料　栽51	篩細胞　形124, 形138
殺菌剤　栽60	酸素　生180	示差屈折計　生193
雑穀　作242	三相分布　栽52	支持根(支根)　形108, 形137, 形240
雑種強勢　品204, 作238	酸素電極法　生194	脂質　形131, 品200
	三次花房　成92	子実　形104

糸状菌　栽53	縞葉枯病　栽14	集約栽培　栽76
自殖性植物　成86, 品206	締め刈り　作301	収量　栽58
雌穂　作236	刺毛　形119	収量キャパシティ　栽59, 生159
シズイ　栽19	ジャイアントスターグラス　作325	収量構成要素　栽28, 栽58
雌ずい(蕊)　成84, 成92, 形100, 形102, 形120	ジャガイモ　作262	収量性　栽58
止水灌漑　栽22	ジャガイモシストセンチュウ　作265	収量調査　栽28
シス型ゼアチン　生171	弱酸性　生192	収量内容生産量　栽59, 生159
システムバイオロジー　品209	弱勢穎花　成89, 形100	重量法　生194
施設栽培　栽76	弱勢胚救済　品211	収量予測モデル　栽65
自然下種　作317	シャクチリソバ　作246	重力屈性　生187
自然受粉品種　作238	シャクヤク(芍薬)　作315	重力水　栽52
持続的農業　栽71	写真濃度　栽64	重力ポテンシャル　生166
自脱型コンバイン　栽27	ジャスミン　作312	ジュウロクササゲ(十六豇豆)　形106, 作254
下葉《タバコ》　作306	ジャスモン酸　成95, 生173	汁液　栽56
支柱根　形108	ジャスモン酸様活性物質　生175	主稈葉数　栽24
湿害　栽36, 生189	シャトル育種　品197	種球　栽44
湿式灰化法　生190	ジャワニカ　作220	しゅく穀(菽穀)類　作242
湿田　栽2, 栽23, 栽56	周囲作　栽75	熟成《タバコ》　作307
質量数　生193	周縁効果　成99	熟田　栽2
質量分析　生190	収穫　栽26	熟畑　栽38
自動化　栽77	収穫期　栽26, 成88	種茎　栽45
自動脱穀機　栽27	収穫指数　栽58, 栽65, 生159	主茎総葉数　栽24
シトクロム　生150	収穫適期　栽26	珠孔　形101, 形102, 形107
シトクロム経路　生164	収穫物　栽26	受光態勢　成82, 成99, 生156
地床　作306	収穫量予測　栽65	受光率　成82, 生157
シナニッケイ　作309	重過リン酸石灰　栽50	主穀式農法　栽72
シナモン　作309	重金属汚染　栽69	主根　形108, 形136
ジネンジョ(自然薯)　作270	集光性色素タンパク質複合体　生150	主根型根系　形136, 作328
芝型　作317	柔細胞　形139	主作　栽74
自発休眠　生184	十字対生　形117	主作物(主幹作物)　栽74
紫斑病　作252	重焼リン　栽50	種子　形104, 形106, 形144
ジヒドロゼアチン　生171	終生ロゼット植物　形114	珠枝　形107
篩部　形118, 形124	集積　栽52	樹脂　形142
篩部柔組織　形124	集積植物　生183	種子活力　生145
篩部繊維　形124	集団育種法　品207	主軸　形112
四分子　形101	集団選抜法　品206	主軸根　形136
四分子期　形101	重窒素自然存在比法　生177	種子形成　生144
ジベレリン　形131, 生144, 生170	重窒素同位体希釈法　生177	種子更新　栽6
ジベレリンA₃　生174	シュート　成78, 形112	種子根　成78, 成95, 形108, 形137
ジベレリン酸　生170	シュートシステム　形112	種子寿命　生145
ジベレリン様活性物質　生174	シュート頂端分裂組織　成78	種子消毒　栽6
子房　成84, 成93, 形100, 形102, 形106	ジュート　作290	樹脂切片法　形142
子房腔　成92	雌雄同熟　成86	種子貯蔵タンパク質　生144
子房培養　品211	周乳　形105	種子予措　栽6, 栽42
子房柄　作258	揉捻　作301	珠心　形101
子房壁　形101	周皮　形94, 形110, 形113, 形126, 形133, 作264	珠心表皮　形104
死米　栽30	周辺効果　成99	受精　成87, 成92
島立て乾燥　栽32	周辺髄　形126	樹勢更新　作303
シマツナソ　作291	周辺分裂組織　形132	受精構成要素　栽35
	就眠運動　生186	酒造適性　品214

349

出液　生167	消化率(消化性)　作318	植物成長調節物質　生174, 品210
出液速度　生195	条間　栽10	植物ホルモン　生170
出芽　栽4, 栽7, 成78, 成91, 生145	硝酸　栽54	食味　栽31, 品200
出芽器内育苗法　栽9	蒸散　生166	食味計　品201
出芽苗　栽9	硝酸アンモニウム(硝安)　栽50	ショクヨウカンナ　作279
出芽率　栽4	硝酸化成　生179	助細胞　形101, 形102
宿根ソバ　作246	硝酸還元　生178	初生葉　成91, 形107, 形120
出穂　成86	硝酸還元酵素　生178	除草　栽62
出穂期　成86	蒸散係数　生168	除草剤　栽60, 栽62, 生170
出穂後同化分　生159	硝酸呼吸　生179	除草剤抵抗性雑草変異　栽63
出穂始期　成86	硝酸態窒素　栽55	ジョチュウギク(除虫菊)　作315
出穂遅延　栽34, 成87	硝酸態窒素汚染　栽55	ショ糖(蔗糖)　形129, 形131
出穂前蓄積分　生159	硝酸トランスポーター　生178	除雄　品206
出葉間隔　成79, 形117	蒸散比　生168	ジョンソングラス　作241
主働遺伝子　栽35	蒸散量　生168	白葉枯病　栽15
受動的吸水　生166	小枝梗　形100	白穂　栽36, 成87
受動輸送　生182	子葉鞘　形112, 形116, 形131	シリカゲル肥料　栽51
種皮　成90, 形104, 形107	掌状複葉　作274	飼料作物　作316
珠皮　形102, 形107	小穂　成84, 形100	飼料植物　作316
樹皮　栽76	小穂原基　作224	飼料草類　作316
種苗法　形105, 品216	小穂軸　成85, 形100	飼料畑　作316
受粉　成86, 成92	焼成リン肥　栽50	飼料木　作316
主脈　形121	消石灰　栽50	飼料用カブ　作319
種瘤　作254	篩要素　形124	飼料用ソルガム　作241
春化[現象]　成84, 生147, 品196, 品196	篩要素／伴細胞複合体　生160	飼料用ビート　作282, 作319
春化消去　生147	少糖　形128, 作280	シロイチモジマダラメイガ　作252
春化処理　生84	照度計　生195	代かき　栽10, 栽22, 栽48
順化　品197	蒸熱《チャ》　作301	シロガラシ(白芥子)　作309
循環型持続農業　栽71	条播　栽5, 栽43, 作226	シロクローバ　作329
循環式　栽32	上胚軸　成91, 形107, 形112	シロザ　栽47
循環式乾燥機　栽32	常畑　栽73	シロチョマ　作291
循環選抜法　品207	蒸発散　生168	シロツメクサ　作329
純系　品206	蒸発散位　生168	シロバナワタ(白花棉)　作288
純系選抜法　品206	上偏成長　生187	白麦　作233
純光合成速度　生154	小胞子　形101	シンク　栽59, 生158
純生産　生156	小胞子初期　成34, 形101	シンク活性　生159
純同化率　成96, 生156	小胞子前期　形101	シンク・ソース関係　生158
子葉　成90, 形106, 形112, 形120, 形129, 形131	小胞子培養　品211	シンク容量　生159
小維管束　形118	小胞体　形131, 形138	深耕　栽48, 栽56
上位葉　形120	薯蕷　作270	人工気象室　生195
常温除湿通風乾燥　栽32	小葉　成91, 形120	人工光　栽77
常温通風乾燥　栽32	鞘葉　成78, 形112, 形116, 形131	人工交配　品206
小花　形100	小葉柄　形120	人工床土　栽6
しょう果　作263	奨励品種　品207	深根　形137
障害型冷害　栽34, 成87	奨励品種決定試験　品207	深根性作物　形136
傷害誘導性管状要素　生170	初期萎凋点　栽52	浸種　栽6, 栽42
硝化(硝酸化成)菌　生178	初期勾配　生150	浸食　栽49
小花柄　成93	初期ノジュリン　生176	深水田　栽2
小花柄(小花梗)《マメ科》　形103	植生指数　栽64	深水稲　作221
	植物工場　栽76	真正種子　作263
	植物成長調整剤　栽60, 生174	真正中心柱　形125

真正抵抗性　栽14
深層追肥　栽20
深層追肥稲作　栽20
伸長茎部　成85
伸長帯　形108
心土　栽3
浸透圧ストレス　生168
浸透調整　生168
浸透的吸水　生167
振とう培養　品210
浸透ポテンシャル　生166
心土耕　栽49
心土破砕　栽41, 栽49, 栽56
心止め　作306
真の光合成速度　生154
真のCO_2交換速度　生154
心白米　栽30, 品214
心皮　形120
靭皮繊維　作290
シンプラスト　形138, 生182
新米　品203
新芽　作302
新芽重　作303
新芽数　作303

【す】

髄　形113, 形126, 作276
スィートクローバ類　作329
スィート種　作238
スイートソルガム　作240
水害　栽36
水乾　作301
水孔　形119, 形122
髄腔　形113
水耕栽培　栽76, 生180
水耕法　形141
水酸化マグネシウム　栽51
水質汚濁　栽68
水蒸気圧差　生168
髄状分裂組織　形132
水食　栽67
水素　生180
水素イオン化検出器　生193
水層　生192
垂層分裂　形134
垂直抵抗性　栽14
水田　栽2
水田雑草　栽18
水田転換畑　栽57
水田土壌　栽54
水稲　作220

随伴作物　栽75
随伴雑草　栽62
炊飯特性　品201
水分含量　生166
水分屈性　生187
水分欠乏　生168
水分欠乏指数　栽64
水平挿し　作268
水平抵抗性　栽14
水溶性　生192
水利権　栽3
スウェーデンカブ　作319
スーダングラス　作241, 作319
犁　栽48
鋤　栽48
すき床　栽3, 栽48
鋤床層　栽54
スギナ　栽47
スクロース　形129, 形131
スクロースシンターゼ　生158
スクロースリン酸シンターゼ　生158
すじ播き　栽43
スズメノカタビラ　栽46
スズメノテッポウ　栽46
スターチィ・スィート種　作238
スタキオース　形129, 生160
ステビア　作280
ストロマ　形138, 生150
ストロン　成94, 形115, 形126, 作262
ストロンチウム　生181
スフェロソーム　形131
スプライシング　品208
スプリングフラッシュ　作322
スプリンクラー灌漑　栽76
スプリンクラー法　栽40
スペアミント　作313
スベリヒユ　栽47
スベリン　生182
スベリン化　形138
スペルトコムギ　作223
巣播　栽43
スメクタイト　栽53
スワンプタロ　作272
スンプ法　形142

【せ】

ゼアチン　生171
ゼアチンリボシド　生171
ゼアチンリボチド　生171
生育型　作317
生育調査　栽24

生育適温　作322
精核　形101, 形102
生活環　生148
正規化植生指数　栽64
成型培地　栽7
成形葉　形120
制限酵素　品208
精玄米　栽28
清耕作物（清浄作物）　栽75, 作241, 作330
精細胞　形101
生産構造　成98
生産構造図　成98
整枝　作302
静止中心　形133
精揉　作301
成熟帯　形108
正条植え　栽10
成熟期　成88
青色光　生148
生殖成長[期]　成84
精製糖　作280
生石灰　栽50
生草　作316
生草利用　作316
生態系農法　栽70
生体重　栽25
整地　栽10, 栽38, 栽48
静置式　栽32
静置培養　品210
整地播き　栽42
成長　生186
成長運動　生186
成長解析　成96
成長曲線　成99, 生186
成長呼吸　生164
成長速度　栽65
成長調節　生174
成長点　形108
成長モデル　栽65, 成99
成長抑制剤　品199
成長抑制物質　生175, 品199
静的モデル　栽65
精白米　栽33
製パン適性　作228
成苗　栽8
成苗ポット苗　栽7
生物化学的酸素要求量　栽69
生物学的収量　栽58
生物季節　栽66
生物検定法　生192

生物的雑草防除　栽63	折衷苗　栽8	総合的有害生物(害虫)管理　栽41, 栽61, 作252
生物的ストレス　品216	折衷苗代　栽8	
生物的分解　栽56	ゼットスキームモデル　生150	総合防除　栽41
生物的防除　栽60	切片作成　形142	相互遮蔽　成96, 生157
生物農薬　栽60	節網維管束　形125	ゾウコンニャク　作272
生物量　作334	施肥　栽20	走査型電子顕微鏡　形143
製粉　作228	施肥法　栽20	草姿　成82
精粉　作333	セリ《雑草》　栽19	走出枝　形115
製粉歩留[り]　作228	セルロース　形138	総状花序　成92, 形100, 形103
正方形植え　栽10	セルロース微繊維　形135, 形138	草食家畜　作316
精米　栽33	セレン　生181	草食動物　作316
精米機　栽33	0次花房　成93	総穂花序　形103
精米歩合　栽31, 栽33	繊維　形139	草生休閑　栽72
精密農業(精密圃場管理)　栽64, 栽76	全刈り　栽28	草生栽培　栽40
精籾　栽29	センキュウ(川芎)　作315	総生産　生156
セイヨウアブラナ　作294	前形成層　形124, 形133	相対含水量　生166
生理活性　生192	浅耕　栽48	相対強度　生193
生理的アルカリ性肥料　栽51	穿孔　形124	相対湿度　生168
生理的酸性肥料　栽51	浅根　形137	相対水分含量　生168
生理的成熟期　成93	浅根性作物　形136	相対成長率　成96
生理的中性肥料　栽51	センサ　栽64	相対光強度　成83
生理的斑点病　作306	剪枝　作302	草地　作316
生理的未熟　生184	選種　栽42	草地更新　作323
整粒　栽31, 形105	染色　形142	草種構成　作323
精練　作290	染色体と倍数性　品206	草地造成　作323
セイロンニッケイ　作309	全層施肥　栽21	早晩性　品196, 作318
セージ　作311	全層播き　栽43, 作226	層別刈取法　成98
石英　栽52	選択性　栽62	総苞　作244
赤外スペクトロメトリー　生193	センチピードグラス　作327	造蜜性非糖分　作283
赤外線CO_2分析計　生194	煎茶　作301	ソース　栽59, 生158
赤色光　生148	線虫　栽72	ソース活性　生159
セジロウンカ　栽17	全天日射計　生195	ソース容量　生159
背白米　栽30	秈稲　作220	側芽　形112, 形116
セスバニア　作331	セントロ　作329	側根　形108, 形136
セタリア　作327	仙人穀　作245	側枝　形112
節　形112	前表皮　形133	側条施肥　栽21
石灰質肥料　栽50	選別　栽32	側部分裂組織　形132
石灰窒素　栽50	選別《チャ》　作301	ソケイ　作312
節間　形112, 形129	腺毛　形123	組織繊維　作292
節間径　栽24	前葉(前出葉)　形116, 形120	組織培養　栽44, 品210
節間伸長　成85, 形112	1000粒重(千粒重)　栽28	粗揉　作301
節間伸長期　成85	全量基肥施用　栽21	粗飼料　作316
節間長　栽24	前歴深水灌漑　栽35	粗タンパク質　作324
積極吸収　生182		速効性肥料　栽50
接合子(体)　成87	【そ】	粗糖　作280
節根　形108, 形136	霜害　栽37, 生189	ソバ　作246
接触屈性　生187	草冠　成98	粗放栽培　栽76
接触施肥　栽21	草冠高　栽24	粗面小胞体　形130, 形138
節水灌漑　栽23	草冠構造　成98	ソラニン　作265
節水栽培　栽76	早期栽培　栽12	ソラマメ(金豆)　形106, 作260
接線分裂　形134	草高　栽24, 成83	ソラマメ(馬科豆)　作260

ソルガム　作240, 作319
ソルゴー　作240
ソルビトール　生160

【た】

ターミネーター　品208
大維管束　形118
第一次花成誘導　作322
第一種型冷害　栽34
耐塩性　生188, 品217
ダイオウ（大黄）　作315
耐乾性　生169, 品217
耐旱性　作223
耐寒性　生189, 品216
大気汚染　栽68
待機分裂組織　形132
堆きゅう肥（堆厩肥）　栽38, 栽57
台切り　作303
体細胞胚　品210
体細胞変異　品211
耐湿性　品217
ダイジョ（大薯）　作270
帯状間作　栽74
耐暑性　生188, 品216
ダイズ（大豆）　形107, 作248, 作319
大豆オリゴ糖　形129
ダイズ粕　作249
ダイズサヤタマバエ　作252
ダイズシストセンチュウ　作250, 作252
ダイズモザイク病　作250, 作252
ダイズわい化病　作252
胎生種子　作277
対生葉序　形117, 形121
耐雪性　品216
代替農業　栽70, 栽77
耐虫性　栽61
耐凍性　品216
耐冬性　品216
耐倒伏性　成83, 品198
第二次花成誘導　作322
第二種型冷害　栽34
第2世代遺伝子組換え作物　品213
堆肥　栽51
耐肥性　品199, 品217
耐病性　栽60
タイマ（大麻）　作290
タイム　作311
耐冷性　栽35, 品216
タイワンツナソ　作290
田植え　栽10
田植機　栽10

高畝　栽39
タカキビ　作240
他花受粉　成92
多芽体　品210
他感作用　栽72
托葉　形120
多系交配法　品207
多原型　形110
田越し灌漑　栽23
多汁質飼料作物　作318
多収性　栽58, 作318
多収性品種　成82
他殖性植物　成86, 品206
多層作　栽75
立毛　栽25
立毛検討　栽25
立毛調査　栽25
立性　作258
タチナタマメ　作261
脱穀機　栽26
タッセルシード　作237
脱炭酸酵素　生152
ダッタンソバ　作247
脱窒　栽54, 生179
脱窒菌　生179
タッピング　作283
脱ぷ　栽32
脱ぷ率　栽32
脱分化　品210
脱粒性　栽27
タデアイ（蓼藍）　作298
立形　栽32
タデ類　栽47
多糖　形128
棚田　栽71
多肉根　形129
種イモ（いも）　栽44, 形126, 作264
タネバエ　作252
種籾　栽6, 形104
多胚　形105
多胚種子　形105, 作282
タバコ　作306
タピオカ　作278, 作279
タペート　形101
タペート細胞　形101
タペート細胞層　栽34
玉緑茶　作301
タマリンド　作311
ダミノジッド　生175
多毛作　栽13, 栽74
多葉性　作318

ダリスグラス　作326
多量元素　生50, 生180
タルホコムギ　作223
タロイモ（タロ）　作272
単為生殖　品217
単一花序　形103
単一脈　形117
単位面積当たり莢数　成93
湛液水耕　栽76
短花柱花型　作246
弾丸暗渠　栽41
短期休閑　栽72
単交雑（単交配）　品207, 作238
断根　栽11
担根体　成94, 形126, 形129, 作270
単作　栽74
炭酸ガス　栽66
炭酸カルシウム　栽50
炭酸固定　生152
炭酸脱水酵素　生152
短枝　形114
単軸　形114
単軸成長　形114
短日植物　成92, 生149, 品196
湛水　栽22
炭水化物　生162
湛水直播　栽4
湛水土中直播　栽5
炭素　生180
短草　作317
炭素骨格　生178
炭素同位体分別　生153
炭素率　作330
担体　生193
暖地型　作317
暖地型イネ科牧草　作324
単糖　形128, 作280, 栽43
単胚種子　作282
単播　栽43
タンパク顆粒　形130
タンパク質　形130, 生178, 品200
タンパク質変異米　品215
タンパク体　形130
段畑　栽71
短波長赤外　栽64
単肥　栽50
単葉　形120
団粒構造　栽55
単粒《デンプン》　形128

【ち】

地域資源　栽77
地域適応性　品197
チェレ稲　作220
遅延型冷害　栽34, 成87
地温　栽55
地下灌漑　栽40
地下茎　形126
地下子葉型　成91, 形107, 形120
地下子葉性　作254
地下排水　栽41
地球温暖化　栽66
地球環境　栽66
チクル　作297
地上塊茎　形126, 作270
地上子葉型　成91, 形107, 形120, 形131
地上子葉性　作254, 作256
窒素　生180
窒素飢餓　作330
窒素吸収　生178
窒素固定　作251, 作253
窒素固定菌　生177
窒素固定酵素　生176
窒素酸化物　生68
窒素質肥料　栽50
窒素代謝　生178
窒素同化　生178
チトクロム経路　生164
チナンパ農法　栽73
稚苗　栽8
地表灌漑　栽40
地表排水　栽41
ち密度　栽56
チモシー　作320
チモフェービ系コムギ　作222
チャ　作300
着色粒　栽31
着粒密度　成86
チャネル　生182
茶米　栽30
チューインガムノキ　作297
中央細胞　形101
中央帯　形132
中間型　成82, 品198
中間追肥　栽21
中切り　作303
中耕　栽40, 栽49
中耕培土　栽39
中国種《チャ》　作300

中骨《タバコ》　作307
中骨乾燥期　作307
中揉　作301
中心核　形102
中心髄　形126
中心柱　成95, 形109, 形110, 形113, 形124, 形127
中心柱型　形125
中性　生192
中生植物　生149, 生169, 品196
中性肥料　栽51
中生（ちゅうせい, なかて）品種　品196
抽台　作282
柱頭　形101, 形102
中葉《タバコ》　作306
中胚軸　形112
中苗　栽9
中葉　形138
中力粉　作228
中肋　形117, 形121
頂芽　形112
長花柱花型　作246
頂芽優勢　生170
長稈性在来稲品種　作221
長稈品種　作224
長期休閑　栽72
長枝　形114
チョウジ（丁子, 丁字）　作313
長日植物　生149, 品196
調製　栽32
長石　栽52
潮汐湿地田　栽2
チョウセンニンジン　作315
長草　作317
頂端小穂分化期　作224
頂端分裂組織　形127, 形132, 形138
超薄切片　形142
超微量分析　生193
潮風害　栽37, 成87
重複受精　成87, 形103, 形104
長方形植え　栽10
直播　栽4
直播栽培　栽4
直立型　作317
直立茎　形114
直立挿し　作268
直立分げつ　作322
貯蔵型　生170
貯蔵器官　形126
貯蔵性　栽31
貯蔵組織　形126

貯蔵炭水化物　生162
貯蔵タンパク質　生162
貯蔵デンプン　形128, 生144, 生162
貯蔵物質　形126, 作323
貯蔵米　品203
貯蔵利用　作316
苧麻　作291
チラコイド　形138, 生150
地理情報システム　栽64
チルユニット　生146
鎮圧　栽39, 栽43

【つ】

追熟　生172
追肥　栽21, 栽40
通気性　栽52, 栽56
通気組織　形113, 形118, 形123
接ぎ木　栽44
ツクネイモ群　作270
土入れ　作227
土寄せ　栽40
つなぎ間作　栽75
つなぎ肥　栽21
ツナソ（綱麻）　作290
ツベロン酸　成94, 生173
坪刈り　栽28
ツマグロヨコバイ　栽17
釣り針挿し　作268
つる　形114
ツルアズキ（蔓小豆）　形106, 作255
ツルマメ　作248

【て】

テアニン　作302
低アミロース米　品214
低位分げつ　成80
低温順化　生189
低温障害　生188, 作268
低温貯蔵　品203
低温発芽性　栽4
低温要求性　生146
ディジットグラス　作327
低出葉　形120
定植　栽44
ディスクプラウ　栽48
定性分析　生192
泥炭地水田　栽56
低投入持続的農業　栽70
低度化成肥料　栽50
定量分析　生192
デイル　作311

手植え 栽10
テオシント 作319
手刈り 栽26
適合溶質 生166, 生188
摘採 作302
摘採期 作302
摘採面 作302
摘採面積率 作303
摘心 作253, 作306
摘播 栽43
テクスチャー特性 品201
デジタル数 栽64
デシルアルコール 生175
デスモ小管 形138
鉄 生181
手摘み 作303
出開き 作302
テフ 作244
手揉み 作301
デュラムコムギ 形131, 作222
テラス栽培 栽71
転化 作280
電荷数 生193
転化糖 作280
転換畑 栽39
電気泳動 生190
電気伝導率 栽56
テンサイ(甜菜) 作282
甜菜糖 作280
テンサイパルプ 作283
電子伝達系 生164
転写調節 品208
天水栽培 栽76
天水田 栽2
天水稲 作221
転送細胞 形139, 生160
天地返し 栽57
てん茶(碾茶) 作301
展着剤 栽60
天敵 作252
点滴灌漑 栽40, 栽76
点滴法 生192
デント種 作238
天葉《タバコ》 作306
点播 栽5, 栽43
田畑輪換 栽22, 栽73
テンパリング乾燥機 栽32
デンプン(澱粉) 形128, 生162, 品200
デンプン価 作264
デンプン合成酵素 生162
デンプン種子 形131

デンプン貯蔵組織 成89
デンプン粒 成89, 形128, 生162, 作278
デンプン粒結合性スターチシンターゼ 生163
転流 生160

【と】

銅 生181
踏圧 作227
糖化 作280
凍害 生188
冬害 生189
透過型電子顕微鏡 形143
同化器官 生154
同化箱法 生194
トウガラシ(唐芥子) 作308
導管 形118, 形124, 生160
導管要素 形138
トウキ(当帰) 作315
冬季乾燥害 生189
機動細胞 形118
冬期湛水 栽23
トウキビ 作236
胴切米 栽30
同型花柱性 作247
統計モデル 栽65
凍結耐性 生189
等高線栽培 栽71
トウゴマ 作295
登熟 成88
登熟期[間] 成88, 作224
登熟障害米 栽30
登熟歩合 栽28, 成89
凍上 作227
凍上害 生188
同伸成長 成80
トウジンビエ(唐人稗) 作244, 作319
同伸葉 生155
同伸葉・同伸分げつ理論 成80
透水性 栽52, 栽56
搗精 栽33
搗精歩合 栽33
凍霜害 栽37, 作232
同調成長 形135
動的モデル 栽65
等電点電気泳動 生190
糖度 作280
同伴作物 栽75
倒伏 成85, 成89, 生157
倒伏防止剤 生171

唐箕 栽32
糖蜜 作241, 作280, 作283, 作285
トウモロコシ(玉蜀黍) 作236, 作318
糖用ソルガム 作240
動力散粉機 栽61
動力噴霧機 栽61
胴割[れ]米 栽30, 成88
トールフェスク 作321
時なし性 品197
特別栽培 栽70, 栽77
トゲイモ 作270
トゲドコロ 作270
土耕栽培 栽76
床締め 栽22
床土 栽6
徒手切片 形142
土壌汚染 栽53, 栽69
土壌改良 栽56
土壌改良資材 栽56
土壌改良資材施用 栽57
土壌クラスト 成91
土壌群 栽52
土壌コアサンプラ 形140
土壌孔隙 栽52
土壌-作物-大気伝達モデル 栽65
土壌殺菌剤 栽60
土壌酸性 栽57
土壌三相 栽56
土壌消毒 栽60
土壌-植物-大気系 栽65
土壌浸食(侵食) 栽53, 栽55, 栽67
土壌診断 栽56
土壌層位 栽52
土壌断面 栽52
土壌伝染病 栽60
土壌断面法 形140
土壌動物 栽53
土壌pH 栽56
土壌微生物 栽53
土壌分類 栽52
土壌モノリス 形140
土壌劣化 栽67
土層改良 栽49, 栽57
突然変異育種法 品207
トバモライト 栽51
トビイロウンカ 栽17
ドベネックの樽 生180
止葉 栽34, 形117
ドライストア 栽33
ドライミリング 作239
トラクタ 栽48

トランス型ゼアチン 生171	ナタマメ 形106, 作261	二次分枝根 形108
トランスクリプトーム 品209	夏植え 作334	二次壁 形138
トランスクリプトミクス 品209	夏型 作246	二次木部 形110, 形124, 形133
トランスポーター 生182	夏枯れ 作317, 作322, 作324	二重隆起 成84
トランスポゾン 品209	夏ダイズ型 作250	二重隆起期 作224
トリカブト《烏頭》 作315	夏茶 作302	二条オオムギ 作230
トリカルボン酸回路 生164	ナツメグ 作311	日印交雑品種 成83
取り木 栽44	ナツメヤシ《棗椰子》 作275	二次花房 成92
トリグリセリド 形131	ナトリウム 生181	日変化 生155
トリコデルマ菌 栽15	斜め挿し 作268	日干乾燥《タバコ》 作307
トリネキサパックエチル 生174	ナフタレン酢酸 生170	ニッケイ《肉桂》 作309
トリペアレンタルメイティング法 品212	生葉《チャ》 作301	ニッケル 生181
	生葉《タバコ》 作307	日光屈性 生187
トリメチルケイ素化誘導体 生193	並木植え 栽10	日射利用効率 栽65
ドリル播き 栽43, 作226	並性 作231	日照計 生195
トレーサー法 生190	苗代 栽6, 栽8	日長 生149
トンネル栽培 栽76	ナンキンマメ 作258	ニッパヤシ 作275
豚ふん堆肥 栽51	軟質コムギ 形131, 作223, 作228	二糖 形128
	軟質米 品202	ニトロゲナーゼ 形111
【な】	軟弱徒長苗 栽8	二倍体 品206
ナース培養 品210	ナンバンキビ 作236	二番茶 作302
内穎 成84, 形100		二毛作 栽13, 栽74
内珠皮 形107	【に】	乳液 作296
内鞘 形109, 形110, 形127	2,4-ジクロロフェノキシ酢酸 生170	乳管 形139
内髄 成94	匂い米 品214	乳管《ゴム》 作296
内生オーキシン 生170	2回羽状複葉 作274	乳酸発酵 生164
内生休眠 生184	ニガソバ 作247	ニュージーランドアサ 作293
内体 形132	ニカメイチュウ 栽16	乳熟期 成88
内乳（内胚乳） 成87, 形105	二期作 栽13, 栽74	乳白米 栽30
内皮 形109, 形124	肉芽 形115	乳苗 栽9
内分泌攪乱物質 栽67	ニクズク《肉豆蔻》 作311	2葉挿し 作302
苗 栽8, 栽44	2原型 形110	尿素 栽50
苗《サツマイモ》 作266	ニコチン酸アミドジヌクレオチド 生164	2粒系コムギ 作222
苗立ち 栽4, 成78, 成91		
苗立枯病 栽7, 栽15	ニコチン酸アミドジヌクレオチドリン酸 生164	【ね】
苗立密度 栽4		ネズミムギ 作321
苗立率（苗立歩合） 栽4	二又脈 形117	熱画像 栽64
苗床 作266	二酸化硫黄 栽68	熱画像計測装置 栽64
苗取り 栽8	二酸化炭素 栽66	根付け肥 栽21
苗箱全量施肥 栽21	二次亜枝 成92	熱ショックタンパク質 生188
ナガイモ《薯蕷》 作270	西インドレモングラス 作312	熱赤外 栽64
ナガイモ群 作270	二次休眠 生184	熱赤外放射測温 栽64
ナガササゲ 形106	二次形成層 成95, 形127	熱帯ジャポニカ 作220
中しろ 栽10	2次元電気泳動 生190	熱伝導検出器 生193
中生（なかて, ちゅうせい）品種 品196	二次鉱物 栽52	熱風乾燥 栽32
ナガハグサ 作322	二次枝梗 栽29, 成84, 形100	根の深さ指数 形137
中干し 栽22, 栽56	二次篩部 形110, 形124, 形126, 形133	根の伸長角度 形140
ナズナ 栽47	二次側根 形108	根の分泌物 生182
ナタネ《菜種》 作294	二次組織 形132	根箱法 形141
ナタネ油 作294	二次肥大成長 形110	ネピアグラス 作326
ナタネ粕 作294	二次分げつ 成80	ネリカ 作219

ネルソン-ソモギ法　生190
粘液　形127, 形129
粘液管　形127
稔実　成88
稔実小花数　作222
稔実歩合　成89
稔性回復系統　品204
粘弾性　作223
粘土鉱物　栽52

【の】

農業気象災害　栽36
濃厚飼料　作316
嚢状体　形111
能動的吸水　生167
能動輸送　生160, 生178, 生182
農法　栽72
農薬　栽60
ノーザンブロッティング　品208
芒　形100

【は】

バーク堆肥　栽51
バーズフットトレフォイル　作329
パーティクルガン法　品212
ハードニング　生189
バーナリゼーション　成84, 生147
パーボイルドライス　品202
バーミキュライト　栽53
バーミューダグラス　作325
パールミレット　作244, 作319
バーレー種　作307
葉あみ《タバコ》　作307
胚　成87, 成90, 形101, 形103, 形104, 形106
灰色低地土　栽54
バイオマス　栽65, 成82, 作334
バイオマスタウン　作334
バイオマス・ニッポン総合戦略　作334
バイオマスリファイナリー　作334
胚芽米(胚芽精米)　品202
配合肥料　栽50
胚軸　形106, 形112
背軸側　形116, 形122
胚珠　成84, 形101, 形102, 形106
胚珠培養　品211
排水　栽22, 栽41, 栽56, 生167
排水構造　形122
排水毛　形122
排水路　栽3, 栽23
倍数性　品206, 作222

倍数体　品206
培地　品210
培土　栽40, 作265
配糖体　生192
胚乳　成87, 形101, 形103, 形104, 形106, 形128, 形131
胚乳液　作274
胚のう(嚢)　成92, 形101, 形102
胚のう母細胞　形101
ハイパースペクトル計測　栽64
胚培養　品211
胚発生　品210
胚盤　形112, 形131
珠皮　形101
ハイブリッドライス　品204
培養基　品210
培養変異　品211
バインダー　栽26
葉掻き《タバコ》　作306
バガス　作334
馬鹿苗病　栽14
ばか苗病菌　生192
白化　栽7, 生149
麦芽品質　作233
麦稈　作227
薄層クロマトグラフィー　生192
薄層上　生192
バクテロイド　形111, 生176, 作251
白米　栽33, 品202
薄力粉　作228
パクロブトラゾール　生174
箱育苗　栽8
ハコベ類　栽47
はざ(稲架)干し　栽32
はさみ摘み　作303
播種　栽6, 栽42
播種期　栽42
播種深度　成91
播種プラント　栽7
播種様式　栽42
播種量　栽7, 栽42
芭蕉布　作292
走り穂　成85
ハスイモ(蓮芋)　作273
ハスモンヨトウ　作252
破生細胞間隙　形123
破生通気組織　形109, 形119
はぜる《米》　品202
ハダカムギ(裸麦)　作230
畑　栽38
畑土壌　栽55

畑作　栽38
畑作物　栽38
ハタササゲ(畑豆)　作254
畑雑草　栽46
肌ずれ米　栽30
畑苗　栽8
畑苗代　栽8
葉たばこ　作306
発育速度　栽65
発育段階　栽65
発育停止籾　成89
発育停止粒　栽30
発育モデル　栽65
ハッカ(薄荷)　作313
発芽　成78, 成90, 生144
発芽試験　生145
発芽勢　生145
発芽米　品202
発芽抑制物質　生148, 生184
発芽率　生145
発芽力　成90
発酵茶　作301
発光分光分析　生190
発酵米　品202
発根促進　生170
発生予察　栽60
撥土板　栽48
発蕾期　作306
葉的器官　形120
ハトムギ　作244, 作319
花　形100
ハナササゲ　作257
はなにくずく(肉豆蔻花)　作311
ハナマメ　作257
花水　栽22
花芽　成92, 生149
バニラ　作312
葉の拡散抵抗　生154
葉の傾斜角度　成83
葉のし　作307
バヒアグラス　作325
ハマスゲ類　栽46
葉もぎ《タバコ》　作307
早植え栽培　栽12
早刈り　栽26
早場米　栽12
パラグラス　作327
パラゴム　作296
腹白米　栽30
パラフィン　形142, 生175
パラフィン切片法　形142

ばら播き 栽43	光飽和 生151	ヒユ類 栽47
ハリイモ 作270	光補償点 生150	雹害 栽37
パリセードグラス 作327	光利用効率 生151	病害虫防除 栽41, 栽60
ハルウコン 作299	光リン酸化 生150	病害防除 栽60
春コムギ 作223, 作225	微気象学的方法 生194	病気 栽14
春播き栽培 作226	ピクセル 栽64	病原型 栽14
春播性品種《ムギ》 品196	ひげ根型根系 形136, 作328	病原体 栽14
春播き品種 作225, 作230	被験物 生192	比葉重 成96
バレイショ(馬鈴薯) 作262	肥効 栽20	苗条 成79
ハロイサイト 栽53	非構造性炭水化物 生162	表層根 形137
葉分け《タバコ》 作306	比根長 形137	表層施肥 栽21
半乾性油 作294	ピシウム菌 栽15	表層微小管 形135
晩期栽培 栽12	比重選 栽6, 栽29	表土耕 栽48
晩期追肥 栽21	比色定量法 生190	表皮 形108, 形110, 形112, 形122,
パンコムギ 形131, 作222	非伸長茎部 成85	形127, 形139
パンゴラグラス 作327	非生物的ストレス 品216	表面温度 栽64
伴細胞 形124, 形139	非生物的ストレス耐性 品216	比葉面積 成96
半数体 品206	微生物農薬 栽61	苗齢 栽8, 成79
半数致死薬量 栽60	皮層 成94, 形108, 形110, 形113,	ヒヨコマメ 形106, 作260
反芻動物 作316	形126	平畝 栽39
晩生(ばんせい, おくて)品種 品196	肥大維管束 形125	平形 栽32
反足細胞 形101, 形102	ビターヤム 作270	ヒラマメ 形106, 作260
番茶 作301	非湛水 栽22	肥料 栽50
反転耕 栽38, 栽57	必須元素 栽50, 生180	微量元素 栽50, 生180
半発酵茶 作301	必要除草期間 栽62	肥料三要素 栽50
半無限伸育型 形103, 作250	ヒデリコ 栽18	微量要素肥料 栽51
斑紋 栽54	1株苗数 栽10	ヒルガオ類 栽47
半矮性 品198	1莢内粒数 成93	ヒルムシロ 栽19
半矮性品種 成82, 作224	1粒重 成93	ピレスロイド系 栽61
	1穂穎花数 栽28	ヒロハノウシノケグサ 作321
【ひ】	1穂粒(籾)数 栽28	品質 栽30
	ヒドロキシイソキサゾール 生175	品種 品206
非アロフェン質黒ボク土壌 栽55	ビニルハウス栽培 栽76	品種登録 品216
ヒートパルス法 生195	被覆 作303	品種保護制度 品216
ビートパルプ 作283	被覆栽培 栽76	品種保存 品207
ビートモス 栽76	被覆作物 作330	ピンボード 形141
ヒートユニット 生146	被覆資材 栽76	
ビール麦 作230, 作232	被覆組織 形122	【ふ】
火入れ(乾燥)《チャ》 作301	被覆肥料 栽50	
庇蔭樹 作293	微分干渉顕微鏡 形143	麩 作228
ビーンスレッシャ 作252	ヒマ(蓖麻) 作295	ファイトイクストラクション 生183
ビーンハーベスタ 作252	ヒマシ油(蓖麻子油) 作295	ファイトボラティリゼーション 生183
ヒエ(稗) 作242, 作319	ヒマワリ(向日葵) 作295	ファイトマー 形112, 形136
被害粒 栽31	ヒマワリ油 作295	ファイトレメディエーション 栽69,
東インドレモングラス 作312	ヒメウイキョウ(姫茴香) 作310	生183
光-乾物変換効率 栽65	ヒメウイキョウ(キャラウェー) 作310	ファジービーン 作329
光屈性 生187	ヒメウイキョウ(デイル) 作311	ファゼイン酸 生172
光形態形成 生148	ヒメトビウンカ 栽17	「V」字型《ヤシ科》 作274
光呼吸 生152	皮目 作264	フィトクローム 生145, 生148
光阻害 生151	100(百)粒重 形107	風害 栽36
光中断 生140	ヒューミン 栽52	風乾重 栽25
光発芽種子 生145, 生148		風食 栽55, 栽67

プール育苗　栽7, 栽8	腐植物質　栽52	篩細胞　形138
富栄養化　栽69	不伸長茎部　成80, 成85	篩要素　形124
フェーン　成87	不整地播き　栽42	フルクトース 1,6-ビスホスファターゼ
フェーン害　栽36	不整中心柱　形125	生158
フェストロリウム　作321	伏込み　栽45	ブル稲　作220
フェネル　作310	フダンソウ(不断草)　作282	フルルプリミドール　生174
フェノロジー　栽66	普通化成肥料　栽50	ブレークダウン　品201
フェレドキシン　生176	普通型コンバイン　栽27	プレッシャーチャンバー　生195
フェロモン　栽60	普通系コムギ　作222	プロセス積み上げ型モデル　栽65
フォトトロピン　生148	普通コムギ　形131	プロテインボディ　形130
フォニオ　作244	普通期栽培　栽12	プロテオイド根　生183
深刈り　作303	普通ソバ　作246	プロテオーム　品209
深水稲　作221	普通葉　形107, 形120	プロテオーム解析　生191
深水灌漑　栽22, 栽35	物質生産　栽58, 生156	プロテオミクス　品209
深水栽培　栽22	物理的防除　栽60	プロトプラスト　品210
不乾性油　作294	不定芽　形112, 品210	プロヒドロジャスモン　生175
不完全米　品203	不定根　成95, 形108, 形112, 形126,	プロフィル根　形137
不完全葉　形116	形136	プロプラスチド　形128, 形138
不完全粒　形105	不定胚　品210	プロヘキサジオンカルシウム塩　生174
部間分裂組織　成85, 形112, 形114,	不等分裂　形134	プロモーター　品208
形133	ブトルアリン　生175	プロラミン　形130
複交雑　作238	船底挿し　作268	フロリゲン　生170
複交配　品207	舟弁　形102	プロリン　生169
副護頴　形100	不稔性　品205	不和合性　品205
副細胞　形119, 形122	不稔歩合　栽29	分液漏斗　生192
副作　栽74	不稔籾　栽29	分解能　形142
副作物　栽74	不発酵茶　作301	分画　生192
複雑モデル　栽65	部分刈り　栽28	分げつ　成79, 成80, 形114
副産石灰　栽51	部分登熟籾　成88	分げつ芽　成79, 成80
副産リン肥　栽50	不飽和脂肪酸　作249	分げつ開始期　成80
匐枝　成94, 形115, 形126, 作262	冬コムギ　作223, 作225	分げつ肥　栽21
複総状花序　形100	プライマー　品208	分げつ数　栽24
覆土　栽7, 栽39, 栽43	プライミング　栽42	分げつ盛期　成80
複並立維管束　形124	プラウ　栽48	分げつ節　成80
複葉　成91, 形120	フラクタン　作323	分光画像計測装置　栽64
複粒《デンプン》　形128	フラクトオリゴ糖　形129	分光光度計　生190
袋詰め　栽33	ブラシノステロイド　生172	分光反射計測　栽64
不耕起　栽49	ブラシノステロイド様活性物質　生175	分光反射率　栽64
不耕起栽培　栽38, 作252	ブラシノライド　生172	分光放射計　栽64
不耕起直播　栽5	プラスチド　形128, 形138	分散維管束　形125
不耕起播き　作226	プラストキノン　生150	分施　栽21
フザリウム菌　栽15	プラスミド　品212	分枝係数　形137
附子　作315	ブラックレイヤー　作237	分枝根　形108
不時出穂　成87	プラットフォーム　栽64	分枝指数　形137
麩質(麩素)　形130	フラボノイド　生176	分子シャペロン　生188
麩質貯蔵組織　形131	フラワー種　作238	分枝習性　作258
フジマメ　形106, 作260	プランテーション　栽76	粉状質粒　作223
不受精　栽34	プラントオパール　作218	分子ふるい　生192
不受精籾　栽29, 成89	ブリックス　作280	分泌組織　形123
腐植酸　栽52	フリント種　作238	分蜜糖　作280, 作285
腐植説　生180	篩域　形124	噴霧耕　形141

分裂帯　形108
分裂指数　形134
分裂組織　形132

【へ】

閉花受精　成86, 成92
平行脈　形117, 形121
閉鎖型　栽77
米作日本一表彰事業　栽29
米選機　栽33
並層分裂　形134
平年作　栽28
平年値《収量》　栽28
並立維管束　形124, 形127
米粒麦　作233
ヘイレージ　作316
壁孔　形124
ベクター　栽64
臍（へそ）　成90, 形107, 作250
べたがけ　栽76
ヘッドロス　作252
ペディメタリン　生175
ヘテロシス　品204
べと病　作252
ベニバナ（紅花）　作295, 作298
ベニバナ油　作295
ベニバナインゲン　作257
ベニバナワタ　作288
ヘネケン　作293
への字稲作　栽20
ペパーミント　作312
ヘミセルロース　形138
ペルオキシソーム　生152
ペルシアコムギ　作222
ペレニアルライグラス　作321
ベンケイソウ型有機酸代謝　生153
偏光顕微鏡　形143
偏光反射率　栽64
変種　品206
辺周部維管束環　形109, 形113, 形125
ベンジルアミノプリン　生174
ベンチルアデニン　生171
ヘントウ（扁豆）　作260
ペントースリン酸経路　生164
偏穂重型　成82, 品198
偏穂数型　成82, 品198

【ほ】

穂　形100
苞　成84, 形116, 形120
膨圧　生166

膨圧運動　生186
包囲維管束　形124
包穎　形100
萌芽　作262
萌芽期　作302
ホウキモロコシ　作241
箒用ソルガム　作241
方形モノリス法　形140
縫合線　形106
芳香米　品214
防根透水シート　栽76
ホウ砂　栽51
飽差　生168
ホウ酸肥料　栽51
放射維管束　形124
放射温度計　栽64
放射中心柱　形110, 形125
放射分裂　形134
放射免疫測定法　生191, 生193
放射率　栽64
膨潤水　栽52
防除法　栽60
紡績繊維作物　作289
放線菌　栽53
ホウ素　生181
防霜ファン　作303
放牧地　作316
放牧利用　作316
ボウマ　作291
苞葉　成84, 形102, 形116, 形120, 作289, 作300
包埋　形142
ホースラディッシュ　作308
ホールクロップサイレージ　作316
ホーンステージ　成79
保温折衷苗代　栽8
補完作物　栽74
牧草　作316
牧草地　作316
穂首　形100
穂首節　栽24, 成84, 形100
穂首節間　成85, 形100
穂首分化期　成84
穂肥　栽21
保護作物　作333
穂軸　成85, 形100
穂重型　成82, 品198
母樹園　作302
補助暗渠　栽41
穂状花序　成84, 形100, 作324
圃場整備　栽23

圃場抵抗性　栽14
圃場容水量　栽52, 生168
補植　栽11
補助飼料　作316
保水性　栽52, 栽56, 生168
穂数　栽28
穂数型　成82, 品198
ホスホエノールピルビン酸　生152
穂相　成86
ホソムギ　作321
穂揃期　成85, 成86
ホタルイ類　栽18
穂長　栽28
ポット育苗箱　栽9
ポッド種　作238
ポット苗　栽9
ポット法　形141
ポップ種　作238
北方型フリント　作238
ポドソル化作用　栽52
ボトムプラウ　栽48
ポトメーター　生194
穂発芽　成89, 生185, 作225, 作232
穂ばらみ期　成86, 形101
穂ばらみ期冷害　栽34
匍匐型　作317
匍匐茎　形114
匍匐枝　形115, 形126
匍匐性　作258
ホメオボックス遺伝子　品209
ポリ塩素化ビフェニル　栽69
ポリクロナル抗体　生193
ホルクロルフェニュロン　生175
ボロ稲　作220
ポロメーター法　生194
ホワイトギニアヤム（ホワイトヤム）　作270
ホワイトソルガム　作241
本葉　形107, 形120
本葉《タバコ》　作306
ポンプ　生182

【ま】

マイクロアレイ　品209
マイクロスライサー　形142
マイクロ波　栽64
マイクロ波計測　栽64
真苧（まお）　作291
マカロニコムギ　作223
巻きつき型　作317
巻きつき茎　形114

巻きひげ　形121, 作328
膜動輸送　生182
マグネシウム　生180
マグネシウム質肥料　栽51
膜輸送　生182
マクロアレイ　品209
孫イモ　形127, 作272
マススペクトロメトリー　生190, 生193
マスフロー　生182
抹茶　作301
マット苗　栽6
マツリカ　作312
マテチャ　作305
マトリクス多糖　形135
マトリックポテンシャル　生166
マニオク　作278
マニホット　作278
マニホットゴム　作297
マニラアサ　作292
間引き　栽40
マメ科飼料作物　作316
マメ科牧草　作328
マメシンクイガ　作252
マルチ　栽40
マルチプルシュート　生171
マルチング　栽40
丸麦　作233
マレイン酸ヒドラジド　生174
マンガン　生181
万石　栽32
マンジョカ　作278
マンナン　形129
マンニトール　生160

【み】

みかけの光合成速度　生154
幹　作274
幹刈り　作306
幹干し乾燥　作307
ミクロトーム　形142
ミクロボディ　形138
実肥　栽21
未熟粒　栽31
実生　成78
ミズガヤツリ　栽19
水管理　栽22, 栽56
水欠乏　生168
ミズズイキ　作272
水ストレス　生168
水生産性　栽23
水チャネル　生167

水伝導度　生167
水苗　栽8
水苗代　栽8
水の通導抵抗　生167
水ポテンシャル　生166, 生168
水利用効率　生168, 作335
密条播　栽43
蜜腺　形102, 形123
密度効果　成98
ミツマタ(三椏)　作287
ミトコンドリア　形138
ミドリチョマ　作291
水口　栽3, 栽22
水尻　栽3, 栽22
ミニリゾトロン　形140
ミミズ　栽53
脈系　形117
民俗変種　作276

【む】

むかご　形115, 形126, 作270
無機栄養説　生180
無機化　栽54
ムギネ酸　生182
麦踏み　作227, 作232
ムギ類　作234
麦わら　作227
無限花序　形103
無限伸育型　成91, 形103, 作250
無限伸育型根粒　形176
無効分げつ　成80
蒸し《チャ》　作301
蒸し製　作301
無性生殖　形126
無性繁殖　栽44
無洗米　品202
無胚乳種子　成90, 形106
無柄　作236
ムラサキウマゴヤシ　作328
ムラサキツメクサ　作329
ムレ苗　栽7

【め】

目　作262
明期　生149
明渠　栽3, 栽41
明渠排水　栽57
明視野顕微鏡　形143
明反応　生152
メース　作311
メープルシロップ　作281

メープルシュガー　作281
メキシコデント　作238
メキシコワタ　作288
芽くされ米　栽30
芽重型　作302
芽数型　作302
メストーム鞘　形123
メソコチル　成78
メタスルホカルブ　生175
メタボローム　品209
メタボローム解析　生191
メタボロミクス　品209
メタマー　形112
メタン　栽54, 栽66
メチル化　生193
メッシュバック法　形140
メドウフェスク　作321
芽生え　生148
メピコートクロリド　生174
メヒシバ　栽46
メフルイジド　生175
免疫電顕法　生190
綿実油　作289
棉ろう　作289

【も】

毛管水　栽52
毛管連絡切断点　栽52
毛茸　形102, 形119
毛茸(毛状突起)　形122
網状脈　形117, 形121
モーリシャスアサ　作293
木部　形118, 形124
木部柔組織　形124
木部繊維　形124
モグラ暗渠　栽41
モザイク病《ダイズ》　作252
モジュール　形114
糯梗性　品202
糯性(もち性)コムギ　作229
糯性の　形128
糯米(もち米)　品202
モデル植物　品209
モデルパラメータ　栽65
基肥　栽21, 栽39
戻し交配法　品207
基白米　栽30
モノクロナル抗体　生193
モノリス法　形140
籾　形104
籾殻(もみがら)　栽76, 形104

和名索引

361

籾枯細菌病　栽15	有効分げつ　成80	幼植物　成78
籾すり　栽32	有効積算温度　生146	葉身　形116, 形120
籾すり機　栽32	有効態窒素　栽20	幼穂　成84
籾すり歩合　栽32	有効態養分　栽20	幼穂形成　成84
籾粗選機　栽32	有効態リン酸　栽20	幼穂形成期　成84
もみわら比　栽58	有効登熟期間　成88	幼穂分化　栽34, 成84
もやし　作255	有効土層　栽56	幼穂分化期　成84, 作224
モリブデン　生181	有効分げつ[数]決定期　成80	用水量　栽22
モロコシ(蜀黍)　作240, 作319	有臭米　品214	要水量　生168
紋枯病　栽14	有色米　品215	用水路　栽3, 栽22
	雄穂　作236	葉数　栽24
【や】	雄ずい(蕊)　成84, 成92, 形100,	熔成ケイ酸リン肥　栽51
ヤウテア　作272	形102, 形120	熔成リン肥(熔リン)　栽50
ヤエムグラ　栽47	有性生殖　形126	葉跡　形113
焼畑農業　栽76	雄性先熟　成87	葉舌　形116
焼畑[農耕]　栽72	雄性不稔　栽34, 品204	要素　形136
葯　成84, 成92, 形100, 形102	雄性不稔維持系統　品204	ヨウ素価　品203, 作294
薬剤耐性遺伝子　品212	誘導休眠　生184	要素過剰　生180
葯培養　品211	有柄　作236	要素欠乏　生180
ヤケ米　栽31	有用元素　生181	溶脱　栽52, 栽55
ヤシがら　栽76	遊離オーキシン　生170	葉長　栽24
野生稲　作218	遊離型　生170	葉的器官　形120
野生ヒエ　栽18	有腕細胞　形118	葉枕　形121
野草　作316	癒傷組織　生171	揺動選別機　栽32
野草地　作316	輸送細胞　形139	葉肉　形122
やませ　栽34	油料作物　作294	葉肉細胞　形118, 形122, 生152
ヤマチャ　作300		葉肉抵抗　生154
ヤマノイモ　作270	【よ】	溶媒抽出　生192
	葉位　形117, 形120	葉幅　栽24
【ゆ】	陽イオン交換容量　栽53, 栽56	養分漏出　成90
誘引剤　栽60	葉腋　形116, 形121	葉柄　形120
雄核　形101	養液栽培　栽76	葉脈　形117, 形121
有機塩素系　栽61	養液土耕栽培　栽76	葉面吸収　生182
有機化(有機的固定)　栽54	幼芽　成78, 成91, 形112	葉面境界層抵抗　生154
有機栽培　栽77	葉間期　成79, 成82, 形117	葉面散布　栽21
有機質肥料　栽50, 栽51	葉間節(葉節)　形116	葉面積　栽25, 成97
有機水銀剤　栽60	葉原基　形112, 形121, 形132	葉面積計　栽25, 成97
有機態窒素　栽54	幼根　成78, 成90, 形107, 形108,	葉面積指数　栽25, 成82, 成96, 生156
有機農業　栽70	形131	葉面積比　成96
有機培地　栽76	葉耳　栽34, 形116	葉面積密度　成83, 生157
有機物　栽57	葉耳間長　栽34, 形117	幼葉鞘　形112, 形116, 形131
有機物吸収　生182	葉軸　形120	葉緑素計　栽25, 栽56
有機物施用　栽57	葉重比　成96	葉緑素保持試験　生192
有機溶媒　生192	溶出溶媒　生192	葉緑体　形106, 形138, 生150, 生154
有機リン系　栽61	洋種ナタネ　作294	葉齢　栽24, 成79
有限花序　形103	葉序　形117, 形121	葉齢指数　栽24, 成79, 形117
有限伸育型　成91, 形103, 作250	葉鞘　形116	薏苡　作244
有限伸育型根粒　作176	葉鞘褐変病　栽15	翼弁　成92, 形102
有限伸育性品種　作247	葉色　栽25, 成97	横分裂　形134
有効温度　生146	葉色診断　栽56	よじ登り茎　形114
有効茎歩合　成80	葉色板　栽25	4日苗　栽9

362

浴光催芽(育芽)　作264
ヨモギ　栽47
4-CPA　生174
4原型　形110
四倍体　品206

【ら】

ライコムギ　作234
ライシメーター　生194
ライスセンター　栽33
ライマメ　形106, 作257
ライムギ　作234, 作318
ライン交差点法　形141
落水　栽22
落水口　栽3
落蕾　作251
ラジオイムノアッセイ　生191, 生193
ラスター　栽64
落花　成93, 作251
ラッカセイ(落花生)　作258
落莢　成93, 作251
ラップサイレージ　作239
ラフィノース　形129, 生160
ラベンダー　作313
ラミー　作291
ラミナ・ジョイント検定法　生192
ラメット　形115
ラメラ　形138
ラヤダ稲　作220
卵細胞　形101, 形102

【り】

リード化合物　生174
リードカナリーグラス　作322
リービッヒの樽　生180
リクチメン(陸地棉)　作288
陸稲　作220
リグニン　形138
離生細胞間隙　形123
離生通気組織　形109
離層　生172
リゾープス菌　栽15
リゾクトニア菌　栽15
リゾトロン　形140
リノール酸　作249
リビングマルチ　作330
リブロース1,5-ビスリン酸　生152
リベリアコーヒー　作304
リポキシゲナーゼ　作250
リボソーム　形138
リモートセンシング　栽64

硫化水素　栽54
リュウキュウアイ　作298
リュウキュウイトバショウ　作292
粒茎比　栽58
竜骨弁　成92, 形102
硫酸アンモニウム(硫安)　栽50
硫酸カリウム　栽50
硫酸マグネシウム　栽51
硫酸マンガン　栽51
粒質　作228
粒着密度　栽28
龍爪稷　作244
量子収率　生151
良食味米品種　品200
量的形質遺伝子座　品209
稜翼　成262
利用率　栽54
緑化　栽7
りょく化(糠化)　品202
緑茶　作301
リョクトウ(緑豆)　作255
緑肥　栽49, 栽51, 作330
緑肥作物　作330
リン　生180
鱗芽　形115
輪換式農法　栽72
輪換田　栽73
輪換畑　栽73
鱗茎　形114
リンゴ酸　生153
輪作　栽38, 栽72, 栽74
輪作草地　作316
リン酸吸収係数　栽55
リン酸質肥料　栽50
輪生葉序　形117, 形121
鱗被　成84, 形100
鱗片葉　形116, 形120

【る】

ルートスキャナー　形137, 形141
ルートマット　栽9
ルーピン類　作329
ルタバガ　作319
ルビジウム　生181
ルビスコ　生152
ルビスコ活性化酵素　生152

【れ】

齢　栽24, 作262
冷温障害　生188
冷害　栽34, 成87

励起状態　生150
冷水田　栽2
レーザ均平機　栽39
レース　栽14
礫耕栽培　栽76
レグヘモグロビン　形111, 生176, 作251
裂莢　作252
裂傷型凍害　作303
レトロトランスポゾン　品209, 211
レトロポゾン　品209
レポーター遺伝子　品212
レモングラス　作312
レンゲ(紫雲英)　作330
連作　栽38, 栽74
連作障害　栽54, 栽72
レンズマメ　形106, 作260
連続移動式　栽32
連干し乾燥　作307

【ろ】

老化　生155
老化苗　栽8
老朽化水田　栽2, 栽56
老朽化茶園　作302
漏水田　栽2, 栽56
ローズグラス　作324
ロータリ耕耘　栽38
ローディング　生160
六条オオムギ　作230
露地栽培　栽76
ロジスチック曲線　成99
ロゼット　形114
ロゼル　作291
ロックウール　栽9, 栽76
ロブスタコーヒー　作304
ロングマット苗　栽7

【わ】

ワールブルク効果　生152
矮化剤　生171, 品199
矮性　品198
ワイルドライス(アメリカマコモ)　作218, 作244
若根　成95
ワキシー種　作238
わき芽抑制剤　作306
ワサビ(山葵)　作309
ワサビダイコン(山葵大根)　作308
早生(わせ)品種　品196
ワタ(棉)　作288

綿毛　作289　　　　　　　ワックス　生175　　　　　　　湾曲化　生176
ワタ葉柄脱離試験　生192　　割込み成長　形135

英 和 索 引

【1～9】

1000-grain weight　1000粒重(千粒重)　栽28
15N dilution method　重窒素同位体希釈法　生177
2-(1-naphthyl) acetamide　1-ナフチルアセトアミド　生174
2,4-dichlorophenoxyacetic acid (2,4-D)　2,4-ジクロロフェノキシ酢酸　生170
3/2 power law of self-thinning　自己間引きにおける3/2乗則　作323
4-(4-chloro-2-methyl phenoxy) butanoic acid　MCPB　生174
(4-chlorophenoxy) acetic asid　4-CPA　生174
4-indol-3-ylbutyric acid　インドール酪酸　生174
6-benzylaminopurine　ベンジルアミノプリン　生174

【A】

α-amylase　α-アミラーゼ　生144
ABA8-hydroxylase　ABA8水酸化酵素　生172
abaca　マニラアサ　作292
abaxial　背軸側　形116, 形122
ABC model　ABCモデル　品209
abiotic stress　非生物的ストレス　品216
abiotic stress resistance　非生物的ストレス耐性　品216
abnormal early ripening　枯熟れ　栽27
abortive grain　発育停止粒, しいな　栽30, 成89
above-ground cultivation　高設栽培　栽76
abscisic acid (ABA)　アブシジン酸　生144, 生172, 生175
abscisic acid-like substance　アブシジン酸様活性物質　生175
abscission zone　離層　生172
absorbance　吸光度　生193
absorptance of photosynthetically active radiation　光合成有効放射吸収率　栽64
absorption maximum　吸収極大　生193
absorption minimum　吸収極小　生193
absorption spectrum　吸収スペクトル　生148
acaricide　殺ダニ剤　栽60
ACC synthase　ACC合成酵素　生172
acclimatization　順化　品197
accumulation　集積　栽52
acetylene reduction activity　アセチレン還元活性　生176
acetylene reduction assay　アセチレン還元法　生176
achira　ショクヨウカンナ　作279
acid deposition　酸性降下物　栽67
acid rain　酸性雨　栽67
acid soil improvement　酸性改良　栽57
acidic　酸性　生192
acidic fertilizer　酸性肥料　栽51

acidity　酸度　栽53
aconite　トリカブト(烏頭), 附子　作315
acropetal　向頂的　形114
actinomycetes　放線菌　栽53
actinostele　放射中心柱　形110, 形125
activation energy　活性化エネルギー　生146
active absorption　積極吸収　生182
active form　活性型　生170
active transport　能動輸送　生160, 生178, 生182
active-tillering stage　分げつ盛期　成80
adaptability for heavy manuring　耐肥性　品199, 品217
adaxial　向軸側　形116, 形122
adenosine diphosphate (ADP)　アデノシン二リン酸　生165
adenosine triphosphate (ATP)　アデノシン三リン酸　生164, 作335
ADP-glucose pyrophosphorylase　ADPグルコースピロホスホリラーゼ　生162
adult leaf　成形葉　形120
adventitious bud　不定芽　形112, 品210
adventitious root　不定根　成95, 形108, 形112, 形126, 形136
adzuki (azuki) bean　アズキ(小豆)　形107, 作254
aerenchyma　通気組織　形113, 形118, 形123
aerial root　気根　形108, 形137
aerial tuber　地上塊茎, むかご　形126, 作270
aerial yam　カシュウイモ　作270
aerobic resipiration　好気呼吸　生165
aerobic rice　エアロビックライス　栽23
African millet　シコクビエ　作319
African rice　アフリカイネ　作218
aftermath　再生草群落　作322
afterripening　追熟, 後熟《休眠》　生172, 生184
Agaves　アガーベ属　作293
age　齢　栽24, 作262
aggregate　団粒構造　栽55
aging　加齢, 熟成《タバコ》　生155, 作307
agricultural chemicals　農薬　栽60
agriculture for environmental conservation　環境保全型農業　栽70, 栽77
Agrobacterium method　アグロバクテリウム法　品212
agro-meteorological disasters　農業気象災害　栽36
air permeability　通気性　栽52, 栽56
air pollution　大気汚染　栽68
air space　空隙　形109
air-curing　空気乾燥　作307
air-dry weight　風乾重　栽25
akiochi　秋落ち　栽54

akiochi ("akiochi") paddy field　秋落[ち]水田　栽2, 栽56
albedo　アルベド　栽64
albumen　胚乳　成87, 形101, 形103, 形104, 形106, 形128, 形131
albumin　アルブミン　形130
alcohol fermentation　アルコール発酵　生164
aleurone cell　糊粉細胞　形105
aleurone grain　糊粉粒　形105
aleurone layer　糊粉層　成89, 形105, 形131
alfalfa　アルファルファ，ムラサキウマゴヤシ　作328
alien weed　帰化雑草　栽62
alkali solubility　アルカリ崩壊度　品201
alkaline fertilizer　アルカリ性肥料　栽51
alkaloid　アルカロイド　作322
all season　時なし性　品197
allelopathy　アレロパシー, 他感作用　栽72
alley intercropping　アレイ作　栽75
allogamous plant　他殖性植物　成86
allophane　アロフェン　栽53, 栽55
allspice　オールスパイス　作310
alsike clover　アルサイククローバ　作329
alternate phyllotaxis　互生葉序　形117, 形121
alternating bed system　交互高畦間作　栽75
alternating intercropping　交互作, 交互畦間作　栽74
alternative agriculture　代替農業　栽70, 栽77
alternative pathway　オルターナティブ経路　生165
aluminium (Al)　アルミニウム　生181
aman rice　アマン稲　作220
American jointvetch　アメリカジョイントベッチ　作329
amide　アミド　生178
amino acid　アミノ酸　形130, 生178
amino acid assimilation　アミノ酸同化　生178
ammonium chloride　塩化アンモニウム（塩安）　栽50
ammonium nitrate　硝酸アンモニウム（硝安）　栽50
ammonium nitrogen　アンモニア態窒素　栽54
ammonium sulfate　硫酸アンモニウム（硫安）　栽50
ammonium transporter (AMT)　アンモニウムトランスポーター　生178
amylase　アミラーゼ　形131, 生145
amylographic characteristics　アミログラム特性　品201
amylopectin　アミロペクチン　形128, 生162, 品200
amyloplast　アミロプラスト　成89, 形128, 形138, 作278
amylose　アミロース　形128, 生162, 品200
anaerobic respiration　嫌気呼吸　生164
ancymidol　アンシミドール　生174
animal fecal waste　家畜糞　栽51
anion exchange capacity (AEC)　陰イオン交換容量　栽53
anise　アニス　作310
antagonism　拮抗作用　栽60
antenna pigment　アンテナ色素　生150
anther　葯　成84, 成92, 形100, 形102

anther culture　葯培養　品211
anther dehiscence　開葯　成87
anthesis　開花　成86
anthrone sulfuric acid method　アントロン硫酸法　生190
anti-abscisic acid　抗アブシジン酸様活性物質　生175
anti-auxin　抗オーキシン活性物質　生174
anti-bioregulator　抗生理活性物質　生192
antibody　抗体　生193
anti-brassinosteroid　抗ブラシノステロイド活性物質　生175
anticlinal division　垂層分裂　形134
anti-ethylene　抗エチレン活性物質　生174
antigen　抗原（試料）　生193
anti-gibberellin　抗ジベレリン活性物質　生174, 生192
antipodal cell, antipode　反足細胞　形101, 形102
aphids　アブラムシ, アリマキ　栽17
apical dominance　頂芽優勢　生170
apical meristem　頂端分裂組織　形127, 形132, 形138
apical meristem culture　茎頂培養　品211
apomixis　アポミクシス　品217
apoplast　アポプラスト　形138, 生182
apoptosis　細胞死　品210
apparent photosynthetic rate　みかけの光合成速度　生154
appearance　外観　栽30
aquaculture　養液栽培, 水耕栽培　栽76
aquaporin　アクアポリン　生167
aqueous　水溶性　生192
Arabian coffee　アラビアコーヒー　作304
Arabian jasumine　マツリカ　作312
arabinogalactan-protein　アラビノガラクタン−プロテイン　形129
arbuscular mycorrhiza　アーバスキュラー菌根　形111
arbuscule　樹枝状体　形111
arial application　空中散布　栽61
arm cell　有腕細胞　形118
aromatic rice　香り米　品214
Arrhenius equation　アレニウスの式　生146
arrowroot　クズウコン　作279
artificial bed soil　人工床土　栽6
artificial cross　人工交配　品206
artificial light　人工光　栽77
asexual propagation　無性繁殖　栽44
asexual reproduction　無性生殖　形126
Asian rice　アジアイネ　作218
Asiatic cotton　アジアメン　作288
asparagine synthetase　アスパラギン合成酵素　生179
asparagus bean　ジュウロクササゲ　作254
assam hybrid　アッサム雑種　作300
Assam indigo　リュウキュウアイ　作298
Assam rubber　インドゴム　作297
assimilation organ　同化器官　生154
associated weed　随伴雑草　栽62

atactostele	不整中心柱　形125
atmospheric pollution	大気汚染　栽68
atomic absorption spectrometry（AAS）	原子吸光分析法　生190
ATP synthase	ATP合成酵素　生150
atratum	アトラータム　作326
attractant	誘引剤　栽60
auricle	葉耳　栽34, 形116
auricle distance	葉耳間長　栽34
aus rice	アウス稲　作220
autoclaved light concrete fertilizer	軽量気泡コンクリート粉末肥料　栽51
autogamous plant	自殖性植物　成86
automatic threshe	自動脱穀機　栽27
automation	自動化　栽77
autoradiography	オートラジオグラフィー　生190
autoregulation	オートレギュレーション　生177
autumn crop of made tea	秋番　作302
autumn sowing	秋播き栽培　作226
autumn soybean	秋ダイズ型　作250
autumn type	秋型　作247
auxin	オーキシン　生170
auxin activity	オーキシン活性程度　生192
auxin-like substance	オーキシン様活性物質　生174
available	可給態（可吸態）　栽52, 栽55
available nitrogen	有効態窒素, 可吸態窒素　栽20
available nutrient	有効態養分, 可給（吸）態養分　栽20, 栽56, 生182
available phosphorus	有効態リン酸, 可吸態リン酸　栽20
avena straight growth test	アベナ子葉鞘伸長検定　生192
awn	芒　形100
axile root	主軸根　形136
axillary bud	腋芽　成79, 形112, 形116, 形121, 形132
axillary meristem	腋生分裂組織　形132
axillary raceme	腋生総状花序　成92
axis	軸　形112
azolla	アゾラ　作331
azuki（adzuki）bean	アズキ（小豆）　形107, 作254

【B】

backcross method	戻し交配法　品207
backscattering coefficient	後方散乱係数　栽64
bacteria	細菌　栽14, 栽53
bacterial grain rot	籾枯細菌病　栽15
bacterial leaf blight	白葉枯病　栽15
bacteroid	バクテロイド　形111, 生176, 作251
bagasse	バガス　作334
bahiagrass	バヒアグラス, アメリカスズメノヒエ　作325
"Bakanae"disease	馬鹿苗病　栽14
baking quality	製パン適性　作228
bancha	刈り番　作302
banjhi	出開き　作302
banner petal	旗弁　成92
bark	樹皮　栽76
bark compost	バーク堆肥　栽51
bark split frost injury	裂傷型凍害　作303
barley	オオムギ（大麦）　作230, 作318
barnyard manure	きゅう肥　栽51
barnyard millet	ヒエ（稗）　作242, 作319
basal dressing（application）	基肥　栽21, 栽39
basal feed（diet）	基礎飼料　作316
basal medium	基本培地　品210
base	塩基　栽57
basic	塩基性　生192
basic vegetative growth	基本栄養成長性　品196
basipetal	向基的　形114
bast fiber	靭皮繊維　作290
bean harvester	ビーンハーベスタ　作252
bean thresher	ビーンスレッシャ　作252
beer brewing barley	ビール麦　作230, 作232
beet pulp	ビートパルプ, テンサイパルプ　作283
beet sugar	甜菜糖　作280
beetle	コガネムシ類　作252
beneficial element	有用元素　生181
benzyl adenine	ベンチルアデニン　生171
bermudagrass	バーミューダグラス, ギョウギシバ　作325
berry	しょう果　作263
bicollateral vascular bundle	複並立維管束　形124
binder	バインダー　栽26
bioassay	生物検定法　生192
biochemical oxygen demand（BOD）	生物化学的酸素要求量　栽69
biological decomposition	生物的分解　栽56
biological disease control	生物的防除　栽60
biological weed control	生物的雑草防除　栽63
biological yield	生物学的収量　栽58
biomass	バイオマス　栽65, 成82, 作334
Biomass Nippon Strategy	バイオマス・ニッポン総合戦略　作334
biomass town	バイオマスタウン　作334
biopesticide	生物農薬　栽60
biorefinery	バイオリファイナリー　作334
biotic stress	生物的ストレス　品216
bipinnate compound leaf	2回羽状複葉　作274
birdsfoot trefoil	バーズフットトレフォイル　作329
bitter yam	ビターヤム　作270
black layer	ブラックレイヤー　作237
black mappe	ケツルアズキ（毛蔓小豆）　作255
black mustard	クロガラシ（黒芥子）　作309
black tea	紅茶　作301
blast	いもち病　栽14
bleeding	出液　生167

bleeding sap rate　出液速度　生195
blending　合組み《チャ》　作301
blossom　開花　成92
blue light　青色光　生148
boll　朔果　作289
bolting　抽台　作282
bone meal　骨粉類　栽50
booting (boot) stage　穂ばらみ期　成86, 形101
booting stage cool injury　穂ばらみ期冷害　栽34
border effect　周縁効果　成99
boric acid fertilizer　ホウ酸肥料　栽51
boro rice　ボロ稲　作220
boron (B)　ホウ素　生181
botrys　総穂花序　形103
bottom plow　ボトムプラウ　栽48
bound auxin　結合型オーキシン　生170
bound form　結合型　生170
bound water　化合水　栽52
boundary layer resistance　境界層抵抗　生168
bovine serum albumin　ウシ血清アルブミン　生193
bowstring hemp　サンスベリア属　作293
brace root　支持根 (支根), 支柱根　形108, 作236
bract　苞　成84, 形116, 形120
bract leaf　苞葉　成84, 形102, 形116, 形120, 作289, 作300
bran　麩　作228
branch root　分枝根　形108
branching coefficient　分枝係数　形137
branching index　分枝指数　形137
branching pattern　分枝習性　作258
brassinolide　ブラシノライド　生172
brassinosteroid　ブラシノステロイド　生172
brassinosteroid-like substance　ブラシノステロイド様活性物質　生175
break down　ブレークダウン　品201
breaking resistance　挫折抵抗　成85
bresd wheat　パンコムギ　作222
brewer's rice　酒米　品214
brewer's rice properties　酒造適性　品214
bright field microscope　明視野顕微鏡　形143
brightness temperature　輝度温度　栽64
Brix　ブリックス　作280
broad bean　ソラマメ (蚕豆)　形106, 作260
broadcast [sowing (seeding)]　散播, ばら播き　栽5, 栽42
broadcasting with rotary cultivation　全層播き　栽43, 作226
broadleaf setaria　セタリア　作327
broken rice　砕米　栽31
brood bulbil　鱗芽　形115
brood shoot　むかご　形115
brood [tube]　肉芽　形115
broom corn (-millet)　ホウキモロコシ, 箒用ソルガム　作241

brown rice　玄米　形104
brown rice planthopper　トビイロウンカ　栽17
brown rice with germination　発芽米　品202
brown spot　ごま葉枯病　栽14
brown sugar　黒砂糖　作280
browning stage　褐変期　作307
buckwheat　ソバ　作246
bud mutation　芽条突然変異, 枝変わり　品206
bud number type　芽数型　作302
bud weight type　芽重型　作302
bulb　鱗茎　形114
bulbil　鱗芽, 地上塊茎, むかご　形115, 作270
bulk-population method　集団育種法　品207
bulliform cell　機動細胞　形118
bulu rice　ブル稲　作220
bunch type　株型　作317
bundle　維管束　形107
bundle sheath cell　維管束鞘細胞　生152
bundle sheath extension　維管束鞘延長部　形118, 形123
Burley tobacco　バーレー種　作307
burning　枯上がり　作306
bush fallow　灌木休閑　栽72
butralin　ブトルアリン　生175
butter bean　ライママ, アオイマメ　形106, 作257
button stage　発蕾期　作306
byproduct lime　副産石灰　栽51
byproduct phosphate　副産リン肥　栽50

【C】

C_3 photosynthesis　C_3光合成　生152
C_3 plant　C_3植物　生153
C_3-C_4 intermediate plant　C_3-C_4中間植物　生153
C_4-dicarboxylic acid cycle　C_4ジカルボン酸回路　生152
C_4 photosynthesis　C_4光合成　生152
C_4 plant　C_4植物　生153
C_4 subtype　C_4サブタイプ　生153
cacao　カカオ　作305
cacao beans　カカオ豆　作305
cacao butter　カカオバター (カカオ脂)　作305
caffeine　カフェイン　作304
cage method　ケージ法　形141
calcined phosphate　焼成リン肥　栽50
calcium (Ca)　カルシウム　生180
calcium carbonate　炭酸カルシウム　栽50
calcium chloride, calcium sulfate　塩化カルシウム・硫酸カルシウム合剤　生175
calcium cyanamide　石灰窒素　栽50
calcium fertilizer　カルシウム (石灰) 質肥料　栽50
calcium formate　蟻酸カルシウム　生175
calcium peroxide　過酸化カルシウム　生175
calcium silicate　ケイ酸石灰 (ケイカル)　栽51

callus　カルス，癒傷組織　生171, 品210
callus growth test　カルス誘導・カルス分裂促進試験　生192
calper　カルパー　栽5
Calvin cycle　カルビン回路　生152, 作335
calyx　萼（がく）　成92, 形102
calyx tube　萼筒　形102
CAM plant　CAM植物　生153
cambium　形成層　成95, 形125, 形133, 形138
cane sugar　甘蔗糖　作280, 作285
Canola　カノーラ　作294
canopy　群落，草冠　成98
canopy photosynthesis　群落光合成　成98
canopy structure（architecture）　個体群構造，群落構造，草冠構造　成98, 生156
cntala　カンタラアサ　作293
capillary electrophresis　キャピラリー電気泳動　生190
capillary water　毛管水　栽52
capsicum　トウガラシ（唐芥子）　作308
capsule　朔果　作289
caraway　キャラウェー，カルム，ヒメウイキョウ　作310
carbamate pesticide　カーバメイト系　栽61
carbohydrate　炭水化物　生162
carbon（C）　炭素　生180
carbon dioxide　二酸化炭素（CO_2）　栽66
carbon isotope discrimination　炭素同位体分別　生153
carbon skeleton　炭素骨格　生178
carbonic anhydrase　炭酸脱水酵素　生152
Caribbean Flint　カリビア型フリント　作238
carina　竜骨弁，舟弁　形102
carotenoid　カロテノイド　生149, 生150
carpel　心皮　形120
carrier　担体　生193
caryopsis　穎果　形104
Casparian strip　カスパリー線　形109, 形138, 生182
cassava　キャッサバ　作278
cassia　カシア，シナニッケイ　作309
castasterone　カスタステロン　生173
castor［bean］　ヒマ（蓖麻），トウゴマ　作295
castor oil　ヒマシ油（蓖麻子油）　作295
cataphyll　低出葉　形120
Cateto Flint　アルゼンチンフリント　作238
cation exchange capacity（CEC）　陽イオン交換（塩基置換）容量　栽53, 栽56
cation-exchange resin　強陽イオン交換樹脂　生192
catjang　ハタササゲ（畑豆）　作254
cattle manure　牛ふん堆肥　栽51
cavitation　キャビテーション　生166
Ceara rubber　マニホットゴム　作297
cell　細胞　形138
cell cycle　細胞周期　形134
cell division　細胞分裂　形134, 生148

cell elongation　細胞伸長　生186
cell expansion　細胞拡大　形134
cell fusion　細胞融合　品210
cell lineage　細胞系譜　形134
cell membrane　細胞膜　形138
cell selection　細胞選抜　品210
cell type　細胞型　形138
cell wall　細胞壁　形138
cell wall constituents　細胞壁構成成分　作322
cell wall extensibility　細胞壁伸展性　生186
cellulose　セルロース　形138
cellulose microfibril　セルロース微繊維　形135, 形138
centipedegrass　センチピードグラス　作327
central cell　中央細胞　形101
central cylinder　中心柱　形109, 形110, 形113, 形124, 形127
central medulla　中心髄　形126
central nucleus　中心核　形102
central zone　中央帯　形132
centrifuged sugar　分蜜糖　作280
centro　セントロ　作329
cereal-ley rotation system　穀草式農法　栽72
cereals, cereal crops　禾穀類　作242
Ceylon cinnamon　シナモン，セイロンニッケイ　作309
chaff　籾殻　形104
chalky kernel　粉状質粒　作223
chamber method　同化箱法　生194
channel　チャネル　生182
charge number　電荷数　生193
cheese cloth　寒冷紗　栽76
chemical control　成長調節　生174
chemical disease control　化学的防除　栽60
chemical herbicide　化学除草剤　栽62
chemical oxygen demand（COD）　化学的酸素要求量　栽69
chick pea　ヒヨコマメ　形106, 作260
chicle　チクル　作297
chili　トウガラシ（唐芥子）　作308
chill unit　チルユニット　生146
chilling injury　低温（冷温）障害　生188, 作268
chilling requirement　低温要求性　生146
chimera　キメラ　形134
China grass　シロチョマ　作291
China jute　ボウマ，イチビ　作291
chinampa　チナンパ農法　栽73
Chinese cinnamon　カシア，シナニッケイ　作309
Chinese indigo　アイ（藍），タデアイ　作298
Chinese milk vetch　レンゲ（紫雲英）　作330
Chinese yam　ナガイモ（薯蕷）　作270
chlorine（Cl）　塩素　生181
chlormequat chloride　クロルメコートクロリド　生174
chlorophyll　クロロフィル　生149, 生150

chlorophyll fluorescence analysis　クロロフィル蛍光分析　生194
chlorophyll meter　葉緑素計　栽25, 栽56
chlorophyll retention test　葉緑素保持試験　生192
chloroplast　葉緑体, クロロプラスト　形106, 形138, 生150, 生154
chlorosis　白化　栽7, 生149
choline chloride　塩化コリン　生175
choline-related compound　コリン関連物質　生175
chromosome and polyploidy　染色体と倍数性　品206
cinnamon　シナモン, セイロンニッケイ　作309
circulation sustainable agriculture　循環型持続農業　栽71
cis-zeatin　シス型ゼアチン　生171
citric acid cycle　クエン酸回路　生164
classification of leaves on stalk position　葉分け　作306
clay mineral　粘土鉱物　栽52
cleaning crop　清耕作物, 清浄作物　栽75, 作241, 作330
cleistogamy　閉花受精　成86, 成92
climacteric phase　クライマクテリック期　生172
climatic productivity index　気象生産力指数　栽65
climatic ripening index　気候登熟量指数　栽65
climbing type　巻きつき型　作317
climing stem　よじ登り茎　形114
clonal analysis　クローン解析　形134
clonal selection　栄養系選抜法　品207
closed system　閉鎖型　栽77
clove　クローブ, チョウジ(丁子, 丁字)　作313
club wheat　クラブコムギ　形131, 作223
C-N ratio　炭素率　作330
CO_2 compensation point　CO_2補償点　生154
CO_2 fixation　炭酸固定　生152
coarse plowing　荒起し　栽48
coarse puddling　荒しろ　栽10
coated fertilizer　被覆肥料(コーティング肥料)　栽50
cobalt(Co)　コバルト　生181
co-chromatography　コクロマトグラフィー　生193
coconut fiber　ヤシがら　栽76
coconut oil　ココヤシ油　作274
coconut[palm]　ココヤシ(古々椰子), コイア　作274, 作293
coconut water　胚乳液　作274
cocoyam　タロイモ(タロ)　作272
coffee　コーヒー　作304
cohesion theory　凝集力説　生166
coir　コイア　作293
cold damage　寒害　栽37
cold drought damage　青枯れ　作303
cold injury　寒害, 赤枯れ《チャ》　生188, 作303
cold resistance　耐寒性　生189, 品216
cold weather resistance　耐冷性　品216
coleoptile　鞘葉, 子葉鞘, 幼葉鞘　成78, 形112, 形116, 形131

coleorhiza　根鞘　成78, 形108
coleorhiza-like organ　根鞘様器官　作276
collar　カラー　形116
collar pruning　台切り　作303
collateral vascular bundle　並立維管束　形124, 形127
collenchyma　厚角組織　形113
collenchyma cell　厚角細胞　形113, 形139
color sorter　色彩選別機　栽33
colored grain　着色粒　栽31
colored guineagrass　カラードギニアグラス　作326
colored-kernel rice　有色米　品215
colorimetric analysis　比色定量法　生190
column chromatography　カラムクロマトグラフィー　生192
combine harvester　コンバイン　栽26
combining ability　組合せ能力　品207
commercial bed soil　人工床土　栽6
common bean　インゲンマメ, サイトウ, サンドマメ　形106, 作256
common buckwheat　普通ソバ　作246
common cutworm　ハスモンヨトウ　作252
common indigo　キアイ(木藍), インディゴ　作298
common millet　キビ(黍), イナキビ　作243
common thyme　タイム　作311
common white jasmine　ソケイ　作312
community　群落　成98
compaction　鎮圧　栽39, 栽43
compactness　ち密度　栽56
companion cell　伴細胞　形124, 形139
companion crop　随伴作物, 同伴作物　栽75
companion (mixed) planting　混植　栽75
companion weed　随伴雑草　栽62
compatible solute　適合溶質　生166, 生188
competition　競争　作323
complementary DNA　cDNA　品208
complementary planting　補植　栽11
complete leaf　完全葉　形116
complicated model　複雑モデル　栽65
components participating in fertilization　受精構成要素　栽35
compost　堆厩肥, 堆肥　栽38, 栽51
compound fertilizer　化成肥料　栽50
compound leaf　複葉　成91, 形120
compound raceme　複総状花序　形100
compound[starch]grain(granule)　複粒[デンプン]　形128
concentrate　濃厚飼料　作316
concentric vascular bundle　包囲維管束　形124
Congo coffee　ロブスタコーヒー　作304
continuous cropping　連作　栽38, 栽74
contour line culture　等高線栽培　栽71
control method　防除法　栽60

370

controlled atmosphere storage　CA貯蔵　生172
conventional combine　普通型コンバイン　栽27
cooking quality　炊飯特性　品201
cool summer damage due to delayed growth　遅延型冷害　成87
cool summer damage due to floral sterility　障害型冷害　成87
cool summer (weather) damage　冷害　栽34, 成87
cool weather resistance　耐冷性　栽35
cool-season type　寒地型　作317
coordinated growth　同調成長　形135
copper (Cu)　銅　生181
copra　コプラ　作274, 作293
core sampling method　コアサンプリング法　形140
coriander　コリアンダー, コエンドロ(香草)　作310
cork　コルク細胞　形139
cork cambium　コルク形成層　形110, 形112, 形126, 形133
cork tissue　コルク組織　成94, 形126, 形133
corm　球茎　成94, 形114, 形126, 形129, 作272, 作332
corn　トウモロコシ(玉蜀黍)　作236, 作318
Corn Belt Dent　コーンベルトデント　作238
corolla　花冠　形102
corpus　内体　形132
cortex　皮層　成94, 形108, 形110, 形113, 形126
cortical microtubule　表層微小管　形135
co-situs placement　接触施肥　栽21
cotton　ワタ(棉)　作288
cotton lint　綿毛　作289
cotton petiole abscission test　ワタ葉柄脱離試験　生192
cotton seed oil　綿実油　作289
cotton wax　棉ろう　作289
cotyledon　子葉　成90, 形106, 形112, 形120, 形129, 形131
country elevator (CE)　カントリーエレベータ　栽33
cover crop　カバークロップ, 被覆作物　作330
cover material　被覆資材　栽76
covering　被覆　作303
covering with soil　覆土　栽7, 栽39, 栽43
cowpea　ササゲ(豆豆, 大角豆), カウピー　形106, 作254, 作319
cracked rice kernel　胴割米　栽30, 成88
crassulacean acid metabolism (CAM)　ベンケイソウ型有機酸代謝　生153
creeping stem　匍匐茎　形114, 作258
creeping type　匍匐型　作317
critical daylength　限界日長　成92, 生149, 品196
critical LAI (leaf area index)　限界葉面積指数　成82, 生157
critical low temperature for rooting　活着限界温度　栽11
critical stage　危険期　栽34
critical temperature　限界温度　栽34, 生188
crop growth model　作物成長モデル　成99

crop growth rate (CGR)　個体群成長速度　成96, 生156
crop model　作物モデル　栽65
crop production　作物生産　栽66
crop rotation　輪作　栽38, 栽72, 栽74
crop sequence　作付順序　栽74
crop situation　作況, 作柄　栽28, 栽65
crop situation index　作況指数　栽28, 栽65
crop water stress index (CWSI)　作物水ストレス指数　栽64
cropping pattern　作付様式　栽74
cropping season　作期, 作季　栽12, 栽73
cropping system　作付体系　栽74
cross breeding　交配育種法　品207
cross pollination　他花受粉　成92
cross reactivity　交差反応　生193
cross-fertilizing plant　他殖性植物　品206
cross-incompatibility　交配(交雑)不和合性　品205
crown　冠部　作282, 作328
crown root　冠根　形108
crown root primordia　冠根原基, 冠根始原体　形109
cruck entry　クラックエントリー　生176
crude protein (CP)　粗タンパク質　作324
crude tea　荒茶　作301
cryostatt　クリオスタット　形142
cryptochrome　クリプトクローム　生148
csntala　カンタラアサ　作293
Cuban Flint　キューバフリント　作238
culm　稈　形114
culm length　稈長　栽24, 成83
cultivar, variety　品種, 栽培品種　品206
cultivation characteristic　栽培特性　品214
cultural disease control　耕種的防除　栽60
cultural type　栽培型　作220
cultural weed control　耕種的雑草防除　栽63
culture medium　培地, 培養基　品210
cumin　クミン, ヒメウイキョウ　作310
cured leaf　乾葉《タバコ》　作307
curing barn　乾燥室　作307
curling　湾曲化　生176
curring　キュアリング　作268
cush-cush yam　クスクスヤム　作270
cuticle　クチクラ　形106, 生168
cuticular layer　クチクラ層　生168
cuticular resistance　クチクラ抵抗　生154, 生168
cuticular transpiration　クチクラ蒸散　生168
cut-sprouts (cuttings)　苗《サツマイモ》　作266
cutters　合葉《タバコ》　作306
cutting　挿し木, 採草(刈取り)利用　栽44, 作316
cyclin　サイクリン　形134
cyclin dependent kinase (CDK)　サイクリン依存性キナーゼ　形134

cylindrical root　梗根　形126
cyst nematodes　ジャガイモシストセンチュウ　作265
cytochrome　シトクロム　生150
cytochrome pathway　シトクロム経路　生164
cytohistological zonation　細胞組織帯　形132
cytokinin　サイトカイニン　成93, 生171
cytokinin-like substance　サイトカイニン様活性物質　生174
cytoplasmic gene　細胞質遺伝子　品205
cytoplasmic male sterility　細胞質雄性不稔　品204
cytosis　膜動輸送　生182
cytoskelton　細胞骨格　形135

【D】

daily temperature range　温度日較差　生146
dallisgrass　ダリスグラス　作326
Dalmatian pyrethrum　ジョチュウギク（除虫菊）　作315
damaged grain　被害粒　栽31
daminozide　ダミノジッド　生175
damping-off　苗立枯病　栽7, 栽15
dark field microscope　暗視野顕微鏡　形143
dark period　暗期　生148
dark reaction　暗反応　生152, 作335
dark respiration　暗呼吸　生164
dasheem　タロイモ（タロ）　作272
date palm　ナツメヤシ（棗椰子）　作275
daughter corm　子イモ《球茎》　形127, 作272
daughter tuber　子イモ《塊茎》　形127, 作272
daughter tuberous root　子イモ《塊根》　形127, 作272
daylength　日長　生149
day-neutral plant　中性植物　生149, 品196
dead-ripe stage　枯熟期　成88
decarboxylating enzyme　脱炭酸酵素　生152
decussate　十字対生　形117
dedifferentiation　脱分化　品210
deep flow technique　湛液水耕　栽76
deep root　深根　形137
deep tillage　深耕　栽48, 栽56
deep trimming of canopy　深刈り　作303
deep water irrigation prior to young microspore stage　前歴深水灌漑　栽35
deep water paddy field　深水田　栽2
deep-flood irrigation　深水灌漑　栽22, 栽35
deep-rooted crop　深根性作物　形136
deepwater rice　深水稲　作221
deficient mutant　欠損変異種　生170
deformed kernel　奇形米　栽30
degraded paddy field　老朽化水田　栽2, 栽56
degree of winter habit　秋播［き］性程度　作225, 作231
delayed heading　出穂遅延　栽34, 成87
delayed-type cool injury　遅延型冷害　栽34
denitrification　脱窒　栽54, 生179

denitrifier　脱窒菌　生179
density effect　密度効果　成98
density of established seedlings　苗立密度　栽4
density of spikelet setting　着粒密度　成86
dent corn　デント種　作238
depth of planting　植付け深　栽11
desertification　砂漠化　栽53, 栽67
desmotuble　デスモ小管　形138
deteriorated tea field　老朽化茶園　作302
determinate inflorescence　有限花序　形103
determinate type　有限伸育型　成91, 形103, 生176, 作250
determinate type cultivar　有限伸育性品種　作247
developmental model　発育モデル　栽65
developmental rate　発育速度　栽65
developmental stage　発育段階　栽65
devernalization　春化消去　生147
diarch　2原型　形110
dichlorprop　ジクロルプロップ　生174
dichotomous venation　二又脈　形117
differential interference microscope　微分干渉顕微鏡　形143
diffuse vascular bundle　分散維管束　形125
diffusion　拡散　生182
diffusion conductance　拡散伝導度　生154
digestibility　消化率, 消化性　作318
digestible energy　可消化エネルギー　作318
digital number　デジタル数　栽64
digitgrass　ディジットグラス　作327
dihydro-zeatin　ジヒドロゼアチン　生171
dikegulac　ジケグラック　生175
dill　デイル, イノンド, ヒメウイキョウ　作311
dinitrogen monoxide　一酸化二窒素　栽66
dinkel wheat　普通系コムギ　作222
diploid　二倍体　品206
direct cover　べたがけ　栽76
direct seeding（sowing）　直播, 直播き　栽4
direct seeding（sowing）culture　直播［き］栽培　栽4
direct seeding（sowing）in flooded paddy field　湛水直播　栽4
direct seeding（sowing）in well-drained paddy field　乾田直播　栽5
direct seeding（sowing）into flooded paddy field soil　湛水土中直播　栽5
disaccharide　二糖　形128
disease　病気　栽14
disease and insect pest control　病害虫防除　栽41, 栽60
disease control　病害防除　栽60
disease resistant　耐病性　栽60
disk plow　ディスクプラウ　栽48
disruptive selection　季節分裂淘汰　品197
dissociation group, H type　解離基H型（酸性）　生192

dissociation type-nondissociation　解離型−非解離型　生192
distance between auricles of flag and penultimate leaves
　葉耳間長　形117
diurnal change　日変化　生155
diurnal temperature range　温度日較差　生146
divergence　開度　形117
division　株分け　栽44
DNA array analysis　DNAアレイ解析　品209
DNA marker　DNAマーカー　品209
DNA sequencer　DNAシーケンサー　品208
Dobeneck's barrel　ドベネックの樽　生180
dolomite　苦土石灰　栽51
domestic herbivore　草食家畜　作316
dormancy　休眠　成78, 成90, 形105, 生145, 生148, 生184,
　作322
dormancy awakening　休眠覚醒　生184
dormancy breaking　休眠打破　生148, 生170, 生185
dormancy period　休眠期　生184
dormant bud　休眠芽　生184
dormant seed　休眠種子　形105, 生184
double cropping　二期作　栽13, 栽74
double cross　複交配, 複交雑　品207, 作238
double fertilization　重複受精　成87, 形103, 形104
double ridge　二重隆起　成84
double ridge stage　二重隆起期　作224
double superphosphate　重過リン酸石灰　栽50
dough［ripe］stage　糊熟期　成88
downy mildew　イネ黄化萎縮病, ダイズべと病　栽15,
　作252
drainage　排水　栽22, 栽41, 栽56
drainage canal　排水路　栽3, 栽23
drainage of residual water　落水　栽22
dried corm slice　荒粉　作333
drilling　ドリル播き,［密］条播　栽5, 栽43, 作226
drip irrigation　点滴灌漑　栽41, 栽76
drip method　点滴法　生192
drought avoidance　乾燥回避性　生169
drought damage　干害　栽36
drought escape　乾燥逃避性　生169
drought injury　干害　生169
drought resistance　耐乾（旱）性　生169, 品217, 作223
drought tolerance　乾燥耐性　生169
drug resistance gene　薬剤耐性遺伝子　品212
drupe　核果　作274
dry ashing method　乾式灰化法　生190
dry matter production　乾物生産, 物質生産　栽58, 生156
dry matter yield　乾物収量　栽65
dry milling　ドライミリング　作239
dry weight　乾物重　栽25
drying　乾燥　栽32, 作301
drying oil　乾性油　作294

dry-matter partitioning ratio　乾物分配率　生159
drystore（DS）　ドライストア　栽33
dual-purpose grassland　採草・放牧兼用地　作316
dumbbell shaped cell　亜鈴型細胞　形119
durum wheat　デュラムコムギ　形131, 作222
dwarf　萎縮病　栽15
dwarfness　矮性　品198
dynamic model　動的モデル　栽65

【E】

ear　穂, 雌穂《トウモロコシ》　形100, 作236
ear characteristics　穂相　成86
ear emergence　出穂　成86
ear length　穂長　栽28
ear number　穂数　栽28
earliness　早晩性　品196, 作318
early delivery rice　早場米　栽12
early harvesting　早刈り　栽26
early microspore phase　小胞子前期　形101
early nodulin　初期ノジュリン　生176
early season culture　早期栽培　栽12
early variety　早生品種　品196
early-planting culture　早植え栽培　栽12
earthing up　土寄せ　栽40
earthworm　ミミズ　栽53
east Indian lemongrass　東インドレモングラス　作312
eating quality　食味　品200
ecological agriculture　生態系農法　栽70
economic yield　経済的収量　栽58
economical F1 seed production　経済的F1採種法　品204
eddo　サトイモ　作272
eddy covariance method　渦相関法　生194
edible canna　ショクヨウカンナ　作279
EDTA titration　EDTA滴定法　生190
effective［grain］filling period　有効登熟期間　成88
effective accumulated temperature　有効積算温度　生146
effective soil layer　有効土層　栽56
effective temperature　有効温度　生146
efficiency of solar energy utilization in plant photosynthesis
　光合成の太陽エネルギー利用効率　作335
egg cell　卵細胞　形101, 形102
einkorn wheat　1粒系コムギ　作222
electric conductivity（EC）　電気伝導率　栽56
electron transport system（chain）　電子伝達系　生164
electrophoresis　電気泳動　生190
electroporation method　エレクトロポレーション法　品212
elephant foot　コンニャク（蒟蒻）　作332
elephant grass　ネピアグラス　作326
elephant yam　ゾウコンニャク, インドコンニャク　作272
elliptical vascular bundle　肥大維管束　形125
elongated stem part　伸長茎部　成85

英和索引

elongation zone 伸長帯 形108
eluent 溶出溶媒 生192
emasculation 除雄 品206
Embden-Meyerhof-Parnas pathway エムデン-マイエル
  ホーフ-パルナス経路(EMP経路, EM経路) 生164
embedding 包埋 形142
embryo 胚 成87, 成90, 形101, 形103, 形104, 形106
embryo culture 胚培養 品211
embryo rescue 弱勢胚救済 品211
embryogenesis 胚発生 品210
embryosac 胚のう(嚢) 成92, 形101, 形102
embryosac mother cell 胚のう母細胞 形101
emergence[of seedling] 出芽 栽4, 栽7, 成78, 成91,
  生145
emergency crop 救荒作物 作262, 作266
emission of nitrous oxide 亜酸化窒素放出 生179
emission spectrochemical analysis 発光分光分析 生190
emissivity 放射率 栽64
emmer wheat エンマーコムギ, 2粒系コムギ 作222
empty grain しいな 栽30, 成89
endocrine disruptors 環境ホルモン, 内分泌攪乱物質
  栽67
endodermis 内皮 形109, 形124
endogenous auxin 内生オーキシン 生170
endophyte エンドファイト 生177, 作321
endoplasmic reticulum 小胞体 形131, 形138
endosperm 内乳(内胚乳) 成87, 形105
energy efficiency エネルギー効率 作334
energy input output ratio エネルギー投入・産出比 作334
energy-capturing system エネルギー捕集系 生150
enforced dormancy 強制休眠 生184
environmental adaptability 環境適応性 作318
environmental capacity 環境容量 栽70
environmental control 環境制御 栽77
environmental dormancy 環境休眠 生184
environmental pollution 環境汚染 栽68
environmentally conscious agriculture 環境保全型農業
  栽70, 栽77
enzymatic method 酵素法 生190
enzyme immunoassay(EIA) 酵素免疫測定法 生191
enzyme linked antibody 酵素標識抗体 生193
enzyme-linked immunosorbent assay(ELISA) 固相酵素
  免疫測定法 生191, 生193
epibrassinolide エピブラシノライド 生173, 生192
epicotyl 上胚軸 成91, 形107, 形112
epidermis 表皮 形108, 形110, 形112, 形122, 形127,
  形139
epigeal 地上子葉性 作254, 作256
epigeal cotyledon 地上子葉型 成91, 形107, 形120, 形131
epinasty 上偏成長 生187
epithem 被覆組織 形122

erect stem 直立茎, 立性 形114, 作258
erect tiller 直立分げつ 作322
erect type 直立型 作317
erosion 浸食 栽49
erucic acid エルカ酸, エルシン酸 作294
essential element 必須元素 栽50, 生180
establishment[of seeding] 苗立ち 栽4, 成78, 成91
ethephon エテホン 生174
ethychlozate エチクロゼート 生174
ethylene エチレン 成91, 生172
ethylene generator エチレン活性物質 生174
etiolation 黄化 生149
eustele 真正中心柱 形125
eutrophication 富栄養化 栽69
evapotranspiration 蒸発散 生168
exalbuminous seed 無胚乳種子 成90, 形106
excess injury 要素過剰 生180
excess water tolerance 耐湿性 品217
excessively percolable paddy field 漏水田 栽56
exchange acidity 交換酸度 栽53, 栽55
exchangeable cation 交換性陽イオン 栽53
exited state 励起状態 生150
exodermis 外皮 形108
exogenous DNA 外来DNA 品212
exon エクソン 品208
expansin エクスパンシン 形135
explant 外植片 品210
expressed sequence tag EST 品209
extensive cultivation 粗放栽培 栽76
external medulla 外髄, 周辺髄 成94, 形126
extinction coefficient 吸光係数 成98
extracellular freezing 細胞外凍結 生189
extraorgan freezing 器官外凍結 生189
extremely early season culture 極早期栽培 栽12
extremely early variety 極早生品種 品196
exudation 出液 生167
eye 目 作262

【F】

F1 hybrid breeding 一代雑種品種育種法 品204
fallow 休閑 栽72
false smut 稲こうじ病 栽15
farming method 農法 栽72
farming system with agricultural chemical reduction
  減農薬栽培 栽77
farming system with chemical fertilizer reduction 減化
  学肥料栽培 栽77
farming under structure 被覆(施設)栽培 栽76
farmland consolidation 圃場整備 栽23
fascicular cambium 維管束内形成層 形125, 形133
feldspar 長石 栽52

fencing culture	周囲作　栽75
fennel	ウイキョウ(茴香), フェネル　作310
fermentated tea	発酵茶　作301
fermented rice	ヤケ米, 発酵米　栽31, 品202
ferredoxin	フェレドキシン　生176
fertigation	養液土耕(灌水同時施肥)栽培　栽76
fertility restorer	稔性回復系統　品204
fertilization	受精　成87, 成92
fertilizer	肥料　栽50
fertilizer application	施肥　栽20
fertilizer application at final puddling	植代施肥, 荒代施肥　栽21
fertilizer incorpotation to plow layer	全層施肥　栽21
fertilizer response (efficiency)	肥効　栽20
Festulolium	フェストロリウム　作321
fiber	繊維　形139
fiberous root	細根　成95, 作267
fibrous root system	ひげ根型根系　形136, 作328
field	畑　栽38
field capacity	圃場容水量　栽52, 生168
field crop	畑作物　栽38
field crop cultivation	畑作　栽38
field of mother bush for cutting	母樹園　作302
field pea	エンドウ(豌豆)　作258
field resistance	圃場抵抗性　栽14
filament	花糸　成84, 形100, 形102
filling period	登熟期[間]　成88
final puddling	植えしろ　栽10
final rolling	精揉　作301
final tea drying	締め炒り　作301
fine root	細根　形126
finger millet	シコクビエ　作244, 作319
firing	火入れ(乾燥)《チャ》　作301
first crop of tea	一番茶　作302
first flower	さきがけ花　作306
first heading time (stage)	出穂始期　成86
first permanent wilting point	初期萎凋点　栽52
first plowing	荒起し　栽48
first puddling	荒しろ　栽10
fish meal	魚脂類　栽50
five-leaved yam	ゴヨウドコロ　作270
fixation	固定　形142, 品206
flag leaf	止葉　栽34, 形117
flame analysis	炎光分析法　生190
flame ionization detector (FID)	水素イオン化検出器　生193
flat bed type	平型　栽32
flattening	葉のし　作307
flavonoid	フラボノイド　生176
flax	アマ(亜麻)　作290
flint corn	フリント種　作238
floating ability	浮稲性　作220
floating rice	浮稲　作221
floating seedling	浮き苗　栽4, 栽11
flood damage	水害　栽36
flood irrigation during winter	冬期湛水　栽23
flooding	湛水　栽22
flooding injury	湿害　生189
floral bud	花芽　成92
floral leaf	花葉　形120
floret	小花　形100
florigen	フロリゲン　生170
flour corn	フラワー種　作238
flour milling percentage	製粉歩留[り]　作228
flow irrigation	かけ流し灌漑　栽23
flower	花　形100
flower abscission	落花　作251
flower bean	ベニバナインゲン, ハナササゲ, ハナマメ, オイランマメ　作257
flower bud	花芽　生149
flower bud abscission	落蕾　作251
flower bud formation	花芽形成　成84, 生149
flower bud initiation (differentiation)	花芽分化　成84
flower cluster	花房　形103
flower shedding	落花　成93
flowering	開花　成86
flowering hormone	花成ホルモン　生149, 生170
flowering stage cool injury	開花期冷害　栽34
flowering stalk	花茎　作282
flowering suppression	開花抑制　栽35
flowering time (stage)	開花期　成86
flue-cured tobacco	黄色種　作307
flue-curing	黄色乾燥　作307
fluorescence	蛍光　生192
fluorescence detector	蛍光検出器　生193
fluorescence indicator	蛍光指示薬　生192
fluorescence microscope	蛍光顕微鏡　形143
fluorescent antibody	蛍光抗体法　生190
flurprimidol	フルプリミドール　生174
fodder beet	飼料用ビート　作282, 作319
fodder tree	飼料木　作316
foehn	フェーン　成87
foehn domage	フェーン害　栽36
foliage leaf	普通葉, 本葉　形107, 形120
foliar absorption	葉面吸収　生182
foliar application (spray)	葉面散布　栽21
folk variety	民俗変種　作276
fonio	フォニオ　作244
forage	茎葉飼料　作316
forage crop	飼料作物　作316
forage crop field	飼料畑　作316
Forage legume	マメ科牧草　作328
forage plant	飼料植物　作316

forage sorghum	飼料用ソルガム	作241
forchlorfenuron	ホルクロルフェニュロン	生175
forcing of germination	催芽	栽6
forecasting of occurrence	発生予察	栽60
formulation	剤型	栽63
fossil fuel	化石燃料	栽66
foundation seed	原々種	品207
foxtail millet	アワ(粟,梁),イタリアンミレット,オオアワ	作242, 作319
fraction of transpirable soil water (FTSW)	─	生169
fractionation	分画	生192
fragrant rice	芳香米	品214
free auxin	遊離オーキシン	生170
free form	遊離型	生170
Free-Air CO$_2$ Enrichment (FACE)	開放系大気CO$_2$増加	生195
freezing hardiness	耐凍性	品216
freezing injury	凍害	生188
freezing tolerance	凍結耐性	生189
fresh forage	生草,青刈飼料	作316
fresh forage feeding	生草(青刈)利用	作316
fresh weight	生体重	栽25
frost damage	霜害,凍霜害	栽37
frost heaving	凍上	作227
frost heaving injury	凍上害	生188
frost injury	霜害,凍霜害	生189, 作232
frost protective fan	防霜ファン	作303
fructan	フラクタン	作323
fructification	結実	成88
fructo oligosaccharide	フラクトオリゴ糖	形129
fructose	果糖	形131
fructose 1,6-bisphosphatase (FBPase)	フルクトース 1,6-ビスホスファターゼ	生158
fruit	果実	形100, 形104
full heading time (stage)	穂揃期	成85, 成86
full-ripe stage	完熟期	成88
full-rosette plant	終生ロゼット植物	形114
function of environmental conservation	環境保全機能	栽70
fundamental meristem	基本分裂組織	形133
fungi	菌類,糸状菌	栽14, 栽53
fungicide	殺菌剤	栽60
furrow irrigation	畝間灌漑	栽40, 栽76
furrow pan	耕盤,すき床(層)	成3, 栽48, 栽54
fused magnesium phosphate	熔成リン肥(熔リン)	栽50
fused phosphorus silicate fertilizer	熔成ケイ酸リン肥	栽51
Fuzarium spp.	フザリウム菌	栽15

【G】

G1 phase	G1期,第一間期	形134
G2 phase	G2期,第二間期	形134
GA2 oxidase	GA2酸化酵素	生171
GA$_3$ equivalent	GA$_3$相当量	生192
GA3 oxidase	GA3酸化酵素	生171
galactan	ガラクタン	形129
galactomannan	ガラクトマンナン	形129
galega	ガレガ	作329
gampi	ガンピ(雁皮)	作287
garden pea	エンドウ(豌豆)	作258
garden thyme	タイム	作311
gas chromatography (GC)	ガスクロマトグラフィー	生193
gas diffusion	ガス拡散	成83, 生157
gaseous phase	気相	栽52, 栽56
gass exchange	ガス交換	生155
Geiger-Müller counter	ガイガー・ミューラーカウンター	生190
gelatinization	糊化	品201
gelatinization property	糊化特性	品201
gene expression	遺伝子発現	品208
gene flow	遺伝子拡散	品213
genetic contamination	遺伝子汚染	品213
genetic modification	遺伝子組換え	品208
genetic resources	遺伝資源	品207
genetically modified crops	遺伝子組換え作物	品213
genetically modified organisms (GMO)	遺伝子組換え生物	品213
genome	ゲノム	品206
genome analysis	ゲノム解析	品209
genomics	ゲノミクス,ゲノム学	品209
geographical information system (GIS)	地理情報システム	栽64
germination	発芽	成78, 成90, 生144
germination inhibitor	発芽抑制物質	生148, 生184
germination percentage	発芽率	生145
germination rate	発芽勢	生145
germination test	発芽試験	生145
giant stargrass	ジャイアントスターグラス	作325
giant swamp taro	スワンプタロ,ミズズイキ	作272
giant taro	インドクワズイモ	作272
Gibberella fujikuroi	ばか苗病菌	生192
gibberellic acid (GA$_3$)	ジベレリン酸	生170
gibberellin (GA)	ジベレリン	形131, 生144, 生170
gibberellin A$_3$	ジベレリンA$_3$	生174
gibberellin-like substance	ジベレリン様活性物質	生174
ginseng	オタネニンジン,人参,コウライニンジン,チョウセンニンジン	作315
glandular hair	腺毛	形123
glasshouse	ガラス温室	栽76
glassiness	硝子質	作228
glassy kernel	硝子質粒	作223
gley soil	グライ土	栽54

gleyzation　グライ化作用　栽52
global environment　地球環境　栽66
global warming　地球温暖化　栽66
globulin　グロブリン　形130
glucomannan　グルコマンナン　形129
glucose　グルコース　形131
glumaceous flower　穎花　成84, 形100
glume　穎, 護穎(包穎)　形100
glutamine 2-oxoglutarate aminotransferase(GOGAT)
　グルタミン酸合成酵素　生178
glutamine synthetase(GS)　グルタミン合成酵素　生178
glutelin　グルテリン　形130
gluten　グルテン, 麩質(麩素)　形130, 作223, 作228
glutinous　糯性の　形128
glutinous rice　糯(もち)米　品202
glycolate cycle　グリコール酸回路　生152, 生178
glycolysis　解糖系　生164
glycoside　配糖体　生192
goat's rue　ガレガ　作329
golden timothy　セタリア　作327
Golgi body　ゴルジ体　形138
gompertz curve　ゴンペルツ曲線　成99
good seedling　健苗　栽8
gossypose　ラフィノース　形129
grading　選別　栽32
grafting, graftage　接ぎ木　栽44
grain　子実, 穀実(粒)　形104
grain amaranth　アマランサス, 仙人穀　作245
grain density　粒着密度　栽28
grain drying　乾燥調製貯蔵施設　栽33
grain filling　登熟, 稔実　成88
grain filling period　登熟期[間]　成88, 作224
grain sorghum　グレイン(穀実用)ソルガム　作240
grain sorter, grain screen　万石　栽32
grain texture　粒質　作228
grain/stem ratio　粒茎比　栽58
grain/straw ratio　もみわら比　栽58
gramineous forage crop　イネ科飼料作物　作316
grana　グラナ　形138
granule applicator　散粒機　栽61
granule-bound starch synthase(GBSS)　デンプン粒結合性スターチシンターゼ　生163
grass sorghum　飼料用ソルガム　作241
grassland　草地　作316
gravel culture　礫耕栽培　栽76
gravitational potential　重力ポテンシャル　生166
gravitational water　重力水　栽52
gravitropism　重力屈性, 屈地性　生187
gray lowland soil　灰色低地土　栽54
grazing　放牧利用　作316
grazing land　放牧地　作316

greater yam　ダイジョ(大薯)　作270
green leaf　生葉《タバコ》　作307
green manure　緑肥　栽49, 栽51, 作330
green manure crop　緑肥作物　作330
green ramie　ミドリチョマ　作291
green[rice]kernel　青米　栽30, 成88
green rice leafhopper　ツマグロヨコバイ　栽17
green soiling　生草(青刈)利用　作316
green tea　緑茶　作301
greenhouse effect　温室効果　栽66
greenhouse[effect]gas　温室効果ガス　栽54, 栽66
greening　緑化　栽7
greenleaf desmodium　グリーンリーフデスモディウム　作329
green-sprouting　浴光催芽(育芽)　作264
gross CO_2 exchange rate　真のCO_2交換速度　生154
gross photosynthetic rate　真の光合成速度　生154
gross production　総生産　生156
ground making　整地　栽10, 栽38, 栽48
ground meristem　基本分裂組織　形133
ground seedbed　地床　作306
groundnut　ラッカセイ(落花生), ナンキンマメ　作258
growing point　成長点　形108
growth　成長　生186
growth analysis　成長解析　成96
growth cabinet　人工気象室　生195
growth curve　成長曲線　成99, 生186
growth form　草型, 生育型　作317
growth inhibitor　成長抑制物質　品199
growth model　成長モデル　栽65, 成99
growth movement　成長運動　生186
growth pouch method　グロースポーチ法　形141
growth rate　成長速度　栽65
growth respiration　成長呼吸　生164
growth retardant　成長抑制物質, 矮化剤　生171, 生175
guano　グアノ　栽50
guanylurea(GU)　グアニル尿素　栽50
guard cell　孔辺細胞　形119, 形122, 生168
guayule　グァユール　作297
guineagrass　ギニアグラス　作325
guttapercha　グッタペルカ　作297
guttation　排水　生167
gynophore　子房柄　作258

【H】

hail damage　雹害　栽37
hair　毛茸　形102, 形119
half-rosette plant　時限ロゼット植物　形114
halloysite　ハロイサイト　栽53
hand cutting　手刈り　栽26
hand planting　手植え　栽10

英和索引

hand plucking	手摘み	作303		high yielding variety	多収性品種	成82
hand section	徒手切片	形142		high-analysis compound fertilizer	高度化成肥料	栽50
haplocorm	球茎	作320		highly palatable rice cultivar	良食味米品種	品200
haploid	半数体	品206		high-temperature injury	高温障害	生188
hard fiber	硬質繊維	作292		high-yielding ability	多収性	栽58, 作318
hard red winter wheat	硬質秋播赤コムギ	作223		hill distance	株間	栽10
hard seed	硬実	成90, 生185		hill sowing (seeding)	点播	栽5, 栽43
hard wheat	硬質コムギ	形131, 作223, 作228		hilum	臍(へそ)	成90, 形107, 作250
hardening	ハードニング, 硬化, 順化	栽7, 生189, 品197		hog manure	豚ふん堆肥	栽51
hardpan	硬盤	栽22		holophyte	塩生植物	生188
hard-textured rice	硬質米	品202		homeobox gene	ホメオボックス遺伝子	品209
harrowing	砕土	栽10, 栽38, 栽48		homogamy	雌雄同熟	成86
harvest index	収穫指数	栽58, 栽65, 生159		homostyly	同型花柱性	作247
harvest time	収穫期	栽26, 成88		hooded awn	三叉芒	作231
harvest, harvesting	収穫	栽26		hores bean	ソラマメ(馬科豆)	作260
hastening of germination	催芽	栽6, 栽42		horizontal resistance	水平抵抗性	栽14
Haun stage	ホーンステージ	成79		horseradish	ホースラディッシュ, ワサビダイコン	作308
hay	乾草	作316		hot water emasculation	温湯除雄法	品206
hay making	乾草調製	作316		hsien dao	秈稲	作220
haylage	ヘイレージ	作316		hull, husk	籾殻	形104
head	穂	形100		hulled barley	カワムギ(皮麦)	作230
head feeding combine	自脱型コンバイン	栽27		hulled (husked) rice	玄米	形104
head loss	ヘッドロス	作252		hulling, husking	籾すり, 脱ぷ	栽32
heading	出穂	成86		humic acid	腐植酸	栽52
heading time (stage)	出穂期	成86		humic substance	腐植物質	栽52
heat damage	高温障害	成87		humin	ヒューミン	栽52
heat pulse method	ヒートパルス法	生195		humus theory	腐植説	生180
heat tolerance	耐暑性	生188, 品216		hundred-seeds-weight	100(百)粒重	形107
heat unit	ヒートユニット	生146		husking rate	籾すり歩合, 脱ぷ率	栽32
heated air drying	熱風乾燥	栽32		hyacinth bean	フジマメ	形106, 作260
heat-shock protein (HSP)	熱ショックタンパク質	生188		hybrid rice	ハイブリッドライス	品204
heavy metals pollution (contamination)	重金属汚染	栽69		hybrid variety	一代雑種(F_1)品種	品204, 作238
heavy panicle type	穂重型	品198		hybrid vigor	雑種強勢	品204, 作238
heliotropism	日光屈性, 向日性	生187		hydathodal hair	排水毛	形122
hemicellulose	ヘミセルロース	形138		hydathode	排水構造	形122
hemp	タイマ(大麻)	作290		hydraulic conductance (conductivity)	水伝導度	生167
henequen	ヘネケン	作293		hydrogen (H)	水素	生180
herbage	茎葉飼料	作316		hydrogen sulfate	硫化水素	栽54
herbage plant	飼料草類	作316		hydroponics	水耕栽培, 養液栽培	栽76, 形141, 生180
herbicide	除草剤	栽60, 栽62, 生170		hydroscopic water	吸湿水	栽52
herbicide resistant biotype of weed	除草剤抵抗性雑草変異	栽63		hydrotropism	水分屈性, 屈水性	生187
herbivore	草食動物	作316		hymexazole	ヒドロキシイソキサゾール	生175
heterophyll	異形葉	形117		hyperaccumlator	集積植物	生183
heterosis	ヘテロシス, 雑種強勢	品204, 作238		hyperspectral measurement	ハイパースペクトル計測	栽64
heterostyly	異型花柱性	作246		hypocotyl	下胚軸, 胚軸	成91, 形106, 形107, 形112
high amylose content rice	高アミロース米	品215		hypogeal	地下子葉性	作254
high performance liquid chromatography (HPLC)	高速液体クロマトグラフィー	生193		hypogeal cotyledon	地下子葉型	成91, 形107, 形120
high ridge	高畝	栽39		hyponasty	下偏成長	生187
high temperature damage	高温害	栽36		hypsophyll	高出葉	形120

【 I 】

ice encasement injury　アイスシート害　生188
idioblast　厚壁異形細胞　形139
ill ripened kernels　登熟障害米　栽30
ill-drained paddy field　湿田　栽2, 栽23, 栽56
image analysis　画像解析　栽64, 形141
image processing　画像処理　栽64
imaging spectrometer　分光画像計測装置　栽64
immature grain　未熟粒　栽31
immaturity of embryo　生理的未熟　生184
immoblization　有機化, 有機的固定　栽54
immuno electron microscope　免疫電顕法　生190
imogolite　イモゴライト　栽53, 栽55
imperfect grain　不完全粒　形105
improved pasture plant　牧草　作316
in situ hybridization(ISH)　*in situ* ハイブリダイゼーション　品208
in vitro dry matter digestibility(IVDMD)　*in vitro* 乾物消化率　作324
inabenfide　イナベンフィド　生174
inbreeding depression　近交弱勢　品204
incompatibility　不和合性　品205
incomplete leaf　不完全葉　形116
indeterminate inflorescence　無限花序　形103
indeterminate type　無限伸育型　成91, 形103, 生176, 作250
Indian rubber　インドゴム　作297
individual　個体　成98
individual variation among leaves　個葉間変異　生155
indole-3-acetic acid(IAA)　インドール酢酸　生170, 生192
induced dormancy　誘導休眠　生184
induplicate　「V」字型《ヤシ科》　作274
infection thread　感染糸　生176
inferior spikelet　弱勢穎花　成89, 形100
inflorescence　花序　形100, 形103
infrared CO_2 analyzer　赤外線CO_2分析計　生194
infrared spectrometry　赤外スペクトロメトリー　生193
infrared thermometer　放射温度計　栽64
infrared thermometry　熱赤外放射測温　栽64
inhibition of nodulation　根粒形成阻害　生177
inhibition of water uptake　吸水阻害　生184
inhibitor of ethylene biosynthesis　エチレン発生抑制剤　生172
inhibitor of GA biosynthesis　GA生合成阻害剤　生171
inhibitor of lodging　倒伏防止剤　生171
inhibitor of polar transport　極性移動阻害剤　生170
initial slope　初期勾配　生150
injection port　気化　生193
injury by continuous cropping　連作障害　栽54, 栽72
injury-type cool injury　障害型冷害　栽34

innate dormancy　内生休眠, 自発休眠　生184
inner integument　内珠皮　形107
inorganic soil amendment　土壌改良資材　栽56
inperfect rice grain　不完全米　品203
insect flower　ジョチュウギク(除虫菊)　作315
insect pest　害虫　栽16
insect pest control　害虫防除　栽60
insect resistance　耐虫性　栽61
insecticide　殺虫剤　栽60
insecticide and fungicide admixture　殺虫殺菌剤　栽60
integrated pest control　総合防除　栽41
integrated pest management(IPM)　総合的有害生物(害虫)管理　栽41, 栽61, 作252
integument　珠皮　形101, 形102, 形107
intensive cultivation　集約栽培　栽76
intercalary meristem　介在(間)分裂組織　成85, 形112, 形114, 形133
intercellular space　細胞間隙　形123, 生154
interception of solar radiation　受光率　成82
intercropping　間作　栽74
interfascicular cambium　維管束間形成層　形125, 形133
Intergovernmental Panel on Climate Change(IPCC)　気候変動に関する政府間パネル　栽66
interhill space　株間　栽10
intermediate type　中間型　成82, 品198
intermittent irrigation　間断灌漑　栽22, 栽56
internal medulla　中心髄, 内髄　成94, 形126
internode　節間　形112, 形129
internode diameter　節間径　栽24
internode elongation　節間伸長　成85, 形112
internode elongation stage　節間伸長期　成85
internode length　節間長　栽24
interrow space　条間　栽10
intertillage　中耕　栽40, 栽49
intertillage and ridging　中耕培土　栽39
intracellular freezing　細胞内凍結　生189
intra-intercropping　畦内間作　栽74
intron　イントロン　品208
intrusive growth　割込み成長　形135
inulin　イヌリン　形129, 作279
inversion　転化　作280
invert sugar　転化糖　作280
invertase　インベルターゼ　生158
involucre　総苞　作244
iodine value　ヨウ素価　品203, 作294
ionic strength　イオン強度　生193
ionization detector　イオン検出器　生193
iron(Fe)　鉄　生181
iron supplying material　含鉄資材　栽56
irrigated cultivation　灌漑栽培　栽76
irrigated paddy field　灌漑水田　栽2

irrigated rice 灌漑稲 作221
irrigation 灌漑，灌水 栽22，栽40
irrigation at flowering stage 花水 栽22
irrigation canal 用水路 栽3，栽22
irrigation requirement 用水量 栽22
isobutylidene diurea(IB) イソブチルアルデヒド加工尿素肥料 栽50
isoelectric focussing 等電点電気泳動 生190
isoflavone イソフラボン 作249，作250
isolated culture 隔離床栽培 栽76
isolated field 隔離圃場 品213
isolated greenhouse 隔離温室 品213
isopentenyl adenine イソペンテニルアデニン 生171
isopentenyl adenosine イソペンテニルアデノシン 生171
isopentenyl transferase イソペンテニル転移酵素 生171
isoprothiolane イソプロチオラン 生175
isotope method アイソトープ法 生190
Italian millet オオアワ，アワ，イタリアンミレット 作242，作319
Italian ryegrass イタリアンライグラス，ネズミムギ 作321

【J】

janam 苞葉 作300
Japanese millet ヒエ(稗) 作242，作319
Japanese mint ハッカ(薄荷) 作313
Japanese plow 犁 栽48
Japanese yam ヤマノイモ，ジネンジョ(自然薯) 作270
japonica-indica hybrid cultivar 日印交雑品種 成83
jasmine ジャスミン 作312
jasmonate-like substance ジャスモン酸様活性物質 生175
jasmonic acid(JA) ジャスモン酸 成95，生173
javanica ジャワニカ 作220
Jerusalem artichoke キクイモ(菊芋) 作279
Job's tears ハトムギ，薏苡 作244，作319
Johnson grass ジョンソングラス 作241
jointing stage 茎立期 栽224
jute ジュート，黄麻 作290

【K】

kaolinite カオリナイト 栽53
kapok カポック 作293
keel[petal] 竜骨弁，舟弁 成92，形102
kenaf ケナフ 作291
keng dao 粳稲 作220
Kentucky bluegrass ケンタッキーブルーグラス 作322
kidney bean インゲンマメ，サイトウ，サンドマメ 作256
kikuyugrass キクユグラス 作326
kinetin カイネチン 生171
kjeldahl method ケルダール法 生190
knotgrass キシュウスズメノヒエ 作326
konjak コンニャク(蒟蒻) 作332

konjak mannan コンニャクマンナン 形129，作333
Kranz anatomy クランツ構造 生153
Krebs cycle クレブス回路 生164
Kyoto Protocol 京都議定書 作334

【L】

lactic acid fermentation 乳酸発酵 生164
lamella ラメラ 形138
lamina joint 葉間節，葉節 形116
lamina joint test ラミナ・ジョイント検定法 生192
land grading 整地 栽10，栽38，栽48
land preparation 整地 栽48
landscape 景観 栽77
large vascular bundle 大維管束 形118
laser leveler レーザ均平機 栽39
late bright 疫病 作264
late embryogenesis abundant(LEA) — 生144
late embryogenesis abundant proteins LEAタンパク質 生172
late emerging head 遅れ穂 成87
late nodulin 後期ノジュリン 生176
late season culture 晩期栽培 栽12
late variety 晩生品種 品196
late-planting culture 晩植栽培 栽12
lateral branch 側枝 形112
lateral bud 側芽 形112，形116
lateral meristem 側部分裂組織 形132
lateral root 側根 形108，形136
latex 乳液 作296
latex vessel 乳管《ゴム》 作296
laticifer 乳管 形139
laurel ゲッケイジュ(月桂樹) 作309
lavender ラベンダー 作313
law of the minimum 最少(小)律 生180
law of the minimum nutrient 最少(小)養分律 生180
layering, layerage 取り木 栽44
laying-in 伏込み 栽45
leaching 溶脱，養分漏出 栽52，栽55，成90
lead compound リード化合物 生174
leaf 本葉《タバコ》 作306
leaf area 葉面積 栽25，成97
leaf area density(LAD) 葉面積密度 成83，生157
leaf area index(LAI) 葉面積指数 栽25，成82，成96，生156
leaf area meter 葉面積計 栽25，成97
leaf area ratio(LAR) 葉面積比 成96
leaf axil 葉腋 形116，形121
leaf blade 葉身 形116，形120
leaf boundary layer resistance 葉面境界層抵抗 生154
leaf color 葉色 成97
leaf color diagnosis 葉色診断 栽56

leaf color scale　葉色板, カラースケール　栽25
leaf diffusion resistance　葉の拡散抵抗　生154
leaf fiber　組織繊維　作292
leaf inclination angle　葉の傾斜角度　成83
leaf length　葉長　栽24
leaf number　葉数　栽24
leaf number index　葉齢指数　栽24, 成79, 形117
leaf position　葉位　形117, 形120
leaf primordium　葉原基　形112, 形121, 形132
leaf sheath　葉鞘　形116
leaf stripping　葉もぎ《タバコ》　作307
leaf tobacco　葉たばこ　作306
leaf trace　葉跡　形113
leaf weight ratio (LWR)　葉重比　成96
leaf width　葉幅　栽24
leafiness　多葉性　作318
leaflet　小葉　成91, 形120
leghemoglobin　レグヘモグロビン　形111, 生176, 作251
legume, pod　莢　形106
leguminous crops　しゅく穀(菽穀)類　作242
leguminous forage crop　マメ科飼料作物　作316
lemma　外穎　成84, 形100
lemongarass　レモングラス　作312
lenticel　皮目　作264
lentil　ヒラマメ, ヘントウ(扁豆), レンズマメ　形106, 作260
lesser yam　トゲドコロ, トゲイモ, ハリイモ　作270
lethal dose 50% (LD$_{50}$)　半数致死薬量　栽60
levee　畦畔, あぜ　栽2, 栽3
levee coating　畦塗り　栽10, 栽22
level row　平畝　栽39
leveling　均平　栽39
ley　輪作草地　作316
liane　つる　形114
Liberian coffee　リベリアコーヒー　作304
licorice　甘草　作281
Liebig's barrel　リービッヒの樽　生180
life cycle　生活環　生148
light break　光中断　生149
light compensation point　光補償点　生150
light extinction coefficient　吸光係数　成83, 生156
light interception by canopy　受光率　生157
light microscope　光学顕微鏡　形142
light period　明期　生149
light reaction　明反応　生152
light saturation　光飽和　生151
light shading tea field　かぶせ茶園　作303
light use efficiency　光利用効率　生151
light-harvesting protein complex (LHC)　集光性色素タンパク質複合体　生150
light-intercepting characteristics　受光態勢　成82, 成99, 生156
lignin　リグニン　形138
ligule　葉舌　形116
Lima bean　ライマメ, アオイマメ　形106, 作257
lima-bean pod borer　シロイチモジマダラメイガ　作252
line　系統　品206
line intersection method　ライン交差点法　形141
linoleic acid　リノール酸　作249
linseed oil　アマニ油　作290
lipid　脂質　形131, 品200
lipoxygenase　リポキシゲナーゼ　作250
liquid medium　液体培地　品210
liquid phase　液相　栽52, 栽56
liquid scintillation counter　液体シンチレーションカウンター　生190
living mulch　リビングマルチ　作330
loading　ローディング　生160
local adaptability　地域適応性　品197
local resource　地域資源　栽77
localized deep placement [of fertilizer]　局所施肥　栽21
lodging　倒伏　成85, 成89, 生157
lodging resistance (tolerance)　耐倒伏性　成83, 品198
lodicule　鱗被　成84, 形100
logistic curve　ロジスチック曲線　成99
long shoot　長枝　形114
long term fallow　長期休閑　栽72
long-culmed variety　長稈品種　作224
long-day plant　長日植物　生149, 品196
long-mat type rice seedling raised with hydroponics　ロングマット苗　栽7
low amylose content rice　低アミロース米　品214
low input sustainable agriculture (LISA)　低投入持続的農業　栽70
low temperature injury　低温障害　生188
low-analysis compound fertilizer　普通化成肥料, 低度化成肥料　栽50
low-temperarure storage　低温貯蔵　品203
lower leaf　下位葉　形120
lower nodal tiller　低位分げつ　成80
lowland rice　水稲　作220
lowland weed　水田雑草　栽18
low-temperature acclimation　低温順化　生189
low-temperature germinability　低温発芽性　栽4
lucerne　アルファルファ, ムラサキウマゴヤシ　作328
lugs　中葉《タバコ》　作306
lupin, lupine　ルーピン類　作329
lysigenous aerenchyma　破生通気組織　形109, 形119
lysigenous intercellular space　破生細胞間隙　形123
lysimeter　ライシメーター　生194

【M】

M phase　M期（分裂期）　形134
macaroni wheat　マカロニコムギ　作223
mace　メース　作311
macroarray　マクロアレイ　品209
macroelement　多量元素　生180
magnesium（Mg）　マグネシウム　生180
magnesium fertilizer　マグネシウム（苦土）質肥料　栽51
magnesium hydroxide　水酸化マグネシウム　栽51
magnesium sulfate　硫酸マグネシウム　栽51
main axis　主軸　形112
main crop　主作物, 主幹作物, 基幹作物　栽74
main root　主根　形108, 形136
main season crop　表作, 主作　栽13, 栽74
main vein　主脈　形121
maintenance respiration　維持呼吸　生164
maize　トウモロコシ　作236, 作318
major element　多量元素　栽50, 生180
major gene　主働遺伝子　栽35
male flower　雄花　形101
male nucleus　雄核　形101
male sterile maintainer　雄性不稔維持系統　品204
male sterility　雄性不稔　栽34, 品204
maleic hydrazide　マレイン酸ヒドラジド　生174
malic acid　リンゴ酸　生153
malting quality　麦芽品質　作233
mandioca　マンジョカ　作278
manganese（Mn）　マンガン　生181
manganese sulfate　硫酸マンガン　栽51
mangold（mangel-wurzel）　飼料用ビート　作319
manihot　マニホット　作278
manihot rubber　マニホットゴム　作297
Manila hemp　マニラアサ　作292
manioc　マニオク　作278
mannan　マンナン　形129
mannitol　マンニトール　生160
manual tea processing　手揉み　作301
many tillering type　穂数型　品198
maple sugar　メープルシュガー　作281
maple syrup　メープルシロップ　作281
marginal effect　周辺効果　成99
mass flow　マスフロー　生182
mass number　質量数　生193
mass selection　集団選抜法　品206
mass spectrometry（MS）　質量分析, マススペクトロメトリー　生190, 生193
mat rush　イグサ（藺草, 藺）　作286
mate　マテチャ　作305
matric potential　マトリックポテンシャル　生166
matrix polysaccharide　マトリクス多糖　形135

maturation zone　成熟帯　形108
mature field　熟畑　栽38
mature paddy field　熟田　栽2
mature rice-seedling[with 6-7 leaf stage]　成苗　栽8
mature seedling raised by pot　成苗ポット苗　栽7
maturing stage　成熟期　成88
Maulitius hemp　モーリシャスアサ　作293
maximum tiller number stage　最高分げつ期　成80
maximum viscosity　最高粘度　品201
maximum water holding capacity　最大容水量　栽52
meadow　採草地　作316
meadow fescue　メドウフェスク, ヒロハノウシノケグサ　作321
measurement of crop growth　生育調査　栽24
mechanical feeding thresher　自動脱穀機　栽27
mechanical harvesting　採草（刈取り）利用　作316
mechanical plucking　機械摘み　作303
mechanical resistance　機械的抵抗　生184
mechanism of action　作用機作　栽62
mechanistic model　機構的モデル　栽65
medical rhubarb　ダイオウ（大黄）　作315
medium flour　中力粉　作228
medium pruning　中切り　作303
medium variety　中生品種　品196
medullary cavity　髄腔　形113
mefluidide　メフルイジド　生175
meiotic stage　減数分裂期　栽34
melitose（melitrinose）　ラフィノース　形124
membrane transport　膜輸送　生182
mepiquat chloride　メピコートクロリド　生174
meristem　分裂組織　形132
mesh bag method　メッシュバック法　形140
mesocotyl　メソコチル, 中茎, 中胚軸　成78, 形112
mesophyll　葉肉　形122
mesophyll cell　葉肉細胞　形118, 形122, 生152
mesophyll resistance　葉肉抵抗　生154
mesophyte　中生植物　生169
messenger RNA　mRNA　品208
mestome sheath　メストーム鞘　形123
metabolism of amino acids　アミノ酸代謝　生179
metabolome　メタボローム　品209
metabolome analysis　メタボローム解析　生191
metabolomics　メタボロミクス　品209
metamer　メタマー　形112
metaphloem　後生篩部　形109, 形124
metaxylem　後生木部　形109, 形124
methane　メタン　栽54, 栽66
methasulfocarb　メタスルホカルブ　生175
method of fertilizer application　施肥法　栽20
methylation　メチル化　生193
Mexican Dent　メキシコデント　作238

Mexican rubber　グァユール　作297
mica　雲母　栽52
microarray　マイクロアレイ　品209
microbial pesticide　微生物農薬　栽61
microbody　ミクロボディ　形138
microelement　微量元素　生180
micrometeorological method　微気象学的方法　生194
micronutrient fertilizer　微量要素肥料　栽51
micropyle　珠孔　形101, 形102, 形107
microslicer　マイクロスライサー　形142
microspore　小胞子　形101
microspore culture　小胞子培養　品211
microtome　ミクロトーム　形142
microwave　マイクロ波　栽64
microwave measurement　マイクロ波計測　栽64
middle lamella　中葉　形138
middle rice-seedling［with 4-5 leaf stage］　中苗　栽9
midrib　中肋, 中骨《タバコ》　形117, 形121, 作307
midseason drainage　中干し　栽22, 栽56
milk-ripe（milky［ripe］）stage　乳熟期　成88
milky-white kernel　乳白米　栽30
millable cane　原料サトウキビ　作334
milled rice　白米, 精白米　栽33
milled rice with embryo　胚芽米, 胚芽精米　品202
milling　搗精, 製粉《小麦》　栽33, 作228
milling percentage　搗精歩合, 精米歩合　栽31, 栽33
mineral deficiency　要素欠乏　生180
mineral nutrition theory　無機栄養説　生180
mineralization　無機化　栽54
minimum tillage　最小部分耕, 最小耕耘　栽38, 栽49
minimum viscosity　最低粘度　品201
mini-rhizotron　ミニリゾトロン　形140
minor element　微量元素　栽50, 生180
mist culture　噴霧耕　形141
mitochondrion　ミトコンドリア　形138
mitotic index　分裂指数　形134
mitsumata　ミツマタ（三椏）　作287
mixed cropping　混作　栽74
mixed fertilizer　配合肥料　栽50
mixed planting　混植　栽75
mixed sowing（seeding）　混播　栽43, 栽75
mix-sowing（-seeding）　混播　栽43, 栽75
mobile phase　移動相　生193
mode of action　作用機作　栽62
model parameter　モデルパラメータ　栽65
model plant　モデル植物　品209
module　モジュール　形114
moisture of rupture of capillary continuity　毛管連絡切断点　栽52
molasses　糖蜜　作241, 作280, 作283, 作285
mold-board　撥土板　栽48

molding　培土　栽40
mole drain　弾丸暗渠, モグラ暗渠　栽41
molecular chaperon　分子シャペロン　生188
molecular sieve　分子ふるい　生192
molybdenum（Mo）　モリブデン　生181
monoclonal antibody　モノクロナル抗体　生193
monoculture　単作　栽74
monogerm seed　単胚種子　作282
monolith method　モノリス法　形140
monopodial growth　単軸成長　形114
monopodium　単軸　形114
monosaccharide　単糖　形128
morphogenesis　形態形成　生148
mother corm　親イモ《球茎》　形127, 作272
mother tuber　親イモ《塊茎》　形127, 作272
mother tuberous root　親イモ《塊根》　形127, 作272
motor cell　機動細胞　形118
mottle　斑紋　栽54
mucilage　粘液　形127, 形129
mucilage duct　粘液管　形127
mugineic acids　ムギネ酸　生182
mulch　マルチ　栽40
mulching　マルチング　栽40
multigerm seed　多胚種子　形105, 作282
multiple buds（shoots）　多芽体　品210
multiple cropping　多毛作　栽74
multiple cross　多系交配法　品207
multiple shoot　マルチプルシュート　生171
multiple-crop system　多毛作　栽13
multi-storey cropping　多層作　栽75
mung beam　リョクトウ（緑豆）　作255
mutation breeding　突然変異育種法　品207
muti-phosphate　重焼リン　栽50
mutual shading　相互遮蔽　成96, 生157
mycorrhiza　菌根　形111, 生183
mycorrhizal fungus　菌根菌　形111

【N】

naked barley　ハダカムギ（裸麦）　作230
naphthaleneacetic acid（NAA）　ナフタレン酢酸　生170
napiergrass　ネピアグラス　作326
nasty　傾性　生186
native grassland　野草地　作316
native pasture plant　野草　作316
native tea bush　ヤマチャ　作300
natural ^{15}N abundance method　重窒素自然存在比法　生177
natural air drying　常温通風乾燥　栽32
natural enemy　天敵　作252
natural reseeding　自然下種　作317
naturalized weed　帰化雑草　栽62
NC analyzer　NCコーダー　生190

n-decanol　デシルアルコール　生175
near infrared　近赤外　栽64
near infrared radiation　近赤外光　生148
near ultraviolet radiation　近紫外光　生148
neck internode of panicle(spike)　穂首節間　成85, 形100
neck node of panicle(spike)　穂首節　栽24, 成84, 形100
neck of panicle(spike)　穂首　形100
nectary　蜜腺　形102, 形123
needle board　ピンボード　形141
negatively photoblastic seed　暗発芽種子　生145
Nelson-Somogyi method　ネルソン－ソモギ法　生190
nematicide　殺線虫剤　栽60
nematode　線虫　栽72
NERICA　ネリカ　作219
nest sowing(seeding)　巣播, 摘播　栽43
net assimilation rate(NAR)　純同化率　成96, 生156
net energy ratio(NER)　エネルギー投入・産出比　作334
net photosynthetic rate　純光合成速度　生154
net production　純生産　生156
netted venation　網状脈　形117, 形121
neutral　中性　生192
neutral fertilizer　中性肥料　栽51
new rice　新米　品203
New Zealand flaxp　ニュージーランドアサ　作293
nickel(Ni)　ニッケル　生181
nicotinamide adenine dinucleotide phosphate(NADPH)　ニコチン酸アミドジヌクレオチドリン酸　生164
nicotinamide adenine dinucleotide(NADH)　ニコチン酸アミドジヌクレオチド　生164
nipa palm　ニッパヤシ　作275
nitrate nitrogen　硝酸態窒素　栽55
nitrate reductase(NR)　硝酸還元酵素　生178
nitrate reduction　硝酸還元　生178
nitrate respiration　硝酸呼吸　生179
nitrate transporter(NRT)　硝酸トランスポーター　生178
nitric acid　硝酸　栽54
nitrification　硝酸化成　生179
nitrifier　硝化(硝酸化成)菌　生178
nitrite reductase(NiR)　亜硝酸還元酵素　生178
nitrogen(N)　窒素　生180
nitrogen absorption　窒素吸収　生178
nitrogen assimilation　窒素同化　生178
nitrogen fertilizer　窒素質肥料　栽50
nitrogen fixation　窒素固定　作251, 作253
nitrogen fixing bacterium　窒素固定菌　生177
nitrogen metabolism　窒素代謝　生178
nitrogen oxides　窒素酸化物　栽68
nitrogen starvation　窒素飢餓　作330
nitrogenase　ニトロゲナーゼ, 窒素固定酵素　形111, 生176
nitrous oxide　亜酸化窒素, 一酸化二窒素　栽54
noble cane　高貴種《サトウキビ》　作284

nod factor　nodファクター　生176
nod genes　根粒形成遺伝子群　生176
nodal anatomoses　節網維管束　形125
nodal root　節根　形108, 形136
node　節　形112
non-centrifuged sugar　含蜜糖　作280
nondrying oil　不乾性油　作294
non-fermentated tea　不発酵茶　作301
non-flooding　非湛水　栽22
non-glutinous rice　粳(うるち)米　品202
nonglutinous, nonwaxy　粳性の　形128
non-productive tiller　無効分げつ　成80
non-structural carbohydrate　非構造性炭水化物　生162
nontillage　不耕起　栽49
non-tillage sowing　不耕起播き　作226
normal crop　平年作　栽28
normal season culture　普通期栽培　栽12
normal type　並性　作231
normal value　平年値(収量)　栽28
normalized difference vegetation index(NDVI)　正規化植生指数　栽64
northern blotting　ノーザンブロッティング　品208
Northern Flint　北方型フリント　作238
notched-belly kernel　胴切米　栽30
no-till direct seeding(sowing)in well-drained paddy field　不耕起直播　栽5
no-tillage cultivation　不耕起栽培　作252
no-tillage farming　不耕起栽培　栽38
n-propyl dihydrojasmonate　プロヒドロジャスモン　生175
nucellar epidermis　珠心表皮　形104
nucellus　珠心　形101
nucleic acid　核酸　生178
nucleus　核　形138
number of days transformed to standard temperature　温度変換日数　生146
number of grains per panicle　1穂粒(籾)数　栽28
number of hills per m²　植付け株数　栽10
number of new shoots　新芽数　作303
number of seedlings per hill　1株苗数　栽10
number of spikelets per panicle　1穂穎花数　栽28
nummber of leaves on the main culm　主稈葉数　栽24
nummber of leaves on the main stem　主茎総葉数　栽24
nuresery bed　苗床　作266
nurse crop　保護作物　作333
nurse culture　ナース培養　品210
nursery bed　苗代　栽6, 栽8
nursery bed soil　床土　栽6
nursery box　育苗箱　栽6, 栽8
nursery chamber　育苗器　栽7
nursery mat　成型培地　栽7
nursling rice-seedling　乳苗　栽9

nutmeg　ナツメグ，ニクズク　作311
nutrient deficiency　要素欠乏　生180
nutrient excess　要素過剰　生180
nutrient film technique　NFT　栽76
nutritional diagnosis　作物栄養診断　栽56
nutritional disorder　栄養障害　生180
nutritive value　栄養価　作318
nyctinasty　就眠運動　生186

【O】

oat, oats　エンバク　作235, 作318
obary　子房　成93
off-season crop　裏作，副作　栽13, 栽74
oil body　オイルボディ　形131
oil crop　油料作物　作294
oil meal　油かす（油粕）　栽50, 作289
oil palm　アブラヤシ（油椰子）　作274
old rice　古米　品203
oligosaccharide　オリゴ糖，少糖　形128, 作280
olivine　かんらん石　栽52
oolong tea　ウーロン茶　作301
opaque kernel　死米　栽30
open ditch　明渠　栽3, 栽41
open ditch drainage　明渠排水　栽57
open reading frame（ORF）　オープンリーディングフレーム　品208
open top chamber　オープントップチャンバー　生195
open[-field] culture　露地栽培　栽76
opening of ball　開じょ　作289
open-pollinated variety　自然受粉品種　作238
opine　オパイン　品212
opposite phyllotaxis　対生葉序　形117, 形121
optical density　写真濃度　栽64
optimization　最適化　生174
optimum harvesting time　収穫適期　栽26
optimum leaf area index　最適葉面積指数　栽25, 成96, 生157
optimum temperature　生育適温　作322
orchardgrass　オーチャードグラス，カモガヤ　作320
order of anthesis in a panicle　開花順序　成86
organ culture　器官培養　品210
organic chloride pesticide　有機塩素系　栽61
organic farming　有機農業，有機栽培　栽70, 栽77
organic fertilizer　有機質肥料　栽51
organic matter　有機物　栽57
organic matter absorption　有機物吸収　生182
organic matter application　有機物施用　栽57
organic medium　有機培地　栽76
organic mercury pesticide　有機水銀剤　栽60
organic nitrogen　有機態窒素　栽54
organic phosphorus pesticide　有機リン系　栽61

orgnic solvent phase　有機溶媒　生192
Oriental tobacco　オリエント種　作307
osmotic absorption of water　浸透（能動）的吸水　生167
osmotic adjustment　浸透調整　生168
osmotic potential　浸透ポテンシャル　生166
osmotic stress　浸透圧ストレス　生168
outdoor culture　露地栽培　栽76
outer integument　外珠皮　形107
ovarian cavity　子房腔　成92
ovary　子房　成84, 形100, 形102, 形106
ovary culture　子房培養　品211
ovary wall　子房壁　形101
overluxuriant growth　過繁茂　成96, 生157
oversowing, overseeding　追播き　栽42
overstocking, overgrazing　過放牧　作317
ovule　胚珠　成84, 形101, 形102, 形106
ovule culturue　胚珠培養　品211
oxidative phosphorylation　酸化的リン酸化　生165
oxides of nitrogen　窒素酸化物　栽68
oxides of sulfur　硫黄酸化物　栽68
oxidized layer　酸化層　栽54
oxygen（O）　酸素　生180
oxygen electrode method　酸素電極法　生194
ozone layer　オゾン層　栽67

【P】

packaging　袋詰め　栽33
paclobutrazol　パクロブトラゾール　生174
paddy cleaner　籾粗選機　栽32
paddy field　水田　栽2
paddy field converted from upland　輪換田　栽73
paddy field irrigated with cool water　冷水田　栽2
paddy rice-nursery　水苗代　栽8
paddy rice-seedling　水苗　栽8
paddy soil　水田土壌　栽54
paddy weed　水田雑草　栽18
paddy-upland rotation　田畑輪換　栽22, 栽73
palatability　食味，嗜好性《飼料》　栽31, 品200, 作318
palea　内穎　成84, 形100
palisade grass　パリセードグラス　作327
palisade tissue　柵状組織　形118, 形123
palmate compound leaf　掌状複葉　作274
pangolagrass　パンゴラグラス　作327
panicle　円錐花序　成84, 形100
panicle　穂　形100
panicle differentiation　幼穂分化　栽34, 成84
panicle differentiation stage　幼穂分化期　成84
panicle formation　幼穂形成　成84
panicle formation stage　幼穂形成期　成84
panicle length　穂長　栽28
panicle neck node differentiation stage　穂首分化期　成84

panicle number	穂数　栽28
panicle number type	穂数型　成82, 品198
panicle weight type	穂重型　成82, 品198
paper mulberry	コウゾ(楮)　作287
paragrass	パラグラス　作327
Para rubber	パラゴム　作296
paraffin	パラフィン　形142, 生175
paraffin sectioning	パラフィン切片法　形142
parallel venation	平行脈　形117, 形121
parboiled rice	パーボイルドライス　品202
parching	炒り葉　作301
parenchyma cell	柔細胞　形139
parmanent root	永久根　作236
parthenogenesis	単為生殖　品217
partial panicle number type	偏穂数型　成82, 品198
partial panicle weight type	偏穂重型　成82, 品198
partially filled grain	部分登熟籾, 発育停止籾　成88
particle gun method	パーティクルガン法　品212
passive absorption of water	受動的吸水　生166
passive transport	受動輸送　生182
pasture	放牧地　作316
pathogen	病原体　栽14
pathogenesis-related proteins	PRタンパク質　生173
pea	エンドウ(豌豆)　形106, 形107, 作258
pea epicotyl growth test	エンドウ上胚軸伸長検定法　生192
peanut	ラッカセイ(落花生), ナンキンマメ　作258
pearl millet	トウジンビエ, パールミレット　作244, 作319
peat moss	ピートモス　栽76
peaty paddy field	泥炭地水田　栽56
pectroradiometer	分光放射計　栽64
pedicel	小花柄, 小枝梗　成93, 形100, 形103
pedicellate	有柄　作236
pedigree method	系統育種法　品206
peduncle	花柄, 花梗　形103
pencil-like root	梗根　成95, 形126, 作267
pendimethalin	ペディメタリン　生175
pentose phosphate cycle	ペントースリン酸経路　生164
peony	シャクヤク(芍薬)　作315
PEP carboxylase	PEP-カルボキシラーゼ　生152
pepper	コショウ(胡椒)　作308
peppermint	ペパーミント　作312
percentage of germination	発芽率　生145
percentage of ripened grains	登熟歩合, 稔実歩合　栽28, 成89
percentage of [seedling] emergence	出芽率　栽4
percentage of [seedling] establishment	苗立率, 出立歩合　栽4
percentage productive tillers	有効茎歩合　成80
percentage sterility	不稔歩合　栽29
percolation	降下浸透　栽22
perennial buckwheat	シャクチリソバ, 宿根ソバ　作246
perennial ryegrass	ペレニアルライグラス, ホソムギ　作321
perfect grain	完全粒　形105
perfect rice grain	完全米　栽30, 品202
perforation	穿孔　形124
performance test for recommendable varieties	奨励品種決定試験　品207
pericarp	果皮　形104
pcriclinal division	並層分裂　形134
pericycle	内鞘　形109, 形110, 形127
periderm	周皮　成94, 形110, 形113, 形126, 形133, 作264
perilla	エゴマ(荏, 荏胡麻)　作294
perilla oil	エゴマ油　作295
perimedulla	周辺髄　形126
period for weed-free maintenance	必要除草期間　栽62
peripheral cylinder [of longitudinal vascular bundles]	辺縁部維管束環　形109, 形113, 形125
peripheral meristem (zone)	周辺分裂組織　形132
perisperm	外乳, 外胚乳, 周乳　形105
permanent grassland	永年草地　作316
permanent wilting point	永久しおれ点, 永久萎凋点　栽52, 生168
peroxisome	ペルオキシソーム　生152
Persian wheat	ペルシアコムギ　作222
persistence	永続性　作318
pest control	病害虫防除　栽41, 栽60
pesticide	農薬　栽60
petal	花弁　形102, 形120
petiole	葉柄　形120
petiolule	小葉柄　形120
phase contrast microscope	位相差顕微鏡　形143
phaseic acid	ファゼイン酸　生172
phasey bean	ファジービーン　作329
phellem	コルク組織　成94, 形126, 形133
phelloderm	コルク皮層　形126, 形133
phellogen	コルク形成層　形110, 形113, 形126, 形133
phenology	生物季節, フェノロジー　栽66
phcromone	フェロモン　栽60
phloem	篩部　形118, 形124
phloem fiber	篩部繊維　形124
phloem parenchyma	篩部柔組織　形124
phloem sap	篩管液　生160
phosphate absorption coefficient	リン酸吸収係数　栽55
phosphatic fertilizer	リン酸質肥料　栽50
phosphoenolpyruvate (PEP)	ホスホエノールピルビン酸　生152
phosphorus (P)	リン　生180
photoblastic seed	光発芽種子　生145, 生148
photochemical oxidant	光化学オキシダント　栽68
photochemical reaction	光化学反応　作335
photoinhibition	光阻害　生151

英語	日本語	参照
photometric sensor	照度計	生195
photomorphogenesis	光形態形成	生148
photoperiodic sensitivity	感光性	品196
photoperiodism	光周性	生149, 品196
photophosphorylation	光リン酸化	生150
photorespiration	光呼吸	生152
photosensitivity	感光性	成92, 品196
photosynthesis	光合成	生150
photosynthetic capacity	光合成能力	生154
photosynthetic electron transport system	光合成電子伝達系	生150
photosynthetic organ	光合成器官	生154
photosynthetic photon flux density (PPFD)	光合成有効光量子束密度	生151
photosynthetic pigment	光合成色素	生150
photosynthetically active radiation (PAR)	光合成有効放射	生151, 作335
photosystem	光化学系	生150
phototropin	フォトトロピン	生148
phototropism	光屈性, 屈光性	生148, 生187
phyllochron	出葉間隔	成79, 形117
phyllome	葉的器官	形120
phyllotaxis	葉序	形117, 形121
physical disease control	物理的防除	栽60
physiological activity	生理活性	生192
physiological leaf spot	生理的斑点病	作306
Physiological maturity	生理的成熟期	成93
phytochrome	フィトクローム	生145, 生148
phytoextraction	ファイトイクストラクション	生183
phytolith	プラントオパール	作218
phytomer	ファイトマー	形112, 形136
phytoremediation	ファイトレメディエーション	栽69, 生183
phytovolatilization	ファイトボラティリゼーション	生183
pigeon pea	キマメ《樹豆》	作261
pigment protein	色素タンパク質	生148
pimento	オールスパイス	作310
pin type	長花柱花型	作246
pinnate compound leaf	羽状複葉	形120, 作274, 作332
pipe drainage	暗渠排水	栽23, 栽41, 栽56, 栽57
pistil	雌ずい《蕊》	成84, 成92, 形100, 形102, 形120
pit	壁孔	形124
pith	髄	形113, 形126, 作276
pith cavity	髄腔	形113
pixel	ピクセル	栽64
plant age in leaf number	葉齢	栽24, 成79
plant factory	植物工場	栽76
plant growth regulator	植物成長調整剤(調節物質)	栽60, 生174, 品210
plant growth substance	植物成長調節物質	生174
plant height	草高, 草冠高	栽24, 成83
plant hormone	植物ホルモン	生170
plant length	草丈	栽24, 成83
plant opal	プラントオパール	作218
plant shape	草姿	成82
plant type	草型	成80, 成82, 品198
plant type breeding	草型育種	品199
plantation	プランテーション	栽76
planthopper	ウンカ(浮塵子, 雲霞, 蝗)	栽17
planting	定植	栽44
planting density (rate)	栽植密度	栽10
planting pattern	栽植様式	栽10
plasmid	プラスミド	品212
plasmodesmata	原形質連絡	形138
plasmolysis	原形質分離	形138, 生166
plastic-tunnel culture	トンネル栽培	栽76
plastid	プラスチド, 色素体	形128, 形138
plastochron	葉間期	成79, 成82, 形117
plastoquinone	プラストキノン	生150
platform	プラットフォーム	栽64
plot-to-plot irrigation	田越し灌漑	栽23
plow	プラウ	栽48
plow layer	作土[層], 耕土層	栽3, 栽48, 栽54, 栽56
plow sole (pan)	耕盤, すき床[層]	栽3, 栽48, 栽54
plowing	耕起	栽38, 栽48
plowing and harrowing	耕起・砕土	栽10
plucked new shoot	生葉《チャ》	作301
plucking	摘採	作302
plucking surface area	摘採面	作302
plucking time	摘採期	作302
plumule	幼芽	成78, 成91, 形112
pod	莢	成93
pod corn	ポッド種	作238
pod dehiscence	裂莢	作252
pod number per area	単位面積当たり莢数	成93
pod shedding	落莢	成93, 作251
podding, pod setting	結莢	成93, 作251
podzolization	ポドソル化作用	栽52
polar nucleus	極核	形101, 形102
polar transport	極性移動	生170
polarity-nonpolarity	極性－非極性	生192
polarization microscope	偏光顕微鏡	形143
polarized reflectance	偏光反射率	栽64
polished rice	白米, 精白米, 研磨米	栽33, 品202
polishing	搗精	栽33
pollen	花粉	成86, 成92, 形100, 形102
pollen culture	花粉培養	品211
pollen grain	花粉粒	成92
pollen mother cell	花粉母細胞	成92, 形101
pollen parent	花粉親	品204
pollen tetrad	四分子	形101
pollen tube	花粉管	成86, 形101, 形102, 形107

pollen tube nucleus　花粉管核　形102
pollination　受粉　成86, 成92
polyarch　多原型　形110
polychlorinated biphenyl(PCB)　ポリ塩素化ビフェニル　栽69
polyclonal antibody　ポリクロナル抗体　生193
polyembryony　多胚　形105
Polymerase Chain Reaction method　PCR法　品208
polyploid　倍数体　品206
polyploidy　倍数性　品206, 作222
polysaccharide　多糖　形128
pomp　ポンプ　生182
poor harvest　凶作　栽34
pop corn　ポップ種　作238
population　個体群　成98
population density　個体群密度　成98
porometer method　ポロメーター法　生194
post-heading photosynthates　出穂後同化分　生159
pot culture　ポット法　形141
potash fertilizer　カリ質肥料　栽50
potassium(K)　カリウム　成95, 生180
potassium chloride　塩化カリウム　栽50
potassium silicate fertilizer　ケイ酸カリウム　栽51
potassium sulfate　硫酸カリウム　栽50
potato　ジャガイモ, バレイショ(馬鈴薯)　作262
potato yam　トゲドコロ, ハリイモ, トゲイモ　作270
potential evapotranspiration　可能蒸発散, 蒸発散位　生168
potentially acid fertilizer　生理的酸性肥料　栽51
potentially alkali fertilizer　生理的アルカリ性肥料　栽51
potentially neutral fertilizer　生理的中性肥料　栽51
potometer　ポトメーター　生194
poultry manure　鶏糞堆肥　栽51
powdered tea　抹茶　作301
power duster　動力散粉機　栽61
power sprayer　動力噴霧機　栽61
power tiller　耕耘機　栽10, 栽48
precision farming　精密農業, 精密圃場管理　栽64, 栽76
precocious panicle(ear)　走り穂　成85
preharvest sprouting　穂発芽　成89, 生185, 作225, 作232
pre-heading reserved assimilates　出穂前蓄積分　生159
premature heading　不時出穂　成87
pressure chamber　プレッシャーチャンバー　生195
pressure flow model　圧流説　生161
pressure potential　圧ポテンシャル　生166, 生168
prickle hair　刺毛　形119
primary bed　親床　作306
primary branch root　一次分枝根　形108
primary cambium　一次形成層　成95, 形127
primary canopy　1番草群落　作322
primary cell wall　一次壁　形138
primary dormancy　一次休眠　生184

primary drying　粗揉　作301
primary floral induction　第一次花成誘導　作322
primary lateral root　一次側根　形108
primary leaf　初生葉　成91, 形107, 形120
primary meristem　一次分裂組織　形133
primary mineral　一次鉱物　栽52
primary phloem　一次篩部　形124, 形133
primary raceme　一次花房　成92
primary rachis-branch of panicle　一次枝梗　栽29, 成84, 形100
primary thickening meristem　一次肥大分裂組織　形113, 形133
primary tiller　一次分げつ　成80
primary tissues　一次組織　形132
primary xylem　一次木部　形124, 形133
prime and curing　連干し乾燥　作307
primer　プライマー　品208
priming　プライミング, 葉掻き《タバコ》　栽42, 作306
primings　下葉《タバコ》　作306
procambium　前形成層　形124, 形133
process based model　プロセス積み上げ型モデル　栽65
processing　調製　栽32
processing and storage facility　乾燥調製貯蔵施設　栽33
product　収穫物　栽26
productive structure　生産構造　成98
productive structure diagram　生産構造図　成98
productive tiller　有効分げつ　成80
productive tiller number determining stage　有効分げつ[数]決定期　成80
profile root　プロフィル根　形137
prohexadione-calcium　プロヘキサジオンカルシウム塩　生174
prolamine　プロラミン　形130
proline　プロリン　生169
promoter　プロモーター　品208
prop root　支持根(支根), 支柱根　形108, 形137, 作240
prophyll　前葉, 前出葉　形116, 形120
proplastid　プロプラスチド, 原色素体　形128, 形138
proso millet　キビ(黍), イナキビ　作243
prostrate type　匍匐型　作317
protandry, proterandry　雄性先熟　成87
protected cultivation　被覆(施設)栽培　栽76
protected semi-irrigated rice-nursery　保温折衷苗代　栽8
protein　タンパク質　形130, 生178, 品200
protein body　プロテインボディ, タンパク体, タンパク顆粒　形130
protein mutant rise　タンパク質変異米　品215
proteoid root　プロテオイド根　生183
proteome　プロテオーム　品209
proteome analysis　プロテオーム解析　生191
proteomics　プロテオミクス　品209

protoderm　前表皮　形133
protophloem　原生篩部　形109, 形124, 形127
protoplast　プロトプラスト　品210
protostele　原生中心柱　形125
protoxylem　原生木部　形109, 形124, 形127
protozoa　原生動物　栽53
pruning　剪枝　作302
pseudocereals　擬禾穀類　作242
pseudostem　偽茎　作292
psychrometer　サイクロメーター　生195
public function　公益的機能　栽70
puddling and leveling　代かき　栽10, 栽22, 栽48
pulling of seedling　苗取り　栽8
pulses, pulse crops　しゅく穀(菽穀)類　作242
pulvinus　葉枕　形121
pure line　純系　品206
pure line selection　純系選抜法　品206
purling　搗精　栽33
purple arrowroot　ショクヨウカンナ　作279
purple stain　紫斑病　作252
pushing resistance　押し倒し抵抗値　品199
pyraonometer　全天日射計　生195
pyrethroid pesticide　ピレスロイド系　栽61
pyrethrum　ジョチュウギク(除虫菊)　作315
pyroxene　輝石　栽52
Pythium spp.　ピシウム菌　栽15

【Q】

quadrat sampling　部分刈り, 坪刈り　栽28
qualitative analysis　定性分析　生192
quality　品質　栽30
quantitative analysis　定量分析　生192
quantitative trait locus(QTL)　量的形質遺伝子座　品209
quantum sensor　光量子計　生195
quantum yield　量子収率　生151
quartz　石英　栽52
Queensland arrowroot　ショクヨウカンナ　作279
quick lime　生石灰　栽50
quiescence　休止　生184
quiescent center　静止中心　形133
quinoa　キノア　作245

【R】

race　レース, 病原型　栽14
raceme　総状花序　成92, 形100, 形103
rachilla　小穂軸　成85, 形100
rachis　穂軸, 花軸, 葉軸　成85, 成93, 形100, 形120
rachis branch　枝梗　形100
rack drying　はざ(稲架)干し　栽32
radial division　放射分裂　形134
radial vascular bundle　放射維管束　形124

radiation use efficiency　日射利用効率　栽65
radicle　幼根　成78, 成90, 形107, 形108, 形131
radioimmunoassay(RIA)　放射免疫測定法, ラジオイムノアッセイ　生191, 生193
raffinose　ラフィノース　形129, 生160
rain dropping line　雨落ち部　作303
rain shade　雨よけ　栽76
rain-fed cultivation　天水栽培　栽76
rain-fed lowland rice　天水稲　作221
rain-fed paddy field　天水田　栽2
raising seedling　育苗　栽6
ramet　ラメット　形115
ramie　ラミー, からむし, 苧麻, 真苧　作291
Random Amplified Polymorphic DNA method　RAPD法　品208
range　野草地　作316
rank growth　過繁茂　成96
rape　アブラナ(油菜)　作294
rape, rapeseed　ナタネ(菜種)　作294
rapeseed meal　ナタネ粕　作294
rapeseed oil　ナタネ油　作294
raster　ラスター　栽64
rate of podding　結莢率　成93
rate of seed setting　結実率　成93
ratio of plucking furface to land　摘採面積率　作303
ratoon cropping　株出し栽培, 再生二期作　栽13, 栽45, 栽75
ratooning　株出し[栽培]　栽45, 作334
raw sugar　粗糖　作280
rayada rice　ラヤダ稲　作220
readily available fertilizer　速効性肥料　栽50
reaper and binder　バインダー　栽26
recirculating batch dryer　循環式乾燥機　栽32
recombinant DNA　組換えDNA　品208
recommended variety　奨励品種　品207
recovery rate　利用率　栽54
rectangular planting　長方形植え　栽10
recurrent selection　循環選抜法　品207
red clover　アカクローバ　作329
red jute　タイワンツナソ　作290
red light　赤色光　生148
red pepper　トウガラシ(唐芥子)　作308
red rice　赤米(あかまい, あかごめ)　栽31
redifferentiation　再分化　品210
red-kerneled rice　赤米　品215
redox potential(Eh)　酸化還元電位　栽54, 栽56
reduced nicotinamide adenine dinucleotide phosphate(NADPH)　還元型ニコチンアミドジヌクレオチドリン酸　作335
reduced tillage　簡易耕　栽38
reduction　還元　栽54

reduplicate 「∧」字型《ヤシ科》 作274
reed canarygrass リードカナリーグラス, クサヨシ 作322
refined flour 精粉 作333
refined sugar 精製糖 作280
refractive index detector 示差屈折計 生193
refractomater index 屈折計示度 作280
regional adaptability 地域適応性 品197
regrowth 再成長, 再生 作323
regrowth vigor 再生力 作318
regular planting 正条植え 栽10
regular use for upland 常畑 栽73
relation of synchronously developed leaves and tillers 同伸葉・同伸分げつ理論 成80
relative growth rate (RGR) 相対成長率 成96
relative humidity 相対湿度 生168
relative light intensity 相対光強度 成83
relative water content 相対含水量(水分含量) 生166, 生168
relay intercropping つなぎ間作 栽75
remote sensing リモートセンシング 栽64
renewal of seeds 種子更新 栽6
repellent 忌避剤 栽60
repent stem 匍匐茎 形114
replanting 改植 作302
reporter gene レポーター遺伝子 品212
reproducibility 再現性 生193
reproductive branch 結果枝 作258
reproductive growth [stage] 生殖成長[期] 成84
reserve carbohydrate 貯蔵炭水化物 生162
reserve protein 貯蔵タンパク質 生162
reserve starch 貯蔵デンプン 形128, 生144
reserve [substance] 貯蔵物質 形126, 作323
residual stalks 残稈 作306
resin 樹脂 形142
resin sectioning 樹脂切片法 形142
resistance to water flow 水の通導抵抗 生167
resolving power 分解能 形142
respiration 呼吸 生164
respiratory quotient (RQ) 呼吸商 成90, 生165
re-sprouting 再萌芽 作303
restriction enzyme 制限酵素 品208
retroposon レトロポゾン 品209
retrotransposon レトロトランスポゾン 品209, 品211
retting 精練 作290
Reverse Transcription-PCR method RT-PCR法 品208
rhizobium 根粒菌 形110, 生176
rhizobox method 根箱法 形141
Rhizoctonia spp. リゾクトニア菌 栽15
rhizome 根茎 成94, 形115, 作322
rhizophore 担根体 成94, 形126, 形129, 作270
Rhizopus spp. リゾープス菌 栽15

rhizosphere 根圏 生182
rhizotron リゾトロン 形140
rhodesgrass ローズグラス, オオヒゲシバ 作324
rib meristem 髄状分裂組織 形132
ribosome リボソーム 形138
ribosyl zeatin ゼアチンリボシド 生171
ribulose 1,5-bisphosphate (RuBP) リブロース1,5-ビスリン酸 生152
rice イネ(稲) 作218, 作319
rice bean ツルアズキ(蔓小豆) 形106, 作255
rice bran 米ぬか 栽50, 品202
rice center (RC) ライスセンター 栽33
rice cultivation using supplement application to deep layer 深層追肥稲作 栽20
rice for sake brewery 酒米 品214
rice hull もみがら 栽76
rice huller (husker) 籾すり機 栽32
rice leaf beetle イネドロオイムシ 栽16
rice leafroller コブノメイガ 栽16
rice mill (milling machine) 精米機 栽33
rice milling 精米 栽33
rice screenings 屑米 栽28, 栽30
rice seed 種籾 栽6, 形104
rice seedling test イネ苗テスト 生192
rice sorter 米選機 栽33
rice stem borer ニカメイチュウ 栽16
rice storage facility 米貯蔵庫 栽33
rice straw 稲わら 栽57
rice transplanter 田植機 栽10
rice transplanting 田植え 栽10
rice water weevil イネミズゾウムシ 栽16
rice-plant skipper イネツトムシ 栽16
ridge 畝 栽39
ridger 畝立て機 栽39
ridging 土寄せ, 培土 栽40, 作265
ripening 登熟, 稔実 成88
ripening floret number 稔実小花数 作222
ripening period 登熟期[間] 成88
RNA interference RNAi 品208
robusta coffee ロブスタコーヒー 作304
rock wool ロックウール 栽9, 栽76
rodenticide 殺そ剤 栽60
rolled barley 押麦 作233
root and tuber crops いも類 成94
root apex 根端 形108, 形133
root apex zone 分裂帯 形108
root apical meristem 根端分裂組織 形108, 形132
root body 根体 形108
root cap 根冠 形108, 形133
root depth index 根の深さ指数 形137
root exudate 根の分泌物 生182

root hair　根毛　形108
root length density　根長密度　形137, 形140
root length scanner　ルートスキャナー　形137, 形141
root lodging　転び型倒伏　栽5, 品199
root mass　根群　形136
root mat　ルートマット　栽9
root nodule　根粒　形110, 生176, 作251
root number density　根数密度　形137
root pressure　根圧　生167
root proof sheet　防根透水シート　栽76
root pruning　断根　栽11
root pulling resistance　根系の引き抜き抵抗　形137
root system　根系　形136
root weight density　根重密度　形137, 形140
rooting　活着　栽11, 栽44, 成79
rooting angle　根の伸長角度　形140
rooting zone　根域　形136
rootlet　細根　形126
root-nodule bacteria　根粒菌　作251, 作252
root-promoting fungicide　根系発達促進作用をもつ殺菌剤　生175
roselle　ロゼル　作291
rosette　ロゼット　形114
rosette formation　座止　品196
rotary microtome　回転式ミクロトーム　形142
rotary tillage　撹拌耕　栽38
rotational field system　輪換式農法　栽72
rotational grassland　輪作草地　作316
rough endoplasmic reticulum　粗面小胞体　形130, 形138
rough rice　籾　形104
roughage　粗飼料　作316
round monolith method　円筒モノリス法　形140
row cover　べたがけ　栽76
row distance　条間　栽10
row planting　並木植え　栽10
row seeding(sowing)　条播, すじ播き　栽5, 栽43, 作226
row-intercropping　畦間作　栽74
rubidium(Rb)　ルビジウム　生181
Rubisco　ルビスコ　生152
Rubisco activase　ルビスコ活性化酵素　生152
rudimentary glume　副護穎　形100
ruminant　反芻動物　作316
runner　走出枝　形115
rusty kernel　茶米　栽30
rutabaga　スウェーデンカブ, ルタバガ　作319
rye　ライムギ　作234, 作318

【S】

S phase　S期(DNA合成期)　形134
saccharification　糖化　作280
safflower　ベニバナ(紅花)　作295, 作298
safflower oil　ベニバナ油　作295
saffron　サフラン(泪夫藍)　作299
sage　セージ　作311
sago palm　サゴヤシ(沙穀椰子)　作276
Saigon cinnamon　ニッケイ(肉桂)　作309
salicylate-like substance　サリチル酸様活性物質　生175
salicylic acid　サリチル酸　生173
saline soil　塩類土壌　栽53
salt damage(injury)　塩害　栽37, 生188
salt stress　塩ストレス　生188
salt tolerance　耐塩性　生188, 品217
salty wind damage　潮風害　栽37, 成87
sand culture　砂耕栽培　栽76
sand dune agriculture　砂丘農業　栽76
sandy paddy field　砂質水田　栽56
sap　汁液　栽56
sapodilla　サポジラ, チューインガムノキ　作297
saponin　サポニン　作249, 作250
scale leaf　鱗片葉　形116, 形120
scanning electron microscope(SEM)　走査型電子顕微鏡　形143
scented rice　匂い米　品214
schizogenous aerenchyma　離生通気組織　形109
schizogenous intercellular space　離生細胞間隙　形123
sclerenchyma cell　厚壁細胞　形108, 形139
scutellum　胚盤　形112, 形131
sea island cotton　カイトウメン(海島棉), ベニバナワタ　作288
seasonal adaptability　季節適応性　品197
seasonal productivity　季節生産性　作318
second category of genetically modified crops　第2世代遺伝子組換え作物　品213
second crop of tea　二番茶　作302
second puddling　中しろ　栽10
secondary bed　子床　作306
secondary cambium　二次形成層　成95, 形127
secondary cell wall　二次壁　形138
secondary corm　孫イモ《球茎》　形127, 作272
secondary crop　副作物, 補完作物　栽74
secondary dormancy　二次休眠　生184
secondary drying　中揉　作301
secondary floral induction　第二次花成誘導　作322
secondary lateral root　二次分枝根, 二次側根　形108
secondary leaflet　間葉　作262
secondary mineral　二次鉱物　栽52
secondary phloem　二次篩部　形110, 形124, 形126, 形133
secondary raceme　二次花房　成92
secondary rachis-branch of panicle　二次枝梗　栽29, 成84, 形100
secondary tea drying　水乾　作301
secondary thickening growth　二次肥大成長　形110

secondary tiller	二次分げつ　成80	sensitivity to temperature	感温性　品196
secondary tissues	二次組織　形132	sensor	センサ　栽64
secondary tuber	孫イモ《塊茎》　形127, 作272	sensory test	官能試験　品200, 作301
secondary xylem	二次木部　形110, 形124, 形133	sepal	萼片　形102, 形120
secretory tissue	分泌組織　形123	separatory funnel	分液漏斗　生192
sectioning	切片作成　形142	sesame	ゴマ(胡麻)　作294
seed	種子　形104, 形106, 生144	sesame oil	ゴマ油　作294
seed bulb (corm)	種球　栽44	sesbania	セスバニア　作331
seed cane, set	種茎　栽45	sesquioxide	三二酸化物　栽54
seed coat	種皮　成90, 形104, 形107	sessile	無柄　作236
seed development	種子形成　生144	severe shading tea field	覆い下茶園　作303
seed disinfection	種子消毒　栽6	sewage sludge compost	汚泥堆肥　栽51
seed furrow	作条　栽39	sewing	葉あみ《タバコ》　作307
seed grading (selection)	選種　栽42	sexual reproduction	有性生殖　形126
seed longevity	種子寿命　生145	shade tree	庇蔭樹　作293
seed number per pod	1莢内粒数　成93	shaking culture	振とう培養　品210
seed pretreatment	種子予措　栽6, 栽42	shaking separator	揺動選別機　栽32
seed rice	種籾　栽6	shallow flood irrigation	浅水灌漑　栽22
seed selection by specific gravity	比重選　栽6, 栽29	shallow root	浅根　形137
seed selection with salt solution	塩水選　栽6, 栽29	shallow tillage	浅耕　栽48
seed soaking	浸種　栽6, 栽42	shallow trimming of canopy	浅刈り　作303
seed storage protein	種子貯蔵タンパク質　生144	shallow-rooted crop	浅根性作物　形136
seed tape	シードテープ　栽42	shattering habit	脱粒性　栽27
seed tuber	種イモ　栽44, 形126, 作264	shear plucking	はさみ摘み　作303
seed vigor	種子活力　成90, 生145	sheath blight	紋枯病　栽14
seed weight	1粒重　成93	sheath brown rot	葉鞘褐変病　栽15
seedcorn maggot	タネバエ　作252	shedding habit	脱粒性　栽27
seeding	播種　栽6, 栽42	shifting cultivation	移動耕作, 焼畑農業　栽72, 栽76
seeding rate	播種量　栽7, 栽42	shikimic acid pathway	シキミ酸経路　生179
seeding time	播種期　栽42	shoot	シュート, 苗条, 新芽《チャ》　成78, 成79, 形112, 作302
seedling	苗, 芽生え, 幼植物, 実生　栽8, 栽44, 成78, 生148	shoot apex	茎頂　形112
seedling age	苗齢　栽8, 成79	shoot apex culture	茎頂培養　品211
seedling establishment	苗立ち　栽4	shoot apical meristem	茎頂(シュート頂端)分裂組織　成78, 形112, 形132
seedling-raising in box	箱育苗　栽8	shoot system	シュートシステム　形112
seed-setting	結実　成88, 成93	shoot unit	要素　形136
selectivity	選択性　栽62	short grass	短草　作317
selenium (Se)	セレン　生181	short shoot	短枝　形114
self-feeding thresher	自動脱穀機　栽27	short staple cotton	シロバナワタ(白花棉)　作288
self-fertilizing plant	自殖性植物　成86, 品206	short term fallow	短期休閑　栽72
self-incompatibility	自家不和合性　品205	short-day plant	短日植物　成92, 生149, 品196
self-pollination	自家受粉　成86, 成92	shortwave infrared	短波長赤外　栽64
self-thinning	自己間引き　作323	shuttle breeding	シャトル育種　品197
semi-determinate type	半無限伸育型　形103, 作250	side dressing	側条施肥　栽21
semidrying oil	半乾性油　作294	sieve arca	篩域　形124
semidwarf variety	半矮性品種　成82, 作224	sieve cell	篩細胞　形124, 形138
semidwarfness	半矮性　品198	sieve element	篩要素, 篩管要素　形124, 形138
semi fermentated tea	半発酵茶　作301	sieve element/companion cell complex	篩要素／伴細胞複合体　生160
semi-irrigated rice-nursery	折衷苗代　栽8	sieve pore	篩孔　形124
seminal root	種子根　成78, 成95, 形108, 形137		
senescence	老化　生155		

sieve tube　篩管　形118, 形124, 生160
sieve tube cell　篩管細胞　形124
sigmoid curve　S字形(状)曲線　成99
signalgrass　シグナルグラス　作327
silage　サイレージ　作316
silage maize　サイレージ用トウモロコシ　作239
silage making　サイレージ調製　作316
silica gel　シリカゲル肥料　栽51
silicate fertilizer　ケイ酸質肥料　栽51
silicic acid　ケイ酸　栽20
silicified cell　珪化細胞　形139
silicon(Si)　ケイ素　生181
silk　絹糸《トウモロコシ》　作237
silo　サイロ　作316
simple inflorescence　単一花序　形103
simple leaf　単葉　形120
simple model　簡易型モデル　栽65
simple[starch]grain(granule)　単粒[デンプン]　形128
simple venation　単一脈　形117
sinach beet　フダンソウ(不断草)　作282
single cropping　一期作, 一毛作　栽13, 栽74
single cross　単交雑, 単交配　品207, 作238
single-crop system　一毛作　栽13
sink　シンク　栽59, 生158
sink activity　シンク活性　生159
sink capacity　シンク容量　生159
sink-source relationship　シンク・ソース関係　生158
siphonostele　管状中心柱　形125
siratro　サイラトロ　作329
sisal　サイザルアサ　作292
six-rowed barley　六条オオムギ　作230
skiffing　整枝　作302
skin abrasive rice　肌ずれ米　栽30
slaked lime　消石灰　栽50
slash and burn agriculture　焼畑[農耕]　栽72
sliding microtome　滑走式ミクロトーム　形142
slow release fertilizer　緩効性肥料　栽50
small foxtail millet　コアワ　作242
small vascular bundle　小維管束　形118
smaller brown planthopper　ヒメトビウンカ　作17
smectite　スメクタイト　栽53
smelled rice　有臭米　品214
snow endurance　耐雪性　品216
sod culture　草生栽培　栽40
sod fallow　草生休閑　栽72
sod type　芝型　作317
sodium(Na)　ナトリウム　生181
sodium borate　ホウ砂　栽51
soft flour　薄力粉　作228
soft wheat　軟質コムギ　形131, 作223, 作228
soft-textured rice　軟質米　品202

soil acidity　土壌酸性　栽57
soil amendments application　土壌改良資材施用　栽57
soil animal　土壌動物　栽53
soil classification　土壌分類　栽52
soil core sampler　土壌コアサンプラ　形140
soil contamination　土壌汚染　栽69
soil crushing　砕土　栽48
soil crust　土壌クラスト　成91
soil culture　土耕栽培　栽76
soil degradation　土壌劣化　栽67
soil diagnosis　土壌診断　栽56
soil disinfection　土壌消毒　栽60
soil dressing　客土　栽22, 栽56
soil erosion　土壌浸食(侵食)　栽53, 栽55, 栽67
soil fungicide　土壌殺菌剤　栽60
soil group　土壌群　栽52
soil horizon　土壌層位　栽52
soil improvement　土壌改良　栽56
soil insulation　間土　栽39, 栽43
soil microorganism　土壌微生物　栽53
soil monolith　土壌モノリス　形140
soil pollution(contamination)　土壌汚染　栽53, 栽69
soil pore space　土壌孔隙　栽52
soil profile　土壌断面　栽52
soil profile method　土壌断面法　形140
soil sickness　忌地[現象]　栽72
soil temperature　地温　栽55
soil-bone disease　土壌伝染病　栽60
soiling crop　青刈作物　作316, 作318
soil-layer mixing tillage　混層耕　栽49, 栽57
soilpH　土壌pH　栽56
soil-plant-atmosphere continuum(SPAC)　土壌－植物－大気系　栽65
soil-vegetation-atmosphere transfer model　土壌－作物－大気伝達モデル　栽65
solanin　ソラニン　作265
solid bulb　球茎　作332
solid medium　固形培地　品210
solid phase　固相　栽52, 栽56
solid-phase extraction method　固相抽出法　生193
soluble carbohydrate　可溶性炭水化物　形129
soluble starch synthase(SS)　可溶性スターチシンターゼ　生163
solution culture　養液栽培, 水耕栽培　栽76
solvent extraction　溶媒抽出　生192
somaclonal variation　培養変異, 体細胞変異　品211
somatic embryo　不定胚, 体細胞胚　品210
sorbitol　ソルビトール　生160
sorghum　ソルガム, モロコシ, タカキビ　作240, 作319
sorgo　ソルゴー　作241
sorting　選別　栽32

source	ソース　栽59, 生158	sprinkler system	スプリンクラー法　栽40
source activity	ソース活性　生159	sprouting	萌芽　作262
source capacity	ソース容量　生159	sprouting time	萌芽期　作302
southern blotting	サザンブロッティング　品208	square monolith method	方形モノリス法　形140
sowing	播種　栽6, 栽42	square planting	正方形植え　栽10
sowing depth	播種深度　成91	stable isotope	安定同位元素　生193
sowing rate	播種量　栽7, 栽42	stable manure	堆きゅう肥　栽57
sowing time	播種期　栽42	stachyose	スタキオース　形129, 生160
sown grassland	牧草地　作316	stack drying	島立て乾燥　栽32
soybean	ダイズ(大豆)　形107, 作248, 作319	staining	染色　形142
soybean cyst nematode	ダイズシストセンチュウ　作250, 作252	stalk cutting	幹刈り　作306
		stalk-cut curing	幹干し乾燥　作307
soybean dwarf virus	ダイズわい化病　作252	stamen	雄ずい(蕊)　成84, 成92, 形100, 形102, 形120
soybean meal	ダイズ粕　作249	staminate flower	雄花　形101
soybean mosaic virus	ダイズモザイク病　作250, 作252	stand	立毛, 群落　栽25, 成98
soybean oligosaccharide	大豆オリゴ糖　形129	stand geometry	受光態勢　成82, 成99
soybean pod borer	マメシンクイガ　作252	stand observation	立毛調査, 検見　栽25
soybean pod gall midge	ダイズサヤタマバエ　作252	standard (vexillum)	旗弁　形102
soybean rust	さび病　作252	starch	デンプン(澱粉)　形128, 生162, 品200
soybean stunt virus	萎縮病　作252	starch and gluten parenchyma	麩質貯蔵組織　形131
spade	鋤　栽48	starch grain (granule)	デンプン粒　成89, 形128, 生162, 作278
spearmint	スペアミント　作313		
special culture	特別栽培　栽70	starch seed	デンプン種子　形131
special farming system	特別栽培　栽77	starch storage tissue	デンプン貯蔵組織　成89
specific leaf area (SLA)	比葉面積　成96	starch synthase	デンプン合成酵素　生162
specific leaf weight (SLW)	比葉重　成96	starch value	デンプン価　作264
specific root length	比根長　形137	starchy-sweet corn	スターチィ・スィート種　作238
spectral reflectance	分光反射率　栽64	start of tillering stage	分げつ開始期　成80
spectral reflectance measurement	分光反射計測　栽64	starter	活着肥, 根付け肥　栽21
spectrophotometer	分光光度計　生190	static (stationary) culture	静置培養　品210
spelt wheat	スペルトコムギ　作223	static model	静的モデル　栽65
sperm cell	精細胞　形101	statistical model	統計モデル　栽65
sperm nucleus	精核　形101, 形102	steaming	蒸し(蒸熱)《チャ》　作301
spherosome	スフェロソーム　形131	stelar type	中心柱型　形125
spike	穂状花序, 穂　成84, 形100, 作324	stele	中心柱　成95, 形109, 形110, 形113, 形124, 形127
spike differentiation	幼穂分化　栽34, 成84	stem	茎, 中骨《タバコ》　形112, 作307
spike formation	幼穂形成　成84	stem drying stage	中骨乾燥期　作307
spike initiation stage	幼穂分化期　作224	stem heat balance method	茎熱収支法　生195
spikelet	小穂　成84, 形100	stem nodule	茎粒　生176
spikelet primordium	小穂原基　作224	stem number	茎数　栽24
spinach beet	フダンソウ　作282	stem spin	茎針　形114
splicing	スプライシング　品208	stem tendril	茎巻きひげ　形114
split application (dressing)	分施　栽21	stem tuber	塊茎　形115
spongy tissue	海綿状組織　形107, 形118, 形123	sterile rough rice	不稔籾　栽29
spray irrigation	散水灌漑　栽40	sterility	不稔性　品205
spread of tea bush	株張り　作302	stevia	ステビア, アマハステビア　作280
spring flush	スプリングフラッシュ　作322	stigma	柱頭　形101, 形102
spring sowing	春播き栽培　作226	stimulation of root formation	発根促進　生170
spring variety	春播き品種　作225, 作230	stink bug	カメムシ(椿象, 亀虫)　栽16, 作252
spring wheat	春コムギ, 春播性品種　品196, 作223, 作225	stipule	托葉　形120
sprinkler irrigation	スプリンクラー灌漑　栽76	stock seed	原種　品207

stolon	匍匐枝, 匐枝, ストロン	成94, 形115, 形126, 作262
stoma	気孔	形106, 形119, 形122
stomatal aperture	気孔開度	生154
stomatal cavity	気孔内腔	生155
stomatal conductance	気孔伝導度	生155, 生168
stomatal resistance	気孔抵抗	生154, 生168
stomatal transpiration	気孔蒸散	生168
storage ability	貯蔵性	栽31
storage feeding	貯蔵利用	作316
storage form	貯蔵型	生170
storage organ	貯蔵器官	形126
storage root	塊根	成95, 作266
storage starch	貯蔵デンプン	形128, 生144, 生162
storage tissue	貯蔵組織	形126
stored rise	貯蔵米	品203
straight fertilizer	単肥	栽50
straight head	青立	成87
stratified clip method	層別刈取法	成98
straw of wheat	麦わら	作227
stringing	葉あみ《タバコ》	作307
strip intercropping	帯状間作	栽74
stripe	縞葉枯病	栽14
stroma	ストロマ	形138, 生150
strong flour	強力粉	作228
strontium(Sr)	ストロンチウム	生181
strophiole	種瘤	作254
structural fiber	組織繊維	作292
stubble	刈り株	作323
style	花柱	形101, 形102
sub-branch	二次亜枝	成92
suberin	スベリン	生182
suberization	スベリン化	形138
subirrigation	地下灌漑	栽40
subsidiary cell	副細胞	形119, 形122
subsoil	心土, 下層土	栽3, 栽54
subsoil compaction	床締め	栽22
subsoil improvement	土層改良	栽49, 栽57
subsoiler	サブソイラ	栽41
subsoiling, subsoil breaking	心土破砕	栽41, 栽49, 栽56
substrate	基質	生193
subsurface drainage	地下排水	栽41
subsurface tillage	心土耕	栽49
subtending leaf	苞葉	形116
subterranean stem	地下茎	形126
succlent fruit	液果	作274
succulent forage crop	多汁質飼料作物	作318
succulent root	多肉根	形129
sucker	吸枝, サッカー	作276, 作332
suckercide	わき芽抑制剤	作306
suckering	株分け	栽44
sucrose	スクロース, ショ糖(蔗糖)	形129, 形131
sucrose phosphate synthase(SPS)	スクロースリン酸シンターゼ	生158
sucrose synthase	スクロースシンターゼ	生158
suction force	吸水力	生166
Sudan grass	スーダングラス	作241, 作319
sugar beet	テンサイ(甜菜), サトウダイコン	作282
sugar cane	サトウキビ	栽45, 作284
sugar maple	サトウカエデ(砂糖楓)	作281
sugar palm	サトウヤシ(砂糖椰子)	作275
sugar sorghum	糖用ソルガム, サトウモロコシ	作240
sugar-acid ratio	甘味比	作280
sulfur(S)	硫黄	生181
sulfur dioxide	二酸化硫黄	栽68
sulfur oxides	硫黄酸化物	栽68
summer crop of tea	夏茶	作302
summer depression	夏枯れ	作317, 作322, 作324
summer planting	夏植え	作334
summer soybean	夏ダイズ型	作250
summer type	夏型	作246
SUMP method	スンプ法	形142
sun-curing	日干乾燥《タバコ》	作307
sunflower	ヒマワリ(向日葵)	作295
sunflower oil	ヒマワリ油	作295
sunn hemp	クロタラリア	作331
sunshine recorder	日照計	生195
superficial root	うわ根	形137
superior spikelet	強勢穎花	成89, 形100
supernodulating mutant	根粒超着生変異体	生177
superphosphate	過リン酸石灰	栽50
supervised classification	教師付き分類	栽64
supplement	栄養補助食品	作249
supplement application	追肥	栽21, 栽40
supplement application to deep layer	深層追肥	栽20
supplemental drain	補助暗渠	栽41
supplementary feed	補助飼料	作316
supplementary planting	補植	栽11
surface[layer]application[of fertilizer]	表層施肥	栽21
surface drainage	地表排水	栽41
surface irrigation	地表灌漑	栽40
surface root	表層根	形137
surface temperature	表面温度	栽64
surface tillage	表土耕	栽48
suspension	懸濁液	栽54
suspension culture	懸濁培養	品210
suspensor	珠枝	形107
sustainable agriculture	持続的農業	栽71
suture	縫合線	形106
swamp taro	スワンプタロ, ミズイキ	作272
sward composition	草種構成	作323
sward establishment	草地造成	作323
sward renovation	草地更新	作323

Swedish turnip(swede) スウェーデンカブ, ルタバガ 作319
sweet clover スイートクローバ類 作329
sweet corn スイート種 作238
sweet potato サツマイモ, カンショ(甘藷) 栽45, 作266
sweet sorghum スイートソルガム 作240
sweetness, sweet taste 甘味 作280
swelling water 膨潤水 栽52
sword bean ナタマメ 形106, 作261
symbiotic nitrogen fixation 共生窒素固定 生176
symplast シンプラスト 形138, 生182
symplastic growth 同調成長 形135
sympodial branch 仮軸分枝 作262
sympodial growth 仮軸成長 形114
sympodium 仮軸 形114
synchronous growth 同伸成長 成80
synchronously emerging leaf 同伸葉 生155
synergid 助細胞 形101, 形102
synthetic aperture radar(SAR) 合成開口レーダ 栽64
synthetic auxin 合成オーキシン 生170
synthetic variety breeding 合成品種育種法 品207
system biology システムバイオロジー 品209

【T】

table beet カエンサイ 作282
tall fescue トールフェスク, オニウシノケグサ 作321
tall grass 長草 作317
tamarind タマリンド 作311
tangential division 接線分裂 形134
tannia ヤウテア, アメリカサトイモ 作272
tapetal cell タペート細胞 形101
tapetal cell layer タペート細胞層 栽34
tapetum タペート 形101
tapioca タピオカ 作278, 作279
taproot 主根 形108, 形136
taproot system 主根型根系 形136, 作328
taro タロイモ(タロ) 作272
Tartary buckwheat ダッタンソバ, ニガソバ 作247
tassel 雄穂 作236
tassel seed タッセルシード 作237
tasting analyzer 食味計 品201
tea チャ 作300
tea rolling 揉捻 作301
teff テフ 作244
temperate forage grass 寒地型イネ科牧草 作320
temperate japonica 温帯ジャポニカ 作220
temperate type 寒地型 作317
temperature coefficient(Q_{10}) 温度係数 生146
temperature gradient chamber 温度勾配チャンバー 生195
tempering dryer テンパリング乾燥機 栽32
temporary root 一時根 作236

tendril 巻きひげ 形121, 作328
teosinte テオシント 作319
terminal bud 頂芽 形112
terminal raceme 茎頂花房 成93
terminal spikelet initiation stage 頂端小穂分化期 作224
terminator ターミネーター 品208
ternately compound leaf 三出複葉 形120
terrace culture テラス栽培 栽71
terrace field 段畑 栽71
terrace paddy field 棚田 栽71
tertiary raceme 三次花房 成92
tertiary tiller 三次分げつ 成80
test substance 被験物 生193
tetrad phase 四分子期 形101
tetraploid 四倍体 品206
tetrarch 4原型 形110
textile fiber crop 紡績繊維作物 作289
texture characteristics テクスチャー特性 品201
the Plant Variety Protection and Seed Act 種苗法 形105, 品216
theanine テアニン 作302
thermal conductivity detector(TCD) 熱伝導検出器 生193
thermal image 熱画像 栽64
thermal infrared 熱赤外 栽64
thermography, thermal imager 熱画像計測装置 栽64
thermoperiodism 温周性 生146
thermophase 感温相 生147
thermosensitive variety 感温性品種 生147
thermosensitivity 感温性 成92, 生147, 品196
thigmotropism 接触屈性, 屈触性 生187
thin layer chromatography(TLC) 薄層クロマトグラフィー 生192
thin layer plate 薄層上 生192
thinning 間引き 栽40
third crop of tea 三番茶 作302
three major nutrients 肥料三要素 栽50
three phases of soil 土壌三相 栽56
three phases ratio 三相分布 栽52
three-crop system 三毛作 栽74
three-field system 三圃式農法 栽72
three-way cross 三系交雑 作238
threshability 脱粒性 栽27
thresher 脱穀機 栽26
thrum type 短花柱花型 作246
thylakoid チラコイド 形138, 生150
tidal marsh paddy field 潮汐湿地田 栽2
tidal swamp rice ― 作221
tillage, tilling 耕耘 栽10, 栽38, 栽48
tiller 分げつ 成79, 成80, 形114
tiller bud 分げつ芽 成79, 成80
tiller number 分げつ数 栽24

tillering node	分げつ節 成80	trench method	塹壕法 形140
timopheevi wheat	チモフェービ系コムギ 作222	triarch	3原型 形110
timothy	チモシー, オオアワガエリ 作320	tricarboxylic acid cycle	トリカルボン酸(TCA)回路 生164
tips	天葉《タバコ》 作306	*Trichoderma* spp.	トリコデルマ菌 栽15
tissue culture	組織培養 栽44, 品210	trichome	毛茸, 毛状突起 形122
tjereh rice	チェレ稲 作220	trickle irrigation	点滴灌漑 栽41, 栽76
tobacco	タバコ 作306	triglyceride	トリグリセリド 形131
tobermorite	トバモライト 栽51	trimethylsilylation(TMS)derivative	トリメチルケイ素化誘導体 生193
tonoplast	液胞膜 形138	trinexapac-ethyl	トリネキサパックエチル 生174
top soil	作土[層], 耕土層 栽3, 栽48	tri-parental mating method	トリペアレンタルメイティング法 品212
topdressing	追肥 栽21, 栽40	triple cropping	三期作 栽13, 栽74
topdressing at later growth stage	後期追肥 栽21	triploid	三倍体 品206
topdressing at maturing stage	晩期追肥 栽21	trisaccharide	三糖 形128
topdressing at panicle(ear)formation stage	穂肥 栽21	triticale	ライコムギ 作234
topdressing at ripening(full heading)stage	実肥 栽21	tropical forage grass	暖地型イネ科牧草 作324
topdressing at tillering stage	つなぎ肥, 分げつ肥 栽21	tropical japonica	熱帯ジャポニカ 作220
topdressing at vegetative stage	中間追肥 栽21	tropical type	暖地型 作317
topping	摘心, 心止め, タッピング 作253, 作283, 作306	tropism	屈性 生186
top-root ratio	T-R率 作322	true lavender	ラベンダー 作313
topsoiling	土入れ 作227	true potato seed	真正種子 作263
torus	花托 形100	true resistance	真正抵抗性 栽14
total digestible nutrients(TDN)	可消化養分総量 作318	trunk	幹 作274
trace element	微量元素 生180	tube method	円筒法 形141
tracer method	トレーサー法 生190	tuber	塊茎 成94, 形115, 形126, 形128, 作270
tracheary element	導管要素, 管状要素 形124, 形138	tuber bulking	塊茎肥大 作264
tracheid	仮導管 形124, 形138	tuber formation	塊茎形成 作263
tractor	トラクタ 栽48	tuber fresh yield	塊茎生収量 作264
traditional tall rice	長稈性在来稲品種 作221	tuber one weight	塊茎一個重 作264
trampling	踏圧 作227	tuber starch yield	塊茎デンプン収量 作264
transcriptional regulation	転写調節 品208	tuberonic acid	ツベロン酸 成94, 生173
transcriptome	トランスクリプトーム 品209	tuberous root	塊根 成95, 形126, 形128, 作266
transcriptomics	トランスクリプトミクス 品209	tunica	外衣 形132
transfer cell	転送細胞, 輸送細胞 形139, 生160	turgor movement	膨圧運動 生186
transfer DNA	T-DNA 品212	turgor pressure	膨圧 生166
transformation	形質転換 品212	turmeric	ウコン(鬱金) 作299
transformation vector	形質転換用ベクター 品212	turned down seedling	転び苗 栽4, 栽11
translocation	転流 生160	turnip	飼料用カブ 作319
transmission electron microscope(TEM)	透過型電子顕微鏡 形143	Tuson Flint	沿岸熱帯フリント 作238
transpiration	蒸散, 蒸散量 生166, 生168	tussock type	株型 作317
transpiration coefficient	蒸散係数 生168	twining stem	巻きつき茎 形114
transpiration ratio	蒸散比 生168	twining type	巻きつき型 作317
transplanting	移植 栽44	two-crop system	二毛作 栽13, 栽74
transplanting injury	植え傷み 栽11, 成79	two-dimensional electrophresis	2次元電気泳動 生190
transporter	トランスポーター 生182	two-rowed barley	二条オオムギ 作230
transposon	トランスポゾン 品209		
transverse division	横分裂 形134		
trans-zeatin	トランス型ゼアチン 生171		
treacle	糖蜜 作280, 作283, 作285		
treading	麦踏み 作227, 作232		
tree cotton	木棉, キダチワタ, インドワタ 作288		

【U】

ultramicroanalysis	超微量分析 生193
ultra-microtome	ウルトラミクロトーム 形142
ultra-thin section	超薄切片 形142

英和索引

ultraviolet and visible spectrometry　紫外可視スペクトロメトリー　生193
ultraviolet radiation　紫外放射　栽67
underdrain　暗渠　栽3, 栽23
underdrainage　暗渠排水　栽23, 栽41
unelongated stem part　不(非)伸長茎部　成80, 成85
unequal division　不等分裂　形134
unfertilization　不受精　栽34
unfertilized grain (rough rice)　不受精籾　栽29, 成89
unhulled rice　籾　形104
uniconazole　ウニコナゾール　生174
unloading　アンローディング　生161
unsaturated fatty acid　不飽和脂肪酸　作249
unseasonable heading　不時出穂　成87
unsupervised classification　教師なし分類　栽64
unusual weather　異常気象　栽67
upland cotton　リクメン(陸地棉), メキシコワタ　作288
upland farming　畑作　栽38
upland field　畑　栽38
upland field converted from paddy　転換畑, 輪換畑　栽39, 栽73
upland field converted from paddy field　水田転換畑　栽57
upland rice　陸稲　作220
upland rice-nursery　畑苗代　栽8
upland rice-seedling　畑苗　栽8
upland soil　畑土壌　栽55
upland weed　畑雑草　栽46
upper leaf　上位葉, 上葉《タバコ》　形120, 作306
upper nodal tiller　高位分げつ　成80
upright type　立形　栽32
uprooting of seedling　苗取り　栽8
upside down plowing　天地返し, 反転耕　栽38, 栽57
urea　尿素　栽50
ureid　ウレイド　生177
UV spectrometry　紫外スペクトロメトリー　生193
UV-VIS detector　紫外線可視検出器　生193
uzu type　渦性　栽231

【V】

vacant hill　欠株　栽10
vacuole　液胞　形130, 形138
vanilla　バニラ　作312
vapor pressure deficit　飽差, 水蒸気圧差　生168
variety　変種　品206
variety preservation　品種保存　品207
variety protection system　品種保護制度　品216
variety registration　品種登録　品216
vascular bundle　維管束　形106, 形123, 形124
vascular bundle ring　維管束環　形126
vascular bundle sheath　維管束鞘　形123
vascular bundle sheath cell　維管束鞘細胞　形118

vascular cambium　維管束形成層　形110, 形133
vector　ベクター　栽64
vegetation index　植生指数　栽64
vegetative branch　栄養枝　作258
vegetative growth [stage]　栄養成長[期]　成84
vegetative organ　栄養器官　形126
vegetative propagation　栄養繁殖　栽44, 形126
vegetative reproduction　栄養生殖　形126
vegetatively propagated plant　栄養繁殖植物　品206
vein　葉脈　形117, 形121
venation　脈系　形117
vermiculite　バーミキュライト　栽53
vernalization　バーナリゼーション, 春化[処理, 現象]　成84, 生147, 品196
vertical resistance　垂直抵抗性　栽14
verticillate phyllotaxis　輪生葉序　形117
vesicle　囊状体　形111
vessel　導管　形118, 形124, 生160
vexillum　旗弁　形102
viability of seed　発芽力　成90
vine　つる　形114
vinyl house cultivation　ビニルハウス栽培　栽76
virus　ウイルス　栽14
virus free　ウイルスフリー　品211
viscoelasticity　粘弾性　作223
visible　可視　栽64
viviparous seed　胎生種子　作277
volatile substance　揮発性化合物　生193
volubile stem　巻きつき茎　形114
V-shaped rice cultivation　V字型稲作　栽20

【W】

waiting meristem　待機分裂組織　形132
Warburg effect　ワールブルク効果　生152
warm-season type　暖地型　作317
wasabi　ワサビ(山葵)　作309
wash-free rice　無洗米　品202
water absorption　吸水　生166
water channel　水チャネル　生167
water content　水分含量　生166
water culture　水耕栽培　生180
water deficit　水分欠乏, 水欠乏　生168
water deficit index (WDI)　水分欠乏指数　栽64
water erosion　水食　栽67
water holding capacity　保水性　栽52, 栽56, 生168
water inlet　水口　栽3, 栽22
water management　水管理　栽22, 栽56
water outlet　水尻, 落水口　栽3, 栽22
water permeability　透水性　栽52, 栽56
water phase　水層　生192
water pollution　水質汚濁　栽68

water pore	水孔	形119, 形122
water potential	水ポテンシャル	生166, 生168
water productivity	水生産性	栽23
water requirement	要水量	生168
water requirement in depth	減水深	栽22
water right	水利権	栽3
water stress	水ストレス	生168
water use efficiency (WUE)	水利用効率	生168, 作335
water yam	ダイジョ(大薯)	作270
water-leaking paddy field	漏水田	栽2
water-saving culture	節水栽培	栽76
water-saving irrigation	節水灌漑	栽23
wax	ワックス	生175
waxy	糯性の	形128
waxy corn	ワキシー種	作238
waxy wheat	もち性コムギ	作229
weak acidic	弱酸性	生192
weed	雑草	栽62
weed control	雑草防除	栽41, 栽62
weed damage	雑草害	栽62
weed killer	除草剤	栽62
weeding	除草	栽62
weedy rice	雑草イネ	作219
weighing method	重量法	生194
weight ofa new shoot	新芽重	作303
well-drained paddy field	乾田	栽2, 栽23
West Indian arrowroot	クズウコン, アロールート	作279
west Indian lemongrass	西インドレモングラス	作312
western blotting	ウェスタンブロッティング	生190, 品208
wet ashing method	湿式灰化法	生190
wet damage	湿害	栽36
wet milling	ウェットミリング	作239
wetting agent	展着剤	栽60
wheat	コムギ(小麦)	作222
wheat brad wheat	普通コムギ, パンコムギ	形131
wheat flour	小麦粉	作228
wheat straw	麦稈	作227
white clover	シロクローバ	作329
white core rice	心白米	品214
white[Guinea]yam	ホワイトギニアヤム, ホワイトヤム	作270
white head	白穂	栽36, 成87
white jute	ツナソ(綱麻)	作290
white mustard	シロガラシ(白芥子)	作309
white ramie	シロチョマ	作291
white sorghum	ホワイトソルガム	作241
white-back kernel	背白米	栽30
white-backed rice planthopper	セジロウンカ	栽17
white-based kernel	基白米	栽30
white-belly kernel	腹白米	栽30
white-core kernel	心白米	栽30
whole crop silage	ホールクロップサイレージ	作316
whole grain	整粒	栽31, 形105
whole sampling	全刈り	栽28
whorled phyllotaxis	輪生葉序	形117, 形121
wide adaptability	広域適応性	品197
wide compatibility	広親和性	作220
widely adapted variety	広域適応性品種	品197
wild rice	野生稲	作218
wild soybean	ツルマメ	作248
wildrice	アメリカマコモ, ワイルドライス	作218, 作244
wilting	萎凋	生168
wind damage	風害	栽36
wind erosion	風食	栽55, 栽67
wing	稜翼	作262
wing (ala)	翼弁	成92, 形102
winged bean	シカクマメ	形106
winged yam	ダイジョ(大薯)	作270
winnowed rough rice	精籾	栽29
winnower, winnowing machine	唐箕	栽32
winter cereals	ムギ類	作234
winter drought injury	冬季乾燥害	生189
winter habit	秋播き性	作223, 作225
winter hardiness	耐冬性	品216
winter injury	冬害	生189
winter variety	秋播き品種	作225, 作230
winter wheat	冬コムギ, 秋播性品種	品196, 作223, 作225
wolfsbane	トリカブト	作315
wound vessel member	傷害誘導性管状要素	生170
wrapped silage	ラップサイレージ	作239

【X】

xanthoxin	キサントキシン	生172
xeromorphism	乾生形態	生169
xerophyte	乾生植物	生169
X-ray analyzer	X線解析装置	形143
xylem	木部	形118, 形124
xylem fiber	木部繊維	形124
xylem parenchyma cell	木部柔組織	形124

【Y】

Yamase[wind]	やませ	栽34
yardlong bean	ジュウロクササゲ, 三尺ササゲ	形106
yautia	ヤウテア, アメリカサトイモ	作272
yellow[Guinea]yam	イエロー[ギニア]ヤム	作270
yellow rice borer	サンカメイチュウ	栽16
yellow ripe stage	黄熟期	成88
yellow zedoary	ハルウコン	作299
yellowing stage	黄変期	作307
yield	収量	栽58
yield capacity	収量キャパシティ	栽59, 生159
yield component	収量構成要素	栽28, 栽58
yield contents productivity	収量内容生産量	栽59, 生159

yield forecasting　収穫量予測　栽65
yield forecasting model　収量予測モデル　栽65
yield survey　収量調査　栽28
yielding ability　収量性　栽58
young microspore stage　小胞子初期　栽34, 形101
young panicle　幼穂　成84
young rice-seedling[with 3.0-3.5 leaf stage]　稚苗　栽8
young root　若根　成95

【Z】

zeatin　ゼアチン　生171
zeatin ribotide　ゼアチンリボチド　生171
zedoary　ガジュツ　作299
zero grazing　生草(青刈)利用　作316
zinc(Zn)　亜鉛　生181
Z-scheme model　ゼットスキームモデル　生150
zygote　接合子(体)　成87

学名索引

【A～C】

Abutilon theophrasti Medik.　ボウマ　作291
Acer saccharum Marsh.　サトウカエデ　作281
Aconitum carmichaeli Debx.　トリカブト　作315
Aegilops squarrosa L.　タルホコムギ　作223
Aeschynomene americana L.
　　アメリカジョイントベッチ　作329
Aeschynomene indica L.　クサネム　栽18
Agave cantala (Haw.) Roxb.　カンタラアサ　作293
Agave fourcroydes Lem.　ヘネケン　作293
Agave pp.　アガーベ属　作293
Agave sisalana Perr.　サイザルアサ　作292
Alocasia macrorrhiza (L.) Schott
　　インドクワズイモ　作272
Alopecurus aequalis Sobol. var. *amurensis* Ohwi
　　スズメノテッポウ　栽46
Amaranthus hybridus L.　ホソアオゲイトウ　栽47
Amaranthus lividus L.　イヌビユ　栽47
Amaranthus powellii S. Watson　イガホビユ　栽47
Amaranthus retroflexus L.　アオビユ　栽47
Amaranthus spinosus L.　ハリビユ　栽47
Amaranthus spp.　アマランサス　作245
Amaranthus viridis L.　ホナガイヌビユ　栽47
Amorphophallus konjac K. Koch
　　コンニャク　作272，作332
Amorphophallus paeoniifolius (Dennst.) Nicolson
　　ゾウコンニャク　作272
Anethum graveolens L.　デイル　作311
Angelica acutiloba Kitagawa　トウキ　作315
Arachis hypogaea L.　ラッカセイ　作258
Arenga pinnata Merr.　サトウヤシ　作275
Armoracia rusticana Gaertn., Mey. et Scherb.
　　(＝*Cochlearia armoracia* L.)　ホースラディッシュ　作308
Artemisia princeps Pampan.　ヨモギ　栽47
Astragalus sinicus L.　レンゲ　作330
Avena sativa L.　エンバク　作235，作318
Azolla spp.　アゾラ　作331
Beta vulgaris cicla　フダンソウ　作282
Beta vulgaris cruenta（＝*B. vulgaris esculenta*）
　　カエンサイ，テーブルビート　作282
Beta vulgaris L. var. *alba* DC.　飼料用ビート　作319
Beta vulgaris L. var. *saccharifera* Alef
　　テンサイ　作282
Boehmeria nivea (L.) Gaud.　ラミー　作291
Brachiaria brizantha (Hochst. ex A. Rich.) Stapf
　　パリセードグラス　作327

Brachiaria decumbens Stapf　シグナルグラス　作327
Brachiaria mutica (Forssk.) Stapf　パラグラス　作327
Brassica campestris L.　アブラナ　作294
Brassica napus L.　セイヨウアブラナ　作294
Brassica napus L. var. *napobrassica* (Mill.) Reichb.
　　スウェーデンカブ，ルタバガ　作319
Brassica nigra (L.) Koch　クロガラシ　作309
Brassica rapa L.　飼料用カブ　作319
Brassica spp.　ナタネ　作294
Broussonetia kazinoki × *B. papyrifgera*　コウゾ　作287
Cajanus cajan (L.) Millsp　キマメ　作261
Calystegia hederacea Wall.　コヒルガオ　栽47
Calystegia japonica Choisy　ヒルガオ　栽47
Camellia sinensis (L.) O. Kuntze　チャ　作300
Canavalia ensiformis (L.) DC　タチナタマメ　作261
Canavalia gladiata (Jacq.) DC　ナタマメ　作261
Canna edulis Ker-Gawl.　ショクヨウカンナ　作279
Cannabis sativa L.　タイマ　作290
Capsella bursa-pastoris Medik.　ナズナ　栽47
Capsicum annuum L.（＝*C. frutescens* L.）
　　トウガラシ　作308
Carthamus tinctorius L.　ベニバナ　作295，作298
Carum carvi L.　キャラウェー　作310
Ceiba pentandra Gaertn.　カポック　作293
Centrosema pubescens Benth.　セントロ　作329
Chenopodium album L.　シロザ　栽47
Chenopodium quinoa Willd.　キノア　作245
Chloris gayana Kunth　ローズグラス　作324
Chrysanthemum cinerariaefolium Visiani
　　(＝*Pyrethrum cinerariifolium* Trevir.)
　　ジョチュウギク　作315
Cicer arietinum L.　ヒヨコマメ　作260
Cinnamomum cassia J. Presl（＝*C. cassia* Blume）
　　カシア　作309
Cinnamomum loureirii Nees　ニッケイ　作309
Cinnamomum verum J. Presl（＝*C. zeylanicum* (Garc.) Bl.）
　　シナモン　作309
Cnidium officinale Makino　センキュウ　作315
Cocos nucifera L.　ココヤシ　作274，作293
Coffea arabica L.　アラビアコーヒー　作304
Coffea canephora Pierr. ex Froeh.
　　ロブスタコーヒー　作304
Coffea liberica W. Bull. ex Hiern.
　　リベリアコーヒー　作304
Coffea robusta Linden　ロブスタコーヒー　作304
Coix lacryma-jobi L. var. *ma-yuen*
　　ハトムギ　作244，作319

Colocasia esculenta (L.) Schott var. *antiquorum* Hubbard & Rehder　サトイモ　作272
Colocasia esculenta (L.) Schott var. *esculenta* Hubbard & Rehder　タロイモ　作272
Corchorus capsularis L.　ツナソ　作290
Corchorus olitorius L.　タイワンツナソ　作290
Corchorus spp.　ジュート　作290
Coriandrum sativum L.　コリアンダー　作310
Corocasia gigantea Hook. f.　ハスイモ　作273
Crocus sativus L.　サフラン　作299
Crotalaria spp.　クロタラリア　作331
Cuminum cyminum L.　クミン　作310
Curcuma aromatica Sal.　ハルウコン　作299
Curcuma longa L.(= *C. domestica* Valet.)　ウコン　作299
Curcuma zedoaria Rosc.　ガジュツ　作299
Cymbopogon flexuosus (Nees ex Steud.) Wats.　東インドレモングラス　作312
Cymbopogon citratus (DC. ex Nees) Stapf　西インドレモングラス　作312
Cymbopogon spp.　レモングラス　作312
Cynodon dactylon (L.) Pers.　バーミューダグラス　作325
Cynodon nlemfuensis Vanderyst　ジャイアントスターグラス　作325
Cyperus difformis L.　タマガヤツリ　栽18
Cyperus esculentus L.　ショクヨウガヤツリ　栽46
Cyperus flaccidus R. Br.　ヒナガヤツリ　栽18
Cyperus iria L.　コゴメガヤツリ　栽18
Cyperus microiria Steud.　カヤツリグサ　栽46
Cyperus rotundus L.　ハマスゲ　栽46
Cyperus serotinus Rottb.　ミズガヤツリ　栽19
Cyrtosperma chamissonis (Schott) Merr.　スワンプタロ　作272

【D〜F】

Dactylis glomerata L.　オーチャードグラス　作320
Desmodium intortum (Miller) Urban　グリーンリーフアスモディウム　作329
Digitaria ciliaris Koeler　メヒシバ　栽46
Digitaria eriantha Steud.　ディジットグラス　作327
Digitaria exilis Stapf　フォニオ　作244
Dioscorea alata L.　ダイジョ　作270
Dioscorea burbifera L.　カシュウイモ　作270
Dioscorea cayenensis Lam.　イエローギニアヤム　作270
Dioscorea dumetorum (Kunth) Pax.　ビターヤム　作270
Dioscorea esculenta (Lour.) Burk.　トゲドコロ　作270
Dioscorea japonica Thunb. ex Murray　ヤマノイモ　作270
Dioscorea opposita Thunb.　ナガイモ　作270
Dioscorea pentaphylla L.　ゴヨウドコロ　作270
Dioscorea rotundata Poir.　ホワイトギニアヤム　作270
Dioscorea trifida L.　クスクスヤム　作270

Diplomorpha sikokiana (Franch. et Savat.) Honda　ガンピ　作287
Echinochloa crus-galli (L.) Beauv. var. *crus-galli*　イヌビエ　栽18
Echinochloa crus-galli (L.) Beauv. var. *formosensis* Ohwi　ヒメタイヌビエ　栽18
Echinochloa crus-galli (L.) Beauv. var. *praticola* Ohwi　ヒメイヌビエ　栽18
Echinochloa oryzicola Vasing.　タイヌビエ　栽18
Echinochloa utilis Ohwi et Yabuno　ヒエ　作242, 作319
Edgeworthia chrysantha Lindl.　ミツマタ　作287
Elaeis guineensis Jacq.　アブラヤシ　作274
Eleocharis kuroguwai Ohwi　クログワイ　栽19
Eleusine coracana (L.) Gaertn.　シコクビエ　作244, 作319
Eleusine indica Gaertn.　オヒシバ　栽46
Equisetum arvense L.　スギナ　栽47
Eragrostis abyssinica (Jacq.) Link　テフ　作244
Eremochloa ophiuroides (Munro) Hack.　センチピードグラス　作327
Euchlaena mexicana Schrad.　テオシント　作319
Euturema japonica (Miq.) Koidz.(= *E. wasabi* Maxim.)　ワサビ　作309
Fagopyrum esculentum Moench　ソバ(普通ソバ)　作246
Fagopyrum tatarium Gaertn.　ダッタンソバ　作247
Festuca arundinacea Schreb.　トールフェスク　作321
Festuca pratensis Huds.　メドウフェスク　作321
Ficus elastica Roxb.　インドゴム　作297
Fimbristylis miliacea Vahl　ヒデリコ　栽18
Foeniculum vulgare Mill.　ウイキョウ　作310
Furcraea gigantea (D. Dietr.) Vent.　モーリシャスアサ　作293

【G〜I】

Galega orientalis Lam.　ガレガ　作329
Galium spurium L. var. *echinospermon* Hayek　ヤエムグラ　栽47
Glycine max (L.) Merr.　ダイズ　作248, 作319
Glycyrrhiza spp.　甘草　作281
Gossypium arboreum L.　キダチワタ　作288
Gossypium barbadense L.　カイトウメン　作288
Gossypium hirsutum L.　シロバナワタ　作288
Gossypium herbaceum L.　リクチメン　作288
Gossypium spp.　ワタ　作288
Helianthus annuus L.　ヒマワリ　作295
Helianthus tuberosus L.　キクイモ　作279
Hevea brasiliensis Muell. Arg.　パラゴム　作296
Hibiscus cannabinus L.　ケナフ　作291
Hibiscus sabdariffa L.　ロゼル　作291

Hordeum vulgare L. オオムギ 作230, 作318
Ilex paraguayensis A. St. Hil. マテチャ 作305
Indigofera tinctoria L. キアイ 作298
Ipomoea batatas (L.) Lam. サツマイモ 作266
Ipomoea coccinea L. マルバルコウ 栽47
Ipomoea hederacea Jacq. アメリカアサガオ 栽47
Ipomoea hederacea Jacq. var. *integriuscula* A. Gray
　マルバアメリカアサガオ 栽47
Ipomoea lacunosa L. マメアサガオ 栽47
Ipomoea purpurea Roth マルバアサガオ 栽47
Ipomoea triloba L. ホシアサガオ 栽47

【J～L】

Jasminum officinale L. ソケイ 作312
Jasminum sambac Aiton マツリカ 作312
Jasminum spp. ジャスミン 作312
Juncus effusus L. var. *decipiens* Buchenau
　イグサ 作286
Lablab purpureus (L.) Sweet フジマメ 作260
Laurus nobilis L. ゲッケイジュ 作309
Lavandula angustifolia Mill.(=*L. officinalis* Chaix., *L. vera* DC.) ラベンダー 作313
Lens culinaris Medik ヒラマメ 作260
Leptochloa chinensis Nees アゼガヤ 栽18
Lindernia dubia Penn. subsp. *major*
　アメリカアゼナ 栽18
Lindernia dubia Penn. subsp. *typica*
　タケトアゼナ 栽18
Lindernia procumbens Borbás アゼナ 栽18
Linum usitatissimum L. アマ 作290
Lolium multiflorum Lam.
　イタリアンライグラス 作321
Lolium perenne L. ペレニアルライグラス 作321
Lotus corniculatus L.
　バーズフットトレフォイル 作329
Lupinus spp. ルーピン類 作329

【M～O】

Macroptilium atropurpureum (DC.) Urban
　サイラトロ 作329
Macroptilium lathyroides (L.) Urban
　ファジビーン 作329
Manihot esculenta Grantz キャッサバ 作278
Manilkara zapota (L.) P. Royen サポジラ 作297
Maranta arundinacea L. クズウコン 作279
Medicago sativa L. アルファルファ 作328
Melilotus spp. スィートクローバ類 作329
Mentha arvensis L. var. piperascens Malinv. Ex Holmes
　ハッカ 作313
Mentha × *piperita* L. ペパーミント 作312
Mentha spicata L.(=*M. viridis* L.) スペアミント 作313

Metroxylon sagu Rottb. サゴヤシ 作276
Monochoria korsakowii Regel et Maack ミズアオイ 栽18
Monochoria vaginalis Presl. コナギ 栽18
Murdannia keisak Hand-Mazz. イボクサ 栽18
Musa balbisiana Colla イトバショウ 作292
Musa textilis Née マニラアサ 作292
Myristica fragrans Houtt. ナツメグ 作311
Nicotiana tabacum L. タバコ 作306
Nypa fruticans Wurmb ニッパヤシ 作275
Oenanthe javanica DC. セリ 栽19
Oryza barthii A. Chev. ― 作219
Oryza glaberrima Steud. アフリカイネ 作218
Oryza nivala Sharma et Shastry ― 作218
Oryza rufipogon Griff. ― 作218
Oryza sativa L. イネ 作218, 作319
Oryza sativa L. ssp. *indica* Kato インディカ 作218, 作220
Oryza sativa L. ssp. *japonica* Kato
　ジャポニカ 作218, 作220

【P～R】

Paeonia lactiflora Pall. シャクヤク 作315
Palaquium gutta (Hook. f.) Baill. グッタペルカ 作297
Panax ginseng C. A. Mey. オタネニンジン 作315
Panicum coloratum L. カラードギニアグラス 作326
Panicum maximum Jacq. ギニアグラス 作325
Panicum miliaceum L. キビ 作243
Paspalum atratum Swallen アトラータム 作326
Paspalum dilatatum Poir. ダリスグラス 作326
Paspalum distichum L.
　キシュウスズメノヒエ 栽19, 作326
Paspalum notatum Flügge バヒアグラス 作325
Pennisetum americanum (L.) K. Schum.
　パールミレット，トウジンビエ 作244, 作319
Pennisetum clandestinum Hochst. ex Chiov.
　キクユグラス 作326
Pennisetum purpureum Schumach ネピアグラス 作326
Pennisetum typhoides (Burmf.) Stapf. et Hubb.
　パールミレット，トウジンビエ 作319
Perilla spp. エゴマ 作294
Persicaria hydropiper Spack ヤナギタデ 栽47
Persicaria inctoria (Aiton) H. Gross アイ 作298
Persicaria lapathifolia S. F. Gray オオイヌタデ 栽47
Persicaria longiseta Kitag. イヌタデ 栽47
Persicaria nepalensis H. Gross タニソバ 栽47
Persicaria perfoliata H. Gross イシミカワ 栽47
Persicaria vulgaris Webb. & Moq. ハルタデ 栽47
Phalaris arundinacea L. リードカナリーグラス 作322
Phaseolus coccineus L. ベニバナインゲン 作257
Phaseolus lunatus L. ライマメ 作257
Phaseolus vulgaris L. インゲンマメ 作256
Phleum pratense L. チモシー 作320

Phoenix dactylifera L. ナツメヤシ 作275
Phormium tenax Frost. ニュージーランドアサ 作293
Pimenta dioica (L.) Merr. (= *P. officinalis* Limdl.)
　オールスパイス 作310
Pimpinella anisum L. アニス 作310
Piper nigrum L. コショウ 作308
Pisum sativum L. エンドウ 作258
Poa annua L. スズメノカタビラ 栽46
Poa pratensis L. ケンタッキーブルーグラス 作322
Polygonum aviculare L. ミチヤナギ 栽47
Polygonum tinctorium Lour. アイ 作298
Portulaca oleracea L. スベリヒユ 栽47
Potamogeton distinctus A. Benn. ヒルムシロ 栽19
Rheum officinale Baill. ダイオウ 作315
Ricinus communis L. ヒマ 作295
Rotala indica Koehne var. *uliginosa* Koehne
　キカシグサ 栽18
Rumex obtusifolius L. エゾノギシギシ 栽47

【S～U】

Saccharum officinarum L. サトウキビ 作284
Sagittaria aginashi Makino アギナシ 栽19
Sagittaria pygmaea Miq. ウリカワ 栽19
Sagittaria trifolia L. オモダカ 栽19
Salvia officinalis L. セージ 作311
Sansevieria spp. サンスベリア属 作293
Scirpus juncoides Roxb. var. *hotarui* Ohwi
　ホタルイ 栽18
Scirpus juncoides Roxb. var. *ohwianus* T. Koyama
　イヌホタルイ 栽18
Scirpus lineolatus Fr. et Sav. ヒメホタルイ 栽18
Scirpus nipponicus Makino シズイ 栽19
Scirpus smithii A. Gray subsp. *leiocarpus* T. Koyama
　コホタルイ 栽18
Scirpus wallichii Nees タイワンヤマイ 栽18
Secale cereale L. ライムギ 作234, 作318
Sesamum indicum L. ゴマ 作294
Sesbania ssp. セスバニア 作331
Setaria italica (L.) P. Beauv.
　イタリアンミレット, オオアワ, アワ 作319
Setaria italica Beauv. アワ 作242
Setaria italica Beauv. var. *germanicum* Trin.
　コアワ 作242
Setaria italica Beauv. var. *maxima* Al. オオアワ 作242
Setaria sphacelata (Schum.) Stapf & C. E. Hubb. ex M. B.
　Moss セタリア 作327
Sinapis alba L. (= *Brassica alba* (L.) Boiss.)
　シロガラシ 作309

Solanum tuberosum L. ジャガイモ 作262
Sorghum bicolor (L.) Moench
　ソルガム, モロコシ 作240, 作319
Sorghum bicolor var. *hoki* ホウキモロコシ 作241
Sorghum bicolor var. *saccharatum*
　スイートソルガム 作240
Sorghum halepense (L.) Pers. ジョンソングラス 作241
Sorghum sudanense (Piper) Stapf
　スーダングラス 作241, 作319
Stellaria aquatica Scop. ウシハコベ 栽47
Stellaria media Vill. コハコベ 栽47
Stellaria neglecta Weihe ミドリハコベ 栽47
Stevia rebaudiana (Bertoni) Hemsl kaa he-e
　ステビア 作280
Strobilanthes cusia O. Kuntze リュウキュウアイ 作298
Syzygium aromaticum (L.) Merr. et Perry (= *Eugenia*
　caryophyllata Thunb., *E. aromatica* Kintze)
　クローブ 作313
Tamarindus indica L. タマリンド 作311
Theobroma cacao L. カカオ 作305
Thymus vulgaris L. タイム 作311
Trifolium hybridum L. アルサイククローバ 作329
Trifolium pratense L. アカクローバ 作329
Trifolium repens L. シロクローバ 作329
× *Triticosecale* Wittmack ライコムギ 作234
Triticum aestivum L. コムギ 作222
Triticum carthlicum Nevski ペルシアコムギ 作222
Triticum dicoccum Schubl. エンマーコムギ 作222
Triticum durum Desf. デュラムコムギ 作222

【V～Z】

Vanilla planifolia Andrews バニラ 作312
Vicia angustifolia L. カラスノエンドウ 栽47
Vicia faba L. ソラマメ 作260
Vigna angularis (Willd.) Ohwi et Ohashi アズキ 作254
Vigna mungo (L.) Hepper ケツルアズキ 作255
Vigna radiata (L.) R. Wilcz. リョクトウ 作255
Vigna sinensis (L.) Savi ex Hassk.
　ササゲ, カウピー 作319
Vigna umbellata (Thunb.) Ohwi et Ohashi
　ツルアズキ 作255
Vigna unguiculata (L.) Walp.
　ササゲ, カウピー 作254, 作319
Xanthosoma sagittifolium (L.) Schott ヤウテア 作272
Zea mays L. トウモロコシ 作236, 作318
Zizania aquatica L. アメリカマコモ, ワイルドライス 作244
Zizania palustris L. アメリカマコモ 作218

■編著者一覧

【編集委員】

編集委員長
◉松田智明（茨城大学）

編集委員（アルファベット順）
◉後藤雄佐（東北大学大学院農学研究科）
◉平沢 正（東京農工大学農学部）
◉新田洋司 幹事（茨城大学農学部）
◉山本由徳（高知大学農学部）
◉吉田智彦（宇都宮大学農学部）

【著者（アルファベット順）】

安藤 豊（山形大学農学部）
青木直大（東京大学大学院農学生命科学研究科）
在原克之（千葉県農業総合研究センター）
東 哲司（神戸大学大学院農学研究科）
大門弘幸（大阪府立大学大学院生命環境科学研究科）
土肥哲哉（東京大学大学院農学生命科学研究科）
江原 宏（三重大学大学院生物資源学研究科）
藤井弘志（山形大学農学部）
古庄雅彦（福岡県農業総合試験場）
後藤雄佐（東北大学大学院農学研究科）
萩原素之（信州大学農学部）
原 嘉隆（(独)農研機構 九州沖縄農業研究センター）
長谷川利拡（(独)農業環境技術研究所）
服部太一朗（(独)農研機構 九州沖縄農業研究センター）
平沢 正（東京農工大学農学部）
平田昌彦（宮崎大学農学部）
廣瀬竜郎（(独)農研機構 中央農研北陸研究センター）
堀内孝次（元岐阜大学応用生物科学部）
飯嶋盛雄（近畿大学農学部）
今井 勝（明治大学農学部）
稲村達也（京都大学大学院農学研究科）
井上吉雄（(独)農業環境技術研究所）
石井康之（宮崎大学農学部）
伊東睦泰（元新潟大学農学部）
岩間和人（北海道大学大学院農学研究科）
岩谷 潔（山口大学農学部）
鴨下顕彦（東京大学アジア生物資源環境研究センター）
金勝一樹（東京農工大学農学部）
柏葉晃一（住化農業資材株式会社）
片野 學（東海大学農学部）
川満芳信（琉球大学農学部）
川崎通夫（弘前大学農学生命科学部）
小葉田 亨（島根大学生物資源科学部）
小林和広（島根大学生物資源科学部）
幸田泰則（北海道大学大学院農学研究院）
小池説夫（(独)農研機構 東北農業研究センター）
濃沼圭一（(独)農研機構 北海道農業研究センター）
国分牧衛（東北大学大学院農学研究科）
近藤始彦（(独)農研機構 作物研究所）
鯨 幸夫（金沢大学人間社会学域）
黒田栄喜（岩手大学農学部）

楠谷彰人（香川大学農学部）
桑形恒男（(独)農業環境技術研究所）
丸山幸夫（筑波大学大学院生命環境科学研究科）
松江勇次（福岡県農業総合試験場）
道山弘康（名城大学農学部）
三宅 博（名古屋大学大学院生命農学研究科）
深山政治（元千葉県農業総合研究センター）
桃木芳枝（東京農業大学生物産業学部）
森田弘彦（秋田県立大学生物資源科学部）
森田 敏（(独)農研機構 九州沖縄農研センター）
森田茂紀（東京大学大学院農学生命科学研究科）
長田健二（(独)農研機構 近畿中国四国農研センター）
中川博視（石川県立大学生物資源環境学部）
中嶋孝幸（東北大学大学院農学研究科）
中村 聡（宮城大学食産業学部）
中村貞二（東北大学大学院農学研究科）
中野明正（(独)農研機構 野菜茶研究所）
中谷 誠（(独)国際農林水産業研究センター）
根本圭介（東京大学大学院農学生命科学研究科）
根角厚司（野菜茶業研究所枕崎茶業研究拠点）
新田洋司（茨城大学農学部）
野島 博（千葉大学園芸学部）
野村信史（元北海道立中央農業試験場）
野瀬昭博（佐賀大学農学部）
尾形武文（福岡県農業総合試験場）
大江真道（大阪府立大学大学院生命環境科学研究科）
大杉 立（東京大学大学院農学生命科学研究科）
岡田浩明（三和生薬株式会社）
大川泰一郎（東京農工大学農学部）
小柳敦史（(独)農研機構 作物研究所）
齊藤邦行（岡山大学農学部）
佐々木治人（東京大学大学院農学生命科学研究科）
佐藤昌良（(財)日本葉たばこ技術開発協会）
関谷博幸（(独)農研機構 東北農業研究センター）
白岩立彦（京都大学大学院農学研究科）
副島 洋（雪印種苗(株)技術研究所）
杉本秀樹（愛媛大学農学部）
鈴木章弘（佐賀大学農学部）
鈴木克己（(独)農研機構 野菜茶研究所）
高橋 幹（(独)農研機構 九州沖縄農業研究センター）
高橋 肇（山口大学農学部）

高村奉樹（元京都大学大学院人間・環境学研究科）
田代 亨（千葉大学園芸学部）
巽 二郎（京都工芸繊維大学生物資源フィールド科学研究センター）
寺内方克（(独)農研機構 九州沖縄農業研究センター）
手塚隆久（(独)農研機構 九州沖縄農業研究センター）
土屋一成（(独)農研機構 東北農業研究センター）
露﨑 浩（秋田県立大学生物資源科学部）
上野 修（九州大学大学院農学研究院）
和田卓也（福岡県農業総合試験場）
山岸順子（東京大学大学院農学生命科学研究科）

山本晴彦（山口大学農学部）
山本由徳（高知大学農学部）
山下正隆（(独)農研機構 九州沖縄農業研究センター）
山内 章（名古屋大学大学院生命農学研究科）
矢野勝也（名古屋大学大学院生命農学研究科）
吉田穂積（東京農業大学生物産業学部）
由田宏一（元北海道大学北方生物圏フィールド科学センター）
葭田隆治（富山県立大学地域連携センター）
吉永悟志（(独)農研機構 作物研究所）
鄭紹輝（佐賀大学海浜台地生物環境研究センター）

作物学用語事典

2010年3月25日　第1刷発行
2012年4月20日　第2刷発行

編者　日本作物学会

発行所　社団法人　農山漁村文化協会
郵便番号 107-8668　東京都港区赤坂7丁目6−1
電話　03(3585)1141(営業)　03(3585)1147(編集)
FAX　03(3585)3668　振替　00120-3-144478
URL　http://www.ruralnet.or.jp/

ISBN978-4-540-07136-2
〈検印廃止〉　　　　　　　　　制作／(株)新制作社
©日本作物学会 2010　　　　印刷・製本／凸版印刷(株)
Printed in Japan　　　　　　定価はカバーに表示

乱丁・落丁本はお取り替えいたします。

農文協の図書案内

農林水産業の技術者倫理
——祖田 修・太田猛彦編著　3,048円+税
人口を養い続けた結果,環境問題を発生させた農林水産業の21世紀の技術のあり方を提示する。

農業と環境汚染
日本と世界の土壌環境政策と技術
——西尾道徳著　4,286円+税
豊富なデータで,日本と欧米の汚染の実態と政策,技術を比較し,環境保全型農業の可能性を提案する。

作物遺伝資源の農民参加型管理
経済開発から人間開発へ
——西川芳昭著　2,667円+税
作物遺伝資源を専門家だけの手にゆだねるのでなく,農民の参加を含む多様な利用・管理を提唱。

栽培植物の進化
自然と人間がつくる生物多様性
——G. ラディジンスキー著／藤巻宏訳　3,333円+税
栽培植物(作物)の多様性は,栽培によってつくられた。その進化の過程と原理や仕組みを解明する。

トウモロコシ
歴史・文化,特性・栽培,加工・利用
——戸澤英男著　4,762円+税
起源・歴史,文化,生理生態や栽培から,食品,薬理,工業利用までトウモロコシの全てを一冊に網羅。

コシヒカリ
——日本作物学会北陸支部編　15,619円+税
育種,生理・生態,技術,各地の栽培体系,新技術への対応,海外での試作状況,普及など全てを描く。

解剖図説　イネの生長
——星川清親著　2,914円+税
発芽から登熟までの生長過程を,各部の外形変化,内部構造,生育診断まで解析した形態図説の決定版。

日本の有機農業
政策と法制度の課題
——本城 昇著　6,095円+税
日本的提携型有機農業の歴史と特徴をふまえ,発展のために必要な政策と法制度の諸課題を解明。

《自然と科学技術シリーズ》
◎作物にとって移植とはなにか
苗の活着生態と生育相
——山本由徳著　1,714円+税
苗体の損傷をともなう移植はなぜ必要なのか,活着型と生育相の変化から移植の本質的意義を究明する。

◎現代輪作の方法
多収と環境保全を両立させる
——有原丈二著　1,714円+税
りん酸と窒素を軸に,作物の養分吸収特性の最新知見から,養分流亡を防ぐ環境保全型輪作を提案。

◎環境ストレスと生殖戦略
イネ科小穂の形態変化
——武岡洋治著　1,619円+税
花が示す形態変化・性的転換の姿から,生殖戦略の意味と栽培技術のあり方を提示。電顕写真を駆使。

◎農学の野外科学的方法
「役に立つ」研究とはなにか
——菊池卓郎著　1,524円+税
歴史的,地理的一回性を帯びる野外的自然をあつかう科学として,実際に役立つ農学研究の方法を提唱。

◎植物の生長と環境
新しい視点と環境調節の課題
——高倉 直著　1,667円+税
最新科学で明らかにされた植物と環境のダイナミックな関係,環境調節の課題をわかりやすく解説。

◎冷害はなぜ繰り返し起きるのか？
歴史に学ぶ予報の変革と根本対策に向けて
——卜藏建治著　1,619円+税
生き物や経験も組み込んだ冷害予報への転換と,冷害地帯への稲作導入を総括し根本対策を提案する。

◎作物にとってケイ酸とは何か
環境適応力を高める「有用元素」
——高橋英一著　1,619円+税
環境保全型農業のなかで期待され注目を集める元素の最新知見と,生物進化におけるその役割を解説。

◎活性炭の農業利用
——土壌浄化の新技術
西原英治・元木 悟著　2,100円+税
連作障害回避や残留農薬除去などで注目される農業活用の実際を,最新の研究成果を踏まえて詳しく紹介。